HELMUT BRUCKNER

ELASTISCHE PLATTEN

LINIENLASTEN
EINZELLASTEN
TEILFLÄCHENLASTEN
BLOCKLASTEN

Korrektur–Beilage

» vieweg

Helmut Bruckner · Elastische Platten

Seite	Korrektur
XVIII	$M_{F1,2}$ = Feldmoment der ein- oder beidseitig eingespannten Platte
XVIII	$M_{OF1,2}$ = Feldmoment der frei aufliegenden Platte
XXV	$\overline{M}_1$ = Volleinspannmoment aus Belastung in Feld 1
15	statt A2.1.1 = A2.1.3
16	statt A2.1.1 = A2.1.3
19	statt A2.1.3 = A2.1.1.
20	statt A2.1.3 = A2.1.1
122	richtiger Tabellenkopf = 0,05–0,90
163	richtige Spalte für 0,25 .0007- .0012- .0016- .0018- .0018- .0016- .0013- .0009- .0005- .0000 .0003 .0007 .0011 .0014 .0016 .0015 .0013 .0010 .0005 .0003-
240	Die Lastlänge (senkrecht) muß heißen: x:lx
365	Die Tabelle wurde aus Pucher „Einflußfelder elastischer Platten" Tafel Nr. 37 ausgewertet.
374	statt F2.2,2.3.2 = F2.1,2.3.2
420	richtige Reihenfolge der Spalten: (die Tabelle ist symetrisch, siehe beiliegende Montage) 0,05 = 0,95 0,10 = 0,90 0,15 = 0,85 0,20 = 0,80 0,25 = 0,75 0,30 = 0,70 0,35 = 0,65 0,40 = 0,60 0,45 = 0,55 0,50

Helmut Bruckner · **Elastische Platten**

HELMUT BRUCKNER

ELASTISCHE PLATTEN

LINIENLASTEN
EINZELLASTEN
TEILFLÄCHENLASTEN
BLOCKLASTEN

» vieweg

CIP-Kurztitelaufnahme der Deutschen Bibliothek

Bruckner, Helmut
Elastische Platten: Linienlasten, Einzellasten, Teilflächenlasten, Blocklasten. – 1. Aufl. – Braunschweig: Vieweg, 1977.
ISBN-13:978-3-528-08656-5 e-ISBN-13:978-3-322-83567-3
DOI: 10.1007/978-3-322-83567-3

Softcover reprint of the hardcover 1st edition 1977

Satz: Vieweg,Wiesbaden

ISBN-13:978-3-528-08656-5

Inhalt

Tabellen*

* Wie in der Einführung (S. XII) ausgeführt, lassen sich die Schnittkräfte aus breiteren Linienlasten, beliebig angeordneten Blocklasten oder Teilflächenlasten ohne Schwierigkeiten aus den Tabellen für die Schnittkräfte aus Linienlasten ermitteln. Gesonderte Tabellen zu Block- und Teilflächenlasten enthält das vorliegende Werk aus diesem Grunde nicht.

Vorwort

Bei ständig komplizierter werdenen Berechnungsverfahren und Berechnungsvorschriften benötigt der praktisch tätige Ingenieur und Statiker einfache Verfahren, die zu sicheren und wirtschaftlichen Ergebnissen führen. Diese Berechnungsverfahren sollen dem tatsächlichen Tragverhalten möglichst nahe kommen und keine oder nur geringe Abweichungen von den theoretischen Grundlagen aufweisen, wie es z.B. DIN 1045, Abschnitt 20.1.5 vorschreibt.

Inzwischen gibt es für Platten mit Flächenbelastung einige einfache, aber ausreichend genaue Berechnungsverfahren. Für Platten mit Linienlasten, Einzellasten, Blocklasten oder Teilflächenlasten sind nur für wenige Sonderfälle Angaben über die Schnittkräfte vorhanden (4, 6, 7).* Im allgemeinen müssen entweder Einflußfelder ausgewertet werden (was sehr zeitraubend ist), oder es werden Näherungsverfahren, z.B. nach DIN 1045, für die Verteilungsbreiten angewandt. Das Näherungsverfahren nach DIN 1045 ist recht umständlich anzuwenden. Die Ergebnisse sind nicht in allen Fällen zutreffend, wie Schmaus (11) dargelegt hat. So ist bei der Untersuchung von Plattenvollstreifen die Ermittlung der Quermomente bzw. der Querbewehrung nur in sehr grober Näherung möglich. Auch die Stützmomente und Querkräfte aus Lasten, die in der Nähe der Auflager stehen, werden zu klein ermittelt.

Bei mehreren nebeneinanderstehenden Lasten mit kleinen Lastabständen ist es mit dem Näherungsverfahren nicht möglich, zutreffende Schnittkräfte zu ermitteln. Selbstverständlich ist es heute möglich, mit Hilfe von finiten Elementen Plattenschnittkräfte aus Sonderlasten exakt zu ermitteln; jedoch ist der finanzielle Aufwand zu hoch.

Mit vorliegendem Werk soll den in der Praxis tätigen Ingenieuren die Möglichkeit gegeben werden, mit geringem Arbeitsaufwand theoretisch zutreffende Schnittkräfte mit ausreichender Genauigkeit zu erhalten.

Geretsried, im August 1976 — Helmut Bruckner

* Die in Klammern gesetzten Ziffern verweisen auf die Positionen des Literaturverzeichnisses am Schluß der Einführung.

Einführung

1. Allgemeines

Zur Auswertung der in der Literatur vorhandenen Einflußfelder wurde so vorgegangen, daß bei jedem Einflußfeld eine bestimmte Anzahl – meist 20 – von Vertikalschnitten, gleichmäßig aufgeteilt, in x- und y-Richtung geführt wurde.
Diese Schnitte sind an der Unterkante durch eine Waagerechte, an der Oberkante durch eine Kurve begrenzt. Die Kurve ist durch Stützstellen definiert. Bei den in Form von Höhenschichtlinien gezeichneten Einflußfeldern ergeben sich unregelmäßige waagerechte Abstände der Stützstellen, bei den in Tabellenform vorliegenden Einflußfeldern sind die waagerechten Abstände der Stützstellen regelmäßig.

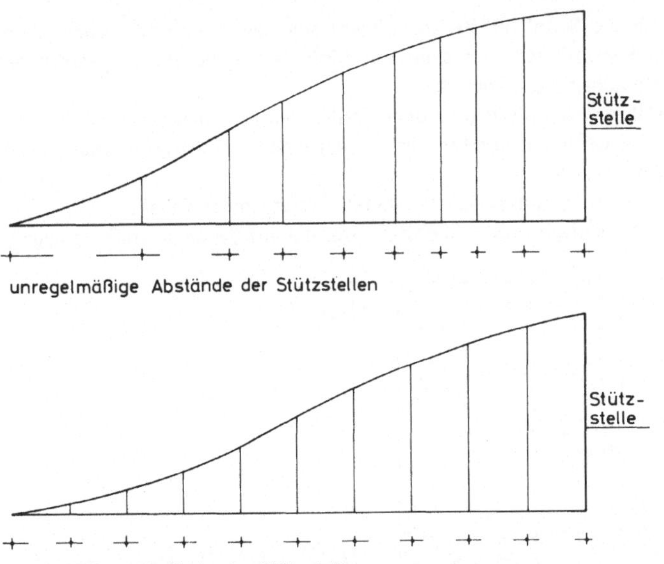

Abb. 1 und 2

Mit Hilfe eines Programmes wurden Ersatzpolynome entsprechender Ordnung bzw. Parabeln durch die Stützstellen gelegt, die gesamte waagerechte Länge in gleiche Teile geteilt, die Flächenteile mit der SIMPSON'schen Regel berechnet und anschließend aufaddiert.

Im Vergleich mit den wenigen bekannten Angaben über Schnittkräfte aus Linienlasten (6) ergeben sich identische Schnittkräfte bzw. nur geringe Abweichungen.

Der Vorteil der hier gezeigten Tabellen liegt darin, daß auch die Schnittkräfte aus Linienlasten in Teilbereichen ermittelt werden können, wobei die Anordnung in beiden Richtungen beliebig sein kann. Das Programm gibt auch die y'-Ordinaten an den gleichmäßig aufgeteilten Stützstellen an. Diese stellen die Einflußfaktoren für Einzellasten dar, die in eigenen Tabellen enthalten sind.

Einige Beispiele für mögliche Lastkombinationen sind in nachstehenden Lastskizzen dargestellt.

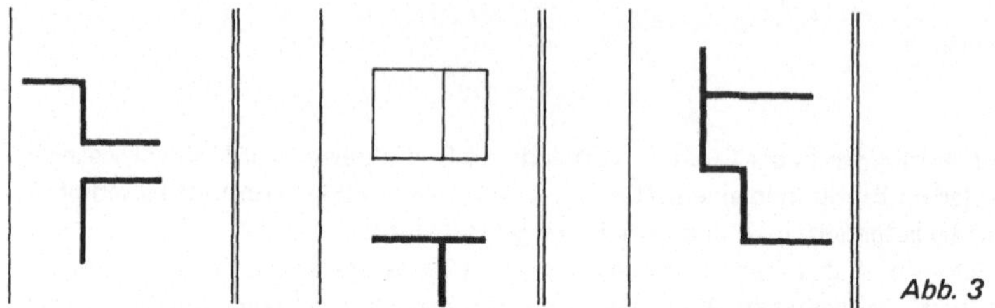

Abb. 3

Aus den Tabellen können also zunächst die Schnittkräfte aus Linienlasten mit der Breite 0 und die Schnittkräfte aus Einzellasten mit punktförmiger Auflagerung entnommen werden.

Aus den Tabellen für die Schnittkräfte aus Linienlasten lassen sich aber auch ohne Schwierigkeiten die Schnittkräfte aus breiteren Linienlasten, beliebig angeordneten Blocklasten oder Teilflächenlasten ermitteln.

Hierbei wird so verfahren, daß die Block- oder Teilflächenlast zunächst unter 45° bis zur Plattenmittelebene verteilt und dann dem vorliegenden Schnittraster (meist 1/20 der Stützweite) angepaßt wird.

Dies geschieht durch Aufsuchen des nächstkleineren Rasters in der Tabelle.

Dabei ergeben sich etwas ungünstigere Schnittkräfte, die auf der sicheren Seite liegen.

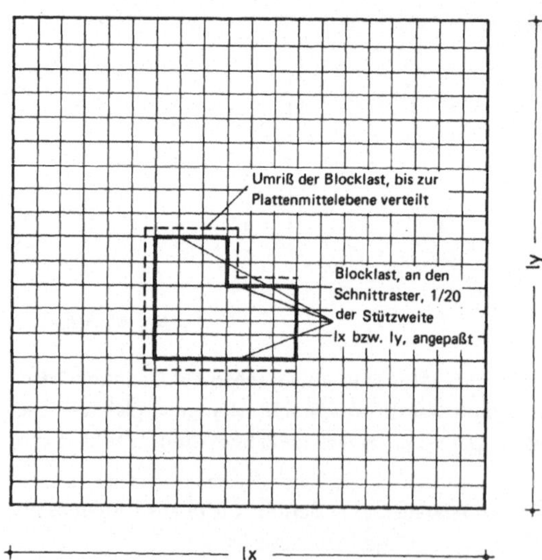

Abb. 4

Die Auswertung erfolgt tabellarisch, wobei das Volumen ebenfalls nach der SIMPSON'schen Formel ermittel wird. Die Last wird in eine gerade Anzahl von Teilen zerlegt. Die Anzahl der Schnitte muß dann ungerade sein.

Beispiel 1

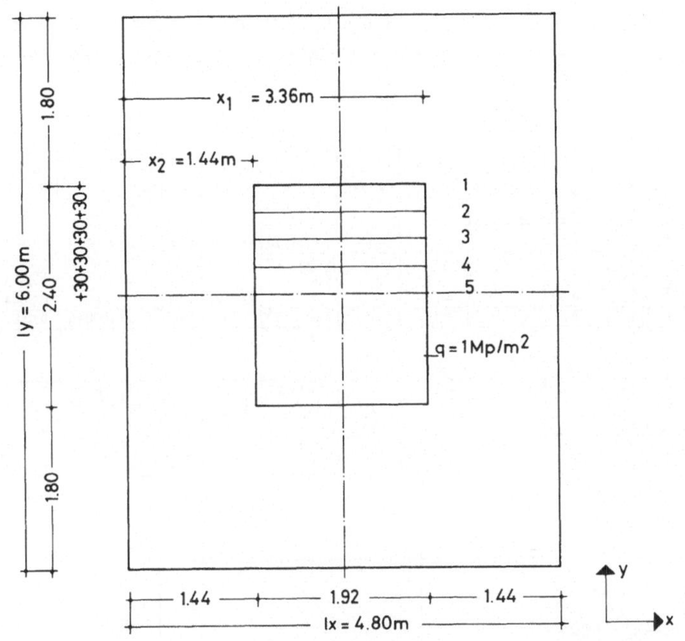

Abb. 5

$\frac{ly}{lx} = 1{,}25$

Mx = Auswertung nach Pucher Tafel 26 Tabelle F1.1,25.1.1

My = Auswertung nach Pucher Tafel 27 Tabelle F1.1,25.2.1

Der Faktor n nach Simpson ist beim

1. und letzten Schnitt = 1 2., 4., 6. usw. Schnitt = 4 3., 5., 7. usw. Schnitt = 2

Der Abstand der Schnitte, bezogen auf lx ist dann (dimensionslos)

$$e = \frac{1}{20} \cdot \frac{ly}{lx} = 0{,}05 \cdot 1{,}25 = 0{,}0625$$

Auf ly bezogen ist der Abstand

$$e = \frac{1}{20} \cdot \frac{lx}{ly} = 0{,}040$$

$$Mx = 2 \cdot \frac{1}{3} \cdot 0{,}0625 \cdot 0{,}6031 \cdot 1{,}00 \cdot 4{,}80^2 = 0{,}5789 \text{ Mpm/m}$$

bzw.

$$Mx = 2 \cdot \frac{1}{3} \cdot 0{,}040 \cdot 0{,}6031 \cdot 1{,}00 \cdot 6{,}00^2 = 0{,}5789 \text{ Mpm/m}$$

Nach Bittner (4) ist für ein Seitenverhältnis von $\frac{ly}{lx} = 1{,}2$ Tafel E 1,2/31, $\frac{2c}{a} = 0{,}4$, $\frac{2d}{a} = 0{,}5$, P = 1,92 · 2,40 · 1,0 = 4,608 Mp

$$Mx = 0{,}1213 \cdot 4{,}608 = 0{,}5589 \text{ Mpm/m}$$

$$My = 2 \cdot \frac{1}{3} \cdot 0{,}0625 \cdot 0{,}4178 \cdot 1{,}00 \cdot 4{,}80^2 = 0{,}401 \text{ Mpm/m}$$

bzw.

$$My = 2 \cdot \frac{1}{3} \cdot 0{,}04 \cdot 0{,}4178 \cdot 1{,}00 \cdot 6{,}00^2 = 0{,}401 \text{ Mpm/m}$$

Nach Bittner (4) Tafel E 1,2/32 ist My = 0,0889 · 4,608 = 0,4096 Mpm/m
Die geringen Differenzen erklären sich aus dem Unterschied der Seitenverhältnisse.

Tabellarische Auswertung für Beispiel 1

Auswertung für	aus Tabelle Nr.	Schnitt-Nr.	Schnitt-richtung	Schnitt x : lx	Schnitt y : ly	x1 = m	$\frac{x1}{lx}$ =	Faktor Fx_1	x_2 = m	$\frac{x_2}{lx}$ =	Faktor Fx_2	Faktor $Fx_1 - Fx_2 = \Delta F$	n =	n . ΔF = V
Mxm	F1.1.25.1.1	1	x	–	0,30	3,36	0,70	0,0491	1,44	0,30	0,0090	0,0401	1	0,0401
"	F1.1.25.1.1	2	x	–	0,35	3,36	0,70	0,0546	1,44	0,30	0,0089	0,0457	4	0,1828
"	F1.1.25.1.1	3	x	–	0,40	3,36	0,70	0,0607	1,44	0,30	0,0087	0,0520	2	0,1040
"	F1.1.25.1.1	4	x	–	0,45	3,36	0,70	0,0623	1,44	0,30	0,0079	0,0544	4	0,2176
"	F1.1.25.1.1	5	x	–	0,50	3,36	0,70	0,0661	1,44	0,30	0,0075	0,0586	1	0,0586
														Σ Vx = 0,6031
Mym	F1.1.25.2.1	1	x	–	0,30	3,36	0,70	0,0176	1,44	0,30	0,0063	0,0113	1	0,0113
"	F1.1.25.2.1	2	x	–	0,35	3,36	0,70	0,0271	1,44	0,30	0,0087	0,0184	4	0,0736
"	F1.1.25.2.1	3	x	–	0,40	3,36	0,70	0,0430	1,44	0,30	0,0113	0,0317	2	0,0634
"	F1.1.25.2.1	4	x	–	0,45	3,36	0,70	0,0627	1,44	0,30	0,0143	0,0484	4	0,1936
"	F1.1.25.2.1	5	x	–	0,50	3,36	0,70	0,0910	1,44	0,30	0,0151	0,0759	1	0,0759
														Σ Vy = 0,4178

Beispiel 2

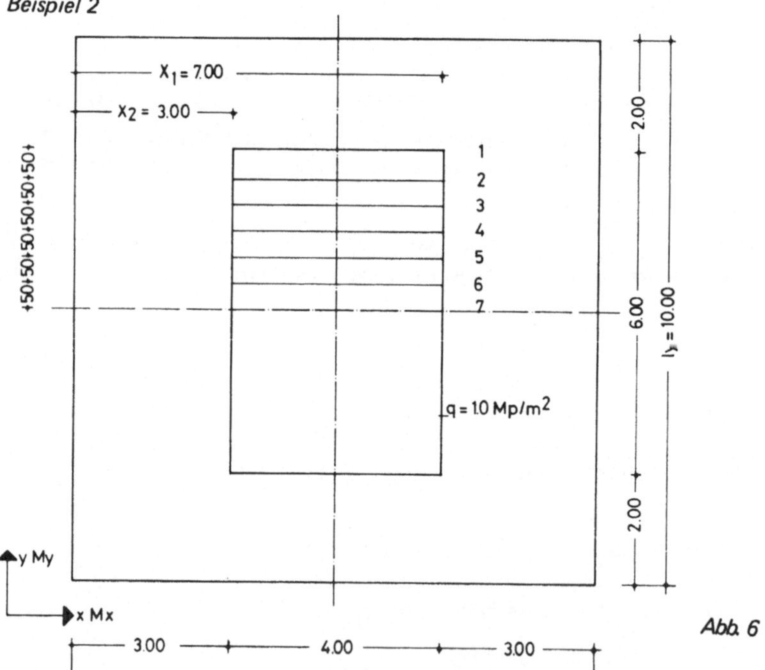

Abb. 6

$\frac{ly}{lx} = 1{,}00$

Mx = Auswertung aus Pucher Tafel 28 Tabelle F1.1,0.1.1
My = Auswertung aus Pucher Tafel 28 Tabelle F1.1,0.1.1

Da $\frac{ly}{lx} = 1{,}00$ ist, ergibt sich der Abstand der Schnitte (dimensionslos) zu $\frac{1}{20} = 0{,}05$

$$Mx = 2 \cdot \frac{1}{3} \cdot 0{,}05 \cdot 0{,}6888 \cdot 1{,}00 \cdot 10{,}00^2 = 2{,}2960 \text{ Mpm/m}$$

$$My = 2 \cdot \frac{1}{3} \cdot 0{,}05 \cdot 0{,}5928 \cdot 1{,}00 \cdot 10{,}00^2 = 1{,}976 \text{ Mpm/m}$$

Nach Bittner (4) Tafel E 1.0/31 ist für $\frac{ly}{lx} = 1{,}00$, $\frac{2c}{a} = \frac{4{,}00}{10{,}00} = 0{,}40$

$\frac{2d}{a} = \frac{6{,}00}{10{,}00} = 0{,}60$, $P = 6{,}00 \cdot 4{,}00 \cdot 1{,}00 = 24{,}00$ Mp

$Mx = 24{,}00 \cdot 0{,}0962 = 2{,}3088$ Mpm/m, Abweichung 0,55 %

Nach Bittner (4) Tafel E 1,0/31 ist für

$\frac{2c}{a} = \frac{6{,}00}{10{,}00} = 0{,}60$ und $\frac{2d}{a} = \frac{4{,}00}{10{,}00} = 0{,}40$

$My = 24{,}00 \cdot 0{,}0843 = 2{,}0232$ Mpm/m, Abweichung 2,33 %

Damit ist die gute Übereinstimmung der hier gezeigten Methode mit theoretisch exakten Ergebnissen bewiesen.

Tabellarische Auswertung für Beispiel 2

Auswertung für	aus Tabelle Nr.	Schnitt-Nr.	Schnittrichtung	Schnitt x : lx	Schnitt y : ly	x1 = m	$\frac{x_1}{lx}$ =	Faktor Fx_1	x_2 = m	$\frac{x_2}{lx}$ =	Faktor Fx_2	Faktor $Fx_1 - Fx_2$ = = ΔF	n =	n . ΔF = V
Mx	F1.1.0.1.1	1	x	–	0,20	7,00	0,70	0,0276	3,00	0,30	0,0049	0,0227	1	0,0227
"	F1.1.0.1.1	2	x	–	0,25	7,00	0,70	0,0350	3,00	0,30	0,0056	0,0294	4	0,1176
"	F1.1.0.1.1	3	x	–	0,30	7,00	0,70	0,0405	3,00	0,30	0,0059	0,0346	2	0,0692
"	F1.1.0.1.1	4	x	–	0,35	7,00	0,70	0,0455	3,00	0,30	0,0058	0,0397	4	0,1588
"	F1.1.0.1.1	5	x	–	0,40	7,00	0,70	0,0493	3,00	0,30	0,0058	0,0435	2	0,0870
"	F1.1.0.1.1	6	x	–	0,45	7,00	0,70	0,0521	3,00	0,30	0,0056	0,0465	4	0,1860
"	F1.1.0.1.1	7	x	–	0,50	7,00	0,70	0,0529	3,00	0,30	0,0054	0,0475	1	0,0475
														Σ Vx = 0,6888
My	F1.1.0.1.1	1	x	–	0,20	7,00	0,70	0,0181	3,00	0,30	0,0049	0,0132	1	0,0132
"	F1.1.0.1.1	2 x	x	–	0,25	7,00	0,70	0,0196	3,00	0,30	0,0063	0,0133	4	0,0532
"	F1.1.0.1.1	3	x	–	0,30	7,00	0,70	0,0312	3,00	0,30	0,0089	0,0223	2	0,0446
"	F1.1.0.1.1	4	x	–	0,35	7,00	0,70	0,0380	3,00	0,30	0,0108	0,0272	4	0,1088
"	F1.1.0.1.1	5	x	–	0,40	7,00	0,70	0,0511	3,00	0,30	0,0132	0,0379	2	0,0758
"	F1.1.0.1.1	6	x	–	0,45	7,00	0,70	0,0704	3,00	0,30	0,0155	0,0549	4	0,2196
"	F1.1.0.1.1	7	x	–	0,50	7,00	0,70	0,0934	3,00	0,30	0,0158	0,0776	1	0,0776
														Σ Vy = 0,5928

Mit Hilfe der Tabellen lassen sich nach dem gleichen Verfahren die Schnittkräfte aus im Grundriß beliebig angeordneten Blocklasten oder Teilflächenlasten ermitteln. Dabei ist zu beachten, daß jeweils die Schnitte eines Lastrechteckes zusammenzufassen sind.

Beispiele für Lastanordnungen:

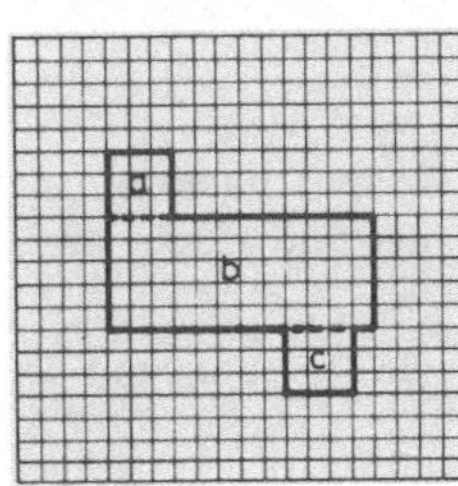

Abb. 7

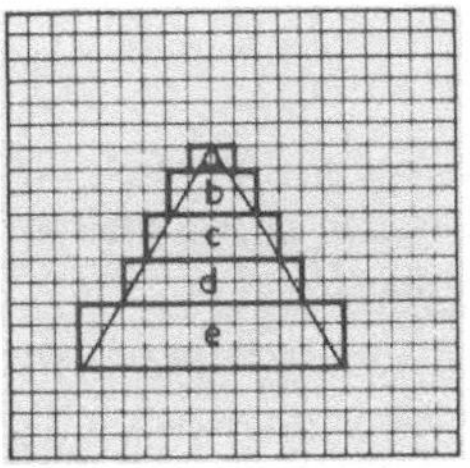

Abb. 8

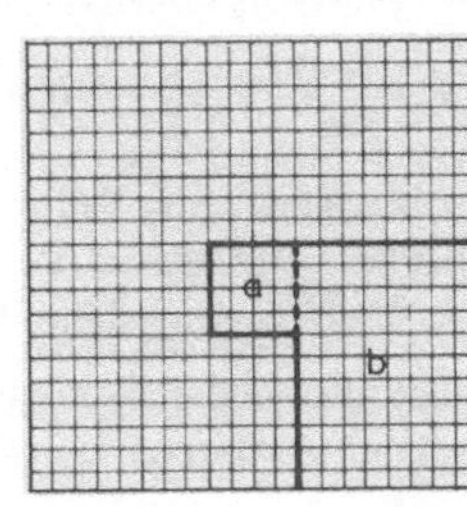

Abb. 9

In den Skizzen wurden die einzelnen zu untersuchenden Lastrechtecke mit a – e angegeben. Auch bei komplizierten Lastanordnungen ist die Berechnungsmethode sehr einfach. Bei den Tabellen wurden die Schnitte größtenteils in einem Raster von $\frac{1}{20} \cdot l$ angeordnet, was eng genug erscheint.

Beispielsweise beträgt bei einer 10 m weit gespannten Stahlbetonplatte der Abstand der Schnitte 50 cm.
Nach DIN 1045 § 17.7.2 darf li/h nicht größer als 35 sein.

$$h_{erf} = \frac{10}{35} \cdot 100 = 28{,}57 \text{ cm}, \; d = 31 \text{ cm}$$

Alle Lasten dürfen unter 45° bis zur Plattenmittelebene verteilt werden.

Wandbreite = 50 – 31 = 19 cm, d.h. bei einer 10 m weit gespannten Platte verteilt sich bereits eine 19 cm breite Linienlast auf den Rasterabstand, bei einer 5 m weit gespannten Platte ist es bereits eine 9 cm breite Linienlast.
In den Tabellen sind die Momentenfaktoren für Linienlasten mit der Breite 0 und für punktförmige Einzellasten angegeben. Da in der Praxis alle Linien- und Einzellasten eine endliche Breite bzw. Ausdehnung haben und sich alle Lasten unter 45° bis zur Plattenmittelebene verteilen können, liegen die damit ermittelten Schnittkräfte auf der sicheren Seite.

2. Bereich der Singularität

Wenn der Aufpunkt nicht auf einem unterstützten Rand, sondern im Feld liegt, ist die Ordinate des Einflußfeldes im Aufpunkt theoretisch unendlich groß. Praktisch kann aber diese Ordinate niemals unendlich groß werden, da alle Lasten eine endliche Ausdehnung haben und sich außerdem bis zur Plattenmittelebene verteilen können.
Nach DIN 1045 § 17.7.2 darf die Biegeschlankheit li/h nicht größer als 35 sein.
Bei Stahlbetonplatten ist für die am häufigsten vorkommenden Plattendicken von 10 – 35 cm h/d = 0,80 – 0,94.
Unter einer punktförmigen Einzellast ist bei Verteilung bis zur Plattenmittelebene für eine
frei aufliegende Platte die Aufstandsbreite

$$b' = \frac{1}{35} \cdot \frac{1}{0{,}94} = 0{,}0304 \cdot l,$$

eine einseitig eingespannte Platte die Aufstandsbreite

$$b' = \frac{1 \times 0{,}8}{35} \cdot \frac{1}{0{,}94} = 0{,}0243 \cdot l,$$

eine beidseitig eingespannte Platte die Aufstandsbreite

$$b' = \frac{1 \times 0{,}6}{35} \cdot \frac{1}{0{,}94} = 0{,}0182 \cdot l$$

Ein Vergleich mit den Einflußfeldern (1, 2) zeigt, daß die hier für eine punktförmige Einzellast ermittelten Verteilungsbreiten in den meisten Fällen breiter sind als die letzte bzw. kleinste dargestellte Schichtlinie.

Es ist also ausreichend genau, die Schnittkräfte für eine Einzellast im Aufpunkt mit der Ordinate der letzten dargestellten Schichtlinie zu ermitteln.

In dem hier benutzten Programm wird die Begrenzung der Kurve zwischen den Ordinaten der letzten (kleinsten) dargestellten Schichtlinie parabelförmig ausgerundet. Die sich dabei ergebende y'-Ordinate über dem Aufpunkt liegt aus den hier dargelegten Gründen auf der sicheren Seite.

In den Tabellen für Einzellasten wurde jeweils angegeben, daß die Ordinate y' im Aufpunkt theoretisch unendlich groß ist. Pucher (1,12) hat nachgewiesen, daß der Inhalt des Einflußfeldes über der letzten (kleinsten) dargestellten Schichtlinie so klein ist, daß er vernachlässigt werden kann.

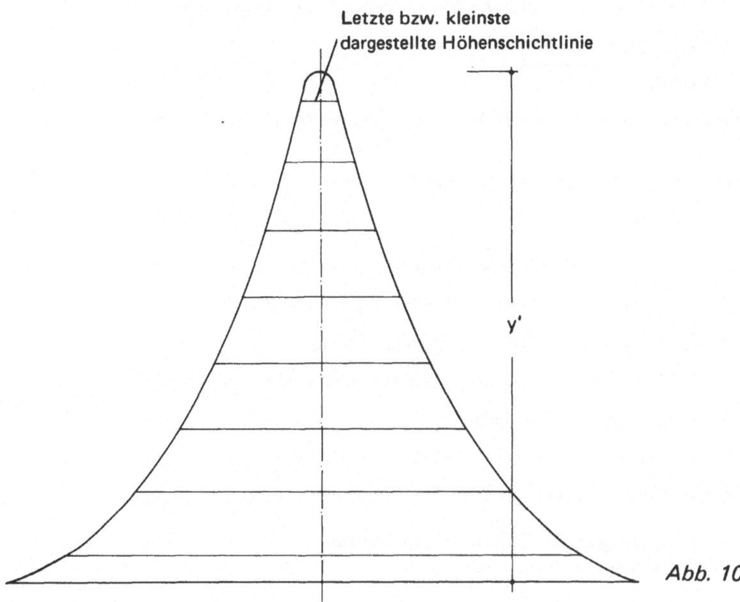

Abb. 10

3. Durchlaufende Systeme

Die im Hochbau auftretenden Linien-, Block- und Einzellasten ergehen fast immer nur Zusatzmomente. Deshalb sollte im Hochbau keine größere Genauigkeit verlangt werden als im Brückenbau. Geordnet nach dem Arbeitsaufwand sind folgende Methoden möglich:

a) Die Feldmomente werden für freie Auflagerung untersucht, bei den Stützmomenten wird mit dem Mittelwert der Volleinspannmomente gerechnet. Wenn nur ein Feld belastet ist, können die Stützmomente in Anlehnung an Pieper und Martens (27) mit 75 % des Volleinspannmomentes angesetzt werden.
   Bei nicht sehr großen Lasten ist dieses Verfahren noch wirtschaftlich. In einzelnen Fällen sind die Feldmomente eines eingespannten Feldes größer als die eines frei aufgelagerten Feldes, was zu beachten ist.

b) Bei gleichen Stützweiten oder auch bei ungleichen Stützweiten, deren kleinste noch mindestens 0,8 der größten ist, werden Feld- und Stützmomente bei Annahme voller Einspannung mit den Beiwerten der DIN 1075 Tabelle 3 multipliziert.

c) Bei gleichen Stützweiten oder auch bei ungleichen Stützweiten, deren kleinste noch mindetestens 0,8 der größten ist, werden Feld- und Stützmomente bei Annahme voller Einspannung mit den verbesserten Beiwerten von Kupfer und Maier (21) multipliziert.

d) Bei ungleichen Stützweiten werden die Einspanngrade der Felder abgeschätzt. Für gleichmäßig verteilte Belastung können die Einspanngrade nach Schriever (25) ermittelt werden. Als Hilfsmittel für die näherungsweise Abschätzung des Einspanngrades aus Linienlasten, Block- und Einzellasten können die anschließend aufgeführten Kurventafeln dienen. Hierbei wurde auf einem über zwei Felder durchlaufenden Plattenvollstreifen mit verschiedenen Stützweiten und Endeinspannungen eine Linienlast angesetzt und aus dem ausgeglichenen Stützmoment der Einspanngrad

$$\eta = \frac{\text{ausgeglichenes Stützmoment}}{\text{Volleinspannmoment}}$$

ermittel, wobei die Platte als Zweifeldträger mit gleichen Trägheitsmomenten untersucht wurde.

Es wurde angenommen, daß die Auflager nicht abheben können.

Die Bezeichnungen sind dann:

$\overline{M}_1$ = Volleinspannmoment aus Belastung in Feld 1

$\overline{M}_2$ = Volleinspannmoment aus Belastung in Feld 2

$\overline{M}_{F1,2}$ = Feldmoment der frei aufliegenden Platte

$M_{OF1,2}$ = Feldmoment der ein- oder beidseitig eingespannten Platte

M_F = endgültiges Feldmoment

η Feld 1 = mittlerer Einspanngrad für Feldmoment in Feld 1

η Feld 2 = mittlerer Einspanngrad für Feldmoment in Feld 2

η B Feld 1, η B Feld 2 = Einspanngrad für Stützmoment MB bei Belastung von Feld 1 bzw. 2

Es ist dann

$M_{F_1} = (\eta_1 \cdot \overline{M}_{F1} \pm (1 - \eta_1) \cdot M_{OF_1})$

$M_B = \eta_{B_1} \cdot \overline{M}_1$

bzw. $\eta_{B_2} \cdot \overline{M}_2$

$M_{F_2} = [\eta_2 \cdot \overline{M}_{F_2} \pm (1 - \eta_2) \cdot M_{OF_2}]$

Mit wachsender Last steigt die Ungenauigkeit, so daß Zuschläge für Feld- und Stützmomente empfohlen werden.

Da es sich im allgemeinen nur um Zusatzmomente handelt, ist es in den meisten Fällen zu vertreten, auf eine genaue Berechnung als Durchlaufträger bzw. als in zwei Richtungen durchlaufendes System zu verzichten.

Auf eventuell in unbelasteten oder kurzen Feldern auftretende negative Feldmomente ist zu achten.

e) Eine genauere Abschätzung des Einspanngrades ist der nachstehenden Auswertung aus Stiglat-Wippel (6) Platte Nr. P 4 zu entnehmen, allerdings nur für ein mit einer Einzellast belastetes Feld einer Zweifeldplatte.

f) Bei beliebig angeordneten Deckensystemen können die Steifigkeiten der einzelnen Felder nach Bittner (4), Niewerth (10) oder Hahn (8) bestimmt werden. Dann werden die Volleinspannmomente ermittelt und die einzelnen Stützmomente ausgeglichen, wobei auf die Anwendung der Übertragungsfaktoren nach Brunner (18) zur Vereinfachung verzichtet werden kann. Anschließend werden die einzelnen Einspanngrade ermittelt und die Feldmomente nach dem Einspanngradverfahren bestimmt. Eine weitere Variante dieses Verfahrens kann wie folgt angewendet werden:
Bei symmetrischer Belastung in den Innenfeldern und beliebiger Belastung in den Endfeldern kann aus den ermittelten Volleinspannmomenten eine Ersatzgleichlast, aus den ermittelten Steifigkeiten eine Ersatzträgheitsmoment bestimmt werden. Dann kann das System als Durchlaufträger mit Gleichlast mit einem Kleincomputer oder dgl. untersucht werden, wobei sich die gleichen Stützmomente wie beim Momentenausgleich ergeben.
g) Untersuchung nach Brunner (18).
h) Untersuchung nach Bittner (4).

4. Verminderung oder Vergrößerung der Stützmomente

Nach DIN 1045 Abschnitt 15.1.2 dürfen die unter Beachtung von Abschnitt 15.4.1.2 ermittelten Stützmomente um bis zu 15 % ihrer Maximalwerte vermindert oder vergrößert werden. Bei Anwendung des Einspanngradverfahrens kann dies sehr einfach berücksichtigt werden:

a) Bei Verminderung der Stützmomente vermindert sich der Einspanngrad der Felder um den gleichen Prozentsatz.
b) Bei Vergrößerung der Stützmomente vergrößert sich der Einspanngrad der Felder um den gleichen Prozentsatz.

5. Befahrbare Platten

Nach DIN 1055 Blatt 3 Abs. 6.3.1. sind Hofkellerdecken und andere von Kraftfahrzeugen befahrene Decken (ausgenommen sind Decken nach Abschnitt 6.1 Tabelle 1) mindestens nach DIN 1072, Ausgabe November 1967, Tabelle 2, Brückenklasse 6 zu berechnen. Abweichend von DIN 1072 ist jedoch die Fläche außerhalb der Hauptspur mit den gleichmäßig verteilten Flächenlasten p1 der Hauptspur zu belasten.

Muß mit schweren Kraftfahrzeugen, z.B. mit Feuerwehrfahrzeugen, gerechnet werden, so gelten die Lastannahmen nach DIN 1072, Ausgabe November 1967, Tabelle 2, der Brückenklassen 12 oder 30.

Die Belastung ist als nicht vorwiegend ruhend unter Berücksichtigung von Schwingbeiwerten nach Abschnitt 8 anzusetzen.

So dürfen befahrbare Platten mit Ausnahme von Brücken, mit Gabelstaplern befahrenen Decken und Hubschrauberlandeplätzen mit Ersatzflächenlasten als Verkehrslast untersucht werden.

Verkehrs- Regellasten (Ersatzflächenlasten)

Brückenklasse	Ersatzflächenlast Mp/m^2	Schwingbeiwert φ	Gesamte Ersatzflächenlast Mp/m^2
6	0,40	1,4	0,56
9	0,50	1,4	0,70
16	0,89	1,4	1,246
24	1,33	1,4	1,862
30	1,67	1,4	2,338

Bei überschütteten Bauwerken kann φ nach DIN 1055 Abschnitt 8 abgemindert werden. Die mit Ersatzflächenlasten ermittelten Schnittkräfte liegen auf der sicheren Seite. Wenn eine größere Genauigkeit bzw. größere Wirtschaftlichkeit verlangt wird, können die Schnittkräfte nach Rüsch (31) ermittelt werden. Einige Plattentypen sind in diesem Werk nicht erhalten. Die Schnittkräfte können, wie in Abschnitt 1 beschrieben, untersucht werden.

6. Querdehnungszahl

Bei den Tabellen wurde jeweils die Querdehnungszahl angegeben.
Bei den meisten Tabellen ist $\mu = 0$.
Bei Berechnungen mit anderen Querdehnungszahlen können die Momente auf einfache Weise mit dem Faktor $(1 + \mu)$ umgerechnet werden, vergleiche auch Pucher (1) § 5.
Ein weiteres Näherungsverfahren zur Umrechnung der Momente bei Berechnungen mit anderen Querdehnungszahlen wurde in (30) Abschnitt 2.3.2 angegeben.

7. Drillmomente

In den Tabellen für vierseitig gelagerte Rechteckplatten wurden für ein Seitenverhältnis $\frac{ly}{lx} = 1{,}00$ Momentenfaktoren für das Drillmoment im Eckpunkt und in der Nähe der Ecke angegeben.
Bei Bretthauer/Nötzold (13, Bild 8) ist eine Kurve dargestellt, die den Verlauf der größten Ordinaten Mxy in Abhängigkeit vom Seitenverhältnis $\frac{ly}{lx}$ zeigt. Damit ist ein Anhaltspunkt für die Größe der Drillmomente bei anderen Seitenverhältnissen gegeben.

8. Bezeichnungen

Für die Systemskizzen im vorliegenden Tabellenwerk gilt

═════	= unverdrehbar eingespannter, unverschieblicher Rand
─────	= frei verdrehbarer, unverschieblicher Rand
– – – – – – –	= frei verdrehbarer und frei verschieblicher Rand (ungestützter Rand)
y ↑, → x	y – Richtung entspricht ly-Richtung x – Richtung entspricht lx-Richtung
M_y ↑, → M_x	Mx dreht um die y-Achse und erzeugt Spannungen in x-Richtung My dreht um die x-Achse und erzeugt Spannungen in y-Richtung

Mex = Volleinspannmoment, dreht um die y-Achse und erzeugt Spannungen in x–Richtung

Mey = Volleinspannmoment, dreht um die x-Achse und erzeugt Spannungen in y-Richtung

Die Lage der Schnittkräfte geht aus den Systemskizzen hervor.

9. Belastungen

Die Belastungen wuden wie folgt angenommen:

q = Linienlast mit der Breite 0, angegeben in Lasteinheit pro Längeneinheit

P = punktförmige Einzellast

Die Tabellenwerte gelten für alle Lasteinheiten und Längeneinheiten.
Bei den Tabellen für Linienlasten geben die vertikalen Spalten die Lastlänge, die nebeneinanderliegenden Spalten den Lastabstand an, jeweils durch Pfeil bezeichnet.

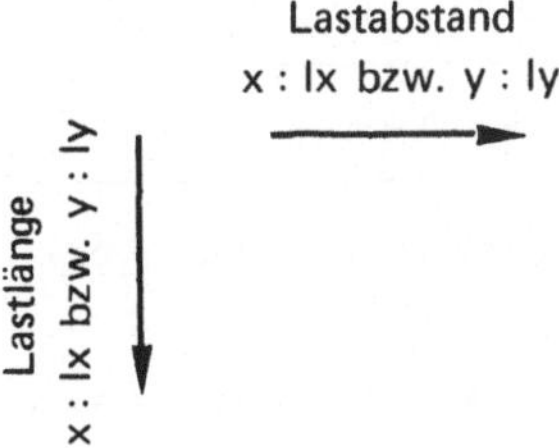

Hinweis:

Die Berechnung der Einflußflächen für die dreiseitig frei aufliegenden Rechteckplatten erfolgte elektronisch nach der Methode der Finiten Elemente und wurde mit dem Programm FEAPS 2 am Fides-Rechenzentrum München durchgeführt.

Ermittlung von Einspanngraden für Stütz- und Feldmomente aus einer Einzellast.

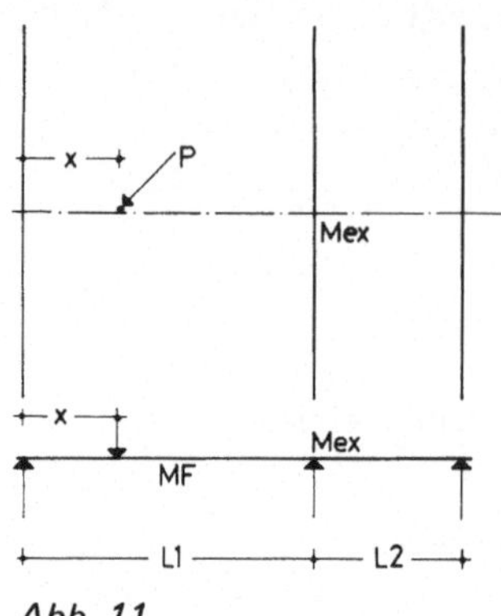

Abb. 11

Auswertung aus Stiglat-Wippel „Platten", Platte P4; Volleinspannmomente nach Bittner.

Plattenvollstreifen, über 2 Felder durchlaufend, belastet mit einer Einzellast in Feld 1, gleiche Plattendicken in beiden Feldern.

Einspanngrad je nach Laststellung

$$\eta = \frac{\text{ausgeglichenes Stützmoment}}{\text{Volleinspannmoment}}$$

$\overline{M}_F$ = Feldmoment des einseitig voll eingespannten Plattenvollstreifens

$\overline{M}_{OF}$ Feldmoment des frei aufliegenden Plattenvollstreifens

Endgültiges Feldmoment $M_F = (\eta \cdot \overline{M}_F \pm (1-\eta) \cdot M_{OF})$, gültig für die Momente in x- und y-Richtung

Tabelle 1 für $0,5 \leqslant L1/L2 \leqslant 1,5$

Laststellung x/L1	0	0,1	0,2	0,3	0,4	0,5	0,6	0,7	0,8	0,9	1,0
Mex nach Stiglat-Wippel	0	0,03	0,05	0,07	0,09	0,11	0,12	0,14	0,15	0,15	0,16
Volleinspann-moment nach Bittner	0	0,0460	0,0914	0,1361	0,1765	0,2145	0,2482	0,2768	0,2988	0,3131	0,3183
Einspann-grad	0	0,65	0,55	0,51	0,51	0,51	0,48	0,50	0,50	0,48	0,50

Tabelle 2 für $1,5 \leqslant L1/L2 \leqslant 2,0$

Laststellung x/L1	0	0,1	0,2	0,3	0,4	0,5	0,6	0,7	0,8	0,9	1,0
Mex nach Stiglat-Wippel	0	0,03	0,06	0,09	0,11	0,13	0,15	0,16	0,17	0,17	0,16
Volleinspann-moment nach Bittner	0	0,0460	0,0914	0,1361	0,1765	0,2145	0,2482	0,2768	0,2988	0,3131	0,3183
Einspann-grad	0	0,65	0,66	0,66	0,62	0,61	0,60	0,58	0,57	0,54	0,50

Plattenstreifen, über zwei Felder durchlaufend, beide Endauflager ohne Einspannung, belastet mit einer in Feld 1 durchgehenden Linienlast, Plattendicken in beiden Feldern gleich.

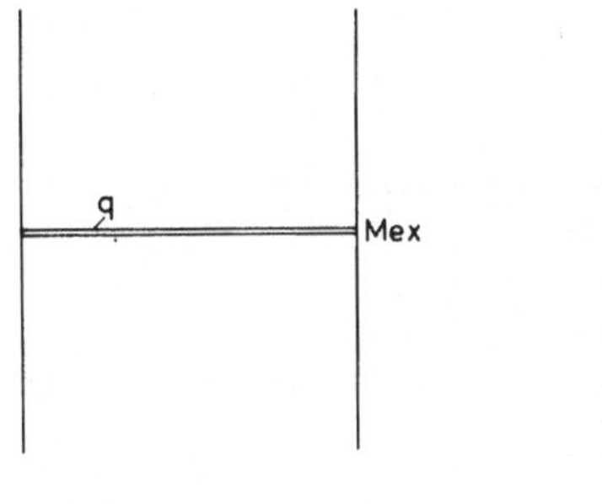

Bezeichnungen:

$\overline{M}_1$ = Volleinspannmoment aus Belastung in Feld 1

$\overline{M}_{F_1}$ = Feldmoment der einseitig eingespannten Platte

M_{OF_1} = Feldmoment der frei aufliegenden Platte

M_B = Mex = $\eta_B \cdot \overline{M}_1$

Endgültiges Feldmoment Feld 1

$M_F = [\eta \cdot \overline{M}_{F_1} \pm (1-\eta) \cdot M_{OF_1}]$

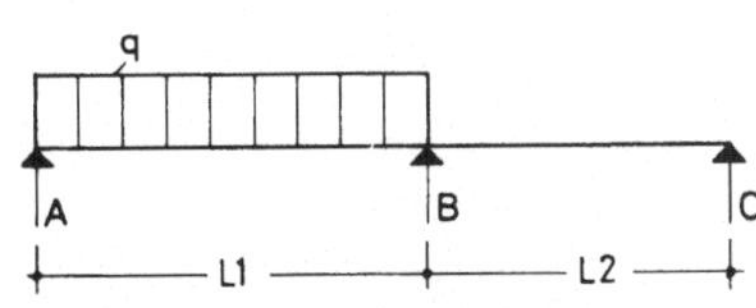

Kurventafel zur näherungsweisen Abschätzung des Einspanngrades

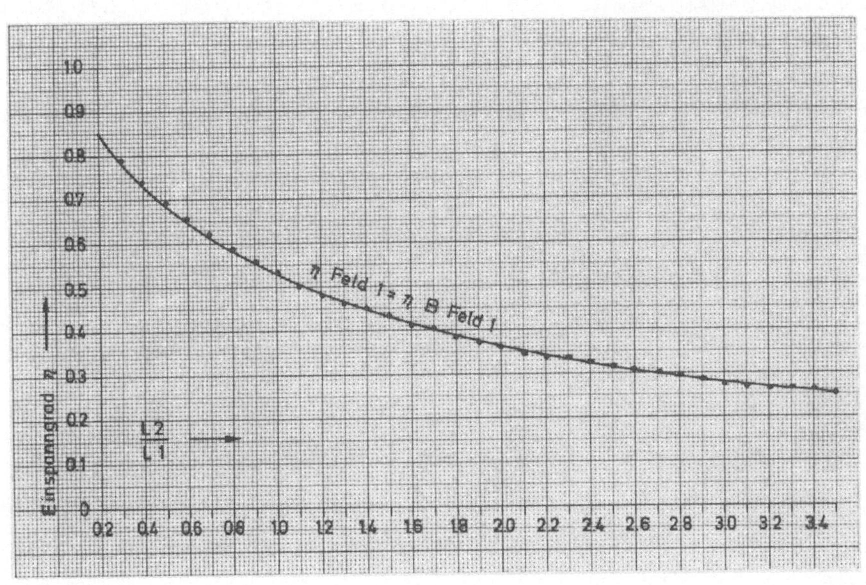

Plattenvollstreifen, über zwei Felder durchlaufend, beide Endauflager ohne Einspannung, belastet mit einer in beiden Feldern gleich großen durchgehenden Linienlast, Plattendicken in beiden Feldern gleich.

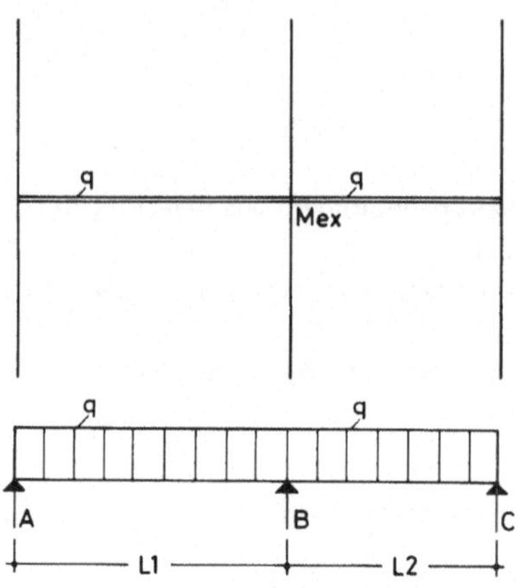

Bezeichnungen:

$\overline{M}_1$ = Volleinspannmoment aus Belastung in Feld 1

$\overline{M}_2$ = Volleinspannmoment aus Belastung in Feld 2

$\overline{M}_F$ = Feldmoment der einseitig eingespannten Platte

M_{OF} = Feldmoment der frei aufliegenden Platte

M_B = Mex = $\eta_{B\ Feld\ 1} \cdot \overline{M}_1$ oder $\eta_{B\ Feld\ 2} \cdot \overline{M}_2$

Endgültiges Feldmoment

$M_F = [\eta \cdot \overline{M}_F \pm (1 - \eta) \cdot M_{OF}]$

Kurventafel zur näherungsweisen Abschätzung des Einspanngrades

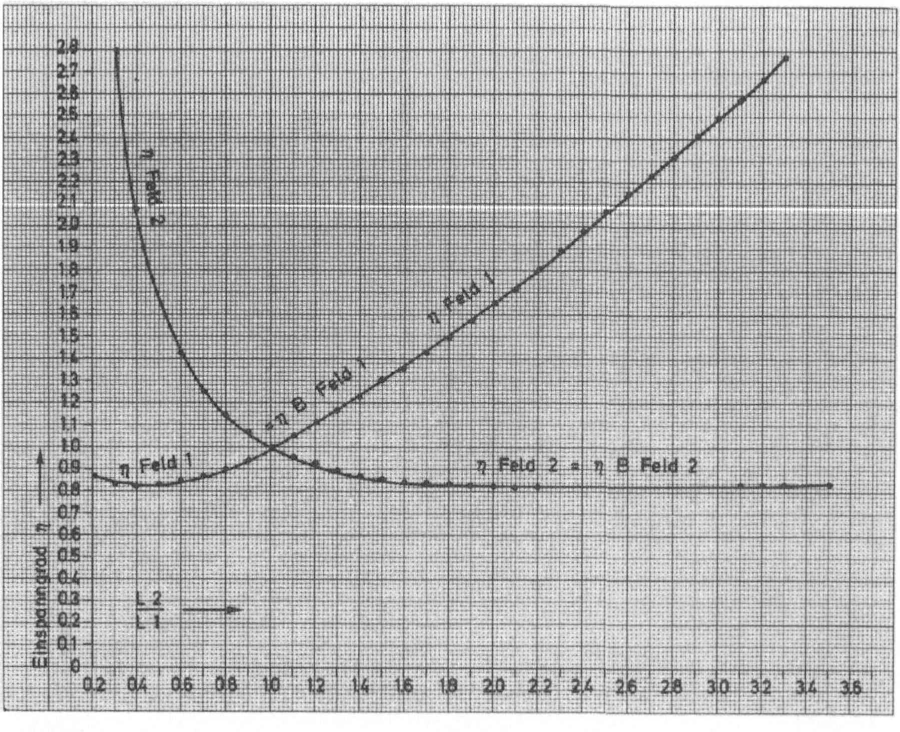

Plattenvollstreifen, über zwei Felder durchlaufend, linkes Endauflager gelenkig gelagert, rechtes Endauflager mit Einspanngrad 0,5 eingespannt, belastet mit Linienlast in Feld 1, Plattendicke in beiden Feldern gleich.

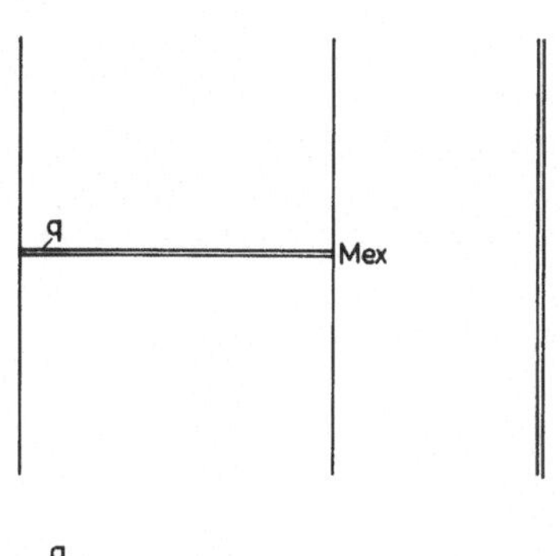

Bezeichnungen:

$\overline{M}_1$ = Volleinspannmoment aus Belastung in Feld 2

$\overline{M}_{F1}$ = Feldmoment der einseitig eingespannten Platte

M_{OF_1} = Feldmoment der frei aufliegenden Platte

M_B = $Mex = \eta_B \cdot \overline{M}_1$

Endgültiges Feldmoment:

M_F = $[\eta_{Feld} \cdot \overline{M}_{F1} \pm (1 - \eta) \cdot M_{OF_1}]$

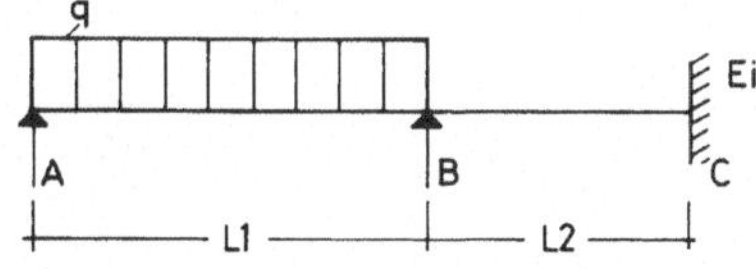

Kurventafel zur näherungsweisen Abschätzung des Einspanngrades

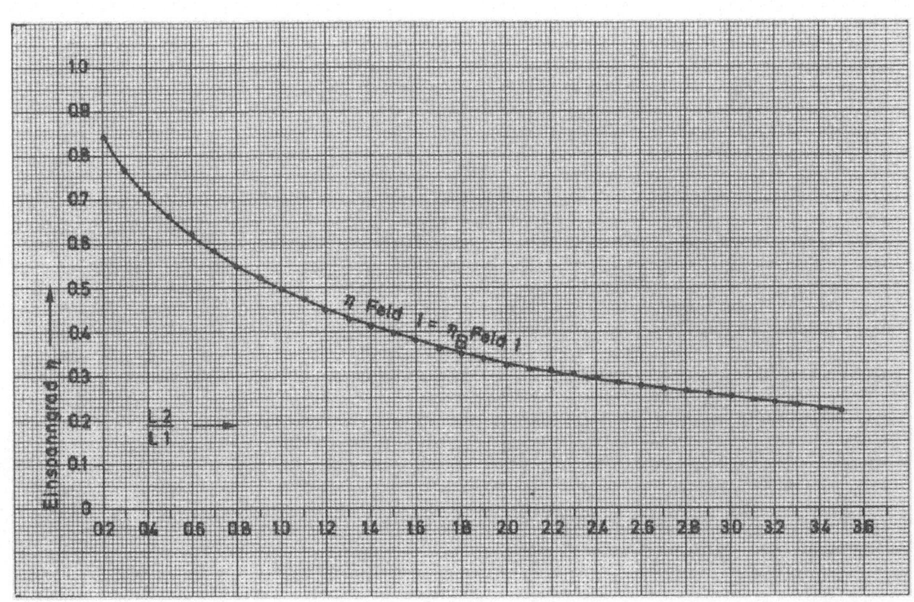

Plattenvollstreifen, über zwei Felder durchlaufend, linkes Endauflager gelenkig gelagert, rechtes Endauflager mit Einspanngrad 0,5 eingespannt, belastet mit einer Linienlast in Feld 2 , Plattendicke in beiden Feldern gleich.

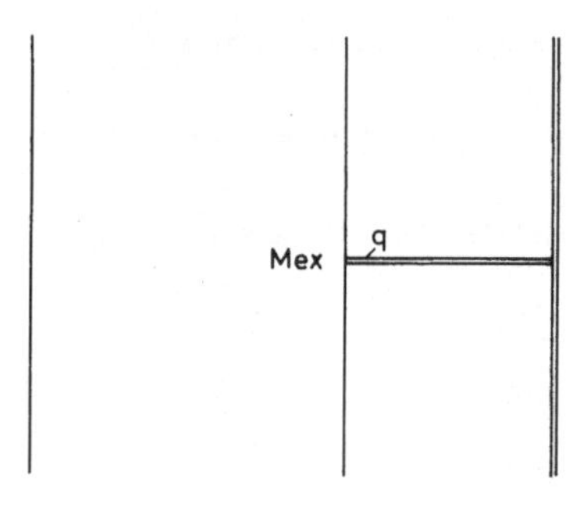

Bezeichnungen:

$\bar{M}_2$ = Volleinspannmoment aus Belastung in Feld 2

$\bar{M}_{F_2}$ = Feldmoment der einseitig eingespannten Platte

M_{OF_2} = Feldmoment der frei aufliegenden Platte

M_B = $Mex = \eta_{B\,Feld\,2} \cdot \bar{M}_2$

Endgültiges Feldmoment:

$M_{F_2} = [\eta_{Feld\,2} \cdot \bar{M}_{F_2} \pm (1 - \eta_{Feld\,2}) \cdot M_{OF_2}]$

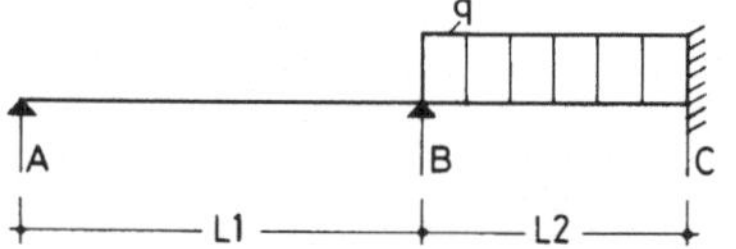

Einspanngrad 0.5

Kurventafel zur näherungsweisen Abschätzung des Einspanngrades

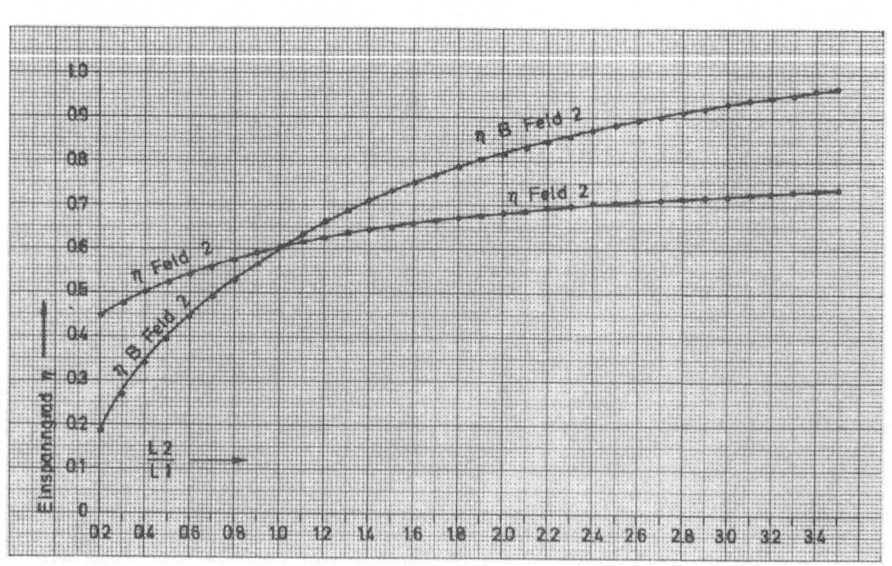

Plattenvollstreifen, über zwei Felder durchlaufend, linkes Endauflager gelenkig gelagert, rechtes Endauflager mit Einspanngrad 0,5 eingespannt, belastet mit einer in beiden Feldern gleich großen durchlaufenden Linienlast, Plattendicke in beiden Feldern gleich.

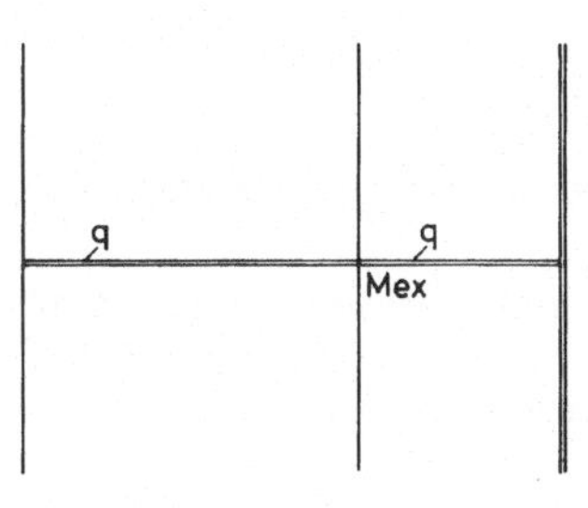

Bezeichnungen:

$\overline{M}_1$ = Volleinspannmoment aus Belastung in Feld 1

$\overline{M}_2$ = Volleinspannmoment aus Belastung in Feld 2

$\overline{M}_F$ = Feldmoment der ein- bzw. beidseitig eingespannten Platte

M_{OF} = Feldmoment der frei aufliegenden Platte

M_B = Mex = $\eta_{B\,Feld\,1} \cdot \overline{M}_1$ oder $\eta_{B\,Feld\,2} \cdot \overline{M}_2$

Endgültiges Feldmoment:

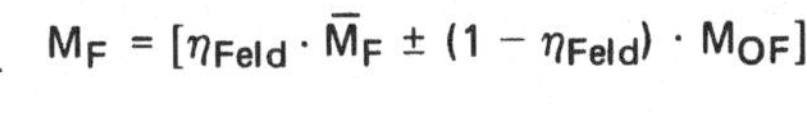

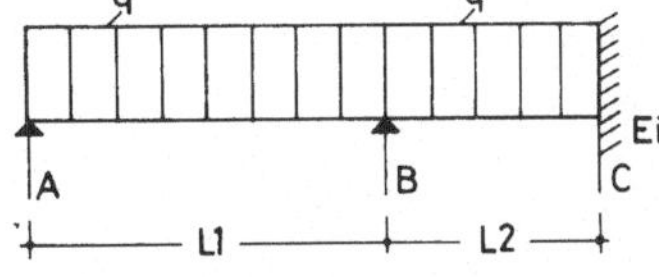

Kurventafel zur näherungsweisen Abschätzung des Einspanngrades

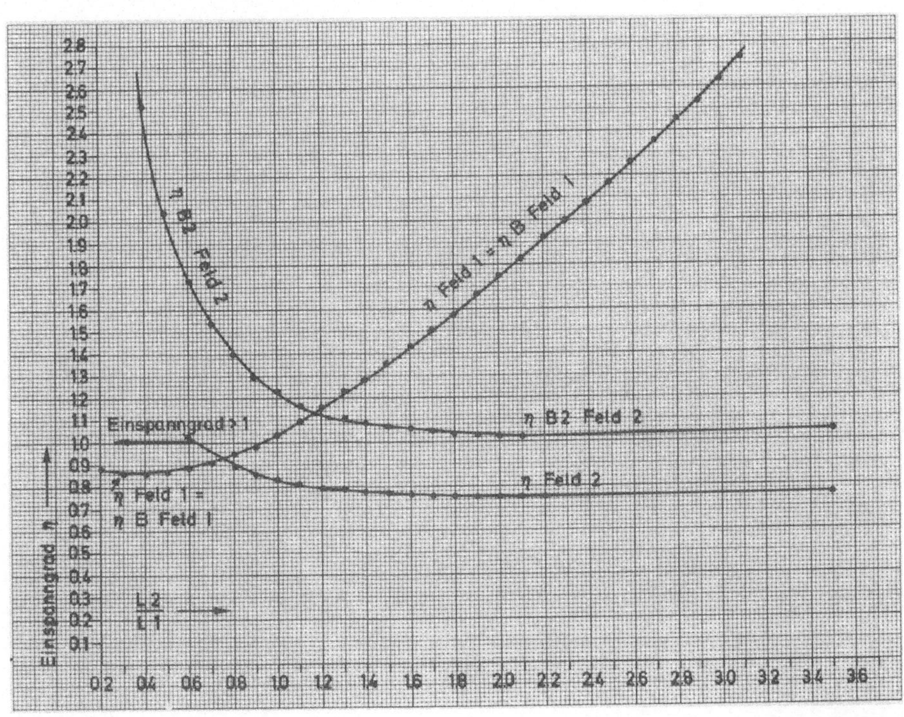

Plattenvollstreifen über zwei Felder durchlaufend, beide Endauflager mit halber Einspannung, Belastung mit Linienlast in Feld 1, Plattendicke in beiden Feldern gleich.

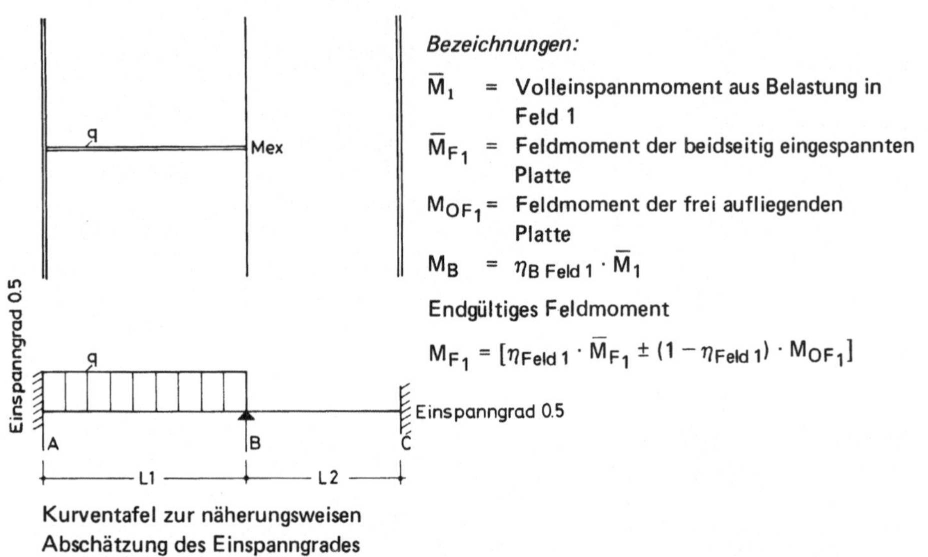

Bezeichnungen:

$\overline{M}_1$ = Volleinspannmoment aus Belastung in Feld 1

$\overline{M}_{F_1}$ = Feldmoment der beidseitig eingespannten Platte

M_{OF_1} = Feldmoment der frei aufliegenden Platte

M_B = $\eta_{B\ Feld\ 1} \cdot \overline{M}_1$

Endgültiges Feldmoment

$M_{F_1} = [\eta_{Feld\ 1} \cdot \overline{M}_{F_1} \pm (1 - \eta_{Feld\ 1}) \cdot M_{OF_1}]$

Kurventafel zur näherungsweisen Abschätzung des Einspanngrades

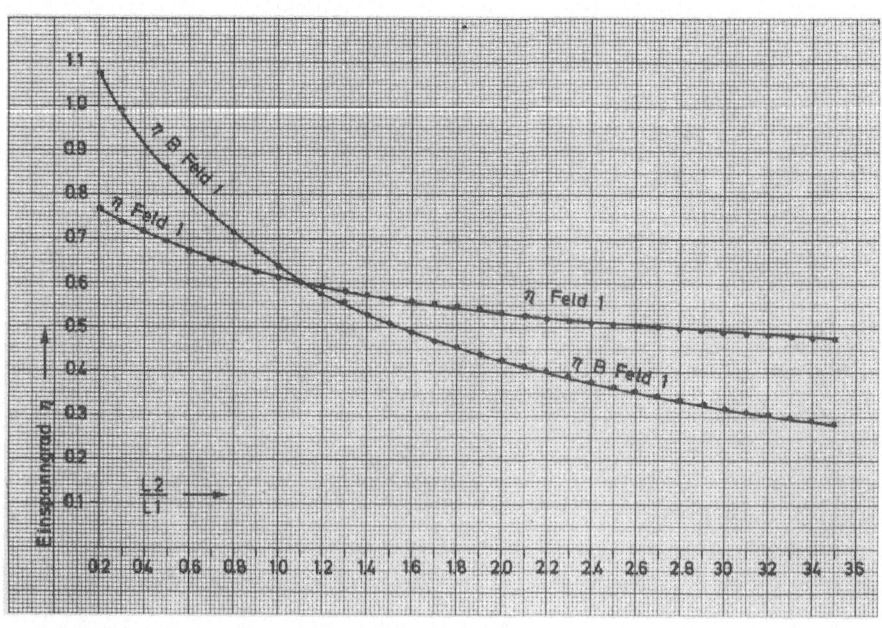

Plattenvollstreifen über zwei Felder durchlaufend, beide Endauflager mit halber Einspannung, belastet mit einer in beiden Feldern gleichgroßen durchgehenden Linienlast, Plattendicken in beiden Feldern gleich.

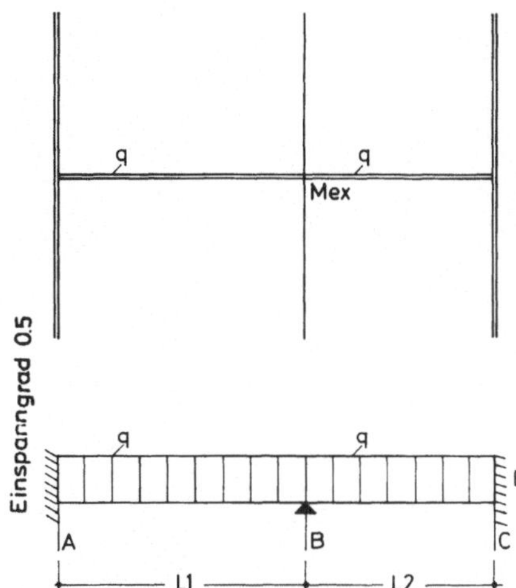

Bezeichnungen:

$\overline{M}_1$ = Volleinspannmoment aus Belastung in Feld 1

$\overline{M}_2$ = Volleinspannmoment aus Belastung in Feld 2

$\overline{M}_F$ = Feldmoment der beidseitig eingespannten Platte

M_{OF} = Feldmoment der frei aufliegenden Platte

M_B = $Mex = \eta_{B\ \text{Feld}\ 1} \cdot \overline{M}_1$ oder $\eta_{B\ \text{Feld}\ 2} \cdot \overline{M}_2$

Endgültiges Feldmoment:

$$M_F = [\eta \cdot \overline{M}_F \pm (1 - \eta) \cdot M_{OF}]$$

Kurventafel zur näherungsweisen Abschätzung des Einspanngrades

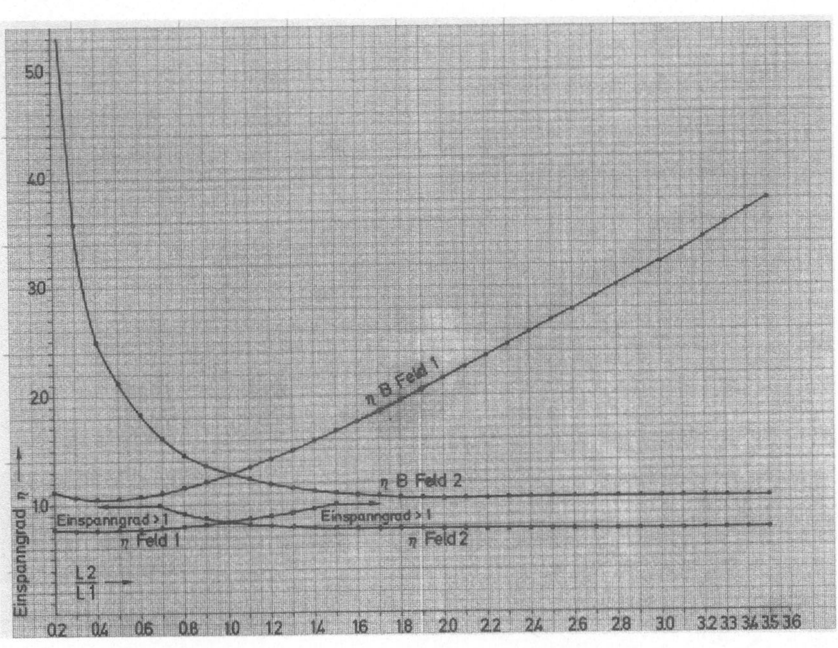

Literaturverzeichnis

1. Bücher

[1] Pucher, A.: Einflußfelder elastischer Platten, Springer-Verlag, Wien – New York 1964.

[2] Hoeland, G.: Stützmomenten-Einflußfelder durchlaufender Platten, Springer-Verlag Berlin-Göttingen-Heidelberg 1957.

[3] Olsen, H.; Reinitzhuber, Fr.: Die zweiseitig gelagerte Platte, 1. u. 2. Band, Verlag Wilhelm Ernst & Sohn, Berlin 1962.

[4] Bittner, E.: Platten und Behälter, Springer-Verlag, Wien – New York 1965.

[5] Krebs, A.; Baader, W.: Ein Beitrag zur Untersuchung des freien punktgestützten Randes von Flachdecken unter besonderer Berücksichtigung einer Deckenauskragung, Mitteilungen aus dem Institut für Massivbau an der TH Darmstadt, Heft 13, 1966.

[6] Stiglat, K.; Wippel, H.: Platten, 2. Auflage, Verlag von Wilhelm Ernst & Sohn, Berlin 1973.

[7] Bares, R.: Berechnungstafeln für Platten und Wandscheiben, 2. Auflage, Bauverlag, Berlin und Wiesbaden 1971.

[8] Hahn, J.: Durchlaufträger, Rahmen, Platten und Balken auf elastischer Bettung, 10. Auflage, Werner Verlag, Düsseldorf 1970.

[9] Opladen, K.: Vereinfachte Berechnung für unbehinderte verschiebliche Rahmen, Band 1.: Theorie erster Ordnung, Werner-Verlag, Düsseldorf 1963.

[10] Niewerth, J.: Vierseitig gestützte Rechteckplatten, Werner-Verlag, Düsseldorf, 1969.

2. Fachzeitschriten-Aufsätze

[11] Pucher, A.: Zur Auswertung der Querkraft-Einflußfelder elastischer Platten, in: Bauingenieur 40 (1965), Heft 7, S. 268

[12] Pucher, A.: Über die Singularitätenmethode an elastischen Platten, in: Ing. Arch. XII (1941), S. 76.

[13] Bretthauer, G.; Nötzold, F.: Einflußflächen von vierseitig gelagerten Rechteckplatten, in: Beton- und Stahlbetonbau 60 (1965) Heft 8, S. 194.

[14] Woodring, R. E.; Asce, M.; Siess, Ch. P.; Asce, F.: Influence surfaces for continuous plates, in: Journal of the Structural Division Proceedings of the American Society of Civil Engineers, January 1968, S. 211.

[15] Vik, B.: Zur Berechnung der Querkräfte in Fahrbahnplatten, in: Bauingenieur 39 (1964) Nr. 12, S. 485.

[16] Schmaus, W.: Zur mittragenden Plattenbreite bei Linien- und Einzellasten, in: Bautechnik 50 (1973) Heft 5, S. 145.

[17] Niewerth, H.: Tabelle zur Berechnung der Lastverteilungsbreite nach Tabelle 28 der DIN 1045, in: Bautechnik 50 (1973) Heft 10, S. 340.

[18] Brunner, W.: Drehwinkel-Ausgleichsverfahren zur Berechnung beliebig belasteter durchlaufender Platten, in: Beton- u. Stahlbetonbau 56 (1961) Heft 6, S. 140.

[19] Opladen, K.: Hilfsmittel zur numerischen Interpolation, Integration und Differentation, in: Der Deutsche Baumeister (BDB) Heft 5, 1964, Seite 461.

[20] Opladen, K.: Gedanken zur Anwendung von Computern in der Baustatik, in: Der Deutsche Baumeister (BDB) Heft 5, 1971, Seite 420.

[21] Kupfer, H.; Maier, A.: Beiwerte zur Berechnung der Momentengrenzwerte aus Verkehrslast für durchlaufende rechtwinkelige Fahrbahnplatten von Straßenbrücken, in: Beton- und Stahlbetonbau 64 (1969) Heft 10, S. 233.

[22] Mok-Kong Shen: Über die Simpson'sche Formel, in: Der Bauingenieur 37 (1962) Heft 3, S. 97.

[23] Ille, V.; Mühsam, H.; Pop, V.; Magyarosy, I.: Theoretische und experimentelle Bestimmung der Schnittkräfte und Einflußflächen einer allseitig frei drehbar gelagerten Trapezplatte, in: Straße Brücke Tunnel Heft 6, 1972, S. 150.

[24] Maas, O.: Einflußflächen für die am geraden Rand freie Halbkreisplatte, in: Beton- und Stahlbetonbau 57 (1962) Heft 1, S. 19.

3. Weitere Literatur

[25] Schriever, H.: Berechnung von Platten nach dem Einspanngradverfahren, Werner-Verlag, Düsseldorf 1970.

[26] Eichstaedt, H. J.: Einspanngrad-Verfahren zur Berechnung der Feldmomente durchlaufender kreuzweise bewehrter Platten im Hochbau, in: Beton- und Stahlbetonbau 58 (1963) Heft 1, S. 19.

[27] Pieper, K.; Martens, P.: Durchlaufende vierseitig gestützte Platten im Hochbau, Vorschlag zur vereinfachten Berechnung, in: Beton- und Stahlbetonbau 61 (1966) Heft 6, S. 158 und 62 (1967) Heft 6, S. 151.

[28] Utescher, G.: Zuschrift zu (27), in: Beton- und Stahlbetonbau 62 (1967) Heft 6, S. 150.

[29] Brunner, W.: Momentenausgleichsverfahren zur Berechnung durchlaufender Platten für gleichmäßig verteilte Belastungen, in: Schweizerische Bauzeitung, 73 (1955) Heft 50, S. 771

[30] Deutscher Ausschuß für Stahlbeton, Heft 240: Hilfsmittel zur Berechnung der Schnittgrößen und Formänderungen von Stahlbetontragwerken nach DIN 1045, Berlin 1976.

[31] Deutscher Ausschuß für Stahlbeton, Heft 106, Rüsch, H.: Berechnungstafeln für rechtwinkelige Fahrbahntafeln von Straßenbrücken, Verlag von Wilhelm Ernst & Sohn, Berlin-München, 1965.

Abschnitt A – Plattenhalbstreifen

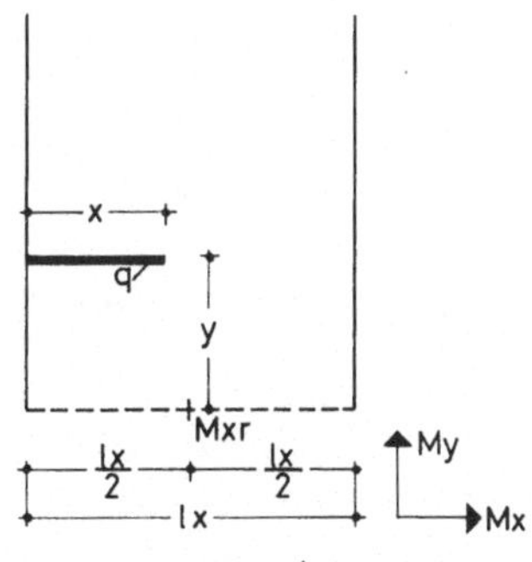

Plattenhalbstreifen mit frei aufgelagerten Längsrändern und einem freien Rand.
Feldmoment Mxr in Mitte des freien Randes aus Linienlast in lx-Richtung.
Faktor = q · lx

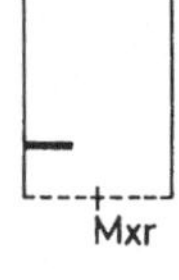

A 1.1.1.

→ y : lx

x : lx ↓ / Spalte	0.00	0.05	0.10	0.15	0.20	0.25	0.30	0.35	0.40	0.45
.05	.0009	.0008	.0008	.0008	.0007	.0007	.0007	.0006	.0006	.0005
.10	.0032	.0032	.0031	.0031	.0030	.0029	.0028	.0026	.0025	.0024
.15	.0073	.0074	.0073	.0072	.0070	.0067	.0064	.0061	.0057	.0055
.20	.0133	.0135	.0134	.0133	.0126	.0122	.0117	.0109	.0103	.0097
.25	.0213	.0219	.0215	.0209	.0200	.0195	.0184	.0171	.0161	.0150
.30	.0318	.0327	.0319	.0306	.0296	.0283	.0269	.0250	.0232	.0213
.35	.0452	.0462	.0452	.0433	.0415	.0391	.0370	.0342	.0315	.0286
.40	.0625	.0634	.0618	.0588	.0558	.0520	.0486	.0445	.0407	.0368
.45	.0848	.0863	.0826	.0772	.0719	.0666	.0615	.0559	.0506	.0457
.50	.1208	.1155	.1068	.0977	.0891	.0823	.0752	.0679	.0609	.0550
.55	.1569	.1446	.1311	.1182	.1063	.0965	.0893	.0786	.0712	.0642
.60	.1792	.1675	.1518	.1366	.1224	.1111	.1031	.0898	.0811	.0731
.65	.1965	.1847	.1684	.1521	.1367	.1245	.1126	.1002	.0903	.0814
.70	.2099	.1982	.1817	.1648	.1486	.1346	.1227	.1097	.0986	.0887
.75	.2203	.2090	.1922	.1746	.1581	.1434	.1311	.1168	.1057	.0950
.80	.2284	.2174	.2002	.1821	.1656	.1506	.1379	.1230	.1115	.1003
.85	.2344	.2235	.2064	.1882	.1712	.1562	.1431	.1277	.1161	.1045
.90	.2385	.2277	.2105	.1923	.1752	.1600	.1468	.1314	.1192	.1076
.95	.2408	.2301	.2129	.1947	.1775	.1622	.1489	.1334	.1212	.1094
1.00	.2417	.2309	.2136	.1954	.1782	.1629	.1495	.1340	.1217	.1100

→ y : lx

x : lx ↓ / Spalte	0.50	0.55	0.60	0.65	0.70	0.75	0.80	0.85	0.90	0.95
.05	.0005	.0004	.0004	.0003	.0003	.0003	.0003	.0002	.0002	.0002
.10	.0021	.0019	.0017	.0015	.0014	.0013	.0011	.0010	.0009	.0008
.15	.0049	.0045	.0042	.0036	.0033	.0029	.0025	.0022	.0020	.0018
.20	.0088	.0080	.0075	.0065	.0061	.0052	.0046	.0040	.0036	.0032
.25	.0136	.0124	.0116	.0101	.0095	.0082	.0072	.0062	.0055	.0048
.30	.0194	.0176	.0162	.0143	.0133	.0117	.0103	.0088	.0078	.0069
.35	.0259	.0234	.0215	.0190	.0176	.0155	.0138	.0118	.0104	.0091
.40	.0331	.0298	.0272	.0242	.0223	.0196	.0175	.0150	.0133	.0116
.45	.0408	.0366	.0332	.0296	.0273	.0240	.0214	.0184	.0163	.0143
.50	.0490	.0438	.0395	.0351	.0324	.0285	.0254	.0219	.0195	.0170
.55	.0571	.0510	.0458	.0407	.0376	.0331	.0294	.0255	.0227	.0198
.60	.0649	.0578	.0519	.0461	.0426	.0375	.0333	.0289	.0257	.0224
.65	.0721	.0642	.0576	.0512	.0473	.0416	.0370	.0321	.0286	.0249
.70	.0786	.0700	.0629	.0560	.0516	.0454	.0405	.0351	.0312	.0272
.75	.0844	.0751	.0675	.0601	.0554	.0489	.0436	.0377	.0335	.0292
.80	.0892	.0795	.0715	.0637	.0588	.0518	.0462	.0399	.0355	.0309
.85	.0931	.0831	.0749	.0667	.0616	.0542	.0483	.0416	.0370	.0323
.90	.0959	.0856	.0774	.0687	.0635	.0558	.0497	.0429	.0381	.0333
.95	.0975	.0871	.0787	.0699	.0645	.0568	.0506	.0436	.0388	.0339
1.00	.0980	.0876	.0791	.0703	.0649	.0571	.0508	.0439	.0390	.0341

Auswertung aus Pucher „Einflußfelder elastischer Platten" Tafel Nr. 22

→ y : lx

↓ x : lx

Spalte										
	1.00	1.05	1.10	1.15	1.20	1.25	1.30	1.35	1.40	1.45
.05	.0001	.0001	.0001	.0001	.0001	.0001	.0001	.0001	.0001	.0001
.10	.0007	.0006	.0005	.0005	.0004	.0003	.0003	.0003	.0002	.0002
.15	.0015	.0013	.0012	.0010	.0009	.0008	.0007	.0006	.0005	.0005
.20	.0028	.0024	.0021	.0018	.0016	.0014	.0013	.0011	.0010	.0009
.25	.0043	.0037	.0033	.0029	.0025	.0022	.0020	.0017	.0015	.0013
.30	.0060	.0053	.0047	.0041	.0036	.0031	.0028	.0025	.0021	.0019
.35	.0080	.0070	.0062	.0054	.0048	.0042	.0037	.0033	.0028	.0026
.40	.0102	.0088	.0079	.0069	.0061	.0053	.0047	.0041	.0036	.0032
.45	.0126	.0108	.0097	.0085	.0075	.0065	.0057	.0050	.0044	.0040
.50	.0150	.0129	.0115	.0100	.0089	.0077	.0068	.0060	.0053	.0047
.55	.0175	.0149	.0133	.0116	.0104	.0090	.0079	.0069	.0061	.0055
.60	.0199	.0169	.0151	.0132	.0117	.0102	.0090	.0079	.0069	.0062
.65	.0221	.0188	.0168	.0146	.0131	.0113	.0099	.0087	.0077	.0069
.70	.0240	.0205	.0183	.0160	.0143	.0123	.0108	.0095	.0084	.0075
.75	.0258	.0220	.0197	.0172	.0153	.0132	.0117	.0102	.0090	.0081
.80	.0273	.0233	.0209	.0182	.0162	.0140	.0123	.0109	.0095	.0086
.85	.0285	.0244	.0218	.0190	.0169	.0147	.0129	.0114	.0100	.0089
.90	.0294	.0252	.0225	.0196	.0174	.0151	.0133	.0117	.0103	.0092
.95	.0299	.0256	.0229	.0200	.0178	.0154	.0136	.0119	.0105	.0094
1.00	.0301	.0257	.0230	.0201	.0179	.0155	.0136	.0120	.0105	.0094

→ y : lx

↓ x : lx

Spalte										
	1.50	1.55	1.60	1.65	1.70	1.75	1.80	1.85	1.90	1.95
.05	.0000	.0000	.0000	.0000	.0000	.0000	.0000	.0000	.0000	.0000
.10	.0002	.0002	.0002	.0001	.0001	.0001	.0001	.0001	.0001	.0001
.15	.0004	.0004	.0003	.0003	.0003	.0002	.0002	.0002	.0002	.0002
.20	.0008	.0007	.0006	.0005	.0005	.0004	.0004	.0003	.0003	.0003
.25	.0012	.0010	.0009	.0008	.0007	.0006	.0006	.0005	.0005	.0004
.30	.0017	.0015	.0013	.0011	.0010	.0009	.0008	.0007	.0007	.0006
.35	.0022	.0019	.0017	.0014	.0013	.0012	.0010	.0009	.0009	.0007
.40	.0029	.0025	.0022	.0018	.0016	.0015	.0013	.0012	.0011	.0009
.45	.0035	.0031	.0027	.0023	.0020	.0018	.0016	.0014	.0013	.0011
.50	.0042	.0037	.0032	.0027	.0024	.0021	.0019	.0017	.0015	.0013
.55	.0049	.0043	.0037	.0032	.0027	.0025	.0022	.0020	.0017	.0015
.60	.0055	.0048	.0042	.0036	.0031	.0028	.0025	.0022	.0019	.0017
.65	.0062	.0054	.0047	.0040	.0034	.0031	.0028	.0025	.0021	.0019
.70	.0067	.0059	.0051	.0043	.0038	.0034	.0031	.0027	.0023	.0021
.75	.0072	.0063	.0055	.0047	.0040	.0036	.0033	.0029	.0025	.0022
.80	.0076	.0067	.0058	.0049	.0043	.0038	.0035	.0031	.0026	.0024
.85	.0080	.0070	.0061	.0051	.0045	.0040	.0036	.0032	.0028	.0025
.90	.0082	.0072	.0062	.0053	.0046	.0042	.0038	.0033	.0029	.0026
.95	.0084	.0073	.0064	.0054	.0047	.0042	.0038	.0034	.0029	.0026
1.00	.0084	.0073	.0064	.0054	.0047	.0043	.0039	.0034	.0030	.0027

Auswertung aus Pucher „Einflußfelder elastischer Platten" Tafel Nr. 22

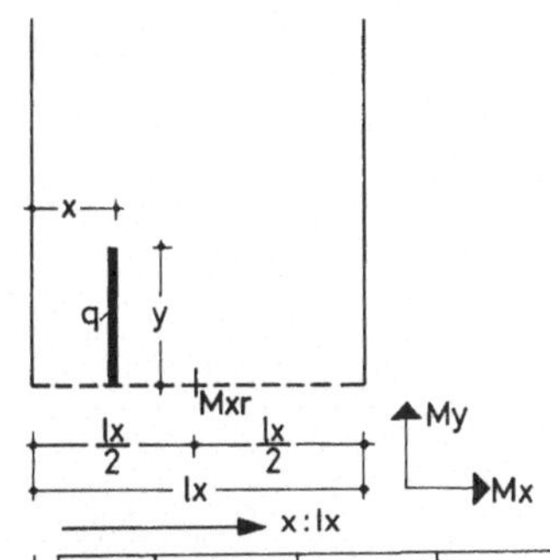

Plattenhalbstreifen mit frei aufgelagerten Längsrändern und einem freien Rand.
Feldmoment Mxr in Mitte des freien Randes aus Linienlast parallel zu den Längsrändern.
Faktor = q · lx

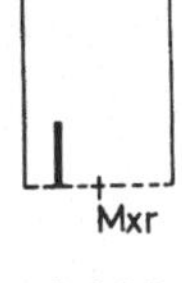

A 1.1.2

Spalte										
	0.00	0.10	0.15	0.20	0.25	0.30	0.35	0.40	0.45	0.50
.05	.0009	.0015	.0026	.0036	.0047	.0061	.0077	.0099	.0134	.0199
.10	.0017	.0031	.0051	.0071	.0093	.0119	.0153	.0196	.0258	.0343
.15	.0025	.0047	.0077	.0107	.0138	.0176	.0226	.0288	.0364	.0461
.20	.0033	.0063	.0101	.0141	.0182	.0231	.0296	.0367	.0457	.0559
.25	.0041	.0079	.0125	.0175	.0224	.0283	.0362	.0440	.0539	.0644
.30	.0048	.0095	.0148	.0207	.0265	.0331	.0416	.0504	.0608	.0718
.35	.0055	.0110	.0170	.0238	.0303	.0376	.0468	.0564	.0671	.0782
.40	.0062	.0125	.0192	.0267	.0339	.0412	.0515	.0616	.0722	.0839
.45	.0068	.0139	.0212	.0294	.0366	.0449	.0558	.0662	.0773	.0890
.50	.0074	.0152	.0231	.0319	.0395	.0481	.0595	.0704	.0816	.0934
.55	.0079	.0165	.0249	.0335	.0420	.0510	.0628	.0738	.0854	.0973
.60	.0084	.0176	.0265	.0354	.0443	.0536	.0658	.0770	.0887	.1008
.65	.0088	.0186	.0280	.0372	.0464	.0559	.0683	.0798	.0919	.1039
.70	.0092	.0189	.0294	.0387	.0482	.0582	.0705	.0824	.0946	.1067
.75	.0096	.0195	.0305	.0400	.0498	.0600	.0729	.0846	.0969	.1092
.80	.0099	.0201	.0310	.0412	.0513	.0614	.0749	.0866	.0990	.1114
.85	.0103	.0207	.0318	.0423	.0525	.0627	.0769	.0884	.1009	.1132
.90	.0106	.0212	.0325	.0432	.0536	.0637	.0788	.0899	.1024	.1148
.95	.0107	.0217	.0331	.0442	.0550	.0646	.0805	.0912	.1038	.1161
1.00	.0109	.0220	.0338	.0450	.0559	.0660	.0819	.0923	.1050	.1171
1.05	.0110	.0224	.0342	.0458	.0566	.0669	.0825	.0936	.1060	.1181
1.10	.0111	.0226	.0347	.0463	.0573	.0676	.0834	.0946	.1073	.1190
1.15	.0113	.0229	.0351	.0468	.0579	.0683	.0842	.0954	.1082	.1198
1.20	.0114	.0231	.0354	.0472	.0585	.0689	.0848	.0961	.1089	.1206
1.25	.0114	.0234	.0356	.0476	.0589	.0695	.0855	.0967	.1096	.1213
1.30	.0115	.0235	.0359	.0479	.0593	.0699	.0860	.0973	.1102	.1219
1.35	.0116	.0237	.0361	.0482	.0597	.0703	.0864	.0978	.1107	.1224
1.40	.0116	.0238	.0364	.0484	.0600	.0706	.0868	.0982	.1111	.1229
1.45	.0116	.0240	.0366	.0486	.0602	.0709	.0871	.0985	.1115	.1233
1.50	.0117	.0241	.0367	.0489	.0604	.0712	.0874	.0988	.1118	.1236
1.55	.0117	.0241	.0368	.0491	.0607	.0714	.0876	.0991	.1121	.1239
1.60	.0117	.0242	.0370	.0492	.0609	.0717	.0878	.0993	.1123	.1242
1.65	.0117	.0243	.0371	.0494	.0611	.0719	.0881	.0995	.1125	.1244
1.70	.0117	.0243	.0371	.0495	.0612	.0720	.0883	.0998	.1128	.1246
1.75	.0117	.0244	.0372	.0496	.0613	.0722	.0885	.1000	.1130	.1248
1.80	.0117	.0244	.0373	.0497	.0614	.0723	.0886	.1001	.1131	.1249
1.85	.0117	.0244	.0373	.0497	.0615	.0724	.0887	.1002	.1133	.1250
1.90	.0117	.0244	.0374	.0498	.0616	.0725	.0888	.1003	.1134	.1252
1.95	.0117	.0245	.0374	.0499	.0617	.0726	.0889	.1004	.1135	.1253

Auswertung aus Pucher „Einflußfelder elastischer Platten" Tafel Nr. 22

A 1.1.2

→ x : lx

↓ y : lx

Spalte										
	0.55	0.60	0.65	0.70	0.75	0.80	0.85	0.90	0.95	
.05	.0134	.0099	.0077	.0061	.0047	.0036	.0026	.0015	.0009	
.10	.0258	.0196	.0153	.0119	.0093	.0071	.0051	.0031	.0017	
.15	.0364	.0288	.0226	.0176	.0138	.0107	.0077	.0047	.0025	
.20	.0457	.0367	.0296	.0231	.0182	.0141	.0101	.0063	.0033	
.25	.0539	.0440	.0362	.0283	.0224	.0175	.0125	.0079	.0041	
.30	.0608	.0504	.0416	.0331	.0265	.0207	.0148	.0095	.0048	
.35	.0671	.0564	.0468	.0376	.0303	.0238	.0170	.0110	.0055	
.40	.0722	.0616	.0515	.0412	.0339	.0267	.0192	.0125	.0062	
.45	.0773	.0662	.0558	.0449	.0366	.0294	.0212	.0139	.0068	
.50	.0816	.0704	.0595	.0481	.0395	.0319	.0231	.0152	.0074	
.55	.0854	.0738	.0628	.0510	.0420	.0335	.0249	.0165	.0079	
.60	.0887	.0770	.0658	.0536	.0443	.0354	.0265	.0176	.0084	
.65	.0919	.0798	.0683	.0559	.0464	.0372	.0280	.0186	.0088	
.70	.0946	.0824	.0705	.0582	.0482	.0387	.0294	.0189	.0092	
.75	.0969	.0846	.0729	.0600	.0498	.0400	.0305	.0195	.0096	
.80	.0990	.0866	.0749	.0614	.0513	.0412	.0310	.0201	.0099	
.85	.1009	.0884	.0769	.0627	.0525	.0423	.0318	.0207	.0103	
.90	.1024	.0899	.0788	.0637	.0536	.0432	.0325	.0212	.0106	
.95	.1038	.0912	.0805	.0646	.0550	.0442	.0331	.0217	.0107	
1.00	.1050	.0923	.0819	.0660	.0559	.0450	.0338	.0220	.0109	
1.05	.1060	.0936	.0825	.0669	.0566	.0458	.0342	.0224	.0110	
1.10	.1073	.0946	.0834	.0676	.0573	.0463	.0347	.0226	.0111	
1.15	.1082	.0954	.0842	.0683	.0579	.0468	.0351	.0229	.0113	
1.20	.1089	.0961	.0848	.0689	.0585	.0472	.0354	.0231	.0114	
1.25	.1096	.0967	.0855	.0695	.0589	.0476	.0356	.0234	.0114	
1.30	.1102	.0973	.0860	.0699	.0593	.0479	.0359	.0235	.0115	
1.35	.1107	.0978	.0864	.0703	.0597	.0482	.0361	.0237	.0116	
1.40	.1111	.0982	.0868	.0706	.0600	.0484	.0364	.0238	.0116	
1.45	.1115	.0985	.0871	.0709	.0602	.0486	.0366	.0240	.0116	
1.50	.1118	.0988	.0874	.0712	.0604	.0489	.0367	.0241	.0117	
1.55	.1121	.0991	.0876	.0714	.0607	.0491	.0368	.0241	.0117	
1.60	.1123	.0993	.0878	.0717	.0609	.0492	.0370	.0242	.0117	
1.65	.1125	.0995	.0881	.0719	.0611	.0494	.0371	.0243	.0117	
1.70	.1128	.0998	.0883	.0720	.0612	.0495	.0371	.0243	.0117	
1.75	.1130	.1000	.0885	.0722	.0613	.0496	.0372	.0244	.0117	
1.80	.1131	.1001	.0886	.0723	.0614	.0497	.0373	.0244	.0117	
1.85	.1133	.1002	.0887	.0724	.0615	.0497	.0373	.0244	.0117	
1.90	.1134	.1003	.0888	.0725	.0616	.0498	.0374	.0244	.0117	
1.95	.1135	.1004	.0889	.0726	.0617	.0499	.0374	.0245	.0117	

Auswertung aus Pucher „Einflußfelder elastischer Platten" Tafel Nr. 22

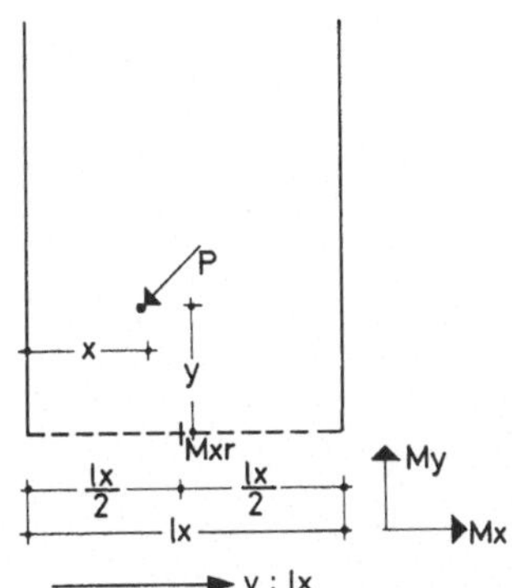

Plattenhalbstreifen mit frei aufgelagerten Längsrändern und einem freien Rand.
Feldmoment Mxr in Mitte des freien Randes aus einer Einzellast.
Faktor = P

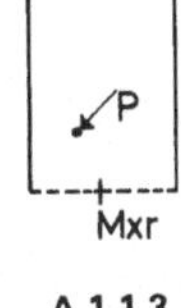

A 1.1.3

→ y : lx ; ↓ x : lx

Spalte	0.00	0.05	0.10	0.15	0.20	0.25	0.30	0.35	0.40	0.45
.05	.0337	.0318	.0307	.0305	.0305	.0289	.0289	.0267	.0254	.0239
.10	.0595	.0632	.0625	.0621	.0617	.0592	.0567	.0541	.0508	.0496
.15	.1016	.1041	.1041	.1028	.0958	.0940	.0898	.0845	.0796	.0743
.20	.1402	.1411	.1409	.1394	.1295	.1273	.1200	.1109	.1041	.0953
.25	.1824	.1928	.1829	.1683	.1694	.1592	.1511	.1403	.1289	.1158
.30	.2389	.2389	.2367	.2259	.2136	.1975	.1850	.1701	.1542	.1360
.35	.3023	.3042	.2968	.2831	.2623	.2389	.2176	.1940	.1757	.1561
.40	.3920	.3875	.3689	.3358	.3066	.2732	.2464	.2131	.1918	.1727
.45	.5423	.5243	.4563	.3938	.3352	.2958	.2640	.2274	.2029	.1826
.50	.9404*	.6369	.5076	.4220	.3503	.3065	.2699	.2369	.2090	.1859
.55	.5423	.5243	.4563	.3938	.3352	.2958	.2640	.2274	.2029	.1826
.60	.3920	.3875	.3689	.3358	.3066	.2732	.2464	.2131	.1918	.1727
.65	.3023	.3042	.2968	.2831	.2623	.2389	.2176	.1940	.1757	.1561
.70	.2388	.2389	.2367	.2259	.2136	.1975	.1850	.1701	.1541	.1360
.75	.1824	.1928	.1829	.1683	.1694	.1592	.1511	.1403	.1289	.1158
.80	.1402	.1411	.1409	.1394	.1295	.1273	.1200	.1109	.1041	.0953
.85	.1016	.1041	.1041	.1028	.0958	.0940	.0898	.0846	.0796	.0743
.90	.0595	.0632	.0625	.0621	.0617	.0592	.0567	.0541	.0488	.0496
.95	.0337	.0318	.0307	.0305	.0305	.0289	.0289	.0267	.0275	.0239
1.00	.0000	.0000	.0000	.0000	.0000	.0000	.0000	.0000	.0000	.0000

→ y : lx ; ↓ x : lx

Spalte	0.50	0.55	0.60	0.65	0.70	0.75	0.80	0.85	0.90	0.95
.05	.0216	.0193	.0168	.0151	.0136	.0122	.0107	.0097	.0088	.0078
.10	.0444	.0407	.0372	.0318	.0292	.0261	.0232	.0201	.0179	.0159
.15	.0668	.0618	.0597	.0507	.0471	.0398	.0346	.0301	.0270	.0239
.20	.0875	.0796	.0748	.0660	.0623	.0537	.0471	.0398	.0351	.0306
.25	.1060	.0958	.0868	.0777	.0732	.0649	.0575	.0485	.0428	.0372
.30	.1226	.1100	.0994	.0893	.0801	.0734	.0660	.0559	.0493	.0431
.35	.1373	.1222	.1099	.0990	.0903	.0792	.0724	.0619	.0548	.0479
.40	.1502	.1323	.1181	.1059	.0976	.0856	.0768	.0665	.0592	.0516
.45	.1607	.1404	.1240	.1101	.1020	.0896	.0792	.0697	.0625	.0542
.50	.1640	.1465	.1278	.1115	.1035	.0910	.0796	.0716	.0646	.0558
.55	.1607	.1628	.1240	.1101	.1020	.0896	.0792	.0698	.0625	.0542
.60	.1503	.1571	.1181	.1059	.0977	.0855	.0768	.0665	.0592	.0516
.65	.1374	.1294	.1099	.0990	.0903	.0792	.0724	.0619	.0548	.0479
.70	.1226	.0796	.0994	.0893	.0801	.0734	.0660	.0559	.0493	.0431
.75	.1060	.0792	.0868	.0777	.0732	.0649	.0575	.0485	.0428	.0372
.80	.0875	.0725	.0748	.0660	.0623	.0537	.0471	.0398	.0351	.0306
.85	.0668	.0597	.0597	.0507	.0471	.0398	.0346	.0301	.0270	.0239
.90	.0444	.0407	.0372	.0318	.0292	.0261	.0232	.0201	.0179	.0159
.95	.0216	.0193	.0167	.0151	.0136	.0122	.0107	.0097	.0088	.0078
1.00	.0000	.0000	.0000	.0000	.0000	.0000	.0000	.0000	.0000	.0000

Auswertung aus Pucher „Einflußfelder elastischer Platten" Tafel Nr. 22

* bezw. theoretisch ∞

→ y : lx

↓ x : lx

Spalte										
	1.00	1.05	1.10	1.15	1.20	1.25	1.30	1.35	1.40	1.45
.05	.0065	.0056	.0052	.0045	.0040	.0034	.0030	.0027	.0024	.0022
.10	.0139	.0123	.0110	.0094	.0085	.0075	.0064	.0056	.0049	.0043
.15	.0210	.0183	.0161	.0139	.0124	.0110	.0098	.0086	.0074	.0065
.20	.0273	.0239	.0210	.0182	.0161	.0141	.0126	.0112	.0097	.0086
.25	.0326	.0287	.0256	.0223	.0195	.0169	.0150	.0134	.0117	.0105
.30	.0374	.0327	.0294	.0258	.0227	.0194	.0172	.0153	.0134	.0121
.35	.0421	.0360	.0324	.0285	.0253	.0216	.0190	.0168	.0147	.0133
.40	.0461	.0384	.0346	.0303	.0272	.0235	.0204	.0179	.0158	.0142
.45	.0486	.0402	.0360	.0315	.0283	.0246	.0215	.0187	.0165	.0148
.50	.0494	.0418	.0367	.0318	.0287	.0249	.0223	.0191	.0169	.0149
.55	.0486	.0402	.0360	.0315	.0283	.0246	.0215	.0187	.0165	.0148
.60	.0461	.0383	.0346	.0303	.0272	.0235	.0204	.0179	.0157	.0142
.65	.0421	.0360	.0324	.0284	.0254	.0216	.0189	.0168	.0147	.0134
.70	.0373	.0327	.0294	.0258	.0227	.0194	.0172	.0153	.0134	.0122
.75	.0326	.0287	.0256	.0223	.0195	.0169	.0150	.0134	.0117	.0106
.80	.0273	.0239	.0210	.0182	.0161	.0141	.0126	.0112	.0097	.0087
.85	.0210	.0183	.0161	.0139	.0124	.0110	.0098	.0086	.0074	.0065
.90	.0139	.0123	.0110	.0094	.0085	.0075	.0064	.0056	.0049	.0043
.95	.0065	.0056	.0052	.0045	.0040	.0034	.0030	.0027	.0024	.0022
1.00	.0000	.0000	.0000	.0000	.0000	.0000	.0000	.0000	.0000	.0000

→ y : lx

↓ x : lx

Spalte										
	1.50	1.55	1.60	1.65	1.70	1.75	1.80	1.85	1.90	1.95
.05	.0019	.0017	.0016	.0013	.0013	.0012	.0010	.0009	.0009	.0008
.10	.0038	.0033	.0030	.0026	.0024	.0022	.0019	.0017	.0017	.0014
.15	.0056	.0049	.0044	.0038	.0035	.0031	.0028	.0025	.0024	.0020
.20	.0074	.0064	.0057	.0048	.0044	.0040	.0035	.0031	.0030	.0025
.25	.0093	.0079	.0069	.0058	.0052	.0047	.0042	.0037	.0034	.0030
.30	.0108	.0094	.0080	.0067	.0059	.0053	.0048	.0042	.0038	.0033
.35	.0120	.0105	.0090	.0075	.0065	.0059	.0053	.0047	.0040	.0036
.40	.0129	.0113	.0098	.0083	.0070	.0063	.0057	.0050	.0042	.0038
.45	.0134	.0118	.0103	.0088	.0073	.0066	.0061	.0053	.0042	.0039
.50	.0136	.0120	.0104	.0090	.0076	.0068	.0064	.0055	.0041	.0040
.55	.0134	.0118	.0103	.0088	.0073	.0066	.0061	.0052	.0042	.0039
.60	.0129	.0113	.0098	.0083	.0070	.0063	.0057	.0050	.0042	.0038
.65	.0120	.0105	.0090	.0076	.0065	.0059	.0053	.0046	.0040	.0036
.70	.0108	.0093	.0080	.0067	.0059	.0053	.0048	.0042	.0038	.0033
.75	.0092	.0079	.0069	.0058	.0052	.0047	.0042	.0037	.0034	.0030
.80	.0074	.0064	.0057	.0048	.0044	.0040	.0035	.0031	.0030	.0025
.85	.0056	.0049	.0044	.0038	.0035	.0031	.0028	.0025	.0024	.0020
.90	.0038	.0033	.0030	.0026	.0024	.0022	.0019	.0017	.0017	.0014
.95	.0019	.0017	.0016	.0013	.0013	.0011	.0010	.0009	.0009	.0008
1.00	.0000	.0000	.0000	.0000	.0000	.0000	.0000	.0000	.0000	.0000

Auswertung aus Pucher „Einflußfelder elastischer Platten" Tafel Nr. 22

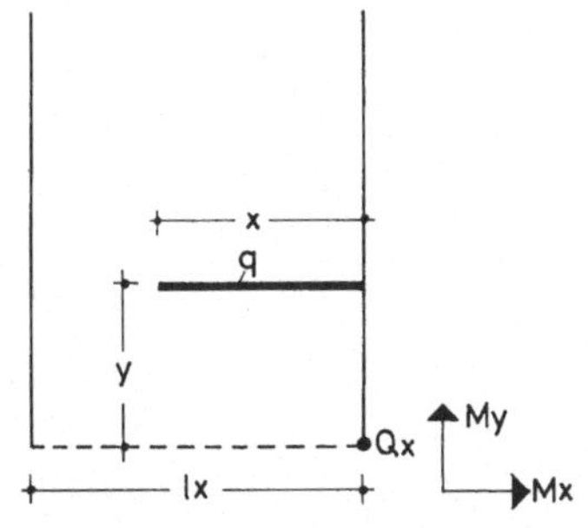

Plattenhalbstreifen mit zwei frei aufliegenden Längsrändern und einem freien Querrand.
Querkraft Qx im Eckpunkt aus Linienlast in lx-Richtung.
$\mu = 0$
Faktor = q

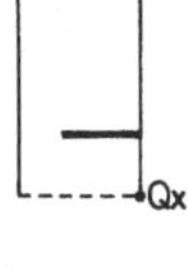

A 1.2.1

→ y : lx ; ↓ x : lx

Spalte										
	0.00	0.05	0.10	0.15	0.20	0.25	0.30	0.35	0.40	0.45
.05	.4347	.6539	.0667	.0162	.0204	.0125	.0091	.0075	.0059	.0047
.10	.7369	.9229	.2295	.1017	.0761	.0518	.0376	.0292	.0221	.0168
.15	.9588	1.0901	.3731	.2179	.1594	.1065	.0810	.0610	.0481	.0367
.20	1.1058	1.2096	.4804	.3044	.2328	.1723	.1289	.1020	.0790	.0631
.25	1.1936	1.2961	.5603	.3847	.3048	.2434	.1824	.1478	.1152	.0944
.30	1.2931	1.3792	.6450	.4531	.3691	.3139	.2300	.1842	.1540	.1288
.35	1.3530	1.4405	.7057	.5106	.4254	.3497	.2754	.2250	.1937	.1646
.40	1.4011	1.4896	.7551	.5640	.4725	.3952	.3169	.2640	.2327	.1881
.45	1.4459	1.5349	.8002	.6058	.5135	.4351	.3542	.3001	.2692	.2171
.50	1.4817	1.5713	.8366	.6404	.5482	.4696	.3872	.3279	.2851	.2439
.55	1.5119	1.6019	.8672	.6723	.5792	.4996	.4140	.3548	.3105	.2681
.60	1.5370	1.6275	.8928	.6985	.6051	.5251	.4383	.3782	.3327	.2883
.65	1.5596	1.6487	.9140	.7205	.6269	.5468	.4592	.3984	.3520	.3065
.70	1.5776	1.6694	.9347	.7388	.6450	.5647	.4766	.4154	.3685	.3221
.75	1.5922	1.6845	.9498	.7535	.6595	.5793	.4909	.4294	.3821	.3353
.80	1.6037	1.6963	.9616	.7649	.6707	.5905	.5021	.4404	.3937	.3459
.85	1.6123	1.7051	.9704	.7756	.6812	.6009	.5124	.4503	.4023	.3542
.90	1.6182	1.7112	.9765	.7823	.6877	.6073	.5187	.4566	.4085	.3603
.95	1.6228	1.7162	.9815	.7863	.6914	.6112	.5224	.4603	.4121	.3638
1.00	1.6236	1.7173	.9826	.7911	.6976	.6161	.5286	.4669	.4198	.3648

→ y : lx ; ↓ x : lx

Spalte										
	0.50	0.55	0.60	0.65	0.70	0.75	0.80	0.85	0.90	0.95
.05	.0039	.0034	.0030	.0025	.0018	.0015	.0012	.0010	.0008	.0007
.10	.0139	.0121	.0106	.0089	.0073	.0061	.0051	.0041	.0034	.0029
.15	.0295	.0253	.0220	.0186	.0155	.0132	.0112	.0095	.0078	.0066
.20	.0503	.0427	.0368	.0310	.0262	.0224	.0193	.0164	.0139	.0119
.25	.0750	.0625	.0545	.0457	.0390	.0336	.0289	.0247	.0213	.0184
.30	.1028	.0854	.0746	.0625	.0536	.0464	.0400	.0342	.0298	.0260
.35	.1325	.1100	.0926	.0808	.0698	.0605	.0523	.0448	.0393	.0345
.40	.1630	.1352	.1143	.0961	.0872	.0757	.0656	.0561	.0494	.0435
.45	.1931	.1601	.1333	.1142	.1010	.0882	.0774	.0661	.0600	.0530
.50	.2218	.1838	.1522	.1315	.1172	.1027	.0906	.0774	.0707	.0626
.55	.2479	.1967	.1699	.1480	.1326	.1168	.1034	.0886	.0814	.0722
.60	.2526	.2144	.1865	.1634	.1471	.1301	.1155	.0992	.0918	.0815
.65	.2695	.2303	.2015	.1776	.1604	.1424	.1268	.1092	.1016	.0903
.70	.2842	.2444	.2151	.1904	.1725	.1536	.1370	.1183	.1107	.0983
.75	.2967	.2565	.2269	.2016	.1830	.1634	.1459	.1263	.1188	.1054
.80	.3070	.2665	.2368	.2110	.1919	.1717	.1534	.1330	.1160	.1030
.85	.3150	.2744	.2447	.2185	.1988	.1747	.1559	.1354	.1201	.1066
.90	.3206	.2786	.2470	.2197	.1999	.1786	.1594	.1386	.1230	.1092
.95	.3238	.2814	.2499	.2222	.2023	.1808	.1614	.1404	.1246	.1108
1.00	.3247	.2822	.2508	.2229	.2031	.1815	.1620	.1410	.1251	.1113

Auswertung aus Pucher „Einflußfelder elastischer Platten" Tafel Nr. 23

y : lx →

x : lx ↓

Spalte										
	1.00	1.05	1.10	1.15	1.20	1.25	1.30	1.35	1.40	
.05	.0243	.0215	.0193	.0175	.0155	.0140	.0125	.0113	.0097	
.10	.0490	.0420	.0372	.0333	.0294	.0266	.0237	.0215	.0185	
.15	.0743	.0617	.0539	.0474	.0418	.0377	.0336	.0304	.0264	
.20	.1000	.0804	.0692	.0598	.0527	.0474	.0421	.0381	.0333	
.25	.1207	.0983	.0831	.0705	.0620	.0556	.0494	.0447	.0394	
.30	.1370	.1120	.0958	.0795	.0698	.0623	.0553	.0500	.0444	
.35	.1490	.1221	.1054	.0868	.0760	.0676	.0599	.0541	.0486	
.40	.1566	.1287	.1113	.0924	.0807	.0714	.0632	.0571	.0518	
.45	.1599	.1319	.1141	.0964	.0839	.0737	.0652	.0588	.0541	
.50	.1588	.1315	.1139	.0986	.0855	.0746	.0659	.0594	.0550	
.55	.1534	.1277	.1106	.0937	.0824	.0722	.0645	.0581	.0531	
.60	.1436	.1204	.1043	.0877	.0782	.0687	.0620	.0558	.0503	
.65	.1294	.1096	.0946	.0806	.0728	.0641	.0583	.0525	.0468	
.70	.1109	.0957	.0834	.0724	.0661	.0584	.0535	.0481	.0425	
.75	.0912	.0809	.0713	.0631	.0582	.0515	.0475	.0427	.0374	
.80	.0735	.0657	.0586	.0526	.0490	.0435	.0403	.0362	.0315	
.85	.0555	.0500	.0450	.0411	.0386	.0344	.0320	.0287	.0248	
.90	.0372	.0338	.0308	.0285	.0270	.0241	.0225	.0201	.0173	
.95	.0187	.0172	.0158	.0148	.0141	.0126	.0118	.0105	.0090	
1.00	.0000	.0000	.0000	.0000	.0000	.0001	.0000	.0002-	.0000	

Auswertung aus Pucher „Einflußfelder elastischer Platten" Tafel Nr. 23

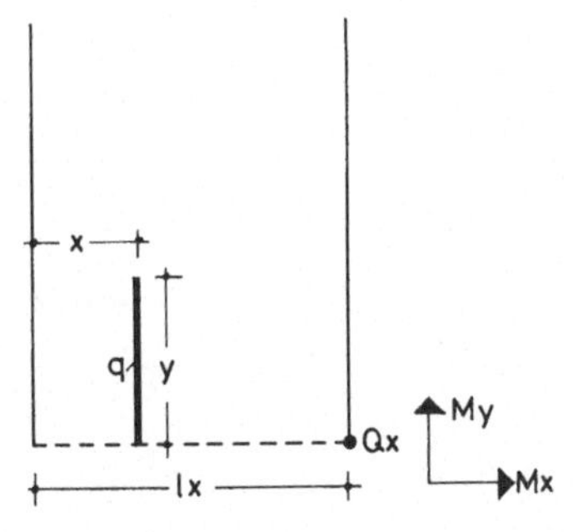

Plattenhalbstreifen mit zwei frei aufliegenden Längsrändern und einem freien Querrand.
Querkraft Qx im Eckpunkt aus Linienlast parallel zu den Längsrändern.
$\mu = 0$
Faktor = q

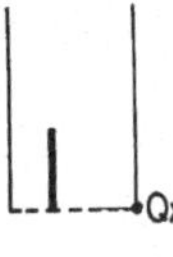

A 1.2.2

x : lx

y : lx

Spalte										
	0.05	0.10	0.15	0.20	0.25	0.30	0.35	0.40	0.45	0.50
.05	.0022	.0050	.0076	.0103	.0132	.0163	.0195	.0235	.0278	.0332
.10	.0043	.0101	.0153	.0208	.0265	.0324	.0386	.0470	.0551	.0667
.15	.0063	.0153	.0230	.0313	.0398	.0484	.0573	.0702	.0818	.1000
.20	.0085	.0204	.0308	.0418	.0530	.0642	.0757	.0933	.1080	.1330
.25	.0109	.0255	.0386	.0522	.0661	.0797	.0935	.1160	.1334	.1654
.30	.0136	.0307	.0463	.0626	.0791	.0949	.1109	.1382	.1581	.1970
.35	.0167	.0355	.0540	.0729	.0919	.1098	.1278	.1600	.1820	.2273
.40	.0203	.0404	.0616	.0829	.1043	.1243	.1441	.1811	.2050	.2563
.45	.0257	.0453	.0684	.0927	.1165	.1384	.1599	.2015	.2270	.2836
.50	.0288	.0501	.0755	.1023	.1283	.1520	.1751	.2212	.2481	.3089
.55	.0312	.0546	.0823	.1115	.1397	.1651	.1896	.2399	.2680	.3321
.60	.0330	.0588	.0887	.1203	.1507	.1777	.2034	.2577	.2869	.3442
.65	.0345	.0622	.0948	.1288	.1611	.1897	.2166	.2745	.3045	.3619
.70	.0357	.0657	.1004	.1367	.1709	.2010	.2290	.2901	.3209	.3780
.75	.0385	.0690	.1051	.1442	.1801	.2117	.2407	.3044	.3360	.3925
.80	.0399	.0719	.1101	.1510	.1887	.2216	.2516	.3175	.3497	.4055
.85	.0412	.0746	.1138	.1573	.1966	.2308	.2617	.3291	.3619	.4171
.90	.0424	.0770	.1173	.1593	.2036	.2392	.2709	.3325	.3677	.4273
.95	.0434	.0792	.1205	.1639	.2099	.2467	.2792	.3409	.3766	.4363
1.00	.0444	.0811	.1233	.1681	.2105	.2533	.2867	.3482	.3844	.4442
1.05	.0454	.0829	.1258	.1718	.2149	.2546	.2932	.3545	.3911	.4509
1.10	.0462	.0846	.1286	.1751	.2189	.2593	.2951	.3599	.3969	.4567
1.15	.0470	.0862	.1309	.1781	.2224	.2634	.2997	.3645	.4018	.4643
1.20	.0478	.0876	.1329	.1806	.2255	.2670	.3038	.3684	.4060	.4688
1.25	.0484	.0888	.1347	.1829	.2282	.2702	.3074	.3718	.4095	.4725
1.30	.0491	.0900	.1363	.1848	.2306	.2731	.3106	.3746	.4125	.4756
1.35	.0496	.0910	.1378	.1866	.2327	.2755	.3134	.3771	.4151	.4783
1.40	.0501	.0920	.1390	.1881	.2346	.2777	.3158	.3792	.4174	.4807

Auswertung aus Pucher „Einflußfelder elastischer Platten" Tafel Nr. 23

→ x : lx

↓ y : lx

Spalte										
	0.55	0.60	0.65	0.70	0.75	0.80	0.85	0.90	0.95	
.05	.0387	.0458	.0552	.0664	.0848	.1170	.1701	.2323	.3938	
.10	.0773	.0917	.1106	.1320	.1668	.2151	.3092	.4301	.6166	
.15	.1153	.1374	.1656	.1959	.2447	.2985	.4203	.5556	.7201	
.20	.1527	.1823	.2191	.2572	.3172	.3710	.5068	.6446	.7726	
.25	.1891	.2259	.2704	.3150	.3831	.4524	.5872	.7028	.8081	
.30	.2243	.2677	.3187	.3683	.4410	.5081	.6379	.7455	.8308	
.35	.2580	.3074	.3544	.4162	.4773	.5521	.6818	.7761	.8473	
.40	.2899	.3443	.3918	.4458	.5153	.5932	.7147	.7968	.8592	
.45	.3198	.3781	.4248	.4797	.5469	.6247	.7395	.8178	.8674	
.50	.3475	.3977	.4538	.5090	.5770	.6503	.7619	.8326	.8727	
.55	.3726	.4223	.4790	.5339	.6005	.6726	.7793	.8445	.8761	
.60	.3864	.4436	.5005	.5549	.6200	.6905	.7937	.8539	.8785	
.65	.4053	.4621	.5208	.5754	.6360	.7057	.8054	.8612	.8906	
.70	.4226	.4780	.5378	.5916	.6492	.7183	.8148	.8668	.8946	
.75	.4382	.4916	.5528	.6056	.6645	.7288	.8223	.8712	.8978	
.80	.4523	.5034	.5658	.6174	.6751	.7373	.8282	.8748	.9002	
.85	.4647	.5135	.5770	.6275	.6843	.7443	.8329	.8855	.9020	
.90	.4756	.5285	.5875	.6359	.6920	.7499	.8369	.8893	.9033	
.95	.4849	.5376	.5961	.6429	.6986	.7545	.8474	.8924	.9042	
1.00	.4930	.5455	.6036	.6488	.7041	.7641	.8516	.8949	.9049	
1.05	.5000	.5523	.6100	.6537	.7107	.7687	.8551	.8969	.9055	
1.10	.5060	.5581	.6154	.6628	.7153	.7726	.8580	.8983	.9061	
1.15	.5111	.5630	.6200	.6673	.7193	.7759	.8604	.8994	.9069	
1.20	.5154	.5672	.6239	.6712	.7226	.7787	.8624	.9003	.9079	
1.25	.5190	.5707	.6271	.6746	.7255	.7811	.8640	.9008	.9094	
1.30	.5221	.5736	.6299	.6775	.7279	.7830	.8653	.9013	.9113	
1.35	.5247	.5761	.6322	.6799	.7300	.7847	.8664	.9017	.9140	
1.40	.5270	.5783	.6342	.6821	.7319	.7862	.8674	.9021	.9174	

Auswertung aus Pucher „Einflußfelder elastischer Platten" Tafel Nr. 23

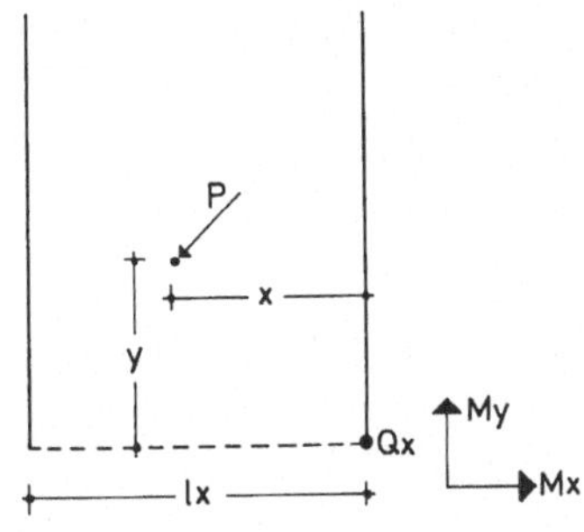

Plattenhalbstreifen mit zwei frei aufliegenden Längsrändern und einem freien Querrand.
Querkraft Qx im Eckpunkt aus einer Einzellast.

$\mu = 0$

$\text{Faktor} = \frac{P}{lx}$

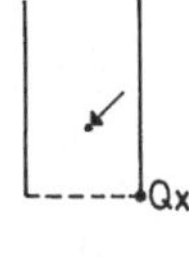

A 1.2.3

→ y : lx

↓ x : lx

Spalte										
	0.00	0.05	0.10	0.15	0.20	0.25	0.30	0.35	0.40	0.45
.05	8.0000	6.2500	2.7500	.4429	.8000	.5286	.4000	.2894	.2214	.1709
.10	4.9630	4.2250	3.3000	2.1389	1.3865	.9750	.7225	.5473	.4183	.3209
.15	3.7187	2.7637	2.5032	2.0000	1.6434	1.1982	.9333	.7310	.5850	.4640
.20	2.5345	2.1071	1.9535	1.7389	1.5152	1.3054	1.0321	.8292	.6776	.5640
.25	1.7214	1.6520	1.5919	1.5000	1.3603	1.2934	1.0232	.8432	.7310	.6267
.30	1.3348	1.3611	1.3435	1.2833	1.1998	1.1625	.9427	.8237	.7500	.6520
.35	1.0992	1.1206	1.1162	1.0889	1.0339	.9660	.8657	.7869	.7345	.6400
.40	.9132	.9295	.9309	.9176	.8896	.8545	.7830	.7307	.6845	.6000
.45	.7759	.7878	.7878	.7734	.7636	.7463	.6944	.6549	.6000	.5547
.50	.6624	.6727	.6727	.6567	.6512	.6412	.6000	.5721	.5377	.5042
.55	.5607	.5708	.5708	.5658	.5582	.5512	.5254	.5039	.4769	.4484
.60	.4709	.4822	.4822	.4839	.4782	.4734	.4543	.4382	.4175	.3897
.65	.3932	.4068	.4068	.4074	.4029	.4000	.3868	.3750	.3596	.3387
.70	.3268	.3372	.3372	.3361	.3324	.3309	.3228	.3142	.3032	.2885
.75	.2643	.2720	.2720	.2700	.2668	.2662	.2624	.2559	.2483	.2390
.80	.2057	.2115	.2115	.2093	.2058	.2058	.2055	.2000	.1954	.1903
.85	.1509	.1558	.1558	.1580	.1545	.1538	.1525	.1511	.1482	.1424
.90	.1000	.1048	.1048	.1054	.1021	.1021	.1000	.1000	.0979	.0948
.95	.0450	.0500	.0500	.0500	.0655	.0500	.0655	.0728	.0868	.0452
1.00	.0000	.0000	.0000	.0000	.0000	.0000	.0000	.0000	.0000	.0000

→ y : lx

↓ x : lx

Spalte										
	0.50	0.55	0.60	0.65	0.70	0.75	0.80	0.85	0.90	0.95
.05	.1444	.1280	.1116	.0964	.0742	.0602	.0500	.0413	.0337	.0290
.10	.2556	.2174	.1886	.1605	.1378	.1189	.1039	.0860	.0697	.0592
.15	.3667	.3007	.2559	.2158	.1866	.1622	.1411	.1222	.1061	.0904
.20	.4556	.3780	.3136	.2631	.2292	.2000	.1740	.1505	.1337	.1177
.25	.5160	.4340	.3616	.3027	.2657	.2323	.2027	.1747	.1565	.1392
.30	.5540	.4664	.4000	.3343	.2961	.2592	.2272	.1948	.1745	.1562
.35	.5697	.4797	.4206	.3581	.3204	.2805	.2475	.2108	.1878	.1686
.40	.5630	.4740	.4095	.3666	.3385	.2963	.2635	.2227	.1963	.1765
.45	.5339	.4492	.3865	.3528	.3294	.2950	.2672	.2297	.2000	.1799
.50	.4824	.4054	.3647	.3355	.3142	.2842	.2584	.2244	.1990	.1788
.55	.4086	.3701	.3396	.3145	.2953	.2694	.2455	.2151	.1931	.1732
.60	.3605	.3350	.3114	.2900	.2727	.2504	.2284	.2016	.1826	.1630
.65	.3163	.2977	.2801	.2619	.2464	.2273	.2072	.1840	.1672	.1483
.70	.2718	.2585	.2456	.2301	.2164	.2000	.1818	.1623	.1471	.1291
.75	.2270	.2171	.2079	.1948	.1827	.1686	.1522	.1365	.1222	.1054
.80	.1819	.1737	.1671	.1559	.1453	.1331	.1184	.1065	.0939	.0831
.85	.1365	.1283	.1232	.1134	.1043	.0946	.0850	.0779	.0692	.0621
.90	.0900	.0810	.0787	.0715	.0675	.0615	.0557	.0511	.0453	.0413
.95	.0427	.0376	.0381	.0339	.0329	.0300	.0274	.0251	.0222	.0205
1.00	.0000	.0000	.0000	.0000	.0000	.0000	.0000	.0000	.0000	.0000

Auswertung aus Pucher „Einflußfelder elastischer Platten" Tafel Nr. 23

A 1.2.3

→ y : lx

↓ x : lx

Spalte										
	1.00	1.05	1.10	1.15	1.20	1.25	1.30	1.35	1.40	
.05	.0006	.0005	.0005	.0004	.0004	.0004	.0003	.0003	.0002	
.10	.0024	.0022	.0019	.0018	.0016	.0014	.0013	.0011	.0010	
.15	.0055	.0048	.0043	.0039	.0034	.0031	.0028	.0025	.0022	
.20	.0098	.0084	.0075	.0067	.0059	.0054	.0048	.0043	.0037	
.25	.0154	.0130	.0114	.0101	.0089	.0081	.0072	.0065	.0056	
.30	.0220	.0180	.0161	.0141	.0124	.0112	.0100	.0090	.0079	
.35	.0294	.0240	.0206	.0185	.0163	.0147	.0131	.0118	.0103	
.40	.0373	.0304	.0261	.0233	.0205	.0184	.0164	.0148	.0130	
.45	.0457	.0372	.0319	.0284	.0249	.0223	.0198	.0180	.0158	
.50	.0542	.0442	.0378	.0336	.0295	.0264	.0234	.0212	.0177	
.55	.0627	.0511	.0437	.0365	.0320	.0284	.0252	.0228	.0204	
.60	.0709	.0578	.0494	.0411	.0360	.0320	.0284	.0257	.0231	
.65	.0786	.0642	.0534	.0454	.0399	.0354	.0315	.0284	.0255	
.70	.0856	.0669	.0579	.0493	.0435	.0385	.0344	.0310	.0278	
.75	.0858	.0714	.0618	.0528	.0467	.0414	.0370	.0334	.0299	
.80	.0899	.0750	.0651	.0558	.0495	.0439	.0393	.0355	.0317	
.85	.0931	.0780	.0677	.0583	.0519	.0460	.0413	.0373	.0333	
.90	.0955	.0801	.0697	.0603	.0538	.0477	.0429	.0387	.0345	
.95	.0969	.0814	.0710	.0616	.0551	.0488	.0440	.0397	.0353	
1.00	.0974	.0819	.0715	.0622	.0557	.0494	.0446	.0402	.0357	

Auswertung aus Pucher „Einflußfelder elastischer Platten" Tafel Nr. 23

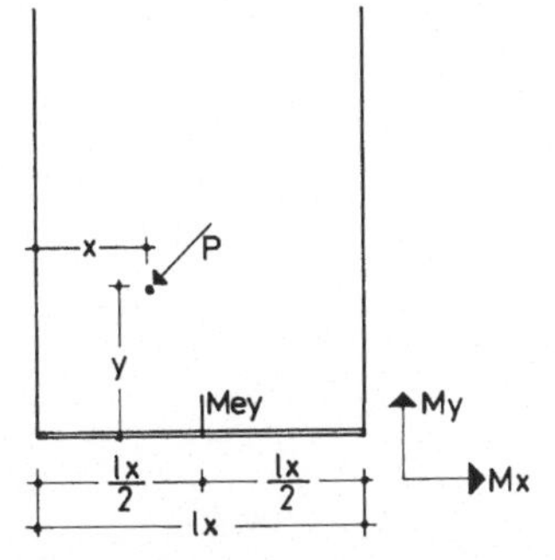

Plattenhalbstreifen mit zwei frei aufliegenden Längsrändern und einem eingespannten aufliegenden Querrand. Stützmoment Mey in Seitenmitte des Querrandes aus einer Einzellast.

$\mu = 0$

Faktor = P

A 2.1.1

y : lx ; x : lx

Spalte	0.05	0.10	0.15	0.20	0.25	0.30	0.35	0.40	0.45	0.50
.05	.0238	.0059	.0057-	.0138-	.0203-	.0249-	.0262-	.0281-	.0281-	.0281-
.10	.0380	.0056	.0156-	.0304-	.0420-	.0498-	.0537-	.0578-	.0578-	.0578-
.15	.0426	.0010-	.0295-	.0499-	.0651-	.0746-	.0824-	.0881-	.0876-	.0869-
.20	.0374	.0138-	.0475-	.0723-	.0915-	.1044-	.1106-	.1166-	.1141-	.1118-
.25	.0227	.0329-	.0696-	.0972-	.1226-	.1340-	.1405-	.1450-	.1407-	.1377-
.30	.0018-	.0582-	.1001-	.1304-	.1558-	.1640-	.1728-	.1742-	.1678-	.1642-
.35	.0359-	.0928-	.1407-	.1802-	.1990-	.2070-	.2054-	.2016-	.1927-	.1859-
.40	.0796-	.1520-	.2150-	.2347-	.2442-	.2422-	.2359-	.2259-	.2118-	.2018-
.45	.1791-	.2538-	.2845-	.2860-	.2809-	.2670-	.2560-	.2435-	.2251-	.2120-
.50	.3153-	.3104-	.3041-	.2960-	.2864-	.2753-	.2625-	.2483-	.2325-	.2165-
.55	.1791-	.2538-	.2845-	.2860-	.2809-	.2671-	.2560-	.2435-	.2251-	.2120-
.60	.0796-	.1520-	.2150-	.2347-	.2442-	.2422-	.2359-	.2259-	.2118-	.2018-
.65	.0359-	.0928-	.1407-	.1802-	.1990-	.2070-	.2054-	.2017-	.1927-	.1859-
.70	.0018-	.0582-	.1001-	.1304-	.1558-	.1640-	.1728-	.1742-	.1678-	.1642-
.75	.0227	.0329-	.0696-	.0972-	.1226-	.1340-	.1405-	.1450-	.1407-	.1377-
.80	.0374	.0138-	.0475-	.0723-	.0915-	.1044-	.1106-	.1166-	.1141-	.1117-
.85	.0426	.0010-	.0295-	.0499-	.0651-	.0746-	.0824-	.0881-	.0876-	.0869-
.90	.0380	.0056	.0156-	.0304-	.0420-	.0498-	.0537-	.0578-	.0578-	.0578-
.95	.0239	.0059	.0057-	.0138-	.0203-	.0249-	.0262-	.0281-	.0281-	.0281-
1.00	.0000	.0000	.0000	.0000	.0000	.0000	.0000	.0000	.0000	.0000

y : lx ; x : lx

Spalte	0.55	0.60	0.65	0.70	0.75	0.80	0.85	0.90	0.95	1.00
.05	.0258-	.0246-	.0251-	.0218-	.0212-	.0183-	.0188-	.0178-	.0154-	.0139-
.10	.0545-	.0502-	.0494-	.0444-	.0419-	.0378-	.0350-	.0319-	.0293-	.0262-
.15	.0845-	.0769-	.0728-	.0677-	.0620-	.0565-	.0508-	.0451-	.0409-	.0369-
.20	.1081-	.1002-	.0946-	.0895-	.0814-	.0734-	.0661-	.0584-	.0522-	.0466-
.25	.1304-	.1215-	.1140-	.1072-	.0981-	.0885-	.0811-	.0717-	.0633-	.0558-
.30	.1513-	.1412-	.1313-	.1222-	.1122-	.1018-	.0945-	.0844-	.0742-	.0647-
.35	.1714-	.1592-	.1464-	.1346-	.1237-	.1134-	.1050-	.0943-	.0841-	.0732-
.40	.1870-	.1737-	.1592-	.1442-	.1326-	.1227-	.1124-	.1014-	.0909-	.0808-
.45	.1968-	.1823-	.1672-	.1512-	.1388-	.1282-	.1169-	.1057-	.0951-	.0850-
.50	.2007-	.1852-	.1699-	.1554-	.1424-	.1301-	.1184-	.1071-	.0964-	.0864-
.55	.1968-	.1823-	.1672-	.1511-	.1388-	.1282-	.1169-	.1057-	.0950-	.0850-
.60	.1870-	.1736-	.1592-	.1442-	.1326-	.1227-	.1124-	.1015-	.0909-	.0808-
.65	.1714-	.1592-	.1464-	.1345-	.1237-	.1133-	.1049-	.0944-	.0841-	.0732-
.70	.1513-	.1412-	.1313-	.1222-	.1122-	.1018-	.0945-	.0844-	.0742-	.0647-
.75	.1304-	.1215-	.1140-	.1072-	.0981-	.0885-	.0811-	.0717-	.0633-	.0559-
.80	.1081-	.1002-	.0946-	.0895-	.0814-	.0734-	.0661-	.0584-	.0522-	.0466-
.85	.0845-	.0769-	.0728-	.0677-	.0620-	.0565-	.0508-	.0451-	.0409-	.0369-
.90	.0545-	.0502-	.0494-	.0444-	.0418-	.0378-	.0351-	.0318-	.0293-	.0262-
.95	.0258-	.0246-	.0251-	.0218-	.0212-	.0183-	.0188-	.0178-	.0154-	.0139-
1.00	.0000	.0000	.0000	.0000	.0000	.0000	.0000	.0000	.0000	.0000

Auswertung aus Pucher „Einflußfelder elastischer Platten“ Tafel Nr. 21

→ y : lx

↓ x : lx

Spalte										
	1.05	1.10	1.15	1.20	1.25	1.30	1.35	1.40	1.45	1.50
.05	.0114-	.0110-	.0097-	.0089-	.0080-	.0067-	.0052-	.0050-	.0039-	.0036-
.10	.0228-	.0205-	.0184-	.0167-	.0143-	.0129-	.0108-	.0099-	.0080-	.0072-
.15	.0328-	.0299-	.0263-	.0233-	.0207-	.0186-	.0164-	.0146-	.0123-	.0110-
.20	.0433-	.0390-	.0341-	.0305-	.0269-	.0239-	.0208-	.0189-	.0166-	.0148-
.25	.0536-	.0481-	.0415-	.0369-	.0324-	.0289-	.0252-	.0228-	.0200-	.0182-
.30	.0621-	.0558-	.0489-	.0430-	.0376-	.0338-	.0294-	.0263-	.0229-	.0210-
.35	.0686-	.0617-	.0546-	.0484-	.0418-	.0379-	.0333-	.0294-	.0253-	.0232-
.40	.0733-	.0659-	.0587-	.0522-	.0451-	.0409-	.0361-	.0320-	.0272-	.0248-
.45	.0762-	.0685-	.0612-	.0545-	.0475-	.0427-	.0378-	.0334-	.0288-	.0258-
.50	.0771-	.0693-	.0620-	.0552-	.0490-	.0434-	.0384-	.0339-	.0298-	.0262-
.55	.0761-	.0685-	.0612-	.0545-	.0475-	.0427-	.0378-	.0334-	.0288-	.0258-
.60	.0733-	.0659-	.0587-	.0522-	.0451-	.0409-	.0361-	.0320-	.0272-	.0248-
.65	.0686-	.0617-	.0546-	.0484-	.0418-	.0379-	.0333-	.0294-	.0253-	.0232-
.70	.0620-	.0557-	.0488-	.0431-	.0376-	.0338-	.0294-	.0263-	.0229-	.0210-
.75	.0536-	.0481-	.0414-	.0369-	.0324-	.0289-	.0252-	.0228-	.0200-	.0182-
.80	.0432-	.0390-	.0341-	.0305-	.0269-	.0239-	.0208-	.0189-	.0166-	.0148-
.85	.0328-	.0299-	.0263-	.0233-	.0207-	.0186-	.0164-	.0146-	.0123-	.0110-
.90	.0227-	.0205-	.0184-	.0166-	.0143-	.0129-	.0107-	.0099-	.0080-	.0072-
.95	.0114-	.0110-	.0097-	.0089-	.0080-	.0067-	.0052-	.0050-	.0039-	.0036-
1.00	.0000	.0000	.0000	.0000	.0000	.0000	.0000	.0000	.0000	.0000

→ y : lx

↓ x : lx

Spalte										
	1.55	1.60	1.65	1.70	1.75	1.80	1.85	1.90	1.95	
.05	.0030-	.0026-	.0023-	.0021-	.0019-	.0018-	.0017-	.0015-	.0015-	
.10	.0061-	.0053-	.0046-	.0041-	.0037-	.0035-	.0032-	.0029-	.0028-	
.15	.0092-	.0080-	.0068-	.0061-	.0054-	.0050-	.0045-	.0042-	.0040-	
.20	.0124-	.0107-	.0091-	.0080-	.0069-	.0064-	.0058-	.0053-	.0050-	
.25	.0156-	.0134-	.0114-	.0098-	.0084-	.0076-	.0069-	.0062-	.0058-	
.30	.0183-	.0161-	.0137-	.0116-	.0098-	.0087-	.0078-	.0070-	.0065-	
.35	.0204-	.0179-	.0159-	.0133-	.0110-	.0097-	.0086-	.0077-	.0071-	
.40	.0218-	.0192-	.0171-	.0150-	.0121-	.0106-	.0093-	.0082-	.0075-	
.45	.0227-	.0200-	.0178-	.0161-	.0131-	.0113-	.0098-	.0086-	.0077-	
.50	.0230-	.0202-	.0180-	.0162-	.0141-	.0119-	.0102-	.0088-	.0078-	
.55	.0227-	.0200-	.0178-	.0161-	.0131-	.0113-	.0098-	.0086-	.0077-	
.60	.0218-	.0192-	.0171-	.0150-	.0121-	.0106-	.0093-	.0082-	.0075-	
.65	.0203-	.0179-	.0159-	.0133-	.0110-	.0097-	.0086-	.0077-	.0071-	
.70	.0183-	.0161-	.0136-	.0116-	.0097-	.0087-	.0078-	.0070-	.0065-	
.75	.0156-	.0134-	.0114-	.0098-	.0084-	.0076-	.0068-	.0062-	.0058-	
.80	.0124-	.0107-	.0091-	.0080-	.0069-	.0063-	.0058-	.0053-	.0050-	
.85	.0092-	.0080-	.0068-	.0061-	.0054-	.0049-	.0045-	.0042-	.0040-	
.90	.0061-	.0053-	.0045-	.0041-	.0037-	.0034-	.0032-	.0029-	.0028-	
.95	.0030-	.0026-	.0023-	.0021-	.0019-	.0017-	.0016-	.0015-	.0015-	
1.00	.0000	.0000	.0000	.0000	.0000	.0001	.0000	.0000	.0000	

Auswertung aus Pucher „Einflußfelder elastischer Platten" Tafel Nr. 21

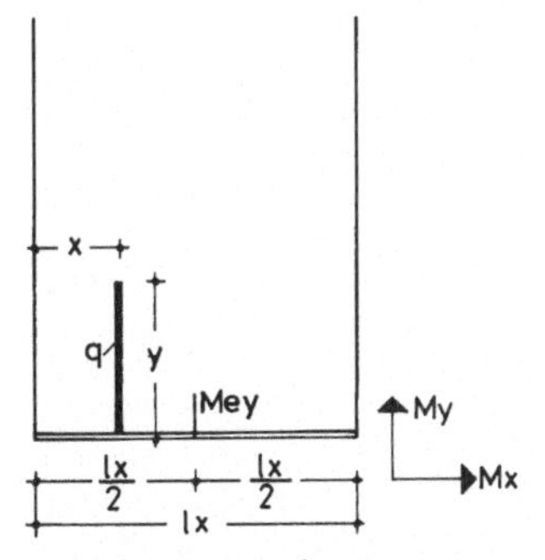

Plattenhalbstreifen mit zwei frei aufliegenden Längsrändern und einem eingespannten aufliegenden Querrand. Stützmoment Mey in Seitenmitte des Querrandes aus Linienlast parallel zu den Längsrändern.
$\mu = 0$
Faktor = q · lx

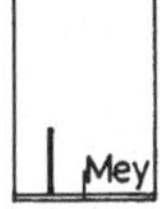

A 2.1.2

Spalte										
	0,05	0,10	0,15	0,20	0,25	0,30	0,35	0,40	0,45	0.50
.05	.0001	.0001-	.0001-	.0001-	.0001-	.0003-	.0004-	.0009-	.0022-	.0081-
.10	.0003	.0005-	.0005-	.0006-	.0006-	.0011-	.0020-	.0039-	.0106-	.0161-
.15	.0006	.0011-	.0012-	.0014-	.0016-	.0031-	.0051-	.0088-	.0181-	.0240-
.20	.0007	.0019-	.0022-	.0028-	.0041-	.0061-	.0093-	.0152-	.0253-	.0317-
.25	.0003-	.0029-	.0036-	.0053-	.0070-	.0101-	.0143-	.0210-	.0326-	.0392-
.30	.0009-	.0041-	.0053-	.0078-	.0106-	.0140-	.0197-	.0274-	.0395-	.0464-
.35	.0016-	.0055-	.0077-	.0105-	.0146-	.0184-	.0255-	.0338-	.0463-	.0533-
.40	.0024-	.0069-	.0101-	.0134-	.0189-	.0230-	.0303-	.0395-	.0527-	.0598-
.45	.0030-	.0085-	.0126-	.0164-	.0217-	.0276-	.0355-	.0452-	.0588-	.0660-
.50	.0037-	.0096-	.0151-	.0195-	.0253-	.0322-	.0403-	.0505-	.0645-	.0717-
.55	.0043-	.0111-	.0177-	.0227-	.0288-	.0358-	.0449-	.0556-	.0699-	.0771-
.60	.0050-	.0124-	.0202-	.0258-	.0321-	.0396-	.0492-	.0602-	.0748-	.0820-
.65	.0056-	.0137-	.0217-	.0287-	.0352-	.0431-	.0532-	.0645-	.0797-	.0866-
.70	.0062-	.0149-	.0237-	.0315-	.0381-	.0464-	.0569-	.0683-	.0836-	.0907-
.75	.0067-	.0161-	.0254-	.0341-	.0409-	.0494-	.0602-	.0719-	.0874-	.0946-
.80	.0072-	.0172-	.0270-	.0345-	.0434-	.0521-	.0633-	.0751-	.0908-	.0981-
.85	.0076-	.0182-	.0285-	.0363-	.0457-	.0546-	.0661-	.0780-	.0939-	.1012-
.90	.0080-	.0191-	.0298-	.0380-	.0475-	.0569-	.0686-	.0807-	.0967-	.1041-
.95	.0085-	.0199-	.0309-	.0394-	.0493-	.0591-	.0709-	.0830-	.0992-	.1067-
1.00	.0089-	.0207-	.0320-	.0407-	.0510-	.0609-	.0731-	.0851-	.1015-	.1091-
1.05	.0092-	.0213-	.0329-	.0419-	.0524-	.0625-	.0749-	.0872-	.1036-	.1112-
1.10	.0095-	.0219-	.0338-	.0429-	.0537-	.0640-	.0766-	.0890-	.1055-	.1130-
1.15	.0098-	.0224-	.0347-	.0438-	.0548-	.0653-	.0780-	.0905-	.1071-	.1147-
1.20	.0101-	.0229-	.0354-	.0448-	.0558-	.0664-	.0793-	.0919-	.1086-	.1162-
1.25	.0103-	.0233-	.0359-	.0456-	.0566-	.0674-	.0805-	.0931-	.1099-	.1176-
1.30	.0105-	.0237-	.0365-	.0462-	.0576-	.0682-	.0815-	.0942-	.1110-	.1187-
1.35	.0106-	.0241-	.0369-	.0468-	.0583-	.0693-	.0823-	.0951-	.1120-	.1198-
1.40	.0108-	.0244-	.0374-	.0473-	.0589-	.0700-	.0833-	.0961-	.1129-	.1207-
1.45	.0109-	.0246-	.0378-	.0477-	.0595-	.0706-	.0840-	.0969-	.1139-	.1215-
1.50	.0110-	.0248-	.0381-	.0482-	.0599-	.0712-	.0846-	.0975-	.1146-	.1222-
1.55	.0111-	.0250-	.0383-	.0485-	.0604-	.0716-	.0852-	.0981-	.1152-	.1229-
1.60	.0111-	.0251-	.0386-	.0488-	.0608-	.0721-	.0857-	.0986-	.1157-	.1234-
1.65	.0112-	.0252-	.0388-	.0491-	.0611-	.0725-	.0861-	.0991-	.1162-	.1239-
1.70	.0112-	.0253-	.0389-	.0493-	.0614-	.0728-	.0865-	.0995-	.1166-	.1244-
1.75	.0113-	.0254-	.0391-	.0495-	.0616-	.0731-	.0868-	.0999-	.1170-	.1247-
1.80	.0114-	.0255-	.0392-	.0496-	.0618-	.0733-	.0871-	.1002-	.1173-	.1251-
1.85	.0114-	.0255-	.0393-	.0497-	.0620-	.0735-	.0873-	.1004-	.1176-	.1254-
1.90	.0114-	.0256-	.0394-	.0498-	.0622-	.0737-	.0875-	.1006-	.1178-	.1256-
1.95	.0115-	.0256-	.0394-	.0499-	.0623-	.0739-	.0877-	.1008-	.1180-	.1258-

Auswertung aus Pucher „Einflußfelder elastischer Platten" Tafel Nr. 21

→ x : lx

↓ y : lx

Spalte										
	0.55	0.60	0.65	0.70	0.75	0.80	0.85	0.90	0.95	
.05	.0022-	.0009-	.0004-	.0003-	.0001-	.0001-	.0001-	.0001-	.0001	
.10	.0106-	.0039-	.0020-	.0011-	.0006-	.0006-	.0005-	.0005-	.0003	
.15	.0181-	.0088-	.0051-	.0031-	.0016-	.0014-	.0012-	.0011-	.0006	
.20	.0253-	.0152-	.0093-	.0061-	.0041-	.0028-	.0022-	.0019-	.0007	
.25	.0326-	.0210-	.0143-	.0101-	.0070-	.0053-	.0036-	.0029-	.0003-	
.30	.0395-	.0274-	.0197-	.0140-	.0106-	.0078-	.0053-	.0041-	.0009-	
.35	.0463-	.0338-	.0255-	.0184-	.0146-	.0105-	.0077-	.0055-	.0016-	
.40	.0527-	.0395-	.0303-	.0230-	.0189-	.0134-	.0101-	.0069-	.0024-	
.45	.0588-	.0452-	.0355-	.0276-	.0217-	.0164-	.0126-	.0085-	.0030-	
.50	.0645-	.0505-	.0403-	.0322-	.0253-	.0195-	.0151-	.0096-	.0037-	
.55	.0699-	.0556-	.0449-	.0358-	.0288-	.0227-	.0177-	.0111-	.0043-	
.60	.0748-	.0602-	.0492-	.0396-	.0321-	.0258-	.0202-	.0124-	.0050-	
.65	.0797-	.0645-	.0532-	.0431-	.0352-	.0287-	.0217-	.0137-	.0056-	
.70	.0836-	.0683-	.0569-	.0464-	.0381-	.0315-	.0237-	.0149-	.0062-	
.75	.0874-	.0719-	.0602-	.0494-	.0409-	.0341-	.0254-	.0161-	.0067-	
.80	.0908-	.0751-	.0633-	.0521-	.0434-	.0345-	.0270-	.0172-	.0072-	
.85	.0939-	.0780-	.0661-	.0546-	.0457-	.0363-	.0285-	.0182-	.0076-	
.90	.0967-	.0807-	.0686-	.0569-	.0475-	.0380-	.0298-	.0191-	.0080-	
.95	.0992-	.0830-	.0709-	.0591-	.0493-	.0394-	.0309-	.0199-	.0085-	
1.00	.1015-	.0851-	.0731-	.0609-	.0510-	.0407-	.0320-	.0207-	.0089-	
1.05	.1036-	.0872-	.0749-	.0625-	.0524-	.0419-	.0329-	.0213-	.0092-	
1.10	.1055-	.0890-	.0766-	.0640-	.0537-	.0429-	.0338-	.0219-	.0095-	
1.15	.1071-	.0905-	.0780-	.0653-	.0540-	.0438-	.0347-	.0224-	.0098-	
1.20	.1086-	.0919-	.0793-	.0664-	.0558-	.0448-	.0354-	.0229-	.0101-	
1.25	.1099-	.0931-	.0805-	.0674-	.0566-	.0456-	.0359-	.0233-	.0103-	
1.30	.1110-	.0942-	.0815-	.0682-	.0576-	.0462-	.0365-	.0237-	.0105-	
1.35	.1120-	.0951-	.0823-	.0693-	.0583-	.0468-	.0369-	.0241-	.0106-	
1.40	.1129-	.0961-	.0833-	.0700-	.0589-	.0473-	.0374-	.0244-	.0108-	
1.45	.1139-	.0969-	.0840-	.0706-	.0595-	.0477-	.0378-	.0246-	.0109-	
1.50	.1146-	.0975-	.0846-	.0712-	.0599-	.0482-	.0381-	.0248-	.0110-	
1.55	.1152-	.0981-	.0852-	.0716-	.0604-	.0485-	.0383-	.0250-	.0111-	
1.60	.1157-	.0986-	.0857-	.0721-	.0608-	.0488-	.0386-	.0251-	.0111-	
1.65	.1162-	.0991-	.0861-	.0725-	.0611-	.0491-	.0388-	.0252-	.0112-	
1.70	.1166-	.0995-	.0865-	.0728-	.0614-	.0493-	.0389-	.0253-	.0112-	
1.75	.1170-	.0999-	.0868-	.0731-	.0616-	.0495-	.0391-	.0254-	.0113-	
1.80	.1173-	.1002-	.0871-	.0733-	.0618-	.0496-	.0392-	.0255-	.0114-	
1.85	.1176-	.1004-	.0873-	.0735-	.0620-	.0497-	.0393-	.0255-	.0114-	
1.90	.1178-	.1006-	.0875-	.0737-	.0622-	.0498-	.0394-	.0256-	.0114-	
1.95	.1180-	.1008-	.0877-	.0739-	.0623-	.0499-	.0394-	.0256-	.0115-	

Auswertung aus Pucher „Einflußfelder elastischer Platten" Tafel Nr. 21

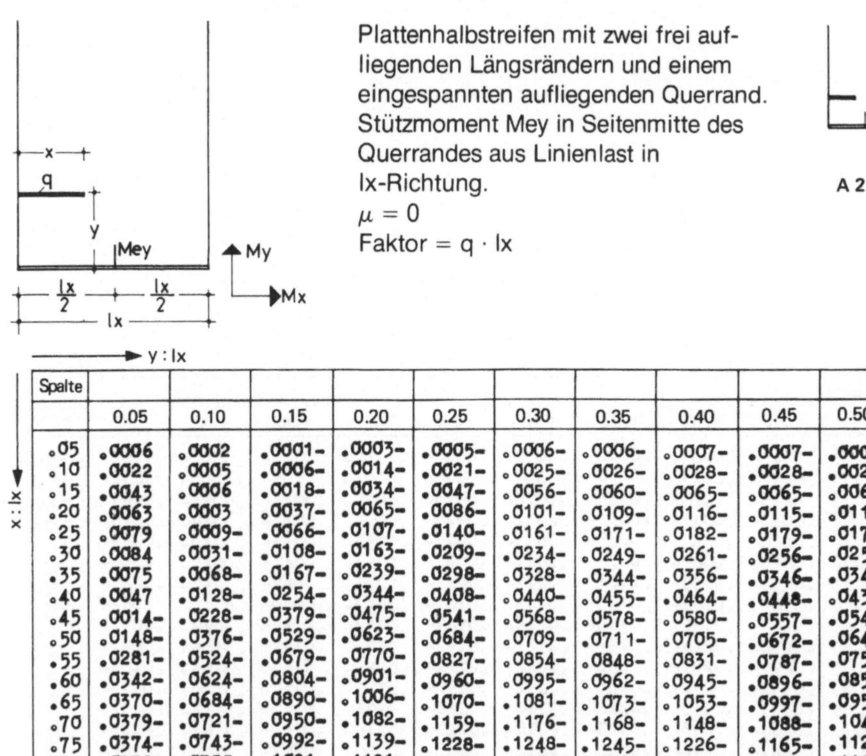

Plattenhalbstreifen mit zwei frei aufliegenden Längsrändern und einem eingespannten aufliegenden Querrand. Stützmoment Mey in Seitenmitte des Querrandes aus Linienlast in lx-Richtung.

$\mu = 0$

Faktor = q · lx

A 2.1.3

→ y : lx ; ↓ x : lx

Spalte	0.05	0.10	0.15	0.20	0.25	0.30	0.35	0.40	0.45	0.50
.05	.0006	.0002	.0001-	.0003-	.0005-	.0006-	.0006-	.0007-	.0007-	.0007-
.10	.0022	.0005	.0006-	.0014-	.0021-	.0025-	.0026-	.0028-	.0028-	.0028-
.15	.0043	.0006	.0018-	.0034-	.0047-	.0056-	.0060-	.0065-	.0065-	.0065-
.20	.0063	.0003	.0037-	.0065-	.0086-	.0101-	.0109-	.0116-	.0115-	.0115-
.25	.0079	.0009-	.0066-	.0107-	.0140-	.0161-	.0171-	.0182-	.0179-	.0177-
.30	.0084	.0031-	.0108-	.0163-	.0209-	.0234-	.0249-	.0261-	.0256-	.0252-
.35	.0075	.0068-	.0167-	.0239-	.0298-	.0328-	.0344-	.0356-	.0346-	.0340-
.40	.0047	.0128-	.0254-	.0344-	.0408-	.0440-	.0455-	.0464-	.0448-	.0437-
.45	.0014-	.0228-	.0379-	.0475-	.0541-	.0568-	.0578-	.0580-	.0557-	.0541-
.50	.0148-	.0376-	.0529-	.0623-	.0684-	.0709-	.0711-	.0705-	.0672-	.0648-
.55	.0281-	.0524-	.0679-	.0770-	.0827-	.0854-	.0848-	.0831-	.0787-	.0756-
.60	.0342-	.0624-	.0804-	.0901-	.0960-	.0995-	.0962-	.0945-	.0896-	.0859-
.65	.0370-	.0684-	.0890-	.1006-	.1070-	.1081-	.1073-	.1053-	.0997-	.0956-
.70	.0379-	.0721-	.0950-	.1082-	.1159-	.1176-	.1168-	.1148-	.1088-	.1044-
.75	.0374-	.0743-	.0992-	.1139-	.1228-	.1248-	.1245-	.1226-	.1165-	.1120-
.80	.0358-	.0755-	.1021-	.1181-	.1282-	.1308-	.1308-	.1291-	.1228-	.1182-
.85	.0338-	.0758-	.1040-	.1211-	.1320-	.1353-	.1355-	.1343-	.1279-	.1232-
.90	.0317-	.0757-	.1051-	.1231-	.1347-	.1384-	.1390-	.1379-	.1315-	.1268-
.95	.0301-	.0754-	.1057-	.1242-	.1363-	.1402-	.1410-	.1400-	.1337-	.1290-
1.00	.0295-	.0752-	.1058-	.1246-	.1368-	.1409-	.1416-	.1407-	.1344-	.1297-

→ y : lx ; ↓ x : lx

Spalte	0.55	0.60	0.65	0.70	0.75	0.80	0.85	0.90	0.95	1.00
.05	.0006-	.0006-	.0006-	.0005-	.0005-	.0005-	.0005-	.0005-	.0004-	.0004-
.10	.0026-	.0024-	.0025-	.0022-	.0021-	.0018-	.0018-	.0018-	.0016-	.0014-
.15	.0061-	.0056-	.0056-	.0050-	.0047-	.0042-	.0040-	.0036-	.0033-	.0029-
.20	.0110-	.0101-	.0098-	.0089-	.0083-	.0075-	.0069-	.0062-	.0056-	.0050-
.25	.0170-	.0157-	.0150-	.0139-	.0128-	.0117-	.0106-	.0095-	.0085-	.0076-
.30	.0241-	.0223-	.0212-	.0196-	.0181-	.0165-	.0150-	.0134-	.0119-	.0107-
.35	.0320-	.0300-	.0283-	.0261-	.0240-	.0221-	.0201-	.0179-	.0159-	.0141-
.40	.0411-	.0381-	.0362-	.0330-	.0304-	.0276-	.0257-	.0229-	.0203-	.0179-
.45	.0510-	.0471-	.0439-	.0404-	.0372-	.0339-	.0317-	.0283-	.0251-	.0221-
.50	.0613-	.0566-	.0525-	.0481-	.0442-	.0405-	.0379-	.0338-	.0301-	.0265-
.55	.0706-	.0663-	.0612-	.0558-	.0513-	.0472-	.0441-	.0395-	.0351-	.0309-
.60	.0803-	.0758-	.0698-	.0632-	.0581-	.0538-	.0503-	.0451-	.0401-	.0353-
.65	.0896-	.0848-	.0766-	.0702-	.0645-	.0590-	.0563-	.0504-	.0448-	.0387-
.70	.0972-	.0902-	.0836-	.0766-	.0704-	.0644-	.0619-	.0554-	.0476-	.0421-
.75	.1043-	.0968-	.0899-	.0823-	.0757-	.0693-	.0670-	.0571-	.0510-	.0452-
.80	.1103-	.1024-	.0953-	.0873-	.0802-	.0734-	.0672-	.0604-	.0539-	.0478-
.85	.1152-	.1068-	.0991-	.0912-	.0838-	.0769-	.0702-	.0630-	.0562-	.0499-
.90	.1186-	.1099-	.1022-	.0940-	.0864-	.0789-	.0723-	.0649-	.0580-	.0514-
.95	.1205-	.1118-	.1041-	.0957-	.0879-	.0802-	.0737-	.0661-	.0591-	.0524-
1.00	.1210-	.1123-	.1048-	.0962-	.0885-	.0807-	.0742-	.0667-	.0595-	.0528-

Auswertung aus Pucher „Einflußfelder elastischer Platten" Tafel Nr. 21

A 2.1.3

y : lx →

x : lx ↓ / Spalte	1.05	1.10	1.15	1.20	1.25	1.30	1.35	1.40	1.45	1.50
.05	.0003-	.0003-	.0002-	.0002-	.0002-	.0002-	.0001-	.0001-	.0001-	.0001-
.10	.0011-	.0011-	.0010-	.0009-	.0008-	.0007-	.0005-	.0005-	.0004-	.0004-
.15	.0025-	.0023-	.0021-	.0020-	.0016-	.0015-	.0012-	.0011-	.0009-	.0008-
.20	.0044-	.0041-	.0036-	.0032-	.0028-	.0025-	.0021-	.0019-	.0016-	.0014-
.25	.0069-	.0062-	.0055-	.0049-	.0043-	.0038-	.0033-	.0030-	.0025-	.0023-
.30	.0098-	.0089-	.0077-	.0069-	.0061-	.0054-	.0047-	.0042-	.0036-	.0033-
.35	.0132-	.0119-	.0104-	.0092-	.0081-	.0072-	.0062-	.0057-	.0049-	.0044-
.40	.0169-	.0152-	.0133-	.0118-	.0103-	.0092-	.0080-	.0072-	.0062-	.0056-
.45	.0209-	.0188-	.0165-	.0146-	.0127-	.0114-	.0099-	.0088-	.0077-	.0070-
.50	.0250-	.0224-	.0197-	.0174-	.0152-	.0136-	.0119-	.0105-	.0092-	.0083-
.55	.0291-	.0261-	.0230-	.0204-	.0174-	.0156-	.0139-	.0123-	.0105-	.0094-
.60	.0332-	.0298-	.0263-	.0232-	.0197-	.0177-	.0158-	.0140-	.0119-	.0107-
.65	.0371-	.0333-	.0294-	.0260-	.0220-	.0197-	.0177-	.0154-	.0132-	.0120-
.70	.0408-	.0366-	.0323-	.0286-	.0240-	.0216-	.0188-	.0168-	.0145-	.0131-
.75	.0442-	.0396-	.0350-	.0294-	.0259-	.0230-	.0202-	.0180-	.0156-	.0141-
.80	.0472-	.0395-	.0349-	.0311-	.0271-	.0243-	.0213-	.0191-	.0165-	.0148-
.85	.0458-	.0413-	.0365-	.0324-	.0283-	.0254-	.0223-	.0199-	.0171-	.0155-
.90	.0472-	.0425-	.0376-	.0334-	.0292-	.0262-	.0229-	.0205-	.0176-	.0159-
.95	.0481-	.0433-	.0383-	.0341-	.0298-	.0267-	.0233-	.0209-	.0179-	.0162-
1.00	.0483-	.0437-	.0386-	.0344-	.0300-	.0269-	.0234-	.0210-	.0180-	.0163-

y : lx →

x : lx ↓ / Spalte	1.55	1.60	1.65	1.70	1.75	1.80	1.85	1.90	1.95	
.05	.0001-	.0001-	.0001-	.0001-	.0000	.0000	.0000	.0000	.0000	
.10	.0003-	.0003-	.0002-	.0002-	.0002-	.0002-	.0002-	.0002-	.0001-	
.15	.0007-	.0006-	.0005-	.0005-	.0004-	.0004-	.0004-	.0003-	.0003-	
.20	.0012-	.0011-	.0009-	.0008-	.0007-	.0007-	.0006-	.0006-	.0006-	
.25	.0019-	.0017-	.0014-	.0013-	.0011-	.0011-	.0010-	.0009-	.0008-	
.30	.0028-	.0024-	.0020-	.0018-	.0016-	.0015-	.0013-	.0012-	.0012-	
.35	.0038-	.0033-	.0028-	.0024-	.0021-	.0020-	.0018-	.0016-	.0015-	
.40	.0048-	.0042-	.0036-	.0032-	.0027-	.0025-	.0023-	.0021-	.0019-	
.45	.0060-	.0052-	.0045-	.0039-	.0034-	.0031-	.0028-	.0025-	.0023-	
.50	.0072-	.0063-	.0054-	.0047-	.0041-	.0037-	.0033-	.0030-	.0028-	
.55	.0084-	.0073-	.0064-	.0055-	.0046-	.0041-	.0036-	.0032-	.0030-	
.60	.0096-	.0084-	.0073-	.0063-	.0053-	.0047-	.0041-	.0037-	.0034-	
.65	.0108-	.0094-	.0082-	.0070-	.0059-	.0052-	.0046-	.0041-	.0037-	
.70	.0119-	.0103-	.0087-	.0076-	.0064-	.0056-	.0050-	.0044-	.0041-	
.75	.0122-	.0107-	.0093-	.0082-	.0069-	.0061-	.0054-	.0048-	.0044-	
.80	.0129-	.0113-	.0099-	.0086-	.0073-	.0064-	.0057-	.0051-	.0047-	
.85	.0134-	.0117-	.0103-	.0090-	.0076-	.0067-	.0060-	.0054-	.0050-	
.90	.0138-	.0121-	.0105-	.0092-	.0078-	.0070-	.0062-	.0056-	.0052-	
.95	.0140-	.0123-	.0107-	.0094-	.0080-	.0071-	.0063-	.0057-	.0053-	
1.00	.0141-	.0123-	.0108-	.0095-	.0081-	.0072-	.0064-	.0058-	.0054-	

Auswertung aus Pucher „Einflußfelder elastischer Platten" Tafel Nr. 21

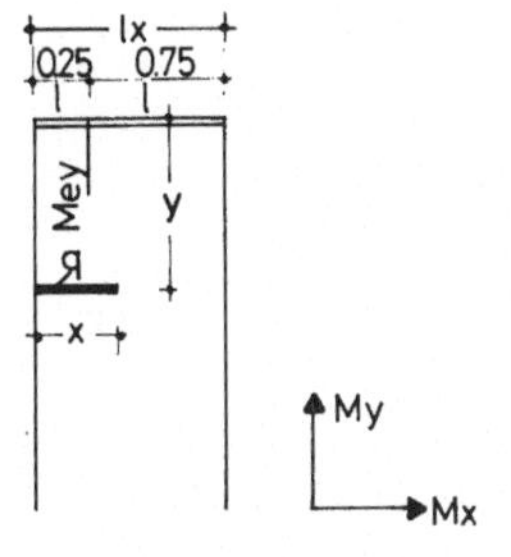

Stützmoment Mey im Viertelspunkt eines Plattenhalbstreifens mit eingespanntem Querrand und frei aufliegenden Längsrändern aus Linienlast parallel zum Querrand.
$\mu = 0$
Faktor = q · lx

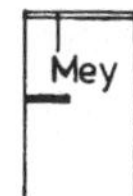

A 2.2.1

→ y : lx ; ↓ x : lx

Spalte										
	0.05	0.10	0.15	0.20	0.25	0.30	0.35	0.40	0.45	0.50
.05	.0001-	.0010-	.0012-	.0016-	.0016-	.0016-	.0016-	.0012-	.0010-	.0008-
.10	.0007-	.0040-	.0053-	.0065-	.0063-	.0062-	.0059-	.0049-	.0040-	.0033-
.15	.0025-	.0092-	.0126-	.0146-	.0140-	.0135-	.0127-	.0105-	.0088-	.0076-
.20	.0073-	.0189-	.0237-	.0258-	.0242-	.0229-	.0212-	.0180-	.0154-	.0136-
.25	.0197-	.0335-	.0381-	.0392-	.0363-	.0343-	.0313-	.0269-	.0229-	.0209-
.30	.0321-	.0472-	.0516-	.0536-	.0492-	.0465-	.0423-	.0366-	.0315-	.0282-
.35	.0373-	.0567-	.0630-	.0640-	.0603-	.0560-	.0519-	.0467-	.0407-	.0365-
.40	.0397-	.0623-	.0717-	.0737-	.0708-	.0663-	.0619-	.0567-	.0500-	.0451-
.45	.0413-	.0663-	.0779-	.0814-	.0799-	.0756-	.0712-	.0664-	.0591-	.0527-
.50	.0422-	.0685-	.0823-	.0871-	.0866-	.0827-	.0782-	.0715-	.0654-	.0600-
.55	.0425-	.0704-	.0855-	.0911-	.0920-	.0888-	.0847-	.0782-	.0723-	.0666-
.60	.0424-	.0717-	.0877-	.0951-	.0961-	.0937-	.0901-	.0840-	.0784-	.0726-
.65	.0419-	.0725-	.0897-	.0975-	.1001-	.0980-	.0945-	.0888-	.0836-	.0778-
.70	.0412-	.0733-	.0910-	.0997-	.1025-	.1012-	.0984-	.0930-	.0879-	.0819-
.75	.0402-	.0737-	.0922-	.1014-	.1048-	.1036-	.1012-	.0963-	.0915-	.0856-
.80	.0391-	.0740-	.0930-	.1026-	.1065-	.1058-	.1034-	.0990-	.0944-	.0886-
.85	.0381-	.0742-	.0937-	.1036-	.1078-	.1073-	.1054-	.1010-	.0967-	.0908-
.90	.0370-	.0742-	.0942-	.1042-	.1085-	.1082-	.1065-	.1023-	.0983-	.0924-
.95	.0361-	.0741-	.0949-	.1045-	.1090-	.1088-	.1071-	.1030-	.0992-	.0933-
1.00	.0355-	.0740-	.0958-	.1046-	.1091-	.1092-	.1072-	.1033-	.0995-	.0936-

→ y : lx ; ↓ x : lx

Spalte										
	0.55	0.60	0.65	0.70	0.75	0.80	0.85	0.90	0.95	1.00
.05	.0007-	.0006-	.0006-	.0006-	.0004-	.0004-	.0003-	.0003-	.0003-	.0003-
.10	.0027-	.0026-	.0023-	.0021-	.0018-	.0016-	.0014-	.0012-	.0012-	.0010-
.15	.0066-	.0060-	.0052-	.0047-	.0039-	.0035-	.0031-	.0027-	.0026-	.0022-
.20	.0113-	.0108-	.0095-	.0084-	.0071-	.0062-	.0053-	.0048-	.0046-	.0039-
.25	.0167-	.0166-	.0146-	.0129-	.0110-	.0097-	.0084-	.0074-	.0070-	.0060-
.30	.0230-	.0234-	.0205-	.0181-	.0155-	.0137-	.0119-	.0105-	.0098-	.0085-
.35	.0299-	.0307-	.0270-	.0239-	.0206-	.0183-	.0158-	.0140-	.0129-	.0113-
.40	.0373-	.0367-	.0327-	.0299-	.0260-	.0231-	.0200-	.0177-	.0163-	.0144-
.45	.0446-	.0435-	.0390-	.0345-	.0308-	.0274-	.0244-	.0216-	.0198-	.0173-
.50	.0516-	.0501-	.0450-	.0400-	.0360-	.0321-	.0284-	.0255-	.0234-	.0205-
.55	.0580-	.0563-	.0507-	.0452-	.0409-	.0366-	.0325-	.0295-	.0270-	.0238-
.60	.0639-	.0620-	.0557-	.0501-	.0455-	.0408-	.0363-	.0333-	.0304-	.0269-
.65	.0690-	.0671-	.0591-	.0546-	.0497-	.0447-	.0398-	.0368-	.0324-	.0299-
.70	.0727-	.0706-	.0629-	.0586-	.0535-	.0483-	.0431-	.0384-	.0349-	.0326-
.75	.0762-	.0742-	.0664-	.0621-	.0565-	.0510-	.0456-	.0409-	.0372-	.0341-
.80	.0792-	.0773-	.0694-	.0642-	.0591-	.0534-	.0479-	.0430-	.0391-	.0359-
.85	.0814-	.0795-	.0713-	.0664-	.0611-	.0553-	.0497-	.0447-	.0406-	.0374-
.90	.0829-	.0811-	.0729-	.0679-	.0626-	.0568-	.0511-	.0460-	.0417-	.0384-
.95	.0837-	.0820-	.0737-	.0687-	.0635-	.0577-	.0519-	.0468-	.0423-	.0389-
1.00	.0839-	.0822-	.0739-	.0688-	.0638-	.0579-	.0522-	.0470-	.0425-	.0391-

Auswertung aus Hoeland „Stützmomenten-Einflußfelder durchlaufender Platten" Tafel Nr. 8

→ y : lx

↓ x : lx

Spalte	1.05	1.10	1.15	1.20	1.25	1.30	1.35	1.40	1.45	1.50
.05	.0002-	.0002-	.0002-	.0002-	.0001-	.0001-	.0001-	.0001-	.0001-	.0001-
.10	.0008-	.0007-	.0007-	.0006-	.0005-	.0005-	.0004-	.0004-	.0004-	.0003-
.15	.0019-	.0017-	.0015-	.0014-	.0012-	.0011-	.0010-	.0009-	.0008-	.0007-
.20	.0034-	.0031-	.0027-	.0024-	.0021-	.0018-	.0017-	.0015-	.0014-	.0012-
.25	.0053-	.0047-	.0042-	.0038-	.0033-	.0029-	.0025-	.0023-	.0021-	.0018-
.30	.0076-	.0067-	.0059-	.0053-	.0047-	.0041-	.0036-	.0032-	.0028-	.0025-
.35	.0101-	.0089-	.0079-	.0070-	.0063-	.0055-	.0047-	.0042-	.0038-	.0032-
.40	.0128-	.0113-	.0100-	.0088-	.0078-	.0070-	.0060-	.0054-	.0048-	.0041-
.45	.0157-	.0138-	.0122-	.0107-	.0094-	.0086-	.0074-	.0066-	.0059-	.0050-
.50	.0181-	.0161-	.0142-	.0127-	.0112-	.0099-	.0086-	.0078-	.0070-	.0060-
.55	.0208-	.0185-	.0164-	.0147-	.0129-	.0114-	.0100-	.0091-	.0082-	.0070-
.60	.0233-	.0208-	.0184-	.0166-	.0146-	.0130-	.0113-	.0103-	.0093-	.0079-
.65	.0257-	.0230-	.0203-	.0184-	.0160-	.0144-	.0125-	.0115-	.0104-	.0086-
.70	.0279-	.0250-	.0221-	.0196-	.0175-	.0158-	.0137-	.0126-	.0114-	.0093-
.75	.0299-	.0268-	.0236-	.0210-	.0188-	.0170-	.0148-	.0129-	.0116-	.0100-
.80	.0314-	.0282-	.0250-	.0224-	.0200-	.0181-	.0154-	.0136-	.0123-	.0105-
.85	.0327-	.0294-	.0262-	.0232-	.0206-	.0185-	.0160-	.0142-	.0128-	.0109-
.90	.0336-	.0302-	.0268-	.0238-	.0212-	.0190-	.0165-	.0146-	.0131-	.0113-
.95	.0342-	.0307-	.0273-	.0242-	.0215-	.0194-	.0168-	.0149-	.0134-	.0115-
1.00	.0344-	.0309-	.0275-	.0244-	.0217-	.0195-	.0169-	.0150-	.0134-	.0116-

→ y : lx

↓ x : lx

Spalte	1.55	1.60	1.65	1.70	1.75	1.80	1.85	1.90	1.95	2.00
.05	.0001-	.0001-	.0001-	.0000	.0000	.0000	.0000	.0000	.0000	.0000
.10	.0003-	.0002-	.0002-	.0002-	.0002-	.0001-	.0001-	.0001-	.0001-	.0001-
.15	.0006-	.0005-	.0005-	.0004-	.0004-	.0003-	.0003-	.0002-	.0002-	.0001-
.20	.0011-	.0009-	.0009-	.0007-	.0006-	.0005-	.0005-	.0004-	.0003-	.0003-
.25	.0016-	.0014-	.0013-	.0011-	.0009-	.0008-	.0007-	.0006-	.0005-	.0004-
.30	.0022-	.0020-	.0018-	.0015-	.0013-	.0012-	.0010-	.0009-	.0007-	.0006-
.35	.0030-	.0026-	.0024-	.0020-	.0018-	.0015-	.0013-	.0011-	.0010-	.0008-
.40	.0037-	.0033-	.0030-	.0026-	.0023-	.0020-	.0017-	.0015-	.0012-	.0010-
.45	.0046-	.0040-	.0036-	.0032-	.0028-	.0024-	.0021-	.0018-	.0015-	.0012-
.50	.0051-	.0045-	.0041-	.0037-	.0033-	.0029-	.0025-	.0021-	.0019-	.0015-
.55	.0059-	.0052-	.0047-	.0043-	.0038-	.0033-	.0029-	.0025-	.0021-	.0017-
.60	.0067-	.0059-	.0053-	.0049-	.0043-	.0038-	.0033-	.0028-	.0024-	.0020-
.65	.0074-	.0065-	.0058-	.0054-	.0048-	.0042-	.0036-	.0030-	.0026-	.0021-
.70	.0080-	.0071-	.0064-	.0059-	.0052-	.0045-	.0038-	.0033-	.0028-	.0023-
.75	.0086-	.0076-	.0068-	.0063-	.0055-	.0048-	.0041-	.0034-	.0029-	.0024-
.80	.0091-	.0081-	.0072-	.0067-	.0058-	.0051-	.0042-	.0036-	.0030-	.0024-
.85	.0096-	.0085-	.0075-	.0069-	.0061-	.0053-	.0044-	.0037-	.0031-	.0025-
.90	.0099-	.0088-	.0078-	.0072-	.0063-	.0054-	.0045-	.0037-	.0031-	.0025-
.95	.0101-	.0090-	.0080-	.0073-	.0064-	.0055-	.0045-	.0038-	.0031-	.0025-
1.00	.0102-	.0091-	.0081-	.0074-	.0065-	.0055-	.0046-	.0038-	.0031-	.0025-

Auswertung aus Hoeland „Stützmomenten-Einflußfelder durchlaufender Platten" Tafel Nr. 8

→ y : lx

↓ x : lx

Spalte										
	2.05	2.10	2.15	2.20	2.25	2.30	2.35	2.40	2.45	
.05	.0000	.0000	.0000	.0000	.0000	.0000	.0000	.0000	.0000	
.10	.0001-	.0000	.0000	.0000	.0000	.0000	.0000	.0000	.0000	
.15	.0001-	.0001-	.0001-	.0000	.0000	.0000	.0000	.0000	.0000	
.20	.0002-	.0002-	.0001-	.0001-	.0001-	.0000	.0000	.0000	.0000	
.25	.0003-	.0003-	.0002-	.0001-	.0001-	.0000	.0000	.0000	.0000	
.30	.0004-	.0004-	.0003-	.0002-	.0001-	.0001-	.0000	.0000	.0000	
.35	.0006-	.0005-	.0004-	.0003-	.0002-	.0001-	.0001-	.0000	.0000	
.40	.0008-	.0006-	.0005-	.0004-	.0002-	.0001-	.0001-	.0000	.0000	
.45	.0010-	.0008-	.0006-	.0005-	.0003-	.0002-	.0001-	.0001-	.0000	
.50	.0012-	.0010-	.0008-	.0006-	.0004-	.0002-	.0002-	.0001-	.0000	
.55	.0014-	.0011-	.0009-	.0007-	.0005-	.0003-	.0002-	.0001-	.0001-	
.60	.0016-	.0013-	.0010-	.0007-	.0005-	.0003-	.0002-	.0001-	.0001-	
.65	.0017-	.0014-	.0011-	.0008-	.0006-	.0003-	.0002-	.0001-	.0000	
.70	.0018-	.0014-	.0011-	.0008-	.0006-	.0003-	.0002-	.0001-	.0000	
.75	.0018-	.0015-	.0011-	.0008-	.0005-	.0003-	.0002-	.0000	.0000	
.80	.0019-	.0015-	.0011-	.0008-	.0005-	.0003-	.0002-	.0000	.0000	
.85	.0019-	.0015-	.0011-	.0007-	.0005-	.0003-	.0001-	.0000	.0000	
.90	.0019-	.0015-	.0011-	.0007-	.0005-	.0002-	.0001-	.0001	.0001	
.95	.0019-	.0014-	.0011-	.0007-	.0004-	.0002-	.0001-	.0001	.0001	
1.00	.0019-	.0014-	.0010-	.0006-	.0004-	.0002-	.0001-	.0001	.0001	

Auswertung aus Hoeland „Stützmomenten-Einflußfelder durchlaufender Platten" Tafel Nr. 8

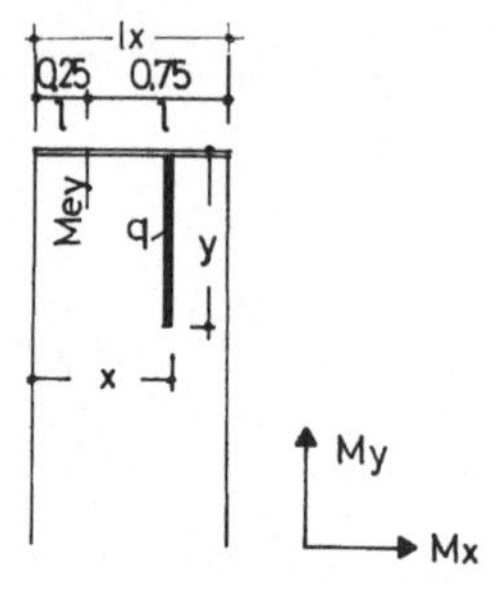

Stützmoment Mey im Viertelspunkt eines Plattenhalbstreifens mit eingespanntem Querrand und frei aufliegenden Längsrändern aus Linienlast parallel zu den Längsrändern.
$\mu = 0$
Faktor = q · lx

A 2.2.2

x : lx

Spalte (y : lx)	0.05	0.10	0.15	0.20	0.25	0.30	0.35	0.40	0.45	0.50
.05	.0002-	.0002-	.0005-	.0011-	.0063-	.0009-	.0004-	.0002-	.0002-	.0001-
.10	.0007-	.0010-	.0024-	.0053-	.0124-	.0047-	.0026-	.0014-	.0008-	.0005-
.15	.0016-	.0029-	.0057-	.0102-	.0184-	.0095-	.0062-	.0037-	.0024-	.0017-
.20	.0028-	.0055-	.0096-	.0155-	.0241-	.0146-	.0107-	.0069-	.0048-	.0033-
.25	.0041-	.0080-	.0139-	.0202-	.0294-	.0197-	.0155-	.0105-	.0079-	.0055-
.30	.0052-	.0105-	.0182-	.0246-	.0338-	.0243-	.0192-	.0144-	.0109-	.0081-
.35	.0065-	.0128-	.0206-	.0285-	.0381-	.0287-	.0234-	.0184-	.0142-	.0108-
.40	.0076-	.0148-	.0234-	.0320-	.0419-	.0328-	.0275-	.0225-	.0176-	.0138-
.45	.0085-	.0166-	.0259-	.0352-	.0453-	.0365-	.0314-	.0265-	.0210-	.0168-
.50	.0092-	.0182-	.0281-	.0380-	.0486-	.0399-	.0350-	.0303-	.0239-	.0198-
.55	.0099-	.0195-	.0300-	.0404-	.0515-	.0431-	.0379-	.0323-	.0268-	.0228-
.60	.0104-	.0207-	.0316-	.0426-	.0540-	.0459-	.0408-	.0352-	.0295-	.0256-
.65	.0108-	.0217-	.0334-	.0445-	.0562-	.0484-	.0434-	.0378-	.0320-	.0273-
.70	.0112-	.0225-	.0347-	.0461-	.0582-	.0507-	.0458-	.0402-	.0344-	.0295-
.75	.0120-	.0232-	.0359-	.0478-	.0600-	.0527-	.0479-	.0423-	.0366-	.0314-
.80	.0124-	.0238-	.0369-	.0492-	.0618-	.0545-	.0497-	.0443-	.0385-	.0332-
.85	.0126-	.0246-	.0377-	.0504-	.0632-	.0562-	.0514-	.0460-	.0403-	.0347-
.90	.0129-	.0252-	.0386-	.0514-	.0644-	.0576-	.0530-	.0477-	.0420-	.0361-
.95	.0130-	.0257-	.0393-	.0523-	.0655-	.0589-	.0544-	.0491-	.0434-	.0373-
1.00	.0132-	.0261-	.0399-	.0532-	.0665-	.0600-	.0555-	.0503-	.0447-	.0384-
1.05	.0133-	.0265-	.0405-	.0539-	.0673-	.0610-	.0566-	.0514-	.0458-	.0399-
1.10	.0134-	.0268-	.0409-	.0546-	.0681-	.0618-	.0575-	.0524-	.0468-	.0409-
1.15	.0137-	.0272-	.0414-	.0551-	.0688-	.0627-	.0583-	.0532-	.0476-	.0418-
1.20	.0139-	.0274-	.0418-	.0556-	.0694-	.0634-	.0592-	.0541-	.0485-	.0426-
1.25	.0140-	.0277-	.0422-	.0561-	.0699-	.0640-	.0598-	.0548-	.0492-	.0433-
1.30	0141-	.0279-	.0425-	.0565-	.0704-	.0646-	.0604-	.0554-	.0499-	.0440-
1.35	.0142-	.0281-	.0427-	.0569-	.0708-	.0651-	.0609-	.0560-	.0504-	.0445-
1.40	.0143-	.0283-	.0429-	.0571-	.0712-	.0655-	.0614-	.0565-	.0509-	.0450-
1.45	.0144-	.0284-	.0431-	.0574-	.0715-	.0659-	.0618-	.0569-	.0514-	.0455-
1.50	.0145-	.0285-	.0432-	.0576-	.0718-	.0662-	.0621-	.0572-	.0518-	.0459-
1.55	.0146-	.0286-	.0435-	.0578-	.0720-	.0665-	.0624-	.0576-	.0521-	.0462-
1.60	.0146-	.0287-	.0436-	.0579-	.0722-	.0667-	.0627-	.0578-	.0524-	.0465-
1.65	.0147-	.0288-	.0437-	.0582-	.0724-	.0669-	.0629-	.0581-	.0526-	.0468-
1.70	.0148-	.0288-	.0438-	.0583-	.0725-	.0671-	.0631-	.0583-	.0528-	.0470-
1.75	.0148-	.0289-	.0439-	.0584-	.0727-	.0672-	.0633-	.0584-	.0530-	.0472-
1.80	.0148-	.0289-	.0440-	.0585-	.0729-	.0675-	.0634-	.0586-	.0532-	.0474-
1.85	.0149-	.0289-	.0441-	.0586-	.0730-	.0676-	.0636-	.0588-	.0534-	.0476-
1.90	.0149-	.0289-	.0441-	.0587-	.0731-	.0677-	.0638-	.0590-	.0536-	.0477-
1.95	.0149-	.0289-	.0442-	.0588-	.0731-	.0678-	.0639-	.0591-	.0537-	.0478-
2.00	.0149-	.0289-	.0442-	.0588-	.0732-	.0679-	.0639-	.0592-	.0538-	.0479-
2.05	.0150-	.0288-	.0443-	.0589-	.0733-	.0679-	.0640-	.0592-	.0539-	.0480-
2.10	.0150-	.0288-	.0443-	.0589-	.0733-	.0680-	.0641-	.0593-	.0539-	.0481-
2.15	0150-	.0288-	.0443-	.0589-	.0733-	.0680-	.0641-	.0593-	.0540-	.0481-
2.20	.0150-	.0287-	.0443-	.0589-	.0733-	.0680-	.0641-	.0594-	.0540-	.0481-
2.25	.0150-	.0287-	.0443-	.0590-	.0734-	.0680-	.0641-	.0594-	.0540-	.0482-
2.30	0150-	.0287-	.0443-	.0590-	.0734-	.0680-	.0642-	.0594-	.0540-	.0482-
2.35	.0150-	.0286-	.0443-	.0590-	.0734-	.0680-	.0642-	.0594-	.0540-	.0482-
2.40	.0150-	.0286-	.0443-	.0589-	.0734-	.0680-	.0641-	.0594-	.0540-	.0482-
2.45	.0150-	.0286-	.0442-	.0589-	.0733-	.0680-	.0641-	.0594-	.0540-	.0482-
2.50	.0150-	.0285-	.0442-	.0589-	.0733-	.0680-	.0641-	.0594-	.0540-	.0481-

Auswertung aus Hoeland „Stützmomenten-Einflußfelder durchlaufender Platten" Tafel Nr. 8

→ x : lx

↓ y : lx

Spalte										
	0.55	0.60	0.65	0.70	0.75	0.80	0.85	0.90	0.95	
.05	.0001-	.0000	.0000	.0000	.0000	.0000	.0000	.0000	.0000	
.10	.0004-	.0003-	.0000	.0000	.0001-	.0000	.0001-	.0001-	.0001-	
.15	.0012-	.0009-	.0005-	.0005-	.0002-	.0003-	.0002-	.0002-	.0001-	
.20	.0026-	.0019-	.0012-	.0011-	.0007-	.0008-	.0004-	.0004-	.0003-	
.25	.0044-	.0033-	.0022-	.0019-	.0012-	.0015-	.0008-	.0006-	.0004-	
.30	.0067-	.0051-	.0035-	.0029-	.0019-	.0024-	.0012-	.0009-	.0005-	
.35	.0089-	.0072-	.0051-	.0041-	.0027-	.0034-	.0017-	.0013-	.0007-	
.40	.0115-	.0096-	.0070-	.0055-	.0036-	.0045-	.0024-	.0017-	.0009-	
.45	.0142-	.0120-	.0090-	.0070-	.0046-	.0057-	.0031-	.0022-	.0011-	
.50	.0169-	.0146-	.0110-	.0085-	.0057-	.0070-	.0038-	.0027-	.0013-	
.55	.0196-	.0162-	.0126-	.0101-	.0068-	.0084-	.0046-	.0032-	.0016-	
.60	.0217-	.0183-	.0145-	.0118-	.0078-	.0098-	.0054-	.0038-	.0018-	
.65	.0239-	.0203-	.0163-	.0134-	.0089-	.0112-	.0062-	.0043-	.0021-	
.70	.0260-	.0223-	.0181-	.0151-	.0099-	.0125-	.0070-	.0047-	.0022-	
.75	.0280-	.0241-	.0197-	.0166-	.0108-	.0136-	.0077-	.0052-	.0024-	
.80	.0298-	.0258-	.0213-	.0181-	.0117-	.0147-	.0083-	.0057-	.0026-	
.85	.0314-	.0274-	.0228-	.0196-	.0126-	.0157-	.0083-	.0061-	.0028-	
.90	.0329-	.0288-	.0242-	.0200-	.0134-	.0167-	.0086-	.0066-	.0030-	
.95	.0343-	.0301-	.0253-	.0211-	.0141-	.0176-	.0091-	.0070-	.0032-	
1.00	.0355-	.0311-	.0264-	.0220-	.0148-	.0184-	.0096-	.0074-	.0034-	
1.05	.0366-	.0321-	.0273-	.0229-	.0154-	.0191-	.0101-	.0076-	.0035-	
1.10	.0376-	.0331-	.0282-	.0237-	.0160-	.0198-	.0106-	.0079-	.0037-	
1.15	.0385-	.0339-	.0290-	.0244-	.0165-	.0205-	.0111-	.0081-	.0038-	
1.20	.0392-	.0346-	.0297-	.0251-	.0170-	.0210-	.0112-	.0084-	.0039-	
1.25	.0399-	.0353-	.0304-	.0257-	.0174-	.0215-	.0115-	.0086-	.0041-	
1.30	.0406-	.0359-	.0310-	.0262-	.0177-	.0220-	.0118-	.0088-	.0042-	
1.35	.0411-	.0364-	.0315-	.0266-	.0180-	.0224-	.0120-	.0089-	.0043-	
1.40	.0416-	.0369-	.0319-	.0270-	.0183-	.0227-	.0122-	.0091-	.0044-	
1.45	.0420-	.0373-	.0323-	.0274-	.0186-	.0230-	.0124-	.0092-	.0044-	
1.50	.0424-	.0376-	.0326-	.0277-	.0188-	.0233-	.0125-	.0093-	.0045-	
1.55	.0428-	.0380-	.0330-	.0280-	.0190-	.0235-	.0127-	.0094-	.0046-	
1.60	.0431-	.0383-	.0332-	.0282-	.0191-	.0237-	.0128-	.0094-	.0046-	
1.65	.0433-	.0385-	.0335-	.0284-	.0193-	.0239-	.0129-	.0095-	.0047-	
1.70	.0435-	.0388-	.0337-	.0286-	.0194-	.0240-	.0130-	.0095-	.0047-	
1.75	.0438-	.0389-	.0339-	.0288-	.0195-	.0241-	.0130-	.0096-	.0048-	
1.80	.0439-	.0391-	.0340-	.0289-	.0196-	.0242-	.0131-	.0096-	.0048-	
1.85	.0441-	.0393-	.0342-	.0290-	.0197-	.0243-	.0131-	.0096-	.0048-	
1.90	.0442-	.0394-	.0343-	.0291-	.0197-	.0244-	.0131-	.0096-	.0049-	
1.95	.0443-	.0395-	.0344-	.0292-	.0197-	.0244-	.0132-	.0096-	.0049-	
2.00	.0444-	.0396-	.0345-	.0292-	.0198-	.0245-	.0132-	.0096-	.0049-	
2.05	.0445-	.0396-	.0345-	.0293-	.0198-	.0245-	.0131-	.0096-	.0049-	
2.10	.0446-	.0397-	.0346-	.0293-	.0198-	.0245-	.0131-	.0096-	.0049-	
2.15	.0446-	.0397-	.0346-	.0293-	.0198-	.0245-	.0131-	.0095-	.0049-	
2.20	.0446-	.0397-	.0346-	.0293-	.0198-	.0245-	.0131-	.0095-	.0049-	
2.25	.0446-	.0398-	.0346-	.0293-	.0197-	.0245-	.0131-	.0095-	.0049-	
2.30	.0447-	.0398-	.0346-	.0293-	.0197-	.0245-	.0130-	.0094-	.0049-	
2.35	.0447-	.0398-	.0346-	.0293-	.0197-	.0244-	.0130-	.0094-	.0049-	
2.40	.0447-	.0397-	.0346-	.0293-	.0197-	.0244-	.0130-	.0094-	.0049-	
2.45	.0446-	.0397-	.0346-	.0293-	.0196-	.0244-	.0129-	.0094-	.0049-	
2.50	.0446-	.0397-	.0346-	.0293-	.0196-	.0244-	.0129-	.0093-	.0049-	

Auswertung aus Hoeland „Stützmomenten-Einflußfelder durchlaufender Platten" Tafel Nr. 8

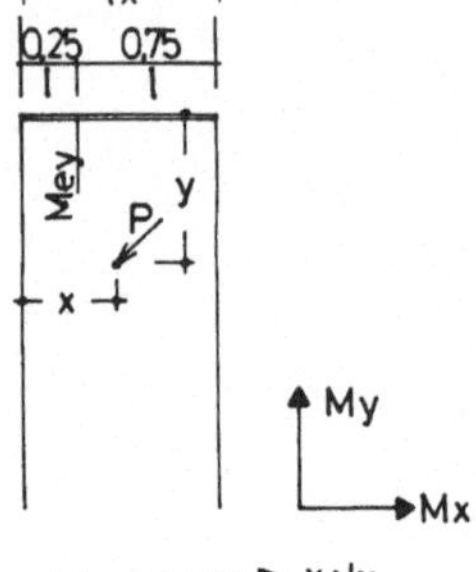

Stützmoment Mey im Viertelspunkt eines Plattenhalbstreifens mit eingespanntem Querrand und frei aufliegenden Längsrändern aus einer Einzellast.

$\mu = 0$

Faktor = P

Mey

A 2.2.3

y : lx ↓

Spalte										
	0.05	0.10	0.15	0.20	0.25	0.30	0.35	0.40	0.45	0.50
.05	.0183-	.0257-	.0543-	.1592-	.3110-	.1194-	.0581-	.0295-	.0214-	.0103-
.10	.0342-	.0651-	.1353-	.2410-	.3004-	.2318-	.1592-	.0896-	.0544-	.0365-
.15	.0475-	.1100-	.1819-	.2539-	.2867-	.2473-	.1990-	.1393-	.0969-	.0722-
.20	.0584-	.1329-	.1990-	.2516-	.2699-	.2498-	.2194-	.1706-	.1321-	.0970-
.25	.0668-	.1297-	.1981-	.2335-	.2500-	.2451-	.2204-	.1848-	.1559-	.1207-
.30	.0694-	.1183-	.1792-	.2083-	.2263-	.2313-	.2133-	.1929-	.1645-	.1320-
.35	.0591-	.1069-	.1516-	.1859-	.2033-	.2130-	.2058-	.1950-	.1672-	.1398-
.40	.0502-	.0955-	.1338-	.1663-	.1830-	.1956-	.1958-	.1911-	.1654-	.1443-
.45	.0425-	.0842-	.1179-	.1484-	.1655-	.1792-	.1831-	.1812-	.1592-	.1453-
.50	.0362-	.0732-	.1039-	.1317-	.1497-	.1637-	.1678-	.1652-	.1500-	.1429-
.55	.0311-	.0633-	.0918-	.1165-	.1347-	.1486-	.1519-	.1500-	.1407-	.1371-
.60	.0274-	.0547-	.0816-	.1030-	.1208-	.1342-	.1378-	.1373-	.1315-	.1279-
.65	.0250-	.0472-	.0719-	.0910-	.1079-	.1207-	.1245-	.1252-	.1222-	.1155-
.70	.0239-	.0409-	.0630-	.0806-	.0962-	.1081-	.1121-	.1138-	.1129-	.1032-
.75	.0196-	.0358-	.0550-	.0717-	.0855-	.0964-	.1004-	.1030-	.1037-	.0924-
.80	.0159-	.0318-	.0478-	.0635-	.0758-	.0857-	.0896-	.0928-	.0944-	.0830-
.85	.0129-	.0289-	.0414-	.0561-	.0669-	.0759-	.0796-	.0833-	.0852-	.0750-
.90	.0106-	.0261-	.0368-	.0494-	.0590-	.0674-	.0711-	.0744-	.0761-	.0685-
.95	.0090-	.0234-	.0329-	.0435-	.0518-	.0597-	.0633-	.0663-	.0679-	.0634-
1.00	.0080-	.0208-	.0295-	.0385-	.0456-	.0529-	.0563-	.0590-	.0604-	.0597-
1.05	.0076-	.0183-	.0266-	.0345-	.0403-	.0470-	.0500-	.0525-	.0537-	.0536-
1.10	.0080-	.0159-	.0242-	.0308-	.0359-	.0420-	.0445-	.0467-	.0478-	.0479-
1.15	.0074-	.0144-	.0211-	.0274-	.0318-	.0374-	.0398-	.0416-	.0426-	.0427-
1.20	.0060-	.0130-	.0184-	.0244-	.0282-	.0331-	.0352-	.0372-	.0380-	.0380-
1.25	.0063-	.0116-	.0159-	.0213-	.0251-	.0292-	.0310-	.0330-	.0338-	.0338-
1.30	0058-	.0103-	.0137-	.0185-	.0221-	.0257-	.0273-	.0292-	.0300-	.0301-
1.35	.0053-	.0091-	.0118-	.0159-	.0193-	.0227-	.0239-	.0256-	.0264-	.0267-
1.40	.0049-	.0080-	.0102-	.0137-	.0168-	.0198-	.0211-	.0224-	.0233-	.0236-
1.45	.0044-	.0069-	.0090-	.0119-	.0146-	.0173-	.0186-	.0197-	.0205-	.0207-
1.50	.0040-	.0059-	.0080-	.0103-	.0127-	.0151-	.0163-	.0173-	.0180-	.0181-
1.55	.0036-	.0049-	.0077-	.0092-	.0111-	.0131-	.0143-	.0151-	.0157-	.0158-
1.60	.0032-	.0040-	.0068-	.0083-	.0098-	.0114-	.0126-	.0132-	.0137-	.0142-
1.65	.0029-	.0032-	.0060-	.0076-	.0087-	.0100-	.0110-	.0115-	.0120-	.0127-
1.70	.0025-	.0025-	.0053-	.0067-	.0080-	.0089-	.0098-	.0102-	.0106-	.0113-
1.75	.0022-	.0018-	.0046-	.0059-	.0070-	.0081-	.0087-	.0091-	.0094-	.0100-
1.80	.0019-	.0012-	.0039-	.0051-	.0060-	.0071-	.0080-	.0083-	.0085-	.0088-
1.85	.0017-	.0007-	.0033-	.0044-	.0052-	.0061-	.0068-	.0074-	.0077-	.0076-
1.90	.0014-	.0002-	.0027-	.0037-	.0044-	.0052-	.0058-	.0062-	.0065-	.0066-
1.95	.0012-	.0002	.0022-	.0031-	.0037-	.0043-	.0048-	.0052-	.0054-	.0056-
2.00	.0010-	.0005	.0018-	.0025-	.0030-	.0035-	.0039-	.0043-	.0045-	.0046-
2.05	.0008-	.0008	.0013-	.0020-	.0024-	.0028-	.0032-	.0034-	.0036-	.0038-
2.10	.0006-	.0010	.0010-	.0016-	.0019-	.0022-	.0025-	.0027-	.0028-	.0031-
2.15	0005-	.0011	.0007-	.0012-	.0014-	.0016-	.0019-	.0020-	.0021-	.0024-
2.20	.0003-	.0011	.0004-	.0009-	.0010-	.0012-	.0013-	.0014-	.0015-	.0018-
2.25	.0002-	.0011	.0002-	.0006-	.0007-	.0008-	.0009-	.0010-	.0010-	.0013-
2.30	0001-	.0010	.0000	.0003-	.0004-	.0005-	.0005-	.0006-	.0006-	.0009-
2.35	.0001-	.0009	.0001	.0002-	.0002-	.0002-	.0003-	.0003-	.0003-	.0005-
2.40	.0000	.0006	.0001	.0001-	.0001-	.0001-	.0001-	.0001-	.0001-	.0003-
2.45	.0000	.0003	.0001	.0000	.0000	.0000	.0000	.0000	.0000	.0001-
2.50	.0000	.0000	.0001	.0000	.0000	.0000	.0000	.0000	.0000	.0000

Auswertung aus Hoeland „Stützmomenten-Einflußfelder durchlaufender Platten" Tafel Nr. 8

x : lx →

Spalte										
y : lx ↓	0.55	0.60	0.65	0.70	0.75	0.80	0.85	0.90	0.95	
.05	.0080-	.0050-	.0011-	.0015-	.0004-	.0016-	.0016-	.0024-	.0016-	
.10	.0301-	.0218-	.0124-	.0103-	.0080-	.0066-	.0046-	.0048-	.0031-	
.15	.0533-	.0398-	.0287-	.0239-	.0191-	.0149-	.0089-	.0074-	.0045-	
.20	.0796-	.0597-	.0425-	.0358-	.0294-	.0224-	.0146-	.0101-	.0058-	
.25	.0998-	.0796-	.0568-	.0461-	.0383-	.0302-	.0194-	.0130-	.0069-	
.30	.1149-	.0952-	.0720-	.0574-	.0459-	.0369-	.0239-	.0159-	.0080-	
.35	.1243-	.1065-	.0840-	.0649-	.0530-	.0424-	.0285-	.0193-	.0089-	
.40	.1296-	.1135-	.0922-	.0703-	.0597-	.0470-	.0331-	.0219-	.0097-	
.45	.1314-	.1162-	.0966-	.0744-	.0637-	.0506-	.0364-	.0239-	.0104-	
.50	.1296-	.1145-	.0973-	.0772-	.0663-	.0533-	.0383-	.0252-	.0109-	
.55	.1243-	.1095-	.0948-	.0788-	.0676-	.0550-	.0389-	.0258-	.0114-	
.60	.1163-	.1045-	.0922-	.0790-	.0675-	.0554-	.0381-	.0258-	.0117-	
.65	.1086-	.0991-	.0889-	.0780-	.0659-	.0524-	.0360-	.0251-	.0119-	
.70	.1011-	.0934-	.0850-	.0757-	.0630-	.0495-	.0326-	.0251-	.0114-	
.75	.0936-	.0873-	.0806-	.0721-	.0588-	.0465-	.0279-	.0247-	.0108-	
.80	.0862-	.0809-	.0755-	.0672-	.0546-	.0437-	.0218-	.0239-	.0103-	
.85	.0789-	.0742-	.0699-	.0611-	.0505-	.0409-	.0168-	.0226-	.0097-	
.90	.0717-	.0671-	.0637-	.0554-	.0466-	.0382-	.0206-	.0208-	.0091-	
.95	.0646-	.0597-	.0574-	.0504-	.0428-	.0355-	.0229-	.0186-	.0086-	
1.00	.0579-	.0541-	.0518-	.0458-	.0391-	.0329-	.0239-	.0159-	.0081-	
1.05	.0521-	.0488-	.0467-	.0414-	.0356-	.0301-	.0235-	.0146-	.0076-	
1.10	.0467-	.0439-	.0420-	.0375-	.0322-	.0272-	.0217-	.0133-	.0071-	
1.15	.0417-	.0394-	.0377-	.0339-	.0294-	.0244-	.0185-	.0121-	.0066-	
1.20	.0371-	.0352-	.0339-	.0306-	.0267-	.0217-	.0153-	.0109-	.0061-	
1.25	.0330-	.0315-	.0305-	.0275-	.0239-	.0190-	.0139-	.0098-	.0057-	
1.30	.0294-	.0280-	.0272-	.0245-	.0211-	.0164-	.0125-	.0088-	.0053-	
1.35	.0261-	.0248-	.0242-	.0216-	.0182-	.0147-	.0112-	.0078-	.0048-	
1.40	.0230-	.0219-	.0213-	.0188-	.0156-	.0132-	.0099-	.0068-	.0045-	
1.45	.0202-	.0192-	.0186-	.0162-	.0140-	.0118-	.0087-	.0059-	.0041-	
1.50	.0176-	.0168-	.0162-	.0145-	.0124-	.0104-	.0076-	.0051-	.0037-	
1.55	.0154-	.0150-	.0145-	.0129-	.0110-	.0091-	.0066-	.0043-	.0034-	
1.60	.0139-	.0134-	.0129-	.0115-	.0096-	.0080-	.0056-	.0036-	.0030-	
1.65	.0124-	.0120-	.0115-	.0101-	.0083-	.0069-	.0047-	.0029-	.0027-	
1.70	.0111-	.0106-	.0101-	.0088-	.0071-	.0058-	.0039-	.0023-	.0024-	
1.75	.0098-	.0093-	.0088-	.0076-	.0060-	.0049-	.0031-	.0017-	.0021-	
1.80	.0085-	.0081-	.0076-	.0065-	.0050-	.0040-	.0024-	.0012-	.0019-	
1.85	.0074-	.0070-	.0065-	.0055-	.0041-	.0032-	.0018-	.0008-	.0016-	
1.90	.0063-	.0059-	.0055-	.0045-	.0033-	.0025-	.0013-	.0004-	.0014-	
1.95	.0054-	.0050-	.0045-	.0037-	.0025-	.0019-	.0008-	.0000	.0012-	
2.00	.0045-	.0041-	.0037-	.0029-	.0018-	.0013-	.0003-	.0002	.0010-	
2.05	.0037-	.0033-	.0029-	.0022-	.0013-	.0008-	.0000	.0005	.0008-	
2.10	.0029-	.0026-	.0023-	.0017-	.0008-	.0004-	.0003	.0006	.0006-	
2.15	.0023-	.0020-	.0017-	.0012-	.0004-	.0001-	.0005	.0008	.0004-	
2.20	.0017-	.0014-	.0012-	.0007-	.0001-	.0002	.0006	.0008	.0003-	
2.25	.0012-	.0010-	.0008-	.0004-	.0002	.0003	.0007	.0008	.0002-	
2.30	.0008-	.0006-	.0004-	.0002-	.0003	.0004	.0007	.0008	.0001-	
2.35	.0005-	.0003-	.0002-	.0000	.0004	.0005	.0006	.0007	.0000	
2.40	.0003-	.0001-	.0000	.0001	.0003	.0004	.0005	.0005	.0001	
2.45	.0001-	.0000	.0000	.0001	.0002	.0002	.0003	.0003	.0002	
2.50	.0000	.0000	.0000	.0000	.0000	.0000	.0000	.0001	.0002	

Auswertung aus Hoeland „Stützmomenten-Einflußfelder durchlaufender Platten“ Tafel Nr. 8

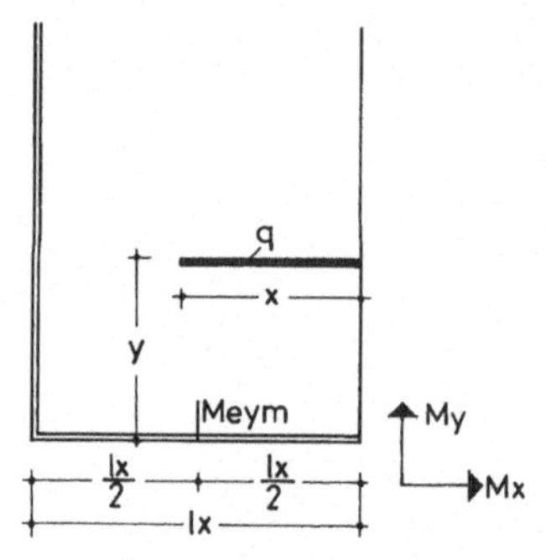

Plattenhalbstreifen mit einem eingespannten und einem frei aufliegenden Längsrand, sowie einem eingespannten aufliegenden Querrand.
Stützmoment Meym in Seitenmitte des Querrandes aus Linienlast in lx-Richtung.
$\mu = 0$
Faktor = q · lx

Meym

A 3.1.1

→ y : lx ; ↓ x : lx

Spalte										
	0.05	0.10	0.15	0.20	0.25	0.30	0.35	0.40	0.45	0.50
.05	.0004	.0000	.0002-	.0004-	.0005-	.0006-	.0007-	.0007-	.0006-	.0006-
.10	.0015	.0000	.0009-	.0018-	.0021-	.0024-	.0027-	.0027-	.0025-	.0025-
.15	.0029	.0002-	.0022-	.0040-	.0047-	.0056-	.0060-	.0060-	.0056-	.0054-
.20	.0043	.0009-	.0043-	.0072-	.0088-	.0102-	.0106-	.0106-	.0103-	.0098-
.25	.0054	.0024-	.0073-	.0117-	.0141-	.0162-	.0166-	.0166-	.0161-	.0153-
.30	.0059	.0048-	.0125-	.0173-	.0208-	.0236-	.0239-	.0238-	.0231-	.0218-
.35	.0053	.0108-	.0181-	.0252-	.0295-	.0324-	.0327-	.0323-	.0312-	.0294-
.40	.0034	.0165-	.0274-	.0351-	.0401-	.0431-	.0433-	.0419-	.0405-	.0375-
.45	.0071-	.0271-	.0392-	.0476-	.0521-	.0547-	.0551-	.0526-	.0507-	.0465-
.50	.0192-	.0417-	.0542-	.0621-	.0656-	.0671-	.0675-	.0638-	.0602-	.0558-
.55	.0318-	.0557-	.0679-	.0755-	.0796-	.0799-	.0775-	.0751-	.0702-	.0651-
.60	.0367-	.0658-	.0798-	.0879-	.0905-	.0907-	.0886-	.0844-	.0798-	.0722-
.65	.0370-	.0721-	.0882-	.0975-	.1007-	.1009-	.0988-	.0934-	.0876-	.0794-
.70	.0336-	.0752-	.0935-	.1045-	.1086-	.1086-	.1060-	.1009-	.0944-	.0855-
.75	.0275-	.0763-	.0970-	.1092-	.1142-	.1145-	.1123-	.1069-	.0999-	.0905-
.80	.0195-	.0759-	.0989-	.1124-	.1182-	.1189-	.1169-	.1112-	.1041-	.0941-
.85	.0108-	.0744-	.0995-	.1142-	.1207-	.1218-	.1201-	.1142-	.1070-	.0966-
.90	.0023-	.0723-	.0993-	.1151-	.1221-	.1234-	.1219-	.1160-	.1087-	.0982-
.95	.0051	.0701-	.0986-	.1151-	.1225-	.1239-	.1225-	.1165-	.1097-	.0992-
1.00	.0103	.0682-	.0977-	.1147-	.1223-	.1236-	.1223-	.1162-	.1101-	.0996-

→ y : lx ; ↓ x : lx

Spalte										
	0.55	0.60	0.65	0.70	0.75	0.80	0.85	0.90	0.95	1.00
.05	.0006-	.0005-	.0005-	.0005-	.0004-	.0004-	.0004-	.0003-	.0003-	.0003-
.10	.0023-	.0021-	.0019-	.0018-	.0016-	.0015-	.0014-	.0012-	.0011-	.0010-
.15	.0052-	.0047-	.0043-	.0040-	.0035-	.0031-	.0028-	.0026-	.0024-	.0021-
.20	.0092-	.0083-	.0075-	.0069-	.0060-	.0053-	.0048-	.0043-	.0039-	.0036-
.25	.0143-	.0129-	.0117-	.0106-	.0092-	.0081-	.0071-	.0064-	.0057-	.0052-
.30	.0201-	.0184-	.0166-	.0150-	.0130-	.0114-	.0099-	.0088-	.0079-	.0071-
.35	.0270-	.0246-	.0222-	.0200-	.0175-	.0152-	.0130-	.0114-	.0103-	.0091-
.40	.0348-	.0315-	.0284-	.0256-	.0223-	.0195-	.0165-	.0144-	.0130-	.0113-
.45	.0431-	.0388-	.0343-	.0314-	.0275-	.0239-	.0202-	.0177-	.0158-	.0138-
.50	.0503-	.0448-	.0405-	.0373-	.0327-	.0285-	.0235-	.0208-	.0186-	.0161-
.55	.0579-	.0515-	.0464-	.0431-	.0379-	.0322-	.0269-	.0239-	.0212-	.0184-
.60	.0649-	.0577-	.0520-	.0487-	.0428-	.0359-	.0299-	.0266-	.0236-	.0205-
.65	.0714-	.0634-	.0572-	.0539-	.0451-	.0392-	.0327-	.0290-	.0258-	.0224-
.70	.0771-	.0685-	.0611-	.0551-	.0483-	.0419-	.0352-	.0312-	.0278-	.0242-
.75	.0819-	.0719-	.0645-	.0580-	.0509-	.0442-	.0373-	.0330-	.0294-	.0256-
.80	.0844-	.0748-	.0671-	.0602-	.0529-	.0460-	.0388-	.0345-	.0308-	.0269-
.85	.0866-	.0767-	.0689-	.0621-	.0546-	.0475-	.0402-	.0357-	.0319-	.0278-
.90	.0883-	.0783-	.0704-	.0634-	.0558-	.0485-	.0410-	.0366-	.0325-	.0285-
.95	.0892-	.0791-	.0711-	.0641-	.0564-	.0491-	.0416-	.0372-	.0330-	.0289-
1.00	.0892-	.0790-	.0714-	.0643-	.0566-	.0494-	.0418-	.0375-	.0332-	.0290-

Auswertung aus Pucher „Einflußfelder elastischer Platten" Tafel Nr. 24

→ y : lx

↓ x : lx

Spalte										
	1.05	1.10	1.15	1.20	1.25	1.30	1.35	1.40	1.45	1.50
.05	.0003-	.0002-	.0002-	.0002-	.0002-	.0001-	.0001-	.0001-	.0001-	.0001-
.10	.0010-	.0009-	.0008-	.0007-	.0006-	.0006-	.0005-	.0004-	.0004-	.0003-
.15	.0020-	.0017-	.0016-	.0015-	.0014-	.0012-	.0011-	.0009-	.0008-	.0006-
.20	.0033-	.0029-	.0026-	.0024-	.0022-	.0019-	.0018-	.0016-	.0013-	.0011-
.25	.0048-	.0043-	.0039-	.0035-	.0032-	.0028-	.0026-	.0020	.0020-	.0017-
.30	.0065-	.0059-	.0053-	.0048-	.0043-	.0039-	.0035-	.0031-	.0028-	.0023-
.35	.0083-	.0074-	.0068-	.0062-	.0056-	.0050-	.0045-	.0040-	.0034-	.0030-
.40	.0103-	.0092-	.0083-	.0076-	.0069-	.0062-	.0056-	.0050-	.0042-	.0038-
.45	.0124-	.0110-	.0099-	.0090-	.0083-	.0074-	.0068-	.0060-	.0051-	.0042-
.50	.0144-	.0129-	.0116-	.0105-	.0094-	.0086-	.0079-	.0070-	.0059-	.0049-
.55	.0165-	.0148-	.0131-	.0119-	.0107-	.0098-	.0090-	.0080-	.0066-	.0055-
.60	.0185-	.0166-	.0147-	.0133-	.0119-	.0110-	.0100-	.0086-	.0073-	.0060-
.65	.0204-	.0178-	.0161-	.0146-	.0130-	.0120-	.0105-	.0093-	.0079-	.0065-
.70	.0213-	.0192-	.0174-	.0158-	.0140-	.0123-	.0112-	.0099-	.0084-	.0069-
.75	.0227-	.0205-	.0186-	.0168-	.0146-	.0130-	.0118-	.0103-	.0088-	.0073-
.80	.0239-	.0215-	.0192-	.0172-	.0153-	.0135-	.0122-	.0107-	.0091-	.0076-
.85	.0246-	.0221-	.0198-	.0178-	.0157-	.0139-	.0126-	.0110-	.0094-	.0078-
.90	.0251-	.0226-	.0203-	.0182-	.0161-	.0142-	.0128-	.0112-	.0096-	.0080-
.95	.0255-	.0229-	.0206-	.0184-	.0163-	.0143-	.0129-	.0113-	.0097-	.0081-
1.00	.0256-	.0230-	.0206-	.0185-	.0163-	.0144-	.0129-	.0114-	.0097-	.0081-

→ y : lx

↓ x : lx

Spalte										
	1.55	1.60	1.65							
.05	.0001-	.0001-	.0000							
.10	.0003-	.0002-	.0000							
.15	.0005-	.0005-	.0001-							
.20	.0009-	.0008-	.0001-							
.25	.0014-	.0012-	.0002-							
.30	.0020-	.0016-	.0004-							
.35	.0025-	.0021-	.0007-							
.40	.0032-	.0026-	.0010-							
.45	.0036-	.0029-	.0014-							
.50	.0041-	.0033-	.0018-							
.55	.0046-	.0037-	.0022-							
.60	.0051-	.0041-	.0026-							
.65	.0055-	.0045-	.0029-							
.70	.0059-	.0048-	.0033-							
.75	.0062-	.0050-	.0036-							
.80	.0064-	.0053-	.0038-							
.85	.0066-	.0054-	.0041-							
.90	.0068-	.0056-	.0042-							
.95	.0069-	.0057-	.0043-							
1.00	.0069-	.0057-	.0043-							

Auswertung aus Pucher „Einflußfelder elastischer Platten" Tafel Nr. 24

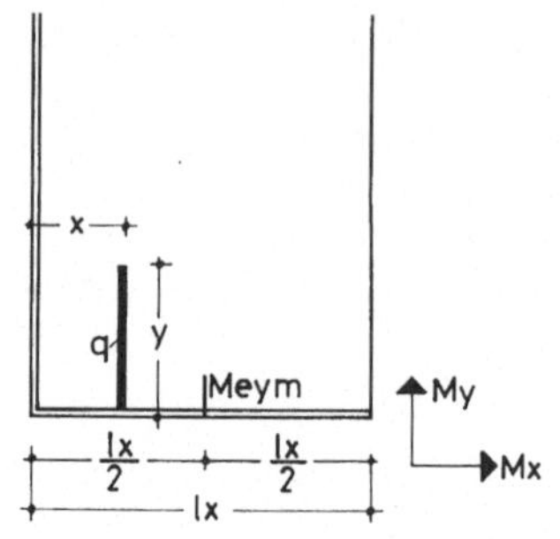

Plattenhalbstreifen mit einem eingespannten und einem frei aufliegenden Längsrand und einem eingespannten aufliegenden Querrand.
Stützmoment Meym in Seitenmitte des Querrandes aus Linienlast parallel zu den Längsrändern.
$\mu = 0$
Faktor = q · lx

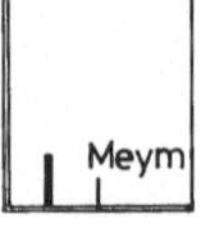

A 3.1.2

→ x : lx

↓ y : lx

Spalte										
	0.05	0.10	0.15	0.20	0.25	0.30	0.35	0.40	0.45	0.50
.05	.0000	.0001-	.0002-	.0002-	.0002-	.0002-	.0002-	.0006-	.0020-	.0096-
.10	.0001-	.0003-	.0007-	.0008-	.0006-	.0007-	.0011-	.0042-	.0087-	.0190-
.15	.0002-	.0007-	.0015-	.0018-	.0016-	.0021-	.0050-	.0097-	.0162-	.0282-
.20	.0003-	.0013-	.0026-	.0032-	.0033-	.0057-	.0097-	.0165-	.0239-	.0372-
.25	.0005-	.0019-	.0039-	.0047-	.0063-	.0097-	.0149-	.0241-	.0317-	.0457-
.30	.0007-	.0026-	.0053-	.0065-	.0092-	.0144-	.0204-	.0318-	.0393-	.0538-
.35	.0009-	.0034-	.0068-	.0084-	.0123-	.0194-	.0260-	.0365-	.0459-	.0606-
.40	.0011-	.0043-	.0083-	.0104-	.0156-	.0243-	.0316-	.0426-	.0526-	.0675-
.45	.0012-	.0051-	.0099-	.0125-	.0188-	.0264-	.0356-	.0483-	.0587-	.0738-
.50	.0014-	.0060-	.0114-	.0146-	.0220-	.0299-	.0398-	.0530-	.0643-	.0796-
.55	.0016-	.0069-	.0114-	.0151-	.0249-	.0331-	.0436-	.0573-	.0689-	.0846-
.60	.0018-	.0077-	.0125-	.0166-	.0260-	.0360-	.0469-	.0611-	.0731-	.0890-
.65	.0021-	.0084-	.0135-	.0180-	.0280-	.0385-	.0498-	.0643-	.0767-	.0929-
.70	.0023-	.0082-	.0144-	.0193-	.0297-	.0408-	.0524-	.0670-	.0798-	.0963-
.75	.0025-	.0087-	.0153-	.0204-	.0312-	.0427-	.0550-	.0695-	.0825-	.0992-
.80	.0028-	.0091-	.0161-	.0214-	.0325-	.0444-	.0570-	.0722-	.0849-	.1018-
.85	.0030-	.0096-	.0169-	.0225-	.0336-	.0458-	.0587-	.0742-	.0876-	.1045-
.90	.0033-	.0100-	.0175-	.0233-	.0346-	.0471-	.0602-	.0758-	.0895-	.1066-
.95	.0035-	.0103-	.0181-	.0241-	.0359-	.0481-	.0615-	.0772-	.0911-	.1082-
1.00	.0036-	.0107-	.0185-	.0248-	.0367-	.0490-	.0626-	.0784-	.0924-	.1096-
1.05	.0038-	.0109-	.0190-	.0255-	.0375-	.0503-	.0635-	.0794-	.0935-	.1108-
1.10	.0039-	.0112-	.0194-	.0260-	.0382-	.0511-	.0648-	.0803-	.0945-	.1118-
1.15	.0040-	.0114-	.0197-	.0264-	.0389-	.0519-	.0656-	.0816-	.0958-	.1127-
1.20	.0041-	.0116-	.0200-	.0268-	.0394-	.0525-	.0664-	.0824-	.0967-	.1140-
1.25	.0042-	.0118-	.0202-	.0271-	.0398-	.0531-	.0671-	.0832-	.0975-	.1149-
1.30	.0043-	.0120-	.0205-	.0274-	.0402-	.0536-	.0676-	.0838-	.0981-	.1156-
1.35	.0044-	.0121-	.0206-	.0277-	.0405-	.0540-	.0682-	.0843-	.0987-	.1162-
1.40	.0044-	.0122-	.0208-	.0279-	.0408-	.0543-	.0686-	.0848-	.0993-	.1168-
1.45	.0045-	.0123-	.0210-	.0280-	.0410-	.0546-	.0689-	.0852-	.0998-	.1173-
1.50	.0045-	.0124-	.0211-	.0282-	.0412-	.0548-	.0692-	.0855-	.1001-	.1177-
1.55	.0045-	.0125-	.0212-	.0283-	.0413-	.0550-	.0694-	.0858-	.1004-	.1181-
1.60	.0045-	.0126-	.0213-	.0285-	.0415-	.0552-	.0696-	.0860-	.1006-	.1184-
1.65	.0046-	.0126-	.0214-	.0286-	.0416-	.0553-	.0697-	.0861-	.1008-	.1187-

Auswertung aus Pucher „Einflußfelder elastischer Platten" Tafel Nr. 24

→ x : lx

↓ y : lx

Spalte										
	0.55	0.60	0.65	0.70	0.75	0.80	0.85	0.90	0.95	
.05	.0011-	.0007-	.0004-	.0003-	.0002-	.0002-	.0002-	.0002-	.0001-	
.10	.0064-	.0038-	.0021-	.0014-	.0009-	.0008-	.0007-	.0006-	.0003-	
.15	.0137-	.0091-	.0054-	.0039-	.0022-	.0019-	.0016-	.0014-	.0006-	
.20	.0215-	.0159-	.0101-	.0075-	.0050-	.0035-	.0028-	.0024-	.0011-	
.25	.0296-	.0237-	.0154-	.0118-	.0082-	.0061-	.0044-	.0036-	.0016-	
.30	.0377-	.0319-	.0213-	.0169-	.0120-	.0086-	.0064-	.0050-	.0023-	
.35	.0442-	.0400-	.0274-	.0210-	.0162-	.0113-	.0087-	.0065-	.0030-	
.40	.0510-	.0438-	.0336-	.0258-	.0206-	.0140-	.0111-	.0081-	.0037-	
.45	.0574-	.0499-	.0396-	.0304-	.0251-	.0168-	.0136-	.0097-	.0045-	
.50	.0633-	.0556-	.0434-	.0349-	.0276-	.0195-	.0160-	.0113-	.0053-	
.55	.0686-	.0605-	.0479-	.0390-	.0310-	.0222-	.0184-	.0129-	.0061-	
.60	.0730-	.0649-	.0520-	.0424-	.0342-	.0249-	.0206-	.0144-	.0069-	
.65	.0771-	.0688-	.0557-	.0457-	.0371-	.0274-	.0228-	.0143-	.0076-	
.70	.0807-	.0722-	.0589-	.0486-	.0397-	.0297-	.0247-	.0154-	.0083-	
.75	.0838-	.0752-	.0619-	.0513-	.0419-	.0319-	.0264-	.0163-	.0090-	
.80	.0865-	.0779-	.0644-	.0536-	.0438-	.0326-	.0271-	.0172-	.0086-	
.85	.0893-	.0806-	.0670-	.0556-	.0455-	.0341-	.0283-	.0179-	.0091-	
.90	.0915-	.0827-	.0689-	.0574-	.0468-	.0353-	.0292-	.0187-	.0095-	
.95	.0933-	.0845-	.0706-	.0589-	.0480-	.0363-	.0301-	.0194-	.0100-	
1.00	.0948-	.0859-	.0719-	.0603-	.0490-	.0374-	.0309-	.0200-	.0103-	
1.05	.0960-	.0870-	.0730-	.0614-	.0499-	.0383-	.0316-	.0205-	.0107-	
1.10	.0971-	.0880-	.0739-	.0624-	.0512-	.0391-	.0322-	.0210-	.0110-	
1.15	.0979-	.0889-	.0753-	.0633-	.0521-	.0398-	.0328-	.0214-	.0111-	
1.20	.0993-	.0903-	.0761-	.0641-	.0528-	.0404-	.0333-	.0218-	.0114-	
1.25	.1002-	.0911-	.0769-	.0648-	.0534-	.0410-	.0338-	.0222-	.0117-	
1.30	.1009-	.0918-	.0776-	.0655-	.0540-	.0415-	.0343-	.0225-	.0119-	
1.35	.1016-	.0925-	.0782-	.0661-	.0545-	.0421-	.0347-	.0228-	.0122-	
1.40	.1021-	.0930-	.0788-	.0666-	.0551-	.0425-	.0350-	.0230-	.0124-	
1.45	.1026-	.0935-	.0793-	.0671-	.0555-	.0429-	.0353-	.0232-	.0127-	
1.50	.1031-	.0940-	.0798-	.0675-	.0560-	.0433-	.0356-	.0234-	.0129-	
1.55	.1035-	.0944-	.0802-	.0678-	.0563-	.0436-	.0358-	.0235-	.0130-	
1.60	.1037-	.0947-	.0806-	.0681-	.0566-	.0438-	.0359-	.0235-	.0131-	
1.65	.1039-	.0949-	.0809-	.0684-	.0568-	.0439-	.0360-	.0236-	.0132-	

Auswertung aus Pucher „Einflußfelder elastischer Platten" Tafel Nr. 24

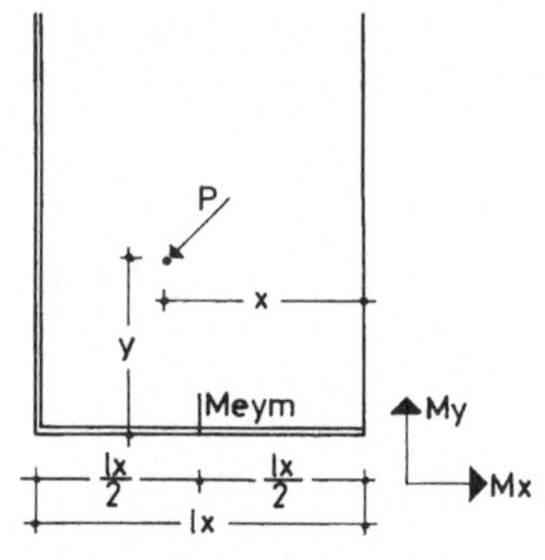

Plattenhalbstreifen mit einem eingespannten und einem frei aufliegenden Längsrand, sowie einem eingespannten aufliegenden Querrand.
Stützmoment Meym in Seitenmitte des Querrandes aus einer Einzellast.
$\mu = 0$
Faktor = P

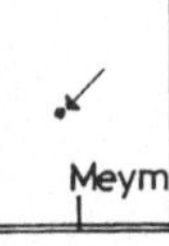

A 3.1.3

→ y : lx; ↓ x : lx

Spalte										
	0.05	0.10	0.15	0.20	0.25	0.30	0.35	0.40	0.45	0.50
.05	.0140	.0002-	.0092-	.0176-	.0207-	.0246-	.0265-	.0265-	.0252-	.0252-
.10	.0211	.0051-	.0216-	.0360-	.0430-	.0502-	.0531-	.0531-	.0505-	.0486-
.15	.0214	.0147-	.0371-	.0553-	.0670-	.0769-	.0796-	.0796-	.0790-	.0739-
.20	.0148	.0290-	.0556-	.0755-	.0926-	.1055-	.1062-	.1062-	.1040-	.0978-
.25	.0015	.0480-	.0773-	.1001-	.1206-	.1330-	.1327-	.1319-	.1279-	.1194-
.30	.0188-	.0716-	.1021-	.1342-	.1514-	.1592-	.1592-	.1567-	.1508-	.1399-
.35	.0458-	.1000-	.1476-	.1763-	.1913-	.1958-	.1934-	.1816-	.1743-	.1592-
.40	.0796-	.1592-	.2047-	.2234-	.2275-	.2241-	.2173-	.2044-	.1915-	.1724-
.45	.1592-	.2507-	.2682-	.2691-	.2565-	.2434-	.2309-	.2163-	.2001-	.1786-
.50	.3097-	.3006-	.2926-	.2826-	.2667-	.2488-	.2341-	.2187-	.2004-	.1779-
.55	.1592-	.2507-	.2737-	.2691-	.2557-	.2389-	.2255-	.2115-	.1927-	.1703-
.60	.0481-	.1592-	.1990-	.2218-	.2235-	.2150-	.2067-	.1936-	.1761-	.1549-
.65	.0261	.0881-	.1367-	.1649-	.1818-	.1805-	.1776-	.1651-	.1510-	.1330-
.70	.0809	.0434-	.0841-	.1149-	.1352-	.1386-	.1428-	.1351-	.1237-	.1103-
.75	.1162	.0122-	.0525-	.0767-	.0945-	.1018-	.1093-	.1035-	.0970-	.0868-
.80	.1319	.0094	.0287-	.0508-	.0642-	.0717-	.0763-	.0739-	.0704-	.0621-
.85	.1282	.0214	.0116-	.0302-	.0407-	.0451-	.0498-	.0472-	.0443-	.0398-
.90	.1049	.0239	.0011-	.0148-	.0221-	.0204-	.0228-	.0226-	.0262-	.0250-
.95	.0622	.0167	.0028	.0048-	.0085-	.0052-	.0067-	.0064-	.0139-	.0130-
1.00	.0001-	.0000	.0000	.0000	.0000	.0000	.0000	.0000	.0000	.0000

→ y : lx; ↓ x : lx

Spalte										
	0.55	0.60	0.65	0.70	0.75	0.80	0.85	0.90	0.95	1.00
.05	.0239-	.0219-	.0200-	.0180-	.0162-	.0159-	.0143-	.0127-	.0122-	.0109-
.10	.0456-	.0418-	.0381-	.0350-	.0306-	.0273-	.0249-	.0230-	.0204-	.0187-
.15	.0688-	.0617-	.0558-	.0508-	.0438-	.0387-	.0341-	.0311-	.0277-	.0251-
.20	.0900-	.0817-	.0740-	.0661-	.0571-	.0498-	.0429-	.0379-	.0340-	.0308-
.25	.1094-	.1003-	.0909-	.0811-	.0703-	.0607-	.0509-	.0442-	.0398-	.0352-
.30	.1288-	.1155-	.1045-	.0941-	.0831-	.0713-	.0580-	.0503-	.0452-	.0391-
.35	.1454-	.1273-	.1152-	.1035-	.0922-	.0811-	.0643-	.0561-	.0501-	.0427-
.40	.1557-	.1357-	.1229-	.1093-	.0977-	.0862-	.0698-	.0615-	.0545-	.0461-
.45	.1595-	.1407-	.1256-	.1115-	.0995-	.0876-	.0744-	.0666-	.0586-	.0492-
.50	.1548-	.1363-	.1209-	.1100-	.0977-	.0851-	.0700-	.0632-	.0551-	.0472-
.55	.1452-	.1279-	.1139-	.1049-	.0922-	.0787-	.0643-	.0575-	.0506-	.0438-
.60	.1328-	.1171-	.1045-	.0962-	.0831-	.0691-	.0582-	.0517-	.0459-	.0402-
.65	.1178-	.1039-	.0929-	.0839-	.0706-	.0598-	.0517-	.0458-	.0410-	.0363-
.70	.1001-	.0883-	.0788-	.0674-	.0585-	.0506-	.0448-	.0398-	.0359-	.0323-
.75	.0796-	.0685-	.0604-	.0522-	.0472-	.0416-	.0376-	.0337-	.0308-	.0279-
.80	.0564-	.0493-	.0448-	.0398-	.0368-	.0327-	.0302-	.0271-	.0250-	.0219-
.85	.0369-	.0343-	.0319-	.0300-	.0275-	.0248-	.0220-	.0209-	.0169-	.0150-
.90	.0266-	.0226-	.0205-	.0194-	.0164-	.0154-	.0139-	.0154-	.0117-	.0104-
.95	.0091-	.0071-	.0103-	.0098-	.0088-	.0087-	.0077-	.0087-	.0062-	.0054-
1.00	.0000	.0000	.0000	.0000	.0000	.0000	.0000	.0000	.0000	.0000

Auswertung aus Pucher „Einflußfelder elastischer Platten" Tafel Nr. 24

→ y : lx

↓ x : lx

Spalte										
	1.05	1.10	1.15	1.20	1.25	1.30	1.35	1.40	1.45	1.50
.05	.0107-	.0087-	.0080-	.0073-	.0063-	.0055-	.0048-	.0042-	.0035-	.0029-
.10	.0171-	.0154-	.0141-	.0130-	.0115-	.0102-	.0090-	.0080-	.0066-	.0055-
.15	.0228-	.0206-	.0187-	.0170-	.0157-	.0140-	.0126-	.0111-	.0093-	.0078-
.20	.0279-	.0252-	.0226-	.0205-	.0188-	.0170-	.0156-	.0138-	.0116-	.0097-
.25	.0322-	.0289-	.0259-	.0234-	.0214-	.0193-	.0179-	.0159-	.0135-	.0113-
.30	.0355-	.0319-	.0286-	.0258-	.0234-	.0211-	.0196-	.0175-	.0150-	.0126-
.35	.0378-	.0342-	.0306-	.0277-	.0249-	.0223-	.0207-	.0186-	.0162-	.0136-
.40	.0393-	.0357-	.0321-	.0291-	.0258-	.0230-	.0212-	.0191-	.0169-	.0142-
.45	.0398-	.0362-	.0328-	.0299-	.0263-	.0231-	.0212-	.0190-	.0168-	.0137-
.50	.0395-	.0359-	.0324-	.0294-	.0258-	.0226-	.0207-	.0183-	.0158-	.0126-
.55	.0382-	.0346-	.0313-	.0282-	.0246-	.0216-	.0196-	.0171-	.0141-	.0114-
.60	.0360-	.0324-	.0295-	.0263-	.0228-	.0200-	.0179-	.0153-	.0124-	.0102-
.65	.0329-	.0300-	.0269-	.0236-	.0204-	.0178-	.0156-	.0131-	.0108-	.0089-
.70	.0296-	.0265-	.0233-	.0201-	.0173-	.0150-	.0130-	.0110-	.0092-	.0077-
.75	.0250-	.0219-	.0188-	.0159-	.0141-	.0122-	.0104-	.0089-	.0076-	.0065-
.80	.0188-	.0159-	.0144-	.0127-	.0110-	.0095-	.0080-	.0070-	.0060-	.0052-
.85	.0135-	.0122-	.0108-	.0096-	.0081-	.0069-	.0058-	.0051-	.0045-	.0040-
.90	.0093-	.0084-	.0072-	.0064-	.0053-	.0045-	.0037-	.0033-	.0030-	.0027-
.95	.0048-	.0043-	.0036-	.0032-	.0026-	.0022-	.0018-	.0016-	.0015-	.0014-
1.00	.0000	.0000	.0000	.0000	.0000	.0000	.0001	.0001	.0000	.0002-

→ y : lx

↓ x : lx

Spalte										
	1.55	1.60	1.65							
.05	.0025-	.0020-	.0001-							
.10	.0047-	.0038-	.0005-							
.15	.0066-	.0054-	.0011-							
.20	.0082-	.0067-	.0019-							
.25	.0095-	.0078-	.0029-							
.30	.0106-	.0086-	.0042-							
.35	.0114-	.0092-	.0058-							
.40	.0118-	.0095-	.0075-							
.45	.0114-	.0091-	.0078-							
.50	.0105-	.0085-	.0079-							
.55	.0096-	.0078-	.0078-							
.60	.0087-	.0071-	.0075-							
.65	.0077-	.0064-	.0071-							
.70	.0067-	.0056-	.0065-							
.75	.0057-	.0048-	.0058-							
.80	.0046-	.0040-	.0049-							
.85	.0035-	.0031-	.0038-							
.90	.0024-	.0021-	.0026-							
.95	.0012-	.0012-	.0012-							
1.00	.0001-	.0002-	.0003							

Auswertung aus Pucher „Einflußfelder elastischer Platten" Tafel Nr. 24

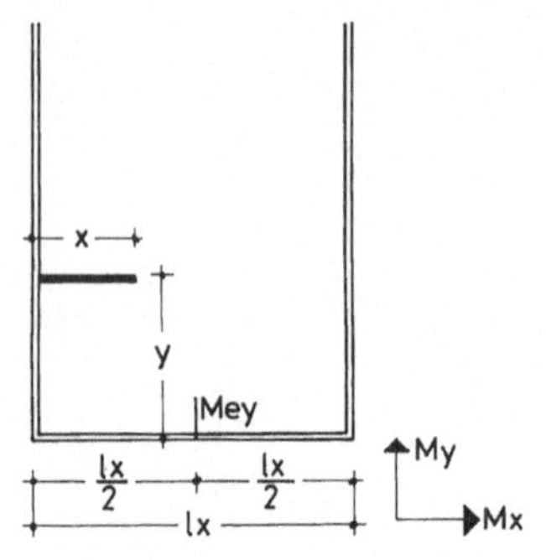

Plattenhalbstreifen mit zwei eingespannten Längsrändern und einem eingespannten aufliegenden Querrand. Stützmoment Mey in Seitenmitte des Querrandes aus Linienlast in lx-Richtung.

$\mu = 0$

Faktor = q · lx

Mey

A 4.1.1

→ y : lx, ↓ x : lx

Spalte										
	0.05	0.10	0.15	0.20	0.25	0.30	0.35	0.40	0.45	0.50
.05	.0001	.0001	.0001	.0000	.0000	.0000	.0001-	.0001-	.0001-	.0001-
.10	.0003	.0003	.0000	.0000	.0004-	.0006-	.0007-	.0006-	.0006-	.0006-
.15	.0005	.0004	.0006-	.0014-	.0018-	.0022-	.0023-	.0023-	.0021-	.0017-
.20	.0007	.0005-	.0020-	.0033-	.0041-	.0049-	.0051-	.0052-	.0046-	.0038-
.25	.0007	.0017-	.0040-	.0061-	.0080-	.0092-	.0095-	.0093-	.0082-	.0069-
.30	.0004	.0035-	.0076-	.0113-	.0134-	.0151-	.0153-	.0147-	.0130-	.0110-
.35	.0012-	.0070-	.0131-	.0180-	.0207-	.0224-	.0223-	.0213-	.0189-	.0159-
.40	.0024-	.0124-	.0213-	.0272-	.0299-	.0315-	.0305-	.0290-	.0257-	.0216-
.45	.0085-	.0226-	.0328-	.0387-	.0412-	.0422-	.0401-	.0371-	.0333-	.0278-
.50	.0214-	.0370-	.0471-	.0525-	.0535-	.0540-	.0507-	.0465-	.0414-	.0344-
.55	.0343-	.0514-	.0615-	.0672-	.0667-	.0645-	.0603-	.0561-	.0483-	.0411-
.60	.0396-	.0613-	.0730-	.0771-	.0771-	.0752-	.0699-	.0654-	.0556-	.0473-
.65	.0414-	.0669-	.0811-	.0862-	.0864-	.0847-	.0780-	.0712-	.0624-	.0530-
.70	.0425-	.0705-	.0867-	.0930-	.0935-	.0913-	.0850-	.0778-	.0684-	.0579-
.75	.0430-	.0723-	.0903-	.0977-	.0989-	.0971-	.0907-	.0833-	.0736-	.0620-
.80	.0432-	.0735-	.0923-	.1010-	.1028-	.1014-	.0950-	.0872-	.0764-	.0651-
.85	.0430-	.0741-	.0936-	.1029-	.1050-	.1041-	.0978-	.0901-	.0789-	.0672-
.90	.0427-	.0741-	.0942-	.1040-	.1066-	.1058-	.0995-	.0917-	.0803-	.0683-
.95	.0424-	.0738-	.0943-	.1042-	.1070-	.1064-	.1001-	.0923-	.0809-	.0688-
1.00	.0420-	.0734-	.0943-	.1039-	.1067-	.1061-	.1000-	.0921-	.0808-	.0689-

→ y : lx, ↓ x : lx

Spalte										
	0.55	0.60	0.65	0.70	0.75	0.80	0.85	0.90	0.95	1.00
.05	.0001-	.0001-	.0000	.0000	.0000	.0000	.0000	.0000	.0000	.0000
.10	.0003-	.0002-	.0002-	.0001-	.0001-	.0000	.0001-	.0001-	.0001-	.0001-
.15	.0014-	.0011-	.0008-	.0004-	.0004-	.0002-	.0002-	.0002-	.0003-	.0003-
.20	.0032-	.0026-	.0019-	.0015-	.0012-	.0005-	.0006-	.0004-	.0005-	.0005-
.25	.0060-	.0047-	.0037-	.0028-	.0022-	.0015-	.0011-	.0007-	.0008-	.0007-
.30	.0096-	.0075-	.0059-	.0047-	.0037-	.0026-	.0019-	.0011-	.0012-	.0010-
.35	.0138-	.0109-	.0086-	.0070-	.0056-	.0040-	.0029-	.0021-	.0017-	.0014-
.40	.0188-	.0149-	.0118-	.0097-	.0080-	.0056-	.0041-	.0030-	.0022-	.0018-
.45	.0244-	.0195-	.0153-	.0128-	.0106-	.0076-	.0055-	.0040-	.0028-	.0023-
.50	.0304-	.0243-	.0191-	.0161-	.0133-	.0096-	.0070-	.0051-	.0036-	.0028-
.55	.0365-	.0293-	.0228-	.0187-	.0154-	.0117-	.0085-	.0063-	.0043-	.0033-
.60	.0424-	.0342-	.0263-	.0217-	.0179-	.0138-	.0098-	.0074-	.0050-	.0037-
.65	.0481-	.0373-	.0295-	.0244-	.0203-	.0150-	.0110-	.0085-	.0055-	.0041-
.70	.0501-	.0407-	.0322-	.0268-	.0224-	.0164-	.0121-	.0087-	.0060-	.0045-
.75	.0536-	.0435-	.0345-	.0289-	.0235-	.0174-	.0129-	.0093-	.0064-	.0048-
.80	.0564-	.0456-	.0362-	.0298-	.0246-	.0182-	.0134-	.0096-	.0067-	.0051-
.85	.0582-	.0471-	.0373-	.0306-	.0252-	.0186-	.0137-	.0098-	.0069-	.0053-
.90	.0591-	.0478-	.0379-	.0310-	.0255-	.0188-	.0139-	.0099-	.0071-	.0054-
.95	.0594-	.0481-	.0381-	.0311-	.0256-	.0188-	.0140-	.0099-	.0072-	.0055-
1.00	.0593-	.0479-	.0381-	.0310-	.0254-	.0186-	.0140-	.0098-	.0072-	.0056-

Auswertung aus Pucher „Einflußfelder elastischer Platten" Tafel Nr. 25

→ y : lx

↓ x : lx

Spalte										
	1.05									
.05	.0000									
.10	.0002-									
.15	.0004-									
.20	.0007-									
.25	.0010-									
.30	.0014-									
.35	.0018-									
.40	.0023-									
.45	.0027-									
.50	.0031-									
.55	.0032-									
.60	.0036-									
.65	.0040-									
.70	.0044-									
.75	.0047-									
.80	.0051-									
.85	.0054-									
.90	.0056-									
.95	.0058-									
1.00	.0059-									

Auswertung aus Pucher „Einflußfelder elastischer Platten" Tafel Nr. 25

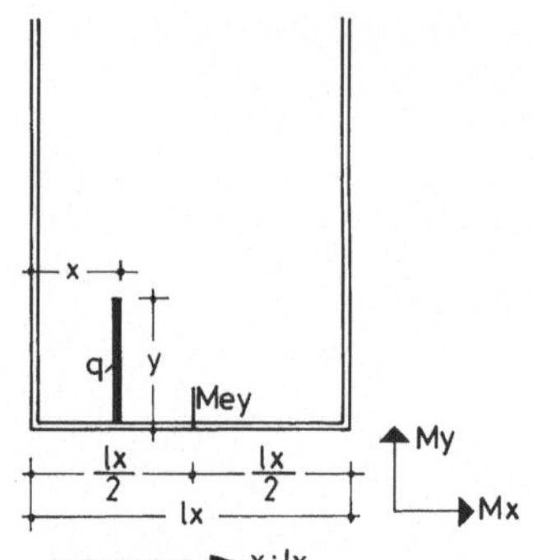

Plattenhalbstreifen mit zwei eingespannten Längsrändern und einem eingespannten aufliegenden Querrand. Stützmoment Mey in Seitenmitte des Querrandes aus Linienlast parallel zu den Längsrändern.

$\mu = 0$

Faktor = q · lx

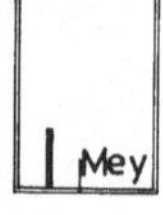

A 4.1.2

→ x : lx ; ↓ y : lx

Spalte										
	0.05	0.10	0.15	0.20	0.25	0.30	0.35	0.40	0.45	0.50
.05	.0001	.0000	.0000	.0000	.0001-	.0003-	.0004-	.0010-	.0039-	.0151-
.10	.0002	.0001	.0001	.0005-	.0010-	.0016-	.0030-	.0061-	.0145-	.0300-
.15	.0004	.0000	.0007-	.0017-	.0029-	.0049-	.0082-	.0162-	.0279-	.0445-
.20	.0005	.0003-	.0020-	.0037-	.0061-	.0099-	.0157-	.0250-	.0422-	.0577-
.25	.0002	.0015-	.0037-	.0062-	.0103-	.0162-	.0228-	.0353-	.0509-	.0703-
.30	.0000	.0023-	.0058-	.0092-	.0152-	.0218-	.0307-	.0456-	.0622-	.0820-
.35	.0002-	.0032-	.0081-	.0125-	.0204-	.0278-	.0381-	.0538-	.0728-	.0925-
.40	.0004-	.0042-	.0102-	.0159-	.0257-	.0338-	.0451-	.0619-	.0810-	.1016-
.45	.0006-	.0051-	.0124-	.0193-	.0307-	.0395-	.0515-	.0692-	.0888-	.1098-
.50	.0008-	.0060-	.0144-	.0226-	.0330-	.0447-	.0573-	.0755-	.0955-	.1168-
.55	.0011-	.0069-	.0159-	.0257-	.0362-	.0493-	.0623-	.0809-	.1012-	.1227-
.60	.0012-	.0076-	.0172-	.0257-	.0389-	.0517-	.0662-	.0854-	.1060-	.1276-
.65	.0013-	.0083-	.0182-	.0273-	.0411-	.0546-	.0696-	.0891-	.1098-	.1317-
.70	.0014-	.0082-	.0190-	.0286-	.0428-	.0569-	.0723-	.0921-	.1129-	.1349-
.75	.0014-	.0084-	.0196-	.0295-	.0443-	.0587-	.0744-	.0945-	.1153-	.1375-
.80	.0014-	.0085-	.0200-	.0302-	.0453-	.0602-	.0760-	.0969-	.1178-	.1394-
.85	.0015-	.0086-	.0203-	.0306-	.0461-	.0612-	.0775-	.0983-	.1193-	.1416-
.90	.0015-	.0085-	.0204-	.0311-	.0466-	.0620-	.0784-	.0994-	.1205-	.1428-
.95	.0015-	.0085-	.0205-	.0315-	.0470-	.0625-	.0791-	.1002-	.1213-	.1437-
1.00	.0016-	.0085-	.0206-	.0319-	.0472-	.0628-	.0795-	.1007-	.1219-	.1443-
1.05	.0017-	.0085-	.0207-	.0323-	.0473-	.0630-	.0797-	.1011-	.1223-	.1448-

→ x : lx ; ↓ y : lx

Spalte										
	0.55	0.60	0.65	0.70	0.75	0.80	0.85	0.90	0.95	
.05	.0039-	.0010-	.0004-	.0003-	.0001-	.0000	.0000	.0000	.0001	
.10	.0145-	.0061-	.0030-	.0016-	.0010-	.0005-	.0001	.0001	.0002	
.15	.0279-	.0162-	.0082-	.0049-	.0029-	.0017-	.0007-	.0000	.0004	
.20	.0422-	.0250-	.0157-	.0099-	.0061-	.0037-	.0020-	.0003-	.0005	
.25	.0509-	.0353-	.0228-	.0162-	.0103-	.0062-	.0037-	.0015-	.0002	
.30	.0622-	.0456-	.0307-	.0218-	.0152-	.0092-	.0058-	.0023-	.0000	
.35	.0728-	.0538-	.0381-	.0278-	.0204-	.0125-	.0081-	.0032-	.0002-	
.40	.0810-	.0619-	.0451-	.0338-	.0257-	.0159-	.0102-	.0042-	.0004-	
.45	.0888-	.0692-	.0515-	.0395-	.0307-	.0193-	.0124-	.0051-	.0006-	
.50	.0955-	.0755-	.0573-	.0447-	.0330-	.0226-	.0144-	.0060-	.0008-	
.55	.1012-	.0809-	.0623-	.0493-	.0362-	.0257-	.0159-	.0069-	.0011-	
.60	.1060-	.0854-	.0662-	.0517-	.0389-	.0257-	.0172-	.0076-	.0012-	
.65	.1098-	.0891-	.0696-	.0546-	.0411-	.0273-	.0182-	.0083-	.0013-	
.70	.1129-	.0921-	.0723-	.0569-	.0428-	.0286-	.0190-	.0082-	.0014-	
.75	.1153-	.0945-	.0744-	.0587-	.0443-	.0295-	.0196-	.0084-	.0014-	
.80	.1178-	.0969-	.0760-	.0602-	.0453-	.0302-	.0200-	.0085-	.0014-	
.85	.1193-	.0983-	.0775-	.0612-	.0461-	.0306-	.0203-	.0086-	.0015-	
.90	.1205-	.0994-	.0784-	.0620-	.0466-	.0311-	.0204-	.0085-	.0015-	
.95	.1213-	.1002-	.0791-	.0625-	.0470-	.0315-	.0205-	.0085-	.0015-	
1.00	.1219-	.1007-	.0795-	.0628-	.0472-	.0319-	.0206-	.0085-	.0016-	
1.05	.1223-	.1011-	.0797-	.0630-	.0473-	.0323-	.0207-	.0085-	.0017-	

Auswertung aus Pucher „Einflußfelder elastischer Platten" Tafel Nr. 25

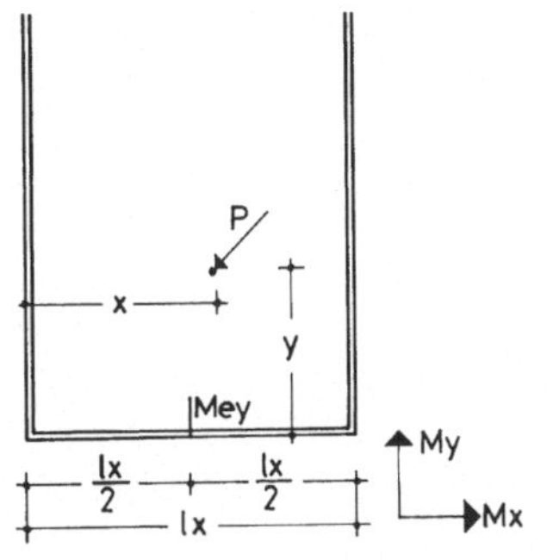

Plattenhalbstreifen mit zwei eingespannten Längsrändern und einem eingespannten aufliegenden Querrand. Stützmoment Mey in Seitenmitte des Querrandes aus einer Einzellast.

$\mu = 0$

Faktor = P

A 4.1.3

→ y : lx ; ↓ x : lx

Spalte	0.05	0.10	0.15	0.20	0.25	0.30	0.35	0.40	0.45	0.50
.05	.0027	.0025	.0010	.0011-	.0020-	.0037-	.0050-	.0045-	.0050-	.0046-
.10	.0034	.0005	.0057-	.0124-	.0173-	.0219-	.0213-	.0214-	.0178-	.0146-
.15	.0019	.0061-	.0196-	.0304-	.0366-	.0420-	.0443-	.0450-	.0398-	.0318-
.20	.0016-	.0173-	.0326-	.0485-	.0607-	.0695-	.0718-	.0701-	.0619-	.0518-
.25	.0073-	.0297-	.0525-	.0796-	.0925-	.1011-	.1008-	.0954-	.0844-	.0717-
.30	.0150-	.0484-	.0904-	.1156-	.1264-	.1317-	.1272-	.1194-	.1062-	.0907-
.35	.0227-	.0883-	.1335-	.1551-	.1637-	.1631-	.1521-	.1407-	.1246-	.1066-
.40	.0663-	.1503-	.1990-	.2090-	.2044-	.1963-	.1785-	.1592-	.1395-	.1194-
.45	.1677-	.2389-	.2656-	.2536-	.2389-	.2192-	.1977-	.1769-	.1511-	.1292-
.50	.3147-	.3061-	.2928-	.2750-	.2545-	.2319-	.2071-	.1827-	.1592-	.1359-
.55	.1677-	.2389-	.2656-	.2536-	.2389-	.2192-	.1977-	.1769-	.1511-	.1292-
.60	.0663-	.1503-	.1990-	.2090-	.2044-	.1963-	.1785-	.1592-	.1395-	.1194-
.65	.0227-	.0883-	.1335-	.1551-	.1637-	.1631-	.1521-	.1407-	.1246-	.1066-
.70	.0150-	.0484-	.0904-	.1156-	.1264-	.1317-	.1272-	.1194-	.1062-	.0907-
.75	.0073-	.0297-	.0525-	.0796-	.0925-	.1011-	.1008-	.0954-	.0844-	.0717-
.80	.0016-	.0173-	.0326-	.0485-	.0607-	.0695-	.0718-	.0701-	.0619-	.0518-
.85	.0019	.0061-	.0196-	.0304-	.0366-	.0420-	.0443-	.0450-	.0398-	.0318-
.90	.0034	.0005	.0057-	.0124-	.0173-	.0219-	.0213-	.0214-	.0178-	.0146-
.95	.0028	.0025	.0010	.0011-	.0020-	.0037-	.0050-	.0045-	.0050-	.0046-
1.00	.0001	.0000	.0000	.0000	.0000	.0000	.0000	.0000	.0000	.0000

→ y : lx ; ↓ x : lx

Spalte	0.55	0.60	0.65	0.70	0.75	0.80	0.85	0.90	0.95	1.00
.05	.0033-	.0027-	.0018-	.0014-	.0013-	.0006-	.0005-	.0007-	.0013-	.0012-
.10	.0122-	.0097-	.0072-	.0056-	.0046-	.0027-	.0021-	.0019-	.0026-	.0024-
.15	.0271-	.0224-	.0164-	.0124-	.0097-	.0065-	.0047-	.0037-	.0040-	.0035-
.20	.0455-	.0358-	.0285-	.0219-	.0168-	.0119-	.0084-	.0060-	.0055-	.0046-
.25	.0631-	.0490-	.0398-	.0318-	.0256-	.0184-	.0132-	.0089-	.0070-	.0057-
.30	.0782-	.0619-	.0501-	.0416-	.0338-	.0245-	.0184-	.0124-	.0086-	.0067-
.35	.0934-	.0746-	.0590-	.0497-	.0420-	.0306-	.0228-	.0163-	.0102-	.0077-
.40	.1046-	.0858-	.0667-	.0560-	.0475-	.0357-	.0262-	.0193-	.0119-	.0086-
.45	.1112-	.0925-	.0730-	.0605-	.0504-	.0388-	.0286-	.0211-	.0136-	.0096-
.50	.1135-	.0948-	.0780-	.0633-	.0506-	.0398-	.0300-	.0217-	.0154-	.0105-
.55	.1112-	.0925-	.0730-	.0605-	.0504-	.0388-	.0286-	.0211-	.0136-	.0096-
.60	.1046-	.0858-	.0667-	.0560-	.0475-	.0357-	.0261-	.0193-	.0119-	.0086-
.65	.0934-	.0746-	.0590-	.0497-	.0420-	.0306-	.0228-	.0163-	.0102-	.0077-
.70	.0782-	.0619-	.0501-	.0416-	.0338-	.0245-	.0185-	.0123-	.0086-	.0067-
.75	.0631-	.0490-	.0398-	.0319-	.0256-	.0184-	.0131-	.0089-	.0070-	.0056-
.80	.0455-	.0358-	.0285-	.0219-	.0168-	.0119-	.0084-	.0060-	.0055-	.0046-
.85	.0271-	.0224-	.0164-	.0124-	.0097-	.0065-	.0047-	.0037-	.0041-	.0035-
.90	.0122-	.0097-	.0072-	.0055-	.0046-	.0027-	.0021-	.0019-	.0027-	.0024-
.95	.0033-	.0027-	.0018-	.0014-	.0013-	.0005-	.0005-	.0007-	.0013-	.0012-
1.00	.0000	.0000	.0000	.0000	.0000	.0000	.0000	.0000	.0001-	.0001-

Auswertung aus Pucher „Einflußfelder elastischer Platten" Tafel Nr. 25

→ y : lx

↓ x : lx

Spalte										
	1.05									
.05	.0019-									
.10	.0035-									
.15	.0048-									
.20	.0059-									
.25	.0067-									
.30	.0073-									
.35	.0076-									
.40	.0076-									
.45	.0074-									
.50	.0070-									
.55	.0074-									
.60	.0076-									
.65	.0076-									
.70	.0073-									
.75	.0067-									
.80	.0059-									
.85	.0048-									
.90	.0034-									
.95	.0018-									
1.00	.0000									

Auswertung aus Pucher „Einflußfelder elastischer Platten" Tafel Nr. 25

Abschnitt B – Plattenvollstreifen

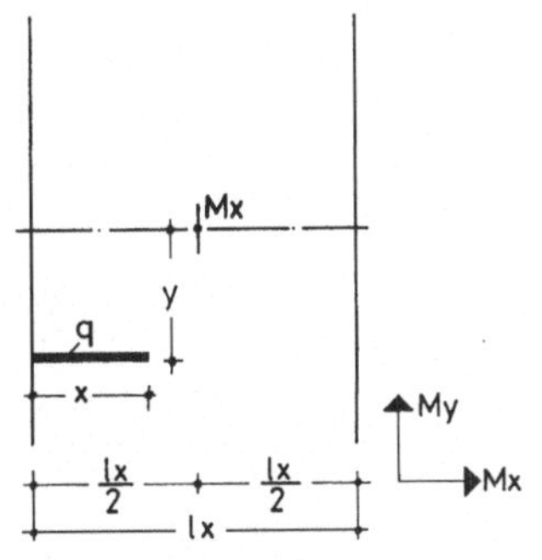

Plattenvollstreifen mit zwei frei aufliegenden Längsrändern.
Feldmoment Mx in Feldmitte aus Linienlast in lx-Richtung.
$\mu = 0$
Faktor = q · lx

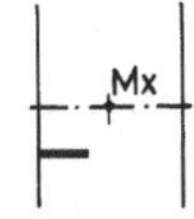

B 1.1.1

y : lx →

x : lx ↓

Spalte										
	0.00	0.05	0.10	0.15	0.20	0.25	0.30	0.35	0.40	0.45
.05	.0003	.0003	.0003	.0003	.0003	.0004	.0004	.0004	.0003	.0003
.10	.0012	.0013	.0013	.0013	.0014	.0014	.0015	.0014	.0014	.0012
.15	.0028	.0029	.0030	.0031	.0032	.0033	.0033	.0032	.0031	.0028
.20	.0051	.0053	.0055	.0056	.0057	.0059	.0059	.0057	.0056	.0051
.25	.0082	.0084	.0087	.0089	.0092	.0094	.0093	.0089	.0087	.0080
.30	.0120	.0127	.0132	.0137	.0140	.0138	.0136	.0128	.0125	.0115
.35	.0168	.0176	.0183	.0194	.0198	.0193	.0187	.0176	.0168	.0154
.40	.0230	.0238	.0257	.0264	.0267	.0257	.0246	.0230	.0216	.0197
.45	.0331	.0333	.0349	.0353	.0343	.0326	.0309	.0288	.0268	.0244
.50	.0467	.0458	.0461	.0453	.0427	.0399	.0375	.0348	.0323	.0292
.55	.0603	.0582	.0561	.0557	.0514	.0472	.0440	.0408	.0368	.0340
.60	.0696	.0671	.0659	.0656	.0587	.0541	.0503	.0466	.0419	.0386
.65	.0761	.0738	.0725	.0702	.0656	.0604	.0562	.0520	.0466	.0430
.70	.0811	.0785	.0776	.0759	.0714	.0660	.0614	.0567	.0509	.0469
.75	.0847	.0829	.0821	.0805	.0761	.0704	.0656	.0607	.0547	.0504
.80	.0874	.0861	.0854	.0839	.0794	.0739	.0690	.0639	.0580	.0533
.85	.0905	.0885	.0879	.0865	.0820	.0765	.0716	.0664	.0607	.0556
.90	.0921	.0902	.0896	.0882	.0838	.0783	.0735	.0681	.0617	.0572
.95	.0930	.0911	.0905	.0892	.0848	.0794	.0746	.0692	.0627	.0581
1.00	.0933	.0913	.0908	.0894	.0850	.0798	.0750	.0695	.0630	.0584

y : lx →

x : lx ↓

Spalte										
	0.50	0.55	0.60	0.65	0.70	0.75	0.80	0.85	0.90	0.95
.05	.0003	.0003	.0003	.0002	.0002	.0002	.0002	.0001	.0001	.0001
.10	.0012	.0011	.0012	.0008	.0008	.0006	.0007	.0006	.0005	.0005
.15	.0027	.0024	.0024	.0020	.0018	.0016	.0015	.0013	.0012	.0011
.20	.0047	.0043	.0042	.0036	.0033	.0029	.0027	.0024	.0021	.0019
.25	.0073	.0067	.0063	.0056	.0051	.0045	.0042	.0037	.0033	.0029
.30	.0104	.0096	.0090	.0079	.0071	.0063	.0058	.0051	.0046	.0042
.35	.0140	.0130	.0121	.0105	.0095	.0085	.0078	.0069	.0061	.0055
.40	.0179	.0166	.0155	.0134	.0121	.0108	.0099	.0087	.0078	.0070
.45	.0221	.0205	.0191	.0165	.0148	.0133	.0121	.0107	.0095	.0086
.50	.0267	.0245	.0229	.0197	.0177	.0158	.0144	.0128	.0114	.0103
.55	.0313	.0284	.0267	.0225	.0202	.0181	.0164	.0148	.0132	.0115
.60	.0358	.0323	.0305	.0255	.0229	.0205	.0186	.0169	.0150	.0131
.65	.0391	.0359	.0341	.0283	.0254	.0228	.0207	.0189	.0167	.0146
.70	.0428	.0393	.0375	.0310	.0278	.0249	.0227	.0207	.0180	.0159
.75	.0459	.0422	.0406	.0333	.0299	.0269	.0242	.0216	.0193	.0172
.80	.0487	.0446	.0403	.0354	.0318	.0282	.0257	.0228	.0205	.0183
.85	.0509	.0465	.0420	.0367	.0330	.0295	.0269	.0239	.0214	.0189
.90	.0521	.0478	.0433	.0379	.0340	.0305	.0277	.0246	.0221	.0195
.95	.0530	.0487	.0442	.0385	.0346	.0310	.0282	.0251	.0224	.0198
1.00	.0533	.0489	.0446	.0386	.0347	.0311	.0283	.0252	.0226	.0200

Auswertung aus Pucher „Einflußfelder elastischer Platten" Tafel Nr. 1

→ y : lx

↓ x : lx

Spalte										
	1.00	1.05	1.10	1.15	1.20	1.25	1.30	1.35	1.40	1.45
.05	.0001	.0001	.0001	.0001	.0001	.0001	.0001	.0001	.0000	.0000
.10	.0005	.0004	.0004	.0003	.0003	.0003	.0002	.0002	.0002	.0002
.15	.0010	.0009	.0008	.0007	.0006	.0006	.0005	.0004	.0004	.0003
.20	.0017	.0015	.0014	.0013	.0011	.0010	.0009	.0008	.0007	.0006
.25	.0026	.0023	.0021	.0019	.0017	.0015	.0013	.0012	.0011	.0009
.30	.0037	.0032	.0029	.0027	.0024	.0021	.0019	.0016	.0015	.0013
.35	.0050	.0043	.0038	.0034	.0032	.0028	.0025	.0022	.0019	.0017
.40	.0063	.0055	.0048	.0044	.0039	.0035	.0031	.0027	.0024	.0021
.45	.0078	.0068	.0060	.0053	.0047	.0043	.0038	.0033	.0030	.0026
.50	.0092	.0081	.0071	.0063	.0056	.0051	.0045	.0040	.0035	.0031
.55	.0104	.0091	.0083	.0074	.0065	.0056	.0050	.0043	.0038	.0034
.60	.0117	.0104	.0094	.0084	.0074	.0063	.0056	.0049	.0043	.0038
.65	.0131	.0116	.0105	.0094	.0081	.0070	.0062	.0054	.0048	.0042
.70	.0143	.0127	.0116	.0103	.0088	.0077	.0068	.0059	.0053	.0046
.75	.0155	.0137	.0119	.0107	.0095	.0083	.0073	.0064	.0057	.0050
.80	.0165	.0143	.0126	.0113	.0101	.0088	.0078	.0068	.0060	.0053
.85	.0169	.0150	.0132	.0119	.0106	.0092	.0082	.0072	.0064	.0056
.90	.0175	.0154	.0136	.0123	.0109	.0096	.0085	.0074	.0066	.0058
.95	.0178	.0157	.0139	.0125	.0112	.0098	.0087	.0076	.0068	.0059
1.00	.0180	.0159	.0140	.0126	.0113	.0099	.0088	.0077	.0068	.0060

Auswertung aus Pucher „Einflußfelder elastischer Platten" Tafel Nr. 1

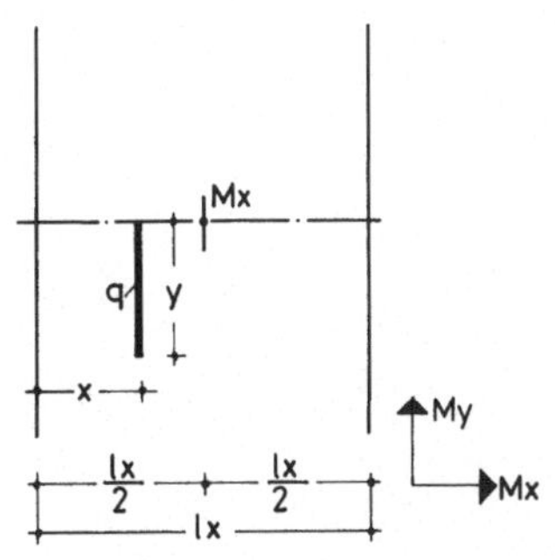

Plattenvollstreifen mit zwei frei aufliegenden Längsrändern.
Feldmoment Mx in Feldmitte aus Linienlast parallel zu den Längsrändern.
$\mu = 0$
Faktor = q · lx

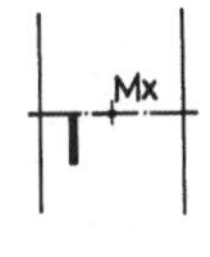

B 1.1.2

→ x : lx

↓ y : lx

Spalte										
	0.05	0.10	0.15	0.20	0.25	0.30	0.35	0.40	0.45	0.50
.05	.0004	.0009	.0014	.0019	.0024	.0031	.0041	.0053	.0074	.0112
.10	.0009	.0018	.0029	.0037	.0047	.0062	.0082	.0110	.0155	.0197
.15	.0014	.0027	.0044	.0056	.0070	.0094	.0125	.0168	.0235	.0267
.20	.0018	.0037	.0059	.0075	.0092	.0125	.0168	.0218	.0309	.0329
.25	.0023	.0046	.0075	.0093	.0114	.0156	.0211	.0267	.0344	.0383
.30	.0028	.0056	.0091	.0111	.0135	.0186	.0249	.0311	.0391	.0429
.35	.0034	.0065	.0107	.0129	.0156	.0216	.0285	.0351	.0433	.0469
.40	.0039	.0074	.0122	.0147	.0176	.0245	.0318	.0387	.0471	.0514
.45	.0043	.0083	.0137	.0163	.0195	.0272	.0348	.0419	.0504	.0549
.50	.0047	.0091	.0151	.0180	.0214	.0299	.0375	.0448	.0534	.0581
.55	.0051	.0100	.0164	.0195	.0231	.0323	.0400	.0478	.0566	.0610
.60	.0055	.0107	.0169	.0209	.0247	.0346	.0422	.0500	.0593	.0636
.65	.0059	.0115	.0180	.0223	.0263	.0367	.0441	.0519	.0620	.0658
.70	.0061	.0121	.0189	.0236	.0277	.0386	.0458	.0535	.0645	.0678
.75	.0063	.0124	.0197	.0242	.0290	.0403	.0473	.0549	.0669	.0696
.80	.0064	.0129	.0205	.0251	.0298	.0404	.0492	.0562	.0690	.0711
.85	.0068	.0133	.0211	.0260	.0308	.0415	.0505	.0580	.0701	.0725
.90	.0070	.0137	.0217	.0267	.0317	.0426	.0516	.0593	.0714	.0743
.95	.0071	.0141	.0223	.0274	.0325	.0436	.0527	.0604	.0725	.0754
1.00	.0073	.0144	.0227	.0280	.0332	.0444	.0536	.0613	.0735	.0765
1.05	.0075	.0147	.0232	.0286	.0338	.0451	.0544	.0622	.0744	.0773
1.10	.0076	.0149	.0235	.0291	.0344	.0457	.0551	.0630	.0752	.0782
1.15	.0077	.0151	.0239	.0295	.0349	.0463	.0558	.0637	.0759	.0789
1.20	.0078	.0153	.0242	.0299	.0354	.0468	.0563	.0643	.0766	.0795
1.25	.0079	.0154	.0244	.0302	.0357	.0473	.0568	.0648	.0771	.0801
1.30	.0080	.0156	.0246	.0305	.0361	.0477	.0572	.0653	.0776	.0806
1.35	.0081	.0157	.0248	.0307	.0364	.0480	.0576	.0657	.0780	.0810
1.40	.0081	.0157	.0250	.0309	.0366	.0483	.0579	.0660	.0784	.0814
1.45	.0082	.0158	.0251	.0311	.0368	.0486	.0582	.0663	.0787	.0817

Auswertung aus Pucher „Einflußfelder elastischer Platten" Tafel Nr. 1

B 1.1.2

→ x : lx

↓ y : lx

Spalte									
	0.55	0.60	0.65	0.70	0.75	0.80	0.85	0.90	0.95
.05	.0074	.0053	.0041	.0031	.0024	.0019	.0014	.0009	.0004
.10	.0155	.0110	.0082	.0062	.0047	.0037	.0029	.0018	.0009
.15	.0235	.0168	.0125	.0094	.0070	.0056	.0044	.0027	.0014
.20	.0309	.0218	.0168	.0125	.0092	.0075	.0059	.0037	.0018
.25	.0344	.0267	.0211	.0156	.0114	.0093	.0075	.0046	.0023
.30	.0391	.0311	.0249	.0186	.0135	.0111	.0091	.0056	.0028
.35	.0433	.0351	.0285	.0216	.0156	.0129	.0107	.0065	.0034
.40	.0471	.0387	.0318	.0245	.0176	.0147	.0122	.0074	.0039
.45	.0504	.0419	.0348	.0272	.0195	.0163	.0137	.0083	.0043
.50	.0534	.0448	.0375	.0299	.0214	.0180	.0151	.0091	.0047
.55	.0566	.0478	.0400	.0323	.0231	.0195	.0164	.0100	.0051
.60	.0593	.0500	.0422	.0346	.0247	.0209	.0169	.0107	.0055
.65	.0620	.0519	.0441	.0367	.0263	.0223	.0180	.0115	.0059
.70	.0645	.0535	.0458	.0386	.0277	.0236	.0189	.0121	.0061
.75	.0669	.0549	.0473	.0403	.0290	.0242	.0197	.0124	.0063
.80	.0690	.0562	.0492	.0404	.0298	.0251	.0205	.0129	.0064
.85	.0701	.0580	.0505	.0415	.0308	.0260	.0211	.0133	.0068
.90	.0714	.0593	.0516	.0426	.0317	.0267	.0217	.0137	.0070
.95	.0725	.0604	.0527	.0436	.0325	.0274	.0223	.0141	.0071
1.00	.0735	.0613	.0536	.0444	.0332	.0280	.0227	.0144	.0073
1.05	.0744	.0622	.0544	.0451	.0338	.0286	.0232	.0147	.0075
1.10	.0752	.0630	.0551	.0457	.0344	.0291	.0235	.0149	.0076
1.15	.0759	.0637	.0558	.0463	.0349	.0295	.0239	.0151	.0077
1.20	.0766	.0643	.0563	.0468	.0354	.0299	.0242	.0153	.0078
1.25	.0771	.0648	.0568	.0473	.0357	.0302	.0244	.0154	.0079
1.30	.0776	.0653	.0572	.0477	.0361	.0305	.0246	.0156	.0080
1.35	.0780	.0657	.0576	.0480	.0364	.0307	.0248	.0157	.0081
1.40	.0784	.0660	.0579	.0483	.0366	.0309	.0250	.0157	.0081
1.45	.0787	.0663	.0582	.0486	.0368	.0311	.0251	.0158	.0082

Auswertung aus Pucher „Einflußfelder elastischer Platten" Tafel Nr. 1

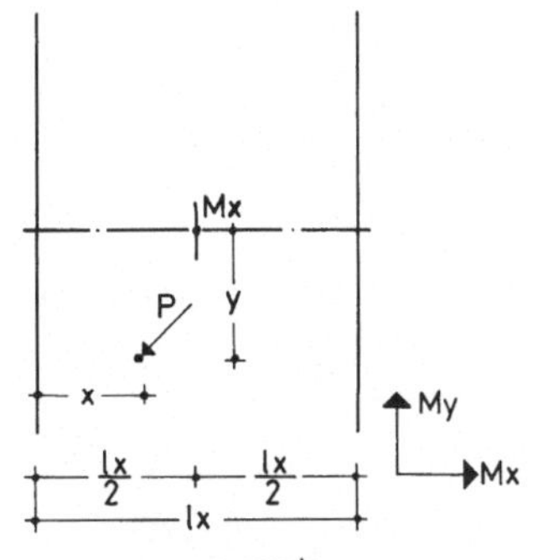

Plattenvollstreifen mit zwei frei aufliegenden Längsrändern.
Feldmoment Mx in Feldmitte aus einer Einzellast.
$\mu = 0$
Faktor = P

B 1.1.3

y : lx →

x : lx ↓

Spalte										
	0.00	0.05	0.10	0.15	0.20	0.25	0.30	0.35	0.40	0.45
.05	.0124	.0128	.0133	.0135	.0139	.0141	.0147	.0142	.0137	.0123
.10	.0254	.0265	.0275	.0280	.0288	.0290	.0296	.0284	.0276	.0252
.15	.0392	.0410	.0426	.0437	.0447	.0446	.0447	.0427	.0419	.0387
.20	.0536	.0564	.0586	.0604	.0616	.0609	.0600	.0569	.0558	.0522
.25	.0689	.0726	.0754	.0781	.0796	.0779	.0756	.0711	.0682	.0641
.30	.0894	.0895	.0938	.1019	.1037	.1006	.0949	.0871	.0792	.0743
.35	.1154	.1161	.1229	.1290	.1259	.1194	.1113	.1025	.0887	.0828
.40	.1467	.1547	.1641	.1592	.1462	.1335	.1228	.1130	.0968	.0896
.45	.2040	.2064	.2019	.1849	.1629	.1428	.1294	.1187	.1034	.0948
.50	.3304*	.2788	.2198	.1935	.1682	.1474	.1312	.1195	.1086	.0982
.55	.2040	.2064	.2019	.1849	.1629	.1428	.1294	.1187	.1034	.0948
.60	.1467	.1547	.1641	.1592	.1462	.1335	.1228	.1130	.0968	.0896
.65	.1154	.1161	.1229	.1290	.1259	.1194	.1113	.1025	.0887	.0828
.70	.0894	.0895	.0938	.1019	.1037	.1006	.0949	.0871	.0792	.0743
.75	.0689	.0726	.0754	.0781	.0796	.0779	.0755	.0711	.0682	.0641
.80	.0536	.0564	.0586	.0604	.0616	.0609	.0600	.0569	.0558	.0522
.85	.0392	.0410	.0426	.0437	.0447	.0446	.0447	.0426	.0418	.0387
.90	.0254	.0265	.0275	.0280	.0288	.0290	.0296	.0284	.0276	.0252
.95	.0124	.0128	.0133	.0135	.0139	.0141	.0147	.0142	.0137	.0123
1.00	.0000	.0000	.0000	.0000	.0000	.0000	.0000	.0000	.0000	.0000

y : lx →

x : lx ↓

Spalte										
	0.50	0.55	0.60	0.65	0.70	0.75	0.80	0.85	0.90	0.95
.05	.0119	.0107	.0121	.0076	.0069	.0065	.0066	.0058	.0053	.0050
.10	.0237	.0217	.0214	.0190	.0173	.0145	.0134	.0119	.0106	.0097
.15	.0353	.0323	.0301	.0280	.0253	.0223	.0201	.0179	.0160	.0142
.20	.0464	.0426	.0386	.0357	.0325	.0289	.0263	.0231	.0207	.0184
.25	.0567	.0539	.0482	.0426	.0386	.0346	.0319	.0280	.0250	.0222
.30	.0663	.0632	.0565	.0487	.0438	.0395	.0363	.0324	.0289	.0254
.35	.0752	.0704	.0630	.0538	.0483	.0436	.0398	.0356	.0322	.0279
.40	.0827	.0755	.0676	.0580	.0519	.0467	.0424	.0379	.0340	.0297
.45	.0871	.0786	.0704	.0613	.0547	.0490	.0440	.0393	.0351	.0309
.50	.0886	.0796	.0713	.0637	.0567	.0504	.0447	.0397	.0354	.0315
.55	.0871	.0786	.0704	.0613	.0547	.0490	.0441	.0393	.0351	.0309
.60	.0827	.0755	.0676	.0580	.0519	.0467	.0424	.0379	.0340	.0297
.65	.0757	.0703	.0630	.0538	.0483	.0436	.0398	.0356	.0322	.0279
.70	.0675	.0631	.0565	.0487	.0438	.0395	.0362	.0323	.0289	.0254
.75	.0581	.0538	.0482	.0426	.0386	.0346	.0316	.0279	.0250	.0222
.80	.0475	.0425	.0385	.0357	.0325	.0290	.0262	.0231	.0207	.0184
.85	.0356	.0323	.0301	.0280	.0253	.0223	.0202	.0179	.0160	.0141
.90	.0237	.0217	.0214	.0190	.0173	.0145	.0134	.0119	.0106	.0097
.95	.0119	.0107	.0121	.0076	.0069	.0065	.0066	.0058	.0053	.0050
1.00	.0000	.0000	.0000	.0000	.0000	.0000	.0000	.0000	.0000	.0000

Auswertung aus Pucher „Einflußfelder elastischer Platten" Tafel Nr. 1

* bzw. theoretisch ∞

→ y : lx

↓ x : lx

Spalte										
	1.00	1.05	1.10	1.15	1.20	1.25	1.30	1.35	1.40	1.45
.05	.0045	.0039	.0035	.0033	.0029	.0026	.0023	.0020	.0018	.0016
.10	.0088	.0076	.0068	.0063	.0056	.0050	.0044	.0039	.0035	.0030
.15	.0128	.0111	.0098	.0090	.0080	.0071	.0063	.0055	.0049	.0043
.20	.0165	.0144	.0127	.0116	.0102	.0090	.0080	.0070	.0062	.0054
.25	.0200	.0175	.0153	.0139	.0123	.0107	.0095	.0083	.0074	.0064
.30	.0229	.0203	.0177	.0159	.0140	.0121	.0107	.0094	.0083	.0073
.35	.0251	.0223	.0196	.0175	.0156	.0132	.0117	.0103	.0091	.0080
.40	.0267	.0238	.0210	.0187	.0166	.0142	.0126	.0110	.0097	.0086
.45	.0277	.0246	.0218	.0194	.0172	.0148	.0132	.0115	.0102	.0090
.50	.0279	.0247	.0221	.0196	.0174	.0153	.0136	.0119	.0105	.0093
.55	.0277	.0246	.0218	.0194	.0172	.0149	.0131	.0115	.0102	.0090
.60	.0267	.0238	.0210	.0187	.0166	.0142	.0125	.0110	.0098	.0085
.65	.0252	.0223	.0197	.0175	.0156	.0133	.0117	.0103	.0091	.0080
.70	.0229	.0203	.0177	.0159	.0140	.0121	.0107	.0094	.0083	.0073
.75	.0200	.0175	.0153	.0139	.0122	.0107	.0094	.0083	.0074	.0064
.80	.0165	.0144	.0127	.0116	.0102	.0090	.0080	.0070	.0062	.0054
.85	.0128	.0111	.0098	.0091	.0080	.0072	.0063	.0055	.0049	.0043
.90	.0088	.0076	.0068	.0063	.0055	.0050	.0044	.0039	.0035	.0030
.95	.0045	.0039	.0035	.0033	.0029	.0027	.0023	.0020	.0018	.0016
1.00	.0000	.0000	.0000	.0000	.0000	.0001	.0000	.0000	.0000	.0000

Auswertung aus Pucher „Einflußfelder elastischer Platten" Tafel Nr.1

B 1.2.1

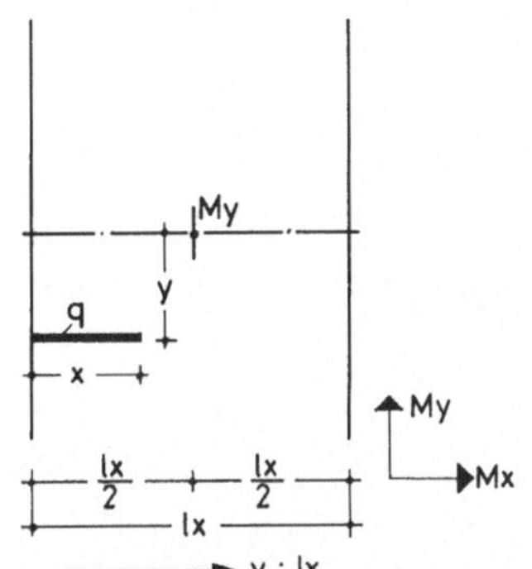

Plattenvollstreifen mit zwei frei aufliegenden Längsrändern.
Feldmoment My in Feldmitte aus Linienlast in lx-Richtung.
$\mu = 0$
Faktor = q · lx

y : lx →

x : lx ↓ Spalte	0.00	0.05	0.10	0.15	0.20	0.25	0.30	0.35	0.40	0.45
.05	.0003	.0003	.0002	.0002	.0002	.0001	.0000	.0000	.0000	.0000
.10	.0012	.0011	.0010	.0008	.0007	.0003	.0001	.0002	.0000	.0001-
.15	.0028	.0026	.0023	.0019	.0015	.0007	.0003	.0003	.0001-	.0003-
.20	.0051	.0048	.0042	.0034	.0027	.0014	.0007	.0004	.0003-	.0006-
.25	.0080	.0077	.0069	.0054	.0041	.0026	.0016	.0005	.0005-	.0010-
.30	.0117	.0113	.0103	.0079	.0055	.0035	.0021	.0004	.0009-	.0015-
.35	.0165	.0157	.0141	.0107	.0067	.0044	.0024	.0002	.0014-	.0022-
.40	.0238	.0210	.0180	.0135	.0078	.0052	.0025	.0001-	.0020-	.0030-
.45	.0326	.0273	.0220	.0161	.0087	.0055	.0024	.0006-	.0028-	.0039-
.50	.0449	.0333	.0257	.0183	.0095	.0056	.0021	.0012-	.0036-	.0049-
.55	.0571	.0393	.0295	.0205	.0103	.0057	.0019	.0017-	.0043-	.0059-
.60	.0659	.0453	.0334	.0232	.0111	.0059	.0016	.0022-	.0050-	.0068-
.65	.0726	.0507	.0374	.0260	.0120	.0071	.0020	.0025-	.0057-	.0074-
.70	.0777	.0552	.0412	.0288	.0130	.0080	.0023	.0027-	.0062-	.0081-
.75	.0815	.0588	.0445	.0313	.0155	.0090	.0028	.0028-	.0064-	.0086-
.80	.0842	.0616	.0472	.0333	.0168	.0101	.0035	.0027-	.0067-	.0090-
.85	.0862	.0640	.0492	.0348	.0180	.0107	.0040	.0026-	.0068-	.0093-
.90	.0885	.0655	.0505	.0358	.0188	.0111	.0042	.0025-	.0069-	.0095-
.95	.0894	.0663	.0512	.0365	.0194	.0113	.0042	.0024-	.0069-	.0095-
1.00	.0897	.0666	.0515	.0367	.0196	.0113	.0041	.0023-	.0069-	.0096-

y : lx →

x : lx ↓ Spalte	0.50	0.55	0.60	0.65	0.70	0.75	0.80	0.85	0.90	0.95
.05	.0001-	.0001-	.0001-	.0001-	.0001-	.0001-	.0001-	.0001-	.0001-	.0001-
.10	.0002-	.0003-	.0003-	.0003-	.0003-	.0003-	.0003-	.0003-	.0002-	.0002-
.15	.0005-	.0006-	.0006-	.0007-	.0007-	.0007-	.0006-	.0006-	.0006-	.0005-
.20	.0009-	.0011-	.0012-	.0012-	.0012-	.0012-	.0011-	.0011-	.0010-	.0009-
.25	.0014-	.0017-	.0018-	.0019-	.0019-	.0018-	.0018-	.0017-	.0015-	.0014-
.30	.0021-	.0024-	.0026-	.0027-	.0027-	.0026-	.0025-	.0024-	.0022-	.0020-
.35	.0029-	.0033-	.0035-	.0036-	.0036-	.0035-	.0033-	.0031-	.0029-	.0027-
.40	.0038-	.0042-	.0045-	.0046-	.0046-	.0044-	.0042-	.0040-	.0037-	.0035-
.45	.0048-	.0053-	.0056-	.0057-	.0056-	.0054-	.0052-	.0049-	.0045-	.0043-
.50	.0058-	.0064-	.0066-	.0068-	.0067-	.0065-	.0062-	.0059-	.0054-	.0051-
.55	.0068-	.0074-	.0076-	.0077-	.0076-	.0074-	.0072-	.0068-	.0063-	.0057-
.60	.0078-	.0084-	.0086-	.0087-	.0087-	.0084-	.0082-	.0078-	.0072-	.0065-
.65	.0087-	.0094-	.0097-	.0098-	.0097-	.0094-	.0092-	.0087-	.0079-	.0072-
.70	.0095-	.0104-	.0106-	.0107-	.0106-	.0103-	.0098-	.0093-	.0086-	.0079-
.75	.0101-	.0110-	.0113-	.0114-	.0113-	.0110-	.0105-	.0100-	.0092-	.0086-
.80	.0106-	.0116-	.0119-	.0121-	.0120-	.0116-	.0112-	.0106-	.0098-	.0091-
.85	.0110-	.0120-	.0125-	.0126-	.0125-	.0122-	.0117-	.0110-	.0102-	.0094-
.90	.0113-	.0124-	.0128-	.0130-	.0129-	.0125-	.0120-	.0113-	.0105-	.0097-
.95	.0115-	.0126-	.0130-	.0132-	.0131-	.0127-	.0122-	.0115-	.0107-	.0098-
1.00	.0115-	.0126-	.0131-	.0133-	.0132-	.0128-	.0123-	.0116-	.0108-	.0099-

Auswertung aus Pucher „Einflußfelder elastischer Platten" Tafel Nr. 2

B 1.2.1

→ y : lx

↓ x : lx

Spalte									
	1.00	1.05	1.10	1.15	1.20	1.25			
.05	.0000	.0000	.0000	.0000	.0000	.0000			
.10	.0002-	.0002-	.0002-	.0002-	.0002-	.0001-			
.15	.0004-	.0004-	.0004-	.0004-	.0003-	.0003-			
.20	.0008-	.0008-	.0007-	.0006-	.0006-	.0005-			
.25	.0013-	.0012-	.0011-	.0010-	.0009-	.0008-			
.30	.0019-	.0017-	.0016-	.0014-	.0013-	.0012-			
.35	.0025-	.0023-	.0021-	.0019-	.0018-	.0016-			
.40	.0032-	.0030-	.0027-	.0024-	.0023-	.0020-			
.45	.0039-	.0036-	.0033-	.0030-	.0028-	.0026-			
.50	.0047-	.0043-	.0040-	.0036-	.0034-	.0032-			
.55	.0052-	.0049-	.0045-	.0042-	.0040-	.0038-			
.60	.0059-	.0055-	.0051-	.0048-	.0046-	.0044-			
.65	.0066-	.0061-	.0057-	.0054-	.0052-	.0049-			
.70	.0073-	.0067-	.0062-	.0059-	.0057-	.0051-			
.75	.0079-	.0073-	.0067-	.0061-	.0058-	.0054-			
.80	.0084-	.0076-	.0070-	.0065-	.0061-	.0057-			
.85	.0086-	.0080-	.0073-	.0067-	.0064-	.0060-			
.90	.0089-	.0082-	.0075-	.0069-	.0066-	.0061-			
.95	.0090-	.0084-	.0077-	.0070-	.0067-	.0062-			
1.00	.0091-	.0084-	.0077-	.0071-	.0067-	.0063-			

Auswertung aus Pucher „Einflußfelder elastischer Platten" Tafel Nr. 2

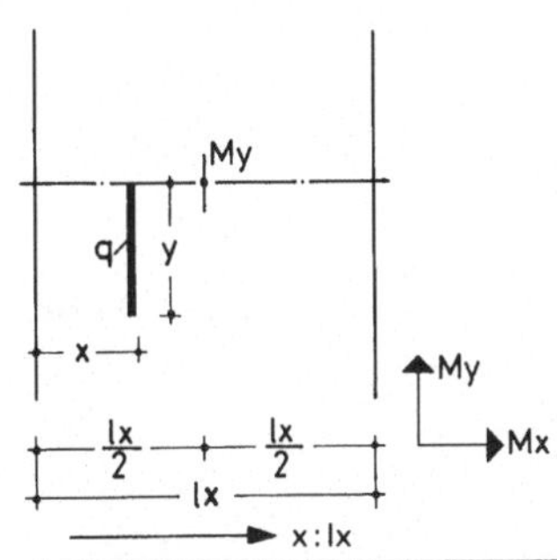

Plattenvollstreifen mit zwei frei aufliegenden Längsrändern.
Feldmoment My in Feldmitte aus Linienlast parallel zu den Längsrändern.
$\mu = 0$
Faktor = q · lx

My

B 1.2.2

Spalte										
	0.05	0.10	0.15	0.20	0.25	0.30	0.35	0.40	0.45	0.50
.05	.0005	.0009	.0015	.0020	.0030	.0035	.0043	.0056	.0066	.0070
.10	.0009	.0017	.0028	.0039	.0064	.0066	.0079	.0099	.0105	.0107
.15	.0012	.0024	.0039	.0056	.0096	.0080	.0107	.0124	.0126	.0128
.20	.0016	.0029	.0048	.0069	.0099	.0093	.0119	.0137	.0139	.0139
.25	.0018	.0033	.0055	.0076	.0106	.0102	.0127	.0147	.0144	.0142
.30	.0019	.0035	.0059	.0083	.0113	.0108	.0130	.0149	.0142	.0144
.35	.0019	.0035	.0062	.0088	.0117	.0108	.0130	.0147	.0142	.0141
.40	.0019	.0034	.0061	.0086	.0113	.0105	.0126	.0143	.0137	.0134
.45	.0019	.0033	.0059	.0083	.0110	.0102	.0121	.0137	.0130	.0128
.50	.0018	.0034	.0057	.0080	.0106	.0096	.0115	.0130	.0123	.0120
.55	.0017	.0032	.0054	.0076	.0101	.0090	.0107	.0122	.0114	.0111
.60	.0016	.0030	.0051	.0071	.0094	.0084	.0099	.0114	.0106	.0102
.65	.0015	.0029	.0048	.0066	.0087	.0077	.0090	.0106	.0097	.0095
.70	.0014	.0027	.0045	.0061	.0080	.0070	.0082	.0097	.0089	.0087
.75	.0013	.0025	.0041	.0057	.0073	.0064	.0073	.0089	.0081	.0078
.80	.0012	.0023	.0038	.0053	.0066	.0057	.0064	.0081	.0072	.0070
.85	.0011	.0021	.0034	.0048	.0059	.0051	.0057	.0074	.0064	.0062
.90	.0010	.0020	.0031	.0044	.0052	.0045	.0055	.0067	.0057	.0055
.95	.0009	.0018	.0028	.0041	.0052	.0039	.0049	.0062	.0052	.0049
1.00	.0008	.0016	.0025	.0037	.0048	.0036	.0044	.0056	.0046	.0043
1.05	.0007	.0014	.0022	.0034	.0044	.0031	.0039	.0051	.0041	.0038
1.10	.0006	.0013	.0020	.0031	.0040	.0027	.0035	.0046	.0036	.0033
1.15	.0006	.0011	.0017	.0028	.0037	.0024	.0030	.0042	.0032	.0028
1.20	.0005	.0010	.0015	.0025	.0034	.0020	.0027	.0037	.0027	.0024
1.25	.0005	.0009	.0013	.0023	.0031	.0017	.0023	.0033	.0023	.0020

Auswertung aus Pucher „Einflußfelder elastischer Platten" Tafel Nr. 2

→ x : lx

↓ y : lx

Spalte									
	0.55	0.60	0.65	0.70	0.75	0.80	0.85	0.90	0.95
.05	.0066	.0056	.0043	.0035	.0030	.0020	.0015	.0009	.0005
.10	.0105	.0099	.0079	.0066	.0064	.0039	.0028	.0017	.0009
.15	.0126	.0124	.0107	.0080	.0096	.0056	.0039	.0024	.0012
.20	.0139	.0137	.0119	.0093	.0099	.0069	.0048	.0029	.0016
.25	.0144	.0147	.0127	.0102	.0106	.0076	.0055	.0033	.0018
.30	.0142	.0149	.0130	.0108	.0113	.0083	.0059	.0035	.0019
.35	.0142	.0147	.0130	.0108	.0117	.0088	.0062	.0035	.0019
.40	.0137	.0143	.0126	.0105	.0113	.0086	.0061	.0034	.0019
.45	.0130	.0137	.0121	.0102	.0110	.0083	.0059	.0033	.0019
.50	.0123	.0130	.0115	.0096	.0106	.0080	.0057	.0034	.0018
.55	.0114	.0122	.0107	.0090	.0101	.0076	.0054	.0032	.0017
.60	.0106	.0114	.0099	.0084	.0094	.0071	.0051	.0030	.0016
.65	.0097	.0106	.0090	.0077	.0087	.0066	.0048	.0029	.0015
.70	.0089	.0097	.0082	.0070	.0080	.0061	.0045	.0027	.0014
.75	.0081	.0089	.0073	.0064	.0073	.0057	.0041	.0025	.0013
.80	.0072	.0081	.0064	.0057	.0066	.0053	.0038	.0023	.0012
.85	.0064	.0074	.0057	.0051	.0059	.0048	.0034	.0021	.0011
.90	.0057	.0067	.0055	.0045	.0052	.0044	.0031	.0020	.0010
.95	.0052	.0062	.0049	.0039	.0052	.0041	.0028	.0018	.0009
1.00	.0046	.0056	.0044	.0036	.0048	.0037	.0025	.0016	.0008
1.05	.0041	.0051	.0039	.0031	.0044	.0034	.0022	.0014	.0007
1.10	.0036	.0046	.0035	.0027	.0040	.0031	.0020	.0013	.0006
1.15	.0032	.0042	.0030	.0024	.0037	.0028	.0017	.0011	.0006
1.20	.0027	.0037	.0027	.0020	.0034	.0025	.0015	.0010	.0005
1.25	.0023	.0033	.0023	.0017	.0031	.0023	.0013	.0009	.0005

Auswertung aus Pucher „Einflußfelder elastischer Platten" Tafel Nr. 2

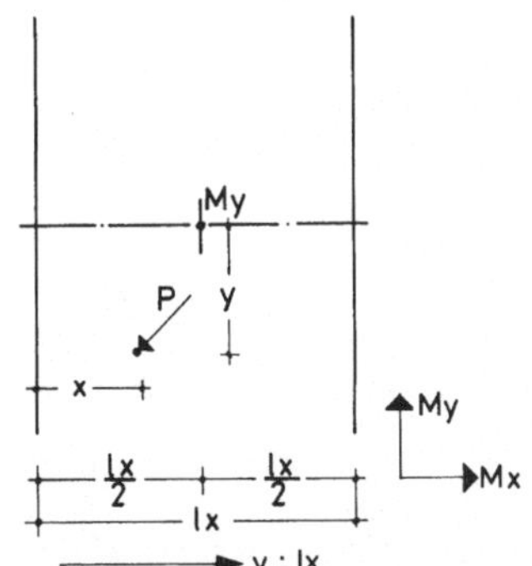

Plattenvollstreifen mit zwei frei aufliegenden Längsrändern.
Feldmoment My in Feldmitte aus einer Einzellast.
$\mu = 0$
Faktor = P

B 1.2.3

y : lx →, x : lx ↓

Spalte										
	0.00	0.05	0.10	0.15	0.20	0.25	0.30	0.35	0.40	0.45
.05	.0121	.0114	.0097	.0083	.0069	.0028	.0010	.0018	.0005-	.0013-
.10	.0254	.0236	.0204	.0168	.0134	.0070	.0037	.0028	.0013-	.0028-
.15	.0398	.0366	.0320	.0256	.0193	.0125	.0081	.0028	.0025-	.0047-
.20	.0519	.0502	.0466	.0346	.0248	.0194	.0141	.0018	.0040-	.0068-
.25	.0684	.0651	.0614	.0452	.0298	.0193	.0111	.0000	.0059-	.0093-
.30	.0894	.0817	.0719	.0537	.0277	.0180	.0077	.0028-	.0081-	.0119-
.35	.1149	.0998	.0781	.0572	.0235	.0155	.0040	.0057-	.0112-	.0145-
.40	.1549	.1194	.0801	.0557	.0206	.0119	.0000	.0081-	.0135-	.0168-
.45	.1990	.1194	.0777	.0492	.0188	.0064	.0030-	.0101-	.0151-	.0184-
.50	.2508*	.1194	.0711	.0376	.0182	.0046	.0040-	.0119-	.0159-	.0189-
.55	.1990	.1194	.0777	.0492	.0188	.0064	.0030-	.0101-	.0151-	.0184-
.60	.1549	.1194	.0801	.0557	.0205	.0119	.0000	.0081-	.0135-	.0168-
.65	.1149	.0998	.0781	.0572	.0235	.0155	.0040	.0057-	.0112-	.0145-
.70	.0894	.0817	.0719	.0537	.0276	.0180	.0077	.0028-	.0081-	.0119-
.75	.0684	.0651	.0613	.0452	.0298	.0193	.0111	.0000	.0058-	.0093-
.80	.0519	.0501	.0465	.0346	.0248	.0194	.0141	.0018	.0040-	.0068-
.85	.0398	.0366	.0320	.0256	.0193	.0125	.0081	.0028	.0025-	.0047-
.90	.0254	.0236	.0204	.0168	.0134	.0070	.0037	.0028	.0013-	.0028-
.95	.0121	.0114	.0097	.0083	.0069	.0028	.0010	.0018	.0005-	.0013-
1.00	.0000	.0000	.0000	.0000	.0000	.0000	.0000	.0000	.0000	.0000

y : lx →, x : lx ↓

Spalte										
	0.50	0.55	0.60	0.65	0.70	0.75	0.80	0.85	0.90	0.95
.05	.0021-	.0026-	.0028-	.0028-	.0028-	.0029-	.0028-	.0026-	.0024-	.0022-
.10	.0044-	.0053-	.0057-	.0059-	.0059-	.0059-	.0057-	.0053-	.0049-	.0045-
.15	.0067-	.0080-	.0088-	.0092-	.0092-	.0090-	.0086-	.0081-	.0075-	.0069-
.20	.0093-	.0107-	.0117-	.0122-	.0122-	.0118-	.0112-	.0106-	.0099-	.0092-
.25	.0119-	.0134-	.0144-	.0147-	.0146-	.0142-	.0136-	.0128-	.0119-	.0111-
.30	.0145-	.0160-	.0170-	.0170-	.0168-	.0162-	.0156-	.0147-	.0137-	.0127-
.35	.0169-	.0184-	.0192-	.0191-	.0188-	.0182-	.0173-	.0164-	.0151-	.0140-
.40	.0189-	.0201-	.0204-	.0204-	.0201-	.0195-	.0186-	.0176-	.0163-	.0149-
.45	.0201-	.0210-	.0208-	.0209-	.0207-	.0202-	.0194-	.0184-	.0170-	.0155-
.50	.0206-	.0211-	.0204-	.0206-	.0206-	.0203-	.0196-	.0186-	.0173-	.0158-
.55	.0201-	.0210-	.0207-	.0209-	.0207-	.0202-	.0194-	.0184-	.0171-	.0155-
.60	.0189-	.0201-	.0204-	.0204-	.0201-	.0195-	.0186-	.0176-	.0163-	.0149-
.65	.0169-	.0184-	.0191-	.0191-	.0188-	.0182-	.0173-	.0164-	.0151-	.0139-
.70	.0145-	.0160-	.0170-	.0170-	.0168-	.0162-	.0156-	.0147-	.0137-	.0127-
.75	.0119-	.0134-	.0144-	.0147-	.0146-	.0142-	.0135-	.0128-	.0119-	.0111-
.80	.0093-	.0107-	.0117-	.0122-	.0122-	.0118-	.0112-	.0106-	.0099-	.0092-
.85	.0067-	.0080-	.0088-	.0092-	.0093-	.0090-	.0086-	.0081-	.0075-	.0069-
.90	.0043-	.0053-	.0057-	.0059-	.0059-	.0059-	.0057-	.0053-	.0049-	.0045-
.95	.0021-	.0026-	.0028-	.0028-	.0028-	.0029-	.0028-	.0026-	.0024-	.0022-
1.00	.0000	.0000	.0000	.0000	.0000	.0000	.0000	.0000	.0000	.0000

Auswertung aus Pucher „Einflußfelder elastischer Platten" Tafel Nr. 2

* bzw. theoretisch ∞

y : ly →

x : lx ↓

Spalte										
	1.00	1.05	1.10	1.15	1.20	1.25				
.05	.0020-	.0019-	.0017-	.0016-	.0015-	.0014-				
.10	.0041-	.0038-	.0035-	.0031-	.0030-	.0027-				
.15	.0063-	.0058-	.0052-	.0047-	.0044-	.0040-				
.20	.0086-	.0079-	.0070-	.0062-	.0058-	.0052-				
.25	.0103-	.0096-	.0087-	.0077-	.0071-	.0063-				
.30	.0117-	.0109-	.0100-	.0091-	.0084-	.0074-				
.35	.0128-	.0119-	.0110-	.0102-	.0096-	.0087-				
.40	.0136-	.0126-	.0117-	.0109-	.0105-	.0101-				
.45	.0141-	.0130-	.0121-	.0114-	.0110-	.0110-				
.50	.0142-	.0130-	.0121-	.0115-	.0112-	.0113-				
.55	.0141-	.0130-	.0121-	.0114-	.0110-	.0110-				
.60	.0136-	.0126-	.0117-	.0109-	.0105-	.0101-				
.65	.0128-	.0119-	.0110-	.0102-	.0097-	.0087-				
.70	.0117-	.0109-	.0100-	.0091-	.0084-	.0074-				
.75	.0103-	.0096-	.0087-	.0077-	.0071-	.0063-				
.80	.0086-	.0079-	.0070-	.0062-	.0058-	.0052-				
.85	.0063-	.0058-	.0052-	.0047-	.0044-	.0040-				
.90	.0041-	.0038-	.0035-	.0031-	.0030-	.0027-				
.95	.0020-	.0019-	.0017-	.0015-	.0015-	.0014-				
1.00	.0000	.0000	.0000	.0000	.0000	.0000				

Auswertung aus Pucher „Einflußfelder elastischer Platten" Tafel Nr. 2

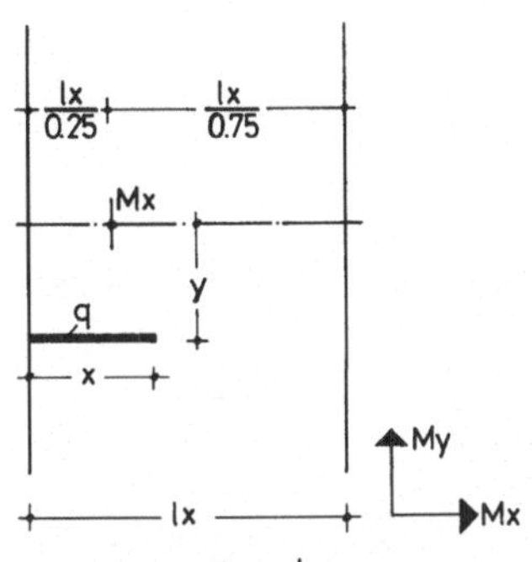

Plattenvollstreifen mit zwei frei aufliegenden Längsrändern.
Feldmoment Mx im Viertelspunkt aus Linienlast in lx-Richtung.
$\mu = 0$
Faktor = q · lx

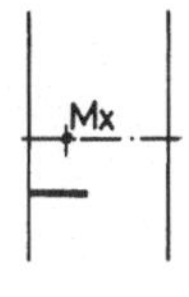

B 1.3.1

→ y : lx (Spalte); ↓ x : lx

x : lx	0.00	0.05	0.10	0.15	0.20	0.25	0.30	0.35	0.40	0.45
.05	.0006	.0007	.0007	.0006	.0006	.0006	.0005	.0005	.0004	.0004
.10	.0028	.0029	.0029	.0028	.0028	.0025	.0023	.0021	.0018	.0016
.15	.0069	.0069	.0071	.0072	.0066	.0059	.0056	.0050	.0042	.0036
.20	.0133	.0135	.0138	.0139	.0123	.0100	.0094	.0090	.0076	.0064
.25	.0239	.0239	.0232	.0234	.0194	.0143	.0135	.0125	.0116	.0098
.30	.0361	.0358	.0324	.0308	.0258	.0202	.0180	.0167	.0151	.0136
.35	.0438	.0441	.0406	.0392	.0325	.0256	.0235	.0213	.0192	.0167
.40	.0494	.0502	.0470	.0454	.0386	.0302	.0280	.0257	.0232	.0204
.45	.0534	.0550	.0520	.0503	.0440	.0343	.0322	.0297	.0271	.0242
.50	.0581	.0588	.0559	.0539	.0487	.0380	.0360	.0335	.0308	.0279
.55	.0613	.0625	.0598	.0581	.0519	.0423	.0400	.0372	.0343	.0314
.60	.0640	.0653	.0626	.0609	.0549	.0454	.0430	.0402	.0372	.0347
.65	.0662	.0676	.0649	.0632	.0574	.0479	.0456	.0427	.0396	.0376
.70	.0679	.0694	.0668	.0650	.0594	.0499	.0476	.0448	.0417	.0388
.75	.0698	.0712	.0687	.0670	.0613	.0519	.0493	.0465	.0433	.0406
.80	.0710	.0725	.0699	.0683	.0627	.0533	.0510	.0482	.0450	.0420
.85	.0719	.0734	.0709	.0692	.0638	.0543	.0521	.0492	.0460	.0430
.90	.0726	.0741	.0716	.0699	.0645	.0551	.0528	.0500	.0468	.0438
.95	.0729	.0744	.0719	.0703	.0649	.0556	.0533	.0505	.0473	.0443
1.00	.0730	.0745	.0720	.0704	.0651	.0557	.0535	.0507	.0475	.0445

→ y : lx (Spalte); ↓ x : lx

x : lx	0.50	0.55	0.60	0.65	0.70	0.75	0.80	0.85	0.90	0.95
.05	.0003	.0003	.0002	.0002	.0002	.0002	.0001	.0001	.0001	.0001
.10	.0013	.0011	.0010	.0009	.0008	.0007	.0006	.0005	.0004	.0004
.15	.0031	.0026	.0022	.0019	.0017	.0015	.0013	.0011	.0010	.0008
.20	.0054	.0045	.0039	.0034	.0029	.0025	.0023	.0019	.0017	.0015
.25	.0083	.0070	.0061	.0052	.0045	.0038	.0034	.0031	.0025	.0022
.30	.0116	.0098	.0085	.0073	.0063	.0054	.0048	.0042	.0036	.0031
.35	.0152	.0129	.0112	.0097	.0083	.0070	.0063	.0055	.0048	.0042
.40	.0180	.0155	.0136	.0121	.0104	.0086	.0078	.0069	.0060	.0053
.45	.0215	.0187	.0164	.0143	.0124	.0104	.0094	.0083	.0073	.0065
.50	.0250	.0218	.0192	.0166	.0144	.0123	.0110	.0098	.0084	.0077
.55	.0283	.0249	.0220	.0188	.0163	.0140	.0126	.0110	.0096	.0085
.60	.0313	.0277	.0245	.0207	.0182	.0156	.0140	.0124	.0108	.0096
.65	.0340	.0294	.0260	.0225	.0198	.0171	.0154	.0136	.0119	.0107
.70	.0352	.0313	.0279	.0241	.0212	.0184	.0166	.0147	.0129	.0116
.75	.0369	.0329	.0293	.0255	.0225	.0196	.0177	.0157	.0138	.0123
.80	.0382	.0341	.0305	.0266	.0235	.0206	.0187	.0165	.0145	.0130
.85	.0392	.0351	.0314	.0275	.0244	.0214	.0193	.0171	.0151	.0135
.90	.0400	.0358	.0321	.0282	.0250	.0219	.0197	.0176	.0155	.0139
.95	.0405	.0363	.0325	.0286	.0253	.0222	.0200	.0178	.0157	.0141
1.00	.0406	.0364	.0327	.0287	.0254	.0223	.0200	.0179	.0158	.0142

Auswertung aus Pucher „Einflußfelder elastischer Platten" Tafel Nr. 3

→ y : lx

↓ x : lx

Spalte									
	1.00	1.05	1.10	1.15	1.20	1.25	1.30	1.35		
.05	.0001	.0001	.0001	.0001	.0001	.0001	.0000	.0000		
.10	.0003	.0003	.0003	.0003	.0002	.0002	.0002	.0002		
.15	.0008	.0007	.0006	.0006	.0005	.0005	.0004	.0003		
.20	.0013	.0012	.0011	.0010	.0009	.0008	.0007	.0006		
.25	.0020	.0018	.0016	.0014	.0013	.0012	.0010	.0009		
.30	.0028	.0025	.0022	.0020	.0018	.0016	.0014	.0012		
.35	.0037	.0032	.0029	.0026	.0024	.0021	.0019	.0016		
.40	.0047	.0041	.0037	.0033	.0030	.0027	.0023	.0020		
.45	.0058	.0050	.0045	.0040	.0036	.0032	.0028	.0024		
.50	.0068	.0059	.0053	.0047	.0042	.0038	.0033	.0028		
.55	.0076	.0067	.0057	.0051	.0045	.0040	.0036	.0031		
.60	.0086	.0075	.0064	.0057	.0051	.0045	.0040	.0034		
.65	.0095	.0083	.0071	.0063	.0056	.0050	.0044	.0038		
.70	.0103	.0090	.0078	.0069	.0061	.0055	.0048	.0042		
.75	.0110	.0096	.0083	.0074	.0066	.0059	.0052	.0045		
.80	.0115	.0101	.0088	.0079	.0070	.0063	.0055	.0048		
.85	.0120	.0106	.0092	.0082	.0074	.0066	.0058	.0051		
.90	.0124	.0109	.0096	.0085	.0077	.0068	.0060	.0053		
.95	.0126	.0112	.0098	.0088	.0079	.0070	.0062	.0054		
1.00	.0127	.0113	.0099	.0089	.0080	.0071	.0062	.0055		

Auswertung aus Pucher „Einflußfelder elastischer Platten" Tafel Nr. 3

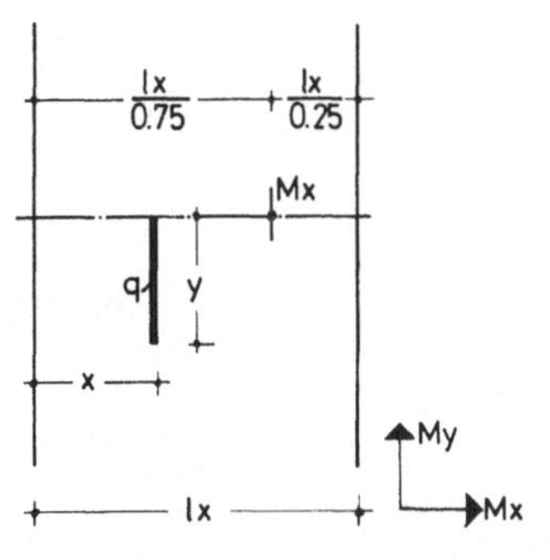

Plattenvollstreifen mit zwei frei aufliegenden Längsrändern.
Feldmoment Mx im Viertelspunkt aus Linienlast parallel zu den Längsrändern.
$\mu = 0$
Faktor = q · lx

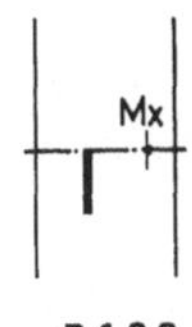

B 1.3.2

x : lx →
y : lx ↓

Spalte										
	0.05	0.10	0.15	0.20	0.25	0.30	0.35	0.40	0.45	0.50
.05	.0002	.0004	.0006	.0008	.0010	.0013	.0016	.0019	.0022	.0027
.10	.0003	.0007	.0012	.0017	.0021	.0027	.0032	.0038	.0045	.0056
.15	.0005	.0011	.0019	.0025	.0033	.0041	.0049	.0057	.0067	.0085
.20	.0007	.0015	.0026	.0034	.0044	.0055	.0066	.0077	.0090	.0115
.25	.0010	.0020	.0033	.0043	.0056	.0070	.0083	.0096	.0112	.0145
.30	.0012	.0024	.0040	.0052	.0068	.0085	.0100	.0116	.0134	.0175
.35	.0014	.0029	.0047	.0062	.0080	.0099	.0117	.0135	.0155	.0205
.40	.0017	.0034	.0055	.0070	.0092	.0114	.0134	.0154	.0176	.0234
.45	.0019	.0038	.0062	.0079	.0103	.0129	.0151	.0173	.0196	.0261
.50	.0022	.0043	.0069	.0088	.0114	.0143	.0167	.0191	.0215	.0288
.55	.0024	.0047	.0076	.0097	.0125	.0156	.0183	.0208	.0234	.0313
.60	.0027	.0052	.0083	.0105	.0135	.0169	.0198	.0224	.0251	.0336
.65	.0029	.0055	.0089	.0113	.0144	.0177	.0212	.0239	.0268	.0356
.70	.0031	.0059	.0093	.0121	.0153	.0187	.0225	.0254	.0283	.0360
.75	.0033	.0062	.0099	.0128	.0162	.0197	.0230	.0260	.0297	.0374
.80	.0035	.0065	.0104	.0135	.0169	.0206	.0241	.0271	.0303	.0386
.85	.0036	.0068	.0108	.0140	.0177	.0214	.0250	.0281	.0314	.0397
.90	.0037	.0070	.0112	.0145	.0183	.0221	.0258	.0290	.0325	.0407
.95	.0038	.0073	.0116	.0150	.0189	.0228	.0265	.0298	.0332	.0416
1.00	.0040	.0075	.0119	.0154	.0194	.0234	.0271	.0304	.0340	.0424
1.05	.0041	.0077	.0121	.0158	.0199	.0240	.0278	.0311	.0346	.0430
1.10	.0042	.0079	.0124	.0161	.0203	.0244	.0283	.0317	.0352	.0436
1.15	.0043	.0080	.0126	.0164	.0206	.0249	.0288	.0322	.0356	.0441
1.20	.0044	.0082	.0128	.0167	.0209	.0252	.0292	.0326	.0361	.0446
1.25	.0045	.0083	.0130	.0169	.0212	.0256	.0296	.0330	.0364	.0449
1.30	.0045	.0084	.0131	.0171	.0215	.0258	.0299	.0334	.0368	.0453
1.35	.0046	.0085	.0132	.0172	.0217	.0261	.0302	.0337	.0370	.0456

Auswertung aus Pucher „Einflußfelder elastischer Platten" Tafel Nr. 3

x : lx →

y : lx ↓

Spalte										
	0.55	0.60	0.65	0.70	0.75	0.80	0.85	0.90	0.95	
.05	.0032	.0039	.0049	.0068	.0106	.0060	.0038	.0022	.0011	
.10	.0066	.0080	.0099	.0134	.0193	.0123	.0075	.0043	.0022	
.15	.0102	.0123	.0148	.0196	.0258	.0186	.0110	.0064	.0034	
.20	.0139	.0167	.0197	.0253	.0318	.0243	.0143	.0083	.0046	
.25	.0175	.0209	.0243	.0305	.0366	.0273	.0175	.0102	.0058	
.30	.0211	.0251	.0286	.0340	.0405	.0310	.0203	.0119	.0070	
.35	.0244	.0289	.0327	.0377	.0438	.0340	.0230	.0135	.0080	
.40	.0264	.0309	.0363	.0409	.0473	.0366	.0253	.0149	.0089	
.45	.0288	.0335	.0380	.0437	.0500	.0388	.0273	.0160	.0089	
.50	.0309	.0357	.0406	.0460	.0524	.0406	.0285	.0170	.0094	
.55	.0327	.0376	.0428	.0481	.0544	.0422	.0297	.0179	.0098	
.60	.0343	.0392	.0448	.0498	.0561	.0443	.0308	.0186	.0102	
.65	.0357	.0406	.0465	.0513	.0576	.0457	.0318	.0192	.0105	
.70	.0370	.0419	.0480	.0534	.0589	.0468	.0325	.0198	.0107	
.75	.0390	.0439	.0494	.0548	.0604	.0478	.0331	.0203	.0109	
.80	.0403	.0451	.0508	.0559	.0614	.0485	.0338	.0207	.0111	
.85	.0414	.0462	.0519	.0569	.0622	.0491	.0344	.0211	.0112	
.90	.0424	.0471	.0528	.0577	.0630	.0496	.0349	.0214	.0113	
.95	.0433	.0480	.0536	.0584	.0636	.0504	.0353	.0217	.0114	
1.00	.0440	.0488	.0543	.0589	.0642	.0509	.0356	.0219	.0114	
1.05	.0447	.0494	.0549	.0596	.0648	.0513	.0359	.0221	.0115	
1.10	.0453	.0500	.0556	.0601	.0652	.0517	.0362	.0222	.0115	
1.15	.0458	.0505	.0562	.0606	.0656	.0520	.0364	.0223	.0115	
1.20	.0462	.0509	.0568	.0610	.0660	.0523	.0366	.0224	.0114	
1.25	.0466	.0512	.0574	.0613	.0663	.0525	.0368	.0225	.0114	
1.30	.0469	.0515	.0579	.0616	.0666	.0527	.0369	.0226	.0114	
1.35	.0472	.0518	.0583	.0619	.0668	.0529	.0370	.0227	.0114	

Auswertung aus Pucher „Einflußfelder elastischer Platten" Tafel Nr. 3

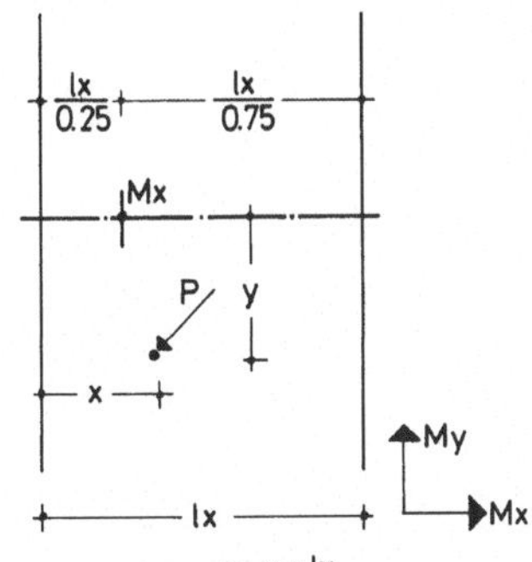

Plattenvollstreifen mit zwei frei aufliegenden Längsrändern.
Feldmoment Mx im Viertelspunkt aus einer Einzellast.
$\mu = 0$
Faktor = P

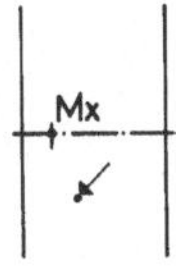

B 1.3.3

My
Mx

→ y : lx
↓ x : lx

Spalte	0.00	0.05	0.10	0.15	0.20	0.25	0.30	0.35	0.40	0.45
.05	.0273	.0279	.0281	.0267	.0260	.0249	.0234	.0205	.0184	.0156
.10	.0605	.0612	.0624	.0623	.0611	.0534	.0506	.0444	.0377	.0322
.15	.1047	.1032	.1070	.1150	.0956	.0797	.0738	.0667	.0566	.0478
.20	.1560	.1611	.1642	.1600	.1240	.0857	.0809	.0784	.0700	.0597
.25	.2823*	.2530	.1968	.1698	.1389	.1008	.0882	.0812	.0779	.0680
.30	.1857	.1990	.1754	.1667	.1377	.1159	.1020	.0881	.0804	.0726
.35	.1322	.1381	.1464	.1494	.1268	.1008	.0970	.0901	.0826	.0739
.40	.1010	.1085	.1137	.1133	.1135	.0897	.0885	.0843	.0793	.0747
.45	.0830	.0880	.0908	.0883	.0978	.0826	.0823	.0797	.0763	.0735
.50	.0719	.0751	.0775	.0790	.0796	.0794	.0783	.0764	.0736	.0700
.55	.0602	.0624	.0641	.0649	.0672	.0673	.0668	.0655	.0634	.0644
.60	.0500	.0515	.0527	.0530	.0561	.0564	.0565	.0557	.0541	.0567
.65	.0414	.0422	.0431	.0431	.0463	.0468	.0472	.0469	.0458	.0468
.70	.0343	.0347	.0354	.0354	.0379	.0386	.0390	.0391	.0384	.0391
.75	.0277	.0284	.0291	.0293	.0309	.0316	.0320	.0323	.0321	.0314
.80	.0215	.0221	.0226	.0229	.0244	.0247	.0250	.0251	.0247	.0242
.85	.0159	.0159	.0162	.0165	.0176	.0179	.0183	.0184	.0182	.0180
.90	.0099	.0101	.0102	.0106	.0115	.0120	.0123	.0126	.0126	.0125
.95	.0045	.0048	.0048	.0050	.0058	.0062	.0064	.0066	.0067	.0065
1.00	.0000	.0000	.0000	.0000	.0000	.0000	.0000	.0000	.0000	.0000

→ y : lx
↓ x : lx

Spalte	0.50	0.55	0.60	0.65	0.70	0.75	0.80	0.85	0.90	0.95
.05	.0135	.0113	.0100	.0089	.0078	.0065	.0058	.0050	.0043	.0038
.10	.0272	.0228	.0199	.0175	.0155	.0131	.0115	.0098	.0084	.0074
.15	.0410	.0344	.0296	.0252	.0216	.0187	.0170	.0144	.0124	.0108
.20	.0515	.0439	.0382	.0333	.0282	.0236	.0213	.0197	.0162	.0140
.25	.0594	.0512	.0448	.0389	.0339	.0285	.0250	.0231	.0193	.0170
.30	.0647	.0564	.0496	.0432	.0375	.0319	.0281	.0244	.0217	.0193
.35	.0674	.0594	.0526	.0461	.0400	.0328	.0306	.0264	.0234	.0210
.40	.0689	.0615	.0543	.0477	.0415	.0347	.0319	.0277	.0245	.0220
.45	.0684	.0622	.0556	.0471	.0412	.0365	.0325	.0283	.0249	.0223
.50	.0655	.0601	.0539	.0469	.0394	.0356	.0318	.0283	.0249	.0220
.55	.0603	.0553	.0493	.0415	.0377	.0338	.0300	.0269	.0239	.0217
.60	.0527	.0478	.0418	.0371	.0348	.0312	.0279	.0253	.0225	.0208
.65	.0428	.0397	.0384	.0335	.0310	.0282	.0256	.0233	.0209	.0194
.70	.0379	.0358	.0327	.0298	.0270	.0249	.0229	.0209	.0189	.0173
.75	.0302	.0285	.0267	.0250	.0231	.0216	.0199	.0183	.0165	.0146
.80	.0232	.0224	.0214	.0204	.0192	.0181	.0167	.0150	.0133	.0117
.85	.0175	.0171	.0168	.0162	.0148	.0136	.0120	.0109	.0099	.0087
.90	.0122	.0117	.0112	.0103	.0092	.0085	.0075	.0071	.0065	.0058
.95	.0063	.0059	.0055	.0049	.0043	.0040	.0035	.0034	.0032	.0029
1.00	.0000	.0000	.0000	.0000	.0000	.0000	.0000	.0000	.0000	.0000

Auswertung aus Pucher „Einflußfelder elastischer Platten" Tafel Nr. 3

* bzw. theoretisch ∞

y : lx →

x : lx ↓

Spalte										
	1.00	1.05	1.10	1.15	1.20	1.25	1.30	1.35		
.05	.0034	.0031	.0028	.0025	.0023	.0021	.0018	.0015		
.10	.0066	.0059	.0053	.0048	.0043	.0039	.0034	.0029		
.15	.0096	.0085	.0076	.0068	.0061	.0055	.0049	.0041		
.20	.0123	.0108	.0095	.0085	.0076	.0069	.0061	.0051		
.25	.0149	.0129	.0112	.0100	.0089	.0080	.0071	.0060		
.30	.0172	.0147	.0125	.0112	.0100	.0089	.0079	.0067		
.35	.0190	.0163	.0136	.0121	.0108	.0096	.0085	.0072		
.40	.0199	.0176	.0144	.0128	.0114	.0100	.0088	.0076		
.45	.0201	.0179	.0150	.0132	.0117	.0103	.0090	.0079		
.50	.0195	.0172	.0152	.0133	.0118	.0103	.0090	.0080		
.55	.0192	.0169	.0146	.0129	.0114	.0100	.0089	.0079		
.60	.0184	.0160	.0138	.0123	.0109	.0097	.0086	.0076		
.65	.0170	.0147	.0128	.0115	.0103	.0092	.0081	.0072		
.70	.0150	.0132	.0116	.0105	.0094	.0084	.0074	.0067		
.75	.0128	.0115	.0102	.0093	.0084	.0075	.0066	.0060		
.80	.0105	.0095	.0086	.0078	.0071	.0064	.0056	.0051		
.85	.0081	.0074	.0068	.0062	.0057	.0051	.0045	.0040		
.90	.0055	.0052	.0047	.0043	.0040	.0036	.0031	.0028		
.95	.0028	.0027	.0024	.0022	.0021	.0019	.0016	.0015		
1.00	.0000	.0000	.0000	.0000	.0001	.0001	.0000	.0000		

Auswertung aus Pucher „Einflußfelder elastischer Platten“ Tafel Nr. 3

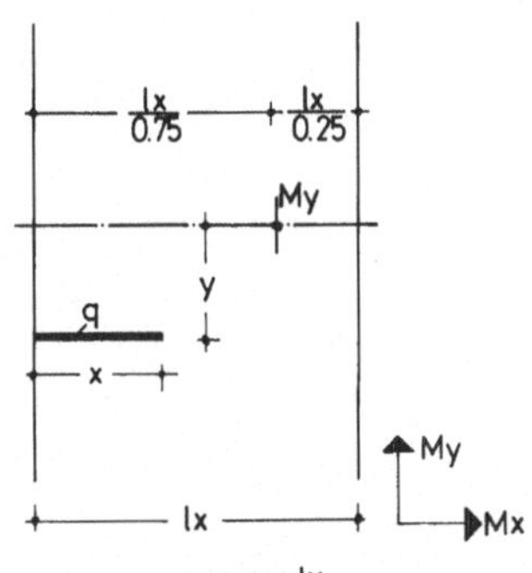

Plattenvollstreifen mit zwei frei aufliegenden Längsrändern.
Feldmoment My im Viertelspunkt aus Linienlast in lx-Richtung.
$\mu = 0$
Faktor = q · lx

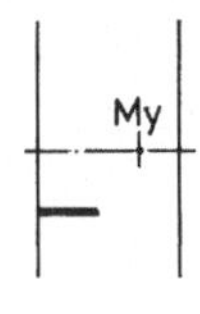

B 1.4.1

→ y : lx (columns); ↓ x : lx (rows)

Spalte	0,00	0,05	0,10	0,15	0,20	0,25	0,30	0,35	0,40	0,45
.05	.0001	.0001	.0001	.0001	.0001	.0001	.0001	.0001	.0000	.0000
.10	.0005	.0005	.0005	.0004	.0003	.0003	.0003	.0002	.0001	.0000
.15	.0012	.0011	.0010	.0009	.0008	.0006	.0006	.0005	.0003	.0001
.20	.0021	.0020	.0019	.0016	.0014	.0011	.0010	.0008	.0005	.0001
.25	.0033	.0032	.0030	.0026	.0022	.0017	.0014	.0011	.0007	.0001
.30	.0047	.0046	.0043	.0038	.0032	.0024	.0019	.0015	.0008	.0001
.35	.0065	.0063	.0059	.0052	.0044	.0032	.0022	.0018	.0009	.0000
.40	.0087	.0084	.0078	.0067	.0059	.0041	.0027	.0022	.0010	.0004-
.45	.0113	.0109	.0101	.0086	.0075	.0050	.0033	.0024	.0010	.0007-
.50	.0145	.0139	.0127	.0107	.0091	.0059	.0039	.0026	.0004	.0010-
.55	.0188	.0175	.0164	.0131	.0107	.0067	.0043	.0026	.0001	.0015-
.60	.0233	.0226	.0202	.0153	.0122	.0073	.0041	.0017	.0004-	.0022-
.65	.0288	.0283	.0246	.0174	.0124	.0077	.0040	.0013	.0011-	.0030-
.70	.0369	.0347	.0292	.0191	.0130	.0076	.0036	.0006	.0019-	.0039-
.75	.0478	.0413	.0337	.0205	.0132	.0074	.0031	.0002-	.0027-	.0049-
.80	.0567	.0478	.0381	.0211	.0131	.0070	.0025	.0008-	.0035-	.0059-
.85	.0631	.0537	.0419	.0220	.0128	.0067	.0019	.0015-	.0043-	.0064-
.90	.0671	.0540	.0451	.0227	.0124	.0065	.0014	.0021-	.0049-	.0070-
.95	.0693	.0563	.0436	.0232	.0120	.0065	.0012	.0024-	.0052-	.0074-
1.00	.0700	.0569	.0440	.0235	.0116	.0064	.0011	.0026-	.0054-	.0076-

→ y : lx (columns); ↓ x : lx (rows)

Spalte	0,50	0,55	0,60	0,65	0,70	0,75	0,80	0,85	0,90	0,95
.05	.0000	.0000	.0000	.0000	.0000	.0000	.0000	.0000	.0000	.0000
.10	.0000	.0000	.0001-	.0001-	.0001-	.0002-	.0002-	.0001-	.0002-	.0002-
.15	.0000	.0001-	.0002-	.0003-	.0003-	.0003-	.0004-	.0003-	.0004-	.0004-
.20	.0001-	.0002-	.0004-	.0005-	.0006-	.0006-	.0007-	.0006-	.0007-	.0006-
.25	.0002-	.0004-	.0006-	.0008-	.0009-	.0010-	.0010-	.0011-	.0010-	.0010-
.30	.0003-	.0007-	.0009-	.0012-	.0013-	.0014-	.0014-	.0016-	.0014-	.0013-
.35	.0006-	.0010-	.0014-	.0016-	.0018-	.0019-	.0020-	.0021-	.0019-	.0018-
.40	.0009-	.0015-	.0019-	.0022-	.0024-	.0025-	.0025-	.0026-	.0024-	.0023-
.45	.0015-	.0020-	.0025-	.0028-	.0030-	.0031-	.0032-	.0032-	.0030-	.0029-
.50	.0020-	.0026-	.0031-	.0035-	.0037-	.0038-	.0038-	.0039-	.0036-	.0035-
.55	.0027-	.0034-	.0039-	.0043-	.0045-	.0046-	.0046-	.0045-	.0042-	.0041-
.60	.0034-	.0042-	.0047-	.0051-	.0053-	.0053-	.0052-	.0052-	.0048-	.0047-
.65	.0043-	.0051-	.0056-	.0059-	.0060-	.0060-	.0059-	.0059-	.0054-	.0053-
.70	.0053-	.0061-	.0066-	.0068-	.0068-	.0068-	.0066-	.0065-	.0060-	.0059-
.75	.0061-	.0071-	.0073-	.0075-	.0076-	.0075-	.0073-	.0071-	.0065-	.0065-
.80	.0069-	.0077-	.0081-	.0083-	.0083-	.0082-	.0079-	.0076-	.0070-	.0066-
.85	.0077-	.0084-	.0087-	.0089-	.0089-	.0087-	.0082-	.0080-	.0073-	.0069-
.90	.0083-	.0090-	.0092-	.0093-	.0091-	.0089-	.0085-	.0083-	.0076-	.0072-
.95	.0086-	.0093-	.0095-	.0095-	.0094-	.0092-	.0088-	.0085-	.0077-	.0073-
1.00	.0087-	.0094-	.0096-	.0096-	.0095-	.0092-	.0088-	.0085-	.0078-	.0074-

Auswertung aus Pucher „Einflußfelder elastischer Platten" Tafel Nr. 4

B 1.4.1

→ y : lx

↓ x : lx

Spalte										
	1,00	1,05	1,10	1,15	1,20	1,25'	1.25	1.30	1.35	
.05	.0000	.0000	.0000	.0000	.0000	.0000	.0000	.0000	.0000	
.10	.0002-	.0001-	.0001-	.0001-	.0001-	.0001-	.0001-	.0001-	.0001-	
.15	.0003-	.0003-	.0003-	.0002-	.0002-	.0002-	.0002-	.0002-	.0002-	
.20	.0006-	.0005-	.0005-	.0004-	.0004-	.0004-	.0004-	.0003-	.0003-	
.25	.0009-	.0008-	.0008-	.0006-	.0006-	.0006-	.0005-	.0005-	.0004-	
.30	.0013-	.0012-	.0011-	.0009-	.0009-	.0008-	.0008-	.0007-	.0006-	
.35	.0017-	.0015-	.0014-	.0012-	.0012-	.0011-	.0010-	.0009-	.0008-	
.40	.0021-	.0020-	.0018-	.0015-	.0015-	.0014-	.0012-	.0011-	.0010-	
.45	.0027-	.0024-	.0022-	.0019-	.0018-	.0017-	.0015-	.0014-	.0012-	
.50	.0032-	.0029-	.0026-	.0022-	.0022-	.0020-	.0018-	.0016-	.0014-	
.55	.0038-	.0034-	.0030-	.0025-	.0024-	.0022-	.0020-	.0018-	.0015-	
.60	.0043-	.0039-	.0035-	.0029-	.0028-	.0024-	.0022-	.0020-	.0017-	
.65	.0049-	.0044-	.0039-	.0032-	.0031-	.0027-	.0025-	.0022-	.0019-	
.70	.0054-	.0048-	.0042-	.0036-	.0034-	.0030-	.0027-	.0024-	.0021-	
.75	.0056-	.0051-	.0046-	.0038-	.0036-	.0032-	.0029-	.0026-	.0023-	
.80	.0060-	.0054-	.0049-	.0041-	.0039-	.0035-	.0031-	.0028-	.0024-	
.85	.0063-	.0057-	.0051-	.0043-	.0041-	.0036-	.0033-	.0029-	.0025-	
.90	.0065-	.0059-	.0053-	.0044-	.0043-	.0038-	.0034-	.0030-	.0026-	
.95	.0067-	.0060-	.0054-	.0045-	.0044-	.0039-	.0035-	.0031-	.0027-	
1.00	.0067-	.0061-	.0055-	.0046-	.0044-	.0040-	.0036-	.0032-	.0027-	

Auswertung aus Pucher „Einflußfelder elastischer Platten" Tafel Nr. 4

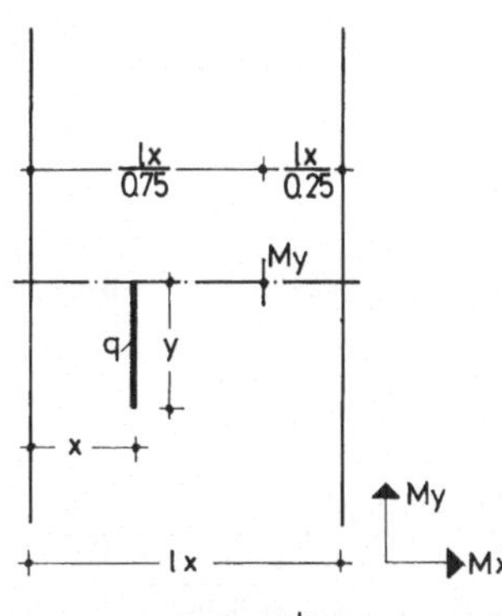

Plattenvollstreifen mit zwei frei aufliegenden Längsrändern.
Feldmoment My im Viertelspunkt aus Linienlast parallel zu den Längsrändern.
$\mu = 0$
Faktor = $q \cdot lx$

My

B 1.4.2

x : lx (→), y : lx (↓)

Spalte	0.05	0.10	0.15	0.20	0.25	0.30	0.35	0.40	0.45	0.50
.05	.0002	.0004	.0005	.0008	.0009	.0012	.0015	.0017	.0021	.0024
.10	.0004	.0007	.0010	.0015	.0018	.0022	.0029	.0034	.0039	.0045
.15	.0005	.0011	.0015	.0022	.0027	.0032	.0042	.0049	.0056	.0063
.20	.0007	.0013	.0019	.0028	.0035	.0041	.0053	.0061	.0069	.0078
.25	.0007	.0015	.0022	.0034	.0041	.0048	.0059	.0068	.0076	.0085
.30	.0007	.0017	.0024	.0036	.0046	.0054	.0064	.0074	.0080	.0088
.35	.0008	.0019	.0026	.0039	.0047	.0055	.0068	.0077	.0082	.0090
.40	.0010	.0020	.0028	.0041	.0050	.0058	.0069	.0077	.0081	.0088
.45	.0015	.0020	.0028	.0041	.0050	.0057	.0068	.0076	.0080	.0086
.50	.0013	.0020	.0027	.0041	.0049	.0056	.0066	.0073	.0076	.0081
.55	.0015	.0020	.0027	.0040	.0047	.0054	.0063	.0070	.0072	.0077
.60	.0015	.0019	.0025	.0038	.0045	.0051	.0061	.0067	.0068	.0073
.65	.0014	.0019	.0024	.0036	.0042	.0049	.0057	.0062	.0064	.0067
.70	.0014	.0018	.0022	.0034	.0039	.0046	.0054	.0058	.0059	.0062
.75	.0013	.0017	.0021	.0032	.0036	.0042	.0050	.0054	.0054	.0057
.80	.0013	.0015	.0019	.0029	.0034	.0039	.0046	.0050	.0049	.0051
.85	.0012	.0014	.0018	.0028	.0032	.0036	.0042	.0046	.0044	.0046
.90	.0012	.0013	.0016	.0026	.0029	.0032	.0038	.0042	.0041	.0041
.95	.0011	.0012	.0014	.0023	.0026	.0029	.0035	.0038	.0037	.0039
1.00	.0010	.0011	.0013	.0022	.0024	.0027	.0031	.0034	.0033	.0035
1.05	.0010	.0010	.0011	.0020	.0022	.0024	.0028	.0031	.0030	.0031
1.10	.0009	.0009	.0010	.0018	.0020	.0022	.0027	.0028	.0027	.0028
1.15	.0009	.0008	.0009	.0017	.0018	.0019	.0024	.0025	.0024	.0025
1.20	.0009	.0007	.0007	.0015	.0016	.0017	.0022	.0023	.0022	.0023
1.25	.0008	.0006	.0006	.0014	.0015	.0016	.0020	.0021	.0019	.0021
1.30	.0008	.0006	.0005	.0013	.0013	.0014	.0018	.0019	.0017	.0019
1.35	.0008	.0005	.0004	.0011	.0012	.0013	.0017	.0017	.0016	.0017
1.40	.0007	.0005	.0004	.0010	.0011	.0011	.0016	.0016	.0014	.0016

Auswertung aus Pucher „Einflußfelder elastischer Platten" Tafel Nr. 4

→ x : lx

↓ y : lx

Spalte										
	0.55	0.60	0.65	0.70	0.75	0.80	0.85	0.90	0.95	
.05	.0030	.0035	.0046	.0055	.0058	.0053	.0032	.0021	.0009	
.10	.0058	.0065	.0077	.0081	.0084	.0079	.0059	.0039	.0016	
.15	.0067	.0089	.0094	.0096	.0094	.0092	.0069	.0045	.0019	
.20	.0078	.0096	.0103	.0101	.0100	.0096	.0073	.0047	.0022	
.25	.0086	.0101	.0107	.0103	.0100	.0095	.0073	.0048	.0022	
.30	.0088	.0102	.0106	.0101	.0097	.0092	.0070	.0046	.0022	
.35	.0088	.0101	.0103	.0096	.0092	.0087	.0066	.0043	.0020	
.40	.0086	.0098	.0098	.0090	.0086	.0081	.0061	.0040	.0018	
.45	.0082	.0093	.0092	.0084	.0079	.0075	.0057	.0036	.0017	
.50	.0078	.0087	.0086	.0077	.0071	.0070	.0052	.0033	.0015	
.55	.0072	.0081	.0079	.0071	.0064	.0064	.0048	.0029	.0013	
.60	.0067	.0074	.0071	.0064	.0057	.0059	.0043	.0027	.0012	
.65	.0061	.0067	.0064	.0057	.0054	.0054	.0039	.0025	.0011	
.70	.0055	.0062	.0060	.0052	.0049	.0050	.0036	.0022	.0009	
.75	.0049	.0057	.0055	.0047	.0044	.0046	.0032	.0020	.0008	
.80	.0043	.0052	.0050	.0042	.0040	.0042	.0030	.0018	.0007	
.85	.0037	.0047	.0045	.0038	.0036	.0039	.0027	.0017	.0006	
.90	.0032	.0042	.0041	.0034	.0033	.0035	.0025	.0015	.0005	
.95	.0030	.0038	.0037	.0030	.0029	.0033	.0023	.0014	.0004	
1.00	.0026	.0034	.0033	.0027	.0026	.0030	.0021	.0013	.0004	
1.05	.0023	.0031	.0030	.0024	.0024	.0028	.0019	.0011	.0003	
1.10	.0019	.0028	.0027	.0021	.0021	.0026	.0017	.0010	.0003	
1.15	.0017	.0025	.0024	.0019	.0019	.0024	.0016	.0010	.0002	
1.20	.0014	.0022	.0022	.0016	.0017	.0023	.0015	.0009	.0002	
1.25	.0012	.0020	.0020	.0014	.0016	.0021	.0014	.0008	.0002	
1.30	.0010	.0018	.0018	.0013	.0014	.0020	.0013	.0008	.0001	
1.35	.0008	.0016	.0016	.0011	.0013	.0019	.0012	.0007	.0001	
1.40	.0007	.0015	.0015	.0010	.0012	.0018	.0012	.0007	.0001	

Auswertung aus Pucher „Einflußfelder elastischer Platten" Tafel Nr. 4

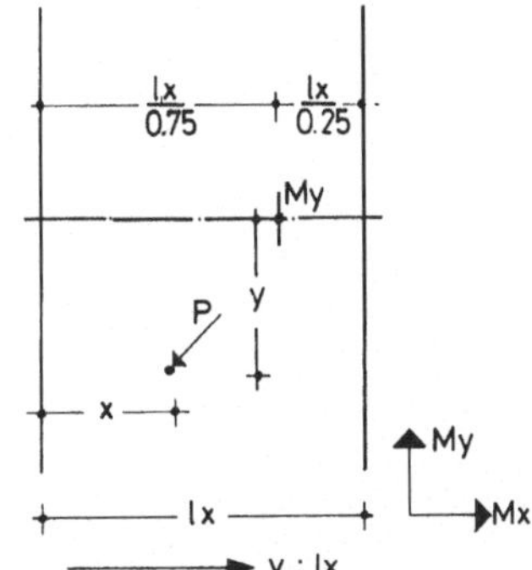

Plattenvollstreifen mit zwei frei aufliegenden Längsrändern.
Feldmoment My im Viertelspunkt aus einer Einzellast.
$\mu = 0$
Faktor = P

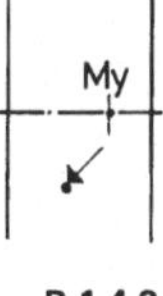

B 1.4.3

y : lx →, x : lx ↓

x : lx \ Spalte	0.00	0.05	0.10	0.15	0.20	0.25	0.30	0.35	0.40	0.45
.05	.0051	.0049	.0046	.0040	.0035	.0028	.0026	.0022	.0014	.0004
.10	.0104	.0100	.0094	.0081	.0070	.0054	.0048	.0039	.0023	.0005
.15	.0158	.0152	.0144	.0125	.0105	.0079	.0065	.0051	.0028	.0004
.20	.0211	.0204	.0195	.0171	.0141	.0103	.0078	.0058	.0029	.0001-
.25	.0267	.0257	.0240	.0215	.0178	.0126	.0088	.0061	.0026	.0009-
.30	.0333	.0321	.0295	.0254	.0223	.0148	.0093	.0058	.0019	.0020-
.35	.0411	.0395	.0358	.0298	.0266	.0169	.0095	.0051	.0007	.0034-
.40	.0500	.0480	.0431	.0346	.0291	.0188	.0106	.0039	.0008-	.0050-
.45	.0601	.0575	.0514	.0398	.0300	.0191	.0101	.0022	.0028-	.0069-
.50	.0712	.0680	.0606	.0454	.0292	.0166	.0080	.0000	.0053-	.0092-
.55	.0832	.0797	.0715	.0461	.0268	.0133	.0043	.0027-	.0083-	.0118-
.60	.1022	.1020	.0810	.0419	.0226	.0091	.0007-	.0073-	.0116-	.0136-
.65	.1320	.1158	.0857	.0362	.0156	.0040	.0050-	.0107-	.0150-	.0171-
.70	.1847	.1209	.0857	.0288	.0082	.0015-	.0093-	.0137-	.0170-	.0185-
.75	.2090*	.1175	.0809	.0199	.0026	.0055-	.0119-	.0152-	.0172-	.0183-
.80	.1667	.1055	.0713	.0182	.0014-	.0077-	.0124-	.0147-	.0159-	.0165-
.85	.0967	.0848	.0569	.0154	.0036-	.0052-	.0104-	.0125-	.0134-	.0136-
.90	.0622	.0582	.0377	.0114	.0041-	.0031-	.0071-	.0089-	.0097-	.0098-
.95	.0285	.0278	.0156	.0063	.0029-	.0014-	.0034-	.0050-	.0052-	.0053-
1.00	.0000	.0000	.0000	.000C	.0000	.0000	.0000	.0000	.0000	.0000

y : lx →, x : lx ↓

x : lx \ Spalte	0.50	0.55	0.60	0.65	0.70	0.75	0.80	0.85	0.90	0.95
.05	.0001-	.0005-	.0008-	.0012-	.0014-	.0016-	.0017-	.0014-	.0017-	.0016-
.10	.0005-	.0012-	.0018-	.0024-	.0028-	.0031-	.0033-	.0032-	.0033-	.0032-
.15	.0011-	.0021-	.0030-	.0038-	.0043-	.0047-	.0049-	.0053-	.0048-	.0046-
.20	.0019-	.0032-	.0043-	.0052-	.0058-	.0062-	.0064-	.0077-	.0062-	.0059-
.25	.0030-	.0045-	.0057-	.0067-	.0073-	.0078-	.0079-	.0088-	.0075-	.0072-
.30	.0043-	.0060-	.0074-	.0083-	.0090-	.0094-	.0094-	.0098-	.0088-	.0084-
.35	.0059-	.0077-	.0091-	.0100-	.0105-	.0108-	.0107-	.0106-	.0098-	.0097-
.40	.0077-	.0096-	.0109-	.0116-	.0119-	.0121-	.0118-	.0114-	.0108-	.0107-
.45	.0098-	.0115-	.0126-	.0132-	.0132-	.0132-	.0128-	.0122-	.0116-	.0114-
.50	.0119-	.0134-	.0143-	.0146-	.0143-	.0141-	.0136-	.0129-	.0122-	.0118-
.55	.0141-	.0153-	.0159-	.0159-	.0152-	.0149-	.0143-	.0136-	.0127-	.0118-
.60	.0164-	.0174-	.0173-	.0168-	.0160-	.0154-	.0144-	.0135-	.0125-	.0116-
.65	.0185-	.0185-	.0178-	.0169-	.0161-	.0151-	.0140-	.0130-	.0118-	.0110-
.70	.0191-	.0184-	.0173-	.0162-	.0154-	.0143-	.0131-	.0121-	.0108-	.0101-
.75	.0168-	.0172-	.0159-	.0151-	.0141-	.0130-	.0117-	.0108-	.0096-	.0089-
.80	.0159-	.0152-	.0142-	.0132-	.0122-	.0110-	.0100-	.0091-	.0081-	.0074-
.85	.0132-	.0125-	.0115-	.0105-	.0096-	.0086-	.0077-	.0071-	.0064-	.0058-
.90	.0085-	.0087-	.0078-	.0071-	.0066-	.0059-	.0054-	.0049-	.0044-	.0041-
.95	.0047-	.0044-	.0041-	.0036-	.0035-	.0031-	.0028-	.0026-	.0023-	.0021-
1.00	.0000	.0000	.0000	.0000	.0000	.0000	.0000	.0000	.0000	.0000

Auswertung aus Pucher „Einflußfelder elastischer Platten" Tafel Nr. 4

* bzw. theoretisch ∞

→ y : lx

↓ x : lx

Spalte										
	1.00	1.05	1.10	1.15	1.20	1.25	1.30	1.35	140	
.05	.0015-	.0014-	.0013-	.0011-	.0011-	.0010-	.0009-	.0009-	.0008-	
.10	.0030-	.0027-	.0025-	.0021-	.0021-	.0019-	.0018-	.0016-	.0014-	
.15	.0043-	.0040-	.0036-	.0030-	.0030-	.0028-	.0025-	.0023-	.0020-	
.20	.0055-	.0051-	.0046-	.0038-	.0038-	.0035-	.0032-	.0029-	.0025-	
.25	.0067-	.0062-	.0056-	.0046-	.0046-	.0041-	.0038-	.0034-	.0030-	
.30	.0078-	.0071-	.0065-	.0053-	.0052-	.0047-	.0043-	.0038-	.0033-	
.35	.0089-	.0080-	.0072-	.0060-	.0057-	.0051-	.0047-	.0042-	.0036-	
.40	.0098-	.0088-	.0079-	.0065-	.0062-	.0054-	.0050-	.0044-	.0038-	
.45	.0104-	.0093-	.0084-	.0070-	.0065-	.0057-	.0052-	.0045-	.0039-	
.50	.0107-	.0096-	.0086-	.0075-	.0068-	.0059-	.0053-	.0046-	.0040-	
.55	.0107-	.0096-	.0086-	.0076-	.0067-	.0059-	.0052-	.0046-	.0039-	
.60	.0104-	.0093-	.0083-	.0071-	.0065-	.0057-	.0051-	.0044-	.0038-	
.65	.0099-	.0088-	.0078-	.0065-	.0061-	.0054-	.0048-	.0042-	.0036-	
.70	.0091-	.0080-	.0071-	.0058-	.0056-	.0050-	.0044-	.0039-	.0033-	
.75	.0079-	.0070-	.0062-	.0050-	.0050-	.0044-	.0039-	.0034-	.0030-	
.80	.0067-	.0059-	.0053-	.0042-	.0042-	.0038-	.0034-	.0029-	.0025-	
.85	.0052-	.0046-	.0042-	.0033-	.0034-	.0030-	.0027-	.0024-	.0020-	
.90	.0036-	.0032-	.0029-	.0023-	.0024-	.0021-	.0019-	.0017-	.0014-	
.95	.0019-	.0017-	.0015-	.0012-	.0013-	.0012-	.0010-	.0009-	.0007-	
1.00	.0000	.0000	.0000	.0000	.0000	.0001-	.0001-	.0000	.0000	

Auswertung aus Pucher „Einflußfelder elastischer Platten" Tafel Nr. 4

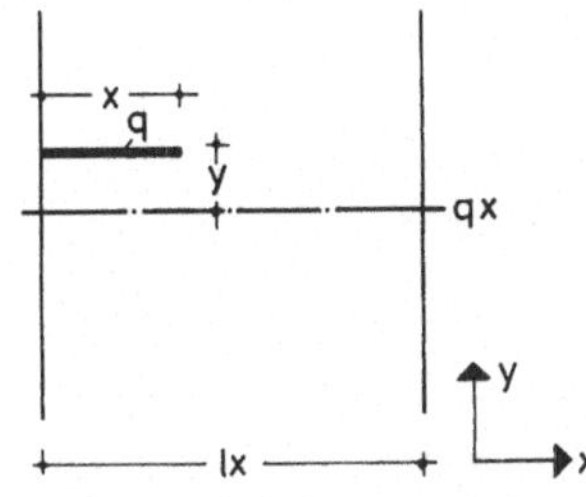

Plattenvollstreifen mit zwei frei aufliegenden Längsrändern
Querkraft qx (Krafteinheit/m) aus Linienlast in lx-Richtung.
Faktor q
$\mu = 0$

B 1.5.1

→ y : lx

Spalte										
	0.00	0.05	0.10	0.15	0.20	0.25	0.30	0.35	0.40	0.45
.05	.0011	.0011	.0010	.0010	.0010	.0009	.0009	.0008	.0007	.0007
.10	.0043	.0043	.0041	.0039	.0038	.0037	.0034	.0032	.0030	.0028
.15	.0096	.0096	.0091	.0088	.0086	.0082	.0076	.0071	.0066	.0062
.20	.0169	.0169	.0160	.0155	.0151	.0144	.0135	.0126	.0117	.0108
.25	.0260	.0260	.0248	.0241	.0234	.0224	.0209	.0195	.0181	.0167
.30	.0364	.0363	.0350	.0340	.0330	.0317	.0299	.0278	.0257	.0238
.35	.0499	.0493	.0478	.0464	.0448	.0430	.0401	.0371	.0346	.0319
.40	.0662	.0651	.0631	.0611	.0589	.0564	.0525	.0484	.0441	.0411
.45	.0862	.0853	.0823	.0785	.0755	.0719	.0667	.0615	.0556	.0505
.50	.1088	.1080	.1041	.1002	.0957	.0897	.0829	.0762	.0685	.0620
.55	.1348	.1340	.1292	.1242	.1181	.1112	.1010	.0924	.0828	.0746
.60	.1650	.1642	.1581	.1516	.1433	.1346	.1215	.1100	.0980	.0880
.65	.2026	.2016	.1931	.1825	.1714	.1605	.1445	.1287	.1141	.1018
.70	.2442	.2422	.2320	.2187	.2026	.1885	.1693	.1483	.1290	.1156
.75	.2946	.2910	.2773	.2583	.2377	.2186	.1951	.1666	.1451	.1291
.80	.3679	.3521	.3318	.3039	.2744	.2482	.2208	.1873	.1605	.1418
.85	.4543	.4458	.4097	.3579	.3121	.2786	.2454	.2073	.1744	.1471
.90	.5910	.5681	.5010	.4219	.3457	.3065	.2584	.2247	.1829	.1548
.95	.8276	.7330	.6017	.4707	.3760	.3223	.2715	.2292	.1892	.1596
1.00	.9776	.8750	.6193	.4816	.3832	.3292	.2757	.2315	.1912	.1614

→ y : lx

↓ x : lx

Spalte										
	0.50	0.55	0.60	0.65	0.70	0.75				
.05	.0006	.0006	.0005	.0005	.0004	.0004				
.10	.0024	.0023	.0021	.0019	.0016	.0017				
.15	.0054	.0051	.0046	.0041	.0036	.0037				
.20	.0094	.0089	.0080	.0072	.0063	.0064				
.25	.0145	.0136	.0123	.0110	.0097	.0097				
.30	.0207	.0192	.0174	.0155	.0137	.0134				
.35	.0277	.0255	.0232	.0206	.0182	.0176				
.40	.0357	.0326	.0297	.0263	.0233	.0221				
.45	.0446	.0403	.0368	.0325	.0288	.0268				
.50	.0543	.0487	.0444	.0391	.0347	.0317				
.55	.0636	.0575	.0525	.0462	.0409	.0367				
.60	.0753	.0645	.0590	.0515	.0457	.0417				
.65	.0877	.0735	.0672	.0583	.0517	.0466				
.70	.1000	.0824	.0750	.0649	.0574	.0512				
.75	.1084	.0909	.0824	.0711	.0627	.0554				
.80	.1176	.0988	.0891	.0766	.0675	.0592				
.85	.1256	.1057	.0949	.0814	.0715	.0623				
.90	.1321	.1113	.0995	.0852	.0748	.0647				
.95	.1366	.1153	.1028	.0879	.0770	.0663				
1.00	.1387	.1175	.1045	.0893	.0782	.0668				

Auswertung aus Björn Vik, Tafel 1

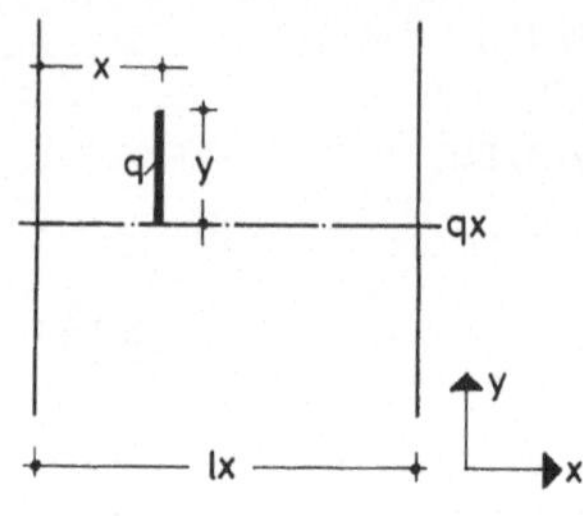

Plattenvollstreifen mit zwei frei aufliegenden Längsrändern
Querkraft qx (Krafteinheit/m) aus Linienlast parallel zu den Auflagern.
Faktor = q
$\mu = 0$

B 1.5.2

x : lx →, y : lx ↓

Spalte										
	0.05	0.10	0.15	0.20	0.25	0.30	0.35	0.40	0.45	0.50
.05	.0028	.0055	.0081	.0106	.0130	.0161	.0198	.0238	.0281	.0326
.10	.0056	.0109	.0161	.0211	.0258	.0319	.0390	.0471	.0556	.0645
.15	.0083	.0162	.0239	.0313	.0383	.0471	.0576	.0695	.0822	.0952
.20	.0108	.0213	.0314	.0412	.0505	.0619	.0755	.0908	.1074	.1243
.25	.0133	.0262	.0387	.0507	.0623	.0759	.0924	.1108	.1307	.1511
.30	.0157	.0309	.0455	.0598	.0735	.0892	.1082	.1293	.1520	.1753
.35	.0179	.0352	.0520	.0683	.0840	.1016	.1227	.1462	.1713	.1969
.40	.0199	.0393	.0580	.0761	.0936	.1130	.1360	.1614	.1885	.2161
.45	.0218	.0429	.0640	.0832	.1023	.1233	.1477	.1748	.2036	.2326
.50	.0235	.0462	.0703	.0896	.1101	.1325	.1582	.1865	.2166	.2468
.55	.0250	.0492	.0767	.0953	.1171	.1406	.1675	.1969	.2279	.2590
.60	.0264	.0520	.0827	.1005	.1235	.1480	.1759	.2061	.2380	.2698
.65	.0277	.0544	.0874	.1051	.1291	.1546	.1832	.2143	.2468	.2793
.70	.0288	.0566	.0908	.1092	.1340	.1603	.1897	.2215	.2547	.2877
.75	.0299	.0587	.0938	.1131	.1387	.1657	.1957	.2279	.2615	.2949

x : lx →, y : lx ↓

Spalte										
	0.55	0.60	0.65	0.70	0.75	0.80	0.85	0.90	0.95	
.05	.0380	.0444	.0515	.0626	.0788	.0996	.1347	.2157	.2634	
.10	.0752	.0876	.1014	.1218	.1519	.1911	.2538	.3655	.4121	
.15	.1107	.1286	.1482	.1761	.2168	.2694	.3499	.4630	.4842	
.20	.1439	.1663	.1906	.2239	.2709	.3294	.4157	.5220	.5175	
.25	.1741	.2004	.2284	.2650	.3145	.3734	.4582	.5603	.5395	
.30	.2013	.2311	.2620	.3005	.3505	.4084	.4908	.5881	.5536	
.35	.2253	.2579	.2910	.3303	.3797	.4358	.5152	.6075	.5625	
.40	.2462	.2806	.3150	.3546	.4030	.4571	.5334	.6209	.5686	
.45	.2643	.2998	.3347	.3742	.4215	.4737	.5471	.6307	.5736	
.50	.2801	.3165	.3516	.3903	.4360	.4865	.5577	.6383	.5776	
.55	.2937	.3309	.3659	.4036	.4477	.4967	.5659	.6442	.5808	
.60	.3053	.3430	.3776	.4145	.4574	.5050	.5727	.6491	.5835	
.65	.3155	.3533	.3875	.4237	.4657	.5122	.5784	.6532	.5856	
.70	.3244	.3621	.3959	.4315	.4726	.5182	.5833	.6566	.5874	
.75	.3318	.3695	.4030	.4381	.4787	.5233	.5873	.6595	.5890	

Auswertung aus Björn Vik, Tafel 1

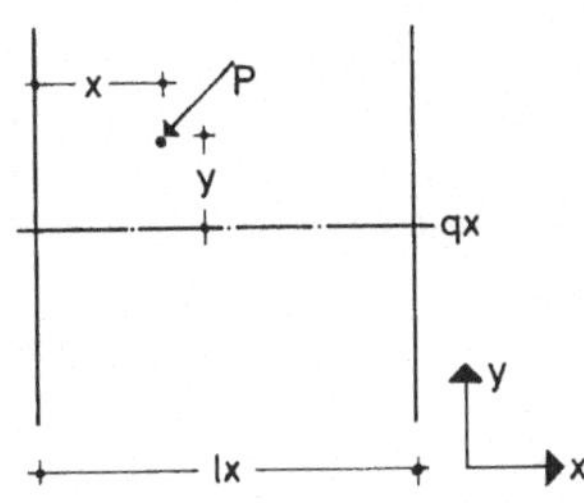

Plattenvollstreifen mit zwei frei aufliegenden Längsrändern
Querkraft qx (Krafteinheit/m) aus einer Einzellast.

Faktor = $\frac{P}{lx}$

$\mu = 0$

B 1.5.3

→ y : lx ; ↓ x : lx

Spalte										
	0.00	0.05	0.10	0.15	0.20	0.25	0.30	0.35	0.40	0.45
.05	.0430	.0430	.0407	.0393	.0382	.0365	.0341	.0318	.0296	.0275
.10	.0841	.0841	.0800	.0775	.0754	.0721	.0675	.0627	.0583	.0540
.15	.1233	.1233	.1181	.1148	.1114	.1069	.1000	.0929	.0860	.0795
.20	.1605	.1605	.1549	.1510	.1464	.1409	.1318	.1222	.1127	.1038
.25	.1959	.1959	.1903	.1862	.1802	.1741	.1627	.1507	.1385	.1271
.30	.2445	.2390	.2328	.2253	.2164	.2075	.1929	.1784	.1633	.1494
.35	.3000	.2929	.2843	.2728	.2608	.2473	.2283	.2076	.1871	.1706
.40	.3609	.3568	.3428	.3267	.3103	.2908	.2661	.2434	.2141	.1907
.45	.4231	.4231	.4069	.3871	.3648	.3382	.3047	.2761	.2432	.2151
.50	.4909	.4909	.4711	.4496	.4214	.3893	.3439	.3057	.2683	.2384
.55	.5733	.5733	.5468	.5166	.4770	.4421	.3838	.3320	.2893	.2540
.60	.6702	.6702	.6341	.5891	.5353	.4908	.4325	.3552	.3063	.2619
.65	.7786	.7674	.7283	.6672	.5964	.5350	.4707	.3753	.3192	.2622
.70	.9552	.9307	.8557	.7500	.6603	.5747	.4888	.3921	.3239	.2549
.75	1.2105	1.1749	1.0420	.8704	.7163	.6100	.4868	.4075	.3100	.2399
.80	1.5277	1.5000	1.2871	1.0370	.7350	.6066	.4647	.3926	.2803	.2173
.85	2.1011	2.0000	1.6325	1.2500	.7225	.5546	.4225	.3393	.2348	.1789
.90	3.8000	2.8542	1.8200	1.0583	.6653	.4539	.3484	.2475	.1667	.1234
.95	5.0000	3.5000	1.5611	.7000	.4000	.3000	.1667	.1155	.0833	.0637
1.00	5.0000	1.0000	.2429	.1846-	.1000-	.0000	.0000	.0000	.0000	.0000

→ y : lx ; ↓ x : lx

Spalte										
	0.50	0.55	0.60	0.65	0.70	0.75				
.05	.0240	.0228	.0206	.0185	.0163	.0174				
.10	.0470	.0442	.0401	.0358	.0316	.0332				
.15	.0691	.0642	.0583	.0519	.0459	.0473				
.20	.0902	.0828	.0753	.0668	.0591	.0597				
.25	.1104	.1000	.0911	.0805	.0713	.0704				
.30	.1296	.1158	.1057	.0931	.0825	.0795				
.35	.1479	.1302	.1191	.1044	.0926	.0869				
.40	.1652	.1432	.1312	.1145	.1017	.0927				
.45	.1816	.1549	.1422	.1235	.1098	.0968				
.50	.1970	.1651	.1519	.1312	.1169	.0992				
.55	.2204	.1739	.1605	.1377	.1229	.1000				
.60	.2336	.1803	.1641	.1384	.1215	.0989				
.65	.2330	.1784	.1588	.1331	.1160	.0952				
.70	.2188	.1706	.1492	.1244	.1077	.0891				
.75	.1946	.1569	.1352	.1122	.0966	.0805				
.80	.1704	.1373	.1168	.0966	.0828	.0694				
.85	.1389	.1119	.0942	.0776	.0662	.0558				
.90	.1000	.0805	.0671	.0552	.0469	.0397				
.95	.0537	.0432	.0357	.0293	.0248	.0211				
1.00	.0000	.0000	.0000	.0000	.0000	.0000				

Auswertung aus Björn Vik, Tafel 1

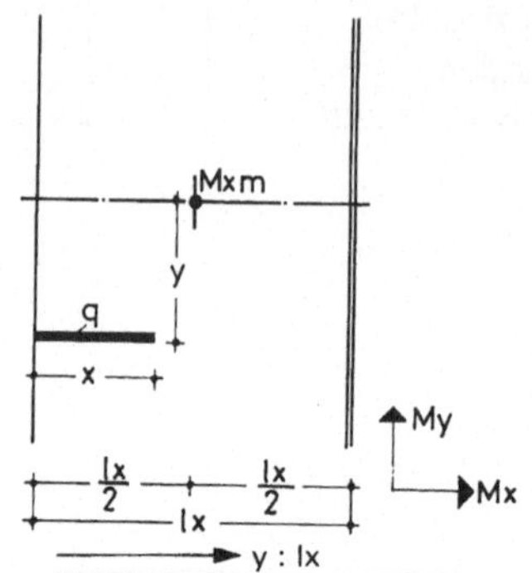

Plattenvollstreifen mit einem frei aufliegenden und einem eingespannten Längsrand.
Feldmoment Mxm in Feldmitte aus Linienlast in lx-Richtung.
$\mu = 0$
Faktor = q · lx

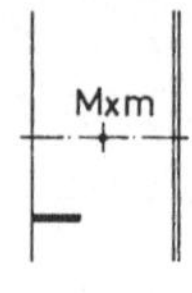

B 2.1.1

y : lx →

x : lx ↓

Spalte										
	0.00	0.05	0.10	0.15	0.20	0.25	0.30	0.35	0.40	0.45
.05	.0001	.0001	.0002	.0002	.0002	.0002	.0002	.0002	.0002	.0002
.10	.0006	.0006	.0006	.0008	.0009	.0010	.0010	.0010	.0009	.0008
.15	.0015	.0015	.0016	.0018	.0020	.0022	.0022	.0022	.0021	.0018
.20	.0029	.0029	.0030	.0034	.0037	.0040	.0040	.0039	.0037	.0033
.25	.0049	.0048	.0051	.0056	.0061	.0064	.0064	.0062	.0057	.0052
.30	.0075	.0073	.0078	.0087	.0093	.0095	.0094	.0089	.0082	.0074
.35	.0113	.0113	.0118	.0130	.0137	.0138	.0129	.0120	.0110	.0099
.40	.0162	.0160	.0170	.0187	.0189	.0187	.0173	.0156	.0142	.0127
.45	.0232	.0231	.0243	.0257	.0251	.0244	.0221	.0194	.0176	.0158
.50	.0353	.0328	.0336	.0328	.0318	.0303	.0271	.0235	.0209	.0188
.55	.0458	.0412	.0439	.0402	.0383	.0363	.0321	.0273	.0242	.0217
.60	.0519	.0474	.0490	.0468	.0442	.0420	.0369	.0308	.0272	.0244
.65	.0562	.0519	.0538	.0524	.0492	.0443	.0393	.0339	.0299	.0269
.70	.0589	.0550	.0570	.0549	.0522	.0475	.0422	.0366	.0322	.0290
.75	.0609	.0569	.0591	.0571	.0545	.0498	.0444	.0388	.0342	.0305
.80	.0620	.0583	.0606	.0588	.0563	.0516	.0462	.0401	.0354	.0318
.85	.0626	.0591	.0614	.0597	.0573	.0527	.0471	.0412	.0364	.0327
.90	.0629	.0594	.0618	.0602	.0579	.0534	.0478	.0418	.0370	.0332
.95	.0629	.0594	.0618	.0602	.0581	.0536	.0480	.0420	.0371	.0334
1.00	.0627	.0592	.0616	.0601	.0580	.0534	.0479	.0419	.0371	.0333

y : lx →

x : lx ↓

Spalte										
	0.50	0.55	0.60	0.65	0.70	0.75	0.80	0.85	0.90	0.95
.05	.0002	.0002	.0001	.0001	.0001	.0001	.0001	.0001	.0001	.0001
.10	.0007	.0007	.0006	.0005	.0005	.0004	.0004	.0003	.0003	.0003
.15	.0017	.0015	.0013	.0012	.0011	.0009	.0008	.0007	.0006	.0006
.20	.0030	.0027	.0024	.0021	.0019	.0016	.0015	.0013	.0011	.0010
.25	.0047	.0042	.0037	.0033	.0029	.0025	.0022	.0019	.0017	.0015
.30	.0067	.0059	.0053	.0047	.0041	.0035	.0031	.0027	.0024	.0021
.35	.0089	.0079	.0070	.0063	.0055	.0047	.0042	.0036	.0032	.0027
.40	.0114	.0101	.0090	.0078	.0069	.0060	.0053	.0045	.0039	.0035
.45	.0140	.0125	.0110	.0095	.0085	.0073	.0064	.0055	.0047	.0040
.50	.0165	.0147	.0130	.0112	.0097	.0083	.0076	.0065	.0056	.0047
.55	.0190	.0169	.0150	.0129	.0111	.0095	.0087	.0075	.0063	.0054
.60	.0214	.0189	.0169	.0143	.0125	.0107	.0098	.0084	.0071	.0060
.65	.0236	.0208	.0180	.0157	.0137	.0118	.0108	.0089	.0077	.0065
.70	.0255	.0223	.0194	.0169	.0148	.0126	.0110	.0095	.0083	.0070
.75	.0268	.0236	.0205	.0179	.0155	.0133	.0116	.0101	.0087	.0075
.80	.0279	.0246	.0214	.0186	.0161	.0138	.0121	.0105	.0091	.0078
.85	.0287	.0253	.0220	.0191	.0166	.0142	.0124	.0108	.0094	.0081
.90	.0292	.0257	.0223	.0194	.0168	.0144	.0127	.0110	.0097	.0083
.95	.0294	.0258	.0224	.0195	.0169	.0145	.0128	.0111	.0098	.0085
1.00	.0293	.0258	.0224	.0195	.0169	.0145	.0128	.0112	.0098	.0085

Auswertung aus Pucher „Einflußfelder elastischer Platten" Tafel Nr. 5

→ y : lx

↓ x : lx

Spalte										
	1.00	1.05	1.10	1.15	1.20					
.05	.0001	.0001	.0000	.0000	.0001					
.10	.0003	.0002	.0002	.0002	.0003					
.15	.0006	.0004	.0004	.0004	.0005					
.20	.0010	.0008	.0007	.0006	.0009					
.25	.0015	.0012	.0011	.0010	.0014					
.30	.0021	.0017	.0015	.0014	.0018					
.35	.0028	.0022	.0020	.0018	.0024					
.40	.0035	.0028	.0025	.0023	.0029					
.45	.0039	.0033	.0029	.0026	.0033					
.50	.0046	.0039	.0035	.0031	.0038					
.55	.0052	.0044	.0040	.0035	.0036					
.60	.0058	.0049	.0044	.0040	.0039					
.65	.0063	.0054	.0049	.0043	.0040					
.70	.0068	.0058	.0052	.0047	.0042					
.75	.0073	.0062	.0056	.0050	.0043					
.80	.0076	.0065	.0059	.0053	.0043					
.85	.0079	.0067	.0061	.0055	.0043					
.90	.0082	.0069	.0063	.0056	.0043					
.95	.0083	.0070	.0064	.0058	.0043					
1.00	.0084	.0071	.0064	.0058	.0043					

Auswertung aus Pucher „Einflußfelder elastischer Platten" Tafel Nr. 5

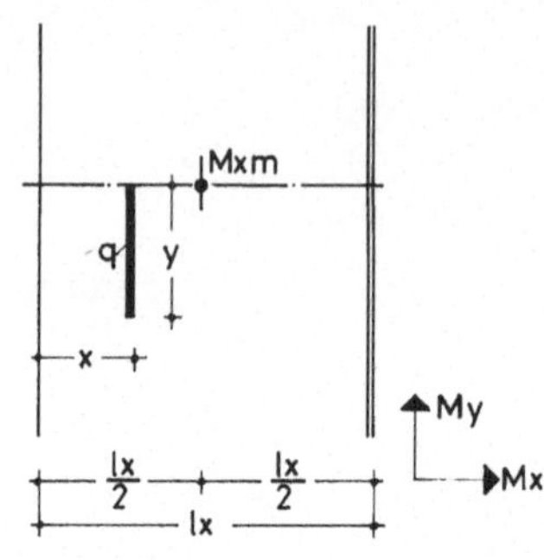

Plattenvollstreifen mit einem frei aufliegenden und einem eingespannten Längsrand.
Feldmoment Mxm in Feldmitte aus Linienlast parallel zu den Längsrändern.
$\mu = 0$
Faktor = q · lx

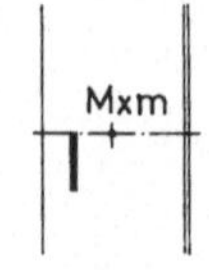

B 2.1.2

x : lx (→), y : lx (↓)

Spalte										
	0.05	0.10	0.15	0.20	0.25	0.30	0.35	0.40	0.45	0.50
.05	.0003	.0006	.0009	.0014	.0019	.0025	.0034	.0048	.0068	.0116
.10	.0006	.0012	.0019	.0029	.0039	.0051	.0069	.0098	.0138	.0205
.15	.0009	.0019	.0030	.0046	.0059	.0075	.0105	.0150	.0206	.0274
.20	.0013	.0026	.0040	.0063	.0080	.0100	.0141	.0197	.0270	.0333
.25	.0017	.0033	.0051	.0080	.0100	.0124	.0177	.0242	.0307	.0382
.30	.0021	.0041	.0062	.0098	.0120	.0147	.0212	.0281	.0349	.0423
.35	.0025	.0049	.0073	.0115	.0140	.0169	.0245	.0314	.0384	.0456
.40	.0029	.0056	.0084	.0129	.0158	.0190	.0276	.0343	.0414	.0493
.45	.0033	.0063	.0094	.0144	.0176	.0210	.0305	.0368	.0439	.0520
.50	.0035	.0068	.0103	.0158	.0193	.0228	.0331	.0389	.0459	.0543
.55	.0038	.0074	.0112	.0170	.0209	.0245	.0353	.0406	.0477	.0562
.60	.0041	.0079	.0120	.0181	.0216	.0260	.0353	.0429	.0501	.0579
.65	.0044	.0084	.0127	.0190	.0227	.0268	.0367	.0444	.0516	.0593
.70	.0046	.0088	.0132	.0198	.0236	.0279	.0379	.0456	.0529	.0609
.75	.0049	.0091	.0137	.0205	.0244	.0288	.0389	.0467	.0539	.0620
.80	.0051	.0094	.0142	.0211	.0251	.0295	.0398	.0477	.0549	.0630
.85	.0053	.0096	.0145	.0216	.0259	.0302	.0406	.0485	.0558	.0638
.90	.0055	.0098	.0150	.0220	.0265	.0308	.0413	.0492	.0565	.0645
.95	.0056	.0100	.0153	.0224	.0270	.0307	.0419	.0498	.0571	.0653
1.00	.0057	.0101	.0156	.0229	.0275	.0303	.0424	.0504	.0576	.0661
1.05	.0058	.0101	.0159	.0231	.0279	.0297	.0428	.0508	.0580	.0671
1.10	.0059	.0102	.0161	.0234	.0282	.0293	.0432	.0512	.0584	.0680
1.15	.0060	.0102	.0163	.0236	.0284	.0291	.0435	.0516	.0587	.0688
1.20	.0060	.0102	.0164	.0237	.0286	.0295	.0439	.0520	.0593	.0694

Auswertung aus Pucher „Einflußfelder elastischer Platten" Tafel Nr. 5

x : lx →

y : lx ↓

Spalte										
	0.55	0.60	0.65	0.70	0.75	0.80	0.85	0.90	0.95	
.05	.0064	.0043	.0031	.0020	.0013	.0008	.0004	.0002	.0001	
.10	.0135	.0085	.0064	.0041	.0026	.0017	.0010	.0005	.0002	
.15	.0196	.0126	.0098	.0062	.0041	.0027	.0016	.0008	.0003	
.20	.0250	.0165	.0133	.0083	.0059	.0038	.0023	.0012	.0004	
.25	.0297	.0203	.0168	.0104	.0076	.0049	.0031	.0015	.0005	
.30	.0337	.0239	.0202	.0125	.0093	.0061	.0038	.0019	.0006	
.35	.0375	.0272	.0235	.0145	.0110	.0072	.0046	.0022	.0008	
.40	.0405	.0303	.0265	.0164	.0125	.0083	.0054	.0025	.0009	
.45	.0431	.0330	.0292	.0182	.0137	.0089	.0058	.0029	.0010	
.50	.0454	.0354	.0316	.0199	.0148	.0098	.0064	.0032	.0011	
.55	.0473	.0375	.0315	.0205	.0158	.0105	.0069	.0035	.0012	
.60	.0489	.0381	.0328	.0216	.0167	.0112	.0073	.0038	.0013	
.65	.0502	.0394	.0340	.0226	.0174	.0118	.0077	.0041	.0013	
.70	.0518	.0405	.0350	.0234	.0182	.0123	.0080	.0043	.0014	
.75	.0529	.0415	.0359	.0241	.0187	.0127	.0083	.0046	.0015	
.80	.0538	.0423	.0366	.0248	.0192	.0131	.0085	.0048	.0016	
.85	.0545	.0430	.0372	.0254	.0196	.0135	.0087	.0050	.0017	
.90	.0553	.0436	.0377	.0259	.0199	.0138	.0089	.0052	.0018	
.95	.0560	.0441	.0382	.0264	.0202	.0142	.0091	.0054	.0019	
1.00	.0568	.0446	.0386	.0268	.0205	.0144	.0092	.0056	.0020	
1.05	.0576	.0450	.0389	.0272	.0210	.0147	.0097	.0057	.0021	
1.10	.0583	.0453	.0392	.0274	.0212	.0149	.0099	.0058	.0021	
1.15	.0589	.0458	.0397	.0277	.0214	.0151	.0100	.0060	.0022	
1.20	.0594	.0460	.0399	.0278	.0215	.0152	.0101	.0061	.0022	

Auswertung aus Pucher „Einflußfelder elastischer Platten" Tafel Nr. 5

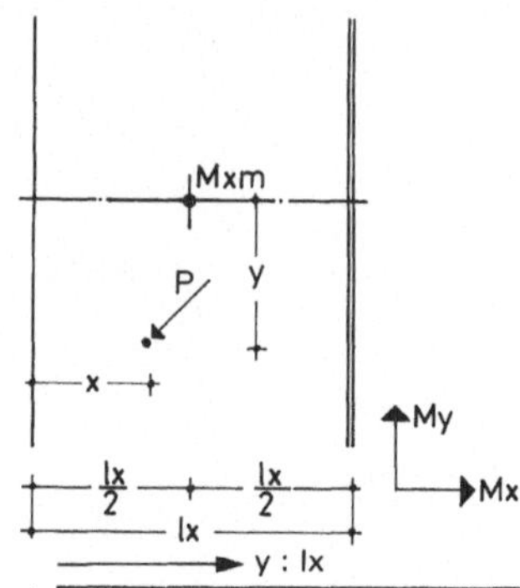

Plattenvollstreifen mit einem frei aufliegenden und einem eingespannten Längsrand.
Feldmoment Mxm in Feldmitte aus einer Einzellast.
$\mu = 0$
Faktor = P

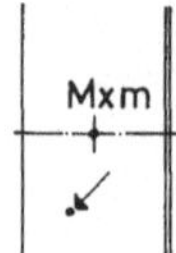

B 2.1.3

y : lx →

x : lx ↓

Spalte										
	0.00	0.05	0.10	0.15	0.20	0.25	0.30	0.35	0.40	0.45
.05	.0058	.0057	.0065	.0076	.0085	.0095	.0095	.0095	.0090	.0080
.10	.0137	.0133	.0142	.0163	.0180	.0196	.0195	.0194	.0180	.0159
.15	.0229	.0221	.0235	.0259	.0284	.0307	.0307	.0299	.0280	.0257
.20	.0334	.0330	.0344	.0378	.0409	.0423	.0419	.0398	.0369	.0336
.25	.0465	.0456	.0484	.0535	.0565	.0562	.0537	.0493	.0448	.0405
.30	.0629	.0641	.0662	.0722	.0751	.0724	.0663	.0582	.0521	.0468
.35	.0832	.0853	.0891	.0987	.0949	.0905	.0796	.0666	.0588	.0527
.40	.1170	.1147	.1234	.1241	.1132	.1035	.0897	.0744	.0649	.0580
.45	.1682	.1650	.1685	.1439	.1300	.1104	.0948	.0809	.0704	.0628
.50	.2926*	.1990	.1871	.1504	.1355	.1110	.0951	.0805	.0680	.0606
.55	.1507	.1439	.1592	.1373	.1226	.1054	.0904	.0737	.0625	.0561
.60	.1007	.1056	.1129	.1153	.1051	.0936	.0808	.0656	.0563	.0508
.65	.0684	.0743	.0790	.0846	.0831	.0752	.0655	.0567	.0494	.0448
.70	.0458	.0509	.0537	.0568	.0586	.0558	.0516	.0472	.0417	.0380
.75	.0301	.0322	.0348	.0376	.0401	.0406	.0394	.0368	.0334	.0301
.80	.0168	.0191	.0208	.0234	.0264	.0283	.0262	.0258	.0239	.0215
.85	.0091	.0106	.0118	.0139	.0162	.0172	.0162	.0164	.0157	.0143
.90	.0037	.0045	.0047	.0059	.0077	.0081	.0085	.0082	.0080	.0072
.95	.0007	.0009	.0007	.0013	.0022	.0022	.0027	.0027	.0027	.0025
1.00	.0000	.0000	.0000	.0000	.0000	.0000	.0000	.0000	.0000	.0000

y : lx →

x : lx ↓

Spalte										
	0.50	0.55	0.60	0.65	0.70	0.75	0.80	0.85	0.90	0.95
.05	.0072	.0066	.0058	.0053	.0048	.0042	.0037	.0032	.0029	.0026
.10	.0145	.0133	.0118	.0106	.0094	.0082	.0073	.0063	.0055	.0049
.15	.0227	.0201	.0180	.0159	.0140	.0121	.0107	.0092	.0080	.0070
.20	.0305	.0268	.0239	.0210	.0183	.0159	.0140	.0119	.0103	.0089
.25	.0367	.0330	.0292	.0253	.0220	.0191	.0170	.0145	.0123	.0105
.30	.0419	.0374	.0335	.0288	.0250	.0216	.0192	.0167	.0142	.0119
.35	.0464	.0413	.0364	.0316	.0272	.0234	.0208	.0181	.0158	.0130
.40	.0502	.0445	.0382	.0332	.0287	.0244	.0217	.0189	.0167	.0140
.45	.0532	.0471	.0388	.0338	.0294	.0247	.0219	.0191	.0169	.0147
.50	.0519	.0453	.0383	.0334	.0288	.0245	.0215	.0187	.0164	.0137
.55	.0488	.0424	.0367	.0320	.0274	.0236	.0204	.0177	.0151	.0127
.60	.0447	.0388	.0339	.0292	.0253	.0218	.0187	.0162	.0135	.0115
.65	.0396	.0345	.0297	.0258	.0225	.0192	.0163	.0139	.0119	.0103
.70	.0336	.0289	.0249	.0218	.0190	.0158	.0135	.0117	.0103	.0091
.75	.0261	.0227	.0199	.0174	.0148	.0123	.0108	.0095	.0086	.0077
.80	.0192	.0170	.0146	.0124	.0107	.0091	.0082	.0075	.0069	.0063
.85	.0127	.0108	.0093	.0081	.0072	.0063	.0059	.0055	.0052	.0049
.90	.0067	.0057	.0051	.0046	.0042	.0039	.0037	.0036	.0035	.0033
.95	.0024	.0021	.0020	.0019	.0018	.0018	.0018	.0017	.0018	.0017
1.00	.0000	.0000	.0000	.0000	.0000	.0000	.0000	.0000	.0000	.0000

Auswertung aus Pucher „Einflußfelder elastischer Platten" Tafel Nr. 5

* bzw. theoretisch ∞

→ y : lx

↓ x : lx

Spalte										
	1.00	1.05	1.10	1.15	1.20					
.05	.0027	.0020	.0018	.0017	.0025					
.10	.0050	.0039	.0035	.0032	.0046					
.15	.0071	.0056	.0050	.0046	.0063					
.20	.0089	.0071	.0064	.0058	.0075					
.25	.0104	.0085	.0076	.0069	.0084					
.30	.0116	.0097	.0087	.0078	.0088					
.35	.0126	.0108	.0096	.0086	.0089					
.40	.0132	.0117	.0104	.0092	.0085					
.45	.0135	.0122	.0109	.0094	.0077					
.50	.0128	.0114	.0103	.0090	.0065					
.55	.0120	.0106	.0096	.0084	.0053					
.60	.0111	.0097	.0088	.0078	.0042					
.65	.0101	.0087	.0079	.0071	.0032					
.70	.0090	.0076	.0070	.0064	.0024					
.75	.0078	.0065	.0060	.0055	.0017					
.80	.0064	.0054	.0050	.0046	.0011					
.85	.0050	.0041	.0038	.0036	.0006					
.90	.0034	.0028	.0026	.0025	.0003					
.95	.0017	.0015	.0014	.0013	.0001					
1.00	.0001-	.0000	.0000	.0000	.0000					

Auswertung aus Pucher „Einflußfelder elastischer Platten" Tafel Nr. 5

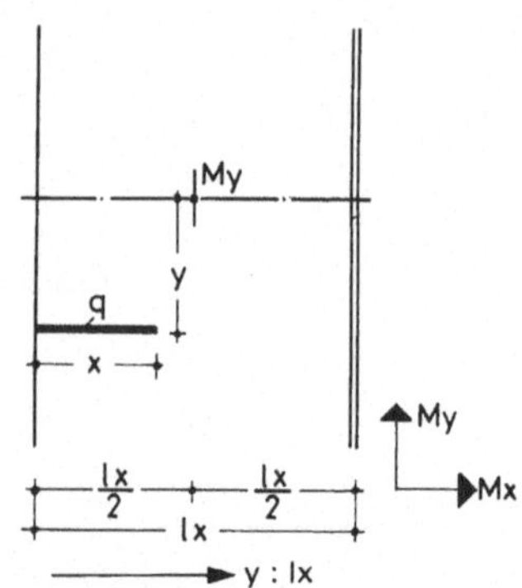

Plattenvollstreifen mit einem frei aufliegenden und einem eingespannten Längsrand.
Feldmoment My in Feldmitte aus Linienlast in lx-Richtung.
$\mu = 0$
Faktor = q · lx

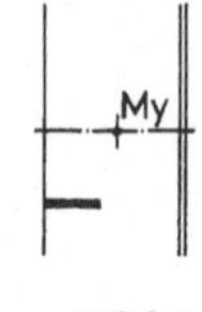

B 2.2.1

→ y : lx ; ↓ x : lx

Spalte										
	0.00	0.05	0.10	0.15	0.20	0.25	0.30	0.35	0.40	0.45
.05	.0003	.0003	.0002	.0002	.0002	.0001	.0001	.0000	.0000	.0001-
.10	.0013	.0010	.0009	.0007	.0007	.0003	.0002	.0001	.0001-	.0002-
.15	.0028	.0023	.0019	.0016	.0015	.0006	.0004	.0001	.0003-	.0005-
.20	.0048	.0043	.0035	.0028	.0025	.0009	.0007	.0001	.0005-	.0009-
.25	.0073	.0073	.0059	.0043	.0036	.0013	.0008	.0000	.0010-	.0014-
.30	.0106	.0114	.0090	.0061	.0044	.0017	.0009	.0002-	.0015-	.0021-
.35	.0148	.0152	.0121	.0080	.0054	.0019	.0004	.0010-	.0022-	.0030-
.40	.0216	.0206	.0158	.0100	.0064	.0021	.0000	.0017-	.0031-	.0040-
.45	.0305	.0270	.0199	.0119	.0073	.0022	.0005-	.0025-	.0041-	.0052-
.50	.0424	.0338	.0242	.0138	.0082	.0013	.0012-	.0035-	.0052-	.0065-
.55	.0540	.0408	.0285	.0156	.0091	.0011	.0019-	.0045-	.0063-	.0076-
.60	.0661	.0449	.0327	.0172	.0099	.0011	.0026-	.0051-	.0074-	.0087-
.65	.0688	.0494	.0366	.0187	.0107	.0012	.0027-	.0058-	.0085-	.0098-
.70	.0724	.0530	.0400	.0195	.0113	.0015	.0029-	.0064-	.0091-	.0107-
.75	.0747	.0555	.0400	.0206	.0119	.0019	.0029-	.0068-	.0097-	.0114-
.80	.0769	.0575	.0414	.0217	.0124	.0023	.0029-	.0071-	.0102-	.0120-
.85	.0781	.0587	.0424	.0226	.0129	.0028	.0029-	.0073-	.0106-	.0124-
.90	.0787	.0593	.0429	.0233	.0132	.0032	.0032-	.0075-	.0108-	.0126-
.95	.0789	.0595	.0430	.0239	.0134	.0036	.0032-	.0076-	.0109-	.0127-
1.00	.0788	.0594	.0429	.0241	.0135	.0039	.0032-	.0076-	.0109-	.0127-

→ y : lx ; ↓ x : lx

Spalte										
	0.50	0.55	0.60	0.65	0.70	0.75	0.80	0.85	0.90	0.95
.05	.0001-	.0001-	.0001-	.0001-	.0001-	.0001-	.0000	.0001-	.0001-	.0000
.10	.0003-	.0003-	.0003-	.0003-	.0003-	.0003-	.0002-	.0002-	.0002-	.0002-
.15	.0006-	.0007-	.0007-	.0006-	.0006-	.0006-	.0006-	.0005-	.0005-	.0004-
.20	.0011-	.0012-	.0012-	.0011-	.0011-	.0010-	.0011-	.0009-	.0008-	.0007-
.25	.0017-	.0018-	.0018-	.0018-	.0017-	.0016-	.0016-	.0014-	.0012-	.0011-
.30	.0025-	.0026-	.0026-	.0025-	.0024-	.0023-	.0022-	.0019-	.0017-	.0015-
.35	.0035-	.0036-	.0036-	.0034-	.0032-	.0030-	.0029-	.0025-	.0022-	.0020-
.40	.0045-	.0047-	.0046-	.0044-	.0041-	.0038-	.0036-	.0032-	.0028-	.0025-
.45	.0057-	.0058-	.0057-	.0054-	.0051-	.0046-	.0043-	.0038-	.0034-	.0031-
.50	.0069-	.0069-	.0067-	.0064-	.0060-	.0055-	.0051-	.0044-	.0040-	.0036-
.55	.0080-	.0080-	.0078-	.0074-	.0070-	.0062-	.0058-	.0051-	.0046-	.0041-
.60	.0092-	.0091-	.0089-	.0084-	.0076-	.0070-	.0064-	.0057-	.0052-	.0046-
.65	.0103-	.0102-	.0098-	.0091-	.0083-	.0076-	.0070-	.0062-	.0057-	.0048-
.70	.0112-	.0109-	.0105-	.0098-	.0089-	.0082-	.0075-	.0066-	.0057-	.0051-
.75	.0119-	.0116-	.0111-	.0104-	.0094-	.0086-	.0078-	.0069-	.0060-	.0053-
.80	.0124-	.0122-	.0116-	.0108-	.0098-	.0089-	.0081-	.0071-	.0062-	.0055-
.85	.0128-	.0125-	.0119-	.0110-	.0100-	.0091-	.0082-	.0073-	.0063-	.0056-
.90	.0130-	.0127-	.0120-	.0112-	.0101-	.0092-	.0083-	.0073-	.0064-	.0057-
.95	.0131-	.0127-	.0121-	.0112-	.0101-	.0092-	.0083-	.0073-	.0064-	.0057-
1.00	.0131-	.0127-	.0121-	.0112-	.0101-	.0092-	.0083-	.0073-	.0064-	.0057-

Auswertung aus Pucher „Einflußfelder elastischer Platten" Tafel Nr. 6

→ y : lx

↓ x : lx

Spalte										
	1,00	1,05	1,10	1,15	1,20	1,25				
.05	.0000	.0000	.0000	.0000	.0000	.0000				
.10	.0002-	.0002-	.0002-	.0001-	.0001-	.0001-				
.15	.0004-	.0003-	.0004-	.0003-	.0002-	.0002-				
.20	.0006-	.0006-	.0007-	.0004-	.0004-	.0003-				
.25	.0010-	.0009-	.0010-	.0007-	.0006-	.0005-				
.30	.0013-	.0012-	.0014-	.0009-	.0008-	.0007-				
.35	.0017-	.0016-	.0018-	.0012-	.0011-	.0009-				
.40	.0022-	.0020-	.0022-	.0015-	.0014-	.0012-				
.45	.0027-	.0023-	.0024-	.0018-	.0015-	.0013-				
.50	.0032-	.0026-	.0027-	.0021-	.0018-	.0016-				
.55	.0036-	.0030-	.0030-	.0023-	.0020-	.0018-				
.60	.0039-	.0033-	.0032-	.0026-	.0022-	.0020-				
.65	.0042-	.0035-	.0035-	.0028-	.0024-	.0021-				
.70	.0045-	.0037-	.0037-	.0030-	.0026-	.0023-				
.75	.0047-	.0039-	.0039-	.0031-	.0027-	.0025-				
.80	.0048-	.0041-	.0040-	.0033-	.0029-	.0026-				
.85	.0049-	.0042-	.0041-	.0034-	.0030-	.0027-				
.90	.0050-	.0043-	.0042-	.0034-	.0031-	.0028-				
.95	.0050-	.0044-	.0043-	.0035-	.0031-	.0028-				
1.00	.0051-	.0044-	.0043-	.0035-	.0031-	.0028-				

Auswertung aus Pucher „Einflußfelder elastischer Platten" Tafel Nr. 6

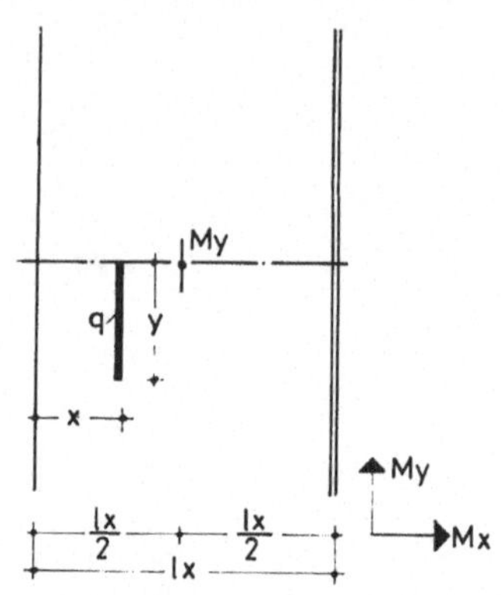

Plattenvollstreifen mit einem frei aufliegenden und einem eingespannten Längsrand.
Feldmoment My in Feldmitte aus Linienlast parallel zu den Längsrändern.
$\mu = 0$
Faktor = q · lx

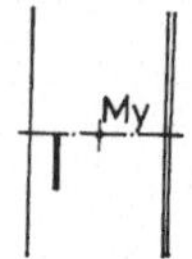

B 2.2.2

x : lx

y : lx

Spalte										
	0.05	0.10	0.15	0.20	0.25	0.30	0.35	0.40	0.45	0.50
.05	.0005	.0009	.0013	.0018	.0023	.0030	.0039	.0052	.0066	.0072
.10	.0008	.0017	.0025	.0034	.0044	.0054	.0071	.0087	.0097	.0104
.15	.0011	.0023	.0034	.0049	.0061	.0074	.0090	.0105	.0114	.0121
.20	.0014	.0029	.0041	.0057	.0074	.0088	.0100	.0116	.0122	.0126
.25	.0016	.0032	.0046	.0064	.0078	.0092	.0105	.0119	.0121	.0127
.30	.0017	.0034	.0049	.0070	.0084	.0092	.0103	.0116	.0119	.0122
.35	.0017	.0034	.0049	.0068	.0081	.0090	.0100	.0111	.0113	.0115
.40	.0016	.0033	.0048	.0067	.0078	.0086	.0094	.0104	.0105	.0106
.45	.0017	.0032	.0046	.0063	.0074	.0080	.0086	.0095	.0095	.0097
.50	.0016	.0029	.0043	.0059	.0068	.0073	.0079	.0088	.0086	.0087
.55	.0014	.0027	.0040	.0055	.0062	.0066	.0070	.0079	.0075	.0077
.60	.0013	.0025	.0036	.0050	.0057	.0060	.0062	.0070	.0065	.0068
.65	.0012	.0023	.0032	.0045	.0051	.0053	.0055	.0063	.0056	.0059
.70	.0011	.0021	.0028	.0040	.0045	.0047	.0048	.0055	.0051	.0053
.75	.0009	.0019	.0026	.0035	.0040	.0041	.0041	.0048	.0043	.0046
.80	.0008	.0017	.0023	.0030	.0035	.0035	.0035	.0042	.0037	.0039
.85	.0008	.0015	.0020	.0025	.0032	.0031	.0030	.0036	.0031	.0034
.90	.0007	.0013	.0018	.0025	.0029	.0026	.0026	.0031	.0026	.0029
.95	.0006	.0012	.0016	.0022	.0026	.0022	.0022	.0027	.0022	.0025
1.00	.0005	.0010	.0014	.0020	.0024	.0019	.0018	.0023	.0018	.0021
1.05	.0005	.0009	.0013	.0018	.0021	.0016	.0015	.0020	.0015	.0018
1.10	.0004	.0008	.0011	.0016	.0019	.0014	.0012	.0017	.0012	.0015
1.15	.0003	.0007	.0010	.0014	.0017	.0011	.0010	.0015	.0010	.0013
1.20	.0002	.0006	.0009	.0013	.0016	.0010	.0008	.0013	.0008	.0011
1.25	.0002	.0005	.0008	.0012	.0014	.0008	.0006	.0011	.0006	.0009

Auswertung aus Pucher „Einflußfelder elastischer Platten“ Tafel Nr. 6

→ x : lx

↓ y : lx

Spalte										
	0.55	0.60	0.65	0.70	0.75	0.80	0.85	0.90	0.95	
.05	.0071	.0049	.0035	.0024	.0017	.0011	.0008	.0004	.0002	
.10	.0104	.0085	.0067	.0045	.0034	.0022	.0016	.0008	.0003	
.15	.0119	.0103	.0083	.0063	.0049	.0031	.0024	.0011	.0004	
.20	.0126	.0113	.0092	.0072	.0055	.0038	.0031	.0014	.0005	
.25	.0127	.0119	.0094	.0079	.0062	.0043	.0036	.0014	.0006	
.30	.0124	.0116	.0095	.0080	.0063	.0041	.0032	.0014	.0006	
.35	.0117	.0111	.0092	.0077	.0060	.0039	.0031	.0013	.0005	
.40	.0109	.0104	.0086	.0073	.0057	.0036	.0028	.0012	.0005	
.45	.0100	.0095	.0078	.0066	.0051	.0032	.0026	.0011	.0005	
.50	.0090	.0087	.0070	.0060	.0047	.0027	.0023	.0010	.0004	
.55	.0080	.0079	.0062	.0053	.0042	.0023	.0021	.0009	.0003	
.60	.0071	.0071	.0053	.0048	.0037	.0021	.0019	.0008	.0003	
.65	.0064	.0063	.0049	.0042	.0033	.0018	.0017	.0007	.0003	
.70	.0057	.0056	.0043	.0037	.0029	.0015	.0015	.0006	.0002	
.75	.0050	.0050	.0038	.0033	.0026	.0013	.0014	.0005	.0002	
.80	.0044	.0045	.0034	.0029	.0023	.0011	.0013	.0005	.0002	
.85	.0039	.0040	.0030	.0026	.0020	.0009	.0012	.0004	.0002	
.90	.0034	.0036	.0026	.0023	.0018	.0008	.0011	.0003	.0002	
.95	.0030	.0033	.0023	.0021	.0017	.0007	.0010	.0003	.0001	
1.00	.0027	.0029	.0020	.0019	.0015	.0006	.0009	.0002	.0001	
1.05	.0024	.0027	.0018	.0017	.0014	.0005	.0008	.0002	.0001	
1.10	.0022	.0024	.0016	.0015	.0013	.0004	.0008	.0001	.0001	
1.15	.0020	.0022	.0015	.0014	.0012	.0003	.0007	.0001	.0000	
1.20	.0018	.0021	.0014	.0013	.0011	.0003	.0006	.0000	.0000	
1.25	.0016	.0019	.0012	.0012	.0010	.0002	.0006	.0000	.0000	

Auswertung aus Pucher „Einflußfelder elastischer Platten" Tafel Nr. 6

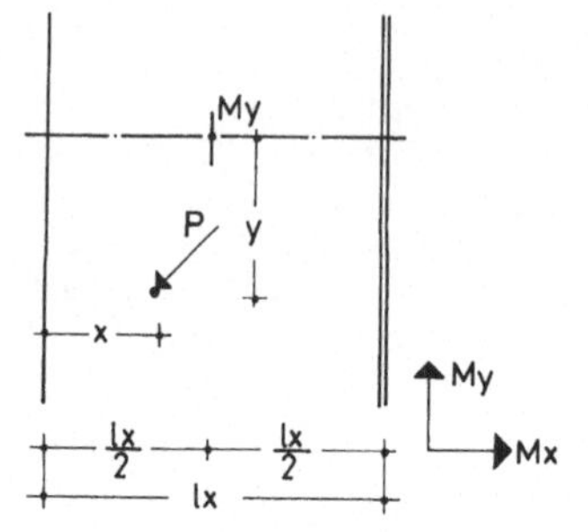

Plattenvollstreifen mit einem frei aufliegenden und einem eingespannten Längsrand.
Feldmoment My in Feldmitte aus einer Einzellast.
$\mu = 0$
Faktor = P

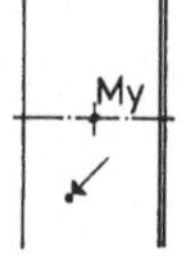

B 2.2.3

→ y : lx, ↓ x : lx

Spalte										
	0,00	0,05	0,10	0,15	0,20	0,25	0,30	0,35	0,40	0,45
.05	.0127	.0103	.0086	.0072	.0069	.0027	.0021	.0006	.0011-	.0022-
.10	.0246	.0210	.0177	.0140	.0124	.0046	.0032	.0004	.0026-	.0044-
.15	.0356	.0319	.0272	.0206	.0165	.0057	.0034	.0005-	.0044-	.0067-
.20	.0457	.0482	.0373	.0268	.0193	.0061	.0026	.0022-	.0067-	.0095-
.25	.0599	.0691	.0537	.0327	.0208	.0057	.0009	.0047-	.0095-	.0125-
.30	.0796	.0788	.0629	.0382	.0208	.0045	.0018-	.0080-	.0127-	.0154-
.35	.1048	.0953	.0697	.0397	.0202	.0026	.0055-	.0119-	.0159-	.0195-
.40	.1483	.1141	.0770	.0389	.0195	.0001-	.0093-	.0151-	.0186-	.0217-
.45	.1990	.1250	.0809	.0375	.0186	.0036-	.0126-	.0173-	.0211-	.0236-
.50	.2627*	.1278	.0815	.0355	.0176	.0040-	.0135-	.0182-	.0218-	.0243-
.55	.2246	.1226	.0787	.0329	.0164	.0031-	.0122-	.0176-	.0215-	.0236-
.60	.1194	.1033	.0725	.0296	.0152	.0007	.0086-	.0156-	.0201-	.0219-
.65	.0879	.0817	.0629	.0257	.0138	.0036	.0051-	.0123-	.0177-	.0194-
.70	.0624	.0618	.0499	.0223	.0122	.0057	.0027-	.0091-	.0144-	.0163-
.75	.0430	.0436	.0355	.0209	.0106	.0069	.0013-	.0071-	.0112-	.0130-
.80	.0296	.0299	.0246	.0186	.0088	.0073	.0009-	.0056-	.0087-	.0097-
.85	.0189	.0191	.0157	.0154	.0068	.0068	.0016-	.0042-	.0060-	.0064-
.90	.0104	.0106	.0086	.0112	.0048	.0054	.0010-	.0028-	.0035-	.0038-
.95	.0041	.0042	.0033	.0061	.0026	.0031	.0005-	.0014-	.0015-	.0015-
1.00	.0000	.0000	.0000	.0000	.0003	.0000	.0000	.0000	.0000	.0000

→ y : lx, ↓ x : lx

Spalte										
	0,50	0,55	0,60	0,65	0,70	0,75	0,80	0,85	0,90	0,95
.05	.0028-	.0029-	.0031-	.0029-	.0029-	.0027-	.0018-	.0023-	.0021-	.0019-
.10	.0054-	.0059-	.0060-	.0058-	.0056-	.0053-	.0060-	.0045-	.0041-	.0036-
.15	.0079-	.0088-	.0089-	.0086-	.0083-	.0078-	.0089-	.0066-	.0059-	.0052-
.20	.0109-	.0117-	.0117-	.0114-	.0108-	.0102-	.0102-	.0085-	.0076-	.0067-
.25	.0138-	.0146-	.0145-	.0140-	.0131-	.0123-	.0114-	.0102-	.0091-	.0080-
.30	.0174-	.0176-	.0173-	.0164-	.0151-	.0140-	.0125-	.0114-	.0102-	.0091-
.35	.0199-	.0200-	.0195-	.0183-	.0170-	.0154-	.0135-	.0124-	.0109-	.0099-
.40	.0223-	.0217-	.0209-	.0197-	.0181-	.0164-	.0144-	.0131-	.0113-	.0103-
.45	.0238-	.0227-	.0215-	.0205-	.0185-	.0167-	.0150-	.0133-	.0113-	.0103-
.50	.0242-	.0229-	.0216-	.0202-	.0181-	.0164-	.0143-	.0128-	.0110-	.0100-
.55	.0236-	.0223-	.0210-	.0192-	.0170-	.0152-	.0133-	.0120-	.0104-	.0093-
.60	.0220-	.0208-	.0195-	.0174-	.0152-	.0136-	.0121-	.0109-	.0094-	.0083-
.65	.0196-	.0184-	.0169-	.0150-	.0132-	.0118-	.0105-	.0094-	.0081-	.0068-
.70	.0163-	.0154-	.0140-	.0125-	.0109-	.0097-	.0087-	.0075-	.0064-	.0054-
.75	.0130-	.0123-	.0110-	.0097-	.0085-	.0075-	.0065-	.0055-	.0048-	.0041-
.80	.0095-	.0084-	.0075-	.0068-	.0058-	.0051-	.0044-	.0038-	.0034-	.0030-
.85	.0060-	.0053-	.0047-	.0042-	.0036-	.0032-	.0027-	.0024-	.0023-	.0020-
.90	.0032-	.0029-	.0025-	.0022-	.0019-	.0017-	.0014-	.0013-	.0013-	.0012-
.95	.0013-	.0011-	.0009-	.0008-	.0007-	.0006-	.0005-	.0005-	.0006-	.0005-
1.00	.0000	.0000	.0000	.0000	.0000	.0000	.0000	.0000	.0000	.0000

Auswertung aus Pucher „Einflußfelder elastischer Platten" Tafel Nr. 6

*bzw. theoretisch ∞

→ y : lx

↓ x : lx

Spalte										
	1,00	1,05	1,10	1,15	1,20	1,25				
.05	.0017-	.0015-	.0019-	.0012-	.0010-	.0009-				
.10	.0032-	.0029-	.0035-	.0022-	.0020-	.0017-				
.15	.0046-	.0041-	.0048-	.0032-	.0028-	.0024-				
.20	.0059-	.0051-	.0058-	.0040-	.0035-	.0030-				
.25	.0071-	.0060-	.0066-	.0047-	.0041-	.0035-				
.30	.0081-	.0068-	.0070-	.0053-	.0046-	.0040-				
.35	.0088-	.0074-	.0072-	.0058-	.0049-	.0043-				
.40	.0091-	.0079-	.0071-	.0061-	.0052-	.0046-				
.45	.0091-	.0075-	.0066-	.0059-	.0050-	.0045-				
.50	.0088-	.0069-	.0061-	.0054-	.0047-	.0043-				
.55	.0080-	.0062-	.0055-	.0050-	.0044-	.0040-				
.60	.0069-	.0055-	.0050-	.0045-	.0040-	.0037-				
.65	.0058-	.0049-	.0044-	.0040-	.0037-	.0034-				
.70	.0047-	.0042-	.0038-	.0035-	.0032-	.0030-				
.75	.0038-	.0035-	.0032-	.0029-	.0028-	.0026-				
.80	.0029-	.0028-	.0026-	.0024-	.0023-	.0022-				
.85	.0020-	.0021-	.0020-	.0018-	.0017-	.0017-				
.90	.0013-	.0014-	.0013-	.0013-	.0012-	.0012-				
.95	.0006-	.0007-	.0007-	.0007-	.0006-	.0006-				
1.00	.0000	.0000	.0000	.0001-	.0001	.0000				

Auswertung aus Pucher „Einflußfelder elastischer Platten" Tafel Nr. 6

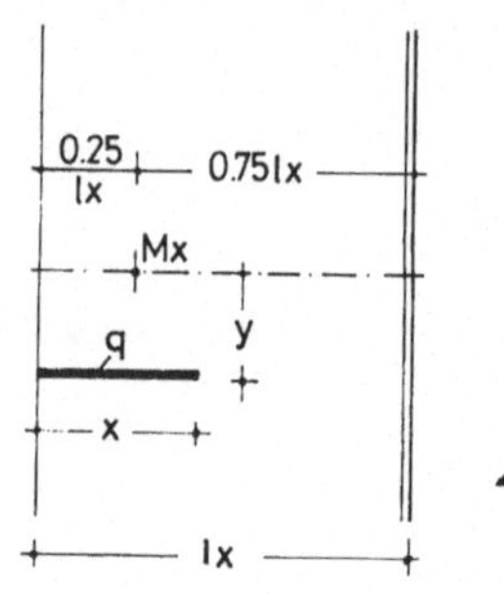

My
Mx

Plattenvollstreifen mit einem frei aufliegenden und einem eingespannten Rand. Feldmoment Mx im Viertelspunkt nahe dem frei aufliegenden Rand aus Linienlast in lx-Richtung.
Faktor = q · lx

Mx

B 2.3.1

y : lx → ; x : lx ↓

Spalte										
	0,00	0,05	0,10	0,15	0,20	0,25	0,30	0,35	0,40	0,45
.05	.0006	.0006	.0006	.0006	.0005	.0005	.0004	.0004	.0003	.0003
.10	.0026	.0026	.0026	.0026	.0025	.0024	.0020	.0018	.0015	.0013
.15	.0065	.0064	.0067	.0067	.0062	.0057	.0049	.0041	.0036	.0030
.20	.0129	.0129	.0134	.0130	.0117	.0103	.0087	.0073	.0063	.0053
.25	.0244	.0237	.0222	.0210	.0185	.0158	.0132	.0111	.0095	.0080
.30	.0358	.0340	.0321	.0272	.0242	.0217	.0181	.0153	.0131	.0111
.35	.0429	.0412	.0382	.0337	.0301	.0277	.0230	.0197	.0169	.0144
.40	.0480	.0459	.0436	.0394	.0353	.0333	.0265	.0241	.0207	.0177
.45	.0515	.0501	.0478	.0432	.0392	.0349	.0300	.0285	.0244	.0209
.50	.0539	.0531	.0509	.0465	.0425	.0381	.0330	.0325	.0279	.0238
.55	.0555	.0552	.0533	.0490	.0450	.0406	.0355	.0359	.0309	.0243
.60	.0584	.0571	.0552	.0508	.0470	.0426	.0375	.0346	.0300	.0260
.65	.0596	.0584	.0566	.0524	.0487	.0443	.0391	.0361	.0315	.0273
.70	.0606	.0593	.0575	.0535	.0498	.0454	.0403	.0373	.0327	.0284
.75	.0612	.0599	.0582	.0542	.0506	.0462	.0412	.0381	.0335	.0292
.80	.0616	.0602	.0586	.0546	.0510	.0467	.0417	.0387	.0341	.0298
.85	.0618	.0605	.0588	.0549	.0512	.0470	.0420	.0391	.0345	.0302
.90	.0618	.0607	.0590	.0551	.0515	.0472	.0423	.0393	.0346	.0304
.95	.0618	.0608	.0591	.0552	.0516	.0474	.0424	.0393	.0347	.0304
1.00	.0617	.0609	.0592	.0553	.0517	.0474	.0425	.0393	.0347	.0304

y : lx → ; x : lx ↓

Spalte										
	0,50	0,55	0,60	0,65	0,70	0,75	0,80	0,85	0,90	0,95
.05	.0003	.0002	.0002	.0002	.0001	.0001	.0001	.0001	.0001	.0001
.10	.0011	.0009	.0008	.0006	.0005	.0004	.0004	.0003	.0003	.0002
.15	.0026	.0021	.0018	.0015	.0013	.0010	.0008	.0007	.0006	.0005
.20	.0045	.0037	.0031	.0026	.0022	.0018	.0015	.0012	.0010	.0008
.25	.0067	.0056	.0048	.0039	.0033	.0028	.0023	.0018	.0015	.0012
.30	.0093	.0076	.0066	.0054	.0045	.0039	.0032	.0025	.0021	.0017
.35	.0120	.0098	.0085	.0070	.0058	.0051	.0042	.0033	.0028	.0023
.40	.0147	.0121	.0101	.0087	.0072	.0064	.0053	.0042	.0036	.0029
.45	.0174	.0139	.0118	.0104	.0085	.0071	.0060	.0050	.0043	.0036
.50	.0188	.0157	.0135	.0119	.0096	.0082	.0068	.0059	.0051	.0042
.55	.0207	.0174	.0150	.0134	.0107	.0091	.0077	.0067	.0058	.0048
.60	.0222	.0188	.0161	.0139	.0116	.0100	.0084	.0075	.0064	.0053
.65	.0235	.0199	.0172	.0148	.0125	.0107	.0091	.0082	.0070	.0054
.70	.0245	.0208	.0180	.0156	.0132	.0113	.0097	.0088	.0069	.0057
.75	.0253	.0215	.0187	.0162	.0137	.0118	.0100	.0084	.0072	.0060
.80	.0258	.0220	.0192	.0167	.0141	.0121	.0103	.0087	.0074	.0061
.85	.0262	.0224	.0195	.0169	.0143	.0123	.0105	.0089	.0076	.0063
.90	.0264	.0226	.0197	.0171	.0145	.0124	.0106	.0090	.0077	.0063
.95	.0265	.0227	.0197	.0172	.0145	.0125	.0106	.0090	.0077	.0064
1.00	.0264	.0226	.0197	.0172	.0145	.0125	.0106	.0090	.0077	.0064

Auswertung aus Pucher „Einflußfelder elastischer Platten" Tafel Nr. 7

y : lx →

x : lx ↓

Spalte										
	1,00	1,05	1,10	1,15	1,20	1,25				
.05	.0000	.0000	.0000	.0000	.0000	.0000				
.10	.0002	.0002	.0001	.0001	.0001	.0000				
.15	.0004	.0003	.0003	.0002	.0002	.0000				
.20	.0007	.0006	.0005	.0004	.0003	.0000				
.25	.0011	.0009	.0007	.0006	.0005	.0001				
.30	.0015	.0012	.0010	.0008	.0007	.0002				
.35	.0019	.0016	.0013	.0011	.0009	.0003				
.40	.0024	.0020	.0016	.0014	.0011	.0004				
.45	.0030	.0022	.0019	.0015	.0013	.0006				
.50	.0035	.0025	.0021	.0018	.0015	.0008				
.55	.0040	.0028	.0024	.0020	.0017	.0009				
.60	.0042	.0031	.0027	.0022	.0018	.0010				
.65	.0045	.0034	.0029	.0024	.0020	.0010				
.70	.0048	.0036	.0031	.0026	.0022	.0011				
.75	.0050	.0038	.0032	.0027	.0023	.0011				
.80	.0051	.0039	.0034	.0028	.0024	.0011				
.85	.0052	.0041	.0035	.0029	.0025	.0011				
.90	.0053	.0041	.0036	.0030	.0025	.0011				
.95	.0053	.0042	.0036	.0031	.0026	.0011				
1.00	.0053	.0042	.0036	.0031	.0026	.0011				

Auswertung aus Pucher „Einflußfelder elastischer Platten" Tafel Nr. 7

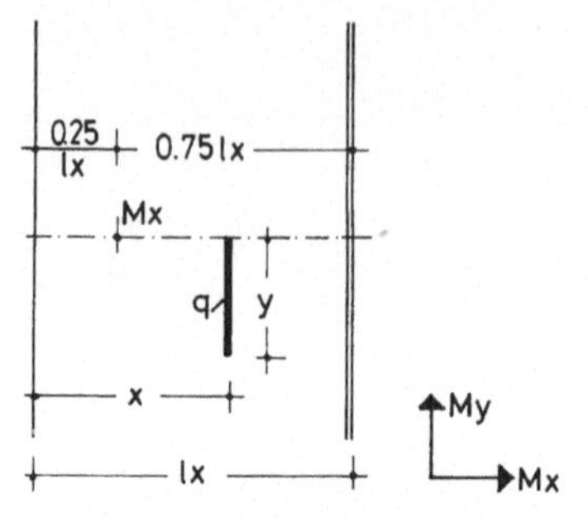

Plattenvollstreifen mit einem frei aufliegenden und einem eingespannten Rand. Feldmoment Mx im Viertelspunkt nahe dem frei aufliegenden Rand aus Linienlast in ly-Richtung.
Faktor = q · lx

B 2.3.2

x : lx →

y : lx ↓

Spalte										
	0,05	0,10	0,15	0,20	0,25	0,30	0,35	0,40	0,45	0.50
.05	.0010	.0023	.0039	.0067	.0112	.0069	.0048	.0035	.0026	.0020
.10	.0020	.0047	.0077	.0135	.0197	.0139	.0098	.0071	.0051	.0040
.15	.0030	.0070	.0115	.0199	.0263	.0205	.0149	.0107	.0076	.0061
.20	.0040	.0093	.0151	.0245	.0319	.0265	.0198	.0142	.0101	.0083
.25	.0049	.0114	.0186	.0287	.0364	.0300	.0245	.0177	.0125	.0104
.30	.0058	.0134	.0218	.0323	.0400	.0339	.0288	.0211	.0148	.0126
.35	.0066	.0151	.0246	.0353	.0437	.0373	.0310	.0242	.0170	.0147
.40	.0073	.0160	.0271	.0378	.0465	.0402	.0339	.0272	.0192	.0167
.45	.0078	.0171	.0280	.0398	.0489	.0426	.0363	.0299	.0212	.0186
.50	.0082	.0180	.0295	.0414	.0509	.0446	.0384	.0323	.0230	.0204
.55	.0085	.0188	.0306	.0435	.0525	.0463	.0401	.0344	.0247	.0220
.60	.0088	.0194	.0316	.0447	.0538	.0484	.0416	.0347	.0263	.0226
.65	.0090	.0199	.0325	.0457	.0554	.0497	.0429	.0360	.0270	.0238
.70	.0091	.0203	.0331	.0467	.0564	.0509	.0444	.0371	.0281	.0247
.75	.0092	.0207	.0337	.0474	.0573	.0518	.0454	.0381	.0290	.0256
.80	.0093	.0209	.0341	.0479	.0580	.0526	.0462	.0389	.0298	.0263
.85	.0100	.0211	.0344	.0484	.0586	.0533	.0469	.0396	.0305	.0270
.90	.0110	.0213	.0348	.0487	.0590	.0538	.0475	.0402	.0310	.0275
.95	.0126	.0214	.0351	.0492	.0593	.0542	.0480	.0406	.0315	.0280
1.00	.0146	.0220	.0353	.0494	.0595	.0545	.0483	.0410	.0319	.0283
1.05	.0167	.0232	.0355	.0497	.0596	.0549	.0487	.0414	.0322	.0286
1.10	.0188	.0246	.0356	.0499	.0597	.0552	.0489	.0417	.0324	.0288
1.15	.0208	.0262	.0357	.0500	.0598	.0554	.0491	.0419	.0326	.0290
1.20	.0224	.0276	.0358	.0501	.0605	.0556	.0492	.0420	.0328	.0293
1.25	.0235	.0286	.0358	.0502	.0612	.0557	.0496	.0422	.0330	.0296

Auswertung aus Pucher „Einflußfelder elastischer Platten" Tafel Nr. 7

→ x : lx

↓ y : lx

Spalte										
	0,55	0,60	0,65	0,70	0,75	0,80	0,85	0,90	0,95	
.05	.0017	.0012	.0009	.0006	.0004	.0002	.0001	.0001	.0000	
.10	.0035	.0025	.0018	.0013	.0009	.0005	.0003	.0001	.0001	
.15	.0055	.0038	.0028	.0020	.0014	.0008	.0004	.0002	.0001	
.20	.0076	.0051	.0038	.0028	.0020	.0011	.0006	.0004	.0002	
.25	.0097	.0066	.0049	.0035	.0026	.0014	.0008	.0005	.0003	
.30	.0117	.0079	.0059	.0043	.0032	.0018	.0010	.0007	.0004	
.35	.0138	.0093	.0069	.0051	.0039	.0021	.0012	.0008	.0005	
.40	.0157	.0107	.0080	.0058	.0045	.0025	.0014	.0010	.0005	
.45	.0166	.0120	.0090	.0066	.0052	.0028	.0016	.0011	.0006	
.50	.0181	.0132	.0098	.0074	.0058	.0032	.0018	.0013	.0007	
.55	.0194	.0143	.0107	.0081	.0064	.0035	.0021	.0013	.0007	
.60	.0205	.0152	.0116	.0085	.0070	.0038	.0023	.0014	.0007	
.65	.0215	.0161	.0123	.0091	.0076	.0042	.0025	.0015	.0007	
.70	.0224	.0168	.0129	.0096	.0081	.0044	.0026	.0016	.0008	
.75	.0232	.0175	.0135	.0101	.0085	.0047	.0028	.0017	.0008	
.80	.0239	.0180	.0140	.0105	.0084	.0050	.0030	.0018	.0009	
.85	.0244	.0185	.0145	.0109	.0087	.0052	.0031	.0019	.0009	
.90	.0249	.0189	.0148	.0112	.0089	.0053	.0032	.0019	.0009	
.95	.0253	.0192	.0152	.0114	.0091	.0055	.0033	.0020	.0010	
1.00	.0256	.0196	.0155	.0117	.0093	.0057	.0034	.0021	.0010	
1.05	.0260	.0199	.0157	.0118	.0094	.0059	.0035	.0021	.0010	
1.10	.0262	.0201	.0159	.0122	.0095	.0061	.0036	.0021	.0010	
1.15	.0265	.0203	.0161	.0132	.0096	.0063	.0037	.0022	.0010	
1.20	.0266	.0204	.0162	.0143	.0096	.0065	.0038	.0022	.0011	
1.25	.0268	.0205	.0162	.0152	.0097	.0066	.0039	.0022	.0011	

Auswertung aus Pucher „Einflußfelder elastischer Platten“ Tafel Nr. 7

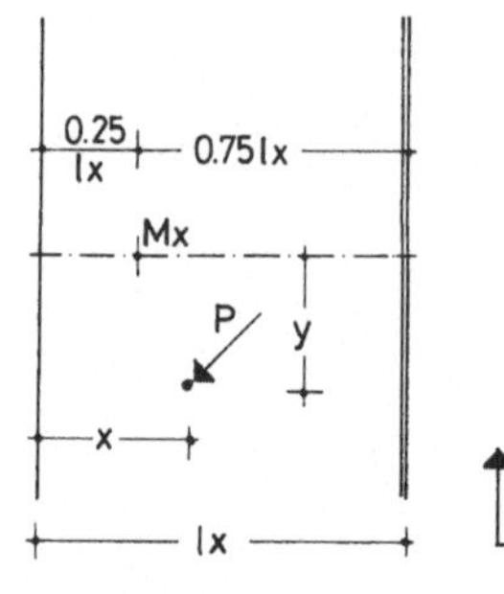

Plattenvollstreifen mit einem frei aufliegenden und einem eingespannten Rand. Feldmoment Mx im Viertelspunkt nahe dem aufliegenden Rand aus einer Einzellast.
Faktor = P

Mx

B 2.3.3

→ y : lx, ↓ x : lx

Spalte										
	0,00	0,05	0,10	0,15	0,20	0,25	0,30	0,35	0,40	0,45
.05	.0258	.0250	.0250	.0244	.0239	.0228	.0199	.0181	.0156	.0131
.10	.0578	.0572	.0593	.0592	.0550	.0516	.0449	.0384	.0322	.0276
.15	.0967	.0966	.1069	.1048	.0937	.0818	.0675	.0548	.0477	.0403
.20	.1665	.1731	.1601	.1360	.1187	.0994	.0841	.0671	.0581	.0498
.25	.2919*	.2389	.1831	.1493	.1291	.1086	.0921	.0756	.0654	.0564
.30	.1714	.1763	.1635	.1369	.1223	.1095	.0932	.0802	.0694	.0602
.35	.1180	.1194	.1262	.1194	.1095	.1019	.0876	.0812	.0702	.0609
.40	.0874	.0861	.0947	.0968	.0922	.0860	.0763	.0783	.0678	.0588
.45	.0641	.0676	.0716	.0735	.0735	.0701	.0656	.0716	.0622	.0538
.50	.0482	.0525	.0554	.0579	.0592	.0574	.0553	.0611	.0533	.0458
.55	.0398	.0398	.0421	.0445	.0465	.0459	.0454	.0469	.0412	.0369
.60	.0290	.0296	.0316	.0334	.0353	.0356	.0359	.0348	.0326	.0305
.65	.0218	.0215	.0226	.0245	.0261	.0268	.0273	.0270	.0260	.0246
.70	.0154	.0153	.0161	.0174	.0187	.0195	.0202	.0205	.0200	.0189
.75	.0098	.0096	.0103	.0111	.0123	.0130	.0140	.0145	.0143	.0137
.80	.0057	.0056	.0061	.0065	.0073	.0078	.0087	.0091	.0092	.0090
.85	.0030	.0038	.0038	.0039	.0042	.0044	.0049	.0053	.0055	.0056
.90	.0011	.0030	.0030	.0031	.0031	.0032	.0033	.0027	.0020	.0030
.95	.0001	.0017	.0018	.0018	.0018	.0018	.0018	.0010	.0010	.0012
1.00	.0000	.0000	.0000	.0000	.0000	.0000	.0000	.0000	.0000	.0000

→ y : lx, ↓ x : lx

Spalte										
	0,50	0,55	0,60	0,65	0,70	0,75	0,80	0,85	0,90	0,95
.05	.0112	.0085	.0073	.0059	.0053	.0045	.0040	.0034	.0027	.0022
.10	.0237	.0197	.0163	.0130	.0112	.0085	.0072	.0062	.0052	.0042
.15	.0337	.0281	.0241	.0198	.0164	.0132	.0109	.0086	.0073	.0060
.20	.0415	.0344	.0297	.0250	.0207	.0171	.0141	.0111	.0094	.0077
.25	.0474	.0391	.0336	.0283	.0241	.0200	.0166	.0130	.0112	.0093
.30	.0509	.0428	.0359	.0304	.0253	.0219	.0183	.0145	.0126	.0106
.35	.0517	.0438	.0367	.0314	.0259	.0230	.0192	.0155	.0135	.0114
.40	.0501	.0419	.0356	.0312	.0258	.0231	.0193	.0159	.0139	.0117
.45	.0458	.0381	.0334	.0300	.0249	.0215	.0183	.0159	.0138	.0116
.50	.0392	.0343	.0307	.0276	.0231	.0197	.0170	.0153	.0133	.0111
.55	.0337	.0302	.0272	.0240	.0205	.0178	.0155	.0143	.0123	.0100
.60	.0283	.0258	.0230	.0206	.0179	.0156	.0138	.0127	.0107	.0086
.65	.0230	.0210	.0189	.0171	.0151	.0133	.0117	.0107	.0087	.0070
.70	.0180	.0164	.0150	.0138	.0122	.0108	.0095	.0081	.0068	.0056
.75	.0132	.0121	.0112	.0105	.0092	.0081	.0071	.0061	.0052	.0043
.80	.0088	.0082	.0077	.0073	.0065	.0057	.0051	.0044	.0038	.0032
.85	.0055	.0053	.0050	.0048	.0042	.0037	.0033	.0029	.0025	.0022
.90	.0030	.0029	.0028	.0027	.0024	.0021	.0019	.0016	.0015	.0013
.95	.0012	.0012	.0012	.0011	.0010	.0009	.0008	.0007	.0006	.0006
1.00	.0000	.0000	.0000	.0000	.0000	.0001	.0000	.0000	.0000	.0000

Auswertung aus Pucher „Einflußfelder elastischer Platten" Tafel Nr. 7

* bezw. theoretisch ∞

y : lx

x : lx

Spalte										
	1,00	1,05	1,10	1,15	1,20	1,25				
.05	.0019	.0016	.0012	.0010	.0008	.0001				
.10	.0036	.0030	.0023	.0020	.0016	.0002				
.15	.0051	.0041	.0033	.0028	.0023	.0005				
.20	.0064	.0051	.0042	.0035	.0028	.0009				
.25	.0076	.0059	.0049	.0041	.0033	.0014				
.30	.0088	.0065	.0055	.0046	.0038	.0020				
.35	.0097	.0069	.0060	.0049	.0041	.0027				
.40	.0100	.0072	.0064	.0052	.0043	.0035				
.45	.0098	.0068	.0061	.0050	.0042	.0030				
.50	.0092	.0063	.0056	.0047	.0040	.0025				
.55	.0080	.0058	.0051	.0043	.0037	.0020				
.60	.0068	.0052	.0046	.0040	.0034	.0016				
.65	.0057	.0046	.0041	.0035	.0031	.0012				
.70	.0047	.0040	.0035	.0031	.0027	.0009				
.75	.0038	.0034	.0030	.0027	.0023	.0006				
.80	.0029	.0028	.0024	.0022	.0019	.0004				
.85	.0021	.0021	.0019	.0017	.0014	.0002				
.90	.0013	.0014	.0013	.0011	.0009	.0001				
.95	.0006	.0007	.0007	.0006	.0004	.0000				
1.00	.0000	.0000	.0001	.0000	.0001-	.0000				

Auswertung aus Pucher „Einflußfelder elastischer Platten" Tafel Nr. 7

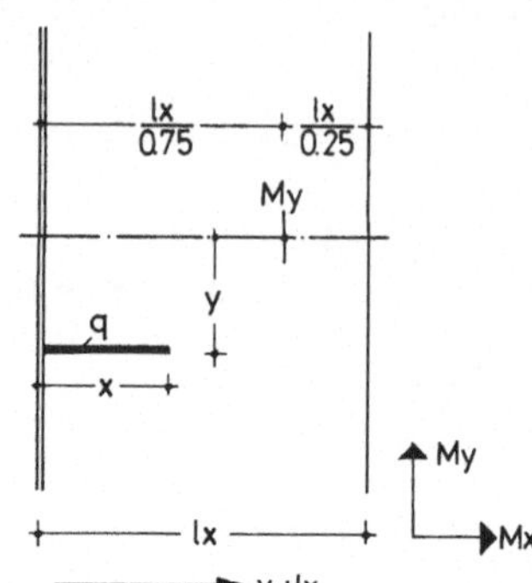

Plattenvollstreifen mit einem eingespannten und einem frei aufliegenden Längsrand.
Feldmoment My im Viertelspunkt nahe dem frei aufliegenden Längsrand aus Linienlast in lx-Richtung.
$\mu = 0$
Faktor = q · lx

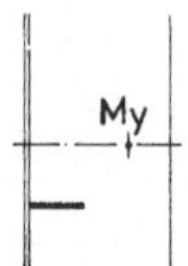

B 2.4.1

y : lx →, x : lx ↓

Spalte										
	0.00	0.05	0.10	0.15	0.20	0.25	0.30	0.35	0.40	0.45
.05	.0000	.0000	.0000	.0000	.0000	.0000	.0001	.0000	.0000	.0000
.10	.0001	.0001	.0001	.0001	.0002	.0002	.0003	.0000	.0001	.0000
.15	.0003	.0003	.0004	.0004	.0004	.0004	.0006	.0000	.0001	.0000
.20	.0007	.0007	.0007	.0007	.0007	.0007	.0009	.0000	.0002	.0000
.25	.0013	.0013	.0013	.0012	.0011	.0011	.0013	.0000	.0003	.0001-
.30	.0025	.0025	.0020	.0018	.0015	.0015	.0018	.0000	.0003	.0002-
.35	.0038	.0037	.0034	.0029	.0021	.0019	.0022	.0000	.0002	.0004-
.40	.0053	.0053	.0048	.0041	.0028	.0024	.0025	.0000	.0001	.0009-
.45	.0074	.0073	.0065	.0055	.0036	.0029	.0028	.0001-	.0001-	.0014-
.50	.0100	.0098	.0087	.0070	.0046	.0034	.0030	.0002-	.0008-	.0020-
.55	.0132	.0129	.0113	.0087	.0056	.0035	.0031	.0006-	.0014-	.0027-
.60	.0180	.0173	.0145	.0103	.0063	.0037	.0020	.0011-	.0021-	.0035-
.65	.0230	.0221	.0171	.0118	.0069	.0037	.0016	.0018-	.0029-	.0045-
.70	.0305	.0275	.0192	.0132	.0072	.0034	.0010	.0027-	.0039-	.0055-
.75	.0421	.0331	.0212	.0134	.0072	.0029	.0001	.0036-	.0049-	.0065-
.80	.0533	.0386	.0230	.0145	.0071	.0023	.0006-	.0046-	.0059-	.0075-
.85	.0597	.0416	.0247	.0155	.0069	.0020	.0014-	.0053-	.0067-	.0083-
.90	.0636	.0448	.0272	.0164	.0070	.0016	.0019-	.0059-	.0074-	.0089-
.95	.0661	.0469	.0286	.0171	.0071	.0015	.0022-	.0063-	.0078-	.0093-
1.00	.0668	.0474	.0288	.0175	.0072	.0015	.0023-	.0065-	.0080-	.0095-

y : lx →, x : lx ↓

Spalte										
	0.50	0.55	0.60	0.65	0.70	0.75	0.80	0.85	0.90	0.95
.05	.0000	.0000	.0000	.0000	.0000	.0000	.0000	.0000	.0000	.0000
.10	.0000	.0000	.0000	.0001-	.0001-	.0001-	.0001-	.0001-	.0001-	.0001-
.15	.0001-	.0001-	.0001-	.0001-	.0001-	.0001-	.0001-	.0001-	.0001-	.0001-
.20	.0001-	.0002-	.0002-	.0003-	.0003-	.0003-	.0003-	.0003-	.0003-	.0003-
.25	.0003-	.0004-	.0004-	.0004-	.0004-	.0005-	.0004-	.0004-	.0004-	.0004-
.30	.0005-	.0006-	.0007-	.0007-	.0007-	.0007-	.0007-	.0006-	.0006-	.0006-
.35	.0008-	.0011-	.0012-	.0012-	.0012-	.0010-	.0010-	.0009-	.0009-	.0008-
.40	.0014-	.0016-	.0017-	.0017-	.0016-	.0016-	.0015-	.0013-	.0012-	.0011-
.45	.0019-	.0022-	.0023-	.0023-	.0022-	.0021-	.0019-	.0018-	.0015-	.0014-
.50	.0026-	.0029-	.0031-	.0030-	.0028-	.0027-	.0025-	.0023-	.0020-	.0018-
.55	.0034-	.0036-	.0038-	.0037-	.0035-	.0033-	.0031-	.0028-	.0025-	.0022-
.60	.0043-	.0046-	.0047-	.0045-	.0043-	.0040-	.0037-	.0034-	.0030-	.0027-
.65	.0053-	.0056-	.0057-	.0054-	.0050-	.0047-	.0043-	.0039-	.0035-	.0031-
.70	.0063-	.0066-	.0067-	.0063-	.0058-	.0054-	.0049-	.0045-	.0040-	.0036-
.75	.0073-	.0076-	.0077-	.0071-	.0065-	.0060-	.0055-	.0051-	.0045-	.0039-
.80	.0083-	.0085-	.0083-	.0078-	.0072-	.0066-	.0060-	.0056-	.0047-	.0042-
.85	.0090-	.0092-	.0090-	.0084-	.0078-	.0071-	.0065-	.0057-	.0051-	.0045-
.90	.0096-	.0098-	.0095-	.0088-	.0080-	.0074-	.0068-	.0059-	.0053-	.0047-
.95	.0102-	.0101-	.0098-	.0091-	.0083-	.0076-	.0069-	.0061-	.0055-	.0049-
1.00	.0116-	.0103-	.0099-	.0092-	.0084-	.0077-	.0069-	.0062-	.0055-	.0049-

Auswertung aus Pucher „Einflußfelder elastischer Platten" Tafel Nr. 8

→ y : lx

↓ x : lx

Spalte										
	1.00	1.05	1.10	1.15	1.20	1.25				
.05	.0000	.0000	.0000	.0000	.0000	.0000				
.10	.0001-	.0001-	.0001-	.0001-	.0001-	.0000				
.15	.0001-	.0001-	.0001-	.0001-	.0001-	.0000				
.20	.0003-	.0002-	.0002-	.0002-	.0002-	.0000				
.25	.0004-	.0004-	.0004-	.0003-	.0003-	.0000				
.30	.0006-	.0005-	.0005-	.0005-	.0005-	.0001-				
.35	.0008-	.0007-	.0007-	.0007-	.0006-	.0001-				
.40	.0010-	.0009-	.0009-	.0008-	.0008-	.0002-				
.45	.0013-	.0012-	.0011-	.0011-	.0010-	.0003-				
.50	.0016-	.0015-	.0013-	.0013-	.0012-	.0004-				
.55	.0019-	.0018-	.0016-	.0015-	.0014-	.0005-				
.60	.0023-	.0021-	.0019-	.0017-	.0016-	.0006-				
.65	.0027-	.0024-	.0022-	.0020-	.0018-	.0009-				
.70	.0030-	.0027-	.0024-	.0022-	.0020-	.0010-				
.75	.0034-	.0030-	.0027-	.0025-	.0022-	.0011-				
.80	.0037-	.0033-	.0029-	.0027-	.0024-	.0011-				
.85	.0039-	.0035-	.0031-	.0028-	.0025-	.0012-				
.90	.0041-	.0037-	.0033-	.0030-	.0027-	.0012-				
.95	.0043-	.0038-	.0034-	.0031-	.0027-	.0012-				
1.00	.0043-	.0038-	.0034-	.0031-	.0028-	.0011-				

Auswertung aus Pucher „Einflußfelder elastischer Platten" Tafel Nr. 8

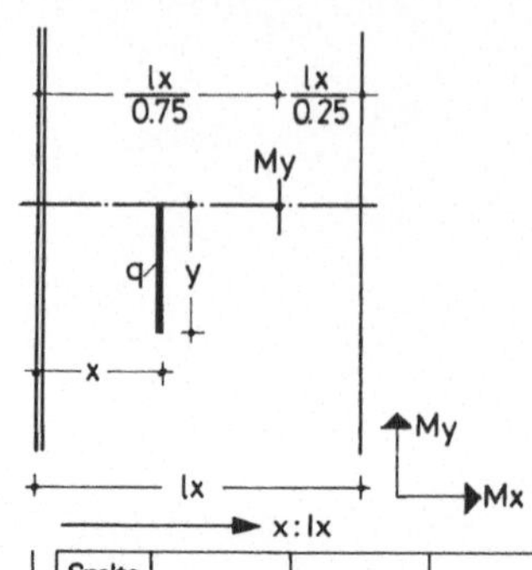

Plattenvollstreifen mit einem eingespannten und einem frei aufliegenden Längsrand.
Feldmoment My im Viertelspunkt nahe dem frei aufliegenden Längsrand aus Linienlast parallel zu den Längsrändern.
$\mu = 0$
Faktor = q · lx

My

B 2.4.2

Spalte										
y : lx	0.05	0.10	0.15	0.20	0.25	0.30	0.35	0.40	0.45	0.50
.05	.0001	.0002	.0003	.0004	.0006	.0009	.0011	.0014	.0019	.0024
.10	.0001	.0003	.0006	.0009	.0012	.0017	.0022	.0027	.0037	.0045
.15	.0002	.0005	.0008	.0012	.0017	.0025	.0031	.0038	.0052	.0062
.20	.0003	.0006	.0011	.0016	.0021	.0032	.0039	.0047	.0060	.0075
.25	.0003	.0007	.0013	.0019	.0024	.0038	.0045	.0054	.0066	.0078
.30	.0004	.0008	.0014	.0021	.0026	.0038	.0045	.0055	.0069	.0080
.35	.0003	.0007	.0013	.0022	.0027	.0038	.0046	.0056	.0069	.0079
.40	.0003	.0007	.0013	.0020	.0026	.0038	.0044	.0055	.0067	.0076
.45	.0003	.0007	.0012	.0019	.0025	.0037	.0043	.0052	.0064	.0072
.50	.0003	.0007	.0012	.0019	.0023	.0035	.0040	.0048	.0059	.0066
.55	.0003	.0006	.0011	.0017	.0021	.0033	.0036	.0043	.0054	.0059
.60	.0002	.0006	.0010	.0016	.0019	.0030	.0032	.0038	.0048	.0052
.65	.0002	.0005	.0009	.0014	.0016	.0028	.0030	.0035	.0044	.0048
.70	.0002	.0005	.0008	.0012	.0015	.0025	.0026	.0031	.0039	.0043
.75	.0002	.0004	.0007	.0010	.0013	.0022	.0023	.0027	.0035	.0038
.80	.0001	.0003	.0006	.0008	.0012	.0019	.0020	.0024	.0031	.0033
.85	.0001	.0003	.0004	.0006	.0010	.0017	.0017	.0020	.0027	.0028
.90	.0001	.0002	.0003	.0005	.0008	.0014	.0014	.0017	.0023	.0025
.95	.0000	.0001	.0002	.0003	.0007	.0012	.0012	.0014	.0020	.0021
1.00	.0000	.0001	.0001	.0002	.0006	.0011	.0009	.0012	.0017	.0018
1.05	.0000	.0001	.0001	.0003	.0004	.0010	.0008	.0010	.0014	.0015
1.10	.0000	.0000	.0001	.0002	.0004	.0008	.0006	.0008	.0012	.0011
1.15	.0001-	.0000	.0000	.0001	.0003	.0006	.0005	.0006	.0010	.0008
1.20	.0001-	.0000	.0001-	.0000	.0002	.0004	.0003	.0005	.0008	.0006
1.25	.0001-	.0001-	.0001-	.0000	.0002	.0003	.0002	.0003	.0006	.0004

Auswertung aus Pucher „Einflußfelder elastischer Platten" Tafel Nr. 8

→ x : lx

↓ y : lx

Spalte										
	0.55	0.60	0.65	0.70	0.75	0.80	0.85	0.90	0.95	
.05	.0028	.0036	.0043	.0060	.0067	.0058	.0036	.0022	.0012	
.10	.0052	.0068	.0075	.0082	.0083	.0086	.0064	.0040	.0022	
.15	.0070	.0086	.0093	.0098	.0100	.0099	.0073	.0048	.0028	
.20	.0083	.0096	.0100	.0103	.0102	.0102	.0076	.0050	.0029	
.25	.0086	.0100	.0102	.0102	.0100	.0100	.0075	.0050	.0028	
.30	.0086	.0099	.0099	.0097	.0094	.0095	.0070	.0047	.0027	
.35	.0084	.0095	.0094	.0091	.0087	.0088	.0065	.0044	.0025	
.40	.0080	.0089	.0087	.0082	.0079	.0080	.0059	.0040	.0023	
.45	.0074	.0082	.0079	.0075	.0071	.0074	.0052	.0036	.0020	
.50	.0068	.0074	.0072	.0067	.0063	.0067	.0045	.0031	.0017	
.55	.0061	.0066	.0064	.0058	.0056	.0062	.0039	.0027	.0015	
.60	.0054	.0060	.0056	.0051	.0049	.0058	.0036	.0023	.0014	
.65	.0047	.0053	.0049	.0044	.0042	.0054	.0031	.0021	.0012	
.70	.0041	.0047	.0042	.0037	.0036	.0051	.0027	.0019	.0010	
.75	.0033	.0040	.0036	.0032	.0031	.0048	.0024	.0016	.0007	
.80	.0024	.0035	.0031	.0027	.0027	.0045	.0021	.0014	.0004	
.85	.0016	.0031	.0026	.0022	.0023	.0042	.0018	.0012	.0000	
.90	.0008	.0026	.0022	.0018	.0019	.0037	.0016	.0011	.0003-	
.95	.0002	.0023	.0018	.0015	.0017	.0034	.0014	.0009	.0006-	
1.00	.0002	.0019	.0015	.0012	.0014	.0032	.0012	.0008	.0010-	
1.05	.0001-	.0017	.0012	.0010	.0012	.0029	.0010	.0007	.0012-	
1.10	.0005-	.0014	.0010	.0007	.0010	.0028	.0008	.0007	.0015-	
1.15	.0008-	.0012	.0008	.0006	.0008	.0026	.0006	.0006	.0017-	
1.20	.0011-	.0010	.0006	.0003	.0004	.0025	.0005	.0006	.0019-	
1.25	.0013-	.0008	.0004	.0000	.0002-	.0024	.0004	.0006	.0020-	

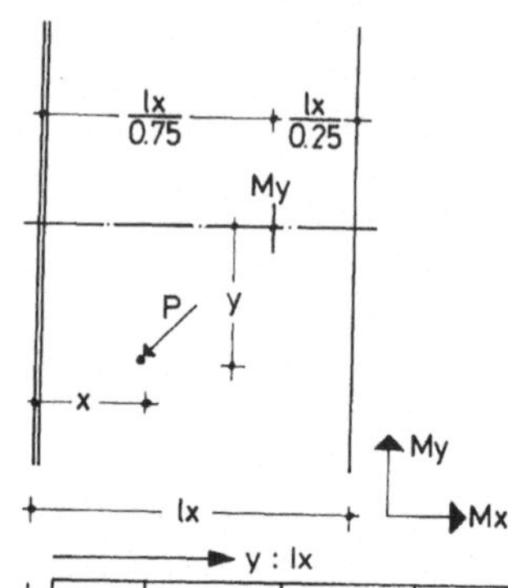

Plattenvollstreifen mit einem eingespannten und einem frei aufliegenden Längsrand.
Feldmoment My im Viertelspunkt nahe dem frei aufliegenden Längsrand aus einer Einzellast.
$\mu = 0$
Faktor = P

B 2.4.3

y : lx → ; x : lx ↓

Spalte										
	0.00	0.05	0.10	0.15	0.20	0.25	0.30	0.35	0.40	0.45
.05	.0014	.0014	.0015	.0015	.0016	.0019	.0026	.0000	.0007	.0001
.10	.0037	.0037	.0037	.0035	.0033	.0036	.0046	.0000	.0011	.0000
.15	.0070	.0068	.0066	.0059	.0051	.0050	.0060	.0000	.0011	.0006-
.20	.0112	.0109	.0102	.0089	.0070	.0062	.0068	.0000	.0007	.0014-
.25	.0164	.0159	.0146	.0124	.0090	.0072	.0071	.0000	.0001-	.0026-
.30	.0221	.0216	.0197	.0164	.0110	.0079	.0068	.0000	.0013-	.0041-
.35	.0289	.0285	.0252	.0210	.0131	.0083	.0060	.0002-	.0028-	.0060-
.40	.0378	.0369	.0320	.0254	.0153	.0086	.0046	.0010-	.0047-	.0082-
.45	.0487	.0471	.0402	.0284	.0176	.0085	.0026	.0027-	.0070-	.0104-
.50	.0615	.0589	.0497	.0299	.0199	.0083	.0000	.0050-	.0096-	.0128-
.55	.0764	.0723	.0605	.0299	.0167	.0060	.0031-	.0081-	.0124-	.0153-
.60	.0926	.0880	.0544	.0284	.0129	.0018	.0070-	.0119-	.0154-	.0180-
.65	.1232	.0995	.0479	.0254	.0085	.0028-	.0108-	.0154-	.0183-	.0197-
.70	.1647	.1043	.0432	.0210	.0034	.0072-	.0145-	.0177-	.0198-	.0204-
.75	.2634*	.1023	.0402	.0207	.0011-	.0096-	.0162-	.0185-	.0200-	.0202-
.80	.1685	.0934	.0390	.0201	.0020-	.0100-	.0156-	.0176-	.0189-	.0185-
.85	.1006	.0773	.0395	.0177	.0005-	.0080-	.0130-	.0150-	.0157-	.0150-
.90	.0616	.0527	.0322	.0136	.0012	.0044-	.0087-	.0105-	.0108-	.0102-
.95	.0320	.0265	.0171	.0077	.0013	.0021-	.0038-	.0055-	.0061-	.0055-
1.00	.0000	.0000	.0000	.0000	.0000	.0000	.0000	.0000	.0000	.0000

y : lx → ; x : lx ↓

Spalte										
	0.50	0.55	0.60	0.65	0.70	0.75	0.80	0.85	0.90	0.95
.05	.0002-	.0004-	.0005-	.0005-	.0005-	.0006-	.0006-	.0006-	.0006-	.0006-
.10	.0007-	.0010-	.0012-	.0013-	.0013-	.0014-	.0014-	.0013-	.0013-	.0013-
.15	.0015-	.0019-	.0023-	.0023-	.0023-	.0023-	.0022-	.0021-	.0020-	.0020-
.20	.0026-	.0031-	.0035-	.0036-	.0035-	.0034-	.0033-	.0031-	.0029-	.0027-
.25	.0041-	.0046-	.0051-	.0051-	.0049-	.0047-	.0044-	.0041-	.0037-	.0035-
.30	.0058-	.0064-	.0069-	.0068-	.0065-	.0062-	.0057-	.0052-	.0047-	.0043-
.35	.0078-	.0085-	.0091-	.0088-	.0084-	.0078-	.0072-	.0065-	.0057-	.0051-
.40	.0100-	.0108-	.0113-	.0108-	.0102-	.0095-	.0087-	.0078-	.0068-	.0060-
.45	.0121-	.0129-	.0133-	.0127-	.0119-	.0110-	.0100-	.0091-	.0079-	.0069-
.50	.0143-	.0149-	.0151-	.0144-	.0133-	.0123-	.0112-	.0101-	.0090-	.0079-
.55	.0166-	.0172-	.0170-	.0160-	.0144-	.0132-	.0121-	.0107-	.0097-	.0085-
.60	.0189-	.0193-	.0186-	.0170-	.0153-	.0139-	.0127-	.0110-	.0099-	.0088-
.65	.0203-	.0202-	.0191-	.0173-	.0153-	.0138-	.0125-	.0108-	.0098-	.0086-
.70	.0206-	.0202-	.0187-	.0168-	.0147-	.0131-	.0118-	.0103-	.0092-	.0080-
.75	.0199-	.0191-	.0172-	.0154-	.0135-	.0120-	.0107-	.0093-	.0082-	.0071-
.80	.0177-	.0166-	.0148-	.0132-	.0117-	.0104-	.0092-	.0080-	.0069-	.0061-
.85	.0141-	.0131-	.0119-	.0106-	.0095-	.0082-	.0073-	.0062-	.0054-	.0048-
.90	.0098-	.0092-	.0082-	.0075-	.0067-	.0057-	.0050-	.0043-	.0038-	.0034-
.95	.0183-	.0050-	.0041-	.0040-	.0035-	.0029-	.0023-	.0023-	.0020-	.0018-
1.00	.0000	.0000	.0000	.0000	.0000	.0000	.0000	.0000	.0000	.0000

Auswertung aus Pucher „Einflußfelder elastischer Platten" Tafel Nr. 8

* bzw. theoretisch ∞

→ y : lx

↓ x : lx

Spalte										
	1.00	1.05	1.10	1.15	1.20	1.25				
.05	.0007-	.0006-	.0006-	.0006-	.0006-	.0000				
.10	.0013-	.0012-	.0011-	.0011-	.0011-	.0001-				
.15	.0020-	.0018-	.0017-	.0016-	.0016-	.0002-				
.20	.0026-	.0024-	.0022-	.0021-	.0020-	.0004-				
.25	.0032-	.0029-	.0027-	.0026-	.0025-	.0006-				
.30	.0039-	.0035-	.0032-	.0031-	.0029-	.0009-				
.35	.0045-	.0041-	.0037-	.0035-	.0032-	.0012-				
.40	.0051-	.0046-	.0042-	.0039-	.0036-	.0016-				
.45	.0057-	.0052-	.0046-	.0043-	.0039-	.0020-				
.50	.0064-	.0058-	.0051-	.0046-	.0042-	.0025-				
.55	.0070-	.0063-	.0055-	.0049-	.0044-	.0030-				
.60	.0075-	.0067-	.0059-	.0052-	.0046-	.0036-				
.65	.0072-	.0064-	.0056-	.0049-	.0043-	.0028-				
.70	.0067-	.0059-	.0052-	.0046-	.0040-	.0021-				
.75	.0061-	.0053-	.0047-	.0041-	.0035-	.0014-				
.80	.0052-	.0045-	.0040-	.0035-	.0030-	.0009-				
.85	.0042-	.0036-	.0032-	.0028-	.0024-	.0005-				
.90	.0030-	.0025-	.0022-	.0020-	.0017-	.0002-				
.95	.0016-	.0013-	.0012-	.0010-	.0009-	.0000				
1.00	.0000	.0000	.0000	.0000	.0000	.0000				

Auswertung aus Pucher „Einflußfelder elastischer Platten" Tafel Nr. 8

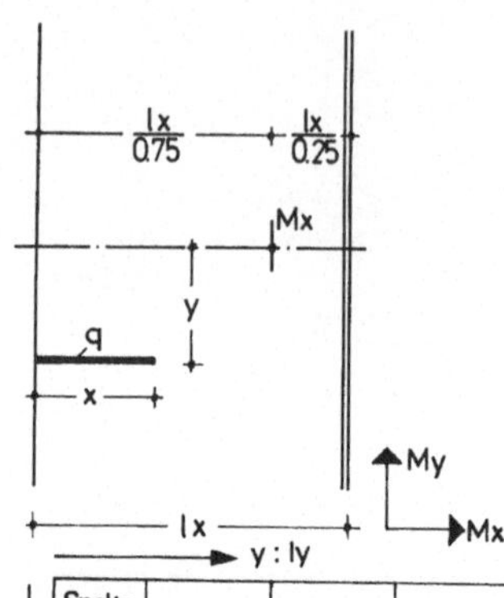

Plattenvollstreifen mit einem frei aufliegenden und einem eingespannten Rand.
Feldmoment Mx im Viertelspunkt nahe dem eingespannten Rand aus Linienlast in lx-Richtung.
$\mu = 0$
Faktor q · lx

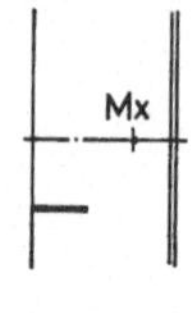

B 2.5.1

y : ly →

x : lx ↓

Spalte											
	0,00	0,05	0,10	0,15	0,20	0,25	0,30	0,35	0,40	0,45	0,50
.05	.0001-	.0001-	.0001-	.0001-	.0001-	.0001-	.0001-	.0001-	.0001-	.0001-	.0001-
.10	.0006-	.0006-	.0006-	.0006-	.0005-	.0005-	.0004-	.0004-	.0004-	.0003-	.0003-
.15	.0013-	.0014-	.0013-	.0013-	.0012-	.0011-	.0010-	.0009-	.0008-	.0007-	.0007-
.20	.0024-	.0025-	.0023-	.0023-	.0021-	.0020-	.0017-	.0015-	.0013-	.0011-	.0010-
.25	.0038-	.0039-	.0036-	.0034-	.0032-	.0030-	.0026-	.0023-	.0020-	.0017-	.0015-
.30	.0052-	.0054-	.0050-	.0047-	.0045-	.0039-	.0034-	.0031-	.0027-	.0024-	.0020-
.35	.0069-	.0068-	.0065-	.0061-	.0054-	.0049-	.0043-	.0040-	.0035-	.0030-	.0026-
.40	.0087-	.0084-	.0081-	.0075-	.0065-	.0058-	.0051-	.0048-	.0042-	.0036-	.0032-
.45	.0104-	.0099-	.0096-	.0084-	.0075-	.0066-	.0057-	.0055-	.0048-	.0038-	.0034-
.50	.0114-	.0112-	.0103-	.0093-	.0082-	.0070-	.0060-	.0004-	.0047-	.0041-	.0038-
.55	.0124-	.0119-	.0109-	.0097-	.0082-	.0072-	.0062-	.0005-	.0048-	.0042-	.0038-
.60	.0125-	.0120-	.0108-	.0092-	.0078-	.0068-	.0058-	.0002-	.0046-	.0041-	.0038-
.65	.0116-	.0109-	.0093-	.0076-	.0064-	.0056-	.0050-	.0003	.0043-	.0039-	.0038-
.70	.0085-	.0078-	.0058-	.0045-	.0041-	.0040-	.0038-	.0011	.0037-	.0035-	.0035-
.75	.0007-	.0008-	.0008-	.0002-	.0009-	.0019-	.0024-	.0020	.0031-	.0032-	.0033-
.80	.0062	.0056	.0041	.0045	.0025	.0005-	.0016-	.0029	.0025-	.0028-	.0031-
.85	.0090	.0084	.0077	.0056	.0037	.0010	.0005-	.0038	.0022-	.0025-	.0029-
.90	.0100	.0088	.0082	.0068	.0048	.0020	.0004	.0037	.0019-	.0024-	.0027-
.95	.0100	.0097	.0085	.0071	.0052	.0021	.0005	.0038	.0018-	.0022-	.0027-
1.00	.0096	.0095	.0083	.0069	.0051	.0021	.0003	.0038	.0019-	.0022-	.0026-

y : ly →

x : lx ↓

Spalte											
	0,55	0,60	0,65	0,70	0,75	0,80	0,85	0,90	0,95	1,00	
.05	.0001-	.0001-	.0001-	.0000	.0000	.0000	.0000	.0000	.0000	.0000	
.10	.0003-	.0002-	.0002-	.0002-	.0002-	.0002-	.0001-	.0001-	.0001-	.0001-	
.15	.0006-	.0005-	.0005-	.0004-	.0004-	.0003-	.0003-	.0003-	.0002-	.0002-	
.20	.0010-	.0009-	.0008-	.0007-	.0006-	.0006-	.0005-	.0005-	.0004-	.0004-	
.25	.0013-	.0013-	.0011-	.0010-	.0009-	.0008-	.0007-	.0007-	.0006-	.0005-	
.30	.0018-	.0017-	.0015-	.0014-	.0012-	.0011-	.0010-	.0009-	.0008-	.0007-	
.35	.0023-	.0020-	.0017-	.0016-	.0015-	.0014-	.0012-	.0011-	.0011-	.0009-	
.40	.0026-	.0026-	.0020-	.0020-	.0017-	.0015-	.0014-	.0013-	.0012-	.0011-	
.45	.0031-	.0033-	.0022-	.0026-	.0021-	.0018-	.0017-	.0015-	.0014-	.0012-	
.50	.0035-	.0038-	.0023-	.0031-	.0024-	.0021-	.0020-	.0018-	.0016-	.0014-	
.55	.0035-	.0035-	.0025-	.0029-	.0025-	.0022-	.0021-	.0019-	.0017-	.0015-	
.60	.0035-	.0036-	.0026-	.0030-	.0026-	.0023-	.0022-	.0020-	.0018-	.0015-	
.65	.0035-	.0036-	.0026-	.0031-	.0026-	.0024-	.0022-	.0021-	.0019-	.0016-	
.70	.0034-	.0035-	.0026-	.0030-	.0026-	.0024-	.0022-	.0021-	.0019-	.0016-	
.75	.0033-	.0034-	.0025-	.0030-	.0026-	.0024-	.0022-	.0021-	.0019-	.0016-	
.80	.0032-	.0033-	.0025-	.0029-	.0025-	.0023-	.0022-	.0020-	.0018-	.0015-	
.85	.0030-	.0032-	.0024-	.0028-	.0025-	.0023-	.0021-	.0020-	.0018-	.0015-	
.90	.0029-	.0031-	.0023-	.0027-	.0024-	.0022-	.0021-	.0019-	.0018-	.0015-	
.95	.0027-	.0030-	.0022-	.0027-	.0023-	.0021-	.0020-	.0019-	.0017-	.0014-	
1.00	.0026-	.0029-	.0021-	.0026-	.0023-	.0021-	.0020-	.0018-	.0017-	.0014-	

Auswertung aus Pucher „Einflußfelder elastischer Platten" Tafel Nr. 9

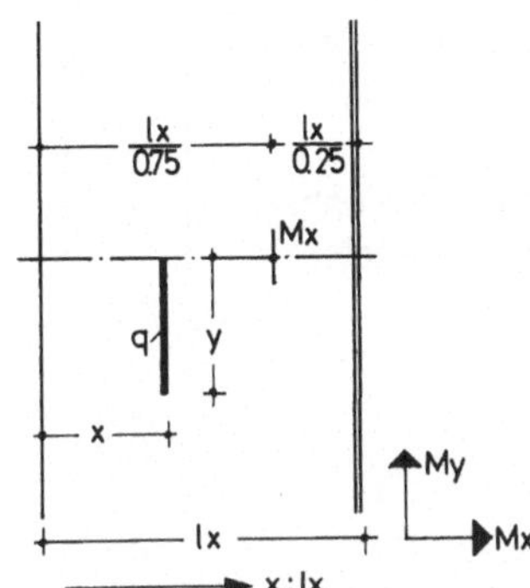

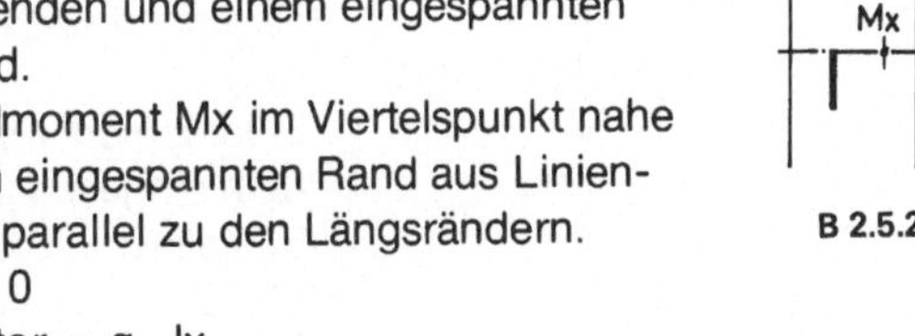

Plattenvollstreifen mit einem frei aufliegenden und einem eingespannten Rand.
Feldmoment Mx im Viertelspunkt nahe dem eingespannten Rand aus Linienlast parallel zu den Längsrändern.
$\mu = 0$
Faktor = $q \cdot lx$

x : lx →

y : lx ↓

Spalte	0.05	0.10	0.15	0.20	0.25	0.30	0.35	0.40	0.45	0.50
.05	.0003-	.0006-	.0009-	.0012-	.0014-	.0016-	.0017-	.0016-	.0014-	.0011-
.10	.0006-	.0011-	.0018-	.0023-	.0027-	.0031-	.0032-	.0032-	.0027-	.0022-
.15	.0008-	.0015-	.0026-	.0033-	.0040-	.0045-	.0047-	.0046-	.0039-	.0030-
.20	.0011-	.0019-	.0034-	.0043-	.0052-	.0057-	.0059-	.0057-	.0050-	.0037-
.25	.0014-	.0023-	.0041-	.0052-	.0063-	.0068-	.0070-	.0069-	.0060-	.0038-
.30	.0016-	.0027-	.0048-	.0060-	.0073-	.0077-	.0079-	.0076-	.0067-	.0041-
.35	.0018-	.0032-	.0054-	.0068-	.0080-	.0085-	.0086-	.0083-	.0074-	.0044-
.40	.0020-	.0035-	.0060-	.0074-	.0088-	.0092-	.0091-	.0089-	.0081-	.0046-
.45	.0022-	.0038-	.0063-	.0080-	.0095-	.0097-	.0096-	.0095-	.0084-	.0048-
.50	.0023-	.0041-	.0066-	.0085-	.0102-	.0102-	.0100-	.0099-	.0089-	.0049-
.55	.0025-	.0043-	.0070-	.0088-	.0108-	.0106-	.0103-	.0103-	.0095-	.0051-
.60	.0026-	.0045-	.0073-	.0092-	.0110-	.0112-	.0110-	.0107-	.0102-	.0052-
.65	.0027-	.0047-	.0075-	.0095-	.0114-	.0116-	.0114-	.0110-	.0109-	.0053-
.70	.0028-	.0049-	.0078-	.0098-	.0117-	.0119-	.0117-	.0112-	.0116-	.0057-
.75	.0029-	.0050-	.0080-	.0100-	.0120-	.0122-	.0120-	.0114-	.0123-	.0059-
.80	.0030-	.0051-	.0082-	.0103-	.0123-	.0125-	.0123-	.0116-	.0130-	.0061-
.85	.0031-	.0052-	.0083-	.0105-	.0125-	.0127-	.0126-	.0118-	.0136-	.0064-
.90	.0031-	.0053-	.0085-	.0106-	.0127-	.0130-	.0129-	.0119-	.0142-	.0066-
.95	.0032-	.0054-	.0086-	.0108-	.0129-	.0132-	.0131-	.0120-	.0146-	.0068-
1.00	.0032-	.0054-	.0087-	.0109-	.0130-	.0134-	.0133-	.0122-	.0150-	.0069-

x : lx →

y : lx ↓

Spalte	0.55	0.60	0.65	0.70	0.75	0.80	0.85	0.90	0.95	
.05	.0006-	.0003	.0019	.0047	.0101	.0043	.0017	.0005	.0000	
.10	.0011-	.0007	.0039	.0092	.0173	.0088	.0036	.0009	.0001	
.15	.0013-	.0012	.0060	.0133	.0221	.0131	.0056	.0014	.0002	
.20	.0015-	.0017	.0080	.0169	.0251	.0169	.0076	.0019	.0003	
.25	.0015-	.0022	.0098	.0184	.0269	.0181	.0094	.0026	.0004	
.30	.0015-	.0026	.0103	.0203	.0294	.0196	.0105	.0030	.0005	
.35	.0015-	.0029	.0111	.0213	.0305	.0206	.0110	.0034	.0006	
.40	.0015-	.0033	.0116	.0220	.0311	.0211	.0110	.0036	.0007	
.45	.0015-	.0034	.0118	.0224	.0313	.0218	.0120	.0038	.0007	
.50	.0015-	.0035	.0122	.0226	.0321	.0221	.0122	.0039	.0008	
.55	.0015-	.0034	.0123	.0230	.0323	.0223	.0123	.0040	.0009	
.60	.0015-	.0033	.0123	.0231	.0323	.0223	.0123	.0041	.0009	
.65	.0016-	.0032	.0123	.0232	.0323	.0223	.0122	.0042	.0009	
.70	.0016-	.0030	.0122	.0232	.0322	.0222	.0121	.0042	.0010	
.75	.0016-	.0028	.0120	.0232	.0320	.0220	.0119	.0043	.0010	
.80	.0016-	.0025	.0119	.0232	.0319	.0218	.0117	.0043	.0010	
.85	.0017-	.0023	.0117	.0231	.0316	.0216	.0115	.0043	.0010	
.90	.0017-	.0020	.0115	.0230	.0314	.0214	.0113	.0044	.0010	
.95	.0018-	.0018	.0114	.0229	.0313	.0212	.0112	.0044	.0011	
1.00	.0018-	.0017	.0113	.0228	.0311	.0211	.0111	.0044	.0011	

Auswertung aus Pucher „Einflußfelder elastischer Platten" Tafel 9

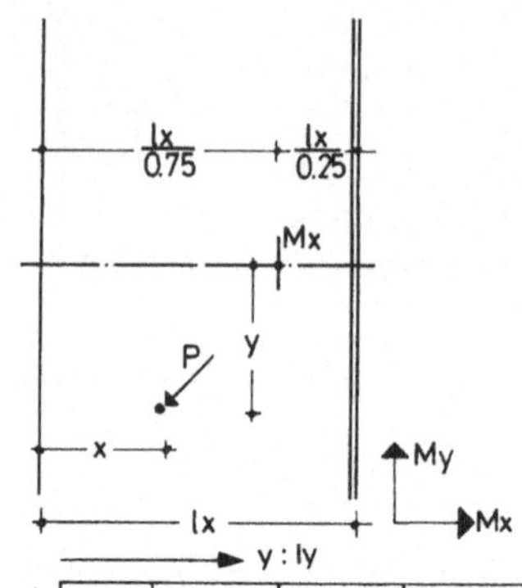

Plattenvollstreifen mit einem frei aufliegenden und einem eingespannten Rand.
Feldmoment Mx im Viertelspunkt nahe dem eingespannten Rand aus einer Einzellast.
$\mu = 0$
Faktor = P

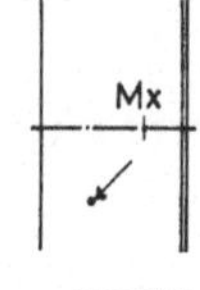

B 2.5.3

y : ly → ; x : lx ↓

Spalte											
	0,00	0,05	0,10	0,15	0,20	0,25	0,30	0,35	0,40	0,45	0,50
.05	.0058-	.0056-	.0056-	.0057-	.0052-	.0049-	.0044-	.0041-	.0038-	.0033-	.0030-
.10	.0119-	.0125-	.0117-	.0117-	.0108-	.0099-	.0086-	.0075-	.0068-	.0059-	.0054-
.15	.0182-	.0187-	.0174-	.0169-	.0157-	.0143-	.0128-	.0110-	.0096-	.0079-	.0072-
.20	.0239-	.0239-	.0227-	.0212-	.0194-	.0176-	.0157-	.0136-	.0120-	.0103-	.0088-
.25	.0285-	.0281-	.0269-	.0245-	.0220-	.0198-	.0174-	.0150-	.0133-	.0117-	.0101-
.30	.0322-	.0313-	.0291-	.0264-	.0234-	.0207-	.0176-	.0153-	.0136-	.0120-	.0105-
.35	.0338-	.0321-	.0294-	.0265-	.0232-	.0194-	.0162-	.0144-	.0128-	.0113-	.0099-
.40	.0328-	.0310-	.0280-	.0250-	.0203-	.0167-	.0138-	.0124-	.0109-	.0096-	.0084-
.45	.0291-	.0273-	.0247-	.0198-	.0152-	.0127-	.0105-	.0092-	.0080-	.0067-	.0079-
.50	.0228-	.0214-	.0184-	.0139-	.0080-	.0067-	.0056-	.0048-	.0041-	.0036-	.0033-
.55	.0119-	.0108-	.0057-	.0007-	.0015	.0024	.0020	.0015	.0000	.0009-	.0015-
.60	.0059	.0080	.0140	.0199	.0184	.0151	.0111	.0076	.0055	.0029	.0007
.65	.0356	.0398	.0487	.0462	.0364	.0266	.0191	.0126	.0089	.0061	.0031
.70	.0939	.0942	.0861	.0713	.0540	.0346	.0234	.0156	.0107	.0077	.0043
.75	.2090*	.1671	.1080	.0783	.0597	.0390	.0239	.0163	.0111	.0076	.0052
.80	.0834	.0832	.0831	.0673	.0519	.0326	.0228	.0148	.0102	.0061	.0042
.85	.0335	.0337	.0398	.0383	.0316	.0233	.0175	.0111	.0077	.0045	.0032
.90	.0099	.0097	.0095	.0114	.0126	.0110	.0080	.0057	.0040	.0030	.0022
.95	.0002	.0012	.0013	.0016	.0023	.0028	.0022	.0018	.0014	.0015	.0011
1.00	.0000	.0000	.0000	.0000	.0000	.0000	.0000	.0000	.0000	.0000	.0000

y : ly → ; x : lx ↓

Spalte											
	0,55	0,60	0,65	0,70	0,75	0,80	0,85	0,90	0,95	1,00	
.05	.0027-	.0024-	.0021-	.0019-	.0017-	.0015-	.0013-	.0012-	.0011-	.0009-	
.10	.0048-	.0044-	.0038-	.0035-	.0031-	.0027-	.0025-	.0022-	.0021-	.0017-	
.15	.0065-	.0059-	.0051-	.0047-	.0041-	.0037-	.0033-	.0031-	.0028-	.0024-	
.20	.0076-	.0070-	.0061-	.0055-	.0049-	.0044-	.0040-	.0037-	.0034-	.0030-	
.25	.0087-	.0077-	.0067-	.0061-	.0054-	.0048-	.0044-	.0041-	.0038-	.0034-	
.30	.0092-	.0080-	.0070-	.0062-	.0055-	.0050-	.0046-	.0043-	.0040-	.0037-	
.35	.0088-	.0103-	.0062-	.0070-	.0054-	.0049-	.0045-	.0043-	.0040-	.0039-	
.40	.0085-	.0111-	.0048-	.0093-	.0068-	.0057-	.0053-	.0047-	.0041-	.0040-	
.45	.0079-	.0087-	.0039-	.0084-	.0064-	.0057-	.0055-	.0049-	.0043-	.0031-	
.50	.0032-	.0033-	.0036-	.0041-	.0044-	.0044-	.0042-	.0038-	.0032-	.0024-	
.55	.0016-	.0019-	.0022-	.0026-	.0028-	.0029-	.0029-	.0027-	.0023-	.0017-	
.60	.0003-	.0007-	.0011-	.0014-	.0017-	.0018-	.0018-	.0018-	.0015-	.0011-	
.65	.0007	.0002	.0002-	.0005-	.0007-	.0009-	.0010-	.0010-	.0009-	.0006-	
.70	.0015	.0009	.0005	.0003	.0000	.0001-	.0003-	.0003-	.0003-	.0002-	
.75	.0019	.0014	.0010	.0008	.0005	.0004	.0002	.0001	.0000	.0001	
.80	.0021	.0016	.0013	.0011	.0008	.0007	.0005	.0004	.0003	.0003	
.85	.0020	.0015	.0013	.0011	.0009	.0008	.0007	.0006	.0004	.0004	
.90	.0017	.0013	.0011	.0009	.0008	.0007	.0006	.0006	.0004	.0004	
.95	.0010	.0007	.0007	.0006	.0005	.0004	.0004	.0004	.0003	.0003	
1.00	.0001	.0001-	.0000	.0001-	.0000	.0001-	.0001-	.0000	.0000	.0001	

Auswertung aus Pucher „Einflußfelder elastischer Platten" Tafel Nr. 9

* bezw. theoretisch ∞

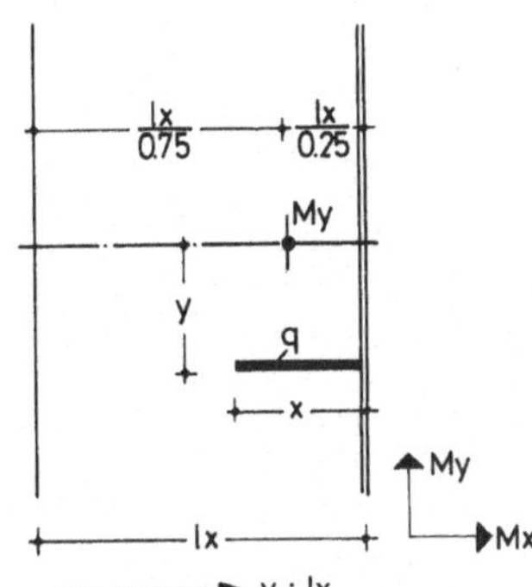

Plattenvollstreifen mit einem frei aufliegenden und einem eingespannten Längsrand.
Feldmoment My im Viertelspunkt nahe dem eingespannten Rand aus Linienlast in lx-Richtung.
$\mu = 0$
Faktor = q · lx

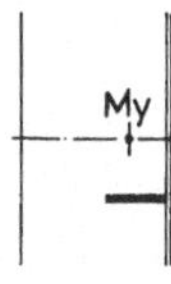

B 2.6.1

→ y : lx (↓ x : lx)

Spalte	0.00	0.05	0.10	0.15	0.20	0.25	0.30	0.35	0.40	0.45
.05	.0002	.0001	.0001	.0000	.0000	.0000	.0001-	.0001-	.0000	.0000
.10	.0012	.0010	.0004	.0001	.0001-	.0002-	.0002-	.0002-	.0002-	.0001-
.15	.0036	.0030	.0010	.0001	.0005-	.0007-	.0008-	.0007-	.0006-	.0005-
.20	.0088	.0059	.0017	.0002-	.0011-	.0015-	.0015-	.0014-	.0012-	.0010-
.25	.0178	.0096	.0026	.0004-	.0019-	.0024-	.0025-	.0022-	.0020-	.0017-
.30	.0274	.0132	.0035	.0005-	.0025-	.0034-	.0035-	.0032-	.0028-	.0024-
.35	.0338	.0178	.0052	.0001-	.0028-	.0039-	.0044-	.0042-	.0037-	.0033-
.40	.0383	.0214	.0075	.0007	.0029-	.0043-	.0051-	.0049-	.0045-	.0041-
.45	.0413	.0245	.0093	.0019	.0025-	.0044-	.0055-	.0055-	.0052-	.0048-
.50	.0432	.0270	.0112	.0034	.0018-	.0044-	.0058-	.0060-	.0058-	.0054-
.55	.0461	.0289	.0129	.0043	.0009-	.0041-	.0059-	.0063-	.0063-	.0059-
.60	.0479	.0303	.0144	.0053	.0001	.0036-	.0058-	.0064-	.0066-	.0064-
.65	.0493	.0314	.0157	.0063	.0004	.0030-	.0056-	.0065-	.0068-	.0067-
.70	.0504	.0322	.0166	.0070	.0010	.0027-	.0053-	.0065-	.0069-	.0069-
.75	.0513	.0340	.0174	.0077	.0015	.0024-	.0049-	.0066-	.0070-	.0071-
.80	.0519	.0347	.0181	.0082	.0019	.0021-	.0045-	.0068-	.0069-	.0074-
.85	.0523	.0352	.0186	.0087	.0023	.0020-	.0041-	.0070-	.0069-	.0076-
.90	.0530	.0356	.0189	.0089	.0025	.0019-	.0037-	.0072-	.0068-	.0078-
.95	.0532	.0358	.0191	.0091	.0027	.0018-	.0034-	.0074-	.0067-	.0080-
1.00	.0532	.0358	.0191	.0091	.0028	.0018-	.0031-	.0075-	.0066-	.0081-

→ y : lx (↓ x : lx)

Spalte	0.50	0.55	0.60	0.65	0.70	0.75	0.80	0.85	0.90	0.95
.05	.0000	.0000	.0000	.0000	.0000	.0000	.0000	.0000	.0000	.0000
.10	.0001-	.0001-	.0001-	.0001-	.0001-	.0001-	.0001-	.0001-	.0001-	.0001-
.15	.0003-	.0002-	.0002-	.0002-	.0002-	.0002-	.0002-	.0002-	.0002-	.0002-
.20	.0008-	.0006-	.0005-	.0004-	.0003-	.0004-	.0004-	.0003-	.0003-	.0003-
.25	.0014-	.0011-	.0009-	.0006-	.0006-	.0006-	.0006-	.0005-	.0004-	.0004-
.30	.0021-	.0017-	.0014-	.0011-	.0008-	.0008-	.0008-	.0007-	.0006-	.0006-
.35	.0029-	.0024-	.0020-	.0016-	.0013-	.0011-	.0010-	.0009-	.0008-	.0008-
.40	.0038-	.0031-	.0026-	.0021-	.0017-	.0014-	.0013-	.0012-	.0010-	.0010-
.45	.0042-	.0037-	.0033-	.0026-	.0022-	.0018-	.0017-	.0014-	.0013-	.0012-
.50	.0049-	.0043-	.0037-	.0031-	.0026-	.0022-	.0020-	.0017-	.0015-	.0014-
.55	.0054-	.0048-	.0042-	.0036-	.0031-	.0026-	.0023-	.0020-	.0018-	.0016-
.60	.0059-	.0053-	.0047-	.0041-	.0035-	.0030-	.0026-	.0023-	.0020-	.0018-
.65	.0063-	.0057-	.0051-	.0044-	.0040-	.0033-	.0030-	.0026-	.0023-	.0020-
.70	.0066-	.0061-	.0055-	.0047-	.0044-	.0036-	.0033-	.0028-	.0025-	.0022-
.75	.0068-	.0063-	.0058-	.0050-	.0047-	.0039-	.0036-	.0031-	.0027-	.0024-
.80	.0070-	.0065-	.0060-	.0052-	.0050-	.0042-	.0037-	.0032-	.0029-	.0026-
.85	.0071-	.0067-	.0062-	.0054-	.0050-	.0043-	.0039-	.0034-	.0031-	.0027-
.90	.0071-	.0068-	.0064-	.0055-	.0052-	.0045-	.0041-	.0036-	.0033-	.0028-
.95	.0071-	.0068-	.0065-	.0056-	.0053-	.0046-	.0043-	.0038-	.0035-	.0029-
1.00	.0071-	.0068-	.0066-	.0056-	.0054-	.0046-	.0043-	.0039-	.0036-	.0029-

Auswertung aus Pucher „Einflußfelder elastischer Platten" Tafel Nr. 10

→ y : lx

↓ x : lx

Spalte										
	1.00									
.05	.0000									
.10	.0001-									
.15	.0002-									
.20	.0003-									
.25	.0004-									
.30	.0006-									
.35	.0008-									
.40	.0009-									
.45	.0011-									
.50	.0013-									
.55	.0014-									
.60	.0016-									
.65	.0018-									
.70	.0020-									
.75	.0021-									
.80	.0023-									
.85	.0024-									
.90	.0025-									
.95	.0026-									
1.00	.0026-									

Auswertung aus Pucher „Einflußfelder elastischer Platten" Tafel Nr. 10

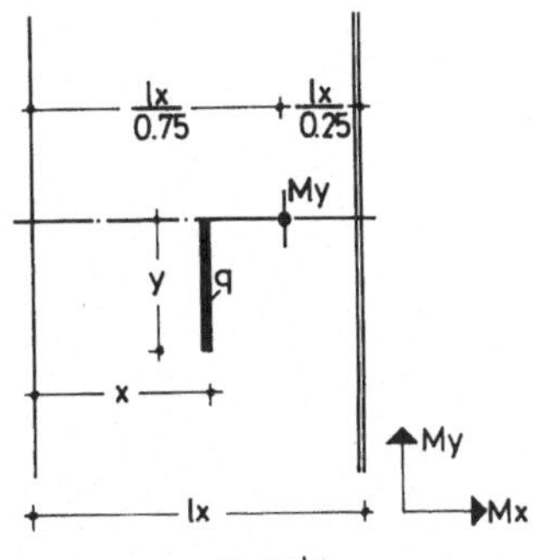

Plattenvollstreifen mit einem frei aufliegenden und einem eingespannten Längsrand.
Feldmoment My im Viertelspunkt nahe dem eingespannten Rand aus Linienlast parallel zu den Längsrändern.
$\mu = 0$
Faktor = q · lx

B 2.6.2

x : lx

y : lx

Spalte	0.05	0.10	0.15	0.20	0.25	0.30	0.35	0.40	0.45	0.50
.05	.0001	.0002	.0003	.0004	.0005	.0006	.0008	.0010	.0011	.0014
.10	.0002	.0003	.0005	.0007	.0009	.0012	.0015	.0018	.0022	.0028
.15	.0002	.0005	.0008	.0010	.0013	.0018	.0022	.0025	.0030	.0039
.20	.0003	.0006	.0010	.0013	.0017	.0023	.0027	.0031	.0036	.0042
.25	.0004	.0008	.0012	.0016	.0019	.0027	.0031	.0035	.0040	.0044
.30	.0004	.0009	.0014	.0017	.0021	.0027	.0032	.0036	.0040	.0044
.35	.0005	.0009	.0015	.0018	.0023	.0028	.0032	.0035	.0039	.0042
.40	.0004	.0009	.0014	.0017	.0021	.0027	.0031	.0034	.0038	.0040
.45	.0004	.0008	.0014	.0017	.0021	.0026	.0030	.0032	.0035	.0036
.50	.0004	.0008	.0013	.0016	.0019	.0025	.0029	.0030	.0031	.0032
.55	.0003	.0007	.0012	.0015	.0018	.0024	.0027	.0026	.0027	.0028
.60	.0003	.0006	.0011	.0014	.0016	.0023	.0026	.0023	.0023	.0024
.65	.0002	.0005	.0009	.0013	.0014	.0022	.0025	.0019	.0018	.0020
.70	.0001	.0004	.0008	.0011	.0012	.0020	.0023	.0018	.0014	.0016
.75	.0000	.0003	.0006	.0009	.0010	.0019	.0022	.0016	.0015	.0016
.80	.0000	.0002	.0005	.0009	.0008	.0017	.0020	.0014	.0012	.0013
.85	.0000	.0001	.0005	.0007	.0006	.0016	.0019	.0012	.0010	.0011
.90	.0001-	.0000	.0003	.0005	.0006	.0015	.0018	.0010	.0009	.0009
.95	.0001-	.0001-	.0002	.0003	.0005	.0014	.0016	.0009	.0007	.0008
1.00	.0002-	.0002-	.0000	.0000	.0003	.0012	.0015	.0007	.0006	.0007
1.05	.0003-	.0003-	.0001-	.0003-	.0000	.0011	.0014	.0006	.0005	.0006
1.10	.0003-	.0004-	.0003-	.0006-	.0002-	.0010	.0013	.0005	.0004	.0005
1.15	.0004-	.0005-	.0004-	.0009-	.0005-	.0009	.0012	.0005	.0003	.0004
1.20	.0004-	.0006-	.0005-	.0012-	.0008-	.0008	.0011	.0004	.0003	.0004
1.25	.0005-	.0007-	.0007-	.0015-	.0011-	.0007	.0010	.0004	.0002	.0003
1.30	.0005-	.0008-	.0008-	.0018-	.0014-	.0006	.0009	.0003	.0002	.0003
1.35	.0005-	.0009-	.0009-	.0021-	.0016-	.0005	.0008	.0003	.0002	.0003
1.40	.0006-	.0010-	.0010-	.0023-	.0019-	.0005	.0007	.0003	.0001	.0003
1.45	.0006-	.0010-	.0011-	.0026-	.0021-	.0004	.0007	.0003	.0001	.0003
1.50	.0006-	.0011-	.0012-	.0027-	.0023-	.0003	.0006	.0003	.0001	.0003
1.55	.0006-	.0011-	.0012-	.0029-	.0024-	.0003	.0006	.0003	.0001	.0003
1.60	.0006-	.0012-	.0012-	.0030-	.0025-	.0003	.0005	.0003	.0002	.0003

Auswertung aus Pucher „Einflußfelder elastischer Platten" Tafel Nr. 10

→ x : lx

↓ y : lx

Spalte									
	0.55	0.60	0.65	0.70	0.75	0.80	0.85	0.90	0.95
.05	.0017	.0022	.0030	.0041	.0044	.0034	.0019	.0010	.0002
.10	.0032	.0038	.0053	.0059	.0059	.0046	.0032	.0018	.0004
.15	.0044	.0049	.0058	.0063	.0061	.0047	.0034	.0018	.0004
.20	.0046	.0051	.0059	.0062	.0058	.0044	.0032	.0018	.0003
.25	.0047	.0051	.0056	.0057	.0053	.0038	.0029	.0016	.0002
.30	.0046	.0048	.0052	.0052	.0047	.0034	.0024	.0015	.0001
.35	.0043	.0043	.0046	.0047	.0042	.0029	.0019	.0014	.0001-
.40	.0039	.0038	.0040	.0041	.0036	.0024	.0017	.0013	.0002-
.45	.0034	.0031	.0033	.0036	.0031	.0019	.0014	.0011	.0000
.50	.0029	.0024	.0031	.0031	.0026	.0017	.0011	.0010	.0000
.55	.0024	.0017	.0026	.0026	.0024	.0014	.0009	.0009	.0001-
.60	.0022	.0011	.0022	.0024	.0021	.0012	.0008	.0008	.0001-
.65	.0018	.0013	.0019	.0021	.0018	.0010	.0006	.0006	.0001-
.70	.0016	.0010	.0016	.0018	.0016	.0009	.0005	.0005	.0001-
.75	.0013	.0007	.0014	.0016	.0015	.0007	.0002	.0004	.0002-
.80	.0011	.0005	.0011	.0014	.0014	.0005	.0000	.0003	.0002-
.85	.0009	.0003	.0010	.0013	.0012	.0003	.0003-	.0002	.0002-
.90	.0007	.0002	.0008	.0011	.0010	.0000	.0006-	.0001	.0003-
.95	.0005	.0000	.0007	.0010	.0008	.0003-	.0010-	.0000	.0003-
1.00	.0004	.0001-	.0006	.0007	.0005	.0006-	.0013-	.0001-	.0004-
1.05	.0002	.0003-	.0005	.0005	.0002	.0009-	.0017-	.0002-	.0004-
1.10	.0000	.0005-	.0005	.0002	.0001-	.0012-	.0020-	.0003-	.0005-
1.15	.0002-	.0008-	.0005	.0000	.0004-	.0016-	.0024-	.0003-	.0006-
1.20	.0004-	.0010-	.0005	.0003-	.0007-	.0019-	.0028-	.0004-	.0006-
1.25	.0007-	.0013-	.0005	.0006-	.0010-	.0022-	.0031-	.0005-	.0007-
1.30	.0009-	.0015-	.0005	.0009-	.0013-	.0025-	.0034-	.0005-	.0008-
1.35	.0012-	.0018-	.0005	.0011-	.0016-	.0028-	.0037-	.0006-	.0008-
1.40	.0014-	.0020-	.0005	.0014-	.0018-	.0031-	.0040-	.0006-	.0009-
1.45	.0016-	.0022-	.0005	.0016-	.0020-	.0033-	.0042-	.0006-	.0009-
1.50	.0018-	.0024-	.0006	.0018-	.0022-	.0035-	.0044-	.0006-	.0010-
1.55	.0019-	.0025-	.0006	.0019-	.0024-	.0036-	.0045-	.0006-	.0010-
1.60	.0020-	.0026-	.0006	.0020-	.0024-	.0037-	.0046-	.0006-	.0010-

Auswertung aus Pucher „Einflußfelder elastischer Platten" Tafel Nr. 10

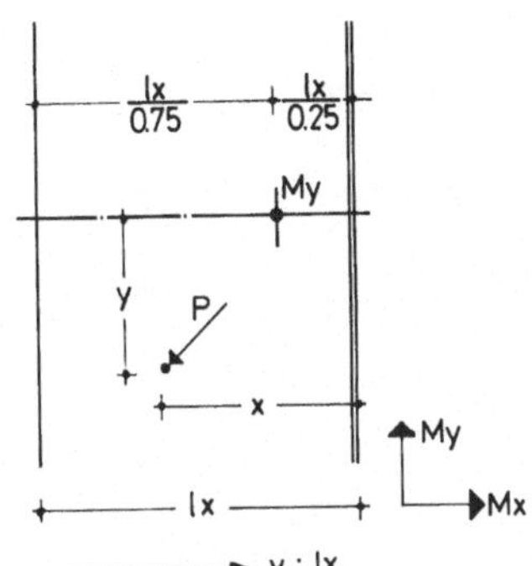

Plattenvollstreifen mit einem frei aufliegenden und einem eingespannten Längsrand.
Feldmoment My im Viertelspunkt nahe dem eingespannten Rand aus einer Einzellast.
$\mu = 0$
Faktor = P

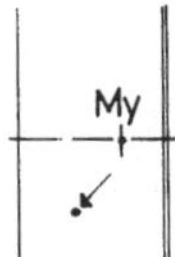

B 2.6.3

y : lx →
x : lx ↓

Spalte	0.00	0.05	0.10	0.15	0.20	0.25	0.30	0.35	0.40	0.45	0.50
.05	.0096	.0077	.0045	.0008	.0011-	.0020-	.0025-	.0025-	.0019-	.0015-	.0011-
.10	.0334	.0284	.0085	.0000	.0044-	.0065-	.0070-	.0065-	.0054-	.0043-	.0033-
.15	.0719	.0479	.0122	.0025-	.0095-	.0121-	.0126-	.0112-	.0099-	.0084-	.0065-
.20	.1363	.0633	.0155	.0046-	.0144-	.0172-	.0178-	.0158-	.0138-	.0119-	.0102-
.25	.2093*	.0747	.0184	.0034-	.0146-	.0181-	.0199-	.0178-	.0164-	.0146-	.0128-
.30	.1563	.0859	.0264	.0020	.0100-	.0163-	.0189-	.0183-	.0173-	.0161-	.0144-
.35	.1067	.0847	.0378	.0113	.0034-	.0113-	.0161-	.0174-	.0171-	.0161-	.0149-
.40	.0770	.0695	.0421	.0199	.0027	.0050-	.0119-	.0148-	.0156-	.0153-	.0143-
.45	.0560	.0566	.0398	.0248	.0098	.0004-	.0075-	.0112-	.0130-	.0138-	.0132-
.50	.0436	.0455	.0361	.0259	.0143	.0040	.0033-	.0080-	.0104-	.0116-	.0119-
.55	.0391	.0363	.0320	.0228	.0162	.0072	.0000	.0046-	.0079-	.0095-	.0104-
.60	.0321	.0290	.0275	.0199	.0154	.0092	.0026	.0021-	.0056-	.0076-	.0087-
.65	.0258	.0235	.0225	.0171	.0131	.0099	.0046	.0005-	.0036-	.0058-	.0069-
.70	.0204	.0198	.0181	.0144	.0114	.0080	.0059	.0008-	.0020-	.0041-	.0053-
.75	.0158	.0160	.0146	.0119	.0096	.0062	.0065	.0022-	.0008-	.0044-	.0039-
.80	.0119	.0124	.0114	.0094	.0078	.0046	.0065	.0030-	.0001	.0044-	.0027-
.85	.0088	.0089	.0083	.0069	.0059	.0031	.0059	.0032-	.0006	.0040-	.0018-
.90	.0055	.0057	.0053	.0044	.0040	.0019	.0046	.0028-	.0008	.0031-	.0010-
.95	.0024	.0028	.0026	.0021	.0020	.0009	.0026	.0017-	.0006	.0018-	.0004-
1.00	.0000	.0000	.0000	.0000	.0000	.0000	.0000	.0000	.0000	.0000	.0000

y : lx →
x : lx ↓

Spalte	0.55	0.60	0.65	0.70	0.75	0.80	0.85	0.90	0.95	1.00	
.05	.0010-	.0009-	.0008-	.0008-	.0009-	.0009-	.0008-	.0007-	.0007-	.0007-	
.10	.0026-	.0023-	.0019-	.0017-	.0018-	.0018-	.0016-	.0014-	.0013-	.0014-	
.15	.0050-	.0042-	.0033-	.0028-	.0027-	.0026-	.0023-	.0020-	.0019-	.0020-	
.20	.0081-	.0065-	.0051-	.0040-	.0036-	.0034-	.0029-	.0026-	.0025-	.0024-	
.25	.0108-	.0089-	.0071-	.0054-	.0045-	.0041-	.0036-	.0032-	.0029-	.0029-	
.30	.0125-	.0106-	.0086-	.0069-	.0055-	.0048-	.0041-	.0037-	.0034-	.0032-	
.35	.0134-	.0116-	.0094-	.0082-	.0064-	.0054-	.0047-	.0041-	.0037-	.0034-	
.40	.0134-	.0120-	.0098-	.0087-	.0074-	.0059-	.0052-	.0046-	.0040-	.0036-	
.45	.0126-	.0117-	.0100-	.0089-	.0080-	.0064-	.0056-	.0050-	.0043-	.0037-	
.50	.0116-	.0109-	.0098-	.0090-	.0080-	.0069-	.0060-	.0053-	.0045-	.0037-	
.55	.0105-	.0100-	.0093-	.0088-	.0077-	.0069-	.0059-	.0053-	.0044-	.0038-	
.60	.0091-	.0089-	.0086-	.0083-	.0071-	.0066-	.0057-	.0051-	.0043-	.0037-	
.65	.0076-	.0078-	.0075-	.0076-	.0065-	.0062-	.0053-	.0047-	.0041-	.0035-	
.70	.0061-	.0066-	.0063-	.0067-	.0057-	.0056-	.0048-	.0042-	.0038-	.0032-	
.75	.0047-	.0053-	.0052-	.0056-	.0049-	.0048-	.0041-	.0043-	.0033-	.0029-	
.80	.0035-	.0040-	.0041-	.0042-	.0041-	.0040-	.0041-	.0043-	.0028-	.0025-	
.85	.0024-	.0037-	.0030-	.0037-	.0032-	.0037-	.0038-	.0039-	.0023-	.0020-	
.90	.0015-	.0030-	.0020-	.0030-	.0022-	.0030-	.0030-	.0031-	.0016-	.0014-	
.95	.0006-	.0018-	.0010-	.0018-	.0011-	.0017-	.0018-	.0018-	.0008-	.0008-	
1.00	.0000	.0000	.0000	.0000	.0000	.0000	.0000	.0000	.0001	.0001-	

Auswertung aus Pucher „Einflußfelder elastischer Platten" Tafel Nr. 10

* bzw. theoretisch ∞

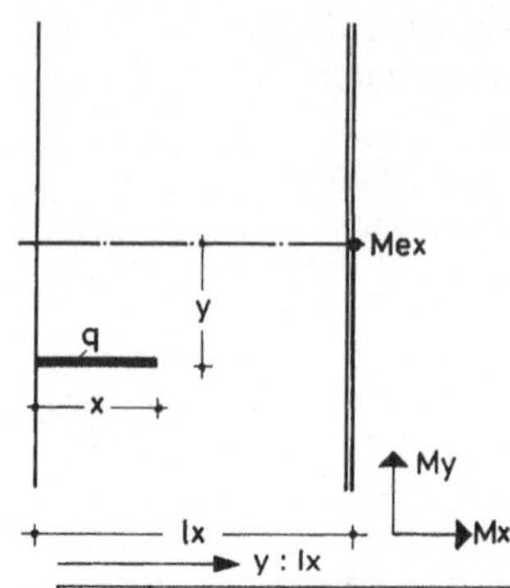

Plattenvollstreifen mit einem frei aufliegenden und einem eingespannten Längsrand.
Stützmoment Mex aus Linienlast in lx-Richtung.
$\mu = 0$
Faktor = q · lx

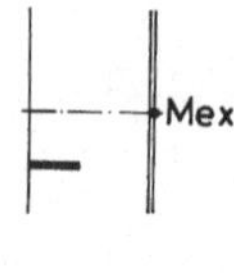

B 2.7.1

y : lx →

x : lx ↓

Spalte										
	0.00	0.05	0.10	0.15	0.20	0.25	0.30	0.35	0.40	0.45
.05	.0007-	.0007-	.0007-	.0006-	.0006-	.0006-	.0005-	.0005-	.0004-	.0004-
.10	.0025-	.0025-	.0025-	.0023-	.0022-	.0020-	.0018-	.0017-	.0016-	.0014-
.15	.0053-	.0055-	.0054-	.0051-	.0047-	.0045-	.0041-	.0037-	.0034-	.0031-
.20	.0094-	.0096-	.0093-	.0089-	.0083-	.0080-	.0072-	.0064-	.0058-	.0052-
.25	.0146-	.0148-	.0143-	.0137-	.0129-	.0122-	.0111-	.0098-	.0089-	.0080-
.30	.0207-	.0211-	.0204-	.0195-	.0183-	.0173-	.0157-	.0139-	.0126-	.0112-
.35	.0280-	.0284-	.0274-	.0263-	.0247-	.0231-	.0210-	.0188-	.0169-	.0149-
.40	.0363-	.0366-	.0355-	.0338-	.0319-	.0297-	.0268-	.0242-	.0217-	.0190-
.45	.0455-	.0458-	.0444-	.0423-	.0395-	.0369-	.0332-	.0300-	.0269-	.0234-
.50	.0557-	.0560-	.0542-	.0515-	.0481-	.0445-	.0399-	.0360-	.0323-	.0281-
.55	.0667-	.0670-	.0648-	.0615-	.0574-	.0519-	.0468-	.0422-	.0378-	.0328-
.60	.0786-	.0788-	.0762-	.0720-	.0672-	.0601-	.0537-	.0482-	.0432-	.0373-
.65	.0914-	.0916-	.0880-	.0830-	.0770-	.0683-	.0602-	.0541-	.0483-	.0403-
.70	.1049-	.1051-	.1007-	.0933-	.0867-	.0763-	.0664-	.0595-	.0509-	.0436-
.75	.1191-	.1192-	.1138-	.1040-	.0960-	.0837-	.0717-	.0610-	.0544-	.0463-
.80	.1339-	.1331-	.1254-	.1139-	.1012-	.0881-	.0760-	.0642-	.0570-	.0484-
.85	.1491-	.1471-	.1363-	.1210-	.1072-	.0923-	.0791-	.0664-	.0589-	.0497-
.90	.1648-	.1605-	.1449-	.1269-	.1107-	.0949-	.0810-	.0678-	.0599-	.0504-
.95	.1808-	.1697-	.1498-	.1293-	.1124-	.0960-	.0817-	.0683-	.0603-	.0507-
1.00	.1941-	.1721-	.1506-	.1297-	.1127-	.0962-	.0818-	.0604-	.0604-	.0507-

y : lx →

x : lx ↓

Spalte										
	0.50	0.55	0.60	0.65	0.70	0.75	0.80	0.85	0.90	0.95
.05	.0003-	.0002-	.0002-	.0002-	.0002-	.0001-	.0001-	.0001-	.0001-	.0001-
.10	.0011-	.0010-	.0008-	.0007-	.0006-	.0005-	.0004-	.0004-	.0003-	.0002-
.15	.0025-	.0022-	.0019-	.0017-	.0014-	.0012-	.0010-	.0008-	.0007-	.0006-
.20	.0043-	.0037-	.0033-	.0029-	.0025-	.0021-	.0018-	.0014-	.0011-	.0010-
.25	.0066-	.0057-	.0050-	.0044-	.0037-	.0032-	.0027-	.0022-	.0016-	.0015-
.30	.0094-	.0081-	.0070-	.0062-	.0052-	.0043-	.0038-	.0031-	.0022-	.0021-
.35	.0125-	.0108-	.0094-	.0081-	.0069-	.0057-	.0049-	.0041-	.0028-	.0028-
.40	.0160-	.0138-	.0121-	.0102-	.0087-	.0071-	.0062-	.0051-	.0034-	.0035-
.45	.0198-	.0170-	.0150-	.0125-	.0103-	.0086-	.0071-	.0059-	.0040-	.0043-
.50	.0230-	.0199-	.0179-	.0149-	.0120-	.0101-	.0083-	.0068-	.0046-	.0050-
.55	.0266-	.0230-	.0208-	.0172-	.0137-	.0115-	.0093-	.0077-	.0052-	.0057-
.60	.0299-	.0258-	.0235-	.0187-	.0152-	.0124-	.0103-	.0086-	.0058-	.0063-
.65	.0329-	.0284-	.0246-	.0204-	.0167-	.0134-	.0112-	.0093-	.0063-	.0064-
.70	.0356-	.0307-	.0264-	.0219-	.0176-	.0143-	.0120-	.0099-	.0065-	.0067-
.75	.0380-	.0321-	.0278-	.0230-	.0185-	.0151-	.0126-	.0102-	.0068-	.0069-
.80	.0391-	.0334-	.0288-	.0238-	.0191-	.0156-	.0128-	.0105-	.0070-	.0071-
.85	.0402-	.0343-	.0294-	.0243-	.0195-	.0158-	.0131-	.0107-	.0071-	.0072-
.90	.0409-	.0348-	.0298-	.0246-	.0197-	.0160-	.0132-	.0108-	.0072-	.0073-
.95	.0411-	.0350-	.0299-	.0247-	.0198-	.0160-	.0132-	.0108-	.0072-	.0073-
1.00	.0412-	.0350-	.0299-	.0246-	.0197-	.0159-	.0131-	.0107-	.0072-	.0072-

Auswertung aus Pucher „Einflußfelder elastischer Platten" Tafel Nr. 11

→ y : lx

↓ x : lx

Spalte									
	1.00	1.05	1.10	1.15	1.20	1.25			
.05	.0001-	.0000	.0000	.0000	.0000	.0000			
.10	.0002-	.0002-	.0002-	.0001-	.0001-	.0001-			
.15	.0005-	.0004-	.0004-	.0003-	.0003-	.0002-			
.20	.0008-	.0007-	.0006-	.0005-	.0005-	.0004-			
.25	.0013-	.0011-	.0009-	.0008-	.0007-	.0006-			
.30	.0018-	.0015-	.0013-	.0011-	.0010-	.0008-			
.35	.0023-	.0019-	.0017-	.0015-	.0013-	.0010-			
.40	.0029-	.0024-	.0019-	.0017-	.0015-	.0011-			
.45	.0035-	.0028-	.0022-	.0020-	.0017-	.0013-			
.50	.0041-	.0032-	.0025-	.0022-	.0019-	.0015-			
.55	.0046-	.0036-	.0028-	.0025-	.0021-	.0017-			
.60	.0048-	.0039-	.0030-	.0027-	.0023-	.0019-			
.65	.0052-	.0041-	.0032-	.0029-	.0025-	.0020-			
.70	.0055-	.0043-	.0034-	.0030-	.0026-	.0021-			
.75	.0057-	.0045-	.0036-	.0032-	.0028-	.0022-			
.80	.0058-	.0047-	.0037-	.0033-	.0029-	.0023-			
.85	.0059-	.0047-	.0038-	.0034-	.0030-	.0024-			
.90	.0060-	.0048-	.0039-	.0035-	.0031-	.0024-			
.95	.0060-	.0048-	.0039-	.0035-	.0031-	.0025-			
1.00	.0060-	.0048-	.0040-	.0035-	.0031-	.0025-			

Auswertung aus Pucher „Einflußfelder elastischer Platten" Tafel Nr. 11

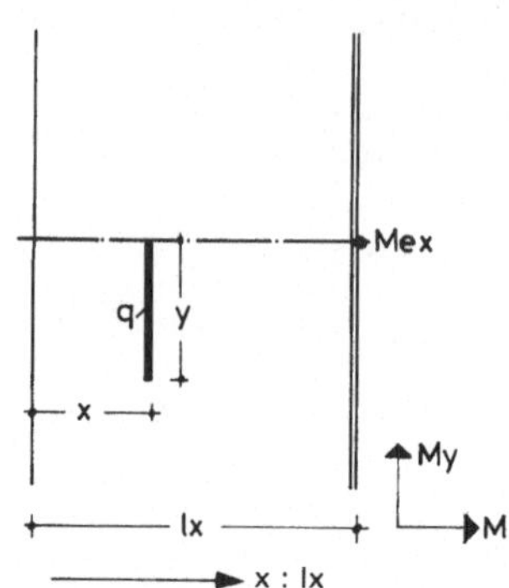

Plattenvollstreifen mit einem frei aufliegenden und einem eingespannten Längsrand.
Stützmoment Mex aus Linienlast parallel zu den Längsrändern.
$\mu = 0$
Faktor = q · lx

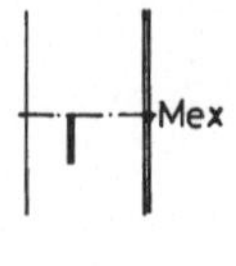

B 2.7.2

x : lx ⟶ ; y : lx ↓

Spalte										
	0.05	0.10	0.15	0.20	0.25	0.30	0.35	0.40	0.45	0.50
.05	.0008-	.0014-	.0021-	.0029-	.0035-	.0042-	.0048-	.0055-	.0060-	.0066-
.10	.0016-	.0028-	.0042-	.0057-	.0069-	.0084-	.0096-	.0108-	.0118-	.0130-
.15	.0023-	.0042-	.0061-	.0085-	.0102-	.0124-	.0141-	.0160-	.0174-	.0192-
.20	.0030-	.0056-	.0079-	.0111-	.0132-	.0163-	.0184-	.0209-	.0227-	.0249-
.25	.0037-	.0068-	.0096-	.0136-	.0162-	.0200-	.0225-	.0255-	.0276-	.0297-
.30	.0043-	.0080-	.0112-	.0160-	.0189-	.0234-	.0263-	.0298-	.0321-	.0342-
.35	.0049-	.0092-	.0127-	.0183-	.0215-	.0265-	.0297-	.0329-	.0356-	.0381-
.40	.0054-	.0100-	.0140-	.0203-	.0238-	.0287-	.0328-	.0361-	.0390-	.0415-
.45	.0059-	.0109-	.0153-	.0221-	.0259-	.0310-	.0349-	.0389-	.0419-	.0444-
.50	.0063-	.0117-	.0164-	.0237-	.0278-	.0329-	.0371-	.0413-	.0444-	.0470-
.55	.0067-	.0124-	.0173-	.0245-	.0294-	.0346-	.0390-	.0433-	.0465-	.0491-
.60	.0070-	.0130-	.0182-	.0256-	.0303-	.0360-	.0405-	.0450-	.0482-	.0508-
.65	.0073-	.0135-	.0189-	.0265-	.0314-	.0372-	.0418-	.0463-	.0496-	.0521-
.70	.0075-	.0139-	.0195-	.0273-	.0323-	.0384-	.0428-	.0479-	.0512-	.0532-
.75	.0077-	.0143-	.0201-	.0280-	.0331-	.0392-	.0440-	.0489-	.0522-	.0544-
.80	.0079-	.0146-	.0205-	.0286-	.0338-	.0400-	.0448-	.0497-	.0530-	.0552-
.85	.0081-	.0149-	.0209-	.0291-	.0343-	.0406-	.0454-	.0504-	.0537-	.0558-
.90	.0082-	.0151-	.0212-	.0294-	.0348-	.0411-	.0460-	.0510-	.0542-	.0563-
.95	.0084-	.0152-	.0215-	.0297-	.0351-	.0415-	.0464-	.0514-	.0547-	.0567-
1.00	.0086-	.0154-	.0216-	.0300-	.0354-	.0418-	.0468-	.0518-	.0550-	.0571-
1.05	.0089-	.0156-	.0218-	.0303-	.0357-	.0421-	.0470-	.0520-	.0552-	.0573-
1.10	.0091-	.0157-	.0220-	.0305-	.0359-	.0423-	.0473-	.0524-	.0556-	.0575-
1.15	.0094-	.0159-	.0221-	.0307-	.0361-	.0425-	.0474-	.0526-	.0558-	.0576-
1.20	.0097-	.0161-	.0223-	.0308-	.0363-	.0426-	.0475-	.0527-	.0559-	.0577-
1.25	.0100-	.0164-	.0226-	.0309-	.0364-	.0427-	.0476-	.0529-	.0561-	.0580-
1.30	.0103-	.0166-	.0228-	.0310-	.0365-	.0429-	.0479-	.0530-	.0562-	.0581-
1.35	.0105-	.0168-	.0230-	.0311-	.0366-	.0431-	.0480-	.0531-	.0562-	.0583-
1.40	.0108-	.0170-	.0232-	.0311-	.0366-	.0432-	.0482-	.0532-	.0563-	.0585-
1.45	.0110-	.0172-	.0234-	.0312-	.0367-	.0434-	.0484-	.0532-	.0563-	.0586-
1.50	.0111-	.0174-	.0236-	.0312-	.0367-	.0435-	.0485-	.0532-	.0564-	.0588-
1.55	.0113-	.0175-	.0237-	.0312-	.0367-	.0437-	.0486-	.0532-	.0564-	.0589-
1.60	.0113-	.0176-	.0238-	.0312-	.0367-	.0437-	.0487-	.0532-	.0563-	.0590-

Auswertung aus Pucher „Einflußfelder elastischer Platten" Tafel Nr. 11

→ x : lx

↓ y : lx

Spalte										
	0.55	0.60	0.65	0.70	0.75	0.80	0.85	0.90	0.95	
.05	.0072-	.0077-	.0082-	.0086-	.0090-	.0092-	.0090-	.0091-	.0079-	
.10	.0141-	.0152-	.0164-	.0171-	.0178-	.0179-	.0152-	.0150-	.0112-	
.15	.0208-	.0224-	.0241-	.0250-	.0246-	.0241-	.0187-	.0182-	.0125-	
.20	.0269-	.0283-	.0300-	.0306-	.0301-	.0292-	.0211-	.0206-	.0131-	
.25	.0326-	.0337-	.0355-	.0358-	.0347-	.0330-	.0224-	.0218-	.0135-	
.30	.0366-	.0383-	.0401-	.0399-	.0381-	.0357-	.0235-	.0228-	.0137-	
.35	.0406-	.0424-	.0440-	.0433-	.0406-	.0382-	.0241-	.0234-	.0138-	
.40	.0440-	.0457-	.0471-	.0460-	.0436-	.0399-	.0246-	.0240-	.0141-	
.45	.0468-	.0485-	.0496-	.0481-	.0455-	.0412-	.0249-	.0243-	.0142-	
.50	.0494-	.0508-	.0515-	.0497-	.0467-	.0423-	.0252-	.0246-	.0144-	
.55	.0514-	.0527-	.0530-	.0509-	.0479-	.0431-	.0253-	.0247-	.0147-	
.60	.0530-	.0541-	.0542-	.0525-	.0487-	.0436-	.0254-	.0248-	.0150-	
.65	.0543-	.0557-	.0559-	.0534-	.0493-	.0442-	.0257-	.0251-	.0153-	
.70	.0553-	.0567-	.0567-	.0541-	.0499-	.0445-	.0259-	.0252-	.0157-	
.75	.0564-	.0575-	.0574-	.0546-	.0503-	.0448-	.0261-	.0255-	.0161-	
.80	.0571-	.0582-	.0580-	.0551-	.0506-	.0450-	.0264-	.0258-	.0165-	
.85	.0577-	.0587-	.0584-	.0554-	.0508-	.0452-	.0267-	.0261-	.0169-	
.90	.0582-	.0591-	.0587-	.0556-	.0510-	.0453-	.0270-	.0264-	.0173-	
.95	.0585-	.0594-	.0589-	.0560-	.0511-	.0455-	.0273-	.0267-	.0178-	
1.00	.0588-	.0598-	.0593-	.0561-	.0513-	.0457-	.0277-	.0271-	.0182-	
1.05	.0590-	.0600-	.0594-	.0563-	.0515-	.0459-	.0281-	.0275-	.0187-	
1.10	.0592-	.0602-	.0596-	.0564-	.0517-	.0462-	.0284-	.0278-	.0191-	
1.15	.0593-	.0603-	.0597-	.0564-	.0519-	.0464-	.0288-	.0282-	.0195-	
1.20	.0595-	.0604-	.0598-	.0565-	.0522-	.0467-	.0292-	.0286-	.0199-	
1.25	.0597-	.0605-	.0598-	.0565-	.0524-	.0470-	.0295-	.0289-	.0203-	
1.30	.0598-	.0605-	.0598-	.0565-	.0527-	.0473-	.0298-	.0292-	.0206-	
1.35	.0600-	.0605-	.0598-	.0565-	.0529-	.0475-	.0301-	.0295-	.0209-	
1.40	.0602-	.0605-	.0598-	.0564-	.0531-	.0478-	.0304-	.0298-	.0212-	
1.45	.0604-	.0605-	.0598-	.0564-	.0533-	.0480-	.0306-	.0300-	.0214-	
1.50	.0605-	.0605-	.0598-	.0563-	.0535-	.0481-	.0308-	.0302-	.0216-	
1.55	.0606-	.0605-	.0597-	.0563-	.0536-	.0483-	.0309-	.0303-	.0218-	
1.60	.0607-	.0605-	.0597-	.0563-	.0537-	.0484-	.0310-	.0304-	.0218-	

Auswertung aus Pucher „Einflußfelder elastischer Platten" Tafel Nr. 11

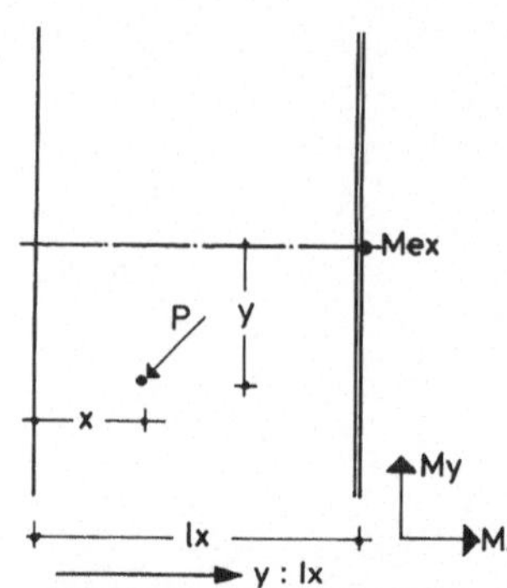

Plattenvollstreifen mit einem frei aufliegenden und einem eingespannten Längsrand.
Stützmoment Mex aus einer Einzellast.
$\mu = 0$
Faktor = P

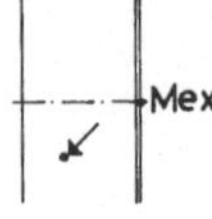

B 2.7.3

y : lx →

x : lx ↓

Spalte	0.00	0.05	0.10	0.15	0.20	0.25	0.30	0.35	0.40	0.45
.05	.0259-	.0248-	.0239-	.0222-	.0205-	.0198-	.0183-	.0171-	.0157-	.0147-
.10	.0456-	.0481-	.0467-	.0444-	.0416-	.0398-	.0359-	.0324-	.0295-	.0268-
.15	.0691-	.0708-	.0690-	.0656-	.0607-	.0589-	.0535-	.0471-	.0426-	.0381-
.20	.0923-	.0928-	.0899-	.0864-	.0816-	.0769-	.0701-	.0614-	.0553-	.0488-
.25	.1133-	.1144-	.1104-	.1061-	.1003-	.0936-	.0857-	.0755-	.0678-	.0592-
.30	.1344-	.1353-	.1308-	.1251-	.1177-	.1089-	.0996-	.0895-	.0801-	.0692-
.35	.1556-	.1556-	.1511-	.1433-	.1340-	.1226-	.1116-	.1009-	.0907-	.0787-
.40	.1750-	.1750-	.1699-	.1610-	.1489-	.1348-	.1219-	.1090-	.0982-	.0857-
.45	.1937-	.1936-	.1870-	.1769-	.1639-	.1454-	.1304-	.1140-	.1026-	.0894-
.50	.2119-	.2116-	.2032-	.1907-	.1780-	.1545-	.1372-	.1158-	.1040-	.0898-
.55	.2298-	.2290-	.2184-	.2023-	.1865-	.1615-	.1387-	.1143-	.1023-	.0871-
.60	.2469-	.2463-	.2328-	.2117-	.1892-	.1624-	.1349-	.1097-	.0975-	.0810-
.65	.2622-	.2617-	.2474-	.2189-	.1861-	.1569-	.1277-	.1018-	.0897-	.0708-
.70	.2757-	.2739-	.2542-	.2144-	.1773-	.1448-	.1160-	.0907-	.0786-	.0594-
.75	.2873-	.2826-	.2500-	.1998-	.1628-	.1263-	.0971-	.0752-	.0613-	.0472-
.80	.2972-	.2826-	.2338-	.1753-	.1350-	.0992-	.0749-	.0544-	.0447-	.0343-
.85	.3052-	.2689-	.1982-	.1382-	.0972-	.0681-	.0497-	.0354-	.0283-	.0205-
.90	.3114-	.2422-	.1431-	.0834-	.0524-	.0361-	.0244-	.0168-	.0132-	.0094-
.95	.3158-	.1358-	.0477-	.0258-	.0159-	.0096-	.0069-	.0046-	.0040-	.0028-
1.00	.3184-	.0000	.0000	.0000	.0000	.0000	.0000	.0000	.0000	.0000

y : lx →

x : lx ↓

Spalte	0.50	0.55	0.60	0.65	0.70	0.75	0.80	0.85	0.90	1.00
.05	.0109-	.0096-	.0086-	.0078-	.0063-	.0052-	.0043-	.0035-	.0029-	.0025-
.10	.0221-	.0191-	.0163-	.0147-	.0125-	.0106-	.0090-	.0073-	.0059-	.0049-
.15	.0317-	.0281-	.0248-	.0215-	.0181-	.0154-	.0130-	.0108-	.0084-	.0074-
.20	.0415-	.0358-	.0312-	.0275-	.0234-	.0195-	.0165-	.0136-	.0096-	.0096-
.25	.0503-	.0433-	.0375-	.0326-	.0277-	.0230-	.0193-	.0160-	.0105-	.0113-
.30	.0580-	.0500-	.0445-	.0371-	.0310-	.0256-	.0215-	.0178-	.0112-	.0126-
.35	.0646-	.0558-	.0501-	.0411-	.0334-	.0274-	.0230-	.0191-	.0116-	.0134-
.40	.0702-	.0606-	.0535-	.0441-	.0347-	.0282-	.0239-	.0199-	.0118-	.0136-
.45	.0746-	.0647-	.0547-	.0450-	.0349-	.0282-	.0231-	.0193-	.0117-	.0134-
.50	.0718-	.0620-	.0539-	.0438-	.0338-	.0273-	.0219-	.0182-	.0114-	.0127-
.55	.0677-	.0582-	.0508-	.0405-	.0317-	.0254-	.0203-	.0168-	.0109-	.0116-
.60	.0623-	.0531-	.0457-	.0363-	.0287-	.0227-	.0182-	.0150-	.0101-	.0099-
.65	.0556-	.0467-	.0386-	.0313-	.0246-	.0194-	.0158-	.0128-	.0091-	.0078-
.70	.0477-	.0392-	.0316-	.0253-	.0199-	.0158-	.0130-	.0102-	.0077-	.0059-
.75	.0384-	.0304-	.0240-	.0193-	.0152-	.0120-	.0098-	.0073-	.0055-	.0044-
.80	.0277-	.0216-	.0169-	.0135-	.0105-	.0079-	.0063-	.0048-	.0037-	.0030-
.85	.0169-	.0132-	.0104-	.0080-	.0061-	.0046-	.0037-	.0028-	.0022-	.0019-
.90	.0081-	.0065-	.0048-	.0036-	.0029-	.0022-	.0017-	.0014-	.0011-	.0010-
.95	.0027-	.0024-	.0013-	.0010-	.0008-	.0006-	.0005-	.0004-	.0004-	.0004-
1.00	.0000	.0000	.0000	.0000	.0000	.0000	.0000	.0000	.0000	.0000

Auswertung aus Pucher „Einflußfelder elastischer Platten" Tafel Nr. 11

→ y : lx

↓ x : lx

Spalte										
	0.95	1.00	1.05	1.10	1.15	1.20				
.05	.0021-	.0019-	.0017-	.0015-	.0013-	.0010-				
.10	.0042-	.0036-	.0031-	.0027-	.0024-	.0018-				
.15	.0061-	.0052-	.0043-	.0038-	.0034-	.0026-				
.20	.0080-	.0065-	.0053-	.0047-	.0041-	.0032-				
.25	.0094-	.0076-	.0061-	.0054-	.0047-	.0037-				
.30	.0104-	.0084-	.0067-	.0060-	.0052-	.0041-				
.35	.0110-	.0089-	.0071-	.0063-	.0054-	.0044-				
.40	.0112-	.0090-	.0067-	.0060-	.0050-	.0041-				
.45	.0109-	.0086-	.0062-	.0055-	.0047-	.0038-				
.50	.0102-	.0079-	.0057-	.0050-	.0043-	.0035-				
.55	.0091-	.0068-	.0051-	.0045-	.0040-	.0032-				
.60	.0077-	.0058-	.0046-	.0040-	.0036-	.0029-				
.65	.0062-	.0049-	.0040-	.0036-	.0032-	.0026-				
.70	.0049-	.0040-	.0034-	.0031-	.0028-	.0022-				
.75	.0037-	.0032-	.0029-	.0026-	.0024-	.0019-				
.80	.0027-	.0024-	.0023-	.0021-	.0020-	.0015-				
.85	.0018-	.0017-	.0017-	.0016-	.0016-	.0011-				
.90	.0011-	.0011-	.0012-	.0011-	.0011-	.0007-				
.95	.0005-	.0005-	.0006-	.0006-	.0007-	.0002-				
1.00	.0000	.0000	.0000	.0002-	.0002-	.0002				

Auswertung aus Pucher „Einflußfelder elastischer Platten" Tafel Nr. 11

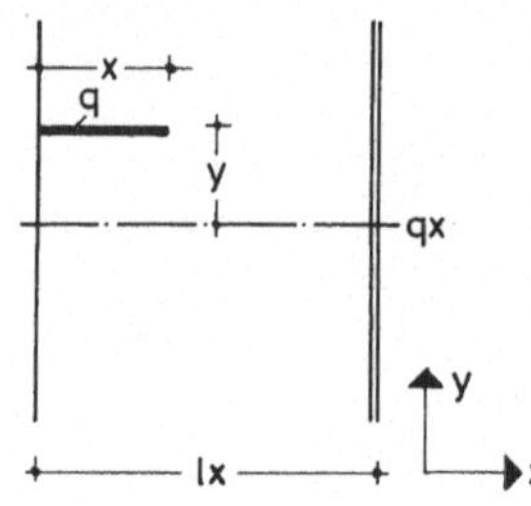

Plattenvollstreifen mit einem frei aufliegenden und einem eingespannten Rand.
Querkraft qx (Krafteinheit/m) am eingespannten Rand aus Linienlast in lx-Richtung.
Faktor = q
$\mu = 0$

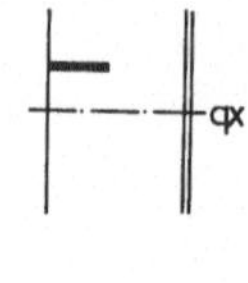

B 2.8.1

→ y : lx ; ↓ x : lx

Spalte										
	0.05	0.05	0.10	0.15	0.20	0.25	0.30	0.35	0.40	0.45
.05	.0026	.0025	.0023	.0022	.0021	.0018	.0017	.0014	.0012	.0010
.10	.0101	.0098	.0091	.0088	.0085	.0073	.0068	.0057	.0047	.0040
.15	.0215	.0207	.0196	.0188	.0180	.0161	.0149	.0127	.0104	.0089
.20	.0386	.0375	.0357	.0340	.0318	.0276	.0250	.0216	.0183	.0156
.25	.0596	.0581	.0558	.0535	.0497	.0435	.0387	.0330	.0278	.0241
.30	.0855	.0833	.0803	.0770	.0716	.0631	.0557	.0469	.0397	.0337
.35	.1166	.1136	.1095	.1050	.0974	.0867	.0766	.0634	.0534	.0452
.40	.1582	.1545	.1469	.1387	.1273	.1136	.1005	.0834	.0687	.0580
.45	.2089	.2042	.1939	.1744	.1620	.1431	.1271	.1057	.0854	.0716
.50	.2582	.2526	.2420	.2125	.1988	.1742	.1559	.1298	.1015	.0854
.55	.3192	.3097	.2964	.2629	.2374	.2038	.1863	.1547	.1187	.0990
.60	.3904	.3753	.3578	.3207	.2772	.2418	.2146	.1795	.1352	.1119
.65	.4727	.4515	.4275	.3867	.3175	.2822	.2459	.2032	.1504	.1177
.70	.5710	.5403	.5069	.4575	.3578	.3219	.2761	.2158	.1633	.1256
.75	.6771	.6535	.5975	.5299	.3974	.3444	.3031	.2307	.1687	.1313
.80	.8017	.7708	.7105	.6005	.4359	.3735	.3146	.2401	.1742	.1351
.85	1.0062	.9177	.8235	.6660	.4606	.3907	.3248	.2452	.1772	.1374
.90	1.2615	1.1561	.9044	.6806	.4782	.3997	.3289	.2465	.1783	.1383
.95	1.7204	1.3999	.9458	.6960	.4825	.4006	.3285	.2454	.1780	.1383
1.00	2.0204	1.4257	.9506	.6923	.4772	.3967	.3257	.2431	.1768	.1375

→ y : lx ; ↓ x : lx

Spalte										
	0.50	0.55	0.60							
.05	.0009	.0007	.0005							
.10	.0035	.0028	.0021							
.15	.0077	.0061	.0047							
.20	.0133	.0105	.0081							
.25	.0202	.0160	.0123							
.30	.0282	.0223	.0172							
.35	.0371	.0293	.0226							
.40	.0469	.0370	.0285							
.45	.0543	.0425	.0327							
.50	.0630	.0492	.0379							
.55	.0709	.0553	.0427							
.60	.0778	.0608	.0470							
.65	.0839	.0657	.0510							
.70	.0891	.0700	.0544							
.75	.0935	.0737	.0574							
.80	.0971	.0767	.0599							
.85	.0998	.0792	.0620							
.90	.1017	.0809	.0634							
.95	.1028	.0820	.0644							
1.00	.1031	.0824	.0648							

Auswertung aus Björn Vik Tafel 2

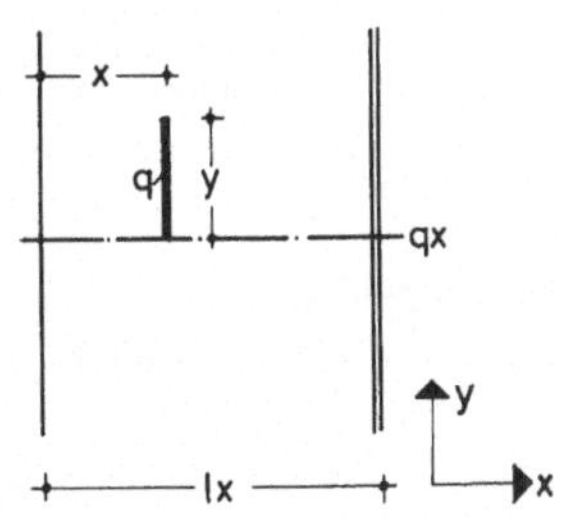

Plattenvollstreifen mit einem frei aufliegenden und einem eingespannten Rand.
Querkraft qx (Krafteinheit/m) am eingespannten Rand aus Linienlast parallel zu den Auflagern.
Faktor = q
$\mu = 0$

B 2.8.2

→ x : lx

Spalte										
y : lx ↓	0.05	0.10	0.15	0.20	0.25	0.30	0.35	0.40	0.45	0.50
.05	.0081	.0151	.0236	.0318	.0391	.0476	.0576	.0745	.0838	.0930
.10	.0158	.0296	.0464	.0628	.0771	.0938	.1133	.1461	.1665	.1816
.15	.0231	.0435	.0680	.0924	.1137	.1379	.1660	.2123	.2434	.2625
.20	.0302	.0570	.0882	.1200	.1483	.1793	.2149	.2708	.3099	.3320
.25	.0369	.0697	.1066	.1448	.1797	.2173	.2595	.3218	.3663	.3914
.30	.0429	.0811	.1230	.1665	.2073	.2511	.2993	.3668	.4155	.4435
.35	.0481	.0911	.1373	.1852	.2311	.2803	.3334	.4049	.4567	.4872
.40	.0524	.0995	.1495	.2012	.2510	.3042	.3609	.4352	.4892	.5212
.45	.0561	.1066	.1598	.2146	.2674	.3233	.3823	.4584	.5134	.5454
.50	.0592	.1126	.1685	.2257	.2807	.3385	.3991	.4765	.5314	.5622
.55	.0618	.1176	.1756	.2347	.2913	.3504	.4121	.4905	.5446	.5738
.60	.0639	.1215	.1812	.2417	.2995	.3597	.4223	.5013	.5546	.5827

→ x : lx

Spalte										
y : lx ↓	0.55	0.60	0.65	0.70	0.75	0.80	0.85	0.90	0.95	
.05	.1089	.1269	.1471	.1676	.1969	.2475	.3114	.3815	.5361	
.10	.2108	.2446	.2831	.3238	.3776	.4517	.5220	.5726	.6680	
.15	.3012	.3463	.3980	.4541	.5242	.6041	.6511	.6428	.6840	
.20	.3753	.4254	.4821	.5437	.6187	.6964	.7176	.6618	.6877	
.25	.4369	.4883	.5445	.6036	.6741	.7448	.7500	.6745	.6881	
.30	.4911	.5441	.5988	.6533	.7160	.7748	.7673	.6810	.6885	
.35	.5362	.5900	.6422	.6911	.7453	.7917	.7754	.6839	.6889	
.40	.5701	.6228	.6718	.7152	.7626	.8012	.7797	.6856	.6894	
.45	.5931	.6437	.6897	.7293	.7728	.8081	.7840	.6879	.6901	
.50	.6085	.6574	.7015	.7390	.7805	.8139	.7881	.6904	.6911	
.55	.6187	.6664	.7094	.7458	.7864	.8187	.7918	.6930	.6925	
.60	.6266	.6734	.7156	.7514	.7912	.8227	.7950	.6951	.6937	

Auswertung aus Björn Vik Tafel Nr. 2

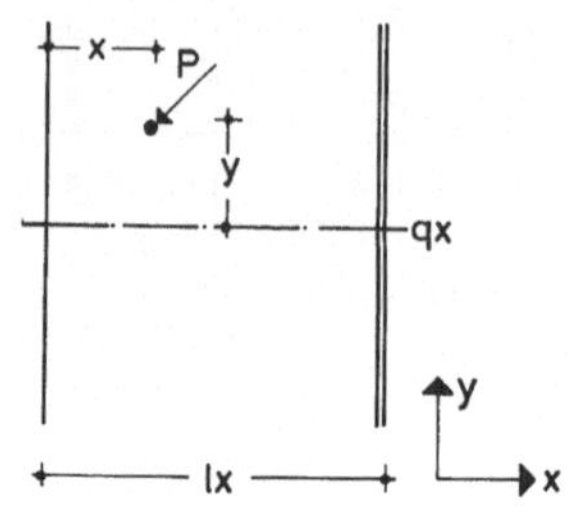

Plattenvollstreifen mit einem frei aufliegenden und einem eingespannten Rand.
Querkraft qx (Krafteinheit/m) am eingespannten Rand aus einer Einzellast.

$$\text{Faktor} = \frac{P}{lx}$$

$\mu = 0$

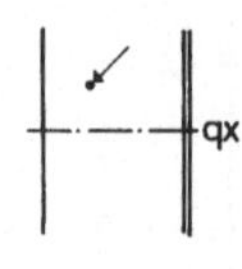

B 2.8.3

→ y : lx ; ↓ x : lx

Spalte										
	0.05	0.10	0.15	0.20	0.25	0.30	0.35	0.40	0.45	0.50
.05	.1000	.0964	.0898	.0869	.0842	.0726	.0674	.0571	.0464	.0397
.10	.1848	.1793	.1704	.1653	.1593	.1393	.1286	.1103	.0912	.0778
.15	.2877	.2794	.2668	.2533	.2333	.2000	.1837	.1597	.1344	.1145
.20	.3829	.3759	.3652	.3480	.3167	.2784	.2421	.2055	.1759	.1496
.25	.4722	.4612	.4492	.4317	.4000	.3549	.3082	.2538	.2166	.1831
.30	.5776	.5645	.5432	.5181	.4775	.4320	.3792	.3066	.2542	.2154
.35	.7000	.6891	.6522	.6150	.5595	.5000	.4456	.3636	.2864	.2404
.40	.9029	.8859	.8312	.7014	.6460	.5506	.5000	.4205	.3133	.2556
.45	.9943	.9880	.9667	.7507	.7170	.5840	.5438	.4578	.3347	.2610
.50	1.1271	1.0718	1.0243	.8703	.7515	.6000	.5772	.4750	.3447	.2567
.55	1.3300	1.2415	1.1629	1.0580	.7743	.7038	.6000	.4722	.3326	.2427
.60	1.5521	1.4528	1.3298	1.2225	.7855	.7500	.6160	.4494	.3045	.2189
.65	1.7933	1.7056	1.5249	1.3201	.7850	.7385	.5923	.4065	.2603	.1810
.70	2.0205	2.0000	1.7483	1.3508	.7729	.6692	.5287	.3340	.2000	.1376
.75	2.3879	2.2500	2.0000	1.3147	.7492	.5968	.4254	.2444	.1402	.1000
.80	3.1972	2.8409	2.1563	1.2118	.7138	.4857	.2700	.1475	.0910	.0683
.85	4.4175	3.7727	2.0000	1.0420	.5000	.2600	.1413	.0733	.0524	.0424
.90	6.0000	4.5000	1.4281	.5610	.2000	.1000	.0510	.0239	.0243	.0224
.95	10.0000	3.4375	.3000	.1000	.0063	.0051	.0039	.0005-	.0069	.0083
1.00	10.0000	.3810	.0000	.0000	.0000	.0000	.0000	.0000	.0000	.0000

→ y : lx ; ↓ x : lx

Spalte										
	0.55	0.60	0.65							
.05	.0347	.0274	.0212							
.10	.0662	.0524	.0404							
.15	.0947	.0749	.0577							
.20	.1201	.0949	.0731							
.25	.1424	.1124	.0865							
.30	.1616	.1274	.0979							
.35	.1777	.1399	.1074							
.40	.1907	.1500	.1150							
.45	.1841	.1388	.1073							
.50	.1661	.1274	.0993							
.55	.1483	.1157	.0910							
.60	.1308	.1039	.0823							
.65	.1136	.0917	.0732							
.70	.0966	.0793	.0638							
.75	.0799	.0667	.0541							
.80	.0634	.0538	.0440							
.85	.0472	.0407	.0335							
.90	.0312	.0274	.0227							
.95	.0155	.0138	.0115							
1.00	.0000	.0000	.0000							

Auswertung aus Björn Vik Tafel 2

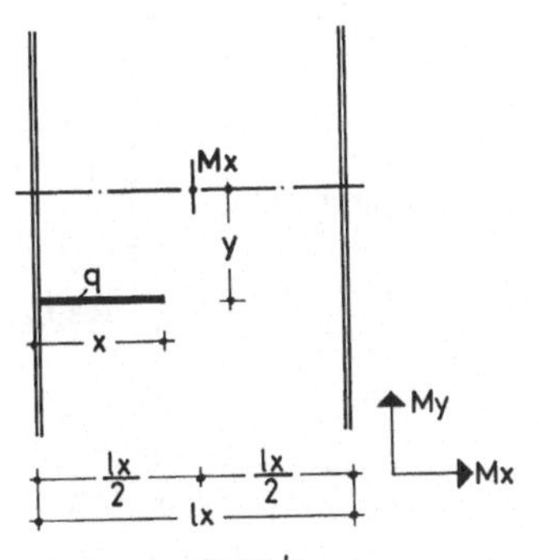

Plattenvollstreifen mit zwei eingespannten Längsrändern.
Feldmoment Mx in Feldmitte aus Linienlast in lx-Richtung.
$\mu = 0$
Faktor = q · lx

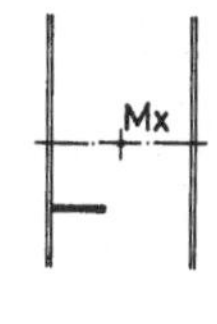

B 3.1.1

→ y : lx ; ↓ x : lx

Spalte										
	0.00	0.05	0.10	0.15	0.20	0.25	0.30	0.35	0.40	0.45
.05	.0000	.0000	.0000	.0000	.0000	.0001	.0001	.0001	.0001	.0000
.10	.0000	.0000	.0001	.0001	.0002	.0003	.0003	.0003	.0002	.0002
.15	.0001	.0001	.0003	.0005	.0006	.0007	.0008	.0008	.0007	.0006
.20	.0006	.0007	.0009	.0011	.0013	.0015	.0016	.0015	.0014	.0012
.25	.0013	.0014	.0018	.0022	.0025	.0028	.0029	.0027	.0024	.0021
.30	.0028	.0029	.0034	.0039	.0043	.0047	.0047	.0044	.0039	.0033
.35	.0049	.0050	.0057	.0064	.0071	.0074	.0072	.0065	.0057	.0049
.40	.0080	.0081	.0088	.0099	.0109	.0108	.0103	.0091	.0078	.0067
.45	.0140	.0139	.0149	.0147	.0156	.0148	.0137	.0120	.0101	.0087
.50	.0238	.0234	.0233	.0215	.0210	.0192	.0173	.0152	.0126	.0108
.55	.0335	.0329	.0330	.0279	.0256	.0236	.0210	.0184	.0152	.0125
.60	.0392	.0385	.0365	.0330	.0302	.0276	.0244	.0215	.0177	.0145
.65	.0424	.0415	.0398	.0365	.0341	.0310	.0275	.0245	.0193	.0163
.70	.0448	.0440	.0423	.0388	.0370	.0337	.0299	.0252	.0211	.0179
.75	.0462	.0454	.0439	.0409	.0384	.0356	.0318	.0268	.0226	.0190
.80	.0469	.0462	.0448	.0419	.0396	.0369	.0330	.0280	.0236	.0199
.85	.0473	.0466	.0453	.0425	.0403	.0377	.0339	.0288	.0243	.0205
.90	.0475	.0468	.0456	.0429	.0407	.0382	.0344	.0293	.0247	.0209
.95	.0475	.0468	.0457	.0430	.0409	.0384	.0346	.0295	.0249	.0210
1.00	.0473	.0467	.0456	.0430	.0409	.0384	.0347	.0295	.0250	.0210

→ y : lx ; ↓ x : lx

Spalte										
	0.50	0.55	0.60	0.65	0.70	0.75	0.80	0.85	0.90	
.05	.0000	.0000	.0000	.0000	.0000	.0000	.0000	.0000	.0000	
.10	.0002	.0001	.0001	.0000	.0000	.0000	.0001	.0001	.0001	
.15	.0004	.0003	.0002	.0001	.0001	.0001	.0002	.0002	.0001	
.20	.0009	.0007	.0004	.0003	.0002	.0002	.0003	.0003	.0002	
.25	.0017	.0013	.0010	.0006	.0004	.0004	.0004	.0004	.0004	
.30	.0026	.0021	.0016	.0012	.0009	.0006	.0006	.0006	.0005	
.35	.0039	.0031	.0024	.0018	.0013	.0009	.0009	.0008	.0007	
.40	.0054	.0043	.0034	.0026	.0019	.0014	.0011	.0010	.0009	
.45	.0070	.0056	.0045	.0035	.0026	.0019	.0014	.0013	.0011	
.50	.0088	.0070	.0056	.0044	.0033	.0024	.0018	.0015	.0013	
.55	.0103	.0084	.0065	.0053	.0040	.0030	.0022	.0018	.0015	
.60	.0119	.0098	.0075	.0063	.0047	.0035	.0025	.0020	.0017	
.65	.0134	.0108	.0084	.0071	.0054	.0038	.0028	.0023	.0019	
.70	.0146	.0118	.0093	.0079	.0060	.0041	.0030	.0025	.0021	
.75	.0156	.0126	.0100	.0077	.0058	.0043	.0032	.0026	.0022	
.80	.0163	.0132	.0102	.0080	.0061	.0045	.0033	.0028	.0024	
.85	.0168	.0135	.0105	.0082	.0062	.0046	.0035	.0029	.0025	
.90	.0171	.0137	.0107	.0083	.0063	.0047	.0035	.0030	.0026	
.95	.0172	.0138	.0107	.0083	.0063	.0047	.0036	.0031	.0026	
1.00	.0172	.0138	.0107	.0083	.0062	.0047	.0036	.0031	.0026	

Auswertung aus Pucher „Einflußfelder elastischer Platten" Tafel Nr. 12

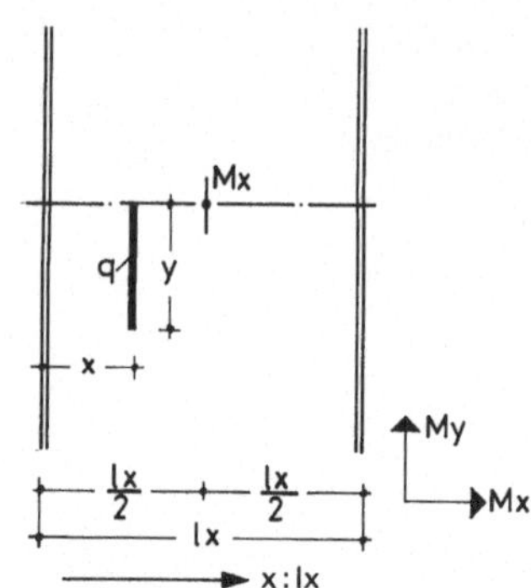

Plattenvollstreifen mit zwei eingespannten Längsrändern.
Feldmoment Mx in Feldmitte aus Linienlast parallel zu den Längsrändern.
$\mu = 0$
Faktor = q · lx

B 3.1.2

x : lx →

y : lx ↓

Spalte										
	0.05	0.10	0.15	0.20	0.25	0.30	0.35	0.40	0.45	0.50
.05	.0000	.0001	.0003	.0006	.0012	.0020	.0031	.0050	.0081	.0137
.10	.0000	.0003	.0007	.0014	.0025	.0041	.0065	.0102	.0163	.0244
.15	.0001	.0006	.0012	.0023	.0039	.0063	.0102	.0154	.0241	.0324
.20	.0002	.0008	.0017	.0032	.0054	.0086	.0139	.0205	.0297	.0393
.25	.0003	.0012	.0023	.0043	.0069	.0111	.0177	.0245	.0350	.0447
.30	.0005	.0016	.0030	.0055	.0084	.0136	.0212	.0283	.0393	.0492
.35	.0007	.0020	.0038	.0066	.0099	.0158	.0246	.0315	.0428	.0527
.40	.0009	.0023	.0043	.0077	.0113	.0179	.0275	.0342	.0456	.0554
.45	.0009	.0026	.0048	.0086	.0123	.0197	.0278	.0364	.0477	.0575
.50	.0010	.0029	.0052	.0094	.0135	.0212	.0295	.0385	.0507	.0605
.55	.0011	.0031	.0057	.0101	.0143	.0223	.0309	.0401	.0523	.0622
.60	.0011	.0033	.0060	.0105	.0150	.0233	.0320	.0413	.0537	.0636
.65	.0012	.0034	.0062	.0109	.0155	.0240	.0329	.0423	.0547	.0647
.70	.0012	.0035	.0064	.0111	.0160	.0245	.0335	.0430	.0556	.0655
.75	.0012	.0036	.0065	.0113	.0163	.0250	.0340	.0436	.0562	.0661
.80	.0013	.0037	.0065	.0114	.0165	.0253	.0344	.0440	.0566	.0665
.85	.0013	.0037	.0066	.0115	.0167	.0255	.0347	.0443	.0569	.0668
.90	.0013	.0038	.0066	.0115	.0168	.0256	.0349	.0444	.0571	.0669

x : lx →

y : lx ↓

Spalte										
	0.55	0.60	0.65	0.70	0.75	0.80	0.85	0.90	0.95	
.05	.0081	.0050	.0031	.0020	.0012	.0006	.0003	.0001	.0000	
.10	.0163	.0102	.0065	.0041	.0025	.0014	.0007	.0003	.0000	
.15	.0241	.0154	.0102	.0063	.0039	.0023	.0012	.0006	.0001	
.20	.0297	.0205	.0139	.0086	.0054	.0032	.0017	.0008	.0002	
.25	.0350	.0245	.0177	.0111	.0069	.0043	.0023	.0012	.0003	
.30	.0393	.0283	.0212	.0136	.0084	.0055	.0030	.0016	.0005	
.35	.0428	.0315	.0246	.0158	.0099	.0066	.0038	.0020	.0007	
.40	.0456	.0342	.0275	.0179	.0113	.0077	.0043	.0023	.0009	
.45	.0477	.0364	.0278	.0197	.0123	.0086	.0048	.0026	.0009	
.50	.0507	.0385	.0295	.0212	.0135	.0094	.0052	.0029	.0010	
.55	.0523	.0401	.0309	.0223	.0143	.0101	.0057	.0031	.0011	
.60	.0537	.0413	.0320	.0233	.0150	.0105	.0060	.0033	.0011	
.65	.0547	.0423	.0329	.0240	.0155	.0109	.0062	.0034	.0012	
.70	.0556	.0430	.0335	.0245	.0160	.0111	.0064	.0035	.0012	
.75	.0562	.0436	.0340	.0250	.0163	.0113	.0065	.0036	.0012	
.80	.0566	.0440	.0344	.0253	.0165	.0114	.0065	.0037	.0013	
.85	.0569	.0443	.0347	.0255	.0167	.0115	.0066	.0037	.0013	
.90	.0571	.0444	.0349	.0256	.0168	.0115	.0066	.0038	.0013	

Auswertung aus Pucher „Einflußfelder elastischer Platten" Tafel Nr. 12

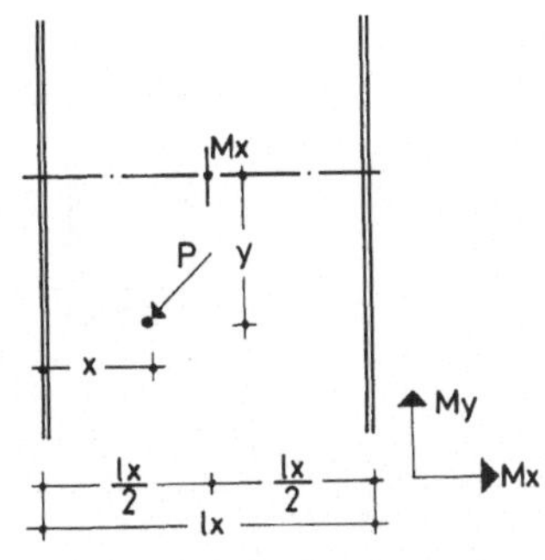

Plattenvollstreifen mit zwei eingespannten Längsrändern.
Feldmoment Mx in Feldmitte aus einer Einzellast.
$\mu = 0$
Faktor = P

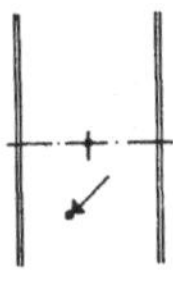

B 3.1.3

y : lx → ; x : lx ↓

Spalte										
	0.00	0.05	0.10	0.15	0.20	0.25	0.30	0.35	0.40	0.45
.05	.0001-	.0004	.0009	.0016	.0021	.0025	.0029	.0029	.0025	.0021
.10	.0018	.0024	.0034	.0046	.0055	.0063	.0069	.0065	.0058	.0051
.15	.0058	.0060	.0075	.0089	.0106	.0124	.0131	.0124	.0109	.0093
.20	.0106	.0116	.0139	.0163	.0188	.0205	.0208	.0196	.0176	.0153
.25	.0209	.0214	.0246	.0271	.0294	.0314	.0308	.0283	.0247	.0216
.30	.0345	.0349	.0380	.0402	.0443	.0452	.0423	.0373	.0326	.0279
.35	.0522	.0522	.0553	.0609	.0649	.0620	.0559	.0466	.0392	.0331
.40	.0884	.0854	.0894	.0869	.0826	.0751	.0656	.0539	.0445	.0369
.45	.1433	.1452	.1422	.1181	.0972	.0843	.0715	.0583	.0477	.0394
.50	.2508*	.2260	.1673	.1324	.1090	.0898	.0734	.0597	.0487	.0405
.55	.1433	.1452	.1422	.1181	.0973	.0843	.0714	.0583	.0477	.0394
.60	.0884	.0854	.0894	.0869	.0826	.0751	.0656	.0539	.0445	.0369
.65	.0522	.0522	.0553	.0609	.0649	.0620	.0559	.0467	.0392	.0331
.70	.0345	.0349	.0380	.0402	.0443	.0452	.0423	.0373	.0326	.0279
.75	.0209	.0214	.0246	.0271	.0294	.0314	.0308	.0283	.0247	.0216
.80	.0106	.0116	.0139	.0163	.0188	.0205	.0208	.0196	.0176	.0153
.85	.0058	.0060	.0075	.0089	.0106	.0124	.0131	.0124	.0109	.0093
.90	.0019	.0024	.0034	.0045	.0055	.0063	.0069	.0065	.0058	.0051
.95	.0001-	.0004	.0009	.0016	.0021	.0026	.0029	.0029	.0025	.0021
1.00	.0000	.0000	.0000	.0000	.0000	.0000	.0000	.0000	.0000	.0000

y : lx → ; x : lx ↓

Spalte										
	0.50	0.55	0.60	0.65	0.70	0.75	0.80	0.85	0.90	
.05	.0016	.0011	.0008	.0005	.0004	.0005	.0007	.0007	.0006	
.10	.0041	.0031	.0023	.0016	.0012	.0011	.0014	.0013	.0012	
.15	.0074	.0058	.0043	.0031	.0024	.0020	.0021	.0020	.0017	
.20	.0120	.0095	.0070	.0051	.0039	.0030	.0028	.0026	.0023	
.25	.0172	.0139	.0108	.0077	.0058	.0043	.0036	.0031	.0027	
.30	.0227	.0179	.0143	.0110	.0081	.0058	.0043	.0037	.0032	
.35	.0272	.0217	.0171	.0137	.0104	.0074	.0051	.0042	.0036	
.40	.0305	.0250	.0193	.0157	.0120	.0089	.0059	.0047	.0040	
.45	.0327	.0269	.0209	.0168	.0130	.0097	.0067	.0052	.0043	
.50	.0338	.0275	.0218	.0172	.0133	.0100	.0075	.0057	.0046	
.55	.0327	.0269	.0209	.0168	.0130	.0097	.0067	.0052	.0043	
.60	.0305	.0250	.0193	.0156	.0120	.0089	.0059	.0048	.0040	
.65	.0273	.0217	.0171	.0137	.0104	.0074	.0051	.0043	.0036	
.70	.0227	.0179	.0143	.0110	.0081	.0058	.0043	.0037	.0032	
.75	.0172	.0139	.0108	.0077	.0058	.0043	.0035	.0032	.0027	
.80	.0120	.0095	.0070	.0051	.0039	.0030	.0028	.0026	.0023	
.85	.0074	.0058	.0044	.0031	.0024	.0020	.0021	.0020	.0017	
.90	.0041	.0031	.0023	.0016	.0012	.0011	.0013	.0013	.0012	
.95	.0016	.0011	.0008	.0006	.0004	.0005	.0006	.0007	.0005	
1.00	.0000	.0000	.0000	.0000	.0000	.0000	.0000	.0000	.0001-	

Auswertung aus Pucher „Einflußfelder elastischer Platten" Tafel Nr. 12

* bzw. theoretisch ∞

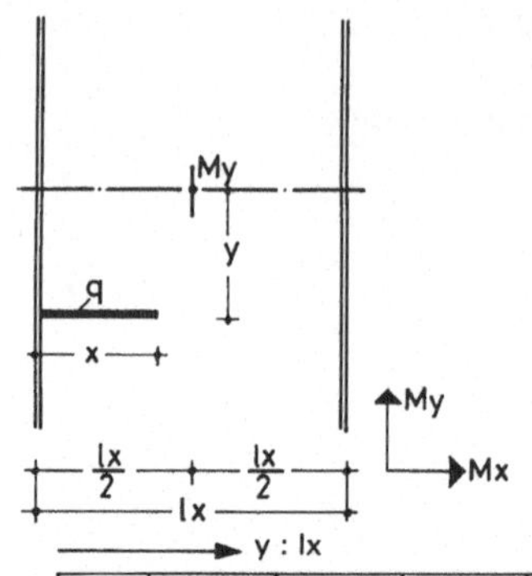

Plattenvollstreifen mit zwei eingespannten Längsrändern.
Feldmoment My in Feldmitte aus Linienlast in lx-Richtung.
$\mu = 0$
Faktor = q · lx

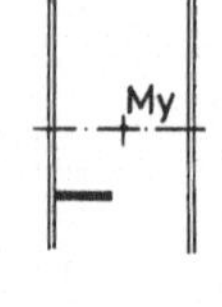

B 3.2.1

y : lx →

x : lx ↓

Spalte											
	0.00	0.05	0.10	0.15	0.20	0.25	0.30	0.35	0.40	0.45	0.50
.05	.0001	.0001	.0001	.0001	.0000	.0001	.0000	.0000	.0000	.0000	.0000
.10	.0004	.0003	.0003	.0004	.0001	.0002	.0001-	.0001-	.0002-	.0002-	.0001-
.15	.0009	.0009	.0009	.0010	.0002	.0004	.0002-	.0003-	.0004-	.0004-	.0003-
.20	.0020	.0018	.0017	.0017	.0003	.0006	.0003-	.0007-	.0009-	.0009-	.0008-
.25	.0042	.0039	.0029	.0027	.0005	.0008	.0005-	.0012-	.0015-	.0015-	.0014-
.30	.0067	.0063	.0052	.0039	.0006	.0009	.0010-	.0017-	.0022-	.0022-	.0021-
.35	.0100	.0094	.0073	.0051	.0007	.0010	.0014-	.0025-	.0031-	.0032-	.0030-
.40	.0145	.0134	.0094	.0062	.0008	.0003	.0020-	.0034-	.0042-	.0043-	.0040-
.45	.0226	.0191	.0115	.0071	.0009	.0001-	.0029-	.0045-	.0054-	.0055-	.0052-
.50	.0339	.0245	.0137	.0080	.0009	.0007-	.0039-	.0057-	.0067-	.0069-	.0064-
.55	.0452	.0301	.0158	.0092	.0006	.0013-	.0049-	.0067-	.0080-	.0082-	.0077-
.60	.0526	.0356	.0180	.0101	.0006	.0017-	.0056-	.0078-	.0091-	.0094-	.0088-
.65	.0575	.0393	.0201	.0112	.0007	.0020-	.0062-	.0088-	.0102-	.0105-	.0099-
.70	.0609	.0424	.0222	.0123	.0008	.0021-	.0066-	.0094-	.0112-	.0115-	.0108-
.75	.0630	.0445	.0239	.0136	.0009	.0020-	.0070-	.0100-	.0119-	.0122-	.0115-
.80	.0655	.0467	.0253	.0146	.0010	.0019-	.0073-	.0104-	.0124-	.0128-	.0120-
.85	.0666	.0478	.0261	.0154	.0012	.0016-	.0074-	.0108-	.0129-	.0132-	.0124-
.90	.0673	.0483	.0266	.0159	.0013	.0014-	.0075-	.0111-	.0131-	.0135-	.0127-
.95	.0674	.0484	.0268	.0163	.0014	.0012-	.0076-	.0111-	.0132-	.0136-	.0128-
1.00	.0673	.0483	.0267	.0164	.0015	.0010-	.0075-	.0111-	.0133-	.0136-	.0127-

y : lx →

x : lx ↓

Spalte											
	0.55	0.60	0.65	0.70	0.75	0.80	0.85	0.90	0.95	1.00	1.05
.05	.0000	.0000	.0000	.0000	.0000	.0000	.0000	.0000	.0000	.0000	.0000
.10	.0001-	.0001-	.0001-	.0000	.0000	.0000	.0001-	.0001-	.0001-	.0001-	.0001-
.15	.0003-	.0002-	.0002-	.0001-	.0001-	.0001-	.0001-	.0001-	.0001-	.0001-	.0001-
.20	.0007-	.0005-	.0003-	.0003-	.0002-	.0002-	.0002-	.0003-	.0002-	.0002-	.0002-
.25	.0012-	.0010-	.0008-	.0005-	.0004-	.0004-	.0004-	.0004-	.0004-	.0004-	.0004-
.30	.0019-	.0016-	.0013-	.0011-	.0007-	.0006-	.0006-	.0006-	.0006-	.0005-	.0005-
.35	.0027-	.0024-	.0020-	.0016-	.0013-	.0011-	.0009-	.0008-	.0008-	.0007-	.0007-
.40	.0036-	.0032-	.0028-	.0022-	.0019-	.0015-	.0012-	.0011-	.0010-	.0009-	.0009-
.45	.0047-	.0042-	.0035-	.0029-	.0025-	.0020-	.0017-	.0014-	.0012-	.0012-	.0011-
.50	.0058-	.0052-	.0044-	.0037-	.0031-	.0026-	.0021-	.0017-	.0015-	.0014-	.0013-
.55	.0069-	.0063-	.0053-	.0043-	.0038-	.0031-	.0026-	.0021-	.0018-	.0016-	.0015-
.60	.0079-	.0073-	.0060-	.0050-	.0045-	.0037-	.0029-	.0024-	.0021-	.0018-	.0017-
.65	.0089-	.0079-	.0068-	.0056-	.0051-	.0042-	.0033-	.0027-	.0023-	.0020-	.0018-
.70	.0097-	.0087-	.0074-	.0062-	.0052-	.0043-	.0036-	.0029-	.0025-	.0022-	.0020-
.75	.0104-	.0093-	.0080-	.0066-	.0056-	.0046-	.0038-	.0031-	.0027-	.0024-	.0022-
.80	.0109-	.0097-	.0083-	.0069-	.0058-	.0048-	.0039-	.0032-	.0028-	.0025-	.0023-
.85	.0112-	.0100-	.0085-	.0070-	.0059-	.0049-	.0040-	.0033-	.0029-	.0026-	.0024-
.90	.0114-	.0102-	.0086-	.0071-	.0060-	.0049-	.0041-	.0034-	.0030-	.0027-	.0025-
.95	.0115-	.0102-	.0086-	.0071-	.0060-	.0050-	.0041-	.0035-	.0030-	.0028-	.0025-
1.00	.0114-	.0102-	.0086-	.0071-	.0060-	.0049-	.0041-	.0035-	.0031-	.0028-	.0026-

Auswertung aus Pucher „Einflußfelder elastischer Platten" Tafel Nr. 13

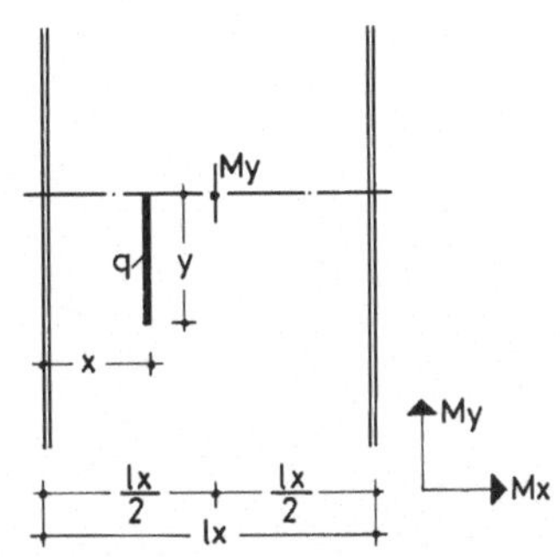

Plattenvollstreifen mit zwei eingespannten Längsrändern.
Feldmoment My in Feldmitte aus Linienlast parallel zu den Längsrändern.
$\mu = 0$
Faktor = q · lx

B 3.2.2

x : lx →

y : lx ↓

Spalte										
	0.05	0.10	0.15	0.20	0.25	0.30	0.35	0.40	0.45	0.50
.05	.0002	.0005	.0009	.0014	.0021	.0027	.0040	.0049	.0076	.0087
.10	.0004	.0009	.0017	.0026	.0041	.0052	.0078	.0086	.0101	.0117
.15	.0005	.0013	.0024	.0037	.0058	.0071	.0090	.0101	.0120	.0134
.20	.0007	.0017	.0029	.0045	.0062	.0078	.0098	.0107	.0124	.0139
.25	.0008	.0018	.0032	.0049	.0064	.0080	.0100	.0107	.0121	.0135
.30	.0006	.0016	.0028	.0044	.0064	.0079	.0097	.0102	.0114	.0128
.35	.0006	.0014	.0026	.0041	.0059	.0073	.0090	.0093	.0104	.0118
.40	.0005	.0011	.0022	.0036	.0054	.0066	.0081	.0084	.0092	.0106
.45	.0004	.0010	.0019	.0029	.0047	.0057	.0071	.0073	.0080	.0094
.50	.0003	.0008	.0015	.0022	.0041	.0048	.0061	.0062	.0066	.0082
.55	.0002	.0006	.0011	.0016	.0035	.0042	.0052	.0052	.0058	.0070
.60	.0001	.0005	.0007	.0015	.0029	.0035	.0043	.0042	.0048	.0059
.65	.0002	.0004	.0007	.0012	.0023	.0029	.0037	.0036	.0039	.0051
.70	.0002	.0004	.0005	.0009	.0021	.0023	.0031	.0029	.0032	.0043
.75	.0001	.0003	.0004	.0007	.0018	.0019	.0026	.0023	.0026	.0037
.80	.0001	.0002	.0003	.0006	.0015	.0015	.0022	.0019	.0021	.0031
.85	.0001	.0002	.0002	.0004	.0013	.0013	.0018	.0014	.0017	.0027
.90	.0001	.0001	.0002	.0003	.0012	.0010	.0016	.0011	.0013	.0023
.95	.0000	.0001	.0001	.0003	.0011	.0009	.0014	.0008	.0010	.0020
1.00	.0000	.0001	.0000	.0002	.0010	.0007	.0012	.0006	.0009	.0018
1.05	.0000	.0000	.0000	.0001	.0009	.0006	.0010	.0005	.0007	.0016

x : lx →

y : lx ↓

Spalte										
	0.55	0.60	0.65	0.70	0.75	0.80	0.85	0.90	0.95	
.05	.0076	.0049	.0040	.0027	.0021	.0014	.0009	.0005	.0002	
.10	.0101	.0086	.0078	.0052	.0041	.0026	.0017	.0009	.0004	
.15	.0120	.0101	.0090	.0071	.0058	.0037	.0024	.0013	.0005	
.20	.0124	.0107	.0098	.0078	.0062	.0045	.0029	.0017	.0007	
.25	.0121	.0107	.0100	.0080	.0064	.0049	.0032	.0018	.0008	
.30	.0114	.0102	.0097	.0079	.0064	.0044	.0028	.0016	.0006	
.35	.0104	.0093	.0090	.0073	.0059	.0041	.0026	.0014	.0006	
.40	.0092	.0084	.0081	.0066	.0054	.0036	.0022	.0011	.0005	
.45	.0080	.0073	.0071	.0057	.0047	.0029	.0019	.0010	.0004	
.50	.0066	.0062	.0061	.0048	.0041	.0022	.0015	.0008	.0003	
.55	.0058	.0052	.0052	.0042	.0035	.0016	.0011	.0006	.0002	
.60	.0048	.0042	.0043	.0035	.0029	.0015	.0007	.0005	.0001	
.65	.0039	.0036	.0037	.0029	.0023	.0012	.0007	.0004	.0002	
.70	.0032	.0029	.0031	.0023	.0021	.0009	.0005	.0004	.0002	
.75	.0026	.0023	.0026	.0019	.0018	.0007	.0004	.0003	.0001	
.80	.0021	.0019	.0022	.0015	.0015	.0006	.0003	.0002	.0001	
.85	.0017	.0014	.0018	.0013	.0013	.0004	.0002	.0002	.0001	
.90	.0013	.0011	.0016	.0010	.0012	.0003	.0002	.0001	.0001	
.95	.0010	.0008	.0014	.0009	.0011	.0003	.0001	.0001	.0000	
1.00	.0009	.0006	.0012	.0007	.0010	.0002	.0000	.0001	.0000	
1.05	.0007	.0005	.0010	.0006	.0009	.0001	.0000	.0000	.0000	

Auswertung aus Pucher „Einflußfelder elastischer Platten" Tafel Nr. 13

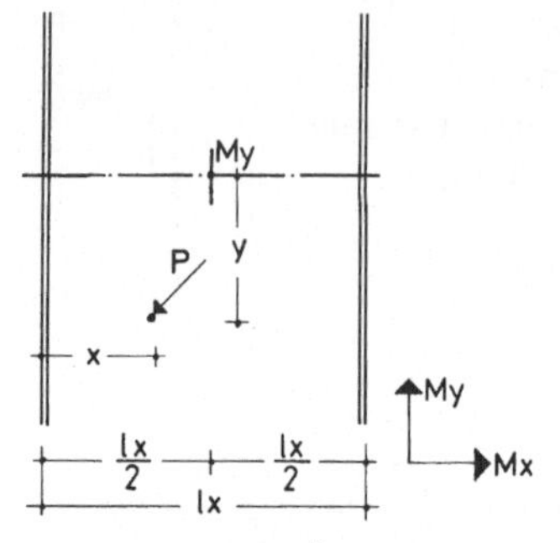

Plattenvollstreifen mit zwei eingespannten Längsrändern.
Feldmoment My in Feldmitte aus einer Einzellast.
$\mu = 0$
Faktor = P

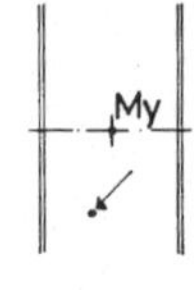

B 3.2.3

y : lx →

x : lx ↓

Spalte											
	0.00	0.05	0.10	0.15	0.20	0.25	0.30	0.35	0.40	0.45	0.50
.05	.0037	.0034	.0035	.0044	.0009	.0019	.0006-	.0014-	.0017-	.0017-	.0014-
.10	.0100	.0093	.0086	.0087	.0016	.0030	.0016-	.0033-	.0040-	.0040-	.0035-
.15	.0189	.0177	.0152	.0130	.0020	.0033	.0028-	.0057-	.0068-	.0068-	.0062-
.20	.0303	.0287	.0234	.0173	.0023	.0028	.0044-	.0083-	.0100-	.0102-	.0096-
.25	.0433	.0415	.0331	.0216	.0022	.0016	.0062-	.0103-	.0132-	.0136-	.0131-
.30	.0598	.0553	.0403	.0259	.0020	.0005-	.0083-	.0132-	.0164-	.0171-	.0161-
.35	.0840	.0746	.0414	.0227	.0015	.0033-	.0107-	.0167-	.0202-	.0208-	.0194-
.40	.1158	.0995	.0421	.0207	.0008	.0067-	.0145-	.0198-	.0231-	.0235-	.0221-
.45	.1809	.1061	.0426	.0198	.0002-	.0114-	.0179-	.0219-	.0249-	.0255-	.0241-
.50	.2508*	.1082	.0427	.0200	.0014-	.0111-	.0189-	.0232-	.0255-	.0263-	.0251-
.55	.1809	.1061	.0426	.0198	.0002-	.0114-	.0179-	.0219-	.0249-	.0255-	.0241-
.60	.1158	.0995	.0421	.0207	.0007	.0067-	.0145-	.0197-	.0231-	.0235-	.0221-
.65	.0840	.0746	.0414	.0227	.0015	.0033-	.0107-	.0167-	.0202-	.0208-	.0194-
.70	.0598	.0553	.0403	.0259	.0019	.0005-	.0083-	.0132-	.0164-	.0171-	.0161-
.75	.0433	.0415	.0330	.0216	.0022	.0016	.0062-	.0103-	.0132-	.0136-	.0131-
.80	.0303	.0287	.0233	.0173	.0022	.0029	.0043-	.0083-	.0100-	.0102-	.0096-
.85	.0189	.0177	.0152	.0130	.0020	.0033	.0028-	.0057-	.0068-	.0068-	.0062-
.90	.0100	.0093	.0086	.0087	.0015	.0030	.0016-	.0033-	.0040-	.0040-	.0035-
.95	.0037	.0034	.0035	.0044	.0008	.0019	.0006-	.0014-	.0017-	.0017-	.0014-
1.00	.0000	.0000	.0000	.0000	.0001-	.0000	.0000	.0000	.0000	.0000	.0000

y : lx →

x : lx ↓

Spalte											
	0.55	0.60	0.65	0.70	0.75	0.80	0.85	0.90	0.95	1.00	1.05
.05	.0011-	.0008-	.0006-	.0005-	.0004-	.0004-	.0005-	.0006-	.0006-	.0006-	.0006-
.10	.0028-	.0023-	.0018-	.0014-	.0012-	.0011-	.0012-	.0013-	.0012-	.0012-	.0012-
.15	.0053-	.0045-	.0036-	.0029-	.0023-	.0020-	.0020-	.0020-	.0019-	.0018-	.0018-
.20	.0085-	.0072-	.0060-	.0048-	.0038-	.0032-	.0029-	.0027-	.0025-	.0024-	.0023-
.25	.0119-	.0106-	.0090-	.0072-	.0057-	.0046-	.0039-	.0034-	.0031-	.0029-	.0027-
.30	.0148-	.0135-	.0117-	.0096-	.0079-	.0062-	.0050-	.0041-	.0037-	.0034-	.0031-
.35	.0176-	.0157-	.0138-	.0115-	.0099-	.0081-	.0062-	.0049-	.0043-	.0038-	.0035-
.40	.0200-	.0182-	.0154-	.0130-	.0113-	.0094-	.0076-	.0057-	.0048-	.0042-	.0038-
.45	.0218-	.0197-	.0167-	.0140-	.0121-	.0101-	.0084-	.0065-	.0054-	.0046-	.0040-
.50	.0230-	.0202-	.0173-	.0146-	.0124-	.0104-	.0087-	.0073-	.0060-	.0050-	.0042-
.55	.0218-	.0197-	.0167-	.0140-	.0121-	.0101-	.0085-	.0065-	.0054-	.0046-	.0040-
.60	.0200-	.0182-	.0154-	.0130-	.0113-	.0094-	.0075-	.0057-	.0049-	.0042-	.0038-
.65	.0176-	.0157-	.0138-	.0115-	.0099-	.0081-	.0062-	.0049-	.0043-	.0038-	.0034-
.70	.0148-	.0135-	.0117-	.0096-	.0079-	.0062-	.0050-	.0042-	.0037-	.0034-	.0031-
.75	.0119-	.0106-	.0090-	.0072-	.0057-	.0046-	.0039-	.0034-	.0031-	.0029-	.0027-
.80	.0085-	.0073-	.0060-	.0048-	.0038-	.0032-	.0029-	.0027-	.0025-	.0024-	.0023-
.85	.0053-	.0045-	.0036-	.0028-	.0023-	.0021-	.0020-	.0020-	.0019-	.0018-	.0018-
.90	.0028-	.0023-	.0018-	.0014-	.0012-	.0012-	.0012-	.0013-	.0012-	.0012-	.0013-
.95	.0010-	.0008-	.0006-	.0004-	.0004-	.0005-	.0006-	.0006-	.0006-	.0006-	.0007-
1.00	.0000	.0000	.0000	.0000	.0000	.0001-	.0000	.0001	.0001	.0000	.0001-

Auswertung aus Pucher „Einflußfelder elastischer Platten" Tafel Nr. 13

* bzw. theoretisch ∞

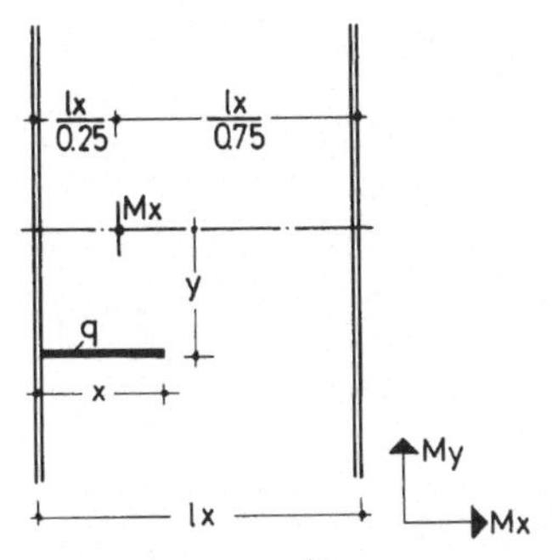

Plattenvollstreifen mit zwei eingespannten Längsrändern.
Feldmoment Mx im Viertelspunkt aus Linienlast in lx-Richtung.
$\mu = 0$
Faktor = q · lx

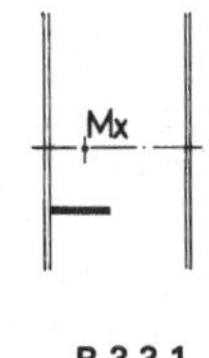

B 3.3.1

y : lx →

x : lx ↓

Spalte											
	0.00	0.05	0.10	0.15	0.20	0.25	0.30	0.35	0.40	0.45	0.50
.05	.0000	.0000	.0001	.0001	.0001	.0001	.0001	.0001	.0000	.0000	.0000
.10	.0003	.0003	.0004	.0005	.0005	.0005	.0004	.0002	.0002	.0001	.0001
.15	.0013	.0014	.0016	.0017	.0017	.0014	.0011	.0008	.0005	.0003	.0003
.20	.0038	.0042	.0050	.0047	.0040	.0030	.0024	.0017	.0011	.0006	.0005
.25	.0105	.0104	.0107	.0094	.0079	.0050	.0038	.0028	.0019	.0012	.0008
.30	.0180	.0172	.0151	.0129	.0125	.0073	.0047	.0037	.0027	.0017	.0011
.35	.0179	.0200	.0190	.0165	.0168	.0089	.0059	.0047	.0037	.0024	.0014
.40	.0214	.0219	.0206	.0181	.0157	.0103	.0070	.0056	.0045	.0029	.0017
.45	.0216	.0223	.0212	.0188	.0166	.0111	.0080	.0064	.0045	.0030	.0020
.50	.0213	.0221	.0212	.0191	.0170	.0116	.0081	.0065	.0049	.0032	.0021
.55	.0206	.0215	.0208	.0189	.0169	.0117	.0082	.0067	.0050	.0034	.0023
.60	.0197	.0207	.0201	.0184	.0166	.0115	.0082	.0067	.0051	.0034	.0023
.65	.0189	.0199	.0192	.0178	.0162	.0112	.0080	.0066	.0050	.0034	.0023
.70	.0180	.0191	.0186	.0172	.0157	.0107	.0077	.0064	.0048	.0032	.0022
.75	.0173	.0184	.0180	.0165	.0152	.0105	.0075	.0062	.0046	.0031	.0020
.80	.0168	.0178	.0175	.0159	.0149	.0102	.0073	.0060	.0043	.0029	.0019
.85	.0165	.0174	.0171	.0159	.0146	.0100	.0071	.0057	.0040	.0027	.0017
.90	.0163	.0172	.0169	.0157	.0145	.0099	.0069	.0055	.0037	.0024	.0015
.95	.0162	.0172	.0169	.0157	.0144	.0098	.0068	.0053	.0035	.0023	.0014
1.00	.0162	.0172	.0169	.0157	.0145	.0098	.0068	.0052	.0033	.0022	.0013

y : lx →

x : lx ↓

Spalte											
	0.55										
.05	.0000										
.10	.0001										
.15	.0002										
.20	.0004										
.25	.0006										
.30	.0008										
.35	.0010										
.40	.0012										
.45	.0014										
.50	.0016										
.55	.0016										
.60	.0017										
.65	.0016										
.70	.0016										
.75	.0015										
.80	.0013										
.85	.0012										
.90	.0011										
.95	.0010										
1.00	.0009										

Auswertung aus Pucher „Einflußfelder elastischer Platten" Tafel Nr. 14

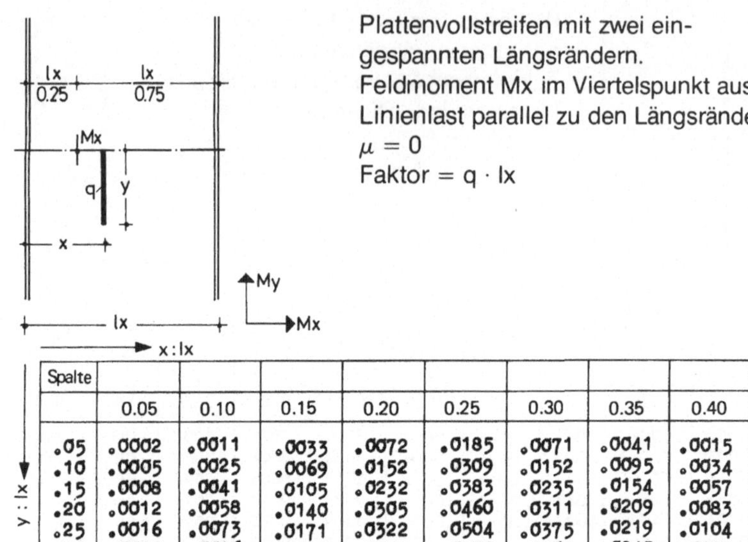

Plattenvollstreifen mit zwei eingespannten Längsrändern.
Feldmoment Mx im Viertelspunkt aus Linienlast parallel zu den Längsrändern.
$\mu = 0$
Faktor = q · lx

B 3.3.2

x : lx (columns), y : lx (rows)

Spalte										
	0.05	0.10	0.15	0.20	0.25	0.30	0.35	0.40	0.45	0.50
.05	.0002	.0011	.0033	.0072	.0185	.0071	.0041	.0015	.0000	.0009-
.10	.0005	.0025	.0069	.0152	.0309	.0152	.0095	.0034	.0004	.0016-
.15	.0008	.0041	.0105	.0232	.0383	.0235	.0154	.0057	.0012	.0018-
.20	.0012	.0058	.0140	.0305	.0460	.0311	.0209	.0083	.0024	.0017-
.25	.0016	.0073	.0171	.0322	.0504	.0375	.0219	.0104	.0038	.0013-
.30	.0019	.0086	.0189	.0351	.0532	.0369	.0245	.0122	.0045	.0007-
.35	.0022	.0082	.0203	.0370	.0547	.0391	.0264	.0136	.0055	.0001-
.40	.0024	.0086	.0212	.0383	.0576	.0405	.0277	.0146	.0062	.0005
.45	.0025	.0089	.0217	.0395	.0586	.0413	.0285	.0153	.0068	.0007
.50	.0027	.0091	.0223	.0401	.0592	.0426	.0297	.0163	.0073	.0010
.55	.0027	.0092	.0226	.0404	.0595	.0431	.0302	.0167	.0077	.0013

x : lx (columns), y : lx (rows)

Spalte										
	0.55	0.60	0.65	0.70	0.75	0.80	0.85	0.90	0.95	
.05	.0014-	.0016-	.0016-	.0014-	.0011-	.0008-	.0005-	.0003-	.0001-	
.10	.0026-	.0031-	.0032-	.0027-	.0023-	.0017-	.0011-	.0006-	.0002-	
.15	.0033-	.0041-	.0043-	.0039-	.0033-	.0025-	.0016-	.0008-	.0003-	
.20	.0038-	.0048-	.0052-	.0049-	.0043-	.0033-	.0020-	.0011-	.0004-	
.25	.0040-	.0053-	.0059-	.0055-	.0048-	.0036-	.0023-	.0012-	.0005-	
.30	.0040-	.0056-	.0063-	.0061-	.0053-	.0040-	.0026-	.0014-	.0005-	
.35	.0038-	.0057-	.0068-	.0064-	.0057-	.0043-	.0028-	.0016-	.0006-	
.40	.0036-	.0057-	.0071-	.0067-	.0060-	.0046-	.0031-	.0018-	.0008-	
.45	.0033-	.0055-	.0075-	.0069-	.0062-	.0051-	.0035-	.0022-	.0010-	
.50	.0031-	.0053-	.0078-	.0070-	.0064-	.0054-	.0038-	.0023-	.0011-	
.55	.0028-	.0052-	.0080-	.0072-	.0066-	.0056-	.0039-	.0025-	.0012-	

Auswertung aus Pucher „Einflußfelder elastischer Platten" Tafel Nr. 14

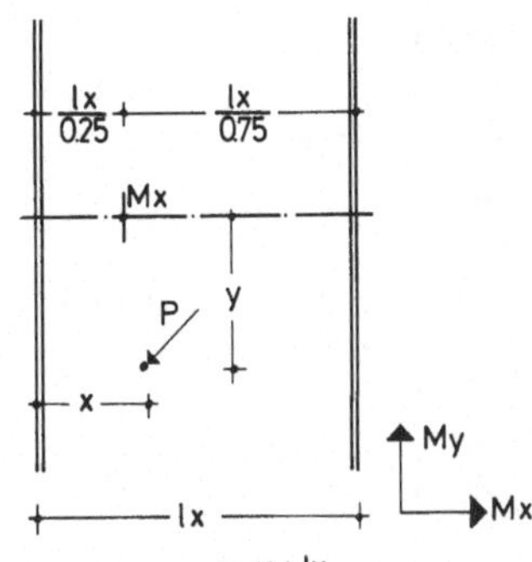

Plattenvollstreifen mit zwei eingespannten Längsrändern.
Feldmonent Mx im Viertelspunkt aus einer Einzellast.
$\mu = 0$
Faktor = P

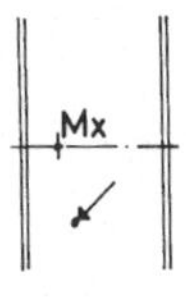

B 3.3.3

→ y : lx ; ↓ x : lx

Spalte											
	0.00	0.05	0.10	0.15	0.20	0.25	0.30	0.35	0.40	0.45	0.50
.05	.0022	.0027	.0034	.0040	.0045	.0041	.0032	.0025	.0018	.0014	.0013
.10	.0106	.0114	.0145	.0157	.0151	.0130	.0099	.0067	.0047	.0032	.0026
.15	.0333	.0342	.0398	.0387	.0325	.0251	.0192	.0140	.0089	.0054	.0038
.20	.0731	.0837	.0872	.0735	.0612	.0362	.0242	.0190	.0130	.0080	.0049
.25	.2107*	.1584	.1115	.0857	.0764	.0435	.0249	.0209	.0153	.0103	.0060
.30	.0726	.0946	.0886	.0760 ·	.0696	.0407	.0242	.0205	.0159	.0111	.0071
.35	.0380	.0431	.0547	.0524	.0406	.0311	.0227	.0188	.0148	.0103	.0062
.40	.0135	.0162	.0222	.0263	.0248	.0217	.0186	.0152	.0120	.0080	.0052
.45	.0014-	.0010	.0048	.0097	.0120	.0128	.0118	.0097	.0079	.0050	.0042
.50	.0111-	.0091-	.0055-	.0014-	.0024	.0051	.0054	.0053	.0051	.0039	.0032
.55	.0159-	.0145-	.0111-	.0074-	.0040-	.0009-	.0009	.0018	.0018	.0018	.0015
.60	.0180-	.0165-	.0143-	.0102-	.0075-	.0046-	.0024-	.0009-	.0005-	.0000	.0001
.65	.0174-	.0166-	.0151-	.0117-	.0092-	.0067-	.0045-	.0024-	.0022-	.0014-	.0010-
.70	.0155-	.0153-	.0137-	.0119-	.0098-	.0073-	.0055-	.0035-	.0034-	.0023-	.0018-
.75	.0124-	.0125-	.0116-	.0107-	.0088-	.0063-	.0051-	.0041-	.0041-	.0029-	.0023-
.80	.0088-	.0094-	.0090-	.0082-	.0064-	.0050-	.0042-	.0042-	.0043-	.0031-	.0025-
.85	.0058-	.0060-	.0056-	.0050-	.0041-	.0037-	.0032-	.0038-	.0040-	.0029-	.0023-
.90	.0033-	.0031-	.0029-	.0025-	.0023-	.0025-	.0022-	.0030-	.0032-	.0023-	.0019-
.95	.0014-	.0011-	.0010-	.0009-	.0009-	.0012-	.0011-	.0017-	.0018-	.0014-	.0011-
1.00	.0000	.0000	.0000	.0000	.0000	.0000	.0000	.0000	.0000	.0000	.0000

→ y : lx ; ↓ x : lx

Spalte											
	0.55										
.05	.0010										
.10	.0019										
.15	.0027										
.20	.0035										
.25	.0042										
.30	.0048										
.35	.0046										
.40	.0039										
.45	.0032										
.50	.0023										
.55	.0011										
.60	.0000										
.65	.0008-										
.70	.0013-										
.75	.0017-										
.80	.0018-										
.85	.0017-										
.90	.0014-										
.95	.0008-										
1.00	.0000										

Auswertung aus Pucher „Einflußfelder elastischer Platten“ Tafel Nr. 14

* bzw. theoretisch ∞

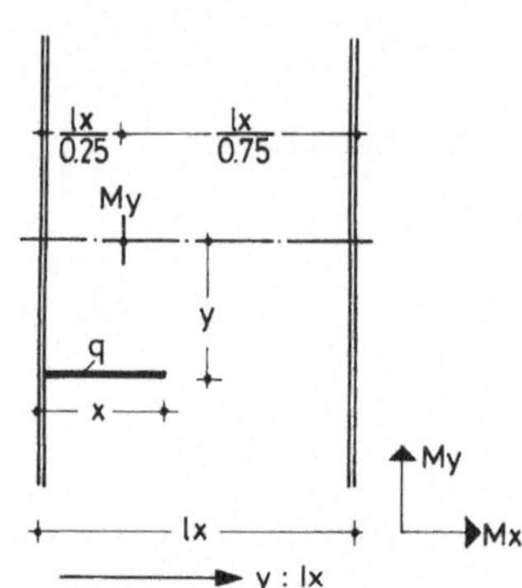

Plattenvollstreifen mit zwei eingespannten Längsrändern.
Feldmoment My im Viertelspunkt aus Linienlast in lx-Richtung.
$\mu = 0$
Faktor = q · lx

B 3.4.1

y : lx →

x : lx ↓

Spalte										
	0.00	0.05	0.10	0.15	0.20	0.25	0.30	0.35	0.40	0.45
.05	.0002	.0001	.0001	.0000	.0000	.0000	.0000	.0001-	.0000	.0000
.10	.0011	.0010	.0004	.0002-	.0001-	.0002-	.0002-	.0002-	.0002-	.0002-
.15	.0033	.0029	.0009	.0004-	.0005-	.0008-	.0008-	.0008-	.0007-	.0005-
.20	.0082	.0057	.0016	.0006-	.0012-	.0015-	.0016-	.0015-	.0013-	.0011-
.25	.0162	.0093	.0024	.0007-	.0020-	.0025-	.0026-	.0024-	.0021-	.0017-
.30	.0258	.0134	.0034	.0008-	.0027-	.0036-	.0036-	.0036-	.0030-	.0026-
.35	.0311	.0177	.0049	.0004-	.0032-	.0043-	.0045-	.0043-	.0041-	.0035-
.40	.0353	.0220	.0069	.0004	.0033-	.0049-	.0053-	.0050-	.0052-	.0044-
.45	.0381	.0260	.0092	.0017	.0031-	.0051-	.0059-	.0057-	.0057-	.0051-
.50	.0400	.0295	.0115	.0026	.0027-	.0052-	.0062-	.0064-	.0064-	.0057-
.55	.0429	.0275	.0137	.0036	.0022-	.0051-	.0064-	.0066-	.0069-	.0063-
.60	.0445	.0290	.0157	.0044	.0017-	.0049-	.0064-	.0069-	.0073-	.0068-
.65	.0456	.0301	.0151	.0051	.0012-	.0047-	.0063-	.0070-	.0075-	.0071-
.70	.0465	.0309	.0158	.0057	.0009-	.0044-	.0062-	.0070-	.0077-	.0074-
.75	.0471	.0315	.0164	.0062	.0005-	.0041-	.0060-	.0069-	.0078-	.0076-
.80	.0478	.0322	.0167	.0065	.0002-	.0038-	.0057-	.0068-	.0078-	.0077-
.85	.0481	.0325	.0170	.0068	.0001	.0035-	.0054-	.0067-	.0078-	.0077-
.90	.0484	.0327	.0171	.0071	.0003	.0033-	.0052-	.0065-	.0077-	.0077-
.95	.0485	.0329	.0171	.0072	.0005	.0030-	.0050-	.0063-	.0076-	.0077-
1.00	.0486	.0329	.0170	.0073	.0006	.0029-	.0048-	.0062-	.0076-	.0077-

y : lx →

x : lx ↓

Spalte										
	0.50	0.55	0.60	0.65	0.70	0.75	0.80	0.85	0.90	
.05	.0000	.0000	.0000	.0000	.0000	.0000	.0000	.0000	.0000	
.10	.0001-	.0001-	.0001-	.0001-	.0001-	.0001-	.0001-	.0001-	.0001-	
.15	.0004-	.0003-	.0002-	.0002-	.0002-	.0002-	.0002-	.0002-	.0002-	
.20	.0009-	.0007-	.0005-	.0004-	.0004-	.0004-	.0003-	.0003-	.0003-	
.25	.0015-	.0012-	.0010-	.0007-	.0006-	.0006-	.0005-	.0005-	.0005-	
.30	.0022-	.0018-	.0015-	.0012-	.0009-	.0009-	.0007-	.0007-	.0006-	
.35	.0030-	.0025-	.0020-	.0017-	.0013-	.0011-	.0010-	.0009-	.0008-	
.40	.0037-	.0032-	.0026-	.0022-	.0018-	.0015-	.0013-	.0012-	.0011-	
.45	.0044-	.0038-	.0033-	.0027-	.0022-	.0018-	.0016-	.0014-	.0012-	
.50	.0051-	.0044-	.0039-	.0033-	.0027-	.0021-	.0019-	.0016-	.0014-	
.55	.0057-	.0050-	.0045-	.0038-	.0031-	.0024-	.0021-	.0018-	.0016-	
.60	.0062-	.0055-	.0051-	.0041-	.0034-	.0027-	.0024-	.0020-	.0018-	
.65	.0065-	.0059-	.0052-	.0044-	.0037-	.0030-	.0026-	.0022-	.0020-	
.70	.0069-	.0062-	.0055-	.0047-	.0040-	.0032-	.0028-	.0024-	.0021-	
.75	.0071-	.0064-	.0057-	.0049-	.0042-	.0034-	.0030-	.0026-	.0023-	
.80	.0072-	.0066-	.0059-	.0051-	.0043-	.0035-	.0031-	.0027-	.0024-	
.85	.0073-	.0067-	.0060-	.0052-	.0044-	.0036-	.0032-	.0028-	.0025-	
.90	.0073-	.0067-	.0061-	.0052-	.0045-	.0037-	.0033-	.0029-	.0026-	
.95	.0073-	.0067-	.0061-	.0053-	.0045-	.0038-	.0033-	.0030-	.0026-	
1.00	.0073-	.0067-	.0061-	.0053-	.0045-	.0038-	.0033-	.0030-	.0026-	

Auswertung aus Pucher „Einflußfelder elastischer Platten" Tafel Nr. 15

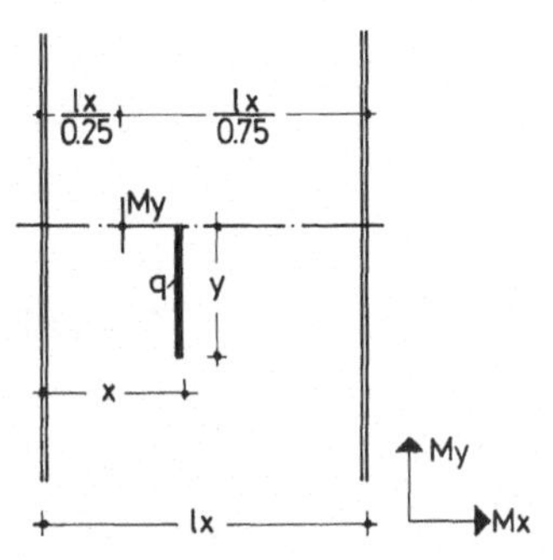

Plattenvollstreifen mit zwei eingespannten Längsrändern.
Feldmoment My im Viertelspunkt aus Linienlast parallel zu den Längsrändern.
$\mu = 0$
Faktor = q · lx

B 3.4.2

→ x : lx, ↓ y : lx

Spalte	0.05	0.10	0.15	0.20	0.25	0.30	0.35	0.40	0.45	0.50
.05	.0005	.0016	.0032	.0059	.0074	.0070	.0049	.0037	.0029	.0024
.10	.0009	.0028	.0051	.0078	.0093	.0099	.0080	.0066	.0055	.0047
.15	.0011	.0028	.0055	.0084	.0097	.0106	.0094	.0085	.0075	.0066
.20	.0009	.0026	.0051	.0078	.0091	.0103	.0095	.0089	.0079	.0070
.25	.0009	.0023	.0044	.0069	.0080	.0095	.0089	.0087	.0080	.0073
.30	.0007	.0018	.0037	.0059	.0069	.0084	.0080	.0081	.0077	.0072
.35	.0006	.0013	.0030	.0049	.0057	.0072	.0069	.0073	.0070	.0068
.40	.0004	.0007	.0024	.0042	.0047	.0062	.0057	.0064	.0062	.0062
.45	.0002	.0002	.0019	.0035	.0038	.0051	.0049	.0055	.0053	.0055
.50	.0000	.0002-	.0014	.0029	.0030	.0042	.0040	.0046	.0043	.0047
.55	.0001-	.0001-	.0011	.0024	.0024	.0034	.0031	.0038	.0033	.0040
.60	.0002-	.0004-	.0008	.0019	.0018	.0028	.0025	.0031	.0030	.0035
.65	.0001-	.0007-	.0006	.0016	.0014	.0023	.0019	.0025	.0024	.0029
.70	.0003-	.0011-	.0004	.0013	.0010	.0018	.0014	.0020	.0019	.0025
.75	.0006-	.0015-	.0003	.0011	.0008	.0015	.0010	.0015	.0015	.0021
.80	.0008-	.0018-	.0002	.0010	.0006	.0012	.0007	.0012	.0011	.0017
.85	.0011-	.0021-	.0002	.0009	.0002	.0010	.0004	.0008	.0008	.0015
.90	.0012-	.0023-	.0001	.0007	.0000	.0008	.0001	.0006	.0006	.0013

→ x : lx, ↓ y : lx

Spalte	0.55	0.60	0.65	0.70	0.75	0.80	0.85	0.90	0.95	
.05	.0019	.0015	.0012	.0008	.0006	.0005	.0003	.0002	.0001	
.10	.0036	.0029	.0023	.0016	.0012	.0009	.0007	.0005	.0003	
.15	.0049	.0040	.0034	.0022	.0017	.0014	.0011	.0008	.0004	
.20	.0059	.0049	.0042	.0027	.0021	.0018	.0014	.0010	.0005	
.25	.0061	.0050	.0042	.0031	.0024	.0022	.0017	.0012	.0006	
.30	.0062	.0051	.0044	.0033	.0026	.0024	.0019	.0014	.0007	
.35	.0060	.0049	.0043	.0032	.0025	.0022	.0017	.0012	.0007	
.40	.0055	.0047	.0042	.0031	.0024	.0022	.0017	.0012	.0007	
.45	.0049	.0042	.0039	.0029	.0022	.0021	.0017	.0012	.0006	
.50	.0041	.0037	.0037	.0026	.0020	.0020	.0016	.0011	.0006	
.55	.0032	.0030	.0034	.0022	.0017	.0018	.0015	.0011	.0006	
.60	.0024	.0024	.0031	.0018	.0014	.0016	.0014	.0010	.0005	
.65	.0016	.0022	.0028	.0013	.0011	.0014	.0012	.0009	.0005	
.70	.0017	.0018	.0025	.0009	.0011	.0012	.0011	.0008	.0005	
.75	.0013	.0015	.0023	.0005	.0007	.0010	.0009	.0007	.0004	
.80	.0010	.0012	.0020	.0007	.0004	.0008	.0008	.0006	.0004	
.85	.0007	.0009	.0017	.0004	.0001	.0006	.0007	.0006	.0004	
.90	.0004	.0007	.0015	.0002	.0002-	.0005	.0006	.0005	.0003	

Auswertung aus Pucher „Einflußfelder elastischer Platten" Tafel Nr. 15

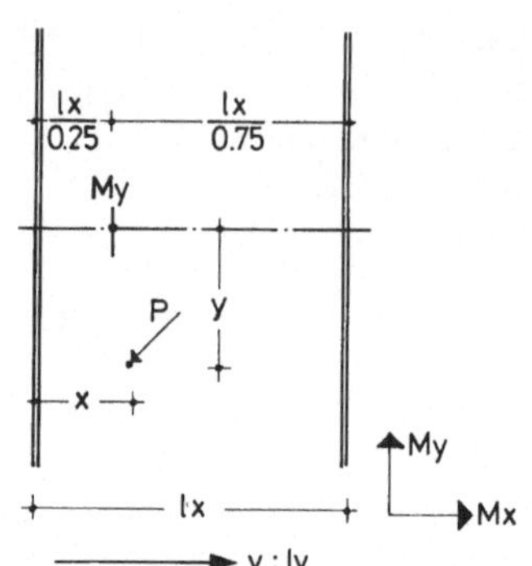

Plattenvollstreifen mit zwei eingespannten Längsrändern.
Feldmoment My im Viertelspunkt aus einer Einzellast.
$\mu = 0$
Faktor = P

B 3.4.3

y : ly →

x : lx ↓

Spalte										
	0.00	0.05	0.10	0.15	0.20	0.25	0.30	0.35	0.40	0.45
.05	.0094	.0074	.0040	.0016-	.0012-	.0021-	.0023-	.0025-	.0021-	.0018-
.10	.0303	.0272	.0077	.0029-	.0049-	.0069-	.0077-	.0070-	.0060-	.0048-
.15	.0657	.0466	.0114	.0036-	.0102-	.0127-	.0127-	.0117-	.0102-	.0087-
.20	.1294	.0611	.0148	.0040-	.0145-	.0178-	.0184-	.0169-	.0142-	.0121-
.25	.1779*	.0705	.0181	.0035-	.0163-	.0201-	.0207-	.0206-	.0179-	.0154-
.30	.1560	.0750	.0251	.0020	.0119-	.0185-	.0199-	.0191-	.0198-	.0172-
.35	.1020	.0745	.0341	.0122	.0064-	.0140-	.0173-	.0157-	.0196-	.0175-
.40	.0736	.0691	.0395	.0199	.0004	.0082-	.0136-	.0145-	.0173-	.0164-
.45	.0537	.0586	.0412	.0236	.0063	.0029-	.0091-	.0124-	.0141-	.0144-
.50	.0423	.0432	.0392	.0213	.0091	.0006	.0049-	.0094-	.0114-	.0123-
.55	.0356	.0333	.0335	.0182	.0099	.0023	.0020-	.0062-	.0090-	.0103-
.60	.0279	.0263	.0242	.0153	.0097	.0036	.0002	.0037-	.0068-	.0083-
.65	.0213	.0202	.0171	.0126	.0086	.0045	.0019	.0017-	.0047-	.0063-
.70	.0158	.0151	.0132	.0101	.0076	.0050	.0030	.0001-	.0029-	.0046-
.75	.0113	.0109	.0097	.0079	.0070	.0052	.0037	.0011	.0015-	.0031-
.80	.0079	.0078	.0068	.0067	.0061	.0049	.0040	.0018	.0005-	.0019-
.85	.0059	.0059	.0043	.0052	.0049	.0043	.0037	.0020	.0002	.0011-
.90	.0040	.0039	.0024	.0037	.0035	.0032	.0029	.0018	.0005	.0004-
.95	.0020	.0020	.0009	.0019	.0019	.0018	.0017	.0012	.0005	.0001-
1.00	.0000	.0000	.0000	.0000	.0000	.0000	.0000	.0001	.0001	.0001-

y : ly →

x : lx ↓

Spalte										
	0.50	0.55	0.60	0.65	0.70	0 75	0.80	0.85	0.90	
.05	.0015-	.0012-	.0010-	.0009-	.0009-	.0010-	.0009-	.0009-	.0008-	
.10	.0039-	.0030-	.0025-	.0021-	.0020-	.0019-	.0017-	.0017-	.0015-	
.15	.0071-	.0054-	.0044-	.0035-	.0031-	.0029-	.0025-	.0024-	.0022-	
.20	.0104-	.0085-	.0068-	.0053-	.0043-	.0037-	.0032-	.0030-	.0027-	
.25	.0129-	.0109-	.0090-	.0073-	.0055-	.0046-	.0040-	.0036-	.0032-	
.30	.0146-	.0125-	.0105-	.0089-	.0069-	.0053-	.0047-	.0041-	.0036-	
.35	.0156-	.0135-	.0115-	.0098-	.0081-	.0061-	.0053-	.0045-	.0039-	
.40	.0150-	.0137-	.0119-	.0103-	.0086-	.0068-	.0059-	.0048-	.0041-	
.45	.0138-	.0130-	.0119-	.0103-	.0088-	.0069-	.0061-	.0049-	.0041-	
.50	.0124-	.0119-	.0113-	.0098-	.0086-	.0063-	.0056-	.0046-	.0040-	
.55	.0108-	.0106-	.0102-	.0089-	.0081-	.0058-	.0051-	.0044-	.0038-	
.60	.0090-	.0091-	.0086-	.0075-	.0069-	.0052-	.0046-	.0040-	.0035-	
.65	.0071-	.0073-	.0069-	.0062-	.0057-	.0046-	.0041-	.0037-	.0032-	
.70	.0054-	.0057-	.0055-	.0050-	.0046-	.0040-	.0035-	.0033-	.0029-	
.75	.0038-	.0042-	.0042-	.0039-	.0036-	.0034-	.0030-	.0028-	.0025-	
.80	.0026-	.0030-	.0031-	.0030-	.0026-	.0027-	.0024-	.0023-	.0021-	
.85	.0016-	.0019-	.0021-	.0021-	.0018-	.0021-	.0018-	.0018-	.0016-	
.90	.0008-	.0011-	.0013-	.0013-	.0011-	.0014-	.0011-	.0012-	.0011-	
.95	.0003-	.0004-	.0006-	.0006-	.0005-	.0007-	.0005-	.0006-	.0005-	
1.00	.0000	.0000	.0000	.0000	.0000	.0000	.0002	.0000	.0001	

Auswertung aus Pucher „Einflußfelder elastischer Platten" Tafel Nr. 15

* bzw. theoretisch ∞

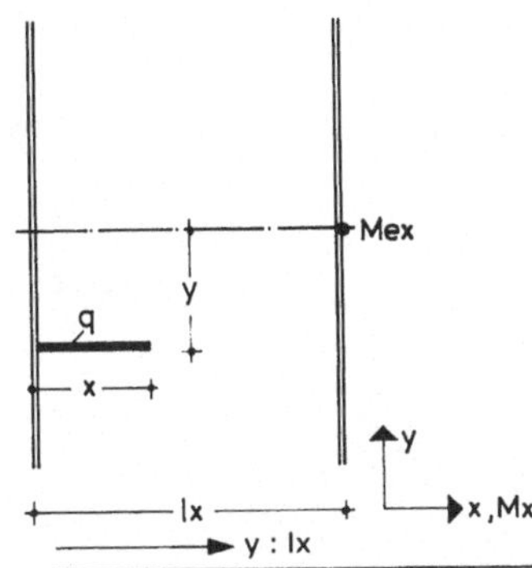

Plattenvollstreifen mit zwei eingespannten Längsrändern.
Stützmoment Mex aus Linienlast in lx-Richtung.
$\mu = 0$
Faktor = q · lx

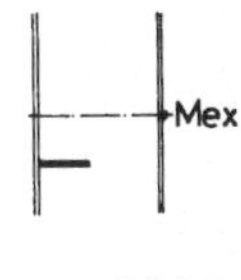

B 3.5.1

y : lx → ; x : lx ↓

Spalte										
	0.00	0.05	0.10	0.15	0.20	0.25	0.30	0.35	0.40	0.45
.05	.0001-	.0001-	.0001-	.0001-	.0001-	.0001-	.0001-	.0001-	.0001-	.0000
.10	.0004-	.0005-	.0005-	.0004-	.0004-	.0004-	.0003-	.0003-	.0002-	.0002-
.15	.0014-	.0014-	.0013-	.0012-	.0011-	.0010-	.0009-	.0007-	.0006-	.0005-
.20	.0028-	.0029-	.0027-	.0025-	.0023-	.0021-	.0018-	.0015-	.0013-	.0010-
.25	.0052-	.0052-	.0050-	.0046-	.0042-	.0038-	.0032-	.0027-	.0023-	.0019-
.30	.0084-	.0085-	.0080-	.0076-	.0069-	.0063-	.0053-	.0044-	.0037-	.0030-
.35	.0128-	.0126-	.0120-	.0113-	.0104-	.0095-	.0082-	.0068-	.0056-	.0045-
.40	.0183-	.0182-	.0170-	.0161-	.0148-	.0135-	.0117-	.0098-	.0081-	.0064-
.45	.0250-	.0247-	.0237-	.0223-	.0201-	.0183-	.0158-	.0134-	.0112-	.0088-
.50	.0327-	.0320-	.0310-	.0292-	.0268-	.0240-	.0206-	.0174-	.0147-	.0117-
.55	.0416-	.0404-	.0393-	.0370-	.0340-	.0304-	.0259-	.0218-	.0185-	.0148-
.60	.0518-	.0505-	.0487-	.0455-	.0419-	.0374-	.0316-	.0259-	.0224-	.0180-
.65	.0630-	.0615-	.0593-	.0549-	.0503-	.0447-	.0370-	.0304-	.0263-	.0212-
.70	.0748-	.0734-	.0707-	.0649-	.0582-	.0519-	.0426-	.0348-	.0300-	.0242-
.75	.0880-	.0862-	.0825-	.0753-	.0665-	.0571-	.0478-	.0389-	.0333-	.0250-
.80	.1022-	.0996-	.0943-	.0854-	.0742-	.0624-	.0523-	.0423-	.0331-	.0264-
.85	.1171-	.1140-	.1033-	.0943-	.0788-	.0666-	.0557-	.0434-	.0344-	.0274-
.90	.1327-	.1282-	.1120-	.0972-	.0828-	.0688-	.0559-	.0445-	.0352-	.0280-
.95	.1488-	.1365-	.1169-	.0998-	.0842-	.0697-	.0565-	.0450-	.0356-	.0284-
1.00	.1641-	.1393-	.1180-	.1003-	.0845-	.0699-	.0567-	.0450-	.0356-	.0283-

y : lx → ; x : lx ↓

Spalte										
	0.50	0.55	0.60	0.65	0.70	0.75	0.80	0.85	0.90	
.05	.0009-	.0000	.0000	.0000	.0000	.0000	.0000	.0000	.0000	
.10	.0034-	.0001-	.0001-	.0001-	.0001-	.0001-	.0001-	.0001-	.0000	
.15	.0063-	.0003-	.0003-	.0002-	.0002-	.0002-	.0002-	.0001-	.0000	
.20	.0051-	.0007-	.0005-	.0004-	.0004-	.0003-	.0003-	.0002-	.0000	
.25	.0058-	.0012-	.0010-	.0007-	.0006-	.0005-	.0004-	.0004-	.0001-	
.30	.0067-	.0020-	.0015-	.0012-	.0009-	.0007-	.0006-	.0005-	.0001-	
.35	.0079-	.0029-	.0023-	.0018-	.0014-	.0010-	.0009-	.0007-	.0002-	
.40	.0094-	.0041-	.0032-	.0025-	.0020-	.0015-	.0012-	.0010-	.0003-	
.45	.0112-	.0055-	.0043-	.0034-	.0027-	.0020-	.0015-	.0012-	.0004-	
.50	.0131-	.0071-	.0055-	.0043-	.0034-	.0026-	.0019-	.0015-	.0006-	
.55	.0154-	.0089-	.0068-	.0053-	.0043-	.0032-	.0023-	.0018-	.0008-	
.60	.0179-	.0105-	.0083-	.0062-	.0051-	.0038-	.0028-	.0020-	.0010-	
.65	.0198-	.0122-	.0097-	.0071-	.0059-	.0044-	.0032-	.0023-	.0011-	
.70	.0216-	.0137-	.0105-	.0080-	.0067-	.0050-	.0035-	.0025-	.0012-	
.75	.0231-	.0148-	.0114-	.0087-	.0073-	.0051-	.0037-	.0027-	.0012-	
.80	.0242-	.0157-	.0121-	.0094-	.0072-	.0053-	.0038-	.0028-	.0013-	
.85	.0250-	.0164-	.0126-	.0096-	.0074-	.0054-	.0039-	.0029-	.0013-	
.90	.0255-	.0168-	.0129-	.0098-	.0075-	.0055-	.0040-	.0030-	.0013-	
.95	.0257-	.0169-	.0129-	.0097-	.0074-	.0054-	.0040-	.0031-	.0013-	
1.00	.0256-	.0167-	.0128-	.0095-	.0073-	.0053-	.0040-	.0031-	.0012-	

Auswertung aus Pucher „Einflußfelder elastischer Platten" Tafel Nr. 16

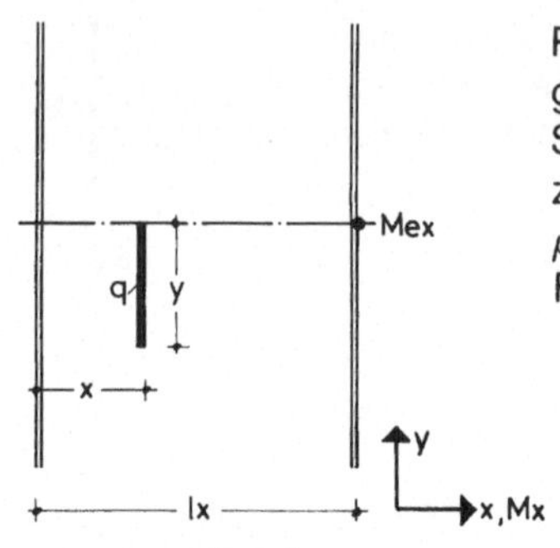

Plattenvollstreifen mit zwei eingespannten Längsrändern.
Stützmoment Mex aus Linienlast parallel zu den Längsrändern.
$\mu = 0$
Faktor = q · lx

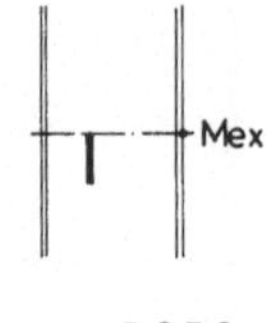

B 3.5.2

x : lx (→), y : lx (↓)

Spalte										
	0.05	0.10	0.15	0.20	0.25	0.30	0.35	0.40	0.45	0.50
.05										
.10	.0132-	.0158-	.0163-	.0159-	.0148-	.0139-	.0128-	.0117-	.0104-	.0092-
.15	.0183-	.0261-	.0293-	.0297-	.0289-	.0273-	.0253-	.0232-	.0204-	.0182-
.20	.0208-	.0314-	.0388-	.0408-	.0402-	.0388-	.0371-	.0341-	.0298-	.0268-
.25	.0217-	.0355-	.0446-	.0491-	.0496-	.0488-	.0476-	.0429-	.0386-	.0349-
.30	.0219-	.0377-	.0493-	.0548-	.0570-	.0568-	.0544-	.0510-	.0465-	.0413-
.35	.0225-	.0388-	.0525-	.0595-	.0626-	.0636-	.0612-	.0579-	.0521-	.0472-
.40	.0229-	.0398-	.0547-	.0627-	.0666-	.0687-	.0667-	.0635-	.0575-	.0521-
.45	.0230-	.0405-	.0560-	.0650-	.0695-	.0727-	.0712-	.0682-	.0618-	.0561-
.50	.0231-	.0411-	.0568-	.0668-	.0722-	.0755-	.0744-	.0717-	.0652-	.0592-
.55	.0231-	.0415-	.0578-	.0680-	.0738-	.0781-	.0767-	.0742-	.0677-	.0616-
.60	.0229-	.0418-	.0585-	.0690-	.0752-	.0798-	.0789-	.0760-	.0702-	.0640-
.65	.0227-	.0424-	.0591-	.0698-	.0761-	.0811-	.0804-	.0781-	.0718-	.0656-
.70	.0225-	.0440-	.0594-	.0704-	.0768-	.0820-	.0816-	.0794-	.0731-	.0668-
.75	.0222-	.0461-	.0598-	.0708-	.0773-	.0827-	.0824-	.0803-	.0740-	.0676-
.80	.0219-	.0485-	.0609-	.0711-	.0779-	.0832-	.0831-	.0810-	.0746-	.0682-
.85	.0217-	.0509-	.0625-	.0718-	.0782-	.0837-	.0835-	.0815-	.0750-	.0688-
.90	.0215-	.0530-	.0643-	.0731-	.0783-	.0840-	.0838-	.0818-	.0757-	.0696-
.95	.0213-	.0544-	.0656-	.0743-	.0783-	.0841-	.0841-	[illegible]	.0762-	.0708-

x : lx (→), y : lx (↓)

Spalte										
	0.55	0.60	0.65	0.70	0.75	0.80	0.85	0.90	0.95	
.05										
.10	.0079-	.0067-	.0054-	.0041-	.0031-	.0022-	.0013-	.0007-	.0002-	
.15	.0157-	.0134-	.0106-	.0080-	.0062-	.0043-	.0025-	.0013-	.0005-	
.20	.0230-	.0198-	.0156-	.0118-	.0091-	.0063-	.0037-	.0019-	.0007-	
.25	.0300-	.0258-	.0203-	.0153-	.0119-	.0081-	.0048-	.0025-	.0009-	
.30	.0363-	.0313-	.0246-	.0186-	.0144-	.0098-	.0057-	.0030-	.0011-	
.35	.0420-	.0350-	.0286-	.0215-	.0167-	.0109-	.0066-	.0034-	.0013-	
.40	.0455-	.0388-	.0320-	.0241-	.0180-	.0121-	.0074-	.0038-	.0015-	
.45	.0491-	.0419-	.0349-	.0263-	.0194-	.0130-	.0081-	.0042-	.0017-	
.50	.0519-	.0443-	.0362-	.0273-	.0204-	.0138-	.0084-	.0044-	.0017-	
.55	.0541-	.0462-	.0378-	.0285-	.0214-	.0144-	.0088-	.0047-	.0018-	
.60	.0561-	.0480-	.0391-	.0295-	.0221-	.0149-	.0092-	.0049-	.0019-	
.65	.0575-	.0492-	.0401-	.0304-	.0227-	.0154-	.0095-	.0050-	.0020-	
.70	.0584-	.0501-	.0408-	.0310-	.0231-	.0157-	.0097-	.0051-	.0021-	
.75	.0593-	.0508-	.0414-	.0314-	.0234-	.0160-	.0098-	.0052-	.0021-	
.80	.0599-	.0513-	.0419-	.0317-	.0236-	.0162-	.0100-	.0053-	.0021-	
.85	.0603-	.0517-	.0423-	.0319-	.0241-	.0164-	.0100-	.0054-	.0022-	
.90	.0606-	.0519-	.0426-	.0324-	.0250-	.0165-	.0101-	.0054-	.0022-	
.95	.0610-	.0523-	.0428-	.0332-	.0261-	.0165-	.0101-	.0054-	.0022-	

Auswertung aus Pucher „Einflußfelder elastischer Platten" Tafel Nr. 16

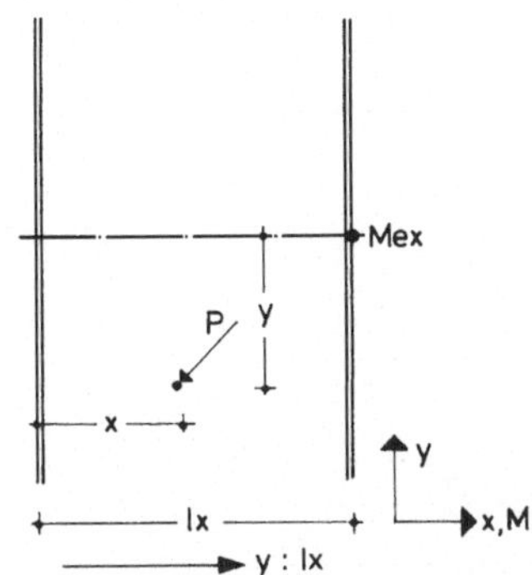

Plattenvollstreifen mit zwei eingespannten Längsrändern.
Stützmoment Mex aus einer Einzellast.
$\mu = 0$
Faktor = P

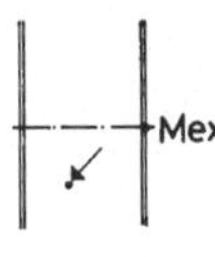

B 3.5.3

→ y : lx, ↓ x : lx

Spalte	0.00	0.05	0.10	0.15	0.20	0.25	0.30	0.35	0.40	0.45
.05	.0043-	.0044-	.0042-	.0040-	.0038-	.0036-	.0031-	.0027-	.0024-	.0020-
.10	.0126-	.0128-	.0120-	.0109-	.0095-	.0083-	.0072-	.0062-	.0054-	.0046-
.15	.0217-	.0224-	.0217-	.0201-	.0188-	.0173-	.0146-	.0122-	.0099-	.0078-
.20	.0384-	.0388-	.0369-	.0342-	.0303-	.0264-	.0226-	.0196-	.0166-	.0135-
.25	.0563-	.0558-	.0529-	.0502-	.0462-	.0422-	.0345-	.0284-	.0235-	.0196-
.30	.0750-	.0751-	.0714-	.0677-	.0624-	.0571-	.0497-	.0409-	.0324-	.0260-
.35	.0982-	.0966-	.0927-	.0873-	.0800-	.0724-	.0633-	.0537-	.0439-	.0338-
.40	.1217-	.1201-	.1169-	.1088-	.0990-	.0882-	.0760-	.0647-	.0555-	.0430-
.45	.1442-	.1383-	.1365-	.1289-	.1194-	.1044-	.0877-	.0741-	.0641-	.0517-
.50	.1667-	.1597-	.1564-	.1461-	.1357-	.1210-	.0983-	.0817-	.0695-	.0572-
.55	.1902-	.1844-	.1772-	.1629-	.1491-	.1331-	.1080-	.0876-	.0718-	.0596-
.60	.2118-	.2086-	.1990-	.1792-	.1596-	.1389-	.1166-	.0916-	.0710-	.0588-
.65	.2315-	.2281-	.2178-	.1951-	.1672-	.1382-	.1142-	.0890-	.0670-	.0549-
.70	.2522-	.2456-	.2269-	.2036-	.1658-	.1312-	.1053-	.0813-	.0600-	.0478-
.75	.2718-	.2613-	.2264-	.1959-	.1525-	.1173-	.0907-	.0685-	.0499-	.0359-
.80	.2879-	.2787-	.2163-	.1719-	.1273-	.0935-	.0704-	.0507-	.0341-	.0239-
.85	.3007-	.2723-	.1961-	.1315-	.0948-	.0645-	.0445-	.0273-	.0205-	.0161-
.90	.3100-	.2407-	.1400-	.0818-	.0539-	.0282-	.0205-	.0148-	.0119-	.0094-
.95	.3159-	.1347-	.0588-	.0246-	.0149-	.0094-	.0080-	.0052-	.0037-	.0021-
1.00	.3185-	.0023-	.0243	.0000	.0000	.0000	.0000	.0000	.0000	.0000

→ y : lx, ↓ x : lx

Spalte	0.50	0.55	0.60	0.65	0.70	0.75	0.80	0.85	0.90	
.05	.0323-	.0014-	.0012-	.0010-	.0008-	.0007-	.0007-	.0006-	.0000	
.10	.0398-	.0032-	.0027-	.0022-	.0018-	.0015-	.0014-	.0012-	.0002-	
.15	.0226-	.0054-	.0045-	.0037-	.0030-	.0024-	.0021-	.0018-	.0004-	
.20	.0110-	.0081-	.0066-	.0054-	.0043-	.0034-	.0029-	.0024-	.0006-	
.25	.0161-	.0126-	.0096-	.0073-	.0059-	.0046-	.0037-	.0030-	.0010-	
.30	.0212-	.0170-	.0132-	.0102-	.0076-	.0059-	.0045-	.0036-	.0014-	
.35	.0267-	.0212-	.0166-	.0129-	.0101-	.0072-	.0054-	.0042-	.0020-	
.40	.0325-	.0257-	.0198-	.0153-	.0124-	.0089-	.0063-	.0048-	.0026-	
.45	.0377-	.0302-	.0227-	.0173-	.0139-	.0104-	.0072-	.0054-	.0032-	
.50	.0431-	.0332-	.0257-	.0188-	.0148-	.0113-	.0082-	.0060-	.0040-	
.55	.0459-	.0348-	.0271-	.0199-	.0151-	.0115-	.0088-	.0055-	.0032-	
.60	.0445-	.0343-	.0265-	.0191-	.0148-	.0112-	.0084-	.0049-	.0025-	
.65	.0393-	.0315-	.0240-	.0177-	.0137-	.0103-	.0069-	.0044-	.0019-	
.70	.0335-	.0271-	.0201-	.0157-	.0121-	.0088-	.0053-	.0038-	.0014-	
.75	.0263-	.0211-	.0161-	.0131-	.0098-	.0063-	.0040-	.0032-	.0010-	
.80	.0190-	.0154-	.0121-	.0100-	.0065-	.0038-	.0028-	.0026-	.0006-	
.85	.0128-	.0105-	.0082-	.0054-	.0031-	.0019-	.0018-	.0019-	.0003-	
.90	.0071-	.0049-	.0029-	.0014-	.0009-	.0006-	.0010-	.0013-	.0001-	
.95	.0011-	.0005-	.0001-	.0005	.0001	.0000	.0004-	.0006-	.0000	
1.00	.0000	.0000	.0000	.0000	.0000	.0000	.0000	.0001	.0000	

Auswertung aus Pucher „Einflußfelder elastischer Platten" Tafel Nr.16

Abschnitt C – Auskragenden Plattenstreifen

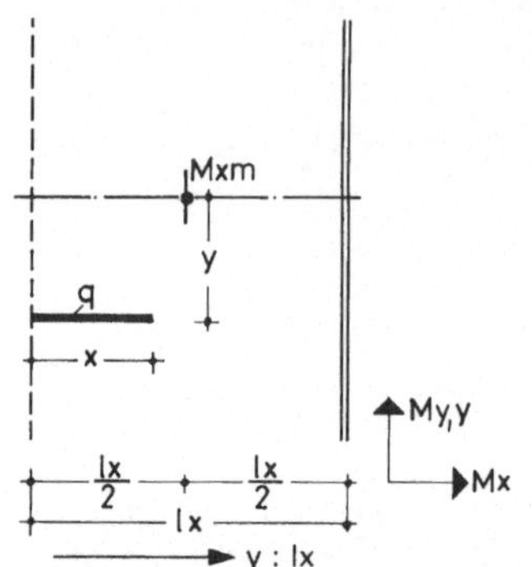

Auskragender Plattenstreifen.
Feldmoment Mxm in Mitte der Stützweite aus Linienlast in lx-Richtung.
Bereich y = 2,5 lx
$\mu = 0$
Faktor = q · lx

Mxm

C 1.1.1

y : lx

Spalte										
x : lx	0.00	0.05	0.10	0.15	0.20	0.25	0.30	0.35	0.40	0.45
.05	.0099-	.0098-	.0097-	.0094-	.0091-	.0088-	.0084-	.0081-	.0078-	.0074-
.10	.0188-	.0185-	.0183-	.0177-	.0172-	.0166-	.0159-	.0153-	.0148-	.0139-
.15	.0262-	.0258-	.0255-	.0247-	.0241-	.0233-	.0223-	.0213-	.0205-	.0195-
.20	.0323-	.0320-	.0315-	.0306-	.0298-	.0287-	.0276-	.0263-	.0253-	.0243-
.25	.0372-	.0368-	.0362-	.0351-	.0343-	.0330-	.0317-	.0302-	.0290-	.0279-
.30	.0405-	.0400-	.0394-	.0381-	.0374-	.0360-	.0346-	.0330-	.0318-	.0306-
.35	.0424-	.0417-	.0408-	.0394-	.0385-	.0371-	.0361-	.0346-	.0336-	.0324-
.40	.0423-	.0414-	.0402-	.0386-	.0381-	.0371-	.0364-	.0352-	.0345-	.0337-
.45	.0398-	.0386-	.0369-	.0358-	.0361-	.0359-	.0358-	.0350-	.0346-	.0342-
.50	.0319-	.0310-	.0306-	.0316-	.0330-	.0335-	.0345-	.0342-	.0341-	.0341-
.55	.0241-	.0235-	.0253-	.0265-	.0292-	.0304-	.0326-	.0328-	.0332-	.0336-
.60	.0208-	.0197-	.0214-	.0235-	.0252-	.0285-	.0304-	.0311-	.0320-	.0329-
.65	.0186-	.0177-	.0191-	.0211-	.0215-	.0263-	.0282-	.0301-	.0312-	.0323-
.70	.0174-	.0163-	.0182-	.0196-	.0218-	.0244-	.0261-	.0289-	.0302-	.0316-
.75	.0169-	.0156-	.0168-	.0183-	.0207-	.0230-	.0263-	.0279-	.0293-	.0310-
.80	.0162-	.0153-	.0164-	.0177-	.0201-	.0224-	.0256-	.0271-	.0286-	.0306-
.85	.0159-	.0154-	.0163-	.0175-	.0195-	.0220-	.0252-	.0267-	.0284-	.0304-
.90	.0157-	.0157-	.0164-	.0176-	.0192-	.0218-	.0249-	.0264-	.0282-	.0302-
.95	.0155-	.0161-	.0166-	.0178-	.0191-	.0219-	.0249-	.0262-	.0280-	.0301-
1.00	.0155-	.0164-	.0169-	.0180-	.0190-	.0221-	.0249-	.0262-	.0280-	.0301-

y : lx

Spalte										
x : lx	0.50	0.55	0.60	0.65	0.70	0.75	0.80	0.85	0.90	0.95
.05	.0071-	.0068-	.0064-	.0062-	.0059-	.0057-	.0054-	.0052-	.0050-	.0048-
.10	.0133-	.0127-	.0121-	.0117-	.0112-	.0107-	.0103-	.0100-	.0096-	.0092-
.15	.0186-	.0178-	.0170-	.0164-	.0158-	.0152-	.0147-	.0142-	.0137-	.0132-
.20	.0231-	.0221-	.0213-	.0206-	.0198-	.0191-	.0185-	.0179-	.0173-	.0167-
.25	.0267-	.0258-	.0247-	.0240-	.0232-	.0224-	.0217-	.0211-	.0205-	.0197-
.30	.0294-	.0285-	.0275-	.0267-	.0260-	.0252-	.0245-	.0239-	.0232-	.0224-
.35	.0313-	.0304-	.0296-	.0289-	.0283-	.0275-	.0268-	.0262-	.0256-	.0247-
.40	.0325-	.0317-	.0311-	.0305-	.0300-	.0296-	.0289-	.0283-	.0276-	.0268-
.45	.0336-	.0330-	.0324-	.0316-	.0312-	.0310-	.0304-	.0298-	.0292-	.0284-
.50	.0338-	.0335-	.0331-	.0328-	.0325-	.0320-	.0315-	.0310-	.0304-	.0296-
.55	.0337-	.0337-	.0335-	.0333-	.0332-	.0327-	.0323-	.0319-	.0313-	.0305-
.60	.0334-	.0337-	.0336-	.0335-	.0336-	.0331-	.0328-	.0324-	.0320-	.0312-
.65	.0328-	.0335-	.0335-	.0337-	.0340-	.0338-	.0335-	.0328-	.0324-	.0317-
.70	.0325-	.0333-	.0331-	.0337-	.0341-	.0340-	.0338-	.0335-	.0331-	.0324-
.75	.0321-	.0330-	.0325-	.0335-	.0341-	.0341-	.0340-	.0338-	.0334-	.0327-
.80	.0318-	.0328-	.0319-	.0332-	.0340-	.0341-	.0340-	.0339-	.0336-	.0329-
.85	.0316-	.0325-	.0312-	.0329-	.0339-	.0340-	.0340-	.0339-	.0336-	.0330-
.90	.0314-	.0323-	.0306-	.0326-	.0337-	.0340-	.0339-	.0338-	.0336-	.0330-
.95	.0313-	.0321-	.0301-	.0323-	.0336-	.0332-	.0338-	.0338-	.0335-	.0329-
1.00	.0313-	.0319-	.0297-	.0321-	.0334-	.0322-	.0337-	.0337-	.0335-	.0328-

Auswertung aus Pucher „Einflußfelder elastischer Platten“ Tafel Nr. 18a

→ y : lx

↓ x : lx

Spalte										
	1.00	1.05	1.10	1.15	1.20	1.25	1.30	1.35	1.40	1.45
.05	.0047-	.0045-	.0043-	.0041-	.0040-	.0038-	.0036-	.0034-	.0033-	.0031-
.10	.0089-	.0086-	.0083-	.0080-	.0077-	.0072-	.0069-	.0066-	.0063-	.0060-
.15	.0127-	.0123-	.0119-	.0115-	.0112-	.0104-	.0099-	.0095-	.0091-	.0087-
.20	.0161-	.0157-	.0152-	.0147-	.0145-	.0133-	.0127-	.0121-	.0116-	.0111-
.25	.0192-	.0187-	.0182-	.0176-	.0174-	.0158-	.0152-	.0145-	.0139-	.0133-
.30	.0218-	.0213-	.0208-	.0202-	.0200-	.0182-	.0174-	.0167-	.0160-	.0152-
.35	.0241-	.0236-	.0230-	.0224-	.0219-	.0202-	.0194-	.0185-	.0178-	.0170-
.40	.0262-	.0256-	.0249-	.0242-	.0237-	.0219-	.0211-	.0202-	.0194-	.0185-
.45	.0278-	.0272-	.0265-	.0257-	.0252-	.0234-	.0225-	.0216-	.0207-	.0198-
.50	.0290-	.0285-	.0278-	.0269-	.0264-	.0247-	.0237-	.0227-	.0219-	.0209-
.55	.0300-	.0295-	.0287-	.0279-	.0274-	.0258-	.0248-	.0237-	.0228-	.0218-
.60	.0308-	.0302-	.0295-	.0287-	.0282-	.0266-	.0256-	.0245-	.0236-	.0225-
.65	.0313-	.0308-	.0301-	.0292-	.0287-	.0272-	.0262-	.0251-	.0242-	.0231-
.70	.0316-	.0311-	.0305-	.0296-	.0291-	.0277-	.0267-	.0256-	.0246-	.0235-
.75	.0323-	.0319-	.0312-	.0303-	.0299-	.0281-	.0271-	.0259-	.0249-	.0238-
.80	.0325-	.0321-	.0314-	.0306-	.0301-	.0284-	.0274-	.0262-	.0252-	.0241-
.85	.0327-	.0322-	.0315-	.0307-	.0302-	.0286-	.0275-	.0264-	.0254-	.0243-
.90	.0327-	.0322-	.0315-	.0307-	.0302-	.0287-	.0277-	.0266-	.0256-	.0245-
.95	.0326-	.0322-	.0315-	.0307-	.0301-	.0289-	.0279-	.0267-	.0258-	.0247-
1.00	.0326-	.0321-	.0314-	.0306-	.0300-	.0290-	.0280-	.0268-	.0259-	.0247-

→ y : lx

↓ x : lx

Spalte										
	1.50	1.55	1.60	1.65	1.70	1.75	1.80	1.85	1.90	1.95
.05	.0030-	.0028-	.0027-	.0026-	.0024-	.0023-	.0022-	.0021-	.0020-	.0018-
.10	.0057-	.0055-	.0052-	.0049-	.0047-	.0045-	.0042-	.0040-	.0039-	.0035-
.15	.0082-	.0079-	.0075-	.0071-	.0068-	.0064-	.0061-	.0058-	.0056-	.0050-
.20	.0106-	.0100-	.0095-	.0091-	.0087-	.0082-	.0078-	.0074-	.0073-	.0063-
.25	.0126-	.0120-	.0114-	.0109-	.0105-	.0098-	.0093-	.0089-	.0087-	.0075-
.30	.0145-	.0138-	.0131-	.0125-	.0120-	.0113-	.0106-	.0102-	.0100-	.0086-
.35	.0162-	.0153-	.0145-	.0139-	.0134-	.0126-	.0118-	.0113-	.0109-	.0096-
.40	.0176-	.0167-	.0158-	.0151-	.0146-	.0137-	.0128-	.0122-	.0118-	.0104-
.45	.0188-	.0178-	.0169-	.0161-	.0155-	.0146-	.0137-	.0130-	.0126-	.0111-
.50	.0199-	.0188-	.0178-	.0170-	.0163-	.0153-	.0144-	.0137-	.0132-	.0117-
.55	.0207-	.0196-	.0186-	.0177-	.0170-	.0160-	.0150-	.0143-	.0138-	.0122-
.60	.0214-	.0203-	.0192-	.0183-	.0176-	.0165-	.0155-	.0147-	.0142-	.0128-
.65	.0219-	.0208-	.0197-	.0187-	.0180-	.0169-	.0159-	.0151-	.0145-	.0131-
.70	.0224-	.0212-	.0200-	.0190-	.0183-	.0172-	.0161-	.0153-	.0148-	.0133-
.75	.0226-	.0214-	.0203-	.0193-	.0185-	.0175-	.0164-	.0156-	.0151-	.0135-
.80	.0229-	.0217-	.0206-	.0196-	.0188-	.0177-	.0167-	.0158-	.0153-	.0136-
.85	.0231-	.0219-	.0208-	.0198-	.0191-	.0179-	.0169-	.0161-	.0155-	.0137-
.90	.0233-	.0221-	.0210-	.0200-	.0193-	.0181-	.0171-	.0163-	.0157-	.0137-
.95	.0235-	.0222-	.0211-	.0201-	.0194-	.0183-	.0172-	.0164-	.0159-	.0137-
1.00	.0235-	.0223-	.0212-	.0202-	.0195-	.0184-	.0173-	.0165-	.0160-	.0136-

Auswertung aus Pucher „Einflußfelder elastischer Platten" Tafel Nr. 18a

→ y : lx

↓ x : lx

Spalte										
	2.00	2.05	2.10	2.15	2.20	2.25	2.30	2.35	2.40	2.45
.05	.0017-	.0016-	.0014-	.0013-	.0012-	.0012-	.0011-	.0010-	.0010-	.0009-
.10	.0032-	.0030-	.0028-	.0026-	.0024-	.0023-	.0021-	.0020-	.0020-	.0018-
.15	.0046-	.0043-	.0040-	.0037-	.0035-	.0033-	.0031-	.0030-	.0029-	.0025-
.20	.0059-	.0055-	.0051-	.0048-	.0045-	.0042-	.0040-	.0038-	.0038-	.0032-
.25	.0070-	.0066-	.0061-	.0058-	.0054-	.0051-	.0049-	.0046-	.0047-	.0038-
.30	.0081-	.0075-	.0071-	.0066-	.0062-	.0059-	.0056-	.0054-	.0054-	.0044-
.35	.0090-	.0084-	.0079-	.0074-	.0070-	.0066-	.0063-	.0060-	.0061-	.0049-
.40	.0098-	.0091-	.0086-	.0081-	.0076-	.0072-	.0069-	.0066-	.0067-	.0053-
.45	.0105-	.0098-	.0092-	.0087-	.0082-	.0078-	.0074-	.0069-	.0069-	.0057-
.50	.0110-	.0103-	.0097-	.0092-	.0086-	.0081-	.0077-	.0073-	.0072-	.0060-
.55	.0115-	.0108-	.0101-	.0096-	.0089-	.0085-	.0080-	.0076-	.0075-	.0063-
.60	.0120-	.0112-	.0105-	.0099-	.0092-	.0088-	.0083-	.0078-	.0078-	.0065-
.65	.0123-	.0115-	.0107-	.0101-	.0094-	.0090-	.0085-	.0080-	.0079-	.0068-
.70	.0125-	.0117-	.0109-	.0103-	.0096-	.0091-	.0087-	.0082-	.0081-	.0070-
.75	.0126-	.0118-	.0111-	.0104-	.0097-	.0092-	.0088-	.0083-	.0082-	.0073-
.80	.0127-	.0119-	.0111-	.0105-	.0098-	.0093-	.0088-	.0083-	.0082-	.0076-
.85	.0128-	.0120-	.0112-	.0106-	.0099-	.0094-	.0089-	.0084-	.0083-	.0079-
.90	.0128-	.0120-	.0112-	.0106-	.0099-	.0094-	.0089-	.0084-	.0083-	.0081-
.95	.0128-	.0120-	.0112-	.0106-	.0099-	.0094-	.0089-	.0084-	.0083-	.0083-
1.00	.0128-	.0119-	.0112-	.0105-	.0098-	.0093-	.0089-	.0084-	.0082-	.0084-

→ y : ly

↓ x : lx

Spalte										
	2,50									
.05	.0009-									
.10	.0017-									
.15	.0024-									
.20	.0031-									
.25	.0037-									
.30	.0042-									
.35	.0047-									
.40	.0051-									
.45	.0054-									
.50	.0057-									
.55	.0060-									
.60	.0063-									
.65	.0064-									
.70	.0066-									
.75	.0066-									
.80	.0067-									
.85	.0067-									
.90	.0067-									
.95	.0067-									
1.00	.0067-									

Auswertung aus Pucher „Einflußfelder elastischer Platten" Tafel Nr. 18a

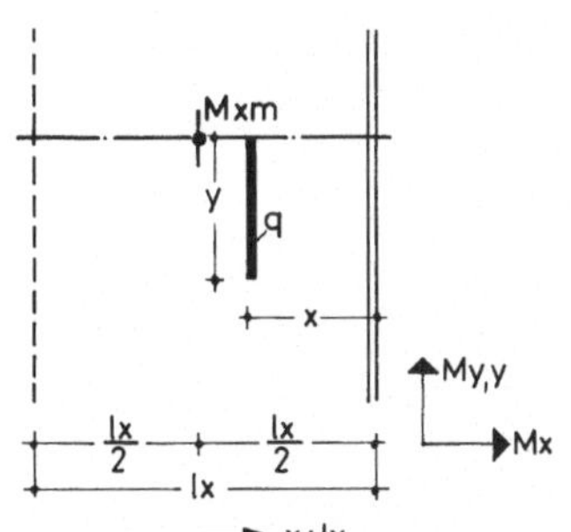

Auskragender Plattenstreifen.
Feldmoment Mxm in Mitte der Stützweite aus Linienlast parallel zum Auflagerrand.
Bereich y = 2,5 lx
$\mu = 0$
Faktor = q · lx

C 1.1.2

Spalte										
	0.05	0.10	0.15	0.20	0.25	0.30	0.35	0.40	0.45	0.50
.05	.0000	.0001	.0001	.0001	.0002	.0004	.0007	.0009	.0020	.0042
.10	.0001	.0002	.0002	.0003	.0005	.0009	.0015	.0019	.0040	.0072
.15	.0001	.0002	.0004	.0005	.0009	.0014	.0023	.0030	.0058	.0093
.20	.0002	.0003	.0005	.0006	.0013	.0020	.0031	.0040	.0074	.0110
.25	.0002	.0004	.0006	.0008	.0017	.0025	.0040	.0050	.0088	.0121
.30	.0002	.0005	.0008	.0010	.0022	.0031	.0047	.0059	.0094	.0129
.35	.0003	.0006	.0009	.0012	.0024	.0036	.0053	.0067	.0100	.0134
.40	.0003	.0007	.0011	.0013	.0027	.0041	.0058	.0074	.0105	.0138
.45	.0004	.0007	.0011	.0015	.0029	.0045	.0061	.0072	.0107	.0140
.50	.0004	.0008	.0012	.0016	.0031	.0048	.0063	.0074	.0109	.0140
.55	.0004	.0008	.0013	.0017	.0032	.0045	.0065	.0076	.0110	.0139
.60	.0004	.0009	.0014	.0018	.0033	.0046	.0066	.0076	.0109	.0137
.65	.0004	.0009	.0014	.0018	.0033	.0047	.0066	.0075	.0108	.0133
.70	.0004	.0009	.0014	.0018	.0033	.0047	.0066	.0074	.0106	.0129
.75	.0004	.0009	.0014	.0018	.0033	.0046	.0065	.0072	.0104	.0125
.80	.0004	.0009	.0014	.0018	.0033	.0045	.0063	.0070	.0103	.0122
.85	.0004	.0009	.0014	.0018	.0032	.0044	.0061	.0067	.0101	.0118
.90	.0004	.0009	.0013	.0017	.0031	.0043	.0059	.0063	.0099	.0114
.95	.0004	.0008	.0013	.0016	.0030	.0041	.0057	.0059	.0097	.0110
1.00	.0004	.0008	.0012	.0015	.0029	.0040	.0054	.0055	.0095	.0106
1.05	.0004	.0009	.0013	.0014	.0027	.0038	.0051	.0051	.0093	.0102
1.10	.0004	.0008	.0012	.0014	.0026	.0036	.0048	.0046	.0091	.0097
1.15	.0004	.0008	.0011	.0013	.0024	.0033	.0045	.0041	.0089	.0093
1.20	.0004	.0008	.0011	.0013	.0022	.0031	.0042	.0036	.0087	.0089
1.25	.0003	.0007	.0010	.0012	.0020	.0029	.0038	.0030	.0085	.0085
1.30	.0003	.0007	.0009	.0011	.0018	.0027	.0035	.0025	.0083	.0081
1.35	.0003	.0006	.0009	.0009	.0017	.0025	.0031	.0020	.0081	.0076
1.40	.0002	.0005	.0008	.0007	.0015	.0023	.0028	.0015	.0079	.0072
1.45	.0002	.0005	.0007	.0005	.0013	.0022	.0025	.0009	.0077	.0068
1.50	.0002	.0004	.0006	.0002	.0011	.0021	.0022	.0004	.0075	.0064
1.55	.0001	.0003	.0006	.0000	.0010	.0019	.0019	.0001-	.0073	.0060
1.60	.0001	.0003	.0005	.0003-	.0008	.0018	.0016	.0005-	.0071	.0056
1.65	.0001	.0002	.0004	.0006-	.0007	.0017	.0014	.0010-	.0069	.0053
1.70	.0000	.0002	.0003	.0009-	.0006	.0016	.0012	.0014-	.0067	.0049
1.75	.0000	.0001	.0003	.0012-	.0008	.0014	.0014	.0018-	.0065	.0046
1.80	.0000	.0000	.0002	.0015-	.0006	.0013	.0012	.0021-	.0063	.0042
1.85	.0001-	.0000	.0001	.0018-	.0005	.0012	.0011	.0024-	.0061	.0039
1.90	.0001-	.0000	.0001	.0021-	.0003	.0011	.0010	.0019-	.0059	.0036
1.95	.0001-	.0001-	.0000	.0024-	.0002	.0010	.0009	.0020-	.0058	.0033
2.00	.0001-	.0001-	.0000	.0027-	.0000	.0009	.0008	.0022-	.0056	.0031
2.05	.0001-	.0001-	.0001-	.0030-	.0003-	.0009	.0006	.0023-	.0054	.0028
2.10	.0001-	.0001-	.0007-	.0032-	.0005-	.0008	.0005	.0024-	.0052	.0026
2.15	.0002-	.0002-	.0015-	.0035-	.0007-	.0007	.0005	.0026-	.0051	.0024
2.20	.0003-	.0003-	.0026-	.0037-	.0009-	.0007	.0004	.0027-	.0049	.0022
2.25	.0004-	.0004-	.0037-	.0040-	.0011-	.0006	.0003	.0028-	.0048	.0022
2.30	.0006-	.0006-	.0049-	.0042-	.0013-	.0006	.0002	.0029-	.0047	.0020
2.35	.0007-	.0007-	.0061-	.0043-	.0014-	.0005	.0001	.0030-	.0045	.0018
2.40	.0008-	.0008-	.0071-	.0045-	.0016-	.0005	.0001	.0031-	.0044	.0017
2.45	.0009-	.0009-	.0080-	.0046-	.0017-	.0004	.0000	.0032-	.0043	.0015
2.50	.0009-	.0009-	.0085-	.0046-	.0018-	.0004	.0000	.0033-	.0042	.0013

Auswertung aus Pucher „Einflußfelder elastischer Platten" Tafel Nr. 18a

x : lx →

y : lx ↓

Spalte										
	0.55	0.60	0.65	0.70	0.75	0.80	0.85	0.90	0.95	1.00
.05	.0017	.0005	.0004-	.0011-	.0016-	.0022-	.0027-	.0032-	.0038-	.0042-
.10	.0035	.0011	.0008-	.0021-	.0033-	.0043-	.0053-	.0064-	.0079-	.0083-
.15	.0052	.0018	.0012-	.0032-	.0049-	.0063-	.0079-	.0096-	.0120-	.0124-
.20	.0067	.0024	.0016-	.0042-	.0064-	.0083-	.0104-	.0127-	.0162-	.0163-
.25	.0071	.0029	.0020-	.0053-	.0080-	.0102-	.0129-	.0157-	.0205-	.0201-
.30	.0076	.0026	.0024-	.0064-	.0096-	.0121-	.0153-	.0187-	.0247-	.0237-
.35	.0078	.0027	.0028-	.0075-	.0111-	.0139-	.0176-	.0215-	.0289-	.0272-
.40	.0080	.0023	.0034-	.0085-	.0126-	.0157-	.0199-	.0242-	.0329-	.0305-
.45	.0080	.0019	.0040-	.0096-	.0141-	.0174-	.0221-	.0268-	.0368-	.0337-
.50	.0078	.0014	.0046-	.0107-	.0155-	.0190-	.0242-	.0289-	.0405-	.0368-
.55	.0076	.0010	.0054-	.0117-	.0169-	.0206-	.0263-	.0312-	.0438-	.0397-
.60	.0072	.0006	.0061-	.0128-	.0183-	.0222-	.0283-	.0334-	.0469-	.0425-
.65	.0068	.0001	.0070-	.0139-	.0197-	.0237-	.0303-	.0356-	.0478-	.0451-
.70	.0063	.0003-	.0078-	.0149-	.0211-	.0251-	.0321-	.0376-	.0501-	.0477-
.75	.0057	.0008-	.0087-	.0159-	.0224-	.0265-	.0339-	.0396-	.0523-	.0502-
.80	.0051	.0012-	.0096-	.0170-	.0237-	.0279-	.0356-	.0416-	.0545-	.0525-
.85	.0044	.0017-	.0106-	.0180-	.0249-	.0292-	.0373-	.0434-	.0565-	.0548-
.90	.0037	.0022-	.0115-	.0190-	.0262-	.0305-	.0388-	.0452-	.0585-	.0569-
.95	.0030	.0026-	.0125-	.0200-	.0274-	.0317-	.0403-	.0469-	.0605-	.0590-
1.00	.0022	.0031-	.0134-	.0209-	.0286-	.0329-	.0418-	.0486-	.0623-	.0610-
1.05	.0014	.0036-	.0144-	.0219-	.0297-	.0341-	.0432-	.0502-	.0641-	.0629-
1.10	.0006	.0041-	.0153-	.0228-	.0308-	.0352-	.0446-	.0517-	.0658-	.0647-
1.15	.0002-	.0046-	.0162-	.0238-	.0319-	.0362-	.0459-	.0532-	.0674-	.0664-
1.20	.0011-	.0050-	.0171-	.0246-	.0330-	.0373-	.0472-	.0546-	.0690-	.0681-
1.25	.0019-	.0055-	.0174-	.0255-	.0340-	.0383-	.0484-	.0559-	.0705-	.0697-
1.30	.0027-	.0060-	.0181-	.0264-	.0350-	.0392-	.0495-	.0572-	.0719-	.0712-
1.35	.0034-	.0065-	.0188-	.0272-	.0359-	.0402-	.0506-	.0584-	.0733-	.0727-
1.40	.0041-	.0069-	.0195-	.0280-	.0368-	.0411-	.0517-	.0596-	.0746-	.0740-
1.45	.0048-	.0074-	.0201-	.0288-	.0377-	.0419-	.0527-	.0607-	.0758-	.0754-
1.50	.0055-	.0078-	.0208-	.0296-	.0383-	.0428-	.0537-	.0618-	.0770-	.0766-
1.55	.0061-	.0083-	.0213-	.0303-	.0391-	.0436-	.0546-	.0628-	.0781-	.0778-
1.60	.0066-	.0087-	.0219-	.0310-	.0399-	.0446-	.0555-	.0638-	.0792-	.0789-
1.65	.0061-	.0092-	.0224-	.0317-	.0407-	.0454-	.0564-	.0647-	.0802-	.0800-
1.70	.0064-	.0096-	.0229-	.0323-	.0414-	.0461-	.0572-	.0656-	.0812-	.0810-
1.75	.0068-	.0100-	.0234-	.0329-	.0421-	.0468-	.0579-	.0664-	.0821-	.0820-
1.80	.0071-	.0104-	.0238-	.0335-	.0428-	.0474-	.0587-	.0674-	.0830-	.0829-
1.85	.0074-	.0108-	.0242-	.0340-	.0434-	.0480-	.0593-	.0682-	.0838-	.0837-
1.90	.0077-	.0112-	.0246-	.0345-	.0441-	.0486-	.0600-	.0689-	.0848-	.0846-
1.95	.0080-	.0116-	.0250-	.0349-	.0447-	.0491-	.0606-	.0695-	.0855-	.0856-
2.00	.0082-	.0119-	.0253-	.0349-	.0453-	.0496-	.0611-	.0701-	.0862-	.0863-
2.05	.0085-	.0123-	.0257-	.0353-	.0459-	.0501-	.0617-	.0707-	.0868-	.0870-
2.10	.0087-	.0126-	.0260-	.0357-	.0464-	.0505-	.0622-	.0712-	.0874-	.0876-
2.15	.0089-	.0129-	.0262-	.0361-	.0469-	.0509-	.0626-	.0717-	.0880-	.0882-
2.20	.0091-	.0132-	.0265-	.0365-	.0474-	.0513-	.0630-	.0722-	.0885-	.0887-
2.25	.0093-	.0135-	.0268-	.0368-	.0478-	.0517-	.0636-	.0726-	.0890-	.0892-
2.30	.0094-	.0137-	.0270-	.0372-	.0482-	.0520-	.0640-	.0730-	.0894-	.0896-
2.35	.0096-	.0139-	.0272-	.0375-	.0486-	.0523-	.0644-	.0734-	.0898-	.0901-
2.40	.0098-	.0142-	.0274-	.0378-	.0489-	.0526-	.0647-	.0737-	.0902-	.0905-
2.45	.0099-	.0144-	.0276-	.0381-	.0492-	.0528-	.0651-	.0740-	.0905-	.0908-
2.50	.0100-	.0142-	.0278-	.0383-	.0495-	.0531-	.0654-	.0744-	.0909-	.0912-

Auswertung aus Pucher „Einflußfelder elastischer Platten" Tafel Nr. 18a

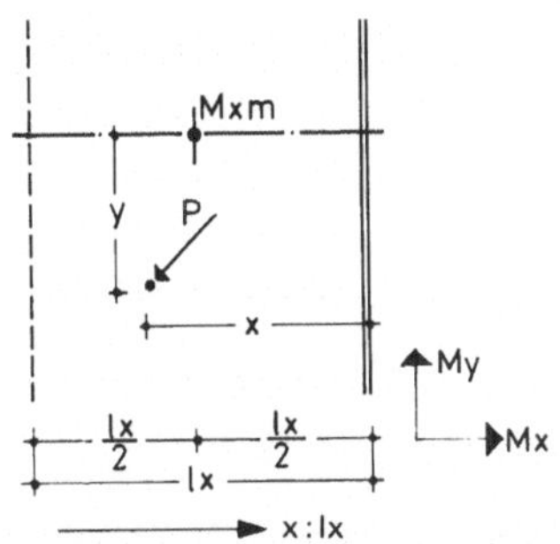

Auskragender Plattenstreifen.
Feldmoment Mxm in Mitte der Stützweite aus einer Einzellast.
Bereich y = 2,5 lx
$\mu = 0$
Faktor = P

Mxm

C 1.1.3

x : lx

Spalte (y : lx)	0.05	0.10	0.15	0.20	0.25	0.30	0.35	0.40	0.45	0.50
.00	.0018	.0037	.0053	.0069	.0096	.0186	.0327	.0466	.1018	.2184
.05	.0020	.0039	.0059	.0075	.0134	.0221	.0366	.0481	.0988	.1857
.10	.0020	.0041	.0063	.0079	.0163	.0245	.0392	.0498	.0925	.1275
.15	.0021	.0042	.0065	.0082	.0184	.0260	.0407	.0497	.0831	.0912
.20	.0021	.0043	.0067	.0084	.0197	.0265	.0411	.0478	.0705	.0673
.25	.0021	.0043	.0068	.0085	.0202	.0260	.0403	.0441	.0547	.0492
.30	.0021	.0043	.0068	.0085	.0199	.0246	.0347	.0386	.0376	.0341
.35	.0020	.0043	.0066	.0085	.0162	.0222	.0278	.0312	.0272	.0220
.40	.0020	.0042	.0064	.0083	.0129	.0188	.0212	.0220	.0182	.0114
.45	.0016	.0034	.0052	.0076	.0098	.0144	.0149	.0143	.0106	.0038
.50	.0012	.0026	.0041	.0059	.0072	.0091	.0091	.0076	.0048	.0015-
.55	.0009	.0020	.0030	.0044	.0049	.0058	.0056	.0034	.0005-	.0080-
.60	.0006	.0014	.0021	.0030	.0029	.0033	.0026	.0009-	.0058-	.0131-
.65	.0004	.0009	.0013	.0017	.0013	.0009	.0006-	.0049-	.0081-	.0168-
.70	.0002	.0004	.0005	.0005	.0000	.0013-	.0040-	.0080-	.0084-	.0191-
.75	.0000	.0001	.0001-	.0005-	.0015-	.0034-	.0061-	.0107-	.0086-	.0200-
.80	.0001-	.0002-	.0007-	.0014-	.0028-	.0049-	.0080-	.0133-	.0089-	.0200-
.85	.0002-	.0005-	.0011-	.0021-	.0040-	.0062-	.0097-	.0156-	.0091-	.0204-
.90	.0002-	.0006-	.0015-	.0028-	.0050-	.0072-	.0111-	.0176-	.0093-	.0206-
.95	.0002-	.0007-	.0018-	.0033-	.0060-	.0081-	.0124-	.0194-	.0094-	.0208-
1.00	.0002-	.0007-	.0019-	.0037-	.0068-	.0089-	.0135-	.0210-	.0096-	.0210-
1.05	.0004-	.0011-	.0022-	.0039-	.0074-	.0094-	.0144-	.0223-	.0097-	.0210-
1.10	.0007-	.0015-	.0026-	.0040-	.0079-	.0098-	.0151-	.0233-	.0098-	.0211-
1.15	.0010-	.0019-	.0029-	.0040-	.0083-	.0101-	.0156-	.0242-	.0099-	.0211-
1.20	.0012-	.0022-	.0031-	.0043-	.0086-	.0101-	.0159-	.0247-	.0100-	.0210-
1.25	.0014-	.0024-	.0034-	.0059-	.0087-	.0100-	.0160-	.0251-	.0100-	.0209-
1.30	.0015-	.0026-	.0035-	.0074-	.0086-	.0098-	.0159-	.0251-	.0101-	.0207-
1.35	.0017-	.0028-	.0037-	.0088-	.0085-	.0094-	.0156-	.0250-	.0101-	.0204-
1.40	.0017-	.0029-	.0038-	.0100-	.0082-	.0088-	.0150-	.0246-	.0101-	.0201-
1.45	.0018-	.0030-	.0038-	.0110-	.0078-	.0079-	.0143-	.0239-	.0100-	.0198-
1.50	.0018-	.0030-	.0038-	.0120-	.0072-	.0075-	.0134-	.0230-	.0100-	.0194-
1.55	.0018-	.0030-	.0038-	.0127-	.0065-	.0071-	.0123-	.0219-	.0099-	.0189-
1.60	.0017-	.0029-	.0037-	.0134-	.0057-	.0067-	.0110-	.0205-	.0098-	.0184-
1.65	.0016-	.0028-	.0035-	.0139-	.0047-	.0064-	.0095-	.0189-	.0097-	.0178-
1.70	.0015-	.0027-	.0033-	.0142-	.0036-	.0060-	.0078-	.0170-	.0096-	.0172-
1.75	.0013-	.0025-	.0031-	.0145-	.0049-	.0057-	.0075-	.0149-	.0094-	.0165-
1.80	.0011-	.0022-	.0028-	.0145-	.0064-	.0054-	.0071-	.0125-	.0092-	.0158-
1.85	.0009-	.0019-	.0025-	.0145-	.0075-	.0051-	.0066-	.0099-	.0090-	.0150-
1.90	.0006-	.0016-	.0022-	.0143-	.0085-	.0048-	.0062-	.0079-	.0088-	.0142-
1.95	.0003-	.0012-	.0018-	.0140-	.0092-	.0045-	.0058-	.0076-	.0086-	.0133-
2.00	.0000	.0008-	.0013-	.0135-	.0097-	.0042-	.0055-	.0074-	.0083-	.0123-
2.05	.0020-	.0023-	.0190-	.0129-	.0099-	.0039-	.0051-	.0071-	.0081-	.0113-
2.10	.0034-	.0036-	.0329-	.0121-	.0099-	.0036-	.0048-	.0068-	.0078-	.0102-
2.15	.0044-	.0046-	.0428-	.0112-	.0097-	.0034-	.0045-	.0065-	.0075-	.0091-
2.20	.0050-	.0051-	.0488-	.0102-	.0092-	.0031-	.0042-	.0061-	.0071-	.0079-
2.25	.0051-	.0053-	.0507-	.0090-	.0085-	.0029-	.0039-	.0058-	.0068-	.0087-
2.30	.0049-	.0050-	.0487-	.0077-	.0076-	.0026-	.0037-	.0054-	.0064-	.0092-
2.35	.0043-	.0044-	.0426-	.0062-	.0064-	.0024-	.0035-	.0050-	.0060-	.0091-
2.40	.0033-	.0034-	.0326-	.0046-	.0050-	.0022-	.0033-	.0046-	.0056-	.0085-
2.45	.0019-	.0020-	.0186-	.0029-	.0034-	.0020-	.0031-	.0042-	.0052-	.0073-
2.50	.0001-	.0002-	.0006-	.0010-	.0015-	.0018-	.0029-	.0038-	.0047-	.0056-

Auswertung aus Pucher „Einflußfelder elastischer Platten" Tafel Nr.18a

→ x : lx

↓ y : lx

Spalte										
	0.55	0.60	0.65	0.70	0.75	0.80	0.85	0.90	0.95	1.00
.00	.0845	.0198	.0198-	.0524-	.0824-	.1097-	.1361-	.1619-	.1876-	.2092-*
.05	.0874	.0273	.0199-	.0528-	.0815-	.1068-	.1334-	.1608-	.1965-	.2084-
.10	.0832	.0300	.0199-	.0531-	.0806-	.1038-	.1304-	.1588-	.2027-	.2054-
.15	.0721	.0282	.0199-	.0533-	.0796-	.1008-	.1274-	.1559-	.2066-	.2003-
.20	.0540	.0217	.0199-	.0534-	.0786-	.0979-	.1244-	.1522-	.2080-	.1928-
.25	.0330	.0107	.0199-	.0535-	.0776-	.0950-	.1213-	.1478-	.2069-	.1852-
.30	.0186	.0040	.0203-	.0536-	.0765-	.0923-	.1182-	.1425-	.2034-	.1778-
.35	.0080	.0085-	.0243-	.0535-	.0754-	.0895-	.1150-	.1364-	.1975-	.1705-
.40	.0027	.0201-	.0280-	.0534-	.0742-	.0868-	.1117-	.1295-	.1892-	.1634-
.45	.0045-	.0206-	.0313-	.0533-	.0731-	.0842-	.1085-	.1219-	.1784-	.1565-
.50	.0108-	.0211-	.0343-	.0531-	.0718-	.0816-	.1051-	.1167-	.1652-	.1498-
.55	.0151-	.0215-	.0369-	.0528-	.0706-	.0791-	.1017-	.1129-	.1495-	.1433-
.60	.0191-	.0219-	.0392-	.0524-	.0693-	.0767-	.0983-	.1092-	.1314-	.1369-
.65	.0228-	.0223-	.0412-	.0521-	.0680-	.0742-	.0948-	.1055-	.1178-	.1307-
.70	.0260-	.0226-	.0428-	.0516-	.0666-	.0719-	.0913-	.1019-	.1137-	.1247-
.75	.0289-	.0229-	.0440-	.0511-	.0652-	.0696-	.0877-	.0983-	.1097-	.1190-
.80	.0314-	.0231-	.0450-	.0505-	.0638-	.0674-	.0840-	.0948-	.1057-	.1144-
.85	.0335-	.0233-	.0456-	.0499-	.0623-	.0652-	.0803-	.0914-	.1019-	.1100-
.90	.0353-	.0235-	.0458-	.0492-	.0608-	.0630-	.0774-	.0880-	.0981-	.1056-
.95	.0367-	.0236-	.0458-	.0484-	.0593-	.0610-	.0748-	.0848-	.0944-	.1014-
1.00	.0377-	.0236-	.0453-	.0476-	.0577-	.0589-	.0721-	.0815-	.0907-	.0973-
1.05	.0383-	.0237-	.0446-	.0467-	.0561-	.0570-	.0695-	.0784-	.0872-	.0932-
1.10	.0385-	.0237-	.0435-	.0458-	.0545-	.0551-	.0670-	.0753-	.0837-	.0893-
1.15	.0384-	.0236-	.0420-	.0440-	.0520-	.0532-	.0645-	.0722-	.0803-	.0855-
1.20	.0379-	.0235-	.0402-	.0437-	.0511-	.0514-	.0620-	.0693-	.0769-	.0818-
1.25	.0371-	.0234-	.0381-	.0426-	.0494-	.0496-	.0595-	.0664-	.0737-	.0782-
1.30	.0358-	.0233-	.0363-	.0415-	.0476-	.0480-	.0571-	.0635-	.0705-	.0747-
1.35	.0342-	.0230-	.0347-	.0402-	.0458-	.0463-	.0548-	.0608-	.0674-	.0713-
1.40	.0322-	.0228-	.0330-	.0389-	.0439-	.0447-	.0525-	.0580-	.0643-	.0680-
1.45	.0298-	.0225-	.0315-	.0376-	.0421-	.0432-	.0502-	.0554-	.0614-	.0648-
1.50	.0271-	.0222-	.0299-	.0362-	.0396-	.0417-	.0480-	.0528-	.0585-	.0617-
1.55	.0239-	.0218-	.0285-	.0347-	.0388-	.0403-	.0458-	.0503-	.0557-	.0587-
1.60	.0204-	.0214-	.0270-	.0331-	.0379-	.0394-	.0436-	.0479-	.0529-	.0559-
1.65	.0189-	.0210-	.0256-	.0316-	.0369-	.0372-	.0415-	.0455-	.0503-	.0531-
1.70	.0179-	.0205-	.0243-	.0299-	.0359-	.0352-	.0394-	.0432-	.0477-	.0504-
1.75	.0169-	.0200-	.0230-	.0282-	.0348-	.0332-	.0374-	.0409-	.0452-	.0479-
1.80	.0159-	.0194-	.0217-	.0264-	.0337-	.0313-	.0354-	.0384-	.0427-	.0454-
1.85	.0150-	.0188-	.0205-	.0246-	.0325-	.0295-	.0334-	.0360-	.0404-	.0431-
1.90	.0141-	.0181-	.0193-	.0227-	.0312-	.0277-	.0315-	.0338-	.0378-	.0408-
1.95	.0133-	.0175-	.0182-	.0207-	.0299-	.0260-	.0296-	.0316-	.0353-	.0377-
2.00	.0125-	.0167-	.0171-	.0199-	.0285-	.0244-	.0278-	.0296-	.0330-	.0349-
2.05	.0117-	.0160-	.0161-	.0198-	.0270-	.0229-	.0260-	.0277-	.0308-	.0322-
2.10	.0110-	.0152-	.0151-	.0195-	.0255-	.0214-	.0242-	.0259-	.0288-	.0298-
2.15	.0103-	.0143-	.0141-	.0190-	.0240-	.0200-	.0225-	.0243-	.0268-	.0277-
2.20	.0096-	.0134-	.0132-	.0184-	.0223-	.0187-	.0208-	.0227-	.0250-	.0257-
2.25	.0090-	.0125-	.0124-	.0175-	.0206-	.0175-	.0198-	.0212-	.0234-	.0240-
2.30	.0085-	.0115-	.0115-	.0164-	.0189-	.0163-	.0193-	.0199-	.0218-	.0225-
2.35	.0080-	.0105-	.0108-	.0151-	.0171-	.0153-	.0185-	.0186-	.0204-	.0212-
2.40	.0075-	.0095-	.0100-	.0136-	.0152-	.0143-	.0173-	.0175-	.0191-	.0201-
2.45	.0070-	.0084-	.0094-	.0119-	.0133-	.0133-	.0158-	.0165-	.0180-	.0192-
2.50	.0066-	.0077-	.0087-	.0100-	.0113-	.0125-	.0140-	.0155-	.0170-	.0186-

Auswertung aus Pucher „Einflußfelder elastischer Platten" Tafel Nr. 18a

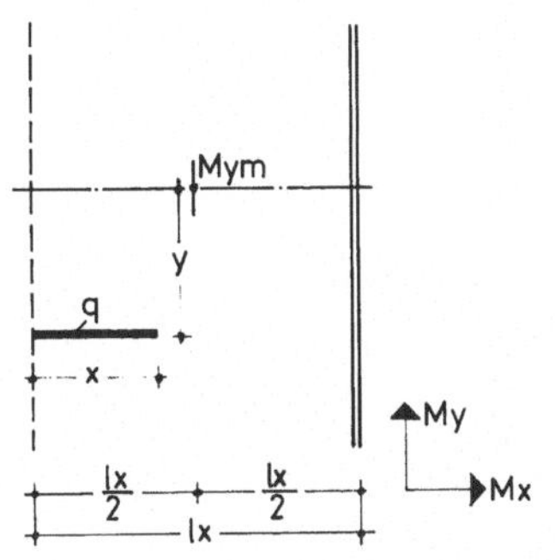

Auskragender Plattenstreifen.
Feldmoment Mym in Mitte der Stützweite aus Linienlast in lx-Richtung.
Bereich y = 2,5 lx
$\mu = 0$
Faktor = q · lx

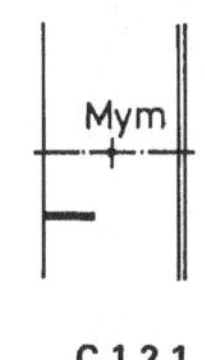

C 1.2.1

→ y : lx ; ↓ x : lx

Spalte										
	0.00	0.05	0.10	0.15	0.20	0.25	0.30	0.35	0.40	0.45
.05	.0046	.0045	.0043	.0040	.0035	.0032	.0026	.0021	.0015	.0011
.10	.0090	.0088	.0085	.0082	.0068	.0063	.0052	.0040	.0029	.0020
.15	.0134	.0132	.0126	.0124	.0099	.0094	.0075	.0058	.0041	.0027
.20	.0180	.0179	.0167	.0167	.0128	.0123	.0097	.0073	.0052	.0033
.25	.0229	.0228	.0208	.0209	.0154	.0151	.0117	.0087	.0060	.0035
.30	.0285	.0283	.0249	.0251	.0179	.0176	.0134	.0096	.0064	.0036
.35	.0347	.0344	.0289	.0292	.0202	.0198	.0148	.0103	.0066	.0035
.40	.0445	.0433	.0329	.0331	.0223	.0216	.0152	.0106	.0066	.0032
.45	.0537	.0511	.0368	.0368	.0243	.0220	.0158	.0108	.0064	.0027
.50	.0669	.0592	.0408	.0402	.0260	.0229	.0160	.0107	.0059	.0021
.55	.0791	.0669	.0447	.0433	.0276	.0238	.0159	.0106	.0054	.0015
.60	.0870	.0742	.0488	.0461	.0291	.0245	.0157	.0105	.0049	.0009
.65	.0929	.0804	.0521	.0467	.0303	.0251	.0152	.0103	.0043	.0003
.70	.0969	.0817	.0549	.0485	.0315	.0256	.0146	.0101	.0038	.0003-
.75	.0996	.0844	.0570	.0500	.0327	.0261	.0140	.0098	.0033	.0009-
.80	.1020	.0862	.0586	.0512	.0334	.0264	.0133	.0096	.0029	.0013-
.85	.1032	.0876	.0596	.0520	.0339	.0267	.0126	.0094	.0031	.0011-
.90	.1039	.0881	.0600	.0523	.0341	.0268	.0120	.0092	.0029	.0013-
.95	.1045	.0882	.0601	.0525	.0341	.0269	.0114	.0090	.0028	.0014-
1.00	.1053	.0880	.0598	.0525	.0341	.0270	.0111	.0089	.0027	.0015-

→ y : lx ; ↓ x : lx

Spalte										
	0.50	0.55	0.60	0.65	0.70	0.75	0.80	0.85	0.90	0.95
.05	.0006	.0003	.0002-	.0003-	.0005-	.0007-	.0008-	.0009-	.0010-	.0010-
.10	.0011	.0004	.0011-	.0007-	.0011-	.0015-	.0015-	.0019-	.0020-	.0021-
.15	.0015	.0004	.0023-	.0012-	.0019-	.0023-	.0022-	.0029-	.0030-	.0031-
.20	.0016	.0002	.0020-	.0019-	.0027-	.0032-	.0030-	.0039-	.0040-	.0042-
.25	.0016	.0001-	.0026-	.0026-	.0036-	.0042-	.0041-	.0049-	.0050-	.0053-
.30	.0013	.0007-	.0033-	.0034-	.0045-	.0052-	.0052-	.0060-	.0060-	.0063-
.35	.0009	.0013-	.0041-	.0044-	.0055-	.0061-	.0062-	.0070-	.0071-	.0074-
.40	.0003	.0021-	.0050-	.0054-	.0064-	.0072-	.0073-	.0080-	.0080-	.0084-
.45	.0005-	.0030-	.0060-	.0064-	.0074-	.0082-	.0083-	.0089-	.0090-	.0093-
.50	.0012-	.0039-	.0070-	.0075-	.0084-	.0092-	.0093-	.0099-	.0099-	.0102-
.55	.0021-	.0049-	.0080-	.0085-	.0094-	.0102-	.0103-	.0108-	.0108-	.0109-
.60	.0030-	.0059-	.0089-	.0095-	.0104-	.0111-	.0112-	.0117-	.0116-	.0116-
.65	.0038-	.0068-	.0099-	.0105-	.0111-	.0118-	.0117-	.0124-	.0123-	.0122-
.70	.0046-	.0071-	.0101-	.0113-	.0118-	.0124-	.0123-	.0131-	.0129-	.0127-
.75	.0053-	.0076-	.0106-	.0120-	.0123-	.0130-	.0128-	.0136-	.0133-	.0131-
.80	.0054-	.0080-	.0110-	.0118-	.0127-	.0133-	.0132-	.0138-	.0136-	.0134-
.85	.0056-	.0082-	.0113-	.0121-	.0129-	.0136-	.0134-	.0140-	.0138-	.0136-
.90	.0058-	.0085-	.0116-	.0123-	.0132-	.0139-	.0137-	.0142-	.0140-	.0138-
.95	.0058-	.0086-	.0117-	.0124-	.0133-	.0140-	.0138-	.0143-	.0140-	.0139-
1.00	.0058-	.0087-	.0118-	.0124-	.0134-	.0141-	.0139-	.0143-	.0140-	.0140-

Auswertung aus Pucher „Einflußfelder elastischer Platten" Tafel Nr. 19a

→ y : lx

↓ x : lx

Spalte										
	1.00	1.05	1.10	1.15	1.20	1.25	1.30	1.35	1.40	1.45
.05	.0011-	.0011-	.0011-	.0011-	.0010-	.0010-	.0010-	.0010-	.0009-	.0009-
.10	.0021-	.0021-	.0021-	.0021-	.0021-	.0020-	.0020-	.0019-	.0018-	.0017-
.15	.0032-	.0032-	.0032-	.0031-	.0031-	.0030-	.0029-	.0028-	.0027-	.0026-
.20	.0042-	.0042-	.0042-	.0041-	.0040-	.0039-	.0039-	.0037-	.0035-	.0033-
.25	.0053-	.0053-	.0052-	.0051-	.0050-	.0048-	.0047-	.0045-	.0043-	.0041-
.30	.0063-	.0063-	.0062-	.0060-	.0059-	.0057-	.0055-	.0052-	.0050-	.0047-
.35	.0073-	.0072-	.0071-	.0069-	.0067-	.0064-	.0062-	.0060-	.0057-	.0054-
.40	.0083-	.0082-	.0080-	.0078-	.0075-	.0072-	.0069-	.0066-	.0063-	.0059-
.45	.0092-	.0090-	.0087-	.0085-	.0082-	.0078-	.0075-	.0072-	.0068-	.0064-
.50	.0101-	.0097-	.0095-	.0091-	.0088-	.0084-	.0081-	.0077-	.0073-	.0067-
.55	.0107-	.0104-	.0101-	.0098-	.0094-	.0089-	.0085-	.0080-	.0075-	.0070-
.60	.0114-	.0110-	.0107-	.0103-	.0099-	.0093-	.0089-	.0083-	.0078-	.0073-
.65	.0119-	.0116-	.0112-	.0107-	.0103-	.0097-	.0092-	.0086-	.0081-	.0075-
.70	.0124-	.0120-	.0116-	.0111-	.0106-	.0100-	.0095-	.0088-	.0082-	.0076-
.75	.0127-	.0123-	.0119-	.0114-	.0108-	.0102-	.0097-	.0089-	.0084-	.0077-
.80	.0130-	.0126-	.0121-	.0115-	.0110-	.0104-	.0099-	.0090-	.0084-	.0078-
.85	.0132-	.0128-	.0123-	.0118-	.0112-	.0106-	.0101-	.0091-	.0085-	.0078-
.90	.0134-	.0130-	.0125-	.0119-	.0114-	.0108-	.0103-	.0091-	.0085-	.0079-
.95	.0136-	.0131-	.0126-	.0121-	.0116-	.0110-	.0105-	.0091-	.0085-	.0078-
1.00	.0136-	.0132-	.0127-	.0122-	.0117-	.0111-	.0106-	.0090-	.0084-	.0078-

→ y : lx

↓ x : lx

Spalte										
	1.50	1.55	1.60	1.65	1.70	1.75	1.80	1.85	1.90	1.95
.05	.0009-	.0008-	.0008-	.0007-	.0007-	.0006-	.0006-	.0005-	.0005-	.0005-
.10	.0017-	.0016-	.0015-	.0014-	.0013-	.0012-	.0011-	.0010-	.0010-	.0009-
.15	.0024-	.0023-	.0021-	.0019-	.0018-	.0017-	.0016-	.0015-	.0014-	.0013-
.20	.0032-	.0030-	.0027-	.0025-	.0023-	.0022-	.0020-	.0019-	.0018-	.0016-
.25	.0038-	.0036-	.0032-	.0030-	.0028-	.0026-	.0024-	.0022-	.0021-	.0019-
.30	.0045-	.0041-	.0037-	.0034-	.0032-	.0029-	.0027-	.0026-	.0024-	.0022-
.35	.0050-	.0046-	.0041-	.0038-	.0035-	.0033-	.0030-	.0028-	.0027-	.0025-
.40	.0055-	.0050-	.0045-	.0042-	.0038-	.0035-	.0033-	.0031-	.0029-	.0027-
.45	.0059-	.0054-	.0048-	.0045-	.0041-	.0038-	.0035-	.0033-	.0031-	.0029-
.50	.0062-	.0057-	.0051-	.0047-	.0043-	.0040-	.0038-	.0036-	.0034-	.0032-
.55	.0065-	.0059-	.0053-	.0049-	.0046-	.0043-	.0040-	.0038-	.0036-	.0035-
.60	.0067-	.0062-	.0056-	.0052-	.0048-	.0045-	.0043-	.0041-	.0040-	.0038-
.65	.0069-	.0063-	.0058-	.0055-	.0051-	.0048-	.0046-	.0044-	.0043-	.0042-
.70	.0070-	.0064-	.0061-	.0058-	.0054-	.0052-	.0050-	.0048-	.0047-	.0045-
.75	.0071-	.0065-	.0064-	.0061-	.0058-	.0055-	.0053-	.0052-	.0050-	.0049-
.80	.0072-	.0066-	.0067-	.0064-	.0061-	.0058-	.0056-	.0055-	.0053-	.0052-
.85	.0072-	.0066-	.0070-	.0067-	.0064-	.0061-	.0059-	.0058-	.0057-	.0056-
.90	.0072-	.0067-	.0072-	.0069-	.0066-	.0064-	.0062-	.0061-	.0059-	.0058-
.95	.0072-	.0067-	.0074-	.0071-	.0068-	.0066-	.0064-	.0063-	.0061-	.0060-
1.00	.0072-	.0066-	.0075-	.0072-	.0069-	.0067-	.0065-	.0064-	.0062-	.0061-

Auswertung aus Pucher „Einflußfelder elastischer Platten" Tafel Nr. 19a

→ y : lx

↓ x : lx

Spalte										
	2.00	2.05	2.10	2.15	2.20	2.25	2.30	2.35	2.40	2.45
.05	.0004-	.0004-	.0004-	.0004-	.0004-	.0003-	.0003-	.0003-	.0003-	.0003-
.10	.0008-	.0008-	.0008-	.0008-	.0007-	.0007-	.0007-	.0006-	.0006-	.0006-
.15	.0012-	.0011-	.0011-	.0011-	.0011-	.0010-	.0010-	.0010-	.0009-	.0009-
.20	.0015-	.0015-	.0014-	.0015-	.0014-	.0013-	.0013-	.0012-	.0012-	.0012-
.25	.0018-	.0017-	.0017-	.0018-	.0017-	.0016-	.0016-	.0015-	.0015-	.0014-
.30	.0021-	.0020-	.0019-	.0021-	.0020-	.0019-	.0018-	.0017-	.0016-	.0016-
.35	.0023-	.0022-	.0022-	.0024-	.0022-	.0021-	.0020-	.0019-	.0018-	.0018-
.40	.0026-	.0024-	.0024-	.0025-	.0024-	.0023-	.0022-	.0021-	.0020-	.0020-
.45	.0029-	.0027-	.0026-	.0027-	.0026-	.0025-	.0024-	.0023-	.0022-	.0022-
.50	.0041-	.0030-	.0029-	.0029-	.0028-	.0027-	.0026-	.0025-	.0024-	.0023-
.55	.0061-	.0033-	.0033-	.0031-	.0030-	.0028-	.0027-	.0027-	.0026-	.0025-
.60	.0087-	.0037-	.0036-	.0033-	.0031-	.0030-	.0029-	.0028-	.0028-	.0027-
.65	.0117-	.0040-	.0040-	.0034-	.0033-	.0032-	.0031-	.0030-	.0029-	.0029-
.70	.0150-	.0044-	.0044-	.0036-	.0035-	.0033-	.0032-	.0031-	.0031-	.0030-
.75	.0184-	.0048-	.0048-	.0037-	.0036-	.0035-	.0034-	.0033-	.0032-	.0031-
.80	.0217-	.0052-	.0052-	.0039-	.0037-	.0036-	.0035-	.0034-	.0033-	.0032-
.85	.0248-	.0055-	.0055-	.0040-	.0038-	.0037-	.0036-	.0035-	.0034-	.0033-
.90	.0275-	.0058-	.0057-	.0041-	.0039-	.0038-	.0037-	.0036-	.0035-	.0034-
.95	.0296-	.0060-	.0059-	.0041-	.0039-	.0038-	.0037-	.0036-	.0035-	.0035-
1.00	.0310-	.0061-	.0061-	.0041-	.0040-	.0039-	.0038-	.0037-	.0035-	.0035-

→ y : lx

↓ x : lx

Spalte										
	2.50									
.05	.0003-									
.10	.0006-									
.15	.0009-									
.20	.0011-									
.25	.0014-									
.30	.0015-									
.35	.0017-									
.40	.0018-									
.45	.0019-									
.50	.0020-									
.55	.0021-									
.60	.0022-									
.65	.0022-									
.70	.0022-									
.75	.0023-									
.80	.0023-									
.85	.0023-									
.90	.0023-									
.95	.0023-									
1.00	.0023-									

Auswertung aus Pucher „Einflußfelder elastischer Platten" Tafel Nr. 19a

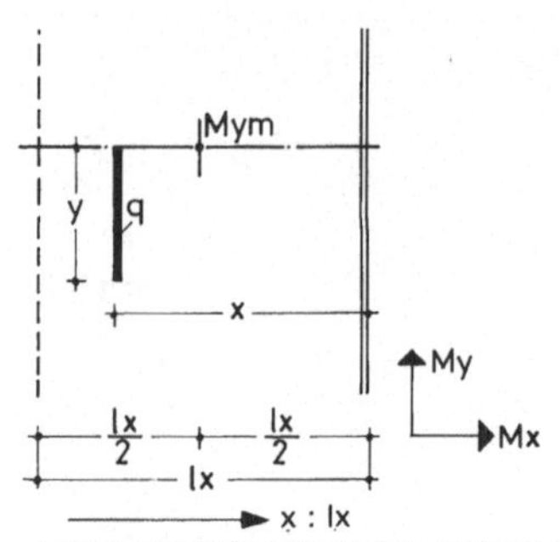

Auskragender Plattenstreifen.
Feldmoment Mym in Mitte der Stützweite aus Linienlast parallel zum Auflagerrand.
Bereich y = 2,5 lx
$\mu = 0$
Faktor = q · lx

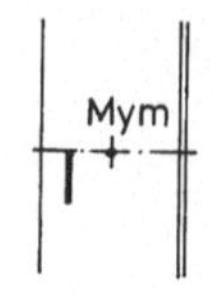

C 1.2.2

y : lx

Spalte										
	0.05	0.10	0.15	0.20	0.25	0.30	0.35	0.40	0.45	0.50
.05	.0000	.0002	.0004	.0006	.0010	.0013	.0019	.0026	.0035	.0041
.10	.0001	.0003	.0009	.0013	.0018	.0024	.0036	.0047	.0056	.0063
.15	.0001	.0005	.0014	.0018	.0026	.0033	.0050	.0059	.0066	.0073
.20	.0002	.0006	.0019	.0022	.0030	.0039	.0053	.0065	.0076	.0082
.25	.0002	.0006	.0019	.0023	.0033	.0041	.0057	.0070	.0080	.0087
.30	.0002	.0007	.0020	.0024	.0034	.0042	.0058	.0071	.0081	.0089
.35	.0002	.0007	.0020	.0024	.0034	.0042	.0058	.0070	.0081	.0089
.40	.0002	.0006	.0020	.0024	.0032	.0040	.0056	.0068	.0079	.0088
.45	.0002	.0006	.0019	.0023	.0031	.0039	.0053	.0065	.0077	.0085
.50	.0002	.0005	.0018	.0022	.0029	.0037	.0050	.0062	.0073	.0082
.55	.0002	.0004	.0017	.0021	.0027	.0035	.0047	.0059	.0069	.0078
.60	.0001	.0004	.0016	.0020	.0026	.0033	.0043	.0056	.0064	.0074
.65	.0001	.0002	.0015	.0020	.0024	.0031	.0039	.0052	.0059	.0069
.70	.0001	.0001	.0015	.0019	.0022	.0029	.0035	.0049	.0054	.0063
.75	.0001	.0000	.0014	.0018	.0020	.0027	.0034	.0045	.0048	.0058
.80	.0000	.0001-	.0013	.0017	.0018	.0025	.0031	.0042	.0043	.0052
.85	.0000	.0002-	.0012	.0016	.0016	.0023	.0029	.0039	.0037	.0047
.90	.0001-	.0003-	.0011	.0015	.0015	.0021	.0027	.0036	.0033	.0041
.95	.0001-	.0004-	.0011	.0015	.0013	.0019	.0025	.0032	.0033	.0036
1.00	.0001-	.0005-	.0010	.0014	.0011	.0017	.0023	.0029	.0030	.0032
1.05	.0002-	.0004-	.0009	.0013	.0010	.0016	.0022	.0027	.0027	.0033
1.10	.0002-	.0004-	.0008	.0012	.0009	.0014	.0021	.0024	.0025	.0030
1.15	.0003-	.0005-	.0007	.0011	.0007	.0012	.0020	.0021	.0022	.0027
1.20	.0003-	.0005-	.0006	.0011	.0006	.0011	.0019	.0019	.0020	.0025
1.25	.0003-	.0005-	.0006	.0010	.0006	.0010	.0018	.0017	.0018	.0023
1.30	.0004-	.0005-	.0005	.0009	.0000	.0009	.0017	.0017	.0016	.0021
1.35	.0004-	.0005-	.0004	.0008	.0009-	.0008	.0017	.0016	.0015	.0019
1.40	.0004-	.0005-	.0003	.0008	.0021-	.0003	.0016	.0014	.0013	.0017
1.45	.0004-	.0005-	.0003	.0007	.0036-	.0005-	.0014	.0013	.0012	.0016
1.50	.0004-	.0005-	.0002	.0006	.0054-	.0017-	.0011	.0012	.0011	.0014
1.55	.0004-	.0005-	.0001	.0005	.0074-	.0032-	.0004	.0012	.0010	.0013
1.60	.0004-	.0005-	.0001	.0005	.0097-	.0049-	.0007-	.0011	.0009	.0012
1.65	.0004-	.0006-	.0000	.0004	.0121-	.0069-	.0020-	.0010	.0008	.0011
1.70	.0005-	.0006-	.0001-	.0003	.0146-	.0090-	.0036-	.0010	.0006	.0010
1.75	.0005-	.0006-	.0001-	.0003	.0173-	.0113-	.0054-	.0009	.0002	.0009
1.80	.0005-	.0006-	.0002-	.0002	.0200-	.0137-	.0074-	.0009	.0006-	.0009
1.85	.0005-	.0007-	.0003-	.0001	.0228-	.0162-	.0096-	.0009	.0017-	.0005
1.90	.0006-	.0007-	.0003-	.0001	.0256-	.0188-	.0118-	.0008	.0031-	.0001-
1.95	.0006-	.0009-	.0004-	.0000	.0284-	.0214-	.0141-	.0008	.0046-	.0010-
2.00	.0007-	.0010-	.0004-	.0000	.0311-	.0240-	.0164-	.0008	.0064-	.0021-
2.05	.0007-	.0010-	.0005-	.0001-	.0338-	.0265-	.0188-	.0008	.0082-	.0035-
2.10	.0007-	.0011-	.0005-	.0001-	.0363-	.0289-	.0211-	.0008	.0100-	.0050-
2.15	.0008-	.0012-	.0006-	.0002-	.0387-	.0313-	.0233-	.0008	.0119-	.0066-
2.20	.0008-	.0013-	.0006-	.0002-	.0410-	.0335-	.0254-	.0008	.0138-	.0082-
2.25	.0009-	.0013-	.0007-	.0002-	.0430-	.0355-	.0273-	.0008	.0155-	.0098-
2.30	.0009-	.0014-	.0007-	.0003-	.0448-	.0372-	.0290-	.0009	.0171-	.0113-
2.35	.0009-	.0015-	.0007-	.0003-	.0464-	.0388-	.0305-	.0009	.0186-	.0127-
2.40	.0010-	.0015-	.0008-	.0003-	.0477-	.0400-	.0318-	.0009	.0198-	.0139-
2.45	.0010-	.0015-	.0008-	.0004-	.0486-	.0410-	.0327-	.0009	.0207-	.0148-
2.50	.0010-	.0016-	.0008-	.0004-	.0492-	.0416-	.0333-	.0009	.0213-	.0154-

Auswertung aus Pucher „Einflußfelder elastischer Platten" Tafel Nr. 19a

→ x : lx

↓ y : lx

Spalte										
	0.55	0.60	0.65	0.70	0.75	0.80	0.85	0.90	0.95	1.00
.05	.0037	.0032	.0028	.0025	.0022	.0020	.0019	.0018	.0018	.0018
.10	.0060	.0057	.0054	.0049	.0042	.0039	.0037	.0036	.0035	.0036
.15	.0075	.0072	.0071	.0070	.0060	.0057	.0054	.0053	.0052	.0053
.20	.0084	.0080	.0083	.0081	.0075	.0073	.0070	.0069	.0068	.0069
.25	.0088	.0091	.0092	.0092	.0088	.0086	.0085	.0084	.0082	.0083
.30	.0093	.0095	.0097	.0099	.0096	.0097	.0097	.0096	.0095	.0095
.35	.0093	.0097	.0102	.0104	.0101	.0101	.0101	.0102	.0105	.0106
.40	.0093	.0097	.0103	.0107	.0105	.0105	.0107	.0108	.0108	.0110
.45	.0091	.0096	.0103	.0107	.0107	.0108	.0110	.0113	.0113	.0115
.50	.0088	.0094	.0102	.0107	.0107	.0109	.0112	.0115	.0116	.0119
.55	.0085	.0091	.0099	.0105	.0106	.0109	.0112	.0116	.0118	.0121
.60	.0082	.0088	.0096	.0102	.0104	.0107	.0111	.0116	.0118	.0122
.65	.0078	.0084	.0093	.0099	.0101	.0105	.0110	.0115	.0117	.0122
.70	.0073	.0080	.0089	.0096	.0097	.0102	.0107	.0113	.0116	.0120
.75	.0069	.0076	.0085	.0092	.0093	.0098	.0104	.0110	.0113	.0118
.80	.0065	.0072	.0081	.0088	.0090	.0094	.0100	.0106	.0109	.0115
.85	.0062	.0068	.0076	.0083	.0086	.0090	.0095	.0102	.0106	.0111
.90	.0058	.0064	.0072	.0079	.0082	.0086	.0092	.0099	.0101	.0107
.95	.0054	.0060	.0067	.0074	.0078	.0082	.0088	.0095	.0098	.0104
1.00	.0050	.0056	.0064	.0070	.0074	.0078	.0084	.0091	.0094	.0100
1.05	.0047	.0052	.0061	.0067	.0069	.0074	.0080	.0086	.0090	.0095
1.10	.0044	.0049	.0057	.0063	.0065	.0070	.0076	.0082	.0086	.0091
1.15	.0041	.0045	.0053	.0060	.0061	.0066	.0072	.0078	.0082	.0087
1.20	.0038	.0043	.0050	.0056	.0058	.0062	.0068	.0074	.0077	.0083
1.25	.0035	.0040	.0047	.0053	.0054	.0058	.0064	.0070	.0073	.0078
1.30	.0032	.0037	.0044	.0049	.0050	.0054	.0060	.0066	.0069	.0074
1.35	.0030	.0035	.0041	.0046	.0048	.0051	.0056	.0062	.0065	.0070
1.40	.0028	.0032	.0038	.0043	.0045	.0048	.0052	.0058	.0061	.0067
1.45	.0026	.0030	.0036	.0041	.0042	.0045	.0050	.0055	.0058	.0063
1.50	.0025	.0029	.0033	.0038	.0039	.0042	.0047	.0051	.0054	.0059
1.55	.0023	.0027	.0031	.0036	.0037	.0040	.0044	.0049	.0052	.0056
1.60	.0022	.0026	.0029	.0034	.0035	.0037	.0041	.0046	.0048	.0053
1.65	.0020	.0024	.0028	.0032	.0033	.0035	.0039	.0043	.0046	.0050
1.70	.0019	.0023	.0027	.0030	.0031	.0033	.0037	.0041	.0043	.0047
1.75	.0018	.0022	.0025	.0029	.0029	.0031	.0035	.0039	.0041	.0044
1.80	.0017	.0021	.0024	.0027	.0028	.0030	.0033	.0037	.0038	.0042
1.85	.0016	.0020	.0023	.0026	.0027	.0028	.0031	.0035	.0036	.0039
1.90	.0015	.0019	.0021	.0025	.0025	.0027	.0029	.0033	.0034	.0037
1.95	.0015	.0019	.0020	.0023	.0024	.0026	.0028	.0031	.0032	.0035
2.00	.0014	.0018	.0019	.0022	.0023	.0024	.0027	.0030	.0031	.0033
2.05	.0013	.0017	.0018	.0021	.0022	.0023	.0025	.0028	.0029	.0032
2.10	.0013	.0015	.0017	.0020	.0021	.0022	.0024	.0027	.0028	.0030
2.15	.0012	.0011	.0016	.0019	.0021	.0021	.0023	.0026	.0026	.0029
2.20	.0011	.0004	.0016	.0018	.0020	.0021	.0022	.0024	.0025	.0027
2.25	.0011	.0005-	.0015	.0017	.0019	.0020	.0021	.0023	.0024	.0026
2.30	.0011	.0016-	.0014	.0016	.0019	.0019	.0020	.0022	.0022	.0024
2.35	.0010	.0027-	.0013	.0016	.0018	.0018	.0019	.0021	.0021	.0023
2.40	.0010	.0037-	.0013	.0015	.0017	.0017	.0019	.0020	.0020	.0022
2.45	.0009	.0045-	.0012	.0014	.0017	.0017	.0018	.0019	.0019	.0021
2.50	.0009	.0051-	.0011	.0013	.0016	.0016	.0017	.0018	.0018	.0020

Auswertung aus Pucher „Einflußfelder elastischer Platten“ Tafel Nr. 19a

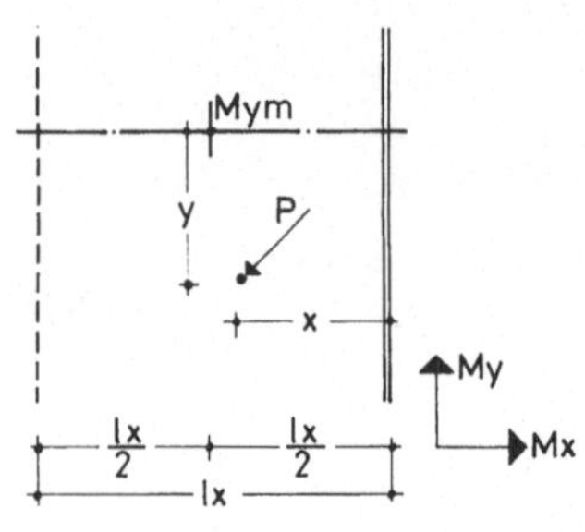

Auskragender Plattenstreifen.
Feldmoment Mym in Mitte der Stützweite aus einer Einzellast.
Bereich y = 2,5 lx
$\mu = 0$
Faktor = P

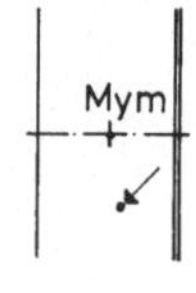

C 1.2.3

x : lx →

y : lx ↓

Spalte										
	0.05	0.10	0.15	0.20	0.25	0.30	0.35	0.40	0.45	0.50
.00	.0022	.0090	.0177	.0322	.0489	.0703	.0981	.1343	.1886	.2840*
.05	.0023	.0085	.0226	.0311	.0459	.0598	.0895	.1227	.1453	.1393
.10	.0022	.0075	.0237	.0279	.0398	.0484	.0711	.0762	.0796	.0796
.15	.0019	.0060	.0213	.0226	.0307	.0360	.0431	.0470	.0458	.0458
.20	.0016	.0041	.0153	.0153	.0188	.0227	.0257	.0260	.0282	.0302
.25	.0012	.0024	.0069	.0069	.0088	.0100	.0118	.0115	.0128	.0158
.30	.0006	.0009	.0020	.0020	.0016	.0013	.0009	.0014	.0025	.0047
.35	.0000	.0004-	.0018-	.0018-	.0040-	.0058-	.0068-	.0066-	.0053-	.0030-
.40	.0003-	.0016-	.0040-	.0040-	.0075-	.0082-	.0108-	.0124-	.0109-	.0094-
.45	.0006-	.0026-	.0040-	.0040-	.0083-	.0087-	.0137-	.0156-	.0152-	.0137-
.50	.0008-	.0034-	.0040-	.0040-	.0086-	.0091-	.0158-	.0163-	.0187-	.0173-
.55	.0010-	.0041-	.0041-	.0041-	.0088-	.0094-	.0171-	.0166-	.0214-	.0203-
.60	.0012-	.0046-	.0041-	.0041-	.0090-	.0096-	.0176-	.0168-	.0234-	.0226-
.65	.0014-	.0049-	.0041-	.0041-	.0091-	.0098-	.0173-	.0168-	.0246-	.0243-
.70	.0015-	.0051-	.0041-	.0041-	.0091-	.0098-	.0162-	.0168-	.0251-	.0254-
.75	.0017-	.0051-	.0041-	.0041-	.0090-	.0098-	.0145-	.0166-	.0247-	.0258-
.80	.0017-	.0050-	.0041-	.0041-	.0088-	.0097-	.0129-	.0163-	.0237-	.0255-
.85	.0018-	.0046-	.0041-	.0041-	.0085-	.0096-	.0114-	.0159-	.0218-	.0246-
.90	.0018-	.0042-	.0041-	.0041-	.0081-	.0093-	.0100-	.0154-	.0192-	.0230-
.95	.0019-	.0035-	.0041-	.0041-	.0077-	.0090-	.0088-	.0148-	.0158-	.0208-
1.00	.0019-	.0027-	.0040-	.0040-	.0072-	.0086-	.0077-	.0140-	.0146-	.0180-
1.05	.0018-	.0024-	.0040-	.0040-	.0066-	.0081-	.0067-	.0131-	.0135-	.0154-
1.10	.0018-	.0019-	.0040-	.0040-	.0059-	.0075-	.0059-	.0121-	.0124-	.0142-
1.15	.0017-	.0015-	.0039-	.0039-	.0051-	.0069-	.0052-	.0110-	.0114-	.0130-
1.20	.0016-	.0012-	.0039-	.0039-	.0042-	.0061-	.0046-	.0097-	.0104-	.0119-
1.25	.0014-	.0009-	.0038-	.0038-	.0174-	.0053-	.0042-	.0084-	.0095-	.0108-
1.30	.0013-	.0007-	.0038-	.0038-	.0354-	.0044-	.0039-	.0073-	.0086-	.0098-
1.35	.0011-	.0005-	.0037-	.0037-	.0517-	.0155-	.0038-	.0066-	.0078-	.0089-
1.40	.0009-	.0004-	.0037-	.0037-	.0666-	.0334-	.0037-	.0059-	.0071-	.0081-
1.45	.0006-	.0004-	.0036-	.0036-	.0798-	.0496-	.0079-	.0052-	.0064-	.0073-
1.50	.0004-	.0005-	.0035-	.0035-	.0915-	.0641-	.0262-	.0046-	.0057-	.0067-
1.55	.0006-	.0006-	.0034-	.0034-	.1017-	.0770-	.0427-	.0040-	.0051-	.0060-
1.60	.0009-	.0008-	.0034-	.0034-	.1103-	.0881-	.0574-	.0034-	.0046-	.0055-
1.65	.0011-	.0011-	.0033-	.0033-	.1174-	.0976-	.0701-	.0029-	.0041-	.0050-
1.70	.0013-	.0015-	.0032-	.0032-	.1229-	.1054-	.0810-	.0025-	.0135-	.0046-
1.75	.0015-	.0019-	.0031-	.0031-	.1269-	.1115-	.0900-	.0020-	.0308-	.0042-
1.80	.0016-	.0024-	.0030-	.0030-	.1293-	.1159-	.0972-	.0017-	.0457-	.0040-
1.85	.0017-	.0029-	.0029-	.0029-	.1302-	.1186-	.1024-	.0013-	.0582-	.0205-
1.90	.0018-	.0035-	.0028-	.0028-	.1295-	.1197-	.1059-	.0010-	.0682-	.0362-
1.95	.0019-	.0036-	.0026-	.0026-	.1273-	.1190-	.1074-	.0007-	.0759-	.0491-
2.00	.0019-	.0038-	.0025-	.0025-	.1235-	.1167-	.1071-	.0005-	.0812-	.0590-
2.05	.0019-	.0038-	.0024-	.0024-	.1182-	.1127-	.1049-	.0003-	.0840-	.0662-
2.10	.0019-	.0038-	.0023-	.0023-	.1113-	.1070-	.1008-	.0002-	.0845-	.0704-
2.15	.0018-	.0036-	.0021-	.0021-	.1029-	.0996-	.0948-	.0001-	.0825-	.0718-
2.20	.0017-	.0034-	.0020-	.0020-	.0929-	.0905-	.0870-	.0000	.0782-	.0704-
2.25	.0016-	.0031-	.0018-	.0018-	.0813-	.0798-	.0773-	.0000	.0714-	.0661-
2.30	.0014-	.0027-	.0017-	.0017-	.0683-	.0673-	.0658-	.0000	.0622-	.0590-
2.35	.0012-	.0022-	.0015-	.0015-	.0536-	.0532-	.0524-	.0000	.0506-	.0489-
2.40	.0010-	.0016-	.0013-	.0013-	.0375-	.0374-	.0371-	.0001-	.0367-	.0361-
2.45	.0008-	.0009-	.0012-	.0012-	.0197-	.0199-	.0199-	.0003-	.0203-	.0204-
2.50	.0005-	.0002-	.0010-	.0010-	.0004-	.0007-	.0009-	.0004-	.0015-	.0018-

Auswertung aus Pucher „Einflußfelder elastischer Platten" Tafel Nr. 19a * bzw. theoretisch ∞

x : lx →

y : lx ↓

Spalte										
	0.55	0.60	0.65	0.70	0.75	0.80	0.85	0.90	0.95	1.00
.00	.2173	.1685	.1458	.1272	.1124	.1013	.0938	.0902	.0902	.0939
.05	.1503	.1469	.1329	.1218	.1042	.0971	.0920	.0894	.0885	.0905
.10	.0883	.1001	.1081	.1059	.0940	.0905	.0878	.0863	.0850	.0857
.15	.0588	.0632	.0750	.0796	.0822	.0817	.0812	.0810	.0796	.0796
.20	.0359	.0428	.0541	.0622	.0686	.0706	.0723	.0733	.0724	.0722
.25	.0210	.0292	.0366	.0459	.0533	.0572	.0611	.0634	.0634	.0636
.30	.0090	.0163	.0223	.0310	.0368	.0415	.0475	.0512	.0525	.0536
.35	.0000	.0058	.0117	.0177	.0234	.0287	.0333	.0375	.0398	.0423
.40	.0063-	.0031-	.0030	.0080	.0129	.0179	.0219	.0267	.0293	.0317
.45	.0113-	.0084-	.0040-	.0000	.0046	.0088	.0126	.0172	.0199	.0225
.50	.0149-	.0125-	.0095-	.0063-	.0027-	.0013	.0052	.0087	.0117	.0143
.55	.0171-	.0157-	.0136-	.0113-	.0080-	.0048-	.0012-	.0018	.0045	.0072
.60	.0187-	.0180-	.0163-	.0147-	.0123-	.0098-	.0069-	.0039-	.0018-	.0006
.65	.0198-	.0195-	.0182-	.0169-	.0156-	.0137-	.0113-	.0084-	.0070-	.0049-
.70	.0204-	.0200-	.0196-	.0185-	.0180-	.0167-	.0148-	.0127-	.0114-	.0093-
.75	.0205-	.0202-	.0205-	.0198-	.0195-	.0187-	.0174-	.0159-	.0148-	.0132-
.80	.0201-	.0202-	.0210-	.0207-	.0200-	.0198-	.0191-	.0182-	.0174-	.0162-
.85	.0195-	.0201-	.0211-	.0211-	.0203-	.0201-	.0199-	.0195-	.0191-	.0183-
.90	.0189-	.0198-	.0207-	.0212-	.0204-	.0204-	.0202-	.0200-	.0199-	.0196-
.95	.0182-	.0194-	.0199-	.0209-	.0204-	.0205-	.0205-	.0203-	.0202-	.0202-
1.00	.0175-	.0189-	.0193-	.0202-	.0203-	.0205-	.0206-	.0205-	.0205-	.0209-
1.05	.0168-	.0182-	.0187-	.0195-	.0201-	.0203-	.0205-	.0206-	.0206-	.0213-
1.10	.0159-	.0174-	.0180-	.0188-	.0197-	.0201-	.0204-	.0206-	.0207-	.0215-
1.15	.0151-	.0164-	.0172-	.0181-	.0191-	.0196-	.0201-	.0204-	.0206-	.0213-
1.20	.0141-	.0151-	.0164-	.0174-	.0185-	.0191-	.0197-	.0201-	.0204-	.0209-
1.25	.0132-	.0139-	.0156-	.0166-	.0177-	.0185-	.0191-	.0197-	.0201-	.0205-
1.30	.0121-	.0127-	.0147-	.0157-	.0168-	.0177-	.0185-	.0192-	.0197-	.0200-
1.35	.0110-	.0116-	.0138-	.0149-	.0157-	.0167-	.0177-	.0186-	.0191-	.0194-
1.40	.0099-	.0106-	.0128-	.0140-	.0145-	.0157-	.0168-	.0178-	.0185-	.0188-
1.45	.0087-	.0096-	.0118-	.0130-	.0134-	.0145-	.0158-	.0170-	.0177-	.0181-
1.50	.0077-	.0087-	.0107-	.0121-	.0124-	.0135-	.0147-	.0160-	.0169-	.0174-
1.55	.0072-	.0079-	.0096-	.0110-	.0114-	.0124-	.0136-	.0148-	.0158-	.0166-
1.60	.0067-	.0072-	.0084-	.0100-	.0104-	.0115-	.0126-	.0138-	.0148-	.0157-
1.65	.0062-	.0065-	.0077-	.0089-	.0096-	.0106-	.0117-	.0128-	.0138-	.0147-
1.70	.0058-	.0059-	.0073-	.0078-	.0088-	.0097-	.0108-	.0119-	.0128-	.0138-
1.75	.0054-	.0054-	.0069-	.0075-	.0080-	.0089-	.0100-	.0111-	.0119-	.0129-
1.80	.0050-	.0050-	.0065-	.0071-	.0073-	.0082-	.0092-	.0103-	.0111-	.0120-
1.85	.0046-	.0046-	.0062-	.0067-	.0067-	.0076-	.0085-	.0096-	.0104-	.0113-
1.90	.0042-	.0044-	.0059-	.0064-	.0061-	.0070-	.0079-	.0089-	.0097-	.0105-
1.95	.0039-	.0041-	.0056-	.0061-	.0056-	.0064-	.0073-	.0083-	.0090-	.0099-
2.00	.0036-	.0040-	.0053-	.0058-	.0052-	.0059-	.0068-	.0077-	.0084-	.0092-
2.05	.0033-	.0040-	.0050-	.0055-	.0048-	.0055-	.0063-	.0072-	.0079-	.0087-
2.10	.0031-	.0115-	.0047-	.0052-	.0045-	.0051-	.0059-	.0068-	.0075-	.0082-
2.15	.0028-	.0269-	.0044-	.0049-	.0042-	.0048-	.0056-	.0064-	.0071-	.0077-
2.20	.0026-	.0376-	.0042-	.0047-	.0040-	.0046-	.0053-	.0061-	.0067-	.0073-
2.25	.0025-	.0436-	.0040-	.0045-	.0038-	.0044-	.0051-	.0059-	.0064-	.0070-
2.30	.0023-	.0448-	.0038-	.0042-	.0038-	.0043-	.0049-	.0057-	.0062-	.0067-
2.35	.0022-	.0414-	.0036-	.0040-	.0037-	.0042-	.0048-	.0056-	.0061-	.0065-
2.40	.0021-	.0332-	.0034-	.0038-	.0038-	.0042-	.0048-	.0055-	.0060-	.0063-
2.45	.0020-	.0202-	.0032-	.0037-	.0038-	.0043-	.0048-	.0055-	.0059-	.0062-
2.50	.0019-	.0026-	.0031-	.0035-	.0040-	.0044-	.0049-	.0055-	.0060-	.0061-

Auswertung aus Pucher „Einflußfelder elastischer Platten" Tafel Nr. 19a

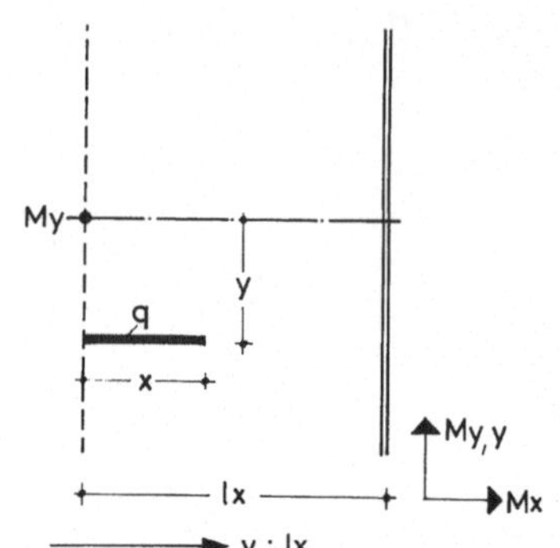

Auskragender Plattenstreifen.
Feldmoment My am freien Rand aus
Linienlast in lx-Richtung.
Bereich y = 2,5 lx
$\mu = 0$
Faktor = q · lx

C 1.3.1

→ y : lx ; ↓ x : lx

Spalte										
	0.00	0.05	0.10	0.15	0.20	0.25	0.30	0.35	0.40	0.45
.05	.0337	.0228	.0153	.0111	.0084	.0062	.0044	.0029	.0018	.0009
.10	.0582	.0434	.0304	.0219	.0168	.0123	.0088	.0058	.0038	.0019
.15	.0770	.0598	.0447	.0322	.0250	.0183	.0132	.0088	.0059	.0030
.20	.0923	.0740	.0562	.0420	.0329	.0242	.0175	.0117	.0081	.0042
.25	.1046	.0857	.0666	.0510	.0403	.0298	.0218	.0146	.0103	.0055
.30	.1146	.0951	.0753	.0580	.0471	.0351	.0259	.0174	.0125	.0068
.35	.1232	.1035	.0833	.0649	.0519	.0400	.0297	.0202	.0145	.0082
.40	.1304	.1105	.0899	.0709	.0568	.0445	.0334	.0227	.0164	.0094
.45	.1363	.1163	.0954	.0759	.0611	.0472	.0367	.0251	.0182	.0106
.50	.1411	.1210	.0999	.0801	.0647	.0503	.0396	.0273	.0197	.0117
.55	.1453	.1249	.1037	.0835	.0677	.0529	.0421	.0293	.0211	.0127
.60	.1485	.1279	.1067	.0862	.0701	.0550	.0424	.0310	.0222	.0135
.65	.1509	.1301	.1089	.0882	.0723	.0567	.0439	.0324	.0229	.0142
.70	.1528	.1317	.1106	.0897	.0738	.0579	.0450	.0323	.0236	.0147
.75	.1540	.1331	.1117	.0908	.0749	.0592	.0458	.0339	.0241	.0154
.80	.1554	.1354	.1131	.0922	.0757	.0599	.0464	.0356	.0244	.0168
.85	.1561	.1362	.1137	.0927	.0763	.0603	.0471	.0374	.0245	.0186
.90	.1565	.1364	.1140	.0929	.0766	.0604	.0482	.0390	.0246	.0206
.95	.1566	.1362	.1141	.0930	.0767	.0604	.0496	.0404	.0245	.0223
1.00	.1565	.1358	.1140	.0929	.0768	.0603	.0506	.0413	.0245	.0236

→ y : lx ; ↓ x : lx

Spalte										
	0.50	0.55	0.60	0.65	0.70	0.75	0.80	0.85	0.90	0.95
.05	.0000	.0006-	.0010-	.0015-	.0019-	.0021-	.0024-	.0025-	.0026-	.0027-
.10	.0002	.0007-	.0017-	.0027-	.0036-	.0041-	.0047-	.0049-	.0051-	.0053-
.15	.0006	.0007-	.0026-	.0039-	.0051-	.0060-	.0067-	.0072-	.0075-	.0077-
.20	.0012	.0009-	.0032-	.0051-	.0065-	.0076-	.0086-	.0093-	.0097-	.0099-
.25	.0019	.0008-	.0036-	.0060-	.0077-	.0091-	.0103-	.0111-	.0116-	.0119-
.30	.0028	.0006-	.0039-	.0067-	.0087-	.0104-	.0118-	.0128-	.0134-	.0138-
.35	.0037	.0003-	.0041-	.0072-	.0096-	.0116-	.0131-	.0142-	.0150-	.0154-
.40	.0046	.0001	.0041-	.0076-	.0103-	.0126-	.0143-	.0155-	.0164-	.0169-
.45	.0056	.0006	.0041-	.0079-	.0109-	.0134-	.0153-	.0167-	.0176-	.0182-
.50	.0065	.0011	.0040-	.0081-	.0113-	.0141-	.0161-	.0177-	.0187-	.0193-
.55	.0073	.0016	.0039-	.0082-	.0118-	.0147-	.0167-	.0184-	.0196-	.0202-
.60	.0080	.0022	.0038-	.0083-	.0121-	.0151-	.0173-	.0191-	.0203-	.0210-
.65	.0078	.0028	.0038-	.0082-	.0123-	.0154-	.0178-	.0196-	.0209-	.0216-
.70	.0091	.0034	.0025-	.0081-	.0124-	.0157-	.0181-	.0201-	.0213-	.0221-
.75	.0110	.0039	.0005-	.0080-	.0125-	.0160-	.0184-	.0204-	.0217-	.0225-
.80	.0133	.0044	.0018	.0079-	.0126-	.0162-	.0185-	.0206-	.0220-	.0227-
.85	.0157	.0049	.0043	.0077-	.0125-	.0164-	.0186-	.0207-	.0221-	.0230-
.90	.0180	.0052	.0066	.0076-	.0125-	.0166-	.0187-	.0208-	.0222-	.0232-
.95	.0199	.0055	.0085	.0074-	.0125-	.0168-	.0187-	.0208-	.0222-	.0233-
1.00	.0212	.0057	.0099	.0073-	.0124-	.0169-	.0186-	.0208-	.0222-	.0234-

Auswertung aus Pucher „Einflußfelder elastischer Platten" Tafel Nr. 20a

→ y : lx

↓ x : lx

Spalte										
	1.00	1.05	1.10	1.15	1.20	1.25	1.30	1.35	1.40	1.45
.05	.0027-	.0028-	.0028-	.0028-	.0027-	.0026-	.0026-	.0025-	.0025-	.0024-
.10	.0053-	.0054-	.0053-	.0054-	.0052-	.0051-	.0050-	.0049-	.0047-	.0046-
.15	.0077-	.0078-	.0077-	.0078-	.0075-	.0074-	.0072-	.0071-	.0069-	.0066-
.20	.0099-	.0100-	.0099-	.0100-	.0097-	.0095-	.0093-	.0091-	.0088-	.0085-
.25	.0120-	.0120-	.0120-	.0120-	.0117-	.0114-	.0112-	.0109-	.0106-	.0102-
.30	.0138-	.0139-	.0138-	.0138-	.0135-	.0132-	.0129-	.0126-	.0122-	.0118-
.35	.0155-	.0156-	.0155-	.0155-	.0152-	.0149-	.0145-	.0141-	.0137-	.0132-
.40	.0170-	.0171-	.0170-	.0170-	.0167-	.0163-	.0159-	.0155-	.0150-	.0144-
.45	.0184-	.0184-	.0184-	.0184-	.0180-	.0176-	.0171-	.0167-	.0161-	.0155-
.50	.0195-	.0196-	.0196-	.0196-	.0191-	.0187-	.0182-	.0177-	.0171-	.0165-
.55	.0205-	.0206-	.0206-	.0206-	.0201-	.0197-	.0191-	.0186-	.0180-	.0173-
.60	.0213-	.0214-	.0214-	.0214-	.0210-	.0205-	.0199-	.0193-	.0187-	.0179-
.65	.0220-	.0221-	.0221-	.0221-	.0216-	.0212-	.0205-	.0199-	.0192-	.0184-
.70	.0225-	.0227-	.0226-	.0226-	.0221-	.0217-	.0210-	.0204-	.0196-	.0188-
.75	.0229-	.0231-	.0230-	.0230-	.0226-	.0221-	.0214-	.0207-	.0200-	.0191-
.80	.0232-	.0234-	.0233-	.0233-	.0229-	.0224-	.0216-	.0210-	.0202-	.0194-
.85	.0234-	.0236-	.0236-	.0236-	.0231-	.0226-	.0218-	.0212-	.0204-	.0195-
.90	.0236-	.0238-	.0237-	.0238-	.0232-	.0227-	.0219-	.0213-	.0205-	.0196-
.95	.0238-	.0238-	.0239-	.0239-	.0233-	.0227-	.0220-	.0213-	.0205-	.0196-
1.00	.0238-	.0238-	.0240-	.0240-	.0233-	.0227-	.0220-	.0213-	.0205-	.0196-

→ y : lx

↓ x : lx

Spalte										
	1.50	1.55	1.60	1.65	1.70	1.75	1.80	1.85	1.90	1.95
.05	.0023-	.0022-	.0021-	.0020-	.0020-	.0018-	.0017-	.0017-	.0016-	.0015-
.10	.0044-	.0043-	.0041-	.0039-	.0038-	.0035-	.0033-	.0032-	.0031-	.0029-
.15	.0064-	.0062-	.0059-	.0057-	.0054-	.0051-	.0048-	.0046-	.0044-	.0042-
.20	.0082-	.0079-	.0076-	.0072-	.0069-	.0065-	.0062-	.0059-	.0057-	.0054-
.25	.0098-	.0094-	.0090-	.0086-	.0083-	.0078-	.0074-	.0071-	.0068-	.0065-
.30	.0113-	.0108-	.0104-	.0099-	.0095-	.0089-	.0085-	.0081-	.0078-	.0075-
.35	.0127-	.0121-	.0116-	.0111-	.0106-	.0100-	.0095-	.0091-	.0087-	.0084-
.40	.0139-	.0133-	.0127-	.0121-	.0115-	.0109-	.0104-	.0099-	.0095-	.0091-
.45	.0149-	.0143-	.0136-	.0130-	.0124-	.0117-	.0112-	.0106-	.0102-	.0098-
.50	.0158-	.0151-	.0144-	.0138-	.0131-	.0124-	.0118-	.0112-	.0108-	.0103-
.55	.0166-	.0158-	.0151-	.0144-	.0137-	.0130-	.0124-	.0118-	.0113-	.0108-
.60	.0172-	.0164-	.0156-	.0149-	.0141-	.0135-	.0128-	.0122-	.0118-	.0112-
.65	.0176-	.0168-	.0160-	.0153-	.0145-	.0139-	.0132-	.0126-	.0121-	.0115-
.70	.0179-	.0171-	.0163-	.0155-	.0148-	.0142-	.0135-	.0128-	.0124-	.0117-
.75	.0182-	.0174-	.0165-	.0157-	.0150-	.0144-	.0137-	.0130-	.0126-	.0120-
.80	.0185-	.0177-	.0168-	.0161-	.0153-	.0145-	.0139-	.0132-	.0127-	.0122-
.85	.0187-	.0179-	.0170-	.0163-	.0155-	.0146-	.0140-	.0133-	.0128-	.0125-
.90	.0189-	.0180-	.0172-	.0165-	.0157-	.0147-	.0140-	.0133-	.0129-	.0127-
.95	.0190-	.0182-	.0174-	.0166-	.0158-	.0147-	.0140-	.0134-	.0129-	.0128-
1.00	.0191-	.0183-	.0175-	.0167-	.0159-	.0147-	.0140-	.0134-	.0129-	.0129-

Auswertung aus Pucher „Einflußfelder elastischer Platten" Tafel Nr. 20a

→ y : lx

↓ x : lx

Spalte										
	2.00	2.05	2.10	2.15	2.20	2.25	2.30	2.35	2.40	2.45
.05	.0014-	.0014-	.0013-	.0013-	.0013-	.0012-	.0012-	.0012-	.0011-	.0011-
.10	.0028-	.0027-	.0026-	.0025-	.0024-	.0024-	.0023-	.0023-	.0022-	.0021-
.15	.0040-	.0039-	.0037-	.0036-	.0035-	.0035-	.0034-	.0035-	.0031-	.0031-
.20	.0052-	.0050-	.0048-	.0047-	.0046-	.0045-	.0044-	.0045-	.0040-	.0039-
.25	.0062-	.0060-	.0058-	.0056-	.0055-	.0054-	.0053-	.0052-	.0048-	.0047-
.30	.0072-	.0069-	.0067-	.0065-	.0063-	.0061-	.0060-	.0060-	.0055-	.0054-
.35	.0080-	.0077-	.0074-	.0072-	.0070-	.0068-	.0067-	.0067-	.0062-	.0060-
.40	.0087-	.0084-	.0081-	.0079-	.0076-	.0074-	.0073-	.0072-	.0068-	.0066-
.45	.0094-	.0090-	.0087-	.0084-	.0082-	.0080-	.0078-	.0078-	.0073-	.0071-
.50	.0099-	.0095-	.0092-	.0089-	.0087-	.0085-	.0082-	.0082-	.0077-	.0075-
.55	.0103-	.0100-	.0096-	.0093-	.0091-	.0088-	.0086-	.0086-	.0081-	.0079-
.60	.0107-	.0103-	.0100-	.0097-	.0094-	.0092-	.0089-	.0089-	.0084-	.0083-
.65	.0110-	.0106-	.0102-	.0100-	.0097-	.0095-	.0092-	.0092-	.0087-	.0085-
.70	.0112-	.0109-	.0105-	.0102-	.0099-	.0097-	.0094-	.0094-	.0089-	.0087-
.75	.0115-	.0111-	.0108-	.0105-	.0104-	.0102-	.0097-	.0097-	.0091-	.0089-
.80	.0117-	.0114-	.0110-	.0107-	.0116-	.0114-	.0099-	.0099-	.0092-	.0090-
.85	.0120-	.0116-	.0112-	.0109-	.0133-	.0132-	.0102-	.0101-	.0093-	.0091-
.90	.0122-	.0118-	.0114-	.0111-	.0151-	.0151-	.0104-	.0103-	.0094-	.0092-
.95	.0123-	.0120-	.0116-	.0113-	.0169-	.0168-	.0105-	.0105-	.0094-	.0092-
1.00	.0124-	.0121-	.0117-	.0114-	.0181-	.0181-	.0107-	.0106-	.0094-	.0092-

→ y : lx

↓ x : lx

Spalte										
	2.50									
.05	.0011-									
.10	.0021-									
.15	.0030-									
.20	.0039-									
.25	.0046-									
.30	.0053-									
.35	.0059-									
.40	.0065-									
.45	.0069-									
.50	.0073-									
.55	.0078-									
.60	.0081-									
.65	.0084-									
.70	.0086-									
.75	.0088-									
.80	.0089-									
.85	.0090-									
.90	.0090-									
.95	.0091-									
1.00	.0091-									

Auswertung aus Pucher „Einflußfelder elastischer Platten" Tafel Nr. 20a

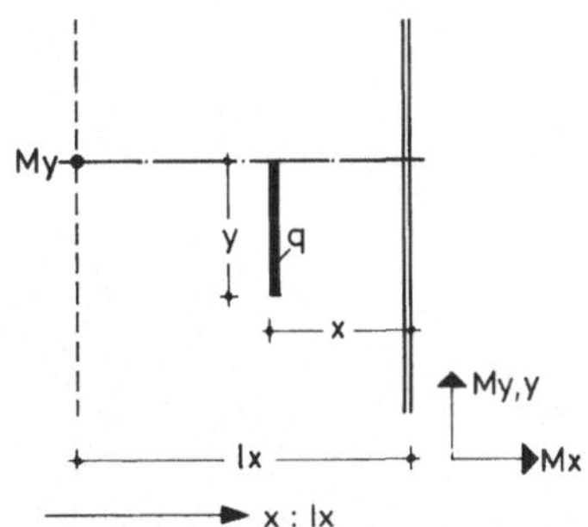

Auskragender Plattenstreifen.
Feldmoment My am freien Rand aus
Linienlast parallel zum Auflagerrand.
Bereich y = 2,5 lx
$\mu = 0$
Faktor = q · lx

C 1.3.2

Spalte										
	0.05	0.10	0.15	0.20	0.25	0.30	0.35	0.40	0.45	0.50
.05	.0000	.0001	.0002	.0003	.0005	.0007	.0009	.0011	.0014	.0018
.10	.0001	.0002	.0004	.0006	.0010	.0013	.0018	.0022	.0027	.0035
.15	.0001	.0003	.0006	.0009	.0014	.0019	.0026	.0032	.0040	.0051
.20	.0002	.0004	.0008	.0012	.0018	.0025	.0034	.0042	.0051	.0067
.25	.0002	.0005	.0009	.0014	.0022	.0030	.0042	.0050	.0062	.0081
.30	.0003	.0006	.0010	.0016	.0026	.0034	.0048	.0058	.0071	.0093
.35	.0003	.0007	.0012	.0018	.0029	.0038	.0054	.0064	.0079	.0099
.40	.0003	.0007	.0013	.0019	.0031	.0042	.0056	.0070	.0085	.0106
.45	.0003	.0007	.0014	.0020	.0032	.0044	.0059	.0071	.0088	.0110
.50	.0003	.0007	.0014	.0021	.0032	.0044	.0061	.0073	.0091	.0113
.55	.0003	.0008	.0015	.0021	.0033	.0045	.0062	.0075	.0092	.0115
.60	.0003	.0008	.0015	.0021	.0033	.0045	.0062	.0075	.0093	.0116
.65	.0003	.0008	.0014	.0021	.0033	.0045	.0062	.0075	.0092	.0115
.70	.0003	.0007	.0014	.0021	.0032	.0044	.0061	.0074	.0091	.0113
.75	.0003	.0007	.0014	.0020	.0031	.0044	.0060	.0072	.0089	.0111
.80	.0003	.0007	.0013	.0020	.0031	.0042	.0059	.0071	.0087	.0108
.85	.0003	.0007	.0013	.0019	.0030	.0041	.0057	.0069	.0084	.0105
.90	.0003	.0006	.0012	.0018	.0029	.0039	.0055	.0066	.0081	.0101
.95	.0002	.0006	.0012	.0017	.0028	.0038	.0052	.0063	.0078	.0096
1.00	.0002	.0005	.0011	.0016	.0027	.0036	.0050	.0061	.0074	.0091
1.05	.0002	.0005	.0010	.0015	.0025	.0033	.0047	.0057	.0070	.0086
1.10	.0001	.0004	.0009	.0013	.0024	.0032	.0044	.0054	.0067	.0083
1.15	.0001	.0003	.0008	.0013	.0022	.0030	.0042	.0051	.0063	.0079
1.20	.0000	.0003	.0007	.0012	.0021	.0028	.0039	.0047	.0059	.0074
1.25	.0000	.0002	.0006	.0011	.0019	.0026	.0036	.0044	.0055	.0070
1.30	.0000	.0002	.0005	.0010	.0018	.0024	.0033	.0040	.0051	.0066
1.35	.0001-	.0001	.0004	.0009	.0016	.0023	.0030	.0037	.0047	.0062
1.40	.0001-	.0000	.0003	.0009	.0014	.0021	.0027	.0033	.0045	.0059
1.45	.0001-	.0000	.0003	.0008	.0013	.0020	.0025	.0030	.0042	.0055
1.50	.0002-	.0001-	.0002	.0007	.0011	.0018	.0022	.0026	.0039	.0052
1.55	.0002-	.0001-	.0002	.0006	.0010	.0017	.0020	.0023	.0036	.0048
1.60	.0002-	.0002-	.0001	.0005	.0008	.0016	.0020	.0020	.0034	.0045
1.65	.0003-	.0003-	.0000	.0004	.0007	.0015	.0019	.0017	.0031	.0042
1.70	.0003-	.0003-	.0001-	.0003	.0006	.0014	.0017	.0015	.0029	.0040
1.75	.0004-	.0004-	.0001-	.0003	.0005	.0013	.0016	.0012	.0027	.0037
1.80	.0004-	.0004-	.0002-	.0002	.0005	.0012	.0015	.0010	.0025	.0034
1.85	.0004-	.0005-	.0003-	.0001	.0005	.0011	.0013	.0012	.0023	.0032
1.90	.0005-	.0006-	.0004-	.0000	.0004	.0010	.0012	.0011	.0021	.0030
1.95	.0005-	.0006-	.0005-	.0001-	.0003	.0009	.0011	.0009	.0019	.0027
2.00	.0005-	.0007-	.0006-	.0002-	.0002	.0008	.0010	.0008	.0017	.0025
2.05	.0006-	.0007-	.0006-	.0003-	.0001	.0007	.0009	.0006	.0015	.0023
2.10	.0006-	.0008-	.0007-	.0004-	.0000	.0006	.0008	.0005	.0014	.0021
2.15	.0006-	.0009-	.0008-	.0004-	.0000	.0006	.0007	.0004	.0012	.0018
2.20	.0007-	.0009-	.0009-	.0005-	.0001-	.0005	.0006	.0002	.0011	.0015
2.25	.0007-	.0010-	.0009-	.0006-	.0002-	.0004	.0005	.0001	.0009	.0012
2.30	.0007-	.0010-	.0010-	.0007-	.0003-	.0003	.0004	.0000	.0008	.0009
2.35	.0008-	.0011-	.0011-	.0008-	.0004-	.0002	.0003	.0001-	.0006	.0007
2.40	.0008-	.0011-	.0011-	.0008-	.0004-	.0002	.0002	.0002-	.0005	.0004
2.45	.0008-	.0011-	.0012-	.0009-	.0005-	.0001	.0001	.0003-	.0004	.0002
2.50	.0008-	.0012-	.0012-	.0009-	.0006-	.0000	.0000	.0005-	.0002	.0001-

→ x : lx

↓ y : lx

Spalte										
	0.55	0.60	0.65	0.70	0.75	0.80	0.85	0.90	0.95	1.00
.05	.0021	.0026	.0031	.0037	.0044	.0054	.0064	.0075	.0103	.0127
.10	.0042	.0052	.0061	.0072	.0086	.0106	.0121	.0139	.0177	.0204
.15	.0061	.0077	.0089	.0105	.0125	.0145	.0166	.0188	.0228	.0256
.20	.0079	.0099	.0114	.0134	.0152	.0178	.0202	.0224	.0266	.0295
.25	.0094	.0119	.0136	.0153	.0176	.0204	.0230	.0253	.0293	.0324
.30	.0108	.0130	.0148	.0172	.0193	.0224	.0250	.0273	.0315	.0344
.35	.0120	.0141	.0160	.0185	.0209	.0238	.0264	.0289	.0330	.0356
.40	.0124	.0150	.0169	.0192	.0220	.0247	.0274	.0299	.0340	.0369
.45	.0130	.0155	.0175	.0198	.0226	.0256	.0282	.0304	.0345	.0374
.50	.0133	.0160	.0180	.0202	.0230	.0259	.0284	.0308	.0347	.0375
.55	.0135	.0163	.0182	.0204	.0232	.0260	.0285	.0307	.0346	.0373
.60	.0136	.0163	.0182	.0203	.0231	.0259	.0283	.0305	.0343	.0369
.65	.0134	.0162	.0180	.0202	.0229	.0256	.0279	.0300	.0337	.0364
.70	.0133	.0160	.0178	.0198	.0225	.0251	.0274	.0294	.0331	.0357
.75	.0130	.0157	.0174	.0194	.0219	.0245	.0267	.0287	.0323	.0348
.80	.0126	.0153	.0169	.0188	.0213	.0238	.0260	.0278	.0314	.0339
.85	.0122	.0148	.0163	.0182	.0206	.0231	.0251	.0269	.0304	.0329
.90	.0118	.0142	.0157	.0175	.0199	.0223	.0243	.0260	.0294	.0318
.95	.0113	.0137	.0151	.0168	.0192	.0214	.0234	.0250	.0283	.0307
1.00	.0108	.0131	.0145	.0160	.0184	.0206	.0224	.0240	.0271	.0295
1.05	.0102	.0124	.0139	.0153	.0177	.0197	.0215	.0230	.0262	.0284
1.10	.0097	.0120	.0132	.0147	.0169	.0188	.0205	.0220	.0251	.0273
1.15	.0092	.0114	.0126	.0140	.0161	.0180	.0195	.0210	.0241	.0262
1.20	.0087	.0109	.0119	.0133	.0153	.0171	.0185	.0200	.0230	.0250
1.25	.0082	.0103	.0113	.0126	.0145	.0162	.0176	.0191	.0220	.0239
1.30	.0078	.0098	.0107	.0119	.0137	.0155	.0166	.0182	.0210	.0229
1.35	.0073	.0093	.0101	.0113	.0129	.0147	.0157	.0173	.0200	.0218
1.40	.0069	.0088	.0096	.0106	.0121	.0140	.0148	.0164	.0190	.0208
1.45	.0064	.0083	.0090	.0100	.0114	.0133	.0143	.0155	.0181	.0198
1.50	.0060	.0078	.0085	.0094	.0110	.0126	.0135	.0147	.0172	.0188
1.55	.0057	.0074	.0080	.0088	.0104	.0119	.0128	.0139	.0163	.0179
1.60	.0053	.0069	.0075	.0083	.0098	.0113	.0121	.0131	.0154	.0170
1.65	.0050	.0065	.0071	.0078	.0093	.0107	.0114	.0123	.0147	.0162
1.70	.0046	.0061	.0066	.0074	.0087	.0101	.0108	.0116	.0140	.0153
1.75	.0043	.0058	.0062	.0069	.0082	.0095	.0102	.0110	.0132	.0146
1.80	.0040	.0054	.0058	.0065	.0078	.0090	.0096	.0104	.0126	.0138
1.85	.0037	.0051	.0054	.0061	.0073	.0085	.0090	.0097	.0119	.0131
1.90	.0035	.0048	.0051	.0057	.0069	.0080	.0085	.0091	.0113	.0124
1.95	.0032	.0045	.0047	.0053	.0065	.0075	.0080	.0084	.0107	.0118
2.00	.0030	.0042	.0044	.0049	.0061	.0070	.0075	.0078	.0102	.0112
2.05	.0027	.0040	.0039	.0046	.0057	.0065	.0068	.0072	.0096	.0106
2.10	.0024	.0037	.0031	.0042	.0053	.0060	.0057	.0065	.0091	.0101
2.15	.0021	.0035	.0020	.0039	.0050	.0055	.0044	.0059	.0086	.0095
2.20	.0018	.0032	.0007	.0036	.0047	.0050	.0029	.0053	.0082	.0090
2.25	.0015	.0030	.0007-	.0033	.0043	.0045	.0014	.0048	.0077	.0085
2.30	.0012	.0028	.0022-	.0030	.0040	.0040	.0002-	.0042	.0073	.0080
2.35	.0009	.0026	.0036-	.0027	.0036	.0036	.0017-	.0037	.0069	.0075
2.40	.0006	.0024	.0048-	.0025	.0033	.0031	.0031-	.0032	.0065	.0071
2.45	.0004	.0022	.0059-	.0022	.0029	.0027	.0043-	.0027	.0060	.0066
2.50	.0001	.0020	.0067-	.0020	.0026	.0024	.0052-	.0023	.0056	.0062

Auswertung aus Pucher „Einflußfelder elastischer Platten“ Tafel Nr. 20a

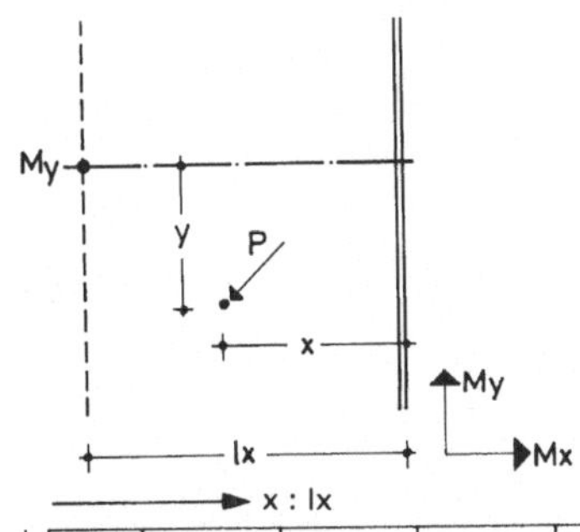

Auskragender Plattenstreifen.
Feldmoment My am freien Rand aus einer Einzellast.
Bereich y = 2,5 lx
$\mu = 0$
Faktor = P

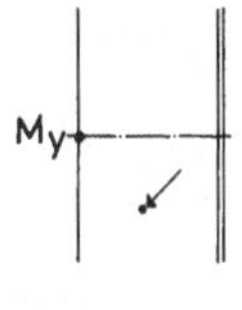

C 1.3.3

x : lx

y : lx

Spalte										
	0.05	0.10	0.15	0.20	0.25	0.30	0.35	0.40	0.45	0.50
.00	.0021	.0056	.0105	.0169	.0244	.0335	.0443	.0570	.0716	.0884
.05	.0023	.0056	.0100	.0158	.0240	.0323	.0439	.0549	.0683	.0868
.10	.0024	.0055	.0094	.0145	.0230	.0308	.0426	.0520	.0641	.0832
.15	.0023	.0051	.0087	.0132	.0217	.0288	.0404	.0484	.0594	.0778
.20	.0022	.0047	.0080	.0119	.0199	.0264	.0373	.0442	.0540	.0707
.25	.0020	.0041	.0072	.0105	.0177	.0237	.0334	.0393	.0479	.0617
.30	.0016	.0034	.0063	.0091	.0151	.0206	.0286	.0337	.0412	.0510
.35	.0011	.0026	.0054	.0077	.0121	.0171	.0230	.0275	.0339	.0386
.40	.0005	.0016	.0045	.0062	.0087	.0132	.0170	.0206	.0259	.0280
.45	.0004	.0012	.0035	.0046	.0059	.0089	.0117	.0141	.0178	.0191
.50	.0003	.0008	.0024	.0030	.0036	.0052	.0071	.0085	.0111	.0119
.55	.0002	.0004	.0013	.0014	.0016	.0022	.0031	.0037	.0050	.0056
.60	.0000	.0000	.0001	.0001-	.0002-	.0002-	.0002-	.0003-	.0004-	.0012-
.65	.0002-	.0004-	.0007-	.0011-	.0016-	.0021-	.0021-	.0029-	.0041-	.0060-
.70	.0004-	.0008-	.0013-	.0020-	.0028-	.0035-	.0042-	.0057-	.0074-	.0095-
.75	.0006-	.0011-	.0018-	.0028-	.0037-	.0048-	.0065-	.0083-	.0102-	.0130-
.80	.0008-	.0015-	.0023-	.0035-	.0044-	.0062-	.0085-	.0099-	.0128-	.0159-
.85	.0011-	.0019-	.0028-	.0041-	.0050-	.0074-	.0098-	.0113-	.0149-	.0184-
.90	.0014-	.0023-	.0032-	.0046-	.0056-	.0084-	.0109-	.0126-	.0164-	.0203-
.95	.0016-	.0026-	.0035-	.0050-	.0061-	.0091-	.0119-	.0137-	.0175-	.0217-
1.00	.0020-	.0030-	.0038-	.0053-	.0065-	.0096-	.0126-	.0146-	.0183-	.0227-
1.05	.0018-	.0030-	.0040-	.0055-	.0069-	.0099-	.0132-	.0154-	.0189-	.0231-
1.10	.0018-	.0030-	.0042-	.0056-	.0071-	.0099-	.0136-	.0160-	.0191-	.0229-
1.15	.0018-	.0030-	.0043-	.0052-	.0074-	.0096-	.0138-	.0165-	.0192-	.0221-
1.20	.0018-	.0030-	.0044-	.0048-	.0075-	.0093-	.0139-	.0168-	.0190-	.0213-
1.25	.0018-	.0030-	.0044-	.0045-	.0076-	.0089-	.0137-	.0169-	.0185-	.0204-
1.30	.0018-	.0030-	.0043-	.0043-	.0076-	.0085-	.0134-	.0169-	.0177-	.0197-
1.35	.0018-	.0030-	.0042-	.0041-	.0075-	.0080-	.0129-	.0167-	.0167-	.0189-
1.40	.0018-	.0030-	.0041-	.0040-	.0074-	.0074-	.0122-	.0164-	.0156-	.0181-
1.45	.0018-	.0030-	.0039-	.0039-	.0072-	.0068-	.0114-	.0159-	.0149-	.0174-
1.50	.0018-	.0030-	.0036-	.0040-	.0069-	.0062-	.0103-	.0152-	.0141-	.0166-
1.55	.0018-	.0030-	.0039-	.0041-	.0065-	.0060-	.0091-	.0144-	.0134-	.0159-
1.60	.0018-	.0030-	.0040-	.0042-	.0061-	.0057-	.0079-	.0134-	.0128-	.0152-
1.65	.0018-	.0030-	.0040-	.0043-	.0056-	.0055-	.0075-	.0123-	.0122-	.0145-
1.70	.0018-	.0030-	.0041-	.0044-	.0051-	.0053-	.0072-	.0110-	.0116-	.0138-
1.75	.0018-	.0030-	.0041-	.0044-	.0045-	.0052-	.0069-	.0096-	.0110-	.0132-
1.80	.0018-	.0030-	.0041-	.0044-	.0040-	.0050-	.0066-	.0079-	.0105-	.0125-
1.85	.0018-	.0030-	.0041-	.0044-	.0041-	.0049-	.0064-	.0077-	.0100-	.0119-
1.90	.0018-	.0030-	.0040-	.0044-	.0041-	.0047-	.0061-	.0075-	.0096-	.0113-
1.95	.0018-	.0030-	.0040-	.0044-	.0042-	.0046-	.0059-	.0072-	.0092-	.0107-
2.00	.0018-	.0030-	.0039-	.0043-	.0042-	.0045-	.0057-	.0070-	.0088-	.0101-
2.05	.0018-	.0030-	.0038-	.0042-	.0042-	.0044-	.0055-	.0068-	.0085-	.0114-
2.10	.0018-	.0029-	.0037-	.0041-	.0042-	.0043-	.0054-	.0066-	.0082-	.0125-
2.15	.0017-	.0028-	.0035-	.0040-	.0041-	.0043-	.0052-	.0064-	.0079-	.0132-
2.20	.0017-	.0026-	.0034-	.0039-	.0040-	.0042-	.0051-	.0063-	.0077-	.0135-
2.25	.0015-	.0025-	.0032-	.0037-	.0040-	.0042-	.0050-	.0061-	.0075-	.0135-
2.30	.0014-	.0022-	.0030-	.0035-	.0039-	.0042-	.0049-	.0060-	.0073-	.0131-
2.35	.0012-	.0020-	.0028-	.0033-	.0037-	.0042-	.0049-	.0059-	.0072-	.0124-
2.40	.0010-	.0017-	.0025-	.0031-	.0036-	.0042-	.0048-	.0059-	.0071-	.0113-
2.45	.0007-	.0014-	.0023-	.0029-	.0034-	.0043-	.0048-	.0058-	.0070-	.0098-
2.50	.0004-	.0011-	.0020-	.0026-	.0032-	.0043-	.0048-	.0058-	.0070-	.0080-

Auswertung aus Pucher „Einflußfelder elastischer Platten" Tafel Nr. 20a

→ x : lx

↓ y : lx

Spalte										
	0.55	0.60	0.65	0.70	0.75	0.80	0.85	0.90	0.95	1.00
.00	.1083	.1311	.1564	.1853	.2219	.2729	.3351	.4269	.5771	.7360*
.05	.1040	.1296	.1513	.1796	.2144	.2635	.3043	.3389	.4475	.4777
.10	.0980	.1239	.1421	.1676	.1968	.2303	.2559	.2866	.2959	.3084
.15	.0906	.1140	.1291	.1494	.1694	.1846	.1990	.2111	.2195	.2244
.20	.0816	.0999	.1122	.1250	.1350	.1484	.1592	.1625	.1643	.1683
.25	.0711	.0817	.0915	.1024	.1054	.1131	.1163	.1194	.1225	.1235
.30	.0591	.0650	.0703	.0768	.0817	.0847	.0875	.0870	.0888	.0865
.35	.0457	.0504	.0533	.0465	.0618	.0613	.0626	.0623	.0603	.0574
.40	.0329	.0373	.0384	.0341	.0433	.0429	.0417	.0398	.0373	.0358
.45	.0227	.0259	.0256	.0257	.0263	.0246	.0232	.0199	.0164	.0159
.50	.0139	.0164	.0152	.0158	.0125	.0109	.0080	.0064	.0015	.0027-
.55	.0060	.0070	.0046	.0043	.0019	.0000	.0039-	.0080-	.0115-	.0148-
.60	.0021-	.0019-	.0040-	.0053-	.0080-	.0111-	.0150-	.0181-	.0220-	.0248-
.65	.0073-	.0080-	.0106-	.0129-	.0167-	.0202-	.0239-	.0271-	.0298-	.0325-
.70	.0117-	.0137-	.0169-	.0199-	.0239-	.0267-	.0301-	.0331-	.0363-	.0386-
.75	.0159-	.0184-	.0215-	.0252-	.0292-	.0319-	.0356-	.0388-	.0420-	.0442-
.80	.0196-	.0221-	.0253-	.0291-	.0325-	.0362-	.0401-	.0433-	.0466-	.0488-
.85	.0228-	.0250-	.0282-	.0321-	.0343-	.0398-	.0423-	.0464-	.0501-	.0519-
.90	.0243-	.0271-	.0303-	.0344-	.0358-	.0412-	.0442-	.0482-	.0525-	.0543-
.95	.0249-	.0286-	.0315-	.0359-	.0371-	.0422-	.0457-	.0491-	.0537-	.0560-
1.00	.0253-	.0293-	.0321-	.0366-	.0380-	.0429-	.0468-	.0497-	.0539-	.0570-
1.05	.0255-	.0292-	.0325-	.0365-	.0387-	.0432-	.0475-	.0499-	.0534-	.0573-
1.10	.0255-	.0285-	.0326-	.0357-	.0391-	.0432-	.0478-	.0498-	.0529-	.0568-
1.15	.0253-	.0200-	.0324-	.0352-	.0391-	.0428-	.0477-	.0493-	.0523-	.0562-
1.20	.0249-	.0273-	.0318-	.0345-	.0389-	.0421-	.0472-	.0484-	.0515-	.0554-
1.25	.0243-	.0267-	.0307-	.0338-	.0384-	.0410-	.0463-	.0474-	.0507-	.0544-
1.30	.0235-	.0260-	.0296-	.0330-	.0376-	.0395-	.0451-	.0463-	.0497-	.0533-
1.35	.0224-	.0252-	.0286-	.0321-	.0365-	.0381-	.0434-	.0451-	.0485-	.0520-
1.40	.0214-	.0245-	.0275-	.0311-	.0351-	.0367-	.0413-	.0439-	.0473-	.0506-
1.45	.0205-	.0237-	.0265-	.0300-	.0334-	.0354-	.0391-	.0425-	.0459-	.0490-
1.50	.0195-	.0228-	.0254-	.0288-	.0314-	.0340-	.0374-	.0410-	.0444-	.0472-
1.55	.0186-	.0219-	.0244-	.0275-	.0299-	.0326-	.0357-	.0395-	.0428-	.0454-
1.60	.0177-	.0210-	.0234-	.0261-	.0284-	.0313-	.0341-	.0378-	.0410-	.0436-
1.65	.0169-	.0201-	.0224-	.0247-	.0271-	.0300-	.0326-	.0361-	.0390-	.0418-
1.70	.0161-	.0191-	.0214-	.0233-	.0258-	.0286-	.0311-	.0342-	.0370-	.0400-
1.75	.0153-	.0181-	.0205-	.0222-	.0246-	.0273-	.0297-	.0322-	.0351-	.0381-
1.80	.0145-	.0170-	.0195-	.0213-	.0234-	.0260-	.0284-	.0320-	.0333-	.0363-
1.85	.0138-	.0160-	.0186-	.0204-	.0224-	.0247-	.0271-	.0321-	.0317-	.0344-
1.90	.0131-	.0151-	.0177-	.0195-	.0214-	.0241-	.0259-	.0321-	.0302-	.0326-
1.95	.0124-	.0144-	.0168-	.0187-	.0205-	.0247-	.0248-	.0319-	.0288-	.0310-
2.00	.0118-	.0137-	.0159-	.0179-	.0197-	.0250-	.0276-	.0315-	.0275-	.0298-
2.05	.0131-	.0131-	.0331-	.0172-	.0189-	.0252-	.0437-	.0310-	.0263-	.0286-
2.10	.0141-	.0125-	.0464-	.0165-	.0182-	.0251-	.0560-	.0303-	.0253-	.0276-
2.15	.0147-	.0121-	.0558-	.0159-	.0176-	.0247-	.0646-	.0295-	.0244-	.0266-
2.20	.0150-	.0116-	.0612-	.0154-	.0171-	.0242-	.0693-	.0285-	.0236-	.0258-
2.25	.0149-	.0113-	.0628-	.0148-	.0166-	.0234-	.0702-	.0274-	.0229-	.0251-
2.30	.0144-	.0110-	.0604-	.0144-	.0162-	.0224-	.0673-	.0261-	.0223-	.0244-
2.35	.0137-	.0108-	.0541-	.0140-	.0164-	.0212-	.0606-	.0247-	.0219-	.0239-
2.40	.0125-	.0106-	.0439-	.0136-	.0167-	.0197-	.0501-	.0231-	.0215-	.0235-
2.45	.0110-	.0105-	.0298-	.0133-	.0161-	.0181-	.0358-	.0213-	.0213-	.0232-
2.50	.0092-	.0105-	.0117-	.0130-	.0145-	.0162-	.0177-	.0194-	.0213-	.0230-

Auswertung aus Pucher „Einflußfelder elastischer Platten" Tafel Nr. 20a * bezw. theoretisch ∞

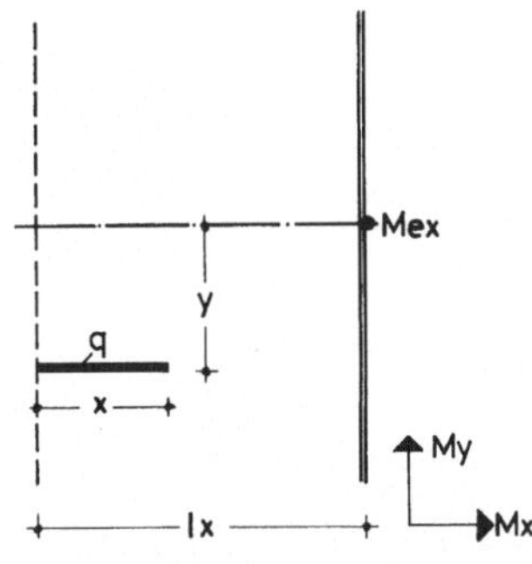

Auskragender Plattenstreifen.
Stützmoment Mex aus Linienlast in lx-Richtung.
$\mu = 0$
Faktor = q · lx

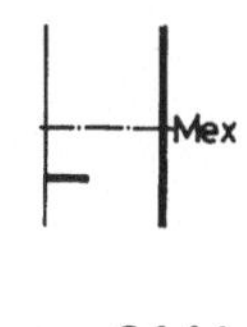

C 1.4.1

y : lx (Spalten), x : lx (Zeilen)

Spalte	0.00	0.05	0.10	0.15	0.20	0.25	0.30	0.35	0.40	0.45
.05	.0230-	.0228-	.0226-	.0223-	.0219-	.0214-	.0208-	.0201-	.0192-	.0184-
.10	.0453-	.0451-	.0447-	.0442-	.0433-	.0421-	.0410-	.0396-	.0377-	.0361-
.15	.0671-	.0669-	.0663-	.0655-	.0641-	.0623-	.0606-	.0585-	.0555-	.0533-
.20	.0883-	.0880-	.0873-	.0862-	.0841-	.0819-	.0795-	.0763-	.0726-	.0695-
.25	.1089-	.1086-	.1077-	.1060-	.1035-	.1008-	.0975-	.0935-	.0890-	.0850-
.30	.1290-	.1287-	.1273-	.1254-	.1224-	.1189-	.1149-	.1100-	.1045-	.0997-
.35	.1485-	.1482-	.1466-	.1442-	.1405-	.1364-	.1316-	.1258-	.1192-	.1136-
.40	.1675-	.1671-	.1653-	.1624-	.1581-	.1532-	.1476-	.1407-	.1332-	.1266-
.45	.1860-	.1856-	.1834-	.1801-	.1750-	.1694-	.1628-	.1545-	.1462-	.1384-
.50	.2040-	.2036-	.2011-	.1971-	.1910-	.1848-	.1768-	.1676-	.1581-	.1495-
.55	.2216-	.2211-	.2182-	.2135-	.2065-	.1993-	.1902-	.1798-	.1690-	.1595-
.60	.2389-	.2382-	.2349-	.2293-	.2212-	.2124-	.2027-	.1908-	.1787-	.1684-
.65	.2558-	.2549-	.2510-	.2445-	.2350-	.2248-	.2140-	.2003-	.1871-	.1757-
.70	.2724-	.2713-	.2669-	.2588-	.2471-	.2361-	.2231-	.2086-	.1942-	.1818-
.75	.2887-	.2873-	.2821-	.2722-	.2582-	.2454-	.2313-	.2152-	.1996-	.1864-
.80	.3049-	.3039-	.2965-	.2832-	.2678-	.2534-	.2374-	.2201-	.2037-	.1900-
.85	.3208-	.3201-	.3081-	.2930-	.2748-	.2588-	.2417-	.2234-	.2065-	.1922-
.90	.3366-	.3353-	.3182-	.2995-	.2793-	.2624-	.2443-	.2255-	.2080-	.1934-
.95	.3524-	.3446-	.3237-	.3026-	.2813-	.2639-	.2453-	.2262-	.2085-	.1938-
1.00	.3687-	.3478-	.3249-	.3031-	.2815-	.2642-	.2455-	.2263-	.2087-	.1941-

y : lx (Spalten), x : lx (Zeilen)

Spalte	0.50	0.55	0.60	0.65	0.70	0.75	0.80	0.85	0.90	0.95
.05	.0175-	.0166-	.0159-	.0149-	.0141-	.0131-	.0124-	.0116-	.0109-	.0102-
.10	.0343-	.0326-	.0312-	.0293-	.0277-	.0255-	.0241-	.0227-	.0213-	.0200-
.15	.0505-	.0480-	.0459-	.0429-	.0406-	.0371-	.0352-	.0331-	.0311-	.0291-
.20	.0660-	.0625-	.0591-	.0558-	.0520-	.0479-	.0456-	.0429-	.0403-	.0376-
.25	.0807-	.0760-	.0718-	.0674-	.0631-	.0583-	.0552-	.0521-	.0488-	.0451-
.30	.0942-	.0887-	.0836-	.0785-	.0735-	.0678-	.0641-	.0602-	.0562-	.0521-
.35	.1071-	.1005-	.0946-	.0888-	.0832-	.0766-	.0723-	.0677-	.0632-	.0584-
.40	.1191-	.1115-	.1048-	.0983-	.0920-	.0845-	.0796-	.0745-	.0694-	.0641-
.45	.1303-	.1217-	.1141-	.1069-	.0995-	.0915-	.0861-	.0804-	.0748-	.0690-
.50	.1403-	.1308-	.1224-	.1143-	.1062-	.0975-	.0915-	.0855-	.0795-	.0732-
.55	.1494-	.1390-	.1296-	.1208-	.1121-	.1026-	.0961-	.0898-	.0834-	.0767-
.60	.1574-	.1460-	.1357-	.1263-	.1170-	.1068-	.0999-	.0934-	.0867-	.0796-
.65	.1643-	.1516-	.1407-	.1308-	.1209-	.1102-	.1030-	.0963-	.0893-	.0820-
.70	.1693-	.1561-	.1446-	.1343-	.1241-	.1128-	.1054-	.0985-	.0914-	.0838-
.75	.1733-	.1596-	.1476-	.1371-	.1265-	.1151-	.1076-	.1002-	.0929-	.0851-
.80	.1761-	.1620-	.1499-	.1390-	.1281-	.1165-	.1088-	.1015-	.0941-	.0862-
.85	.1782-	.1636-	.1511-	.1402-	.1292-	.1173-	.1095-	.1022-	.0947-	.0867-
.90	.1790-	.1641-	.1516-	.1407-	.1296-	.1178-	.1100-	.1025-	.0949-	.0870-
.95	.1795-	.1646-	.1521-	.1410-	.1299-	.1179-	.1101-	.1029-	.0955-	.0875-
1.00	.1795-	.1646-	.1521-	.1416-	.1299-	.1179-	.1101-	.1037-	.0962-	.0884-

Auswertung aus Pucher „Einflußfelder elastischer Platten" Tafel Nr. 17

→ y : lx

↓ x : lx

Spalte										
	1.00	1.05	1.10	1.15	1.20	1.25	1.30			
.05	.0096-	.0089-	.0084-	.0079-	.0122-	.0120-	.0065-			
.10	.0186-	.0174-	.0163-	.0158-	.0215-	.0212-	.0125-			
.15	.0270-	.0253-	.0237-	.0232-	.0283-	.0281-	.0180-			
.20	.0349-	.0327-	.0306-	.0301-	.0332-	.0332-	.0231-			
.25	.0422-	.0395-	.0367-	.0352-	.0368-	.0369-	.0277-			
.30	.0488-	.0455-	.0423-	.0403-	.0394-	.0398-	.0316-			
.35	.0545-	.0510-	.0472-	.0449-	.0472-	.0473-	.0349-			
.40	.0597-	.0557-	.0515-	.0489-	.0506-	.0508-	.0375-			
.45	.0641-	.0599-	.0552-	.0523-	.0533-	.0534-	.0396-			
.50	.0679-	.0634-	.0584-	.0552-	.0553-	.0555-	.0413-			
.55	.0710-	.0663-	.0610-	.0576-	.0570-	.0572-	.0439-			
.60	.0736-	.0687-	.0631-	.0600-	.0596-	.0599-	.0454-			
.65	.0760-	.0710-	.0652-	.0616-	.0609-	.0619-	.0466-			
.70	.0776-	.0725-	.0665-	.0628-	.0620-	.0637-	.0474-			
.75	.0788-	.0736-	.0675-	.0636-	.0626-	.0653-	.0480-			
.80	.0795-	.0743-	.0680-	.0641-	.0633-	.0663-	.0486-			
.85	.0801-	.0748-	.0686-	.0646-	.0636-	.0659-	.0488-			
.90	.0804-	.0751-	.0688-	.0648-	.0637-	.0660-	.0489-			
.95	.0804-	.0751-	.0688-	.0648-	.0638-	.0660-	.0489-			
1.00	.0804-	.0750-	.0687-	.0648-	.0637-	.0660-	.0488-			

Auswertung aus Pucher „Einflußfelder elastischer Platten" Tafel Nr. 17

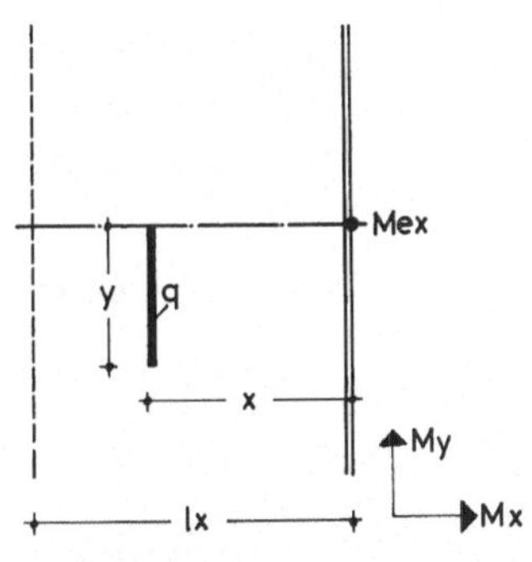

Auskragender Plattenstreifen.
Stützmoment Mex aus Linienlast parallel zum Auflagerrand.
$\mu = 0$
Faktor = q · lx

C 1.4.2

→ x : lx
↓ y : lx

Spalte										
	0.05	0.10	0.15	0.20	0.25	0.30	0.35	0.40	0.45	0.50
.05	.0101-	.0116-	.0120-	.0122-	.0125-	.0127-	.0129-	.0132-	.0134-	.0138-
.10	.0147-	.0201-	.0223-	.0232-	.0245-	.0251-	.0255-	.0261-	.0267-	.0276-
.15	.0164-	.0254-	.0302-	.0324-	.0346-	.0360-	.0376-	.0386-	.0395-	.0411-
.20	.0180-	.0287-	.0362-	.0398-	.0433-	.0460-	.0479-	.0504-	.0518-	.0533-
.25	.0184-	.0306-	.0404-	.0456-	.0508-	.0547-	.0575-	.0599-	.0624-	.0651-
.30	.0184-	.0327-	.0434-	.0501-	.0569-	.0620-	.0661-	.0693-	.0727-	.0761-
.35	.0191-	.0339-	.0455-	.0536-	.0619-	.0684-	.0734-	.0777-	.0821-	.0863-
.40	.0194-	.0348-	.0469-	.0562-	.0661-	.0739-	.0799-	.0851-	.0907-	.0956-
.45	.0196-	.0354-	.0492-	.0582-	.0694-	.0787-	.0856-	.0916-	.0983-	.1041-
.50	.0197-	.0358-	.0505-	.0597-	.0722-	.0827-	.0905-	.0974-	.1052-	.1118-
.55	.0199-	.0360-	.0516-	.0609-	.0744-	.0860-	.0950-	.1025-	.1114-	.1187-
.60	.0199-	.0361-	.0525-	.0635-	.0761-	.0889-	.0987-	.1073-	.1168-	.1252-
.65	.0199-	.0361-	.0531-	.0648-	.0776-	.0912-	.1020-	.1114-	.1217-	.1310-
.70	.0199-	.0372-	.0537-	.0659-	.0788-	.0932-	.1048-	.1150-	.1263-	.1362-
.75	.0199-	.0374-	.0540-	.0668-	.0815-	.0949-	.1073-	.1181-	.1303-	.1409-
.80	.0199-	.0377-	.0543-	.0676-	.0828-	.0963-	.1093-	.1209-	.1338-	.1451-
.85	.0198-	.0379-	.0545-	.0683-	.0840-	.0976-	.1112-	.1233-	.1370-	.1488-
.90	.0197-	.0380-	.0546-	.0689-	.0851-	.1003-	.1127-	.1254-	.1399-	.1522-
.95	.0196-	.0382-	.0548-	.0694-	.0860-	.1017-	.1142-	.1273-	.1424-	.1558-
1.00	.0195-	.0383-	.0558-	.0698-	.0868-	.1029-	.1167-	.1290-	.1446-	.1590-
1.05	.0194-	.0384-	.0561-	.0701-	.0876-	.1040-	.1185-	.1304-	.1466-	.1625-
1.10	.0193-	.0385-	.0563-	.0704-	.0882-	.1050-	.1207-	.1318-	.1484-	.1661-
1.15	.0193-	.0386-	.0565-	.0706-	.0887-	.1059-	.1231-	.1346-	.1500-	.1697-
1.20	.0192-	.0387-	.0567-	.0714-	.0892-	.1067-	.1255-	.1367-	.1515-	.1730-
1.25	.0192-	.0388-	.0568-	.0720-	.0896-	.1074-	.1277-	.1388-	.1540-	.1760-
1.30	.0192-	.0389-	.0570-	.0729-	.0900-	.1080-	.1294-	.1407-	.1558-	.1784-

Auswertung aus Pucher „Einflußfelder elastischer Platten" Tafel Nr. 17

x : lx

y : lx

Spalte										
	0.55	0.60	0.65	0.70	0.75	0.80	0.85	0.90	0.95	1.00
.05	.0141-	.0144-	.0148-	.0152-	.0156-	.0161-	.0165-	.0170-	.0174-	.0178-
.10	.0281-	.0287-	.0294-	.0303-	.0312-	.0320-	.0329-	.0339-	.0348-	.0356-
.15	.0419-	.0429-	.0439-	.0451-	.0467-	.0477-	.0492-	.0507-	.0520-	.0531-
.20	.0552-	.0566-	.0580-	.0597-	.0618-	.0632-	.0651-	.0672-	.0689-	.0704-
.25	.0671-	.0699-	.0717-	.0738-	.0765-	.0782-	.0808-	.0834-	.0856-	.0874-
.30	.0787-	.0814-	.0849-	.0875-	.0898-	.0928-	.0959-	.0983-	.1018-	.1040-
.35	.0896-	.0929-	.0962-	.1006-	.1031-	.1058-	.1106-	.1132-	.1167-	.1201-
.40	.0997-	.1037-	.1076-	.1117-	.1158-	.1189-	.1234-	.1275-	.1315-	.1347-
.45	.1090-	.1137-	.1182-	.1231-	.1278-	.1314-	.1364-	.1412-	.1457-	.1494-
.50	.1176-	.1229-	.1281-	.1337-	.1391-	.1432-	.1488-	.1542-	.1592-	.1634-
.55	.1253-	.1314-	.1373-	.1437-	.1496-	.1543-	.1605-	.1665-	.1720-	.1767-
.60	.1324-	.1391-	.1459-	.1529-	.1594-	.1646-	.1716-	.1781-	.1842-	.1894-
.65	.1388-	.1462-	.1537-	.1614-	.1686-	.1742-	.1819-	.1891-	.1957-	.2015-
.70	.1449-	.1527-	.1610-	.1693-	.1771-	.1832-	.1916-	.1994-	.2066-	.2129-
.75	.1503-	.1590-	.1677-	.1766-	.1850-	.1916-	.2006-	.2091-	.2167-	.2236-
.80	.1552-	.1645-	.1740-	.1834-	.1926-	.1996-	.2090-	.2182-	.2263-	.2336-
.85	.1596-	.1695-	.1797-	.1898-	.1995-	.2069-	.2169-	.2267-	.2353-	.2431-
.90	.1636-	.1741-	.1849-	.1957-	.2058-	.2137-	.2246-	.2346-	.2437-	.2520-
.95	.1672-	.1783-	.1897-	.2011-	.2117-	.2199-	.2315-	.2421-	.2516-	.2603-
1.00	.1704-	.1821-	.1941-	.2060-	.2170-	.2257-	.2379-	.2490-	.2590-	.2681-
1.05	.1740-	.1855-	.1981-	.2106-	.2220-	.2311-	.2438-	.2554-	.2659-	.2754-
1.10	.1773-	.1887-	.2018-	.2148-	.2270-	.2361-	.2493-	.2616-	.2723-	.2821-
1.15	.1807-	.1923-	.2052-	.2186-	.2316-	.2411-	.2544-	.2672-	.2784-	.2885-
1.20	.1842-	.1956-	.2082-	.2221-	.2360-	.2491-	.2591-	.2723-	.2838-	.2972-
1.25	.1873-	.1989-	.2141-	.2253-	.2402-	.2612-	.2653-	.2771-	.2887-	.3104-
1.30	.1900-	.2019-	.2230-	.2291-	.2440-	.2727-	.2748-	.2816-	.2934-	.3234-

Auswertung aus Pucher „Einflußfelder elastischer Platten" Tafel Nr. 17

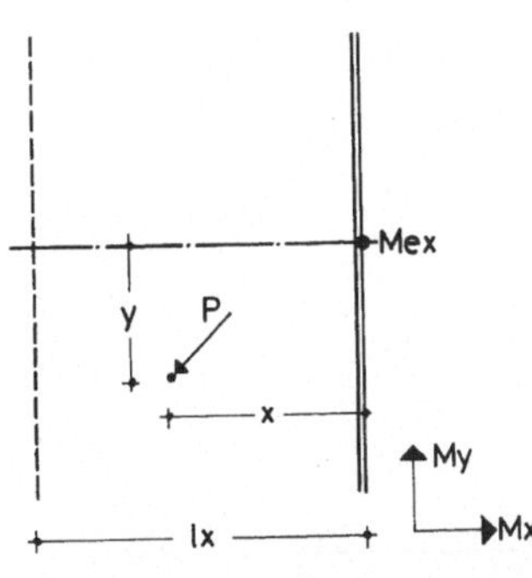

Auskragender Plattenstreifen.
Stützmoment Mex aus einer Einzellast.
$\mu = 0$
Faktor = P

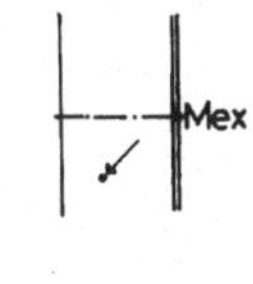

C 1.4.3

→ x : lx

↓ y : lx

Spalte	0.05	0.10	0.15	0.20	0.25	0.30	0.35	0.40	0.45	0.50
.00	.3183-	.3198-	.3217-	.3245-	.3281-	.3324-	.3376-	.3435-	.3503-	.3577-
.05	.1841-	.2687-	.2962-	.3061-	.3177-	.3249-	.3314-	.3390-	.3461-	.3580-
.10	.0773-	.1779-	.2364-	.2637-	.2902-	.3052-	.3166-	.3271-	.3366-	.3510-
.15	.0398-	.1061-	.1794-	.2140-	.2486-	.2743-	.2934-	.3080-	.3220-	.3370-
.20	.0214-	.0703-	.1280-	.1709-	.2098-	.2422-	.2648-	.2817-	.3023-	.3165-
.25	.0100-	.0480-	.0939-	.1327-	.1752-	.2077-	.2359-	.2566-	.2778-	.2961-
.30	.0057-	.0377-	.0699-	.1032-	.1442-	.1797-	.2053-	.2311-	.2558-	.2753-
.35	.0078-	.0283-	.0529-	.0815-	.1173-	.1554-	.1808-	.2045-	.2334-	.2540-
.40	.0063-	.0206-	.0428-	.0644-	.0978-	.1325-	.1592-	.1814-	.2106-	.2321-
.45	.0049-	.0146-	.0381-	.0517-	.0811-	.1124-	.1390-	.1612-	.1890-	.2109-
.50	.0036-	.0103-	.0316-	.0436-	.0673-	.0963-	.1202-	.1429-	.1700-	.1915-
.55	.0025-	.0077-	.0258-	.0399-	.0562-	.0822-	.1055-	.1268-	.1523-	.1740-
.60	.0015-	.0069-	.0208-	.0355-	.0480-	.0701-	.0924-	.1127-	.1359-	.1583-
.65	.0007-	.0078-	.0166-	.0311-	.0426-	.0601-	.0807-	.1002-	.1209-	.1430-
.70	.0001	.0071-	.0131-	.0271-	.0400-	.0520-	.0705-	.0888-	.1091-	.1291-
.75	.0007	.0063-	.0104-	.0235-	.0368-	.0460-	.0617-	.0786-	.0984-	.1165-
.80	.0011	.0056-	.0085-	.0202-	.0330-	.0420-	.0544-	.0696-	.0886-	.1052-
.85	.0014	.0049-	.0074-	.0173-	.0295-	.0400-	.0485-	.0618-	.0796-	.0953-
.90	.0016	.0043-	.0070-	.0148-	.0263-	.0374-	.0441-	.0551-	.0715-	.0866-
.95	.0016	.0039-	.0074-	.0127-	.0233-	.0340-	.0412-	.0495-	.0643-	.0802-
1.00	.0015	.0035-	.0077-	.0110-	.0206-	.0308-	.0412-	.0451-	.0579-	.0871-
1.05	.0013	.0032-	.0067-	.0096-	.0182-	.0278-	.0516-	.0419-	.0524-	.0899-
1.10	.0010	.0030-	.0059-	.0086-	.0161-	.0249-	.0566-	.0399-	.0478-	.0885-
1.15	.0005	.0029-	.0052-	.0080-	.0142-	.0222-	.0560-	.0486-	.0440-	.0830-
1.20	.0002-	.0028-	.0046-	.0097-	.0126-	.0197-	.0498-	.0501-	.0410-	.0733-
1.25	.0009-	.0029-	.0042-	.0172-	.0113-	.0173-	.0381-	.0430-	.0434-	.0596-
1.30	.0018-	.0031-	.0039-	.0064-	.0102-	.0151-	.0209-	.0273-	.0342-	.0416-

Auswertung aus Pucher „Einflußfelder elastischer Platten" Tafel Nr. 17

x : lx →

Spalte										
y : lx ↓	0.55	0.60	0.65	0.70	0.75	0.80	0.85	0.90	0.95	1.00
.00	.3660-	.3751-	.3850-	.3958-	.4069-	.4182-	.4297-	.4413-	.4530-	.4647-
.05	.3648-	.3734-	.3826-	.3931-	.4059-	.4158-	.4278-	.4403-	.4517-	.4621-
.10	.3586-	.3677-	.3770-	.3877-	.4015-	.4105-	.4233-	.4365-	.4479-	.4574-
.15	.3477-	.3583-	.3684-	.3799-	.3940-	.4029-	.4164-	.4300-	.4418-	.4510-
.20	.3322-	.3451-	.3570-	.3696-	.3834-	.3927-	.4072-	.4209-	.4335-	.4427-
.25	.3125-	.3283-	.3427-	.3569-	.3697-	.3801-	.3956-	.4093-	.4229-	.4327-
.30	.2926-	.3089-	.3254-	.3418-	.3535-	.3650-	.3817-	.3950-	.4100-	.4208-
.35	.2727-	.2896-	.3061-	.3242-	.3372-	.3487-	.3654-	.3794-	.3946-	.4072-
.40	.2528-	.2700-	.2867-	.3051-	.3202-	.3322-	.3479-	.3632-	.3773-	.3908-
.45	.2325-	.2501-	.2675-	.2862-	.3026-	.3150-	.3306-	.3465-	.3600-	.3730-
.50	.2122-	.2301-	.2484-	.2674-	.2843-	.2972-	.3133-	.3291-	.3427-	.3555-
.55	.1936-	.2113-	.2302-	.2488-	.2654-	.2787-	.2960-	.3114-	.3254-	.3384-
.60	.1767-	.1940-	.2134-	.2308-	.2474-	.2602-	.2787-	.2940-	.3079-	.3218-
.65	.1615-	.1783-	.1975-	.2141-	.2306-	.2429-	.2606-	.2770-	.2906-	.3044-
.70	.1472-	.1640-	.1823-	.1984-	.2149-	.2267-	.2437-	.2602-	.2736-	.2872-
.75	.1339-	.1506-	.1680-	.1839-	.2004-	.2116-	.2280-	.2437-	.2569-	.2702-
.80	.1217-	.1378-	.1546-	.1704-	.1858-	.1976-	.2136-	.2285-	.2405-	.2536-
.85	.1107-	.1260-	.1424-	.1580-	.1720-	.1835-	.2003-	.2141-	.2261-	.2374-
.90	.1008-	.1152-	.1310-	.1461-	.1592-	.1703-	.1864-	.2004-	.2123-	.2233-
.95	.0920-	.1054-	.1204-	.1349-	.1475-	.1581-	.1733-	.1872-	.1991-	.2096-
1.00	.0843-	.0965-	.1107-	.1244-	.1369-	.1468-	.1611-	.1747-	.1862-	.1965-
1.05	.0820-	.0885-	.1017-	.1146-	.1272-	.1365-	.1499-	.1627-	.1739-	.1837-
1.10	.0863-	.0816-	.0935-	.1056-	.1193-	.1371-	.1396-	.1509-	.1620-	.1715-
1.15	.0853-	.0836-	.0862-	.0973-	.1161-	.1368-	.1302-	.1401-	.1479-	.1597-
1.20	.0788-	.0827-	.0797-	.0897-	.1096-	.2443-	.1218-	.1305-	.1362-	.2743-
1.25	.0669-	.0742-	.1701-	.0828-	.0997-	.2309-	.1930-	.1223-	.1285-	.2682-
1.30	.0496-	.0580-	.0669-	.0763-	.0863-	.0963-	.1059-	.1154-	.1246-	.1334-

Auswertung aus Pucher „Einflußfelder elastischer Platten" Tafel Nr. 17

Abschnitt D – Zweiseitig gelagerte Rechteckplatten

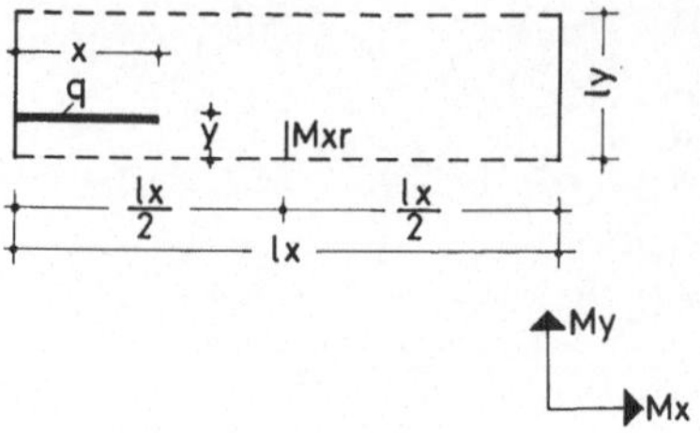

Zweiseitig frei aufliegende Platte.
Feldmoment Mxr in Mitte des freien Randes aus Linienlast in lx-Richtung.

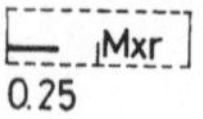

$$\frac{lx}{ly} = 4{,}0$$

$$\frac{ly}{lx} = 0{,}25$$

$$\mu = 0$$

$$\text{Faktor} = q \cdot lx$$

D 1.1.1

→ y : ly

↓ x : lx

Spalte										
	0.00	0.125	0.25	0.375	0.50	0.625	0.75	0.875	1.00	
.05	.0025	.0025	.0025	.0025	.0025	.0025	.0025	.0025	.0025	
.10	.0100	.0099	.0099	.0100	.0100	.0100	.0101	.0100	.0099	
.15	.0224	.0224	.0223	.0224	.0226	.0226	.0226	.0225	.0223	
.20	.0398	.0399	.0398	.0399	.0401	.0402	.0401	.0400	.0397	
.25	.0622	.0624	.0623	.0625	.0628	.0628	.0626	.0623	.0619	
.30	.0885	.0894	.0900	.0905	.0908	.0907	.0903	.0899	.0891	
.35	.1194	.1214	.1228	.1239	.1244	.1241	.1230	.1222	.1209	
.40	.1576	.1599	.1609	.1625	.1630	.1623	.1598	.1584	.1563	
.45	.2056	.2061	.2047	.2059	.2059	.2044	.1998	.1975	.1944	
.50	.2660	.2616	.2545	.2538	.2524	.2496	.2420	.2386	.2344	
.55	.3264	.3171	.3062	.2996	.2944	.2891	.2843	.2797	.2744	
.60	.3744	.3633	.3503	.3427	.3366	.3304	.3243	.3188	.3126	
.65	.4126	.4017	.3884	.3813	.3752	.3686	.3611	.3550	.3480	
.70	.4435	.4337	.4209	.4150	.4095	.4028	.3937	.3874	.3797	
.75	.4698	.4608	.4479	.4435	.4388	.4324	.4215	.4149	.4070	
.80	.4922	.4833	.4719	.4646	.4582	.4509	.4439	.4373	.4292	
.85	.5096	.5008	.4894	.4821	.4757	.4685	.4615	.4547	.4465	
.90	.5220	.5132	.5018	.4946	.4883	.4810	.4740	.4672	.4589	
.95	.5295	.5207	.5092	.5020	.4958	.4886	.4816	.4747	.4663	
1.00	.5320	.5232	.5116	.5045	.4983	.4911	.4841	.4773	.4688	

Auswertung aus Olsen-Reinitzhuber „Die zweiseitig gelagerte Platte" Tafel Nr. 19

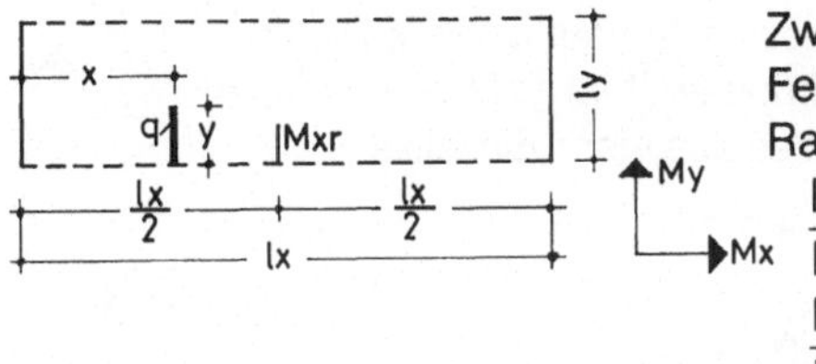

Zweiseitig frei aufliegende Platte.
Feldmoment Mxr in Mitte des freien
Randes aus Linienlast in ly-Richtung.

Mxr
0.25

D 1.1.2

$\frac{lx}{ly} = 4{,}0$

$\frac{ly}{lx} = 0{,}25$

$\mu = 0$

Faktor = $q \cdot ly$

x : lx

y : ly

Spalte											
	0.125	0.25	0.375	0.50							
.05	.0125	.0249	.0381	.0661							
.10	.0249	.0499	.0764	.1295							
.15	.0374	.0750	.1148	.1902							
.20	.0498	.1001	.1533	.2480							
.25	.0623	.1252	.1917	.3030							
.30	.0747	.1502	.2299	.3554							
.35	.0872	.1754	.2683	.4062							
.40	.0997	.2005	.3065	.4554							
.45	.1122	.2257	.3447	.5033							
.50	.1248	.2509	.3828	.5501							
.55	.1373	.2760	.4205	.5973							
.60	.1499	.3011	.4581	.6427							
.65	.1624	.3262	.4955	.6873							
.70	.1750	.3513	.5327	.7311							
.75	.1875	.3763	.5697	.7744							
.80	.2000	.4012	.6063	.8176							
.85	.2126	.4260	.6429	.8599							
.90	.2251	.4508	.6791	.9016							
.95	.2376	.4756	.7152	.9428							
1.00	.2500	.5003	.7509	.9836							

Auswertung aus Olsen-Reinitzhuber „Die zweiseitig gelagerte Platte" Tafel Nr. 19

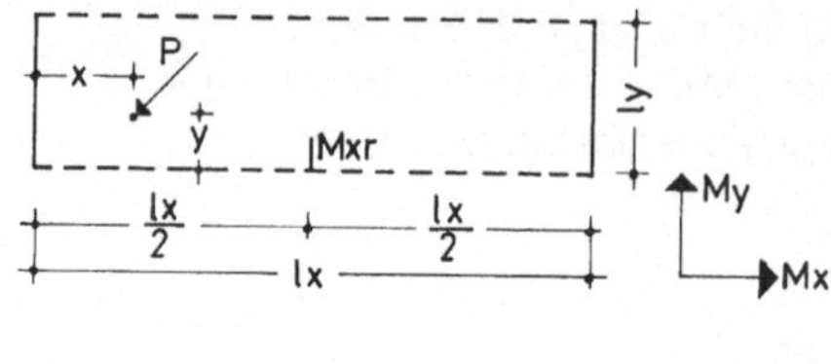

Zweiseitig frei aufliegende Platte.
Feldmoment Mxr in Mitte des freien
Randes aus einer Einzellast.

Mxr 0.25

D 1.1.3

$$\frac{lx}{ly} = 4{,}0$$

$$\frac{ly}{lx} = 0{,}25$$

$\mu = 0$

Faktor = P

→ x : lx; ↓ y : ly

Spalte										
	0.125	0.25	0.375	0.50						
.05	.2490	.4990	.7640	1.2954						
.10	.2490	.5004	.7662	1.2400						
.15	.2490	.5014	.7676	1.1838						
.20	.2490	.5020	.7682	1.1268						
.25	.2490	.5020	.7680	1.0690						
.30	.2494	.5025	.7672	1.0340						
.35	.2498	.5029	.7658	1.0030						
.40	.2502	.5031	.7640	.9760						
.45	.2506	.5031	.7618	.9530						
.50	.2510	.5030	.7590	.9340						
.55	.2510	.5028	.7547	.9163						
.60	.2510	.5024	.7503	.9003						
.65	.2510	.5016	.7457	.8861						
.70	.2510	.5004	.7409	.8737						
.75	.2510	.4990	.7360	.8630						
.80	.2507	.4978	.7322	.8512						
.85	.2503	.4966	.7276	.8402						
.90	.2497	.4954	.7222	.8300						
.95	.2489	.4942	.7160	.8206						
1.00	.2480	.4930	.7090	.8120						

→ y : ly; ↓ x : lx

Spalte											
	0.00	0.125	0.25	0.375	0.50	0.625	0.75	0.875	1.00		
.05	.0997	.0992	.0991	.0996	.1003	.1004	.1008	.1005	.0996		
.10	.1993	.1990	.1989	.1998	.2007	.2008	.2010	.2003	.1986		
.15	.2987	.2992	.2993	.3004	.3013	.3012	.3008	.2995	.2972		
.20	.3979	.3998	.4003	.4014	.4021	.4016	.4002	.3981	.3954		
.25	.4970	.5010	.5020	.5030	.5030	.5020	.4990	.4960	.4930		
.30	.5636	.5859	.6042	.6124	.6151	.6125	.6070	.6019	.5930		
.35	.6822	.6995	.7120	.7156	.7143	.7069	.6974	.6887	.6748		
.40	.8528	.8417	.8254	.8128	.8005	.7851	.7702	.7565	.7386		
.45	1.0754	1.0125	.9444	.9040	.8737	.8471	.8254	.8053	.7844		
.50	1.3500*	1.2120	1.0690	.9890	.9340	.8930	.8630	.8350	.8120		
.55	1.0754	1.0125	.9444	.9040	.8737	.8471	.8254	.8053	.7844		
.60	.8528	.8417	.8254	.8128	.8005	.7851	.7702	.7565	.7386		
.65	.6822	.6995	.7120	.7156	.7143	.7069	.6974	.6887	.6748		
.70	.5636	.5859	.6042	.6124	.6151	.6125	.6070	.6019	.5930		
.75	.4970	.5010	.5020	.5030	.5030	.5020	.4990	.4960	.4930		
.80	.3979	.3998	.4003	.4014	.4021	.4016	.4002	.3981	.3954		
.85	.2987	.2992	.2993	.3004	.3013	.3012	.3008	.2995	.2972		
.90	.1993	.1990	.1989	.1998	.2007	.2008	.2010	.2003	.1986		
.95	.0997	.0992	.0991	.0996	.1003	.1004	.1008	.1005	.0996		
1.00	.0000	.0000	.0000	.0000	.0000	.0000	.0000	.0000	.0000		

Auswertung aus Olsen-Reinitzhuber „Die zweiseitig gelagerte Platte" Tafel Nr. 19

* bezw. theoretisch ∞

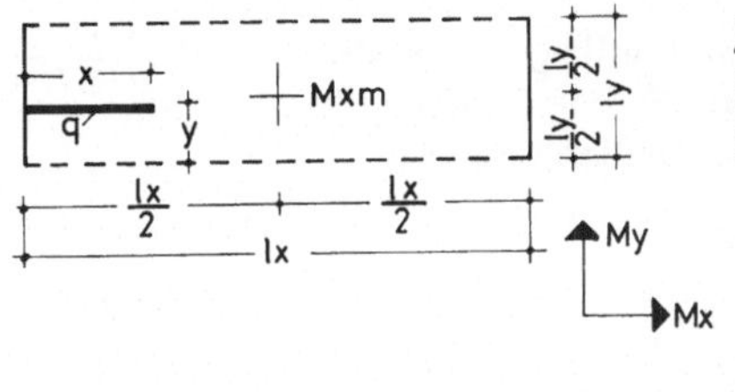

Zweiseitig frei aufliegende Platte.
Feldmoment Mxm in Plattenmitte aus
Linienlast in lx-Richtung.

+Mxm
0.25

$$\frac{lx}{ly} = 4{,}0$$

$$\frac{ly}{lx} = 0{,}25$$

$$\mu = 0$$

Faktor = q · lx

D 1.2.1

y : ly →

x : lx ↓

Spalte											
	0.00	0.125	0.25	0.375	0.50						
.05	.0025	.0025	.0025	.0025	.0025						
.10	.0100	.0100	.0100	.0100	.0100						
.15	.0226	.0225	.0225	.0225	.0224						
.20	.0402	.0400	.0400	.0400	.0398						
.25	.0628	.0625	.0625	.0625	.0623						
.30	.0908	.0904	.0901	.0897	.0888						
.35	.1241	.1234	.1228	.1219	.1198						
.40	.1620	.1611	.1605	.1592	.1570						
.45	.2039	.2031	.2030	.2018	.2020						
.50	.2492	.2488	.2500	.2501	.2567						
.55	.2944	.2944	.2955	.2984	.3113						
.60	.3363	.3364	.3377	.3410	.3563						
.65	.3742	.3741	.3754	.3783	.3935						
.70	.4075	.4071	.4084	.4104	.4245						
.75	.4355	.4350	.4364	.4377	.4511						
.80	.4582	.4575	.4578	.4602	.4735						
.85	.4758	.4750	.4753	.4777	.4909						
.90	.4883	.4875	.4878	.4902	.5034						
.95	.4958	.4950	.4953	.4977	.5108						
1.00	.4983	.4975	.4978	.5002	.5133						

Auswertung aus Olsen-Reinitzhuber „Die zweiseitig gelagerte Platte" Tafel Nr. 19

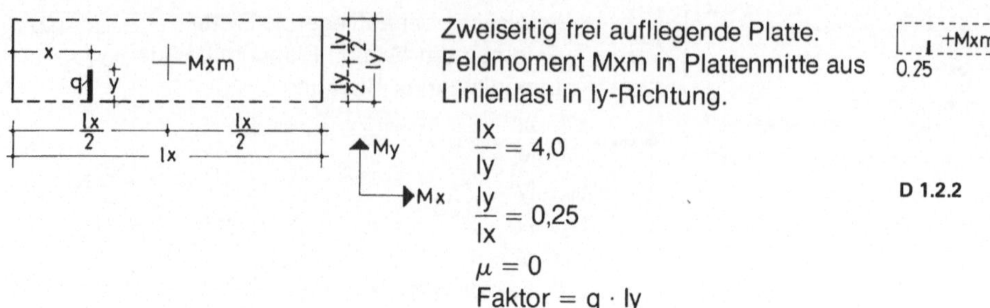

Zweiseitig frei aufliegende Platte.
Feldmoment Mxm in Plattenmitte aus
Linienlast in ly-Richtung.

$\frac{lx}{ly} = 4{,}0$

$\frac{ly}{lx} = 0{,}25$

$\mu = 0$

Faktor = $q \cdot ly$

+Mxm 0.25

D 1.2.2

x : lx → ; y : ly ↓

Spalte	0.125	0.25	0.375	0.50
.05	.0125	.0251	.0379	.0468
.10	.0250	.0502	.0758	.0938
.15	.0375	.0752	.1135	.1413
.20	.0500	.1003	.1512	.1891
.25	.0625	.1253	.1887	.2375
.30	.0750	.1503	.2262	.2862
.35	.0876	.1753	.2635	.3357
.40	.1001	.2002	.3007	.3870
.45	.1126	.2251	.3379	.4410
.50	.1250	.2500	.3750	.4988
.55	.1375	.2750	.4122	.5565
.60	.1500	.2999	.4493	.6105
.65	.1625	.3248	.4866	.6618
.70	.1750	.3498	.5239	.7113
.75	.1875	.3748	.5613	.7600
.80	.2000	.3998	.5989	.8084
.85	.2124	.4248	.6366	.8562
.90	.2249	.4499	.6743	.9037
.95	.2374	.4749	.7122	.9507
1.00	.2500	.5000	.7501	.9975

Auswertung aus Olsen-Reinitzhuber „Die zweiseitig gelagerte Platte" Tafel Nr. 19

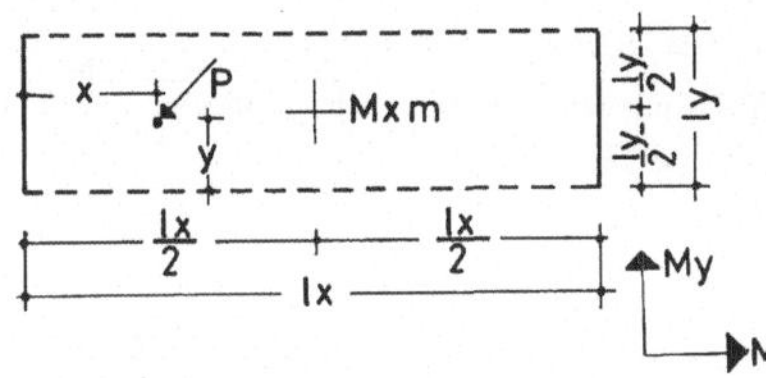

Zweiseitig frei aufliegende Platte.
Feldmoment Mxm in Plattenmitte aus einer Einzellast.

+Mxm
0.25

$$\frac{lx}{ly} = 4{,}0$$

$$\frac{ly}{lx} = 0{,}25$$

$\mu = 0$

Faktor = P

D 1.2.3

→ x : lx

↓ y : ly

Spalte											
	0.125	0.25	0.375	0.50							
.05	.2505	.5021	.7575	.9382							
.10	.2501	.5013	.7559	.9442							
.15	.2499	.5007	.7541	.9522							
.20	.2499	.5003	.7521	.9622							
.25	.2500	.5000	.7500	.9740							
.30	.2501	.4996	.7478	.9789							
.35	.2501	.4992	.7458	1.0039							
.40	.2499	.4988	.7442	1.0491							
.45	.2495	.4984	.7430	1.1145							
.50	.2490	.4980	.7420	1.2000*							
.55	.2495	.4984	.7430	1.1145							
.60	.2499	.4988	.7442	1.0491							
.65	.2501	.4992	.7458	1.0039							
.70	.2501	.4996	.7478	.9789							
.75	.2500	.5000	.7500	.9740							
.80	.2499	.5003	.7521	.9622							
.85	.2499	.5007	.7541	.9522							
.90	.2501	.5013	.7559	.9442							
.95	.2505	.5021	.7575	.9382							
1.00	.2510	.5030	.7590	.9340							

→ y : ly

↓ x : lx

Spalte											
	0.00	0.125	0.25	0.375	0.50						
.05	.1003	.0999	.1000	.1001	.0996						
.10	.2007	.1999	.2000	.2001	.1992						
.15	.3013	.3001	.3000	.2999	.2988						
.20	.4021	.4005	.4000	.3995	.3984						
.25	.5030	.5010	.5000	.4990	.4980						
.30	.6151	.6099	.6031	.5934	.5699						
.35	.7143	.7091	.7021	.6932	.6761						
.40	.8005	.7985	.7969	.7982	.8165						
.45	.8737	.8781	.8875	.9084	.9911						
.50	.9340	.9480	.9740	1.0240	1.2000*						
.55	.8737	.8781	.8875	.9084	.9911						
.60	.8005	.7985	.7969	.7982	.8165						
.65	.7143	.7091	.7021	.6932	.6761						
.70	.6151	.6099	.6031	.5934	.5699						
.75	.5030	.5010	.5000	.4990	.4980						
.80	.4021	.4005	.4000	.3995	.3984						
.85	.3013	.3001	.3000	.2999	.2988						
.90	.2007	.1999	.2000	.2001	.1992						
.95	.1003	.0999	.1000	.1001	.0996						
1.00	.0000	.0000	.0000	.0000	.0000						

Auswertung aus Olsen-Reinitzhuber „Die zweiseitig gelagerte Platte“ Tafel Nr. 19

* bezw. theoretisch ∞

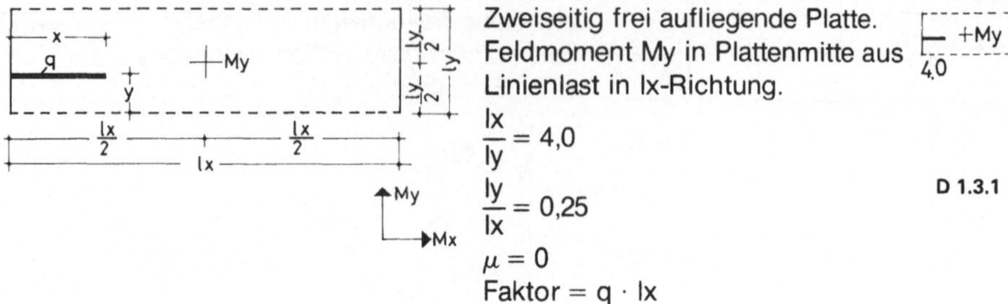

Zweiseitig frei aufliegende Platte.
Feldmoment My in Plattenmitte aus
Linienlast in lx-Richtung.

$\frac{lx}{ly} = 4,0$

$\frac{ly}{lx} = 0,25$

$\mu = 0$

Faktor = q · lx

D 1.3.1

→ y : ly

↓ x : lx

Spalte										
	0.00	0.125	0.25	0.375	0.50					
.05	.0000	.0000	.0000	.0000	.0000					
.10	.0001-	.0000	.0000	.0000	.0001					
.15	.0003-	.0001-	.0000	.0001	.0002					
.20	.0007-	.0003-	.0000	.0003	.0005					
.25	.0013-	.0005-	.0001	.0005	.0009					
.30	.0026-	.0010-	.0003	.0011	.0014					
.35	.0042-	.0016-	.0007	.0020	.0023					
.40	.0065-	.0026-	.0009	.0032	.0044					
.45	.0097-	.0041-	.0006	.0047	.0113					
.50	.0140-	.0064-	.0002-	.0066	.0250					
.55	.0195-	.0102-	.0011-	.0085	.0388					
.60	.0229-	.0119-	.0014-	.0100	.0456					
.65	.0252-	.0129-	.0012-	.0112	.0477					
.70	.0267-	.0133-	.0008-	.0121	.0486					
.75	.0274-	.0133-	.0005-	.0126	.0491					
.80	.0289-	.0146-	.0005-	.0129	.0495					
.85	.0293-	.0148-	.0004-	.0131	.0498					
.90	.0295-	.0148-	.0004-	.0132	.0499					
.95	.0296-	.0148-	.0004-	.0132	.0500					
1.00	.0295-	.0148-	.0004-	.0131	.0500					

Auswertung aus Olsen-Reinitzhuber „Die zweiseitig gelagerte Platte" Tafel Nr. 19

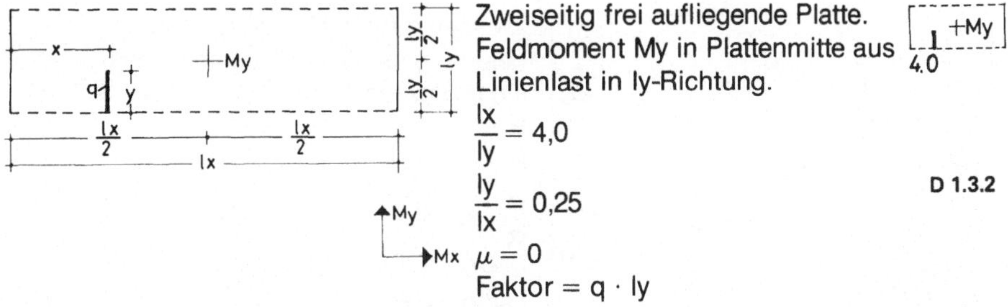

Zweiseitig frei aufliegende Platte.
Feldmoment My in Plattenmitte aus
Linienlast in ly-Richtung.

$\frac{lx}{ly} = 4{,}0$

$\frac{ly}{lx} = 0{,}25$

$\mu = 0$

Faktor = q · ly

D 1.3.2

x : lx

y : ly

Spalte										
	0.125	0.25	0.375	0.50						
.05	.0002-	.0002-	.0022-	.0049-						
.10	.0004-	.0002-	.0040-	.0089-						
.15	.0005-	.0002	.0051-	.0122-						
.20	.0005-	.0010	.0057-	.0146-						
.25	.0005-	.0020	.0057-	.0161-						
.30	.0005-	.0074	.0053-	.0176-						
.35	.0004-	.0067	.0044-	.0185-						
.40	.0003-	.0002-	.0032-	.0164-						
.45	.0002-	.0119-	.0017-	.0086-						
.50	.0000	.0210-	.0001-	.0080						
.55	.0001	.0119-	.0015	.0245						
.60	.0002	.0002-	.0029	.0323						
.65	.0003	.0067	.0041	.0345						
.70	.0004	.0074	.0050	.0336						
.75	.0004	.0020	.0054	.0320						
.80	.0004	.0010	.0054	.0305						
.85	.0003	.0002	.0048	.0281						
.90	.0002	.0002-	.0037	.0249						
.95	.0001	.0002-	.0026	.0208						
1.00	.0001-	.0000	.0021	.0159						

Auswertung aus Olsen Reinitzhuber „Die zweiseitig gelagerte Platte" Tafel Nr. 19

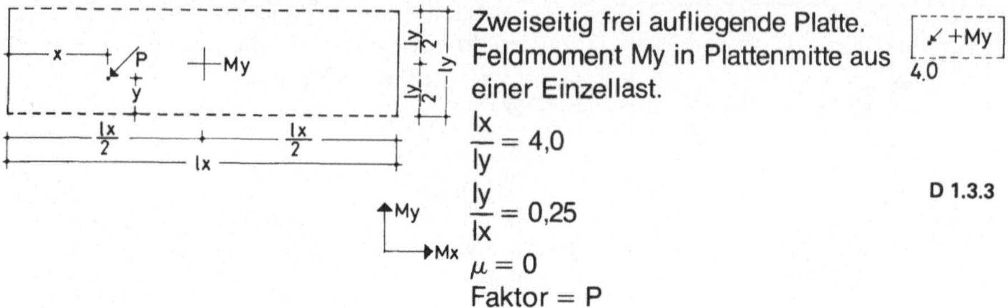

Zweiseitig frei aufliegende Platte.
Feldmoment My in Plattenmitte aus einer Einzellast.

$\frac{lx}{ly} = 4{,}0$

$\frac{ly}{lx} = 0{,}25$

$\mu = 0$

Faktor = P

D 1.3.3

→ y : ly (Spalten), ↓ x : lx (Zeilen)

Spalte										
	0.00	0.125	0.25	0.375	0.50					
.05	.0013-	.0004-	.0002-	.0004	.0008					
.10	.0035-	.0014-	.0002-	.0014	.0022					
.15	.0067-	.0028-	.0002	.0028	.0040					
.20	.0109-	.0046-	.0010	.0046	.0062					
.25	.0160-	.0070-	.0020	.0070	.0090					
.30	.0271-	.0103-	.0060	.0138	.0128					
.35	.0415-	.0177-	.0058	.0206	.0244					
.40	.0593-	.0293-	.0012	.0274	.0797					
.45	.0805-	.0451-	.0078-	.0342	.1967					
.50	.1050-	.0650-	.0210-	.0410	.3700*					
.55	.0805-	.0451-	.0078-	.0342	.1967					
.60	.0593-	.0293-	.0012	.0274	.0797					
.65	.0415-	.0177-	.0058	.0206	.0244					
.70	.0271-	.0103-	.0060	.0138	.0128					
.75	.0160-	.0070-	.0020	.0070	.0090					
.80	.0109-	.0046-	.0010	.0046	.0062					
.85	.0067-	.0028-	.0002	.0028	.0040					
.90	.0035-	.0014-	.0002-	.0014	.0022					
.95	.0013-	.0004-	.0002-	.0004	.0008					
1.00	.0000	.0000	.0000	.0000	.0000					

→ x : lx (Spalten), ↓ y : ly (Zeilen)

Spalte										
	0.125	0.25	0.375	0.50						
.05	.0037-	.0124-	.0392-	.0895-						
.10	.0025-	.0088-	.0284-	.0733-						
.15	.0015-	.0052-	.0176-	.0565-						
.20	.0007-	.0016-	.0068-	.0391-						
.25	.0000	.0020	.0040	.0210-						
.30	.0009	.0044	.0133	.0282-						
.35	.0017	.0062	.0209	.0072						
.40	.0023	.0076	.0267	.0854						
.45	.0027	.0086	.0307	.2064						
.50	.0030	.0090	.0330	.3700*						
.55	.0027	.0086	.0307	.2064						
.60	.0023	.0076	.0267	.0854						
.65	.0017	.0062	.0209	.0072						
.70	.0009	.0044	.0133	.0282-						
.75	.0000	.0020	.0040	.0210-						
.80	.0007-	.0016-	.0068-	.0391-						
.85	.0015-	.0052-	.0176-	.0565-						
.90	.0025-	.0088-	.0284-	.0733-						
.95	.0037-	.0124-	.0392-	.0895-						
1.00	.0050-	.0160-	.0500-	.1050-						

Auswertung aus Olsen-Reinitzhuber „Die zweiseitig gelagerte Platte" Tafel Nr. 19

* bezw. theoretisch ∞

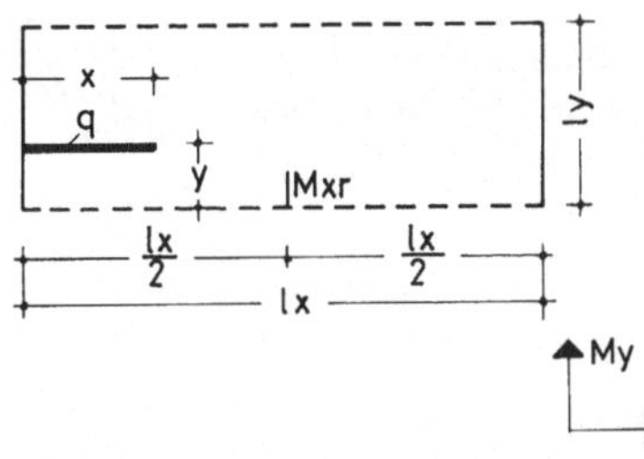

Zweiseitig frei aufliegende Platte.
Feldmoment Mxr in Mitte des freien Randes aus Linienlast in lx-Richtung.

Mxr
0.333

$$\frac{lx}{ly} = 3{,}0$$

$$\frac{ly}{lx} = 0{,}333$$

$$\mu = 0$$

Faktor = q · lx

D 2.1.1

→ y : ly

↓ x : lx

Spalte										
	0.00	0.125	0.25	0.375	0.50	0.625	0.75	0.875	1.00	
.05	.0018	.0019	.0019	.0019	.0019	.0019	.0019	.0019	.0019	
.10	.0074	.0075	.0075	.0075	.0075	.0076	.0076	.0075	.0075	
.15	.0167	.0169	.0169	.0169	.0170	.0170	.0170	.0169	.0167	
.20	.0298	.0301	.0302	.0302	.0302	.0302	.0301	.0299	.0294	
.25	.0466	.0471	.0473	.0473	.0473	.0472	.0468	.0465	.0456	
.30	.0663	.0677	.0685	.0687	.0685	.0681	.0677	.0664	.0652	
.35	.0897	.0924	.0940	.0945	.0939	.0927	.0926	.0901	.0879	
.40	.1196	.1224	.1237	.1241	.1229	.1203	.1203	.1167	.1129	
.45	.1587	.1587	.1578	.1574	.1550	.1502	.1500	.1456	.1396	
.50	.2098	.2027	.1964	.1938	.1895	.1818	.1805	.1759	.1674	
.55	.2608	.2466	.2354	.2274	.2198	.2134	.2111	.2013	.1952	
.60	.2999	.2830	.2696	.2603	.2513	.2433	.2407	.2294	.2219	
.65	.3298	.3129	.2993	.2899	.2803	.2709	.2685	.2560	.2470	
.70	.3532	.3376	.3247	.3161	.3063	.2955	.2933	.2804	.2696	
.75	.3729	.3582	.3457	.3382	.3286	.3164	.3142	.3020	.2892	
.80	.3897	.3752	.3632	.3533	.3427	.3334	.3310	.3150	.3054	
.85	.4028	.3884	.3764	.3666	.3560	.3466	.3441	.3280	.3182	
.90	.4121	.3978	.3858	.3760	.3654	.3560	.3535	.3373	.3274	
.95	.4177	.4035	.3915	.3816	.3711	.3617	.3592	.3430	.3330	
1.00	.4195	.4053	.3933	.3834	.3729	.3636	.3611	.3450	.3348	

Auswertung aus Olsen-Reinitzhuber „Die zweiseitig gelagerte Platte" Tafel Nr. 17

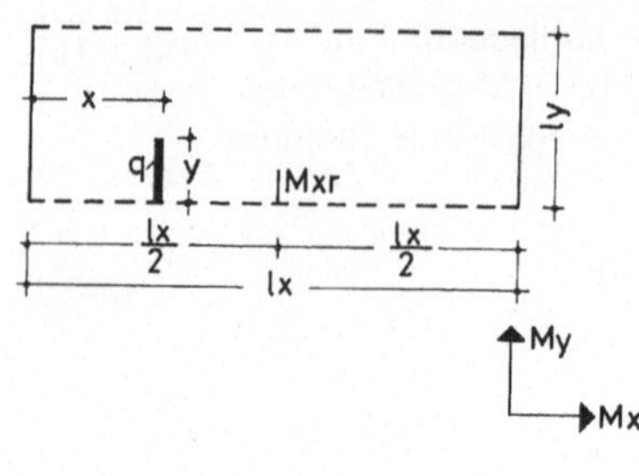

Zweiseitig frei aufliegende Platte.
Feldmoment Mxr in Mitte des freien Randes aus Linienlast in ly-Richtung.

Mxr
0.333

D 2.1.2

$$\frac{lx}{ly} = 3{,}0$$

$$\frac{ly}{lx} = 0{,}333$$

$$\mu = 0$$

Faktor = q · ly

x : lx →

y : ly ↓

Spalte									
	0.125	0.25	0.375	0.50					
.05	.0093	.0188	.0298	.0558					
.10	.0187	.0377	.0597	.1073					
.15	.0281	.0567	.0896	.1550					
.20	.0375	.0757	.1196	.1993					
.25	.0470	.0947	.1495	.2406					
.30	.0564	.1137	.1790	.2829					
.35	.0659	.1328	.2086	.3212					
.40	.0753	.1520	.2379	.3579					
.45	.0848	.1711	.2670	.3933					
.50	.0942	.1902	.2958	.4276					
.55	.1037	.2090	.3237	.4623					
.60	.1131	.2279	.3515	.4952					
.65	.1226	.2467	.3790	.5273					
.70	.1320	.2654	.4064	.5586					
.75	.1415	.2840	.4338	.5894					
.80	.1508	.3026	.4619	.6201					
.85	.1601	.3210	.4884	.6499					
.90	.1694	.3393	.5142	.6791					
.95	.1787	.3575	.5395	.7078					
1.00	.1879	.3755	.5643	.7361					

Auswertung aus Olsen-Reinitzhuber „Die zweiseitig gelagerte Platte" Tafel Nr. 17

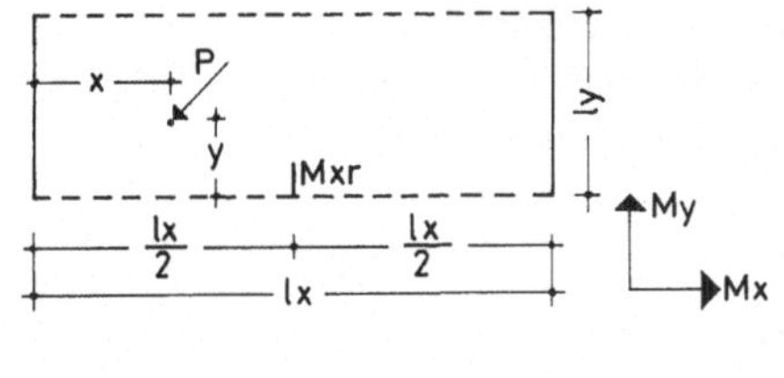

Zweiseitig frei aufliegende Platte.
Feldmoment Mxr in Mitte des freien Randes aus einer Einzellast.

Mxr 0.333

$\frac{lx}{ly} = 3{,}0$

$\frac{ly}{lx} = 0{,}333$

$\mu = 0$

Faktor = P

D 2.1.3

→ y : ly ↓ x : lx

Spalte											
	0.125	0.25	0.375	0.50							
.05	.1869	.3768	.5968	1.0742							
.10	.1877	.3784	.5978	.9972							
.15	.1883	.3796	.5980	.9290							
.20	.1887	.3804	.5974	.8696							
.25	.1890	.3810	.5960	.8190							
.30	.1890	.3818	.5928	.7840							
.35	.1890	.3820	.5886	.7530							
.40	.1890	.3818	.5832	.7260							
.45	.1890	.3812	.5766	.7030							
.50	.1890	.3800	.5690	.6840							
.55	.1891	.3784	.5603	.6663							
.60	.1891	.3768	.5547	.6503							
.65	.1889	.3752	.5521	.6361							
.70	.1885	.3736	.5525	.6237							
.75	.1880	.3720	.5560	.6130							
.80	.1872	.3698	.5389	.6012							
.85	.1864	.3674	.5249	.5902							
.90	.1856	.3646	.5139	.5800							
.95	.1848	.3614	.5059	.5706							
1.00	.1840	.3580	.5010	.5620							

→ y : ly ↓ x : lx

Spalte											
	0.00	0.125	0.25	0.375	0.50	0.625	0.75	0.875	1.00		
.05	.0740	.0748	.0752	.0751	.0754	.0758	.0757	.0751	.0748		
.10	.1486	.1502	.1510	.1509	.1510	.1514	.1507	.1493	.1480		
.15	.2236	.2260	.2272	.2273	.2270	.2266	.2251	.2225	.2196		
.20	.2990	.3022	.3038	.3043	.3034	.3014	.2989	.2947	.2896		
.25	.3750	.3790	.3810	.3820	.3800	.3760	.3720	.3660	.3580		
.30	.4216	.4492	.4660	.4697	.4645	.4572	.4608	.4376	.4250		
.35	.5234	.5426	.5524	.5493	.5371	.5246	.5294	.4954	.4790		
.40	.6804	.6592	.6400	.6207	.5979	.5780	.5776	.5392	.5198		
.45	.8926	.7990	.7288	.6839	.6469	.6174	.6054	.5690	.5474		
.50	1.1600*	.9620	.8190	.7390	.6840	.6430	.6130	.5850	.5620		
.55	.8926	.7990	.7288	.6839	.6469	.6174	.6054	.5690	.5474		
.60	.6804	.6592	.6400	.6207	.5979	.5780	.5776	.5392	.5198		
.65	.5234	.5426	.5524	.5493	.5371	.5246	.5294	.4954	.4790		
.70	.4216	.4492	.4660	.4697	.4645	.4572	.4608	.4376	.4250		
.75	.3750	.3790	.3810	.3820	.3800	.3760	.3720	.3660	.3580		
.80	.2990	.3022	.3038	.3043	.3034	.3014	.2989	.2947	.2896		
.85	.2236	.2260	.2272	.2273	.2270	.2266	.2251	.2225	.2196		
.90	.1486	.1502	.1510	.1509	.1510	.1514	.1507	.1493	.1480		
.95	.0740	.0748	.0752	.0751	.0754	.0758	.0757	.0751	.0748		
1.00	.0000	.0000	.0000	.0000	.0000	.0000	.0000	.0000	.0000		

Auswertung aus Olsen-Reinitzhuber „Die zweiseitig gelagerte Platte" Tafel Nr. 17

* bezw. theoretisch ∞

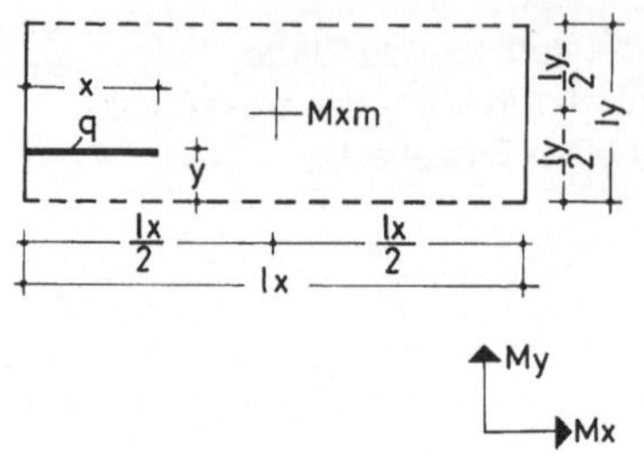

Zweiseitig frei aufliegende Platte.
Feldmoment Mxm in Plattenmitte aus Linienlast in lx-Richtung.

+Mxm
0.333

D 2.2.1

$\frac{lx}{ly} = 3{,}0$

$\frac{ly}{lx} = 0{,}333$

$\mu = 0$

Faktor = $q \cdot lx$

→ y : ly

↓ x : lx

Spalte										
	0.00	0.125	0.25	0.375	0.50					
.05	.0019	.0019	.0019	.0019	.0019					
.10	.0075	.0075	.0075	.0075	.0074					
.15	.0170	.0169	.0169	.0169	.0167					
.20	.0302	.0300	.0301	.0299	.0298					
.25	.0473	.0470	.0470	.0467	.0465					
.30	.0685	.0681	.0677	.0671	.0661					
.35	.0940	.0933	.0925	.0909	.0889					
.40	.1232	.1223	.1210	.1185	.1166					
.45	.1553	.1544	.1529	.1501	.1510					
.50	.1900	.1892	.1882	.1860	.1938					
.55	.2202	.2206	.2216	.2238	.2365					
.60	.2518	.2522	.2534	.2557	.2709					
.65	.2809	.2811	.2819	.2833	.2986					
.70	.3070	.3069	.3069	.3069	.3214					
.75	.3295	.3289	.3281	.3267	.3410					
.80	.3434	.3434	.3438	.3448	.3577					
.85	.3567	.3566	.3569	.3579	.3708					
.90	.3661	.3660	.3663	.3673	.3801					
.95	.3717	.3716	.3720	.3729	.3856					
1.00	.3736	.3734	.3739	.3748	.3875					

Auswertung aus Olsen-Reinitzhuber „Die zweiseitig gelagerte Platte" Tafel Nr. 17

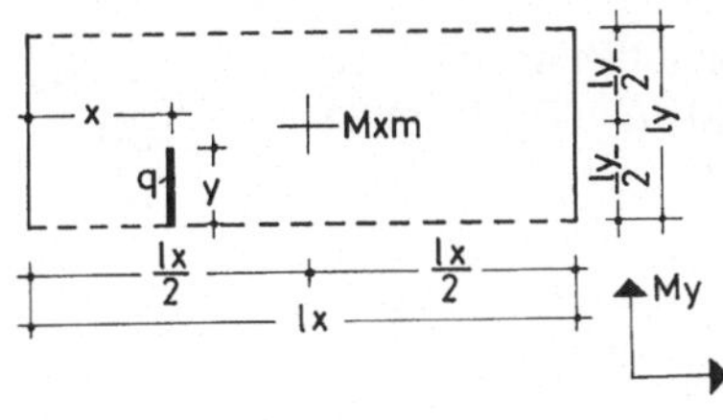

Zweiseitig frei aufliegende Platte.
Feldmoment Mxm in Plattenmitte aus
Linienlast in ly-Richtung.

$\frac{lx}{ly} = 3{,}0$

$\frac{ly}{lx} = 0{,}333$

$\mu = 0$

Faktor = q · ly

+Mxm
0.333

D 2.2.2

→ x : lx

↓ y : ly

Spalte											
	0.125	0.25	0.375	0.50							
.05	.0094	.0190	.0285	.0343							
.10	.0188	.0379	.0570	.0688							
.15	.0282	.0568	.0855	.1038							
.20	.0376	.0757	.1139	.1391							
.25	.0470	.0945	.1422	.1750							
.30	.0564	.1132	.1703	.2113							
.35	.0658	.1319	.1983	.2483							
.40	.0752	.1505	.2261	.2871							
.45	.0845	.1691	.2538	.3286							
.50	.0938	.1877	.2814	.3739							
.55	.1031	.2064	.3093	.4192							
.60	.1124	.2250	.3370	.4608							
.65	.1218	.2436	.3648	.4996							
.70	.1312	.2623	.3927	.5366							
.75	.1405	.2810	.4208	.5728							
.80	.1499	.2998	.4493	.6087							
.85	.1593	.3187	.4777	.6441							
.90	.1687	.3376	.5062	.6790							
.95	.1781	.3565	.5347	.7135							
1.00	.1875	.3755	.5632	.7478							

Auswertung aus Olsen-Reinitzhuber „Die zweiseitig gelagerte Platte" Tafel Nr. 17

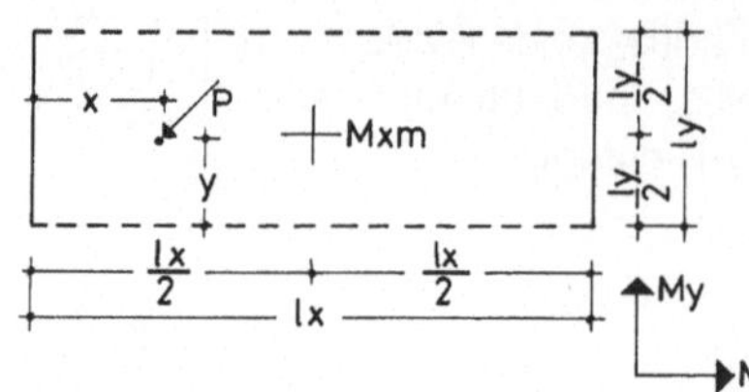

Zweiseitig frei aufliegende Platte.
Feldmoment Mxm in Plattenmitte aus einer Einzellast.

$\frac{lx}{ly} = 3{,}0$

$\frac{ly}{lx} = 0{,}333$

$\mu = 0$

Faktor = P

+Mxm
0.333

D 2.2.3

x : lx (→), y : ly (↓)

Spalte										
	0.125	0.25	0.375	0.50						
.05	.1885	.3793	.5704	.6882						
.10	.1881	.3785	.5696	.6942						
.15	.1879	.3775	.5684	.7022						
.20	.1879	.3763	.5668	.7122						
.25	.1880	.3750	.5650	.7240						
.30	.1876	.3741	.5613	.7295						
.35	.1872	.3733	.5583	.7549						
.40	.1868	.3727	.5559	.8001						
.45	.1864	.3723	.5541	.8651						
.50	.1860	.3720	.5530	.9500*						
.55	.1864	.3723	.5541	.8651						
.60	.1868	.3727	.5559	.8001						
.65	.1872	.3733	.5583	.7549						
.70	.1876	.3741	.5613	.7295						
.75	.1880	.3750	.5650	.7240						
.80	.1879	.3763	.5668	.7122						
.85	.1879	.3775	.5684	.7022						
.90	.1881	.3785	.5696	.6942						
.95	.1885	.3793	.5704	.6882						
1.00	.1890	.3800	.5710	.6840						

y : ly (→), x : lx (↓)

Spalte										
	0.00	0.125	0.25	0.375	0.50					
.05	.0754	.0750	.0753	.0749	.0744					
.10	.1510	.1502	.1505	.1497	.1488					
.15	.2270	.2258	.2255	.2243	.2232					
.20	.3034	.3018	.3003	.2987	.2976					
.25	.3800	.3780	.3750	.3730	.3720					
.30	.4658	.4618	.4547	.4425	.4185					
.35	.5390	.5358	.5295	.5175	.4995					
.40	.5998	.5998	.5993	.5979	.6151					
.45	.6482	.6538	.6641	.6837	.7653					
.50	.6840	.6980	.7240	.7750	.9500*					
.55	.6482	.6538	.6641	.6837	.7653					
.60	.5998	.5998	.5993	.5979	.6151					
.65	.5390	.5358	.5295	.5175	.4995					
.70	.4658	.4618	.4547	.4425	.4185					
.75	.3800	.3780	.3750	.3730	.3720					
.80	.3034	.3018	.3003	.2987	.2976					
.85	.2270	.2258	.2255	.2243	.2232					
.90	.1510	.1502	.1505	.1497	.1488					
.95	.0754	.0750	.0753	.0749	.0744					
1.00	.0000	.0000	.0000	.0000	.0000					

Auswertung aus Olsen-Reinitzhuber „Die zweiseitig gelagerte Platte" Tafel Nr. 17 * bezw. theoretisch ∞

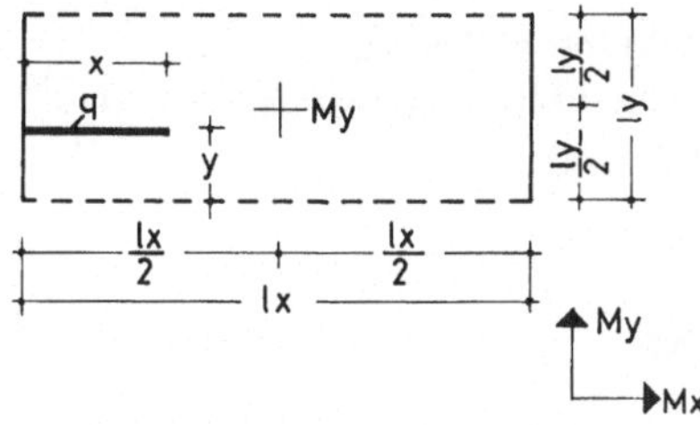

Zweiseitig frei aufliegende Platte.
Feldmoment My aus Linienlast
in lx-Richtung.

$\frac{lx}{ly} = 3{,}0$

$\frac{ly}{lx} = 0{,}333$

$\mu = 0$

Faktor = q · lx

+My 0.333

D 2.3.1

y : ly

x : lx

Spalte										
	0.00	0.125	0.25	0.375	0.50					
.05	.0001-	.0000	.0000	.0000	.0001					
.10	.0003-	.0001-	.0000	.0001	.0003					
.15	.0007-	.0003-	.0001	.0003	.0006					
.20	.0013-	.0007-	.0002	.0007	.0011					
.25	.0023-	.0012-	.0003	.0012	.0018					
.30	.0041-	.0019-	.0005	.0020	.0019					
.35	.0064-	.0030-	.0008	.0034	.0020					
.40	.0095-	.0046-	.0010	.0051	.0045					
.45	.0135-	.0068-	.0008	.0070	.0117					
.50	.0183-	.0097-	.0000	.0090	.0259					
.55	.0232-	.0126-	.0007-	.0111	.0401					
.60	.0272-	.0148-	.0009-	.0130	.0473					
.65	.0303-	.0164-	.0007-	.0147	.0498					
.70	.0326-	.0175-	.0004-	.0160	.0499					
.75	.0341-	.0183-	.0002-	.0169	.0500					
.80	.0353-	.0188-	.0001-	.0174	.0507					
.85	.0360-	.0191-	.0000	.0178	.0512					
.90	.0364-	.0193-	.0001	.0180	.0516					
.95	.0365-	.0194-	.0001	.0181	.0518					
1.00	.0365-	.0194-	.0001	.0181	.0518					

Auswertung aus Olsen-Reinitzhuber „Die zweiseitig gelagerte Platte" Tafel Nr. 17

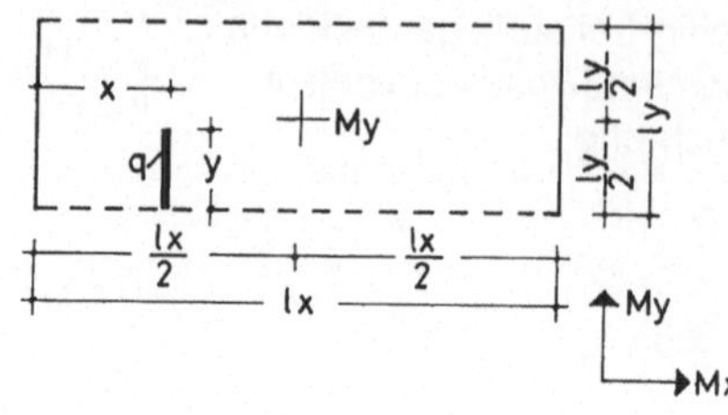

Zweiseitig frei aufliegende Platte.
Feldmoment My aus Linienlast
in ly-Richtung.

$\frac{lx}{ly} = 3{,}0$

$\frac{ly}{lx} = 0{,}333$

$\mu = 0$

Faktor = q · ly

+My 0.333

D 2.3.2

→ x : lx

↓ y : ly

Spalte										
	0.125	0.25	0.375	0.50						
.05	.0004-	.0011-	.0029-	.0049-						
.10	.0007-	.0019-	.0051-	.0089-						
.15	.0009-	.0025-	.0067-	.0122-						
.20	.0010-	.0029-	.0076-	.0146-						
.25	.0010-	.0029-	.0078-	.0161-						
.30	.0009-	.0026-	.0073-	.0175-						
.35	.0008-	.0022-	.0061-	.0182-						
.40	.0006-	.0016-	.0044-	.0161-						
.45	.0003-	.0009-	.0024-	.0089-						
.50	.0000	.0001-	.0000	.0053						
.55	.0003	.0007	.0023	.0195						
.60	.0006	.0014	.0044	.0266						
.65	.0008	.0020	.0061	.0288						
.70	.0009	.0025	.0072	.0281						
.75	.0010	.0027	.0078	.0267						
.80	.0010	.0027	.0075	.0252						
.85	.0009	.0024	.0066	.0228						
.90	.0007	.0018	.0050	.0195						
.95	.0004	.0009	.0028	.0154						
1.00	.0000	.0002-	.0001-	.0106						

Auswertung aus Olsen-Reinitzhuber „Die zweiseitig gelagerte Platte" Tafel Nr. 17

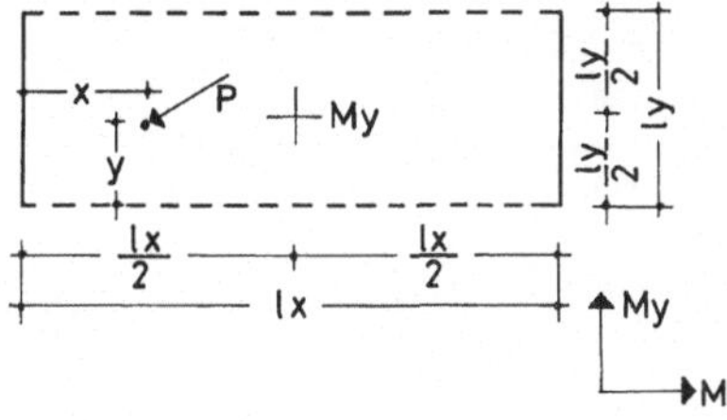

Zweiseitig frei aufliegende Platte. Feldmoment My in Plattenmitte aus einer Einzellast.

$\frac{lx}{ly} = 3{,}0$

$\frac{ly}{lx} = 0{,}333$

$\mu = 0$

Faktor = P

0.333

D 2.3.3

x : lx →, y : ly ↓

Spalte										
	0.125	0.25	0.375	0.50						
.05	.0070-	.0196-	.0511-	.0895-						
.10	.0050-	.0146-	.0385-	.0733-						
.15	.0030-	.0092-	.0253-	.0565-						
.20	.0010-	.0034-	.0115-	.0391-						
.25	.0010	.0030	.0030	.0210-						
.30	.0022	.0072	.0174	.0282-						
.35	.0034	.0106	.0292	.0072						
.40	.0046	.0132	.0382	.0854						
.45	.0058	.0150	.0444	.2064						
.50	.0070	.0160	.0480	.3700*						
.55	.0058	.0150	.0444	.2064						
.60	.0046	.0132	.0382	.0854						
.65	.0034	.0106	.0292	.0072						
.70	.0022	.0072	.0174	.0282-						
.75	.0010	.0030	.0030	.0210-						
.80	.0010-	.0034-	.0115-	.0391-						
.85	.0030-	.0092-	.0253-	.0565-						
.90	.0050-	.0146-	.0385-	.0733-						
.95	.0070-	.0196-	.0511-	.0895-						
1.00	.0090-	.0240-	.0630-	.1050-						

y : ly →, x : lx ↓

Spalte										
	0.00	0.125	0.25	0.375	0.50					
.05	.0029-	.0011-	.0003	.0011	.0026					
.10	.0067-	.0029-	.0007	.0029	.0054					
.15	.0115-	.0053-	.0013	.0053	.0086					
.20	.0173-	.0083-	.0021	.0083	.0122					
.25	.0240-	.0120-	.0030	.0120	.0160					
.30	.0392-	.0184-	.0059	.0226	.0060-					
.35	.0550-	.0270-	.0049	.0308	.0184					
.40	.0712-	.0376-	.0001	.0366	.0892					
.45	.0878-	.0502-	.0085-	.0400	.2064					
.50	.1050-	.0650-	.0210-	.0410	.3700*					
.55	.0878-	.0502-	.0085-	.0400	.2064					
.60	.0712-	.0376-	.0001	.0366	.0892					
.65	.0550-	.0270-	.0049	.0308	.0184					
.70	.0392-	.0184-	.0059	.0226	.0060-					
.75	.0240-	.0120-	.0030	.0120	.0160					
.80	.0173-	.0083-	.0021	.0083	.0122					
.85	.0115-	.0053-	.0013	.0053	.0086					
.90	.0067-	.0029-	.0007	.0029	.0054					
.95	.0029-	.0011-	.0003	.0011	.0026					
1.00	.0000	.0000	.0000	.0000	.0000					

Auswertung aus Olsen-Reinitzhuber „Die zweiseitig gelagerte Platte" Tafel Nr. 17

* bezw. theoretisch ∞

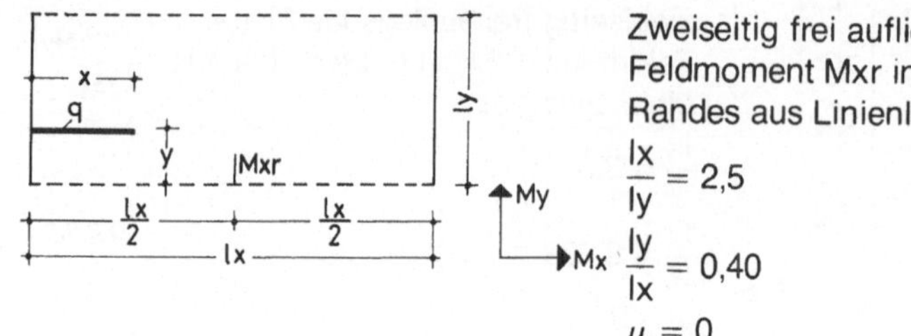

Zweiseitig frei aufliegende Platte.
Feldmoment Mxr in Mitte des freien Randes aus Linienlast in lx-Richtung.

Mxr
0.40

D 3.1.1

$$\frac{lx}{ly} = 2{,}5$$

$$\frac{ly}{lx} = 0{,}40$$

$\mu = 0$

Faktor = q · lx

y : ly

x : lx

Spalte											
	0.00	0.125	0.25	0.375	0.50	0.625	0.75	0.875	1.00		
.05	.0015	.0015	.0016	.0016	.0016	.0016	.0016	.0015	.0015		
.10	.0061	.0062	.0063	.0062	.0063	.0063	.0062	.0061	.0061		
.15	.0139	.0141	.0142	.0141	.0142	.0141	.0140	.0137	.0135		
.20	.0248	.0252	.0254	.0252	.0252	.0251	.0248	.0243	.0238		
.25	.0390	.0395	.0398	.0395	.0395	.0392	.0385	.0377	.0368		
.30	.0556	.0570	.0580	.0578	.0574	.0565	.0553	.0540	.0524		
.35	.0755	.0783	.0799	.0797	.0787	.0767	.0748	.0727	.0704		
.40	.1014	.1042	.1056	.1050	.1029	.0993	.0964	.0933	.0900		
.45	.1361	.1358	.1351	.1332	.1295	.1237	.1195	.1153	.1110		
.50	.1822	.1740	.1682	.1639	.1580	.1492	.1436	.1381	.1326		
.55	.2283	.2123	.2007	.1913	.1826	.1747	.1677	.1609	.1543		
.60	.2630	.2439	.2300	.2191	.2086	.1990	.1908	.1828	.1752		
.65	.2889	.2698	.2558	.2444	.2329	.2216	.2124	.2035	.1949		
.70	.3088	.2910	.2778	.2667	.2547	.2418	.2318	.2222	.2128		
.75	.3254	.3086	.2960	.2857	.2736	.2591	.2486	.2385	.2285		
.80	.3396	.3229	.3100	.2979	.2851	.2732	.2624	.2519	.2415		
.85	.3505	.3340	.3212	.3090	.2962	.2842	.2732	.2624	.2517		
.90	.3583	.3419	.3291	.3168	.3041	.2920	.2809	.2700	.2592		
.95	.3629	.3465	.3338	.3215	.3088	.2968	.2856	.2746	.2637		
1.00	.3644	.3481	.3353	.3229	.3103	.2983	.2872	.2762	.2653		

Auswertung aus Olsen-Reinitzhuber „Die zweiseitig gelagerte Platte" Tafel Nr. 16

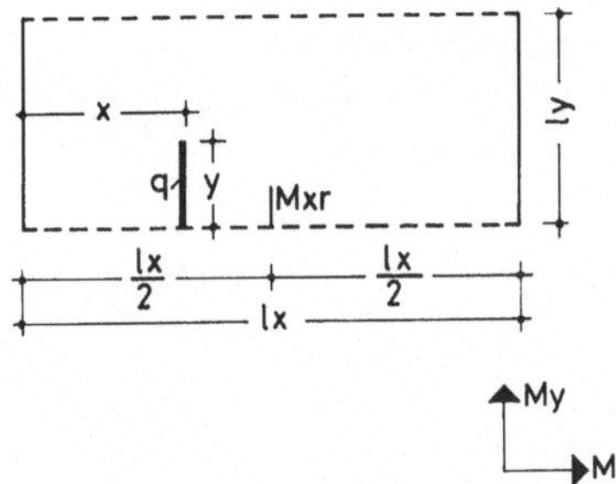

Zweiseitig frei aufliegende Platte.
Feldmoment Mxr in Mitte des freien Randes aus Linienlast in ly-Richtung.

0.40

$\frac{lx}{ly} = 2{,}5$

$\frac{ly}{lx} = 0{,}40$

$\mu = 0$

Faktor = q · ly

D 3.1.2

x : lx → ; y : ly ↓

Spalte										
	0.125	0.25	0.375	0.50						
.05	.0078	.0159	.0258	.0503						
.10	.0156	.0318	.0518	.0958						
.15	.0234	.0478	.0777	.1371						
.20	.0313	.0639	.1037	.1747						
.25	.0393	.0800	.1295	.2094						
.30	.0472	.0961	.1547	.2462						
.35	.0551	.1122	.1800	.2782						
.40	.0630	.1283	.2049	.3087						
.45	.0709	.1444	.2294	.3379						
.50	.0788	.1605	.2534	.3659						
.55	.0867	.1762	.2766	.3944						
.60	.0946	.1920	.2997	.4210						
.65	.1024	.2077	.3222	.4468						
.70	.1103	.2232	.3444	.4720						
.75	.1180	.2386	.3662	.4964						
.80	.1257	.2537	.3877	.5210						
.85	.1334	.2687	.4087	.5445						
.90	.1410	.2836	.4293	.5675						
.95	.1485	.2983	.4496	.5899						
1.00	.1560	.3127	.4695	.6119						

Auswertung aus Olsen-Reinitzhuber „Die zweiseitig gelagerte Platte" Tafel Nr.16

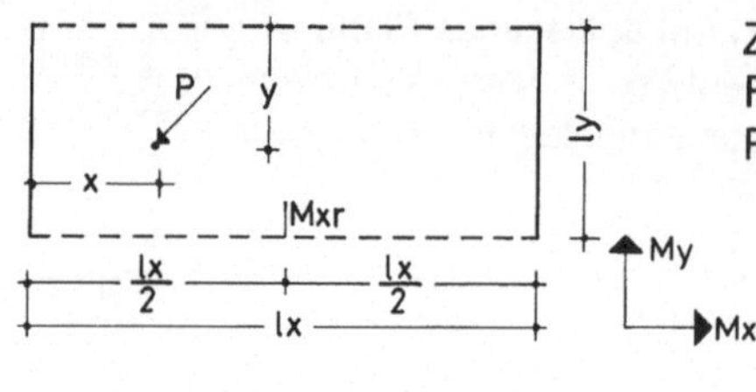

Zweiseitig frei aufliegende Platte.
Feldmoment Mxr in Mitte des freien Randes aus einer Einzellast.

Mxr 0.40

D 3.1.3

$$\frac{lx}{ly} = 2{,}5$$

$$\frac{ly}{lx} = 0{,}40$$

$$\mu = 0$$

Faktor = P

→ x : lx ; ↓ y : ly

Spalte											
	0.125	0.25	0.375	0.50							
.05	.1558	.3183	.5176	.9588							
.10	.1566	.3195	.5182	.8746							
.15	.1574	.3205	.5176	.8024							
.20	.1582	.3213	.5158	.7422							
.25	.1590	.3220	.5130	.6940							
.30	.1585	.3224	.5074	.6590							
.35	.1581	.3222	.5008	.6280							
.40	.1579	.3216	.4930	.6010							
.45	.1579	.3206	.4840	.5780							
.50	.1580	.3190	.4740	.5590							
.55	.1577	.3168	.4650	.5413							
.60	.1573	.3144	.4562	.5253							
.65	.1567	.3116	.4478	.5111							
.70	.1559	.3084	.4398	.4987							
.75	.1550	.3050	.4320	.4880							
.80	.1538	.3020	.4244	.4762							
.85	.1526	.2988	.4168	.4652							
.90	.1514	.2952	.4092	.4550							
.95	.1502	.2912	.4016	.4456							
1.00	.1490	.2870	.3940	.4370							

→ y : ly ; ↓ x : lx

Spalte											
	0.00	0.125	0.25	0.375	0.50	0.625	0.75	0.875	1.00		
.05	.0612	.0621	.0631	.0625	.0628	.0629	.0626	.0616	.0609		
.10	.1234	.1251	.1269	.1259	.1262	.1257	.1244	.1222	.1201		
.15	.1868	.1891	.1913	.1903	.1900	.1883	.1854	.1816	.1775		
.20	.2514	.2541	.2563	.2557	.2542	.2507	.2456	.2398	.2331		
.25	.3170	.3200	.3220	.3220	.3190	.3130	.3050	.2970	.2870		
.30	.3558	.3847	.3996	.3990	.3894	.3774	.3643	.3517	.3375		
.35	.4490	.4687	.4756	.4666	.4486	.4300	.4123	.3953	.3777		
.40	.5966	.5721	.5500	.5250	.4966	.4710	.4489	.4279	.4077		
.45	.7986	.6949	.6228	.5742	.5334	.5004	.4741	.4495	.4275		
.50	1.0550*	.8370	.6940	.6140	.5590	.5180	.4880	.4600	.4370		
.55	.7986	.6949	.6228	.5742	.5334	.5004	.4741	.4495	.4275		
.60	.5966	.5721	.5500	.5250	.4966	.4710	.4489	.4279	.4077		
.65	.4490	.4687	.4756	.4666	.4486	.4300	.4123	.3953	.3777		
.70	.3558	.3847	.3996	.3990	.3894	.3774	.3643	.3517	.3375		
.75	.3170	.3200	.3220	.3220	.3190	.3130	.3050	.2970	.2870		
.80	.2514	.2541	.2563	.2557	.2542	.2507	.2456	.2398	.2331		
.85	.1868	.1891	.1913	.1903	.1900	.1883	.1854	.1816	.1775		
.90	.1234	.1251	.1269	.1259	.1262	.1257	.1244	.1222	.1201		
.95	.0612	.0621	.0631	.0625	.0628	.0629	.0626	.0616	.0609		
1.00	.0000	.0000	.0000	.0000	.0000	.0000	.0000	.0000	.0000		

Auswertung aus Olsen-Reinitzhuber „Die zweiseitig gelagerte Platte" Tafel Nr.16

* bzw. theoretisch ∞

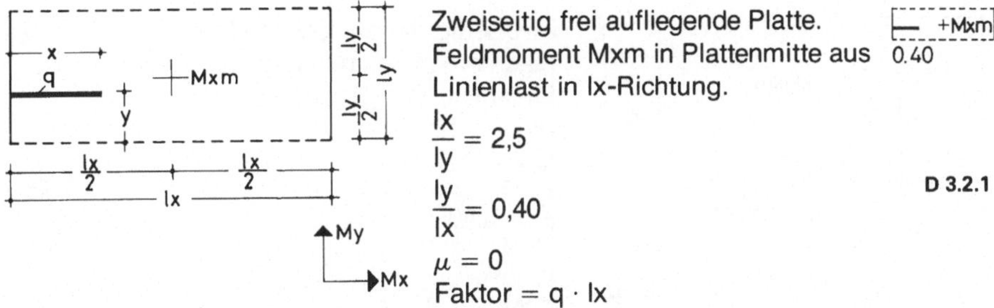

Zweiseitig frei aufliegende Platte.
Feldmoment Mxm in Plattenmitte aus
Linienlast in lx-Richtung.

$\frac{lx}{ly} = 2{,}5$

$\frac{ly}{lx} = 0{,}40$

$\mu = 0$

Faktor = q · lx

D 3.2.1

→ y : ly

↓ x : lx

Spalte										
	0.00	0.125	0.25	0.375	0.50					
.05	.0016	.0016	.0016	.0016	.0015					
.10	.0063	.0063	.0062	.0062	.0062					
.15	.0143	.0141	.0140	.0140	.0139					
.20	.0254	.0251	.0249	.0248	.0246					
.25	.0398	.0393	.0390	.0387	.0385					
.30	.0576	.0570	.0564	.0556	.0546					
.35	.0789	.0782	.0772	.0755	.0733					
.40	.1032	.1025	.1011	.0986	.0963					
.45	.1299	.1293	.1279	.1253	.1252					
.50	.1584	.1582	.1572	.1558	.1618					
.55	.1829	.1836	.1847	.1863	.1984					
.60	.2090	.2100	.2112	.2130	.2274					
.65	.2333	.2343	.2351	.2362	.2503					
.70	.2552	.2560	.2561	.2561	.2690					
.75	.2742	.2746	.2741	.2730	.2852					
.80	.2856	.2863	.2868	.2869	.2990					
.85	.2968	.2973	.2977	.2977	.3098					
.90	.3047	.3051	.3055	.3055	.3175					
.95	.3095	.3098	.3102	.3101	.3221					
1.00	.3110	.3113	.3117	.3117	.3237					

Auswertung aus Olsen-Reinitzhuber „Die zweiseitig gelagerte Platte" Tafel Nr. 16

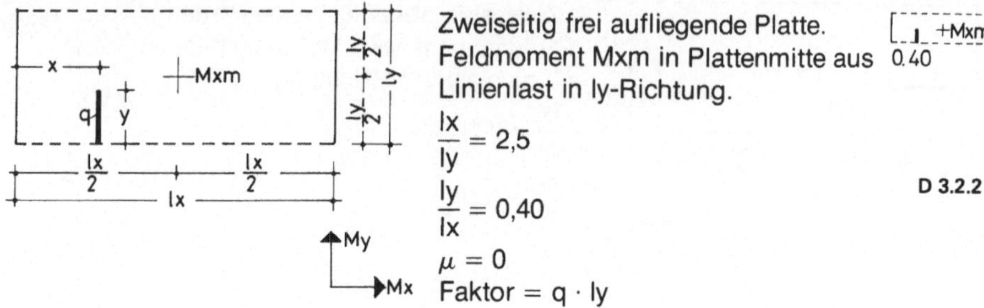

Zweiseitig frei aufliegende Platte.
Feldmoment Mxm in Plattenmitte aus
Linienlast in ly-Richtung.

$\frac{lx}{ly} = 2{,}5$

$\frac{ly}{lx} = 0{,}40$

$\mu = 0$

Faktor = q · ly

+Mxm 0.40

D 3.2.2

x : lx → ; y : ly ↓

Spalte									
	0.125	0.25	0.375	0.50					
.05	.0079	.0159	.0238	.0280					
.10	.0158	.0318	.0476	.0563					
.15	.0236	.0476	.0714	.0850					
.20	.0315	.0633	.0952	.1141					
.25	.0393	.0790	.1190	.1438					
.30	.0471	.0946	.1424	.1738					
.35	.0549	.1101	.1657	.2046					
.40	.0626	.1255	.1888	.2371					
.45	.0703	.1409	.2117	.2723					
.50	.0780	.1563	.2346	.3112					
.55	.0858	.1718	.2577	.3501					
.60	.0935	.1872	.2807	.3853					
.65	.1012	.2026	.3038	.4178					
.70	.1090	.2181	.3271	.4486					
.75	.1168	.2336	.3506	.4787					
.80	.1246	.2494	.3744	.5083					
.85	.1324	.2652	.3982	.5374					
.90	.1403	.2810	.4221	.5661					
.95	.1481	.2968	.4459	.5944					
1.00	.1560	.3128	.4697	.6224					

Auswertung aus Olsen-Reinitzhuber „Die zweiseitig gelagerte Platte" Tafel Nr. 16

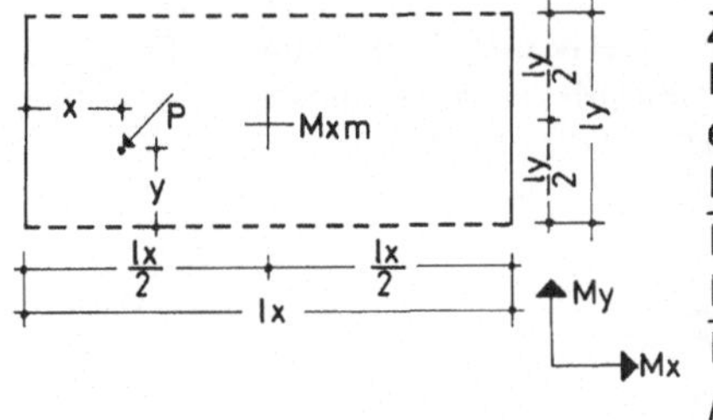

Zweiseitig frei aufliegende Platte.
Feldmoment Mxm in Plattenmitte aus einer Einzellast.

+Mxm
0,40

$\frac{lx}{ly} = 2{,}5$

$\frac{ly}{lx} = 0{,}40$

D 3.2.3

$\mu = 0$

Faktor = P

→ y : ly

↓ x : lx

Spalte											
	0.00	0.125	0.25	0.375	0.50						
.05	.0635	.0626	.0623	.0621	.0616						
.10	.1271	.1254	.1247	.1241	.1232						
.15	.1909	.1886	.1873	.1859	.1848						
.20	.2549	.2522	.2501	.2475	.2464						
.25	.3190	.3160	.3130	.3090	.3080						
.30	.3900	.3876	.3811	.3666	.3426						
.35	.4496	.4490	.4437	.4296	.4110						
.40	.4976	.5004	.5009	.4978	.5134						
.45	.5340	.5418	.5527	.5712	.6498						
.50	.5590	.5730	.5990	.6500	.8200*						
.55	.5340	.5418	.5527	.5712	.6498						
.60	.4976	.5004	.5009	.4978	.5134						
.65	.4496	.4490	.4437	.4296	.4110						
.70	.3900	.3876	.3811	.3666	.3426						
.75	.3190	.3160	.3130	.3090	.3080						
.80	.2549	.2522	.2501	.2475	.2464						
.85	.1909	.1886	.1873	.1859	.1848						
.90	.1271	.1254	.1247	.1241	.1232						
.95	.0635	.0626	.0623	.0621	.0616						
1.00	.0000	.0000	.0000	.0000	.0000						

→ x : lx

↓ y : ly

Spalte											
	0.125	0.25	0.375	0.50							
.05	.1581	.3178	.4759	.5632							
.10	.1573	.3166	.4761	.5692							
.15	.1567	.3154	.4757	.5772							
.20	.1563	.3142	.4747	.5872							
.25	.1560	.3130	.4730	.5990							
.30	.1556	.3110	.4684	.6051							
.35	.1552	.3096	.4646	.6303							
.40	.1548	.3086	.4616	.6745							
.45	.1544	.3080	.4594	.7377							
.50	.1540	.3080	.4580	.8200*							
.55	.1544	.3080	.4594	.7377							
.60	.1548	.3086	.4616	.6745							
.65	.1552	.3096	.4646	.6303							
.70	.1556	.3110	.4684	.6051							
.75	.1560	.3130	.4730	.5990							
.80	.1563	.3142	.4747	.5872							
.85	.1567	.3154	.4757	.5772							
.90	.1573	.3166	.4761	.5692							
.95	.1581	.3178	.4759	.5632							
1.00	.1590	.3190	.4750	.5590							

Auswertung aus Olsen-Reinitzhuber „Die zweiseitig gelagerte Platte" Tafel Nr. 16 * bezw. theoretisch ∞

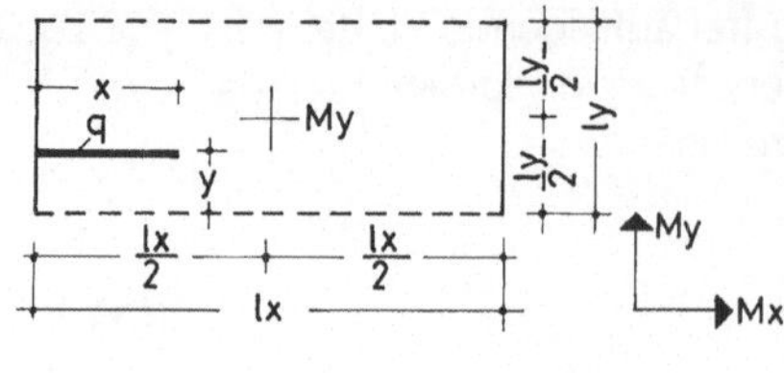

Zweiseitig frei aufliegende Platte.
Feldmoment My in Plattenmitte aus
Linienlast in lx-Richtung.

$\frac{lx}{ly} = 2{,}5$

$\frac{ly}{lx} = 0{,}40$

$\mu = 0$

Faktor = q · lx

+My
0.40

D 3.3.1

→ y : ly

↓ x : lx

Spalte										
	0.00	0.125	0.25	0.375	0.50					
.05	.0001-	.0000	.0000	.0000	.0001					
.10	.0005-	.0002-	.0001	.0002	.0003					
.15	.0011-	.0005-	.0002	.0005	.0008					
.20	.0021-	.0010-	.0003	.0010	.0015					
.25	.0035-	.0016-	.0005	.0017	.0024					
.30	.0056-	.0026-	.0008	.0029	.0029					
.35	.0085-	.0040-	.0010	.0046	.0035					
.40	.0121-	.0058-	.0011	.0066	.0066					
.45	.0163-	.0082-	.0009	.0088	.0142					
.50	.0213-	.0111-	.0001	.0109	.0286					
.55	.0262-	.0140-	.0006-	.0130	.0430					
.60	.0304-	.0164-	.0009-	.0152	.0506					
.65	.0340-	.0182-	.0008-	.0172	.0536					
.70	.0369-	.0196-	.0005-	.0189	.0543					
.75	.0390-	.0205-	.0003-	.0201	.0548					
.80	.0404-	.0212-	.0001-	.0208	.0557					
.85	.0414-	.0217-	.0001	.0213	.0564					
.90	.0420-	.0220-	.0002	.0216	.0568					
.95	.0424-	.0221-	.0002	.0218	.0571					
1.00	.0425-	.0222-	.0003	.0218	.0572					

Auswertung aus Olsen-Reinitzhuber „Die zweiseitig gelagerte Platte“ Tafel Nr. 16

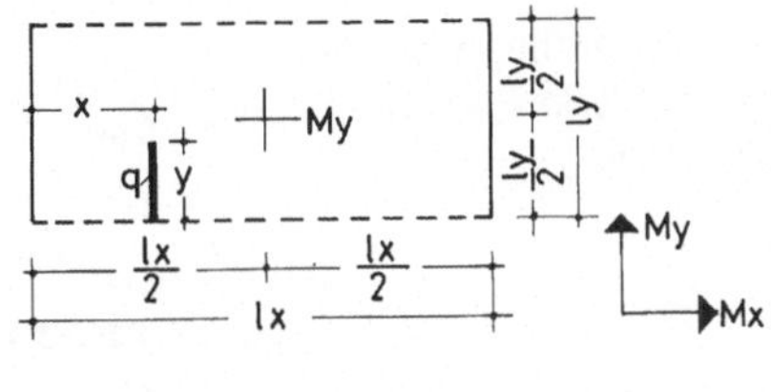

Zweiseitig frei aufliegende Platte.
Feldmoment My in Plattenmitte aus
Linienlast in ly-Richtung.

+My
0.40

D 3.3.2

$\frac{lx}{ly} = 2{,}5$

$\frac{ly}{lx} = 0{,}40$

$\mu = 0$

Faktor $= q \cdot ly$

x : lx →

y : ly ↓

Spalte										
	0.125	0.25	0.375	0.50						
.05	.0006-	.0015-	.0033-	.0048-						
.10	.0010-	.0026-	.0058-	.0088-						
.15	.0013-	.0033-	.0077-	.0120-						
.20	.0015-	.0037-	.0088-	.0144-						
.25	.0015-	.0037-	.0091-	.0159-						
.30	.0013-	.0033-	.0085-	.0173-						
.35	.0011-	.0027-	.0071-	.0180-						
.40	.0008-	.0019-	.0051-	.0160-						
.45	.0004-	.0009-	.0026-	.0089-						
.50	.0000	.0002	.0003	.0053						
.55	.0004	.0013	.0031	.0195						
.60	.0008	.0023	.0057	.0266						
.65	.0011	.0031	.0077	.0287						
.70	.0013	.0038	.0091	.0280						
.75	.0015	.0041	.0097	.0265						
.80	.0015	.0041	.0094	.0251						
.85	.0013	.0038	.0083	.0227						
.90	.0010	.0030	.0064	.0195						
.95	.0006	.0019	.0038	.0155						
1.00	.0000	.0004	.0006	.0107						

Auswertung aus Olsen-Reinitzhuber „Die zweiseitig gelagerte Platte" Tafel Nr. 16

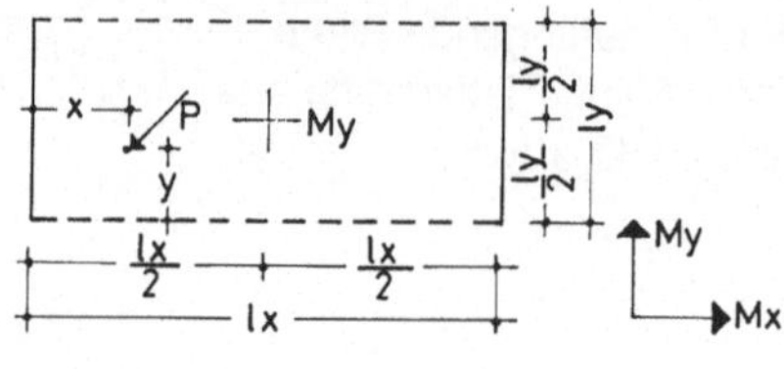

Zweiseitig frei aufliegende Platte. Feldmoment My in Plattenmitte aus einer Einzellast.

$\frac{lx}{ly} = 2{,}5$

$\frac{ly}{lx} = 0{,}40$

$\mu = 0$

Faktor = P

+My 0.40

D 3.3.3

→ y : ly (↓ x : lx)

Spalte					
	0.00	0.125	0.25	0.375	0.50
.05	.0044-	.0020-	.0008	.0018	.0031
.10	.0098-	.0046-	.0016	.0044	.0069
.15	.0164-	.0076-	.0024	.0078	.0113
.20	.0242-	.0110-	.0032	.0120	.0163
.25	.0330-	.0150-	.0040	.0170	.0220
.30	.0494-	.0232-	.0057	.0296	.0039
.35	.0648-	.0322-	.0041	.0382	.0297
.40	.0790-	.0420-	.0009-	.0428	.0993
.45	.0920-	.0526-	.0093-	.0434	.2127
.50	.1040-	.0640-	.0210-	.0400	.3700*
.55	.0920-	.0526-	.0093-	.0434	.2127
.60	.0790-	.0420-	.0009-	.0428	.0993
.65	.0648-	.0322-	.0041	.0382	.0297
.70	.0494-	.0232-	.0057	.0296	.0039
.75	.0330-	.0150-	.0040	.0170	.0220
.80	.0242-	.0110-	.0032	.0120	.0163
.85	.0164-	.0076-	.0024	.0078	.0113
.90	.0098-	.0046-	.0016	.0044	.0069
.95	.0044-	.0020-	.0008	.0018	.0031
1.00	.0000	.0000	.0000	.0000	.0000

→ x : lx (↓ y : ly)

Spalte				
	0.125	0.25	0.375	0.50
.05	.0103-	.0259-	.0585-	.0884-
.10	.0075-	.0187-	.0443-	.0722-
.15	.0045-	.0113-	.0295-	.0556-
.20	.0013-	.0037-	.0141-	.0386-
.25	.0020	.0040	.0020	.0210-
.30	.0037	.0102	.0201	.0289-
.35	.0053	.0150	.0349	.0063
.40	.0067	.0186	.0463	.0845
.45	.0079	.0210	.0543	.2057
.50	.0090	.0220	.0590	.3700*
.55	.0079	.0210	.0543	.2057
.60	.0067	.0186	.0463	.0845
.65	.0053	.0150	.0349	.0063
.70	.0037	.0102	.0201	.0289-
.75	.0020	.0040	.0020	.0210-
.80	.0013-	.0037-	.0141-	.0386-
.85	.0045-	.0113-	.0295-	.0556-
.90	.0075-	.0187-	.0443-	.0722-
.95	.0103-	.0259-	.0585-	.0884-
1.00	.0130-	.0330-	.0720-	.1040-

Auswertung aus Olsen-Reinitzhuber „Die zweiseitig gelagerte Platte" Tafel Nr. 16

* bezw. theoretisch ∞

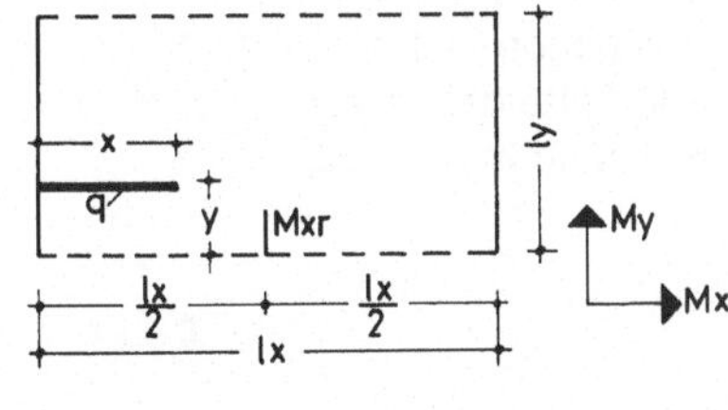

Zweiseitig frei aufliegende Platte. Feldmoment Mxr in Mitte des freien Randes aus Linienlast in lx-Richtung.

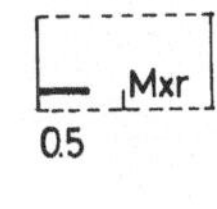

D 4.1.1

$\frac{lx}{ly} = 2{,}0$

$\frac{ly}{lx} = 0{,}5$

$\mu = 0$

Faktor = q · lx

→ y : ly

↓ x : lx

Spalte										
	0.00	0.125	0.25	0.375	0.50	0.625	0.75	0.875	1.00	
.05	.0012	.0012	.0013	.0013	.0013	.0013	.0013	.0012	.0012	
.10	.0050	.0050	.0051	.0051	.0052	.0051	.0051	.0047	.0046	
.15	.0113	.0113	.0116	.0116	.0116	.0114	.0113	.0106	.0103	
.20	.0204	.0203	.0207	.0207	.0207	.0203	.0199	.0187	.0181	
.25	.0321	.0320	.0325	.0325	.0322	.0315	.0307	.0290	.0280	
.30	.0457	.0472	.0479	.0476	.0465	.0449	.0431	.0409	.0390	
.35	.0621	.0650	.0664	.0656	.0635	.0608	.0581	.0550	.0522	
.40	.0843	.0865	.0881	.0862	.0827	.0787	.0747	.0706	.0667	
.45	.1154	.1124	.1129	.1092	.1038	.0981	.0927	.0874	.0823	
.50	.1582	.1436	.1405	.1339	.1261	.1184	.1115	.1048	.0984	
.55	.2011	.1797	.1666	.1554	.1451	.1355	.1273	.1194	.1121	
.60	.2321	.2064	.1912	.1779	.1661	.1544	.1448	.1358	.1272	
.65	.2543	.2279	.2129	.1986	.1858	.1723	.1615	.1514	.1418	
.70	.2707	.2449	.2317	.2170	.2038	.1888	.1769	.1659	.1553	
.75	.2843	.2583	.2472	.2328	.2195	.2033	.1905	.1790	.1676	
.80	.2960	.2737	.2581	.2424	.2280	.2121	.1991	.1871	.1754	
.85	.3051	.2828	.2673	.2516	.2370	.2209	.2076	.1951	.1831	
.90	.3114	.2891	.2737	.2580	.2435	.2272	.2139	.2010	.1888	
.95	.3152	.2928	.2775	.2618	.2473	.2311	.2177	.2046	.1924	
1.00	.3164	.2938	.2786	.2631	.2487	.2324	.2192	.2059	.1937	

Auswertung aus Olsen-Reinitzhuber „Die zweiseitig gelagerte Platte" Tafel Nr. 15

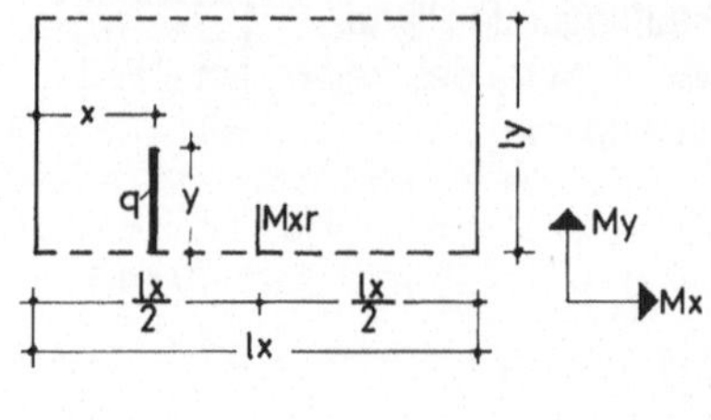

Zweiseitig frei aufliegende Platte.
Feldmoment Mxr in Mitte des freien Randes aus Linienlast in ly-Richtung.

Mxr
0.5

$$\frac{lx}{ly} = 2{,}0$$

$$\frac{ly}{lx} = 0{,}5$$

$$\mu = 0$$

Faktor = q · ly

D 4.1.2

→ x : lx

↓ y : ly

Spalte											
	0.125	0.25	0.375	0.50							
.05	.0064	.0132	.0222	.0464							
.10	.0127	.0264	.0445	.0862							
.15	.0191	.0398	.0668	.1207							
.20	.0255	.0531	.0890	.1509							
.25	.0320	.0665	.1110	.1780							
.30	.0385	.0798	.1317	.2112							
.35	.0451	.0931	.1525	.2370							
.40	.0516	.1064	.1727	.2613							
.45	.0581	.1196	.1925	.2842							
.50	.0645	.1327	.2116	.3060							
.55	.0709	.1452	.2300	.3282							
.60	.0773	.1577	.2480	.3486							
.65	.0836	.1701	.2654	.3681							
.70	.0898	.1823	.2823	.3870							
.75	.0960	.1942	.2988	.4052							
.80	.1021	.2057	.3149	.4235							
.85	.1080	.2172	.3306	.4408							
.90	.1138	.2284	.3458	.4575							
.95	.1194	.2393	.3607	.4737							
1.00	.1250	.2501	.3751	.4894							

Auswertung aus Olsen-Reinitzhuber „Die zweiseitig gelagerte Platte" Tafel Nr. 15

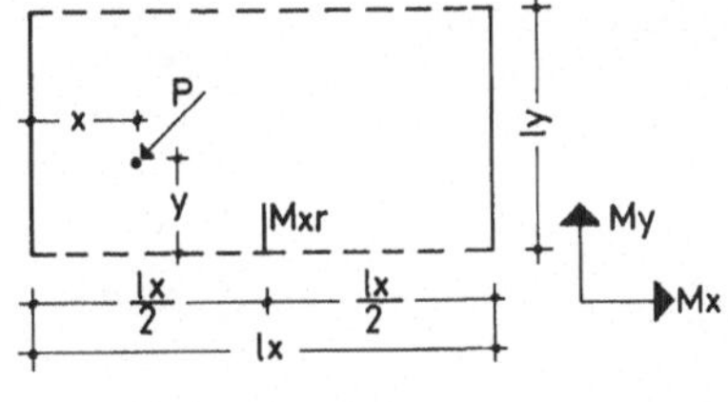

Zweiseitig frei aufliegende Platte.
Feldmoment Mxr in Mitte des freien Randes aus einer Einzellast.

Mxr
0.5

$$\frac{lx}{ly} = 2{,}0$$

$$\frac{ly}{lx} = 0{,}5$$

$\mu = 0$

Faktor = P

D 4.1.3

→ y : ly

↓ x : lx

Spalte											
	0.00	0.125	0.25	0.375	0.50	0.625	0.75	0.875	1.00		
.05	.0497	.0500	.0512	.0514	.0517	.0510	.0505	.0474	.0462		
.10	.1009	.1016	.1034	.1036	.1033	.1012	.0993	.0934	.0906		
.15	.1535	.1548	.1568	.1566	.1547	.1506	.1463	.1382	.1330		
.20	.2075	.2096	.2114	.2104	.2059	.1992	.1915	.1818	.1734		
.25	.2630	.2660	.2670	.2650	.2570	.2470	.2350	.2240	.2120		
.30	.2897	.3265	.3357	.3277	.3119	.2948	.2772	.2625	.2462		
.35	.3763	.4013	.4003	.3815	.3571	.3332	.3112	.2929	.2732		
.40	.5227	.4903	.4607	.4263	.3925	.3624	.3368	.3151	.2930		
.45	.7289	.5935	.5169	.4621	.4181	.3824	.3540	.3291	.3056		
.50	.9950*	.7110	.5690	.4890	.4340	.3930	.3630	.3350	.3110		
.55	.7289	.5935	.5169	.4621	.4231	.3824	.3540	.3291	.3056		
.60	.5227	.4903	.4607	.4263	.3999	.3624	.3368	.3151	.2930		
.65	.3763	.4013	.4003	.3815	.3645	.3332	.3112	.2929	.2732		
.70	.2897	.3265	.3357	.3277	.3169	.2948	.2772	.2625	.2462		
.75	.2630	.2660	.2670	.2650	.2570	.2470	.2350	.2240	.2120		
.80	.2075	.2096	.2114	.2104	.2059	.1992	.1915	.1818	.1734		
.85	.1535	.1548	.1568	.1566	.1547	.1506	.1463	.1382	.1330		
.90	.1009	.1016	.1034	.1036	.1033	.1012	.0993	.0934	.0906		
.95	.0497	.0500	.0512	.0514	.0517	.0510	.0505	.0474	.0462		
1.00	.0000	.0000	.0000	.0000	.0000	.0000	.0000	.0000	.0000		

→ x : lx

↓ y : ly

Spalte											
	0.125	0.25	0.375	0.50							
.05	.1273	.2644	.4446	.8644							
.10	.1277	.2656	.4448	.7564							
.15	.1283	.2664	.4426	.6712							
.20	.1291	.2668	.4380	.6088							
.25	.1300	.2670	.4310	.5690							
.30	.1301	.2669	.4210	.5340							
.35	.1301	.2659	.4104	.5030							
.40	.1299	.2639	.3994	.4760							
.45	.1295	.2609	.3880	.4530							
.50	.1290	.2570	.3760	.4340							
.55	.1278	.2532	.3648	.4163							
.60	.1266	.2492	.3542	.4003							
.65	.1254	.2448	.3440	.3861							
.70	.1242	.2400	.3342	.3737							
.75	.1230	.2350	.3250	.3630							
.80	.1198	.2307	.3171	.3513							
.85	.1172	.2263	.3091	.3403							
.90	.1150	.2217	.3009	.3299							
.95	.1132	.2169	.2925	.3201							
1.00	.1120	.2120	.2840	.3110							

Auswertung aus Olsen-Reinitzhuber „Die zweiseitig gelagerte Platte" Tafel Nr. 15

* bzw. theoretisch ∞

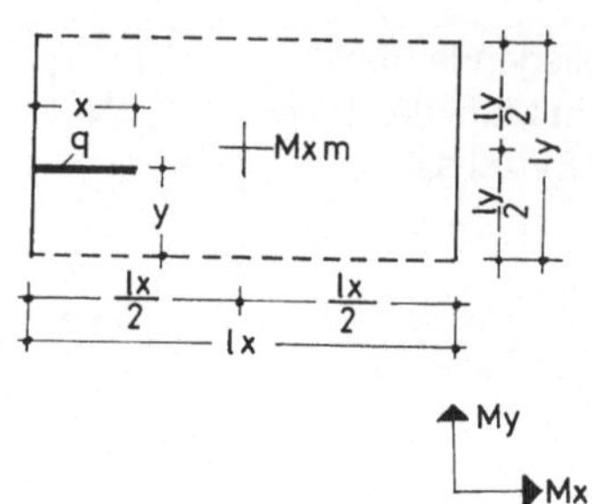

Zweiseitig frei aufliegende Platte.
Feldmoment Mxm in Plattenmitte aus Linienlast in lx-Richtung.

Mxm
0.5

D 4.2.1

$\frac{lx}{ly} = 2{,}0$

$\frac{ly}{lx} = 0{,}5$

$\mu = 0$

Faktor = q · lx

→ y : ly

↓ x : lx

Spalte										
	0.00	0.125	0.25	0.375	0.4375	0.50				
.05	.0013	.0013	.0013	.0012	.0012	.0012				
.10	.0052	.0051	.0050	.0049	.0049	.0049				
.15	.0116	.0114	.0113	.0111	.0110	.0110				
.20	.0206	.0203	.0200	.0197	.0195	.0195				
.25	.0322	.0318	.0313	.0307	.0305	.0305				
.30	.0465	.0460	.0452	.0441	.0436	.0430				
.35	.0632	.0628	.0617	.0599	.0589	.0576				
.40	.0820	.0818	.0807	.0782	.0772	.0758				
.45	.1023	.1025	.1017	.0993	.0992	.0994				
.50	.1237	.1244	.1246	.1235	.1256	.1298				
.55	.1450	.1463	.1475	.1492	.1521	.1603				
.60	.1653	.1670	.1685	.1706	.1741	.1838				
.65	.1841	.1860	.1874	.1889	.1924	.2020				
.70	.2009	.2028	.2040	.2045	.2077	.2166				
.75	.2151	.2170	.2179	.2174	.2208	.2292				
.80	.2267	.2285	.2292	.2296	.2317	.2402				
.85	.2357	.2374	.2379	.2382	.2403	.2487				
.90	.2422	.2438	.2442	.2443	.2464	.2548				
.95	.2460	.2476	.2479	.2480	.2500	.2584				
1.00	.2473	.2488	.2492	.2493	.2513	.2597				

Auswertung aus Olsen-Reinitzhuber „Die zweiseitig gelagerte Platte" Tafel Nr. 15

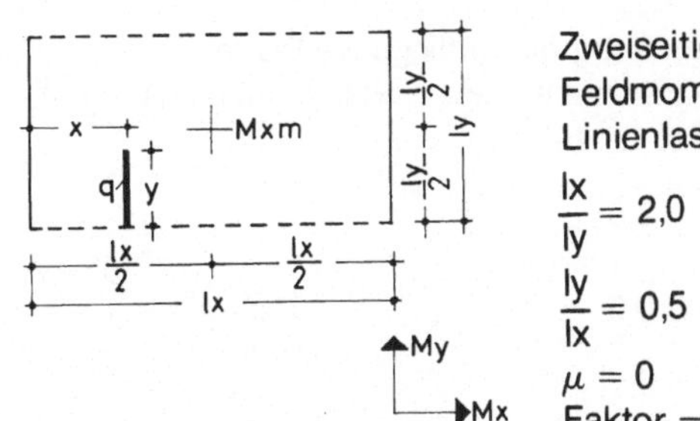

Zweiseitig frei aufliegende Platte.
Feldmoment Mxm in Plattenmitte aus Linienlast in ly-Richtung.

$\frac{lx}{ly} = 2{,}0$

$\frac{ly}{lx} = 0{,}5$

$\mu = 0$

Faktor = q · ly

Mxm
0.5

D 4.2.2

x : lx

y : ly

Spalte										
	0.125	0.25	0.375	0.50						
.05	.0064	.0128	.0189	.0218						
.10	.0128	.0257	.0378	.0438						
.15	.0192	.0384	.0569	.0663						
.20	.0255	.0511	.0759	.0891						
.25	.0318	.0637	.0950	.1125						
.30	.0380	.0761	.1137	.1364						
.35	.0442	.0884	.1324	.1612						
.40	.0503	.1006	.1510	.1875						
.45	.0564	.1128	.1693	.2160						
.50	.0625	.1250	.1874	.2494						
.55	.0686	.1371	.2055	.2827						
.60	.0747	.1494	.2239	.3112						
.65	.0809	.1616	.2425	.3375						
.70	.0871	.1739	.2613	.3623						
.75	.0933	.1863	.2802	.3862						
.80	.0996	.1989	.2991	.4096						
.85	.1059	.2116	.3181	.4325						
.90	.1122	.2244	.3372	.4549						
.95	.1186	.2372	.3562	.4769						
1.00	.1251	.2501	.3751	.4987						

Auswertung aus Olsen-Reinitzhuber „Die zweiseitig gelagerte Platte" Tafel Nr. 15

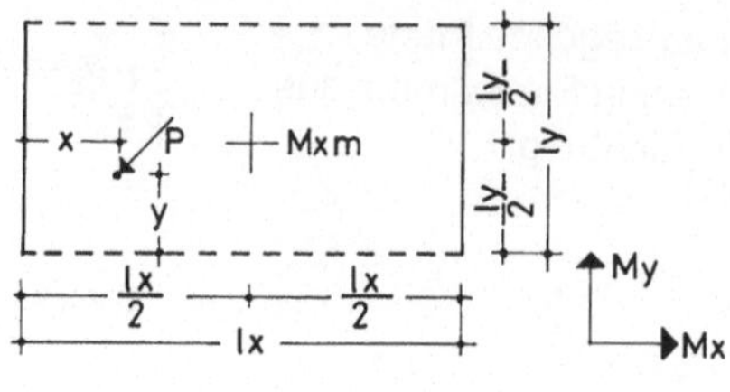

Zweiseitig frei aufliegende Platte.
Feldmoment Mxm in Plattenmitte aus einer Einzellast.

Mxm
0.5

D 4.2.3

$\frac{lx}{ly} = 2{,}0$

$\frac{ly}{lx} = 0{,}5$

$\mu = 0$

Faktor = P

y : ly →

x : lx ↓

Spalte						
	0.00	0.125	0.25	0.375	0.4375	0.50
.05	.0517	.0507	.0500	.0493	.0488	.0489
.10	.1033	.1015	.1000	.0985	.0976	.0977
.15	.1547	.1525	.1500	.1475	.1464	.1463
.20	.2059	.2037	.2000	.1963	.1952	.1947
.25	.2570	.2550	.2500	.2450	.2440	.2430
.30	.3119	.3118	.3057	.2920	.2812	.2662
.35	.3571	.3596	.3559	.3436	.3334	.3224
.40	.3925	.3982	.4007	.3996	.4004	.4118
.45	.4181	.4276	.4401	.4600	.4822	.5344
.50	.4340	.4480	.4740	.5250	.5790	.6900*
.55	.4181	.4276	.4401	.4600	.4822	.5344
.60	.3925	.3982	.4007	.3996	.4004	.4118
.65	.3571	.3596	.3559	.3436	.3334	.3224
.70	.3119	.3118	.3057	.2920	.2812	.2662
.75	.2570	.2550	.2500	.2450	.2440	.2430
.80	.2059	.2037	.2000	.1963	.1952	.1947
.85	.1547	.1525	.1500	.1475	.1464	.1463
.90	.1033	.1015	.1000	.0985	.0976	.0977
.95	.0517	.0507	.0500	.0493	.0488	.0489
1.00	.0000	.0000	.0000	.0000	.0000	.0000

x : lx →

y : ly ↓

Spalte				
	0.125	0.25	0.375	0.50
.05	.1282	.2566	.3782	.4382
.10	.1274	.2556	.3796	.4442
.15	.1266	.2542	.3802	.4522
.20	.1258	.2524	.3800	.4622
.25	.1250	.2500	.3790	.4740
.30	.1242	.2475	.3764	.4853
.35	.1234	.2457	.3730	.5087
.40	.1226	.2445	.3688	.5443
.45	.1220	.2436	.3643	.6190
.50	.1220	.2430	.3630	.6900*
.55	.1220	.2436	.3643	.6190
.60	.1226	.2445	.3688	.5443
.65	.1234	.2457	.3730	.5087
.70	.1242	.2475	.3764	.4853
.75	.1250	.2500	.3790	.4740
.80	.1258	.2524	.3800	.4622
.85	.1266	.2542	.3802	.4522
.90	.1274	.2556	.3796	.4442
.95	.1282	.2566	.3782	.4382
1.00	.1290	.2570	.3760	.4340

Auswertung aus Olsen-Reinitzhuber „Die zweiseitig gelagerte Platte" Tafel Nr. 15

* bezw. theoretisch ∞

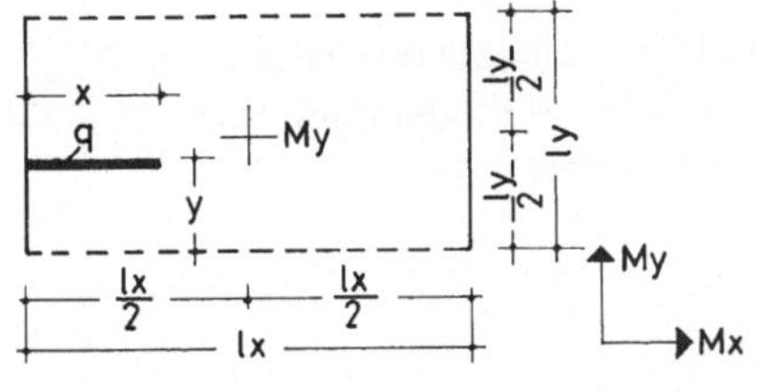

Zweiseitig frei aufliegende Platte.
Feldmoment My in Plattenmitte aus Linienlast in lx-Richtung.

+My
0.5

$\frac{lx}{ly} = 2{,}0$

$\frac{ly}{lx} = 0{,}5$

$\mu = 0$

Faktor = q · lx

D 4.3.1

→ y : ly

↓ x : lx

Spalte						
	0.00	0.125	0.25	0.375	0.4375	0.50
.05	.0002-	.0001-	.0000	.0001	.0001	.0001
.10	.0007-	.0003-	.0001	.0003	.0004	.0004
.15	.0016-	.0006-	.0002	.0008	.0009	.0010
.20	.0029-	.0012-	.0003	.0015	.0018	.0019
.25	.0048-	.0020-	.0005	.0024	.0030	.0032
.30	.0076-	.0034-	.0007	.0039	.0048	.0041
.35	.0110-	.0051-	.0008	.0058	.0073	.0054
.40	.0151-	.0073-	.0008	.0080	.0105	.0090
.45	.0198-	.0099-	.0004	.0103	.0143	.0171
.50	.0250-	.0129-	.0004-	.0125	.0188	.0317
.55	.0293-	.0158-	.0012-	.0146	.0233	.0462
.60	.0339-	.0183-	.0015-	.0169	.0272	.0543
.65	.0380-	.0205-	.0016-	.0191	.0304	.0579
.70	.0416-	.0222-	.0015-	.0211	.0329	.0592
.75	.0444-	.0235-	.0013-	.0225	.0347	.0601
.80	.0458-	.0243-	.0011-	.0235	.0359	.0614
.85	.0472-	.0249-	.0009-	.0241	.0367	.0623
.90	.0481-	.0253-	.0008-	.0246	.0373	.0629
.95	.0485-	.0254-	.0008-	.0248	.0376	.0632
1.00	.0486-	.0254-	.0008-	.0249	.0377	.0633

Auswertung aus Olsen-Reinitzhuber „Die zweiseitig gelagerte Platte" Tafel Nr. 15

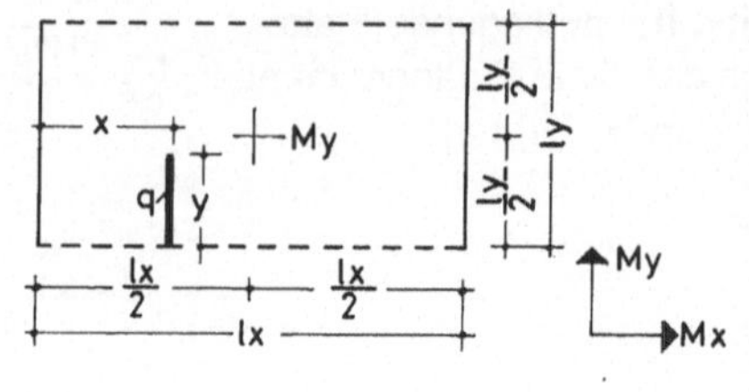

Zweiseitig frei aufliegende Platte.
Feldmoment My in Plattenmitte aus Linienlast in ly-Richtung.

+My
0.5

D 4.3.2

$\frac{lx}{ly} = 2{,}0$

$\frac{ly}{lx} = 0{,}5$

$\mu = 0$

Faktor = q · ly

→ x : lx

↓ y : ly

Spalte										
	0.125	0.25	0.375	0.50	0.25	0.30	0.35	0.40	0.45	0.50
.05	.0008-	.0020-	.0036-	.0047-						
.10	.0015-	.0034-	.0066-	.0087-						
.15	.0019-	.0044-	.0087-	.0118-						
.20	.0020-	.0050-	.0101-	.0141-						
.25	.0020-	.0050-	.0105-	.0156-						
.30	.0019-	.0046-	.0101-	.0163-						
.35	.0015-	.0038-	.0087-	.0160-						
.40	.0011-	.0027-	.0065-	.0140-						
.45	.0005-	.0014-	.0034-	.0093-						
.50	.0000	.0001	.0000	.0063						
.55	.0006	.0015	.0035	.0219						
.60	.0012	.0029	.0065	.0266						
.65	.0016	.0040	.0088	.0286						
.70	.0020	.0047	.0102	.0289						
.75	.0021	.0051	.0106	.0282						
.80	.0021	.0051	.0101	.0267						
.85	.0019	.0046	.0088	.0244						
.90	.0015	.0036	.0066	.0213						
.95	.0009	.0021	.0037	.0173						
1.00	.0001	.0001	.0001	.0126						

Auswertung aus Olsen-Reinitzhuber „Die zweiseitig gelagerte Platte" Tafel Nr. 15

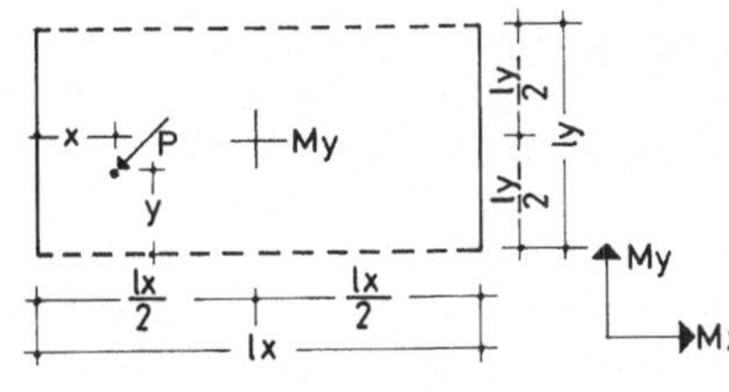

Zweiseitig frei aufliegende Platte.
Feldmoment My in Plattenmitte aus einer Einzellast.

+My
0.5

D 4.3.3

$\frac{lx}{ly} = 2{,}0$

$\frac{ly}{lx} = 0{,}5$

$\mu = 0$

Faktor = P

→ y : ly, ↓ x : lx

Spalte										
	0.00	0.125	0.25	0.375	0.4375	0.50				
.05	.0069-	.0027-	.0008	.0031	.0037	.0042				
.10	.0147-	.0061-	.0016	.0069	.0083	.0092				
.15	.0235-	.0101-	.0024	.0113	.0139	.0150				
.20	.0333-	.0147-	.0032	.0163	.0205	.0216				
.25	.0440-	.0200-	.0040	.0220	.0280	.0290				
.30	.0601-	.0296-	.0038	.0347	.0429	.0150				
.35	.0739-	.0386-	.0012	.0427	.0571	.0420				
.40	.0855-	.0472-	.0038-	.0461	.0707	.1102				
.45	.0949-	.0554-	.0112-	.0449	.0837	.2196				
.50	.1020-	.0630-	.0210-	.0390	.0960	.3700*				
.55	.0949-	.0554-	.0112-	.0449	.0837	.2196				
.60	.0855-	.0472-	.0038-	.0461	.0707	.1102				
.65	.0739-	.0386-	.0012	.0427	.0571	.0420				
.70	.0601-	.0296-	.0038	.0347	.0429	.0150				
.75	.0440-	.0200-	.0040	.0220	.0280	.0290				
.80	.0333-	.0147-	.0032	.0163	.0205	.0216				
.85	.0235-	.0101-	.0024	.0113	.0139	.0150				
.90	.0147-	.0061-	.0016	.0069	.0083	.0092				
.95	.0069-	.0027-	.0008	.0031	.0037	.0042				
1.00	.0000	.0000	.0000	.0000	.0000	.0000				

→ x : lx, ↓ y : ly

Spalte										
	0.125	0.25	0.375	0.50						
.05	.0145-	.0344-	.0658-	.0868-						
.10	.0101-	.0248-	.0508-	.0710-						
.15	.0059-	.0152-	.0350-	.0548-						
.20	.0019-	.0056-	.0184-	.0382-						
.25	.0020	.0040	.0010-	.0210-						
.30	.0053	.0122	.0187	.0056-						
.35	.0079	.0190	.0367	.0212						
.40	.0099	.0246	.0529	.0596						
.45	.0114	.0284	.0665	.1946						
.50	.0120	.0290	.0710	.3700*						
.55	.0114	.0284	.0665	.1946						
.60	.0099	.0246	.0529	.0596						
.65	.0079	.0190	.0367	.0212						
.70	.0053	.0122	.0187	.0056-						
.75	.0020	.0040	.0010-	.0210-						
.80	.0019-	.0056-	.0184-	.0382-						
.85	.0059-	.0152-	.0350-	.0548-						
.90	.0101-	.0248-	.0508-	.0710-						
.95	.0145-	.0344-	.0658-	.0868-						
1.00	.0190-	.0440-	.0800-	.1020-						

Auswertung aus Olsen-Reinitzhuber „Die zweiseitig gelagerte Platte" Tafel Nr. 15

* bezw. theoretisch ∞

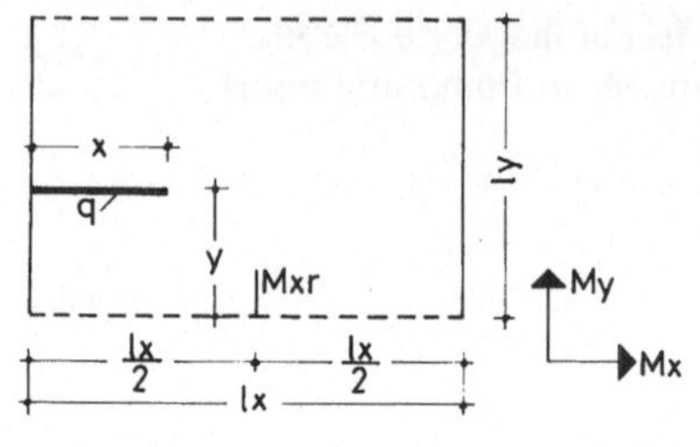

Zweiseitig frei aufliegende Platte.
Feldmoment Mxr in Mitte des freien Randes aus Linienlast in lx-Richtung.

Mxr
0.666

D 5.1.1

$\frac{lx}{ly} = 1{,}5$

$\frac{ly}{lx} = 0{,}666$

$\mu = 0$

Faktor = $q \cdot lx$

y : ly → ; x : lx ↓

Spalte										
	0.00	0.125	0.25	0.375	0.50	0.625	0.75	0.875	1.00	
.05	.0010	.0010	.0010	.0010	.0010	.0009	.0009	.0008	.0008	
.10	.0040	.0040	.0041	.0042	.0040	.0037	.0035	.0033	.0031	
.15	.0091	.0092	.0092	.0094	.0089	.0083	.0078	.0073	.0068	
.20	.0166	.0166	.0166	.0166	.0158	.0147	.0138	.0128	.0119	
.25	.0265	.0263	.0263	.0260	.0245	.0227	.0212	.0197	.0182	
.30	.0378	.0393	.0391	.0376	.0349	.0322	.0296	.0272	.0250	
.35	.0515	.0546	.0543	.0516	.0474	.0433	.0396	.0362	.0332	
.40	.0708	.0732	.0721	.0675	.0614	.0556	.0507	.0461	.0421	
.45	.0989	.0955	.0921	.0850	.0766	.0689	.0625	.0566	.0516	
.50	.1389	.1218	.1141	.1037	.0925	.0827	.0748	.0675	.0615	
.55	.1789	.1509	.1341	.1194	.1059	.0944	.0852	.0768	.0698	
.60	.2070	.1736	.1538	.1365	.1207	.1074	.0968	.0871	.0791	
.65	.2263	.1922	.1716	.1525	.1347	.1197	.1078	.0970	.0880	
.70	.2401	.2072	.1871	.1669	.1475	.1312	.1181	.1062	.0964	
.75	.2514	.2189	.2001	.1793	.1588	.1414	.1274	.1146	.1041	
.80	.2613	.2307	.2085	.1866	.1657	.1479	.1334	.1202	.1091	
.85	.2687	.2382	.2159	.1939	.1725	.1542	.1392	.1256	.1141	
.90	.2739	.2434	.2211	.1991	.1774	.1588	.1435	.1296	.1179	
.95	.2769	.2463	.2241	.2022	.1804	.1616	.1462	.1322	.1203	
1.00	.2778	.2471	.2249	.2033	.1815	.1626	.1473	.1332	.1212	

Auswertung aus Olsen-Reinitzhuber „Die zweiseitig gelagerte Platte“ Tafel Nr. 13

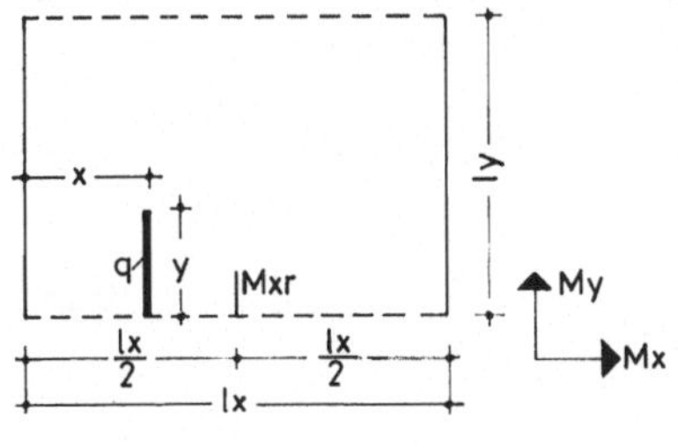

Zweiseitig frei aufliegende Platte.
Feldmoment Mxr in Mitte des freien
Randes aus Linienlast in ly-Richtung.

Mxr
0.666

D 5.1.2

$$\frac{lx}{ly} = 1{,}5$$

$$\frac{ly}{lx} = 0{,}666$$

$$\mu = 0$$

Faktor = $q \cdot ly$

x : lx → ; y : ly ↓

Spalte										
	0.125	0.25	0.375	0.50						
.05	.0052	.0111	.0193	.0427						
.10	.0104	.0223	.0386	.0771						
.15	.0157	.0334	.0578	.1048						
.20	.0210	.0445	.0766	.1276						
.25	.0262	.0555	.0950	.1471						
.30	.0314	.0664	.1110	.1768						
.35	.0367	.0770	.1273	.1963						
.40	.0419	.0875	.1429	.2143						
.45	.0471	.0976	.1577	.2309						
.50	.0522	.1075	.1717	.2463						
.55	.0568	.1167	.1850	.2623						
.60	.0615	.1259	.1976	.2763						
.65	.0660	.1348	.2096	.2896						
.70	.0704	.1433	.2211	.3022						
.75	.0747	.1515	.2320	.3141						
.80	.0789	.1594	.2428	.3261						
.85	.0830	.1670	.2529	.3371						
.90	.0870	.1744	.2625	.3477						
.95	.0908	.1814	.2717	.3577						
1.00	.0945	.1883	.2805	.3673						

Auswertung aus Olsen-Reinitzhuber „Die zweiseitig gelagerte Platte" Tafel Nr. 13

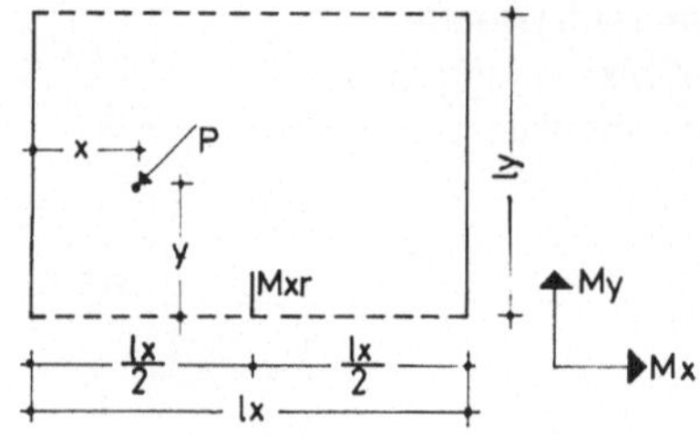

Zweiseitig frei aufliegende Platte.
Feldmoment Mxr in Mitte des freien Randes aus einer Einzellast.

Mxr
0.666

D 5.1.3

$$\frac{lx}{ly} = 1{,}5$$

$$\frac{ly}{lx} = 0{,}666$$

$\mu = 0$

Faktor = P

→ x : lx, ↓ y : ly

Spalte	0.125	0.25	0.375	0.50
.05	.1040	.2227	.3855	.7736
.10	.1048	.2223	.3829	.6408
.15	.1052	.2217	.3761	.5416
.20	.1052	.2209	.3651	.4760
.25	.1050	.2200	.3500	.4440
.30	.1052	.2157	.3343	.4085
.35	.1046	.2107	.3187	.3771
.40	.1032	.2051	.3033	.3499
.45	.1010	.1989	.2881	.3269
.50	.0980	.1920	.2730	.3080
.55	.0951	.1861	.2594	.2903
.60	.0923	.1801	.2468	.2743
.65	.0897	.1739	.2354	.2601
.70	.0873	.1675	.2252	.2477
.75	.0850	.1610	.2160	.2370
.80	.0826	.1553	.2062	.2261
.85	.0802	.1497	.1972	.2159
.90	.0778	.1443	.1890	.2063
.95	.0754	.1391	.1816	.1973
1.00	.0730	.1340	.1750	.1890

→ y : ly, ↓ x : lx

Spalte	0.00	0.125	0.25	0.375	0.50	0.625	0.75	0.875	1.00
.05	.0392	.0406	.0408	.0416	.0397	.0370	.0351	.0329	.0306
.10	.0810	.0830	.0832	.0832	.0787	.0732	.0687	.0641	.0594
.15	.1256	.1274	.1272	.1248	.1171	.1086	.1009	.0935	.0862
.20	.1730	.1738	.1728	.1664	.1549	.1432	.1317	.1211	.1110
.25	.2230	.2220	.2200	.2080	.1920	.1770	.1610	.1470	.1340
.30	.2400	.2793	.2763	.2553	.2299	.2072	.1871	.1688	.1536
.35	.3202	.3445	.3269	.2945	.2605	.2312	.2077	.1860	.1690
.40	.4636	.4175	.3717	.3255	.2837	.2492	.2229	.1988	.1800
.45	.6702	.4983	.4107	.3483	.2995	.2612	.2327	.2072	.1866
.50	.9400*	.5870	.4440	.3630	.3080	.2670	.2370	.2110	.1890
.55	.6702	.4983	.4107	.3483	.2995	.2612	.2327	.2072	.1866
.60	.4636	.4175	.3717	.3255	.2837	.2492	.2229	.1988	.1800
.65	.3202	.3445	.3269	.2945	.2605	.2312	.2077	.1860	.1690
.70	.2400	.2793	.2763	.2553	.2299	.2072	.1871	.1688	.1536
.75	.2230	.2220	.2200	.2080	.1920	.1770	.1610	.1470	.1340
.80	.1730	.1738	.1728	.1664	.1549	.1432	.1317	.1211	.1110
.85	.1256	.1274	.1272	.1248	.1171	.1086	.1009	.0935	.0862
.90	.0810	.0830	.0832	.0832	.0787	.0732	.0687	.0641	.0594
.95	.0392	.0406	.0408	.0416	.0397	.0370	.0351	.0329	.0306
1.00	.0000	.0000	.0000	.0000	.0000	.0000	.0000	.0000	.0000

Auswertung aus Olsen-Reinitzhuber „Die zweiseitig gelagerte Platte" Tafel Nr. 13

* bzw. theoretisch ∞

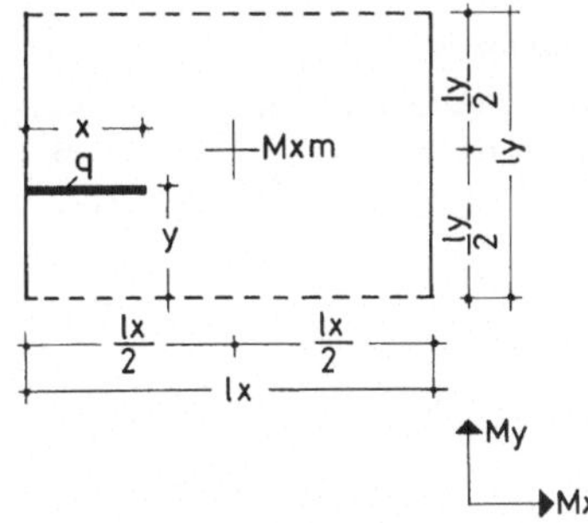

Zweiseitig frei aufliegende Platte.
Feldmoment Mxm in Plattenmitte aus Linienlast in lx-Richtung.

$\frac{lx}{ly} = 1{,}5$

$\frac{ly}{lx} = 0{,}666$

$\mu = 0$

Faktor = q · lx

Mxm
0.666

D 5.2.1

y : ly →

x : lx ↓

Spalte										
	0.00	0.125	0.25	0.375	0.4375	0.50				
.05	.0010	.0010	.0010	.0009	.0009	.0009				
.10	.0039	.0039	.0038	.0036	.0036	.0036				
.15	.0088	.0088	.0086	.0082	.0081	.0081				
.20	.0157	.0155	.0152	.0146	.0144	.0144				
.25	.0244	.0242	.0238	.0228	.0225	.0225				
.30	.0350	.0349	.0343	.0328	.0322	.0316				
.35	.0473	.0476	.0469	.0448	.0436	.0422				
.40	.0609	.0620	.0612	.0589	.0575	.0558				
.45	.0755	.0777	.0769	.0752	.0744	.0742				
.50	.0908	.0944	.0939	.0938	.0951	.0990				
.55	.1060	.1084	.1108	.1131	.1157	.1238				
.60	.1206	.1238	.1266	.1295	.1327	.1422				
.65	.1342	.1382	.1409	.1436	.1465	.1558				
.70	.1465	.1513	.1534	.1555	.1580	.1664				
.75	.1571	.1627	.1640	.1654	.1677	.1755				
.80	.1658	.1696	.1726	.1741	.1758	.1836				
.85	.1727	.1763	.1792	.1805	.1821	.1899				
.90	.1776	.1812	.1840	.1850	.1866	.1944				
.95	.1805	.1841	.1868	.1878	.1893	.1971				
1.00	.1815	.1851	.1878	.1887	.1902	.1980				

Auswertung aus Olsen-Reinitzhuber „Die zweiseitig gelagerte Platte" Tafel Nr. 13

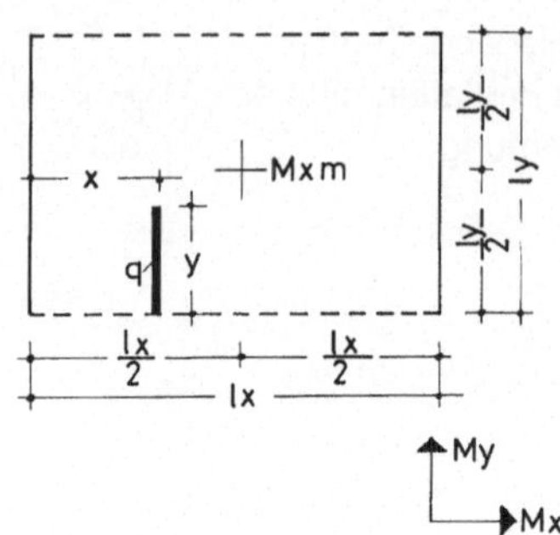

Zweiseitig frei aufliegende Platte.
Feldmoment Mxm in Plattenmitte aus Linienlast in ly-Richtung.

Mxm
0.666

$\frac{lx}{ly} = 1{,}5$

$\frac{ly}{lx} = 0{,}666$

D 5.2.2

$\mu = 0$

Faktor = $q \cdot ly$

→ x : lx

↓ y : ly

Spalte										
	0.125	0.25	0.375	0.50						
.05	.0049	.0097	.0137	.0155						
.10	.0098	.0193	.0277	.0313						
.15	.0146	.0290	.0417	.0473						
.20	.0195	.0387	.0559	.0638						
.25	.0242	.0482	.0702	.0808						
.30	.0289	.0575	.0845	.0989						
.35	.0335	.0667	.0989	.1171						
.40	.0380	.0758	.1132	.1366						
.45	.0426	.0849	.1269	.1598						
.50	.0471	.0938	.1405	.1880						
.55	.0516	.1027	.1540	.2199						
.60	.0561	.1118	.1682	.2366						
.65	.0606	.1209	.1824	.2564						
.70	.0652	.1301	.1968	.2744						
.75	.0699	.1394	.2114	.2912						
.80	.0747	.1491	.2253	.3100						
.85	.0796	.1587	.2395	.3266						
.90	.0844	.1684	.2535	.3426						
.95	.0893	.1781	.2675	.3583						
1.00	.0942	.1878	.2813	.3736						

Auswertung aus Olsen-Reinitzhuber „Die zweiseitig gelagerte Platte" Tafel Nr. 13

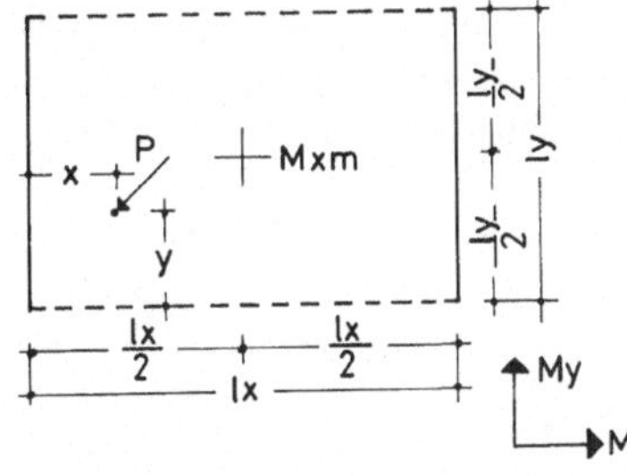

Zweiseitig frei aufliegende Platte.
Feldmoment Mxm in Plattenmitte aus einer Einzellast.

$\frac{lx}{ly} = 1,5$

$\frac{ly}{lx} = 0,666$

$\mu = 0$

Faktor = P

Mxm
0.666

D 5.2.3

→ x : lx, ↓ y : ly

Spalte											
	0.125	0.25	0.375	0.50							
.05	.0977	.1934	.2766	.3127							
.10	.0973	.1932	.2796	.3191							
.15	.0967	.1926	.2822	.3273							
.20	.0959	.1916	.2844	.3373							
.25	.0950	.1900	.2860	.3490							
.30	.0931	.1862	.2871	.3603							
.35	.0916	.1832	.2857	.3837							
.40	.0905	.1810	.2817	.4193							
.45	.0900	.1796	.2752	.4958							
.50	.0900	.1790	.2720	.5700*							
.55	.0900	.1796	.2752	.4958							
.60	.0905	.1810	.2817	.4193							
.65	.0916	.1832	.2857	.3837							
.70	.0931	.1862	.2871	.3603							
.75	.0950	.1900	.2860	.3490							
.80	.0959	.1916	.2844	.3373							
.85	.0967	.1926	.2822	.3273							
.90	.0973	.1932	.2796	.3191							
.95	.0977	.1934	.2766	.3127							
1.00	.0980	.1930	.2730	.3080							

→ y : ly, ↓ x : lx

Spalte											
	0.00	0.125	0.25	0.375	0.4375	0.50					
.05	.0396	.0389	.0380	.0364	.0360	.0361					
.10	.0786	.0777	.0760	.0728	.0720	.0721					
.15	.1172	.1163	.1140	.1092	.1080	.1079					
.20	.1554	.1547	.1520	.1456	.1440	.1435					
.25	.1930	.1930	.1900	.1820	.1800	.1790					
.30	.2304	.2337	.2324	.2211	.2092	.1916					
.35	.2606	.2671	.2694	.2625	.2512	.2370					
.40	.2836	.2931	.3012	.3061	.3060	.3152					
.45	.2994	.3117	.3278	.3519	.3736	.4262					
.50	.3080	.3230	.3490	.4000	.4540	.5700*					
.55	.2994	.3117	.3278	.3519	.3736	.4262					
.60	.2836	.2931	.3012	.3061	.3060	.3152					
.65	.2606	.2671	.2694	.2625	.2512	.2370					
.70	.2304	.2337	.2324	.2211	.2092	.1916					
.75	.1930	.1930	.1900	.1820	.1800	.1790					
.80	.1554	.1547	.1520	.1456	.1440	.1435					
.85	.1172	.1163	.1140	.1092	.1080	.1079					
.90	.0786	.0777	.0760	.0728	.0720	.0721					
.95	.0396	.0389	.0380	.0364	.0360	.0361					
1.00	.0000	.0000	.0000	.0000	.0000	.0000					

Auswertung aus Olsen-Reinitzhuber „Die zweiseitig gelagerte Platte" Tafel Nr. 13

* bezw. theoretisch ∞

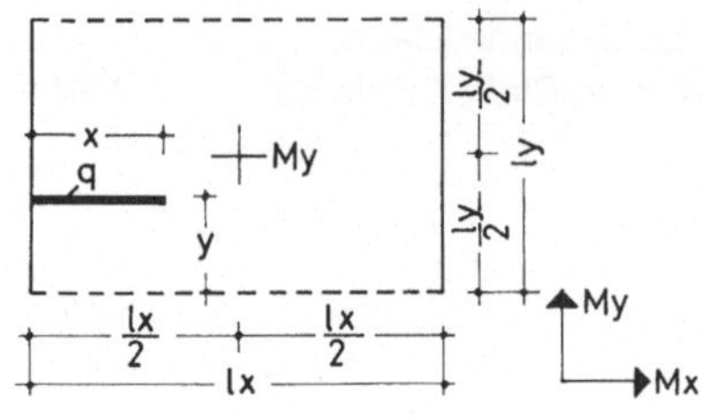

Zweiseitig frei aufliegende Platte.
Feldmoment My in Plattenmitte aus
Linienlast in lx-Richtung.

+My
0.666

D 5.3.1

$$\frac{lx}{ly} = 1{,}5$$

$$\frac{ly}{lx} = 0{,}666$$

$\mu = 0$

Faktor $= q \cdot lx$

→ y : ly

↓ x : lx

Spalte										
	0.00	0.125	0.25	0.375	0.4375	0.50				
.05	.0002-	.0001-	.0000	.0001	.0001	.0002				
.10	.0010-	.0004-	.0001	.0004	.0005	.0006				
.15	.0023-	.0010-	.0002	.0010	.0013	.0015				
.20	.0041-	.0019-	.0003	.0019	.0024	.0027				
.25	.0065-	.0030-	.0005	.0032	.0040	.0045				
.30	.0097-	.0047-	.0005	.0048	.0064	.0060				
.35	.0134-	.0067-	.0005	.0069	.0095	.0081				
.40	.0176-	.0091-	.0002	.0092	.0133	.0125				
.45	.0222-	.0119-	.0004-	.0115	.0176	.0212				
.50	.0271-	.0149-	.0013-	.0135	.0221	.0360				
.55	.0312-	.0175-	.0022-	.0155	.0267	.0508				
.60	.0357-	.0202-	.0028-	.0178	.0310	.0595				
.65	.0399-	.0226-	.0031-	.0201	.0347	.0639				
.70	.0437-	.0246-	.0032-	.0222	.0379	.0660				
.75	.0470-	.0263-	.0031-	.0238	.0402	.0675				
.80	.0489-	.0272-	.0030-	.0251	.0418	.0693				
.85	.0508-	.0281-	.0029-	.0260	.0430	.0705				
.90	.0520-	.0287-	.0028-	.0266	.0437	.0714				
.95	.0528-	.0290-	.0027-	.0269	.0441	.0718				
1.00	.0530-	.0290-	.0027-	.0270	.0443	.0720				

Auswertung aus Olsen-Reinitzhuber „Die zweiseitig gelagerte Platte" Tafel Nr. 13

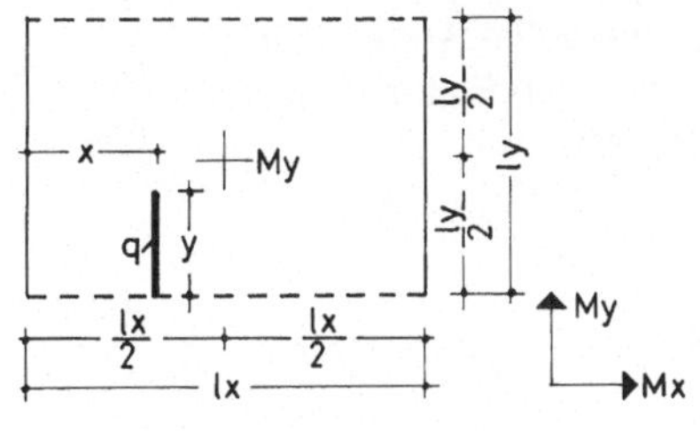

Zweiseitig frei aufliegende Platte.
Feldmoment My in Plattenmitte aus Linienlast in ly-Richtung.

+My
0.666

$\frac{lx}{ly} = 1{,}5$

$\frac{ly}{lx} = 0{,}666$

$\mu = 0$

Faktor = q · ly

D 5.3.2

x : lx →

y : ly ↓

Spalte										
	0.125	0.25	0.375	0.50						
.05	.0012-	.0025-	.0038-	.0044-						
.10	.0020-	.0044-	.0069-	.0081-						
.15	.0026-	.0057-	.0092-	.0111-						
.20	.0030-	.0065-	.0108-	.0134-						
.25	.0030-	.0067-	.0115-	.0149-						
.30	.0028-	.0062-	.0113-	.0157-						
.35	.0024-	.0053-	.0101-	.0155-						
.40	.0018-	.0039-	.0078-	.0136-						
.45	.0010-	.0021-	.0043-	.0090-						
.50	.0002-	.0002-	.0001-	.0065						
.55	.0006	.0017	.0041	.0221						
.60	.0014	.0035	.0076	.0266						
.65	.0020	.0049	.0099	.0285						
.70	.0024	.0058	.0111	.0287						
.75	.0026	.0063	.0113	.0279						
.80	.0026	.0061	.0106	.0264						
.85	.0022	.0054	.0090	.0241						
.90	.0016	.0040	.0066	.0211						
.95	.0008	.0021	.0036	.0174						
1.00	.0004-	.0004-	.0002-	.0130						

Auswertung aus Olsen-Reinitzhuber „Die zweiseitig gelagerte Platte" Tafel Nr. 13

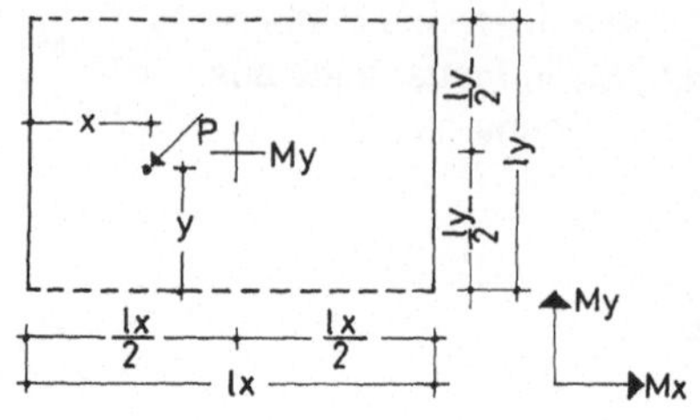

Zweiseitig frei aufliegende Platte.
Feldmoment My in Plattenmitte aus einer Einzellast.

$\frac{lx}{ly} = 1{,}5$

$\frac{ly}{lx} = 0{,}666$

$\mu = 0$

Faktor = P

+My
0.666

D 5.3.3

x : lx → ; y : ly ↓

Spalte										
	0.125	0.25	0.375	0.50						
.05	.0204-	.0440-	.0687-	.0814-						
.10	.0148-	.0328-	.0545-	.0672-						
.15	.0092-	.0212-	.0393-	.0526-						
.20	.0036-	.0092-	.0231-	.0376-						
.25	.0020	.0030	.0060-	.0220-						
.30	.0066	.0141	.0135	.0078-						
.35	.0104	.0237	.0347	.0184						
.40	.0134	.0319	.0577	.0566						
.45	.0157	.0377	.0800	.1927						
.50	.0170	.0390	.0870	.3700*						
.55	.0157	.0377	.0800	.1927						
.60	.0134	.0319	.0577	.0566						
.65	.0104	.0237	.0347	.0184						
.70	.0066	.0141	.0135	.0078-						
.75	.0020	.0030	.0060-	.0220-						
.80	.0036-	.0092-	.0231-	.0376-						
.85	.0092-	.0212-	.0393-	.0526-						
.90	.0148-	.0328-	.0545-	.0672-						
.95	.0204-	.0440-	.0687-	.0814-						
1.00	.0260-	.0550-	.0820-	.0950-						

y : ly → ; x : lx ↓

Spalte										
	0.00	0.125	0.25	0.375	0.4375	0.50				
.05	.0100-	.0044-	.0009	.0043	.0052	.0062				
.10	.0206-	.0094-	.0017	.0093	.0114	.0132				
.15	.0316-	.0148-	.0023	.0149	.0188	.0210				
.20	.0430-	.0206-	.0027	.0211	.0274	.0296				
.25	.0550-	.0270-	.0030	.0280	.0370	.0390				
.30	.0675-	.0358-	.0002	.0386	.0552	.0300				
.35	.0777-	.0436-	.0036-	.0446	.0700	.0586				
.40	.0857-	.0502-	.0086-	.0462	.0812	.1248				
.45	.0915-	.0556-	.0148-	.0434	.0888	.2286				
.50	.0950-	.0600-	.0220-	.0360	.0930	.3700*				
.55	.0915-	.0556-	.0148-	.0434	.0888	.2286				
.60	.0857-	.0502-	.0086-	.0462	.0812	.1248				
.65	.0777-	.0436-	.0036-	.0446	.0700	.0586				
.70	.0675-	.0358-	.0002	.0386	.0552	.0300				
.75	.0550-	.0270-	.0030	.0280	.0370	.0390				
.80	.0430-	.0206-	.0027	.0211	.0274	.0296				
.85	.0316-	.0148-	.0023	.0149	.0188	.0210				
.90	.0206-	.0094-	.0017	.0093	.0114	.0132				
.95	.0100-	.0044-	.0009	.0043	.0052	.0062				
1.00	.0000	.0000	.0000	.0000	.0000	.0000				

Auswertung aus Olsen-Reinitzhuber „Die zweiseitig gelagerte Platte" Tafel Nr. 13

* bezw. theoretisch ∞

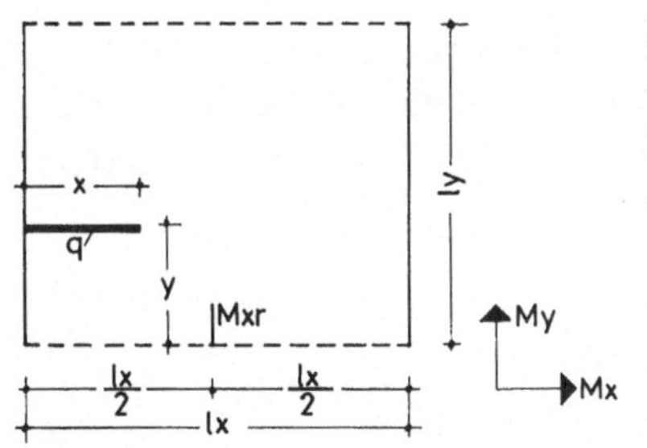

Zweiseitig frei aufliegende Platte.
Feldmoment Mxr in Mitte des freien Randes aus Linienlast in lx-Richtung.

$\frac{lx}{ly} = 1{,}25$

$\frac{ly}{lx} = 0{,}80$

$\mu = 0$

Faktor = q · lx

Mxr
0.80

D 6.1.1

→ y : ly

↓ x : lx

Spalte										
	0.00	0.125	0.25	0.375	0.50	0.625	0.75	0.875	1.00	
.05	**.0009**	.0009	.0009	.0009	.0008	.0007	.0007	.0006	**.0005**	
.10	**.0036**	.0037	.0036	.0036	.0033	.0029	.0027	.0025	**.0021**	
.15	**.0083**	.0084	.0082	.0081	.0074	.0065	.0059	.0054	**.0047**	
.20	**.0151**	.0152	.0149	.0144	.0131	.0114	.0104	.0095	**.0081**	
.25	**.0243**	.0240	.0235	.0225	.0202	.0177	.0160	.0145	**.0124**	
.30	**.0346**	.0360	.0351	.0324	.0286	.0250	.0222	.0198	**.0174**	
.35	**.0474**	.0505	.0487	.0442	.0387	.0336	.0296	.0262	**.0230**	
.40	**.0657**	.0681	.0646	.0576	.0499	.0430	.0378	.0333	**.0290**	
.45	**.0929**	.0889	.0822	.0722	.0621	.0530	.0464	.0408	**.0354**	
.50	**.1323**	.1130	.1013	.0876	.0747	.0635	.0554	.0485	**.0418**	
.55	**.1716**	.1382	.1182	.1006	.0853	.0725	.0631	.0552	**.0483**	
.60	**.1988**	.1591	.1355	.1148	.0971	.0824	.0716	.0625	**.0547**	
.65	**.2171**	.1767	.1513	.1282	.1084	.0918	.0797	.0696	**.0607**	
.70	**.2299**	.1910	.1653	.1404	.1187	.1005	.0873	.0762	**.0663**	
.75	**.2403**	.2023	.1771	.1511	.1279	.1084	.0942	.0822	**.0713**	
.80	**.2494**	.2121	.1843	.1574	.1336	.1136	.0988	.0863	**.0756**	
.85	**.2562**	.2189	.1910	.1636	.1392	.1185	.1032	.0902	**.0790**	
.90	**.2609**	.2236	.1956	.1682	.1433	.1221	.1065	.0932	**.0815**	
.95	**.2636**	.2263	.1983	.1709	.1458	.1243	.1085	.0951	**.0831**	
1.00	**.2645**	.2271	.1990	.1718	.1467	.1251	.1093	.0959	**.0837**	

Auswertung aus Olsen-Reinitzhuber „Die zweiseitig gelagerte Platte" Tafel Nr. 12

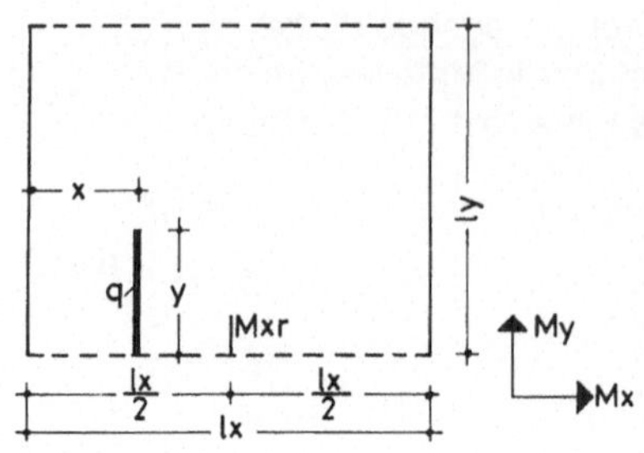

Zweiseitig frei aufliegende Platte.
Feldmoment Mxr in Mitte des freien Randes aus Linienlast in ly-Richtung.

0.80

D 6.1.2

$$\frac{lx}{ly} = 1{,}25$$

$$\frac{ly}{lx} = 0{,}80$$

$\mu = 0$

Faktor = q · ly

→ x : lx

↓ y : ly

Spalte										
	0.125	0.25	0.375	0.50						
.05	.0047	.0103	.0182	.0415						
.10	.0095	.0205	.0365	.0733						
.15	.0144	.0307	.0544	.0974						
.20	.0192	.0408	.0718	.1161						
.25	.0240	.0507	.0884	.1314						
.30	.0285	.0604	.1021	.1609						
.35	.0331	.0697	.1160	.1794						
.40	.0377	.0787	.1290	.1971						
.45	.0421	.0873	.1411	.2134						
.50	.0463	.0954	.1523	.2279						
.55	.0501	.1029	.1632	.2371						
.60	.0538	.1102	.1730	.2479						
.65	.0573	.1171	.1821	.2580						
.70	.0607	.1236	.1906	.2674						
.75	.0639	.1298	.1986	.2761						
.80	.0671	.1358	.2068	.2850						
.85	.0702	.1413	.2140	.2930						
.90	.0731	.1466	.2209	.3004						
.95	.0759	.1516	.2274	.3075						
1.00	.0785	.1564	.2335	.3141						

Auswertung aus Olsen-Reinitzhuber „Die zweiseitig gelagerte Platte" Tafel Nr. 12

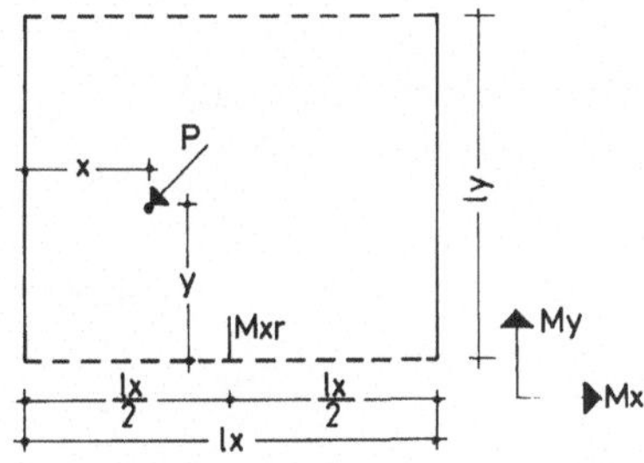

Zweiseitig frei aufliegende Platte.
Feldmoment Mxr in Mitte des freien Randes aus einer Einzellast.

$\frac{lx}{ly} = 1{,}25$

$\frac{ly}{lx} = 0{,}80$

$\mu = 0$

Faktor = P

Mxr
0.80

D 6.1.3

→ x : lx ; ↓ y : ly

Spalte	0.125	0.25	0.375	0.50
.05	.0953	.2050	.3641	.7360
.10	.0959	.2038	.3587	.5842
.15	.0959	.2022	.3479	.4744
.20	.0953	.2002	.3317	.4066
.25	.0940	.1980	.3100	.3810
.30	.0930	.1908	.2896	.3738
.35	.0912	.1830	.2702	.3565
.40	.0886	.1748	.2520	.3291
.45	.0852	.1662	.2350	.2916
.50	.0810	.1570	.2190	.2440
.55	.0766	.1492	.2038	.2262
.60	.0728	.1416	.1902	.2102
.65	.0694	.1344	.1782	.1962
.70	.0664	.1276	.1678	.1842
.75	.0640	.1210	.1590	.1740
.80	.0617	.1148	.1501	.1639
.85	.0593	.1088	.1419	.1545
.90	.0567	.1032	.1343	.1457
.95	.0539	.0980	.1273	.1375
1.00	.0510	.0930	.1210	.1300

→ y : ly ; ↓ x : lx

Spalte	0.00	0.125	0.25	0.375	0.50	0.625	0.75	0.875	1.00
.05	.0354	.0371	.0364	.0361	.0330	.0289	.0264	.0244	.0215
.10	.0738	.0759	.0744	.0721	.0652	.0571	.0518	.0472	.0415
.15	.1150	.1165	.1140	.1079	.0966	.0847	.0760	.0684	.0601
.20	.1590	.1589	.1552	.1435	.1272	.1117	.0990	.0880	.0773
.25	.2060	.2030	.1980	.1790	.1570	.1380	.1210	.1060	.0930
.30	.2202	.2611	.2477	.2171	.1862	.1596	.1390	.1212	.1065
.35	.2998	.3223	.2909	.2481	.2096	.1770	.1532	.1332	.1169
.40	.4446	.3865	.3275	.2721	.2270	.1900	.1638	.1420	.1243
.45	.6546	.4537	.3575	.2891	.2384	.1986	.1708	.1476	.1287
.50	.9300*	.5240	.3810	.2990	.2440	.2030	.1740	.1500	.1300
.55	.6546	.4537	.3575	.2891	.2384	.1986	.1708	.1476	.1287
.60	.4446	.3865	.3275	.2721	.2270	.1900	.1638	.1420	.1243
.65	.2998	.3223	.2909	.2481	.2096	.1770	.1532	.1332	.1169
.70	.2202	.2611	.2477	.2171	.1862	.1596	.1390	.1212	.1065
.75	.2060	.2030	.1980	.1790	.1570	.1380	.1210	.1060	.0930
.80	.1590	.1589	.1552	.1435	.1272	.1117	.0990	.0880	.0773
.85	.1150	.1165	.1140	.1079	.0966	.0847	.0760	.0684	.0601
.90	.0738	.0759	.0744	.0721	.0652	.0571	.0518	.0472	.0415
.95	.0354	.0371	.0364	.0361	.0330	.0289	.0264	.0244	.0215
1.00	.0000	.0000	.0000	.0000	.0000	.0000	.0000	.0000	.0000

Auswertung aus Olsen-Reinitzhuber „Die zweiseitig gelagerte Platte" Tafel Nr. 12

* bzw. theoretisch ∞

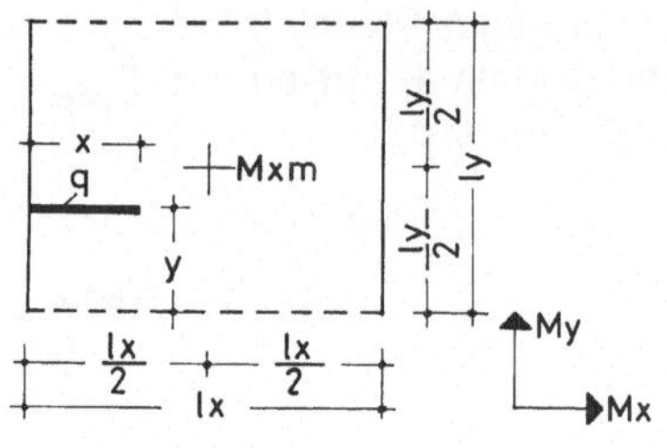

Zweiseitig frei aufliegende Platte.
Feldmoment Mxm in Plattenmitte aus Linienlast in lx-Richtung.

$\frac{lx}{ly} = 1{,}25$

$\frac{ly}{lx} = 0{,}80$

$\mu = 0$

Faktor = q · lx

Mxm
0.80

D 6.2.1

y : ly

x : lx

Spalte											
	0.00	0.125	0.25	0.375	0.4375	0.50					
.05	.0008	.0008	.0008	.0007	.0007	.0007					
.10	.0033	.0033	.0031	.0030	.0030	.0029					
.15	.0074	.0073	.0071	.0067	.0067	.0066					
.20	.0130	.0130	.0126	.0120	.0118	.0117					
.25	.0202	.0202	.0198	.0188	.0185	.0183					
.30	.0287	.0291	.0287	.0273	.0265	.0257					
.35	.0388	.0395	.0394	.0375	.0362	.0345					
.40	.0500	.0513	.0516	.0496	.0480	.0460					
.45	.0621	.0640	.0651	.0635	.0626	.0620					
.50	.0748	.0774	.0795	.0793	.0804	.0840					
.55	.0855	.0887	.0923	.0956	.0982	.1060					
.60	.0973	.1012	.1055	.1096	.1128	.1220					
.65	.1085	.1129	.1177	.1216	.1246	.1335					
.70	.1189	.1236	.1286	.1318	.1342	.1423					
.75	.1281	.1331	.1380	.1401	.1423	.1497					
.80	.1338	.1389	.1439	.1472	.1489	.1563					
.85	.1394	.1445	.1495	.1525	.1541	.1614					
.90	.1435	.1486	.1534	.1562	.1578	.1651					
.95	.1460	.1510	.1558	.1585	.1600	.1673					
1.00	.1469	.1519	.1565	.1592	.1608	.1680					

Auswertung aus Olsen-Reinitzhuber „Die zweiseitig gelagerte Platte" Tafel Nr. 12

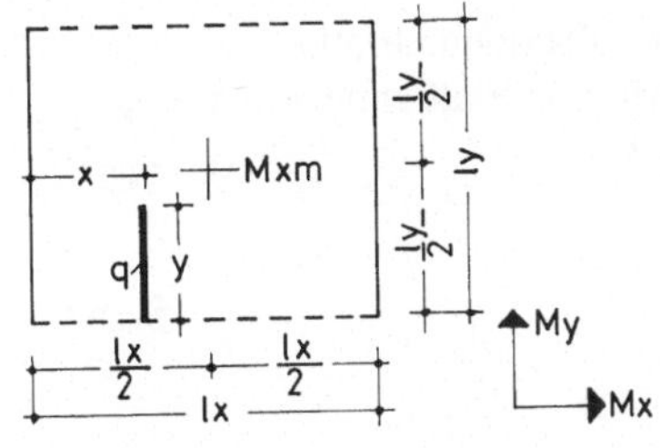

Zweiseitig frei aufliegende Platte.
Feldmoment Mxm in Plattenmitte aus Linienlast in ly-Richtung.

$\frac{lx}{ly} = 1{,}25$

$\frac{ly}{lx} = 0{,}80$

$\mu = 0$

Faktor = q · ly

Mxm
0.80

D 6.2.2

x : lx

y : ly

Spalte											
	0.125	0.25	0.375	0.50							
.05	.0041	.0079	.0111	.0124							
.10	.0081	.0160	.0223	.0249							
.15	.0122	.0241	.0338	.0378							
.20	.0162	.0322	.0454	.0512							
.25	.0202	.0402	.0573	.0650							
.30	.0241	.0480	.0693	.0801							
.35	.0279	.0558	.0815	.0953							
.40	.0316	.0634	.0938	.1117							
.45	.0353	.0708	.1054	.1318							
.50	.0390	.0782	.1169	.1570							
.55	.0426	.0855	.1283	.1859							
.60	.0464	.0930	.1404	.1996							
.65	.0501	.1006	.1526	.2163							
.70	.0539	.1083	.1649	.2313							
.75	.0578	.1163	.1771	.2451							
.80	.0618	.1243	.1886	.2607							
.85	.0658	.1323	.2002	.2741							
.90	.0699	.1404	.2117	.2870							
.95	.0740	.1485	.2229	.2995							
1.00	.0781	.1565	.2340	.3116							

Auswertung aus Olsen-Reinitzhuber „Die zweiseitig gelagerte Platte" Tafel Nr. 12

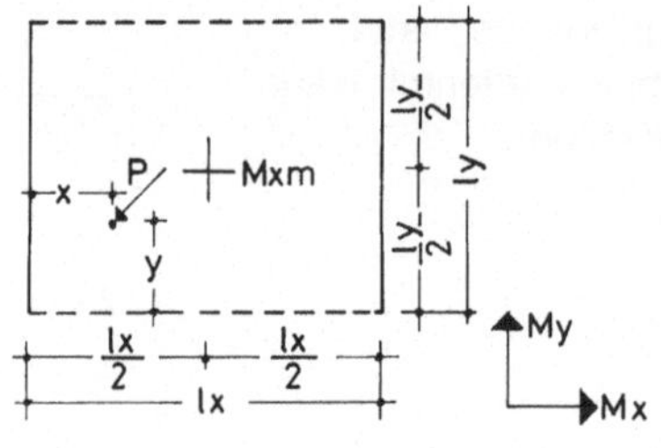

Zweiseitig frei aufliegende Platte.
Feldmoment Mxm in Plattenmitte aus einer Einzellast.

$\frac{lx}{ly} = 1{,}25$

$\frac{ly}{lx} = 0{,}80$

$\mu = 0$

Faktor = P

Mxm
0.80

D 6.2.3

→ x : lx, ↓ y : ly

Spalte				
	0.125	0.25	0.375	0.50
.05	.0812	.1597	.2230	.2496
.10	.0812	.1607	.2270	.2560
.15	.0808	.1611	.2310	.2644
.20	.0800	.1609	.2350	.2748
.25	.0790	.1600	.2390	.2870
.30	.0771	.1568	.2426	.2988
.35	.0756	.1536	.2430	.3226
.40	.0745	.1504	.2402	.3584
.45	.0736	.1476	.2338	.4351
.50	.0730	.1470	.2300	.5100*
.55	.0736	.1476	.2338	.4351
.60	.0745	.1504	.2402	.3584
.65	.0756	.1536	.2430	.3226
.70	.0771	.1568	.2426	.2988
.75	.0790	.1600	.2390	.2870
.80	.0800	.1609	.2350	.2748
.85	.0808	.1611	.2310	.2644
.90	.0812	.1607	.2270	.2560
.95	.0812	.1597	.2230	.2496
1.00	.0810	.1580	.2190	.2450

→ y : ly, ↓ x : lx

Spalte						
	0.00	0.125	0.25	0.375	0.4375	0.50
.05	.0329	.0325	.0314	.0298	.0296	.0291
.10	.0651	.0649	.0630	.0598	.0592	.0583
.15	.0967	.0971	.0950	.0902	.0888	.0877
.20	.1277	.1291	.1274	.1210	.1184	.1173
.25	.1580	.1610	.1600	.1520	.1480	.1470
.30	.1866	.1926	.1953	.1872	.1749	.1566
.35	.2096	.2184	.2257	.2234	.2129	.1976
.40	.2270	.2382	.2511	.2608	.2619	.2702
.45	.2388	.2520	.2715	.2994	.3219	.3744
.50	.2450	.2600	.2870	.3390	.3930	.5100*
.55	.2388	.2520	.2715	.2994	.3219	.3744
.60	.2270	.2382	.2511	.2608	.2619	.2702
.65	.2096	.2184	.2257	.2234	.2129	.1976
.70	.1866	.1926	.1953	.1872	.1749	.1566
.75	.1580	.1610	.1600	.1520	.1480	.1470
.80	.1277	.1291	.1274	.1210	.1184	.1173
.85	.0967	.0971	.0950	.0902	.0888	.0877
.90	.0651	.0649	.0630	.0598	.0592	.0583
.95	.0329	.0325	.0314	.0298	.0296	.0291
1.00	.0000	.0000	.0000	.0000	.0000	.0000

Auswertung aus Olsen-Reinitzhuber „Die zweiseitig gelagerte Platte" Tafel Nr. 12

* bzw. theoretisch ∞

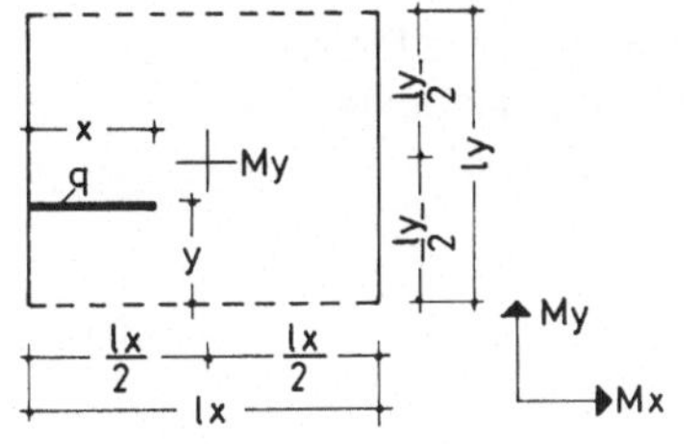

Zweiseitig frei aufliegende Platte.
Feldmoment My in Plattenmitte aus
Linienlast in lx-Richtung.

$\frac{lx}{ly} = 1{,}25$

$\frac{ly}{lx} = 0{,}8$

$\mu = 0$

Faktor = q · lx

My
0.80

D 6.3.1

y : ly →

x : lx ↓

Spalte										
	0.00	0.125	0.25	0.375	0.4375	0.50				
.05	.0003-	.0001-	.0000	.0001	.0002	.0002				
.10	.0011-	.0005-	.0001	.0005	.0007	.0007				
.15	.0024-	.0011-	.0001	.0012	.0016	.0017				
.20	.0043-	.0020-	.0001	.0023	.0029	.0032				
.25	.0068-	.0033-	.0002	.0036	.0048	.0053				
.30	.0098-	.0050-	.0001	.0053	.0074	.0073				
.35	.0134-	.0071-	.0002-	.0074	.0108	.0099				
.40	.0175-	.0095-	.0007-	.0097	.0148	.0148				
.45	.0219-	.0122-	.0014-	.0118	.0192	.0237				
.50	.0265-	.0151-	.0025-	.0137	.0237	.0383				
.55	.0301-	.0176-	.0035-	.0156	.0281	.0529				
.60	.0344-	.0203-	.0042-	.0177	.0325	.0618				
.65	.0385-	.0227-	.0047-	.0200	.0365	.0668				
.70	.0422-	.0248-	.0050-	.0221	.0400	.0694				
.75	.0455-	.0266-	.0051-	.0238	.0426	.0714				
.80	.0473-	.0276-	.0051-	.0252	.0444	.0734				
.85	.0492-	.0285-	.0050-	.0262	.0458	.0749				
.90	.0505-	.0291-	.0050-	.0269	.0467	.0759				
.95	.0513-	.0295-	.0049-	.0273	.0472	.0765				
1.00	.0516-	.0295-	.0049-	.0274	.0473	.0767				

Auswertung aus Olsen-Reinitzhuber „Die zweiseitig gelagerte Platte" Tafel Nr. 12

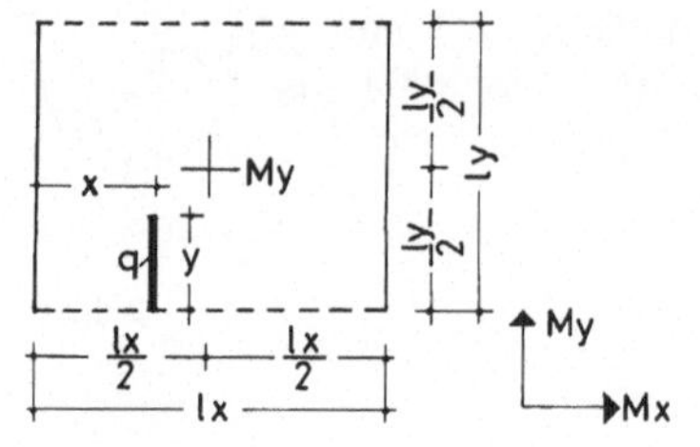

Zweiseitig frei aufliegende Platte.
Feldmoment My in Plattenmitte aus Linienlast in ly-Richtung.

$\frac{lx}{ly} = 1{,}25$

$\frac{ly}{lx} = 0{,}8$

$\mu = 0$

Faktor = q · ly

My
0.80

D 6.3.2

x : lx →
y : ly ↓

Spalte										
	0.125	0.25	0.375	0.50						
.05	.0012-	.0025-	.0036-	.0041-						
.10	.0021-	.0044-	.0067-	.0076-						
.15	.0028-	.0059-	.0090-	.0105-						
.20	.0032-	.0068-	.0107-	.0127-						
.25	.0033-	.0071-	.0115-	.0143-						
.30	.0030-	.0068-	.0116-	.0151-						
.35	.0025-	.0058-	.0106-	.0150-						
.40	.0018-	.0043-	.0083-	.0133-						
.45	.0010-	.0023-	.0046-	.0090-						
.50	.0000	.0001-	.0000	.0061						
.55	.0010	.0022	.0047	.0212						
.60	.0018	.0042	.0084	.0256						
.65	.0025	.0057	.0106	.0273						
.70	.0031	.0066	.0117	.0274						
.75	.0033	.0069	.0116	.0265						
.80	.0031	.0066	.0107	.0250						
.85	.0027	.0057	.0091	.0228						
.90	.0021	.0043	.0068	.0199						
.95	.0012	.0023	.0037	.0164						
1.00	.0001-	.0001-	.0001	.0123						

Auswertung aus Olsen-Reinitzhuber „Die zweiseitig gelagerte Platte" Tafel Nr. 12

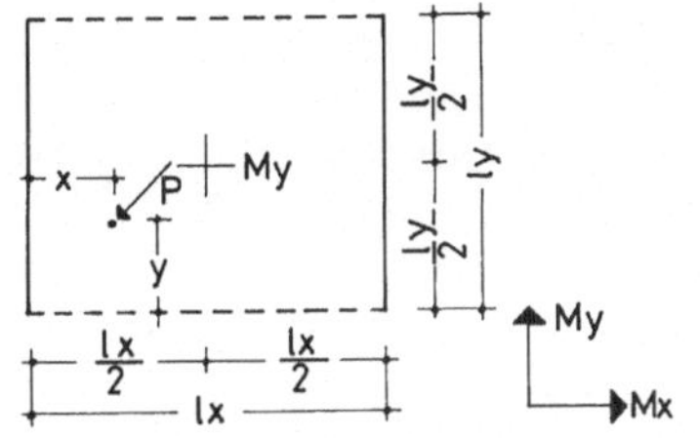

Zweiseitig frei aufliegende Platte.
Feldmoment My in Plattenmitte aus einer Einzellast.

$\frac{lx}{ly} = 1{,}25$

$\frac{ly}{lx} = 0{,}80$

$\mu = 0$

Faktor = P

My
0.8

D 6.3.3

→ y : ly

Spalte										
x : lx ↓	0.00	0.125	0.25	0.375	0.4375	0.50				
.05	.0108-	.0048-	.0006	.0054	.0065	.0073				
.10	.0216-	.0102-	.0010	.0110	.0139	.0155				
.15	.0324-	.0160-	.0010	.0170	.0223	.0247				
.20	.0432-	.0222-	.0006	.0234	.0317	.0349				
.25	.0540-	.0290-	.0000	.0300	.0420	.0460				
.30	.0660-	.0370-	.0036-	.0392	.0614	.0410				
.35	.0754-	.0440-	.0078-	.0442	.0758	.0698				
.40	.0820-	.0498-	.0124-	.0448	.0850	.1326				
.45	.0858-	.0544-	.0174-	.0410	.0890	.2294				
.50	.0870-	.0580-	.0230-	.0330	.0880	.3600*				
.55	.0858-	.0544-	.0174-	.0410	.0890	.2294				
.60	.0820-	.0498-	.0124-	.0448	.0850	.1326				
.65	.0754-	.0440-	.0078-	.0442	.0758	.0698				
.70	.0660-	.0370-	.0036-	.0392	.0614	.0410				
.75	.0540-	.0290-	.0000	.0300	.0420	.0460				
.80	.0432-	.0222-	.0006	.0234	.0317	.0349				
.85	.0324-	.0160-	.0010	.0170	.0223	.0247				
.90	.0216-	.0102-	.0010	.0110	.0139	.0155				
.95	.0108-	.0048-	.0006	.0054	.0065	.0073				
1.00	.0000	.0000	.0000	.0000	.0000	.0000				

→ x : lx

Spalte										
y : ly ↓	0.125	0.25	0.375	0.50						
.05	.0214-	.0445-	.0668-	.0761-						
.10	.0158-	.0343-	.0538-	.0643-						
.15	.0102-	.0235-	.0400-	.0515-						
.20	.0046-	.0121-	.0254-	.0377-						
.25	.0010	.0000	.0100-	.0230-						
.30	.0070	.0130	.0093	.0092-						
.35	.0119	.0246	.0322	.0160						
.40	.0158	.0350	.0587	.0528						
.45	.0187	.0434	.0868	.1859						
.50	.0200	.0460	.0970	.3600*						
.55	.0187	.0434	.0868	.1859						
.60	.0158	.0350	.0587	.0528						
.65	.0119	.0246	.0322	.0160						
.70	.0070	.0130	.0093	.0092-						
.75	.0010	.0000	.0100-	.0230-						
.80	.0046-	.0121-	.0254-	.0377-						
.85	.0102-	.0235-	.0400-	.0515-						
.90	.0158-	.0343-	.0538-	.0643-						
.95	.0214-	.0445-	.0668-	.0761-						
1.00	.0270-	.0540-	.0790-	.0870-						

Auswertung aus Olsen Reinitzhuber „Die zweiseitig gelagerte Platte" Tafel Nr. 12

* bezw. theoretisch ∞

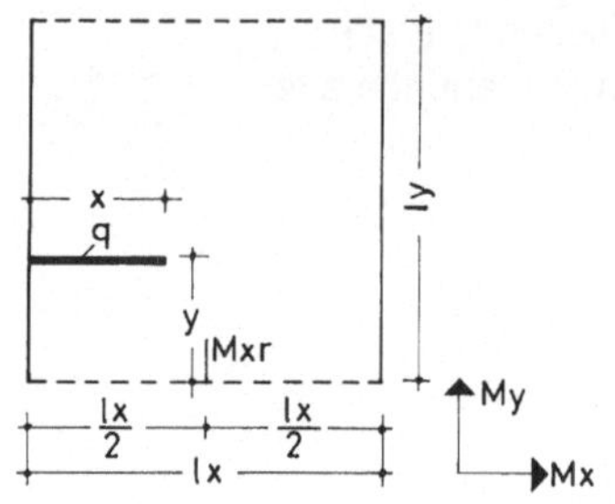

Zweiseitig frei aufliegende Platte.
Feldmoment Mxr in Mitte des freien Randes aus Linienlast in lx-Richtung.

$\frac{lx}{ly} = 1{,}0$

$\frac{ly}{lx} = 1{,}0$

$\mu = 0$

Faktor = $q \cdot lx$

Mxr
1.0

D 7.1.1

y : ly →

x : lx ↓

Spalte					
	0.00	0.125	0.25	0.375	0.50
.05	.0008	.0009	.0008	.0008	.0007
.10	.0034	.0034	.0033	.0030	.0026
.15	.0079	.0078	.0075	.0068	.0058
.20	.0143	.0142	.0135	.0120	.0102
.25	.0229	.0225	.0213	.0187	.0157
.30	.0327	.0340	.0313	.0269	.0220
.35	.0448	.0479	.0433	.0363	.0296
.40	.0624	.0645	.0570	.0468	.0379
.45	.0887	.0838	.0722	.0579	.0469
.50	.1268	.1057	.0884	.0695	.0562
.55	.1648	.1272	.1021	.0811	.0640
.60	.1911	.1464	.1169	.0922	.0727
.65	.2087	.1630	.1306	.1027	.0811
.70	.2208	.1769	.1429	.1121	.0889
.75	.2306	.1881	.1535	.1203	.0958
.80	.2392	.1963	.1595	.1270	.1002
.85	.2456	.2027	.1655	.1322	.1046
.90	.2501	.2071	.1698	.1360	.1077
.95	.2527	.2096	.1722	.1382	.1097
1.00	.2535	.2103	.1730	.1390	.1105

y : ly →

x : lx ↓

Spalte				
	0.625	0.75	0.875	1.00
.05	.0005	.0005	.0004	.0003
.10	.0021	.0018	.0015	.0012
.15	.0047	.0040	.0033	.0027
.20	.0083	.0070	.0057	.0047
.25	.0127	.0107	.0087	.0072
.30	.0178	.0147	.0120	.0100
.35	.0238	.0195	.0160	.0133
.40	.0304	.0248	.0204	.0168
.45	.0375	.0304	.0250	.0206
.50	.0448	.0362	.0298	.0246
.55	.0509	.0411	.0338	.0279
.60	.0578	.0466	.0383	.0317
.65	.0644	.0519	.0427	.0352
.70	.0705	.0568	.0468	.0386
.75	.0761	.0613	.0505	.0417
.80	.0797	.0643	.0529	.0437
.85	.0832	.0673	.0553	.0457
.90	.0858	.0695	.0571	.0472
.95	.0874	.0709	.0583	.0481
1.00	.0880	.0714	.0587	.0485

Auswertung aus Olsen-Reinitzhuber „Die zweiseitig gelagerte Platte" Tafel Nr. 11

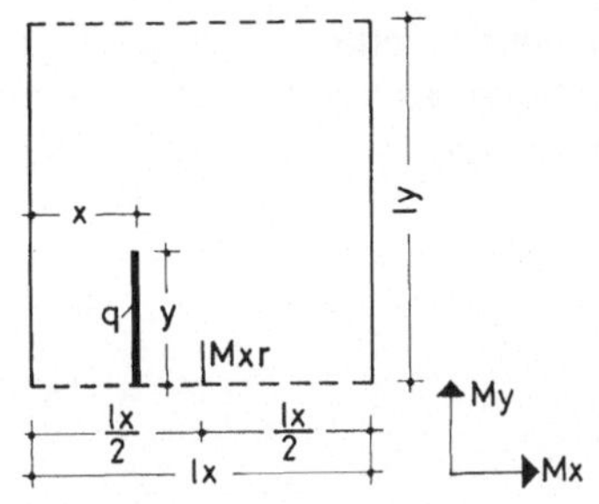

Zweiseitig frei aufliegende Platte.
Feldmoment Mxr in Mitte des freien Randes aus Linienlast in ly-Richtung.

Mxr
1.0

D 7.1.2

$\frac{lx}{ly} = 1,0$

$\frac{lx}{ly} = 1,0$

$\mu = 0$

Faktor = $q \cdot ly$

x : lx

y : ly

Spalte										
	0.125	0.25	0.375	0.50						
.05	.0045	.0097	.0175	.0395						
.10	.0090	.0195	.0348	.0685						
.15	.0136	.0292	.0517	.0893						
.20	.0181	.0387	.0678	.1043						
.25	.0225	.0480	.0827	.1157						
.30	.0264	.0558	.0937	.1424						
.35	.0304	.0638	.1052	.1555						
.40	.0341	.0713	.1155	.1670						
.45	.0377	.0782	.1248	.1771						
.50	.0410	.0846	.1332	.1860						
.55	.0439	.0902	.1415	.1956						
.60	.0467	.0955	.1485	.2033						
.65	.0492	.1003	.1549	.2102						
.70	.0515	.1047	.1607	.2165						
.75	.0537	.1087	.1660	.2221						
.80	.0559	.1127	.1713	.2280						
.85	.0578	.1162	.1758	.2329						
.90	.0595	.1194	.1801	.2375						
.95	.0611	.1224	.1840	.2417						
1.00	.0626	.1252	.1875	.2456						

Auswertung aus Olsen-Reinitzhuber „Die zweiseitig gelagerte Platte" Tafel Nr. 11

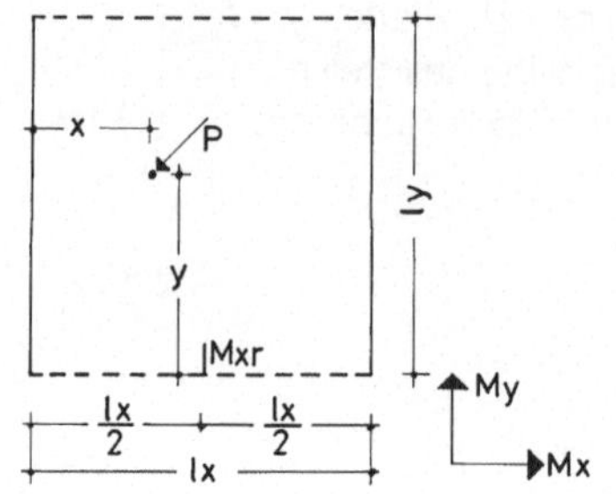

Zweiseitig frei aufliegende Platte.
Feldmoment Mxr in Mitte des freien Randes aus einer Einzellast.

$\frac{lx}{ly} = 1{,}0$

$\frac{ly}{lx} = 1{,}0$

$\mu = 0$

Faktor = P

Mxr
1.0

D 7.1.3

→ y : ly ; ↓ x : lx

Spalte											
	0.00	0.125	0.25	0.375	0.50	0.625	0.75	0.875	1.00		
.05	.0338	.0346	.0334	.0301	.0259	.0210	.0180	.0146	.0121		
.10	.0700	.0710	.0676	.0601	.0509	.0412	.0350	.0284	.0235		
.15	.1086	.1094	.1026	.0899	.0749	.0606	.0508	.0414	.0343		
.20	.1496	.1498	.1384	.1195	.0979	.0792	.0654	.0536	.0445		
.25	.1930	.1920	.1750	.1490	.1200	.0970	.0790	.0650	.0540		
.30	.2086	.2487	.2176	.1772	.1404	.1123	.0904	.0746	.0616		
.35	.2872	.3039	.2530	.1998	.1566	.1243	.0994	.0820	.0676		
.40	.4286	.3577	.2812	.2168	.1684	.1329	.1060	.0874	.0720		
.45	.6328	.4101	.3022	.2282	.1758	.1381	.1102	.0908	.0748		
.50	.9000*	.4610	.3160	.2340	.1790	.1400	.1120	.0920	.0760		
.55	.6328	.4101	.3022	.2282	.1758	.1381	.1102	.0908	.0748		
.60	.4286	.3577	.2812	.2168	.1684	.1329	.1060	.0874	.0720		
.65	.2872	.3039	.2530	.1998	.1566	.1243	.0994	.0820	.0676		
.70	.2086	.2487	.2176	.1772	.1404	.1123	.0904	.0746	.0616		
.75	.1930	.1920	.1750	.1490	.1200	.0970	.0790	.0650	.0540		
.80	.1496	.1498	.1384	.1195	.0979	.0792	.0654	.0536	.0445		
.85	.1086	.1094	.1026	.0899	.0749	.0606	.0508	.0414	.0343		
.90	.0700	.0710	.0676	.0601	.0509	.0412	.0350	.0284	.0235		
.95	.0338	.0346	.0334	.0301	.0259	.0210	.0180	.0146	.0121		
1.00	.0000	.0000	.0000	.0000	.0000	.0000	.0000	.0000	.0000		

→ x : lx ; ↓ y : ly

Spalte											
	0.125	0.25	0.375	0.50							
.05	.0901	.1945	.3477	.6891							
.10	.0903	.1935	.3383	.5253							
.15	.0895	.1899	.3219	.4085							
.20	.0877	.1837	.2985	.3387							
.25	.0850	.1750	.2680	.3160							
.30	.0812	.1650	.2428	.2800							
.35	.0772	.1544	.2198	.2482							
.40	.0728	.1434	.1988	.2208							
.45	.0680	.1320	.1798	.1978							
.50	.0630	.1200	.1630	.1790							
.55	.0577	.1102	.1484	.1621							
.60	.0531	.1012	.1352	.1469							
.65	.0491	.0930	.1232	.1335							
.70	.0457	.0856	.1124	.1219							
.75	.0430	.0790	.1030	.1120							
.80	.0396	.0730	.0954	.1035							
.85	.0364	.0676	.0884	.0957							
.90	.0336	.0626	.0818	.0885							
.95	.0312	.0580	.0756	.0819							
1.00	.0290	.0540	.0700	.0760							

Auswertung aus Olsen-Reinitzhuber „Die zweiseitig gelagerte Platte" Tafel Nr. 11

* bzw. theoretisch ∞

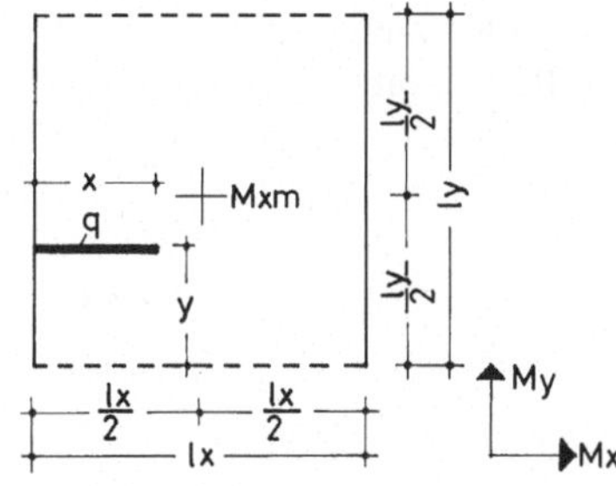

Zweiseitig frei aufliegende Platte.
Feldmoment Mxm in Plattenmitte aus Linienlast in lx-Richtung.

$\frac{lx}{ly} = 1{,}0$

$\frac{ly}{lx} = 1{,}0$

$\mu = 0$

Faktor = q · lx

+ Mxm

1.0

D 7.2.1

→ y : ly

↓ x : lx

Spalte											
	0.00	0.125	0.25	0.375	0.4375	0.50					
.05	.0007	.0007	.0006	.0006	.0010	.0006					
.10	.0026	.0026	.0025	.0023	.0030	.0023					
.15	.0058	.0059	.0057	.0053	.0060	.0051					
.20	.0102	.0104	.0102	.0095	.0100	.0091					
.25	.0157	.0161	.0160	.0150	.0150	.0144					
.30	.0220	.0231	.0233	.0222	.0220	.0203					
.35	.0296	.0310	.0320	.0308	.0300	.0272					
.40	.0379	.0398	.0418	.0410	.0400	.0368					
.45	.0469	.0492	.0526	.0527	.0520	.0505					
.50	.0562	.0590	.0640	.0659	.0670	.0697					
.55	.0640	.0687	.0738	.0788	.0820	.0889					
.60	.0727	.0781	.0844	.0905	.0940	.1025					
.65	.0811	.0869	.0942	.1007	.1040	.1121					
.70	.0889	.0948	.1031	.1094	.1120	.1191					
.75	.0958	.1018	.1108	.1164	.1190	.1250					
.80	.1002	.1075	.1154	.1218	.1240	.1302					
.85	.1046	.1120	.1199	.1260	.1280	.1342					
.90	.1077	.1153	.1231	.1290	.1310	.1371					
.95	.1097	.1173	.1250	.1307	.1330	.1388					
1.00	.1105	.1179	.1256	.1313	.1340	.1393					

Auswertung aus Olsen-Reinitzhuber „Die zweiseitig gelagerte Platte" Tafel Nr. 11

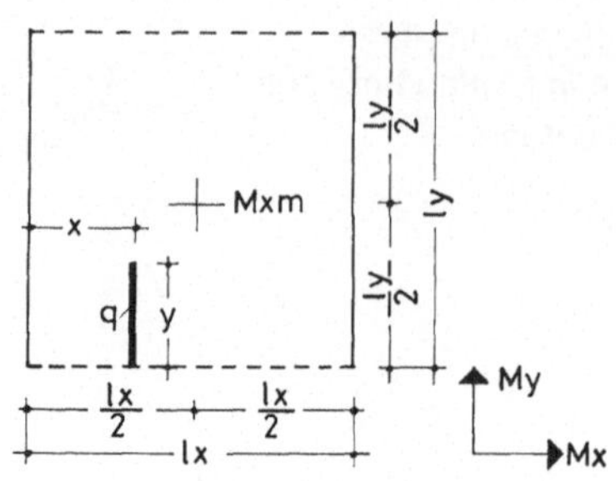

Zweiseitig frei aufliegende Platte.
Feldmoment Mxm in Plattenmitte aus
Linienlast in ly-Richtung.

$\frac{lx}{ly} = 1{,}0$

$\frac{ly}{lx} = 1{,}0$

$\mu = 0$

Faktor = $q \cdot ly$

Mxm
1.0

D 7.2.2

x : lx →

y : ly ↓

Spalte											
	0.125	0.25	0.375	0.50							
.05	.0032	.0061	.0083	.0091							
.10	.0064	.0123	.0168	.0185							
.15	.0097	.0187	.0256	.0283							
.20	.0130	.0252	.0346	.0385							
.25	.0162	.0317	.0440	.0493							
.30	.0193	.0380	.0539	.0611							
.35	.0224	.0444	.0641	.0732							
.40	.0254	.0507	.0745	.0865							
.45	.0283	.0566	.0841	.1035							
.50	.0311	.0625	.0936	.1257							
.55	.0340	.0682	.1029	.1517							
.60	.0369	.0743	.1133	.1621							
.65	.0399	.0806	.1235	.1758							
.70	.0430	.0869	.1338	.1876							
.75	.0462	.0935	.1439	.1983							
.80	.0494	.0998	.1527	.2107							
.85	.0526	.1063	.1618	.2210							
.90	.0559	.1127	.1706	.2308							
.95	.0592	.1189	.1791	.2401							
1.00	.0624	.1251	.1873	.2491							

Auswertung aus Olsen-Reinitzhuber „Die zweiseitig gelagerte Platte" Tafel Nr. 11

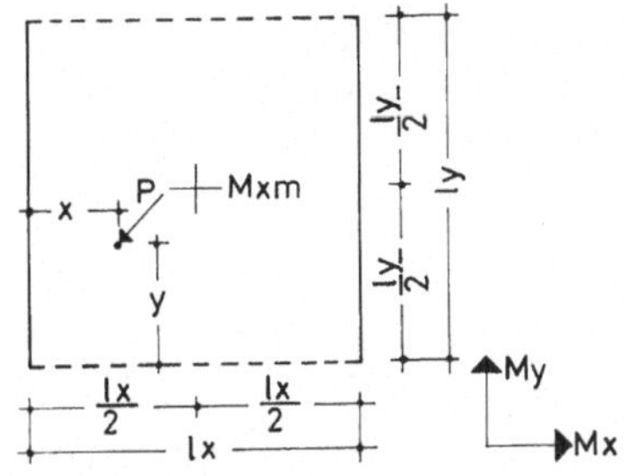

Zweiseitig frei aufliegende Platte.
Feldmoment Mxm in Plattenmitte aus einer Einzellast.

$\frac{lx}{ly} = 1{,}0$

$\frac{ly}{lx} = 1{,}0$

$\mu = 0$

Faktor = P

Mxm

1.0

D 7.2.3

→ y : ly

↓ x : lx

Spalte											
	0.00	0.125	0.25	0.375	0.4375	0.50					
.05	.0259	.0264	.0254	.0235	.0228	.0224					
.10	.0509	.0522	.0510	.0477	.0462	.0454					
.15	.0749	.0776	.0770	.0725	.0700	.0688					
.20	.0979	.1026	.1034	.0979	.0942	.0926					
.25	.1200	.1270	.1300	.1240	.1190	.1170					
.30	.1404	.1500	.1584	.1562	.1441	.1238					
.35	.1566	.1684	.1820	.1876	.1779	.1604					
.40	.1684	.1824	.2008	.2182	.2203	.2270					
.45	.1758	.1920	.2148	.2480	.2713	.3236					
.50	.1790	.1970	.2240	.2770	.3310	.4500*					
.55	.1758	.1920	.2148	.2480	.2713	.3236					
.60	.1684	.1824	.2008	.2182	.2203	.2270					
.65	.1566	.1684	.1820	.1876	.1779	.1604					
.70	.1404	.1500	.1584	.1562	.1441	.1238					
.75	.1200	.1270	.1300	.1240	.1190	.1170					
.80	.0979	.1026	.1034	.0979	.0942	.0926					
.85	.0749	.0776	.0770	.0725	.0700	.0688					
.90	.0509	.0522	.0510	.0477	.0462	.0454					
.95	.0259	.0264	.0254	.0235	.0228	.0224					
1.00	.0000	.0000	.0000	.0000	.0000	.0000					

→ x : lx

↓ y : ly

Spalte											
	0.125	0.25	0.375	0.50							
.05	.0642	.1233	.1678	.1851							
.10	.0648	.1259	.1732	.1927							
.15	.0650	.1279	.1790	.2017							
.20	.0648	.1293	.1852	.2121							
.25	.0640	.1300	.1920	.2240							
.30	.0624	.1282	.1998	.2364							
.35	.0608	.1256	.2030	.2605							
.40	.0592	.1222	.2018	.2964							
.45	.0576	.1183	.1951	.3738							
.50	.0570	.1170	.1900	.4500*							
.55	.0576	.1183	.1951	.3738							
.60	.0592	.1222	.2018	.2964							
.65	.0608	.1256	.2030	.2605							
.70	.0624	.1282	.1998	.2364							
.75	.0640	.1300	.1920	.2240							
.80	.0648	.1293	.1852	.2121							
.85	.0650	.1279	.1790	.2017							
.90	.0648	.1259	.1732	.1927							
.95	.0642	.1233	.1678	.1851							
1.00	.0630	.1200	.1630	.1790							

Auswertung aus Olsen-Reinitzhuber „Die zweiseitig gelagerte Platte" Tafel Nr. 11

* bzw. theoretisch ∞

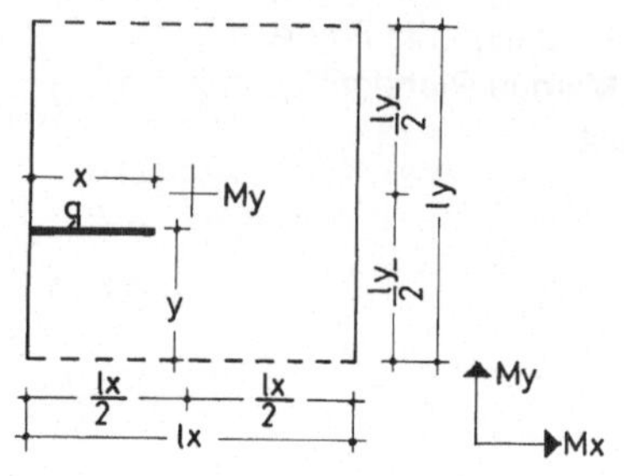

Zweiseitig frei aufliegende Platte.
Feldmoment My in Plattenmitte aus Linienlast in lx-Richtung.

$\frac{lx}{ly} = 1,0$

$\frac{ly}{lx} = 1,0$

$\mu = 0$

Faktor = q · lx

+My
1.0

D 7.3.1

→ y : ly

↓ x : lx

Spalte										
	0.00	0.125	0.25	0.375	0.4375	0.50				
.05	.0003-	.0002-	.0000	.0001	.0002	.0002				
.10	.0011-	.0006-	.0000	.0006	.0008	.0008				
.15	.0024-	.0014-	.0000	.0013	.0018	.0020				
.20	.0042-	.0024-	.0001-	.0024	.0034	.0037				
.25	.0065-	.0038-	.0003-	.0038	.0055	.0061				
.30	.0091-	.0054-	.0007-	.0055	.0083	.0086				
.35	.0122-	.0075-	.0013-	.0075	.0119	.0117				
.40	.0157-	.0099-	.0020-	.0095	.0160	.0172				
.45	.0194-	.0125-	.0030-	.0115	.0203	.0264				
.50	.0234-	.0152-	.0041-	.0131	.0245	.0412				
.55	.0267-	.0176-	.0052-	.0147	.0287	.0559				
.60	.0303-	.0201-	.0061-	.0166	.0330	.0652				
.65	.0338-	.0225-	.0069-	.0187	.0371	.0706				
.70	.0370-	.0246-	.0075-	.0206	.0407	.0738				
.75	.0399-	.0264-	.0078-	.0224	.0435	.0762				
.80	.0417-	.0274-	.0080-	.0238	.0456	.0786				
.85	.0435-	.0285-	.0081-	.0248	.0472	.0803				
.90	.0448-	.0292-	.0081-	.0256	.0482	.0815				
.95	.0456-	.0297-	.0081-	.0260	.0488	.0821				
1.00	.0460-	.0298-	.0080-	.0262	.0490	.0823				

Auswertung aus Olsen-Reinitzhuber „Die zweiseitig gelagerte Platte" Tafel Nr. 11

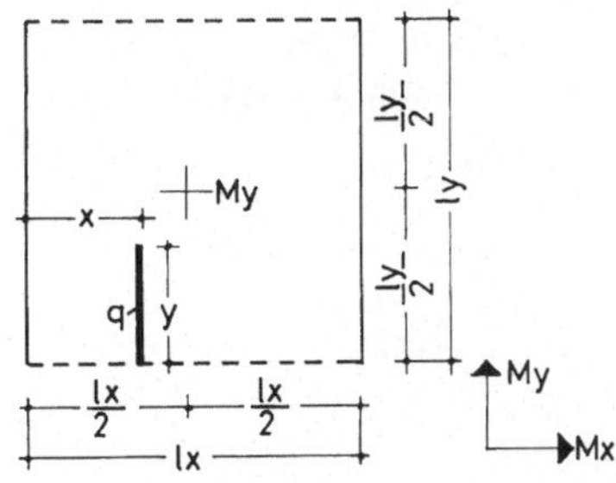

Zweiseitig frei aufliegende Platte.
Feldmoment My in Plattenmitte aus
Linienlast in ly-Richtung.

$\frac{lx}{ly} = 1{,}0$

$\frac{ly}{lx} = 1{,}0$

$\mu = 0$

Faktor = q · ly

+My
1.0

D 7.3.2

→ x : lx

↓ y : ly

Spalte										
	0.125	0.25	0.375	0.50						
.05	.0012-	.0023-	.0032-	.0036-						
.10	.0022-	.0042-	.0060-	.0068-						
.15	.0029-	.0057-	.0083-	.0095-						
.20	.0034-	.0067-	.0100-	.0116-						
.25	.0036-	.0073-	.0111-	.0132-						
.30	.0035-	.0071-	.0114-	.0141-						
.35	.0030-	.0063-	.0107-	.0142-						
.40	.0023-	.0047-	.0086-	.0128-						
.45	.0013-	.0025-	.0050-	.0087-						
.50	.0002-	.0001	.0001	.0064						
.55	.0010	.0027	.0052	.0214						
.60	.0020	.0049	.0089	.0255						
.65	.0027	.0065	.0109	.0269						
.70	.0032	.0073	.0117	.0268						
.75	.0033	.0075	.0113	.0259						
.80	.0031	.0069	.0102	.0243						
.85	.0026	.0059	.0085	.0222						
.90	.0019	.0044	.0062	.0195						
.95	.0009	.0025	.0034	.0163						
1.00	.0003-	.0002	.0002	.0127						

Auswertung aus Olsen-Reinitzhuber „Die zweiseitig gelagerte Platte" Tafel Nr. 11

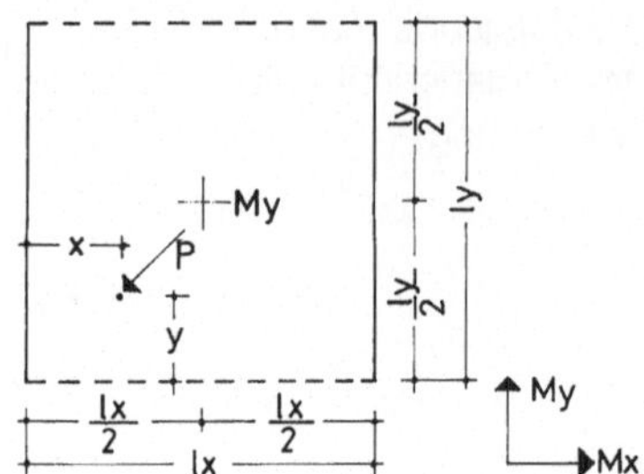

Zweiseitig frei aufliegende Platte.
Feldmoment in My in Plattenmitte aus einer Einzellast.

$$\frac{lx}{ly} = 1{,}0$$

$$\frac{ly}{lx} = 1{,}0$$

$\mu = 0$

Faktor = P

+My

1.0

D 7.3.3

→ y : ly

↓ x : lx

Spalte									
	0.00	0.125	0.25	0.375	0.4375	0.50			
.05	.0108-	.0060-	.0000	.0059	.0078	.0082			
.10	.0210-	.0120-	.0006-	.0119	.0164	.0178			
.15	.0308-	.0180-	.0016-	.0181	.0258	.0286			
.20	.0402-	.0240-	.0030-	.0245	.0360	.0406			
.25	.0490-	.0300-	.0050-	.0310	.0470	.0540			
.30	.0579-	.0374-	.0091-	.0378	.0652	.0512			
.35	.0651-	.0434-	.0131-	.0408	.0778	.0804			
.40	.0705-	.0482-	.0169-	.0402	.0848	.1416			
.45	.0741-	.0518-	.0205-	.0360	.0862	.2348			
.50	.0760-	.0540-	.0240-	.0280	.0820	.3600*			
.55	.0741-	.0518-	.0205-	.0360	.0862	.2348			
.60	.0705-	.0482-	.0169-	.0402	.0848	.1416			
.65	.0651-	.0434-	.0131-	.0408	.0778	.0804			
.70	.0579-	.0374-	.0091-	.0378	.0652	.0512			
.75	.0490-	.0300-	.0050-	.0310	.0470	.0540			
.80	.0402-	.0240-	.0030-	.0245	.0360	.0406			
.85	.0308-	.0180-	.0016-	.0181	.0258	.0286			
.90	.0210-	.0120-	.0006-	.0119	.0164	.0178			
.95	.0108-	.0060-	.0000	.0059	.0078	.0082			
1.00	.0000	.0000	.0000	.0000	.0000	.0000			

→ x : lx

↓ y : ly

Spalte									
	0.125	0.25	0.375	0.50					
.05	.0220-	.0421-	.0603-	.0682-					
.10	.0174-	.0343-	.0511-	.0590-					
.15	.0124-	.0255-	.0405-	.0486-					
.20	.0070-	.0157-	.0285-	.0370-					
.25	.0010-	.0050-	.0150-	.0240-					
.30	.0060	.0100	.0032	.0122-					
.35	.0122	.0242	.0270	.0116					
.40	.0176	.0376	.0564	.0474					
.45	.0217	.0495	.0910	.1821					
.50	.0230	.0540	.1070	.3600*					
.55	.0217	.0495	.0910	.1821					
.60	.0176	.0376	.0564	.0474					
.65	.0122	.0242	.0270	.0116					
.70	.0060	.0100	.0032	.0122-					
.75	.0010-	.0050-	.0150-	.0240-					
.80	.0070-	.0157-	.0285-	.0370-					
.85	.0124-	.0255-	.0405-	.0486-					
.90	.0174-	.0343-	.0511-	.0590-					
.95	.0220-	.0421-	.0603-	.0682-					
1.00	.0260-	.0490-	.0680-	.0760-					

Auswertung aus Olsen-Reinitzhuber „Die zweiseitig gelagerte Platte" Tafel Nr. 11

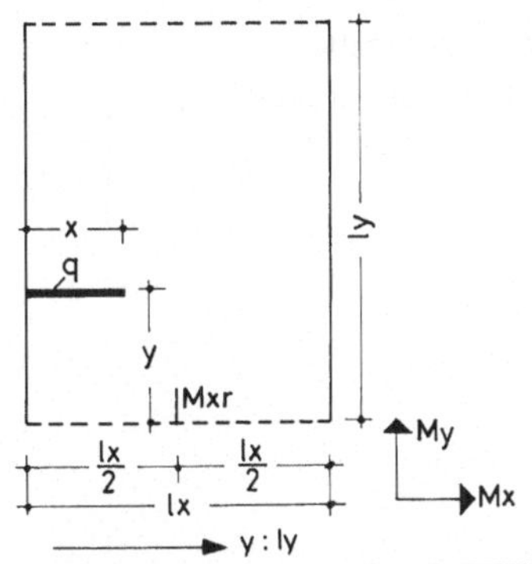

Zweiseitig frei aufliegende Platte.
Feldmoment Mxr in Mitte des freien Randes aus Linienlast in lx-Richtung.

$\frac{lx}{ly} = 0{,}8$

$\frac{ly}{lx} = 1{,}25$

$\mu = 0$

Faktor = $q \cdot lx$

Mxr

1.25

D 8.1.1

y : ly →, x : lx ↓

Spalte					
	0.00	0.125	0.25	0.375	0.50
.05	**.0008**	.0008	.0008	.0006	.0005
.10	**.0033**	.0033	.0031	.0025	.0019
.15	**.0077**	.0076	.0070	.0057	.0043
.20	**.0140**	.0137	.0123	.0100	.0076
.25	**.0223**	.0218	.0192	.0155	.0117
.30	**.0318**	.0330	.0278	.0218	.0163
.35	**.0436**	.0463	.0381	.0294	.0217
.40	**.0609**	.0620	.0498	.0377	.0277
.45	**.0869**	.0799	.0626	.0465	.0340
.50	**.1248**	.0997	.0761	.0558	.0405
.55	**.1628**	.1181	.0873	.0636	.0461
.60	**.1888**	.1358	.0998	.0723	.0523
.65	**.2061**	.1515	.1115	.0806	.0582
.70	**.2179**	.1650	.1222	.0883	.0638
.75	**.2273**	.1761	.1314	.0952	.0688
.80	**.2357**	.1833	.1366	.0996	.0722
.85	**.2420**	.1896	.1420	.1039	.0754
.90	**.2463**	.1938	.1458	.1070	.0778
.95	**.2488**	.1962	.1482	.1090	.0793
1.00	**.2497**	.1968	.1490	.1097	.0799

y : ly →, x : lx ↓

Spalte				
	0.625	0.75	0.875	1.00
.05	.0004	.0003	.0002	.0001
.10	.0015	.0011	.0008	.0005
.15	.0033	.0024	.0017	.0012
.20	.0057	.0042	.0031	.0022
.25	.0087	.0065	.0047	.0035
.30	.0121	.0090	.0067	.0050
.35	.0162	.0119	.0089	.0067
.40	.0206	.0151	.0113	.0084
.45	.0254	.0184	.0138	.0102
.50	.0303	.0219	.0164	.0120
.55	.0341	.0249	.0187	.0139
.60	.0387	.0281	.0212	.0157
.65	.0432	.0313	.0236	.0174
.70	.0474	.0343	.0259	.0190
.75	.0513	.0370	.0279	.0205
.80	.0535	.0389	.0294	.0218
.85	.0559	.0407	.0307	.0227
.90	.0577	.0421	.0317	.0234
.95	.0588	.0429	.0322	.0238
1.00	.0593	.0432	.0325	.0240

Auswertung aus Olsen-Reinitzhuber „Die zweiseitig gelagerte Platte" Tafel Nr. 9

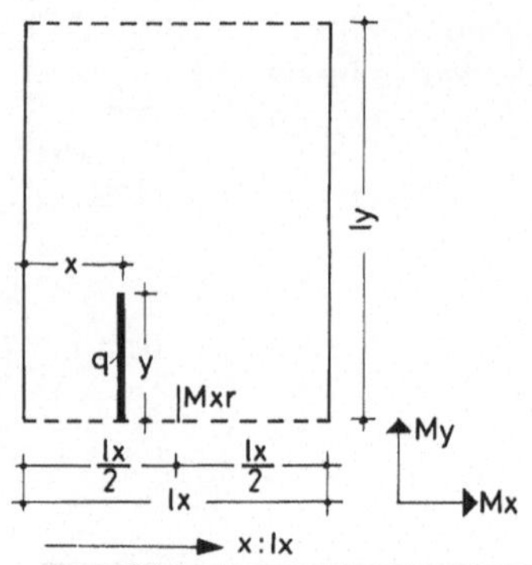

Zweiseitig frei aufliegende Platte.
Feldmoment Mxr in Mitte des freien Randes aus Linienlast in ly-Richtung.

$\frac{lx}{ly} = 0{,}8$

$\frac{ly}{lx} = 1{,}25$

$\mu = 0$

Faktor = $q \cdot ly$

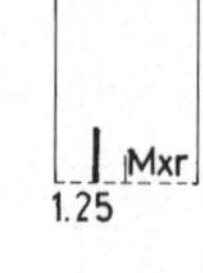

D 8.1.2

Spalte											
y : ly	0.125	0.25	0.375	0.50							
.05	.0044	.0095	.0170	.0388							
.10	.0088	.0192	.0336	.0656							
.15	.0133	.0288	.0495	.0832							
.20	.0176	.0381	.0642	.0944							
.25	.0217	.0467	.0774	.1021							
.30	.0250	.0527	.0861	.1281							
.35	.0284	.0593	.0954	.1384							
.40	.0315	.0653	.1033	.1471							
.45	.0343	.0707	.1101	.1544							
.50	.0368	.0754	.1160	.1606							
.55	.0391	.0796	.1223	.1677							
.60	.0410	.0833	.1272	.1729							
.65	.0427	.0865	.1315	.1774							
.70	.0443	.0893	.1353	.1812							
.75	.0456	.0917	.1385	.1846							
.80	.0469	.0944	.1417	.1882							
.85	.0480	.0964	.1443	.1911							
.90	.0489	.0982	.1466	.1936							
.95	.0498	.0998	.1487	.1958							
1.00	.0505	.1013	.1505	.1978							

Auswertung aus Olsen-Reinitzhuber „Die zweiseitig gelagerte Platte" Tafel Nr. 9

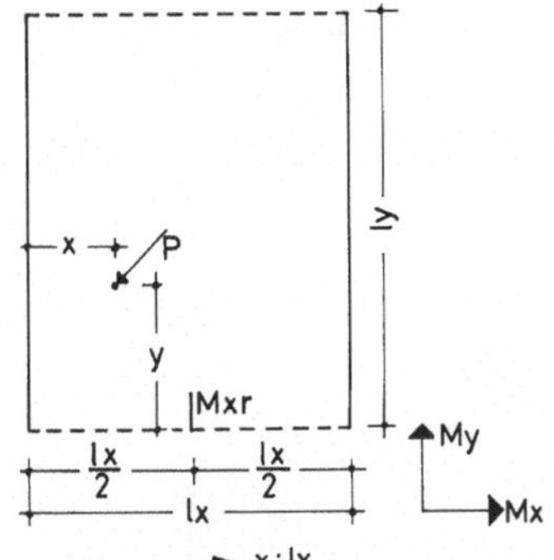

Zweiseitig frei aufliegende Platte.
Feldmoment Mxr in Mitte des freien Randes aus einer Einzellast.

$\frac{lx}{ly} = 0{,}8$

$\frac{ly}{lx} = 1{,}25$

$\mu = 0$

Faktor = P

Mxr
1.25

D 8.1.3

x : lx →

y : ly ↓

Spalte											
	0.125	0.25	0.375	0.50							
.05	.0882	.1916	.3357	.6605							
.10	.0878	.1898	.3205	.4769							
.15	.0858	.1828	.2975	.3491							
.20	.0822	.1706	.2667	.2771							
.25	.0770	.1530	.2280	.2610							
.30	.0710	.1396	.1992	.2241							
.35	.0650	.1264	.1736	.1921							
.40	.0590	.1136	.1512	.1651							
.45	.0530	.1012	.1320	.1431							
.50	.0470	.0890	.1160	.1260							
.55	.0418	.0784	.1039	.1107							
.60	.0372	.0692	.0925	.0971							
.65	.0330	.0612	.0817	.0853							
.70	.0292	.0544	.0715	.0753							
.75	.0260	.0490	.0620	.0670							
.80	.0230	.0437	.0558	.0602							
.85	.0202	.0391	.0498	.0540							
.90	.0178	.0351	.0442	.0482							
.95	.0158	.0317	.0390	.0428							
1.00	.0140	.0290	.0340	.0380							

y : ly →

x : lx ↓

Spalte											
	0.00	0.125	0.25	0.375	0.50	0.625	0.75	0.875	1.00		
.05	.0331	.0332	.0309	.0253	.0194	.0146	.0108	.0077	.0055		
.10	.0685	.0686	.0617	.0499	.0380	.0284	.0210	.0153	.0111		
.15	.1061	.1060	.0923	.0739	.0558	.0414	.0308	.0227	.0169		
.20	.1459	.1454	.1227	.0973	.0728	.0536	.0402	.0299	.0229		
.25	.1880	.1870	.1530	.1200	.0890	.0650	.0490	.0370	.0290		
.30	.2018	.2394	.1880	.1399	.1018	.0760	.0552	.0417	.0311		
.35	.2798	.2876	.2164	.1557	.1120	.0840	.0600	.0455	.0331		
.40	.4222	.3314	.2380	.1673	.1194	.0892	.0636	.0483	.0349		
.45	.6290	.3708	.2528	.1747	.1240	.0916	.0660	.0501	.0365		
.50	.9000	.4060	.2610	.1780	.1260	.0910	.0670	.0510	.0380		
.55	.6290*	.3708	.2528	.1747	.1240	.0916	.0660	.0501	.0365		
.60	.4222	.3314	.2380	.1673	.1194	.0892	.0636	.0483	.0349		
.65	.2798	.2876	.2164	.1557	.1120	.0840	.0600	.0455	.0331		
.70	.2018	.2394	.1880	.1399	.1018	.0760	.0552	.0417	.0311		
.75	.1880	.1870	.1530	.1200	.0890	.0650	.0490	.0370	.0290		
.80	.1459	.1454	.1227	.0973	.0728	.0536	.0402	.0299	.0229		
.85	.1061	.1060	.0923	.0739	.0558	.0414	.0308	.0227	.0169		
.90	.0685	.0686	.0617	.0499	.0380	.0284	.0210	.0153	.0111		
.95	.0331	.0332	.0309	.0253	.0194	.0146	.0108	.0077	.0055		
1.00	.0000	.0000	.0000	.0000	.0000	.0000	.0000	.0000	.0000		

Auswertung aus Olsen-Reinitzhuber „Die zweiseitig gelagerte Platte“ Tafel Nr. 9

* bzw. theoretisch ∞

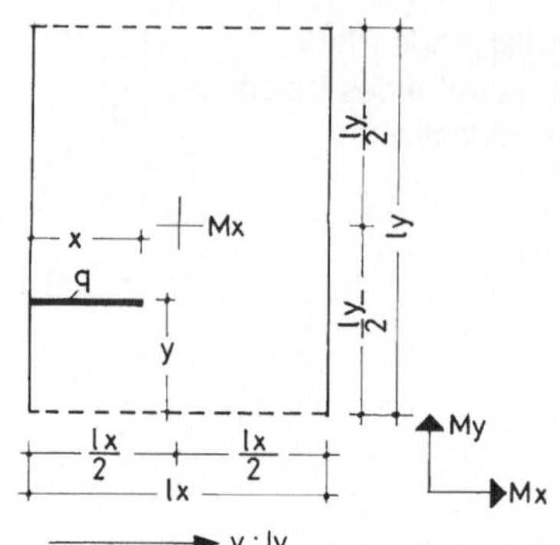

Zweiseitig frei aufliegende Platte.
Feldmoment Mx in Plattenmitte aus
Linienlast in lx-Richtung.

$\frac{lx}{ly} = 0{,}8$

$\frac{ly}{lx} = 1{,}25$

$\mu = 0$

Faktor = q · lx

Mx
1.25

D 8.2.1

y : ly → ; x : lx ↓

Spalte										
	0.00	0.125	0.25	0.375	0.4375	0.50				
.05	.0005	.0005	.0005	.0005	.0005	.0004				
.10	.0019	.0021	.0021	.0020	.0019	.0018				
.15	.0043	.0047	.0046	.0045	.0042	.0041				
.20	.0075	.0083	.0083	.0081	.0076	.0074				
.25	.0115	.0127	.0130	.0128	.0120	.0117				
.30	.0159	.0178	.0189	.0189	.0177	.0164				
.35	.0213	.0239	.0259	.0264	.0245	.0222				
.40	.0272	.0306	.0338	.0353	.0327	.0304				
.45	.0336	.0377	.0423	.0454	.0428	.0426				
.50	.0402	.0453	.0513	.0566	.0550	.0603				
.55	.0458	.0517	.0588	.0669	.0695	.0781				
.60	.0520	.0588	.0672	.0769	.0799	.0903				
.65	.0579	.0654	.0750	.0858	.0881	.0985				
.70	.0635	.0717	.0822	.0934	.0945	.1042				
.75	.0684	.0772	.0885	.0997	.0994	.1090				
.80	.0716	.0809	.0922	.1037	.1055	.1133				
.85	.0747	.0844	.0958	.1073	.1089	.1166				
.90	.0771	.0870	.0984	.1099	.1113	.1189				
.95	.0786	.0886	.0999	.1113	.1127	.1202				
1.00	.0792	.0892	.1004	.1118	.1131	.1207				

Auswertung aus Olsen-Reinitzhuber „Die zweiseitig gelagerte Platte" Tafel Nr. 9

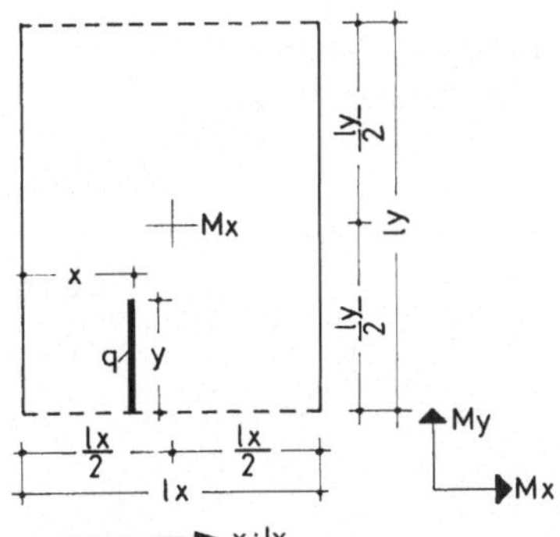

Zweiseitig frei aufliegende Platte.
Feldmoment Mx in Plattenmitte aus Linienlast in ly-Richtung.

$\frac{lx}{ly} = 0{,}8$

$\frac{ly}{lx} = 1{,}25$

$\mu = 0$

Faktor = q · ly

Mx
1.25

D 8.2.2

y : ly

Spalte										
	0.125	0.25	0.375	0.50						
.05	.0024	.0044	.0059	.0065						
.10	.0049	.0091	.0121	.0133						
.15	.0074	.0139	.0186	.0206						
.20	.0101	.0190	.0255	.0283						
.25	.0127	.0242	.0328	.0365						
.30	.0152	.0295	.0411	.0459						
.35	.0178	.0349	.0498	.0555						
.40	.0204	.0402	.0588	.0664						
.45	.0228	.0451	.0669	.0811						
.50	.0251	.0500	.0751	.1017						
.55	.0273	.0546	.0830	.1267						
.60	.0299	.0599	.0920	.1340						
.65	.0324	.0652	.1009	.1452						
.70	.0351	.0706	.1097	.1547						
.75	.0378	.0761	.1182	.1629						
.80	.0402	.0810	.1247	.1728						
.85	.0428	.0861	.1316	.1805						
.90	.0454	.0909	.1381	.1878						
.95	.0480	.0956	.1443	.1945						
1.00	.0504	.1000	.1501	.2009						

Auswertung aus Olsen-Reinitzhuber „Die zweiseitig gelagerte Platte" Tafel Nr. 9

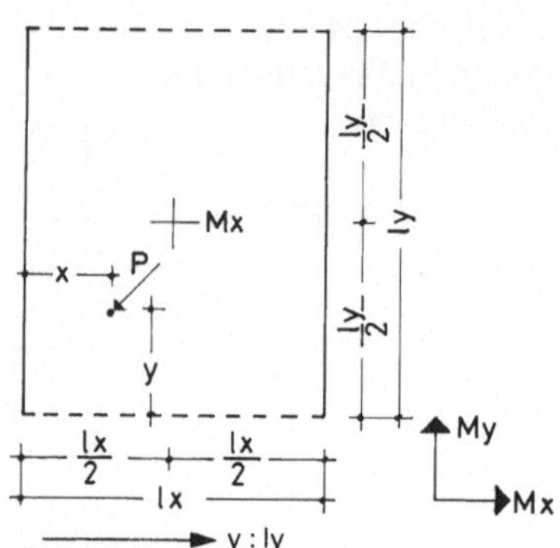

Zweiseitig frei aufliegende Platte.
Feldmoment Mx in Plattenmitte aus einer Einzellast.

$\frac{lx}{ly} = 0{,}8$

$\frac{ly}{lx} = 1{,}25$

$\mu = 0$

Faktor = P

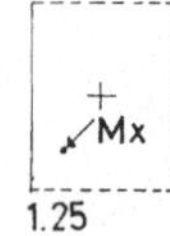

D 8.2.3

→ y : ly (Spalten), ↓ x : lx (Zeilen)

Spalte						
	0.00	0.125	0.25	0.375	0.4375	0.50
.05	.0191	.0210	.0206	.0200	.0187	.0179
.10	.0373	.0412	.0414	.0406	.0381	.0365
.15	.0545	.0606	.0626	.0616	.0581	.0557
.20	.0707	.0792	.0842	.0830	.0787	.0755
.25	.0860	.0970	.1060	.1050	.1000	.0960
.30	.1003	.1129	.1279	.1349	.1235	.1000
.35	.1115	.1257	.1457	.1623	.1535	.1344
.40	.1197	.1355	.1593	.1871	.1901	.1992
.45	.1249	.1423	.1687	.2093	.2333	.2944
.50	.1270	.1460	.1740	.2290	.2830	.4200*
.55	.1249	.1423	.1687	.2093	.2333	.2944
.60	.1197	.1355	.1593	.1871	.1901	.1992
.65	.1115	.1257	.1457	.1623	.1535	.1344
.70	.1003	.1129	.1279	.1349	.1235	.1000
.75	.0860	.0970	.1060	.1050	.1000	.0960
.80	.0707	.0792	.0842	.0830	.0787	.0755
.85	.0545	.0606	.0626	.0616	.0581	.0557
.90	.0373	.0412	.0414	.0406	.0381	.0365
.95	.0191	.0210	.0206	.0200	.0187	.0179
1.00	.0000	.0000	.0000	.0000	.0000	.0000

→ x : lx (Spalten), ↓ y : ly (Zeilen)

Spalte				
	0.125	0.25	0.375	0.50
.05	.0485	.0906	.1212	.1335
.10	.0503	.0950	.1274	.1415
.15	.0515	.0990	.1348	.1509
.20	.0521	.1026	.1434	.1617
.25	.0520	.1060	.1530	.1740
.30	.0524	.1070	.1666	.1875
.35	.0517	.1062	.1738	.2123
.40	.0500	.1034	.1746	.2485
.45	.0473	.0986	.1681	.3323
.50	.0460	.0960	.1630	.4200*
.55	.0473	.0986	.1681	.3323
.60	.0500	.1034	.1746	.2485
.65	.0517	.1062	.1738	.2123
.70	.0524	.1070	.1666	.1875
.75	.0520	.1060	.1530	.1740
.80	.0521	.1026	.1434	.1617
.85	.0515	.0990	.1348	.1509
.90	.0503	.0950	.1274	.1415
.95	.0485	.0906	.1212	.1335
1.00	.0460	.0860	.1160	.1270

Auswertung aus Olsen-Reinitzhuber „Die zweiseitig gelagerte Platte" Tafel Nr. 9

*bzw. theoretisch ∞

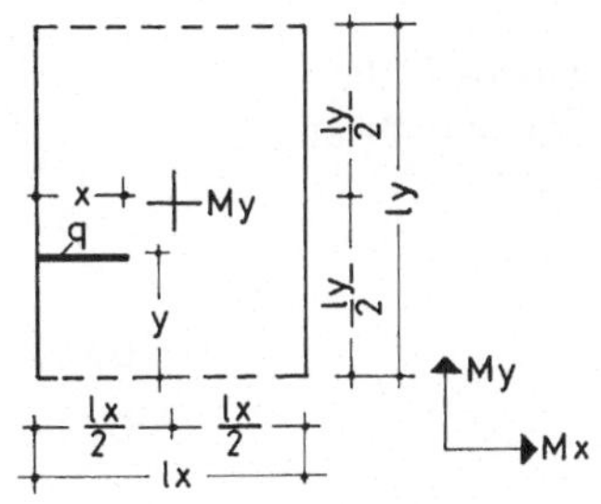

Zweiseitig frei aufliegende Platte.
Feldmoment My in Plattenmitte aus Linienlast in lx-Richtung.

$\frac{lx}{ly} = 0{,}8$

$\frac{ly}{lx} = 1{,}25$

$\mu = 0$

Faktor = q · lx

My
1.25

D 8.3.1

→ y : ly

↓ x : lx

Spalte										
	0.00	0.125	0.25	0.375	0.4375	0.50				
.05	.0003-	.0002-	.0000	.0002	.0002	.0002				
.10	.0011-	.0006-	.0001-	.0006	.0009	.0010				
.15	.0023-	.0014-	.0002-	.0014	.0021	.0024				
.20	.0040-	.0024-	.0004-	.0024	.0039	.0044				
.25	.0060-	.0038-	.0008-	.0037	.0061	.0070				
.30	.0079-	.0054-	.0014-	.0052	.0090	.0099				
.35	.0105-	.0073-	.0022-	.0069	.0126	.0134				
.40	.0134-	.0093-	.0032-	.0085	.0165	.0192				
.45	.0165-	.0116-	.0043-	.0101	.0205	.0290				
.50	.0197-	.0140-	.0056-	.0114	.0244	.0442				
.55	.0224-	.0161-	.0067-	.0127	.0283	.0594				
.60	.0254-	.0183-	.0079-	.0142	.0323	.0691				
.65	.0283-	.0204-	.0088-	.0159	.0363	.0749				
.70	.0309-	.0223-	.0096-	.0175	.0398	.0784				
.75	.0333-	.0240-	.0102-	.0190	.0427	.0813				
.80	.0349-	.0252-	.0105-	.0204	.0450	.0840				
.85	.0365-	.0262-	.0107-	.0214	.0467	.0860				
.90	.0377-	.0270-	.0109-	.0221	.0479	.0873				
.95	.0386-	.0274-	.0109-	.0226	.0486	.0881				
1.00	.0389-	.0276-	.0109-	.0228	.0488	.0883				

Auswertung aus Olsen-Reinitzhuber ,,Die zweiseitig gelagerte Platte'' Tafel Nr. 9

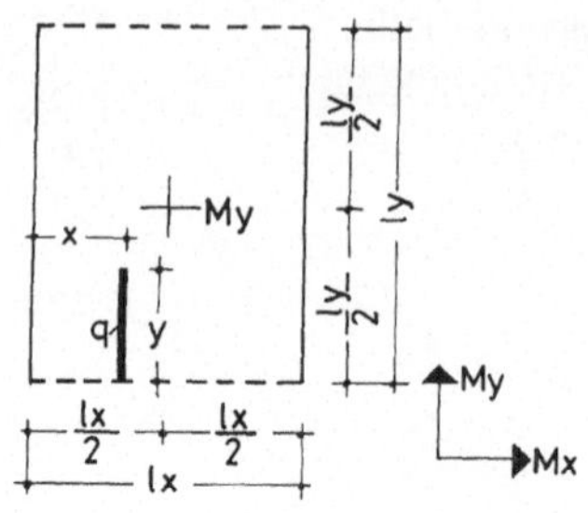

Zweiseitig frei aufliegende Platte.
Feldmoment My in Plattenmitte aus
Linienlast in ly-Richtung.

$\frac{lx}{ly} = 0{,}8$

$\frac{ly}{lx} = 1{,}25$

$\mu = 0$

Faktor = $q \cdot ly$

My 1.25

D 8.3.2

x : lx →

y : ly ↓

Spalte	0.125	0.25	0.375	0.50						
.05	.0011-	.0020-	.0027-	.0030-						
.10	.0021-	.0038-	.0051-	.0057-						
.15	.0028-	.0053-	.0071-	.0080-						
.20	.0033-	.0064-	.0088-	.0100-						
.25	.0036-	.0071-	.0100-	.0115-						
.30	.0036-	.0072-	.0106-	.0126-						
.35	.0032-	.0065-	.0103-	.0128-						
.40	.0025-	.0051-	.0086-	.0116-						
.45	.0013-	.0028-	.0051-	.0079-						
.50	.0000	.0002	.0002	.0075						
.55	.0013	.0031	.0056	.0228						
.60	.0024	.0054	.0091	.0266						
.65	.0031	.0068	.0107	.0277						
.70	.0035	.0075	.0110	.0275						
.75	.0036	.0074	.0104	.0264						
.80	.0033	.0067	.0092	.0249						
.85	.0028	.0056	.0076	.0230						
.90	.0020	.0041	.0055	.0206						
.95	.0011	.0023	.0031	.0179						
1.00	.0001-	.0003	.0005	.0149						

Auswertung aus Olsen-Reinitzhuber „Die zweiseitig gelagerte Platte" Tafel Nr. 0

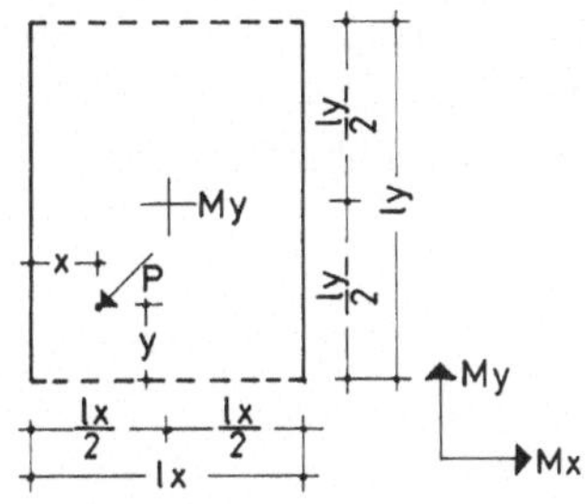

Zweiseitig frei aufliegende Platte.
Feldmoment My in Plattenmitte aus einer Einzellast.

$\frac{lx}{ly} = 0,8$

$\frac{ly}{lx} = 1,2$

$\mu = 0$

Faktor = P

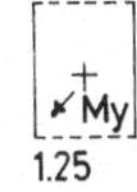

1.25

D 8.3.3

→ y : ly ; ↓ x : lx

Spalte	0.00	0.125	0.25	0.375	0.4375	0.50
.05	.0104-	.0060-	.0008-	.0061	.0094	.0100
.10	.0198-	.0120-	.0022-	.0121	.0190	.0210
.15	.0280-	.0180-	.0040-	.0179	.0290	.0332
.20	.0350-	.0240-	.0062-	.0235	.0394	.0466
.25	.0410-	.0300-	.0090-	.0290	.0500	.0610
.30	.0481-	.0350-	.0134-	.0323	.0657	.0585
.35	.0537-	.0392-	.0172-	.0333	.0759	.0881
.40	.0579-	.0426-	.0206-	.0321	.0807	.1499
.45	.0607-	.0452-	.0236-	.0287	.0801	.2439
.50	.0620-	.0470-	.0260-	.0230	.0740	.3700*
.55	.0607-	.0452-	.0236-	.0287	.0801	.2439
.60	.0579-	.0426-	.0206-	.0321	.0807	.1499
.65	.0537-	.0392-	.0172-	.0333	.0759	.0881
.70	.0481-	.0350-	.0134-	.0323	.0657	.0585
.75	.0410-	.0300-	.0090-	.0290	.0500	.0610
.80	.0350-	.0240-	.0062-	.0235	.0394	.0466
.85	.0280-	.0180-	.0040-	.0179	.0290	.0332
.90	.0198-	.0120-	.0022-	.0121	.0190	.0210
.95	.0104-	.0060-	.0008-	.0061	.0094	.0100
1.00	.0000	.0000	.0000	.0000	.0000	.0000

→ x : lx ; ↓ y : ly

Spalte	0.125	0.25	0.375	0.50
.05	.0208-	.0378-	.0508-	.0567-
.10	.0170-	.0330-	.0446-	.0505-
.15	.0128-	.0266-	.0372-	.0433-
.20	.0082-	.0186-	.0286-	.0351-
.25	.0030-	.0090-	.0190-	.0260-
.30	.0042	.0056	.0046-	.0149-
.35	.0114	.0210	.0183	.0075
.40	.0186	.0372	.0498	.0413
.45	.0251	.0540	.0920	.1806
.50	.0270	.0610	.1150	.3700*
.55	.0251	.0540	.0920	.1806
.60	.0186	.0372	.0498	.0413
.65	.0114	.0210	.0183	.0075
.70	.0042	.0056	.0046-	.0149-
.75	.0030-	.0090-	.0190-	.0260-
.80	.0082-	.0186-	.0286-	.0351-
.85	.0128-	.0266-	.0372-	.0433-
.90	.0170-	.0330-	.0446-	.0505-
.95	.0208-	.0378-	.0508-	.0567-
1.00	.0240-	.0410-	.0560-	.0620-

Auswertung aus Olsen-Reinitzhuber „Die zweiseitig gelagerte Platte" Tafel Nr. 9

* bezw. theoretisch ∞

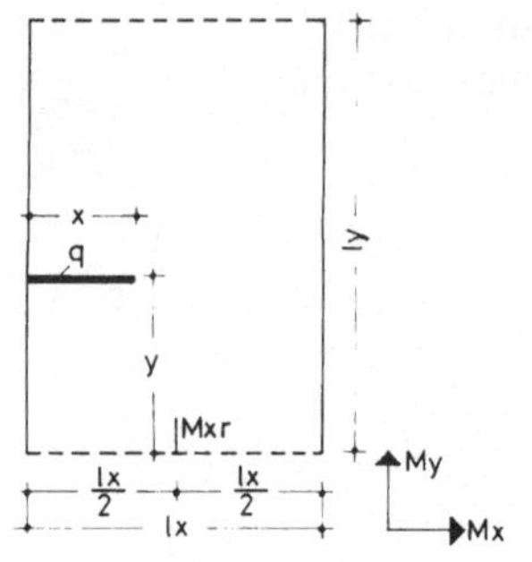

Zweiseitig frei aufliegende Platte.
Feldmoment Mxr in Mitte des freien Randes aus Linienlast in lx-Richtung.

$\frac{lx}{ly} = 0{,}7$

$\frac{ly}{lx} = 1{,}428$

$\mu = 0$

Faktor = $q \cdot lx$

Mxr
1.428

D 9.1.1

y : ly →

x : lx ↓

Spalte					
	0.00	0.125	0.25	0.375	0.50
.05	.0008	.0008	.0007	.0006	.0004
.10	.0034	.0033	.0030	.0022	.0016
.15	.0077	.0076	.0067	.0050	.0035
.20	.0140	.0138	.0118	.0087	.0062
.25	.0223	.0220	.0182	.0135	.0095
.30	.0318	.0324	.0259	.0188	.0131
.35	.0436	.0451	.0351	.0252	.0174
.40	.0609	.0599	.0456	.0321	.0221
.45	.0867	.0765	.0570	.0395	.0271
.50	.1243	.0945	.0690	.0473	.0323
.55	.1619	.1126	.0790	.0539	.0367
.60	.1878	.1292	.0901	.0611	.0416
.65	.2051	.1440	.1006	.0681	.0463
.70	.2169	.1567	.1102	.0746	.0507
.75	.2264	.1671	.1185	.0804	.0547
.80	.2347	.1753	.1235	.0843	.0574
.85	.2410	.1814	.1286	.0880	.0601
.90	.2453	.1857	.1323	.0908	.0620
.95	.2478	.1883	.1345	.0925	.0632
1.00	.2487	.1891	.1354	.0931	.0637

y : ly →

x : lx ↓

Spalte				
	0.625	0.75	0.875	1.00
.05	.0003	.0002	.0001	.0001
.10	.0011	.0008	.0005	.0003
.15	.0025	.0018	.0012	.0008
.20	.0044	.0031	.0021	.0014
.25	.0067	.0047	.0032	.0023
.30	.0092	.0064	.0044	.0032
.35	.0123	.0084	.0058	.0042
.40	.0156	.0106	.0074	.0052
.45	.0191	.0129	.0090	.0062
.50	.0228	.0153	.0107	.0073
.55	.0257	.0174	.0122	.0086
.60	.0291	.0196	.0138	.0096
.65	.0325	.0218	.0153	.0106
.70	.0356	.0239	.0167	.0115
.75	.0385	.0258	.0180	.0124
.80	.0402	.0271	.0190	.0134
.85	.0420	.0284	.0199	.0140
.90	.0434	.0294	.0206	.0145
.95	.0443	.0301	.0210	.0147
1.00	.0447	.0303	.0212	.0148

Auswertung aus Olsen-Reinitzhuber „Die zweiseitig gelagerte Platte" Tafel Nr. 8

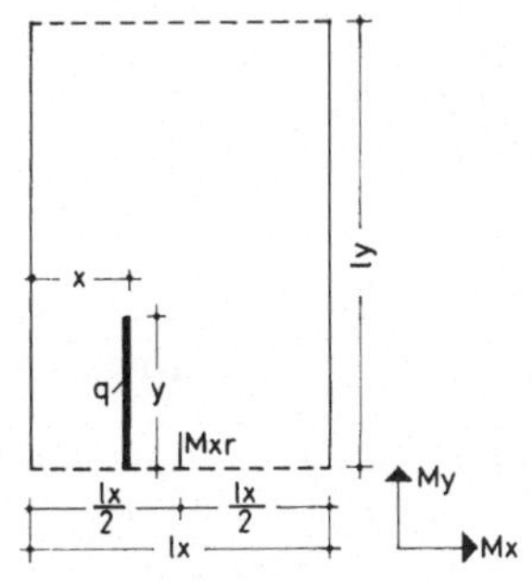

Zweiseitig frei aufliegende Platte.
Feldmoment Mxr in Mitte des freien Randes aus Linienlast in ly-Richtung.

$\frac{lx}{ly} = 0{,}7$

$\frac{ly}{lx} = 1{,}428$

$\mu = 0$

Faktor = q · ly

Mxr
1.428

D 9.1.2

x : lx →
y : ly ↓

Spalte											
	0.125	0.25	0.375	0.50							
.05	.0044	.0094	.0168	.0380							
.10	.0088	.0190	.0330	.0634							
.15	.0132	.0285	.0482	.0793							
.20	.0175	.0375	.0619	.0887							
.25	.0215	.0457	.0739	.0944							
.30	.0244	.0508	.0816	.1199							
.35	.0275	.0567	.0895	.1287							
.40	.0302	.0618	.0961	.1359							
.45	.0325	.0662	.1016	.1417							
.50	.0345	.0699	.1062	.1466							
.55	.0364	.0735	.1114	.1526							
.60	.0379	.0763	.1152	.1565							
.65	.0393	.0787	.1184	.1598							
.70	.0404	.0807	.1211	.1626							
.75	.0414	.0824	.1234	.1649							
.80	.0424	.0843	.1256	.1675							
.85	.0431	.0856	.1273	.1694							
.90	.0438	.0868	.1288	.1710							
.95	.0443	.0878	.1300	.1724							
1.00	.0448	.0887	.1311	.1736							

Auswertung aus Olsen-Reinitzhuber „Die zweiseitig gelagerte Platte" Tafel Nr. 8

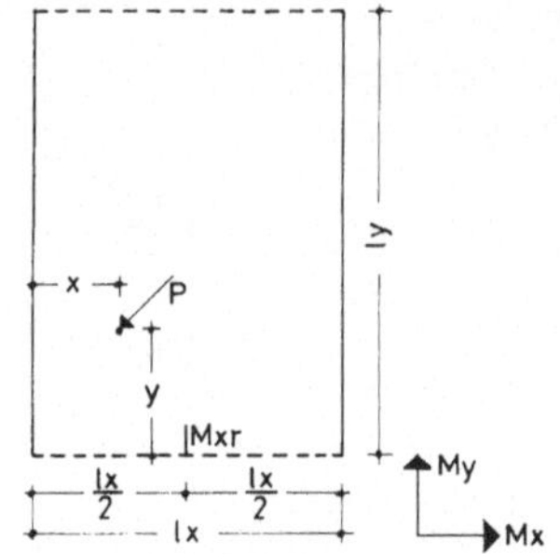

Zweiseitig frei aufliegende Platte.
Feldmoment Mxr in Mitte des freien
Randes aus einer Einzellast.

$\frac{lx}{ly} = 0{,}7$

$\frac{ly}{lx} = 1{,}428$

$\mu = 0$

Faktor = P

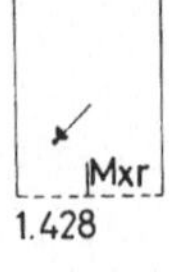

D 9.1.3

→ x : lx, ↓ y : ly

Spalte											
	0.125	0.25	0.375	0.50							
.05	.0880	.1900	.3296	.6394							
.10	.0872	.1868	.3090	.4482							
.15	.0844	.1776	.2812	.3166							
.20	.0796	.1624	.2462	.2446							
.25	.0730	.1410	.2040	.2320							
.30	.0650	.1251	.1739	.1947							
.35	.0576	.1101	.1477	.1629							
.40	.0506	.0961	.1253	.1365							
.45	.0440	.0831	.1067	.1155							
.50	.0380	.0710	.0920	.1000							
.55	.0332	.0614	.0806	.0860							
.60	.0290	.0528	.0700	.0736							
.65	.0252	.0454	.0602	.0628							
.70	.0218	.0392	.0512	.0536							
.75	.0190	.0340	.0430	.0460							
.80	.0164	.0294	.0374	.0403							
.85	.0140	.0256	.0324	.0353							
.90	.0120	.0226	.0278	.0309							
.95	.0104	.0204	.0236	.0271							
1.00	.0090	.0190	.0200	.0240							

→ y : ly, ↓ x : lx

Spalte											
	0.00	0.125	0.25	0.375	0.50	0.625	0.75	0.875	1.00		
.05	.0332	.0331	.0298	.0222	.0158	.0114	.0081	.0054	.0035		
.10	.0686	.0679	.0588	.0436	.0308	.0220	.0155	.0106	.0071		
.15	.1060	.1045	.0870	.0642	.0450	.0318	.0223	.0154	.0109		
.20	.1454	.1429	.1144	.0840	.0584	.0408	.0285	.0198	.0149		
.25	.1870	.1830	.1410	.1030	.0710	.0490	.0340	.0240	.0190		
.30	.2025	.2323	.1704	.1186	.0810	.0570	.0383	.0268	.0190		
.35	.2805	.2761	.1942	.1310	.0888	.0628	.0417	.0290	.0196		
.40	.4211	.3145	.2124	.1402	.0946	.0666	.0441	.0308	.0206		
.45	.6243	.3475	.2250	.1462	.0984	.0684	.0455	.0322	.0220		
.50	.8900*	.3750	.2320	.1490	.1000	.0680	.0460	.0330	.0240		
.55	.6243	.3475	.2250	.1462	.0984	.0684	.0455	.0322	.0220		
.60	.4211	.3145	.2124	.1402	.0946	.0666	.0441	.0308	.0206		
.65	.2805	.2761	.1942	.1310	.0888	.0628	.0417	.0290	.0196		
.70	.2025	.2323	.1704	.1186	.0810	.0570	.0383	.0268	.0190		
.75	.1870	.1830	.1410	.1030	.0710	.0490	.0340	.0240	.0190		
.80	.1454	.1429	.1144	.0840	.0584	.0408	.0285	.0198	.0149		
.85	.1060	.1045	.0870	.0642	.0450	.0318	.0223	.0154	.0190		
.90	.0686	.0679	.0588	.0436	.0308	.0220	.0155	.0106	.0071		
.95	.0332	.0331	.0298	.0222	.0158	.0114	.0081	.0054	.0035		
1.00	.0000	.0000	.0000	.0000	.0000	.0000	.0000	.0000	.0000		

Auswertung aus Olsen-Reinitzhuber „Die zweiseitig gelagerte Platte" Tafel Nr. 8

* bzw. theoretisch ∞

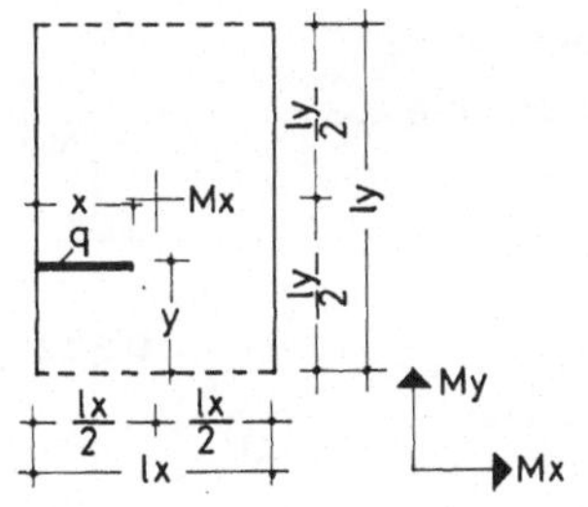

Zweiseitig frei aufliegende Platte.
Feldmoment Mx in Plattenmitte aus
Linienlast in lx-Richtung.

$\frac{lx}{ly} = 0{,}7$

$\frac{ly}{lx} = 1{,}428$

$\mu = 0$

Faktor = q · lx

Mx

1.428

D 9.2.1

→ y : ly

↓ x : lx

Spalte										
	0.00	0.125	0.25	0.375	0.4375	0.50				
.05	.0004	.0005	.0005	.0005	.0004	.0004				
.10	.0016	.0019	.0019	.0019	.0017	.0016				
.15	.0035	.0041	.0043	.0043	.0039	.0037				
.20	.0060	.0072	.0075	.0077	.0070	.0067				
.25	.0092	.0110	.0117	.0120	.0110	.0107				
.30	.0127	.0151	.0168	.0176	.0164	.0151				
.35	.0169	.0201	.0229	.0246	.0227	.0203				
.40	.0216	.0256	.0296	.0328	.0306	.0280				
.45	.0265	.0315	.0370	.0421	.0401	.0394				
.50	.0317	.0377	.0447	.0523	.0515	.0563				
.55	.0361	.0430	.0512	.0613	.0645	.0731				
.60	.0410	.0488	.0583	.0705	.0742	.0845				
.65	.0457	.0543	.0651	.0787	.0820	.0922				
.70	.0500	.0594	.0713	.0858	.0882	.0974				
.75	.0539	.0641	.0768	.0917	.0929	.1018				
.80	.0564	.0672	.0801	.0952	.0982	.1058				
.85	.0590	.0702	.0833	.0986	.1013	.1088				
.90	.0609	.0724	.0857	.1010	.1035	.1109				
.95	.0621	.0739	.0871	.1024	.1047	.1121				
1.00	.0626	.0744	.0876	.1029	.1051	.1125				

Auswertung aus Olsen-Reinitzhuber „Die zweiseitig gelagerte Platte" Tafel Nr. 8

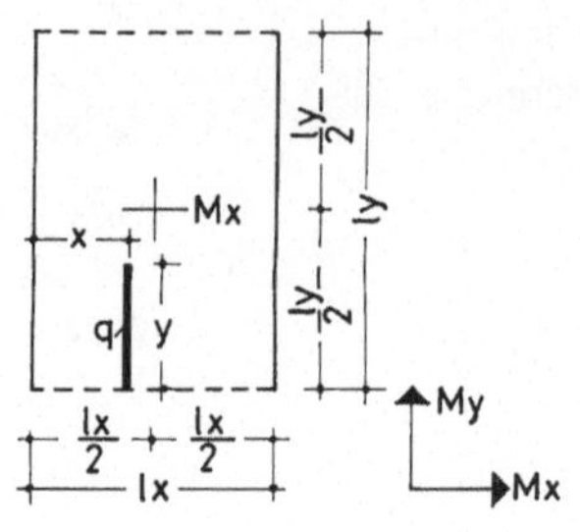

Zweiseitig frei aufliegende Platte.
Feldmoment Mx in Plattenmitte aus Linienlast in ly-Richtung.

$\frac{lx}{ly} = 0{,}7$

$\frac{ly}{lx} = 1{,}428$

$\mu = 0$

Faktor = $q \cdot ly$

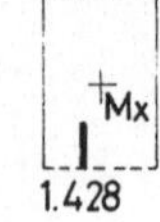

D 9.2.2

→ x : lx

↓ y : ly

Spalte									
	0.125	0.25	0.375	0.50					
.05	.0019	.0035	.0047	.0052					
.10	.0040	.0073	.0097	.0107					
.15	.0063	.0114	.0150	.0166					
.20	.0086	.0157	.0208	.0230					
.25	.0110	.0202	.0270	.0300					
.30	.0132	.0250	.0343	.0381					
.35	.0157	.0299	.0422	.0466					
.40	.0182	.0349	.0505	.0563					
.45	.0203	.0394	.0581	.0698					
.50	.0224	.0438	.0657	.0894					
.55	.0245	.0482	.0729	.1135					
.60	.0268	.0530	.0815	.1194					
.65	.0293	.0579	.0896	.1294					
.70	.0318	.0629	.0976	.1377					
.75	.0343	.0679	.1051	.1447					
.80	.0364	.0720	.1106	.1533					
.85	.0387	.0763	.1164	.1597					
.90	.0409	.0803	.1217	.1657					
.95	.0431	.0842	.1267	.1711					
1.00	.0451	.0877	.1313	.1761					

Auswertung aus Olsen-Reinitzhuber „Die zweiseitig gelagerte Platte" Tafel Nr. 8

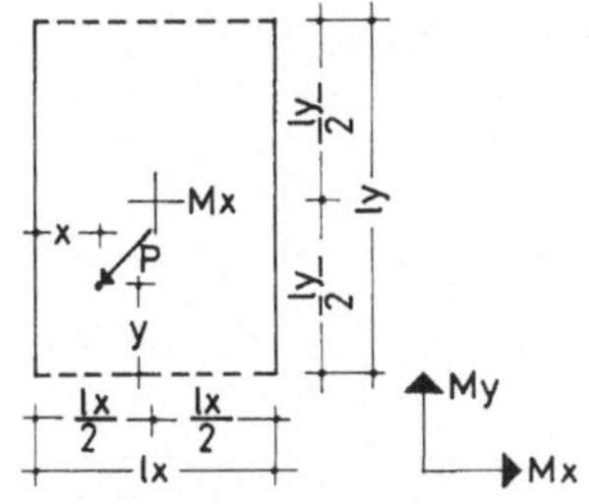

Zweiseitig frei aufliegende Platte.
Feldmoment Mx in Plattenmitte aus einer Einzellast.

$\frac{lx}{ly} = 0,7$

$\frac{ly}{lx} = 1,428$

$\mu = 0$

Faktor = P

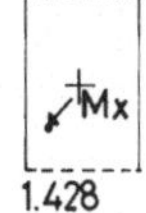

1.428

D 9.2.3

→ x : lx, ↓ y : ly

Spalte										
	0.125	0.25	0.375	0.50						
.05	.0403	.0733	.0970	.1069						
.10	.0429	.0785	.1040	.1153						
.15	.0449	.0835	.1122	.1251						
.20	.0463	.0883	.1216	.1363						
.25	.0470	.0930	.1320	.1490						
.30	.0488	.0968	.1482	.1631						
.35	.0488	.0977	.1583	.1883						
.40	.0468	.0956	.1622	.2245						
.45	.0433	.0909	.1574	.3098						
.50	.0420	.0890	.1510	.4000*						
.55	.0433	.0909	.1574	.3098						
.60	.0468	.0956	.1622	.2245						
.65	.0488	.0977	.1583	.1883						
.70	.0488	.0968	.1482	.1631						
.75	.0470	.0930	.1320	.1490						
.80	.0463	.0883	.1216	.1363						
.85	.0449	.0835	.1122	.1251						
.90	.0429	.0785	.1040	.1153						
.95	.0403	.0733	.0970	.1069						
1.00	.0370	.0680	.0910	.1000						

→ y : ly, ↓ x : lx

Spalte										
	0.00	0.125	0.25	0.375	0.4375	0.50				
.05	.0155	.0184	.0189	.0191	.0171	.0162				
.10	.0301	.0358	.0377	.0383	.0349	.0332				
.15	.0437	.0520	.0563	.0577	.0533	.0510				
.20	.0563	.0670	.0747	.0773	.0723	.0696				
.25	.0680	.0810	.0930	.0970	.0920	.0890				
.30	.0789	.0936	.1112	.1250	.1161	.0914				
.35	.0875	.1038	.1260	.1498	.1449	.1236				
.40	.0939	.1116	.1372	.1714	.1783	.1858				
.45	.0981	.1170	.1448	.1898	.2163	.2780				
.50	.1000	.1200	.1490	.2050	.2590	.4000*				
.55	.0981	.1170	.1448	.1898	.2163	.2780				
.60	.0939	.1116	.1372	.1714	.1783	.1858				
.65	.0875	.1038	.1260	.1498	.1449	.1236				
.70	.0789	.0936	.1112	.1250	.1161	.0914				
.75	.0680	.0810	.0930	.0970	.0920	.0890				
.80	.0563	.0670	.0747	.0773	.0723	.0696				
.85	.0437	.0520	.0563	.0577	.0533	.0510				
.90	.0301	.0358	.0377	.0383	.0349	.0332				
.95	.0155	.0184	.0189	.0191	.0171	.0162				
1.00	.0000	.0000	.0000	.0000	.0000	.0000				

Auswertung aus Olsen-Reinitzhuber „Die zweiseitig gelagerte Platte" Tafel Nr. 8

* bzw. theoretisch ∞

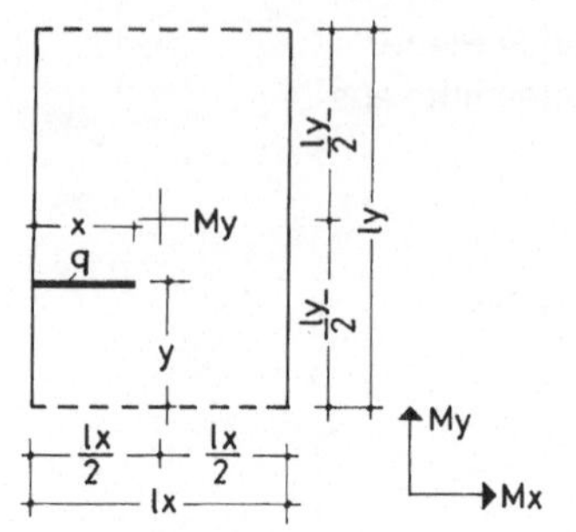

Zweiseitig frei aufliegende Platte.
Feldmoment My in Plattenmitte aus
Linienlast in lx-Richtung.

$\frac{lx}{ly} = 0{,}7$

$\frac{ly}{lx} = 1{,}428$

$\mu = 0$

Faktor = q · lx

My
1.428

D 9.3.1

y : ly → ; x : lx ↓

Spalte										
	0.00	0.125	0.25	0.375	0.4375	0.50				
.05	.0002-	.0001-	.0000	.0001	.0003	.0003				
.10	.0009-	.0006-	.0002-	.0006	.0010	.0011				
.15	.0020-	.0013-	.0004-	.0013	.0023	.0026				
.20	.0035-	.0022-	.0008-	.0023	.0040	.0047				
.25	.0052-	.0035-	.0013-	.0035	.0063	.0075				
.30	.0069-	.0051-	.0020-	.0047	.0091	.0105				
.35	.0091-	.0068-	.0029-	.0061	.0126	.0143				
.40	.0115-	.0087-	.0039-	.0075	.0164	.0203				
.45	.0142-	.0108-	.0052-	.0088	.0202	.0301				
.50	.0169-	.0129-	.0065-	.0099	.0238	.0454				
.55	.0193-	.0150-	.0076-	.0106	.0274	.0607				
.60	.0218-	.0170-	.0088-	.0118	.0313	.0705				
.65	.0243-	.0189-	.0099-	.0132	.0351	.0766				
.70	.0266-	.0207-	.0108-	.0146	.0385	.0803				
.75	.0286-	.0222-	.0116-	.0161	.0414	.0833				
.80	.0299-	.0235-	.0119-	.0169	.0437	.0862				
.85	.0313-	.0245-	.0122-	.0179	.0454	.0883				
.90	.0324-	.0252-	.0125-	.0186	.0467	.0897				
.95	.0332-	.0256-	.0126-	.0191	.0474	.0906				
1.00	.0335-	.0258-	.0126-	.0192	.0477	.0908				

Auswertung aus Olsen-Reinitzhuber „Die zweiseitig gelagerte Platte" Tafel Nr. 6

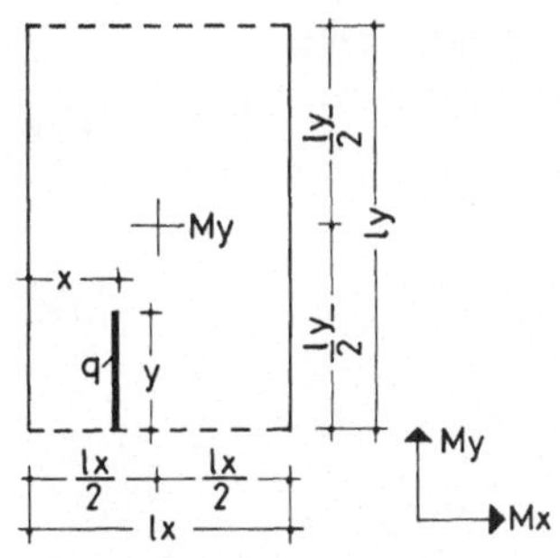

Zweiseitig frei aufliegende Platte.
Feldmoment My in Plattenmitte aus Linienlast in ly-Richtung.

$$\frac{lx}{ly} = 0{,}7$$

$$\frac{ly}{lx} = 1{,}428$$

$$\mu = 0$$

Faktor = q · ly

My
1.428

D 9.3.2

x : lx → ; y : ly ↓

Spalte	0.125	0.25	0.375	0.50
.05	.0010-	.0017-	.0023-	.0026-
.10	.0018-	.0034-	.0045-	.0050-
.15	.0025-	.0048-	.0064-	.0071-
.20	.0031-	.0060-	.0080-	.0090-
.25	.0034-	.0068-	.0092-	.0105-
.30	.0035-	.0070-	.0100-	.0116-
.35	.0032-	.0065-	.0101-	.0120-
.40	.0025-	.0052-	.0088-	.0111-
.45	.0014-	.0030-	.0055-	.0076-
.50	.0000	.0001	.0000	.0077
.55	.0015	.0031	.0055	.0230
.60	.0026	.0054	.0088	.0264
.65	.0033	.0067	.0101	.0274
.70	.0036	.0072	.0101	.0270
.75	.0035	.0069	.0092	.0258
.80	.0032	.0062	.0080	.0243
.85	.0026	.0050	.0064	.0225
.90	.0019	.0036	.0045	.0203
.95	.0011	.0019	.0023	.0180
1.00	.0001	.0002	.0000	.0154

Auswertung aus Olsen-Reinitzhuber „Die zweiseitig gelagerte Platte“ Tafel Nr. 12

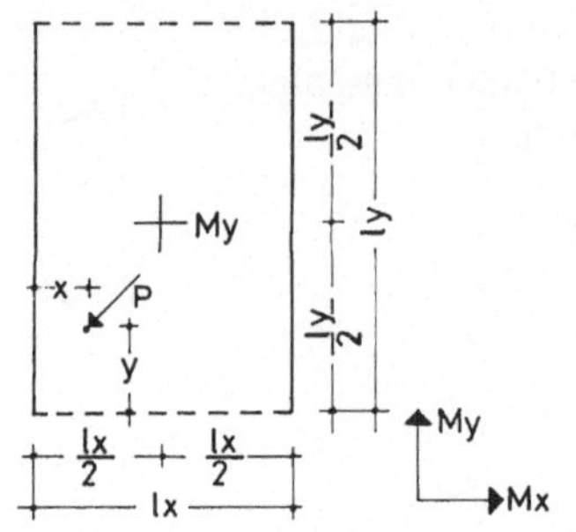

Zweiseitig frei aufliegende Platte.
Feldmoment My in Plattenmitte aus einer Einzellast.

$\frac{lx}{ly} = 0{,}7$

$\frac{ly}{lx} = 1{,}428$

$\mu = 0$

Faktor = P

My
1.428

D 9.3.3

→ x : lx

↓ y : ly

Spalte									
	0.125	0.25	0.375	0.50					
.05	.0184-	.0340-	.0448-	.0498-					
.10	.0156-	.0312-	.0406-	.0456-					
.15	.0124-	.0264-	.0352-	.0402-					
.20	.0088-	.0196-	.0286-	.0336-					
.25	.0050-	.0110-	.0210-	.0260-					
.30	.0021	.0020	.0107-	.0174-					
.35	.0099	.0174	.0109	.0032					
.40	.0183	.0352	.0439	.0358					
.45	.0264	.0550	.0915	.1767					
.50	.0290	.0640	.1190	.3700*					
.55	.0264	.0550	.0915	.1767					
.60	.0183	.0352	.0439	.0358					
.65	.0099	.0174	.0109	.0032					
.70	.0021	.0020	.0107-	.0174-					
.75	.0050-	.0110-	.0210-	.0260-					
.80	.0088-	.0196-	.0286-	.0336-					
.85	.0124-	.0264-	.0352-	.0402-					
.90	.0156-	.0312-	.0406-	.0456-					
.95	.0184-	.0340-	.0448-	.0498-					
1.00	.0210-	.0350-	.0480-	.0530-					

→ y : ly

↓ x : lx

Spalte									
	0.00	0.125	0.25	0.375	0.4375	0.50			
.05	.0092-	.0055-	.0019-	.0058	.0100	.0109			
.10	.0174-	.0111-	.0039-	.0114	.0200	.0227			
.15	.0244-	.0169-	.0061-	.0166	.0300	.0355			
.20	.0302-	.0229-	.0085-	.0214	.0400	.0493			
.25	.0350-	.0290-	.0110-	.0260	.0500	.0640			
.30	.0412-	.0331-	.0156-	.0270	.0645	.0625			
.35	.0460-	.0365-	.0194-	.0266	.0735	.0923			
.40	.0496-	.0393-	.0224-	.0250	.0771	.1535			
.45	.0520-	.0415-	.0246-	.0222	.0753	.2461			
.50	.0530-	.0430-	.0260-	.0180	.0680	.3700*			
.55	.0520-	.0072	.0246-	.0222	.0753	.2461			
.60	.0496-	.0336	.0224-	.0250	.0771	.1535			
.65	.0460-	.0364	.0194-	.0266	.0735	.0923			
.70	.0412-	.0156	.0156-	.0270	.0645	.0625			
.75	.0350-	.0290-	.0110-	.0260	.0500	.0640			
.80	.0302-	.0229-	.0085-	.0214	.0400	.0493			
.85	.0244-	.0169-	.0061-	.0166	.0300	.0355			
.90	.0174-	.0111-	.0039-	.0114	.0200	.0227			
.95	.0092-	.0055-	.0019-	.0058	.0100	.0109			
1.00	.0000	.0000	.0000	.0000	.0000	.0000			

Auswertung aus Olsen-Reinitzhuber „Die zweiseitig gelagerte Platte" Tafel Nr. 8

* bezw. theoretisch ∞

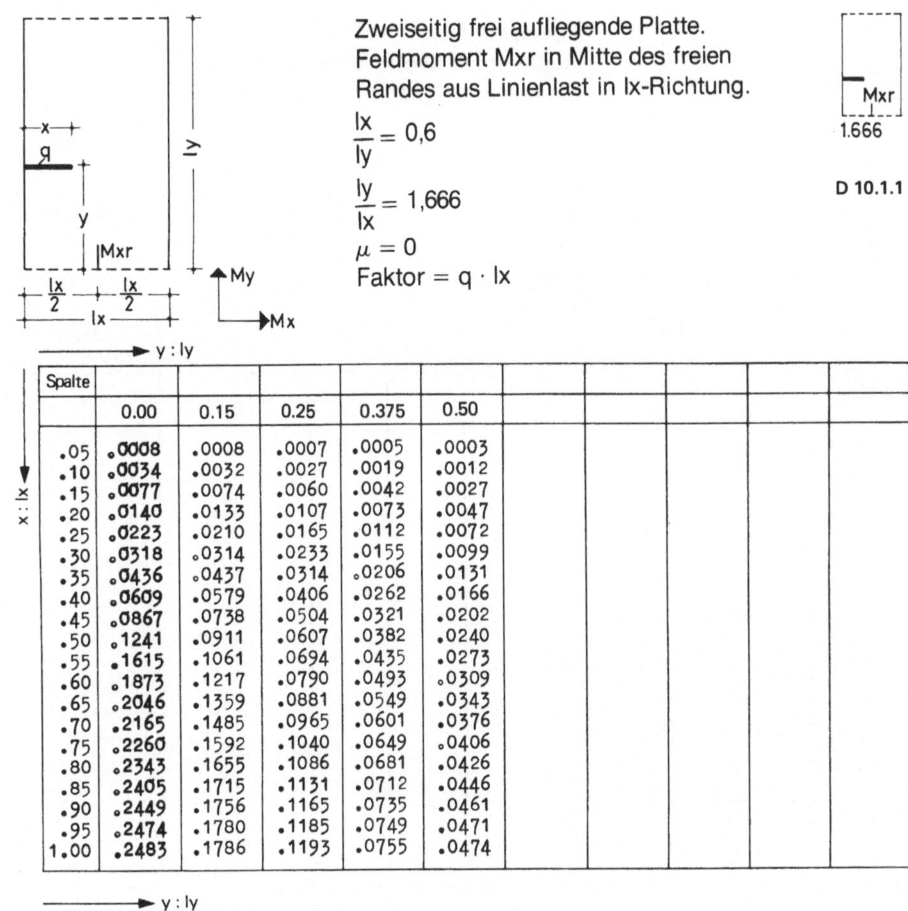

Zweiseitig frei aufliegende Platte.
Feldmoment Mxr in Mitte des freien Randes aus Linienlast in lx-Richtung.

$\frac{lx}{ly} = 0{,}6$

$\frac{ly}{lx} = 1{,}666$

$\mu = 0$

Faktor = q · lx

D 10.1.1

y : ly →

x : lx ↓

Spalte					
	0.00	0.15	0.25	0.375	0.50
.05	.0008	.0008	.0007	.0005	.0003
.10	.0034	.0032	.0027	.0019	.0012
.15	.0077	.0074	.0060	.0042	.0027
.20	.0140	.0133	.0107	.0073	.0047
.25	.0223	.0210	.0165	.0112	.0072
.30	.0318	.0314	.0233	.0155	.0099
.35	.0436	.0437	.0314	.0206	.0131
.40	.0609	.0579	.0406	.0262	.0166
.45	.0867	.0738	.0504	.0321	.0202
.50	.1241	.0911	.0607	.0382	.0240
.55	.1615	.1061	.0694	.0435	.0273
.60	.1873	.1217	.0790	.0493	.0309
.65	.2046	.1359	.0881	.0549	.0343
.70	.2165	.1485	.0965	.0601	.0376
.75	.2260	.1592	.1040	.0649	.0406
.80	.2343	.1655	.1086	.0681	.0426
.85	.2405	.1715	.1131	.0712	.0446
.90	.2449	.1756	.1165	.0735	.0461
.95	.2474	.1780	.1185	.0749	.0471
1.00	.2483	.1786	.1193	.0755	.0474

y : ly →

x : lx ↓

Spalte				
	0.625	0.75	0.875	1.00
.05	.0002	.0001	.0001	.0001
.10	.0008	.0006	.0003	.0002
.15	.0018	.0013	.0008	.0005
.20	.0031	.0022	.0013	.0008
.25	.0047	.0032	.0020	.0013
.30	.0064	.0042	.0027	.0018
.35	.0085	.0054	.0035	.0023
.40	.0108	.0067	.0043	.0028
.45	.0133	.0081	.0052	.0034
.50	.0158	.0095	.0062	.0040
.55	.0177	.0108	.0071	.0047
.60	.0200	.0122	.0080	.0052
.65	.0224	.0135	.0088	.0058
.70	.0246	.0148	.0096	.0063
.75	.0266	.0159	.0104	.0068
.80	.0277	.0168	.0110	.0073
.85	.0289	.0176	.0115	.0076
.90	.0299	.0183	.0119	.0079
.95	.0306	.0188	.0122	.0080
1.00	.0309	.0190	.0123	.0081

Auswertung aus Olsen-Reinitzhuber „Die zweiseitig gelagerte Platte" Tafel Nr. 7

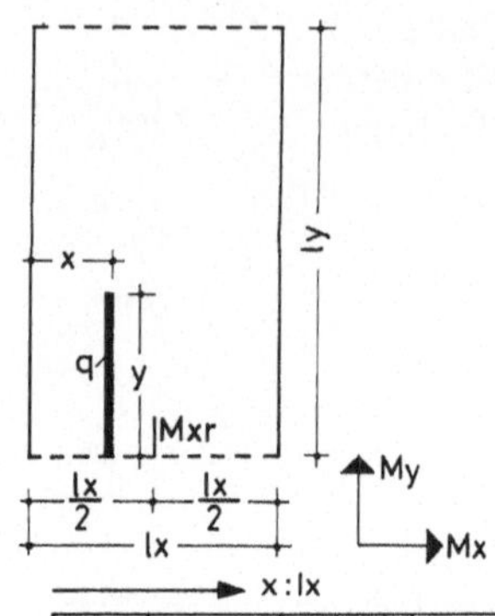

Zweiseitig frei aufliegende Platte.
Feldmoment Mxr in Mitte des freien Randes aus Linienlast in ly-Richtung.

$\frac{lx}{ly} = 0{,}6$

$\frac{ly}{lx} = 1{,}666$

$\mu = 0$

Faktor = $q \cdot ly$

Mxr
1.666

D 10.1.2

y : ly

Spalte											
	0.125	0.25	0.375	0.50							
.05	.0044	.0094	.0166	.0374							
.10	.0088	.0188	.0322	.0614							
.15	.0131	.0280	.0465	.0755							
.20	.0172	.0365	.0591	.0827							
.25	.0210	.0442	.0697	.0862							
.30	.0234	.0485	.0763	.1112							
.35	.0261	.0534	.0829	.1184							
.40	.0283	.0575	.0881	.1241							
.45	.0301	.0609	.0922	.1285							
.50	.0316	.0636	.0955	.1320							
.55	.0332	.0665	.0998	.1367							
.60	.0343	.0685	.1025	.1394							
.65	.0352	.0701	.1047	.1417							
.70	.0360	.0713	.1065	.1434							
.75	.0366	.0723	.1079	.1448							
.80	.0373	.0736	.1092	.1465							
.85	.0378	.0744	.1102	.1476							
.90	.0382	.0751	.1111	.1485							
.95	.0385	.0757	.1117	.1493							
1.00	.0388	.0762	.1123	.1500							

Auswertung aus Olsen-Reinitzhuber „Die zweiseitig gelagerte Platte" Tafel Nr. 7

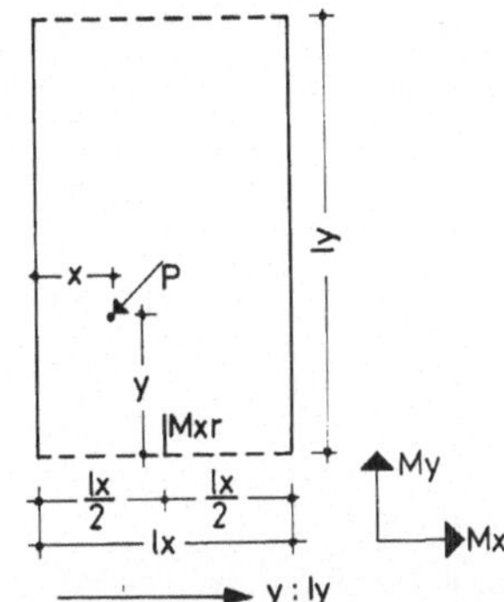

Zweiseitig frei aufliegende Platte.
Feldmoment Mxr in Mitte des freien Randes aus einer Einzellast.

$\frac{lx}{ly} = 0{,}6$

$\frac{ly}{lx} = 1{,}666$

$\mu = 0$

Faktor = P

Mxr
1.666

D 10.1.3

y : ly →, x : lx ↓

Spalte									
	0.00	0.125	0.25	0.375	0.50	0.625	0.75	0.875	1.00
.05	.0332	.0325	.0270	.0187	.0122	.0082	.0058	.0034	.0020
.10	.0686	.0665	.0532	.0365	.0236	.0156	.0108	.0066	.0040
.15	.1060	.1019	.0786	.0533	.0342	.0222	.0150	.0094	.0060
.20	.1454	.1387	.1032	.0691	.0440	.0280	.0184	.0118	.0080
.25	.1870	.1770	.1270	.0840	.0530	.0330	.0210	.0140	.0100
.30	.2031	.2225	.1510	.0958	.0602	.0391	.0234	.0153	.0103
.35	.2809	.2617	.1702	.1052	.0658	.0435	.0252	.0165	.0107
.40	.4205	.2947	.1846	.1122	.0698	.0461	.0266	.0175	.0113
.45	.6219	.3215	.1942	.1168	.0722	.0469	.0276	.0183	.0121
.50	.8850*	.3420	.1990	.1190	.0730	.0460	.0280	.0190	.0130
.55	.6219	.3215	.1942	.1168	.0722	.0469	.0276	.0183	.0121
.60	.4205	.2947	.1846	.1122	.0698	.0461	.0266	.0175	.0113
.65	.2809	.2617	.1702	.1052	.0658	.0435	.0252	.0165	.0107
.70	.2031	.2225	.1510	.0958	.0602	.0391	.0234	.0153	.0103
.75	.1870	.1770	.1270	.0840	.0530	.0330	.0210	.0140	.0100
.80	.1454	.1387	.1032	.0691	.0440	.0280	.0184	.0118	.0080
.85	.1060	.1019	.0786	.0533	.0342	.0222	.0150	.0094	.0060
.90	.0686	.0665	.0532	.0365	.0236	.0156	.0108	.0066	.0040
.95	.0332	.0325	.0270	.0187	.0122	.0082	.0058	.0034	.0020
1.00	.0000	.0000	.0000	.0000	.0000	.0000	.0000	.0000	.0000

x : lx →, y : ly ↓

Spalte				
	0.125	0.25	0.375	0.50
.05	.0876	.1878	.3218	.6198
.10	.0858	.1822	.2948	.4186
.15	.0816	.1702	.2618	.2814
.20	.0750	.1518	.2228	.2082
.25	.0660	.1270	.1780	.1990
.30	.0570	.1084	.1470	.1629
.35	.0488	.0916	.1206	.1323
.40	.0414	.0768	.0986	.1071
.45	.0348	.0640	.0810	.0873
.50	.0290	.0530	.0680	.0730
.55	.0245	.0440	.0583	.0611
.60	.0207	.0364	.0493	.0507
.65	.0175	.0300	.0409	.0417
.70	.0149	.0248	.0331	.0341
.75	.0130	.0210	.0260	.0280
.80	.0108	.0178	.0220	.0240
.85	.0088	.0152	.0186	.0206
.90	.0072	.0130	.0156	.0176
.95	.0060	.0112	.0130	.0150
1.00	.0050	.0100	.0110	.0130

Auswertung aus Olsen-Reinitzhuber „Die zweiseitig gelagerte Platte" Tafel Nr. 7

* bzw. theoretisch ∞

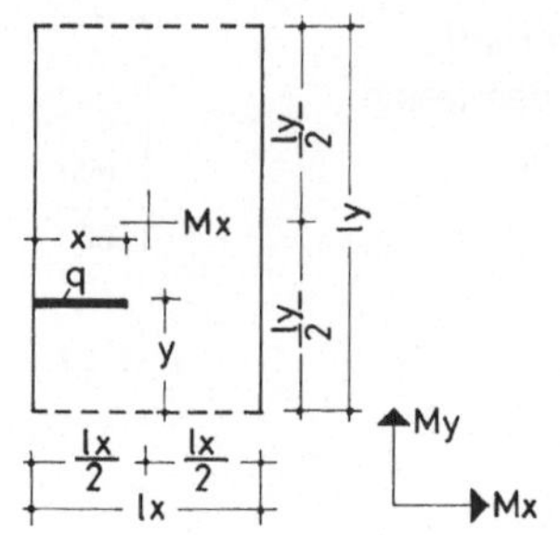

Zweiseitig frei aufliegende Platte.
Feldmoment Mx in Plattenmitte aus Linienlast in lx-Richtung.

Mx
1.666

D 10.2.1

$\frac{lx}{ly} = 0{,}6$

$\frac{ly}{lx} = 1{,}666$

$\mu = 0$

Faktor = $q \cdot lx$

→ y : ly

↓ y : lx

Spalte									
	0.00	0.125	0.25	0.375	0.4375	0.50			
.05	.0003	.0004	.0004	.0005	.0004	.0004			
.10	.0012	.0015	.0017	.0018	.0015	.0015			
.15	.0026	.0033	.0037	.0041	.0035	.0035			
.20	.0046	.0057	.0066	.0072	.0063	.0063			
.25	.0070	.0087	.0102	.0112	.0100	.0098			
.30	.0095	.0119	.0145	.0163	.0151	.0138			
.35	.0126	.0158	.0196	.0227	.0212	.0186			
.40	.0160	.0201	.0253	.0303	.0288	.0257			
.45	.0197	.0247	.0315	.0387	.0378	.0367			
.50	.0235	.0295	.0379	.0479	.0485	.0531			
.55	.0268	.0337	.0433	.0558	.0600	.0694			
.60	.0303	.0382	.0493	.0641	.0692	.0804			
.65	.0338	.0425	.0550	.0716	.0767	.0876			
.70	.0370	.0465	.0602	.0782	.0827	.0924			
.75	.0398	.0501	.0649	.0837	.0874	.0963			
.80	.0417	.0526	.0678	.0868	.0917	.0999			
.85	.0436	.0550	.0706	.0899	.0946	.1027			
.90	.0451	.0568	.0727	.0922	.0966	.1046			
.95	.0460	.0579	.0740	.0936	.0977	.1058			
1.00	.0464	.0584	.0744	.0940	.0980	.1062			

Auswertung aus Olsen-Reinitzhuber „Die zweiseitig gelagerte Platte" Tafel Nr. 7

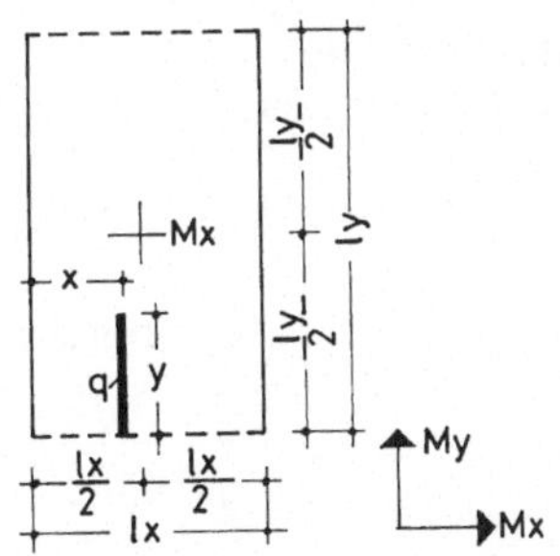

Zweiseitig frei aufliegende Platte.
Feldmoment Mx in Plattenmitte aus Linienlast in ly-Richtung.

$\frac{lx}{ly} = 0{,}6$

$\frac{ly}{lx} = 1{,}666$

$\mu = 0$

Faktor = q · ly

1.666

D 10.2.2

x : lx →

y : ly ↓

Spalte										
	0.125	0.25	0.375	0.50						
.05	.0015	.0026	.0035	.0039						
.10	.0031	.0055	.0072	.0081						
.15	.0049	.0087	.0114	.0128						
.20	.0067	.0122	.0159	.0181						
.25	.0087	.0160	.0210	.0239						
.30	.0109	.0203	.0274	.0305						
.35	.0132	.0247	.0344	.0380						
.40	.0156	.0294	.0420	.0471						
.45	.0175	.0334	.0492	.0586						
.50	.0194	.0374	.0563	.0765						
.55	.0213	.0413	.0631	.0943						
.60	.0234	.0458	.0712	.1058						
.65	.0257	.0503	.0786	.1150						
.70	.0282	.0549	.0857	.1225						
.75	.0305	.0593	.0920	.1291						
.80	.0321	.0627	.0966	.1349						
.85	.0340	.0662	.1013	.1402						
.90	.0358	.0693	.1054	.1449						
.95	.0374	.0722	.1091	.1491						
1.00	.0389	.0748	.1124	.1530						

Auswertung aus Olsen-Reinitzhuber „Die zweiseitig gelagerte Platte" Tafel Nr. 7

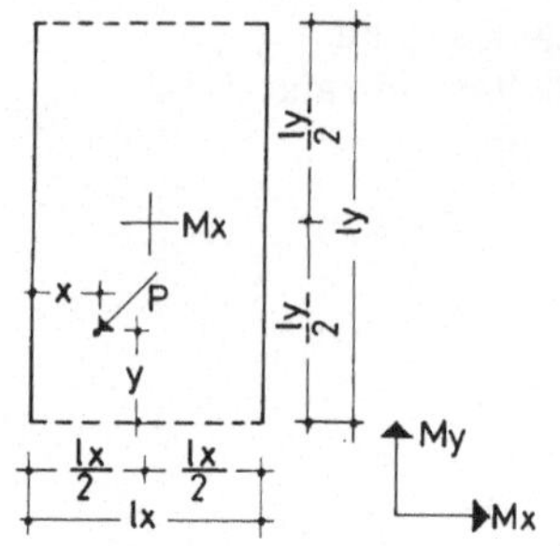

Zweiseitig frei aufliegende Platte.
Feldmoment Mx in Plattenmitte aus einer Einzellast.

1.666

D 10.2.3

$\frac{lx}{ly} = 0{,}6$

$\frac{ly}{lx} = 1{,}666$

$\mu = 0$

Faktor = P

→ x : lx, ↓ y : ly

Spalte										
	0.125	0.25	0.375	0.50						
.05	.0309	.0554	.0726	.0808						
.10	.0337	.0610	.0798	.0892						
.15	.0363	.0670	.0886	.0992						
.20	.0387	.0734	.0990	.1108						
.25	.0410	.0800	.1110	.1240						
.30	.0448	.0863	.1292	.1392						
.35	.0457	.0890	.1424	.1651						
.40	.0436	.0881	.1504	.2016						
.45	.0396	.0832	.1490	.2914						
.50	.0390	.0800	.1420	.3900*						
.55	.0396	.0832	.1490	.2914						
.60	.0436	.0881	.1504	.2016						
.65	.0457	.0890	.1424	.1651						
.70	.0448	.0863	.1292	.1392						
.75	.0410	.0800	.1110	.1240						
.80	.0387	.0734	.0990	.1108						
.85	.0363	.0670	.0886	.0992						
.90	.0337	.0610	.0798	.0892						
.95	.0309	.0554	.0726	.0808						
1.00	.0280	.0500	.0670	.0740						

→ y : ly, ↓ x : lx

Spalte										
	0.00	0.125	0.25	0.375	0.4375	0.50				
.05	.0119	.0147	.0166	.0181	.0154	.0154				
.10	.0229	.0285	.0330	.0361	.0316	.0310				
.15	.0329	.0413	.0490	.0539	.0486	.0470				
.20	.0419	.0531	.0646	.0715	.0664	.0634				
.25	.0500	.0640	.0800	.0890	.0850	.0800				
.30	.0580	.0732	.0946	.1150	.1104	.0825				
.35	.0644	.0808	.1062	.1372	.1382	.1147				
.40	.0692	.0868	.1150	.1558	.1684	.1767				
.45	.0724	.0912	.1210	.1708	.2010	.2685				
.50	.0740	.0940	.1240	.1820	.2360	.3900*				
.55	.0724	.0912	.1210	.1708	.2010	.2685				
.60	.0692	.0868	.1150	.1558	.1684	.1767				
.65	.0644	.0808	.1062	.1372	.1382	.1147				
.70	.0580	.0732	.0946	.1150	.1104	.0825				
.75	.0500	.0640	.0800	.0890	.0850	.0800				
.80	.0419	.0531	.0646	.0715	.0664	.0634				
.85	.0329	.0413	.0490	.0539	.0486	.0470				
.90	.0229	.0285	.0330	.0361	.0316	.0310				
.95	.0119	.0147	.0166	.0181	.0154	.0154				
1.00	.0000	.0000	.0000	.0000	.0000	.0000				

Auswertung aus Olsen-Reinitzhuber „Die zweiseitig gelagerte Platte" Tafel Nr. 7

* bzw. theoretisch ∞

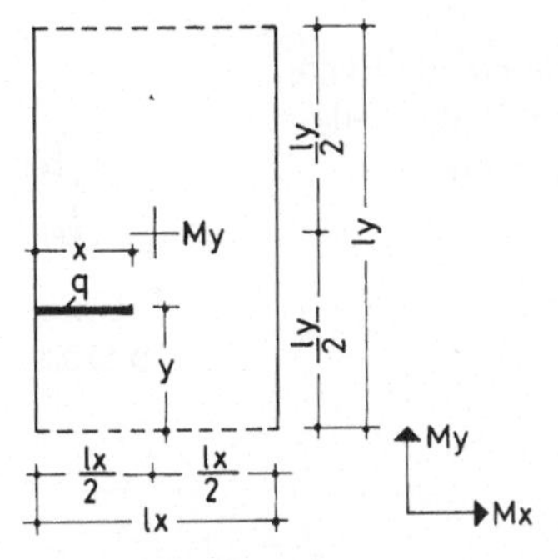

Zweiseitig frei aufliegende Platte.
Feldmoment My in Plattenmitte aus Linienlast in lx-Richtung.

$\frac{lx}{ly} = 0,6$

$\frac{ly}{lx} = 1,666$

$\mu = 0$

Faktor = q · lx

My
1.666

D 10.3.1

→ y : ly

↓ x : lx

Spalte										
	0.00	0.125	0.25	0.375	0.4375	0.50				
.05	.0002-	.0001-	.0001-	.0001	.0003	.0003				
.10	.0007-	.0005-	.0002-	.0006	.0010	.0011				
.15	.0015-	.0012-	.0005-	.0013	.0023	.0026				
.20	.0026-	.0021-	.0009-	.0022	.0040	.0048				
.25	.0040-	.0033-	.0015-	.0032	.0063	.0078				
.30	.0054-	.0046-	.0024-	.0041	.0091	.0109				
.35	.0071-	.0062-	.0034-	.0051	.0123	.0148				
.40	.0091-	.0078-	.0046-	.0061	.0158	.0210				
.45	.0111-	.0096-	.0059-	.0070	.0193	.0309				
.50	.0133-	.0115-	.0073-	.0078	.0225	.0463				
.55	.0152-	.0132-	.0085-	.0083	.0257	.0616				
.60	.0172-	.0150-	.0097-	.0091	.0292	.0715				
.65	.0191-	.0166-	.0109-	.0101	.0327	.0777				
.70	.0210-	.0182-	.0120-	.0112	.0359	.0816				
.75	.0226-	.0196-	.0129-	.0123	.0388	.0848				
.80	.0236-	.0207-	.0133-	.0131	.0410	.0877				
.85	.0247-	.0216-	.0137-	.0140	.0428	.0899				
.90	.0255-	.0222-	.0140-	.0147	.0440	.0914				
.95	.0261-	.0226-	.0141-	.0151	.0448	.0922				
1.00	.0263-	.0228-	.0142-	.0154	.0450	.0925				

Auswertung aus Olsen-Reinitzhuber „Die zweiseitig gelagerte Platte" Tafel Nr. 7

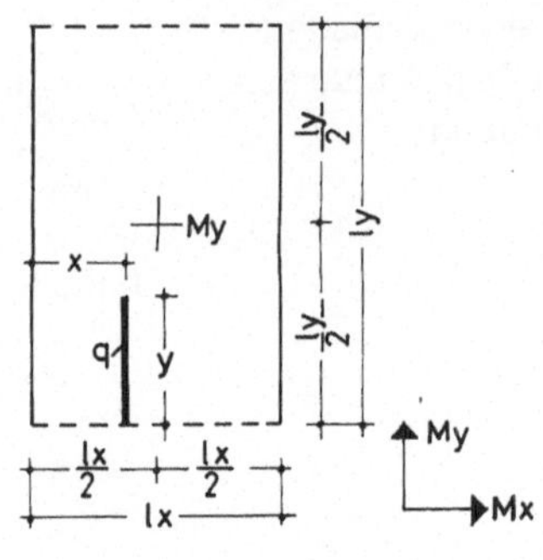

Zweiseitig frei aufliegende Platte.
Feldmoment My in Plattenmitte aus
Linienlast in ly-Richtung.

$\frac{lx}{ly} = 0,6$

$\frac{ly}{lx} = 1,666$

$\mu = 0$

Faktor = q · ly

My
1.666

D 10.3.2

x : lx ⟶

y : ly ↓

Spalte										
	0.125	0.25	0.375	0.50						
.05	.0008-	.0014-	.0019-	.0021-						
.10	.0015-	.0028-	.0036-	.0040-						
.15	.0022-	.0041-	.0053-	.0059-						
.20	.0027-	.0052-	.0068-	.0076-						
.25	.0031-	.0061-	.0080-	.0090-						
.30	.0032-	.0065-	.0091-	.0103-						
.35	.0030-	.0064-	.0094-	.0109-						
.40	.0023-	.0053-	.0084-	.0103-						
.45	.0012-	.0031-	.0055-	.0071-						
.50	.0002	.0000	.0001	.0080						
.55	.0017	.0031	.0056	.0232						
.60	.0028	.0053	.0086	.0264						
.65	.0035	.0064	.0096	.0270						
.70	.0037	.0066	.0093	.0264						
.75	.0036	.0061	.0082	.0251						
.80	.0032	.0052	.0070	.0237						
.85	.0026	.0041	.0055	.0220						
.90	.0020	.0028	.0038	.0201						
.95	.0013	.0014	.0021	.0182						
1.00	.0005	.0000	.0002	.0161						

Auswertung aus Olsen-Reinitzhuber „Die zweiseitig gelagerte Platte" Tafel Nr. 7

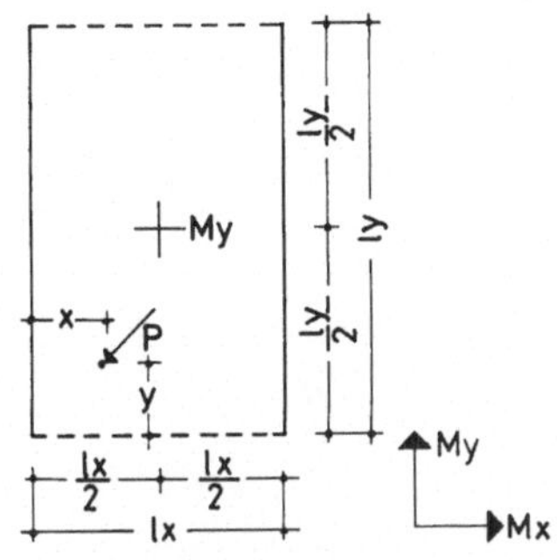

Zweiseitig frei aufliegende Platte.
Feldmoment My in Plattenmitte aus einer Einzellast.

$\frac{lx}{ly} = 0{,}6$

$\frac{ly}{lx} = 1{,}666$

$\mu = 0$

Faktor = P

My

1.666

D 10.3.3

x : lx →

y : ly ↓

Spalte	0.125	0.25	0.375	0.50
.05	.0153-	.0284-	.0366-	.0406-
.10	.0139-	.0272-	.0344-	.0384-
.15	.0119-	.0244-	.0314-	.0354-
.20	.0093-	.0200-	.0276-	.0316-
.25	.0060-	.0140-	.0230-	.0270-
.30	.0008	.0037-	.0158-	.0205-
.35	.0087	.0115	.0042	.0019-
.40	.0176	.0317	.0370	.0289
.45	.0268	.0558	.0887	.1716
.50	.0300	.0660	.1220	.3700*
.55	.0268	.0558	.0887	.1716
.60	.0176	.0317	.0370	.0289
.65	.0087	.0115	.0042	.0019-
.70	.0008	.0037-	.0158-	.0205-
.75	.0060-	.0140-	.0230-	.0270-
.80	.0093-	.0200-	.0276-	.0316-
.85	.0119-	.0244-	.0314-	.0354-
.90	.0139-	.0272-	.0344-	.0384-
.95	.0153-	.0284-	.0366-	.0406-
1.00	.0160-	.0280-	.0380-	.0420-

y : ly →

x : lx ↓

Spalte	0.00	0.125	0.25	0.375	0.4375	0.50
.05	.0069-	.0052-	.0022-	.0058	.0100	.0113
.10	.0131-	.0104-	.0046-	.0108	.0200	.0235
.15	.0187-	.0156-	.0074-	.0150	.0300	.0367
.20	.0237-	.0208-	.0106-	.0184	.0400	.0509
.25	.0280-	.0260-	.0140-	.0210	.0500	.0660
.30	.0327-	.0292-	.0182-	.0208	.0616	.0654
.35	.0365-	.0318-	.0216-	.0198	.0684	.0954
.40	.0393-	.0340-	.0242-	.0180	.0704	.1562
.45	.0411-	.0358-	.0260-	.0154	.0676	.2478
.50	.0420-	.0370-	.0270-	.0120	.0600	.3700*
.55	.0411-	.0358-	.0260-	.0154	.0676	.2478
.60	.0393-	.0340-	.0242-	.0180	.0704	.1562
.65	.0365-	.0318-	.0216-	.0198	.0684	.0954
.70	.0327-	.0292-	.0182-	.0208	.0616	.0654
.75	.0280-	.0260-	.0140-	.0210	.0500	.0660
.80	.0237-	.0208-	.0106-	.0184	.0400	.0509
.85	.0187-	.0156-	.0074-	.0150	.0300	.0367
.90	.0131-	.0104-	.0046-	.0108	.0200	.0235
.95	.0069-	.0052-	.0022-	.0058	.0100	.0113
1.00	.0000	.0000	.0000	.0000	.0000	.0000

Auswertung aus Olsen-Reinitzhuber „Die zweiseitig gelagerte Platte" Tafel Nr. 7

* bezw. theoretisch ∞

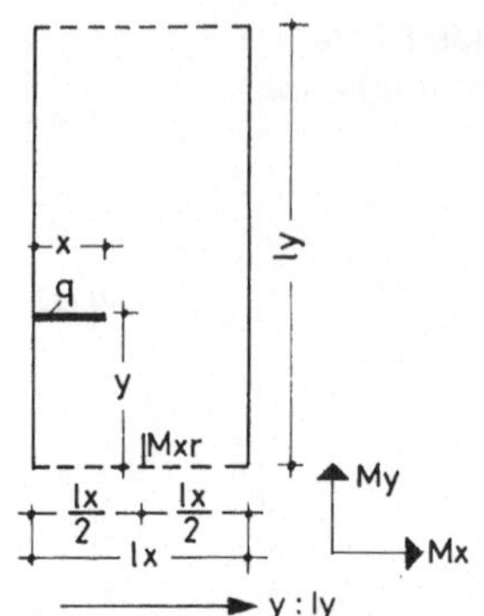

Zweiseitig frei aufliegende Platte.
Feldmoment Mxr in Mitte des freien Randes aus Linienlast in lx-Richtung.

$\frac{lx}{ly} = 0{,}5$

$\frac{ly}{lx} = 2{,}0$

$\mu = 0$

Faktor = q · lx

Mxr
2.0

D 11.1.1

x : lx

Spalte										
	0.00	0.125	0.25	0.375	0.50	0.625	0.75	0.875	1.00	
.05	.0008	.0008	.0006	.0003	.0002	.0001	.0001	.0000	.0000	
.10	.0033	.0032	.0023	.0014	.0008	.0004	.0002	.0001	.0001	
.15	.0076	.0072	.0051	.0031	.0017	.0009	.0005	.0003	.0002	
.20	.0138	.0129	.0090	.0054	.0029	.0016	.0008	.0005	.0003	
.25	.0221	.0203	.0140	.0082	.0045	.0025	.0012	.0008	.0005	
.30	.0316	.0299	.0197	.0114	.0062	.0034	.0017	.0011	.0007	
.35	.0435	.0414	.0265	.0152	.0082	.0045	.0023	.0015	.0009	
.40	.0607	.0546	.0340	.0193	.0105	.0057	.0029	.0019	.0012	
.45	.0865	.0692	.0421	.0237	.0129	.0071	.0035	.0023	.0015	
.50	.1240	.0849	.0505	.0283	.0154	.0084	.0042	.0027	.0018	
.55	.1614	.0981	.0576	.0322	.0175	.0095	.0048	.0031	.0020	
.60	.1872	.1123	.0655	.0365	.0198	.0108	.0054	.0035	.0023	
.65	.2045	.1256	.0730	.0407	.0221	.0121	.0060	.0039	.0026	
.70	.2163	.1374	.0800	.0445	.0242	.0132	.0066	.0043	.0028	
.75	.2258	.1476	.0863	.0481	.0261	.0142	.0071	.0047	.0030	
.80	.2341	.1533	.0902	.0504	.0273	.0149	.0075	.0049	.0032	
.85	.2403	.1590	.0941	.0527	.0285	.0156	.0078	.0051	.0033	
.90	.2446	.1630	.0969	.0544	.0295	.0161	.0081	.0052	.0034	
.95	.2471	.1653	.0987	.0554	.0300	.0164	.0082	.0053	.0035	
1.00	.2479	.1661	.0993	.0558	.0303	.0166	.0083	.0053	.0035	

Auswertung aus Olsen-Reinitzhuber „Die zweiseitig gelagerte Platte" Tafel Nr. 6

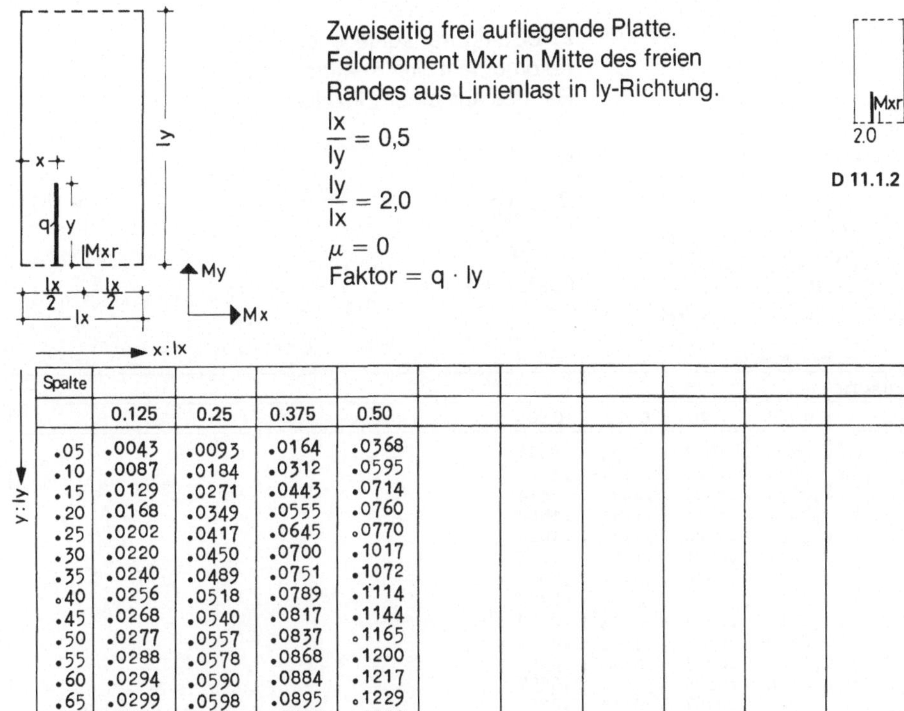

Zweiseitig frei aufliegende Platte.
Feldmoment Mxr in Mitte des freien Randes aus Linienlast in ly-Richtung.

$\frac{lx}{ly} = 0{,}5$

$\frac{ly}{lx} = 2{,}0$

$\mu = 0$

Faktor = q · ly

D 11.1.2

Spalte										
	0.125	0.25	0.375	0.50						
.05	.0043	.0093	.0164	.0368						
.10	.0087	.0184	.0312	.0595						
.15	.0129	.0271	.0443	.0714						
.20	.0168	.0349	.0555	.0760						
.25	.0202	.0417	.0645	.0770						
.30	.0220	.0450	.0700	.1017						
.35	.0240	.0489	.0751	.1072						
.40	.0256	.0518	.0789	.1114						
.45	.0268	.0540	.0817	.1144						
.50	.0277	.0557	.0837	.1165						
.55	.0288	.0578	.0868	.1200						
.60	.0294	.0590	.0884	.1217						
.65	.0299	.0598	.0895	.1229						
.70	.0303	.0604	.0903	.1238						
.75	.0305	.0608	.0909	.1244						
.80	.0309	.0615	.0918	.1253						
.85	.0310	.0618	.0922	.1258						
.90	.0312	.0621	.0926	.1262						
.95	.0313	.0624	.0929	.1265						
1.00	.0314	.0626	.0932	.1268						

Auswertung aus Olsen-Reinitzhuber „Die zweiseitig gelagerte Platte" Tafel Nr. 6

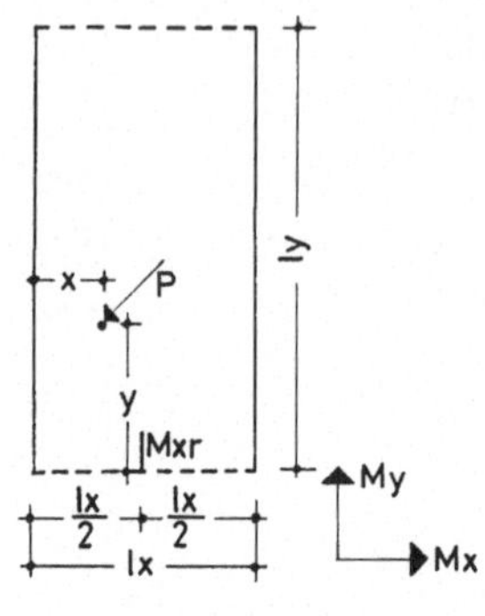

Zweiseitig frei aufliegende Platte.
Feldmoment Mxr in Mitte des freien Randes aus einer Einzellast.

$\frac{lx}{ly} = 0,5$

$\frac{ly}{lx} = 2,0$

$\mu = 0$

Faktor = P

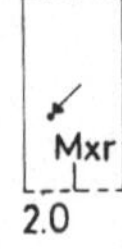

D 11.1.3

x : lx →, y : ly ↓

Spalte									
	0.125	0.25	0.375	0.50					
.05	.0864	.1837	.3121	.6006					
.10	.0836	.1741	.2771	.3860					
.15	.0776	.1583	.2379	.2414					
.20	.0684	.1363	.1945	.1668					
.25	.0560	.1080	.1470	.1620					
.30	.0458	.0876	.1171	.1283					
.35	.0370	.0698	.0919	.1001					
.40	.0294	.0548	.0713	.0773					
.45	.0230	.0426	.0553	.0599					
.50	.0180	.0330	.0440	.0480					
.55	.0144	.0263	.0350	.0381					
.60	.0114	.0205	.0274	.0297					
.65	.0088	.0157	.0210	.0227					
.70	.0066	.0119	.0158	.0171					
.75	.0050	.0090	.0120	.0130					
.80	.0041	.0077	.0103	.0106					
.85	.0033	.0065	.0087	.0088					
.90	.0027	.0055	.0073	.0074					
.95	.0023	.0047	.0061	.0064					
1.00	.0020	.0040	.0050	.0060					

y : ly →, x : lx ↓

Spalte									
	0.00	0.125	0.25	0.375	0.50	0.625	0.75	0.875	1.00
.05	.0326	.0318	.0229	.0137	.0076	.0042	.0021	.0012	.0008
.10	.0676	.0644	.0451	.0267	.0146	.0082	.0041	.0024	.0016
.15	.1050	.0978	.0667	.0391	.0212	.0118	.0059	.0036	.0024
.20	.1448	.1320	.0877	.0509	.0274	.0150	.0075	.0048	.0032
.25	.1870	.1670	.1080	.0620	.0330	.0180	.0090	.0060	.0040
.30	.2031	.2087	.1265	.0710	.0382	.0209	.0104	.0070	.0044
.35	.2809	.2433	.1411	.0782	.0424	.0231	.0116	.0078	.0048
.40	.4205	.2709	.1519	.0834	.0454	.0247	.0124	.0082	.0052
.45	.6219	.2915	.1589	.0866	.0472	.0257	.0128	.0082	.0056
.50	.8850*	.3050	.1620	.0880	.0480	.0260	.0130	.0080	.0060
.55	.6219	.2915	.1589	.0866	.0472	.0257	.0128	.0082	.0056
.60	.4205	.2709	.1519	.0834	.0454	.0247	.0124	.0082	.0052
.65	.2809	.2433	.1411	.0782	.0424	.0231	.0116	.0078	.0048
.70	.2031	.2087	.1265	.0710	.0382	.0209	.0104	.0070	.0044
.75	.1870	.1670	.1080	.0620	.0330	.0180	.0090	.0060	.0040
.80	.1448	.1320	.0877	.0509	.0274	.0150	.0075	.0048	.0032
.85	.1050	.0978	.0667	.0391	.0212	.0118	.0059	.0036	.0024
.90	.0676	.0644	.0451	.0267	.0146	.0082	.0041	.0024	.0016
.95	.0326	.0318	.0229	.0137	.0076	.0042	.0021	.0012	.0008
1.00	.0000	.0000	.0000	.0000	.0000	.0000	.0000	.0000	.0000

Auswertung aus Olsen Reinitzhuber „Die zweiseitig gelagerte Platte" Tafel Nr. 6

* bzw. theoretisch ∞

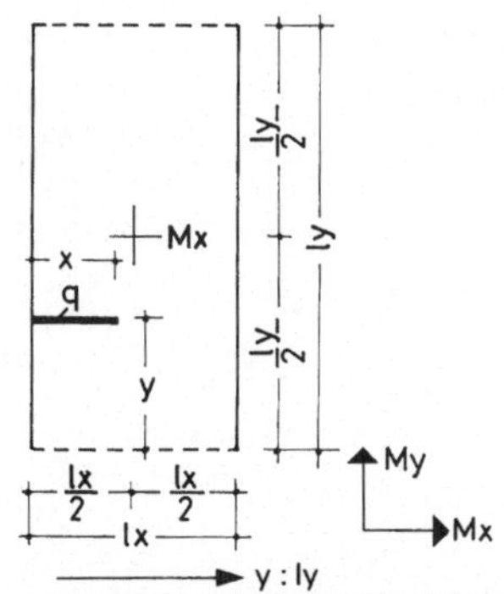

Zweiseitig frei aufliegende Platte.
Feldmoment Mx in Plattenmitte aus
Linienlast in lx-Richtung.

$\frac{lx}{ly} = 0{,}5$

$\frac{ly}{lx} = 2{,}0$

$\mu = 0$

Faktor = q · lx

Mx
2.0

D 11.2.1

Spalte										
	0.00	0.125	0.25	0.375	0.4375	0.50				
.05	.0002	.0003	.0003	.0004	.0003	.0003				
.10	.0008	.0011	.0014	.0016	.0014	.0014				
.15	.0017	.0023	.0031	.0037	.0032	.0031				
.20	.0029	.0041	.0055	.0066	.0058	.0056				
.25	.0045	.0062	.0085	.0103	.0093	.0089				
.30	.0062	.0086	.0120	.0149	.0142	.0125				
.35	.0082	.0114	.0161	.0207	.0202	.0169				
.40	.0105	.0145	.0207	.0274	.0275	.0237				
.45	.0129	.0179	.0256	.0349	.0361	.0344				
.50	.0154	.0213	.0306	.0430	.0460	.0506				
.55	.0175	.0242	.0349	.0499	.0562	.0668				
.60	.0198	.0275	.0397	.0572	.0648	.0775				
.65	.0221	.0306	.0443	.0639	.0721	.0843				
.70	.0242	.0335	.0485	.0698	.0780	.0887				
.75	.0261	.0362	.0523	.0748	.0827	.0923				
.80	.0273	.0379	.0547	.0777	.0864	.0955				
.85	.0285	.0396	.0571	.0806	.0890	.0981				
.90	.0295	.0408	.0588	.0826	.0908	.0998				
.95	.0300	.0417	.0599	.0838	.0918	.1008				
1.00	.0303	.0420	.0602	.0843	.0921	.1012				

Auswertung aus Olsen-Reinitzhuber „Die zweiseitig gelagerte Platte" Tafel Nr. 6

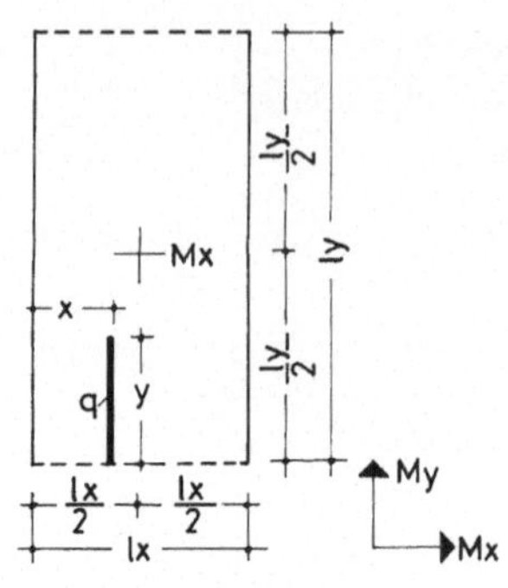

Zweiseitig frei aufliegende Platte.
Feldmoment Mx in Plattenmitte aus
Linienlast in ly-Richtung.

$\frac{lx}{ly} = 0{,}5$

$\frac{ly}{lx} = 2{,}0$

$\mu = 0$

Faktor = q · ly

Mx
2.0

D 11.2.2

x : lx

y : ly

Spalte										
	0.125	0.25	0.375	0.50						
.05	.0010	.0018	.0023	.0025						
.10	.0021	.0037	.0049	.0054						
.15	.0033	.0060	.0079	.0087						
.20	.0047	.0085	.0113	.0126						
.25	.0063	.0115	.0153	.0171						
.30	.0082	.0153	.0206	.0224						
.35	.0103	.0194	.0265	.0287						
.40	.0125	.0236	.0332	.0367						
.45	.0142	.0274	.0401	.0471						
.50	.0159	.0311	.0468	.0647						
.55	.0176	.0346	.0532	.0824						
.60	.0196	.0390	.0609	.0928						
.65	.0217	.0432	.0675	.1008						
.70	.0239	.0473	.0734	.1071						
.75	.0259	.0511	.0785	.1124						
.80	.0271	.0537	.0823	.1169						
.85	.0285	.0563	.0858	.1208						
.90	.0298	.0585	.0887	.1241						
.95	.0308	.0605	.0913	.1270						
1.00	.0318	.0621	.0934	.1295						

Auswertung aus Olsen-Reinitzhuber „Die zweiseitig gelagerte Platte“ Tafel Nr. 6

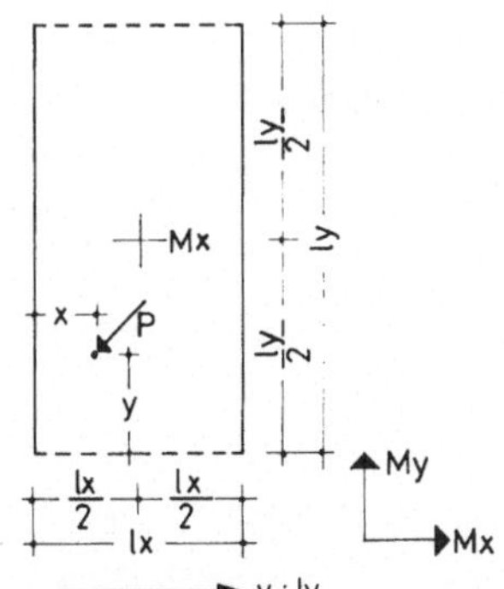

Zweiseitig frei aufliegende Platte.
Feldmoment Mx in Plattenmitte aus einer Einzellast.

$\frac{lx}{ly} = 0{,}5$

$\frac{ly}{lx} = 2{,}0$

$\mu = 0$

Faktor = P

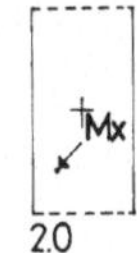

D 11.2.3

→ y : ly ; ↓ x : lx

Spalte	0,00	0.125	0.25	0.375	0.4375	0.50
.05	.0076	.0105	.0138	.0164	.0140	.0135
.10	.0146	.0203	.0274	.0328	.0290	.0277
.15	.0212	.0295	.0406	.0492	.0452	.0425
.20	.0274	.0381	.0534	.0656	.0626	.0579
.25	.0330	.0460	.0660	.0820	.0810	.0740
.30	.0382	.0532	.0769	.1041	.1066	.0745
.35	.0424	.0588	.0855	.1229	.1328	.1063
.40	.0454	.0628	.0919	.1383	.1594	.1695
.45	.0472	.0652	.0961	.1503	.1864	.2641
.50	.0480	.0660	.0980	.1590	.2140	.3900
.55	.0472	.0652	.0961	.1503	.1864	.2641
.60	.0454	.0628	.0919	.1383	.1594	.1695
.65	.0424	.0588	.0855	.1229	.1328	.1063
.70	.0382	.0532	.0769	.1041	.1066	.0745
.75	.0330	.0460	.0660	.0820	.0810	.0740
.80	.0274	.0381	.0534	.0656	.0626	.0579
.85	.0212	.0295	.0406	.0492	.0452	.0425
.90	.0146	.0203	.0274	.0328	.0290	.0277
.95	.0076	.0105	.0138	.0164	.0140	.0135
1.00	.0000	.0000	.0000	.0000	.0000	.0000

→ x : lx ; ↓ y : ly

Spalte	0.125	0.25	0.375	0.50
.05	.0206	.0374	.0495	.0535
.10	.0234	.0428	.0567	.0613
.15	.0266	.0494	.0657	.0713
.20	.0302	.0572	.0765	.0835
.25	.0340	.0660	.0890	.0980
.30	.0392	.0753	.1077	.1146
.35	.0412	.0807	.1239	.1416
.40	.0400	.0823	.1375	.1790
.45	.0363	.0785	.1417	.2774
.50	.0350	.0740	.1340	.3900*
.55	.0363	.0785	.1417	.2774
.60	.0400	.0823	.1375	.1790
.65	.0412	.0807	.1239	.1416
.70	.0392	.0753	.1077	.1146
.75	.0340	.0660	.0890	.0980
.80	.0302	.0572	.0765	.0835
.85	.0266	.0494	.0657	.0713
.90	.0234	.0428	.0567	.0613
.95	.0206	.0374	.0495	.0535
1.00	.0180	.0330	.0440	.0480

Auswertung aus Olsen-Reinitzhuber „Die zweiseitig gelagerte Platte" Tafel Nr. 6

* bzw. theoretisch ∞

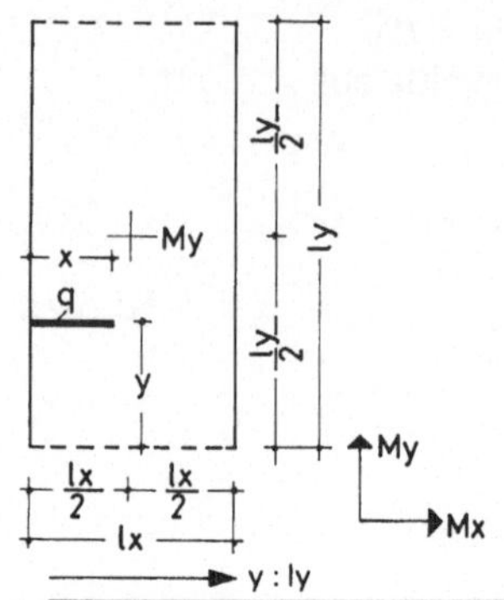

Zweiseitig frei aufliegende Platte.
Feldmoment My in Plattenmitte aus Linienlast in lx-Richtung.

$\frac{lx}{ly} = 0{,}5$

$\frac{ly}{lx} = 2{,}0$

$\mu = 0$

Faktor = q · lx

My
2.0

D 11.3.1

y : ly →

x : lx ↓

Spalte										
	0.00	0.125	0.25	0.375	0.4375	0.50				
.05	.0001-	.0001-	.0001-	.0001	.0002	.0003				
.10	.0005-	.0005-	.0003-	.0004	.0010	.0012				
.15	.0010-	.0010-	.0007-	.0009	.0022	.0027				
.20	.0018-	.0018-	.0013-	.0015	.0038	.0050				
.25	.0027-	.0027-	.0020-	.0022	.0060	.0080				
.30	.0038-	.0038-	.0029-	.0027	.0085	.0112				
.35	.0050-	.0051-	.0040-	.0033	.0115	.0152				
.40	.0064-	.0065-	.0052-	.0038	.0145	.0215				
.45	.0079-	.0079-	.0066-	.0041	.0175	.0318				
.50	.0094-	.0095-	.0080-	.0043	.0202	.0475				
.55	.0107-	.0108-	.0091-	.0045	.0229	.0632				
.60	.0121-	.0123-	.0104-	.0048	.0258	.0735				
.65	.0135-	.0136-	.0117-	.0053	.0289	.0798				
.70	.0148-	.0149-	.0128-	.0059	.0318	.0838				
.75	.0159-	.0161-	.0138-	.0065	.0344	.0870				
.80	.0167-	.0169-	.0143-	.0072	.0365	.0900				
.85	.0174-	.0177-	.0149-	.0078	.0382	.0923				
.90	.0180-	.0182-	.0153-	.0082	.0394	.0938				
.95	.0183-	.0186-	.0155-	.0086	.0401	.0947				
1.00	.0185-	.0187-	.0156-	.0087	.0403	.0950				

Auswertung aus Olsen-Reinitzhuber „Die zweiseitig gelagerte Platte" Tafel Nr. 6

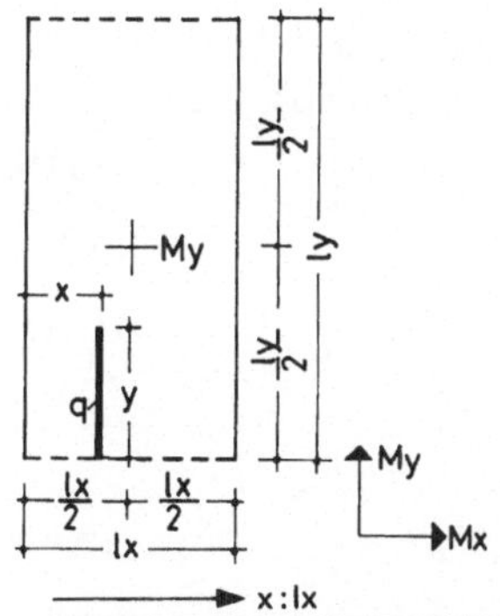

Zweiseitig frei aufliegende Platte.
Feldmoment My in Plattenmitte aus
Linienlast in ly-Richtung.

$\frac{lx}{ly} = 0{,}5$

$\frac{ly}{lx} = 2{,}0$

$\mu = 0$

Faktor = q · ly

2.0

D 11.3.2

→ x : lx

↓ y : ly

Spalte										
	0.125	0.25	0.375	0.50						
.05	.0006-	.0010-	.0014-	.0015-						
.10	.0011-	.0021-	.0027-	.0030-						
.15	.0017-	.0031-	.0041-	.0045-						
.20	.0022-	.0041-	.0054-	.0059-						
.25	.0026-	.0050-	.0066-	.0073-						
.30	.0029-	.0057-	.0078-	.0087-						
.35	.0029-	.0058-	.0086-	.0096-						
.40	.0025-	.0051-	.0081-	.0095-						
.45	.0014-	.0031-	.0056-	.0068-						
.50	.0001	.0000	.0000	.0087						
.55	.0015	.0032	.0056	.0242						
.60	.0026	.0052	.0081	.0268						
.65	.0030	.0059	.0086	.0270						
.70	.0030	.0057	.0078	.0261						
.75	.0027	.0051	.0066	.0247						
.80	.0023	.0042	.0054	.0233						
.85	.0018	.0032	.0041	.0219						
.90	.0012	.0022	.0027	.0204						
.95	.0007	.0011	.0014	.0189						
1.00	.0001	.0001	.0000	.0174						

Auswertung aus Olsen Reinitzhuber „Die zweiseitig gelagerte Platte" Tafel Nr. 6

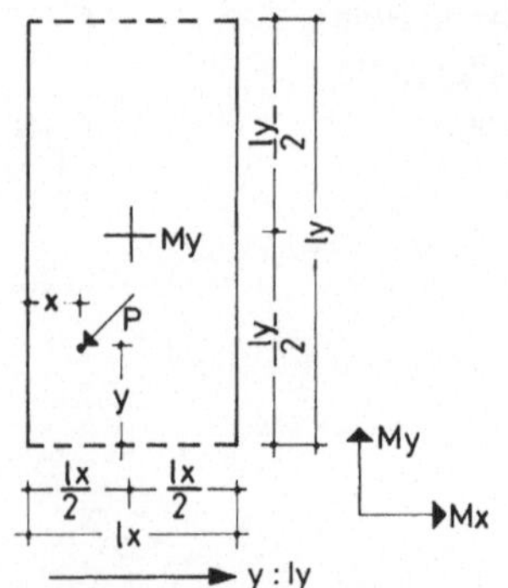

Zweiseitig frei aufliegende Platte.
Feldmoment My in Plattenmitte aus einer Einzellast.

$\frac{lx}{ly} = 0{,}5$

$\frac{ly}{lx} = 2{,}0$

$\mu = 0$

Faktor = P

My
2.0

D 11.3.3

→ y : ly
↓ x : lx

Spalte	0.00	0.125	0.25	0.375	0.4375	0.50
.05	.0046-	.0045-	.0032-	.0041	.0097	.0117
.10	.0090-	.0089-	.0064-	.0075	.0193	.0243
.15	.0130-	.0131-	.0096-	.0103	.0287	.0379
.20	.0166-	.0171-	.0128-	.0125	.0379	.0525
.25	.0200-	.0210-	.0160-	.0140	.0470	.0680
.30	.0234-	.0238-	.0198-	.0121	.0556	.0670
.35	.0260-	.0260-	.0228-	.0101	.0602	.0978
.40	.0278-	.0278-	.0250-	.0079	.0608	.1602
.45	.0288-	.0292-	.0264-	.0055	.0574	.2542
.50	.0290-	.0300-	.0270-	.0030	.0500	.3800*
.55	.0288-	.0292-	.0264-	.0055	.0574	.2542
.60	.0278-	.0278-	.0250-	.0079	.0608	.1602
.65	.0260-	.0260-	.0228-	.0101	.0602	.0978
.70	.0234-	.0238-	.0198-	.0121	.0556	.0670
.75	.0200-	.0210-	.0160-	.0140	.0470	.0680
.80	.0166-	.0171-	.0128-	.0125	.0379	.0525
.85	.0130-	.0131-	.0096-	.0103	.0287	.0379
.90	.0090-	.0089-	.0064-	.0075	.0193	.0243
.95	.0046-	.0045-	.0032-	.0041	.0097	.0117
1.00	.0000	.0000	.0000	.0000	.0000	.0000

→ x : lx
↓ y : ly

Spalte	0.125	0.25	0.375	0.50
.05	.0114-	.0211-	.0274-	.0299-
.10	.0112-	.0213-	.0272-	.0301-
.15	.0106-	.0205-	.0266-	.0297-
.20	.0096-	.0187-	.0256-	.0287-
.25	.0080-	.0160-	.0240-	.0270-
.30	.0033-	.0098-	.0222-	.0252-
.35	.0042	.0042	.0052-	.0098-
.40	.0145	.0258	.0270	.0192
.45	.0265	.0546	.0840	.1688
.50	.0310	.0680	.1250	.3800*
.55	.0265	.0546	.0840	.1688
.60	.0145	.0258	.0270	.0192
.65	.0042	.0042	.0052-	.0098-
.70	.0033-	.0098-	.0222-	.0252-
.75	.0080-	.0160-	.0240-	.0270-
.80	.0096-	.0187-	.0256-	.0287-
.85	.0106-	.0205-	.0266-	.0297-
.90	.0112-	.0213-	.0272-	.0301-
.95	.0114-	.0211-	.0274-	.0299-
1.00	.0110-	.0200-	.0270-	.0290-

Auswertung aus Olsen-Reinitzhuber „Die zweiseitig gelagerte Platte" Tafel Nr. 6

* bezw. theoretisch ∞

Abschnitt E — Dreiseitig gelagerte Rechteckplatten

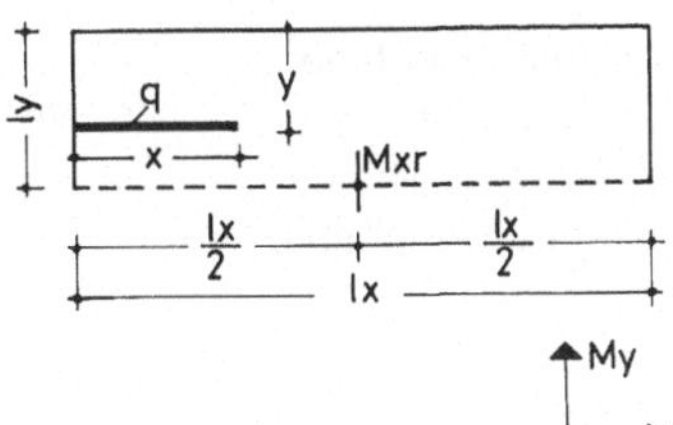

Dreiseitig gelagerte Rechteckplatte mit einspannungsfreier Lagerung. Feldmoment Mxr in Mitte des freien Randes aus Linienlast in lx-Richtung.

$\frac{ly}{lx} = 0{,}25$

$\mu = 0$

Faktor = q · lx

0.25 Mxr

E 1.1.1

→ y : ly ↓ x : lx

Spalte										
	0.05	0.10	0.15	0.20	0.25	0.30	0.35	0.40	0.45	0.50
.05	.0000	.0000	.0000	.0000	.0000	.0000	.0000	.0000	.0001	.0001
.10	.0000	.0001	.0001	.0001	.0001	.0002	.0002	.0002	.0002	.0003
.15	.0001	.0001	.0002	.0003	.0003	.0004	.0005	.0005	.0006	.0007
.20	.0001	.0003	.0004	.0006	.0007	.0008	.0010	.0011	.0012	.0014
.25	.0003	.0006	.0008	.0011	.0014	.0016	.0019	.0021	.0024	.0026
.30	.0005	.0010	.0015	.0020	.0025	.0030	.0034	.0039	.0043	.0047
.35	.0009	.0018	.0027	.0035	.0044	.0052	.0060	.0067	.0074	.0081
.40	.0015	.0029	.0043	.0057	.0071	.0085	.0098	.0110	.0122	.0133
.45	.0022	.0044	.0066	.0088	.0109	.0131	.0151	.0172	.0192	.0211
.50	.0031	.0062	.0094	.0125	.0156	.0187	.0218	.0249	.0280	.0310
.55	.0040	.0081	.0121	.0162	.0202	.0243	.0284	.0325	.0367	.0410
.60	.0048	.0096	.0144	.0192	.0240	.0289	.0338	.0387	.0437	.0487
.65	.0054	.0107	.0161	.0214	.0268	.0322	.0376	.0430	.0485	.0540
.70	.0057	.0114	.0172	.0229	.0286	.0344	.0401	.0458	.0516	.0574
.75	.0060	.0119	.0179	.0238	.0298	.0357	.0416	.0476	.0535	.0595
.80	.0061	.0122	.0183	.0244	.0304	.0365	.0426	.0486	.0547	.0607
.85	.0062	.0123	.0185	.0247	.0308	.0369	.0431	.0492	.0553	.0614
.90	.0062	.0124	.0186	.0248	.0310	.0372	.0433	.0495	.0557	.0618
.95	.0063	.0125	.0187	.0249	.0311	.0373	.0435	.0497	.0558	.0620
1.00	.0063	.0125	.0187	.0249	.0311	.0373	.0435	.0497	.0559	.0621

→ y : ly ↓ x : lx

Spalte										
	0.55	0.60	0.65	0.70	0.75	0.80	0.85	0.90	0.95	1.00
.05	.0001	.0001	.0001	.0001	.0001	.0001	.0001	.0001	.0001	.0001
.10	.0003	.0003	.0003	.0004	.0004	.0004	.0005	.0005	.0005	.0005
.15	.0007	.0008	.0009	.0009	.0010	.0010	.0011	.0012	.0013	.0013
.20	.0015	.0016	.0017	.0019	.0020	.0021	.0022	.0024	.0025	.0026
.25	.0029	.0031	.0033	.0035	.0037	.0039	.0041	.0043	.0045	.0046
.30	.0051	.0054	.0058	.0061	.0064	.0067	.0070	.0073	.0076	.0079
.35	.0087	.0092	.0097	.0102	.0107	.0111	.0115	.0119	.0123	.0131
.40	.0146	.0153	.0163	.0171	.0178	.0185	.0192	.0198	.0203	.0209
.45	.0235	.0247	.0264	.0279	.0294	.0307	.0319	.0327	.0333	.0340
.50	.0351	.0372	.0403	.0434	.0466	.0498	.0532	.0560	.0580	.0631
.55	.0468	.0497	.0542	.0589	.0638	.0689	.0745	.0793	.0826	.0922
.60	.0557	.0590	.0644	.0698	.0754	.0810	.0872	.0922	.0957	.1053
.65	.0615	.0652	.0709	.0766	.0825	.0885	.0949	.1001	.1036	.1131
.70	.0652	.0690	.0749	.0808	.0868	.0929	.0994	.1047	.1083	.1182
.75	.0674	.0713	.0773	.0834	.0895	.0957	.1023	.1077	.1114	.1215
.80	.0687	.0728	.0789	.0850	.0912	.0975	.1042	.1097	.1135	.1236
.85	.0695	.0736	.0798	.0860	.0922	.0985	.1053	.1108	.1147	.1249
.90	.0700	.0741	.0803	.0865	.0928	.0992	.1059	.1115	.1154	.1257
.95	.0702	.0743	.0805	.0868	.0931	.0995	.1063	.1119	.1158	.1261
1.00	.0703	.0744	.0806	.0869	.0932	.0996	.1064	.1120	.1159	.1262

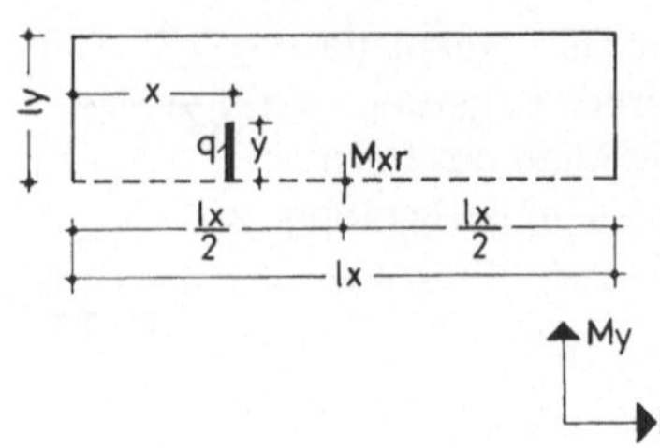

Dreiseitig gelagerte Rechteckplatte mit einspannungsfreier Lagerung. Feldmoment Mxr in Mitte des freien Randes aus Linienlast in ly-Richtung.

$\frac{ly}{lx} = 0{,}25$

$\mu = 0$

Faktor = q · ly

0.25 Mxr

E 1.1.2

→ x : lx

↓ y : ly

Spalte										
	0.05	0.10	0.15	0.20	0.25	0.30	0.35	0.40	0.45	0.50
.05	.0002	.0006	.0010	.0016	.0026	.0039	.0061	.0101	.0166	.0471
.10	.0005	.0011	.0019	.0032	.0051	.0075	.0121	.0202	.0332	.0794
.15	.0007	.0016	.0027	.0046	.0075	.0110	.0180	.0302	.0502	.1063
.20	.0009	.0021	.0036	.0060	.0098	.0145	.0237	.0398	.0664	.1292
.25	.0011	.0026	.0043	.0074	.0120	.0178	.0293	.0491	.0816	.1490
.30	.0013	.0030	.0050	.0086	.0141	.0211	.0346	.0580	.0957	.1664
.35	.0015	.0034	.0057	.0098	.0161	.0242	.0398	.0664	.1087	.1821
.40	.0017	.0037	.0063	.0110	.0180	.0273	.0448	.0743	.1204	.1961
.45	.0018	.0041	.0069	.0120	.0198	.0301	.0495	.0817	.1285	.2086
.50	.0019	.0044	.0075	.0130	.0215	.0328	.0540	.0886	.1355	.2197
.55	.0021	.0047	.0080	.0139	.0230	.0353	.0580	.0947	.1441	.2294
.60	.0022	.0049	.0084	.0147	.0245	.0376	.0617	.1002	.1517	.2380
.65	.0023	.0052	.0088	.0154	.0257	.0397	.0650	.1050	.1584	.2454
.70	.0023	.0054	.0091	.0161	.0268	.0416	.0679	.1093	.1641	.2517
.75	.0024	.0055	.0094	.0166	.0278	.0432	.0704	.1129	.1689	.2570
.80	.0025	.0057	.0097	.0171	.0286	.0445	.0725	.1158	.1728	.2613
.85	.0025	.0058	.0098	.0174	.0292	.0455	.0741	.1181	.1759	.2646
.90	.0026	.0058	.0100	.0177	.0296	.0463	.0752	.1197	.1780	.2669
.95	.0026	.0059	.0101	.0178	.0299	.0467	.0760	.1207	.1793	.2683
1.00	.0026	.0059	.0101	.0179	.0300	.0469	.0762	.1210	.1797	.2688

→ x : lx

↓ y : ly

Spalte										
	0.55	0.60	0.65	0.70	0.75	0.80	0.85	0.90	0.95	
.05	.0166	.0101	.0061	.0039	.0026	.0016	.0010	.0006	.0002	
.10	.0332	.0202	.0121	.0075	.0051	.0032	.0019	.0011	.0005	
.15	.0502	.0302	.0180	.0110	.0075	.0046	.0027	.0016	.0007	
.20	.0664	.0398	.0237	.0145	.0098	.0060	.0036	.0021	.0009	
.25	.0816	.0491	.0293	.0178	.0120	.0074	.0043	.0026	.0011	
.30	.0957	.0580	.0346	.0211	.0141	.0086	.0050	.0030	.0013	
.35	.1087	.0664	.0398	.0242	.0161	.0098	.0057	.0034	.0015	
.40	.1204	.0743	.0448	.0273	.0180	.0110	.0063	.0037	.0017	
.45	.1285	.0817	.0495	.0301	.0198	.0120	.0069	.0041	.0018	
.50	.1355	.0886	.0540	.0328	.0215	.0130	.0075	.0044	.0019	
.55	.1441	.0947	.0580	.0353	.0230	.0139	.0080	.0047	.0021	
.60	.1517	.1002	.0617	.0376	.0245	.0147	.0084	.0049	.0022	
.65	.1584	.1050	.0650	.0397	.0257	.0154	.0088	.0052	.0023	
.70	.1641	.1093	.0679	.0416	.0268	.0161	.0091	.0054	.0023	
.75	.1689	.1129	.0704	.0432	.0278	.0166	.0094	.0055	.0024	
.80	.1728	.1158	.0725	.0445	.0286	.0171	.0097	.0057	.0025	
.85	.1759	.1181	.0741	.0455	.0292	.0174	.0098	.0058	.0025	
.90	.1780	.1197	.0752	.0463	.0296	.0177	.0100	.0058	.0026	
.95	.1793	.1207	.0760	.0467	.0299	.0178	.0101	.0059	.0026	
1.00	.1797	.1210	.0762	.0469	.0300	.0179	.0101	.0059	.0026	

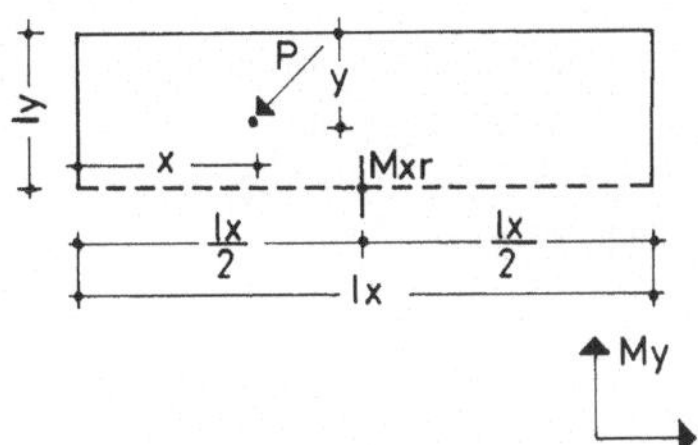

Dreiseitig gelagerte Rechteckplatte mit einspannungsfreier Lagerung. Feldmoment Mxr in Mitte des freien Randes aus einer Einzellast.

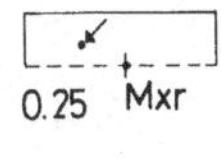

$\frac{ly}{lx} = 0{,}25$

E 1.1.3

$\mu = 0$

Faktor = P

y : ly →

x : lx ↓

Spalte	0.05	0.10	0.15	0.20	0.25	0.30	0.35	0.40	0.45	0.50
.05	.0003	.0005	.0008	.0010	.0013	.0016	.0018	.0021	.0023	.0026
.10	.0006	.0013	.0018	.0024	.0030	.0036	.0042	.0048	.0054	.0059
.15	.0011	.0022	.0032	.0042	.0053	.0063	.0073	.0082	.0093	.0102
.20	.0021	.0041	.0061	.0080	.0100	.0118	.0136	.0154	.0171	.0187
.25	.0037	.0072	.0107	.0141	.0175	.0207	.0238	.0268	.0296	.0323
.30	.0061	.0120	.0178	.0235	.0290	.0344	.0394	.0441	.0484	.0524
.35	.0094	.0186	.0277	.0367	.0454	.0541	.0624	.0702	.0776	.0845
.40	.0131	.0261	.0392	.0522	.0651	.0782	.0910	.1036	.1161	.1283
.45	.0171	.0342	.0517	.0693	.0871	.1051	.1236	.1427	.1623	.1825
.50	.0185	.0373	.0565	.0760	.0958	.1159	.1370	.1594	.1830	.2079
.55	.0171	.0342	.0517	.0693	.0871	.1051	.1236	.1426	.1623	.1825
.60	.0131	.0261	.0392	.0522	.0651	.0782	.0910	.1036	.1160	.1283
.65	.0094	.0186	.0277	.0367	.0454	.0541	.0624	.0702	.0775	.0845
.70	.0061	.0120	.0178	.0235	.0290	.0344	.0394	.0441	.0484	.0524
.75	.0037	.0072	.0107	.0141	.0175	.0207	.0238	.0268	.0296	.0323
.80	.0021	.0041	.0061	.0080	.0100	.0118	.0136	.0154	.0171	.0187
.85	.0011	.0022	.0032	.0042	.0053	.0063	.0073	.0082	.0092	.0102
.90	.0006	.0012	.0018	.0024	.0030	.0036	.0042	.0048	.0054	.0059
.95	.0003	.0005	.0008	.0010	.0013	.0016	.0018	.0021	.0023	.0026
1.00	.0000	.0000	.0000	.0000	.0000	.0000	.0000	.0000	.0000	.0000

y : ly →

x : lx ↓

Spalte	0.55	0.60	0.65	0.70	0.75	0.80	0.85	0.90	0.95	1.00
.05	.0028	.0031	.0033	.0036	.0039	.0041	.0045	.0047	.0050	.0043
.10	.0066	.0071	.0076	.0082	.0088	.0093	.0100	.0106	.0111	.0113
.15	.0117	.0120	.0129	.0138	.0148	.0157	.0167	.0177	.0186	.0207
.20	.0208	.0217	.0232	.0246	.0260	.0274	.0288	.0302	.0315	.0328
.25	.0344	.0371	.0393	.0414	.0434	.0453	.0471	.0490	.0509	.0513
.30	.0554	.0589	.0616	.0640	.0662	.0681	.0700	.0719	.0738	.0821
.35	.0926	.0963	.1014	.1057	.1097	.1130	.1161	.1186	.1204	.1250
.40	.1447	.1517	.1627	.1727	.1818	.1900	.1964	.2008	.2039	.1980
.45	.2142	.2248	.2468	.2703	.2933	.3143	.3347	.3426	.3255	.3460
.50	.2346	.2643	.2969	.3299	.3700	.4245	.4941	.5859	.7344	1.2150*
.55	.2142	.2248	.2468	.2703	.2933	.3143	.3347	.3426	.3255	.3460
.60	.1447	.1517	.1627	.1727	.1818	.1900	.1964	.2008	.2039	.1980
.65	.0926	.0963	.1014	.1057	.1097	.1130	.1161	.1186	.1203	.1250
.70	.0554	.0589	.0616	.0640	.0662	.0681	.0700	.0719	.0738	.0820
.75	.0344	.0371	.0393	.0414	.0434	.0453	.0471	.0490	.0509	.0513
.80	.0208	.0217	.0232	.0246	.0260	.0274	.0288	.0302	.0315	.0328
.85	.0117	.0120	.0129	.0138	.0148	.0157	.0167	.0177	.0186	.0207
.90	.0066	.0071	.0076	.0082	.0088	.0093	.0100	.0106	.0111	.0112
.95	.0028	.0031	.0033	.0036	.0039	.0041	.0045	.0047	.0050	.0043
1.00	.0000	.0000	.0000	.0000	.0000	.0000	.0000	.0000	.0000	.0000

* bzw. theoretisch ∞

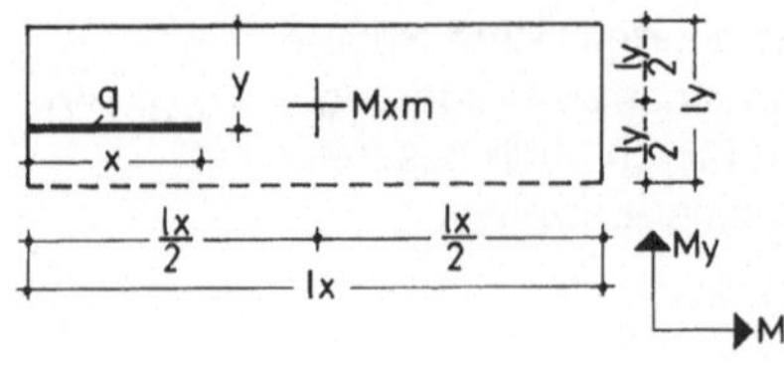

Dreiseitig gelagerte Rechteckplatte mit einspannungsfreier Lagerung. Feldmoment Mxm in Feldmitte aus Linienlast in lx-Richtung.

$\frac{ly}{lx} = 0{,}25$

$\mu = 0$

Faktor = q · lx

+Mxm 0.25

E 1.2.1

→ y : ly ; ↓ x : lx

Spalte	0.05	0.10	0.15	0.20	0.25	0.30	0.35	0.40	0.45	0.50
.05	.0000	.0000	.0000	.0000	.0000	.0000	.0000	.0000	.0000	.0000
.10	.0000	.0000	.0000	.0000	.0000	.0000	.0000	.0000	.0000	.0000
.15	.0000	.0000	.0001-	.0001-	.0001-	.0001-	.0001-	.0001-	.0001-	.0000
.20	.0000	.0001-	.0001-	.0001-	.0001-	.0001-	.0001-	.0001-	.0001-	.0000
.25	.0001-	.0001-	.0001-	.0001-	.0001-	.0001-	.0001-	.0000	.0000	.0002
.30	.0001-	.0001-	.0001-	.0001-	.0001-	.0000	.0000	.0002	.0003	.0006
.35	.0000	.0000	.0000	.0001	.0001	.0002	.0004	.0007	.0010	.0015
.40	.0002	.0004	.0006	.0008	.0011	.0014	.0017	.0022	.0026	.0032
.45	.0007	.0014	.0021	.0028	.0034	.0041	.0048	.0054	.0060	.0067
.50	.0016	.0033	.0049	.0066	.0083	.0100	.0117	.0131	.0142	.0165
.55	.0026	.0052	.0078	.0104	.0131	.0159	.0186	.0208	.0224	.0264
.60	.0031	.0062	.0093	.0124	.0154	.0187	.0217	.0241	.0258	.0298
.65	.0033	.0066	.0099	.0131	.0164	.0198	.0230	.0255	.0274	.0316
.70	.0033	.0067	.0100	.0133	.0166	.0201	.0234	.0260	.0281	.0325
.75	.0033	.0067	.0100	.0133	.0167	.0202	.0235	.0263	.0284	.0329
.80	.0033	.0066	.0100	.0133	.0166	.0202	.0235	.0263	.0285	.0331
.85	.0033	.0066	.0099	.0133	.0166	.0201	.0235	.0263	.0285	.0331
.90	.0033	.0066	.0099	.0132	.0165	.0201	.0235	.0263	.0285	.0331
.95	.0033	.0066	.0099	.0132	.0165	.0200	.0234	.0262	.0284	.0331
1.00	.0033	.0066	.0099	.0132	.0165	.0200	.0234	.0262	.0284	.0331

→ y : ly ; ↓ x : lx

Spalte	0.55	0.60	0.65	0.70	0.75	0.80	0.85	0.90	0.95	1.00
.05	.0000	.0000	.0000	.0000	.0000	.0000	.0000	.0000	.0001	.0001
.10	.0000	.0000	.0000	.0001	.0001	.0001	.0002	.0002	.0002	.0003
.15	.0000	.0000	.0001	.0002	.0002	.0003	.0004	.0005	.0006	.0007
.20	.0001	.0002	.0003	.0004	.0005	.0007	.0008	.0010	.0012	.0014
.25	.0004	.0005	.0007	.0009	.0012	.0014	.0017	.0020	.0023	.0026
.30	.0009	.0011	.0015	.0019	.0023	.0027	.0032	.0037	.0042	.0047
.35	.0020	.0024	.0029	.0036	.0042	.0050	.0057	.0065	.0073	.0081
.40	.0044	.0049	.0059	.0069	.0079	.0090	.0101	.0112	.0122	.0133
.45	.0088	.0097	.0112	.0127	.0142	.0156	.0170	.0184	.0197	.0211
.50	.0181	.0192	.0209	.0224	.0239	.0252	.0266	.0281	.0296	.0310
.55	.0274	.0287	.0305	.0321	.0336	.0349	.0363	.0378	.0394	.0410
.60	.0318	.0335	.0358	.0379	.0398	.0415	.0432	.0450	.0469	.0487
.65	.0341	.0361	.0388	.0412	.0435	.0455	.0476	.0497	.0518	.0540
.70	.0352	.0373	.0402	.0429	.0455	.0478	.0501	.0525	.0549	.0574
.75	.0358	.0380	.0410	.0439	.0466	.0491	.0516	.0542	.0568	.0594
.80	.0361	.0383	.0414	.0444	.0472	.0498	.0525	.0552	.0579	.0607
.85	.0361	.0384	.0416	.0446	.0475	.0502	.0529	.0557	.0585	.0614
.90	.0362	.0385	.0417	.0448	.0476	.0504	.0531	.0560	.0589	.0618
.95	.0362	.0385	.0417	.0448	.0477	.0505	.0533	.0562	.0591	.0620
1.00	.0361	.0385	.0417	.0448	.0477	.0505	.0533	.0562	.0591	.0620

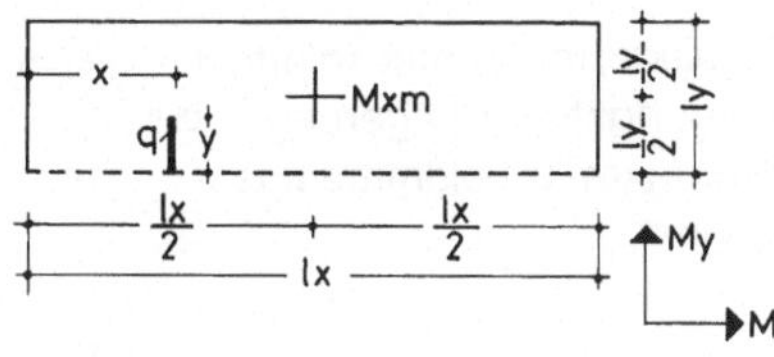

Dreiseitig gelagerte Platte
mit einspannungsfreier Lagerung.
Feldmoment Mxm in Feldmitte aus
Linienlast in ly-Richtung.

$\frac{ly}{lx} = 0{,}25$

$\mu = 0$

Faktor = q · ly

+Mxm 0.25

E 1.2.2

x : lx → ; y : ly ↓

Spalte										
	0.05	0.10	0.15	0.20	0.25	0.30	0.35	0.40	0.45	0.50
.05	.0001	.0003	.0005	.0009	.0015	.0025	.0041	.0063	.0090	.0103
.10	.0002	.0005	.0009	.0017	.0029	.0048	.0078	.0122	.0179	.0206
.15	.0003	.0007	.0012	.0023	.0041	.0068	.0113	.0179	.0265	.0309
.20	.0004	.0009	.0015	.0029	.0052	.0086	.0144	.0232	.0349	.0412
.25	.0004	.0010	.0017	.0034	.0061	.0101	.0173	.0282	.0432	.0515
.30	.0004	.0011	.0019	.0038	.0069	.0114	.0198	.0328	.0512	.0622
.35	.0005	.0011	.0020	.0041	.0075	.0125	.0220	.0370	.0587	.0734
.40	.0005	.0012	.0021	.0043	.0081	.0135	.0239	.0407	.0657	.0857
.45	.0005	.0012	.0021	.0045	.0085	.0142	.0256	.0442	.0717	.0992
.50	.0005	.0012	.0021	.0046	.0089	.0149	.0270	.0470	.0771	.1175
.55	.0004	.0012	.0021	.0046	.0091	.0154	.0281	.0493	.0815	.1365
.60	.0004	.0011	.0021	.0047	.0093	.0157	.0291	.0517	.0860	.1489
.65	.0004	.0011	.0020	.0047	.0094	.0160	.0299	.0539	.0914	.1572
.70	.0004	.0010	.0020	.0046	.0094	.0161	.0304	.0553	.0951	.1635
.75	.0003	.0010	.0019	.0046	.0094	.0162	.0307	.0564	.0980	.1696
.80	.0003	.0010	.0019	.0046	.0095	.0162	.0311	.0579	.1014	.1746
.85	.0003	.0009	.0018	.0045	.0095	.0162	.0315	.0591	.1041	.1784
.90	.0003	.0009	.0018	.0045	.0095	.0162	.0316	.0597	.1056	.1810
.95	.0003	.0009	.0017	.0045	.0095	.0162	.0317	.0600	.1064	.1825
1.00	.0003	.0009	.0017	.0045	.0095	.0162	.0318	.0602	.1068	.1830

x : lx → ; y : ly ↓

Spalte										
	0.55	0.60	0.65	0.70	0.75	0.80	0.85	0.90	0.95	
.05	.0090	.0063	.0041	.0025	.0015	.0009	.0005	.0003	.0001	
.10	.0179	.0122	.0078	.0048	.0029	.0017	.0009	.0005	.0002	
.15	.0265	.0179	.0113	.0068	.0041	.0023	.0012	.0007	.0003	
.20	.0349	.0232	.0144	.0086	.0052	.0029	.0015	.0009	.0004	
.25	.0432	.0282	.0173	.0101	.0061	.0034	.0017	.0010	.0004	
.30	.0512	.0328	.0198	.0114	.0069	.0038	.0019	.0011	.0004	
.35	.0587	.0370	.0220	.0125	.0075	.0041	.0020	.0011	.0005	
.40	.0657	.0407	.0239	.0135	.0081	.0043	.0021	.0012	.0005	
.45	.0717	.0442	.0256	.0142	.0085	.0045	.0021	.0012	.0005	
.50	.0771	.0470	.0270	.0149	.0089	.0046	.0021	.0012	.0005	
.55	.0815	.0493	.0281	.0154	.0091	.0046	.0021	.0012	.0004	
.60	.0860	.0517	.0291	.0157	.0093	.0047	.0021	.0011	.0004	
.65	.0914	.0539	.0299	.0160	.0094	.0047	.0020	.0011	.0004	
.70	.0951	.0553	.0304	.0161	.0094	.0046	.0020	.0010	.0004	
.75	.0980	.0564	.0307	.0162	.0094	.0046	.0019	.0010	.0003	
.80	.1014	.0579	.0311	.0162	.0095	.0046	.0019	.0010	.0003	
.85	.1041	.0591	.0315	.0162	.0095	.0045	.0018	.0009	.0003	
.90	.1056	.0597	.0316	.0162	.0095	.0045	.0018	.0009	.0003	
.95	.1064	.0600	.0317	.0162	.0095	.0045	.0017	.0009	.0003	
1.00	.1068	.0602	.0318	.0162	.0095	.0045	.0017	.0009	.0003	

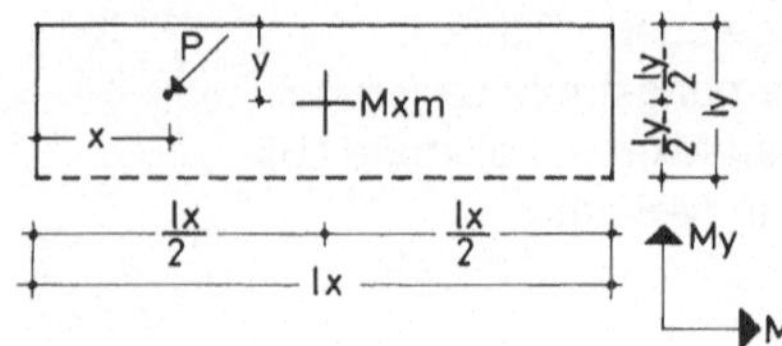

Dreiseitig gelagerte Rechteckplatte mit einspannungsfreier Lagerung. Feldmoment Mxm in Feldmitte aus einer Einzellast.

$\frac{ly}{lx} = 0{,}25$

$\mu = 0$

Faktor = P

+Mxm 0.25

E 1.2.3

→ y : ly, ↓ x : lx

Spalte										
	0.05	0.10	0.15	0.20	0.25	0.30	0.35	0.40	0.45	0.50
.05	.0001-	.0002-	.0003-	.0004-	.0005-	.0005-	.0005-	.0005-	.0004-	.0002-
.10	.0003-	.0004-	.0006-	.0007-	.0008-	.0009-	.0008-	.0008-	.0006-	.0003-
.15	.0003-	.0006-	.0009-	.0010-	.0011-	.0012-	.0011-	.0009-	.0006-	.0002-
.20	.0003-	.0005-	.0007-	.0007-	.0007-	.0006-	.0003-	.0002	.0008	.0016
.25	.0001-	.0001-	.0000	.0003	.0006	.0010	.0018	.0028	.0040	.0056
.30	.0001-	.0001	.0003	.0008	.0013	.0023	.0038	.0056	.0077	.0122
.35	.0018	.0037	.0055	.0074	.0094	.0117	.0144	.0174	.0205	.0250
.40	.0067	.0133	.0194	.0252	.0306	.0355	.0397	.0440	.0482	.0450
.45	.0152	.0300	.0443	.0580	.0713	.0892	.1034	.1011	.0824	.1016
.50	.0201	.0414	.0640	.0878	.1129	.1218	.1374	.1991	.3069	.4608*
.55	.0152	.0300	.0443	.0580	.0713	.0892	.1034	.1011	.0824	.1016
.60	.0067	.0133	.0194	.0252	.0306	.0355	.0397	.0440	.0482	.0450
.65	.0018	.0037	.0055	.0074	.0094	.0117	.0144	.0174	.0205	.0250
.70	.0001-	.0001	.0003	.0008	.0013	.0023	.0038	.0056	.0077	.0122
.75	.0001-	.0001-	.0000	.0003	.0006	.0010	.0017	.0028	.0040	.0056
.80	.0003-	.0005-	.0007-	.0007-	.0007-	.0006-	.0003-	.0002	.0008	.0016
.85	.0003-	.0006-	.0009-	.0010-	.0011-	.0012-	.0011-	.0009-	.0006-	.0002-
.90	.0003-	.0004-	.0006-	.0007-	.0008-	.0009-	.0008-	.0008-	.0006-	.0003-
.95	.0001-	.0002-	.0003-	.0004-	.0005-	.0005-	.0005-	.0005-	.0004-	.0002-
1.00	.0000	.0000	.0000	.0000	.0000	.0000	.0000	.0000	.0000	.0000

→ y : ly, ↓ x : lx

Spalte										
	0.55	0.60	0.65	0.70	0.75	0.80	0.85	0.90	0.95	1.00
.05	.0001-	.0000	.0003	.0005	.0008	.0011	.0014	.0018	.0022	.0025
.10	.0001	.0004	.0009	.0015	.0021	.0028	.0035	.0043	.0051	.0059
.15	.0007	.0011	.0019	.0028	.0038	.0050	.0062	.0075	.0087	.0102
.20	.0032	.0039	.0053	.0069	.0086	.0104	.0124	.0144	.0165	.0187
.25	.0082	.0094	.0117	.0143	.0170	.0198	.0229	.0259	.0291	.0323
.30	.0147	.0167	.0203	.0243	.0285	.0332	.0380	.0428	.0476	.0524
.35	.0317	.0352	.0410	.0470	.0532	.0597	.0661	.0724	.0784	.0844
.40	.0647	.0704	.0795	.0879	.0959	.1032	.1099	.1164	.1225	.1283
.45	.1133	.1308	.1451	.1560	.1634	.1673	.1705	.1746	.1786	.1825
.50	.2949	.2568	.2340	.2180	.2085	.2057	.2057	.2054	.2062	.2079
.55	.1133	.1308	.1451	.1560	.1634	.1673	.1704	.1746	.1786	.1825
.60	.0646	.0704	.0795	.0880	.0959	.1032	.1099	.1164	.1225	.1283
.65	.0317	.0352	.0410	.0470	.0532	.0597	.0661	.0724	.0784	.0844
.70	.0146	.0167	.0203	.0243	.0285	.0332	.0380	.0428	.0476	.0524
.75	.0082	.0094	.0117	.0143	.0170	.0198	.0229	.0259	.0291	.0323
.80	.0032	.0039	.0053	.0069	.0086	.0104	.0124	.0144	.0165	.0187
.85	.0007	.0011	.0019	.0028	.0038	.0050	.0062	.0075	.0087	.0102
.90	.0001	.0004	.0009	.0015	.0021	.0028	.0035	.0043	.0051	.0059
.95	.0001-	.0000	.0003	.0005	.0008	.0011	.0014	.0018	.0022	.0025
1.00	.0000	.0000	.0000	.0000	.0000	.0000	.0000	.0000	.0000	.0000

* bzw. theoretisch ∞

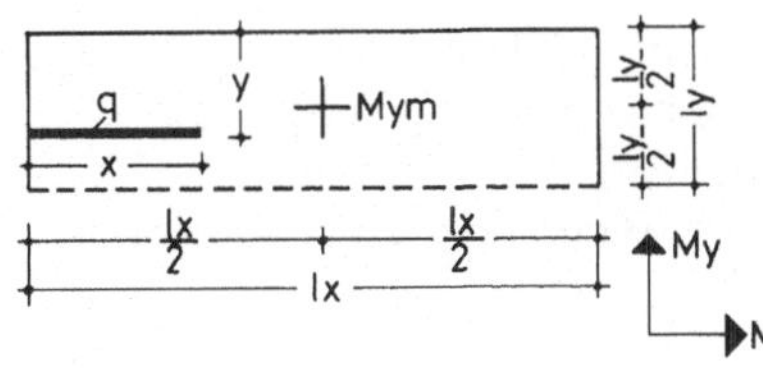

Dreiseitig gelagerte Rechteckplatte mit einspannungsfreier Lagerung.
Feldmoment Mym in Feldmitte aus Linienlast in lx-Richtung.

+Mym
0.25

$\frac{ly}{lx} = 0{,}25$

$\mu = 0$

Faktor = q · lx

E 1.3.1

→ y : ly

↓ x : lx

Spalte	0.05	0.10	0.15	0.20	0.25	0.30	0.35	0.40	0.45	0.50
.05	.0000	.0000	.0000	.0000	.0001	.0001	.0001	.0001	.0001	.0001
.10	.0001	.0001	.0002	.0002	.0003	.0003	.0003	.0004	.0004	.0004
.15	.0001	.0003	.0004	.0005	.0006	.0007	.0008	.0008	.0009	.0009
.20	.0003	.0005	.0007	.0010	.0012	.0014	.0015	.0016	.0017	.0018
.25	.0005	.0009	.0013	.0017	.0021	.0024	.0027	.0029	.0031	.0032
.30	.0008	.0015	.0022	.0028	.0034	.0040	.0044	.0047	.0050	.0051
.35	.0012	.0024	.0035	.0045	.0054	.0063	.0069	.0074	.0078	.0079
.40	.0018	.0035	.0052	.0067	.0082	.0095	.0106	.0114	.0119	.0122
.45	.0024	.0048	.0071	.0094	.0116	.0138	.0158	.0172	.0180	.0183
.50	.0030	.0060	.0090	.0120	.0150	.0182	.0215	.0244	.0271	.0294
.55	.0035	.0072	.0108	.0146	.0184	.0225	.0272	.0317	.0362	.0405
.60	.0042	.0085	.0128	.0173	.0218	.0268	.0323	.0375	.0423	.0467
.65	.0048	.0096	.0145	.0195	.0245	.0301	.0360	.0415	.0465	.0509
.70	.0052	.0105	.0158	.0211	.0265	.0324	.0385	.0442	.0492	.0537
.75	.0055	.0111	.0167	.0223	.0279	.0339	.0403	.0460	.0512	.0557
.80	.0057	.0115	.0172	.0230	.0288	.0350	.0414	.0473	.0525	.0570
.85	.0058	.0117	.0176	.0235	.0293	.0356	.0422	.0480	.0533	.0579
.90	.0059	.0119	.0178	.0238	.0297	.0361	.0426	.0485	.0538	.0585
.95	.0060	.0120	.0179	.0239	.0299	.0363	.0429	.0488	.0541	.0588
1.00	.0060	.0120	.0180	.0240	.0299	.0363	.0429	.0489	.0542	.0588

→ y : ly

↓ x : lx

Spalte	0.55	0.60	0.65	0.70	0.75	0.80	0.85	0.90	0.95	1.00
.05	.0001	.0001	.0001	.0001	.0001	.0001	.0001	.0001	.0001	.0001
.10	.0004	.0004	.0004	.0004	.0004	.0004	.0003	.0003	.0003	.0002
.15	.0010	.0010	.0010	.0007	.0009	.0008	.0008	.0007	.0006	.0006
.20	.0019	.0019	.0018	.0013	.0017	.0016	.0015	.0013	.0012	.0010
.25	.0032	.0032	.0031	.0022	.0029	.0026	.0024	.0021	.0018	.0015
.30	.0052	.0051	.0050	.0040	.0045	.0041	.0036	.0031	.0026	.0020
.35	.0080	.0079	.0076	.0064	.0067	.0060	.0047	.0043	.0034	.0024
.40	.0120	.0118	.0112	.0095	.0093	.0081	.0058	.0052	.0038	.0023
.45	.0178	.0172	.0158	.0133	.0122	.0101	.0068	.0056	.0034	.0011
.50	.0260	.0241	.0208	.0168	.0145	.0114	.0072	.0052	.0021	.0010-
.55	.0341	.0309	.0258	.0203	.0167	.0126	.0077	.0048	.0008	.0031-
.60	.0400	.0364	.0304	.0240	.0196	.0147	.0087	.0051	.0004	.0042-
.65	.0440	.0403	.0340	.0271	.0222	.0168	.0097	.0061	.0008	.0044-
.70	.0468	.0430	.0366	.0296	.0244	.0186	.0109	.0073	.0016	.0040-
.75	.0488	.0450	.0385	.0313	.0260	.0201	.0121	.0083	.0024	.0035-
.80	.0501	.0463	.0398	.0323	.0272	.0211	.0130	.0091	.0030	.0030-
.85	.0510	.0472	.0407	.0328	.0280	.0219	.0137	.0097	.0036	.0026-
.90	.0516	.0478	.0412	.0332	.0285	.0224	.0141	.0101	.0039	.0022-
.95	.0519	.0481	.0415	.0334	.0288	.0226	.0144	.0103	.0041	.0020-
1.00	.0520	.0482	.0416	.0335	.0289	.0227	.0145	.0104	.0042	.0020-

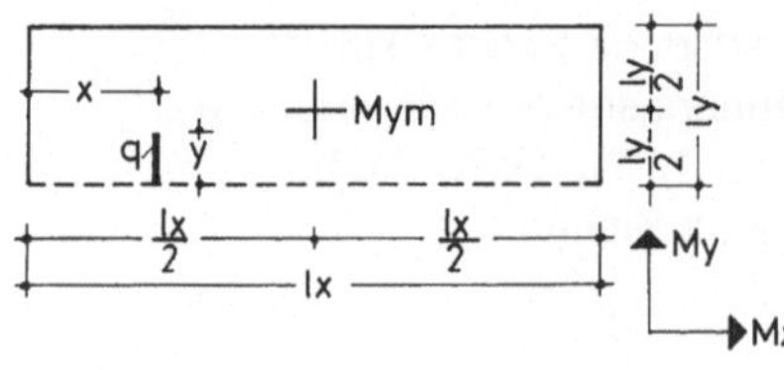

Dreiseitig gelagerte Platte
mit einspannungsfreier Lagerung.
Feldmoment Mym in Feldmitte aus
Linienlast in ly-Richtung.

$\frac{ly}{lx} = 0{,}25$

$\mu = 0$

Faktor = q · ly

+Mym
0.25

E 1.3.2

x : lx → ; y : ly ↓

Spalte										
	0.05	0.10	0.15	0.20	0.25	0.30	0.35	0.40	0.45	0.50
.05	.0001	.0003	.0004	.0005	.0006	.0007	.0004	.0003-	.0013-	.0019-
.10	.0003	.0006	.0009	.0012	.0014	.0016	.0013	.0002	.0018-	.0030-
.15	.0004	.0009	.0014	.0019	.0024	.0028	.0023	.0010	.0014-	.0032-
.20	.0006	.0013	.0020	.0028	.0036	.0042	.0038	.0025	.0002-	.0026-
.25	.0008	.0017	.0026	.0037	.0049	.0060	.0060	.0050	.0020	.0011-
.30	.0010	.0020	.0032	.0047	.0062	.0080	.0087	.0081	.0053	.0015
.35	.0012	.0024	.0038	.0058	.0077	.0101	.0116	.0119	.0097	.0054
.40	.0014	.0029	.0045	.0068	.0093	.0124	.0148	.0162	.0155	.0109
.45	.0016	.0033	.0052	.0079	.0109	.0147	.0180	.0209	.0224	.0182
.50	.0018	.0037	.0059	.0090	.0126	.0170	.0214	.0259	.0290	.0327
.55	.0019	.0041	.0066	.0101	.0142	.0193	.0248	.0310	.0340	.0493
.60	.0021	.0045	.0072	.0111	.0158	.0216	.0281	.0360	.0397	.0576
.65	.0023	.0049	.0078	.0121	.0172	.0237	.0313	.0405	.0467	.0611
.70	.0024	.0052	.0083	.0130	.0186	.0257	.0342	.0446	.0525	.0633
.75	.0026	.0055	.0088	.0137	.0198	.0275	.0368	.0480	.0567	.0666
.80	.0027	.0057	.0092	.0144	.0208	.0290	.0389	.0508	.0598	.0695
.85	.0028	.0059	.0096	.0149	.0216	.0303	.0407	.0529	.0622	.0716
.90	.0028	.0061	.0098	.0153	.0222	.0312	.0419	.0544	.0638	.0730
.95	.0029	.0062	.0099	.0155	.0225	.0317	.0427	.0554	.0648	.0738
1.00	.0029	.0062	.0100	.0156	.0227	.0319	.0430	.0557	.0651	.0740

x : lx → ; y : ly ↓

Spalte										
	0.55	0.60	0.65	0.70	0.75	0.80	0.85	0.90	0.95	
.05	.0013-	.0003-	.0004	.0007	.0006	.0005	.0004	.0003	.0001	
.10	.0018-	.0002	.0013	.0016	.0014	.0012	.0009	.0006	.0003	
.15	.0014-	.0010	.0023	.0028	.0024	.0019	.0014	.0009	.0004	
.20	.0002-	.0025	.0038	.0042	.0036	.0028	.0020	.0013	.0006	
.25	.0020	.0050	.0060	.0060	.0049	.0037	.0026	.0017	.0008	
.30	.0053	.0081	.0087	.0080	.0062	.0047	.0032	.0020	.0010	
.35	.0097	.0119	.0116	.0101	.0077	.0058	.0038	.0024	.0012	
.40	.0155	.0162	.0148	.0124	.0093	.0068	.0045	.0029	.0014	
.45	.0224	.0209	.0180	.0147	.0109	.0079	.0052	.0033	.0016	
.50	.0290	.0259	.0214	.0170	.0126	.0090	.0059	.0037	.0018	
.55	.0340	.0310	.0248	.0193	.0142	.0101	.0066	.0041	.0019	
.60	.0397	.0360	.0281	.0216	.0158	.0111	.0072	.0045	.0021	
.65	.0467	.0405	.0313	.0237	.0172	.0121	.0078	.0049	.0023	
.70	.0525	.0446	.0342	.0257	.0186	.0130	.0083	.0052	.0024	
.75	.0567	.0480	.0368	.0275	.0198	.0137	.0088	.0055	.0026	
.80	.0598	.0508	.0389	.0290	.0208	.0144	.0092	.0057	.0027	
.85	.0622	.0529	.0407	.0303	.0216	.0149	.0096	.0059	.0028	
.90	.0638	.0544	.0419	.0312	.0222	.0153	.0098	.0061	.0028	
.95	.0648	.0554	.0427	.0317	.0225	.0155	.0099	.0062	.0029	
1.00	.0651	.0557	.0430	.0319	.0227	.0156	.0100	.0062	.0029	

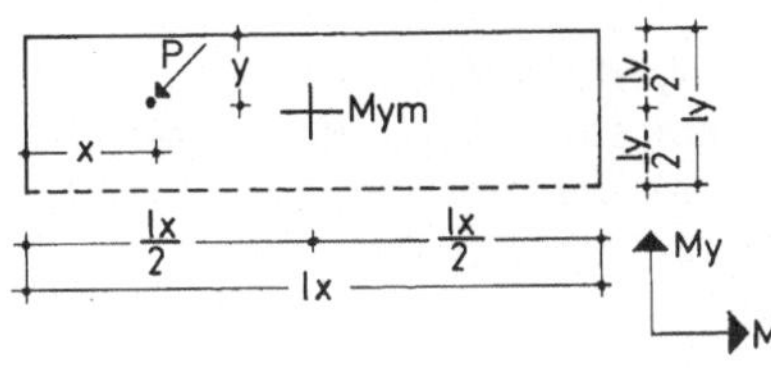

Dreiseitig gelagerte Rechteckplatte mit einspannungsfreier Lagerung. Feldmoment Mym in Feldmitte aus einer Einzellast.

+Mym 0.25

$\frac{ly}{lx} = 0{,}25$

$\mu = 0$

Faktor = P

E 1.3.3

→ y : ly, ↓ x : lx

Spalte	0.05	0.10	0.15	0.20	0.25	0.30	0.35	0.40	0.45	0.50
.05	.0005	.0010	.0015	.0020	.0024	.0028	.0032	.0034	.0037	.0038
.10	.0012	.0023	.0034	.0044	.0054	.0062	.0069	.0076	.0081	.0084
.15	.0020	.0038	.0056	.0073	.0089	.0103	.0114	.0124	.0132	.0137
.20	.0032	.0062	.0091	.0118	.0143	.0166	.0184	.0199	.0210	.0217
.25	.0049	.0096	.0141	.0182	.0220	.0255	.0283	.0304	.0319	.0328
.30	.0077	.0149	.0216	.0277	.0334	.0381	.0416	.0440	.0456	.0461
.35	.0106	.0207	.0301	.0391	.0475	.0551	.0609	.0651	.0675	.0681
.40	.0123	.0246	.0369	.0493	.0616	.0748	.0868	.0955	.1011	.1032
.45	.0123	.0256	.0398	.0550	.0711	.0992	.1315	.1460	.1427	.1216
.50	.0101	.0217	.0347	.0491	.0650	.0527	.0449	.1064	.2372	.4374*
.55	.0123	.0256	.0398	.0550	.0711	.0992	.1315	.1460	.1427	.1216
.60	.0123	.0246	.0369	.0493	.0616	.0748	.0868	.0955	.1010	.1032
.65	.0106	.0207	.0301	.0391	.0475	.0551	.0609	.0651	.0675	.0681
.70	.0077	.0149	.0216	.0277	.0334	.0381	.0415	.0440	.0455	.0461
.75	.0049	.0096	.0140	.0182	.0220	.0255	.0283	.0304	.0319	.0328
.80	.0032	.0062	.0091	.0118	.0143	.0166	.0184	.0199	.0210	.0217
.85	.0020	.0038	.0056	.0073	.0089	.0103	.0114	.0124	.0132	.0137
.90	.0012	.0023	.0034	.0044	.0054	.0062	.0069	.0076	.0081	.0084
.95	.0005	.0010	.0015	.0020	.0024	.0028	.0032	.0034	.0037	.0038
1.00	.0000	.0000	.0000	.0000	.0000	.0000	.0000	.0000	.0000	.0000

→ y : ly, ↓ x : lx

Spalte	0.55	0.60	0.65	0.70	0.75	0.80	0.85	0.90	0.95	1.00
.05	.0039	.0039	.0039	.0038	.0038	.0035	.0033	.0030	.0028	.0025
.10	.0086	.0086	.0085	.0068	.0080	.0075	.0069	.0063	.0057	.0050
.15	.0140	.0140	.0139	.0082	.0129	.0121	.0111	.0101	.0089	.0077
.20	.0220	.0219	.0214	.0140	.0193	.0178	.0160	.0140	.0119	.0097
.25	.0328	.0325	.0314	.0260	.0274	.0246	.0214	.0180	.0144	.0106
.30	.0461	.0458	.0444	.0419	.0383	.0336	.0239	.0225	.0165	.0102
.35	.0666	.0651	.0611	.0557	.0489	.0407	.0218	.0224	.0130	.0034
.40	.0970	.0920	.0810	.0691	.0562	.0422	.0207	.0149	.0016	.0116-
.45	.1398	.1305	.1020	.0764	.0538	.0342	.0163	.0013-	.0182-	.0345-
.50	.1824	.1261	.0929	.0644	.0404	.0210	.0042	.0130-	.0301-	.0469-
.55	.1398	.1305	.1020	.0764	.0538	.0342	.0163	.0013-	.0182-	.0345-
.60	.0970	.0919	.0810	.0691	.0562	.0422	.0207	.0149	.0016	.0115-
.65	.0666	.0651	.0611	.0557	.0489	.0407	.0218	.0224	.0131	.0034
.70	.0461	.0458	.0444	.0418	.0383	.0336	.0239	.0225	.0165	.0102
.75	.0328	.0325	.0314	.0260	.0274	.0246	.0214	.0180	.0144	.0106
.80	.0220	.0219	.0214	.0140	.0193	.0178	.0160	.0140	.0119	.0097
.85	.0140	.0140	.0139	.0082	.0129	.0121	.0111	.0101	.0089	.0077
.90	.0086	.0086	.0085	.0068	.0080	.0075	.0069	.0063	.0057	.0050
.95	.0039	.0039	.0039	.0038	.0038	.0035	.0033	.0030	.0028	.0025
1.00	.0000	.0000	.0000	.0000	.0000	.0000	.0000	.0000	.0000	.0000

* bzw. theoretisch ∞

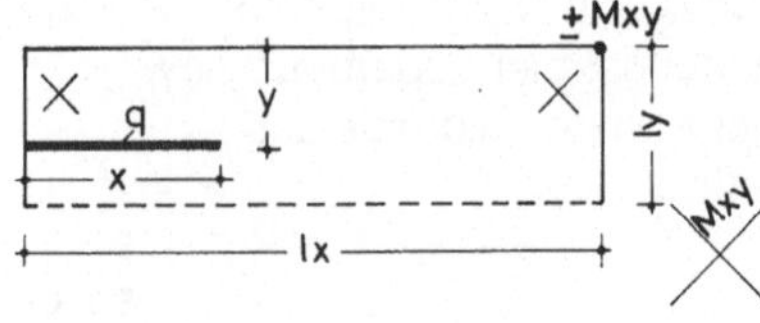

Dreiseitig gelagerte Rechteckplatte mit einspannungsfreier Lagerung. Drillmoment Mxy im Eckpunkt der aufliegenden Ecke aus Linienlast in lx-Richtung.

$\frac{ly}{lx} = 0{,}25$

$\mu = 0$

Faktor = q · lx

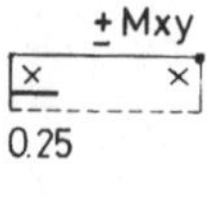

E 1.4.1

→ y : ly ; ↓ x : lx

Spalte										
	0.05	0.10	0.15	0.20	0.25	0.30	0.35	0.40	0.45	0.50
.05	.0000	.0001	.0001	.0001	.0002	.0002	.0002	.0003	.0003	.0003
.10	.0001	.0003	.0004	.0005	.0006	.0008	.0009	.0010	.0011	.0013
.15	.0003	.0006	.0009	.0011	.0014	.0017	.0020	.0023	.0026	.0028
.20	.0005	.0010	.0015	.0020	.0025	.0030	.0035	.0040	.0045	.0050
.25	.0008	.0016	.0024	.0032	.0039	.0047	.0055	.0063	.0071	.0079
.30	.0011	.0023	.0034	.0046	.0057	.0068	.0080	.0091	.0102	.0114
.35	.0016	.0031	.0047	.0062	.0078	.0093	.0109	.0124	.0140	.0155
.40	.0020	.0041	.0061	.0082	.0102	.0122	.0143	.0163	.0183	.0203
.45	.0026	.0052	.0078	.0104	.0129	.0155	.0181	.0207	.0232	.0258
.50	.0032	.0064	.0097	.0129	.0161	.0193	.0224	.0256	.0288	.0319
.55	.0039	.0078	.0118	.0157	.0196	.0235	.0273	.0313	.0350	.0388
.60	.0047	.0094	.0141	.0188	.0235	.0281	.0327	.0379	.0419	.0464
.65	.0056	.0112	.0167	.0223	.0278	.0333	.0387	.0448	.0495	.0547
.70	.0066	.0131	.0197	.0261	.0326	.0390	.0453	.0522	.0578	.0639
.75	.0077	.0153	.0229	.0304	.0379	.0453	.0526	.0604	.0668	.0737
.80	.0089	.0178	.0265	.0352	.0438	.0523	.0606	.0693	.0766	.0843
.85	.0104	.0207	.0308	.0407	.0504	.0600	.0692	.0788	.0868	.0952
.90	.0126	.0248	.0365	.0477	.0584	.0688	.0786	.0887	.0972	.1059
.95	.0170	.0324	.0461	.0583	.0688	.0784	.0880	.0979	.1062	.1147
1.00	.0196	.0368	.0516	.0641	.0742	.0830	.0924	.1020	.1101	.1183

→ y : ly ; ↓ x : lx

Spalte										
	0.55	0.60	0.65	0.70	0.75	0.80	0.85	0.90	0.95	1.00
.05	.0004	.0004	.0004	.0004	.0005	.0005	.0005	.0006	.0006	.0006
.10	.0014	.0015	.0016	.0018	.0019	.0020	.0021	.0023	.0024	.0025
.15	.0032	.0034	.0037	.0040	.0042	.0045	.0048	.0051	.0054	.0056
.20	.0057	.0060	.0065	.0070	.0075	.0080	.0085	.0090	.0095	.0100
.25	.0090	.0094	.0102	.0110	.0118	.0126	.0134	.0141	.0149	.0157
.30	.0129	.0136	.0148	.0159	.0170	.0181	.0192	.0203	.0215	.0226
.35	.0176	.0186	.0201	.0216	.0232	.0247	.0262	.0277	.0292	.0307
.40	.0231	.0243	.0263	.0283	.0303	.0323	.0342	.0362	.0382	.0402
.45	.0293	.0308	.0333	.0359	.0384	.0409	.0433	.0458	.0483	.0508
.50	.0362	.0382	.0413	.0444	.0474	.0505	.0534	.0566	.0597	.0627
.55	.0440	.0463	.0501	.0538	.0575	.0612	.0646	.0685	.0721	.0758
.60	.0525	.0553	.0597	.0641	.0685	.0728	.0769	.0814	.0857	.0900
.65	.0619	.0652	.0703	.0754	.0804	.0854	.0902	.0954	.1003	.1052
.70	.0721	.0758	.0817	.0875	.0932	.0989	.1043	.1101	.1156	.1212
.75	.0831	.0872	.0938	.1003	.1067	.1130	.1190	.1254	.1315	.1376
.80	.0946	.0992	.1065	.1135	.1205	.1273	.1338	.1407	.1473	.1539
.85	.1063	.1112	.1189	.1264	.1337	.1409	.1478	.1550	.1620	.1689
.90	.1173	.1224	.1302	.1379	.1455	.1528	.1599	.1673	.1744	.1815
.95	.1259	.1309	.1386	.1463	.1538	.1611	.1682	.1756	.1828	.1900
1.00	.1293	.1342	.1419	.1495	.1569	.1642	.1713	.1787	.1859	.1931

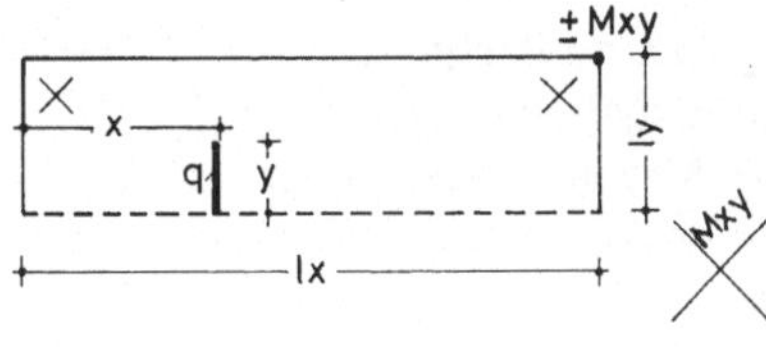

Mxy

Dreiseitig gelagerte Rechteckplatte mit einspannungsfreier Lagerung. Drillmoment Mxy im Eckpunkt der aufliegenden Ecke aus Linienlast in ly-Richtung.

$\frac{ly}{lx} = 0{,}25$

$\mu = 0$

Faktor = $q \cdot ly$

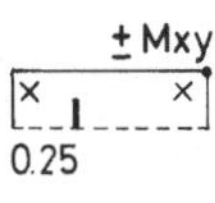

E 1.4.2

x : lx → ; y : ly ↓

Spalte										
	0.05	0.10	0.15	0.20	0.25	0.30	0.35	0.40	0.45	0.50
.05	.0012	.0024	.0037	.0049	.0061	.0073	.0086	.0098	.0110	.0122
.10	.0024	.0048	.0072	.0095	.0119	.0143	.0167	.0191	.0215	.0238
.15	.0035	.0070	.0104	.0139	.0174	.0209	.0244	.0279	.0313	.0348
.20	.0045	.0090	.0136	.0181	.0226	.0272	.0317	.0363	.0406	.0453
.25	.0055	.0110	.0165	.0220	.0275	.0330	.0386	.0441	.0495	.0551
.30	.0064	.0128	.0192	.0256	.0321	.0385	.0450	.0515	.0578	.0644
.35	.0073	.0145	.0218	.0290	.0363	.0436	.0510	.0583	.0655	.0730
.40	.0081	.0161	.0241	.0322	.0403	.0484	.0565	.0647	.0727	.0811
.45	.0088	.0176	.0263	.0351	.0440	.0529	.0618	.0707	.0795	.0886
.50	.0095	.0189	.0284	.0379	.0474	.0570	.0666	.0762	.0857	.0956
.55	.0101	.0201	.0302	.0403	.0504	.0606	.0708	.0811	.0913	.1018
.60	.0106	.0212	.0318	.0424	.0531	.0638	.0746	.0855	.0962	.1074
.65	.0111	.0221	.0332	.0443	.0555	.0667	.0780	.0893	.1006	.1123
.70	.0115	.0230	.0344	.0459	.0575	.0692	.0809	.0927	.1044	.1166
.75	.0118	.0236	.0355	.0473	.0593	.0713	.0833	.0955	.1076	.1202
.80	.0121	.0242	.0363	.0485	.0607	.0730	.0854	.0979	.1103	.1232
.85	.0123	.0247	.0370	.0494	.0618	.0743	.0869	.0997	.1123	.1255
.90	.0125	.0250	.0375	.0500	.0626	.0753	.0881	.1010	.1138	.1272
.95	.0126	.0252	.0377	.0504	.0631	.0759	.0887	.1017	.1147	.1282
1.00	.0126	.0252	.0378	.0505	.0632	.0761	.0890	.1020	.1150	.1285

x : lx → ; y : ly ↓

Spalte										
	0.55	0.60	0.65	0.70	0.75	0.80	0.85	0.90	0.95	
.05	.0133	.0144	.0153	.0159	.0163	.0156	.0139	.0107	.0060	
.10	.0261	.0282	.0300	.0313	.0320	.0309	.0275	.0213	.0119	
.15	.0382	.0414	.0440	.0460	.0472	.0457	.0409	.0319	.0178	
.20	.0496	.0539	.0574	.0601	.0619	.0601	.0540	.0423	.0238	
.25	.0605	.0657	.0701	.0735	.0760	.0740	.0668	.0527	.0298	
.30	.0707	.0769	.0821	.0863	.0894	.0874	.0793	.0630	.0358	
.35	.0803	.0873	.0934	.0984	.1023	.1004	.0915	.0733	.0419	
.40	.0892	.0971	.1040	.1098	.1145	.1128	.1034	.0835	.0482	
.45	.0976	.1064	.1141	.1207	.1261	.1246	.1150	.0938	.0546	
.50	.1053	.1149	.1234	.1307	.1370	.1360	.1262	.1041	.0612	
.55	.1121	.1225	.1318	.1398	.1469	.1464	.1368	.1143	.0681	
.60	.1185	.1294	.1393	.1480	.1559	.1561	.1469	.1245	.0754	
.65	.1242	.1356	.1460	.1554	.1640	.1648	.1562	.1346	.0830	
.70	.1289	.1409	.1518	.1619	.1711	.1727	.1648	.1446	.0911	
.75	.1330	.1454	.1568	.1674	.1773	.1795	.1724	.1545	.0999	
.80	.1363	.1491	.1610	.1720	.1823	.1852	.1789	.1642	.1096	
.85	.1389	.1520	.1642	.1755	.1863	.1897	.1841	.1733	.1193	
.90	.1408	.1541	.1665	.1781	.1891	.1930	.1881	.1807	.1278	
.95	.1419	.1553	.1679	.1797	.1908	.1950	.1905	.1857	.1337	
1.00	.1423	.1557	.1683	.1802	.1914	.1956	.1913	.1876	.1360	

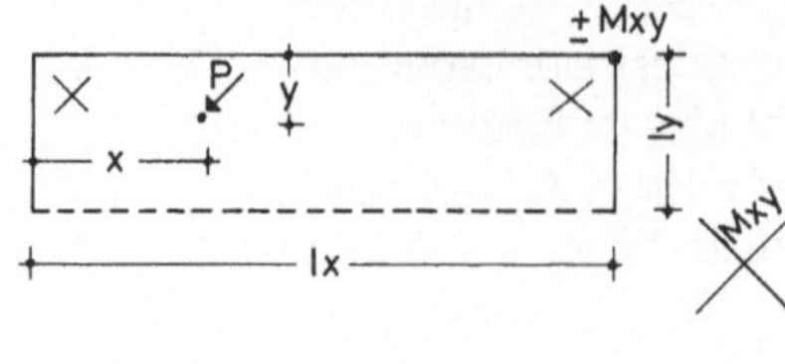

Dreiseitig gelagerte Rechteckplatte mit einspannungsfreier Lagerung. Drillmoment Mxy im Eckpunkt der aufliegenden Ecke aus einer Einzellast.

$$\frac{ly}{lx} = 0{,}25$$

$\mu = 0$

Faktor P

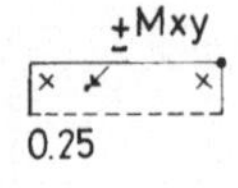

E 1.4.3

→ y : ly, ↓ x : lx

Spalte	0.05	0.10	0.15	0.20	0.25	0.30	0.35	0.40	0.45	0.50
.05	.0013	.0025	.0038	.0050	.0063	.0075	.0089	.0101	.0114	.0126
.10	.0025	.0051	.0076	.0101	.0126	.0151	.0177	.0202	.0227	.0252
.15	.0038	.0076	.0114	.0152	.0189	.0228	.0265	.0303	.0340	.0378
.20	.0051	.0101	.0152	.0203	.0253	.0304	.0354	.0405	.0455	.0505
.25	.0064	.0127	.0191	.0254	.0317	.0381	.0444	.0508	.0570	.0633
.30	.0077	.0153	.0230	.0306	.0382	.0458	.0535	.0610	.0686	.0762
.35	.0090	.0180	.0270	.0359	.0448	.0538	.0627	.0716	.0804	.0893
.40	.0104	.0207	.0311	.0414	.0517	.0620	.0722	.0824	.0925	.1026
.45	.0118	.0236	.0354	.0471	.0587	.0704	.0819	.0934	.1048	.1162
.50	.0133	.0266	.0398	.0530	.0661	.0792	.0921	.1049	.1176	.1301
.55	.0150	.0297	.0446	.0592	.0739	.0884	.1027	.1257	.1308	.1445
.60	.0167	.0332	.0496	.0659	.0821	.0981	.1139	.1347	.1446	.1595
.65	.0186	.0371	.0553	.0734	.0912	.1087	.1259	.1417	.1588	.1746
.70	.0208	.0414	.0616	.0815	.1010	.1202	.1386	.1550	.1734	.1898
.75	.0232	.0459	.0682	.0902	.1116	.1327	.1526	.1716	.1894	.2060
.80	.0271	.0531	.0781	.1021	.1250	.1467	.1665	.1847	.2012	.2160
.85	.0332	.0639	.0922	.1181	.1416	.1622	.1795	.1945	.2071	.2173
.90	.0718	.1276	.1672	.1908	.1983	.1969	.2007	.2033	.2047	.2048
.95	.0863	.1482	.1857	.1987	.1874	.1652	.1565	.1487	.1417	.1356
1.00	.0000	.0000	.0000	.0000	.0000	.0000	.0000	.0000	.0000	.0000

→ y : ly, ↓ x : lx

Spalte	0.55	0.60	0.65	0.70	0.75	0.80	0.85	0.90	0.95	1.00
.05	.0143	.0151	.0164	.0176	.0189	.0201	.0214	.0226	.0239	.0251
.10	.0286	.0302	.0328	.0352	.0377	.0402	.0427	.0452	.0477	.0502
.15	.0430	.0453	.0491	.0528	.0565	.0603	.0641	.0678	.0715	.0753
.20	.0574	.0605	.0655	.0705	.0755	.0805	.0855	.0904	.0954	.1004
.25	.0719	.0758	.0820	.0883	.0945	.1008	.1069	.1131	.1193	.1255
.30	.0866	.0912	.0987	.1062	.1136	.1210	.1284	.1358	.1433	.1506
.35	.1013	.1068	.1154	.1242	.1327	.1414	.1500	.1587	.1672	.1757
.40	.1163	.1225	.1324	.1423	.1521	.1619	.1716	.1814	.1910	.2007
.45	.1315	.1385	.1496	.1605	.1715	.1824	.1907	.2040	.2147	.2255
.50	.1472	.1549	.1670	.1791	.1911	.2030	.2147	.2264	.2381	.2497
.55	.1631	.1715	.1847	.1977	.2105	.2232	.2358	.2483	.2607	.2730
.60	.1795	.1885	.2026	.2164	.2300	.2433	.2564	.2694	.2823	.2952
.65	.1956	.2049	.2195	.2336	.2474	.2608	.2739	.2870	.2998	.3126
.70	.2112	.2206	.2351	.2490	.2625	.2755	.2881	.3005	.3127	.3248
.75	.2273	.2364	.2502	.2633	.2757	.2875	.2986	.3096	.3203	.3309
.80	.2342	.2419	.2533	.2640	.2739	.2831	.2918	.3004	.3088	.3171
.85	.2291	.2339	.2410	.2475	.2535	.2590	.2644	.2698	.2752	.2805
.90	.2051	.2051	.2054	.2061	.2069	.2080	.2096	.2114	.2134	.2156
.95	.1294	.1269	.1239	.1216	.1201	.1191	.1188	.1188	.1189	.1193
1.00	.0000	.0000	.0000	.0000	.0000	.0000	.0000	.0000	.0000	.0000

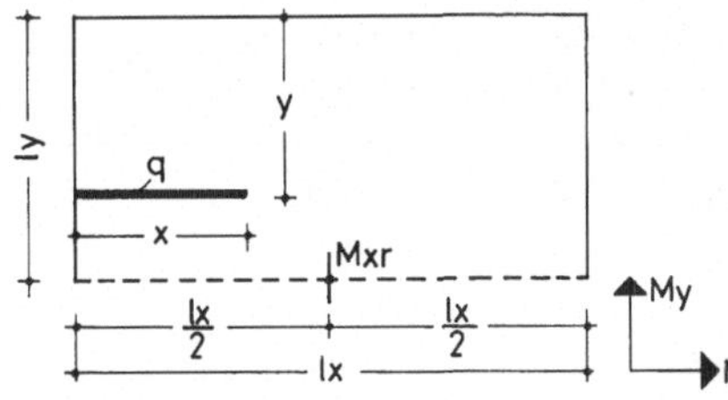

Dreiseitig gelagerte Rechteckplatte mit einspannungsfreier Lagerung.
Feldmoment Mxr in Mitte des freien Randes aus Linienlast in lx-Richtung.

$\frac{ly}{lx} = 0,50$

$\mu = 0$

Faktor = q · lx

0.50 Mxr

E 2.1.1

y : ly →

x : lx ↓ Spalte	0.05	0.10	0.15	0.20	0.25	0.30	0.35	0.40	0.45	0.50
.05	.0000	.0001	.0001	.0002	.0002	.0003	.0003	.0003	.0004	.0004
.10	.0002	.0004	.0006	.0007	.0009	.0011	.0012	.0014	.0015	.0016
.15	.0004	.0009	.0013	.0017	.0021	.0025	.0028	.0032	.0035	.0038
.20	.0008	.0016	.0023	.0031	.0038	.0045	.0052	.0058	.0064	.0069
.25	.0012	.0025	.0037	.0049	.0061	.0072	.0083	.0093	.0102	.0111
.30	.0018	.0036	.0054	.0072	.0089	.0106	.0122	.0138	.0153	.0166
.35	.0025	.0050	.0075	.0100	.0124	.0148	.0171	.0194	.0215	.0235
.40	.0033	.0066	.0099	.0132	.0164	.0196	.0228	.0258	.0288	.0317
.45	.0042	.0083	.0125	.0167	.0208	.0249	.0290	.0331	.0371	.0411
.50	.0051	.0102	.0153	.0204	.0255	.0306	.0357	.0409	.0460	.0512
.55	.0060	.0120	.0180	.0241	.0301	.0362	.0424	.0486	.0549	.0612
.60	.0069	.0137	.0206	.0276	.0345	.0416	.0487	.0559	.0632	.0706
.65	.0077	.0153	.0230	.0308	.0385	.0464	.0543	.0624	.0705	.0788
.70	.0084	.0167	.0251	.0336	.0420	.0505	.0592	.0679	.0767	.0857
.75	.0089	.0179	.0268	.0359	.0449	.0540	.0632	.0724	.0818	.0912
.80	.0094	.0188	.0282	.0377	.0472	.0567	.0663	.0759	.0856	.0954
.85	.0097	.0195	.0293	.0391	.0489	.0587	.0686	.0786	.0885	.0985
.90	.0100	.0200	.0300	.0400	.0500	.0601	.0702	.0803	.0905	.1007
.95	.0101	.0202	.0304	.0406	.0507	.0609	.0711	.0814	.0916	.1019
1.00	.0102	.0203	.0305	.0407	.0510	.0612	.0714	.0817	.0920	.1023

y : ly →

x : lx ↓ Spalte	0.55	0.60	0.65	0.70	0.75	0.80	0.85	0.90	0.95	1.00
.05	.0004	.0004	.0005	.0005	.0005	.0005	.0005	.0005	.0006	.0005
.10	.0017	.0018	.0019	.0020	.0021	.0021	.0022	.0022	.0023	.0022
.15	.0040	.0042	.0045	.0046	.0048	.0049	.0050	.0051	.0052	.0053
.20	.0073	.0077	.0082	.0085	.0087	.0090	.0092	.0094	.0095	.0097
.25	.0118	.0124	.0133	.0138	.0142	.0146	.0150	.0152	.0155	.0157
.30	.0177	.0186	.0200	.0209	.0216	.0222	.0227	.0230	.0234	.0237
.35	.0251	.0266	.0287	.0301	.0312	.0321	.0327	.0332	.0337	.0344
.40	.0340	.0363	.0395	.0416	.0435	.0450	.0462	.0471	.0478	.0481
.45	.0443	.0475	.0524	.0558	.0589	.0617	.0642	.0662	.0675	.0676
.50	.0554	.0599	.0666	.0717	.0768	.0820	.0872	.0930	.0979	.1030
.55	.0665	.0723	.0808	.0876	.0948	.1024	.1103	.1198	.1282	.1385
.60	.0768	.0836	.0937	.1018	.1102	.1191	.1283	.1390	.1479	.1579
.65	.0857	.0932	.1044	.1134	.1225	.1320	.1418	.1529	.1620	.1717
.70	.0931	.1012	.1131	.1226	.1321	.1419	.1518	.1631	.1723	.1823
.75	.0990	.1074	.1199	.1296	.1395	.1494	.1595	.1709	.1802	.1904
.80	.1035	.1122	.1250	.1349	.1450	.1551	.1653	.1767	.1862	.1964
.85	.1068	.1156	.1287	.1388	.1489	.1592	.1695	.1810	.1905	.2008
.90	.1090	.1180	.1312	.1414	.1516	.1619	.1723	.1838	.1934	.2038
.95	.1104	.1194	.1327	.1429	.1532	.1636	.1739	.1855	.1952	.2055
1.00	.1108	.1198	.1331	.1434	.1537	.1641	.1745	.1861	.1957	.2061

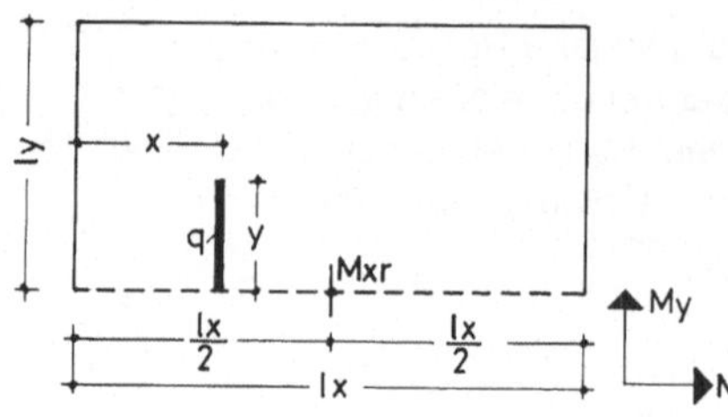

Dreiseitig gelagerte Rechteckplatte mit einspannungsfreier Lagerung. Feldmoment Mxr in Mitte des freien Randes aus Linienlast in ly-Richtung.

0.50 Mxr

$\frac{ly}{lx} = 0{,}50$

$\mu = 0$

Faktor = q · ly

E 2.1.2

x : lx → ; y : ly ↓

Spalte										
	0.05	0.10	0.15	0.20	0.25	0.30	0.35	0.40	0.45	0.50
.05	.0011	.0023	.0036	.0051	.0069	.0090	.0120	.0163	.0240	.0472
.10	.0022	.0046	.0072	.0102	.0138	.0179	.0239	.0328	.0477	.0794
.15	.0033	.0069	.0107	.0152	.0205	.0266	.0356	.0487	.0697	.1057
.20	.0044	.0091	.0141	.0200	.0271	.0353	.0470	.0638	.0895	.1285
.25	.0055	.0112	.0174	.0248	.0336	.0438	.0581	.0781	.1074	.1483
.30	.0065	.0133	.0206	.0294	.0399	.0521	.0688	.0914	.1236	.1655
.35	.0075	.0153	.0238	.0339	.0459	.0600	.0788	.1038	.1382	.1808
.40	.0084	.0173	.0268	.0381	.0516	.0674	.0882	.1149	.1511	.1944
.45	.0093	.0191	.0296	.0421	.0569	.0742	.0966	.1250	.1625	.2062
.50	.0101	.0208	.0323	.0458	.0619	.0807	.1045	.1341	.1728	.2170
.55	.0109	.0224	.0348	.0494	.0665	.0866	.1117	.1424	.1821	.2266
.60	.0116	.0239	.0371	.0526	.0707	.0919	.1181	.1498	.1902	.2350
.65	.0123	.0252	.0391	.0554	.0745	.0966	.1238	.1562	.1973	.2423
.70	.0128	.0264	.0410	.0580	.0778	.1008	.1287	.1618	.2034	.2485
.75	.0133	.0274	.0425	.0601	.0806	.1043	.1328	.1664	.2084	.2537
.80	.0138	.0283	.0438	.0619	.0829	.1071	.1362	.1702	.2125	.2579
.85	.0141	.0289	.0448	.0633	.0847	.1094	.1388	.1732	.2157	.2612
.90	.0143	.0294	.0456	.0643	.0860	.1110	.1407	.1753	.2179	.2635
.95	.0145	.0297	.0460	.0649	.0868	.1119	.1418	.1765	.2193	.2649
1.00	.0145	.0298	.0462	.0651	.0870	.1122	.1422	.1769	.2197	.2653

x : lx → ; y : ly ↓

Spalte										
	0.55	0.60	0.65	0.70	0.75	0.80	0.85	0.90	0.95	
.05	.0240	.0163	.0120	.0090	.0069	.0051	.0036	.0023	.0011	
.10	.0477	.0328	.0239	.0179	.0138	.0102	.0072	.0046	.0022	
.15	.0697	.0487	.0356	.0266	.0205	.0152	.0107	.0069	.0033	
.20	.0895	.0638	.0470	.0353	.0271	.0200	.0141	.0091	.0044	
.25	.1074	.0781	.0581	.0438	.0336	.0248	.0174	.0112	.0055	
.30	.1236	.0914	.0688	.0521	.0399	.0294	.0206	.0133	.0065	
.35	.1382	.1038	.0788	.0600	.0459	.0339	.0238	.0153	.0075	
.40	.1511	.1149	.0882	.0674	.0516	.0381	.0268	.0173	.0084	
.45	.1625	.1250	.0966	.0742	.0569	.0421	.0296	.0191	.0093	
.50	.1728	.1341	.1045	.0807	.0619	.0458	.0323	.0208	.0101	
.55	.1821	.1424	.1117	.0866	.0665	.0494	.0348	.0224	.0109	
.60	.1902	.1498	.1181	.0919	.0707	.0526	.0371	.0239	.0116	
.65	.1973	.1562	.1238	.0966	.0745	.0554	.0391	.0252	.0123	
.70	.2034	.1618	.1287	.1008	.0778	.0580	.0410	.0264	.0128	
.75	.2084	.1664	.1328	.1043	.0806	.0601	.0425	.0274	.0133	
.80	.2125	.1702	.1362	.1071	.0829	.0619	.0438	.0283	.0138	
.85	.2157	.1732	.1388	.1094	.0847	.0633	.0448	.0289	.0141	
.90	.2179	.1753	.1407	.1110	.0860	.0643	.0456	.0294	.0143	
.95	.2193	.1765	.1418	.1119	.0868	.0649	.0460	.0297	.0145	
1.00	.2197	.1769	.1422	.1122	.0870	.0651	.0462	.0298	.0145	

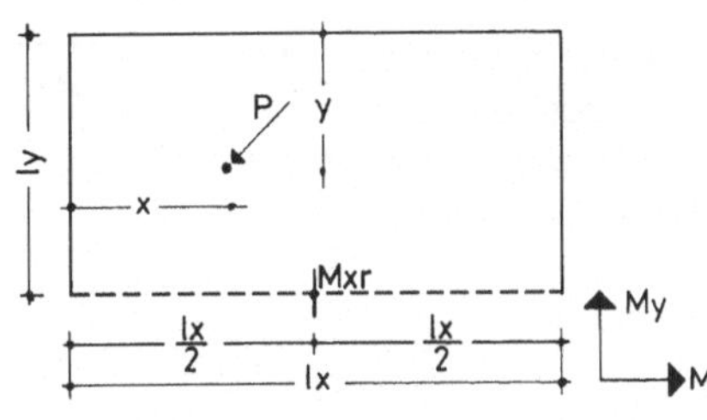

Dreiseitig gelagerte Rechteckplatte mit einspannungsfreier Lagerung. Feldmoment Mxr in Mitte des freien Randes aus einer Einzellast.

0.50 Mxr

E 2.1.3

$\frac{ly}{lx} = 0{,}50$

$\mu = 0$

Faktor = P

→ y : ly (x : lx ↓)

Spalte										
	0.05	0.10	0.15	0.20	0.25	0.30	0.35	0.40	0.45	0.50
.05	.0019	.0038	.0055	.0074	.0092	.0108	.0123	.0138	.0151	.0163
.10	.0039	.0076	.0113	.0151	.0186	.0220	.0252	.0283	.0310	.0336
.15	.0059	.0117	.0174	.0232	.0287	.0340	.0390	.0437	.0481	.0521
.20	.0081	.0161	.0240	.0319	.0396	.0470	.0541	.0609	.0672	.0731
.25	.0104	.0207	.0310	.0411	.0512	.0610	.0706	.0798	.0885	.0968
.30	.0128	.0255	.0383	.0509	.0636	.0762	.0886	.1007	.1125	.1240
.35	.0149	.0298	.0449	.0599	.0751	.0903	.1055	.1208	.1361	.1514
.40	.0166	.0334	.0503	.0673	.0845	.1019	.1198	.1381	.1568	.1760
.45	.0179	.0360	.0543	.0728	.0915	.1108	.1309	.1519	.1738	.1969
.50	.0183	.0369	.0557	.0747	.0939	.1139	.1349	.1568	.1797	.2042
.55	.0179	.0360	.0543	.0728	.0915	.1108	.1309	.1519	.1738	.1969
.60	.0166	.0334	.0503	.0673	.0845	.1019	.1198	.1381	.1568	.1760
.65	.0149	.0298	.0449	.0599	.0751	.0903	.1055	.1208	.1361	.1514
.70	.0128	.0255	.0383	.0509	.0636	.0762	.0886	.1007	.1125	.1240
.75	.0104	.0207	.0309	.0411	.0512	.0610	.0706	.0798	.0885	.0968
.80	.0081	.0161	.0240	.0319	.0396	.0470	.0541	.0609	.0672	.0731
.85	.0059	.0117	.0174	.0232	.0287	.0339	.0390	.0437	.0480	.0520
.90	.0039	.0076	.0113	.0151	.0186	.0220	.0252	.0283	.0310	.0336
.95	.0019	.0038	.0055	.0074	.0092	.0108	.0123	.0138	.0151	.0163
1.00	.0000	.0000	.0000	.0000	.0000	.0000	.0000	.0000	.0000	.0000

→ y : ly (x : lx ↓)

Spalte										
	0.55	0.60	0.65	0.70	0.75	0.80	0.85	0.90	0.95	1.00
.05	.0172	.0181	.0192	.0200	.0206	.0212	.0217	.0221	.0226	.0221
.10	.0354	.0372	.0396	.0411	.0424	.0436	.0446	.0454	.0464	.0467
.15	.0550	.0577	.0614	.0638	.0657	.0675	.0690	.0703	.0716	.0738
.20	.0775	.0816	.0873	.0908	.0938	.0964	.0985	.1002	.1019	.1034
.25	.1032	.1092	.1176	.1228	.1273	.1310	.1338	.1359	.1379	.1390
.30	.1330	.1417	.1540	.1616	.1676	.1720	.1747	.1761	.1777	.1852
.35	.1636	.1762	.1949	.2073	.2176	.2258	.2319	.2362	.2387	.2420
.40	.1920	.2096	.2364	.2568	.2759	.2938	.3105	.3245	.3319	.3180
.45	.2169	.2401	.2759	.3069	.3406	.3771	.4163	.4634	.4813	.4750
.50	.2258	.2513	.2883	.3237	.3688	.4237	.4883	.5718	.7292	1.3520*
.55	.2169	.2401	.2759	.3069	.3406	.3771	.4163	.4634	.4813	.4750
.60	.1920	.2095	.2364	.2567	.2759	.2938	.3105	.3245	.3319	.3180
.65	.1636	.1762	.1948	.2073	.2176	.2258	.2319	.2362	.2387	.2420
.70	.1330	.1417	.1540	.1616	.1676	.1720	.1747	.1761	.1777	.1852
.75	.1032	.1092	.1175	.1228	.1272	.1310	.1338	.1359	.1379	.1390
.80	.0775	.0816	.0873	.0908	.0938	.0964	.0985	.1002	.1019	.1034
.85	.0550	.0577	.0614	.0637	.0657	.0675	.0690	.0703	.0716	.0738
.90	.0354	.0372	.0396	.0411	.0424	.0436	.0446	.0454	.0464	.0467
.95	.0172	.0181	.0192	.0200	.0206	.0212	.0217	.0221	.0226	.0221
1.00	.0000	.0000	.0000	.0000	.0000	.0000	.0000	.0000	.0000	.0000

* bzw. theoretisch ∞

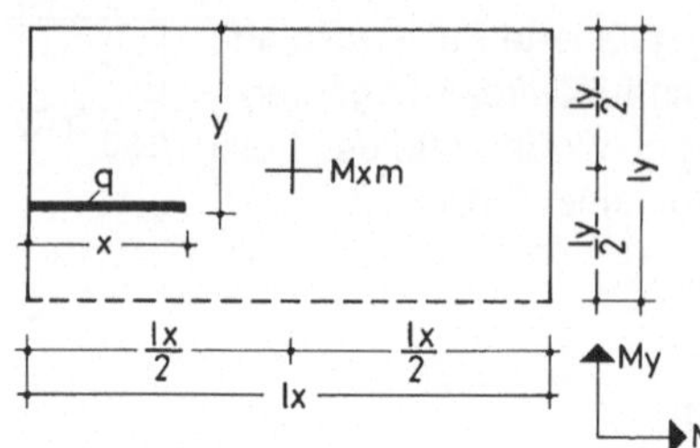

Dreiseitig gelagerte Rechteckplatte mit einspannungsfreier Lagerung. Feldmoment Mxm in Feldmitte aus Linienlast in lx-Richtung.

$\frac{ly}{lx} = 0{,}50$

$\mu = 0$

Faktor = q · lx

+Mxm

0.50

E 2.2.1

→ y : ly

↓ x : lx

Spalte										
	0.05	0.10	0.15	0.20	0.25	0.30	0.35	0.40	0.45	0.50
.05	.0000	.0000	.0000	.0000	.0000	.0001	.0001	.0001	.0001	.0001
.10	.0000	.0001	.0001	.0002	.0002	.0002	.0003	.0004	.0005	.0005
.15	.0001	.0002	.0003	.0004	.0005	.0006	.0007	.0009	.0011	.0013
.20	.0002	.0004	.0006	.0007	.0009	.0012	.0014	.0017	.0020	.0023
.25	.0003	.0007	.0010	.0014	.0017	.0020	.0024	.0029	.0034	.0039
.30	.0006	.0012	.0018	.0023	.0028	.0034	.0040	.0046	.0053	.0062
.35	.0010	.0020	.0030	.0039	.0046	.0054	.0062	.0071	.0080	.0091
.40	.0016	.0032	.0047	.0062	.0075	.0086	.0098	.0109	.0121	.0135
.45	.0025	.0049	.0073	.0096	.0117	.0137	.0154	.0170	.0184	.0199
.50	.0035	.0070	.0104	.0138	.0172	.0205	.0236	.0265	.0293	.0320
.55	.0045	.0091	.0136	.0181	.0227	.0274	.0318	.0361	.0402	.0441
.60	.0054	.0108	.0161	.0215	.0270	.0324	.0375	.0422	.0465	.0505
.65	.0060	.0120	.0179	.0238	.0298	.0357	.0411	.0460	.0506	.0549
.70	.0064	.0128	.0191	.0254	.0316	.0377	.0433	.0485	.0533	.0579
.75	.0067	.0133	.0199	.0263	.0328	.0390	.0448	.0502	.0552	.0601
.80	.0069	.0136	.0203	.0269	.0335	.0399	.0458	.0514	.0566	.0617
.85	.0070	.0138	.0206	.0273	.0340	.0404	.0465	.0522	.0575	.0628
.90	.0070	.0139	.0208	.0275	.0342	.0408	.0469	.0527	.0582	.0635
.95	.0070	.0140	.0209	.0277	.0344	.0410	.0472	.0530	.0585	.0639
1.00	.0070	.0140	.0209	.0277	.0344	.0410	.0472	.0531	.0586	.0640

→ y : ly

↓ x : lx

Spalte										
	0.55	0.60	0.65	0.70	0.75	0.80	0.85	0.90	0.95	1.00
.05	.0001	.0002	.0002	.0002	.0003	.0003	.0003	.0003	.0004	.0004
.10	.0006	.0007	.0008	.0010	.0011	.0012	.0013	.0014	.0015	.0016
.15	.0014	.0016	.0019	.0022	.0025	.0027	.0030	.0033	.0035	.0038
.20	.0027	.0030	.0036	.0041	.0046	.0050	.0055	.0060	.0065	.0069
.25	.0045	.0051	.0060	.0068	.0075	.0083	.0090	.0098	.0105	.0111
.30	.0069	.0078	.0093	.0104	.0115	.0126	.0137	.0147	.0157	.0166
.35	.0103	.0116	.0136	.0153	.0169	.0184	.0198	.0211	.0223	.0235
.40	.0151	.0169	.0197	.0218	.0238	.0256	.0273	.0289	.0303	.0317
.45	.0221	.0245	.0280	.0304	.0325	.0345	.0363	.0380	.0396	.0411
.50	.0340	.0361	.0390	.0409	.0428	.0446	.0463	.0480	.0496	.0512
.55	.0459	.0476	.0499	.0515	.0531	.0547	.0564	.0580	.0596	.0613
.60	.0529	.0553	.0582	.0601	.0618	.0636	.0654	.0671	.0689	.0706
.65	.0578	.0606	.0643	.0666	.0688	.0709	.0729	.0749	.0768	.0788
.70	.0611	.0643	.0686	.0714	.0741	.0766	.0790	.0813	.0835	.0857
.75	.0636	.0671	.0719	.0751	.0781	.0810	.0837	.0862	.0887	.0912
.80	.0653	.0691	.0743	.0778	.0811	.0842	.0872	.0900	.0927	.0954
.85	.0666	.0705	.0760	.0797	.0832	.0865	.0897	.0927	.0957	.0985
.90	.0674	.0714	.0771	.0809	.0846	.0881	.0914	.0946	.0976	.1007
.95	.0679	.0720	.0777	.0816	.0854	.0890	.0924	.0956	.0988	.1019
1.00	.0680	.0721	.0779	.0819	.0856	.0893	.0927	.0960	.0992	.1023

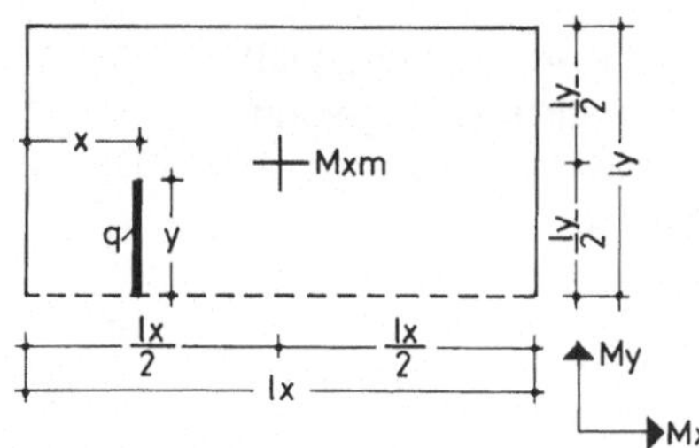

Dreiseitig gelagerte Platte
mit einspannungsfreier Lagerung.
Feldmoment Mxm in Feldmitte aus
Linienlast in ly-Richtung.

$\frac{ly}{lx} = 0,5$

$\mu = 0$

Faktor = q · ly

+Mxm
0.50

E 2.2.2

→ x : lx, ↓ y : ly

Spalte	0.05	0.10	0.15	0.20	0.25	0.30	0.35	0.40	0.45	0.50
.05	.0008	.0016	.0025	.0035	.0047	.0061	.0075	.0087	.0098	.0102
.10	.0015	.0031	.0049	.0069	.0092	.0119	.0147	.0173	.0195	.0204
.15	.0022	.0045	.0070	.0100	.0134	.0174	.0216	.0256	.0292	.0305
.20	.0028	.0058	.0090	.0128	.0173	.0226	.0283	.0338	.0389	.0407
.25	.0034	.0069	.0108	.0155	.0209	.0274	.0345	.0417	.0486	.0511
.30	.0039	.0080	.0125	.0178	.0242	.0318	.0404	.0494	.0584	.0619
.35	.0043	.0089	.0139	.0200	.0272	.0358	.0458	.0566	.0682	.0733
.40	.0047	.0097	.0152	.0218	.0298	.0392	.0506	.0634	.0777	.0857
.45	.0050	.0104	.0163	.0234	.0320	.0422	.0547	.0694	.0867	.1008
.50	.0053	.0110	.0172	.0248	.0340	.0449	.0585	.0750	.0949	.1220
.55	.0055	.0115	.0180	.0260	.0358	.0473	.0619	.0801	.1028	.1428
.60	.0057	.0119	.0187	.0271	.0373	.0494	.0651	.0851	.1106	.1554
.65	.0059	.0123	.0193	.0280	.0387	.0513	.0680	.0897	.1181	.1651
.70	.0060	.0126	.0198	.0288	.0399	.0530	.0707	.0940	.1248	.1725
.75	.0062	.0128	.0201	.0294	.0409	.0545	.0730	.0978	.1306	.1785
.80	.0062	.0130	.0205	.0299	.0417	.0558	.0751	.1009	.1351	.1835
.85	.0063	.0132	.0207	.0303	.0424	.0569	.0768	.1034	.1385	.1873
.90	.0063	.0133	.0209	.0306	.0429	.0577	.0780	.1052	.1410	.1900
.95	.0064	.0133	.0210	.0308	.0432	.0582	.0788	.1063	.1424	.1916
1.00	.0064	.0133	.0210	.0309	.0433	.0583	.0791	.1067	.1429	.1921

→ x : lx, ↓ y : ly

Spalte	0.55	0.60	0.65	0.70	0.75	0.80	0.85	0.90	0.95	
.05	.0098	.0087	.0075	.0061	.0047	.0035	.0025	.0016	.0008	
.10	.0195	.0173	.0147	.0119	.0092	.0069	.0049	.0031	.0015	
.15	.0292	.0256	.0216	.0174	.0134	.0100	.0070	.0045	.0022	
.20	.0389	.0338	.0283	.0226	.0173	.0128	.0090	.0058	.0028	
.25	.0486	.0417	.0345	.0274	.0209	.0155	.0108	.0069	.0034	
.30	.0584	.0494	.0404	.0318	.0242	.0178	.0125	.0080	.0039	
.35	.0682	.0566	.0458	.0358	.0272	.0200	.0139	.0089	.0043	
.40	.0777	.0634	.0506	.0392	.0298	.0218	.0152	.0097	.0047	
.45	.0867	.0694	.0547	.0422	.0320	.0234	.0163	.0104	.0050	
.50	.0949	.0750	.0585	.0449	.0340	.0248	.0172	.0110	.0053	
.55	.1028	.0801	.0619	.0473	.0358	.0260	.0180	.0115	.0055	
.60	.1106	.0851	.0651	.0494	.0373	.0271	.0187	.0119	.0057	
.65	.1181	.0897	.0680	.0513	.0387	.0280	.0193	.0123	.0059	
.70	.1248	.0940	.0707	.0530	.0399	.0288	.0198	.0126	.0060	
.75	.1306	.0978	.0730	.0545	.0409	.0294	.0201	.0128	.0062	
.80	.1351	.1009	.0751	.0558	.0417	.0299	.0205	.0130	.0062	
.85	.1385	.1034	.0768	.0569	.0424	.0303	.0207	.0132	.0063	
.90	.1410	.1052	.0780	.0577	.0429	.0306	.0209	.0133	.0063	
.95	.1424	.1063	.0788	.0582	.0432	.0308	.0210	.0133	.0064	
1.00	.1429	.1067	.0791	.0583	.0433	.0309	.0210	.0133	.0064	

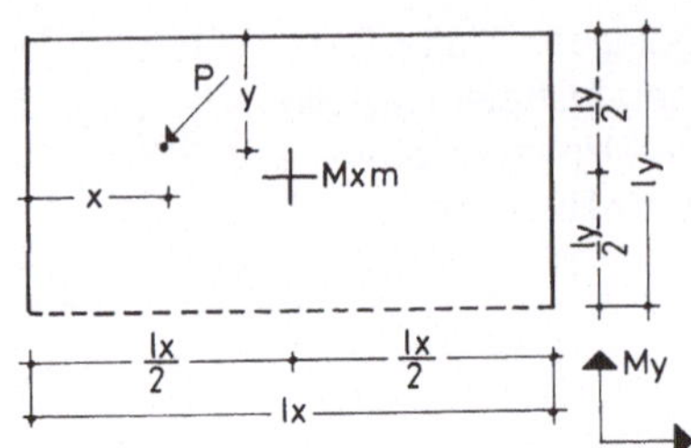

Dreiseitig gelagerte Rechteckplatte mit einspannungsfreier Lagerung. Feldmoment Mxm in Feldmitte aus einer Einzellast.

$\frac{ly}{lx} = 0{,}50$

$\mu = 0$

Faktor = P

+Mxm

0.50

E 2.2.3

→ y : ly; ↓ x : lx

Spalte	0.05	0.10	0.15	0.20	0.25	0.30	0.35	0.40	0.45	0.50
.05	.0004	.0008	.0011	.0015	.0019	.0024	.0030	.0037	.0044	.0053
.10	.0008	.0016	.0025	.0034	.0043	.0053	.0065	.0079	.0094	.0111
.15	.0013	.0027	.0041	.0055	.0069	.0086	.0105	.0126	.0150	.0176
.20	.0024	.0048	.0071	.0094	.0116	.0140	.0166	.0195	.0228	.0264
.25	.0041	.0080	.0118	.0154	.0186	.0218	.0253	.0290	.0331	.0378
.30	.0067	.0129	.0187	.0241	.0284	.0319	.0357	.0401	.0448	.0505
.35	.0103	.0201	.0292	.0379	.0449	.0505	.0557	.0608	.0658	.0712
.40	.0146	.0290	.0428	.0564	.0695	.0808	.0899	.0966	.1011	.1052
.45	.0194	.0389	.0588	.0790	.1025	.1261	.1434	.1541	.1583	.1530
.50	.0211	.0430	.0655	.0889	.1084	.1315	.1689	.2208	.2870	.5178*
.55	.0193	.0389	.0588	.0790	.1025	.1261	.1434	.1540	.1583	.1530
.60	.0146	.0290	.0428	.0564	.0695	.0808	.0899	.0966	.1011	.1052
.65	.0103	.0201	.0292	.0379	.0449	.0505	.0557	.0608	.0658	.0712
.70	.0067	.0129	.0187	.0241	.0284	.0319	.0357	.0401	.0448	.0505
.75	.0041	.0080	.0118	.0154	.0186	.0218	.0253	.0290	.0331	.0379
.80	.0024	.0048	.0071	.0094	.0116	.0140	.0166	.0195	.0228	.0264
.85	.0013	.0027	.0041	.0055	.0069	.0086	.0104	.0126	.0150	.0176
.90	.0008	.0016	.0025	.0034	.0043	.0053	.0065	.0079	.0094	.0111
.95	.0004	.0008	.0011	.0015	.0019	.0024	.0030	.0037	.0044	.0053
1.00	.0000	.0000	.0000	.0000	.0000	.0000	.0000	.0000	.0000	.0000

→ y : ly; ↓ x : lx

Spalte	0.55	0.60	0.65	0.70	0.75	0.80	0.85	0.90	0.95	1.00
.05	.0061	.0069	.0083	.0095	.0106	.0117	.0128	.0141	.0152	.0164
.10	.0127	.0145	.0173	.0196	.0219	.0243	.0266	.0290	.0313	.0336
.15	.0201	.0229	.0273	.0309	.0344	.0380	.0416	.0452	.0487	.0520
.20	.0298	.0338	.0401	.0451	.0500	.0549	.0597	.0644	.0688	.0731
.25	.0423	.0476	.0560	.0627	.0691	.0752	.0811	.0867	.0919	.0968
.30	.0563	.0634	.0748	.0840	.0924	.1001	.1071	.1132	.1188	.1240
.35	.0793	.0882	.1022	.1125	.1216	.1295	.1361	.1416	.1467	.1514
.40	.1159	.1268	.1410	.1491	.1558	.1614	.1657	.1690	.1725	.1760
.45	.1736	.1858	.1952	.1947	.1943	.1941	.1939	.1942	.1953	.1969
.50	.3163	.2766	.2348	.2212	.2114	.2053	.2030	.2033	.2034	.2042
.55	.1736	.1858	.1952	.1947	.1943	.1941	.1939	.1942	.1953	.1969
.60	.1159	.1268	.1410	.1491	.1559	.1614	.1657	.1690	.1725	.1760
.65	.0793	.0882	.1022	.1125	.1216	.1295	.1361	.1416	.1467	.1514
.70	.0563	.0634	.0748	.0840	.0924	.1001	.1071	.1132	.1188	.1240
.75	.0422	.0476	.0560	.0627	.0691	.0752	.0811	.0867	.0919	.0968
.80	.0298	.0338	.0401	.0451	.0500	.0549	.0597	.0644	.0688	.0731
.85	.0201	.0229	.0273	.0309	.0344	.0380	.0416	.0452	.0487	.0520
.90	.0127	.0145	.0173	.0196	.0219	.0243	.0266	.0290	.0313	.0336
.95	.0061	.0069	.0083	.0094	.0106	.0117	.0128	.0141	.0152	.0164
1.00	.0000	.0000	.0000	.0000	.0000	.0000	.0000	.0000	.0000	.0000

* bzw. theoretisch ∞

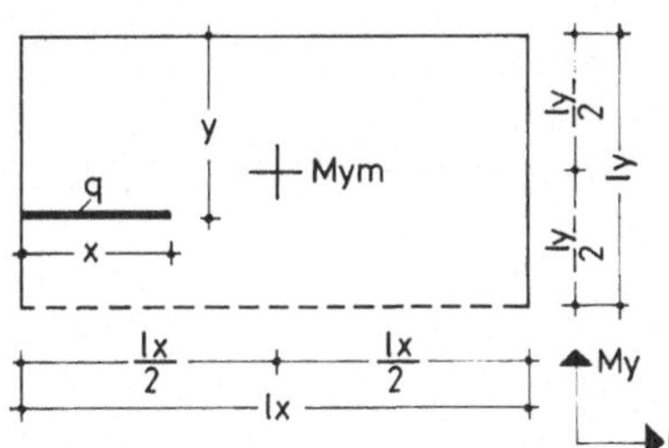

Dreiseitig gelagerte Rechteckplatte mit einspannungsfreier Lagerung. Feldmoment Mym in Feldmitte aus Linienlast in lx-Richtung.

$\frac{ly}{lx} = 0{,}50$

$\mu = 0$

Faktor = q · lx

+Mym
0.50

E 2.3.1

→ y : ly ; ↓ x : lx

Spalte										
	0.05	0.10	0.15	0.20	0.25	0.30	0.35	0.40	0.45	0.50
.05	.0000	.0001	.0001	.0002	.0002	.0002	.0003	.0003	.0003	.0003
.10	.0002	.0004	.0006	.0007	.0009	.0010	.0011	.0012	.0012	.0012
.15	.0004	.0009	.0013	.0016	.0020	.0023	.0025	.0027	.0028	.0028
.20	.0008	.0015	.0023	.0030	.0036	.0042	.0046	.0049	.0051	.0051
.25	.0012	.0024	.0036	.0047	.0057	.0066	.0073	.0078	.0081	.0082
.30	.0018	.0035	.0051	.0068	.0084	.0097	.0108	.0116	.0121	.0121
.35	.0023	.0047	.0069	.0092	.0115	.0135	.0151	.0163	.0170	.0172
.40	.0029	.0059	.0088	.0118	.0148	.0177	.0201	.0220	.0233	.0237
.45	.0035	.0070	.0106	.0142	.0181	.0219	.0254	.0285	.0313	.0323
.50	.0040	.0081	.0122	.0165	.0208	.0253	.0302	.0354	.0409	.0462
.55	.0045	.0091	.0139	.0188	.0236	.0287	.0349	.0422	.0505	.0600
.60	.0050	.0103	.0157	.0212	.0268	.0329	.0403	.0488	.0584	.0686
.65	.0056	.0115	.0175	.0238	.0302	.0371	.0452	.0544	.0647	.0751
.70	.0062	.0127	.0193	.0262	.0333	.0410	.0496	.0591	.0697	.0802
.75	.0067	.0137	.0209	.0283	.0359	.0441	.0531	.0629	.0736	.0841
.80	.0072	.0146	.0222	.0300	.0380	.0465	.0558	.0658	.0766	.0872
.85	.0075	.0153	.0232	.0314	.0396	.0484	.0578	.0680	.0789	.0895
.90	.0078	.0158	.0239	.0323	.0408	.0497	.0593	.0695	.0805	.0911
.95	.0079	.0160	.0243	.0328	.0414	.0504	.0601	.0704	.0814	.0920
1.00	.0080	.0161	.0245	.0330	.0416	.0507	.0604	.0707	.0817	.0923

→ y : ly ; ↓ x : lx

Spalte										
	0.55	0.60	0.65	0.70	0.75	0.80	0.85	0.90	0.95	1.00
.05	.0003	.0003	.0003	.0002	.0002	.0002	.0001	.0001	.0000	.0000
.10	.0012	.0012	.0011	.0010	.0008	.0007	.0005	.0003	.0002	.0000
.15	.0028	.0027	.0024	.0022	.0019	.0015	.0012	.0007	.0003	.0001-
.20	.0050	.0048	.0044	.0039	.0033	.0027	.0020	.0012	.0004	.0004-
.25	.0081	.0077	.0069	.0061	.0052	.0041	.0029	.0017	.0005	.0008-
.30	.0119	.0113	.0101	.0088	.0073	.0057	.0039	.0021	.0002	.0016-
.35	.0168	.0158	.0139	.0119	.0097	.0073	.0048	.0022	.0003-	.0029-
.40	.0230	.0214	.0183	.0153	.0121	.0088	.0054	.0020	.0013-	.0046-
.45	.0311	.0280	.0229	.0186	.0142	.0099	.0056	.0014	.0028-	.0069-
.50	.0411	.0354	.0274	.0216	.0160	.0106	.0054	.0004	.0046-	.0096-
.55	.0510	.0428	.0318	.0246	.0178	.0113	.0052	.0006-	.0065-	.0122-
.60	.0591	.0495	.0364	.0279	.0199	.0124	.0054	.0013-	.0079-	.0145-
.65	.0653	.0550	.0408	.0313	.0223	.0139	.0060	.0015-	.0090-	.0163-
.70	.0702	.0595	.0446	.0344	.0247	.0155	.0069	.0014-	.0095-	.0176-
.75	.0741	.0632	.0478	.0371	.0269	.0171	.0079	.0010-	.0097-	.0184-
.80	.0771	.0660	.0503	.0393	.0287	.0185	.0088	.0005-	.0097-	.0188-
.85	.0793	.0682	.0523	.0410	.0301	.0197	.0097	.0000	.0096-	.0190-
.90	.0809	.0696	.0536	.0422	.0312	.0205	.0103	.0004	.0094-	.0191-
.95	.0818	.0705	.0544	.0430	.0318	.0211	.0107	.0006	.0093-	.0192-
1.00	.0821	.0708	.0547	.0432	.0320	.0212	.0108	.0007	.0093-	.0192-

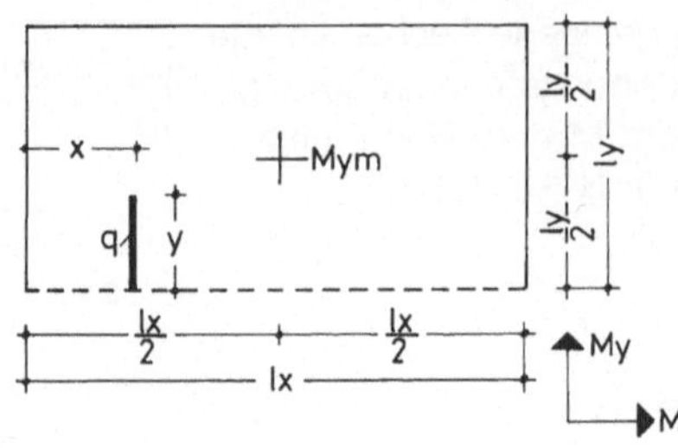

Dreiseitig gelagerte Platte mit einspannungsfreier Lagerung. Feldmoment Mym in Feldmitte aus Linienlast in ly-Richtung.

$\frac{ly}{lx} = 0{,}50$

$\mu = 0$

Faktor = q · ly

+Mym

0.50

E 2.3.2

→ x : lx ; ↓ y : ly

Spalte										
	0.05	0.10	0.15	0.20	0.25	0.30	0.35	0.40	0.45	0.50
.05	.0000	.0000	.0000	.0001-	.0005-	.0007-	.0012-	.0016-	.0021-	.0023-
.10	.0002	.0003	.0003	.0002	.0009-	.0007-	.0016-	.0025-	.0034-	.0038-
.15	.0004	.0007	.0009	.0009	.0012-	.0001-	.0012-	.0025-	.0039-	.0044-
.20	.0007	.0013	.0018	.0020	.0014-	.0012	.0000	.0016-	.0035-	.0043-
.25	.0011	.0021	.0029	.0035	.0014-	.0032	.0020	.0002	.0021-	.0032-
.30	.0015	.0030	.0043	.0053	.0012-	.0058	.0049	.0031	.0001	.0010-
.35	.0020	.0040	.0059	.0074	.0010-	.0090	.0086	.0070	.0036	.0025
.40	.0026	.0051	.0076	.0097	.0006-	.0128	.0132	.0123	.0095	.0077
.45	.0032	.0064	.0094	.0123	.0001-	.0170	.0184	.0189	.0180	.0164
.50	.0038	.0076	.0113	.0149	.0006	.0214	.0240	.0262	.0277	.0339
.55	.0044	.0089	.0132	.0176	.0014	.0258	.0297	.0335	.0372	.0513
.60	.0050	.0101	.0151	.0202	.0023	.0301	.0351	.0402	.0454	.0592
.65	.0056	.0113	.0169	.0227	.0034	.0342	.0400	.0458	.0514	.0646
.70	.0061	.0123	.0186	.0249	.0045	.0380	.0444	.0506	.0559	.0684
.75	.0066	.0133	.0200	.0269	.0059	.0412	.0481	.0544	.0593	.0712
.80	.0070	.0141	.0213	.0286	.0073	.0438	.0510	.0573	.0620	.0737
.85	.0073	.0147	.0223	.0299	.0089	.0458	.0532	.0595	.0640	.0756
.90	.0076	.0152	.0230	.0309	.0106	.0472	.0547	.0611	.0654	.0769
.95	.0077	.0155	.0234	.0315	.0124	.0480	.0556	.0620	.0662	.0776
1.00	.0078	.0156	.0236	.0317	.0143	.0483	.0559	.0622	.0665	.0779

→ x : lx ; ↓ y : ly

Spalte									
	0.55	0.60	0.65	0.70	0.75	0.80	0.85	0.90	0.95
.05	.0021-	.0016-	.0012-	.0007-	.0005-	.0001-	.0000	.0000	.0000
.10	.0034-	.0025-	.0016-	.0007-	.0009-	.0002	.0003	.0003	.0002
.15	.0039-	.0025-	.0012-	.0001-	.0012-	.0009	.0009	.0007	.0004
.20	.0035-	.0016-	.0000	.0012	.0014-	.0020	.0018	.0013	.0007
.25	.0021-	.0002	.0020	.0032	.0014-	.0035	.0029	.0021	.0011
.30	.0001	.0031	.0049	.0058	.0012-	.0053	.0043	.0030	.0015
.35	.0036	.0070	.0086	.0090	.0010-	.0074	.0059	.0040	.0020
.40	.0095	.0123	.0132	.0128	.0006-	.0097	.0076	.0051	.0026
.45	.0180	.0189	.0184	.0170	.0001-	.0123	.0094	.0064	.0032
.50	.0277	.0262	.0240	.0214	.0006	.0149	.0113	.0076	.0038
.55	.0372	.0335	.0297	.0258	.0014	.0176	.0132	.0089	.0044
.60	.0454	.0402	.0351	.0301	.0023	.0202	.0151	.0101	.0050
.65	.0514	.0458	.0400	.0342	.0034	.0227	.0169	.0113	.0056
.70	.0559	.0506	.0444	.0380	.0045	.0249	.0186	.0123	.0061
.75	.0593	.0544	.0481	.0412	.0059	.0269	.0200	.0133	.0066
.80	.0620	.0573	.0510	.0438	.0073	.0286	.0213	.0141	.0070
.85	.0640	.0595	.0532	.0458	.0089	.0299	.0223	.0147	.0073
.90	.0654	.0611	.0547	.0472	.0106	.0309	.0230	.0152	.0076
.95	.0662	.0620	.0556	.0480	.0124	.0315	.0234	.0155	.0077
1.00	.0665	.0622	.0559	.0483	.0143	.0317	.0236	.0156	.0078

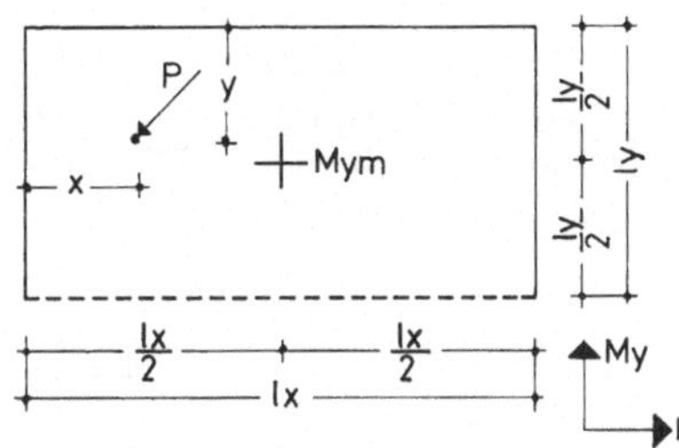

Dreiseitig gelagerte Rechteckplatte mit einspannungsfreier Lagerung. Feldmoment Mym in Feldmitte aus einer Einzellast.

$\frac{ly}{lx} = 0{,}50$

$\mu = 0$

Faktor = P

+Mym

0.50

E 2.3.3

→ y : ly

↓ x : lx

Spalte										
	0.05	0.10	0.15	0.20	0.25	0.30	0.35	0.40	0.45	0.50
.05	.0019	.0038	.0055	.0073	.0088	.0100	.0110	.0118	.0123	.0121
.10	.0039	.0076	.0112	.0146	.0178	.0204	.0225	.0240	.0249	.0250
.15	.0059	.0117	.0171	.0223	.0273	.0313	.0345	.0368	.0381	.0387
.20	.0079	.0156	.0230	.0302	.0371	.0430	.0476	.0509	.0529	.0533
.25	.0097	.0193	.0287	.0380	.0472	.0554	.0619	.0666	.0695	.0695
.30	.0113	.0227	.0342	.0458	.0583	.0698	.0786	.0846	.0878	.0896
.35	.0119	.0243	.0372	.0506	.0658	.0813	.0940	.1039	.1111	.1137
.40	.0116	.0240	.0371	.0511	.0672	.0856	.1041	.1226	.1413	.1493
.45	.0104	.0217	.0341	.0475	.0603	.0774	.1034	.1384	.1824	.1940
.50	.0102	.0208	.0320	.0437	.0517	.0636	.0899	.1306	.1857	.4837*
.55	.0104	.0217	.0341	.0474	.0603	.0774	.1034	.1384	.1824	.1940
.60	.0116	.0240	.0371	.0511	.0672	.0856	.1041	.1226	.1413	.1493
.65	.0119	.0243	.0372	.0506	.0658	.0813	.0940	.1039	.1111	.1137
.70	.0113	.0227	.0342	.0458	.0583	.0698	.0786	.0846	.0878	.0896
.75	.0097	.0193	.0287	.0380	.0473	.0554	.0619	.0666	.0695	.0695
.80	.0079	.0156	.0230	.0302	.0371	.0430	.0476	.0509	.0529	.0533
.85	.0059	.0117	.0171	.0223	.0273	.0313	.0345	.0368	.0381	.0387
.90	.0039	.0076	.0112	.0146	.0178	.0204	.0225	.0240	.0249	.0250
.95	.0019	.0038	.0055	.0073	.0088	.0100	.0110	.0118	.0123	.0121
1.00	.0000	.0000	.0000	.0000	.0000	.0000	.0000	.0000	.0000	.0000

→ y : ly

↓ x : lx

Spalte										
	0.55	0.60	0.65	0.70	0.75	0.80	0.85	0.90	0.95	1.00
.05	.0123	.0118	.0108	.0098	.0084	.0070	.0052	.0035	.0016	.0003-
.10	.0249	.0238	.0218	.0195	.0168	.0137	.0103	.0065	.0027	.0012-
.15	.0378	.0362	.0329	.0293	.0251	.0202	.0149	.0091	.0032	.0028-
.20	.0523	.0497	.0446	.0391	.0328	.0258	.0182	.0100	.0019	.0063-
.25	.0686	.0645	.0568	.0487	.0398	.0302	.0198	.0091	.0015-	.0120-
.30	.0862	.0810	.0702	.0585	.0461	.0331	.0194	.0057	.0075-	.0204-
.35	.1095	.1002	.0825	.0656	.0488	.0322	.0156	.0005-	.0157-	.0305-
.40	.1414	.1216	.0911	.0678	.0463	.0265	.0084	.0084-	.0247-	.0408-
.45	.1874	.1454	.0931	.0643	.0389	.0170	.0014-	.0176-	.0342-	.0506-
.50	.1931	.1425	.0839	.0564	.0323	.0117	.0056-	.0210-	.0378-	.0542-
.55	.1874	.1454	.0931	.0643	.0389	.0170	.0014-	.0176-	.0342-	.0506-
.60	.1414	.1216	.0911	.0678	.0463	.0265	.0084	.0084-	.0247-	.0408-
.65	.1095	.1002	.0825	.0656	.0488	.0322	.0156	.0005-	.0157-	.0305-
.70	.0862	.0810	.0702	.0585	.0461	.0331	.0194	.0057	.0075-	.0204-
.75	.0686	.0645	.0568	.0487	.0398	.0302	.0198	.0091	.0015-	.0120-
.80	.0523	.0497	.0446	.0391	.0328	.0258	.0182	.0100	.0019	.0063-
.85	.0378	.0362	.0329	.0293	.0251	.0202	.0149	.0091	.0032	.0028-
.90	.0249	.0238	.0217	.0195	.0168	.0137	.0103	.0065	.0027	.0012-
.95	.0123	.0118	.0108	.0098	.0084	.0070	.0052	.0035	.0016	.0003-
1.00	.0000	.0000	.0000	.0000	.0000	.0000	.0000	.0000	.0000	.0000

* bzw. theoretisch ∞

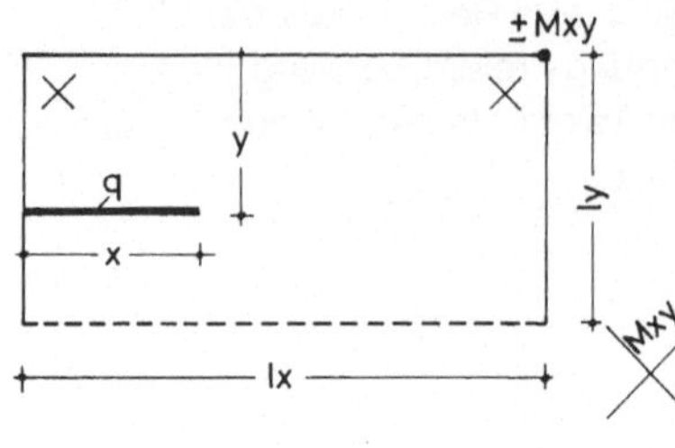

Dreiseitig gelagerte Rechteckplatte mit einspannungsfreier Lagerung. Drillmoment Mxy im Eckpunkt der aufliegenden Ecke aus Linienlast in lx-Richtung.

$\frac{ly}{lx} = 0{,}50$

$\mu = 0$

Faktor = q · lx

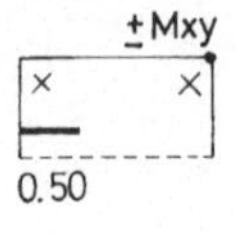

E 2.4.1

→ y : ly ; ↓ x : lx

Spalte										
	0.05	0.10	0.15	0.20	0.25	0.30	0.35	0.40	0.45	0.50
.05	.0000	.0001	.0001	.0002	.0002	.0002	.0003	.0003	.0003	.0004
.10	.0002	.0003	.0005	.0006	.0008	.0009	.0010	.0012	.0013	.0014
.15	.0003	.0007	.0010	.0014	.0017	.0020	.0023	.0026	.0029	.0032
.20	.0006	.0012	.0019	.0025	.0030	.0036	.0042	.0047	.0052	.0057
.25	.0010	.0019	.0029	.0038	.0048	.0056	.0065	.0073	.0081	.0089
.30	.0014	.0028	.0042	.0055	.0069	.0082	.0094	.0106	.0117	.0128
.35	.0019	.0039	.0057	.0076	.0094	.0111	.0128	.0144	.0160	.0174
.40	.0025	.0051	.0075	.0100	.0123	.0146	.0168	.0189	.0209	.0228
.45	.0032	.0065	.0096	.0127	.0157	.0186	.0213	.0240	.0265	.0288
.50	.0040	.0080	.0119	.0158	.0195	.0231	.0265	.0297	.0327	.0356
.55	.0050	.0098	.0146	.0193	.0238	.0281	.0322	.0360	.0396	.0429
.60	.0060	.0118	.0176	.0232	.0286	.0337	.0384	.0429	.0471	.0509
.65	.0072	.0141	.0209	.0275	.0339	.0398	.0453	.0505	.0552	.0595
.70	.0085	.0168	.0247	.0325	.0398	.0466	.0528	.0585	.0637	.0684
.75	.0101	.0198	.0291	.0380	.0464	.0540	.0609	.0671	.0727	.0776
.80	.0119	.0233	.0341	.0443	.0537	.0620	.0694	.0760	.0817	.0868
.85	.0143	.0277	.0400	.0515	.0616	.0702	.0779	.0846	.0903	.0952
.90	.0179	.0339	.0478	.0598	.0697	.0783	.0858	.0923	.0976	.1023
.95	.0245	.0443	.0593	.0695	.0769	.0848	.0917	.0977	.1027	.1071
1.00	.0283	.0501	.0655	.0744	.0799	.0874	.0941	.0998	.1046	.1088

→ y : ly ; ↓ x : lx

Spalte										
	0.55	0.60	0.65	0.70	0.75	0.80	0.85	0.90	0.95	1.00
.05	.0004	.0004	.0004	.0005	.0005	.0005	.0005	.0006	.0006	.0006
.10	.0015	.0016	.0018	.0019	.0020	.0020	.0021	.0022	.0023	.0024
.15	.0034	.0036	.0039	.0042	.0044	.0046	.0048	.0050	.0052	.0053
.20	.0061	.0065	.0070	.0074	.0078	.0081	.0085	.0088	.0091	.0095
.25	.0095	.0101	.0109	.0115	.0121	.0127	.0132	.0137	.0142	.0147
.30	.0136	.0145	.0157	.0166	.0174	.0182	.0189	.0197	.0204	.0211
.35	.0186	.0197	.0213	.0225	.0236	.0246	.0256	.0266	.0275	.0284
.40	.0242	.0257	.0278	.0293	.0307	.0320	.0332	.0344	.0356	.0367
.45	.0306	.0324	.0350	.0368	.0385	.0401	.0416	.0431	.0445	.0459
.50	.0377	.0399	.0430	.0451	.0471	.0490	.0508	.0525	.0541	.0557
.55	.0455	.0480	.0516	.0540	.0564	.0585	.0606	.0625	.0643	.0661
.60	.0539	.0567	.0607	.0635	.0661	.0685	.0707	.0728	.0749	.0769
.65	.0628	.0659	.0703	.0733	.0761	.0787	.0811	.0834	.0856	.0877
.70	.0720	.0753	.0800	.0832	.0862	.0889	.0914	.0938	.0960	.0983
.75	.0814	.0848	.0897	.0929	.0959	.0987	.1013	.1036	.1060	.1083
.80	.0905	.0940	.0988	.1020	.1050	.1077	.1103	.1126	.1150	.1173
.85	.0989	.1022	.1068	.1099	.1128	.1155	.1180	.1203	.1226	.1249
.90	.1057	.1088	.1132	.1162	.1189	.1215	.1239	.1262	.1284	.1306
.95	.1103	.1130	.1174	.1202	.1228	.1253	.1276	.1298	.1320	.1342
1.00	.1119	.1144	.1188	.1216	.1242	.1266	.1289	.1311	.1333	.1355

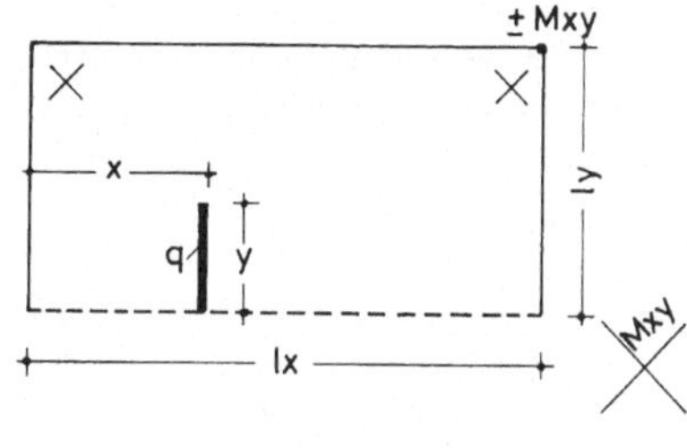

Dreiseitig gelagerte Rechteckplatte mit einspannungsfreier Lagerung. Drillmoment Mxy im Eckpunkt der aufliegenden Ecke aus Linienlast in ly-Richtung.

$\frac{ly}{lx} = 0{,}50$

$\mu = 0$

Faktor = q · ly

±Mxy

0.50

E 2.4.2

→ x : lx, ↓ y : ly

Spalte	0.05	0.10	0.15	0.20	0.25	0.30	0.35	0.40	0.45	0.50
.05	.0012	.0023	.0035	.0046	.0057	.0068	.0077	.0086	.0094	.0101
.10	.0023	.0046	.0069	.0091	.0112	.0133	.0152	.0170	.0186	.0199
.15	.0034	.0068	.0101	.0134	.0166	.0196	.0225	.0252	.0275	.0295
.20	.0044	.0089	.0132	.0175	.0217	.0257	.0295	.0330	.0362	.0388
.25	.0054	.0108	.0162	.0215	.0266	.0316	.0363	.0406	.0446	.0478
.30	.0064	.0128	.0191	.0253	.0313	.0372	.0428	.0480	.0527	.0565
.35	.0073	.0146	.0218	.0288	.0358	.0426	.0490	.0550	.0605	.0649
.40	.0081	.0163	.0243	.0322	.0400	.0476	.0548	.0616	.0679	.0730
.45	.0089	.0178	.0267	.0353	.0439	.0523	.0603	.0678	.0748	.0807
.50	.0096	.0193	.0289	.0383	.0476	.0567	.0654	.0736	.0814	.0880
.55	.0103	.0206	.0309	.0410	.0510	.0608	.0702	.0791	.0875	.0947
.60	.0109	.0219	.0328	.0435	.0541	.0645	.0746	.0841	.0932	.1010
.65	.0115	.0230	.0344	.0457	.0569	.0679	.0785	.0887	.0983	.1067
.70	.0120	.0240	.0359	.0477	.0593	.0709	.0820	.0927	.1028	.1118
.75	.0124	.0248	.0371	.0493	.0614	.0734	.0850	.0961	.1067	.1161
.80	.0127	.0255	.0382	.0507	.0632	.0755	.0875	.0989	.1100	.1198
.85	.0130	.0260	.0390	.0518	.0645	.0771	.0894	.1012	.1126	.1226
.90	.0132	.0264	.0395	.0526	.0655	.0783	.0908	.1028	.1144	.1247
.95	.0133	.0266	.0399	.0530	.0661	.0790	.0916	.1038	.1156	.1259
1.00	.0133	.0267	.0400	.0532	.0663	.0793	.0919	.1041	.1159	.1264

→ x : lx, ↓ y : ly

Spalte	0.55	0.60	0.65	0.70	0.75	0.80	0.85	0.90	0.95	
.05	.0105	.0108	.0107	.0103	.0096	.0084	.0068	.0047	.0025	
.10	.0208	.0214	.0213	.0205	.0191	.0168	.0136	.0095	.0049	
.15	.0309	.0318	.0317	.0307	.0286	.0252	.0204	.0144	.0075	
.20	.0408	.0420	.0420	.0408	.0381	.0336	.0274	.0193	.0100	
.25	.0505	.0521	.0522	.0508	.0476	.0421	.0344	.0243	.0126	
.30	.0599	.0619	.0622	.0607	.0571	.0507	.0415	.0294	.0153	
.35	.0690	.0714	.0720	.0705	.0666	.0593	.0487	.0347	.0182	
.40	.0777	.0806	.0815	.0801	.0760	.0680	.0562	.0401	.0210	
.45	.0859	.0895	.0907	.0895	.0854	.0769	.0638	.0458	.0240	
.50	.0938	.0980	.0997	.0987	.0947	.0857	.0716	.0518	.0273	
.55	.1012	.1060	.1082	.1077	.1039	.0946	.0796	.0580	.0308	
.60	.1082	.1135	.1163	.1162	.1129	.1035	.0878	.0646	.0346	
.65	.1145	.1205	.1238	.1243	.1215	.1122	.0961	.0716	.0388	
.70	.1201	.1267	.1306	.1317	.1295	.1206	.1044	.0791	.0435	
.75	.1250	.1322	.1367	.1384	.1369	.1286	.1125	.0868	.0486	
.80	.1292	.1367	.1418	.1441	.1434	.1358	.1204	.0957	.0554	
.85	.1324	.1404	.1459	.1487	.1487	.1419	.1275	.1059	.0653	
.90	.1348	.1430	.1489	.1522	.1526	.1466	.1333	.1159	.0758	
.95	.1363	.1447	.1508	.1543	.1551	.1496	.1371	.1234	.0842	
1.00	.1367	.1452	.1514	.1551	.1559	.1506	.1386	.1263	.0876	

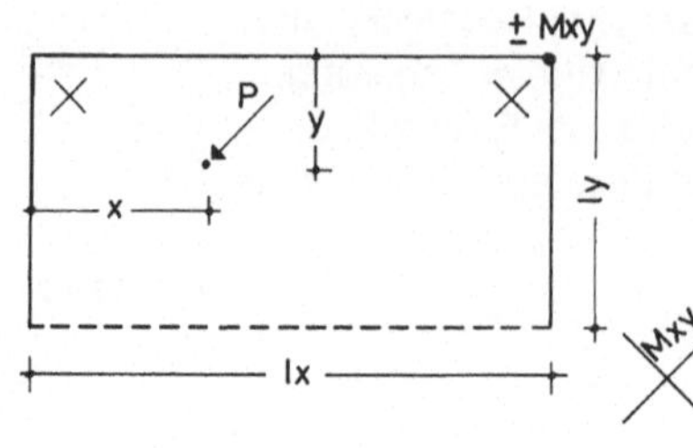

Dreiseitig gelagerte Rechteckplatte mit einspannungsfreier Lagerung. Drillmoment Mxy im Eckpunkt der aufliegenden Ecke aus einer Einzellast.

$\frac{ly}{lx} = 0{,}50$

$\mu = 0$

Faktor = P

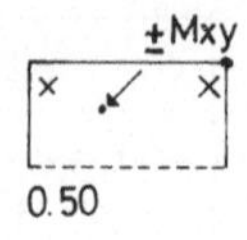

E 2.4.3

→ y : ly, ↓ x : lx

Spalte	0.05	0.10	0.15	0.20	0.25	0.30	0.35	0.40	0.45	0.50
.05	.0015	.0031	.0046	.0061	.0075	.0090	.0104	.0117	.0130	.0142
.10	.0031	.0062	.0093	.0123	.0151	.0180	.0208	.0234	.0260	.0284
.15	.0047	.0093	.0139	.0184	.0228	.0270	.0312	.0352	.0390	.0426
.20	.0063	.0125	.0186	.0246	.0305	.0362	.0417	.0470	.0521	.0569
.25	.0079	.0158	.0234	.0309	.0384	.0455	.0524	.0590	.0653	.0712
.30	.0095	.0190	.0283	.0374	.0464	.0550	.0631	.0710	.0785	.0855
.35	.0113	.0224	.0334	.0440	.0545	.0646	.0741	.0832	.0918	.0998
.40	.0131	.0259	.0386	.0510	.0630	.0744	.0852	.0954	.1050	.1139
.45	.0149	.0298	.0446	.0582	.0717	.0848	.0965	.1079	.1180	.1277
.50	.0174	.0333	.0476	.0653	.0809	.0938	.1082	.1195	.1316	.1413
.55	.0193	.0382	.0569	.0739	.0905	.1061	.1198	.1327	.1439	.1540
.60	.0219	.0429	.0631	.0825	.1008	.1171	.1318	.1449	.1562	.1660
.65	.0251	.0489	.0714	.0927	.1122	.1289	.1436	.1563	.1667	.1755
.70	.0290	.0561	.0812	.1043	.1246	.1412	.1552	.1665	.1753	.1820
.75	.0334	.0643	.0925	.1182	.1395	.1551	.1673	.1762	.1818	.1853
.80	.0417	.0780	.1088	.1342	.1523	.1638	.1719	.1766	.1779	.1777
.85	.0548	.0984	.1307	.1518	.1612	.1649	.1662	.1651	.1616	.1576
.90	.1117	.1813	.2091	.1947	.1622	.1529	.1443	.1361	.1284	.1217
.95	.1278	.1988	.2132	.1707	.1123	.0990	.0881	.0794	.0728	.0676
1.00	.0000	.0000	.0000	.0000	.0000	.0000	.0000	.0000	.0000	.0000

→ y : ly, ↓ x : lx

Spalte	0.55	0.60	0.65	0.70	0.75	0.80	0.85	0.90	0.95	1.00
.05	.0151	.0161	.0175	.0185	.0195	.0205	.0214	.0222	.0230	.0239
.10	.0303	.0323	.0351	.0371	.0390	.0408	.0426	.0443	.0459	.0475
.15	.0455	.0484	.0526	.0555	.0584	.0611	.0637	.0662	.0686	.0710
.20	.0607	.0645	.0699	.0738	.0775	.0810	.0844	.0876	.0907	.0938
.25	.0758	.0805	.0871	.0919	.0963	.1006	.1046	.1085	.1122	.1159
.30	.0910	.0965	.1042	.1097	.1149	.1197	.1244	.1288	.1330	.1372
.35	.1060	.1121	.1208	.1269	.1326	.1380	.1430	.1478	.1524	.1570
.40	.1207	.1273	.1367	.1433	.1493	.1550	.1603	.1652	.1701	.1748
.45	.1348	.1416	.1525	.1595	.1651	.1711	.1763	.1811	.1859	.1907
.50	.1502	.1583	.1641	.1701	.1788	.1835	.1888	.1943	.1989	.2034
.55	.1613	.1679	.1786	.1851	.1902	.1956	.2002	.2042	.2083	.2123
.60	.1732	.1795	.1882	.1937	.1986	.2030	.2068	.2102	.2136	.2169
.65	.1816	.1867	.1937	.1979	.2017	.2049	.2077	.2102	.2127	.2151
.70	.1864	.1899	.1944	.1969	.1991	.2010	.2026	.2040	.2054	.2069
.75	.1872	.1883	.1892	.1895	.1898	.1901	.1902	.1905	.1909	.1913
.80	.1770	.1757	.1735	.1719	.1706	.1695	.1686	.1680	.1676	.1672
.85	.1544	.1512	.1467	.1437	.1413	.1393	.1377	.1366	.1357	.1349
.90	.1167	.1098	.1072	.1040	.1012	.0990	.0973	.0961	.0952	.0943
.95	.0636	.0558	.0573	.0551	.0532	.0518	.0507	.0500	.0494	.0489
1.00	.0000	.0000	.0000	.0000	.0000	.0000	.0000	.0000	.0000	.0000

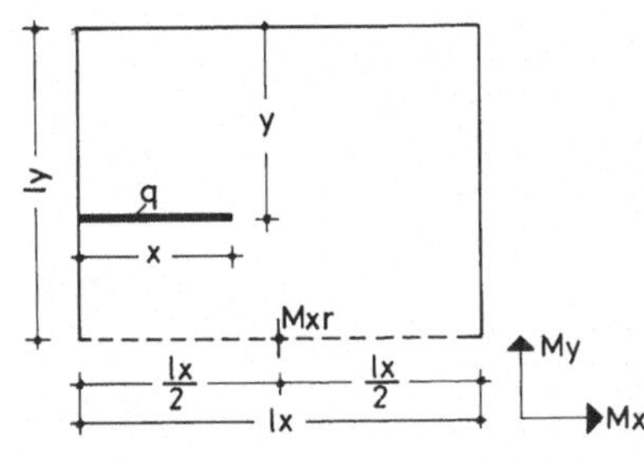

Dreiseitig gelagerte Rechteckplatte mit einspannungsfreier Lagerung. Feldmoment Mxr in Mitte des freien Randes aus Linienlast in lx-Richtung.

$\frac{ly}{lx} = 0{,}75$

$\mu = 0$

Faktor = q · lx

Mxr
0.75

E 3.1.1

y : ly →

x : lx ↓

Spalte	0.05	0.10	0.15	0.20	0.25	0.30	0.35	0.40	0.45	0.50
.05	.0001	.0001	.0002	.0002	.0003	.0003	.0004	.0005	.0005	.0005
.10	.0002	.0005	.0007	.0009	.0011	.0014	.0016	.0018	.0020	.0022
.15	.0005	.0010	.0015	.0020	.0025	.0031	.0035	.0040	.0045	.0050
.20	.0009	.0018	.0027	.0036	.0045	.0054	.0063	.0072	.0080	.0088
.25	.0014	.0028	.0042	.0056	.0070	.0084	.0098	.0112	.0125	.0138
.30	.0020	.0039	.0059	.0079	.0099	.0119	.0140	.0160	.0180	.0199
.35	.0026	.0053	.0079	.0106	.0133	.0160	.0188	.0216	.0243	.0271
.40	.0033	.0067	.0101	.0135	.0170	.0205	.0241	.0278	.0314	.0351
.45	.0041	.0083	.0124	.0167	.0210	.0254	.0298	.0344	.0390	.0438
.50	.0049	.0098	.0148	.0199	.0250	.0303	.0357	.0413	.0470	.0528
.55	.0057	.0114	.0172	.0231	.0291	.0353	.0416	.0481	.0549	.0618
.60	.0065	.0130	.0195	.0262	.0331	.0401	.0473	.0548	.0625	.0705
.65	.0072	.0144	.0217	.0292	.0368	.0446	.0526	.0609	.0696	.0785
.70	.0078	.0158	.0237	.0318	.0402	.0487	.0574	.0665	.0759	.0857
.75	.0084	.0169	.0255	.0342	.0431	.0523	.0616	.0713	.0814	.0918
.80	.0089	.0179	.0270	.0362	.0456	.0552	.0651	.0753	.0859	.0968
.85	.0093	.0187	.0281	.0377	.0475	.0576	.0679	.0785	.0894	.1007
.90	.0096	.0192	.0290	.0388	.0490	.0593	.0698	.0807	.0919	.1034
.95	.0098	.0196	.0295	.0395	.0498	.0603	.0710	.0821	.0934	.1051
1.00	.0098	.0197	.0297	.0398	.0501	.0607	.0714	.0825	.0939	.1056

y : ly →

x : lx ↓

Spalte	0.55	0.60	0.65	0.70	0.75	0.80	0.85	0.90	0.95	1.00
.05	.0006	.0006	.0007	.0007	.0007	.0007	.0007	.0007	.0008	.0007
.10	.0024	.0025	.0027	.0028	.0029	.0029	.0030	.0030	.0030	.0030
.15	.0055	.0057	.0061	.0063	.0065	.0067	.0068	.0069	.0069	.0069
.20	.0098	.0103	.0109	.0114	.0118	.0121	.0123	.0125	.0125	.0126
.25	.0154	.0163	.0173	.0181	.0189	.0194	.0197	.0200	.0201	.0202
.30	.0223	.0236	.0252	.0267	.0278	.0287	.0294	.0297	.0299	.0301
.35	.0305	.0324	.0349	.0371	.0390	.0405	.0415	.0421	.0423	.0428
.40	.0397	.0425	.0460	.0492	.0523	.0549	.0568	.0581	.0588	.0588
.45	.0499	.0535	.0583	.0630	.0676	.0720	.0757	.0787	.0808	.0806
.50	.0605	.0650	.0713	.0778	.0843	.0909	.0976	.1045	.1121	.1186
.55	.0711	.0766	.0844	.0925	.1010	.1098	.1196	.1302	.1435	.1566
.60	.0812	.0876	.0967	.1063	.1163	.1269	.1384	.1508	.1655	.1784
.65	.0904	.0976	.1078	.1185	.1296	.1413	.1537	.1668	.1819	.1945
.70	.0986	.1064	.1174	.1289	.1408	.1531	.1659	.1792	.1943	.2072
.75	.1055	.1138	.1254	.1374	.1498	.1624	.1755	.1889	.2041	.2170
.80	.1111	.1197	.1318	.1441	.1568	.1697	.1829	.1965	.2117	.2246
.85	.1154	.1243	.1366	.1492	.1621	.1751	.1884	.2021	.2173	.2303
.90	.1185	.1275	.1400	.1527	.1657	.1789	.1922	.2059	.2212	.2342
.95	.1203	.1294	.1420	.1548	.1679	.1811	.1945	.2082	.2235	.2365
1.00	.1209	.1301	.1427	.1555	.1686	.1818	.1952	.2089	.2242	.2372

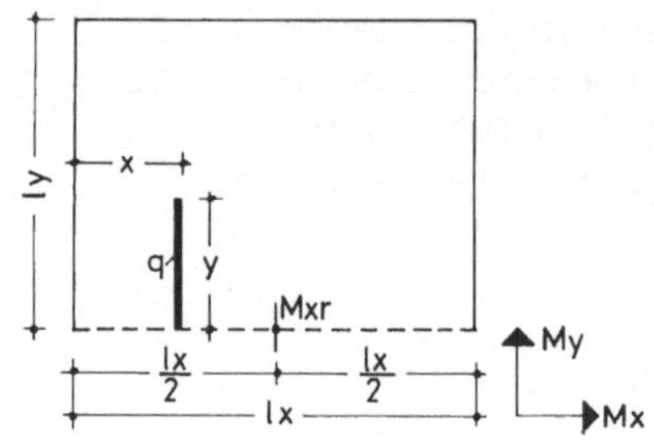

Dreiseitig gelagerte Rechteckplatte mit einspannungsfreier Lagerung. Feldmoment Mxr in Mitte des freien Randes aus Linienlast in ly-Richtung.

$$\frac{ly}{lx} = 0{,}75$$

$\mu = 0$

Faktor = q · ly

Mxr 0.75

E 3.1.2

→ x : lx; ↓ y : ly

Spalte										
	0.05	0.10	0.15	0.20	0.25	0.30	0.35	0.40	0.45	0.50
.05	.0015	.0031	.0047	.0066	.0087	.0110	.0142	.0187	.0267	.0461
.10	.0030	.0062	.0094	.0131	.0173	.0219	.0283	.0373	.0519	.0763
.15	.0045	.0092	.0141	.0196	.0258	.0328	.0422	.0549	.0740	.1010
.20	.0060	.0122	.0187	.0260	.0342	.0435	.0556	.0712	.0936	.1218
.25	.0074	.0151	.0232	.0322	.0423	.0538	.0682	.0862	.1108	.1398
.30	.0089	.0180	.0275	.0382	.0501	.0636	.0800	.0999	.1261	.1558
.35	.0102	.0208	.0317	.0439	.0575	.0727	.0908	.1123	.1398	.1698
.40	.0115	.0234	.0357	.0493	.0644	.0812	.1008	.1234	.1518	.1823
.45	.0128	.0259	.0395	.0544	.0709	.0891	.1099	.1336	.1628	.1935
.50	.0139	.0282	.0430	.0591	.0768	.0962	.1181	.1427	.1725	.2033
.55	.0150	.0303	.0462	.0634	.0821	.1025	.1253	.1505	.1809	.2119
.60	.0159	.0322	.0491	.0671	.0868	.1081	.1316	.1574	.1882	.2193
.65	.0168	.0339	.0516	.0705	.0909	.1130	.1371	.1634	.1945	.2257
.70	.0175	.0354	.0538	.0734	.0945	.1171	.1418	.1685	.1998	.2312
.75	.0181	.0366	.0557	.0758	.0975	.1206	.1458	.1728	.2043	.2357
.80	.0186	.0376	.0572	.0778	.0999	.1235	.1490	.1762	.2079	.2394
.85	.0190	.0384	.0584	.0794	.1018	.1257	.1514	.1789	.2107	.2422
.90	.0193	.0390	.0592	.0805	.1031	.1273	.1532	.1808	.2127	.2442
.95	.0195	.0393	.0597	.0811	.1039	.1282	.1542	.1819	.2138	.2454
1.00	.0196	.0394	.0599	.0813	.1042	.1285	.1546	.1823	.2142	.2458

→ x : lx; ↓ y : ly

Spalte										
	0.55	0.60	0.65	0.70	0.75	0.80	0.85	0.90	0.95	
.05	.0267	.0187	.0142	.0110	.0087	.0066	.0047	.0031	.0015	
.10	.0519	.0373	.0283	.0219	.0173	.0131	.0094	.0062	.0030	
.15	.0740	.0549	.0422	.0328	.0258	.0196	.0141	.0092	.0045	
.20	.0936	.0712	.0556	.0435	.0342	.0260	.0187	.0122	.0060	
.25	.1108	.0862	.0682	.0538	.0423	.0322	.0232	.0151	.0074	
.30	.1261	.0999	.0800	.0636	.0501	.0382	.0275	.0180	.0089	
.35	.1398	.1123	.0908	.0727	.0575	.0439	.0317	.0208	.0102	
.40	.1518	.1234	.1008	.0812	.0644	.0493	.0357	.0234	.0115	
.45	.1628	.1336	.1099	.0891	.0709	.0544	.0395	.0259	.0128	
.50	.1725	.1427	.1181	.0962	.0768	.0591	.0430	.0282	.0139	
.55	.1809	.1505	.1253	.1025	.0821	.0634	.0462	.0303	.0150	
.60	.1882	.1574	.1316	.1081	.0868	.0671	.0491	.0322	.0159	
.65	.1945	.1634	.1371	.1130	.0909	.0705	.0516	.0339	.0168	
.70	.1998	.1685	.1418	.1171	.0945	.0734	.0538	.0354	.0175	
.75	.2043	.1728	.1458	.1206	.0975	.0758	.0557	.0366	.0181	
.80	.2079	.1762	.1490	.1235	.0999	.0778	.0572	.0376	.0186	
.85	.2107	.1789	.1514	.1257	.1018	.0794	.0584	.0384	.0190	
.90	.2127	.1808	.1532	.1273	.1031	.0805	.0592	.0390	.0193	
.95	.2138	.1819	.1542	.1282	.1039	.0811	.0597	.0393	.0195	
1.00	.2142	.1823	.1546	.1285	.1042	.0813	.0599	.0394	.0196	

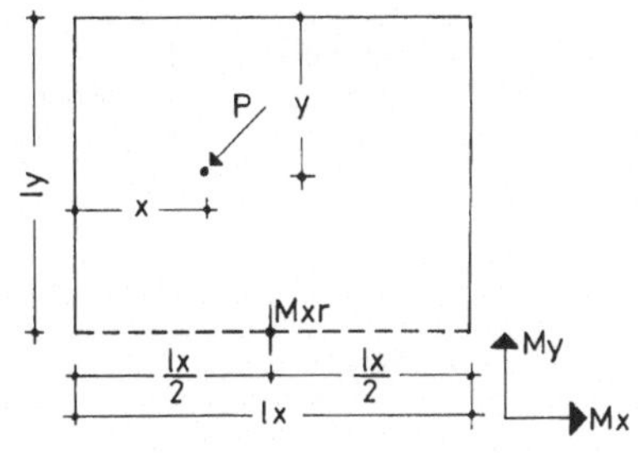

Dreiseitig gelagerte Rechteckplatte mit einspannungsfreier Lagerung. Feldmoment Mxr in Mitte des freien Randes aus einer Einzellast.

$\frac{ly}{lx} = 0{,}75$

$\mu = 0$

Faktor = P

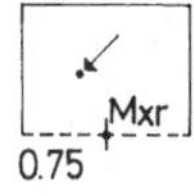

E 3.1.3

→ y : ly; ↓ x : lx

Spalte	0.05	0.10	0.15	0.20	0.25	0.30	0.35	0.40	0.45	0.50
.05	.0023	.0045	.0069	.0091	.0114	.0136	.0158	.0180	.0200	.0219
.10	.0045	.0090	.0136	.0181	.0226	.0271	.0315	.0359	.0401	.0440
.15	.0067	.0134	.0203	.0270	.0338	.0406	.0472	.0539	.0603	.0665
.20	.0088	.0176	.0265	.0354	.0444	.0534	.0624	.0714	.0802	.0889
.25	.0107	.0215	.0323	.0433	.0543	.0656	.0769	.0883	.0997	.1111
.30	.0125	.0250	.0377	.0505	.0636	.0769	.0905	.1045	.1187	.1331
.35	.0139	.0279	.0421	.0564	.0712	.0864	.1019	.1181	.1349	.1523
.40	.0150	.0301	.0453	.0609	.0770	.0935	.1107	.1287	.1475	.1674
.45	.0157	.0315	.0474	.0638	.0808	.0983	.1166	.1359	.1564	.1783
.50	.0159	.0319	.0482	.0648	.0820	.0999	.1185	.1382	.1594	.1819
.55	.0157	.0315	.0474	.0638	.0808	.0983	.1166	.1359	.1564	.1783
.60	.0149	.0301	.0453	.0609	.0769	.0935	.1107	.1287	.1475	.1674
.65	.0138	.0279	.0421	.0564	.0712	.0864	.1019	.1181	.1349	.1522
.70	.0124	.0250	.0377	.0505	.0636	.0769	.0905	.1044	.1187	.1331
.75	.0107	.0215	.0323	.0432	.0543	.0655	.0769	.0883	.0997	.1111
.80	.0088	.0176	.0265	.0354	.0444	.0534	.0624	.0714	.0802	.0889
.85	.0067	.0134	.0203	.0270	.0338	.0405	.0472	.0539	.0603	.0665
.90	.0045	.0090	.0136	.0181	.0226	.0271	.0315	.0359	.0401	.0440
.95	.0023	.0045	.0069	.0091	.0114	.0136	.0158	.0180	.0200	.0219
1.00	.0000	.0000	.0000	.0000	.0000	.0000	.0000	.0000	.0000	.0000

→ y : ly; ↓ x : lx

Spalte	0.55	0.60	0.65	0.70	0.75	0.80	0.85	0.90	0.95	1.00
.05	.0242	.0253	.0267	.0278	.0287	.0293	.0297	.0301	.0303	.0298
.10	.0486	.0511	.0539	.0563	.0582	.0596	.0605	.0612	.0616	.0617
.15	.0736	.0775	.0821	.0859	.0888	.0910	.0925	.0935	.0942	.0957
.20	.0991	.1049	.1118	.1177	.1225	.1261	.1286	.1302	.1311	.1318
.25	.1250	.1330	.1430	.1518	.1595	.1654	.1695	.1720	.1730	.1732
.30	.1514	.1623	.1763	.1893	.2011	.2104	.2162	.2185	.2185	.2243
.35	.1752	.1890	.2078	.2264	.2446	.2611	.2730	.2802	.2836	.2853
.40	.1945	.2110	.2349	.2600	.2864	.3142	.3396	.3622	.3778	.3650
.45	.2084	.2273	.2563	.2888	.3249	.3668	.4152	.4700	.5303	.5250
.50	.2154	.2350	.2641	.2988	.3391	.3841	.4516	.5422	.6902	1.4000*
.55	.2084	.2273	.2563	.2888	.3249	.3668	.4152	.4700	.5303	.5250
.60	.1945	.2110	.2349	.2600	.2864	.3142	.3396	.3622	.3778	.3650
.65	.1752	.1890	.2078	.2264	.2446	.2611	.2730	.2802	.2836	.2852
.70	.1514	.1623	.1763	.1892	.2011	.2104	.2162	.2185	.2185	.2243
.75	.1250	.1330	.1430	.1518	.1595	.1654	.1695	.1720	.1730	.1732
.80	.0991	.1049	.1118	.1177	.1225	.1261	.1286	.1302	.1311	.1318
.85	.0736	.0775	.0821	.0859	.0888	.0910	.0925	.0935	.0942	.0957
.90	.0486	.0511	.0539	.0563	.0582	.0596	.0605	.0612	.0616	.0617
.95	.0242	.0253	.0267	.0278	.0287	.0293	.0297	.0301	.0303	.0298
1.00	.0000	.0000	.0000	.0000	.0000	.0000	.0000	.0000	.0000	.0000

* bzw. theoretisch ∞

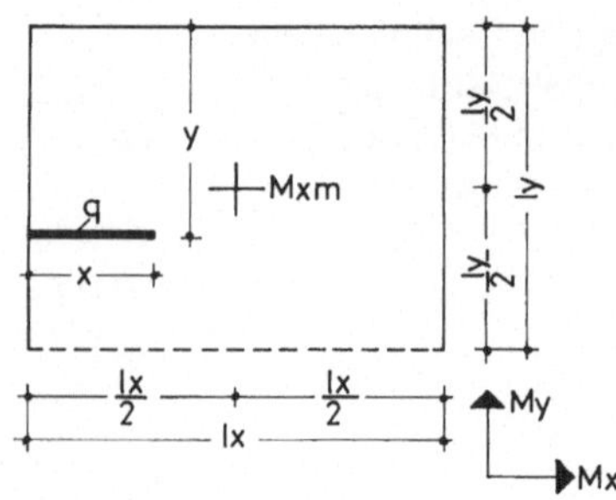

Dreiseitig gelagerte Rechteckplatte mit einspannungsfreier Lagerung. Feldmoment Mxm in Feldmitte aus Linienlast in lx-Richtung.

$\frac{ly}{lx} = 0{,}75$

$\mu = 0$

Faktor = q · lx

+Mxm

0.75

E 3.2.1

→ y : ly ; ↓ x : lx

Spalte										
	0.05	0.10	0.15	0.20	0.25	0.30	0.35	0.40	0.45	0.50
.05	.0000	.0001	.0001	.0001	.0001	.0002	.0002	.0002	.0002	.0002
.10	.0001	.0002	.0004	.0005	.0006	.0006	.0007	.0008	.0009	.0010
.15	.0003	.0006	.0008	.0011	.0013	.0015	.0017	.0018	.0021	.0023
.20	.0006	.0011	.0016	.0020	.0024	.0027	.0030	.0034	.0037	.0042
.25	.0009	.0018	.0026	.0034	.0040	.0046	.0050	.0055	.0061	.0067
.30	.0014	.0028	.0041	.0052	.0062	.0071	.0078	.0084	.0092	.0101
.35	.0021	.0041	.0061	.0078	.0093	.0105	.0114	.0123	.0132	.0143
.40	.0029	.0058	.0085	.0110	.0132	.0151	.0165	.0177	.0188	.0201
.45	.0039	.0077	.0114	.0150	.0181	.0209	.0234	.0253	.0267	.0279
.50	.0050	.0098	.0147	.0193	.0237	.0279	.0318	.0355	.0386	.0415
.55	.0060	.0120	.0179	.0236	.0293	.0348	.0403	.0457	.0506	.0551
.60	.0070	.0139	.0208	.0276	.0342	.0407	.0472	.0533	.0585	.0629
.65	.0078	.0156	.0232	.0308	.0381	.0452	.0522	.0587	.0641	.0686
.70	.0085	.0169	.0252	.0334	.0412	.0487	.0559	.0626	.0681	.0729
.75	.0090	.0179	.0267	.0352	.0434	.0512	.0587	.0654	.0712	.0762
.80	.0094	.0186	.0277	.0366	.0450	.0530	.0606	.0676	.0735	.0788
.85	.0096	.0191	.0285	.0375	.0461	.0543	.0620	.0691	.0752	.0807
.90	.0098	.0194	.0289	.0381	.0468	.0551	.0630	.0702	.0764	.0820
.95	.0099	.0196	.0292	.0385	.0473	.0556	.0635	.0708	.0771	.0827
1.00	.0099	.0197	.0293	.0386	.0474	.0557	.0637	.0710	.0773	.0830

→ y : ly ; ↓ x : lx

Spalte										
	0.55	0.60	0.65	0.70	0.75	0.80	0.85	0.90	0.95	1.00
.05	.0003	.0003	.0003	.0004	.0004	.0005	.0005	.0005	.0005	.0005
.10	.0012	.0013	.0014	.0016	.0017	.0018	.0019	.0020	.0021	.0022
.15	.0027	.0029	.0032	.0036	.0039	.0042	.0044	.0046	.0048	.0050
.20	.0048	.0052	.0058	.0064	.0070	.0075	.0079	.0083	.0086	.0088
.25	.0078	.0084	.0094	.0103	.0111	.0119	.0125	.0130	.0135	.0138
.30	.0116	.0126	.0139	.0152	.0164	.0174	.0183	.0189	.0195	.0199
.35	.0164	.0178	.0198	.0215	.0230	.0242	.0252	.0260	.0266	.0271
.40	.0229	.0248	.0271	.0292	.0309	.0321	.0332	.0340	.0346	.0351
.45	.0318	.0340	.0364	.0384	.0399	.0411	.0420	.0427	.0433	.0438
.50	.0444	.0458	.0474	.0487	.0498	.0507	.0514	.0519	.0524	.0528
.55	.0569	.0577	.0583	.0590	.0597	.0603	.0607	.0611	.0615	.0619
.60	.0658	.0668	.0676	.0683	.0688	.0692	.0696	.0699	.0702	.0705
.65	.0723	.0738	.0750	.0759	.0766	.0771	.0775	.0779	.0782	.0785
.70	.0771	.0790	.0808	.0822	.0832	.0839	.0845	.0849	.0853	.0857
.75	.0809	.0832	.0854	.0872	.0885	.0894	.0902	.0908	.0913	.0918
.80	.0839	.0864	.0889	.0910	.0927	.0938	.0948	.0956	.0962	.0968
.85	.0860	.0887	.0915	.0939	.0958	.0972	.0983	.0992	.1000	.1007
.90	.0875	.0903	.0933	.0959	.0979	.0995	.1008	.1018	.1026	.1034
.95	.0884	.0913	.0944	.0971	.0992	.1009	.1023	.1033	.1042	.1051
1.00	.0887	.0916	.0947	.0974	.0996	.1013	.1028	.1039	.1047	.1056

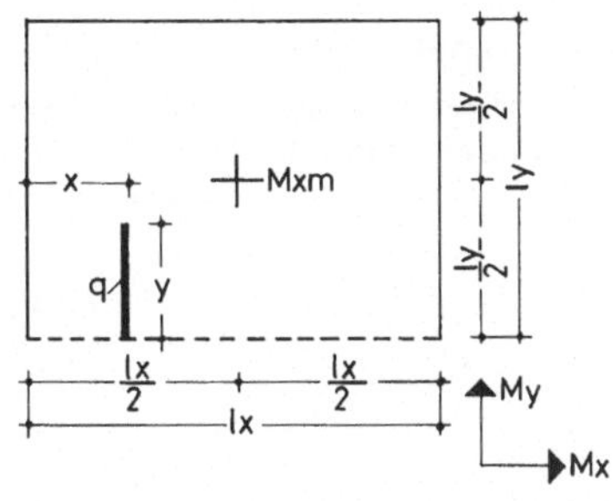

Dreiseitig gelagerte Platte
mit einspannungsfreier Lagerung.
Feldmoment Mxm in Feldmitte aus
Linienlast in ly-Richtung.

$$\frac{ly}{lx} = 0{,}75$$

$\mu = 0$

Faktor = q · ly

+Mxm
0.75

E 3.2.2

→ x : lx

Spalte										
y : ly ↓	0.05	0.10	0.15	0.20	0.25	0.30	0.35	0.40	0.45	0.50
.05	.0011	.0022	.0033	.0044	.0055	.0066	.0076	.0084	.0089	.0091
.10	.0021	.0043	.0064	.0087	.0109	.0131	.0152	.0168	.0180	.0184
.15	.0031	.0063	.0095	.0128	.0161	.0196	.0227	.0252	.0271	.0277
.20	.0041	.0082	.0124	.0167	.0212	.0259	.0301	.0336	.0364	.0373
.25	.0049	.0100	.0151	.0205	.0261	.0319	.0374	.0421	.0458	.0472
.30	.0057	.0116	.0176	.0240	.0306	.0377	.0445	.0505	.0556	.0574
.35	.0065	.0131	.0199	.0272	.0348	.0431	.0513	.0589	.0657	.0682
.40	.0072	.0145	.0220	.0301	.0387	.0480	.0576	.0670	.0762	.0802
.45	.0078	.0157	.0239	.0327	.0422	.0524	.0634	.0748	.0869	.0935
.50	.0083	.0168	.0256	.0350	.0453	.0564	.0686	.0820	.0967	.1137
.55	.0088	.0178	.0271	.0371	.0482	.0600	.0734	.0886	.1061	.1336
.60	.0092	.0186	.0284	.0391	.0508	.0634	.0780	.0951	.1155	.1459
.65	.0096	.0194	.0296	.0408	.0532	.0666	.0824	.1013	.1241	.1552
.70	.0099	.0201	.0307	.0424	.0554	.0697	.0866	.1068	.1314	.1631
.75	.0102	.0207	.0317	.0438	.0575	.0724	.0903	.1116	.1373	.1695
.80	.0104	.0213	.0325	.0451	.0592	.0749	.0935	.1156	.1421	.1745
.85	.0106	.0217	.0332	.0461	.0606	.0768	.0961	.1188	.1457	.1784
.90	.0108	.0220	.0337	.0468	.0617	.0783	.0979	.1210	.1483	.1811
.95	.0109	.0222	.0340	.0473	.0623	.0791	.0990	.1223	.1499	.1827
1.00	.0109	.0222	.0341	.0474	.0626	.0794	.0994	.1228	.1504	.1832

→ x : lx

Spalte										
y : ly ↓	0.55	0.60	0.65	0.70	0.75	0.80	0.85	0.90	0.95	
.05	.0089	.0084	.0076	.0066	.0055	.0044	.0033	.0022	.0011	
.10	.0180	.0168	.0152	.0131	.0109	.0087	.0064	.0043	.0021	
.15	.0271	.0252	.0227	.0196	.0161	.0128	.0095	.0063	.0031	
.20	.0364	.0336	.0301	.0259	.0212	.0167	.0124	.0082	.0041	
.25	.0458	.0421	.0374	.0319	.0261	.0205	.0151	.0100	.0049	
.30	.0556	.0505	.0445	.0377	.0306	.0240	.0176	.0116	.0057	
.35	.0657	.0589	.0513	.0431	.0348	.0272	.0199	.0131	.0065	
.40	.0762	.0670	.0576	.0480	.0387	.0301	.0220	.0145	.0072	
.45	.0869	.0748	.0634	.0524	.0422	.0327	.0239	.0157	.0078	
.50	.0967	.0820	.0686	.0564	.0453	.0350	.0256	.0168	.0083	
.55	.1061	.0886	.0734	.0600	.0482	.0371	.0271	.0178	.0088	
.60	.1155	.0951	.0780	.0634	.0508	.0391	.0284	.0186	.0092	
.65	.1241	.1013	.0824	.0666	.0532	.0408	.0296	.0194	.0096	
.70	.1314	.1068	.0866	.0697	.0554	.0424	.0307	.0201	.0099	
.75	.1373	.1116	.0903	.0724	.0575	.0438	.0317	.0207	.0102	
.80	.1421	.1156	.0935	.0749	.0592	.0451	.0325	.0213	.0104	
.85	.1457	.1188	.0961	.0768	.0606	.0461	.0332	.0217	.0106	
.90	.1483	.1210	.0979	.0783	.0617	.0468	.0337	.0220	.0108	
.95	.1499	.1223	.0990	.0791	.0623	.0473	.0340	.0222	.0109	
1.00	.1504	.1228	.0994	.0794	.0626	.0474	.0341	.0222	.0109	

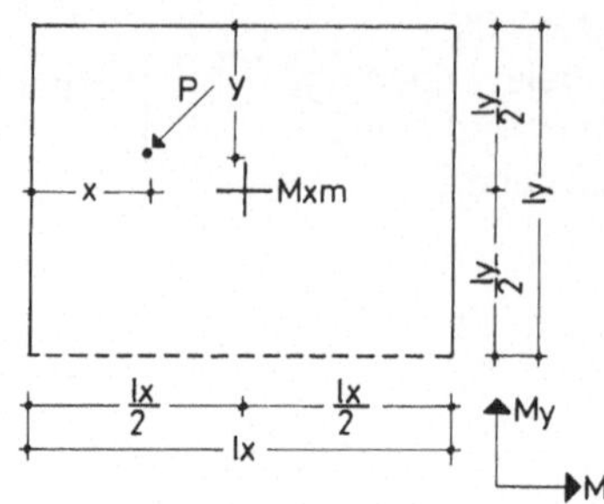

Dreiseitig gelagerte Rechteckplatte mit einspannungsfreier Lagerung. Feldmoment Mxm in Feldmitte aus einer Einzellast.

$\frac{ly}{lx} = 0{,}75$

$\mu = 0$

Faktor = P

+Mxm

0.75

E 3.2.3

→ y : ly (columns); x : lx (rows)

Spalte x : lx	0.05	0.10	0.15	0.20	0.25	0.30	0.35	0.40	0.45	0.50
.05	.0013	.0024	.0035	.0045	.0054	.0063	.0071	.0079	.0089	.0100
.10	.0026	.0051	.0074	.0095	.0114	.0131	.0147	.0164	.0183	.0204
.15	.0042	.0081	.0119	.0151	.0180	.0206	.0229	.0254	.0281	.0313
.20	.0062	.0121	.0177	.0226	.0268	.0304	.0334	.0365	.0400	.0440
.25	.0087	.0171	.0250	.0320	.0380	.0429	.0466	.0502	.0541	.0590
.30	.0118	.0233	.0342	.0442	.0524	.0588	.0629	.0657	.0695	.0747
.35	.0151	.0298	.0443	.0580	.0697	.0793	.0861	.0900	.0938	.0976
.40	.0180	.0359	.0538	.0716	.0882	.1036	.1178	.1276	.1321	.1332
.45	.0205	.0413	.0624	.0841	.1069	.1308	.1589	.1832	.1917	.1778
.50	.0214	.0432	.0654	.0885	.1143	.1426	.1691	.2108	.2871	.5472*
.55	.0205	.0413	.0624	.0841	.1069	.1308	.1589	.1832	.1917	.1778
.60	.0180	.0360	.0538	.0716	.0882	.1036	.1178	.1276	.1321	.1332
.65	.0151	.0298	.0442	.0580	.0697	.0793	.0861	.0900	.0937	.0976
.70	.0118	.0233	.0342	.0442	.0524	.0588	.0629	.0657	.0695	.0747
.75	.0087	.0171	.0250	.0320	.0380	.0429	.0466	.0502	.0541	.0590
.80	.0062	.0121	.0177	.0226	.0268	.0304	.0334	.0365	.0400	.0440
.85	.0042	.0081	.0119	.0151	.0180	.0206	.0229	.0253	.0281	.0313
.90	.0026	.0051	.0074	.0095	.0114	.0131	.0147	.0164	.0183	.0204
.95	.0013	.0024	.0035	.0045	.0054	.0063	.0071	.0079	.0089	.0100
1.00	.0000	.0000	.0000	.0000	.0000	.0000	.0000	.0000	.0000	.0000

→ y : ly (columns); x : lx (rows)

Spalte x : lx	0.55	0.60	0.65	0.70	0.75	0.80	0.85	0.90	0.95	1.00
.05	.0116	.0127	.0141	.0155	.0169	.0182	.0194	.0203	.0212	.0219
.10	.0236	.0258	.0286	.0316	.0344	.0369	.0392	.0410	.0426	.0441
.15	.0362	.0394	.0438	.0482	.0525	.0563	.0596	.0622	.0644	.0665
.20	.0507	.0550	.0610	.0668	.0724	.0771	.0810	.0841	.0866	.0889
.25	.0673	.0729	.0806	.0877	.0942	.0993	.1034	.1065	.1089	.1111
.30	.0851	.0927	.1030	.1117	.1186	.1235	.1272	.1298	.1315	.1331
.35	.1114	.1203	.1311	.1391	.1444	.1474	.1495	.1508	.1516	.1523
.40	.1509	.1589	.1654	.1688	.1693	.1689	.1686	.1682	.1677	.1674
.45	.2103	.2126	.2059	.1991	.1923	.1874	.1838	.1812	.1796	.1783
.50	.2895	.2521	.2267	.2096	.2006	.1940	.1889	.1856	.1836	.1820
.55	.2102	.2126	.2059	.1991	.1923	.1874	.1838	.1812	.1796	.1783
.60	.1509	.1589	.1654	.1688	.1693	.1690	.1686	.1681	.1677	.1674
.65	.1113	.1203	.1311	.1391	.1443	.1474	.1495	.1508	.1516	.1522
.70	.0851	.0927	.1030	.1117	.1186	.1235	.1272	.1298	.1315	.1331
.75	.0673	.0729	.0806	.0877	.0941	.0993	.1034	.1065	.1089	.1111
.80	.0507	.0550	.0610	.0668	.0724	.0771	.0810	.0841	.0866	.0889
.85	.0362	.0394	.0438	.0482	.0525	.0563	.0596	.0622	.0644	.0665
.90	.0236	.0258	.0286	.0316	.0344	.0369	.0392	.0410	.0426	.0440
.95	.0116	.0127	.0141	.0155	.0169	.0182	.0194	.0203	.0211	.0219
1.00	.0000	.0000	.0000	.0000	.0000	.0000	.0000	.0000	.0000	.0000

* bzw. theoretisch ∞

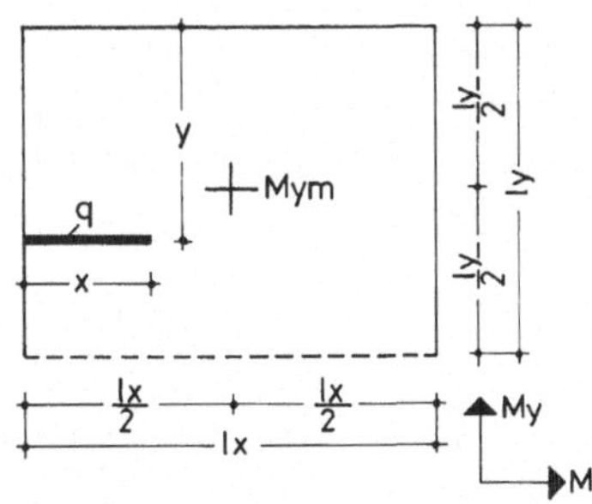

Dreiseitig gelagerte Rechteckplatte mit einspannungsfreier Lagerung. Feldmoment Mym in Feldmitte aus Linienlast in lx-Richtung.

$\frac{ly}{lx} = 0{,}75$

$\mu = 0$

Faktor = q · lx

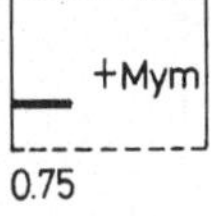

0.75

E 3.3.1

→ y : ly, ↓ x : lx

Spalte	0.05	0.10	0.15	0.20	0.25	0.30	0.35	0.40	0.45	0.50
.05	.0000	.0001	.0001	.0002	.0002	.0003	.0003	.0003	.0003	.0003
.10	.0002	.0004	.0006	.0008	.0009	.0011	.0012	.0013	.0014	.0014
.15	.0004	.0008	.0013	.0017	.0021	.0025	.0028	.0030	.0032	.0032
.20	.0007	.0014	.0022	.0030	.0037	.0044	.0050	.0055	.0057	.0057
.25	.0011	.0022	.0033	.0045	.0056	.0068	.0078	.0086	.0090	.0091
.30	.0015	.0030	.0046	.0062	.0079	.0096	.0113	.0125	.0133	.0133
.35	.0019	.0038	.0058	.0080	.0103	.0128	.0153	.0173	.0185	.0187
.40	.0022	.0046	.0071	.0098	.0128	.0160	.0196	.0228	.0249	.0256
.45	.0026	.0054	.0083	.0115	.0151	.0192	.0238	.0285	.0326	.0344
.50	.0029	.0061	.0093	.0130	.0173	.0221	.0275	.0337	.0411	.0483
.55	.0033	.0067	.0104	.0145	.0194	.0250	.0311	.0390	.0496	.0621
.60	.0036	.0075	.0116	.0162	.0217	.0282	.0354	.0447	.0572	.0710
.65	.0040	.0083	.0128	.0180	.0242	.0315	.0397	.0501	.0636	.0779
.70	.0044	.0091	.0141	.0198	.0266	.0346	.0437	.0549	.0689	.0832
.75	.0048	.0099	.0154	.0215	.0289	.0374	.0472	.0589	.0731	.0875
.80	.0052	.0107	.0165	.0231	.0308	.0398	.0500	.0620	.0765	.0909
.85	.0055	.0113	.0174	.0243	.0324	.0417	.0522	.0644	.0790	.0934
.90	.0057	.0117	.0181	.0252	.0336	.0431	.0537	.0661	.0808	.0952
.95	.0058	.0120	.0185	.0258	.0343	.0439	.0547	.0672	.0818	.0962
1.00	.0059	.0121	.0187	.0260	.0345	.0442	.0550	.0675	.0822	.0966

→ y : ly, ↓ x : lx

Spalte	0.55	0.60	0.65	0.70	0.75	0.80	0.85	0.90	0.95	1.00
.05	.0003	.0003	.0003	.0002	.0002	.0001	.0000	.0000	.0001-	.0001-
.10	.0013	.0012	.0010	.0009	.0006	.0004	.0001	.0001-	.0004-	.0006-
.15	.0029	.0027	.0023	.0021	.0013	.0008	.0002	.0003-	.0008-	.0013-
.20	.0053	.0049	.0042	.0036	.0023	.0013	.0003	.0006-	.0015-	.0025-
.25	.0084	.0077	.0065	.0054	.0035	.0019	.0004	.0011-	.0025-	.0039-
.30	.0123	.0112	.0093	.0075	.0048	.0025	.0003	.0018-	.0039-	.0058-
.35	.0171	.0154	.0126	.0097	.0061	.0029	.0001-	.0029-	.0055-	.0081-
.40	.0229	.0203	.0160	.0120	.0073	.0032	.0006-	.0042-	.0076-	.0108-
.45	.0297	.0255	.0194	.0139	.0082	.0032	.0015-	.0058-	.0098-	.0138-
.50	.0370	.0305	.0225	.0156	.0088	.0029	.0025-	.0075-	.0123-	.0169-
.55	.0444	.0355	.0256	.0172	.0095	.0027	.0035-	.0091-	.0148-	.0201-
.60	.0512	.0407	.0290	.0192	.0104	.0027	.0044-	.0107-	.0170-	.0231-
.65	.0570	.0455	.0325	.0215	.0115	.0030	.0050-	.0121-	.0191-	.0258-
.70	.0618	.0498	.0358	.0237	.0128	.0034	.0053-	.0131-	.0207-	.0281-
.75	.0657	.0533	.0386	.0258	.0141	.0040	.0054-	.0138-	.0221-	.0300-
.80	.0688	.0561	.0409	.0276	.0153	.0046	.0054-	.0143-	.0231-	.0314-
.85	.0711	.0582	.0427	.0290	.0163	.0051	.0053-	.0146-	.0238-	.0325-
.90	.0728	.0597	.0440	.0303	.0170	.0055	.0051-	.0148-	.0242-	.0333-
.95	.0738	.0606	.0448	.0310	.0175	.0058	.0051-	.0149-	.0245-	.0337-
1.00	.0741	.0609	.0451	.0312	.0176	.0059	.0050-	.0149-	.0246-	.0339-

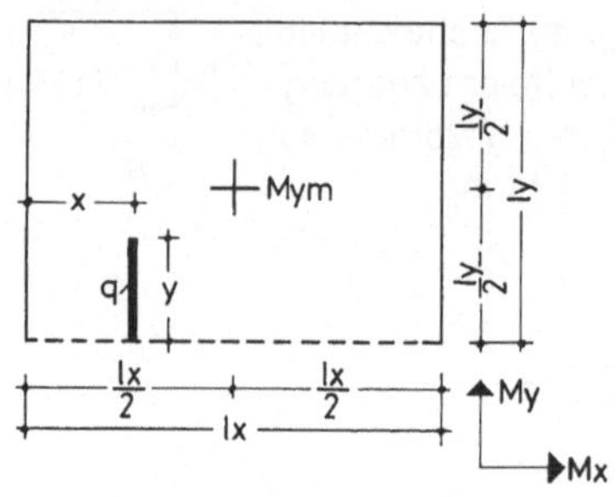

Dreiseitig gelagerte Platte
mit einspannungsfreier Lagerung.
Feldmoment Mym in Feldmitte aus
Linienlast in ly-Richtung.

$\frac{ly}{lx} = 0,75$

$\mu = 0$

Faktor = q · ly

+Mym

0.75

E 3.3.2

→ x : lx

↓ y : ly

Spalte										
	0.05	0.10	0.15	0.20	0.25	0.30	0.35	0.40	0.45	0.50
.05	.0002-	.0005-	.0008-	.0011-	.0014-	.0018-	.0022-	.0025-	.0028-	.0028-
.10	.0004-	.0007-	.0012-	.0017-	.0023-	.0030-	.0037-	.0043-	.0048-	.0050-
.15	.0004-	.0008-	.0012-	.0018-	.0026-	.0036-	.0045-	.0054-	.0061-	.0064-
.20	.0002-	.0005-	.0009-	.0015-	.0023-	.0034-	.0046-	.0057-	.0067-	.0071-
.25	.0000	.0001-	.0002-	.0007-	.0014-	.0025-	.0038-	.0051-	.0064-	.0069-
.30	.0004	.0007	.0009	.0007	.0002	.0007-	.0020-	.0036-	.0051-	.0058-
.35	.0009	.0017	.0023	.0025	.0024	.0019	.0008	.0008-	.0027-	.0036-
.40	.0014	.0028	.0040	.0048	.0053	.0054	.0048	.0035	.0015	.0002
.45	.0020	.0041	.0059	.0074	.0086	.0095	.0098	.0091	.0079	.0059
.50	.0027	.0054	.0080	.0103	.0123	.0141	.0154	.0162	.0160	.0204
.55	.0034	.0069	.0101	.0132	.0161	.0188	.0214	.0237	.0247	.0353
.60	.0041	.0082	.0122	.0161	.0198	.0234	.0269	.0301	.0319	.0418
.65	.0047	.0096	.0142	.0187	.0231	.0275	.0316	.0350	.0366	.0459
.70	.0053	.0107	.0160	.0211	.0260	.0309	.0353	.0388	.0401	.0491
.75	.0058	.0117	.0175	.0230	.0284	.0336	.0382	.0416	.0427	.0516
.80	.0063	.0126	.0187	.0246	.0302	.0357	.0403	.0437	.0445	.0534
.85	.0066	.0132	.0197	.0258	.0317	.0372	.0418	.0452	.0459	.0546
.90	.0068	.0137	.0204	.0267	.0326	.0383	.0429	.0462	.0468	.0555
.95	.0070	.0140	.0208	.0272	.0332	.0389	.0435	.0467	.0473	.0560
1.00	.0070	.0141	.0209	.0274	.0334	.0391	.0437	.0469	.0475	.0562

→ x : lx

↓ y : ly

Spalte										
	0.55	0.60	0.65	0.70	0.75	0.80	0.85	0.90	0.95	
.05	.0028-	.0025-	.0022-	.0018-	.0014-	.0011-	.0008-	.0005-	.0002-	
.10	.0048-	.0043-	.0037-	.0030-	.0023-	.0017-	.0012-	.0007-	.0004-	
.15	.0061-	.0054-	.0045-	.0036-	.0026-	.0018-	.0012-	.0008-	.0004-	
.20	.0067-	.0057-	.0046-	.0034-	.0023-	.0015-	.0009-	.0005-	.0002-	
.25	.0064-	.0051-	.0038-	.0025-	.0014-	.0007-	.0002-	.0001-	.0000	
.30	.0051-	.0036-	.0020-	.0007-	.0002	.0007	.0009	.0007	.0004	
.35	.0027-	.0008-	.0008	.0019	.0024	.0025	.0023	.0017	.0009	
.40	.0015	.0035	.0048	.0054	.0053	.0048	.0040	.0028	.0014	
.45	.0079	.0091	.0098	.0095	.0086	.0074	.0059	.0041	.0020	
.50	.0160	.0162	.0154	.0141	.0123	.0103	.0080	.0054	.0027	
.55	.0247	.0237	.0214	.0188	.0161	.0132	.0101	.0069	.0034	
.60	.0319	.0301	.0269	.0234	.0198	.0161	.0122	.0082	.0041	
.65	.0366	.0350	.0316	.0275	.0231	.0187	.0142	.0096	.0047	
.70	.0401	.0388	.0353	.0309	.0260	.0211	.0160	.0107	.0053	
.75	.0427	.0416	.0382	.0336	.0284	.0230	.0175	.0117	.0058	
.80	.0445	.0437	.0403	.0357	.0302	.0246	.0187	.0126	.0063	
.85	.0459	.0452	.0418	.0372	.0317	.0258	.0197	.0132	.0066	
.90	.0468	.0462	.0429	.0383	.0326	.0267	.0204	.0137	.0068	
.95	.0473	.0467	.0435	.0389	.0332	.0272	.0208	.0140	.0070	
1.00	.0475	.0469	.0437	.0391	.0334	.0274	.0209	.0141	.0070	

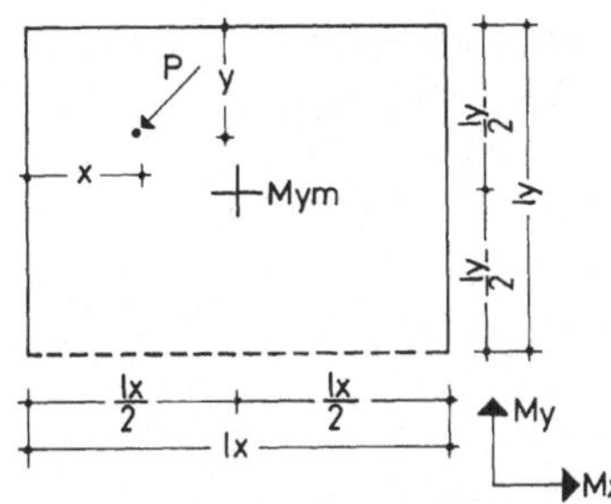

Dreiseitig gelagerte Rechteckplatte mit einspannungsfreier Lagerung. Feldmoment Mym in Feldmitte aus einer Einzellast.

$\frac{ly}{lx} = 0{,}75$

$\mu = 0$

Faktor = P

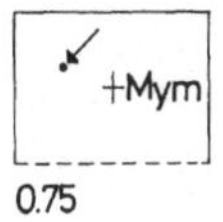

0.75

E 3.3.3

→ y : ly ; ↓ x : lx

Spalte	0.05	0.10	0.15	0.20	0.25	0.30	0.35	0.40	0.45	0.50
.05	.0019	.0037	.0057	.0076	.0094	.0110	.0124	.0134	.0139	.0139
.10	.0037	.0074	.0112	.0150	.0186	.0219	.0249	.0271	.0282	.0281
.15	.0054	.0108	.0164	.0222	.0276	.0329	.0376	.0410	.0428	.0427
.20	.0067	.0136	.0207	.0282	.0357	.0431	.0502	.0555	.0585	.0587
.25	.0076	.0155	.0239	.0330	.0425	.0524	.0626	.0707	.0755	.0764
.30	.0079	.0165	.0255	.0359	.0476	.0606	.0754	.0878	.0944	.0948
.35	.0079	.0164	.0255	.0364	.0495	.0651	.0845	.1032	.1160	.1201
.40	.0075	.0156	.0243	.0347	.0483	.0651	.0868	.1131	.1401	.1572
.45	.0068	.0143	.0222	.0313	.0441	.0605	.0794	.1120	.1669	.1764
.50	.0066	.0137	.0213	.0304	.0422	.0567	.0702	.1001	.1644	.4918*
.55	.0068	.0143	.0222	.0313	.0441	.0605	.0794	.1120	.1669	.1764
.60	.0075	.0156	.0243	.0347	.0483	.0651	.0868	.1131	.1401	.1572
.65	.0079	.0164	.0256	.0364	.0495	.0651	.0845	.1032	.1160	.1201
.70	.0079	.0165	.0256	.0360	.0476	.0606	.0754	.0878	.0944	.0948
.75	.0076	.0155	.0239	.0330	.0425	.0524	.0626	.0707	.0755	.0764
.80	.0067	.0136	.0207	.0282	.0357	.0431	.0502	.0555	.0585	.0587
.85	.0054	.0108	.0164	.0221	.0276	.0329	.0376	.0410	.0428	.0427
.90	.0037	.0074	.0112	.0150	.0186	.0219	.0249	.0271	.0282	.0281
.95	.0019	.0037	.0057	.0076	.0094	.0110	.0124	.0134	.0139	.0139
1.00	.0000	.0000	.0000	.0000	.0000	.0000	.0000	.0000	.0000	.0000

→ y : ly ; ↓ x : lx

Spalte	0.55	0.60	0.65	0.70	0.75	0.80	0.85	0.90	0.95	1.00
.05	.0129	.0120	.0104	.0086	.0061	.0036	.0012	.0012-	.0035-	.0058-
.10	.0261	.0242	.0208	.0198	.0119	.0069	.0021	.0027-	.0074-	.0120-
.15	.0395	.0366	.0312	.0274	.0175	.0099	.0025	.0047-	.0117-	.0185-
.20	.0540	.0495	.0415	.0323	.0219	.0116	.0017	.0078-	.0169-	.0258-
.25	.0697	.0630	.0515	.0382	.0250	.0119	.0005-	.0120-	.0230-	.0336-
.30	.0871	.0779	.0615	.0443	.0264	.0104	.0043-	.0177-	.0302-	.0422-
.35	.1063	.0915	.0682	.0460	.0250	.0070	.0092-	.0237-	.0371-	.0502-
.40	.1262	.1013	.0696	.0429	.0210	.0025	.0143-	.0293-	.0431-	.0568-
.45	.1460	.1042	.0653	.0356	.0147	.0029-	.0193-	.0329-	.0480-	.0619-
.50	.1412	.0953	.0587	.0310	.0122	.0050-	.0211-	.0358-	.0497-	.0636-
.55	.1460	.1042	.0653	.0356	.0147	.0029-	.0193-	.0329-	.0480-	.0619-
.60	.1263	.1013	.0696	.0429	.0210	.0025	.0143-	.0293-	.0431-	.0568-
.65	.1063	.0915	.0682	.0460	.0250	.0070	.0092-	.0237-	.0371-	.0502-
.70	.0871	.0779	.0615	.0443	.0265	.0104	.0043-	.0177-	.0302-	.0422-
.75	.0697	.0630	.0515	.0382	.0250	.0119	.0005-	.0120-	.0230-	.0336-
.80	.0540	.0495	.0415	.0323	.0219	.0116	.0017	.0078-	.0169-	.0258-
.85	.0395	.0366	.0312	.0274	.0175	.0099	.0025	.0047-	.0117-	.0185-
.90	.0261	.0242	.0208	.0198	.0119	.0069	.0021	.0027-	.0074-	.0120-
.95	.0129	.0120	.0104	.0086	.0061	.0036	.0012	.0012-	.0035-	.0058-
1.00	.0000	.0000	.0000	.0000	.0000	.0000	.0000	.0000	.0000	.0000

*bzw. theoretisch ∞

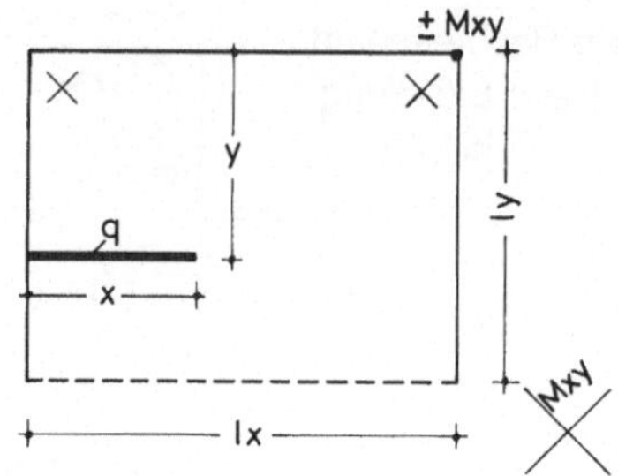

Dreiseitig gelagerte Rechteckplatte mit einspannungsfreier Lagerung. Drillmoment Mxy im Eckpunkt der aufliegenden Ecke aus Linienlast in lx-Richtung.

$$\frac{ly}{lx} = 0{,}75$$

$\mu = 0$

Faktor = q · lx

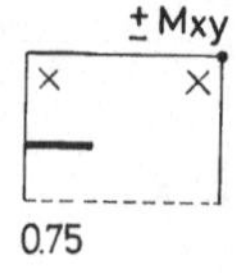

E 3.4.1

y : ly →; x : lx ↓

Spalte	0.05	0.10	0.15	0.20	0.25	0.30	0.35	0.40	0.45	0.50
.05	.0000	.0001	.0001	.0002	.0002	.0002	.0003	.0003	.0003	.0004
.10	.0002	.0004	.0005	.0007	.0009	.0010	.0011	.0013	.0014	.0014
.15	.0004	.0008	.0012	.0016	.0019	.0023	.0026	.0028	.0030	.0032
.20	.0007	.0015	.0022	.0028	.0035	.0040	.0046	.0050	.0054	.0058
.25	.0012	.0023	.0034	.0045	.0054	.0063	.0071	.0078	.0084	.0090
.30	.0017	.0033	.0049	.0064	.0078	.0091	.0103	.0113	.0121	.0129
.35	.0023	.0046	.0068	.0088	.0107	.0124	.0140	.0153	.0165	.0174
.40	.0031	.0060	.0089	.0116	.0140	.0163	.0183	.0200	.0214	.0226
.45	.0039	.0077	.0114	.0148	.0179	.0207	.0231	.0252	.0270	.0284
.50	.0049	.0096	.0142	.0184	.0222	.0256	.0286	.0311	.0331	.0348
.55	.0060	.0118	.0174	.0226	.0271	.0311	.0346	.0375	.0398	.0416
.60	.0073	.0144	.0211	.0272	.0326	.0372	.0412	.0444	.0469	.0489
.65	.0088	.0173	.0253	.0324	.0386	.0439	.0482	.0517	.0544	.0564
.70	.0106	.0206	.0301	.0383	.0453	.0511	.0557	.0593	.0620	.0639
.75	.0127	.0246	.0355	.0448	.0525	.0587	.0634	.0670	.0696	.0713
.80	.0152	.0292	.0419	.0521	.0603	.0667	.0712	.0745	.0768	.0782
.85	.0185	.0349	.0490	.0597	.0681	.0743	.0784	.0813	.0832	.0842
.90	.0234	.0424	.0568	.0673	.0753	.0810	.0844	.0869	.0883	.0890
.95	.0322	.0534	.0640	.0735	.0806	.0856	.0886	.0906	.0917	.0920
1.00	.0372	.0595	.0673	.0760	.0827	.0873	.0901	.0919	.0928	.0930

y : ly →; x : lx ↓

Spalte	0.55	0.60	0.65	0.70	0.75	0.80	0.85	0.90	0.95	1.00
.05	.0004	.0004	.0004	.0004	.0004	.0004	.0004	.0004	.0004	.0004
.10	.0015	.0016	.0016	.0017	.0017	.0017	.0017	.0017	.0018	.0018
.15	.0034	.0035	.0036	.0037	.0038	.0038	.0039	.0039	.0039	.0039
.20	.0061	.0063	.0065	.0066	.0067	.0068	.0069	.0069	.0069	.0069
.25	.0095	.0097	.0100	.0103	.0104	.0105	.0106	.0107	.0107	.0107
.30	.0136	.0139	.0143	.0146	.0148	.0150	.0151	.0152	.0152	.0152
.35	.0184	.0188	.0193	.0197	.0200	.0201	.0202	.0203	.0203	.0204
.40	.0238	.0243	.0249	.0254	.0257	.0259	.0260	.0260	.0260	.0260
.45	.0298	.0304	.0311	.0316	.0319	.0321	.0322	.0322	.0322	.0322
.50	.0363	.0370	.0378	.0383	.0386	.0387	.0388	.0388	.0387	.0386
.55	.0433	.0440	.0448	.0453	.0455	.0456	.0456	.0455	.0454	.0452
.60	.0506	.0513	.0520	.0524	.0526	.0526	.0525	.0523	.0521	.0518
.65	.0580	.0587	.0593	.0596	.0596	.0595	.0593	.0589	.0586	.0582
.70	.0654	.0659	.0664	.0665	.0664	.0661	.0657	.0653	.0648	.0643
.75	.0725	.0729	.0731	.0730	.0727	.0722	.0717	.0711	.0705	.0699
.80	.0790	.0792	.0791	.0788	.0782	.0776	.0769	.0762	.0755	.0747
.85	.0846	.0846	.0842	.0837	.0829	.0821	.0813	.0804	.0796	.0787
.90	.0890	.0887	.0881	.0873	.0864	.0854	.0845	.0835	.0826	.0817
.95	.0917	.0913	.0905	.0896	.0886	.0875	.0865	.0854	.0845	.0835
1.00	.0926	.0922	.0914	.0904	.0893	.0882	.0871	.0861	.0851	.0841

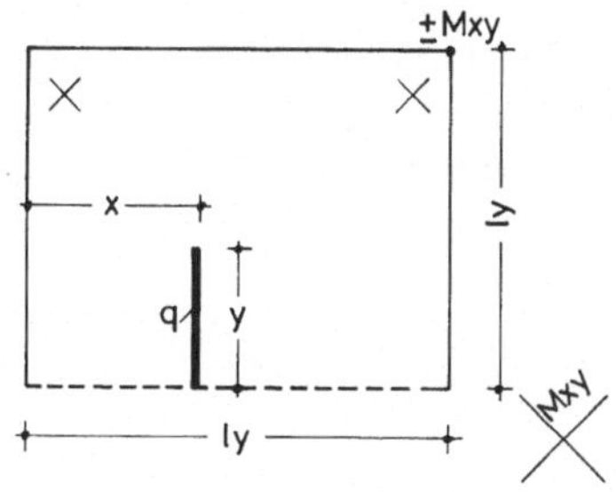

Dreiseitig gelagerte Rechteckplatte mit einspannungsfreier Lagerung. Drillmoment Mxy im Eckpunkt der aufliegenden Ecke aus Linienlast in ly-Richtung.

$\frac{ly}{lx} = 0{,}75$

$\mu = 0$

Faktor = q · ly

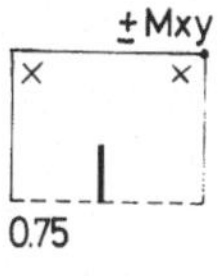

E 3.4.2

→ x : lx, ↓ y : ly

Spalte	0.05	0.10	0.15	0.20	0.25	0.30	0.35	0.40	0.45	0.50
.05	.0009	.0018	.0026	.0034	.0041	.0048	.0054	.0059	.0063	.0066
.10	.0018	.0035	.0052	.0068	.0083	.0097	.0109	.0119	.0127	.0132
.15	.0026	.0052	.0078	.0102	.0124	.0145	.0163	.0179	.0191	.0199
.20	.0035	.0070	.0103	.0135	.0165	.0193	.0218	.0239	.0255	.0267
.25	.0044	.0087	.0129	.0168	.0206	.0241	.0272	.0299	.0320	.0334
.30	.0052	.0103	.0154	.0201	.0247	.0289	.0327	.0359	.0385	.0403
.35	.0060	.0120	.0178	.0234	.0287	.0336	.0380	.0418	.0449	.0471
.40	.0068	.0136	.0202	.0265	.0325	.0382	.0433	.0477	.0513	.0540
.45	.0076	.0151	.0225	.0296	.0363	.0427	.0484	.0535	.0577	.0608
.50	.0084	.0166	.0247	.0325	.0400	.0471	.0535	.0591	.0639	.0674
.55	.0091	.0180	.0268	.0353	.0435	.0512	.0582	.0645	.0698	.0740
.60	.0097	.0193	.0288	.0379	.0467	.0551	.0627	.0696	.0755	.0802
.65	.0103	.0205	.0306	.0403	.0497	.0587	.0669	.0744	.0809	.0862
.70	.0108	.0216	.0322	.0425	.0524	.0619	.0707	.0787	.0858	.0917
.75	.0113	.0225	.0336	.0443	.0549	.0648	.0741	.0826	.0902	.0966
.80	.0117	.0233	.0348	.0459	.0570	.0672	.0769	.0859	.0940	.1009
.85	.0120	.0239	.0357	.0472	.0586	.0691	.0792	.0885	.0970	.1043
.90	.0122	.0244	.0364	.0481	.0597	.0705	.0809	.0905	.0992	.1069
.95	.0124	.0247	.0368	.0487	.0604	.0714	.0819	.0916	.1006	.1084
1.00	.0124	.0248	.0370	.0488	.0607	.0716	.0822	.0920	.1011	.1090

→ x : lx, ↓ y : ly

Spalte	0.55	0.60	0.65	0.70	0.75	0.80	0.85	0.90	0.95	
.05	.0067	.0066	.0064	.0059	.0053	.0045	.0035	.0024	.0012	
.10	.0134	.0133	.0128	.0120	.0107	.0091	.0072	.0049	.0025	
.15	.0203	.0201	.0194	.0182	.0163	.0139	.0109	.0075	.0038	
.20	.0272	.0270	.0261	.0247	.0220	.0187	.0148	.0102	.0052	
.25	.0342	.0341	.0330	.0311	.0279	.0238	.0188	.0130	.0066	
.30	.0412	.0412	.0400	.0378	.0340	.0291	.0231	.0159	.0081	
.35	.0484	.0484	.0471	.0446	.0403	.0346	.0275	.0190	.0097	
.40	.0555	.0558	.0544	.0517	.0468	.0403	.0321	.0223	.0114	
.45	.0627	.0631	.0618	.0589	.0536	.0463	.0370	.0257	.0132	
.50	.0698	.0705	.0693	.0663	.0606	.0527	.0423	.0295	.0152	
.55	.0768	.0779	.0769	.0739	.0680	.0594	.0479	.0336	.0174	
.60	.0835	.0851	.0844	.0815	.0756	.0665	.0540	.0381	.0198	
.65	.0900	.0921	.0918	.0892	.0833	.0739	.0605	.0430	.0225	
.70	.0961	.0988	.0989	.0967	.0912	.0816	.0675	.0485	.0256	
.75	.1016	.1049	.1056	.1039	.0990	.0895	.0750	.0547	.0292	
.80	.1064	.1102	.1116	.1105	.1063	.0972	.0826	.0616	.0335	
.85	.1103	.1146	.1166	.1162	.1127	.1044	.0903	.0692	.0386	
.90	.1132	.1180	.1204	.1206	.1179	.1103	.0972	.0781	.0464	
.95	.1150	.1200	.1228	.1234	.1212	.1144	.1023	.0873	.0563	
1.00	.1156	.1207	.1236	.1244	.1223	.1158	.1043	.0915	.0611	

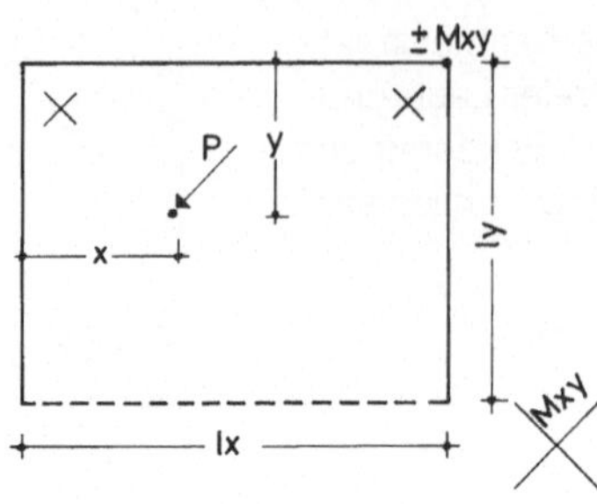

Dreiseitig gelagerte Rechteckplatte mit einspannungsfreier Lagerung. Drillmoment Mxy im Eckpunkt der aufliegenden Ecke aus einer Einzellast.

$\frac{ly}{lx} = 0{,}75$

$\mu = 0$

Faktor = P

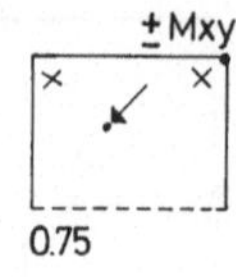

E 3.4.3

→ y : ly, ↓ x : lx

Spalte										
	0.05	0.10	0.15	0.20	0.25	0.30	0.35	0.40	0.45	0.50
.05	.0019	.0036	.0054	.0071	.0086	.0100	.0114	.0125	.0135	.0145
.10	.0037	.0073	.0108	.0142	.0173	.0201	.0228	.0251	.0271	.0289
.15	.0056	.0110	.0163	.0213	.0260	.0302	.0342	.0376	.0406	.0431
.20	.0075	.0148	.0219	.0286	.0348	.0404	.0456	.0501	.0539	.0572
.25	.0094	.0186	.0276	.0360	.0437	.0507	.0570	.0625	.0672	.0711
.30	.0114	.0226	.0334	.0435	.0528	.0611	.0685	.0749	.0803	.0847
.35	.0137	.0268	.0395	.0514	.0621	.0717	.0801	.0872	.0930	.0978
.40	.0160	.0313	.0460	.0596	.0718	.0824	.0916	.0992	.1053	.1102
.45	.0184	.0360	.0529	.0683	.0818	.0934	.1031	.1110	.1172	.1218
.50	.0211	.0413	.0605	.0775	.0922	.1046	.1146	.1224	.1283	.1323
.55	.0243	.0472	.0688	.0875	.1033	.1160	.1258	.1330	.1380	.1411
.60	.0279	.0540	.0782	.0985	.1150	.1277	.1367	.1428	.1464	.1479
.65	.0326	.0624	.0893	.1105	.1269	.1386	.1456	.1498	.1514	.1510
.70	.0385	.0726	.1022	.1235	.1389	.1485	.1524	.1537	.1528	.1501
.75	.0452	.0848	.1182	.1388	.1520	.1577	.1566	.1539	.1497	.1444
.80	.0571	.1021	.1344	.1497	.1574	.1575	.1513	.1449	.1380	.1308
.85	.0752	.1252	.1493	.1536	.1523	.1456	.1348	.1256	.1170	.1091
.90	.1501	.2021	.1610	.1453	.1305	.1167	.1044	.0943	.0857	.0786
.95	.1698	.2060	.1175	.0953	.0781	.0659	.0581	.0513	.0458	.0416
1.00	.0000	.0000	.0000	.0000	.0000	.0000	.0000	.0000	.0000	.0000

→ y : ly, ↓ x : lx

Spalte										
	0.55	0.60	0.65	0.70	0.75	0.80	0.85	0.90	0.95	1.00
.05	.0154	.0157	.0162	.0167	.0170	.0172	.0174	.0175	.0176	.0176
.10	.0306	.0314	.0324	.0333	.0338	.0342	.0345	.0348	.0349	.0350
.15	.0457	.0470	.0484	.0496	.0504	.0509	.0514	.0517	.0518	.0520
.20	.0605	.0621	.0639	.0653	.0662	.0669	.0674	.0677	.0679	.0680
.25	.0749	.0768	.0788	.0803	.0814	.0820	.0825	.0828	.0829	.0829
.30	.0890	.0910	.0931	.0947	.0957	.0963	.0967	.0968	.0968	.0967
.35	.1022	.1043	.1063	.1078	.1086	.1091	.1092	.1091	.1088	.1086
.40	.1145	.1164	.1182	.1193	.1198	.1200	.1199	.1194	.1189	.1184
.45	.1257	.1273	.1287	.1293	.1293	.1290	.1285	.1277	.1269	.1260
.50	.1352	.1363	.1369	.1369	.1364	.1355	.1345	.1333	.1321	.1308
.55	.1428	.1431	.1428	.1420	.1406	.1391	.1375	.1359	.1343	.1326
.60	.1479	.1471	.1457	.1438	.1416	.1394	.1373	.1351	.1331	.1311
.65	.1489	.1471	.1444	.1415	.1386	.1357	.1330	.1305	.1282	.1260
.70	.1457	.1428	.1388	.1350	.1313	.1280	.1249	.1221	.1196	.1172
.75	.1375	.1335	.1285	.1238	.1196	.1159	.1126	.1097	.1071	.1047
.80	.1225	.1179	.1124	.1075	.1032	.0995	.0963	.0935	.0911	.0888
.85	.1006	.0960	.0908	.0862	.0823	.0790	.0762	.0738	.0718	.0698
.90	.0714	.0677	.0635	.0599	.0571	.0546	.0525	.0508	.0492	.0479
.95	.0374	.0353	.0329	.0309	.0293	.0280	.0269	.0260	.0251	.0244
1.00	.0000	.0000	.0000	.0000	.0000	.0000	.0000	.0000	.0000	.0000

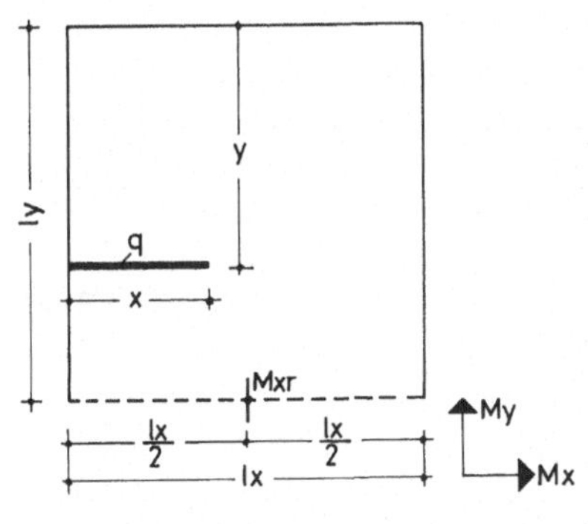

Dreiseitig gelagerte Rechteckplatte mit einspannungsfreier Lagerung. Feldmoment Mxr in Mitte des freien Randes aus Linienlast in lx-Richtung.

$\frac{ly}{lx} = 1{,}0$

$\mu = 0$

Faktor = q · lx

E 4.1.1

y : ly →, x : lx ↓

Spalte	0.05	0.10	0.15	0.20	0.25	0.30	0.35	0.40	0.45	0.50
.05	.0000	.0001	.0001	.0002	.0002	.0003	.0003	.0004	.0005	.0005
.10	.0002	.0004	.0006	.0007	.0009	.0012	.0014	.0016	.0018	.0019
.15	.0004	.0008	.0012	.0017	.0021	.0026	.0031	.0036	.0041	.0039
.20	.0007	.0014	.0022	.0029	.0037	.0045	.0054	.0063	.0072	.0073
.25	.0011	.0022	.0033	.0045	.0057	.0070	.0083	.0097	.0112	.0118
.30	.0015	.0031	.0047	.0064	.0081	.0099	.0118	.0138	.0158	.0172
.35	.0021	.0041	.0063	.0084	.0107	.0131	.0157	.0183	.0212	.0233
.40	.0026	.0052	.0079	.0107	.0136	.0167	.0199	.0233	.0270	.0300
.45	.0032	.0064	.0097	.0131	.0167	.0204	.0244	.0287	.0332	.0372
.50	.0038	.0076	.0115	.0156	.0198	.0243	.0290	.0341	.0395	.0446
.55	.0044	.0088	.0133	.0180	.0230	.0281	.0337	.0396	.0459	.0519
.60	.0049	.0100	.0151	.0204	.0260	.0319	.0382	.0449	.0521	.0591
.65	.0055	.0111	.0167	.0227	.0289	.0354	.0424	.0499	.0579	.0658
.70	.0060	.0121	.0183	.0248	.0316	.0387	.0463	.0545	.0632	.0719
.75	.0065	.0130	.0197	.0266	.0339	.0416	.0498	.0585	.0679	.0773
.80	.0068	.0138	.0208	.0282	.0359	.0440	.0527	.0619	.0718	.0818
.85	.0071	.0144	.0218	.0295	.0375	.0460	.0550	.0647	.0750	.0852
.90	.0074	.0148	.0224	.0304	.0387	.0474	.0567	.0666	.0772	.0872
.95	.0075	.0151	.0229	.0309	.0394	.0483	.0577	.0678	.0786	.0886
1.00	.0076	.0152	.0230	.0311	.0396	.0485	.0581	.0682	.0791	.0891

y : ly →, x : lx ↓

Spalte	0.55	0.60	0.65	0.70	0.75	0.80	0.85	0.90	0.95	1.00
.05	.0006	.0006	.0007	.0007	.0008	.0008	.0008	.0006	.0008	.0008
.10	.0023	.0025	.0027	.0029	.0031	.0032	.0032	.0028	.0033	.0032
.15	.0052	.0057	.0062	.0066	.0069	.0072	.0073	.0069	.0075	.0074
.20	.0091	.0101	.0110	.0118	.0124	.0129	.0132	.0129	.0135	.0135
.25	.0142	.0157	.0172	.0185	.0196	.0205	.0211	.0209	.0215	.0215
.30	.0202	.0225	.0247	.0268	.0286	.0301	.0311	.0312	.0319	.0320
.35	.0272	.0303	.0335	.0366	.0394	.0419	.0437	.0442	.0450	.0453
.40	.0349	.0391	.0434	.0477	.0518	.0558	.0589	.0605	.0620	.0619
.45	.0431	.0484	.0541	.0599	.0657	.0715	.0769	.0807	.0844	.0844
.50	.0516	.0582	.0652	.0727	.0804	.0885	.0968	.1047	.1146	.1220
.55	.0600	.0679	.0764	.0854	.0951	.1054	.1166	.1288	.1448	.1596
.60	.0683	.0773	.0871	.0976	.1090	.1212	.1346	.1490	.1672	.1821
.65	.0759	.0860	.0969	.1087	.1214	.1351	.1498	.1653	.1843	.1988
.70	.0829	.0939	.1058	.1185	.1323	.1469	.1624	.1783	.1973	.2121
.75	.0889	.1007	.1133	.1268	.1412	.1565	.1724	.1886	.2077	.2225
.80	.0940	.1063	.1195	.1335	.1484	.1640	.1803	.1966	.2158	.2306
.85	.0980	.1107	.1243	.1387	.1539	.1698	.1862	.2026	.2218	.2366
.90	.1008	.1138	.1277	.1424	.1578	.1738	.1903	.2067	.2259	.2408
.95	.1025	.1157	.1298	.1446	.1601	.1762	.1927	.2088	.2284	.2433
1.00	.1031	.1164	.1305	.1453	.1608	.1770	.1935	.2095	.2292	.2440

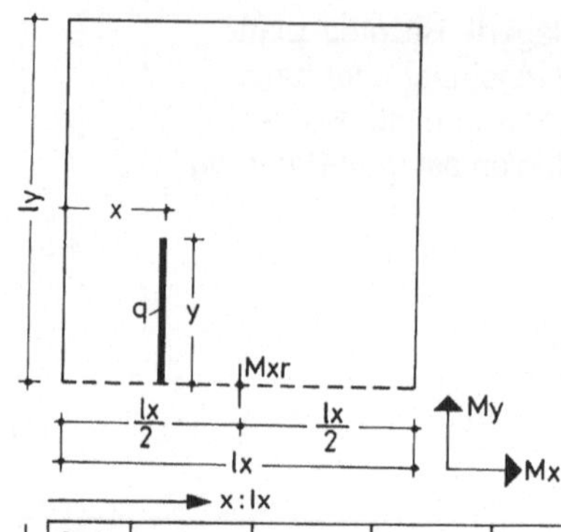

Dreiseitig gelagerte Rechteckplatte mit einspannungsfreier Lagerung.
Feldmoment Mxr in Mitte des freien Randes aus Linienlast in ly-Richtung.

$\frac{ly}{lx} = 1{,}0$

$\mu = 0$

Faktor = q · ly

1.0 Mxr

E 4.1.2

x : lx →

y : ly ↓

Spalte										
	0.05	0.10	0.15	0.20	0.25	0.30	0.35	0.40	0.45	0.50
.05	.0016	.0033	.0051	.0070	.0092	.0117	.0149	.0193	.0270	.0442
.10	.0031	.0066	.0101	.0140	.0183	.0232	.0296	.0383	.0518	.0723
.15	.0046	.0098	.0151	.0209	.0274	.0346	.0438	.0557	.0726	.0947
.20	.0063	.0130	.0200	.0276	.0361	.0456	.0572	.0714	.0904	.1132
.25	.0078	.0161	.0248	.0341	.0444	.0559	.0695	.0854	.1059	.1292
.30	.0093	.0192	.0293	.0403	.0522	.0654	.0806	.0978	.1194	.1431
.35	.0107	.0220	.0336	.0460	.0594	.0741	.0905	.1088	.1312	.1551
.40	.0120	.0246	.0376	.0513	.0660	.0819	.0994	.1185	.1415	.1656
.45	.0132	.0271	.0411	.0560	.0718	.0888	.1072	.1270	.1504	.1747
.50	.0143	.0290	.0441	.0603	.0771	.0949	.1141	.1345	.1583	.1827
.55	.0153	.0308	.0469	.0641	.0818	.1003	.1201	.1410	.1651	.1896
.60	.0161	.0325	.0494	.0674	.0858	.1050	.1253	.1466	.1709	.1956
.65	.0169	.0340	.0516	.0703	.0892	.1090	.1297	.1514	.1759	.2006
.70	.0175	.0353	.0535	.0727	.0922	.1124	.1335	.1554	.1801	.2049
.75	.0180	.0363	.0550	.0747	.0946	.1152	.1366	.1587	.1836	.2084
.80	.0185	.0372	.0563	.0763	.0965	.1174	.1391	.1613	.1864	.2112
.85	.0188	.0378	.0572	.0775	.0980	.1191	.1410	.1634	.1885	.2133
.90	.0190	.0383	.0579	.0784	.0991	.1204	.1423	.1648	.1900	.2148
.95	.0192	.0385	.0583	.0789	.0997	.1211	.1431	.1657	.1908	.2157
1.00	.0192	.0386	.0584	.0791	.0999	.1213	.1434	.1659	.1911	.2160

x : lx →

y : ly ↓

Spalte										
	0.55	0.60	0.65	0.70	0.75	0.80	0.85	0.90	0.95	
.05	.0270	.0193	.0149	.0117	.0092	.0070	.0051	.0033	.0016	
.10	.0518	.0383	.0296	.0232	.0183	.0140	.0101	.0066	.0031	
.15	.0726	.0557	.0438	.0346	.0274	.0209	.0151	.0098	.0046	
.20	.0904	.0714	.0572	.0456	.0361	.0276	.0200	.0130	.0063	
.25	.1059	.0854	.0695	.0559	.0444	.0341	.0248	.0161	.0078	
.30	.1194	.0978	.0806	.0654	.0522	.0403	.0293	.0192	.0093	
.35	.1312	.1088	.0905	.0741	.0594	.0460	.0336	.0220	.0107	
.40	.1415	.1185	.0994	.0819	.0660	.0513	.0376	.0246	.0120	
.45	.1504	.1270	.1072	.0888	.0718	.0560	.0411	.0271	.0132	
.50	.1583	.1345	.1141	.0949	.0771	.0603	.0441	.0290	.0143	
.55	.1651	.1410	.1201	.1003	.0818	.0641	.0469	.0308	.0153	
.60	.1709	.1466	.1253	.1050	.0858	.0674	.0494	.0325	.0161	
.65	.1759	.1514	.1297	.1090	.0892	.0703	.0516	.0340	.0169	
.70	.1801	.1554	.1335	.1124	.0922	.0727	.0535	.0353	.0175	
.75	.1836	.1587	.1366	.1152	.0946	.0747	.0550	.0363	.0180	
.80	.1864	.1613	.1391	.1174	.0965	.0763	.0563	.0372	.0185	
.85	.1885	.1634	.1410	.1191	.0980	.0775	.0572	.0378	.0188	
.90	.1900	.1648	.1423	.1204	.0991	.0784	.0579	.0383	.0190	
.95	.1908	.1657	.1431	.1211	.0997	.0789	.0583	.0385	.0192	
1.00	.1911	.1659	.1434	.1213	.0999	.0791	.0584	.0386	.0192	

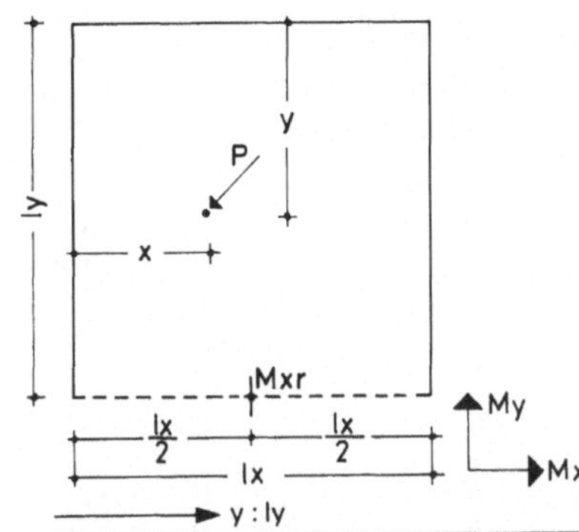

Dreiseitig gelagerte Rechteckplatte mit einspannungsfreier Lagerung. Feldmoment Mxr in Mitte des freien Randes aus einer Einzellast.

$\frac{ly}{lx} = 1{,}0$

$\mu = 0$

Faktor = P

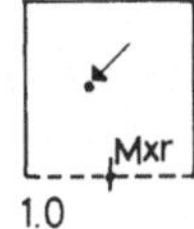

E 4.1.3

→ y : ly

↓ x : lx

Spalte	0.05	0.10	0.15	0.20	0.25	0.30	0.35	0.40	0.45	0.50
.05	.0019	.0037	.0056	.0075	.0095	.0116	.0137	.0160	.0184	.0200
.10	.0036	.0073	.0110	.0148	.0188	.0230	.0273	.0318	.0364	.0324
.15	.0053	.0107	.0163	.0219	.0279	.0340	.0405	.0472	.0542	.0543
.20	.0069	.0139	.0211	.0285	.0362	.0442	.0527	.0616	.0708	.0805
.25	.0083	.0168	.0254	.0344	.0438	.0535	.0638	.0748	.0863	.1001
.30	.0096	.0194	.0292	.0396	.0504	.0617	.0738	.0867	.1004	.1150
.35	.0106	.0214	.0323	.0437	.0557	.0683	.0818	.0964	.1118	.1288
.40	.0113	.0228	.0345	.0467	.0596	.0732	.0878	.1036	.1205	.1391
.45	.0118	.0237	.0359	.0487	.0622	.0763	.0917	.1082	.1263	.1460
.50	.0119	.0241	.0364	.0494	.0630	.0774	.0929	.1098	.1280	.1483
.55	.0118	.0237	.0359	.0487	.0622	.0763	.0917	.1082	.1263	.1460
.60	.0113	.0228	.0345	.0468	.0596	.0732	.0878	.1036	.1205	.1391
.65	.0106	.0214	.0323	.0437	.0557	.0683	.0818	.0964	.1118	.1288
.70	.0096	.0194	.0292	.0396	.0504	.0617	.0738	.0867	.1004	.1150
.75	.0083	.0168	.0254	.0344	.0437	.0535	.0638	.0748	.0863	.1001
.80	.0069	.0139	.0211	.0285	.0362	.0442	.0527	.0616	.0708	.0805
.85	.0053	.0107	.0163	.0219	.0279	.0340	.0405	.0472	.0541	.0543
.90	.0036	.0073	.0110	.0148	.0188	.0230	.0273	.0318	.0364	.0324
.95	.0019	.0037	.0056	.0075	.0095	.0116	.0137	.0160	.0183	.0200
1.00	.0000	.0000	.0000	.0000	.0000	.0000	.0000	.0000	.0000	.0000

→ y : ly

↓ x : lx

Spalte	0.55	0.60	0.65	0.70	0.75	0.80	0.85	0.90	0.95	1.00
.05	.0230	.0252	.0273	.0290	.0305	.0316	.0322	.0260	.0327	.0320
.10	.0458	.0504	.0547	.0584	.0616	.0638	.0652	.0623	.0663	.0660
.15	.0685	.0757	.0824	.0884	.0934	.0971	.0993	.1006	.1010	.1021
.20	.0904	.1003	.1100	.1190	.1266	.1328	.1369	.1392	.1399	.1401
.25	.1112	.1241	.1373	.1500	.1613	.1713	.1784	.1824	.1836	.1832
.30	.1307	.1470	.1643	.1816	.1982	.2138	.2254	.2309	.2310	.2358
.35	.1470	.1666	.1879	.2103	.2333	.2571	.2774	.2906	.2967	.2979
.40	.1595	.1818	.2065	.2338	.2638	.2972	.3315	.3627	.3891	.3780
.45	.1679	.1924	.2199	.2515	.2887	.3317	.3848	.4494	.5290	.5400
.50	.1707	.1960	.2242	.2575	.2975	.3419	.4034	.4990	.6457	1.4140*
.55	.1679	.1924	.2199	.2515	.2887	.3317	.3848	.4494	.5290	.5400
.60	.1595	.1818	.2065	.2338	.2638	.2972	.3315	.3627	.3891	.3780
.65	.1470	.1666	.1879	.2103	.2333	.2571	.2774	.2906	.2967	.2978
.70	.1307	.1470	.1643	.1816	.1982	.2138	.2254	.2309	.2310	.2358
.75	.1112	.1241	.1373	.1499	.1613	.1712	.1784	.1824	.1836	.1832
.80	.0904	.1003	.1100	.1190	.1266	.1328	.1369	.1392	.1399	.1401
.85	.0685	.0757	.0824	.0884	.0934	.0971	.0993	.1006	.1010	.1021
.90	.0458	.0504	.0547	.0584	.0616	.0638	.0652	.0623	.0663	.0660
.95	.0230	.0252	.0273	.0290	.0305	.0316	.0322	.0260	.0327	.0320
1.00	.0000	.0000	.0000	.0000	.0000	.0000	.0000	.0000	.0000	.0000

* bzw. theoretisch ∞

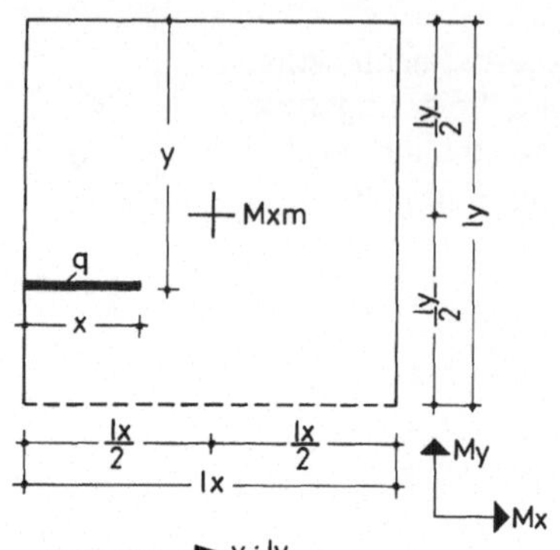

Dreiseitig gelagerte Rechteckplatte mit einspannungsfreier Lagerung. Feldmoment Mxm in Feldmitte aus Linienlast in lx-Richtung.

$\frac{ly}{lx} = 1{,}0$

$\mu = 0$

Faktor q · lx

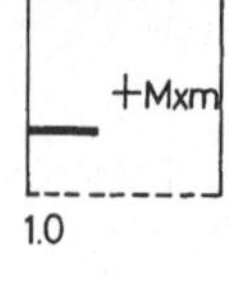

E 4.2.1

→ y : ly, ↓ x : lx

Spalte	0.05	0.10	0.15	0.20	0.25	0.30	0.35	0.40	0.45	0.50
.05	.0000	.0001	.0001	.0002	.0002	.0002	.0002	.0003	.0003	.0003
.10	.0002	.0004	.0006	.0007	.0008	.0009	.0010	.0011	.0011	.0012
.15	.0005	.0009	.0013	.0017	.0019	.0021	.0023	.0024	.0025	.0027
.20	.0008	.0016	.0024	.0030	.0035	.0039	.0042	.0044	.0046	.0049
.25	.0013	.0026	.0038	.0049	.0057	.0063	.0068	.0071	.0074	.0079
.30	.0020	.0039	.0057	.0073	.0086	.0095	.0102	.0107	.0111	.0118
.35	.0028	.0054	.0080	.0103	.0122	.0137	.0148	.0154	.0157	.0165
.40	.0036	.0072	.0106	.0138	.0165	.0189	.0206	.0216	.0220	.0228
.45	.0046	.0091	.0136	.0178	.0216	.0250	.0277	.0297	.0307	.0310
.50	.0056	.0112	.0167	.0220	.0270	.0317	.0360	.0397	.0432	.0444
.55	.0067	.0133	.0199	.0263	.0325	.0384	.0442	.0498	.0557	.0577
.60	.0077	.0152	.0228	.0302	.0375	.0445	.0513	.0579	.0644	.0659
.65	.0085	.0170	.0255	.0337	.0418	.0497	.0571	.0640	.0707	.0722
.70	.0093	.0185	.0278	.0367	.0454	.0539	.0617	.0687	.0753	.0770
.75	.0099	.0198	.0296	.0391	.0483	.0571	.0651	.0723	.0790	.0808
.80	.0105	.0208	.0311	.0410	.0505	.0595	.0677	.0750	.0818	.0838
.85	.0108	.0215	.0321	.0424	.0521	.0613	.0696	.0770	.0839	.0860
.90	.0111	.0220	.0329	.0433	.0532	.0625	.0709	.0784	.0853	.0875
.95	.0112	.0223	.0333	.0438	.0538	.0632	.0717	.0792	.0861	.0884
1.00	.0113	.0224	.0335	.0440	.0540	.0634	.0719	.0794	.0864	.0887

→ y : ly, ↓ x : lx

Spalte	0.55	0.60	0.65	0.70	0.75	0.80	0.85	0.90	0.95	1.00
.05	.0003	.0004	.0004	.0004	.0005	.0005	.0005	.0005	.0005	.0005
.10	.0013	.0015	.0016	.0017	.0019	.0020	.0020	.0020	.0021	.0021
.15	.0030	.0033	.0037	.0040	.0042	.0044	.0045	.0046	.0046	.0046
.20	.0054	.0060	.0066	.0071	.0076	.0079	.0081	.0082	.0082	.0082
.25	.0087	.0095	.0105	.0113	.0119	.0124	.0126	.0127	.0127	.0127
.30	.0128	.0141	.0155	.0166	.0174	.0179	.0181	.0182	.0181	.0180
.35	.0180	.0198	.0217	.0230	.0239	.0244	.0245	.0245	.0243	.0241
.40	.0250	.0272	.0293	.0307	.0315	.0317	.0317	.0315	.0312	.0308
.45	.0343	.0368	.0385	.0394	.0398	.0398	.0395	.0391	.0385	.0380
.50	.0472	.0483	.0487	.0489	.0487	.0482	.0476	.0469	.0461	.0453
.55	.0601	.0598	.0590	.0584	.0576	.0566	.0557	.0547	.0537	.0527
.60	.0694	.0694	.0681	.0671	.0659	.0647	.0634	.0622	.0610	.0599
.65	.0763	.0768	.0758	.0747	.0735	.0720	.0706	.0692	.0679	.0666
.70	.0816	.0825	.0820	.0812	.0800	.0785	.0770	.0755	.0741	.0727
.75	.0857	.0871	.0870	.0865	.0855	.0840	.0825	.0810	.0795	.0780
.80	.0890	.0906	.0909	.0906	.0898	.0885	.0871	.0855	.0840	.0825
.85	.0914	.0933	.0938	.0938	.0932	.0920	.0906	.0891	.0876	.0861
.90	.0930	.0951	.0959	.0960	.0955	.0944	.0931	.0917	.0902	.0886
.95	.0940	.0962	.0971	.0973	.0969	.0959	.0946	.0932	.0917	.0902
1.00	.0944	.0966	.0975	.0978	.0974	.0964	.0951	.0937	.0922	.0907

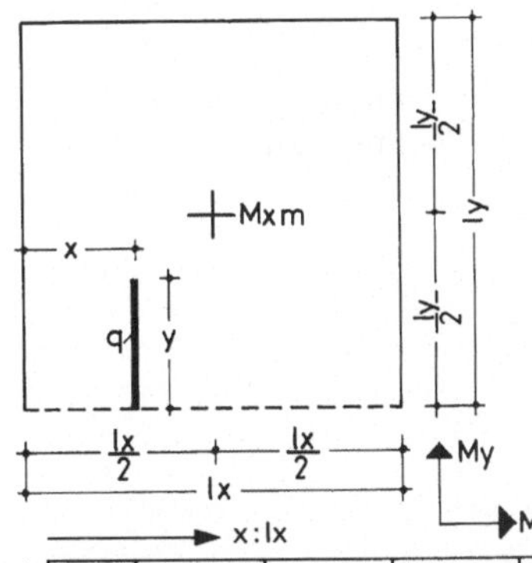

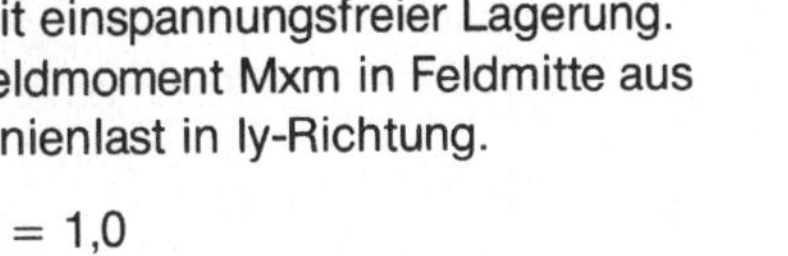

Dreiseitig gelagerte Platte
mit einspannungsfreier Lagerung.
Feldmoment Mxm in Feldmitte aus
Linienlast in ly-Richtung.

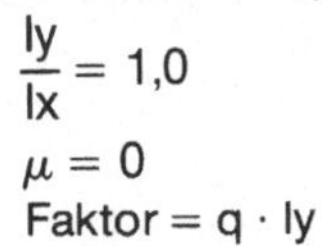

$\frac{ly}{lx} = 1{,}0$

$\mu = 0$

Faktor = q · ly

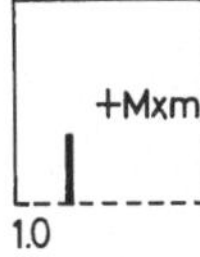

E 4.2.2

x : lx →, y : ly ↓

Spalte	0.05	0.10	0.15	0.20	0.25	0.30	0.35	0.40	0.45	0.50
.05	.0010	.0021	.0031	.0040	.0049	.0058	.0065	.0070	.0074	.0075
.10	.0021	.0041	.0061	.0081	.0099	.0117	.0131	.0143	.0150	.0152
.15	.0031	.0061	.0092	.0121	.0150	.0176	.0199	.0216	.0228	.0232
.20	.0041	.0081	.0122	.0162	.0200	.0237	.0268	.0293	.0310	.0315
.25	.0050	.0100	.0151	.0201	.0249	.0297	.0338	.0371	.0395	.0403
.30	.0059	.0119	.0179	.0238	.0297	.0356	.0409	.0452	.0484	.0495
.35	.0068	.0136	.0204	.0274	.0343	.0414	.0479	.0535	.0579	.0595
.40	.0075	.0151	.0228	.0306	.0386	.0467	.0547	.0619	.0683	.0703
.45	.0082	.0165	.0249	.0335	.0424	.0516	.0609	.0701	.0796	.0828
.50	.0088	.0178	.0269	.0362	.0460	.0560	.0666	.0778	.0891	.1009
.55	.0094	.0190	.0286	.0387	.0493	.0601	.0720	.0851	.0983	.1185
.60	.0100	.0201	.0303	.0411	.0524	.0642	.0773	.0923	.1086	.1304
.65	.0105	.0211	.0319	.0434	.0555	.0683	.0826	.0991	.1171	.1399
.70	.0109	.0221	.0335	.0455	.0584	.0721	.0875	.1051	.1243	.1474
.75	.0114	.0230	.0349	.0475	.0611	.0756	.0919	.1103	.1302	.1536
.80	.0118	.0238	.0361	.0493	.0634	.0785	.0955	.1145	.1350	.1585
.85	.0121	.0244	.0371	.0507	.0653	.0809	.0984	.1178	.1386	.1622
.90	.0123	.0249	.0379	.0518	.0667	.0827	.1005	.1202	.1411	.1648
.95	.0125	.0252	.0384	.0524	.0675	.0837	.1017	.1216	.1427	.1664
1.00	.0125	.0253	.0385	.0526	.0678	.0841	.1021	.1220	.1432	.1669

x : lx →, y : ly ↓

Spalte	0.55	0.60	0.65	0.70	0.75	0.80	0.85	0.90	0.95	
.05	.0074	.0070	.0065	.0058	.0049	.0040	.0031	.0021	.0010	
.10	.0150	.0143	.0131	.0117	.0099	.0081	.0061	.0041	.0021	
.15	.0228	.0216	.0199	.0176	.0150	.0121	.0092	.0061	.0031	
.20	.0310	.0293	.0268	.0237	.0200	.0162	.0122	.0081	.0041	
.25	.0395	.0371	.0338	.0297	.0249	.0201	.0151	.0100	.0050	
.30	.0484	.0452	.0409	.0356	.0297	.0238	.0179	.0119	.0059	
.35	.0579	.0535	.0479	.0414	.0343	.0274	.0204	.0136	.0068	
.40	.0683	.0619	.0547	.0467	.0386	.0306	.0228	.0151	.0075	
.45	.0796	.0701	.0609	.0516	.0424	.0335	.0249	.0165	.0082	
.50	.0891	.0778	.0666	.0560	.0460	.0362	.0269	.0178	.0088	
.55	.0983	.0851	.0720	.0601	.0493	.0387	.0286	.0190	.0094	
.60	.1086	.0923	.0773	.0642	.0524	.0411	.0303	.0201	.0100	
.65	.1171	.0991	.0826	.0683	.0555	.0434	.0319	.0211	.0105	
.70	.1243	.1051	.0875	.0721	.0584	.0455	.0335	.0221	.0109	
.75	.1302	.1103	.0919	.0756	.0611	.0475	.0349	.0230	.0114	
.80	.1350	.1145	.0955	.0785	.0634	.0493	.0361	.0238	.0118	
.85	.1386	.1178	.0984	.0809	.0653	.0507	.0371	.0244	.0121	
.90	.1411	.1202	.1005	.0827	.0667	.0518	.0379	.0249	.0123	
.95	.1427	.1216	.1017	.0837	.0675	.0524	.0384	.0252	.0125	
1.00	.1432	.1220	.1021	.0841	.0678	.0526	.0385	.0253	.0125	

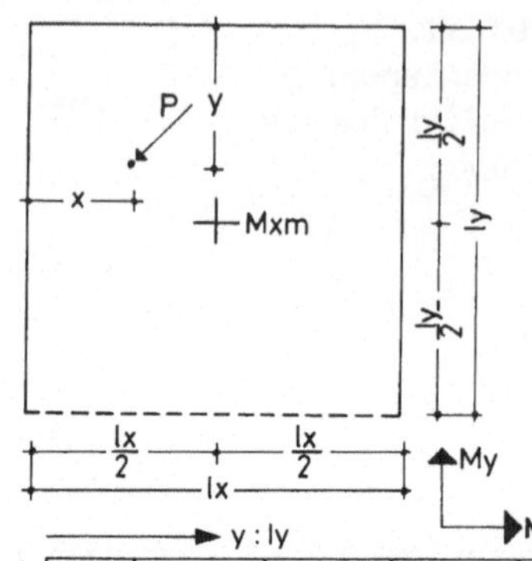

Dreiseitig gelagerte Rechteckplatte mit einspannungsfreier Lagerung. Feldmoment Mxm in Feldmitte aus einer Einzellast.

$\frac{ly}{lx} = 1{,}0$

$\mu = 0$

Faktor = P

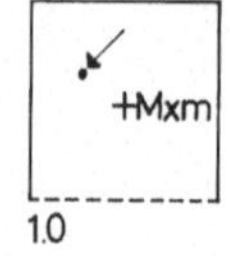

E 4.2.3

y : ly →

x : lx ↓

Spalte										
	0.05	0.10	0.15	0.20	0.25	0.30	0.35	0.40	0.45	0.50
.05	.0020	.0039	.0057	.0072	.0083	.0092	.0098	.0105	.0112	.0120
.10	.0041	.0080	.0116	.0147	.0171	.0189	.0203	.0215	.0226	.0244
.15	.0064	.0124	.0181	.0228	.0266	.0293	.0313	.0330	.0346	.0371
.20	.0088	.0172	.0252	.0320	.0376	.0416	.0445	.0467	.0485	.0515
.25	.0114	.0223	.0330	.0423	.0501	.0561	.0603	.0629	.0644	.0679
.30	.0141	.0280	.0416	.0540	.0648	.0737	.0794	.0817	.0815	.0848
.35	.0167	.0332	.0497	.0653	.0799	.0933	.1028	.1072	.1074	.1086
.40	.0187	.0375	.0563	.0752	.0939	.1128	.1291	.1409	.1468	.1450
.45	.0202	.0407	.0615	.0832	.1061	.1308	.1572	.1842	.2109	.1447
.50	.0208	.0418	.0632	.0860	.1105	.1356	.1677	.2114	.2750	.5594*
.55	.0202	.0407	.0614	.0832	.1061	.1308	.1572	.1842	.2109	.1447
.60	.0187	.0374	.0563	.0752	.0939	.1128	.1291	.1408	.1468	.1450
.65	.0166	.0332	.0497	.0653	.0799	.0933	.1028	.1072	.1074	.1086
.70	.0141	.0279	.0416	.0540	.0648	.0737	.0794	.0817	.0815	.0848
.75	.0114	.0223	.0330	.0423	.0501	.0561	.0602	.0629	.0644	.0679
.80	.0088	.0172	.0252	.0320	.0376	.0416	.0445	.0467	.0485	.0515
.85	.0064	.0124	.0181	.0228	.0266	.0293	.0313	.0330	.0346	.0371
.90	.0041	.0080	.0116	.0147	.0171	.0189	.0203	.0215	.0226	.0244
.95	.0020	.0039	.0057	.0072	.0083	.0092	.0098	.0105	.0112	.0120
1.00	.0000	.0000	.0000	.0000	.0000	.0000	.0000	.0000	.0000	.0000

y : ly →

x : lx ↓

Spalte										
	0.55	0.60	0.65	0.70	0.75	0.80	0.85	0.90	0.95	1.00
.05	.0132	.0145	.0160	.0174	.0186	.0195	.0201	.0205	.0206	.0207
.10	.0267	.0294	.0324	.0352	.0375	.0392	.0403	.0409	.0411	.0411
.15	.0406	.0447	.0494	.0535	.0568	.0592	.0606	.0614	.0615	.0613
.20	.0562	.0618	.0680	.0731	.0769	.0794	.0807	.0812	.0810	.0805
.25	.0738	.0810	.0885	.0942	.0979	.0998	.1004	.1003	.0995	.0984
.30	.0923	.1019	.1118	.1174	.1202	.1205	.1198	.1186	.1168	.1150
.35	.1194	.1299	.1384	.1413	.1414	.1392	.1367	.1340	.1314	.1288
.40	.1599	.1677	.1672	.1639	.1596	.1545	.1500	.1460	.1425	.1391
.45	.2204	.2185	.1975	.1845	.1741	.1661	.1596	.1542	.1499	.1460
.50	.2883	.2244	.2082	.1919	.1792	.1700	.1628	.1569	.1523	.1483
.55	.2204	.2185	.1975	.1845	.1741	.1661	.1596	.1542	.1499	.1460
.60	.1599	.1677	.1672	.1639	.1596	.1545	.1500	.1460	.1425	.1391
.65	.1194	.1299	.1384	.1413	.1414	.1392	.1367	.1340	.1314	.1288
.70	.0923	.1019	.1118	.1174	.1202	.1205	.1198	.1186	.1168	.1150
.75	.0738	.0810	.0886	.0942	.0979	.0998	.1004	.1003	.0994	.0984
.80	.0562	.0618	.0680	.0731	.0769	.0794	.0807	.0812	.0810	.0805
.85	.0406	.0447	.0494	.0535	.0568	.0592	.0606	.0614	.0615	.0613
.90	.0267	.0294	.0324	.0352	.0375	.0392	.0403	.0409	.0411	.0411
.95	.0132	.0145	.0160	.0174	.0186	.0195	.0201	.0205	.0206	.0207
1.00	.0000	.0000	.0000	.0000	.0000	.0000	.0000	.0000	.0000	.0000

* bzw. theoretisch ∞

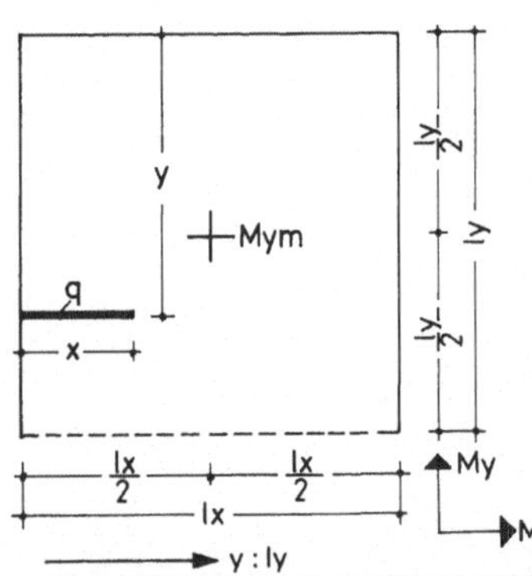

Dreiseitig gelagerte Rechteckplatte mit einspannungsfreier Lagerung. Feldmoment Mym in Feldmitte aus Linienlast in lx--Richtung.

$\frac{ly}{lx} = 1,0$

$\mu = 0$

Faktor = q · lx

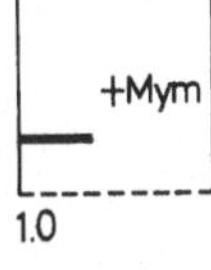

E 4.3.1

→ y : ly

↓ x : lx

Spalte										
	0.05	0.10	0.15	0.20	0.25	0.30	0.35	0.40	0.45	0.50
.05	.0000	.0001	.0000	.0000	.0001	.0002	.0003	.0003	.0003	.0003
.10	.0001	.0002	.0002	.0002	.0005	.0009	.0011	.0012	.0013	.0014
.15	.0002	.0005	.0006	.0008	.0013	.0020	.0025	.0028	.0030	.0031
.20	.0004	.0008	.0011	.0016	.0025	.0035	.0043	.0050	.0055	.0055
.25	.0006	.0012	.0018	.0026	.0038	.0054	.0067	.0078	.0087	.0088
.30	.0008	.0016	.0024	.0036	.0053	.0075	.0095	.0113	.0127	.0130
.35	.0010	.0020	.0031	.0046	.0068	.0097	.0126	.0153	.0177	.0182
.40	.0011	.0024	.0037	.0056	.0083	.0118	.0157	.0197	.0238	.0250
.45	.0013	.0027	.0042	.0064	.0096	.0138	.0187	.0243	.0308	.0339
.50	.0014	.0030	.0047	.0072	.0109	.0155	.0213	.0286	.0378	.0483
.55	.0015	.0033	.0052	.0080	.0121	.0172	.0240	.0330	.0449	.0627
.60	.0017	.0036	.0057	.0089	.0134	.0192	.0270	.0376	.0519	.0716
.65	.0018	.0040	.0063	.0098	.0149	.0213	.0301	.0420	.0579	.0784
.70	.0020	.0044	.0069	.0109	.0164	.0235	.0332	.0460	.0629	.0836
.75	.0022	.0048	.0076	.0119	.0179	.0256	.0360	.0495	.0670	.0878
.80	.0024	.0052	.0082	.0128	.0192	.0275	.0383	.0523	.0702	.0911
.85	.0026	.0055	.0088	.0137	.0204	.0290	.0402	.0545	.0726	.0935
.90	.0027	.0058	.0092	.0143	.0212	.0301	.0416	.0560	.0743	.0952
.95	.0028	.0060	.0094	.0145	.0216	.0308	.0424	.0570	.0753	.0963
1.00	.0028	.0060	.0094	.0145	.0217	.0310	.0427	.0573	.0756	.0966

→ y : ly

↓ x : lx

Spalte										
	0.55	0.60	0.65	0.70	0.75	0.80	0.85	0.90	0.95	1.00
.05	.0003	.0003	.0002	.0001	.0001	.0000	.0001-	.0001-	.0002-	.0002-
.10	.0013	.0011	.0008	.0006	.0003	.0000	.0002-	.0004-	.0006-	.0008-
.15	.0029	.0025	.0019	.0012	.0006	.0000	.0005-	.0010-	.0014-	.0018-
.20	.0051	.0044	.0033	.0022	.0011	.0000	.0010-	.0018-	.0026-	.0033-
.25	.0082	.0069	.0051	.0033	.0015	.0001-	.0016-	.0029-	.0040-	.0051-
.30	.0120	.0100	.0072	.0045	.0019	.0004-	.0024-	.0042-	.0058-	.0073-
.35	.0167	.0137	.0096	.0057	.0022	.0009-	.0035-	.0059-	.0079-	.0098-
.40	.0224	.0178	.0120	.0068	.0023	.0015-	.0048-	.0077-	.0102-	.0127-
.45	.0290	.0218	.0141	.0077	.0022	.0024-	.0063-	.0098-	.0128-	.0157-
.50	.0358	.0249	.0160	.0084	.0019	.0033-	.0079-	.0119-	.0154-	.0189-
.55	.0425	.0280	.0179	.0091	.0017	.0043-	.0095-	.0141-	.0181-	.0220-
.60	.0491	.0320	.0201	.0099	.0016	.0051-	.0110-	.0161-	.0206-	.0250-
.65	.0548	.0361	.0225	.0110	.0017	.0058-	.0122-	.0180-	.0230-	.0279-
.70	.0595	.0398	.0248	.0123	.0020	.0063-	.0133-	.0196-	.0251-	.0304-
.75	.0633	.0429	.0269	.0135	.0024	.0065-	.0142-	.0209-	.0269-	.0326-
.80	.0664	.0455	.0287	.0146	.0028	.0067-	.0148-	.0220-	.0283-	.0345-
.85	.0686	.0474	.0302	.0155	.0033	.0067-	.0153-	.0228-	.0294-	.0359-
.90	.0702	.0488	.0312	.0162	.0036	.0067-	.0155-	.0234-	.0302-	.0369-
.95	.0712	.0496	.0319	.0166	.0038	.0067-	.0157-	.0237-	.0307-	.0375-
1.00	.0715	.0498	.0321	.0168	.0039	.0067-	.0158-	.0238-	.0309-	.0377-

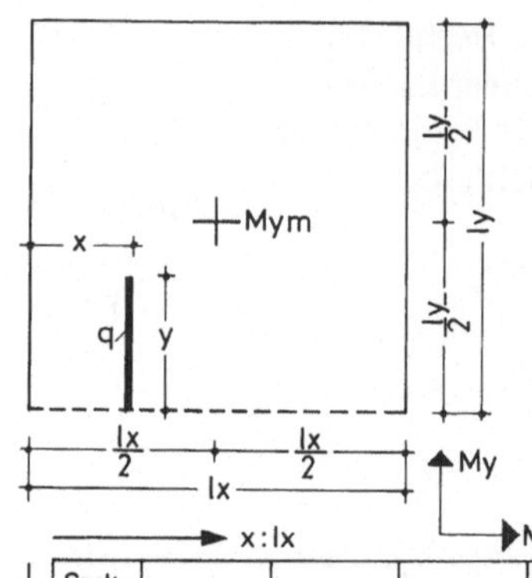

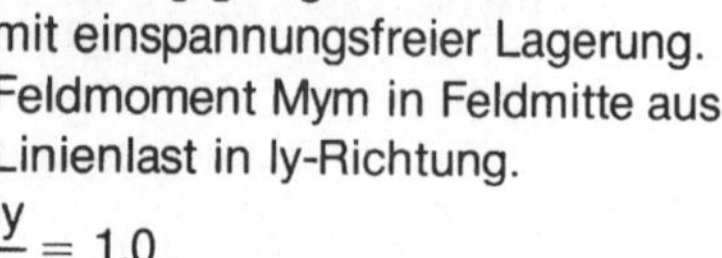

Dreiseitig gelagerte Platte
mit einspannungsfreier Lagerung.
Feldmoment Mym in Feldmitte aus
Linienlast in ly-Richtung.

$\frac{ly}{lx} = 1,0$

$\mu = 0$

Faktor = q · ly

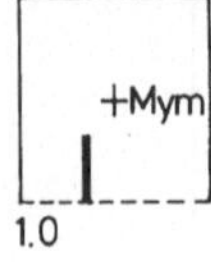

E 4.3.2

x : lx

y : ly

Spalte										
	0.05	0.10	0.15	0.20	0.25	0.30	0.35	0.40	0.45	0.50
.05	.0004-	.0007-	.0011-	.0015-	.0018-	.0022-	.0025-	.0027-	.0029-	.0029-
.10	.0006-	.0013-	.0019-	.0026-	.0032-	.0039-	.0045-	.0049-	.0052-	.0053-
.15	.0008-	.0016-	.0025-	.0033-	.0042-	.0051-	.0059-	.0066-	.0071-	.0072-
.20	.0008-	.0017-	.0026-	.0036-	.0047-	.0058-	.0068-	.0077-	.0083-	.0085-
.25	.0008-	.0016-	.0025-	.0034-	.0045-	.0058-	.0070-	.0081-	.0089-	.0092-
.30	.0006-	.0012-	.0018-	.0027-	.0037-	.0050-	.0064-	.0076-	.0087-	.0090-
.35	.0002-	.0005-	.0008-	.0014-	.0022-	.0033-	.0046-	.0060-	.0073-	.0078-
.40	.0003	.0005	.0006	.0005	.0002	.0004-	.0015-	.0028-	.0045-	.0056-
.45	.0009	.0017	.0024	.0030	.0033	.0035	.0032	.0023	.0007	.0011-
.50	.0015	.0030	.0045	.0058	.0069	.0080	.0088	.0093	.0093	.0122
.55	.0022	.0044	.0065	.0086	.0106	.0126	.0146	.0165	.0181	.0232
.60	.0029	.0057	.0085	.0113	.0140	.0168	.0195	.0221	.0242	.0281
.65	.0034	.0069	.0103	.0136	.0169	.0202	.0232	.0259	.0279	.0311
.70	.0039	.0079	.0118	.0155	.0192	.0227	.0259	.0284	.0300	.0335
.75	.0043	.0086	.0129	.0170	.0209	.0246	.0277	.0302	.0315	.0350
.80	.0044	.0091	.0138	.0181	.0221	.0258	.0290	.0313	.0326	.0359
.85	.0045	.0094	.0144	.0188	.0229	.0267	.0298	.0321	.0332	.0366
.90	.0045	.0097	.0148	.0193	.0234	.0272	.0302	.0325	.0336	.0369
.95	.0046	.0099	.0150	.0196	.0237	.0275	.0305	.0327	.0338	.0372
1.00	.0047	.0099	.0151	.0196	.0238	.0276	.0306	.0328	.0339	.0373

x : lx

y : ly

Spalte										
	0.55	0.60	0.65	0.70	0.75	0.80	0.85	0.90	0.95	
.05	.0029-	.0027-	.0025-	.0022-	.0018-	.0015-	.0011-	.0007-	.0004-	
.10	.0052-	.0049-	.0045-	.0039-	.0032-	.0026-	.0019-	.0013-	.0006-	
.15	.0071-	.0066-	.0059-	.0051-	.0042-	.0033-	.0025-	.0016-	.0008-	
.20	.0083-	.0077-	.0068-	.0058-	.0047-	.0036-	.0026-	.0017-	.0008-	
.25	.0089-	.0081-	.0070-	.0058-	.0045-	.0034-	.0025-	.0016-	.0008-	
.30	.0087-	.0076-	.0064-	.0050-	.0037-	.0027-	.0018-	.0012-	.0006-	
.35	.0073-	.0060-	.0046-	.0033-	.0022-	.0014-	.0008-	.0005-	.0002-	
.40	.0045-	.0028-	.0015-	.0004-	.0002	.0005	.0006	.0005	.0003	
.45	.0007	.0023	.0032	.0035	.0033	.0030	.0024	.0017	.0009	
.50	.0093	.0093	.0088	.0080	.0069	.0058	.0045	.0030	.0015	
.55	.0181	.0165	.0146	.0126	.0106	.0086	.0065	.0044	.0022	
.60	.0242	.0221	.0195	.0168	.0140	.0113	.0085	.0057	.0029	
.65	.0279	.0259	.0232	.0202	.0169	.0136	.0103	.0069	.0034	
.70	.0300	.0284	.0259	.0227	.0192	.0155	.0118	.0079	.0039	
.75	.0315	.0302	.0277	.0246	.0209	.0170	.0129	.0086	.0043	
.80	.0326	.0313	.0290	.0258	.0221	.0181	.0138	.0091	.0044	
.85	.0332	.0321	.0298	.0267	.0229	.0188	.0144	.0094	.0045	
.90	.0336	.0325	.0302	.0272	.0234	.0193	.0148	.0097	.0045	
.95	.0338	.0327	.0305	.0275	.0237	.0196	.0150	.0099	.0046	
1.00	.0339	.0328	.0306	.0276	.0238	.0196	.0151	.0099	.0047	

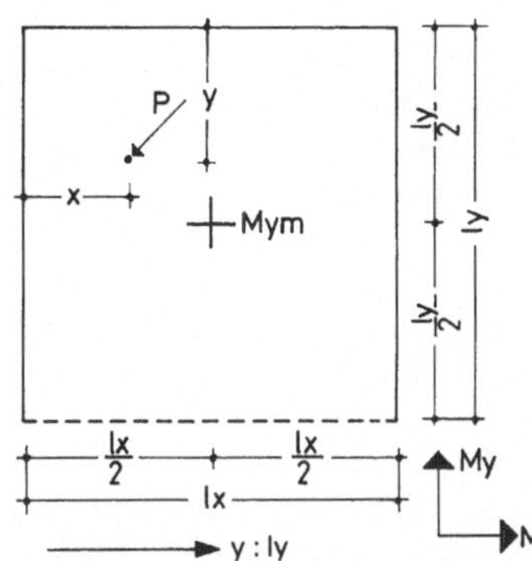

Dreiseitig gelagerte Rechteckplatte mit einspannungsfreier Lagerung. Feldmoment Mym in Feldmitte aus einer Einzellast.

$\frac{ly}{lx} = 1{,}0$

$\mu = 0$

Faktor = P

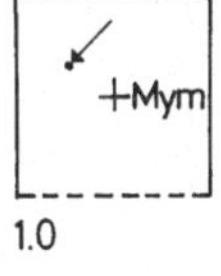

E 4.3.3

y : ly →, x : lx ↓

Spalte	0.05	0.10	0.15	0.20	0.25	0.30	0.35	0.40	0.45	0.50
.05	.0011	.0024	.0011	.0011	.0046	.0091	.0110	.0124	.0134	.0135
.10	.0021	.0044	.0056	.0078	.0124	.0179	.0218	.0249	.0271	.0273
.15	.0030	.0063	.0100	.0147	.0201	.0265	.0326	.0375	.0411	.0414
.20	.0035	.0075	.0121	.0180	.0251	.0338	.0426	.0501	.0561	.0571
.25	.0038	.0081	.0132	.0200	.0287	.0397	.0516	.0626	.0723	.0745
.30	.0037	.0080	.0132	.0205	.0304	.0437	.0593	.0754	.0904	.0926
.35	.0035	.0075	.0124	.0198	.0300	.0442	.0631	.0855	.1102	.1178
.40	.0031	.0069	.0113	.0184	.0283	.0414	.0618	.0910	.1306	.1547
.45	.0026	.0060	.0100	.0163	.0253	.0348	.0555	.0949	.1479	.2060
.50	.0032	.0062	.0096	.0156	.0242	.0383	.0540	.0650	.1266	.4892*
.55	.0026	.0060	.0100	.0163	.0253	.0348	.0555	.0949	.1479	.2060
.60	.0031	.0069	.0113	.0184	.0283	.0414	.0618	.0910	.1306	.1547
.65	.0035	.0075	.0124	.0198	.0300	.0442	.0631	.0855	.1102	.1177
.70	.0037	.0080	.0132	.0205	.0304	.0437	.0593	.0754	.0903	.0926
.75	.0038	.0081	.0132	.0200	.0287	.0397	.0515	.0626	.0723	.0745
.80	.0035	.0075	.0121	.0180	.0251	.0338	.0426	.0501	.0561	.0571
.85	.0029	.0062	.0100	.0147	.0201	.0265	.0326	.0375	.0411	.0414
.90	.0021	.0044	.0056	.0078	.0124	.0179	.0218	.0249	.0271	.0273
.95	.0011	.0023	.0011	.0011	.0046	.0091	.0110	.0124	.0134	.0135
1.00	.0000	.0000	.0000	.0000	.0000	.0000	.0000	.0000	.0000	.0000

y : ly →, x : lx ↓

Spalte	0.55	0.60	0.65	0.70	0.75	0.80	0.85	0.90	0.95	1.00
.05	.0125	.0109	.0084	.0056	.0030	.0002	.0022-	.0044-	.0063-	.0082-
.10	.0254	.0218	.0167	.0111	.0056	.0002	.0046-	.0089-	.0127-	.0163-
.15	.0386	.0330	.0250	.0163	.0079	.0002-	.0073-	.0137-	.0193-	.0245-
.20	.0528	.0444	.0326	.0205	.0091	.0015-	.0107-	.0188-	.0258-	.0326-
.25	.0682	.0561	.0394	.0234	.0090	.0038-	.0146-	.0241-	.0323-	.0403-
.30	.0858	.0691	.0453	.0247	.0072	.0072-	.0193-	.0298-	.0389-	.0478-
.35	.1044	.0791	.0478	.0236	.0040	.0111-	.0239-	.0350-	.0447-	.0541-
.40	.1225	.0820	.0461	.0202	.0001	.0150-	.0278-	.0392-	.0492-	.0589-
.45	.1377	.0724	.0405	.0150	.0045-	.0185-	.0311-	.0423-	.0524-	.0622-
.50	.1296	.0579	.0359	.0129	.0056-	.0199-	.0322-	.0434-	.0535-	.0634-
.55	.1377	.0724	.0405	.0150	.0045-	.0185-	.0311-	.0423-	.0524-	.0622-
.60	.1225	.0820	.0461	.0203	.0001	.0150-	.0278-	.0392-	.0492-	.0589-
.65	.1044	.0791	.0478	.0236	.0040	.0111-	.0239-	.0350-	.0447-	.0541-
.70	.0858	.0691	.0453	.0248	.0072	.0072-	.0193-	.0298-	.0389-	.0478-
.75	.0682	.0561	.0394	.0234	.0090	.0038-	.0146-	.0241-	.0323-	.0403-
.80	.0528	.0444	.0326	.0205	.0091	.0015-	.0107-	.0188-	.0258-	.0326-
.85	.0385	.0330	.0250	.0163	.0079	.0002-	.0073-	.0137-	.0192-	.0245-
.90	.0254	.0218	.0167	.0111	.0056	.0002	.0046-	.0089-	.0127-	.0163-
.95	.0125	.0109	.0084	.0056	.0030	.0002	.0021-	.0044-	.0063-	.0081-
1.00	.0000	.0000	.0000	.0000	.0000	.0000	.0000	.0000	.0000	.0000

* bzw. theoretisch ∞

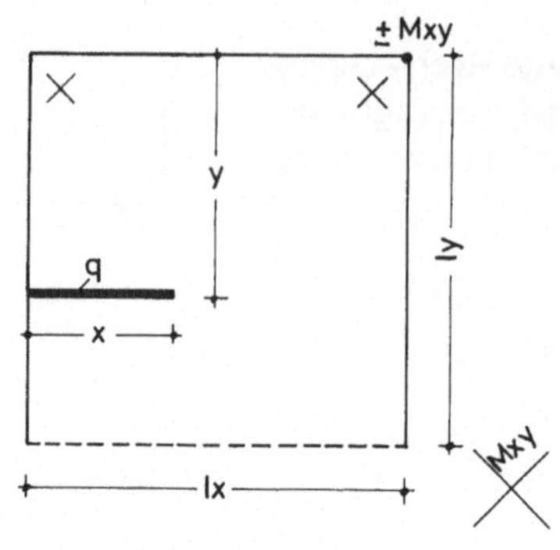

Dreiseitig gelagerte Rechteckplatte mit einspannungsfreier Lagerung. Drillmoment Mxy im Eckpunkt der aufliegenden Ecke aus Linienlast in lx-Richtung.

$\frac{ly}{lx} = 1{,}0$

$\mu = 0$

Faktor = q · lx

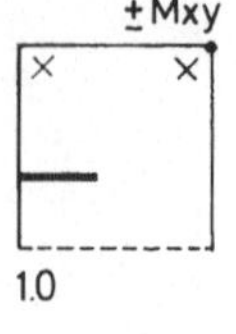

E 4.4.1

→ y : ly ; ↓ x : lx

Spalte										
	0.05	0.10	0.15	0.20	0.25	0.30	0.35	0.40	0.45	0.50
.05	.0001	.0001	.0002	.0002	.0002	.0003	.0003	.000[illegible]	.0003	.0003
.10	.0002	.0004	.0006	.0008	.0009	.0011	.0012	.0012	.0013	.0013
.15	.0005	.0009	.0014	.0018	.0021	.0024	.0026	.0028	.0029	.0030
.20	.0009	.0017	.0025	.0032	.0038	.0043	.0047	.0049	.0051	.0052
.25	.0014	.0027	.0039	.0050	.0059	.0067	.0073	.0077	.0080	.0081
.30	.0020	.0039	.0056	.0072	.0085	.0096	.0105	.0111	.0114	.0116
.35	.0027	.0053	.0077	.0099	.0117	.0131	.0142	.0150	.0155	.0157
.40	.0036	.0070	.0102	.0130	.0153	.0172	.0186	.0195	.0201	.0203
.45	.0046	.0090	.0131	.0166	.0195	.0218	.0235	.0246	.0252	.0254
.50	.0058	.0113	.0164	.0207	.0242	.0269	.0289	.0301	.0307	.0309
.55	.0072	.0140	.0202	.0254	.0295	.0326	.0348	.0361	.0366	.0367
.60	.0088	.0171	.0245	.0306	.0354	.0388	.0412	.0425	.0428	.0426
.65	.0107	.0206	.0294	.0365	.0418	.0455	.0478	.0491	.0492	.0487
.70	.0129	.0247	.0350	.0429	.0487	.0525	.0547	.0557	.0555	.0546
.75	.0155	.0295	.0412	.0500	.0561	.0596	.0616	.0622	.0615	.0602
.80	.0187	.0352	.0482	.0575	.0636	.0666	.0681	.0682	.0670	.0653
.85	.0229	.0418	.0556	.0650	.0707	.0730	.0739	.0735	.0718	.0696
.90	.0289	.0498	.0630	.0718	.0767	.0783	.0785	.0776	.0754	.0729
.95	.0392	.0598	.0691	.0767	.0808	.0818	.0815	.0802	.0777	.0749
1.00	.0450	.0650	.0717	.0786	.0823	.0831	.0826	.0811	.0785	.0756

→ y : ly ; ↓ x : lx

Spalte										
	0.55	0.60	0.65	0.70	0.75	0.80	0.85	0.90	0.95	1.00
.05	.0003	.0003	.0003	.0003	.0003	.0003	.0003	.0003	.0003	.0003
.10	.0013	.0013	.0013	.0013	.0013	.0012	.0012	.0012	.0011	.0011
.15	.0030	.0030	.0029	.0029	.0028	.0027	.0027	.0026	.0025	.0024
.20	.0053	.0053	.0052	.0051	.0050	.0048	.0047	.0046	.0044	.0043
.25	.0082	.0082	.0080	.0079	.0077	.0075	.0073	.0070	.0068	.0066
.30	.0117	.0116	.0114	.0112	.0109	.0106	.0103	.0100	.0096	.0093
.35	.0157	.0156	.0153	.0150	.0146	.0142	.0137	.0133	.0128	.0124
.40	.0203	.0201	.0197	.0192	.0187	.0181	.0175	.0169	.0164	.0158
.45	.0253	.0249	.0244	.0237	.0230	.0223	.0215	.0208	.0201	.0194
.50	.0306	.0301	.0294	.0285	.0276	.0267	.0257	.0248	.0240	.0231
.55	.0362	.0355	.0345	.0334	.0323	.0312	.0300	.0290	.0279	.0269
.60	.0419	.0410	.0397	.0384	.0370	.0356	.0343	.0330	.0318	.0306
.65	.0477	.0464	.0448	.0432	.0416	.0400	.0384	.0369	.0356	.0342
.70	.0532	.0516	.0497	.0478	.0459	.0441	.0423	.0406	.0391	.0375
.75	.0585	.0564	.0542	.0520	.0499	.0478	.0458	.0439	.0422	.0405
.80	.0631	.0607	.0582	.0557	.0533	.0510	.0488	.0468	.0449	.0431
.85	.0670	.0643	.0615	.0587	.0561	.0536	.0513	.0491	.0472	.0452
.90	.0700	.0670	.0639	.0610	.0582	.0556	.0531	.0509	.0488	.0468
.95	.0718	.0686	.0654	.0624	.0595	.0567	.0542	.0519	.0498	.0477
1.00	.0724	.0692	.0660	.0628	.0599	.0571	.0546	.0523	.0501	.0481

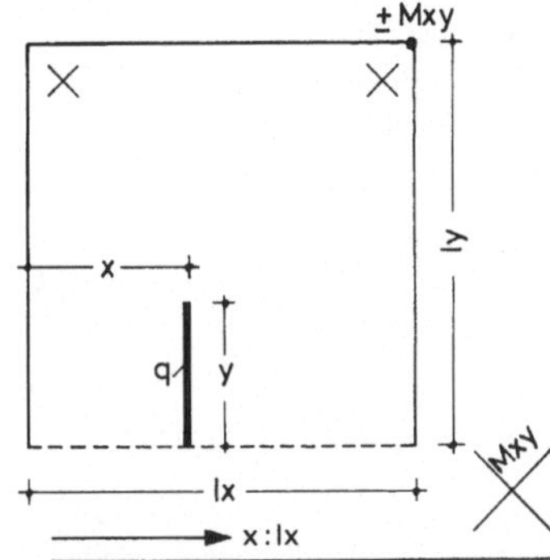

Dreiseitig gelagerte Rechteckplatte mit einspannungsfreier Lagerung. Drillmoment Mxy im Eckpunkt der aufliegenden Ecke aus Linienlast in ly-Richtung.

$\frac{ly}{lx} = 1{,}0$

$\mu = 0$

Faktor = q · ly

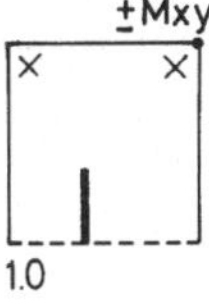

E 4.4.2

x : lx → ; y : ly ↓

Spalte										
	0.05	0.10	0.15	0.20	0.25	0.30	0.35	0.40	0.45	0.50
.05	.0006	.0011	.0016	.0021	.0026	.0030	.0033	.0036	.0038	.0038
.10	.0011	.0022	.0033	.0043	.0052	.0061	.0067	.0073	.0077	.0079
.15	.0017	.0034	.0051	.0066	.0080	.0092	.0103	.0111	.0117	.0120
.20	.0023	.0046	.0068	.0089	.0108	.0125	.0140	.0151	.0160	.0164
.25	.0030	.0059	.0087	.0113	.0137	.0159	.0178	.0193	.0204	.0210
.30	.0036	.0071	.0106	.0138	.0167	.0195	.0217	.0236	.0250	.0257
.35	.0043	.0084	.0125	.0163	.0198	.0231	.0258	.0280	.0297	.0307
.40	.0049	.0098	.0145	.0189	.0230	.0268	.0300	.0326	.0347	.0359
.45	.0056	.0111	.0164	.0215	.0262	.0305	.0343	.0374	.0398	.0413
.50	.0063	.0124	.0184	.0241	.0294	.0343	.0386	.0422	.0450	.0469
.55	.0069	.0137	.0203	.0267	.0325	.0381	.0430	.0470	.0504	.0526
.60	.0075	.0150	.0221	.0292	.0357	.0418	.0472	.0519	.0557	.0583
.65	.0081	.0162	.0239	.0316	.0387	.0454	.0514	.0566	.0609	.0641
.70	.0087	.0173	.0256	.0338	.0414	.0488	.0553	.0610	.0660	.0696
.75	.0092	.0183	.0271	.0358	.0440	.0518	.0589	.0652	.0706	.0749
.80	.0096	.0192	.0284	.0376	.0462	.0545	.0621	.0688	.0748	.0796
.85	.0100	.0199	.0294	.0390	.0480	.0567	.0647	.0719	.0783	.0836
.90	.0102	.0204	.0302	.0401	.0493	.0583	.0666	.0741	.0809	.0866
.95	.0104	.0207	.0307	.0407	.0502	.0593	.0678	.0753	.0826	.0885
1.00	.0104	.0208	.0309	.0409	.0504	.0597	.0682	.0758	.0831	.0892

x : lx → ; y : ly ↓

Spalte										
	0.55	0.60	0.65	0.70	0.75	0.80	0.85	0.90	0.95	
.05	.0038	.0038	.0036	.0033	.0029	.0024	.0019	.0013	.0007	
.10	.0079	.0077	.0073	.0067	.0059	.0050	.0039	.0026	.0013	
.15	.0121	.0118	.0112	.0103	.0091	.0077	.0060	.0041	.0021	
.20	.0165	.0161	.0153	.0141	.0125	.0105	.0082	.0056	.0029	
.25	.0211	.0206	.0197	.0182	.0161	.0136	.0106	.0072	.0037	
.30	.0259	.0254	.0243	.0224	.0199	.0168	.0132	.0090	.0046	
.35	.0310	.0305	.0292	.0270	.0240	.0203	.0159	.0109	.0056	
.40	.0363	.0358	.0343	.0319	.0284	.0241	.0189	.0130	.0066	
.45	.0419	.0414	.0398	.0371	.0332	.0282	.0222	.0165	.0078	
.50	.0477	.0473	.0457	.0427	.0384	.0327	.0259	.0202	.0091	
.55	.0537	.0535	.0519	.0487	.0440	.0377	.0299	.0230	.0106	
.60	.0598	.0599	.0584	.0551	.0501	.0431	.0344	.0262	.0123	
.65	.0660	.0664	.0651	.0619	.0566	.0491	.0394	.0299	.0142	
.70	.0720	.0730	.0719	.0689	.0636	.0556	.0450	.0340	.0164	
.75	.0778	.0793	.0787	.0760	.0710	.0627	.0513	.0389	.0191	
.80	.0831	.0852	.0852	.0830	.0784	.0702	.0583	.0445	.0223	
.85	.0876	.0903	.0909	.0893	.0855	.0777	.0657	.0510	.0262	
.90	.0911	.0942	.0954	.0946	.0915	.0845	.0731	.0593	.0327	
.95	.0933	.0968	.0984	.0980	.0956	.0894	.0792	.0693	.0431	
1.00	.0941	.0976	.0994	.0993	.0971	.0913	.0817	.0745	.0489	

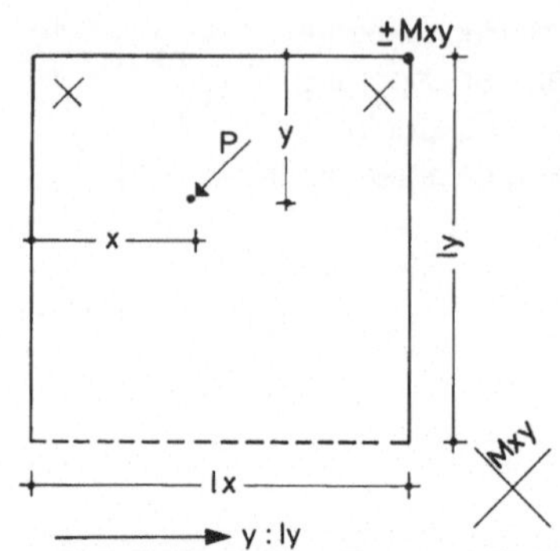

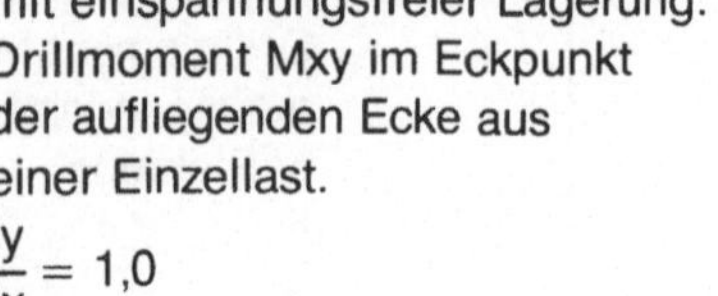
Dreiseitig gelagerte Rechteckplatte mit einspannungsfreier Lagerung. Drillmoment Mxy im Eckpunkt der aufliegenden Ecke aus einer Einzellast.

$$\frac{ly}{lx} = 1{,}0$$

$\mu = 0$

Faktor = P

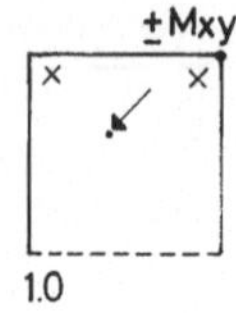

E 4.4.3

Mxy

→ y : ly

↓ x : lx

Spalte										
	0.05	0.10	0.15	0.20	0.25	0.30	0.35	0.40	0.45	0.50
.05	.0021	.0041	.0061	.0079	.0094	.0106	.0116	.0124	.0129	.0132
.10	.0043	.0084	.0123	.0158	.0188	.0213	.0233	.0248	.0257	.0263
.15	.0064	.0127	.0186	.0238	.0282	.0320	.0349	.0371	.0385	.0393
.20	.0087	.0171	.0250	.0319	.0379	.0427	.0465	.0493	.0510	.0519
.25	.0110	.0217	.0316	.0403	.0477	.0535	.0581	.0613	.0632	.0641
.30	.0135	.0264	.0385	.0489	.0576	.0645	.0697	.0732	.0751	.0760
.35	.0161	.0315	.0458	.0579	.0678	.0756	.0812	.0848	.0864	.0869
.40	.0190	.0371	.0536	.0673	.0783	.0867	.0923	.0958	.0970	.0969
.45	.0222	.0430	.0618	.0772	.0892	.0977	.1032	.1062	.1067	.1058
.50	.0258	.0497	.0709	.0878	.1003	.1086	.1136	.1156	.1150	.1129
.55	.0299	.0573	.0809	.0990	.1117	.1190	.1228	.1236	.1216	.1182
.60	.0346	.0659	.0919	.1109	.1232	.1290	.1310	.1299	.1259	.1210
.65	.0408	.0764	.1041	.1229	.1336	.1366	.1360	.1327	.1268	.1204
.70	.0484	.0888	.1176	.1348	.1425	.1415	.1378	.1318	.1239	.1161
.75	.0574	.1040	.1334	.1473	.1500	.1432	.1353	.1264	.1166	.1078
.80	.0721	.1220	.1449	.1516	.1478	.1359	.1249	.1141	.1036	.0945
.85	.0938	.1425	.1498	.1451	.1339	.1186	.1060	.0947	.0848	.0764
.90	.1785	.1948	.1426	.1222	.1044	.0896	.0776	.0678	.0601	.0536
.95	.1977	.1784	.0938	.0722	.0577	.0489	.0415	.0356	.0314	.0278
1.00	.0000	.0000	.0000	.0000	.0000	.0000	.0000	.0000	.0000	.0000

→ y : ly

↓ x : lx

Spalte										
	0.55	0.60	0.65	0.70	0.75	0.80	0.85	0.90	0.95	1.00
.05	.0134	.0134	.0132	.0130	.0127	.0122	.0119	.0115	.0114	.0110
.10	.0266	.0265	.0262	.0258	.0252	.0244	.0238	.0230	.0224	.0217
.15	.0396	.0394	.0389	.0382	.0373	.0363	.0353	.0342	.0331	.0321
.20	.0521	.0518	.0511	.0500	.0488	.0474	.0460	.0446	.0431	.0417
.25	.0642	.0636	.0625	.0611	.0595	.0577	.0559	.0541	.0523	.0505
.30	.0757	.0748	.0732	.0713	.0693	.0671	.0648	.0627	.0605	.0584
.35	.0862	.0848	.0827	.0802	.0777	.0750	.0724	.0699	.0673	.0649
.40	.0955	.0934	.0907	.0876	.0846	.0814	.0784	.0755	.0727	.0700
.45	.1036	.1007	.0972	.0935	.0900	.0863	.0829	.0797	.0766	.0735
.50	.1097	.1059	.1017	.0974	.0932	.0892	.0854	.0819	.0785	.0753
.55	.1138	.1090	.1040	.0991	.0944	.0900	.0859	.0821	.0786	.0753
.60	.1153	.1095	.1038	.0983	.0931	.0885	.0842	.0803	.0767	.0734
.65	.1136	.1069	.1006	.0948	.0893	.0846	.0802	.0763	.0729	.0695
.70	.1084	.1011	.0945	.0885	.0830	.0783	.0741	.0703	.0670	.0638
.75	.0994	.0919	.0852	.0793	.0741	.0696	.0657	.0622	.0591	.0563
.80	.0863	.0791	.0729	.0675	.0628	.0588	.0554	.0523	.0497	.0472
.85	.0692	.0630	.0577	.0532	.0493	.0461	.0433	.0408	.0388	.0368
.90	.0481	.0436	.0397	.0365	.0338	.0315	.0296	.0279	.0264	.0250
.95	.0248	.0224	.0204	.0187	.0172	.0161	.0151	.0142	.0134	.0127
1.00	.0000	.0000	.0000	.0000	.0000	.0000	.0000	.0000	.0000	.0000

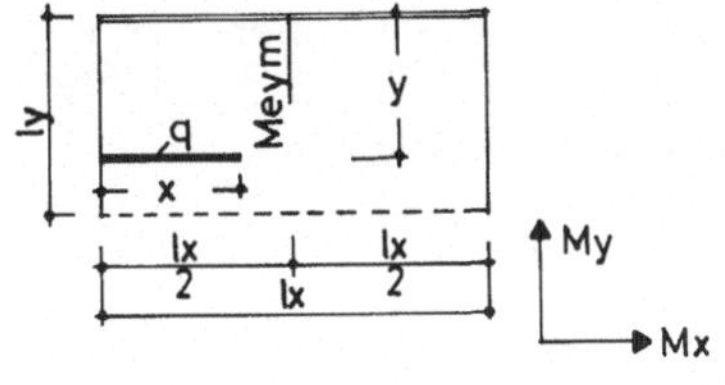

Stützmoment Meym in Seitenmitte einer dreiseitig gelagerten Platte mit einem eingespannten Rand aus Linienlast in lx-Richtung.

$\frac{ly}{ly} = 0{,}5$

$\mu = 0$

Faktor = q · lx

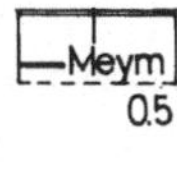

E 5.5.1

→ y : ly

↓ x : lx

Spalte	0.05	0.10	0.15	0.20	0.25	0.30	0.35	0.40	0.45	0.50
.05	.0000	.0000	.0000	.0001-	.0001-	.0002-	.0003-	.0004-	.0005-	.0006-
.10	.0000	.0000	.0002-	.0004-	.0004-	.0009-	.0013-	.0017-	.0019-	.0023-
.15	.0000	.0002-	.0005-	.0010-	.0012-	.0022-	.0031-	.0039-	.0046-	.0058-
.20	.0001-	.0005-	.0011-	.0020-	.0026-	.0044-	.0060-	.0080-	.0093-	.0108-
.25	.0005-	.0011-	.0022-	.0042-	.0049-	.0085-	.0109-	.0131-	.0152-	.0173-
.30	.0010-	.0021-	.0043-	.0068-	.0098-	.0134-	.0167-	.0202-	.0231-	.0262-
.35	.0019-	.0034-	.0068-	.0105-	.0152-	.0204-	.0249-	.0294-	.0331-	.0370-
.40	.0032-	.0065-	.0105-	.0172-	.0236-	.0301-	.0357-	.0412-	.0458-	.0502-
.45	.0061-	.0115-	.0190-	.0275-	.0355-	.0432-	.0497-	.0559-	.0609-	.0655-
.50	.0145-	.0238-	.0330-	.0425-	.0509-	.0589-	.0656-	.0718-	.0770-	.0821-
.55	.0228-	.0362-	.0471-	.0575-	.0663-	.0747-	.0815-	.0880-	.0933-	.0993-
.60	.0249-	.0412-	.0550-	.0677-	.0782-	.0878-	.0956-	.1026-	.1082-	.1138-
.65	.0264-	.0434-	.0591-	.0741-	.0864-	.0973-	.1062-	.1143-	.1208-	.1270-
.70	.0274-	.0450-	.0610-	.0781-	.0918-	.1044-	.1143-	.1232-	.1308-	.1378-
.75	.0280-	.0461-	.0634-	.0801-	.0959-	.1091-	.1202-	.1305-	.1388-	.1465-
.80	.0283-	.0468-	.0646-	.0826-	.0985-	.1130-	.1246-	.1355-	.1447-	.1532-
.85	.0284-	.0471-	.0653-	.0838-	.1001-	.1153-	.1277-	.1395-	.1491-	.1580-
.90	.0283-	.0472-	.0656-	.0844-	.1008-	.1167-	.1296-	.1419-	.1519-	.1616-
.95	.0281-	.0471-	.0656-	.0846-	.1008-	.1172-	.1305-	.1431-	.1534-	.1633-
1.00	.0279-	.0468-	.0654-	.0845-	.1004-	.1170-	.1305-	.1432-	.1536-	.1637-

→ y : ly

↓ x : lx

Spalte	0.55	0.60	0.65	0.70	0.75	0.80	0.85	0.90	0.95	1.00
.05	.0007-	.0007-	.0008-	.0009-	.0010-	.0010-	.0010-	.0011-	.0011-	.0012-
.10	.0027-	.0030-	.0032-	.0036-	.0040-	.0042-	.0042-	.0045-	.0045-	.0047-
.15	.0067-	.0072-	.0079-	.0084-	.0091-	.0094-	.0095-	.0101-	.0102-	.0107-
.20	.0122-	.0132-	.0143-	.0152-	.0162-	.0169-	.0172-	.0181-	.0184-	.0191-
.25	.0196-	.0211-	.0228-	.0240-	.0254-	.0264-	.0270-	.0282-	.0290-	.0299-
.30	.0289-	.0310-	.0333-	.0347-	.0367-	.0381-	.0390-	.0406-	.0417-	.0430-
.35	.0404-	.0431-	.0458-	.0477-	.0503-	.0520-	.0534-	.0553-	.0568-	.0584-
.40	.0542-	.0573-	.0606-	.0629-	.0656-	.0676-	.0691-	.0714-	.0731-	.0748-
.45	.0698-	.0731-	.0766-	.0791-	.0824-	.0846-	.0863-	.0888-	.0908-	.0927-
.50	.0867-	.0902-	.0940-	.0967-	.1003-	.1025-	.1041-	.1070-	.1091-	.1113-
.55	.1042-	.1069-	.1108-	.1137-	.1173-	.1198-	.1220-	.1253-	.1278-	.1302-
.60	.1189-	.1228-	.1270-	.1301-	.1344-	.1369-	.1392-	.1425-	.1451-	.1475-
.65	.1327-	.1370-	.1416-	.1451-	.1494-	.1523-	.1550-	.1587-	.1615-	.1643-
.70	.1441-	.1490-	.1541-	.1580-	.1631-	.1662-	.1694-	.1733-	.1764-	.1793-
.75	.1534-	.1589-	.1645-	.1688-	.1742-	.1778-	.1812-	.1857-	.1892-	.1928-
.80	.1608-	.1668-	.1730-	.1776-	.1835-	.1873-	.1911-	.1958-	.1997-	.2033-
.85	.1663-	.1727-	.1794-	.1843-	.1906-	.1948-	.1987-	.2038-	.2079-	.2117-
.90	.1702-	.1769-	.1840-	.1891-	.1956-	.2000-	.2039-	.2094-	.2136-	.2177-
.95	.1723-	.1792-	.1865-	.1919-	.1987-	.2032-	.2072-	.2128-	.2170-	.2212-
1.00	.1728-	.1798-	.1871-	.1927-	.1996-	.2043-	.2082-	.2138-	.2181-	.2223-

Auswertung aus Hoeland „Stützmomenten-Einflußfelder durchlaufender Platten" Tafel Nr. 3

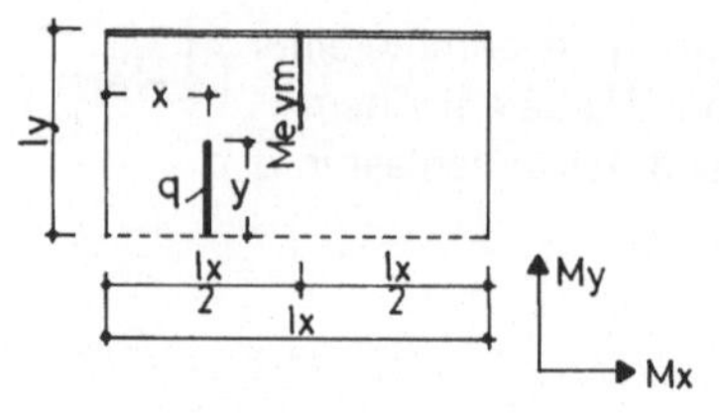

Stützmoment Meym in Seitenmitte einer dreiseitig gelagerten Platte mit einem eingespannten Rand aus Linienlast in ly-Richtung.

$\frac{ly}{lx} = 0{,}5$

$\mu = 0$

Faktor = q · ly

Meym 0.5

E 5.5.2

→ x : lx, ↓ y : ly

Spalte										
	0.05	0.10	0.15	0.20	0.25	0.30	0.35	0.40	0.45	0.50
.05	.0023-	.0047-	.0072-	.0095-	.0119-	.0141-	.0159-	.0172-	.0182-	.0185-
.10	.0044-	.0093-	.0142-	.0188-	.0238-	.0277-	.0316-	.0342-	.0363-	.0368-
.15	.0066-	.0139-	.0211-	.0280-	.0355-	.0410-	.0472-	.0509-	.0541-	.0549-
.20	.0087-	.0183-	.0279-	.0368-	.0469-	.0539-	.0625-	.0674-	.0718-	.0728-
.25	.0108-	.0226-	.0344-	.0453-	.0580-	.0664-	.0774-	.0836-	.0893-	.0905-
.30	.0127-	.0266-	.0406-	.0535-	.0686-	.0785-	.0920-	.0996-	.1065-	.1080-
.35	.0144-	.0305-	.0465-	.0613-	.0776-	.0904-	.1055-	.1154-	.1233-	.1254-
.40	.0159-	.0341-	.0521-	.0687-	.0869-	.1017-	.1191-	.1309-	.1401-	.1426-
.45	.0174-	.0375-	.0573-	.0755-	.0958-	.1125-	.1323-	.1461-	.1568-	.1596-
.50	.0187-	.0405-	.0620-	.0810-	.1041-	.1228-	.1450-	.1609-	.1734-	.1764-
.55	.0197-	.0432-	.0652-	.0866-	.1117-	.1323-	.1570-	.1752-	.1896-	.1931-
.60	.0206-	.0445-	.0686-	.0915-	.1186-	.1410-	.1682-	.1889-	.2056-	.2096-
.65	.0214-	.0462-	.0714-	.0958-	.1237-	.1479-	.1773-	.2020-	.2212-	.2259-
.70	.0220-	.0474-	.0736-	.0993-	.1285-	.1544-	.1863-	.2129-	.2363-	.2421-
.75	.0223-	.0483-	.0752-	.1020-	.1323-	.1597-	.1940-	.2235-	.2509-	.2582-
.80	.0224-	.0489-	.0764-	.1039-	.1351-	.1635-	.1997-	.2327-	.2636-	.2742-
.85	.0226-	.0492-	.0772-	.1059-	.1371-	.1661-	.2038-	.2391-	.2764-	.2902-
.90	.0227-	.0492-	.0776-	.1079-	.1389-	.1676-	.2064-	.2434-	.2855-	.3061-
.95	.0227-	.0491-	.0776-	.1094-	.1403-	.1680-	.2078-	.2456-	.2910-	.3219-
1.00	.0227-	.0489-	.0775-	.1103-	.1411-	.1678-	.2084-	.2457-	.2923-	.3377-

→ x : lx, ↓ y : ly

Spalte										
	0.55	0.60	0.65	0.70	0.75	0.80	0.85	0.90	0.95	
.05	.0182-	.0172-	.0159-	.0141-	.0119-	.0095-	.0072-	.0047-	.0023-	
.10	.0363-	.0342-	.0316-	.0277-	.0238-	.0188-	.0142-	.0093-	.0044-	
.15	.0541-	.0509-	.0472-	.0410-	.0355-	.0280-	.0211-	.0139-	.0066-	
.20	.0718-	.0674-	.0625-	.0539-	.0469-	.0368-	.0279-	.0183-	.0087-	
.25	.0893-	.0836-	.0774-	.0664-	.0580-	.0453-	.0344-	.0226-	.0108-	
.30	.1065-	.0996-	.0920-	.0785-	.0686-	.0535-	.0406-	.0266-	.0127-	
.35	.1233-	.1154-	.1055-	.0904-	.0776-	.0613-	.0465-	.0305-	.0144-	
.40	.1401-	.1309-	.1191-	.1017-	.0869-	.0687-	.0521-	.0341-	.0159-	
.45	.1568-	.1461-	.1323-	.1125-	.0958-	.0755-	.0573-	.0375-	.0174-	
.50	.1734-	.1609-	.1450-	.1228-	.1041-	.0810-	.0620-	.0405-	.0187-	
.55	.1896-	.1752-	.1570-	.1323-	.1117-	.0866-	.0652-	.0432-	.0197-	
.60	.2056-	.1889-	.1682-	.1410-	.1186-	.0915-	.0686-	.0445-	.0206-	
.65	.2212-	.2020-	.1773-	.1479-	.1237-	.0958-	.0714-	.0462-	.0214-	
.70	.2363-	.2129-	.1863-	.1544-	.1285-	.0993-	.0736-	.0474-	.0220-	
.75	.2509-	.2235-	.1940-	.1597-	.1323-	.1020-	.0752-	.0483-	.0223-	
.80	.2636-	.2327-	.1997-	.1635-	.1351-	.1039-	.0764-	.0489-	.0224-	
.85	.2764-	.2391-	.2038-	.1661-	.1371-	.1059-	.0772-	.0492-	.0226-	
.90	.2855-	.2434-	.2064-	.1676-	.1389-	.1079-	.0776-	.0492-	.0227-	
.95	.2910-	.2456-	.2078-	.1680-	.1403-	.1094-	.0776-	.0491-	.0227-	
1.00	.2923-	.2457-	.2084-	.1678-	.1411-	.1103-	.0775-	.0489-	.0227-	

Auswertung aus Hoeland „Stützmomenten-Einflußfelder durchlaufender Platten" Tafel Nr. 3

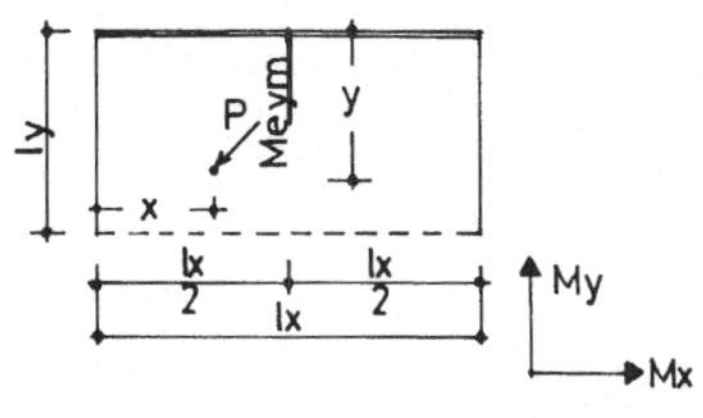

Stützmoment Meym in Seitenmitte einer dreiseitig gelagerten Platte mit einem eingespannten Rand aus einer Einzellast.

$\frac{ly}{lx} = 0{,}5$

$\mu = 0$

Faktor = P

E 5.5.3

y : ly →

x : lx ↓

Spalte	0.05	0.10	0.15	0.20	0.25	0.30	0.35	0.40	0.45	0.50
.05	.0002	.0006-	.0020-	.0039-	.0047-	.0092-	.0133-	.0169-	.0197-	.0234-
.10	.0008-	.0028-	.0059-	.0102-	.0135-	.0222-	.0301-	.0376-	.0437-	.0517-
.15	.0031-	.0065-	.0117-	.0189-	.0265-	.0389-	.0504-	.0619-	.0719-	.0840-
.20	.0067-	.0118-	.0193-	.0299-	.0436-	.0593-	.0744-	.0890-	.1025-	.1159-
.25	.0116-	.0187-	.0289-	.0435-	.0649-	.0835-	.1021-	.1212-	.1377-	.1532-
.30	.0178-	.0271-	.0404-	.0657-	.0915-	.1174-	.1392-	.1611-	.1785-	.1946-
.35	.0252-	.0371-	.0637-	.1000-	.1341-	.1642-	.1850-	.2069-	.2260-	.2412-
.40	.0339-	.0607-	.1104-	.1592-	.1990-	.2273-	.2488-	.2655-	.2764-	.2849-
.45	.0622-	.1592-	.2189-	.2553-	.2787-	.2932-	.3038-	.3115-	.3167-	.3225-
.50	.3185-	.3189-	.3197-	.3209-	.3223-	.3240-	.3263-	.3287-	.3316-	.3350-
.55	.0622-	.1592-	.2189-	.2553-	.2787-	.2932-	.3038-	.3115-	.3167-	.3225-
.60	.0339-	.0607-	.1104-	.1592-	.1990-	.2273-	.2488-	.2655-	.2764-	.2849-
.65	.0252-	.0371-	.0637-	.1024-	.1341-	.1642-	.1850-	.2069-	.2260-	.2412-
.70	.0177-	.0271-	.0404-	.0646-	.0915-	.1174-	.1393-	.1611-	.1785-	.1946-
.75	.0115-	.0188-	.0290-	.0428-	.0649-	.0835-	.1021-	.1212-	.1377-	.1532-
.80	.0066-	.0119-	.0194-	.0299-	.0436-	.0593-	.0744-	.0890-	.1025-	.1159-
.85	.0031-	.0066-	.0117-	.0189-	.0264-	.0389-	.0504-	.0619-	.0719-	.0840-
.90	.0008-	.0028-	.0059-	.0102-	.0135-	.0222-	.0301-	.0376-	.0437-	.0517-
.95	.0002	.0006-	.0020-	.0039-	.0047-	.0092-	.0133-	.0169-	.0197-	.0234-
1.00	.0002-	.0001	.0000	.0000	.0000	.0000	.0001-	.0000	.0000	.0000

y : ly →

x : lx ↓

Spalte	0.55	0.60	0.65	0.70	0.75	0.80	0.85	0.90	0.95	1.00
.05	.0275-	.0299-	.0326-	.0360-	.0398-	.0419-	.0420-	.0444-	.0444-	.0468-
.10	.0598-	.0645-	.0712-	.0755-	.0816-	.0836-	.0856-	.0904-	.0911-	.0945-
.15	.0938-	.1011-	.1098-	.1154-	.1215-	.1262-	.1284-	.1356-	.1390-	.1443-
.20	.1285-	.1382-	.1491-	.1553-	.1634-	.1707-	.1750-	.1814-	.1876-	.1920-
.25	.1668-	.1781-	.1891-	.1950-	.2053-	.2119-	.2182-	.2256-	.2324-	.2389-
.30	.2076-	.2200-	.2289-	.2367-	.2484-	.2562-	.2633-	.2704-	.2787-	.2848-
.35	.2527-	.2625-	.2726-	.2807-	.2902-	.2958-	.3031-	.3086-	.3142-	.3185-
.40	.2947-	.3012-	.3093-	.3169-	.3228-	.3275-	.3314-	.3384-	.3436-	.3474-
.45	.3275-	.3311-	.3358-	.3392-	.3444-	.3469-	.3520-	.3588-	.3622-	.3656-
.50	.3385-	.3420-	.3457-	.3493-	.3529-	.3570-	.3603-	.3641-	.3678-	.3714-
.55	.3275-	.3311-	.3358-	.3392-	.3444-	.3469-	.3520-	.3588-	.3622-	.3656-
.60	.2947-	.3012-	.3093-	.3169-	.3228-	.3275-	.3315-	.3384-	.3436-	.3474-
.65	.2527-	.2625-	.2725-	.2807-	.2902-	.2958-	.3031-	.3086-	.3142-	.3185-
.70	.2076-	.2200-	.2289-	.2367-	.2483-	.2562-	.2633-	.2704-	.2787-	.2848-
.75	.1668-	.1781-	.1891-	.1950-	.2053-	.2119-	.2182-	.2256-	.2324-	.2389-
.80	.1285-	.1382-	.1491-	.1553-	.1634-	.1707-	.1750-	.1814-	.1876-	.1920-
.85	.0938-	.1011-	.1098-	.1154-	.1215-	.1262-	.1284-	.1356-	.1390-	.1443-
.90	.0598-	.0645-	.0712-	.0755-	.0816-	.0836-	.0856-	.0904-	.0911-	.0945-
.95	.0275-	.0299-	.0326-	.0360-	.0398-	.0419-	.0420-	.0444-	.0444-	.0468-
1.00	.0000	.0000	.0000	.0000	.0000	.0000	.0000	.0000	.0000	.0000

Auswertung aus Hoeland „Stützmomenten-Einflußfelder durchlaufender Platten" Tafel Nr. 3

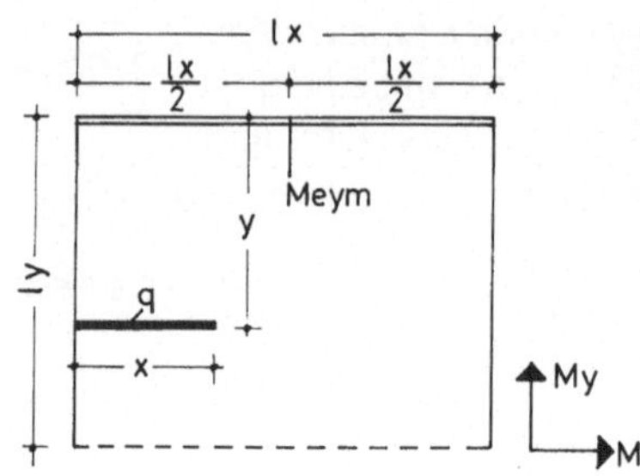

Stützmoment Meym in Seitenmitte einer dreiseitig gelagerten Platte mit eingespanntem hinteren Rand aus Linienlast in lx-Richtung.

$$\frac{ly}{lx} = 0{,}75$$

$\mu = 0$

Faktor = q · lx

Meym

0.75

E 6.5.1

→ y : ly

↓ x : lx

Spalte										
	0.05	0.10	0.15	0.20	0.25	0.30	0.35	0.40	0.45	0.50
.05	.0001-	.0002-	.0002-	.0002-	.0003-	.0004-	.0005-	.0006-	.0007-	.0008-
.10	.0003-	.0006-	.0010-	.0009-	.0014-	.0018-	.0021-	.0025-	.0027-	.0032-
.15	.0007-	.0014-	.0022-	.0023-	.0032-	.0041-	.0050-	.0059-	.0066-	.0073-
.20	.0013-	.0026-	.0038-	.0046-	.0060-	.0081-	.0097-	.0108-	.0120-	.0132-
.25	.0022-	.0040-	.0060-	.0079-	.0108-	.0134-	.0157-	.0174-	.0194-	.0208-
.30	.0034-	.0059-	.0089-	.0125-	.0166-	.0206-	.0239-	.0261-	.0284-	.0303-
.35	.0048-	.0084-	.0132-	.0191-	.0248-	.0296-	.0338-	.0365-	.0393-	.0415-
.40	.0070-	.0122-	.0212-	.0283-	.0351-	.0411-	.0458-	.0488-	.0518-	.0541-
.45	.0103-	.0214-	.0322-	.0396-	.0485-	.0548-	.0597-	.0627-	.0657-	.0679-
.50	.0217-	.0352-	.0469-	.0537-	.0636-	.0700-	.0749-	.0779-	.0806-	.0825-
.55	.0327-	.0490-	.0616-	.0687-	.0787-	.0849-	.0897-	.0925-	.0959-	.0975-
.60	.0364-	.0574-	.0725-	.0812-	.0921-	.0986-	.1035-	.1064-	.1090-	.1106-
.65	.0383-	.0620-	.0797-	.0904-	.1025-	.1100-	.1155-	.1187-	.1216-	.1234-
.70	.0399-	.0641-	.0846-	.0969-	.1105-	.1189-	.1254-	.1291-	.1324-	.1344-
.75	.0410-	.0665-	.0874-	.1015-	.1164-	.1262-	.1335-	.1377-	.1415-	.1439-
.80	.0419-	.0680-	.0899-	.1048-	.1207-	.1313-	.1396-	.1445-	.1487-	.1515-
.85	.0425-	.0691-	.0916-	.1071-	.1238-	.1353-	.1441-	.1495-	.1541-	.1574-
.90	.0429-	.0699-	.0928-	.1085-	.1257-	.1378-	.1471-	.1528-	.1580-	.1615-
.95	.0431-	.0704-	.0935-	.1093-	.1266-	.1390-	.1487-	.1547-	.1601-	.1639-
1.00	.0430-	.0705-	.0938-	.1095-	.1267-	.1393-	.1491-	.1552-	.1606-	.1646-

→ y : ly

↓ x : lx

Spalte										
	0.55	0.60	0.65	0.70	0.75	0.80	0.85	0.90	0.95	1.00
.05	.0008-	.0008-	.0009-	.0008-	.0008-	.0008-	.0008-	.0008-	.0008-	.0009-
.10	.0033-	.0033-	.0036-	.0032-	.0032-	.0033-	.0033-	.0032-	.0032-	.0038-
.15	.0076-	.0077-	.0080-	.0078-	.0078-	.0077-	.0077-	.0077-	.0078-	.0085-
.20	.0135-	.0138-	.0143-	.0140-	.0140-	.0138-	.0138-	.0139-	.0141-	.0150-
.25	.0214-	.0218-	.0224-	.0222-	.0222-	.0219-	.0218-	.0218-	.0219-	.0231-
.30	.0309-	.0315-	.0322-	.0319-	.0319-	.0315-	.0314-	.0314-	.0313-	.0325-
.35	.0421-	.0427-	.0434-	.0430-	.0430-	.0424-	.0424-	.0423-	.0421-	.0430-
.40	.0547-	.0552-	.0557-	.0551-	.0550-	.0544-	.0540-	.0537-	.0539-	.0544-
.45	.0685-	.0688-	.0692-	.0684-	.0680-	.0671-	.0667-	.0661-	.0655-	.0665-
.50	.0830-	.0827-	.0834-	.0823-	.0817-	.0802-	.0798-	.0790-	.0783-	.0788-
.55	.0976-	.0967-	.0965-	.0953-	.0945-	.0934-	.0924-	.0921-	.0911-	.0912-
.60	.1107-	.1102-	.1101-	.1086-	.1076-	.1061-	.1051-	.1050-	.1028-	.1033-
.65	.1236-	.1230-	.1223-	.1206-	.1196-	.1181-	.1168-	.1156-	.1144-	.1147-
.70	.1345-	.1339-	.1334-	.1313-	.1306-	.1290-	.1277-	.1264-	.1251-	.1252-
.75	.1441-	.1437-	.1432-	.1406-	.1404-	.1386-	.1374-	.1361-	.1347-	.1346-
.80	.1520-	.1517-	.1512-	.1509-	.1484-	.1467-	.1451-	.1437-	.1422-	.1427-
.85	.1583-	.1578-	.1575-	.1570-	.1546-	.1528-	.1513-	.1498-	.1484-	.1492-
.90	.1625-	.1621-	.1619-	.1616-	.1591-	.1571-	.1556-	.1543-	.1528-	.1539-
.95	.1650-	.1647-	.1646-	.1642-	.1616-	.1597-	.1581-	.1568-	.1554-	.1567-
1.00	.1658-	.1654-	.1656-	.1648-	.1623-	.1605-	.1589-	.1574-	.1560-	.1577-

Auswertung aus Hoeland „Stützmomenten-Einflußfelder durchlaufender Platten" Tafel Nr. 6

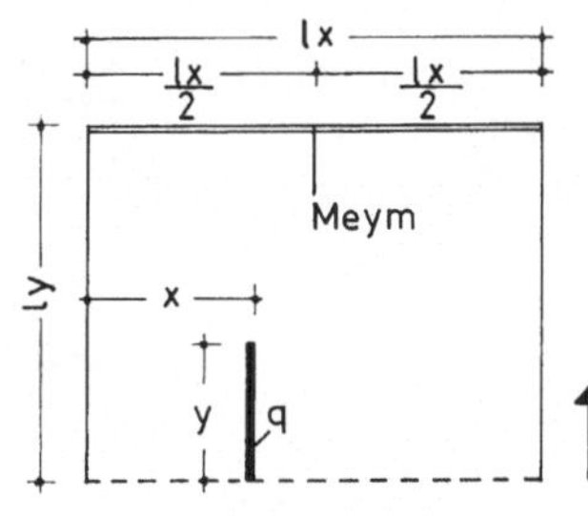

My

Mx

Stützmoment Meym in Seitenmitte einer dreiseitig gelagerten Platte mit eingespanntem hinteren Rand aus Linienlast in ly-Richtung.

$\frac{ly}{lx} = 0{,}75$

$\mu = 0$

Faktor = q · ly

Meym

0.75

E 6.5.2

x : lx → ; y : ly ↓

Spalte										
	0.05	0.10	0.15	0.20	0.25	0.30	0.35	0.40	0.45	0.50
.05	.0019-	.0038-	.0056-	.0075-	.0088-	.0100-	.0110-	.0118-	.0124-	.0125-
.10	.0038-	.0076-	.0112-	.0153-	.0178-	.0199-	.0223-	.0239-	.0249-	.0252-
.15	.0058-	.0115-	.0169-	.0235-	.0268-	.0299-	.0337-	.0362-	.0376-	.0380-
.20	.0078-	.0154-	.0225-	.0319-	.0359-	.0399-	.0452-	.0487-	.0506-	.0511-
.25	.0097-	.0193-	.0281-	.0405-	.0451-	.0500-	.0569-	.0614-	.0637-	.0643-
.30	.0117-	.0231-	.0336-	.0490-	.0542-	.0602-	.0688-	.0743-	.0771-	.0777-
.35	.0136-	.0269-	.0391-	.0575-	.0633-	.0705-	.0807-	.0870-	.0906-	.0914-
.40	.0155-	.0306-	.0444-	.0659-	.0723-	.0812-	.0927-	.1000-	.1044-	.1055-
.45	.0173-	.0343-	.0495-	.0740-	.0811-	.0918-	.1045-	.1133-	.1183-	.1198-
.50	.0191-	.0372-	.0545-	.0817-	.0898-	.1023-	.1165-	.1268-	.1326-	.1343-
.55	.0207-	.0403-	.0593-	.0891-	.0983-	.1127-	.1285-	.1402-	.1471-	.1490-
.60	.0223-	.0429-	.0638-	.0959-	.1052-	.1228-	.1403-	.1536-	.1617-	.1640-
.65	.0232-	.0453-	.0670-	.1020-	.1125-	.1323-	.1518-	.1662-	.1765-	.1792-
.70	.0243-	.0473-	.0705-	.1075-	.1191-	.1412-	.1626-	.1790-	.1912-	.1945-
.75	.0252-	.0490-	.0732-	.1073-	.1247-	.1473-	.1717-	.1916-	.2057-	.2100-
.80	.0259-	.0503-	.0753-	.1102-	.1286-	.1533-	.1816-	.2033-	.2201-	.2257-
.85	.0265-	.0514-	.0766-	.1122-	.1315-	.1575-	.1875-	.2120-	.2328-	.2415-
.90	.0269-	.0521-	.0775-	.1133-	.1330-	.1599-	.1917-	.2189-	.2458-	.2573-
.95	.0271-	.0526-	.0778-	.1138-	.1334-	.1606-	.1935-	.2222-	.2530-	.2733-
1.00	.0271-	.0527-	.0777-	.1137-	.1331-	.1603-	.1934-	.2227-	.2548-	.2893-

x : lx → ; y : ly ↓

Spalte										
	0.55	0.60	0.65	0.70	0.75	0.80	0.85	0.90	0.95	
.05	.0124-	.0118-	.0110-	.0100-	.0088-	.0075-	.0056-	.0038-	.0019-	
.10	.0249-	.0239-	.0223-	.0199-	.0178-	.0153-	.0112-	.0076-	.0038-	
.15	.0376-	.0362-	.0337-	.0299-	.0268-	.0235-	.0169-	.0115-	.0058-	
.20	.0506-	.0487-	.0452-	.0399-	.0359-	.0319-	.0225-	.0154-	.0078-	
.25	.0637-	.0614-	.0569-	.0500-	.0451-	.0405-	.0281-	.0193-	.0097-	
.30	.0771-	.0743-	.0688-	.0602-	.0542-	.0490-	.0336-	.0231-	.0117-	
.35	.0906-	.0870-	.0807-	.0705-	.0633-	.0575-	.0391-	.0269-	.0136-	
.40	.1044-	.1000-	.0927-	.0812-	.0723-	.0659-	.0444-	.0306-	.0155-	
.45	.1183-	.1133-	.1045-	.0918-	.0811-	.0740-	.0495-	.0343-	.0173-	
.50	.1326-	.1268-	.1165-	.1023-	.0898-	.0817-	.0545-	.0372-	.0191-	
.55	.1471-	.1402-	.1285-	.1127-	.0983-	.0891-	.0593-	.0403-	.0207-	
.60	.1617-	.1536-	.1403-	.1228-	.1052-	.0959-	.0638-	.0429-	.0223-	
.65	.1765-	.1662-	.1518-	.1323-	.1125-	.1020-	.0670-	.0453-	.0232-	
.70	.1912-	.1790-	.1626-	.1412-	.1191-	.1075-	.0705-	.0473-	.0243-	
.75	.2057-	.1916-	.1717-	.1473-	.1247-	.1073-	.0732-	.0490-	.0252-	
.80	.2201-	.2033-	.1816-	.1533-	.1286-	.1102-	.0753-	.0503-	.0259-	
.85	.2328-	.2120-	.1875-	.1575-	.1315-	.1122-	.0766-	.0514-	.0265-	
.90	.2458-	.2189-	.1917-	.1599-	.1330-	.1133-	.0775-	.0521-	.0269-	
.95	.2530-	.2222-	.1935-	.1606-	.1334-	.1138-	.0778-	.0526-	.0271-	
1.00	.2548-	.2227-	.1934-	.1603-	.1331-	.1137-	.0777-	.0527-	.0271-	

Auswertung aus Hoeland „Stützmomenten-Einflußfelder durchlaufender Platten" Tafel Nr. 6

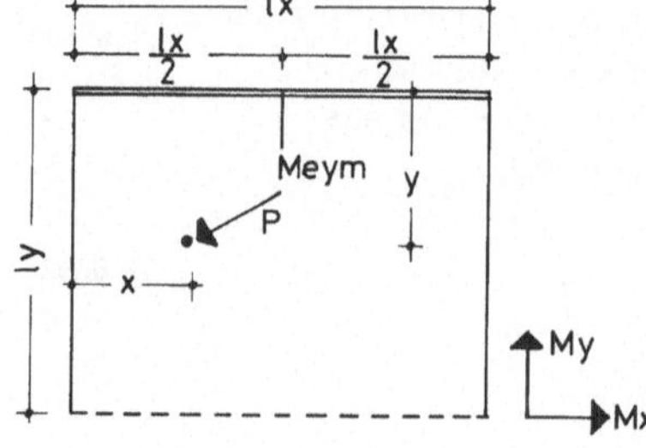

Stützmoment Meym in Seitenmitte einer dreiseitig gelagerten Platte mit eingespanntem hinteren Rand aus einer Einzellast.

$\frac{ly}{lx} = 0{,}75$

$\mu = 0$

Faktor = P

Meym

0.75

E 6.5.3

→ y : ly, ↓ x : lx

Spalte										
	0.05	0.10	0.15	0.20	0.25	0.30	0.35	0.40	0.45	0.50
.05	.0031-	.0063-	.0096-	.0088-	.0138-	.0179-	.0217-	.0252-	.0277-	.0317-
.10	.0068-	.0128-	.0191-	.0209-	.0304-	.0387-	.0462-	.0522-	.0591-	.0645-
.15	.0110-	.0195-	.0285-	.0363-	.0499-	.0625-	.0738-	.0813-	.0922-	.0995-
.20	.0159-	.0264-	.0379-	.0551-	.0723-	.0896-	.1055-	.1158-	.1267-	.1357-
.25	.0213-	.0335-	.0516-	.0773-	.1018-	.1231-	.1416-	.1533-	.1644-	.1715-
.30	.0273-	.0409-	.0780-	.1094-	.1386-	.1627-	.1795-	.1898-	.1990-	.2058-
.35	.0339-	.0666-	.1171-	.1541-	.1834-	.2036-	.2195-	.2273-	.2337-	.2388-
.40	.0448-	.1194-	.1780-	.2107-	.2389-	.2521-	.2588-	.2623-	.2660-	.2659-
.45	.1194-	.2209-	.2588-	.2372-	.2871-	.2914-	.2921-	.2917-	.2888-	.2849-
.50	.3177-	.3165-	.3149-	.3129-	.3105-	.3077-	.3044-	.3009-	.2969-	.2924-
.55	.1194-	.2209-	.2588-	.2813-	.2871-	.2914-	.2921-	.2916-	.2888-	.2849-
.60	.0448-	.1194-	.1780-	.2153-	.2388-	.2521-	.2588-	.2623-	.2660-	.2659-
.65	.0340-	.0692-	.1171-	.1541-	.1834-	.2036-	.2195-	.2273-	.2337-	.2388-
.70	.0274-	.0414-	.0780-	.1094-	.1386-	.1627-	.1795-	.1898-	.1990-	.2058-
.75	.0213-	.0333-	.0516-	.0772-	.1018-	.1231-	.1416-	.1538-	.1644-	.1715-
.80	.0159-	.0263-	.0379-	.0551-	.0723-	.0897-	.1055-	.1176-	.1267-	.1357-
.85	.0110-	.0195-	.0286-	.0363-	.0499-	.0625-	.0738-	.0814-	.0922-	.0995-
.90	.0067-	.0128-	.0191-	.0209-	.0304-	.0387-	.0462-	.0522-	.0591-	.0645-
.95	.0031-	.0063-	.0096-	.0088-	.0138-	.0179-	.0217-	.0252-	.0277-	.0317-
1.00	.0000	.0000	.0000	.0000	.0000	.0000	.0000	.0000	.0000	.0000

→ y : ly, ↓ x : lx

Spalte										
	0.55	0.60	0.65	0.70	0.75	0.80	0.85	0.90	0.95	1.00
.05	.0331-	.0329-	.0363-	.0328-	.0328-	.0329-	.0329-	.0328-	.0328-	.0379-
.10	.0673-	.0684-	.0711-	.0697-	.0697-	.0684-	.0684-	.0697-	.0697-	.0758-
.15	.1016-	.1047-	.1066-	.1063-	.1063-	.1045-	.1047-	.1054-	.1071-	.1124-
.20	.1380-	.1420-	.1439-	.1449-	.1449-	.1429-	.1420-	.1409-	.1415-	.1464-
.25	.1743-	.1769-	.1790-	.1789-	.1791-	.1778-	.1765-	.1751-	.1732-	.1759-
.30	.2071-	.2084-	.2093-	.2074-	.2071-	.2056-	.2042-	.2028-	.2003-	.2001-
.35	.2389-	.2389-	.2364-	.2338-	.2320-	.2295-	.2273-	.2250-	.2219-	.2199-
.40	.2654-	.2606-	.2588-	.2548-	.2519-	.2486-	.2452-	.2417-	.2382-	.2351-
.45	.2844-	.2752-	.2724-	.2675-	.2637-	.2599-	.2559-	.2520-	.2485-	.2454-
.50	.2876-	.2864-	.2770-	.2721-	.2674-	.2631-	.2592-	.2554-	.2520-	.2488-
.55	.2800-	.2752-	.2724-	.2675-	.2636-	.2599-	.2559-	.2520-	.2486-	.2454-
.60	.2642-	.2606-	.2588-	.2548-	.2519-	.2486-	.2452-	.2417-	.2382-	.2351-
.65	.2388-	.2389-	.2363-	.2311-	.2320-	.2294-	.2273-	.2251-	.2219-	.2199-
.70	.2071-	.2099-	.2093-	.2036-	.2071-	.2056-	.2042-	.2029-	.2003-	.2001-
.75	.1744-	.1780-	.1790-	.1948-	.1791-	.1778-	.1765-	.1752-	.1732-	.1759-
.80	.1426-	.1420-	.1439-	.1665-	.1449-	.1429-	.1420-	.1409-	.1415-	.1464-
.85	.1067-	.1047-	.1066-	.1013-	.1063-	.1045-	.1047-	.1054-	.1071-	.1124-
.90	.0673-	.0684-	.0711-	.0697-	.0697-	.0684-	.0684-	.0697-	.0697-	.0758-
.95	.0331-	.0329-	.0363-	.0327-	.0327-	.0329-	.0329-	.0327-	.0327-	.0379-
1.00	.0000	.0000	.0000	.0000	.0000	.0000	.0000	.0000	.0000	.0000

Auswertung aus Hoeland „Stützmomenten-Einflußfelder durchlaufender Platten" Tafel Nr. 6

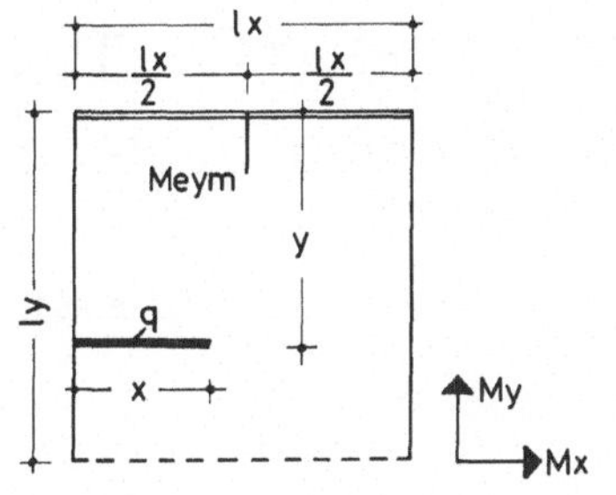

Stützmoment Meym in Seitenmitte einer dreiseitig gelagerten Platte mit eingespanntem hinteren Rand aus Linienlast in lx-Richtung.

$\frac{ly}{lx} = 1{,}0$

$\mu = 0$

Faktor = q · lx

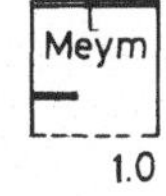

E 7.5.1

→ y : ly ; ↓ x : lx

Spalte	0.05	0.10	0.15	0.20	0.25	0.30	0.35	0.40	0.45	0.50
.05	.0004	.0001	.0001-	.0003-	.0006-	.0006-	.0007-	.0007-	.0007-	.0007-
.10	.0015	.0002	.0006-	.0013-	.0022-	.0025-	.0028-	.0029-	.0029-	.0029-
.15	.0028	.0002	.0016-	.0032-	.0051-	.0059-	.0066-	.0069-	.0070-	.0069-
.20	.0041	.0002-	.0033-	.0061-	.0094-	.0108-	.0119-	.0125-	.0126-	.0124-
.25	.0049	.0013-	.0060-	.0109-	.0150-	.0172-	.0190-	.0198-	.0198-	.0195-
.30	.0049	.0032-	.0114-	.0166-	.0226-	.0254-	.0275-	.0284-	.0285-	.0279-
.35	.0037	.0087-	.0173-	.0250-	.0319-	.0355-	.0377-	.0388-	.0387-	.0378-
.40	.0010	.0138-	.0264-	.0351-	.0435-	.0472-	.0495-	.0502-	.0501-	.0488-
.45	.0044-	.0244-	.0386-	.0486-	.0571-	.0607-	.0626-	.0628-	.0618-	.0607-
.50	.0171-	.0393-	.0539-	.0642-	.0723-	.0754-	.0767-	.0762-	.0745-	.0719-
.55	.0298-	.0537-	.0679-	.0784-	.0861-	.0889-	.0911-	.0898-	.0874-	.0838-
.60	.0352-	.0636-	.0801-	.0923-	.1000-	.1026-	.1052-	.1032-	.0990-	.0954-
.65	.0379-	.0694-	.0889-	.1021-	.1111-	.1140-	.1146-	.1130-	.1102-	.1063-
.70	.0391-	.0731-	.0951-	.1101-	.1203-	.1240-	.1248-	.1234-	.1204-	.1164-
.75	.0391-	.0755-	.0995-	.1159-	.1280-	.1321-	.1334-	.1320-	.1294-	.1244-
.80	.0383-	.0769-	.1025-	.1204-	.1335-	.1386-	.1403-	.1391-	.1362-	.1314-
.85	.0371-	.0773-	.1044-	.1235-	.1379-	.1434-	.1458-	.1448-	.1418-	.1369-
.90	.0357-	.0771-	.1054-	.1255-	.1408-	.1468-	.1494-	.1486-	.1458-	.1408-
.95	.0347-	.0766-	.1057-	.1264-	.1425-	.1487-	.1515-	.1509-	.1480-	.1430-
1.00	.0343-	.0758-	.1054-	.1265-	.1430-	.1493-	.1521-	.1515-	.1485-	.1437-

→ y : ly ; ↓ x : lx

Spalte	0.55	0.60	0.65	0.70	0.75	0.80	0.85	0.90	0.95	1.00
.05	.0006-	.0007-	.0007-	.0007-	.0007-	.0006-	.0006-	.0006-	.0006-	.0006-
.10	.0025-	.0030-	.0030-	.0027-	.0027-	.0026-	.0025-	.0024-	.0023-	.0022-
.15	.0064-	.0068-	.0067-	.0062-	.0062-	.0058-	.0056-	.0054-	.0052-	.0050-
.20	.0119-	.0121-	.0118-	.0111-	.0109-	.0104-	.0100-	.0095-	.0092-	.0088-
.25	.0189-	.0188-	.0182-	.0173-	.0168-	.0161-	.0155-	.0148-	.0143-	.0136-
.30	.0269-	.0266-	.0256-	.0245-	.0238-	.0229-	.0220-	.0210-	.0203-	.0194-
.35	.0364-	.0357-	.0342-	.0325-	.0314-	.0306-	.0293-	.0281-	.0271-	.0259-
.40	.0469-	.0458-	.0437-	.0415-	.0400-	.0382-	.0367-	.0358-	.0344-	.0330-
.45	.0582-	.0565-	.0539-	.0512-	.0491-	.0468-	.0448-	.0429-	.0422-	.0406-
.50	.0701-	.0678-	.0645-	.0612-	.0585-	.0558-	.0533-	.0509-	.0503-	.0484-
.55	.0803-	.0775-	.0739-	.0713-	.0681-	.0648-	.0618-	.0589-	.0562-	.0544-
.60	.0914-	.0881-	.0839-	.0813-	.0775-	.0737-	.0702-	.0667-	.0637-	.0616-
.65	.1019-	.0983-	.0936-	.0909-	.0866-	.0809-	.0774-	.0742-	.0710-	.0687-
.70	.1117-	.1077-	.1025-	.0967-	.0925-	.0883-	.0846-	.0812-	.0778-	.0752-
.75	.1191-	.1148-	.1092-	.1039-	.0994-	.0951-	.0911-	.0875-	.0840-	.0812-
.80	.1260-	.1215-	.1156-	.1100-	.1054-	.1009-	.0967-	.0931-	.0895-	.0864-
.85	.1315-	.1268-	.1207-	.1150-	.1102-	.1051-	.1007-	.0964-	.0922-	.0890-
.90	.1351-	.1305-	.1243-	.1183-	.1135-	.1084-	.1038-	.0994-	.0951-	.0918-
.95	.1371-	.1328-	.1266-	.1203-	.1155-	.1103-	.1057-	.10[illegible]2-	.0968-	.0934-
1.00	.1375-	.1334-	.1273-	.1209-	.1161-	.1110-	.1063-	.10[illegible]8-	.0974-	.0940-

Auswertung aus Hoeland „Stützmomenten-Einflußfelder durchlaufender Platten“ Tafel Nr. 7

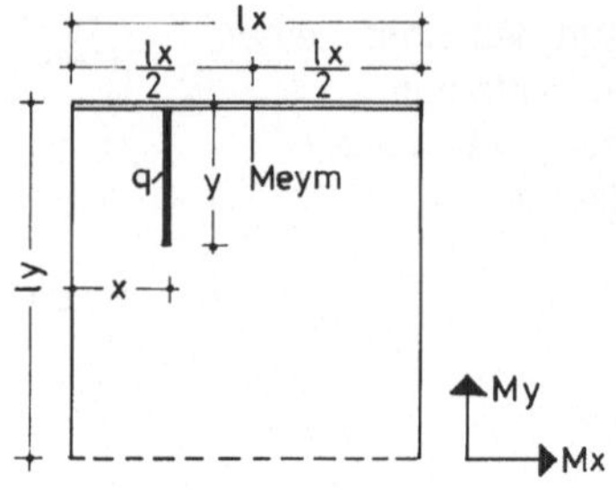

Stützmoment Meym in Seitenmitte einer dreiseitig gelagerten Platte mit eingespanntem hinteren Rand aus Linienlast in ly-Richtung.

$\frac{ly}{lx} = 1{,}0$

$\mu = 0$

Faktor = $q \cdot ly$

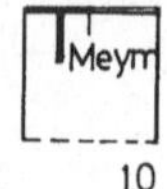

E 7.5.2

→ x : lx; ↓ y : ly

Spalte										
	0.05	0.10	0.15	0.20	0.25	0.30	0.35	0.40	0.45	0.50
.05	.0005	.0002-	.0002-	.0003-	.0004-	.0005-	.0006-	.0014-	.0042-	.0159-
.10	.0019	.0010-	.0010-	.0011-	.0015-	.0022-	.0039-	.0074-	.0158-	.0318-
.15	.0010	.0022-	.0022-	.0027-	.0039-	.0069-	.0104-	.0168-	.0298-	.0475-
.20	.0005	.0038-	.0042-	.0053-	.0089-	.0135-	.0189-	.0283-	.0440-	.0630-
.25	.0005-	.0058-	.0069-	.0102-	.0150-	.0212-	.0291-	.0414-	.0585-	.0782-
.30	.0018-	.0082-	.0110-	.0155-	.0223-	.0299-	.0404-	.0551-	.0730-	.0930-
.35	.0030-	.0109-	.0152-	.0216-	.0305-	.0392-	.0523-	.0663-	.0862-	.1063-
.40	.0045-	.0139-	.0196-	.0282-	.0376-	.0490-	.0619-	.0786-	.0994-	.1198-
.45	.0059-	.0167-	.0243-	.0352-	.0460-	.0589-	.0726-	.0906-	.1121-	.1327-
.50	.0074-	.0200-	.0291-	.0403-	.0538-	.0688-	.0831-	.1022-	.1243-	.1450-
.55	.0087-	.0235-	.0340-	.0465-	.0615-	.0785-	.0932-	.1134-	.1359-	.1567-
.60	.0099-	.0269-	.0389-	.0526-	.0688-	.0877-	.1030-	.1240-	.1469-	.1679-
.65	.0116-	.0304-	.0438-	.0585-	.0758-	.0929-	.1125-	.1336-	.1574-	.1785-
.70	.0131-	.0339-	.0486-	.0642-	.0826-	.1006-	.1215-	.1430-	.1672-	.1884-
.75	.0144-	.0373-	.0532-	.0698-	.0891-	.1080-	.1301-	.1520-	.1765-	.1979-
.80	.0157-	.0407-	.0562-	.0751-	.0953-	.1152-	.1377-	.1605-	.1854-	.2068-
.85	.0170-	.0438-	.0600-	.0803-	.1013-	.1221-	.1453-	.1686-	.1939-	.2153-
.90	.0182-	.0469-	.0636-	.0853-	.1070-	.1288-	.1524-	.1764-	.2019-	.2234-
.95	.0193-	.0496-	.0670-	.0900-	.1125-	.1352-	.1591-	.1838-	.2096-	.2312-
1.00	.0205-	.0522-	.0702-	.0945-	.1178-	.1414-	.1656-	.1908-	.2170-	.2386-

→ x : lx; ↓ y : ly

Spalte										
	0.55	0.60	0.65	0.70	0.75	0.80	0.85	0.90	0.95	
.05	.0042-	.0014-	.0006-	.0005-	.0004-	.0003-	.0002-	.0002-	.0005	
.10	.0158-	.0074-	.0039-	.0022-	.0015-	.0011-	.0010-	.0010-	.0019	
.15	.0298-	.0168-	.0104-	.0069-	.0039-	.0027-	.0022-	.0022-	.0010	
.20	.0440-	.0283-	.0189-	.0135-	.0089-	.0053-	.0042-	.0038-	.0005	
.25	.0585-	.0414-	.0291-	.0212-	.0150-	.0102-	.0069-	.0058-	.0005-	
.30	.0730-	.0551-	.0404-	.0299-	.0223-	.0155-	.0110-	.0082-	.0018-	
.35	.0862-	.0663-	.0523-	.0392-	.0305-	.0216-	.0152-	.0109-	.0030-	
.40	.0994-	.0786-	.0619-	.0490-	.0376-	.0282-	.0196-	.0139-	.0045-	
.45	.1121-	.0906-	.0726-	.0589-	.0460-	.0352-	.0243-	.0167-	.0059-	
.50	.1243-	.1022-	.0831-	.0688-	.0538-	.0403-	.0291-	.0200-	.0074-	
.55	.1359-	.1134-	.0932-	.0785-	.0615-	.0465-	.0340-	.0235-	.0087-	
.60	.1469-	.1240-	.1030-	.0877-	.0688-	.0526-	.0389-	.0269-	.0099-	
.65	.1574-	.1336-	.1125-	.0929-	.0758-	.0585-	.0438-	.0304-	.0116-	
.70	.1672-	.1430-	.1215-	.1006-	.0826-	.0642-	.0486-	.0339-	.0131-	
.75	.1765-	.1520-	.1301-	.1080-	.0891-	.0698-	.0532-	.0373-	.0144-	
.80	.1854-	.1605-	.1377-	.1152-	.0953-	.0751-	.0562-	.0407-	.0157-	
.85	.1939-	.1686-	.1453-	.1221-	.1013-	.0803-	.0600-	.0438-	.0170-	
.90	.2019-	.1764-	.1524-	.1288-	.1070-	.0853-	.0636-	.0469-	.0182-	
.95	.2096-	.1838-	.1591-	.1352-	.1125-	.0900-	.0670-	.0496-	.0193-	
1.00	.2170-	.1908-	.1656-	.1414-	.1178-	.0945-	.0702-	.0522-	.0205-	

Auswertung aus Hoeland „Stützmomenten-Einflußfelder durchlaufender Platten" Tafel Nr. 7

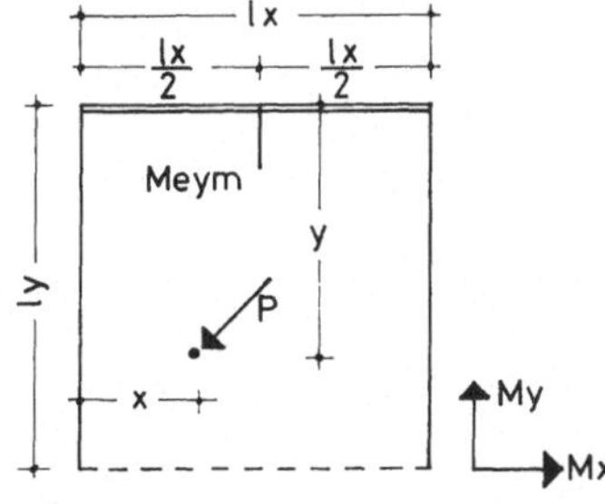

Stützmoment Meym in Seitenmitte einer dreiseitig gelagerten Platte mit eingespanntem hinteren Rand aus einer Einzellast.

$\frac{ly}{lx} = 1{,}0$

$\mu = 0$

Faktor = P

Meym

1.0

E 7.5.3

→ y : ly (Spalte); ↓ x : lx

Spalte	0.05	0.10	0.15	0.20	0.25	0.30	0.35	0.40	0.45	0.50
.05	.0162	.0016	.0065-	.0138-	.0225-	.0255-	.0280-	.0294-	.0291-	.0294-
.10	.0252	.0016-	.0170-	.0308-	.0462-	.0527-	.0582-	.0615-	.0626-	.0615-
.15	.0270	.0095-	.0316-	.0510-	.0711-	.0817-	.0909-	.0955-	.0964-	.0945-
.20	.0216	.0223-	.0503-	.0745-	.0981-	.1130-	.1237-	.1278-	.1278-	.1255-
.25	.0090	.0398-	.0729-	.1004-	.1311-	.1457-	.1551-	.1574-	.1592-	.1554-
.30	.0108-	.0621-	.1032-	.1395-	.1682-	.1819-	.1882-	.1909-	.1885-	.1833-
.35	.0377-	.0853-	.1484-	.1827-	.2076-	.2181-	.2203-	.2192-	.2135-	.2061-
.40	.0719-	.1592-	.2083-	.2389-	.2529-	.2531-	.2499-	.2419-	.2341-	.2236-
.45	.1678-	.2479-	.2755-	.2858-	.2833-	.2776-	.2687-	.2582-	.2477-	.2359-
.50	.3178-	.3166-	.3026-	.3044-	.2962-	.2864-	.2750-	.2636-	.2521-	.2405-
.55	.1642-	.2479-	.2755-	.2858-	.2833-	.2776-	.2687-	.2582-	.2477-	.2359-
.60	.0719-	.1592-	.2083-	.2389-	.2529-	.2531-	.2499-	.2419-	.2341-	.2236-
.65	.0378-	.0853-	.1484-	.1827-	.2076-	.2181-	.2203-	.2192-	.2135-	.2061-
.70	.0108-	.0621-	.1032-	.1395-	.1682-	.1819-	.1882-	.1909-	.1886-	.1833-
.75	.0090	.0398-	.0729-	.1004-	.1311-	.1457-	.1552-	.1574-	.1592-	.1554-
.80	.0215	.0223-	.0502-	.0745-	.0981-	.1130-	.1237-	.1278-	.1278-	.1255-
.85	.0269	.0095-	.0316-	.0510-	.0711-	.0817-	.0909-	.0955-	.0964-	.0945-
.90	.0251	.0015-	.0170-	.0308-	.0462-	.0527-	.0582-	.0615-	.0626-	.0615-
.95	.0160	.0017	.0065-	.0138-	.0226-	.0255-	.0280-	.0294-	.0291-	.0294-
1.00	.0002-	.0001	.0000	.0000	.0000	.0000	.0000	.0000	.0000	.0000

→ y : ly (Spalte); ↓ x : lx

Spalte	0.55	0.60	0.65	0.70	0.75	0.80	0.85	0.90	0.95	1.00
.05	.0257-	.0297-	.0299-	.0267-	.0269-	.0260-	.0247-	.0239-	.0230-	.0223-
.10	.0575-	.0605-	.0597-	.0553-	.0548-	.0519-	.0500-	.0478-	.0459-	.0441-
.15	.0927-	.0913-	.0886-	.0849-	.0829-	.0779-	.0761-	.0717-	.0689-	.0656-
.20	.1233-	.1194-	.1145-	.1100-	.1063-	.1022-	.0987-	.0943-	.0911-	.0865-
.25	.1508-	.1458-	.1385-	.1330-	.1278-	.1234-	.1182-	.1137-	.1098-	.1051-
.30	.1765-	.1702-	.1607-	.1540-	.1473-	.1416-	.1350-	.1299-	.1251-	.1203-
.35	.1978-	.1898-	.1800-	.1716-	.1640-	.1566-	.1492-	.1430-	.1369-	.1323-
.40	.2137-	.2042-	.1939-	.1842-	.1753-	.1671-	.1602-	.1529-	.1452-	.1410-
.45	.2240-	.2133-	.2023-	.1917-	.1821-	.1733-	.1656-	.1593-	.1501-	.1463-
.50	.2289-	.2172-	.2054-	.1942-	.1844-	.1754-	.1674-	.1601-	.1514-	.1484-
.55	.2240-	.2133-	.2023-	.1917-	.1821-	.1733-	.1656-	.1593-	.1501-	.1464-
.60	.2137-	.2042-	.1939-	.1841-	.1753-	.1671-	.1602-	.1529-	.1453-	.1410-
.65	.1978-	.1898-	.1800-	.1716-	.1640-	.1566-	.1492-	.1430-	.1369-	.1323-
.70	.1765-	.1702-	.1607-	.1540-	.1473-	.1416-	.1350-	.1299-	.1251-	.1203-
.75	.1508-	.1458-	.1385-	.1330-	.1278-	.1234-	.1182-	.1137-	.1098-	.1051-
.80	.1233-	.1194-	.1145-	.1100-	.1063-	.1022-	.0987-	.0943-	.0910-	.0865-
.85	.0927-	.0913-	.0886-	.0849-	.0829-	.0779-	.0761-	.0717-	.0689-	.0656-
.90	.0576-	.0605-	.0597-	.0553-	.0548-	.0519-	.0500-	.0478-	.0459-	.0441-
.95	.0257-	.0297-	.0299-	.0267-	.0269-	.0260-	.0247-	.0239-	.0230-	.0223-
1.00	.0000	.0000	.0000	.0000	.0000	.0000	.0000	.0000	.0000	.0000

Auswertung aus Hoeland „Stützmomenten-Einflußfelder durchlaufender Platten" Tafel Nr. 7

Abschnitt F – Vierseitig gelagerte Rechteckplatten

1 2a 2b 3a 3b 4 5a 5b 6

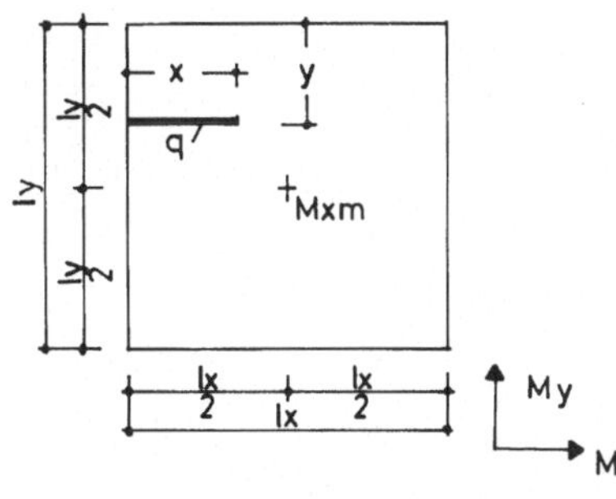

Feldmoment Mxm in Feldmitte einer Rechteckplatte aus Linienlast in lx-Richtung.
Stützung 1
Diese Tabelle ergibt auch die Werte Mym aus Linienlast in ly-Richtung.

+Mxm
1 1,0

F 1.1,0.1.1

$\frac{ly}{lx} = 1$

$\mu = 0$

Faktor = $q \cdot lx$

y : ly →

x : lx ↓

Spalte										
	0.05	0.10	0.15	0.20	0.25	0.30	0.35	0.40	0.45	0.50
.05	.0000	.0000	.0000	.0001	.0001	.0001	.0001	.0001	.0001	.0001
.10	.0002	.0001	.0001	.0002	.0003	.0004	.0003	.0003	.0003	.0003
.15	.0004	.0002	.0004	.0007	.0010	.0011	.0010	.0010	.0008	.0007
.20	.0007	.0006	.0012	.0018	.0021	.0022	.0021	.0020	.0020	.0019
.25	.0010	.0014	.0022	.0031	.0036	.0037	.0036	.0036	.0035	.0034
.30	.0015	.0024	.0037	.0049	.0056	.0059	.0058	.0058	.0056	.0054
.35	.0020	.0036	.0056	.0072	.0083	.0088	.0088	.0087	.0084	.0080
.40	.0026	.0051	.0077	.0099	.0116	.0128	.0133	.0132	.0128	.0116
.45	.0033	.0067	.0101	.0129	.0159	.0178	.0194	.0192	.0186	.0183
.50	.0040	.0085	.0128	.0164	.0205	.0237	.0266	.0276	.0289	.0295
.55	.0048	.0102	.0151	.0196	.0253	.0299	.0323	.0357	.0389	.0406
.60	.0054	.0118	.0175	.0227	.0290	.0357	.0385	.0419	.0450	.0467
.65	.0060	.0132	.0197	.0253	.0324	.0375	.0424	.0462	.0492	.0506
.70	.0066	.0145	.0216	.0276	.0350	.0405	.0455	.0493	.0521	.0529
.75	.0070	.0154	.0229	.0295	.0370	.0425	.0476	.0514	.0541	.0556
.80	.0074	.0161	.0239	.0307	.0386	.0443	.0493	.0531	.0558	.0571
.85	.0077	.0165	.0246	.0317	.0398	.0454	.0504	.0541	.0569	.0581
.90	.0079	.0166	.0249	.0322	.0403	.0460	.0510	.0548	.0575	.0586
.95	.0080	.0166	.0250	.0324	.0406	.0463	.0513	.0550	.0577	.0588
1.00	.0080	.0165	.0249	.0323	.0405	.0463	.0513	.0549	.0577	.0587

y : ly →

x : lx ↓

Spalte										
	0.55	0.60	0.65	0.70	0.75	0.80	0.85	0.90	0.95	
.05	.0001	.0001	.0001	.0001	.0001	.0001	.0000	.0000	.0000	
.10	.0003	.0003	.0003	.0004	.0003	.0002	.0001	.0001	.0002	
.15	.0008	.0010	.0010	.0011	.0010	.0007	.0004	.0002	.0004	
.20	.0020	.0020	.0021	.0022	.0021	.0018	.0012	.0006	.0007	
.25	.0035	.0036	.0036	.0037	.0036	.0031	.0022	.0014	.0010	
.30	.0056	.0058	.0058	.0059	.0056	.0049	.0037	.0024	.0015	
.35	.0084	.0087	.0088	.0088	.0083	.0072	.0056	.0036	.0020	
.40	.0128	.0132	.0133	.0128	.0116	.0099	.0077	.0051	.0026	
.45	.0186	.0192	.0194	.0178	.0159	.0129	.0101	.0067	.0033	
.50	.0289	.0276	.0266	.0237	.0205	.0164	.0128	.0085	.0040	
.55	.0389	.0357	.0323	.0299	.0253	.0196	.0151	.0102	.0048	
.60	.0450	.0419	.0385	.0357	.0290	.0227	.0175	.0118	.0054	
.65	.0492	.0462	.0424	.0375	.0324	.0253	.0197	.0132	.0060	
.70	.0521	.0493	.0455	.0405	.0350	.0276	.0216	.0145	.0066	
.75	.0541	.0514	.0476	.0425	.0370	.0295	.0229	.0154	.0070	
.80	.0558	.0531	.0493	.0443	.0386	.0307	.0239	.0161	.0074	
.85	.0569	.0541	.0504	.0454	.0398	.0317	.0246	.0165	.0077	
.90	.0575	.0548	.0510	.0460	.0403	.0322	.0249	.0166	.0079	
.95	.0577	.0550	.0513	.0463	.0406	.0324	.0250	.0166	.0080	
1.00	.0577	.0549	.0513	.0463	.0405	.0323	.0249	.0165	.0080	

Auswertung aus Pucher „Einflußfelder elastischer Platten" Tafel Nr. 28

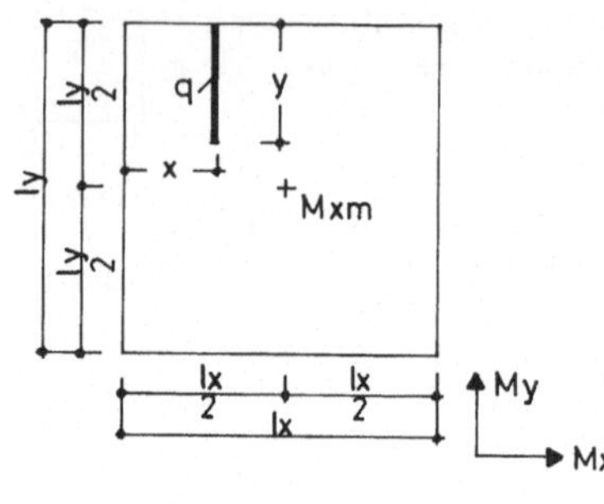

Feldmoment Mxm in Feldmitte einer Rechteckplatte aus Linienlast in ly-Richtung.
Stützung 1
Diese Tabelle ergibt auch die Werte Mym aus Linienlast in lx-Richtung.

$\frac{ly}{lx} = 1{,}0$

$\mu = 0$

Faktor = q · ly

+Mxm

1 1.0

F 1.1,0.1.2

→ x : lx

↓ y : ly

Spalte										
	0.05	0.10	0.15	0.20	0.25	0.30	0.35	0.40	0.45	0.50
.05	.0000	.0001	.0001	.0001	.0002	.0003	.0003	.0003	.0004	.0004
.10	.0000	.0002	.0003	.0004	.0007	.0010	.0012	.0014	.0016	.0016
.15	.0001	.0005	.0007	.0012	.0017	.0024	.0028	.0033	.0037	.0038
.20	.0002	.0008	.0013	.0023	.0030	.0042	.0050	.0059	.0067	.0068
.25	.0004	.0012	.0019	.0035	.0046	.0064	.0076	.0093	.0105	.0108
.30	.0006	.0017	.0027	.0048	.0063	.0088	.0106	.0132	.0155	.0158
.35	.0008	.0021	.0035	.0062	.0079	.0115	.0138	.0175	.0214	.0221
.40	.0010	.0026	.0043	.0076	.0096	.0142	.0172	.0221	.0281	.0294
.45	.0011	.0030	.0051	.0089	.0112	.0171	.0207	.0268	.0352	.0393
.50	.0012	.0034	.0059	.0102	.0129	.0199	.0241	.0315	.0427	.0541
.55	.0014	.0039	.0066	.0115	.0146	.0227	.0275	.0363	.0502	.0696
.60	.0015	.0043	.0074	.0129	.0162	.0256	.0310	.0410	.0574	.0794
.65	.0017	.0048	.0082	.0143	.0179	.0284	.0344	.0455	.0640	.0870
.70	.0019	.0052	.0090	.0156	.0195	.0310	.0376	.0498	.0699	.0934
.75	.0021	.0057	.0098	.0170	.0211	.0335	.0406	.0538	.0749	.0985
.80	.0023	.0061	.0105	.0182	.0227	.0356	.0432	.0571	.0787	.1025
.85	.0023	.0064	.0110	.0192	.0241	.0375	.0454	.0598	.0817	.1055
.90	.0024	.0067	.0114	.0200	.0250	.0388	.0470	.0617	.0838	.1077
.95	.0024	.0068	.0117	.0204	.0256	.0396	.0479	.0627	.0850	.1090
1.00	.0024	.0069	.0117	.0204	.0258	.0398	.0482	.0630	.0854	.1093

→ x : lx

↓ y : ly

Spalte										
	0.55	0.60	0.65	0.70	0.75	0.80	0.85	0.90	0.95	
.05	.0004	.0003	.0003	.0003	.0002	.0001	.0001	.0001	.0000	
.10	.0016	.0014	.0012	.0010	.0007	.0004	.0003	.0002	.0000	
.15	.0037	.0033	.0028	.0024	.0017	.0012	.0007	.0005	.0001	
.20	.0067	.0059	.0050	.0042	.0030	.0023	.0013	.0008	.0002	
.25	.0105	.0093	.0076	.0064	.0046	.0035	.0019	.0012	.0004	
.30	.0155	.0132	.0106	.0088	.0063	.0048	.0027	.0017	.0006	
.35	.0214	.0175	.0138	.0115	.0079	.0062	.0035	.0021	.0008	
.40	.0281	.0221	.0172	.0142	.0096	.0076	.0043	.0026	.0010	
.45	.0352	.0268	.0207	.0171	.0112	.0089	.0051	.0030	.0011	
.50	.0427	.0315	.0241	.0199	.0129	.0102	.0059	.0034	.0012	
.55	.0502	.0363	.0275	.0227	.0146	.0115	.0066	.0039	.0014	
.60	.0574	.0410	.0310	.0256	.0162	.0129	.0074	.0043	.0015	
.65	.0640	.0455	.0344	.0284	.0179	.0143	.0082	.0048	.0017	
.70	.0699	.0498	.0376	.0310	.0195	.0156	.0090	.0052	.0019	
.75	.0749	.0538	.0406	.0335	.0211	.0170	.0098	.0057	.0021	
.80	.0787	.0571	.0432	.0356	.0227	.0182	.0105	.0061	.0023	
.85	.0817	.0598	.0454	.0375	.0241	.0192	.0110	.0064	.0023	
.90	.0838	.0617	.0470	.0388	.0250	.0200	.0114	.0067	.0024	
.95	.0850	.0627	.0479	.0396	.0256	.0204	.0117	.0068	.0024	
1.00	.0854	.0630	.0482	.0398	.0258	.0204	.0117	.0069	.0024	

Auswertung aus Pucher „Einflußfelder elastischer Platten" Tafel Nr. 28

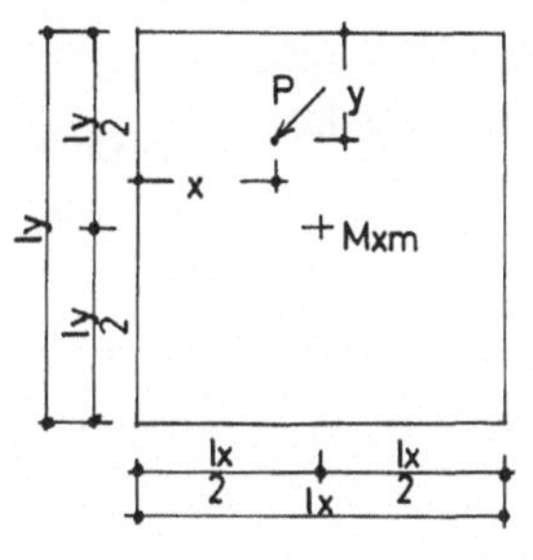

Feldmoment Mxm in Feldmitte einer Rechteckplatte aus einer Einzellast.
Stützung 1

$\frac{ly}{lx} = 1{,}0$

$\mu = 0$

Faktor = P

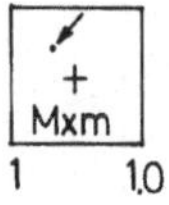

F 1.1,0.1.3

→ y : ly ; ↓ x : lx

Spalte										
	0.05	0.10	0.15	0.20	0.25	0.30	0.35	0.40	0.45	0.50
.05	.0017	.0009	.0014	.0026	.0032	.0039	.0033	.0032	.0030	.0029
.10	.0033	.0030	.0047	.0074	.0086	.0095	.0089	.0086	.0083	.0080
.15	.0049	.0063	.0101	.0143	.0165	.0170	.0169	.0164	.0159	.0153
.20	.0065	.0108	.0172	.0230	.0266	.0267	.0262	.0258	.0258	.0247
.25	.0081	.0165	.0247	.0319	.0352	.0368	.0370	.0370	.0359	.0356
.30	.0097	.0219	.0333	.0407	.0472	.0510	.0526	.0526	.0507	.0466
.35	.0112	.0268	.0398	.0490	.0608	.0681	.0719	.0719	.0704	.0667
.40	.0127	.0315	.0451	.0568	.0759	.0894	.1034	.1030	.0987	.0988
.45	.0142	.0337	.0492	.0642	.0873	.1061	.1269	.1468	.1523	.1501
.50	.0157	.0344	.0520	.0710	.0908	.1116	.1345	.1708	.2178	.3183*
.55	.0143	.0337	.0492	.0641	.0873	.1061	.1269	.1468	.1524	.1501
.60	.0128	.0314	.0451	.0568	.0759	.0894	.1034	.1030	.0987	.0988
.65	.0112	.0268	.0398	.0490	.0608	.0681	.0719	.0719	.0704	.0667
.70	.0097	.0219	.0333	.0407	.0472	.0510	.0525	.0525	.0507	.0466
.75	.0081	.0165	.0247	.0319	.0352	.0368	.0370	.0370	.0359	.0356
.80	.0065	.0108	.0172	.0230	.0266	.0267	.0262	.0258	.0258	.0247
.85	.0049	.0063	.0101	.0143	.0165	.0170	.0169	.0164	.0159	.0153
.90	.0032	.0030	.0047	.0074	.0086	.0095	.0089	.0086	.0083	.0080
.95	.0016	.0008	.0014	.0026	.0032	.0040	.0033	.0032	.0030	.0029
1.00	.0001-	.0001-	.0000	.0000	.0000	.0000	.0000	.0000	.0000	.0000

→ y : ly ; ↓ x : lx

Spalte										
	0.55	0.60	0.65	0.70	0.75	0.80	0.85	0.90	0.95	
.05	.0030	.0032	.0033	.0039	.0032	.0026	.0014	.0009	.0017	
.10	.0083	.0086	.0089	.0095	.0086	.0074	.0047	.0030	.0033	
.15	.0159	.0164	.0169	.0170	.0165	.0143	.0101	.0063	.0049	
.20	.0258	.0258	.0262	.0267	.0266	.0230	.0172	.0108	.0065	
.25	.0359	.0370	.0370	.0368	.0352	.0319	.0247	.0165	.0081	
.30	.0507	.0526	.0526	.0510	.0472	.0407	.0333	.0219	.0097	
.35	.0704	.0719	.0719	.0681	.0608	.0490	.0398	.0268	.0112	
.40	.0987	.1030	.1034	.0894	.0759	.0568	.0451	.0315	.0127	
.45	.1523	.1468	.1269	.1061	.0873	.0642	.0492	.0337	.0142	
.50	.2178	.1708	.1345	.1116	.0908	.0710	.0520	.0344	.0157	
.55	.1524	.1468	.1269	.1061	.0873	.0641	.0492	.0337	.0143	
.60	.0987	.1030	.1034	.0894	.0759	.0568	.0451	.0314	.0128	
.65	.0704	.0719	.0719	.0681	.0608	.0490	.0398	.0268	.0112	
.70	.0507	.0525	.0525	.0510	.0472	.0407	.0333	.0219	.0097	
.75	.0359	.0370	.0370	.0368	.0352	.0319	.0247	.0165	.0081	
.80	.0258	.0258	.0262	.0267	.0266	.0230	.0172	.0108	.0065	
.85	.0159	.0164	.0169	.0170	.0165	.0143	.0101	.0063	.0049	
.90	.0083	.0086	.0089	.0095	.0086	.0074	.0047	.0030	.0032	
.95	.0030	.0032	.0033	.0040	.0032	.0026	.0014	.0008	.0016	
1.00	.0000	.0000	.0000	.0000	.0000	.0000	.0000	.0001-	.0001-	

Auswertung aus Pucher „Einflußfelder elastischer Platten" Tafel Nr. 28

* bzw. theoretisch ∞

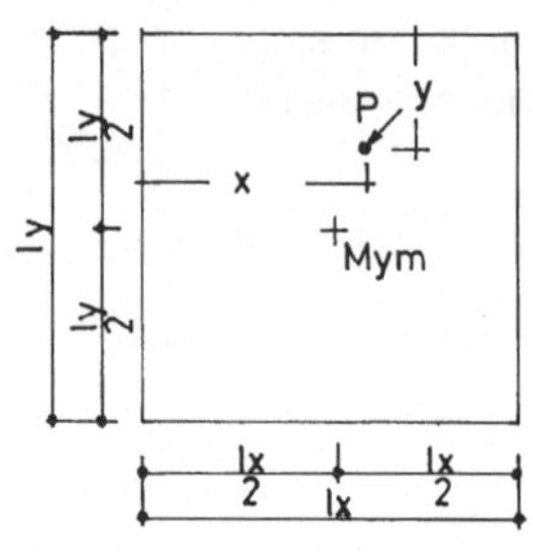

Feldmoment Mym in Feldmitte einer Rechteckplatte aus einer Einzellast.
Stützung 1

$\frac{ly}{lx} = 1{,}0$

$\mu = 0$

Faktor = P

Mym
1 1.0

F 1.1,0.2.3

y : ly → ; x : lx ↓

Spalte										
	0.05	0.10	0.15	0.20	0.25	0.30	0.35	0.40	0.45	0.50
.05	.0004	.0024	.0033	.0033	.0071	.0105	.0121	.0141	.0158	.0158
.10	.0009	.0044	.0064	.0119	.0149	.0203	.0251	.0292	.0333	.0344
.15	.0017	.0061	.0094	.0189	.0232	.0325	.0384	.0455	.0508	.0520
.20	.0026	.0074	.0122	.0226	.0308	.0402	.0483	.0601	.0683	.0709
.25	.0035	.0084	.0149	.0253	.0323	.0465	.0563	.0737	.0881	.0908
.30	.0039	.0090	.0160	.0270	.0327	.0513	.0623	.0832	.1093	.1116
.35	.0038	.0092	.0160	.0279	.0330	.0546	.0665	.0886	.1262	.1344
.40	.0032	.0091	.0159	.0277	.0333	.0565	.0688	.0925	.1389	.1707
.45	.0030	.0087	.0155	.0267	.0334	.0568	.0692	.0948	.1473	.2177
.50	.0029	.0079	.0150	.0247	.0334	.0556	.0677	.0956	.1514	.3183*
.55	.0030	.0087	.0155	.0268	.0333	.0569	.0692	.0948	.1472	.2302
.60	.0032	.0092	.0158	.0278	.0332	.0565	.0688	.0925	.1389	.1737
.65	.0038	.0093	.0160	.0279	.0329	.0547	.0665	.0886	.1263	.1381
.70	.0039	.0090	.0160	.0271	.0326	.0514	.0624	.0831	.1093	.1124
.75	.0035	.0084	.0150	.0253	.0321	.0466	.0563	.0738	.0881	.0910
.80	.0025	.0074	.0122	.0226	.0308	.0403	.0483	.0601	.0683	.0708
.85	.0017	.0060	.0094	.0190	.0232	.0325	.0384	.0455	.0508	.0519
.90	.0009	.0044	.0064	.0119	.0149	.0203	.0251	.0292	.0333	.0343
.95	.0004	.0023	.0033	.0032	.0071	.0105	.0121	.0141	.0158	.0158
1.00	.0000	.0001-	.0001	.0000	.0000	.0000	.0000	.0000	.0000	.0000

y : ly → ; x : lx ↓

Spalte										
	0.55	0.60	0.65	0.70	0.75	0.80	0.85	0.90	0.95	
.05	.0158	.0141	.0121	.0105	.0071	.0033	.0033	.0024	.0004	
.10	.0333	.0292	.0251	.0203	.0149	.0119	.0064	.0044	.0009	
.15	.0508	.0455	.0384	.0325	.0232	.0189	.0094	.0061	.0017	
.20	.0683	.0601	.0483	.0402	.0308	.0226	.0122	.0074	.0026	
.25	.0881	.0737	.0563	.0465	.0323	.0253	.0149	.0084	.0035	
.30	.1093	.0832	.0623	.0513	.0327	.0270	.0160	.0090	.0039	
.35	.1262	.0886	.0665	.0546	.0330	.0279	.0160	.0092	.0038	
.40	.1389	.0925	.0688	.0565	.0333	.0277	.0159	.0091	.0032	
.45	.1473	.0948	.0692	.0568	.0334	.0267	.0155	.0087	.0030	
.50	.1514	.0956	.0677	.0556	.0334	.0247	.0150	.0079	.0029	
.55	.1472	.0948	.0692	.0569	.0333	.0268	.0155	.0087	.0030	
.60	.1389	.0925	.0688	.0565	.0332	.0278	.0158	.0092	.0032	
.65	.1263	.0886	.0665	.0547	.0329	.0279	.0160	.0093	.0038	
.70	.1093	.0831	.0624	.0514	.0326	.0271	.0160	.0090	.0039	
.75	.0881	.0738	.0563	.0466	.0321	.0253	.0150	.0084	.0035	
.80	.0683	.0601	.0483	.0403	.0308	.0226	.0122	.0074	.0025	
.85	.0508	.0455	.0384	.0325	.0232	.0190	.0094	.0060	.0017	
.90	.0333	.0292	.0251	.0203	.0149	.0119	.0064	.0044	.0009	
.95	.0158	.0141	.0121	.0105	.0071	.0032	.0033	.0023	.0004	
1.00	.0000	.0000	.0000	.0000	.0000	.0000	.0001	.0001-	.0000	

Auswertung aus Pucher „Einflußfelder elastischer Platten" Tafel Nr. 28

* bzw. theoretisch ∞

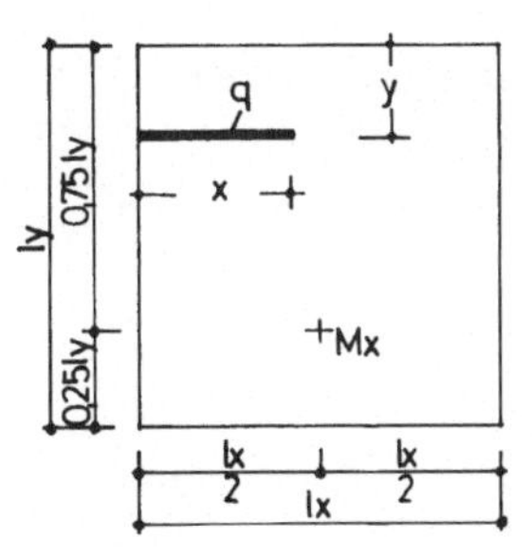

Feldmoment Mx im Viertelspunkt einer Rechteckplatte aus Linienlast in lx-Richtung.
Stützung 1

$\frac{ly}{lx} = 1{,}0$

$\mu = 0$

Faktor = q · lx

Mx

1 1.0

F 1.1,0.3.1

→ y : ly, ↓ x : lx

Spalte										
	0.05	0.10	0.15	0.20	0.25	0.30	0.35	0.40	0.45	0.50
.05	.0000	.0001	.0001	.0001	.0001	.0003	.0000	.0001	.0001	.0000
.10	.0001	.0002	.0002	.0003	.0003	.0010	.0001	.0003	.0003	.0002
.15	.0002	.0004	.0005	.0007	.0008	.0020	.0011	.0011	.0011	.0006
.20	.0004	.0008	.0010	.0013	.0016	.0026	.0022	.0022	.0021	.0018
.25	.0005	.0012	.0015	.0022	.0027	.0039	.0037	.0037	.0037	.0033
.30	.0008	.0017	.0022	.0032	.0040	.0056	.0056	.0058	.0059	.0053
.35	.0011	.0022	.0031	.0044	.0056	.0076	.0079	.0083	.0085	.0080
.40	.0014	.0028	.0041	.0058	.0074	.0099	.0106	.0113	.0116	.0114
.45	.0017	.0035	.0052	.0074	.0094	.0125	.0135	.0145	.0151	.0158
.50	.0021	.0042	.0063	.0089	.0114	.0151	.0166	.0180	.0190	.0206
.55	.0025	.0048	.0075	.0102	.0135	.0171	.0191	.0210	.0226	.0254
.60	.0028	.0054	.0086	.0116	.0155	.0196	.0219	.0242	.0260	.0301
.65	.0031	.0060	.0097	.0130	.0174	.0219	.0246	.0271	.0291	.0327
.70	.0034	.0066	.0107	.0143	.0185	.0241	.0270	.0297	.0318	.0354
.75	.0036	.0070	.0109	.0154	.0198	.0254	.0290	.0318	.0340	.0374
.80	.0038	.0074	.0115	.0160	.0209	.0267	.0301	.0331	.0354	.0390
.85	.0039	.0078	.0119	.0166	.0216	.0277	.0312	.0342	.0364	.0400
.90	.0040	.0080	.0122	.0170	.0221	.0285	.0320	.0349	.0371	.0405
.95	.0041	.0082	.0124	.0172	.0224	.0292	.0323	.0351	.0374	.0407
1.00	.0042	.0083	.0124	.0173	.0224	.0297	.0320	.0351	.0373	.0406

→ y : ly, ↓ x : lx

Spalte										
	0.55	0.60	0.65	0.70	0.75	0.80	0.85	0.90	0.95	
.05	.0000	.0000	.0000	.0001-	.0000	.0000	.0000	.0000	.0000	
.10	.0001	.0000	.0001-	.0002-	.0000	.0001-	.0001-	.0001-	.0000	
.15	.0004	.0001	.0000	.0004-	.0001-	.0001-	.0001-	.0001-	.0001-	
.20	.0014	.0005	.0005	.0004-	.0000	.0001-	.0002-	.0002-	.0001-	
.25	.0026	.0019	.0011	.0005	.0002	.0001	.0000	.0000	.0000	
.30	.0045	.0035	.0025	.0015	.0010	.0008	.0006	.0004	.0003	
.35	.0073	.0059	.0049	.0033	.0025	.0021	.0019	.0015	.0010	
.40	.0113	.0102	.0097	.0063	.0051	.0045	.0041	.0033	.0021	
.45	.0163	.0158	.0152	.0114	.0088	.0088	.0079	.0061	.0036	
.50	.0220	.0226	.0227	.0202	.0193	.0167	.0129	.0097	.0053	
.55	.0280	.0282	.0314	.0286	.0290	.0247	.0185	.0129	.0071	
.60	.0337	.0340	.0356	.0336	.033	.0289	.0222	.0157	.0084	
.65	.0358	.0377	.0405	.0365	.0345	.0312	.0243	.0174	.0095	
.70	.0386	.0402	.0425	.0385	.0376	.0327	.0258	.0184	.0102	
.75	.0406	.0420	.0438	.0395	.0384	.0334	.0264	.0190	.0105	
.80	.0418	.0429	.0445	.0400	.0386	.0335	.0263	.0191	.0106	
.85	.0426	.0435	.0448	.0402	.0387	.0336	.0265	.0190	.0106	
.90	.0429	.0437	.0449	.0401	.0387	.0335	.0264	.0190	.0105	
.95	.0430	.0436	.0449	.0399	.0387	.0335	.0264	.0189	.0105	
1.00	.0429	.0435	.0447	.0396	.0386	.0334	.0263	.0189	.0105	

Auswertung aus Pucher „Einflußfelder elastischer Platten" Tafel Nr. 29

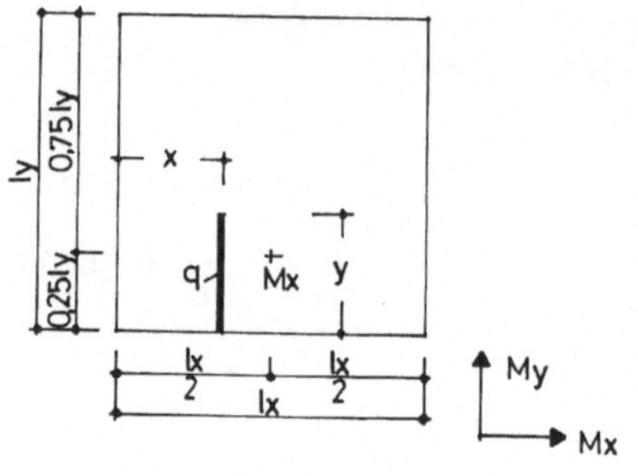

Feldmoment Mx im Viertelspunkt einer Rechteckplatte aus Linienlast in ly-Richtung.

Stützung 1

$\frac{ly}{lx} = 1{,}0$

$\mu = 0$

Faktor = q · ly

Mx +

1 1.0

F 1.1,0.3.2

→ x : lx

↓ y : ly

Spalte										
	0.05	0.10	0.15	0.20	0.25	0.30	0.35	0.40	0.45	0.50
.05	.0000	.0000	.0000	.0000	.0001	.0003	.0005	.0007	.0008	.0009
.10	.0000	.0001-	.0002-	.0001-	.0002	.0010	.0018	.0025	.0033	.0036
.15	.0001-	.0001-	.0004-	.0001-	.0005	.0018	.0033	.0052	.0074	.0085
.20	.0001-	.0002-	.0005-	.0001-	.0009	.0026	.0050	.0085	.0124	.0184
.25	.0001-	.0002-	.0006-	.0001-	.0014	.0036	.0068	.0123	.0183	.0307
.30	.0002-	.0003-	.0006-	.0001-	.0021	.0047	.0089	.0159	.0248	.0433
.35	.0002-	.0002-	.0004-	.0001	.0031	.0065	.0114	.0204	.0316	.0519
.40	.0002-	.0000	.0000	.0010	.0042	.0085	.0142	.0253	.0368	.0589
.45	.0002-	.0003	.0005	.0020	.0057	.0107	.0182	.0304	.0426	.0647
.50	.0001-	.0007	.0012	.0032	.0075	.0133	.0215	.0353	.0478	.0695
.55	.0001	.0012	.0021	.0045	.0094	.0156	.0246	.0379	.0518	.0734
.60	.0003	.0017	.0031	.0058	.0114	.0180	.0276	.0412	.0555	.0778
.65	.0004	.0021	.0042	.0072	.0134	.0203	.0303	.0442	.0586	.0810
.70	.0006	.0026	.0048	.0084	.0146	.0224	.0326	.0467	.0612	.0837
.75	.0008	.0030	.0054	.0095	.0159	.0238	.0347	.0488	.0634	.0859
.80	.0010	.0034	.0060	.0102	.0170	.0251	.0358	.0504	.0651	.0877
.85	.0011	.0037	.0064	.0108	.0177	.0260	.0368	.0516	.0664	.0890
.90	.0012	.0039	.0068	.0112	.0183	.0266	.0376	.0524	.0673	.0899
.95	.0013	.0041	.0069	.0114	.0186	.0270	.0380	.0529	.0678	.0904
1.00	.0013	.0042	.0070	.0114	.0187	.0272	.0382	.0531	.0680	.0906

→ x : lx

↓ y : ly

Spalte										
	0.55	0.60	0.65	0.70	0.75	0.80	0.85	0.90	0.95	
.05	.0008	.0007	.0005	.0003	.0001	.0000	.0000	.0000	.0000	
.10	.0033	.0025	.0018	.0010	.0002	.0001-	.0002-	.0001-	.0000	
.15	.0074	.0052	.0033	.0018	.0005	.0001-	.0004-	.0001-	.0001-	
.20	.0124	.0085	.0050	.0026	.0009	.0001-	.0005-	.0002-	.0001-	
.25	.0183	.0123	.0068	.0036	.0014	.0001-	.0006-	.0002-	.0001-	
.30	.0248	.0159	.0089	.0047	.0021	.0001-	.0006-	.0003-	.0002-	
.35	.0316	.0204	.0114	.0065	.0031	.0001	.0004-	.0002-	.0002-	
.40	.0368	.0253	.0142	.0085	.0042	.0010	.0000	.0000	.0002-	
.45	.0426	.0304	.0182	.0107	.0057	.0020	.0005	.0003	.0002-	
.50	.0478	.0353	.0215	.0133	.0075	.0032	.0012	.0007	.0001-	
.55	.0518	.0379	.0246	.0156	.0094	.0045	.0021	.0012	.0001	
.60	.0555	.0412	.0276	.0180	.0114	.0058	.0031	.0017	.0003	
.65	.0586	.0442	.0303	.0203	.0134	.0072	.0042	.0021	.0004	
.70	.0612	.0467	.0326	.0224	.0146	.0084	.0048	.0026	.0006	
.75	.0634	.0488	.0347	.0238	.0159	.0095	.0054	.0030	.0008	
.80	.0651	.0504	.0358	.0251	.0170	.0102	.0060	.0034	.0010	
.85	.0664	.0516	.0368	.0260	.0177	.0108	.0064	.0037	.0011	
.90	.0673	.0524	.0376	.0266	.0183	.0112	.0068	.0039	.0012	
.95	.0678	.0529	.0380	.0270	.0186	.0114	.0069	.0041	.0013	
1.00	.0680	.0531	.0382	.0272	.0187	.0114	.0070	.0042	.0013	

Auswertung aus Pucher „Einflußfelder elastischer Platten" Tafel Nr.29

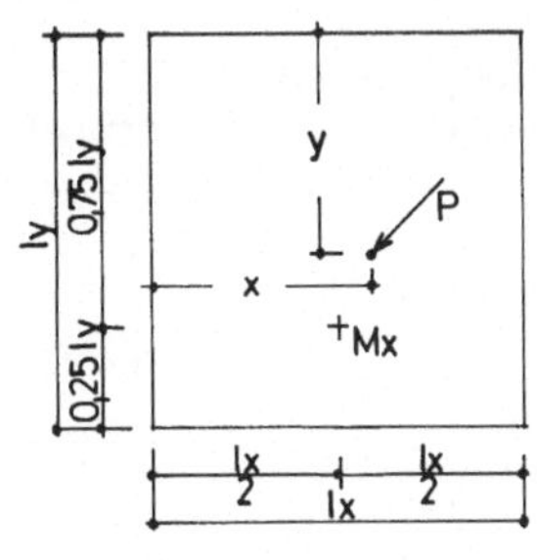

Feldmoment Mx im Viertelspunkt einer Rechteckplatte aus einer Einzellast.
Stützung 1

$\frac{ly}{lx} = 1,0$

$\mu = 0$

Faktor = P

Mx_+

1 1.0

F 1.1,0.3.3

→ y : ly

↓ x : lx

Spalte	0.05	0.10	0.15	0.20	0.25	0.30	0.35	0.40	0.45	0.50
.05	.0011	.0020	.0024	.0031	.0035	.0095	.0016	.0034	.0034	.0023
.10	.0020	.0039	.0048	.0065	.0077	.0149	.0120	.0093	.0094	.0073
.15	.0026	.0056	.0074	.0102	.0126	.0160	.0191	.0177	.0174	.0150
.20	.0029	.0072	.0101	.0142	.0182	.0225	.0253	.0267	.0264	.0239
.25	.0041	.0087	.0130	.0187	.0239	.0296	.0337	.0364	.0372	.0351
.30	.0051	.0100	.0159	.0226	.0294	.0370	.0422	.0456	.0473	.0476
.35	.0060	.0113	.0184	.0256	.0340	.0428	.0489	.0535	.0566	.0624
.40	.0067	.0124	.0202	.0279	.0370	.0467	.0539	.0601	.0651	.0797
.45	.0072	.0133	.0212	.0294	.0387	.0488	.0573	.0653	.0728	.0890
.50	.0073	.0142	.0216	.0301	.0393	.0490	.0589	.0691	.0796	.0922
.55	.0072	.0133	.0212	.0294	.0387	.0488	.0573	.0653	.0728	.0890
.60	.0067	.0124	.0202	.0279	.0370	.0467	.0539	.0601	.0651	.0796
.65	.0060	.0113	.0184	.0256	.0340	.0428	.0489	.0535	.0566	.0624
.70	.0051	.0100	.0159	.0226	.0294	.0370	.0422	.0457	.0473	.0476
.75	.0041	.0087	.0130	.0187	.0239	.0296	.0338	.0365	.0372	.0351
.80	.0029	.0072	.0101	.0142	.0182	.0225	.0253	.0266	.0264	.0239
.85	.0026	.0056	.0074	.0102	.0126	.0160	.0191	.0176	.0174	.0150
.90	.0020	.0039	.0048	.0065	.0077	.0149	.0120	.0094	.0094	.0073
.95	.0012	.0020	.0024	.0031	.0035	.0095	.0016	.0034	.0034	.0023
1.00	.0001	.0000	.0000	.0000	.0000	.0000	.0000	.0000	.0000	.0000

→ y : ly

↓ x : lx

Spalte	0.55	0.60	0.65	0.70	0.75	0.80	0.85	0.90	0.95	
.05	.0015	.0002	.0005-	.0021-	.0004-	.0006-	.0006-	.0006-	.0004-	
.10	.0052	.0029	.0010	.0018-	.0005-	.0008-	.0008-	.0008-	.0006-	
.15	.0112	.0080	.0044	.0011	.0002-	.0006-	.0006-	.0006-	.0005-	
.20	.0198	.0154	.0099	.0066	.0022	.0010	.0000	.0001-	.0001-	
.25	.0306	.0253	.0191	.0149	.0100	.0079	.0059	.0053	.0037	
.30	.0469	.0407	.0334	.0271	.0224	.0197	.0184	.0159	.0101	
.35	.0677	.0649	.0709	.0454	.0398	.0355	.0336	.0268	.0182	
.40	.0901	.0972	.1062	.0796	.0652	.0637	.0586	.0454	.0253	
.45	.1040	.1194	.1299	.1305	.1254	.1121	.0879	.0620	.0319	
.50	.1086	.1293	.1539	.1990	.2989*	.2029	.1304	.0754	.0350	
.55	.1040	.1194	.1300	.1305	.1254	.1121	.0879	.0620	.0318	
.60	.0901	.0972	.1062	.0796	.0652	.0637	.0586	.0454	.0253	
.65	.0677	.0649	.0709	.0454	.0398	.0354	.0337	.0268	.0181	
.70	.0469	.0407	.0334	.0271	.0224	.0197	.0184	.0159	.0101	
.75	.0307	.0253	.0191	.0149	.0100	.0080	.0059	.0053	.0037	
.80	.0198	.0155	.0099	.0066	.0022	.0010	.0000	.0001-	.0001-	
.85	.0112	.0080	.0044	.0011	.0002-	.0005-	.0006-	.0006-	.0005-	
.90	.0052	.0029	.0010	.0018-	.0005-	.0008-	.0008-	.0008-	.0006-	
.95	.0015	.0003	.0005-	.0021-	.0004-	.0007-	.0006-	.0006-	.0004-	
1.00	.0000	.0001	.0000	.0000	.0000	.0002-	.0000	.0000	.0000	

Auswertung aus Pucher „Einflußfelder elastischer Platten" Tafel Nr. 29

* bzw. theoretisch ∞

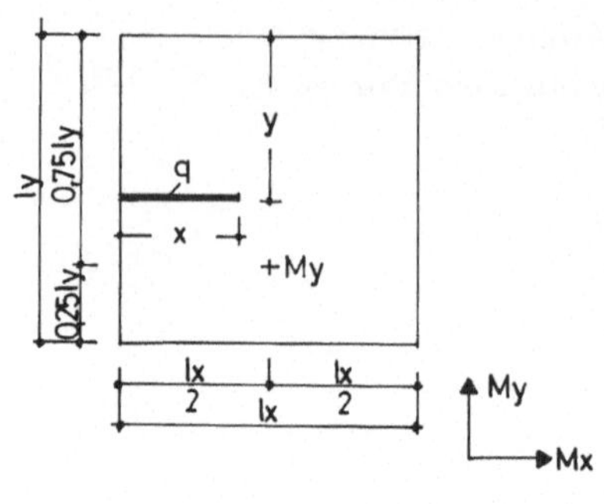

Feldmoment My im Viertelspunkt einer Rechteckplatte aus Linienlast in lx-Richtung.
Stützung 1

$\frac{ly}{lx} = 1{,}0$

$\mu = 0$

Faktor = q · lx

F 1.1,0.4.1

→ y : ly, ↓ x : lx

Spalte										
	0.05	0.10	0.15	0.20	0.25	0.30	0.35	0.40	0.45	0.50
.05	.0000	.0000	.0000	.0000	.0000	.0001	.0001	.0001	.0002	.0003
.10	.0000	.0000	.0000	.0000	.0001	.0002	.0003	.0006	.0009	.0011
.15	.0000	.0001-	.0000	.0001	.0002	.0005	.0007	.0013	.0016	.0021
.20	.0001-	.0001-	.0000	.0001	.0004	.0008	.0012	.0021	.0026	.0035
.25	.0001-	.0002-	.0001-	.0002	.0005	.0011	.0018	.0030	.0037	.0050
.30	.0002-	.0003-	.0002-	.0002	.0007	.0014	.0023	.0040	.0049	.0066
.35	.0003-	.0004-	.0003-	.0000	.0006	.0015	.0029	.0042	.0062	.0082
.40	.0004-	.0006-	.0005-	.0000	.0007	.0017	.0035	.0049	.0075	.0098
.45	.0006-	.0008-	.0006-	.0001-	.0007	.0019	.0039	.0055	.0088	.0114
.50	.0007-	.0010-	.0008-	.0003-	.0006	.0020	.0043	.0061	.0100	.0130
.55	.0009-	.0012-	.0012-	.0006-	.0005	.0020	.0047	.0067	.0105	.0146
.60	.0010-	.0014-	.0013-	.0007-	.0005	.0022	.0051	.0073	.0117	.0162
.65	.0011-	.0016-	.0014-	.0007-	.0006	.0024	.0057	.0079	.0129	.0178
.70	.0012-	.0017-	.0015-	.0007-	.0007	.0027	.0062	.0085	.0142	.0193
.75	.0013-	.0018-	.0017-	.0008-	.0007	.0029	.0068	.0097	.0154	.0209
.80	.0013-	.0019-	.0018-	.0008-	.0008	.0032	.0074	.0105	.0166	.0225
.85	.0014-	.0020-	.0018-	.0008-	.0009	.0035	.0079	.0113	.0177	.0239
.90	.0014-	.0020-	.0018-	.0007-	.0011	.0037	.0082	.0120	.0180	.0249
.95	.0014-	.0020-	.0018-	.0007-	.0012	.0039	.0085	.0125	.0187	.0256
1.00	.0014-	.0020-	.0018-	.0006-	.0013	.0041	.0086	.0128	.0190	.0261

→ y : ly, ↓ x : lx

Spalte										
	0.55	0.60	0.65	0.70	0.75	0.80	0.85	0.90	0.95	
.05	.0003	.0004	.0005	.0005	.0004	.0003	.0002	.0001	.0001	
.10	.0012	.0014	.0016	.0016	.0017	.0014	.0011	.0007	.0004	
.15	.0024	.0031	.0037	.0037	.0038	.0033	.0027	.0017	.0009	
.20	.0042	.0055	.0068	.0066	.0068	.0060	.0049	.0033	.0018	
.25	.0065	.0085	.0106	.0105	.0106	.0097	.0079	.0054	.0029	
.30	.0090	.0119	.0147	.0157	.0155	.0144	.0116	.0080	.0042	
.35	.0118	.0156	.0199	.0221	.0223	.0205	.0159	.0109	.0057	
.40	.0147	.0195	.0256	.0296	.0298	.0276	.0206	.0140	.0072	
.45	.0176	.0234	.0317	.0371	.0418	.0353	.0257	.0173	.0088	
.50	.0204	.0270	.0376	.0448	.0571	.0433	.0310	.0207	.0104	
.55	.0218	.0307	.0416	.0525	.0725	.0513	.0363	.0231	.0114	
.60	.0245	.0345	.0473	.0605	.0832	.0591	.0416	.0262	.0129	
.65	.0273	.0384	.0531	.0678	.0913	.0662	.0466	.0293	.0144	
.70	.0300	.0421	.0586	.0742	.0979	.0723	.0514	.0322	.0159	
.75	.0327	.0456	.0620	.0795	.1031	.0772	.0532	.0349	.0172	
.80	.0352	.0486	.0657	.0831	.1070	.0806	.0561	.0372	.0184	
.85	.0361	.0510	.0687	.0861	.1098	.0833	.0583	.0381	.0189	
.90	.0374	.0527	.0710	.0881	.1122	.0852	.0600	.0391	.0195	
.95	.0382	.0537	.0719	.0893	.1135	.0863	.0608	.0397	.0198	
1.00	.0386	.0540	.0723	.0898	.1139	.0866	.0610	.0397	.0198	

Auswertung aus Pucher „Einflußfelder elastischer Platten" Tafel Nr. 30

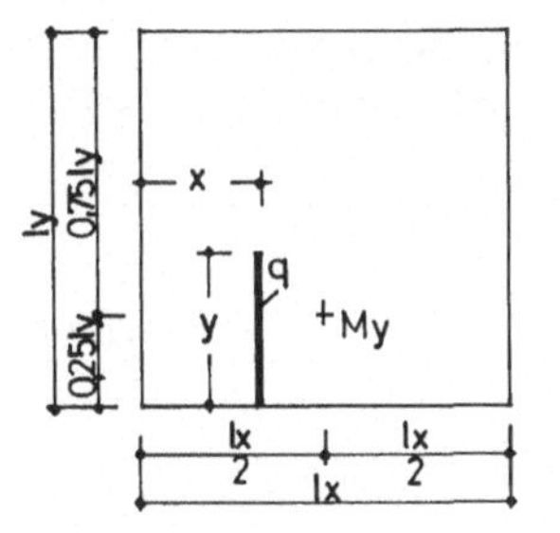

My
Mx

Feldmoment My im Viertelspunkt einer Rechteckplatte aus Linienlast in ly-Richtung.
Stützung 1

$\frac{ly}{lx} = 1{,}0$

$\mu = 0$

Faktor = q · ly

My
1 1.0

F 1.1,0.4.2

x : lx →

y : ly ↓

Spalte										
	0.05	0.10	0.15	0.20	0.25	0.30	0.35	0.40	0.45	0.50
.05	.0001	.0002	.0004	.0006	.0007	.0008	.0008	.0008	.0008	.0008
.10	.0003	.0010	.0015	.0020	.0026	.0030	.0031	.0031	.0031	.0030
.15	.0007	.0020	.0031	.0044	.0055	.0066	.0072	.0073	.0071	.0070
.20	.0013	.0033	.0054	.0076	.0093	.0115	.0133	.0134	.0135	.0134
.25	.0021	.0049	.0081	.0113	.0137	.0174	.0199	.0224	.0239	.0249
.30	.0030	.0066	.0104	.0141	.0185	.0237	.0267	.0309	.0342	.0359
.35	.0038	.0081	.0127	.0171	.0221	.0298	.0328	.0372	.0405	.0421
.40	.0046	.0094	.0149	.0198	.0254	.0316	.0370	.0417	.0447	.0464
.45	.0054	.0106	.0165	.0219	.0279	.0345	.0401	.0449	.0477	.0490
.50	.0061	.0115	.0178	.0235	.0298	.0364	.0422	.0468	.0495	.0513
.55	.0067	.0122	.0187	.0246	.0313	.0380	.0438	.0484	.0510	.0526
.60	.0067	.0128	.0194	.0255	.0322	.0389	.0447	.0492	.0518	.0534
.65	.0070	.0131	.0199	.0261	.0328	.0395	.0453	.0498	.0523	.0538
.70	.0072	.0134	.0202	.0264	.0332	.0399	.0456	.0500	.0525	.0539
.75	.0074	.0134	.0203	.0265	.0333	.0400	.0457	.0501	.0525	.0537
.80	.0075	.0134	.0203	.0265	.0332	.0399	.0455	.0499	.0524	.0533
.85	.0075	.0134	.0202	.0264	.0331	.0397	.0453	.0497	.0521	.0529
.90	.0076	.0133	.0200	.0262	.0328	.0394	.0450	.0494	.0518	.0524
.95	.0075	.0131	.0198	.0260	.0326	.0391	.0447	.0491	.0514	.0519
1.00	.0075	.0130	.0196	.0258	.0323	.0389	.0444	.0488	.0512	.0515

x : lx →

y : ly ↓

Spalte										
	0.55	0.60	0.65	0.70	0.75	0.80	0.85	0.90	0.95	
.05	.0008	.0008	.0008	.0008	.0007	.0006	.0004	.0002	.0001	
.10	.0031	.0031	.0031	.0030	.0026	.0020	.0015	.0010	.0003	
.15	.0071	.0073	.0072	.0066	.0055	.0044	.0031	.0020	.0007	
.20	.0135	.0134	.0133	.0115	.0093	.0076	.0054	.0033	.0013	
.25	.0239	.0224	.0199	.0174	.0137	.0113	.0081	.0049	.0021	
.30	.0342	.0309	.0267	.0237	.0185	.0141	.0104	.0066	.0030	
.35	.0405	.0372	.0328	.0298	.0221	.0171	.0127	.0081	.0038	
.40	.0447	.0417	.0370	.0316	.0254	.0198	.0149	.0094	.0046	
.45	.0477	.0449	.0401	.0345	.0279	.0219	.0165	.0106	.0054	
.50	.0495	.0468	.0422	.0364	.0298	.0235	.0178	.0115	.0061	
.55	.0510	.0484	.0438	.0380	.0313	.0246	.0187	.0122	.0067	
.60	.0518	.0492	.0447	.0389	.0322	.0255	.0194	.0128	.0067	
.65	.0523	.0498	.0453	.0395	.0328	.0261	.0199	.0131	.0070	
.70	.0525	.0500	.0456	.0399	.0332	.0264	.0202	.0134	.0072	
.75	.0525	.0501	.0457	.0400	.0333	.0265	.0203	.0134	.0074	
.80	.0524	.0499	.0455	.0399	.0332	.0265	.0203	.0134	.0075	
.85	.0521	.0497	.0453	.0397	.0331	.0264	.0202	.0134	.0075	
.90	.0518	.0494	.0450	.0394	.0328	.0262	.0200	.0133	.0076	
.95	.0514	.0491	.0447	.0391	.0326	.0260	.0198	.0131	.0075	
1.00	.0512	.0488	.0444	.0389	.0323	.0258	.0196	.0130	.0075	

Auswertung aus Pucher „Einflußfelder elastischer Platten" Tafel Nr. 30

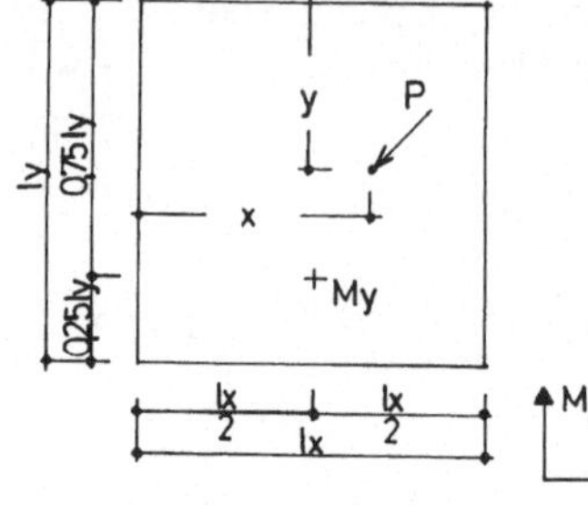

Feldmoment My im Viertelspunkt einer Rechteckplatte aus einer Einzellast.
Stützung 1

$\frac{ly}{lx} = 1{,}0$

$\mu = 0$

Faktor = P

My
1 1.0

F 1.1,0.4.3

→ y : ly

↓ x : lx

Spalte	0.05	0.10	0.15	0.20	0.25	0.30	0.35	0.40	0.45	0.50
.05	.0002-	.0002-	.0000	.0004	.0011	.0022	.0036	.0058	.0087	.0119
.10	.0004-	.0005-	.0002-	.0006	.0019	.0038	.0065	.0103	.0142	.0178
.15	.0007-	.0009-	.0005-	.0006	.0023	.0049	.0088	.0135	.0174	.0239
.20	.0010-	.0014-	.0010-	.0003	.0024	.0054	.0104	.0155	.0205	.0300
.25	.0014-	.0020-	.0016-	.0003-	.0021	.0054	.0114	.0163	.0226	.0318
.30	.0017-	.0026-	.0024-	.0010-	.0014	.0049	.0116	.0157	.0239	.0318
.35	.0020-	.0028-	.0025-	.0011-	.0012	.0047	.0113	.0143	.0242	.0318
.40	.0024-	.0033-	.0031-	.0018-	.0005	.0039	.0102	.0131	.0237	.0318
.45	.0028-	.0041-	.0042-	.0031-	.0008-	.0026	.0086	.0124	.0223	.0318
.50	.0033-	.0052-	.0057-	.0049-	.0027-	.0009	.0062	.0122	.0199	.0318
.55	.0028-	.0041-	.0042-	.0031-	.0008-	.0026	.0084	.0124	.0223	.0318
.60	.0024-	.0033-	.0031-	.0018-	.0005	.0039	.0101	.0130	.0237	.0318
.65	.0021-	.0028-	.0025-	.0011-	.0012	.0047	.0112	.0142	.0243	.0318
.70	.0017-	.0026-	.0024-	.0009-	.0014	.0049	.0117	.0158	.0239	.0318
.75	.0013-	.0020-	.0016-	.0002-	.0021	.0054	.0114	.0164	.0226	.0317
.80	.0010-	.0014-	.0010-	.0003	.0024	.0054	.0105	.0156	.0205	.0300
.85	.0007-	.0009-	.0005-	.0006	.0023	.0049	.0088	.0136	.0174	.0239
.90	.0005-	.0005-	.0002-	.0006	.0019	.0038	.0065	.0103	.0142	.0178
.95	.0003-	.0002-	.0000	.0005	.0012	.0022	.0036	.0058	.0087	.0119
1.00	.0001-	.0000	.0000	.0000	.0000	.0000	.0001-	.0000	.0000	.0000

→ y : ly

↓ x : lx

Spalte	0.55	0.60	0.65	0.70	0.75	0.80	0.85	0.90	0.95	
.05	.0123	.0140	.0159	.0162	.0176	.0137	.0109	.0061	.0036	
.10	.0211	.0265	.0318	.0334	.0337	.0303	.0239	.0167	.0085	
.15	.0308	.0413	.0508	.0499	.0506	.0464	.0385	.0260	.0146	
.20	.0398	.0546	.0663	.0680	.0691	.0634	.0521	.0370	.0197	
.25	.0466	.0649	.0786	.0903	.0911	.0823	.0663	.0458	.0235	
.30	.0511	.0722	.0951	.1149	.1167	.1076	.0807	.0528	.0265	
.35	.0535	.0764	.1065	.1363	.1402	.1307	.0899	.0580	.0284	
.40	.0537	.0776	.1117	.1544	.1990	.1515	.0965	.0613	.0295	
.45	.0516	.0757	.1107	.1562	.2534	.1593	.1004	.0628	.0296	
.50	.0474	.0708	.1035	.1547	.3324*	.1593	.1018	.0625	.0287	
.55	.0515	.0756	.1107	.1562	.2561	.1592	.1004	.0630	.0297	
.60	.0536	.0775	.1117	.1544	.1822	.1515	.0964	.0614	.0295	
.65	.0534	.0763	.1065	.1363	.1455	.1307	.0898	.0580	.0285	
.70	.0511	.0721	.0951	.1149	.1167	.1076	.0806	.0528	.0265	
.75	.0465	.0649	.0786	.0903	.0911	.0823	.0663	.0458	.0236	
.80	.0398	.0546	.0663	.0680	.0691	.0634	.0521	.0370	.0197	
.85	.0308	.0413	.0508	.0499	.0506	.0463	.0385	.0260	.0146	
.90	.0211	.0265	.0319	.0334	.0337	.0303	.0239	.0167	.0085	
.95	.0123	.0140	.0159	.0161	.0176	.0137	.0109	.0061	.0036	
1.00	.0000	.0000	.0000	.0000	.0000	.0000	.0000	.0000	.0000	

Auswertung aus Pucher „Einflußfelder elastischer Platten" Tafel Nr. 30

* bzw. theoretisch ∞

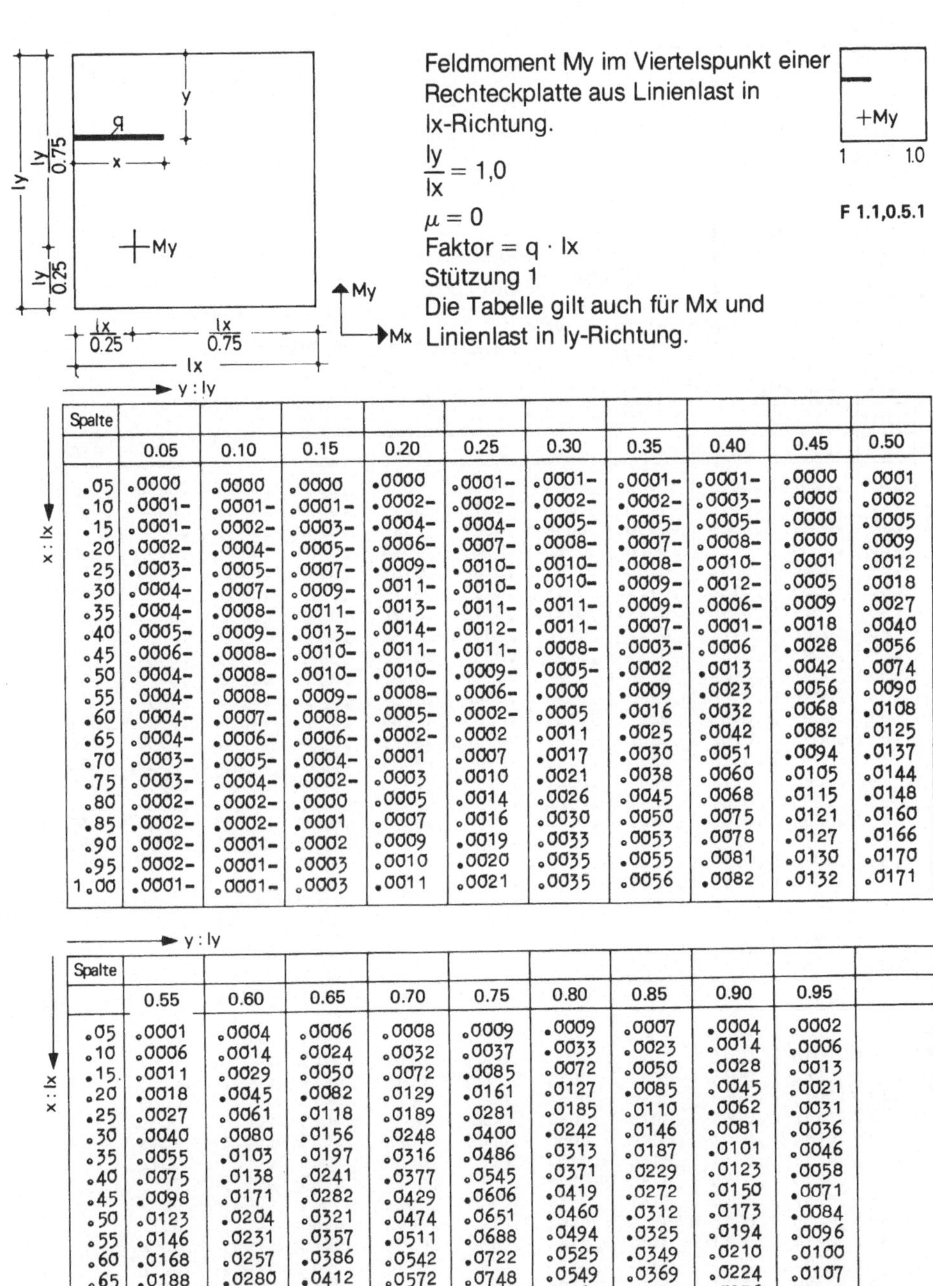

Feldmoment My im Viertelspunkt einer Rechteckplatte aus Linienlast in lx-Richtung.

$\frac{ly}{lx} = 1{,}0$

$\mu = 0$

Faktor = q · lx

Stützung 1

Die Tabelle gilt auch für Mx und Linienlast in ly-Richtung.

F 1.1,0.5.1

y : ly →

Spalte										
x : lx ↓	0.05	0.10	0.15	0.20	0.25	0.30	0.35	0.40	0.45	0.50
.05	.0000	.0000	.0000	.0000	.0001-	.0001-	.0001-	.0001-	.0000	.0001
.10	.0001-	.0001-	.0001-	.0002-	.0002-	.0002-	.0002-	.0003-	.0000	.0002
.15	.0001-	.0002-	.0003-	.0004-	.0004-	.0005-	.0005-	.0005-	.0000	.0005
.20	.0002-	.0004-	.0005-	.0006-	.0007-	.0008-	.0007-	.0008-	.0000	.0009
.25	.0003-	.0005-	.0007-	.0009-	.0010-	.0010-	.0008-	.0010-	.0001	.0012
.30	.0004-	.0007-	.0009-	.0011-	.0010-	.0010-	.0009-	.0012-	.0005	.0018
.35	.0004-	.0008-	.0011-	.0013-	.0011-	.0011-	.0009-	.0006-	.0009	.0027
.40	.0005-	.0009-	.0013-	.0014-	.0012-	.0011-	.0007-	.0001-	.0018	.0040
.45	.0006-	.0008-	.0010-	.0011-	.0011-	.0008-	.0003-	.0006	.0028	.0056
.50	.0004-	.0008-	.0010-	.0010-	.0009-	.0005-	.0002	.0013	.0042	.0074
.55	.0004-	.0008-	.0009-	.0008-	.0006-	.0000	.0009	.0023	.0056	.0090
.60	.0004-	.0007-	.0008-	.0005-	.0002-	.0005	.0016	.0032	.0068	.0108
.65	.0004-	.0006-	.0006-	.0002-	.0002	.0011	.0025	.0042	.0082	.0125
.70	.0003-	.0005-	.0004-	.0001	.0007	.0017	.0030	.0051	.0094	.0137
.75	.0003-	.0004-	.0002-	.0003	.0010	.0021	.0038	.0060	.0105	.0144
.80	.0002-	.0002-	.0000	.0005	.0014	.0026	.0045	.0068	.0115	.0148
.85	.0002-	.0002-	.0001	.0007	.0016	.0030	.0050	.0075	.0121	.0160
.90	.0002-	.0001-	.0002	.0009	.0019	.0033	.0053	.0078	.0127	.0166
.95	.0002-	.0001-	.0003	.0010	.0020	.0035	.0055	.0081	.0130	.0170
1.00	.0001-	.0001-	.0003	.0011	.0021	.0035	.0056	.0082	.0132	.0171

y : ly →

Spalte										
x : lx ↓	0.55	0.60	0.65	0.70	0.75	0.80	0.85	0.90	0.95	
.05	.0001	.0004	.0006	.0008	.0009	.0009	.0007	.0004	.0002	
.10	.0006	.0014	.0024	.0032	.0037	.0033	.0023	.0014	.0006	
.15	.0011	.0029	.0050	.0072	.0085	.0072	.0050	.0028	.0013	
.20	.0018	.0045	.0082	.0129	.0161	.0127	.0085	.0045	.0021	
.25	.0027	.0061	.0118	.0189	.0281	.0185	.0110	.0062	.0031	
.30	.0040	.0080	.0156	.0248	.0400	.0242	.0146	.0081	.0036	
.35	.0055	.0103	.0197	.0316	.0486	.0313	.0187	.0101	.0046	
.40	.0075	.0138	.0241	.0377	.0545	.0371	.0229	.0123	.0058	
.45	.0098	.0171	.0282	.0429	.0606	.0419	.0272	.0150	.0071	
.50	.0123	.0204	.0321	.0474	.0651	.0460	.0312	.0173	.0084	
.55	.0146	.0231	.0357	.0511	.0688	.0494	.0325	.0194	.0096	
.60	.0168	.0257	.0386	.0542	.0722	.0525	.0349	.0210	.0100	
.65	.0188	.0280	.0412	.0572	.0748	.0549	.0369	.0224	.0107	
.70	.0206	.0300	.0434	.0595	.0770	.0568	.0385	.0236	.0113	
.75	.0220	.0317	.0451	.0613	.0788	.0585	.0398	.0245	.0118	
.80	.0233	.0331	.0467	.0628	.0802	.0597	.0409	.0253	.0122	
.85	.0242	.0341	.0478	.0639	.0812	.0607	.0416	.0258	.0125	
.90	.0249	.0348	.0485	.0647	.0819	.0613	.0421	.0261	.0126	
.95	.0253	.0352	.0490	.0652	.0823	.0617	.0424	.0263	.0127	
1.00	.0254	.0353	.0491	.0653	.0824	.0618	.0425	.0263	.0127	

Auswertung aus Bretthauer – Nötzold „Beton- und Stahlbetonbau" Nr. 8/1965 Tafel Nr. 3

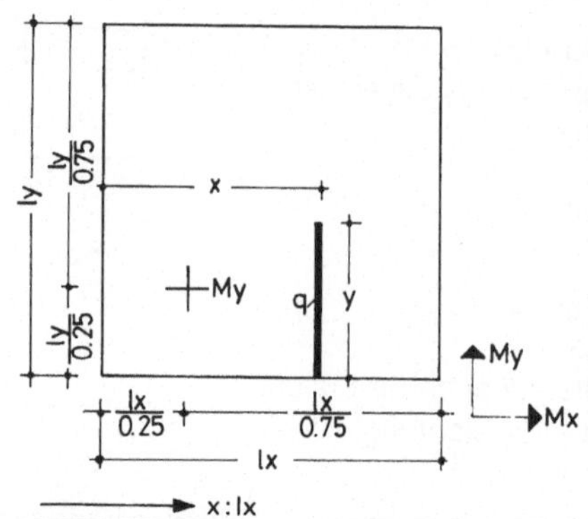

Feldmoment My im Viertelspunkt einer Rechteckplatte aus Linienlast in ly-Richtung.

$\frac{ly}{lx} = 1,0$

$\mu = 0$

Faktor = q · ly

Stützung 1

Die Tabelle gilt auch für Mx und Linienlast in lx-Richtung.

+My

1 1.0

F 1.1,0.5.2

x : lx → ; y : ly ↓

Spalte										
	0.05	0.10	0.15	0.20	0.25	0.30	0.35	0.40	0.45	0.50
.05	.0002	.0003	.0004	.0003	.0004	.0004	.0005	.0005	.0006	.0006
.10	.0006	.0012	.0015	.0015	.0017	.0019	.0022	.0023	.0024	.0022
.15	.0017	.0029	.0036	.0038	.0041	.0046	.0052	.0055	.0054	.0050
.20	.0031	.0057	.0074	.0080	.0083	.0096	.0103	.0102	.0095	.0086
.25	.0048	.0094	.0130	.0161	.0169	.0183	.0176	.0163	.0146	.0126
.30	.0067	.0136	.0181	.0245	.0265	.0273	.0261	.0231	.0193	.0172
.35	.0079	.0156	.0221	.0287	.0311	.0324	.0302	.0296	.0239	.0207
.40	.0088	.0172	.0242	.0310	.0337	.0354	.0338	.0308	.0278	.0240
.45	.0093	.0181	.0253	.0322	.0351	.0372	.0360	.0333	.0303	.0267
.50	.0095	.0184	.0258	.0327	.0359	.0382	.0375	.0352	.0322	.0288
.55	.0096	.0186	.0260	.0329	.0362	.0387	.0383	.0364	.0337	.0303
.60	.0095	.0185	.0259	.0329	.0363	.0389	.0387	.0371	.0346	.0314
.65	.0093	.0182	.0257	.0327	.0362	.0389	.0389	.0375	.0352	.0321
.70	.0091	.0178	.0255	.0325	.0360	.0388	.0390	.0378	.0356	.0326
.75	.0088	.0174	.0253	.0323	.0358	.0385	.0389	.0378	.0358	.0329
.80	.0085	.0169	.0251	.0320	.0356	.0382	.0387	.0378	.0359	.0331
.85	.0081	.0164	.0249	.0318	.0354	.0378	.0385	.0377	.0360	.0331
.90	.0078	.0159	.0247	.0316	.0352	.0375	.0382	.0375	.0360	.0331
.95	.0076	.0156	.0246	.0315	.0351	.0372	.0380	.0373	.0360	.0331
1.00	.0074	.0153	.0245	.0314	.0350	.0369	.0378	.0372	.0359	.0330

x : lx → ; y : ly ↓

Spalte										
	0.55	0.60	0.65	0.70	0.75	0.80	0.85	0.90	0.95	
.05	.0005	.0004	.0003	.0003	.0002	.0002	.0001	.0001	.0000	
.10	.0018	.0016	.0013	.0011	.0009	.0007	.0005	.0003	.0001	
.15	.0042	.0035	.0029	.0024	.0020	.0015	.0010	.0007	.0003	
.20	.0075	.0059	.0049	.0041	.0033	.0025	.0017	.0012	.0005	
.25	.0112	.0089	.0073	.0062	.0048	.0035	.0025	.0018	.0008	
.30	.0144	.0117	.0099	.0080	.0066	.0048	.0035	.0024	.0011	
.35	.0178	.0147	.0126	.0102	.0082	.0061	.0045	.0029	.0014	
.40	.0210	.0175	.0153	.0121	.0098	.0073	.0053	.0035	.0017	
.45	.0237	.0200	.0167	.0138	.0113	.0084	.0061	.0041	.0019	
.50	.0255	.0216	.0185	.0154	.0127	.0094	.0068	.0046	.0022	
.55	.0270	.0231	.0199	.0166	.0136	.0103	.0075	.0051	.0024	
.60	.0282	.0243	.0211	.0176	.0146	.0110	.0081	.0054	.0027	
.65	.0290	.0251	.0219	.0184	.0153	.0116	.0086	.0057	.0028	
.70	.0296	.0257	.0225	.0191	.0159	.0121	.0090	.0060	.0029	
.75	.0300	.0262	.0230	.0195	.0164	.0125	.0093	.0062	.0030	
.80	.0303	.0265	.0234	.0199	.0167	.0128	.0095	.0063	.0031	
.85	.0304	.0267	.0237	.0202	.0169	.0130	.0096	.0064	.0032	
.90	.0305	.0268	.0238	.0203	.0171	.0131	.0097	.0065	.0033	
.95	.0304	.0269	.0239	.0204	.0171	.0132	.0097	.0065	.0033	
1.00	.0304	.0268	.0238	.0203	.0171	.0132	.0097	.0065	.0033	

Auswertung aus Bretthauer – Nötzold „Beton- und Stahlbetonbau" Nr. 8/1965 Tafel Nr. 3

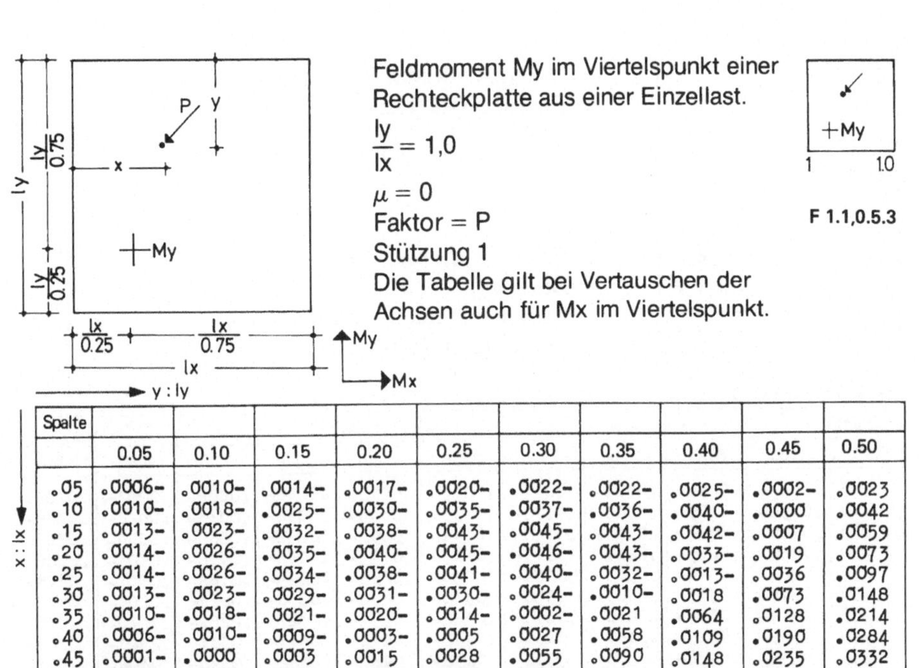

Feldmoment My im Viertelspunkt einer Rechteckplatte aus einer Einzellast.

$\frac{ly}{lx} = 1{,}0$

$\mu = 0$

Faktor = P

Stützung 1

Die Tabelle gilt bei Vertauschen der Achsen auch für Mx im Viertelspunkt.

F 1.1,0.5.3

y : ly →, x : lx ↓

Spalte	0.05	0.10	0.15	0.20	0.25	0.30	0.35	0.40	0.45	0.50
.05	.0006-	.0010-	.0014-	.0017-	.0020-	.0022-	.0022-	.0025-	.0002-	.0023
.10	.0010-	.0018-	.0025-	.0030-	.0035-	.0037-	.0036-	.0040-	.0000	.0042
.15	.0013-	.0023-	.0032-	.0038-	.0043-	.0045-	.0043-	.0042-	.0007	.0059
.20	.0014-	.0026-	.0035-	.0040-	.0045-	.0046-	.0043-	.0033-	.0019	.0073
.25	.0014-	.0026-	.0034-	.0038-	.0041-	.0040-	.0032-	.0013-	.0036	.0097
.30	.0013-	.0023-	.0029-	.0031-	.0030-	.0024-	.0010-	.0018	.0073	.0148
.35	.0010-	.0018-	.0021-	.0020-	.0014-	.0002-	.0021	.0064	.0128	.0214
.40	.0006-	.0010-	.0009-	.0003-	.0005	.0027	.0058	.0109	.0190	.0284
.45	.0001-	.0000	.0003	.0015	.0028	.0055	.0090	.0148	.0235	.0332
.50	.0000	.0002	.0012	.0029	.0050	.0077	.0115	.0173	.0264	.0356
.55	.0002	.0008	.0021	.0041	.0065	.0094	.0134	.0188	.0278	.0358
.60	.0006	.0017	.0031	.0050	.0076	.0105	.0146	.0196	.0273	.0346
.65	.0008	.0021	.0037	.0056	.0082	.0111	.0152	.0198	.0256	.0310
.70	.0009	.0022	.0039	.0060	.0084	.0112	.0151	.0183	.0232	.0202
.75	.0009	.0022	.0038	.0053	.0076	.0107	.0142	.0163	.0201	.0144
.80	.0008	.0019	.0033	.0046	.0064	.0090	.0121	.0138	.0164	.0136
.85	.0007	.0015	.0025	.0037	.0051	.0068	.0088	.0108	.0129	.0144
.90	.0005	.0010	.0017	.0026	.0036	.0047	.0058	.0074	.0091	.0099
.95	.0003	.0005	.0009	.0014	.0019	.0025	.0030	.0039	.0048	.0050
1.00	.0000	.0000	.0000	.0000	.0000	.0000	.0000	.0000	.0000	.0000

y : ly →, x : lx ↓

Spalte	0.55	0.60	0.65	0.70	0.75	0.80	0.85	0.90	0.95
.05	.0064	.0147	.0236	.0314	.0342	.0314	.0236	.0149	.0060
.10	.0099	.0252	.0453	.0641	.0741	.0646	.0436	.0239	.0106
.15	.0128	.0318	.0602	.0991	.1224	.0941	.0578	.0320	.0139
.20	.0164	.0332	.0672	.1188	.1938	.1175	.0618	.0339	.0157
.25	.0207	.0377	.0735	.1204	.2508*	.1172	.0657	.0365	.0162
.30	.0271	.0451	.0790	.1260	.1990	.1275	.0749	.0398	.0184
.35	.0359	.0556	.0837	.1325	.1471	.1298	.0793	.0438	.0218
.40	.0431	.0631	.0876	.1127	.1194	.1063	.0788	.0484	.0236
.45	.0472	.0644	.0819	.0971	.1002	.0903	.0735	.0479	.0239
.50	.0486	.0613	.0746	.0831	.0836	.0760	.0633	.0437	.0226
.55	.0455	.0554	.0658	.0706	.0697	.0635	.0526	.0376	.0197
.60	.0419	.0494	.0561	.0597	.0582	.0529	.0436	.0306	.0156
.65	.0378	.0432	.0476	.0497	.0480	.0437	.0354	.0261	.0131
.70	.0332	.0369	.0398	.0409	.0392	.0357	.0290	.0214	.0108
.75	.0274	.0305	.0328	.0332	.0317	.0285	.0235	.0166	.0087
.80	.0216	.0239	.0254	.0258	.0243	.0218	.0176	.0126	.0066
.85	.0160	.0173	.0185	.0189	.0173	.0155	.0124	.0089	.0048
.90	.0108	.0111	.0121	.0123	.0111	.0101	.0080	.0056	.0030
.95	.0055	.0053	.0059	.0059	.0053	.0049	.0038	.0027	.0015
1.00	.0000	.0000	.0000	.0000	.0000	.0000	.0000	.0000	.0000

Auswertung aus Bretthauer – Nötzold „Beton- und Stahlbetonbau" Nr. 8/1965 Tafel Nr. 3 * bzw. theoretisch ∞

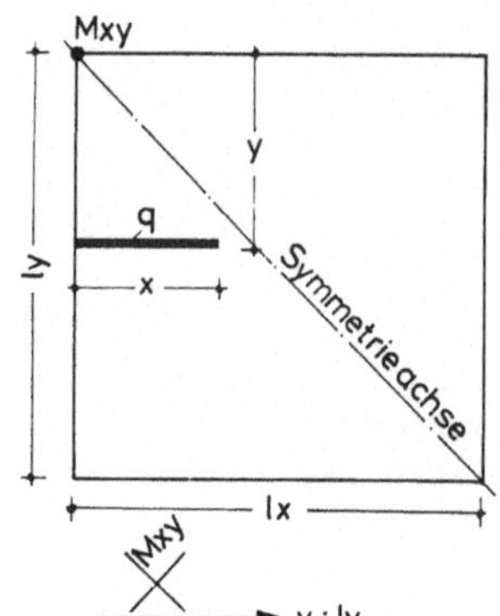

Drillmoment Mxy im Eckpunkt einer Rechteckplatte aus Linienlast in lx-Richtung.

$$\frac{ly}{lx} = 1{,}0$$

$\mu = 0$

Faktor = q · lx

Stützung 1

Tabelle gilt auch für Linienlast in ly-Richtung. (Symmetrie)

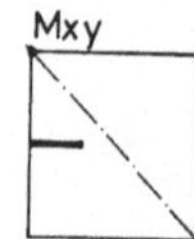

F 1.1,0.6.1

→ y : ly ; ↓ x : lx

Spalte										
	0.05	0.10	0.15	0.20	0.25	0.30	0.35	0.40	0.45	0.50
.05	.0053-	.0036-	.0025-	.0021-	.0015-	.0012-	.0010-	.0008-	.0007-	.0006-
.10	.0130-	.0109-	.0086-	.0072-	.0055-	.0045-	.0038-	.0033-	.0028-	.0024-
.15	.0189-	.0193-	.0161-	.0140-	.0114-	.0094-	.0082-	.0068-	.0059-	.0051-
.20	.0234-	.0253-	.0241-	.0213-	.0185-	.0155-	.0134-	.0116-	.0101-	.0086-
.25	.0266-	.0310-	.0303-	.0284-	.0250-	.0225-	.0195-	.0168-	.0151-	.0129-
.30	.0296-	.0356-	.0363-	.0350-	.0318-	.0298-	.0260-	.0224-	.0203-	.0178-
.35	.0319-	.0396-	.0416-	.0411-	.0382-	.0351-	.0327-	.0282-	.0270-	.0230-
.40	.0338-	.0429-	.0462-	.0465-	.0442-	.0412-	.0377-	.0341-	.0340-	.0284-
.45	.0353-	.0458-	.0503-	.0512-	.0496-	.0469-	.0432-	.0398-	.0406-	.0337-
.50	.0365-	.0483-	.0538-	.0554-	.0540-	.0518-	.0482-	.0439-	.0431-	.0389-
.55	.0379-	.0504-	.0568-	.0590-	.0582-	.0562-	.0528-	.0485-	.0475-	.0409-
.60	.0389-	.0522-	.0593-	.0622-	.0618-	.0601-	.0569-	.0526-	.0516-	.0448-
.65	.0397-	.0538-	.0615-	.0649-	.0649-	.0635-	.0604-	.0562-	.0553-	.0482-
.70	.0404-	.0551-	.0633-	.0671-	.0676-	.0665-	.0635-	.0593-	.0582-	.0511-
.75	.0409-	.0562-	.0648-	.0690-	.0697-	.0690-	.0660-	.0619-	.0608-	.0537-
.80	.0414-	.0571-	.0660-	.0705-	.0715-	.0709-	.0680-	.0640-	.0629-	.0557-
.85	.0417-	.0577-	.0669-	.0716-	.0728-	.0724-	.0696-	.0656-	.0646-	.0574-
.90	.0419-	.0581-	.0675-	.0724-	.0738-	.0735-	.0707-	.0668-	.0657-	.0586-
.95	.0420-	.0584-	.0680-	.0729-	.0744-	.0742-	.0714-	.0676-	.0665-	.0592-
1.00	.0420-	.0585-	.0681-	.0731-	.0746-	.0744-	.0717-	.0678-	.0667-	.0595-

→ y : ly ; ↓ x : lx

Spalte										
	0.55	0.60	0.65	0.70	0.75	0.80	0.85	0.90	0.95	
.05	.0005-	.0005-	.0004-	.0003-	.0003-	.0003-	.0002-	.0001-	.0001-	
.10	.0022-	.0018-	.0015-	.0013-	.0010-	.0010-	.0006-	.0004-	.0002-	
.15	.0047-	.0038-	.0032-	.0027-	.0021-	.0018-	.0013-	.0008-	.0005-	
.20	.0076-	.0065-	.0052-	.0045-	.0036-	.0030-	.0021-	.0014-	.0008-	
.25	.0113-	.0097-	.0079-	.0067-	.0055-	.0045-	.0031-	.0021-	.0012-	
.30	.0155-	.0134-	.0109-	.0092-	.0075-	.0061-	.0043-	.0028-	.0017-	
.35	.0201-	.0174-	.0141-	.0119-	.0097-	.0078-	.0057-	.0037-	.0022-	
.40	.0248-	.0215-	.0176-	.0149-	.0121-	.0097-	.0071-	.0045-	.0027-	
.45	.0295-	.0257-	.0212-	.0179-	.0145-	.0117-	.0086-	.0053-	.0032-	
.50	.0342-	.0299-	.0247-	.0209-	.0170-	.0136-	.0102-	.0062-	.0038-	
.55	.0364-	.0319-	.0269-	.0227-	.0194-	.0156-	.0112-	.0070-	.0039-	
.60	.0398-	.0354-	.0297-	.0252-	.0216-	.0174-	.0124-	.0079-	.0044-	
.65	.0428-	.0382-	.0323-	.0274-	.0229-	.0184-	.0135-	.0086-	.0048-	
.70	.0457-	.0408-	.0346-	.0294-	.0246-	.0198-	.0145-	.0093-	.0051-	
.75	.0481-	.0430-	.0366-	.0311-	.0261-	.0210-	.0154-	.0099-	.0055-	
.80	.0500-	.0449-	.0382-	.0325-	.0273-	.0220-	.0161-	.0104-	.0057-	
.85	.0516-	.0461-	.0394-	.0337-	.0283-	.0227-	.0167-	.0108-	.0060-	
.90	.0526-	.0471-	.0404-	.0345-	.0290-	.0232-	.0171-	.0111-	.0061-	
.95	.0533-	.0478-	.0409-	.0349-	.0294-	.0235-	.0173-	.0112-	.0063-	
1.00	.0535-	.0479-	.0411-	.0351-	.0295-	.0236-	.0174-	.0113-	.0063-	

Auswertung aus Bretthauer – Nötzold „Beton- und Stahlbetonbau" Nr. 8/1965 Tafel Nr. 5

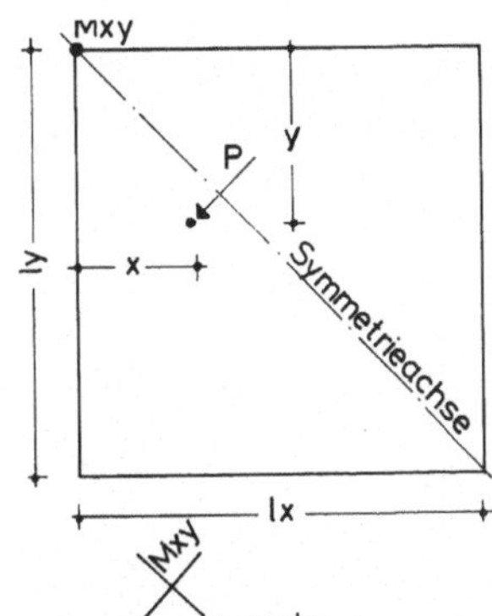

Drillmoment Mxy im Eckpunkt einer Rechteckplatte aus einer Einzellast.

$\frac{ly}{lx} = 1{,}0$

$\mu = 0$

Faktor = P

Stützung 1

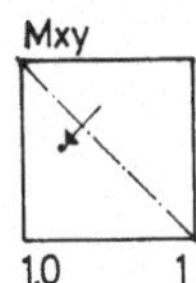

F 1.1,0.6.3

Mxy

y : ly → ; x : lx ↓

Spalte	0.05	0.10	0.15	0.20	0.25	0.30	0.35	0.40	0.45	0.50
.05	.1585-	.1244-	.0951-	.0758-	.0566-	.0461-	.0393-	.0324-	.0280-	.0241-
.10	.1347-	.1562-	.1420-	.1234-	.1022-	.0840-	.0721-	.0597-	.0522-	.0451-
.15	.1016-	.1456-	.1522-	.1431-	.1276-	.1108-	.0971-	.0858-	.0736-	.0631-
.20	.0769-	.1238-	.1444-	.1467-	.1389-	.1276-	.1135-	.1008-	.0896-	.0779-
.25	.0616-	.1023-	.1275-	.1385-	.1396-	.1345-	.1230-	.1081-	.0994-	.0889-
.30	.0515-	.0869-	.1122-	.1264-	.1320-	.1315-	.1257-	.1121-	.1210-	.0961-
.35	.0425-	.0735-	.0982-	.1139-	.1228-	.1249-	.1217-	.1128-	.1281-	.0995-
.40	.0349-	.0613-	.0870-	.1012-	.1121-	.1166-	.1137-	.1102-	.1202-	.0990-
.45	.0288-	.0529-	.0759-	.0893-	.0997-	.1064-	.1055-	.1042-	.0976-	.0948-
.50	.0241-	.0458-	.0648-	.0782-	.0883-	.0950-	.0968-	.0956-	.0915-	.0867-
.55	.0210-	.0394-	.0552-	.0679-	.0775-	.0840-	.0866-	.0865-	.0844-	.0801-
.60	.0180-	.0338-	.0473-	.0585-	.0674-	.0736-	.0763-	.0771-	.0762-	.0725-
.65	.0152-	.0288-	.0399-	.0497-	.0577-	.0637-	.0661-	.0672-	.0671-	.0640-
.70	.0126-	.0239-	.0331-	.0413-	.0482-	.0537-	.0558-	.0572-	.0568-	.0550-
.75	.0101-	.0192-	.0267-	.0334-	.0392-	.0438-	.0456-	.0475-	.0467-	.0460-
.80	.0077-	.0148-	.0207-	.0255-	.0306-	.0343-	.0360-	.0377-	.0374-	.0368-
.85	.0056-	.0108-	.0153-	.0186-	.0223-	.0256-	.0268-	.0281-	.0284-	.0286-
.90	.0036-	.0070-	.0106-	.0129-	.0154-	.0174-	.0181-	.0191-	.0190-	.0167-
.95	.0017-	.0034-	.0055-	.0067-	.0085-	.0092-	.0093-	.0099-	.0099-	.0096-
1.00	.0000	.0000	.0000	.0000	.0000	.0000	.0000	.0000	.0000	.0000

y : ly → ; x : lx ↓

Spalte	0.55	0.60	0.65	0.70	0.75	0.80	0.85	0.90	0.95	
.05	.0214-	.0178-	.0144-	.0132-	.0101-	.0096-	.0059-	.0036-	.0021-	
.10	.0398-	.0339-	.0272-	.0239-	.0188-	.0154-	.0110-	.0069-	.0040-	
.15	.0552-	.0475-	.0383-	.0320-	.0266-	.0210-	.0152-	.0099-	.0056-	
.20	.0681-	.0584-	.0478-	.0398-	.0335-	.0264-	.0190-	.0127-	.0069-	
.25	.0780-	.0669-	.0554-	.0461-	.0386-	.0310-	.0223-	.0153-	.0080-	
.30	.0848-	.0729-	.0610-	.0510-	.0425-	.0342-	.0249-	.0162-	.0088-	
.35	.0884-	.0765-	.0647-	.0543-	.0454-	.0363-	.0268-	.0166-	.0094-	
.40	.0888-	.0776-	.0664-	.0560-	.0469-	.0375-	.0281-	.0168-	.0097-	
.45	.0860-	.0763-	.0662-	.0563-	.0471-	.0376-	.0287-	.0168-	.0098-	
.50	.0801-	.0725-	.0640-	.0551-	.0460-	.0368-	.0286-	.0167-	.0096-	
.55	.0714-	.0700-	.0591-	.0511-	.0436-	.0350-	.0261-	.0165-	.0090-	
.60	.0646-	.0626-	.0542-	.0467-	.0398-	.0323-	.0236-	.0161-	.0084-	
.65	.0598-	.0551-	.0488-	.0421-	.0361-	.0289-	.0211-	.0148-	.0076-	
.70	.0514-	.0481-	.0427-	.0371-	.0318-	.0253-	.0186-	.0129-	.0068-	
.75	.0432-	.0404-	.0361-	.0318-	.0270-	.0214-	.0161-	.0109-	.0059-	
.80	.0351-	.0318-	.0291-	.0256-	.0218-	.0173-	.0128-	.0088-	.0049-	
.85	.0257-	.0238-	.0221-	.0192-	.0166-	.0129-	.0095-	.0067-	.0038-	
.90	.0174-	.0165-	.0150-	.0128-	.0112-	.0085-	.0062-	.0045-	.0026-	
.95	.0086-	.0078-	.0077-	.0063-	.0057-	.0042-	.0031-	.0023-	.0014-	
1.00	.0000	.0000	.0000	.0000	.0000	.0000	.0000	.0000	.0001-	

Auswertung aus Bretthauer – Nötzold „Beton- und Stahlbetonbau" Nr. 8/1965 Tafel Nr. 5

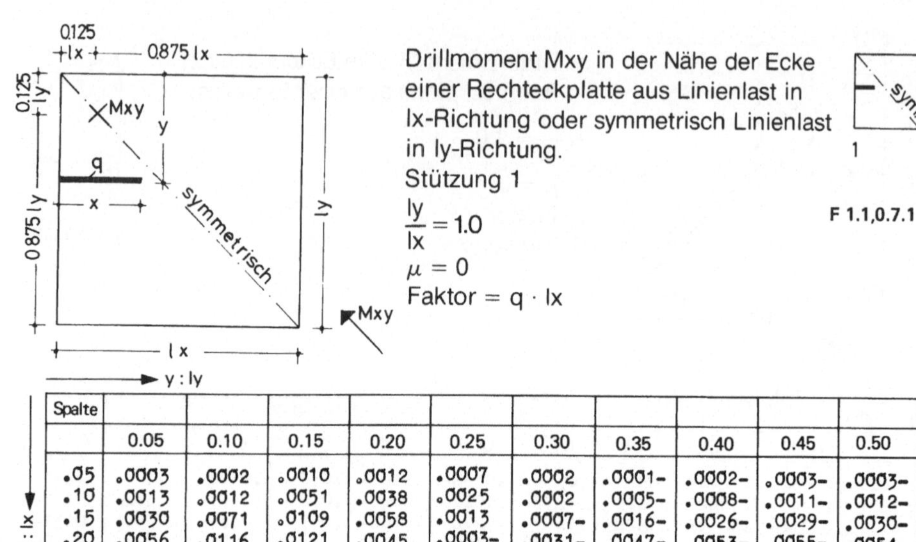

Drillmoment Mxy in der Nähe der Ecke einer Rechteckplatte aus Linienlast in lx-Richtung oder symmetrisch Linienlast in ly-Richtung.

Stützung 1

F 1.1,0.7.1

$\frac{ly}{lx} = 1.0$

$\mu = 0$

Faktor = q · lx

y : ly →

x : lx ↓ / Spalte	0.05	0.10	0.15	0.20	0.25	0.30	0.35	0.40	0.45	0.50
.05	.0003	.0002	.0010	.0012	.0007	.0002	.0001-	.0002-	.0003-	.0003-
.10	.0013	.0012	.0051	.0038	.0025	.0002	.0005-	.0008-	.0011-	.0012-
.15	.0030	.0071	.0109	.0058	.0013	.0007-	.0016-	.0026-	.0029-	.0030-
.20	.0056	.0116	.0121	.0045	.0003-	.0031-	.0047-	.0053-	.0055-	.0054-
.25	.0071	.0128	.0117	.0027	.0031-	.0065-	.0084-	.0088-	.0089-	.0087-
.30	.0077	.0129	.0101	.0001	.0063-	.0108-	.0121-	.0130-	.0129-	.0124-
.35	.0078	.0121	.0077	.0032-	.0099-	.0143-	.0164-	.0166-	.0173-	.0165-
.40	.0076	.0107	.0063	.0060-	.0136-	.0184-	.0209-	.0211-	.0217-	.0206-
.45	.0071	.0091	.0042	.0090-	.0173-	.0222-	.0247-	.0248-	.0241-	.0230-
.50	.0064	.0073	.0020	.0120-	.0209-	.0258-	.0285-	.0286-	.0278-	.0265-
.55	.0057	.0069	.0001	.0149-	.0234-	.0292-	.0320-	.0321-	.0312-	.0298-
.60	.0049	.0056	.0017-	.0175-	.0262-	.0324-	.0352-	.0354-	.0345-	.0330-
.65	.0041	.0043	.0034-	.0198-	.0287-	.0352-	.0382-	.0384-	.0375-	.0359-
.70	.0033	.0032	.0047-	.0212-	.0308-	.0377-	.0407-	.0411-	.0402-	.0385-
.75	.0026	.0022	.0059-	.0228-	.0327-	.0395-	.0428-	.0434-	.0425-	.0403-
.80	.0031	.0018	.0069-	.0240-	.0342-	.0411-	.0445-	.0449-	.0439-	.0421-
.85	.0029	.0015	.0076-	.0249-	.0353-	.0424-	.0459-	.0464-	.0454-	.0436-
.90	.0028	.0013	.0081-	.0255-	.0360-	.0433-	.0470-	.0474-	.0464-	.0446-
.95	.0028	.0013	.0084-	.0258-	.0364-	.0439-	.0476-	.0481-	.0470-	.0453-
1.00	.0029	.0014	.0085-	.0259-	.0364-	.0441-	.0478-	.0484-	.0473-	.0455-

y : ly →

x : lx ↓ / Spalte	0.55	0.60	0.65	0.70	0.75	0.80	0.85	0.90	0.95	
.05	.0003-	.0003-	.0003-	.0002-	.0002-	.0002-	.0002-	.0001-	.0000	
.10	.0013-	.0012-	.0011-	.0010-	.0008-	.0006-	.0007-	.0003-	.0001-	
.15	.0029-	.0027-	.0025-	.0022-	.0018-	.0014-	.0016-	.0006-	.0002-	
.20	.0051-	.0047-	.0043-	.0037-	.0030-	.0024-	.0027-	.0010-	.0004-	
.25	.0079-	.0071-	.0063-	.0057-	.0046-	.0036-	.0040-	.0015-	.0006-	
.30	.0111-	.0099-	.0087-	.0075-	.0064-	.0050-	.0054-	.0022-	.0009-	
.35	.0147-	.0130-	.0113-	.0098-	.0083-	.0065-	.0070-	.0029-	.0012-	
.40	.0183-	.0163-	.0141-	.0122-	.0099-	.0082-	.0085-	.0036-	.0015-	
.45	.0209-	.0190-	.0169-	.0147-	.0121-	.0094-	.0090-	.0045-	.0019-	
.50	.0241-	.0221-	.0198-	.0172-	.0139-	.0109-	.0102-	.0053-	.0024-	
.55	.0273-	.0249-	.0226-	.0196-	.0158-	.0125-	.0114-	.0059-	.0027-	
.60	.0303-	.0277-	.0253-	.0219-	.0175-	.0139-	.0125-	.0067-	.0031-	
.65	.0330-	.0301-	.0278-	.0232-	.0191-	.0152-	.0135-	.0074-	.0035-	
.70	.0355-	.0324-	.0286-	.0249-	.0206-	.0164-	.0145-	.0080-	.0038-	
.75	.0372-	.0340-	.0303-	.0264-	.0219-	.0175-	.0153-	.0086-	.0041-	
.80	.0389-	.0356-	.0318-	.0277-	.0230-	.0184-	.0161-	.0091-	.0044-	
.85	.0403-	.0369-	.0330-	.0287-	.0239-	.0192-	.0167-	.0095-	.0046-	
.90	.0413-	.0378-	.0338-	.0295-	.0246-	.0198-	.0172-	.0098-	.0047-	
.95	.0419-	.0384-	.0344-	.0300-	.0251-	.0202-	.0175-	.0100-	.0048-	
1.00	.0422-	.0387-	.0346-	.0302-	.0253-	.0204-	.0177-	.0101-	.0049-	

Auswertung aus Pucher „Einflußfelder elastischer Platten" Tafel Nr. 31

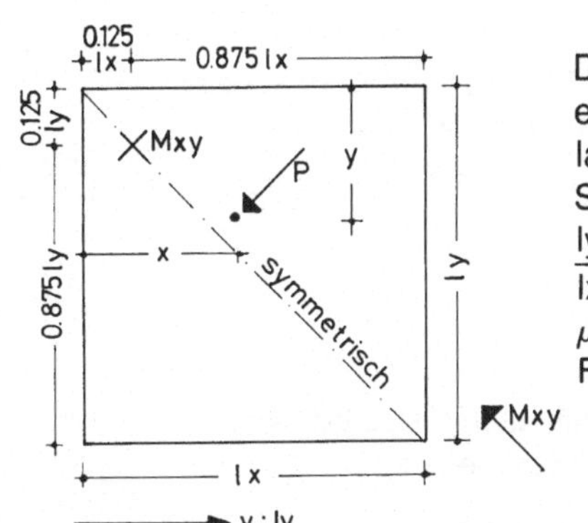

Drillmoment Mxy in der Nähe der Ecke einer Rechteckplatte aus einer Einzellast.

Stützung 1

$\frac{ly}{lx} = 1{,}0$

$\mu = 0$

Faktor = P

sym.

1

F 1.1,0.7.3

→ y : ly ; ↓ x : lx

Spalte										
	0.05	0.10	0.15	0.20	0.25	0.30	0.35	0.40	0.45	0.50
.05	.0130	.0152	.0457	.0445	.0223	.0052	.0058-	.0088-	.0108-	.0125-
.10	.0277	.0627	.1253	.0495	.0089	.0098-	.0190-	.0232-	.0254-	.0263-
.15	.0440	.1258	.0626	.0000	.0199-	.0318-	.0398-	.0431-	.0436-	.0415-
.20	.0432	.0528	.0000	.0282-	.0445-	.0567-	.0615-	.0613-	.0597-	.0564-
.25	.0223	.0089	.0217-	.0448-	.0618-	.0728-	.0750-	.0734-	.0711-	.0669-
.30	.0052	.0096-	.0350-	.0568-	.0673-	.0794-	.0820-	.0793-	.0777-	.0731-
.35	.0032-	.0199-	.0398-	.0619-	.0705-	.0821-	.0869-	.0854-	.0796-	.0748-
.40	.0073-	.0261-	.0420-	.0615-	.0712-	.0796-	.0846-	.0824-	.0768-	.0722-
.45	.0104-	.0283-	.0426-	.0599-	.0696-	.0752-	.0778-	.0770-	.0739-	.0701-
.50	.0125-	.0264-	.0415-	.0570-	.0656-	.0701-	.0727-	.0726-	.0705-	.0675-
.55	.0136-	.0263-	.0385-	.0527-	.0594-	.0646-	.0671-	.0676-	.0662-	.0638-
.60	.0137-	.0251-	.0343-	.0471-	.0530-	.0584-	.0610-	.0619-	.0611-	.0592-
.65	.0128-	.0229-	.0300-	.0402-	.0464-	.0517-	.0543-	.0555-	.0551-	.0536-
.70	.0109-	.0196-	.0257-	.0336-	.0398-	.0445-	.0471-	.0485-	.0483-	.0470-
.75	.0080-	.0151-	.0214-	.0274-	.0330-	.0369-	.0394-	.0407-	.0406-	.0395-
.80	.0053-	.0100-	.0170-	.0214-	.0261-	.0295-	.0319-	.0330-	.0328-	.0322-
.85	.0033-	.0059-	.0125-	.0156-	.0190-	.0221-	.0242-	.0251-	.0248-	.0246-
.90	.0017-	.0029-	.0082-	.0101-	.0111-	.0148-	.0163-	.0170-	.0167-	.0167-
.95	.0006-	.0010-	.0041-	.0049-	.0048-	.0074-	.0082-	.0086-	.0084-	.0086-
1.00	.0000	.0000	.0000	.0001	.0000	.0000	.0001	.0001	.0000	.0001-

→ y : ly ; ↓ x : lx

Spalte										
	0.55	0.60	0.65	0.70	0.75	0.80	0.85	0.90	0.95	
.05	.0128-	.0123-	.0111-	.0098-	.0079-	.0062-	.0073-	.0026-	.0010-	
.10	.0257-	.0239-	.0214-	.0187-	.0151-	.0118-	.0134-	.0051-	.0020-	
.15	.0385-	.0350-	.0308-	.0265-	.0214-	.0168-	.0184-	.0073-	.0030-	
.20	.0501-	.0445-	.0394-	.0334-	.0270-	.0211-	.0223-	.0093-	.0039-	
.25	.0587-	.0517-	.0452-	.0393-	.0317-	.0248-	.0250-	.0111-	.0048-	
.30	.0643-	.0572-	.0495-	.0434-	.0356-	.0278-	.0266-	.0126-	.0056-	
.35	.0670-	.0611-	.0525-	.0462-	.0388-	.0302-	.0270-	.0140-	.0064-	
.40	.0667-	.0632-	.0542-	.0477-	.0416-	.0320-	.0263-	.0151-	.0072-	
.45	.0656-	.0614-	.0545-	.0479-	.0398-	.0319-	.0248-	.0160-	.0079-	
.50	.0634-	.0587-	.0535-	.0468-	.0379-	.0306-	.0239-	.0167-	.0086-	
.55	.0601-	.0551-	.0511-	.0444-	.0356-	.0290-	.0227-	.0158-	.0081-	
.60	.0558-	.0509-	.0474-	.0408-	.0330-	.0270-	.0213-	.0146-	.0075-	
.65	.0505-	.0459-	.0423-	.0365-	.0301-	.0248-	.0196-	.0133-	.0069-	
.70	.0442-	.0402-	.0368-	.0321-	.0268-	.0222-	.0176-	.0119-	.0061-	
.75	.0373-	.0348-	.0315-	.0274-	.0232-	.0193-	.0154-	.0103-	.0053-	
.80	.0306-	.0286-	.0259-	.0225-	.0192-	.0161-	.0129-	.0085-	.0044-	
.85	.0236-	.0220-	.0199-	.0172-	.0149-	.0125-	.0101-	.0066-	.0034-	
.90	.0161-	.0150-	.0136-	.0117-	.0103-	.0087-	.0071-	.0046-	.0024-	
.95	.0083-	.0077-	.0069-	.0059-	.0053-	.0045-	.0038-	.0024-	.0012-	
1.00	.0001-	.0000	.0001	.0001	.0000	.0000	.0003-	.0000	.0000	

Auswertung aus Pucher „Einflußfelder elastischer Platten" Tafel Nr. 31

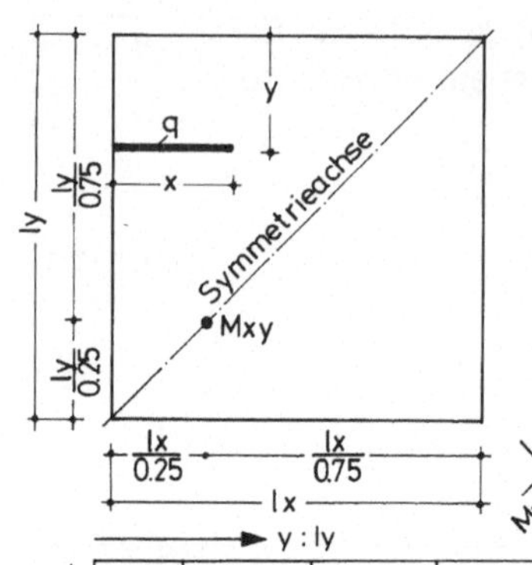

Drillmoment Mxy im Viertelspunkt einer Rechteckplatte aus Linienlast in lx-Richtung.

$\frac{ly}{lx} = 1{,}0$

$\mu = 0$

Faktor = q · lx

Stützung 1

Die Tabelle gilt auch für Linienlast in ly-Richtung. (Symmetrie)

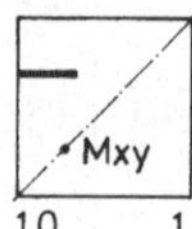

F 1.1,0.8.1

y : ly →

x : lx ↓

Spalte	0.05	0.10	0.15	0.20	0.25	0.30	0.35	0.40	0.45	0.50
.05	.0000	.0001-	.0001-	.0001-	.0001-	.0001-	.0001-	.0001-	.0000	.0000
.10	.0001-	.0002-	.0003-	.0003-	.0004-	.0004-	.0004-	.0004-	.0002-	.0001
.15	.0002-	.0005-	.0006-	.0008-	.0009-	.0010-	.0010-	.0009-	.0006-	.0000
.20	.0004-	.0008-	.0011-	.0014-	.0016-	.0019-	.0020-	.0019-	.0016-	.0010-
.25	.0006-	.0012-	.0017-	.0022-	.0026-	.0030-	.0032-	.0032-	.0030-	.0024-
.30	.0008-	.0017-	.0024-	.0032-	.0038-	.0044-	.0048-	.0050-	.0050-	.0045-
.35	.0011-	.0023-	.0032-	.0043-	.0053-	.0061-	.0068-	.0072-	.0074-	.0074-
.40	.0014-	.0029-	.0041-	.0056-	.0067-	.0079-	.0090-	.0098-	.0104-	.0102-
.45	.0018-	.0036-	.0051-	.0070-	.0084-	.0100-	.0113-	.0126-	.0135-	.0133-
.50	.0021-	.0043-	.0062-	.0085-	.0101-	.0121-	.0138-	.0155-	.0168-	.0165-
.55	.0024-	.0048-	.0072-	.0096-	.0118-	.0139-	.0156-	.0184-	.0188-	.0194-
.60	.0028-	.0054-	.0082-	.0109-	.0134-	.0158-	.0178-	.0212-	.0214-	.0221-
.65	.0031-	.0060-	.0092-	.0121-	.0149-	.0176-	.0199-	.0222-	.0238-	.0246-
.70	.0034-	.0065-	.0098-	.0133-	.0163-	.0192-	.0218-	.0242-	.0260-	.0269-
.75	.0036-	.0070-	.0105-	.0143-	.0175-	.0206-	.0232-	.0259-	.0278-	.0288-
.80	.0039-	.0075-	.0111-	.0150-	.0185-	.0217-	.0245-	.0273-	.0292-	.0302-
.85	.0040-	.0078-	.0116-	.0156-	.0193-	.0226-	.0255-	.0285-	.0304-	.0314-
.90	.0042-	.0081-	.0120-	.0161-	.0198-	.0233-	.0263-	.0292-	.0312-	.0322-
.95	.0042-	.0083-	.0122-	.0164-	.0202-	.0237-	.0267-	.0297-	.0317-	.0327-
1.00	.0043-	.0084-	.0123-	.0165-	.0203-	.0239-	.0269-	.0299-	.0318-	.0328-

y : ly →

x : lx ↓

Spalte	0.55	0.60	0.65	0.70	0.75	0.80	0.85	0.90	0.95	
.05	.0001	.0002	.0003	.0003	.0001-	.0003-	.0003-	.0003-	.0002-	
.10	.0004	.0009	.0013	.0010	.0004-	.0011-	.0013-	.0011-	.0007-	
.15	.0006	.0017	.0027	.0021	.0011-	.0026-	.0028-	.0023-	.0014-	
.20	.0002-	.0022	.0029	.0034	.0019-	.0049-	.0049-	.0034-	.0022-	
.25	.0014-	.0002	.0022	.0029	.0032-	.0066-	.0060-	.0041-	.0020-	
.30	.0035-	.0020-	.0001-	.0000	.0060-	.0063-	.0060-	.0041-	.0015-	
.35	.0066-	.0055-	.0036-	.0032-	.0062-	.0056-	.0054-	.0037-	.0007-	
.40	.0102-	.0086-	.0071-	.0060-	.0057-	.0059-	.0048-	.0032-	.0003	
.45	.0131-	.0121-	.0103-	.0088-	.0092-	.0066-	.0051-	.0028-	.0002-	
.50	.0164-	.0157-	.0133-	.0113-	.0108-	.0074-	.0055-	.0031-	.0001-	
.55	.0194-	.0184-	.0161-	.0136-	.0125-	.0085-	.0062-	.0034-	.0002-	
.60	.0222-	.0211-	.0186-	.0156-	.0140-	.0097-	.0071-	.0039-	.0005-	
.65	.0247-	.0235-	.0208-	.0175-	.0155-	.0110-	.0076-	.0044-	.0005-	
.70	.0268-	.0256-	.0227-	.0190-	.0168-	.0122-	.0083-	.0047-	.0007-	
.75	.0287-	.0273-	.0243-	.0204-	.0180-	.0133-	.0089-	.0052-	.0010-	
.80	.0301-	.0287-	.0256-	.0216-	.0190-	.0136-	.0095-	.0056-	.0012-	
.85	.0313-	.0299-	.0267-	.0225-	.0197-	.0142-	.0100-	.0059-	.0013-	
.90	.0321-	.0307-	.0274-	.0231-	.0203-	.0146-	.0104-	.0061-	.0014-	
.95	.0326-	.0312-	.0278-	.0235-	.0206-	.0149-	.0106-	.0063-	.0015-	
1.00	.0328-	.0313-	.0280-	.0236-	.0208-	.0150-	.0107-	.0064-	.0016-	

Auswertung aus Bretthauer – Nötzold „Beton- und Stahlbetonbau" Nr. 8/1965 Tafel Nr. 4

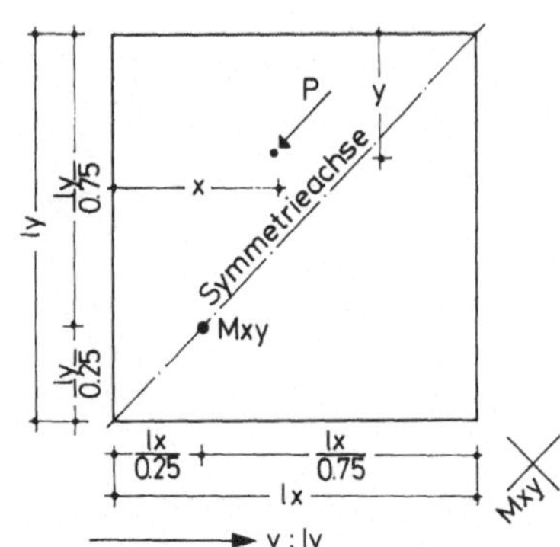

Drillmoment Mxy im Viertelspunkt einer Rechteckplatte aus einer Einzellast.

$\frac{ly}{lx} = 1{,}0$

$\mu = 0$

Faktor = P

Stützung 1

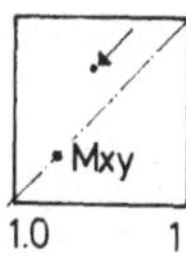

F 1.1,0.8.3

→ y : ly ↓ x : lx

Spalte	0.05	0.10	0.15	0.20	0.25	0.30	0.35	0.40	0.45	0.50
.05	.0010-	.0021-	.0027-	.0034-	.0038-	.0045-	.0044-	.0036-	.0023-	.0005
.10	.0020-	.0041-	.0054-	.0068-	.0080-	.0092-	.0094-	.0085-	.0067-	.0027-
.15	.0028-	.0059-	.0080-	.0104-	.0124-	.0142-	.0150-	.0147-	.0133-	.0096-
.20	.0036-	.0075-	.0106-	.0141-	.0173-	.0197-	.0217-	.0228-	.0226-	.0205-
.25	.0044-	.0089-	.0132-	.0180-	.0219-	.0253-	.0286-	.0309-	.0327-	.0341-
.30	.0052-	.0102-	.0157-	.0213-	.0259-	.0305-	.0354-	.0398-	.0439-	.0492-
.35	.0060-	.0112-	.0176-	.0239-	.0293-	.0352-	.0407-	.0467-	.0521-	.0579-
.40	.0067-	.0122-	.0189-	.0258-	.0320-	.0385-	.0441-	.0512-	.0573-	.0614-
.45	.0067-	.0129-	.0197-	.0269-	.0334-	.0404-	.0456-	.0535-	.0594-	.0625-
.50	.0067-	.0134-	.0199-	.0273-	.0338-	.0410-	.0452-	.0534-	.0584-	.0613-
.55	.0067-	.0130-	.0196-	.0265-	.0332-	.0391-	.0442-	.0511-	.0545-	.0575-
.60	.0067-	.0122-	.0188-	.0252-	.0315-	.0366-	.0421-	.0464-	.0499-	.0523-
.65	.0061-	.0113-	.0174-	.0234-	.0289-	.0335-	.0388-	.0421-	.0448-	.0466-
.70	.0055-	.0102-	.0155-	.0209-	.0258-	.0298-	.0343-	.0370-	.0390-	.0403-
.75	.0048-	.0089-	.0133-	.0180-	.0221-	.0257-	.0288-	.0311-	.0327-	.0335-
.80	.0040-	.0075-	.0110-	.0147-	.0181-	.0209-	.0231-	.0255-	.0265-	.0271-
.85	.0031-	.0059-	.0085-	.0113-	.0137-	.0156-	.0175-	.0192-	.0198-	.0201-
.90	.0021-	.0041-	.0058-	.0078-	.0093-	.0107-	.0120-	.0129-	.0131-	.0131-
.95	.0011-	.0021-	.0030-	.0040-	.0047-	.0055-	.0062-	.0067-	.0067-	.0067-
1.00	.0000	.0000	.0000	.0000	.0000	.0000	.0000	.0000	.0000	.0000

→ y : ly ↓ x : lx

Spalte	0.55	0.60	0.65	0.70	0.75	0.80	0.85	0.90	0.95	
.05	.0033	.0087	.0128	.0100	.0045-	.0110-	.0131-	.0108-	.0067-	
.10	.0021	.0102	.0195	.0165	.0100-	.0221-	.0248-	.0203-	.0108-	
.15	.0037-	.0047	.0201	.0195	.0154-	.0379-	.0361-	.0249-	.0122-	
.20	.0151-	.0080-	.0000	.0191	.0239-	.0506-	.0353-	.0207-	.0110-	
.25	.0327-	.0300-	.0296-	.0348-	.0617-	.0060-	.0141-	.0069-	.0023	
.30	.0518-	.0563-	.0614-	.0647-	.0239-	.0114	.0093	.0062	.0100	
.35	.0637-	.0688-	.0722-	.0607-	.0114-	.0055	.0101	.0090	.0121	
.40	.0683-	.0669-	.0678-	.0562-	.0242-	.0085-	.0044	.0071	.0087	
.45	.0657-	.0703-	.0625-	.0521-	.0329-	.0157-	.0044-	.0015	.0041	
.50	.0636-	.0643-	.0576-	.0478-	.0332-	.0196-	.0104-	.0035-	.0005	
.55	.0581-	.0562-	.0523-	.0435-	.0325-	.0221-	.0141-	.0068-	.0021-	
.60	.0523-	.0503-	.0467-	.0390-	.0305-	.0231-	.0156-	.0090-	.0036-	
.65	.0462-	.0443-	.0410-	.0343-	.0279-	.0226-	.0149-	.0099-	.0043-	
.70	.0398-	.0381-	.0351-	.0299-	.0248-	.0207-	.0136-	.0093-	.0045-	
.75	.0332-	.0318-	.0295-	.0255-	.0213-	.0174-	.0120-	.0082-	.0042-	
.80	.0266-	.0259-	.0239-	.0205-	.0173-	.0138-	.0101-	.0069-	.0034-	
.85	.0198-	.0193-	.0176-	.0152-	.0133-	.0104-	.0080-	.0055-	.0028-	
.90	.0131-	.0129-	.0118-	.0102-	.0091-	.0070-	.0056-	.0038-	.0021-	
.95	.0067-	.0067-	.0060-	.0052-	.0047-	.0036-	.0029-	.0020-	.0011-	
1.00	.0000	.0000	.0000	.0000	.0000	.0000	.0000	.0000	.0000	

Auswertung aus Bretthauer – Nötzold „Beton- und Stahlbetonbau" Nr. 8/1965 Tafel Nr. 4

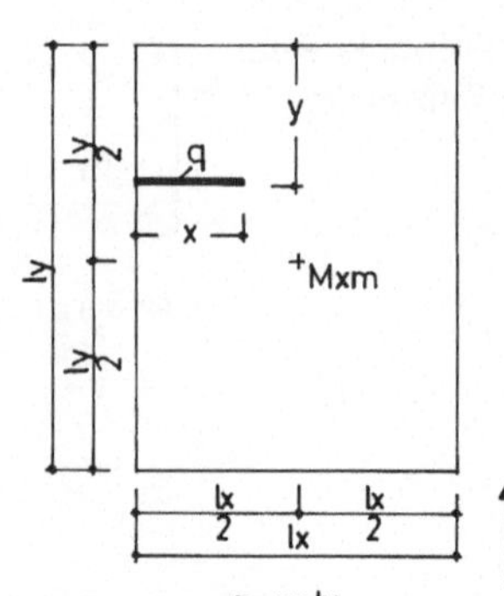

Feldmoment Mxm in Feldmitte einer Rechteckplatte aus Linienlast in lx-Richtung.
Stützung 1

$\frac{ly}{lx} = 1{,}25$

$\mu = 0$

Faktor = $q \cdot lx$

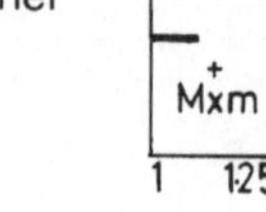

F 1.1,25.1.1

→ y : ly; ↓ x : lx

Spalte										
	0.05	0.10	0.15	0.20	0.25	0.30	0.35	0.40	0.45	0.50
.05	.0000	.0001	.0001	.0001	.0002	.0002	.0002	.0002	.0001	.0000
.10	.0001	.0003	.0005	.0006	.0007	.0009	.0007	.0007	.0006	.0001
.15	.0003	.0008	.0012	.0015	.0017	.0020	.0018	.0017	.0015	.0006
.20	.0006	.0015	.0023	.0028	.0033	.0037	.0035	.0033	.0030	.0026
.25	.0010	.0026	.0036	.0046	.0053	.0060	.0058	.0056	.0050	.0047
.30	.0016	.0040	.0053	.0068	.0079	.0090	.0089	.0087	.0079	.0075
.35	.0026	.0056	.0073	.0095	.0111	.0130	.0133	.0131	.0122	.0112
.40	.0035	.0070	.0096	.0125	.0150	.0179	.0188	.0186	.0168	.0160
.45	.0044	.0088	.0121	.0158	.0194	.0236	.0253	.0260	.0246	.0238
.50	.0053	.0106	.0148	.0195	.0242	.0298	.0325	.0348	.0355	.0369
.55	.0063	.0125	.0173	.0227	.0292	.0361	.0387	.0446	.0459	.0500
.60	.0073	.0144	.0197	.0260	.0341	.0423	.0451	.0508	.0532	.0572
.65	.0082	.0157	.0220	.0290	.0369	.0480	.0507	.0562	.0578	.0623
.70	.0088	.0171	.0241	.0317	.0401	.0491	.0546	.0607	.0623	.0661
.75	.0094	.0183	.0257	.0340	.0427	.0521	.0578	.0639	.0653	.0687
.80	.0099	.0193	.0270	.0355	.0447	.0544	.0601	.0661	.0672	.0712
.85	.0102	.0199	.0280	.0368	.0463	.0561	.0619	.0677	.0689	.0727
.90	.0103	.0204	.0288	.0377	.0473	.0573	.0629	.0687	.0698	.0735
.95	.0104	.0207	.0292	.0382	.0479	.0579	.0635	.0693	.0703	.0736
1.00	.0104	.0207	.0292	.0383	.0480	.0582	.0636	.0694	.0704	.0733

→ y : ly; ↓ x : lx

Spalte										
	0.55	0.60	0.65	0.70	0.75	0.80	0.85	0.90	0.95	
.05	.0001	.0002	.0002	.0002	.0002	.0001	.0001	.0001	.0000	
.10	.0006	.0007	.0007	.0009	.0007	.0006	.0005	.0003	.0001	
.15	.0015	.0017	.0018	.0020	.0017	.0015	.0012	.0008	.0003	
.20	.0030	.0033	.0035	.0037	.0033	.0028	.0023	.0015	.0006	
.25	.0050	.0056	.0058	.0060	.0053	.0046	.0036	.0026	.0010	
.30	.0079	.0087	.0089	.0090	.0079	.0068	.0053	.0040	.0016	
.35	.0122	.0131	.0133	.0130	.0111	.0095	.0073	.0056	.0026	
.40	.0168	.0186	.0188	.0179	.0150	.0125	.0096	.0070	.0035	
.45	.0246	.0260	.0253	.0236	.0194	.0158	.0121	.0088	.0044	
.50	.0355	.0348	.0325	.0298	.0242	.0195	.0148	.0106	.0053	
.55	.0459	.0446	.0387	.0361	.0292	.0227	.0173	.0125	.0063	
.60	.0532	.0508	.0451	.0423	.0341	.0260	.0197	.0144	.0073	
.65	.0578	.0562	.0507	.0480	.0369	.0290	.0220	.0157	.0082	
.70	.0623	.0607	.0546	.0491	.0401	.0317	.0241	.0171	.0088	
.75	.0653	.0639	.0578	.0521	.0427	.0340	.0257	.0183	.0094	
.80	.0672	.0661	.0601	.0544	.0447	.0355	.0270	.0193	.0099	
.85	.0689	.0677	.0619	.0561	.0463	.0368	.0280	.0199	.0102	
.90	.0698	.0687	.0629	.0573	.0473	.0377	.0288	.0204	.0103	
.95	.0703	.0693	.0635	.0579	.0479	.0382	.0292	.0207	.0104	
1.00	.0704	.0694	.0636	.0582	.0480	.0383	.0292	.0207	.0104	

Auswertung aus Pucher „Einflußfelder elastischer Platten" Tafel Nr. 26

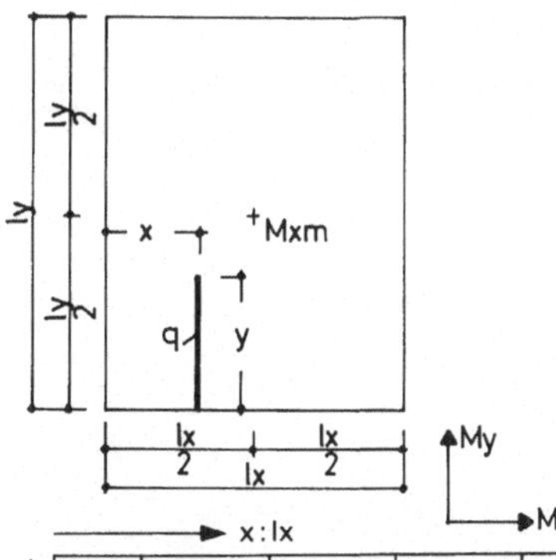

Feldmoment Mxm in Feldmitte einer Rechteckplatte aus Linienlast in ly-Richtung.
Stützung 1

$\frac{ly}{lx} = 1{,}25$

$\mu = 0$

Faktor = q · ly

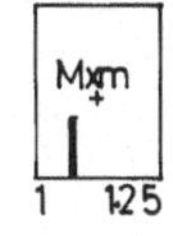

F 1.1,25.1.2

→ x : lx

y : ly ↓ Spalte	0.05	0.10	0.15	0.20	0.25	0.30	0.35	0.40	0.45	0.50
.05	.0000	.0001	.0002	.0002	.0002	.0003	.0004	.0005	.0005	.0005
.10	.0002	.0004	.0006	.0008	.0010	.0014	.0015	.0017	.0018	.0018
.15	.0004	.0008	.0013	.0018	.0023	.0030	.0034	.0038	.0040	.0041
.20	.0007	.0014	.0023	.0032	.0041	.0051	.0059	.0067	.0070	.0073
.25	.0010	.0021	.0036	.0048	.0063	.0077	.0091	.0104	.0111	.0114
.30	.0013	.0028	.0050	.0067	.0089	.0107	.0130	.0153	.0161	.0165
.35	.0017	.0036	.0065	.0087	.0117	.0139	.0172	.0211	.0222	.0232
.40	.0020	.0043	.0080	.0109	.0146	.0174	.0215	.0276	.0299	.0308
.45	.0024	.0050	.0088	.0130	.0176	.0209	.0260	.0343	.0384	.0414
.50	.0027	.0057	.0099	.0151	.0205	.0246	.0306	.0389	.0475	.0572
.55	.0030	.0063	.0110	.0164	.0220	.0270	.0352	.0447	.0568	.0729
.60	.0033	.0070	.0123	.0185	.0247	.0304	.0398	.0509	.0658	.0832
.65	.0037	.0077	.0136	.0206	.0275	.0337	.0443	.0571	.0720	.0910
.70	.0040	.0084	.0151	.0227	.0303	.0369	.0487	.0631	.0782	.0976
.75	.0044	.0093	.0165	.0247	.0330	.0399	.0517	.0685	.0831	.1028
.80	.0047	.0100	.0178	.0259	.0354	.0427	.0549	.0710	.0874	.1070
.85	.0049	.0106	.0190	.0273	.0364	.0450	.0574	.0739	.0904	.1101
.90	.0051	.0111	.0192	.0284	.0377	.0458	.0593	.0759	.0925	.1125
.95	.0053	.0114	.0197	.0289	.0385	.0468	.0604	.0773	.0940	.1138
1.00	.0053	.0115	.0198	.0291	.0387	.0472	.0608	.0777	.0944	.1143

→ x : lx

y : ly ↓ Spalte	0.55	0.60	0.65	0.70	0.75	0.80	0.85	0.90	0.95	
.05	.0005	.0005	.0004	.0003	.0002	.0002	.0002	.0001	.0000	
.10	.0018	.0017	.0015	.0014	.0010	.0008	.0006	.0004	.0002	
.15	.0040	.0038	.0034	.0030	.0023	.0018	.0013	.0008	.0004	
.20	.0070	.0067	.0059	.0051	.0041	.0032	.0023	.0014	.0007	
.25	.0111	.0104	.0091	.0077	.0063	.0048	.0036	.0021	.0010	
.30	.0161	.0153	.0130	.0107	.0089	.0067	.0050	.0028	.0013	
.35	.0222	.0211	.0172	.0139	.0117	.0087	.0065	.0036	.0017	
.40	.0299	.0276	.0215	.0174	.0146	.0109	.0080	.0043	.0020	
.45	.0384	.0343	.0260	.0209	.0176	.0130	.0088	.0050	.0024	
.50	.0475	.0389	.0306	.0246	.0205	.0151	.0099	.0057	.0027	
.55	.0568	.0447	.0352	.0270	.0220	.0164	.0110	.0063	.0030	
.60	.0658	.0509	.0398	.0304	.0247	.0185	.0123	.0070	.0033	
.65	.0720	.0571	.0443	.0337	.0275	.0206	.0136	.0077	.0037	
.70	.0782	.0631	.0487	.0369	.0303	.0227	.0151	.0084	.0040	
.75	.0831	.0685	.0517	.0399	.0330	.0247	.0165	.0093	.0044	
.80	.0874	.0710	.0549	.0427	.0354	.0259	.0178	.0100	.0047	
.85	.0904	.0739	.0574	.0450	.0364	.0273	.0190	.0106	.0049	
.90	.0925	.0759	.0593	.0458	.0377	.0284	.0192	.0111	.0051	
.95	.0940	.0773	.0604	.0468	.0385	.0289	.0197	.0114	.0053	
1.00	.0944	.0777	.0608	.0472	.0387	.0291	.0198	.0115	.0053	

Auswertung aus Pucher „Einflußfelder elastischer Platten" Tafel Nr. 26

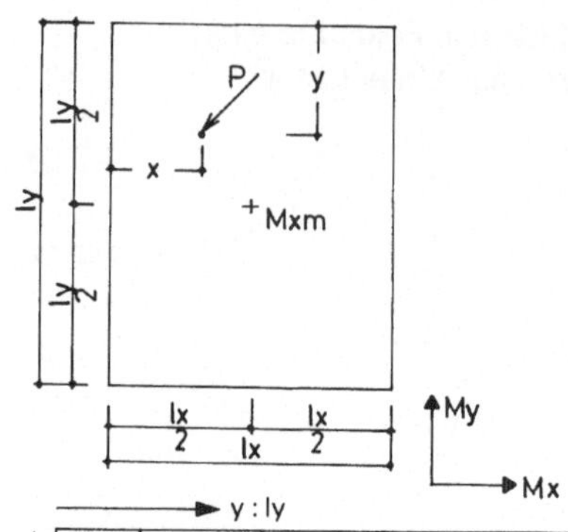

Feldmoment Mxm in Feldmitte einer Rechteckplatte aus einer Einzellast.
Stützung 1

$\frac{ly}{lx} = 1{,}25$

$\mu = 0$

Faktor = P

Mxm
1 1,25

F 1.1,25.1.3

→ y : ly, ↓ x : lx

Spalte										
	0.05	0.10	0.15	0.20	0.25	0.30	0.35	0.40	0.45	0.50
.05	.0014	.0035	.0051	.0062	.0070	.0090	.0070	.0070	.0062	.0016
.10	.0031	.0074	.0110	.0138	.0159	.0173	.0159	.0159	.0138	.0096
.15	.0053	.0118	.0174	.0218	.0251	.0279	.0269	.0251	.0225	.0239
.20	.0080	.0169	.0239	.0306	.0358	.0398	.0398	.0378	.0347	.0357
.25	.0110	.0239	.0309	.0398	.0467	.0538	.0553	.0550	.0504	.0493
.30	.0145	.0287	.0371	.0482	.0582	.0692	.0743	.0744	.0729	.0671
.35	.0168	.0314	.0424	.0557	.0702	.0875	.0977	.0976	.0876	.0899
.40	.0178	.0334	.0470	.0625	.0827	.1040	.1173	.1275	.1194	.1175
.45	.0184	.0356	.0509	.0684	.0914	.1139	.1319	.1639	.1805	.1780
.50	.0186	.0363	.0541	.0736	.0943	.1172	.1414	.1813	.2390	.3183*
.55	.0184	.0356	.0509	.0684	.0914	.1139	.1319	.1639	.1805	.1780
.60	.0178	.0335	.0470	.0625	.0827	.1040	.1173	.1275	.1194	.1175
.65	.0167	.0300	.0424	.0557	.0702	.0875	.0977	.0976	.0876	.0899
.70	.0145	.0261	.0371	.0482	.0582	.0692	.0743	.0744	.0729	.0671
.75	.0110	.0216	.0309	.0398	.0467	.0538	.0553	.0550	.0504	.0493
.80	.0080	.0166	.0239	.0307	.0358	.0398	.0398	.0378	.0347	.0357
.85	.0053	.0118	.0174	.0218	.0251	.0279	.0269	.0251	.0225	.0239
.90	.0031	.0074	.0110	.0138	.0159	.0173	.0159	.0159	.0138	.0096
.95	.0013	.0035	.0051	.0062	.0070	.0090	.0070	.0070	.0062	.0016
1.00	.0001-	.0000	.0000	.0000	.0000	.0000	.0000	.0000	.0000	.0000

→ y : ly, ↓ x : lx

Spalte										
	0.55	0.60	0.65	0.70	0.75	0.80	0.85	0.90	0.95	
.05	.0062	.0070	.0070	.0090	.0070	.0062	.0051	.0035	.0014	
.10	.0138	.0159	.0159	.0173	.0159	.0138	.0110	.0074	.0031	
.15	.0225	.0251	.0269	.0279	.0251	.0218	.0174	.0118	.0053	
.20	.0347	.0378	.0398	.0398	.0358	.0306	.0239	.0169	.0080	
.25	.0504	.0550	.0553	.0538	.0467	.0398	.0309	.0239	.0110	
.30	.0729	.0744	.0743	.0692	.0582	.0482	.0371	.0287	.0145	
.35	.0876	.0976	.0977	.0875	.0702	.0557	.0424	.0314	.0168	
.40	.1194	.1275	.1173	.1040	.0827	.0625	.0470	.0334	.0178	
.45	.1805	.1639	.1319	.1139	.0914	.0684	.0509	.0356	.0184	
.50	.2390	.1813	.1414	.1172	.0943	.0736	.0541	.0363	.0186	
.55	.1805	.1639	.1319	.1139	.0914	.0684	.0509	.0356	.0184	
.60	.1194	.1275	.1173	.1040	.0827	.0625	.0470	.0335	.0178	
.65	.0876	.0976	.0977	.0875	.0702	.0557	.0424	.0300	.0167	
.70	.0729	.0744	.0743	.0692	.0582	.0482	.0371	.0261	.0145	
.75	.0504	.0550	.0553	.0538	.0467	.0398	.0309	.0216	.0110	
.80	.0347	.0378	.0398	.0398	.0358	.0307	.0239	.0166	.0080	
.85	.0225	.0251	.0269	.0279	.0251	.0218	.0174	.0118	.0053	
.90	.0138	.0159	.0159	.0173	.0159	.0138	.0110	.0074	.0031	
.95	.0062	.0070	.0070	.0090	.0070	.0062	.0051	.0035	.0013	
1.00	.0000	.0000	.0000	.0000	.0000	.0000	.0000	.0000	.0001-	

Auswertung aus Pucher „Einflußfelder elastischer Platten" Tafel Nr. 26

* bezw. theoretisch ∞

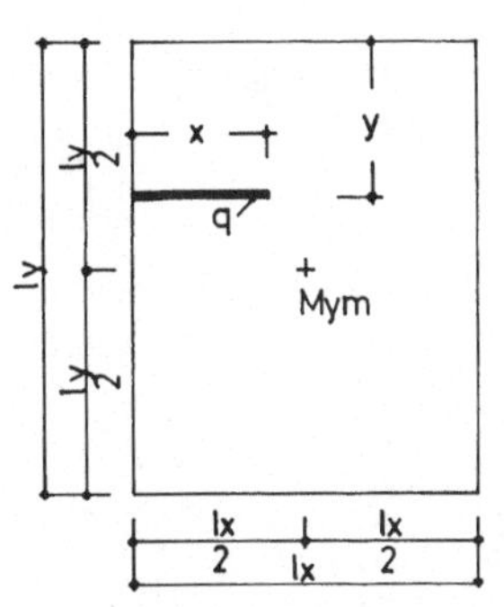

Feldmoment Mym in Feldmitte einer Rechteckplatte aus Linienlast in lx-Richtung.
Stützung 1

$\frac{ly}{lx} = 1{,}25$

$\mu = 0$

Faktor = q · lx

+
Mym
1 1.25

F 1.1,25.2.1

→ y : ly ; ↓ x : lx

Spalte	0.05	0.10	0.15	0.20	0.25	0.30	0.35	0.40	0.45	0.50
.05	.0003	.0001	.0001	.0001	.0002	.0002	.0003	.0003	.0004	.0004
.10	.0012	.0003	.0004	.0004	.0006	.0009	.0010	.0013	.0015	.0017
.15	.0022	.0005	.0008	.0008	.0013	.0018	.0024	.0030	.0034	.0038
.20	.0031	.0007	.0012	.0014	.0021	.0030	.0041	.0052	.0061	.0067
.25	.0019	.0006	.0013	.0021	.0030	.0046	.0062	.0079	.0096	.0105
.30	.0017	.0007	.0015	.0024	.0041	.0063	.0087	.0113	.0143	.0151
.35	.0013	.0007	.0017	.0029	.0052	.0078	.0113	.0155	.0201	.0207
.40	.0008	.0007	.0019	.0034	.0062	.0093	.0137	.0200	.0267	.0285
.45	.0002	.0007	.0020	.0038	.0067	.0106	.0157	.0236	.0321	.0381
.50	.0005-	.0007	.0021	.0042	.0074	.0118	.0177	.0271	.0384	.0532
.55	.0006-	.0007	.0023	.0046	.0080	.0130	.0195	.0305	.0446	.0681
.60	.0012-	.0007	.0025	.0050	.0089	.0142	.0215	.0346	.0508	.0778
.65	.0017-	.0007	.0027	.0054	.0098	.0155	.0235	.0389	.0569	.0853
.70	.0021-	.0007	.0029	.0059	.0108	.0176	.0271	.0430	.0627	.0910
.75	.0025-	.0008	.0031	.0065	.0119	.0193	.0296	.0464	.0678	.0953
.80	.0026-	.0008	.0033	.0071	.0130	.0208	.0318	.0492	.0706	.0996
.85	.0020-	.0010	.0037	.0076	.0136	.0221	.0335	.0513	.0733	.1026
.90	.0011-	.0013	.0041	.0081	.0142	.0230	.0348	.0531	.0752	.1047
.95	.0001-	.0015	.0044	.0084	.0147	.0236	.0356	.0541	.0763	.1059
1.00	.0008	.0016	.0046	.0086	.0149	.0239	.0359	.0544	.0767	.1063

→ y : ly ; ↓ x : lx

Spalte	0.55	0.60	0.65	0.70	0.75	0.80	0.85	0.90	0.95	
.05	.0004	.0003	.0003	.0002	.0002	.0001	.0001	.0001	.0003	
.10	.0015	.0013	.0010	.0009	.0006	.0004	.0004	.0003	.0012	
.15	.0034	.0030	.0024	.0018	.0013	.0008	.0008	.0005	.0022	
.20	.0061	.0052	.0041	.0030	.0021	.0014	.0012	.0007	.0031	
.25	.0096	.0079	.0062	.0046	.0030	.0021	.0013	.0006	.0019	
.30	.0143	.0113	.0087	.0063	.0041	.0024	.0015	.0007	.0017	
.35	.0201	.0155	.0113	.0078	.0052	.0029	.0017	.0007	.0013	
.40	.0267	.0200	.0137	.0093	.0062	.0034	.0019	.0007	.0008	
.45	.0321	.0236	.0157	.0106	.0067	.0038	.0020	.0007	.0002	
.50	.0384	.0271	.0177	.0118	.0074	.0042	.0021	.0007	.0005-	
.55	.0446	.0305	.0195	.0130	.0080	.0046	.0023	.0007	.0006-	
.60	.0508	.0346	.0215	.0142	.0089	.0050	.0025	.0007	.0012-	
.65	.0569	.0389	.0235	.0155	.0098	.0054	.0027	.0007	.0017-	
.70	.0627	.0430	.0271	.0176	.0108	.0059	.0029	.0007	.0021-	
.75	.0678	.0464	.0296	.0193	.0119	.0065	.0031	.0008	.0025-	
.80	.0706	.0492	.0318	.0208	.0130	.0071	.0033	.0008	.0026-	
.85	.0733	.0513	.0335	.0221	.0136	.0076	.0037	.0010	.0020-	
.90	.0752	.0531	.0348	.0230	.0142	.0081	.0041	.0013	.0011-	
.95	.0763	.0541	.0356	.0236	.0147	.0084	.0044	.0015	.0001-	
1.00	.0767	.0544	.0359	.0239	.0149	.0086	.0046	.0016	.0008	

Auswertung aus Pucher „Einflußfelder elastischer Platten" Tafel Nr. 27

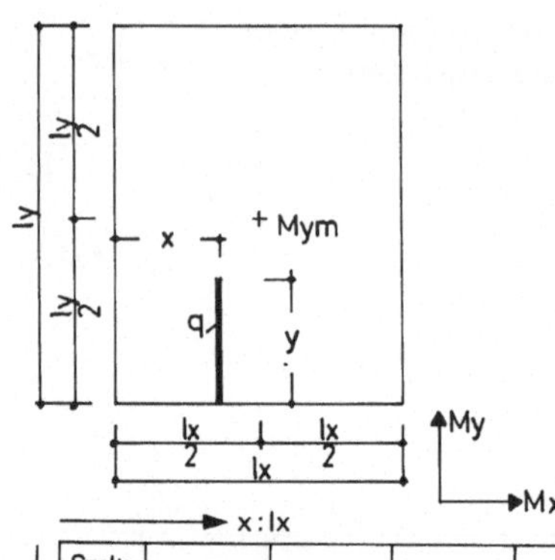

Feldmoment Mym in Feldmitte einer Rechteckplatte aus Linienlast in ly-Richtung.
Stützung 1

$\frac{ly}{lx} = 1{,}25$

$\mu = 0$

Faktor = q · ly

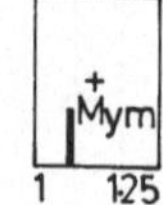

F 1.1,25.2.2

x : lx →

y : ly ↓

Spalte	0.05	0.10	0.15	0.20	0.25	0.30	0.35	0.40	0.45	0.50
.05	.0000	.0000	.0000	.0000	.0000	.0000	.0000	.0000	.0000	.0000
.10	.0001	.0000	.0001	.0000	.0000	.0000	.0001-	.0001-	.0001-	.0001-
.15	.0003	.0002	.0002	.0001	.0000	.0000	.0000	.0001-	.0001-	.0002-
.20	.0005	.0004	.0005	.0004	.0003	.0003	.0002	.0000	.0001	.0001-
.25	.0008	.0008	.0010	.0014	.0014	.0014	.0012	.0004	.0004	.0003
.30	.0011	.0013	.0022	.0026	.0026	.0027	.0024	.0020	.0019	.0017
.35	.0016	.0026	.0036	.0043	.0046	.0048	.0044	.0038	.0035	.0033
.40	.0022	.0039	.0053	.0065	.0072	.0078	.0077	.0067	.0061	.0058
.45	.0028	.0054	.0075	.0092	.0106	.0124	.0128	.0119	.0112	.0107
.50	.0036	.0071	.0100	.0123	.0148	.0178	.0194	.0196	.0206	.0214
.55	.0045	.0085	.0123	.0155	.0189	.0235	.0252	.0272	.0299	.0321
.60	.0052	.0100	.0145	.0182	.0224	.0270	.0306	.0318	.0347	.0367
.65	.0057	.0113	.0162	.0203	.0250	.0302	.0335	.0353	.0375	.0394
.70	.0062	.0124	.0175	.0220	.0268	.0321	.0356	.0371	.0392	.0412
.75	.0066	.0128	.0185	.0232	.0282	.0336	.0368	.0382	.0402	.0421
.80	.0069	.0133	.0191	.0240	.0290	.0344	.0374	.0388	.0408	.0426
.85	.0071	.0135	.0194	.0244	.0294	.0348	.0378	.0391	.0410	.0428
.90	.0072	.0136	.0196	.0245	.0295	.0349	.0378	.0390	.0410	.0428
.95	.0073	.0136	.0196	.0244	.0294	.0348	.0377	.0389	.0408	.0426
1.00	.0073	.0135	.0194	.0243	.0292	.0346	.0375	.0386	.0406	.0423

x : lx →

y : ly ↓

Spalte	0.55	0.60	0.65	0.70	0.75	0.80	0.85	0.90	0.95	
.05	.0000	.0000	.0000	.0000	.0000	.0000	.0000	.0000	.0000	
.10	.0001-	.0001-	.0001-	.0000	.0000	.0000	.0001	.0000	.0001	
.15	.0001-	.0001-	.0000	.0000	.0000	.0001	.0002	.0002	.0003	
.20	.0001	.0000	.0002	.0003	.0003	.0004	.0005	.0004	.0005	
.25	.0004	.0004	.0012	.0014	.0014	.0014	.0010	.0008	.0008	
.30	.0019	.0020	.0024	.0027	.0026	.0026	.0022	.0013	.0011	
.35	.0035	.0038	.0044	.0048	.0046	.0043	.0036	.0026	.0016	
.40	.0061	.0067	.0077	.0078	.0072	.0065	.0053	.0039	.0022	
.45	.0112	.0119	.0128	.0124	.0106	.0092	.0075	.0054	.0028	
.50	.0206	.0196	.0194	.0178	.0148	.0123	.0100	.0071	.0036	
.55	.0299	.0272	.0252	.0235	.0189	.0155	.0123	.0085	.0045	
.60	.0347	.0318	.0306	.0270	.0224	.0182	.0145	.0100	.0052	
.65	.0375	.0353	.0335	.0302	.0250	.0203	.0162	.0113	.0057	
.70	.0392	.0371	.0356	.0321	.0268	.0220	.0175	.0124	.0062	
.75	.0402	.0382	.0368	.0336	.0282	.0232	.0185	.0128	.0066	
.80	.0408	.0388	.0374	.0344	.0290	.0240	.0191	.0133	.0069	
.85	.0410	.0391	.0378	.0348	.0294	.0244	.0194	.0135	.0071	
.90	.0410	.0390	.0378	.0349	.0295	.0245	.0196	.0136	.0072	
.95	.0408	.0389	.0377	.0348	.0294	.0244	.0196	.0136	.0073	
1.00	.0406	.0386	.0375	.0346	.0292	.0243	.0194	.0135	.0073	

Auswertung aus Pucher „Einflußfelder elastischer Platten" Tafel Nr. 27

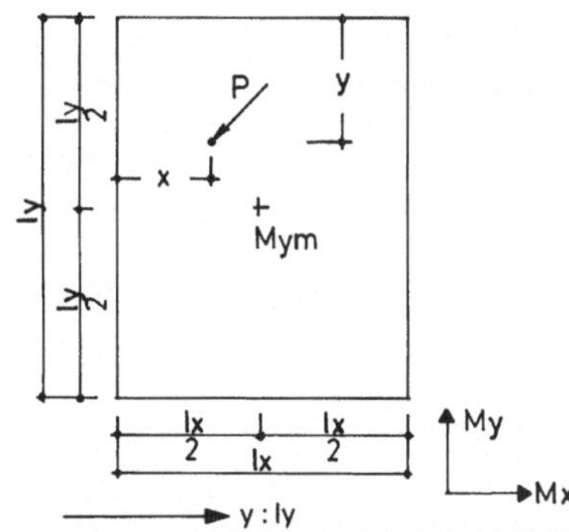

Feldmoment Mym in Feldmitte einer Rechteckplatte aus einer Einzellast.
Stützung 1

$\frac{ly}{lx} = 1,25$

$\mu = 0$

Faktor = P

+ Mym

1 1:25

F 1.1,25.2.3

→ y : ly

↓ x : lx

Spalte										
	0.05	0.10	0.15	0.20	0.25	0.30	0.35	0.40	0.45	0.50
.05	.0011	.0024	.0038	.0039	.0060	.0084	.0104	.0127	.0159	.0169
.10	.0015	.0035	.0061	.0070	.0110	.0152	.0209	.0273	.0297	.0330
.15	.0011	.0034	.0068	.0094	.0150	.0222	.0309	.0384	.0459	.0505
.20	.0001	.0021	.0059	.0110	.0180	.0285	.0388	.0499	.0625	.0677
.25	.0003-	.0013	.0051	.0120	.0196	.0327	.0463	.0624	.0796	.0839
.30	.0006-	.0008	.0044	.0107	.0200	.0332	.0532	.0760	.1037	.1038
.35	.0008-	.0004	.0038	.0096	.0191	.0309	.0498	.0854	.1183	.1313
.40	.0010-	.0001	.0033	.0087	.0170	.0278	.0448	.0811	.1234	.1670
.45	.0010-	.0000	.0029	.0080	.0147	.0259	.0419	.0737	.1241	.2333
.50	.0010-	.0001	.0027	.0074	.0140	.0253	.0409	.0713	.1244	.2785*
.55	.0010-	.0000	.0029	.0080	.0147	.0260	.0419	.0737	.1241	.2333
.60	.0010-	.0001	.0033	.0087	.0170	.0278	.0449	.0811	.1234	.1669
.65	.0009-	.0003	.0038	.0096	.0191	.0309	.0498	.0854	.1183	.1313
.70	.0006-	.0008	.0044	.0107	.0200	.0332	.0531	.0760	.1037	.1039
.75	.0003-	.0013	.0051	.0120	.0196	.0327	.0463	.0624	.0796	.0840
.80	.0001	.0021	.0059	.0111	.0180	.0285	.0389	.0499	.0625	.0677
.85	.0012	.0035	.0068	.0094	.0151	.0222	.0309	.0385	.0459	.0505
.90	.0015	.0036	.0061	.0070	.0110	.0152	.0209	.0273	.0297	.0330
.95	.0011	.0024	.0038	.0039	.0060	.0084	.0104	.0127	.0159	.0169
1.00	.0000	.0000	.0000	.0001	.0000	.0000	.0000	.0000	.0000	.0000

→ y : ly

↓ x : lx

Spalte										
	0.55	0.60	0.65	0.70	0.75	0.80	0.85	0.90	0.95	
.05	.0159	.0127	.0104	.0084	.0060	.0039	.0038	.0024	.0011	
.10	.0297	.0273	.0209	.0152	.0110	.0070	.0061	.0035	.0015	
.15	.0459	.0384	.0309	.0222	.0150	.0094	.0068	.0034	.0011	
.20	.0625	.0499	.0388	.0285	.0180	.0110	.0059	.0021	.0001	
.25	.0796	.0624	.0463	.0327	.0196	.0120	.0051	.0013	.0003-	
.30	.1037	.0760	.0532	.0332	.0200	.0107	.0044	.0008	.0006-	
.35	.1183	.0854	.0498	.0309	.0191	.0096	.0038	.0004	.0008-	
.40	.1234	.0811	.0448	.0278	.0170	.0087	.0033	.0001	.0010-	
.45	.1241	.0737	.0419	.0259	.0147	.0080	.0029	.0000	.0010-	
.50	.1244	.0713	.0409	.0253	.0140	.0074	.0027	.0001	.0010-	
.55	.1241	.0737	.0419	.0260	.0147	.0080	.0029	.0000	.0010-	
.60	.1234	.0811	.0449	.0278	.0170	.0087	.0033	.0001	.0010-	
.65	.1183	.0854	.0498	.0309	.0191	.0096	.0038	.0003	.0009-	
.70	.1037	.0760	.0531	.0332	.0200	.0107	.0044	.0008	.0006-	
.75	.0796	.0624	.0463	.0327	.0196	.0120	.0051	.0013	.0003-	
.80	.0625	.0499	.0389	.0285	.0180	.0111	.0059	.0021	.0001	
.85	.0459	.0385	.0309	.0222	.0151	.0094	.0068	.0035	.0012	
.90	.0297	.0273	.0209	.0152	.0110	.0070	.0061	.0036	.0015	
.95	.0159	.0127	.0104	.0084	.0060	.0039	.0038	.0024	.0011	
1.00	.0000	.0000	.0000	.0000	.0000	.0001	.0000	.0000	.0000	

Auswertung aus Pucher „Einflußfelder elastischer Platten" Tafel Nr. 27

* bezw. theoretisch ∞

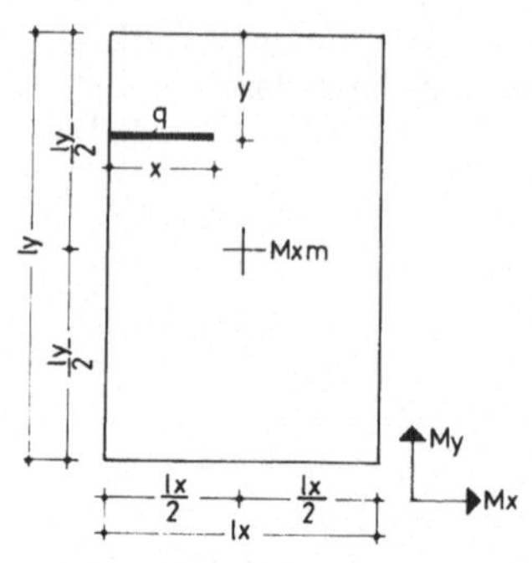

Feldmoment Mxm in Feldmitte einer Rechteckplatte aus Linienlast in lx-Richtung.

$\frac{ly}{lx} = 1{,}5$

$\mu = 0$

Faktor = q · lx

Stützung 1

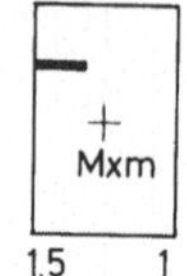

F 1.1,5.1.1

→ y : ly

↓ x : lx

Spalte										
	0.05	0.10	0.15	0.20	0.25	0.30	0.35	0.40	0.45	0.50
.05	.0001	.0001	.0002	.0003	.0003	.0003	.0003	.0003	.0003	.0003
.10	.0002	.0005	.0007	.0009	.0011	.0011	.0011	.0011	.0011	.0012
.15	.0005	.0011	.0016	.0020	.0025	.0026	.0026	.0026	.0025	.0025
.20	.0010	.0019	.0029	.0036	.0043	.0046	.0046	.0047	.0045	.0044
.25	.0015	.0029	.0044	.0055	.0067	.0073	.0073	.0076	.0072	.0070
.30	.0020	.0041	.0063	.0079	.0095	.0106	.0111	.0113	.0107	.0102
.35	.0027	.0055	.0086	.0106	.0129	.0148	.0159	.0161	.0153	.0149
.40	.0034	.0070	.0110	.0135	.0170	.0197	.0216	.0221	.0208	.0205
.45	.0042	.0086	.0136	.0168	.0213	.0252	.0281	.0299	.0296	.0287
.50	.0050	.0103	.0163	.0203	.0258	.0310	.0352	.0385	.0412	.0412
.55	.0055	.0119	.0184	.0233	.0304	.0369	.0413	.0475	.0514	.0538
.60	.0063	.0136	.0209	.0265	.0349	.0428	.0477	.0545	.0598	.0617
.65	.0070	.0150	.0233	.0294	.0383	.0482	.0535	.0605	.0656	.0673
.70	.0076	.0164	.0256	.0321	.0418	.0502	.0585	.0652	.0696	.0719
.75	.0082	.0176	.0277	.0345	.0446	.0535	.0615	.0691	.0738	.0754
.80	.0087	.0187	.0288	.0366	.0469	.0562	.0642	.0720	.0765	.0779
.85	.0091	.0194	.0301	.0378	.0487	.0582	.0661	.0741	.0784	.0797
.90	.0094	.0200	.0310	.0389	.0502	.0597	.0679	.0756	.0799	.0813
.95	.0096	.0204	.0315	.0396	.0510	.0606	.0687	.0764	.0808	.0821
1.00	.0098	.0205	.0317	.0399	.0513	.0609	.0690	.0767	.0811	.0825

→ y : ly

↓ x : lx

Spalte										
	0.55	0.60	0.65	0.70	0.75	0.80	0.85	0.90	0.95	
.05	.0003	.0003	.0003	.0003	.0003	.0003	.0002	.0001	.0001	
.10	.0011	.0011	.0011	.0011	.0011	.0009	.0007	.0005	.0002	
.15	.0025	.0026	.0026	.0026	.0025	.0020	.0016	.0011	.0005	
.20	.0045	.0047	.0046	.0046	.0043	.0036	.0029	.0019	.0010	
.25	.0072	.0076	.0073	.0073	.0067	.0055	.0044	.0029	.0015	
.30	.0107	.0113	.0111	.0106	.0095	.0079	.0063	.0041	.0020	
.35	.0153	.0161	.0159	.0148	.0129	.0106	.0086	.0055	.0027	
.40	.0208	.0221	.0216	.0197	.0170	.0135	.0110	.0070	.0034	
.45	.0296	.0299	.0281	.0252	.0213	.0168	.0136	.0086	.0042	
.50	.0412	.0385	.0352	.0310	.0258	.0203	.0163	.0103	.0050	
.55	.0514	.0475	.0413	.0369	.0304	.0233	.0184	.0119	.0055	
.60	.0598	.0545	.0477	.0428	.0349	.0265	.0209	.0136	.0063	
.65	.0656	.0605	.0535	.0482	.0383	.0294	.0233	.0150	.0070	
.70	.0696	.0652	.0585	.0502	.0418	.0321	.0256	.0164	.0076	
.75	.0738	.0691	.0615	.0535	.0446	.0345	.0277	.0176	.0082	
.80	.0765	.0720	.0642	.0562	.0469	.0366	.0288	.0187	.0087	
.85	.0784	.0741	.0661	.0582	.0487	.0378	.0301	.0194	.0091	
.90	.0799	.0756	.0679	.0597	.0502	.0389	.0310	.0200	.0094	
.95	.0808	.0764	.0687	.0606	.0510	.0396	.0315	.0204	.0096	
1.00	.0811	.0767	.0690	.0609	.0513	.0399	.0317	.0205	.0098	

Auswertung aus Bretthauer – Nötzold „Beton- und Stahlbetonbau" Nr. 8/1965 Tafel Nr. 6

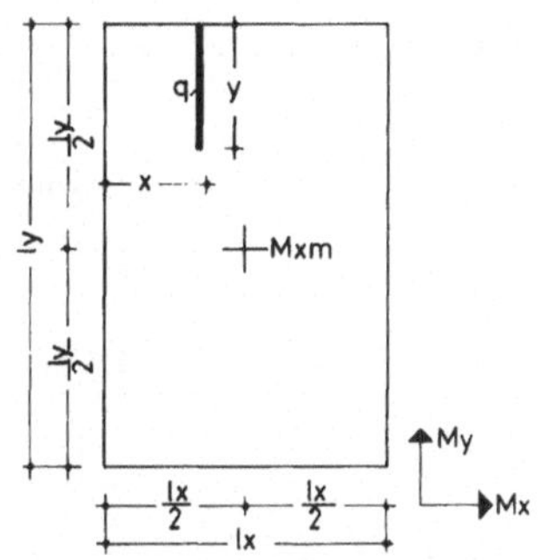

Feldmoment Mxm in Feldmitte einer Rechteckplatte aus Linienlast in ly-Richtung.

$\frac{ly}{lx} = 1{,}5$

$\mu = 0$

Faktor = q · ly

Stützung 1

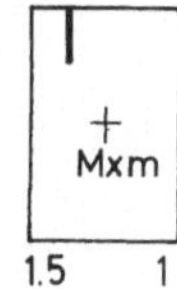

F 1.1,5.1.2

x : lx →

y : ly ↓

Spalte										
	0.05	0.10	0.15	0.20	0.25	0.30	0.35	0.40	0.45	0.50
.05	.0001	.0001	.0002	.0002	.0003	.0003	.0004	.0004	.0004	.0004
.10	.0003	.0005	.0007	.0009	.0011	.0013	.0014	.0016	.0017	.0016
.15	.0006	.0011	.0017	.0020	.0025	.0030	.0032	.0036	.0038	.0037
.20	.0010	.0019	.0029	.0036	.0045	.0052	.0057	.0065	.0066	.0066
.25	.0015	.0030	.0045	.0056	.0069	.0081	.0090	.0103	.0106	.0106
.30	.0021	.0043	.0063	.0079	.0098	.0116	.0132	.0150	.0156	.0155
.35	.0027	.0054	.0083	.0103	.0131	.0157	.0182	.0207	.0217	.0215
.40	.0034	.0066	.0104	.0126	.0164	.0203	.0239	.0274	.0295	.0296
.45	.0041	.0077	.0124	.0149	.0195	.0250	.0298	.0343	.0393	.0392
.50	.0048	.0088	.0144	.0171	.0224	.0296	.0357	.0410	.0490	.0530
.55	.0050	.0099	.0156	.0193	.0252	.0329	.0395	.0475	.0591	.0662
.60	.0056	.0111	.0176	.0215	.0281	.0376	.0452	.0548	.0688	.0760
.65	.0063	.0123	.0196	.0237	.0312	.0424	.0509	.0614	.0762	.0839
.70	.0069	.0135	.0217	.0265	.0353	.0460	.0563	.0672	.0824	.0901
.75	.0075	.0147	.0237	.0288	.0382	.0495	.0594	.0719	.0872	.0948
.80	.0080	.0158	.0248	.0309	.0406	.0523	.0628	.0757	.0914	.0990
.85	.0084	.0166	.0260	.0323	.0426	.0546	.0653	.0785	.0943	.1020
.90	.0088	.0172	.0269	.0334	.0440	.0562	.0671	.0805	.0963	.1040
.95	.0090	.0175	.0275	.0341	.0448	.0572	.0681	.0817	.0977	.1053
1.00	.0092	.0177	.0277	.0344	.0451	.0576	.0685	.0822	.0981	.1057

x : lx →

y : ly ↓

Spalte										
	0.55	0.60	0.65	0.70	0.75	0.80	0.85	0.90	0.95	
.05	.0004	.0004	.0004	.0003	.0003	.0002	.0002	.0001	.0001	
.10	.0017	.0016	.0014	.0013	.0011	.0009	.0007	.0005	.0003	
.15	.0038	.0036	.0032	.0030	.0025	.0020	.0017	.0011	.0006	
.20	.0066	.0065	.0057	.0052	.0045	.0036	.0029	.0019	.0010	
.25	.0106	.0103	.0090	.0081	.0069	.0056	.0045	.0030	.0015	
.30	.0156	.0150	.0132	.0116	.0098	.0079	.0063	.0043	.0021	
.35	.0217	.0207	.0182	.0157	.0131	.0103	.0083	.0054	.0027	
.40	.0295	.0274	.0239	.0203	.0164	.0126	.0104	.0066	.0034	
.45	.0393	.0343	.0298	.0250	.0195	.0149	.0124	.0077	.0041	
.50	.0490	.0410	.0357	.0296	.0224	.0171	.0144	.0088	.0048	
.55	.0591	.0475	.0395	.0329	.0252	.0193	.0156	.0099	.0050	
.60	.0688	.0548	.0452	.0376	.0281	.0215	.0176	.0111	.0056	
.65	.0762	.0614	.0509	.0424	.0312	.0237	.0196	.0123	.0063	
.70	.0824	.0672	.0563	.0460	.0353	.0265	.0217	.0135	.0069	
.75	.0872	.0719	.0594	.0495	.0382	.0288	.0237	.0147	.0075	
.80	.0914	.0757	.0628	.0523	.0406	.0309	.0248	.0158	.0080	
.85	.0943	.0785	.0653	.0546	.0426	.0323	.0260	.0166	.0084	
.90	.0963	.0805	.0671	.0562	.0440	.0334	.0269	.0172	.0088	
.95	.0977	.0817	.0681	.0572	.0448	.0341	.0275	.0175	.0090	
1.00	.0981	.0822	.0685	.0576	.0451	.0344	.0277	.0177	.0092	

Auswertung aus Bretthauer – Nötzold „Beton- und Stahlbetonbau" Nr. 8/1965 Tafel Nr. 6

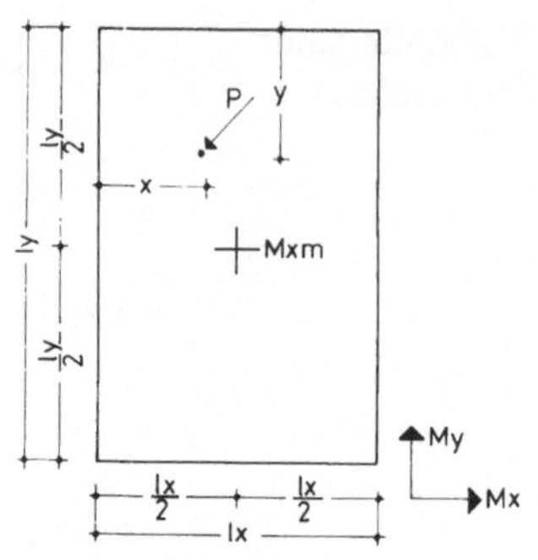

Feldmoment Mxm in Feldmitte einer Rechteckplatte aus einer Einzellast.

$\frac{ly}{lx} = 1{,}5$

$\mu = 0$

Faktor = P

Stützung 1

Mxm

1.5 1

F 1.1,5.1.3

y : ly →

x : lx ↓

Spalte										
	0.05	0.10	0.15	0.20	0.25	0.30	0.35	0.40	0.45	0.50
.05	.0025	.0048	.0074	.0097	.0116	.0112	.0112	.0111	.0117	.0121
.10	.0047	.0095	.0145	.0176	.0219	.0229	.0234	.0229	.0216	.0216
.15	.0068	.0141	.0212	.0264	.0319	.0351	.0355	.0349	.0334	.0331
.20	.0087	.0184	.0279	.0351	.0419	.0472	.0475	.0504	.0472	.0449
.25	.0104	.0222	.0347	.0428	.0524	.0605	.0637	.0664	.0626	.0599
.30	.0118	.0257	.0409	.0496	.0634	.0748	.0840	.0841	.0796	.0780
.35	.0131	.0289	.0456	.0557	.0749	.0901	.1036	.1086	.1017	.1007
.40	.0142	.0319	.0487	.0609	.0831	.1017	.1194	.1367	.1396	.1341
.45	.0151	.0328	.0503	.0654	.0870	.1086	.1314	.1646	.1990	.1950
.50	.0157	.0331	.0503	.0690	.0882	.1110	.1395	.1729	.2299	.2945*
.55	.0150	.0328	.0503	.0654	.0870	.1086	.1314	.1646	.1990	.1950
.60	.0142	.0318	.0487	.0609	.0831	.1017	.1194	.1367	.1396	.1341
.65	.0131	.0289	.0456	.0557	.0749	.0901	.1036	.1086	.1017	.1007
.70	.0118	.0257	.0409	.0496	.0634	.0748	.0840	.0841	.0796	.0780
.75	.0104	.0222	.0347	.0428	.0524	.0605	.0637	.0664	.0626	.0599
.80	.0087	.0183	.0279	.0351	.0418	.0472	.0475	.0504	.0472	.0449
.85	.0068	.0141	.0212	.0264	.0318	.0351	.0355	.0349	.0334	.0331
.90	.0047	.0095	.0145	.0176	.0219	.0229	.0234	.0229	.0216	.0216
.95	.0025	.0048	.0074	.0097	.0116	.0112	.0112	.0111	.0117	.0121
1.00	.0000	.0000	.0000	.0000	.0000	.0000	.0000	.0000	.0000	.0000

y : ly →

x : lx ↓

Spalte										
	0.55	0.60	0.65	0.70	0.75	0.80	0.85	0.90	0.95	
.05	.0117	.0111	.0112	.0112	.0116	.0097	.0074	.0048	.0025	
.10	.0216	.0229	.0234	.0229	.0219	.0176	.0145	.0095	.0047	
.15	.0334	.0349	.0355	.0351	.0319	.0264	.0212	.0141	.0068	
.20	.0472	.0504	.0475	.0472	.0419	.0351	.0279	.0184	.0087	
.25	.0626	.0664	.0637	.0605	.0524	.0428	.0347	.0222	.0104	
.30	.0796	.0841	.0840	.0748	.0634	.0496	.0409	.0257	.0118	
.35	.1017	.1086	.1036	.0901	.0749	.0557	.0456	.0289	.0131	
.40	.1396	.1367	.1194	.1017	.0831	.0609	.0487	.0319	.0142	
.45	.1990	.1646	.1314	.1086	.0870	.0654	.0503	.0328	.0151	
.50	.2299	.1729	.1395	.1110	.0882	.0690	.0503	.0331	.0157	
.55	.1990	.1646	.1314	.1086	.0870	.0654	.0503	.0328	.0150	
.60	.1396	.1367	.1194	.1017	.0831	.0609	.0487	.0318	.0142	
.65	.1017	.1086	.1036	.0901	.0749	.0557	.0456	.0289	.0131	
.70	.0796	.0841	.0840	.0748	.0634	.0496	.0409	.0257	.0118	
.75	.0626	.0664	.0637	.0605	.0524	.0428	.0347	.0222	.0104	
.80	.0472	.0504	.0475	.0472	.0418	.0351	.0279	.0183	.0087	
.85	.0334	.0349	.0355	.0351	.0318	.0264	.0212	.0141	.0068	
.90	.0216	.0229	.0234	.0229	.0219	.0176	.0145	.0095	.0047	
.95	.0117	.0111	.0112	.0112	.0116	.0097	.0074	.0048	.0025	
1.00	.0000	.0000	.0000	.0000	.0000	.0000	.0000	.0000	.0000	

Auswertung aus Bretthauer – Nötzold „Beton- und Stahlbetonbau" Nr. 8/1965 Tafel Nr. 6 * bzw. theoretisch ∞

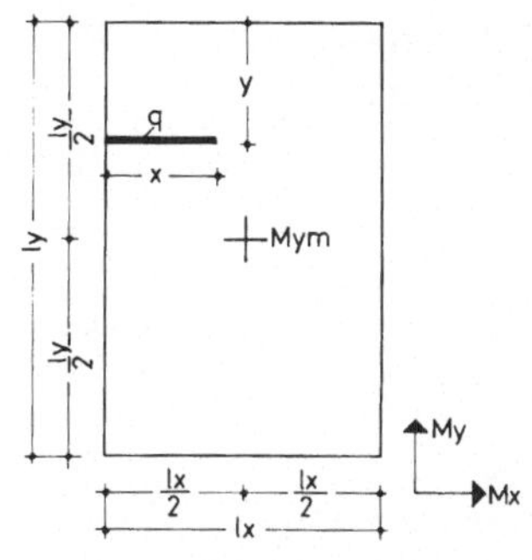

Feldmoment Mym in Feldmitte einer Rechteckplatte aus Linienlast in lx-Richtung.

$\frac{ly}{lx} = 1{,}5$

$\mu = 0$

Faktor = q · lx

Stützung 1

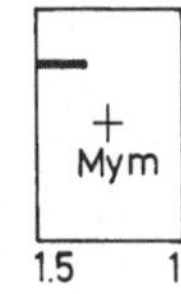

F 1.1,5.2.1

→ y : ly ; ↓ x : lx

Spalte	0.05	0.10	0.15	0.20	0.25	0.30	0.35	0.40	0.45	0.50
.05	.0000	.0000	.0000	.0000	.0001	.0001	.0002	.0003	.0003	.0003
.10	.0001-	.0000	.0000	.0001	.0003	.0005	.0008	.0011	.0014	.0014
.15	.0001-	.0001-	.0000	.0002	.0006	.0011	.0017	.0025	.0031	.0032
.20	.0002-	.0001-	.0000	.0003	.0011	.0019	.0030	.0043	.0054	.0058
.25	.0003-	.0002-	.0000	.0004	.0013	.0026	.0045	.0066	.0084	.0092
.30	.0004-	.0003-	.0002-	.0004	.0015	.0036	.0062	.0095	.0124	.0136
.35	.0005-	.0004-	.0003-	.0005	.0018	.0042	.0081	.0126	.0175	.0191
.40	.0007-	.0006-	.0005-	.0002	.0019	.0049	.0096	.0152	.0233	.0259
.45	.0008-	.0009-	.0007-	.0001	.0021	.0054	.0110	.0177	.0292	.0355
.50	.0010-	.0011-	.0010-	.0001-	.0021	.0059	.0122	.0199	.0348	.0494
.55	.0010-	.0013-	.0012-	.0003-	.0021	.0064	.0134	.0222	.0403	.0620
.60	.0012-	.0015-	.0014-	.0005-	.0022	.0070	.0146	.0244	.0463	.0710
.65	.0013-	.0017-	.0016-	.0005-	.0025	.0075	.0167	.0269	.0521	.0780
.70	.0014-	.0018-	.0018-	.0005-	.0027	.0086	.0185	.0295	.0572	.0834
.75	.0015-	.0019-	.0019-	.0005-	.0030	.0095	.0204	.0338	.0611	.0879
.80	.0016-	.0020-	.0019-	.0004-	.0033	.0103	.0217	.0361	.0642	.0913
.85	.0017-	.0021-	.0019-	.0003-	.0037	.0110	.0230	.0379	.0665	.0939
.90	.0018-	.0021-	.0019-	.0002-	.0040	.0115	.0239	.0393	.0682	.0957
.95	.0018-	.0021-	.0019-	.0001-	.0042	.0119	.0245	.0401	.0692	.0968
1.00	.0019-	.0021-	.0019-	.0000	.0044	.0120	.0247	.0405	.0696	.0971

→ y : ly ; ↓ x : lx

Spalte	0.55	0.60	0.65	0.70	0.75	0.80	0.85	0.90	0.95	
.05	.0003	.0003	.0002	.0001	.0001	.0000	.0000	.0000	.0000	
.10	.0014	.0011	.0008	.0005	.0003	.0001	.0000	.0000	.0001-	
.15	.0031	.0025	.0017	.0011	.0006	.0002	.0000	.0001-	.0001-	
.20	.0054	.0043	.0030	.0019	.0011	.0003	.0000	.0001-	.0002-	
.25	.0084	.0066	.0045	.0026	.0013	.0004	.0000	.0002-	.0003-	
.30	.0124	.0095	.0062	.0036	.0015	.0004	.0002-	.0003-	.0004-	
.35	.0175	.0126	.0081	.0042	.0018	.0005	.0003-	.0004-	.0005-	
.40	.0233	.0152	.0096	.0049	.0019	.0002	.0005-	.0006-	.0007-	
.45	.0292	.0177	.0110	.0054	.0021	.0001	.0007-	.0009-	.0008-	
.50	.0348	.0199	.0122	.0059	.0021	.0001-	.0010-	.0011-	.0010-	
.55	.0403	.0222	.0134	.0064	.0021	.0003-	.0012-	.0013-	.0010-	
.60	.0463	.0244	.0146	.0070	.0022	.0005-	.0014-	.0015-	.0012-	
.65	.0521	.0269	.0167	.0075	.0025	.0005-	.0016-	.0017-	.0013-	
.70	.0572	.0295	.0185	.0086	.0027	.0005-	.0018-	.0018-	.0014-	
.75	.0611	.0338	.0204	.0095	.0030	.0005-	.0019-	.0019-	.0015-	
.80	.0642	.0361	.0217	.0103	.0033	.0004-	.0019-	.0020-	.0016-	
.85	.0665	.0379	.0230	.0110	.0037	.0003-	.0019-	.0021-	.0017-	
.90	.0682	.0393	.0239	.0115	.0040	.0002-	.0019-	.0021-	.0018-	
.95	.0692	.0401	.0245	.0119	.0042	.0001-	.0019-	.0021-	.0018-	
1.00	.0696	.0405	.0247	.0120	.0044	.0000	.0019-	.0021-	.0019-	

Auswertung aus Bretthauer – Nötzold „Beton- und Stahlbetonbau" Nr. 8/1965 Tafel Nr. 7

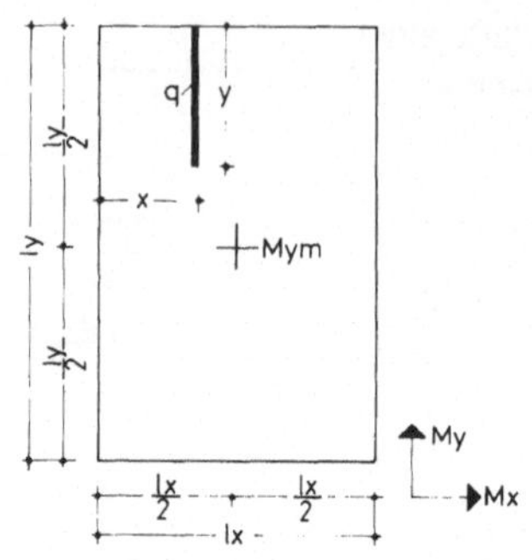

Feldmoment Mym in Feldmitte einer Rechteckplatte aus Linienlast in ly-Richtung.

$\frac{ly}{lx} = 1{,}5$

$\mu = 0$

Faktor = q · ly

Stützung 1

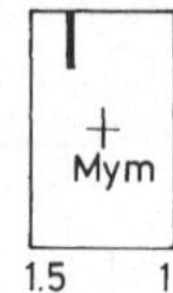

F 1.1,5.2.2

x : lx →, y : ly ↓

Spalte										
	0.05	0.10	0.15	0.20	0.25	0.30	0.35	0.40	0.45	0.50
.05	.0000	.0000	.0000	.0001-	.0001-	.0000	.0001-	.0001-	.0001-	.0001-
.10	.0001-	.0001-	.0002-	.0002-	.0003-	.0002-	.0002-	.0002-	.0002-	.0002-
.15	.0001-	.0002-	.0003-	.0004-	.0005-	.0003-	.0004-	.0004-	.0005-	.0005-
.20	.0001-	.0002-	.0003-	.0005-	.0006-	.0004-	.0005-	.0007-	.0007-	.0007-
.25	.0000	.0001-	.0003-	.0004-	.0006-	.0003-	.0004-	.0006-	.0007-	.0008-
.30	.0001	.0005	.0005	.0006	.0004	.0001	.0002-	.0004-	.0004-	.0005-
.35	.0006	.0011	.0013	.0017	.0017	.0014	.0012	.0008	.0005	.0004
.40	.0011	.0020	.0028	.0034	.0037	.0036	.0034	.0025	.0025	.0022
.45	.0018	.0033	.0047	.0060	.0070	.0072	.0075	.0074	.0064	.0056
.50	.0026	.0048	.0068	.0092	.0112	.0120	.0140	.0147	.0147	.0138
.55	.0033	.0063	.0092	.0126	.0156	.0175	.0194	.0211	.0229	.0220
.60	.0041	.0074	.0108	.0158	.0198	.0202	.0235	.0260	.0268	.0255
.65	.0048	.0084	.0122	.0161	.0196	.0222	.0256	.0277	.0288	.0273
.70	.0046	.0090	.0131	.0172	.0208	.0236	.0270	.0283	.0298	.0282
.75	.0048	.0094	.0135	.0178	.0214	.0241	.0274	.0291	.0301	.0285
.80	.0049	.0095	.0137	.0180	.0216	.0242	.0274	.0290	.0300	.0284
.85	.0049	.0095	.0137	.0180	.0215	.0241	.0273	.0289	.0298	.0282
.90	.0048	.0094	.0136	.0178	.0213	.0240	.0271	.0287	.0296	.0279
.95	.0047	.0093	.0134	.0176	.0210	.0238	.0270	.0285	.0294	.0277
1.00	.0046	.0092	.0132	.0173	.0207	.0237	.0269	.0285	.0293	.0277

x : lx →, y : ly ↓

Spalte										
	0.55	0.60	0.65	0.70	0.75	0.80	0.85	0.90	0.95	
.05	.0001-	.0001-	.0001-	.0000	.0001-	.0001-	.0000	.0000	.0000	
.10	.0002-	.0002-	.0002-	.0002-	.0003-	.0002-	.0002-	.0001-	.0001-	
.15	.0005-	.0004-	.0004-	.0003-	.0005-	.0004-	.0003-	.0002-	.0001-	
.20	.0007-	.0007-	.0005-	.0004-	.0006-	.0005-	.0003-	.0002-	.0001-	
.25	.0007-	.0006-	.0004-	.0003-	.0006-	.0004-	.0003-	.0001-	.0000	
.30	.0004-	.0004-	.0002-	.0001	.0004	.0006	.0005	.0005	.0001	
.35	.0005	.0008	.0012	.0014	.0017	.0017	.0013	.0011	.0006	
.40	.0025	.0025	.0034	.0036	.0037	.0034	.0028	.0020	.0011	
.45	.0064	.0074	.0075	.0072	.0070	.0060	.0047	.0033	.0018	
.50	.0147	.0147	.0140	.0120	.0112	.0092	.0068	.0048	.0026	
.55	.0229	.0211	.0194	.0175	.0156	.0126	.0092	.0063	.0033	
.60	.0268	.0260	.0235	.0202	.0198	.0158	.0108	.0074	.0041	
.65	.0288	.0277	.0256	.0222	.0196	.0161	.0122	.0084	.0048	
.70	.0298	.0283	.0270	.0236	.0208	.0172	.0131	.0090	.0046	
.75	.0301	.0291	.0274	.0241	.0214	.0178	.0135	.0094	.0048	
.80	.0300	.0290	.0274	.0242	.0216	.0180	.0137	.0095	.0049	
.85	.0298	.0289	.0273	.0241	.0215	.0180	.0137	.0095	.0049	
.90	.0296	.0287	.0271	.0240	.0213	.0178	.0136	.0094	.0048	
.95	.0294	.0285	.0270	.0238	.0210	.0176	.0134	.0093	.0047	
1.00	.0293	.0285	.0269	.0237	.0207	.0173	.0132	.0092	.0046	

Auswertung aus Bretthauer – Nötzold „Beton- und Stahlbetonbau" Nr. 8/1965 Tafel Nr. 7

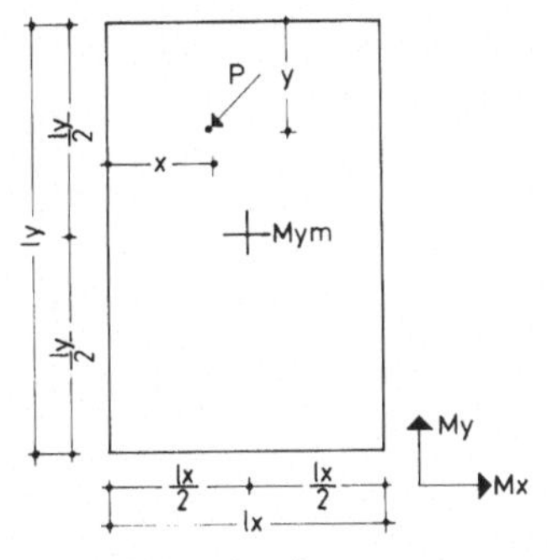

Feldmoment Mym in Feldmitte einer Rechteckplatte aus einer Einzellast.

$\frac{ly}{lx} = 1{,}5$

$\mu = 0$

Faktor = P

Stützung 1

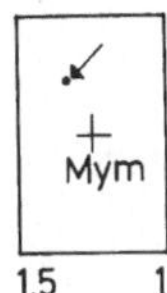

F 1.1,5.2.3

→ y : ly

↓ x : lx

Spalte	0.05	0.10	0.15	0.20	0.25	0.30	0.35	0.40	0.45	0.50
.05	.0005-	.0003-	.0001	.0008	.0030	.0050	.0077	.0113	.0133	.0140
.10	.0010-	.0006-	.0000	.0013	.0052	.0093	.0146	.0217	.0278	.0287
.15	.0014-	.0010-	.0002-	.0015	.0066	.0128	.0220	.0318	.0398	.0442
.20	.0018-	.0015-	.0007-	.0014	.0072	.0157	.0283	.0419	.0534	.0600
.25	.0021-	.0020-	.0014-	.0010	.0061	.0179	.0332	.0525	.0691	.0763
.30	.0023-	.0026-	.0023-	.0002	.0050	.0162	.0358	.0637	.0908	.0984
.35	.0025-	.0032-	.0033-	.0009-	.0040	.0139	.0347	.0569	.1109	.1251
.40	.0026-	.0038-	.0041-	.0023-	.0030	.0124	.0302	.0520	.1196	.1554
.45	.0026-	.0044-	.0048-	.0033-	.0017	.0114	.0268	.0491	.1170	.2254
.50	.0026-	.0046-	.0052-	.0036-	.0013	.0111	.0256	.0481	.1030	.2852
.55	.0026-	.0044-	.0048-	.0033-	.0017	.0114	.0268	.0491	.1170	.2223*
.60	.0026-	.0038-	.0041-	.0023-	.0030	.0124	.0302	.0520	.1196	.1554
.65	.0024-	.0032-	.0033-	.0009-	.0040	.0139	.0347	.0569	.1109	.1251
.70	.0023-	.0026-	.0023-	.0002	.0050	.0162	.0358	.0637	.0908	.0984
.75	.0020-	.0020-	.0014-	.0010	.0061	.0179	.0332	.0525	.0691	.0763
.80	.0017-	.0015-	.0007-	.0014	.0072	.0156	.0282	.0419	.0534	.0600
.85	.0014-	.0010-	.0002-	.0015	.0066	.0121	.0220	.0318	.0398	.0442
.90	.0010-	.0006-	.0000	.0013	.0052	.0083	.0146	.0217	.0278	.0287
.95	.0005-	.0003-	.0001	.0008	.0030	.0043	.0077	.0113	.0133	.0141
1.00	.0000	.0000	.0000	.0000	.0000	.0000	.0000	.0000	.0000	.0012-

→ y : ly

↓ x : lx

Spalte	0.55	0.60	0.65	0.70	0.75	0.80	0.85	0.90	0.95	
.05	.0133	.0113	.0077	.0050	.0030	.0008	.0001	.0003-	.0005-	
.10	.0278	.0217	.0146	.0093	.0052	.0013	.0000	.0006-	.0010-	
.15	.0398	.0318	.0220	.0128	.0066	.0015	.0002-	.0010-	.0014-	
.20	.0534	.0419	.0283	.0157	.0072	.0014	.0007-	.0015-	.0018-	
.25	.0691	.0525	.0332	.0179	.0061	.0010	.0014-	.0020-	.0021-	
.30	.0908	.0637	.0358	.0162	.0050	.0002	.0023-	.0026-	.0023-	
.35	.1109	.0569	.0347	.0139	.0040	.0009-	.0033-	.0032-	.0025-	
.40	.1196	.0520	.0302	.0124	.0030	.0023-	.0041-	.0038-	.0026-	
.45	.1170	.0491	.0268	.0114	.0017	.0033-	.0048-	.0044-	.0026-	
.50	.1030	.0481	.0256	.0111	.0013	.0036-	.0052-	.0046-	.0026-	
.55	.1170	.0491	.0268	.0114	.0017	.0033-	.0048-	.0044-	.0026-	
.60	.1196	.0520	.0302	.0124	.0030	.0023-	.0041-	.0038-	.0026-	
.65	.1109	.0569	.0347	.0139	.0040	.0009-	.0033-	.0032-	.0024-	
.70	.0908	.0637	.0358	.0162	.0050	.0002	.0023-	.0026-	.0023-	
.75	.0691	.0525	.0332	.0179	.0061	.0010	.0014-	.0020-	.0020-	
.80	.0534	.0419	.0282	.0156	.0072	.0014	.0007-	.0015-	.0017-	
.85	.0398	.0318	.0220	.0121	.0066	.0015	.0002-	.0010-	.0014-	
.90	.0278	.0217	.0146	.0083	.0052	.0013	.0000	.0006-	.0010-	
.95	.0133	.0113	.0077	.0043	0030	.0008	.0001	.0003-	.0005-	
1.00	.0000	.0000	.0000	.0000	0000	.0000	.0000	0000	.0000	

Auswertung aus Bretthauer – Nötzold „Beton- und Stahlbetonbau" Nr. 8/1965 Tafel Nr. 7 * bzw. theoretisch ∞

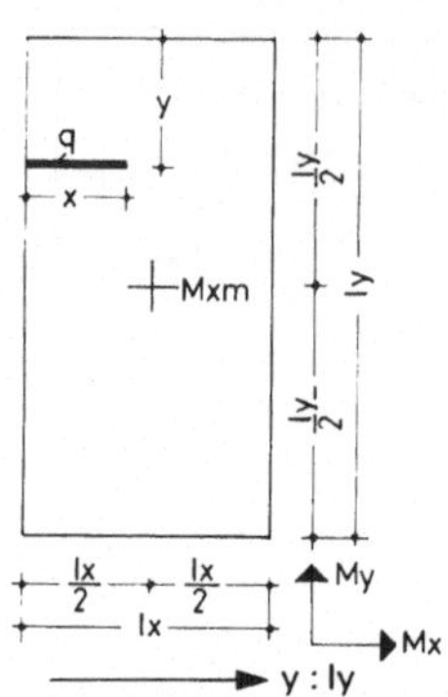

Feldmoment Mxm in Feldmitte einer Rechteckplatte aus Linienlast in lx-Richtung.

$\frac{ly}{lx} = 2{,}0$

$\mu = 0$

Faktor = q · lx

Stützung 1

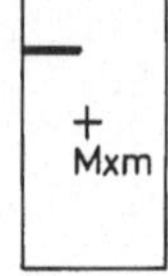

2.0 1

F 1.2,0.1.1

y : ly →

x : lx ↓

Spalte										
	0.05	0.10	0.15	0.20	0.25	0.30	0.35	0.40	0.45	0.50
.05	.0001	.0001	.0002	.0002	.0003	.0003	.0003	.0003	.0003	.0003
.10	.0002	.0004	.0006	.0009	.0011	.0013	.0013	.0013	.0012	.0012
.15	.0005	.0009	.0014	.0019	.0024	.0028	.0030	.0030	.0028	.0027
.20	.0008	.0017	.0025	.0034	.0043	.0050	.0055	.0055	.0052	.0049
.25	.0013	.0025	.0039	.0053	.0066	.0079	.0087	.0088	.0082	.0078
.30	.0018	.0036	.0055	.0075	.0095	.0113	.0127	.0131	.0123	.0116
.35	.0023	.0048	.0073	.0100	.0127	.0154	.0174	.0184	.0175	.0165
.40	.0030	.0060	.0093	.0127	.0163	.0198	.0229	.0247	.0244	.0228
.45	.0036	.0074	.0114	.0156	.0201	.0247	.0289	.0322	.0335	.0321
.50	.0043	.0088	.0136	.0186	.0240	.0297	.0353	.0403	.0443	.0451
.55	.0049	.0102	.0157	.0216	.0280	.0348	.0417	.0484	.0551	.0580
.60	.0056	.0115	.0178	.0245	.0318	.0396	.0478	.0559	.0642	.0673
.65	.0062	.0128	.0198	.0272	.0354	.0441	.0532	.0623	.0710	.0736
.70	.0068	.0140	.0216	.0297	.0386	.0481	.0580	.0676	.0763	.0786
.75	.0073	.0150	.0232	.0319	.0414	.0516	.0620	.0718	.0803	.0823
.80	.0077	.0159	.0246	.0337	.0438	.0544	.0652	.0751	.0834	.0852
.85	.0081	.0166	.0257	.0352	.0457	.0566	.0676	.0776	.0857	.0874
.90	.0083	.0171	.0265	.0363	.0470	.0582	.0693	.0793	.0873	.0890
.95	.0085	.0175	.0269	.0369	.0478	.0592	.0703	.0803	.0883	.0899
1.00	.0085	.0176	.0271	.0371	.0481	.0595	.0706	.0806	.0886	.0902

y : ly →

x : lx ↓

Spalte										
	0.55	0.60	0.65	0.70	0.75	0.80	0.85	0.90	0.95	
.05	.0003	.0003	.0003	.0003	.0003	.0002	.0002	.0001	.0001	
.10	.0012	.0013	.0013	.0013	.0011	.0009	.0006	.0004	.0002	
.15	.0028	.0030	.0030	.0028	.0024	.0019	.0014	.0009	.0005	
.20	.0052	.0055	.0055	.0050	.0043	.0034	.0025	.0017	.0008	
.25	.0082	.0088	.0087	.0079	.0066	.0053	.0039	.0025	.0013	
.30	.0123	.0131	.0127	.0113	.0095	.0075	.0055	.0036	.0018	
.35	.0175	.0184	.0174	.0154	.0127	.0100	.0073	.0048	.0023	
.40	.0244	.0247	.0229	.0198	.0163	.0127	.0093	.0060	.0030	
.45	.0335	.0322	.0289	.0247	.0201	.0156	.0114	.0074	.0036	
.50	.0443	.0403	.0353	.0297	.0240	.0186	.0136	.0088	.0043	
.55	.0551	.0484	.0417	.0348	.0280	.0216	.0157	.0102	.0049	
.60	.0642	.0559	.0478	.0396	.0318	.0245	.0178	.0115	.0056	
.65	.0710	.0623	.0532	.0441	.0354	.0272	.0198	.0128	.0062	
.70	.0763	.0676	.0580	.0481	.0386	.0297	.0216	.0140	.0068	
.75	.0803	.0718	.0620	.0516	.0414	.0319	.0232	.0150	.0073	
.80	.0834	.0751	.0652	.0544	.0438	.0337	.0246	.0159	.0077	
.85	.0857	.0776	.0676	.0566	.0457	.0352	.0257	.0166	.0081	
.90	.0873	.0793	.0693	.0582	.0470	.0363	.0265	.0171	.0083	
.95	.0883	.0803	.0703	.0592	.0478	.0369	.0269	.0175	.0085	
1.00	.0886	.0806	.0706	.0595	.0481	.0371	.0271	.0176	.0085	

Auswertung aus Bittner, Tafel E/2.0/41

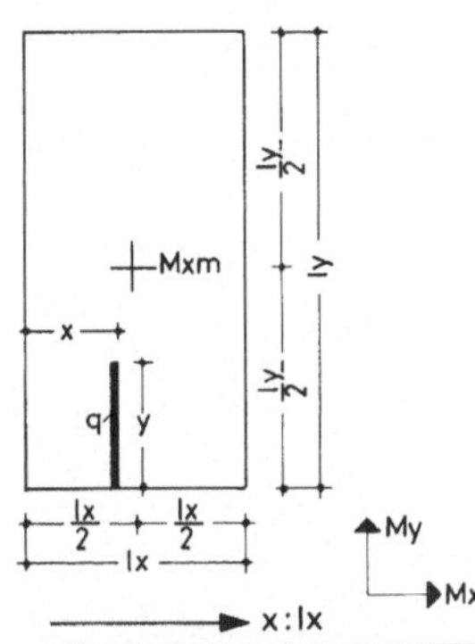

Feldmoment Mxm in Feldmitte einer Rechteckplatte aus Linienlast in ly-Richtung.

$\frac{ly}{lx} = 2{,}0$

$\mu = 0$

Faktor = q · ly

Stützung 1

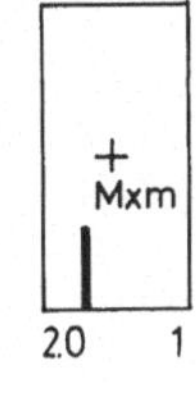

F 1.2,0.1.2

x : lx →, y : ly ↓

Spalte										
y : ly	0.05	0.10	0.15	0.20	0.25	0.30	0.35	0.40	0.45	0.50
.05	.0001	.0001	.0002	.0002	.0002	.0003	.0003	.0003	.0003	.0003
.10	.0002	.0004	.0006	.0008	.0010	.0011	.0012	.0013	.0013	.0014
.15	.0005	.0009	.0014	.0018	.0022	.0025	.0028	.0030	.0031	.0031
.20	.0009	.0017	.0025	.0032	.0040	.0044	.0050	.0054	.0056	.0057
.25	.0014	.0027	.0039	.0051	.0063	.0072	.0080	.0087	.0091	.0092
.30	.0019	.0038	.0057	.0075	.0092	.0106	.0119	.0129	.0135	.0137
.35	.0026	.0051	.0077	.0102	.0126	.0147	.0166	.0181	.0191	.0194
.40	.0032	.0065	.0098	.0131	.0163	.0194	.0220	.0245	.0262	.0267
.45	.0039	.0078	.0118	.0158	.0199	.0240	.0280	.0319	.0353	.0358
.50	.0045	.0090	.0137	.0184	.0233	.0285	.0338	.0395	.0462	.0511
.55	.0051	.0103	.0156	.0210	.0267	.0329	.0397	.0470	.0571	.0664
.60	.0057	.0115	.0176	.0238	.0303	.0377	.0456	.0544	.0663	.0754
.65	.0064	.0129	.0197	.0267	.0340	.0422	.0511	.0608	.0733	.0827
.70	.0070	.0143	.0217	.0294	.0374	.0464	.0558	.0660	.0789	.0885
.75	.0076	.0154	.0234	.0317	.0403	.0497	.0596	.0702	.0833	.0930
.80	.0081	.0164	.0249	.0336	.0427	.0524	.0626	.0735	.0868	.0964
.85	.0085	.0171	.0260	.0350	.0444	.0544	.0649	.0759	.0893	.0990
.90	.0087	.0176	.0267	.0360	.0457	.0558	.0665	.0776	.0911	.1008
.95	.0089	.0180	.0272	.0366	.0464	.0566	.0674	.0786	.0921	.1018
1.00	.0090	.0180	.0274	.0368	.0466	.0568	.0677	.0789	.0924	.1022

x : lx →, y : ly ↓

Spalte										
y : ly	0.55	0.60	0.65	0.70	0.75	0.80	0.85	0.90	0.95	
.05	.0003	.0003	.0003	.0003	.0002	.0002	.0002	.0001	.0001	
.10	.0013	.0013	.0012	.0011	.0010	.0008	.0006	.0004	.0002	
.15	.0031	.0030	.0028	.0025	.0022	.0018	.0014	.0009	.0005	
.20	.0056	.0054	.0050	.0044	.0040	.0032	.0025	.0017	.0009	
.25	.0091	.0087	.0080	.0072	.0063	.0051	.0039	.0027	.0014	
.30	.0135	.0129	.0119	.0106	.0092	.0075	.0057	.0038	.0019	
.35	.0191	.0181	.0166	.0147	.0126	.0102	.0077	.0051	.0026	
.40	.0262	.0245	.0220	.0194	.0163	.0131	.0098	.0065	.0032	
.45	.0353	.0319	.0280	.0240	.0199	.0158	.0118	.0078	.0039	
.50	.0462	.0395	.0338	.0285	.0233	.0184	.0137	.0090	.0045	
.55	.0571	.0470	.0397	.0329	.0267	.0210	.0156	.0103	.0051	
.60	.0663	.0544	.0456	.0377	.0303	.0238	.0176	.0115	.0057	
.65	.0733	.0608	.0511	.0422	.0340	.0267	.0197	.0129	.0064	
.70	.0789	.0660	.0558	.0464	.0374	.0294	.0217	.0143	.0070	
.75	.0833	.0702	.0596	.0497	.0403	.0317	.0234	.0154	.0076	
.80	.0868	.0735	.0626	.0524	.0427	.0336	.0249	.0164	.0081	
.85	.0893	.0759	.0649	.0544	.0444	.0350	.0260	.0171	.0085	
.90	.0911	.0776	.0665	.0558	.0457	.0360	.0267	.0176	.0087	
.95	.0921	.0786	.0674	.0566	.0464	.0366	.0272	.0180	.0089	
1.00	.0924	.0789	.0677	.0568	.0466	.0368	.0274	.0180	.0090	

Auswertung aus Bittner, Tafel E/2.0/41

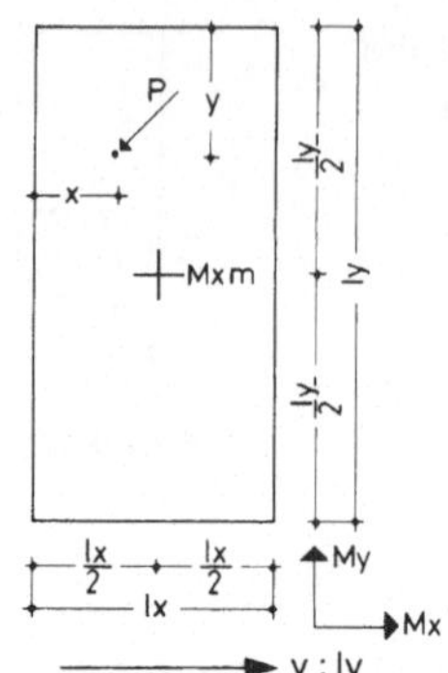

Feldmoment Mxm in Feldmitte einer Rechteckplatte aus einer Einzellast.

$\frac{ly}{lx} = 2{,}0$

$\mu = 0$

Faktor = P

Stützung 1

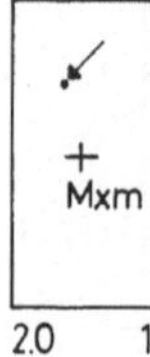

F 1.2,0.1.3

→ y : ly

↓ x : lx

Spalte										
	0.05	0.10	0.15	0.20	0.25	0.30	0.35	0.40	0.45	0.50
.05	.0022	.0043	.0065	.0087	.0108	.0125	.0133	.0131	.0122	.0117
.10	.0042	.0084	.0128	.0172	.0215	.0251	.0270	.0270	.0252	.0241
.15	.0061	.0123	.0188	.0254	.0320	.0378	.0413	.0418	.0391	.0372
.20	.0079	.0161	.0245	.0333	.0423	.0505	.0560	.0574	.0539	.0511
.25	.0095	.0195	.0299	.0407	.0523	.0634	.0720	.0754	.0700	.0658
.30	.0108	.0223	.0344	.0471	.0609	.0749	.0874	.0950	.0921	.0860
.35	.0119	.0246	.0381	.0524	.0683	.0851	.1021	.1162	.1201	.1116
.40	.0127	.0264	.0410	.0566	.0743	.0940	.1161	.1391	.1540	.1426
.45	.0132	.0275	.0428	.0592	.0780	.0996	.1256	.1580	.2049	.2254
.50	.0134	.0279	.0434	.0600	.0792	.1015	.1288	.1643	.2218	.2900
.55	.0132	.0275	.0428	.0592	.0780	.0996	.1256	.1580	.2049	.2254
.60	.0127	.0264	.0410	.0566	.0743	.0940	.1161	.1391	.1540	.1426
.65	.0119	.0246	.0381	.0524	.0683	.0851	.1021	.1162	.1201	.1116
.70	.0108	.0223	.0344	.0471	.0609	.0749	.0874	.0950	.0921	.0860
.75	.0095	.0195	.0299	.0407	.0523	.0634	.0720	.0754	.0700	.0658
.80	.0079	.0161	.C245	.0333	.0423	.0505	.0560	.0574	.0539	.0511
.85	.0061	.0123	.0188	.0254	.0320	.0378	.0413	.0418	.0391	.0372
.90	.0042	.0084	.0128	.0172	.0215	.0251	.0270	.0270	.0252	.0241
.95	.0022	.0043	.0065	.0087	.0108	.0125	.0133	.0131	.0122	.0117
1.00	.0000	.0000	.0000	.0000	.0000	.0000	.0000	.0000	.0000	.0000

→ y : ly

↓ x : lx

Spalte										
	0.55	0.60	0.65	0.70	0.75	0.80	0.85	0.90	0.95	
.05	.0122	.0131	.0133	.0125	.0108	.0087	.0065	.0043	.0022	
.10	.0252	.0270	.0270	.0251	.0215	.0172	.0128	.0084	.0042	
.15	.0391	.0418	.0413	.0378	.0320	.0254	.0188	.0123	.0061	
.20	.0539	.0574	.0560	.0505	.0423	.0333	.0245	.0161	.0079	
.25	.0700	.0754	.0720	.0634	.0523	.0407	.0299	.0195	.0095	
.30	.0921	.0950	.0874	.0749	.0609	.0471	.0344	.0223	.0108	
.35	.1201	.1162	.1021	.0851	.0683	.0524	.0381	.0246	.0119	
.40	.1540	.1391	.1161	.0940	.0743	.0566	.0410	.0264	.0127	
.45	.2049	.1580	.1256	.0996	.0780	.0592	.0428	.0275	.0132	
.50	.2218	.1643	.1288	.1015	.0792	.0600	.0434	.0279	.0134	
.55	.2049	.1580	.1256	.0996	.0780	.0592	.0428	.0275	.0132	
.60	.1540	.1391	.1161	.0940	.0743	.0566	.0410	.0264	.0127	
.65	.1201	.1162	.1021	.0851	.0683	.0524	.0381	.0246	.0119	
.70	.0921	.0950	.0874	.0749	.0609	.0471	.0344	.0223	.0108	
.75	.0700	.0754	.0720	.0634	.0523	.0407	.0299	.0195	.0095	
.80	.0539	.0574	.0560	.0505	.0423	.0333	.0245	.0161	.0079	
.85	.0391	.0418	.0413	.0378	.0320	.0254	.0188	.0123	.0061	
.90	.0252	.0270	.0270	.0251	.0215	.0172	.0128	.0084	.0042	
.95	.0122	.0131	.0133	.0125	.0108	.0087	.0065	.0043	.0022	
1.00	.0000	.0000	.0000	.0000	.0000	.0000	.0000	.0000	.0000	

Auswertung aus Bittner, Tafel E/2.0/41

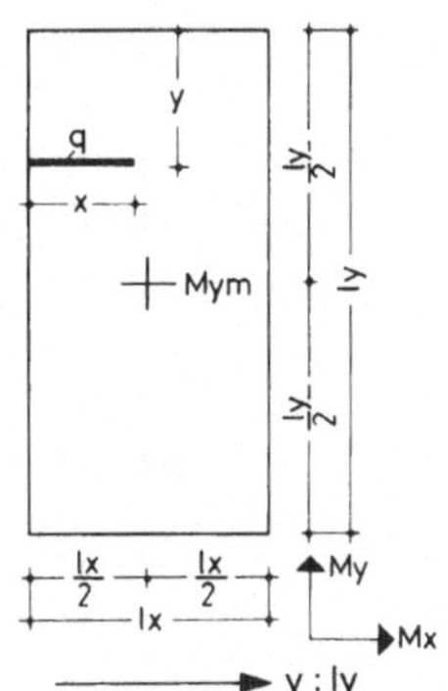

Feldmoment Mym in Feldmitte einer Rechteckplatte aus Linienlast in lx-Richtung.

$\frac{ly}{lx} = 2{,}0$

$\mu = 0$

Faktor = q · lx

Stützung 1

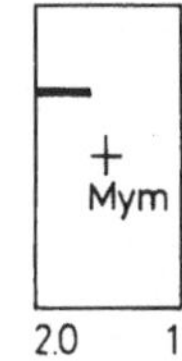

F 1.2,0.2.1

y : ly →

Spalte										
x : lx ↓	0.05	0.10	0.15	0.20	0.25	0.30	0.35	0.40	0.45	0.50
.05	.0000	.0000	.0000	.0000	.0000	.0000	.0001	.0002	.0003	.0003
.10	.0001-	.0001-	.0002-	.0002-	.0001-	.0000	.0003	.0007	.0011	.0013
.15	.0002-	.0003-	.0004-	.0004-	.0003-	.0000	.0007	.0016	.0026	.0030
.20	.0003-	.0005-	.0007-	.0008-	.0006-	.0000	.0011	.0028	.0046	.0054
.25	.0005-	.0008-	.0011-	.0012-	.0009-	.0001-	.0016	.0043	.0072	.0085
.30	.0007-	.0012-	.0015-	.0017-	.0014-	.0002-	.0021	.0059	.0104	.0126
.35	.0009-	.0016-	.0021-	.0023-	.0019-	.0005-	.0025	.0076	.0141	.0178
.40	.0011-	.0020-	.0026-	.0030-	.0026-	.0009-	.0028	.0092	.0182	.0245
.45	.0014-	.0024-	.0032-	.0037-	.0033-	.0013-	.0029	.0105	.0221	.0345
.50	.0016-	.0029-	.0039-	.0045-	.0040-	.0019-	.0030	.0117	.0258	.0478
.55	.0019-	.0034-	.0045-	.0053-	.0048-	.0024-	.0030	.0130	.0295	.0611
.60	.0021-	.0038-	.0051-	.0060-	.0055-	.0028-	.0031	.0143	.0335	.0711
.65	.0024-	.0043-	.0057-	.0067-	.0061-	.0032-	.0034	.0159	.0376	.0777
.70	.0026-	.0047-	.0062-	.0073-	.0066-	.0035-	.0038	.0176	.0413	.0830
.75	.0028-	.0050-	.0067-	.0078-	.0071-	.0036-	.0043	.0192	.0445	.0870
.80	.0029-	.0053-	.0071-	.0083-	.0075-	.0037-	.0048	.0207	.0471	.0902
.85	.0031-	.0055-	.0074-	.0086-	.0077-	.0037-	.0053	.0219	.0491	.0926
.90	.0032-	.0057-	.0076-	.0088-	.0079-	.0037-	.0056	.0227	.0506	.0942
.95	.0032-	.0058-	.0077-	.0090-	.0080-	.0037-	.0059	.0233	.0514	.0952
1.00	.0032-	.0058-	.0078-	.0090-	.0080-	.0037-	.0059	.0235	.0517	.0955

y : ly →

Spalte										
x : lx ↓	0.55	0.60	0.65	0.70	0.75	0.80	0.85	0.90	0.95	
.05	.0003	.0002	.0001	.0000	.0000	.0000	.0000	.0000	.0000	
.10	.0011	.0007	.0003	.0000	.0001-	.0002-	.0002-	.0001-	.0001-	
.15	.0026	.0016	.0007	.0000	.0003-	.0004-	.0004-	.0003-	.0002-	
.20	.0046	.0028	.0011	.0000	.0006-	.0008-	.0007-	.0005-	.0003-	
.25	.0072	.0043	.0016	.0001-	.0009-	.0012-	.0011-	.0008-	.0005-	
.30	.0104	.0059	.0021	.0002-	.0014-	.0017-	.0015-	.0012-	.0007-	
.35	.0141	.0076	.0025	.0005-	.0019-	.0023-	.0021-	.0016-	.0009-	
.40	.0182	.0092	.0028	.0009-	.0026-	.0030-	.0026-	.0020-	.0011-	
.45	.0221	.0105	.0029	.0013-	.0033-	.0037-	.0032-	.0024-	.0014-	
.50	.0258	.0117	.0030	.0019-	.0040-	.0045-	.0039-	.0029-	.0016-	
.55	.0295	.0130	.0030	.0024-	.0048-	.0053-	.0045-	.0034-	.0019-	
.60	.0335	.0143	.0031	.0028-	.0055-	.0060-	.0051-	.0038-	.0021-	
.65	.0376	.0159	.0034	.0032-	.0061-	.0067-	.0057-	.0043-	.0024-	
.70	.0413	.0176	.0038	.0035-	.0066-	.0073-	.0062-	.0047-	.0026-	
.75	.0445	.0192	.0043	.0036-	.0071-	.0078-	.0067-	.0050-	.0028-	
.80	.0471	.0207	.0048	.0037-	.0075-	.0083-	.0071-	.0053-	.0029-	
.85	.0491	.0219	.0053	.0037-	.0077-	.0086-	.0074-	.0055-	.0031-	
.90	.0506	.0227	.0056	.0037-	.0079-	.0088-	.0076-	.0057-	.0032-	
.95	.0514	.0233	.0059	.0037-	.0080-	.0090-	.0077-	.0058-	.0032-	
1.00	.0517	.0235	.0059	.0037-	.0080-	.0090-	.0078-	.0058-	.0032-	

Auswertung aus Bittner Tafel Nr. E/2.0/42

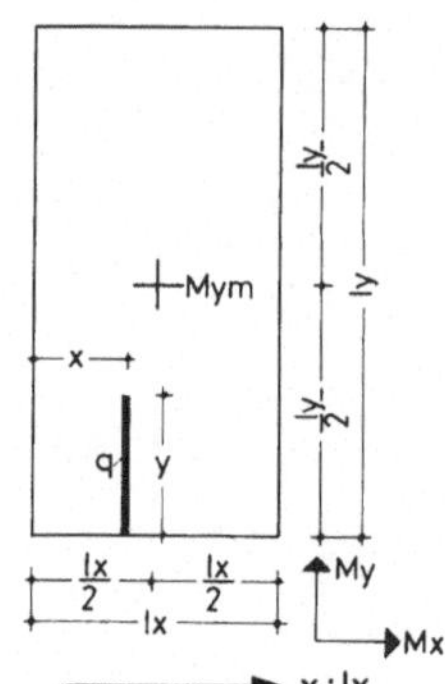

Feldmoment Mym in Feldmitte einer Rechteckplatte aus Linienlast in ly-Richtung.

$\frac{ly}{lx} = 2{,}0$

$\mu = 0$

Faktor = q · ly

Stüzung 1

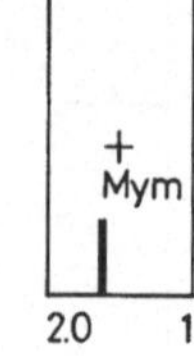

F 1.2,0.2.2

x : lx →

y : ly ↓

Spalte										
	0.05	0.10	0.15	0.20	0.25	0.30	0.35	0.40	0.45	0.50
.05	.0000	.0000	.0001-	.0001-	.0001-	.0001-	.0001-	.0001-	.0001-	.0001-
.10	.0001-	.0001-	.0002-	.0003-	.0003-	.0004-	.0004-	.0005-	.0005-	.0005-
.15	.0002-	.0003-	.0005-	.0006-	.0007-	.0008-	.0009-	.0010-	.0010-	.0011-
.20	.0003-	.0005-	.0007-	.0010-	.0012-	.0014-	.0015-	.0017-	.0017-	.0018-
.25	.0003-	.0007-	.0010-	.0013-	.0016-	.0019-	.0022-	.0024-	.0025-	.0025-
.30	.0004-	.0007-	.0011-	.0015-	.0019-	.0023-	.0026-	.0029-	.0031-	.0032-
.35	.0003-	.0006-	.0009-	.0013-	.0018-	.0022-	.0027-	.0031-	.0034-	.0035-
.40	.0000	.0001-	.0002-	.0004-	.0008-	.0012-	.0017-	.0023-	.0028-	.0029-
.45	.0005	.0009	.0012	.0014	.0015	.0014	.0011	.0005	.0007-	.0012-
.50	.0011	.0021	.0031	.0040	.0049	.0055	.0060	.0063	.0067	.0068
.55	.0017	.0034	.0050	.0066	.0082	.0096	.0109	.0121	.0142	.0149
.60	.0022	.0043	.0064	.0085	.0105	.0122	.0137	.0149	.0162	.0166
.65	.0024	.0048	.0071	.0093	.0115	.0133	.0147	.0157	.0168	.0172
.70	.0025	.0050	.0073	.0095	.0116	.0133	.0146	.0155	.0169	.0169
.75	.0025	.0049	.0072	.0093	.0113	.0130	.0142	.0150	.0167	.0162
.80	.0024	.0047	.0069	.0090	.0109	.0124	.0135	.0143	.0159	.0155
.85	.0023	.0045	.0066	.0086	.0104	.0119	.0129	.0136	.0152	.0148
.90	.0022	.0044	.0064	.0083	.0101	.0114	.0124	.0131	.0146	.0142
.95	.0022	.0043	.0062	.0081	.0098	.0111	.0121	.0127	.0143	.0138
1.00	.0022	.0042	.0062	.0080	.0097	.0110	.0120	.0126	.0141	.0137

x : lx →

y : ly ↓

Spalte										
	0.55	0.60	0.65	0.70	0.75	0.80	0.85	0.90	0.95	
.05	.0001-	.0001-	.0001-	.0001-	.0001-	.0001-	.0001-	.0000	.0000	
.10	.0005-	.0005-	.0004-	.0004-	.0003-	.0003-	.0002-	.0001-	.0001-	
.15	.0010-	.0010-	.0009-	.0008-	.0007-	.0006-	.0005-	.0003-	.0002-	
.20	.0017-	.0017-	.0015-	.0014-	.0012-	.0010-	.0007-	.0005-	.0003-	
.25	.0025-	.0024-	.0022-	.0019-	.0016-	.0013-	.0010-	.0007-	.0003-	
.30	.0031-	.0029-	.0026-	.0023-	.0019-	.0015-	.0011-	.0007-	.0004-	
.35	.0034-	.0031-	.0027-	.0022-	.0018-	.0013-	.0009-	.0006-	.0003-	
.40	.0028-	.0023-	.0017-	.0012-	.0008-	.0004-	.0002-	.0001-	.0000	
.45	.0007-	.0005	.0011	.0014	.0015	.0014	.0012	.0009	.0005	
.50	.0067	.0063	.0060	.0055	.0049	.0040	.0031	.0021	.0011	
.55	.0142	.0121	.0109	.0096	.0082	.0066	.0050	.0034	.0017	
.60	.0162	.0149	.0137	.0122	.0105	.0085	.0064	.0043	.0022	
.65	.0168	.0157	.0147	.0133	.0115	.0093	.0071	.0048	.0024	
.70	.0169	.0155	.0146	.0133	.0116	.0095	.0073	.0050	.0025	
.75	.0167	.0150	.0142	.0130	.0113	.0093	.0072	.0049	.0025	
.80	.0159	.0143	.0135	.0124	.0109	.0090	.0069	.0047	.0024	
.85	.0152	.0136	.0129	.0119	.0104	.0086	.0066	.0045	.0023	
.90	.0146	.0131	.0124	.0114	.0101	.0083	.0064	.0044	.0022	
.95	.0143	.0127	.0121	.0111	.0098	.0081	.0062	.0043	.0022	
1.00	.0141	.0126	.0120	.0110	.0097	.0080	.0062	.0042	.0022	

Auswertung aus Bittner, Tafel Nr. E/2.0/42

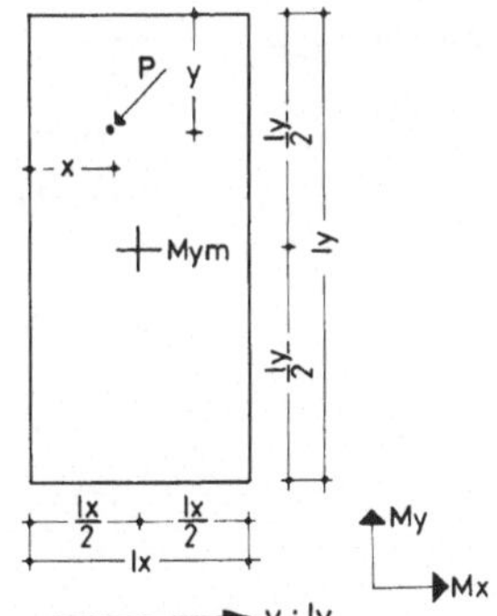

Feldmoment Mym in Feldmitte einer Rechteckplatte aus einer Einzellast.

$\frac{ly}{lx} = 2,0$

$\mu = 0$

Faktor = P

Stützung 1

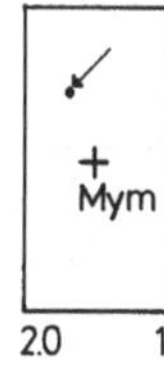

F 1.2,0.2.3

y : ly →

x : lx ↓

Spalte										
	0.05	0.10	0.15	0.20	0.25	0.30	0.35	0.40	0.45	0.50
.05	.0008-	.0014-	.0018-	.0019-	.0013-	.0003	.0034	.0074	.0113	.0129
.10	.0016-	.0027-	.0035-	.0038-	.0027-	.0003	.0061	.0143	.0227	.0264
.15	.0023-	.0040-	.0052-	.0057-	.0043-	.0001-	.0083	.0207	.0343	.0406
.20	.0029-	.0052-	.0068-	.0077-	.0061-	.0009-	.0098	.0267	.0460	.0554
.25	.0036-	.0064-	.0084-	.0097-	.0081-	.0024-	.0099	.0314	.0588	.0711
.30	.0041-	.0074-	.0098-	.0114-	.0100-	.0042-	.0090	.0335	.0695	.0920
.35	.0046-	.0082-	.0110-	.0129-	.0118-	.0062-	.0070	.0331	.0780	.1182
.40	.0049-	.0089-	.0120-	.0142-	.0136-	.0085-	.0040	.0301	.0843	.1496
.45	.0051-	.0093-	.0126-	.0150-	.0147-	.0101-	.0015	.0253	.0758	.2420
.50	.0051-	.0094-	.0128-	.0153-	.0150-	.0106-	.0006	.0237	.0729	.2805*
.55	.0051-	.0093-	.0126-	.0150-	.0147-	.0101-	.0015	.0253	.0758	.2420
.60	.0049-	.0089-	.0120-	.0142-	.0136-	.0085-	.0040	.0301	.0843	.1496
.65	.0046-	.0082-	.0110-	.0129-	.0118-	.0062-	.0070	.0331	.0780	.1182
.70	.0041-	.0074-	.0098-	.0114-	.0100-	.0042-	.0090	.0335	.0695	.0920
.75	.0036-	.0064-	.0084-	.0097-	.0081-	.0024-	.0099	.0314	.0588	.0711
.80	.0029-	.0052-	.0068-	.0077-	.0061-	.0009-	.0098	.0267	.0460	.0554
.85	.0023-	.0040-	.0052-	.0057-	.0043-	.0001-	.0083	.0207	.0343	.0406
.90	.0016-	.0027-	.0035-	.0038-	.0027-	.0003	.0061	.0143	.0227	.0264
.95	.0008-	.0014-	.0018-	.0019-	.0013-	.0003	.0034	.0074	.0113	.0129
1.00	.0000	.0000	.0000	.0000	.0000	.0000	.0000	.0000	.0000	.0000

y : ly →

x : lx ↓

Spalte										
	0.55	0.60	0.65	0.70	0.75	0.80	0.85	0.90	0.95	
.05	.0113	.0074	.0034	.0003	.0013-	.0019-	.0018-	.0014-	.0008-	
.10	.0227	.0143	.0061	.0003	.0027-	.0038-	.0035-	.0027-	.0016-	
.15	.0343	.0207	.0083	.0001-	.0043-	.0057-	.0052-	.0040-	.0023-	
.20	.0460	.0267	.0098	.0009-	.0061-	.0077-	.0068-	.0052-	.0029-	
.25	.0588	.0314	.0099	.0024-	.0081-	.0097-	.0084-	.0064-	.0036-	
.30	.0695	.0335	.0090	.0042-	.0100-	.0114-	.0098-	.0074-	.0041-	
.35	.0780	.0331	.0070	.0062-	.0118-	.0129-	.0110-	.0082-	.0046-	
.40	.0843	.0301	.0040	.0085-	.0136-	.0142-	.0120-	.0089-	.0049-	
.45	.0758	.0253	.0015	.0101-	.0147-	.0150-	.0126-	.0093-	.0051-	
.50	.0729	.0237	.0006	.0106-	.0150-	.0153-	.0128-	.0094-	.0051-	
.55	.0758	.0253	.0015	.0101-	.0147-	.0150-	.0126-	.0093-	.0051-	
.60	.0843	.0301	.0040	.0085-	.0136-	.0142-	.0120-	.0089-	.0049-	
.65	.0780	.0331	.0070	.0062-	.0118-	.0129-	.0110-	.0082-	.0046-	
.70	.0695	.0335	.0090	.0042-	.0100-	.0114-	.0098-	.0074-	.0041-	
.75	.0588	.0314	.0099	.0024-	.0081-	.0097-	.0084-	.0064-	.0036-	
.80	.0460	.0267	.0098	.0009-	.0061-	.0077-	.0068-	.0052-	.0029-	
.85	.0343	.0207	.0083	.0001-	.0043-	.0057-	.0052-	.0040-	.0023-	
.90	.0227	.0143	.0061	.0003	.0027-	.0038-	.0035-	.0027-	.0016-	
.95	.0113	.0074	.0034	.0003	.0013-	.0019-	.0018-	.0014-	.0008-	
1.00	.0000	.0000	.0000	.0000	.0000	.0000	.0000	.0000	.0000	

Auswertung aus Bittner, Tafel Nr. E/2.0/42

* bzw. theoretisch ∞

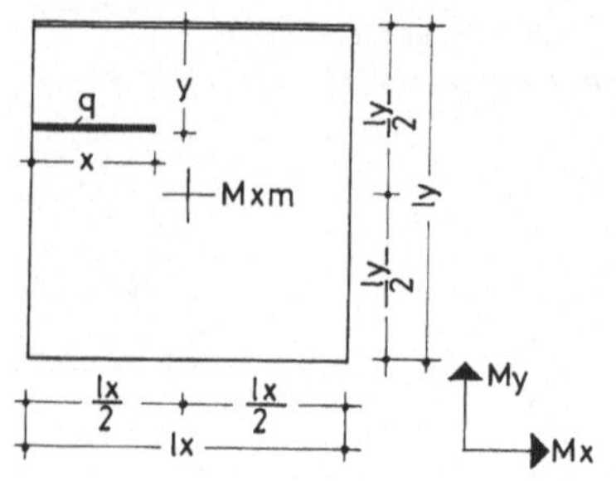

Feldmoment Mxm in Feldmitte einer Rechteckplatte aus Linienlast in lx-Richtung.

$\frac{ly}{lx} = 1{,}0$

$\mu = 0$

Faktor = $q \cdot lx$

Stützung 2a

Mxm

1.0 2a

F 2.1,0.1.1

→ y : ly

↓ x : lx

Spalte										
	0.05	0.10	0.15	0.20	0.25	0.30	0.35	0.40	0.45	0.50
.05	.0000	.0000	.0000	.0000	.0000	.0000	.0000	.0000	.0000	.0000
.10	.0000	.0001	.0000	.0001-	.0000	.0000	.0000	.0001-	.0001-	.0001-
.15	.0001	.0003	.0000	.0001-	.0001	.0000	.0000	.0000	.0001-	.0001-
.20	.0002	.0005	.0000	.0001	.0003	.0003	.0002	.0002	.0001	.0000
.25	.0003	.0007	.0002	.0004	.0007	.0012	.0012	.0006	.0004	.0004
.30	.0004	.0010	.0006	.0015	.0020	.0023	.0023	.0021	.0018	.0018
.35	.0006	.0014	.0017	.0026	.0035	.0039	.0041	.0038	.0035	.0033
.40	.0007	.0019	.0027	.0040	.0055	.0063	.0067	.0066	.0060	.0059
.45	.0009	.0024	.0039	.0058	.0080	.0095	.0112	.0118	.0110	.0106
.50	.0011	.0030	.0052	.0078	.0109	.0134	.0169	.0189	.0194	.0200
.55	.0013	.0036	.0063	.0099	.0136	.0173	.0231	.0251	.0278	.0295
.60	.0015	.0041	.0075	.0119	.0161	.0205	.0262	.0301	.0325	.0340
.65	.0016	.0045	.0086	.0128	.0181	.0229	.0289	.0330	.0352	.0367
.70	.0017	.0049	.0092	.0139	.0194	.0246	.0307	.0348	.0369	.0383
.75	.0018	.0053	.0097	.0147	.0204	.0256	.0318	.0358	.0379	.0393
.80	.0019	.0055	.0099	.0151	.0210	.0263	.0325	.0365	.0384	.0398
.85	.0021	.0057	.0100	.0152	.0213	.0266	.0329	.0368	.0386	.0400
.90	.0021	.0059	.0100	.0152	.0213	.0267	.0329	.0368	.0386	.0400
.95	.0022	.0059	.0099	.0151	.0212	.0266	.0328	.0367	.0385	.0398
1.00	.0022	.0060	.0097	.0149	.0211	.0264	.0326	.0365	.0383	.0396

→ y : ly

↓ x : lx

Spalte										
	0.55	0.60	0.65	0.70	0.75	0.80	0.85	0.90	0.95	
.05	.0000	.0000	.0000	.0000	.0000	.0000	.0000	.0000	.0000	
.10	.0001-	.0000	.0000	.0001	.0001	.0001	.0001	.0001	.0001	
.15	.0000	.0000	.0002	.0003	.0004	.0004	.0003	.0003	.0003	
.20	.0002	.0003	.0006	.0011	.0012	.0009	.0008	.0005	.0006	
.25	.0006	.0014	.0019	.0021	.0022	.0021	.0017	.0010	.0009	
.30	.0021	.0026	.0034	.0038	.0039	.0034	.0028	.0020	.0013	
.35	.0039	.0047	.0057	.0061	.0060	.0053	.0042	.0030	.0018	
.40	.0067	.0081	.0092	.0091	.0087	.0077	.0060	.0042	.0023	
.45	.0119	.0136	.0143	.0137	.0119	.0104	.0081	.0056	.0030	
.50	.0205	.0212	.0208	.0188	.0156	.0134	.0104	.0071	.0037	
.55	.0290	.0278	.0262	.0242	.0190	.0161	.0124	.0083	.0044	
.60	.0341	.0336	.0317	.0278	.0222	.0187	.0145	.0097	.0051	
.65	.0371	.0366	.0348	.0310	.0249	.0211	.0164	.0109	.0056	
.70	.0389	.0384	.0370	.0332	.0271	.0232	.0176	.0120	.0061	
.75	.0399	.0400	.0386	.0350	.0285	.0242	.0187	.0127	.0065	
.80	.0405	.0407	.0396	.0360	.0296	.0251	.0195	.0132	.0068	
.85	.0408	.0411	.0401	.0367	.0303	.0258	.0200	.0135	.0071	
.90	.0408	.0412	.0403	.0370	.0306	.0261	.0202	.0137	.0073	
.95	.0407	.0411	.0403	.0370	.0307	.0262	.0203	.0137	.0074	
1.00	.0405	.0409	.0402	.0369	.0305	.0261	.0202	.0136	.0074	

Auswertung aus Pucher „Einflußfelder elastischer Platten" Tafel Nr. 35

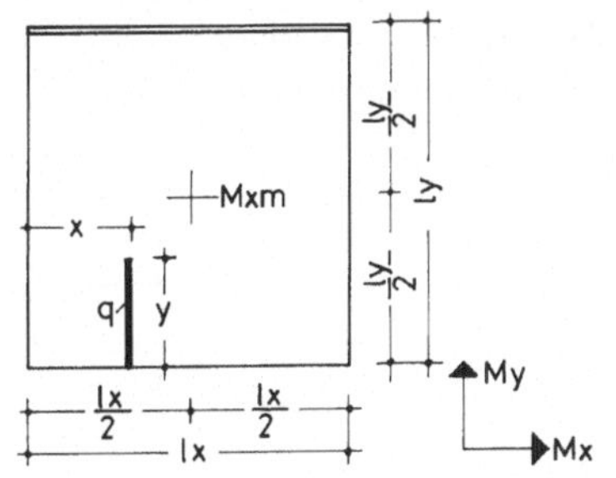

Feldmoment Mxm in Feldmitte einer Rechteckplatte aus Linienlast in ly-Richtung.

$\frac{ly}{lx} = 1{,}0$

$\mu = 0$

Faktor = q · ly

Stützung 2a

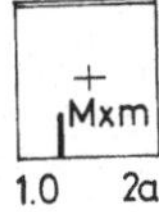

F 2.1,0.1.2

→ x : lx, ↓ y : ly

Spalte										
	0.05	0.10	0.15	0.20	0.25	0.30	0.35	0.40	0.45	0.50
.05	.0000	.0000	.0001	.0001	.0002	.0003	.0003	.0004	.0004	.0004
.10	.0001	.0002	.0003	.0005	.0007	.0010	.0012	.0014	.0015	.0015
.15	.0001	.0003	.0007	.0011	.0015	.0020	.0025	.0030	.0032	.0033
.20	.0002	.0006	.0012	.0018	.0027	.0035	.0044	.0052	.0057	.0059
.25	.0002	.0008	.0017	.0027	.0040	.0052	.0068	.0082	.0090	.0093
.30	.0003	.0010	.0021	.0030	.0053	.0072	.0095	.0117	.0133	.0138
.35	.0003	.0012	.0025	.0035	.0066	.0093	.0121	.0157	.0187	.0192
.40	.0003	.0014	.0029	.0039	.0078	.0113	.0143	.0202	.0250	.0258
.45	.0003	.0013	.0032	.0043	.0088	.0123	.0164	.0241	.0311	.0350
.50	.0003	.0013	.0035	.0046	.0096	.0135	.0183	.0279	.0369	.0481
.55	.0002	.0013	.0038	.0050	.0103	.0146	.0203	.0316	.0426	.0607
.60	.0002	.0013	.0040	.0053	.0112	.0156	.0224	.0351	.0494	.0690
.65	.0002	.0015	.0041	.0061	.0121	.0166	.0260	.0386	.0550	.0750
.70	.0002	.0016	.0043	.0066	.0131	.0186	.0284	.0420	.0593	.0791
.75	.0002	.0017	.0044	.0071	.0140	.0199	.0302	.0445	.0624	.0830
.80	.0002	.0017	.0045	.0075	.0146	.0210	.0318	.0464	.0645	.0852
.85	.0002	.0017	.0046	.0079	.0151	.0216	.0328	.0478	.0661	.0869
.90	.0002	.0018	.0046	.0081	.0153	.0221	.0335	.0485	.0670	.0878
.95	.0003	.0020	.0047	.0083	.0155	.0222	.0337	.0488	.0673	.0881
1.00	.0004	.0021	.0047	.0084	.0155	.0222	.0336	.0487	.0672	.0880

→ x : lx, ↓ y : ly

Spalte										
	0.55	0.60	0.65	0.70	0.75	0.80	0.85	0.90	0.95	
.05	.0004	.0004	.0003	.0003	.0002	.0001	.0001	.0000	.0000	
.10	.0015	.0014	.0012	.0010	.0007	.0005	.0003	.0002	.0001	
.15	.0032	.0030	.0025	.0020	.0015	.0011	.0007	.0003	.0001	
.20	.0057	.0052	.0044	.0035	.0027	.0018	.0012	.0006	.0002	
.25	.0090	.0082	.0068	.0052	.0040	.0027	.0017	.0008	.0002	
.30	.0133	.0117	.0095	.0072	.0053	.0030	.0021	.0010	.0003	
.35	.0187	.0157	.0121	.0093	.0066	.0035	.0025	.0012	.0003	
.40	.0250	.0202	.0143	.0113	.0078	.0039	.0029	.0014	.0003	
.45	.0311	.0241	.0164	.0123	.0088	.0043	.0032	.0013	.0003	
.50	.0369	.0279	.0183	.0135	.0096	.0046	.0035	.0013	.0003	
.55	.0426	.0316	.0203	.0146	.0103	.0050	.0038	.0013	.0002	
.60	.0494	.0351	.0224	.0156	.0112	.0053	.0040	.0013	.0002	
.65	.0550	.0386	.0260	.0166	.0121	.0061	.0041	.0015	.0002	
.70	.0593	.0420	.0284	.0186	.0131	.0066	.0043	.0016	.0002	
.75	.0624	.0445	.0302	.0199	.0140	.0071	.0044	.0017	.0002	
.80	.0645	.0464	.0318	.0210	.0146	.0075	.0045	.0017	.0002	
.85	.0661	.0478	.0328	.0216	.0151	.0079	.0046	.0017	.0002	
.90	.0670	.0485	.0335	.0221	.0153	.0081	.0046	.0018	.0002	
.95	.0673	.0488	.0337	.0222	.0155	.0083	.0047	.0020	.0003	
1.00	.0672	.0487	.0336	.0222	.0155	.0084	.0047	.0021	.0004	

Auswertung aus Pucher „Einflußfelder elastischer Platten" Tafel Nr. 35

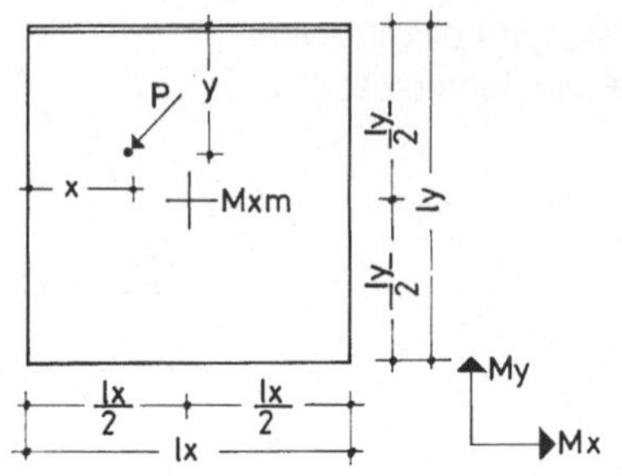

Feldmoment Mxm in Feldmitte einer Rechteckplatte aus einer Einzellast.

$\frac{ly}{lx} = 1{,}0$

$\mu = 0$

Faktor = P

Stützung 2a

Mxm

1.0 2a

F 2.1,0.1.3

y : ly →

x : lx ↓

Spalte	0.05	0.10	0.15	0.20	0.25	0.30	0.35	0.40	0.45	0.50
.05	.0005	.0011	.0004-	.0005-	.0000	.0001-	.0003-	.0004-	.0007-	.0007-
.10	.0010	.0023	.0002	.0004	.0015	.0016	.0013	.0010	.0004	.0003
.15	.0016	.0035	.0018	.0027	.0045	.0049	.0047	.0041	.0033	.0031
.20	.0022	.0047	.0043	.0065	.0090	.0099	.0100	.0091	.0080	.0077
.25	.0023	.0059	.0078	.0118	.0150	.0167	.0173	.0159	.0144	.0141
.30	.0025	.0071	.0122	.0183	.0234	.0268	.0280	.0270	.0246	.0239
.35	.0029	.0084	.0174	.0253	.0346	.0405	.0438	.0444	.0420	.0409
.40	.0034	.0097	.0215	.0325	.0446	.0556	.0710	.0775	.0735	.0700
.45	.0036	.0110	.0242	.0374	.0530	.0714	.0997	.1194	.1232	.1194
.50	.0037	.0123	.0255	.0390	.0597	.0816	.1095	.1433	.1990	.2906
.55	.0036	.0110	.0242	.0374	.0530	.0714	.0997	.1194	.1232	.1194
.60	.0034	.0097	.0215	.0325	.0446	.0556	.0710	.0775	.0735	.0700
.65	.0029	.0084	.0174	.0253	.0346	.0405	.0438	.0444	.0420	.0409
.70	.0025	.0071	.0122	.0183	.0234	.0268	.0280	.0270	.0246	.0239
.75	.0023	.0059	.0078	.0118	.0149	.0167	.0173	.0159	.0144	.0141
.80	.0022	.0047	.0043	.0065	.0090	.0099	.0100	.0091	.0080	.0077
.85	.0016	.0035	.0018	.0027	.0045	.0049	.0048	.0041	.0033	.0031
.90	.0010	.0023	.0002	.0003	.0015	.0016	.0013	.0009	.0004	.0003
.95	.0005	.0011	.0003-	.0006-	.0000	.0001-	.0002-	.0004-	.0008-	.0008-
1.00	.0000	.0001-	.0001	.0002-	.0000	.0001	.0000	.0000	.0001-	.0000

y : ly →

x : lx ↓

Spalte	0.55	0.60	0.65	0.70	0.75	0.80	0.85	0.90	0.95	
.05	.0004-	.0001-	.0006	.0009	.0013	.0014	.0013	.0010	.0014	
.10	.0010	.0017	.0032	.0041	.0047	.0045	.0039	.0028	.0029	
.15	.0041	.0056	.0080	.0095	.0101	.0093	.0077	.0054	.0044	
.20	.0091	.0114	.0147	.0168	.0172	.0159	.0129	.0089	.0058	
.25	.0159	.0195	.0239	.0263	.0260	.0226	.0187	.0132	.0074	
.30	.0270	.0318	.0372	.0391	.0376	.0324	.0249	.0181	.0089	
.35	.0458	.0527	.0572	.0551	.0484	.0420	.0319	.0222	.0104	
.40	.0777	.0872	.0853	.0761	.0583	.0498	.0386	.0253	.0120	
.45	.1302	.1282	.1132	.0937	.0674	.0557	.0425	.0275	.0136	
.50	.1990	.1532	.1234	.0995	.0757	.0598	.0438	.0286	.0152	
.55	.1302	.1282	.1132	.0937	.0674	.0557	.0425	.0275	.0135	
.60	.0777	.0872	.0853	.0761	.0583	.0498	.0386	.0253	.0119	
.65	.0458	.0527	.0573	.0552	.0484	.0421	.0319	.0222	.0104	
.70	.0270	.0318	.0372	.0391	.0376	.0324	.0249	.0181	.0088	
.75	.0159	.0195	.0239	.0263	.0260	.0226	.0187	.0132	.0073	
.80	.0091	.0114	.0147	.0168	.0172	.0159	.0129	.0089	.0058	
.85	.0041	.0056	.0080	.0095	.0101	.0093	.0077	.0054	.0043	
.90	.0009	.0017	.0033	.0041	.0047	.0045	.0039	.0028	.0029	
.95	.0004-	.0001-	.0006	.0009	.0013	.0014	.0013	.0009	.0014	
1.00	.0000	.0001	.0000	.0000	.0000	.0000	.0000	.0001-	.0000	

Auswertung aus Pucher „Einflußfelder elastischer Platten" Tafel Nr. 35

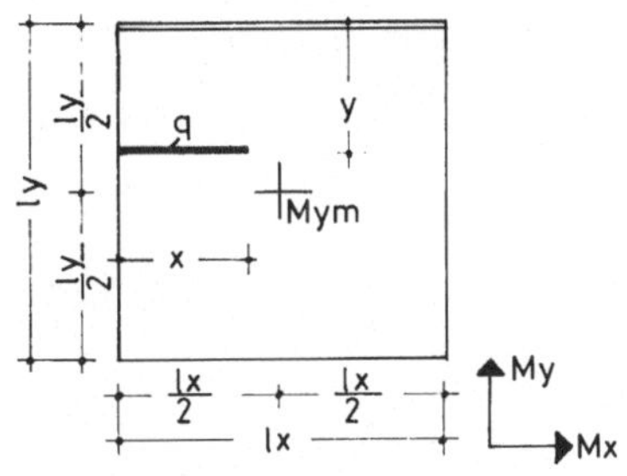

Feldmoment Mym in Feldmitte einer Rechteckplatte aus Linienlast in lx-Richtung.
Stützung 2a

$\frac{ly}{lx} = 1{,}0$

$\mu = 0$

Faktor = q · lx

Mym
2a 1.0

F 2.1,0.2.1

→ y : ly

↓ x : lx

Spalte	0.05	0.10	0.15	0.20	0.25	0.30	0.35	0.40	0.45	0.50
.05	.0000	.0000	.0001	.0001	.0002	.0002	.0003	.0004	.0004	.0004
.10	.0000	.0001	.0002	.0004	.0007	.0009	.0012	.0014	.0015	.0016
.15	.0001	.0002	.0005	.0009	.0014	.0020	.0025	.0030	.0033	.0035
.20	.0001	.0004	.0009	.0016	.0025	.0034	.0044	.0052	.0059	.0060
.25	.0001	.0006	.0013	.0024	.0038	.0052	.0068	.0081	.0093	.0097
.30	.0002	.0008	.0018	.0034	.0053	.0073	.0097	.0118	.0136	.0142
.35	.0002	.0010	.0020	.0043	.0065	.0093	.0129	.0161	.0189	.0197
.40	.0001	.0009	.0021	.0049	.0078	.0114	.0159	.0209	.0252	.0270
.45	.0005-	.0002	.0021	.0054	.0090	.0133	.0186	.0260	.0323	.0361
.50	.0006-	.0002	.0021	.0058	.0101	.0151	.0212	.0309	.0391	.0495
.55	.0006-	.0003	.0022	.0061	.0111	.0168	.0236	.0342	.0453	.0629
.60	.0006-	.0002	.0021	.0065	.0122	.0187	.0261	.0391	.0532	.0716
.65	.0015-	.0006-	.0022	.0076	.0135	.0208	.0301	.0441	.0595	.0792
.70	.0015-	.0005-	.0025	.0085	.0150	.0229	.0332	.0489	.0648	.0847
.75	.0014-	.0002-	.0029	.0094	.0163	.0250	.0360	.0515	.0691	.0889
.80	.0012-	.0002	.0034	.0102	.0176	.0268	.0385	.0544	.0725	.0930
.85	.0014-	.0000	.0037	.0109	.0187	.0281	.0405	.0567	.0751	.0955
.90	.0014-	.0001	.0040	.0114	.0194	.0292	.0416	.0583	.0769	.0975
.95	.0014-	.0002	.0042	.0117	.0199	.0299	.0424	.0593	.0781	.0987
1.00	.0014-	.0002	.0042	.0118	.0201	.0301	.0428	.0597	.0784	.0991

→ y : ly

↓ x : lx

Spalte	0.55	0.60	0.65	0.70	0.75	0.80	0.85	0.90	0.95	
.05	.0004	.0003	.0003	.0003	.0002	.0001	.0001	.0000	.0000	
.10	.0015	.0013	.0012	.0010	.0008	.0005	.0003	.0001	.0000	
.15	.0033	.0030	.0026	.0022	.0017	.0011	.0007	.0003	.0001	
.20	.0058	.0053	.0045	.0038	.0028	.0020	.0012	.0006	.0002	
.25	.0093	.0084	.0070	.0058	.0043	.0030	.0018	.0010	.0004	
.30	.0137	.0121	.0100	.0081	.0058	.0041	.0025	.0014	.0005	
.35	.0192	.0165	.0134	.0104	.0075	.0052	.0032	.0018	.0007	
.40	.0257	.0214	.0165	.0127	.0093	.0064	.0038	.0021	.0008	
.45	.0330	.0267	.0196	.0147	.0110	.0075	.0043	.0023	.0009	
.50	.0397	.0319	.0224	.0166	.0126	.0086	.0049	.0026	.0010	
.55	.0462	.0355	.0252	.0185	.0138	.0091	.0054	.0028	.0011	
.60	.0539	.0406	.0281	.0204	.0154	.0102	.0059	.0031	.0011	
.65	.0603	.0457	.0321	.0224	.0172	.0113	.0066	.0035	.0013	
.70	.0659	.0505	.0354	.0255	.0190	.0125	.0072	.0039	.0015	
.75	.0701	.0533	.0383	.0278	.0203	.0136	.0078	.0043	.0016	
.80	.0735	.0563	.0409	.0299	.0218	.0147	.0084	.0047	.0018	
.85	.0761	.0587	.0430	.0313	.0229	.0152	.0089	.0049	.0019	
.90	.0779	.0603	.0440	.0325	.0238	.0159	.0093	.0051	.0019	
.95	.0790	.0613	.0449	.0333	.0244	.0162	.0095	.0052	.0019	
1.00	.0794	.0617	.0452	.0335	.0246	.0163	.0096	.0052	.0019	

Auswertung aus Pucher „Einflußfelder elastischer Platten" Tafel Nr. 36

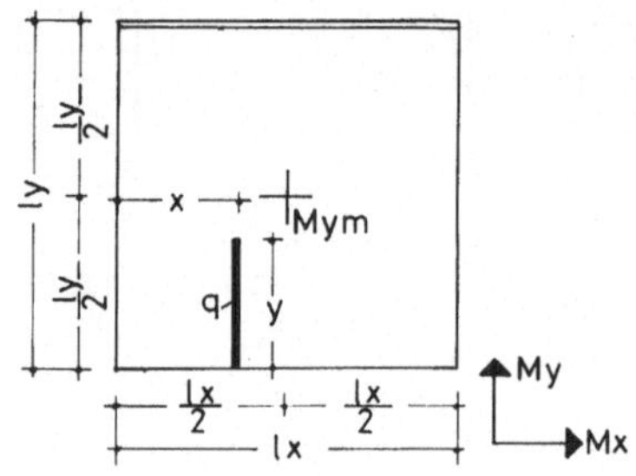

Feldmoment Mym in Feldmitte einer Rechteckplatte aus Linienlast in ly-Richtung.
Stützung 2a

$\frac{ly}{lx} = 1{,}0$

$\mu = 0$

Faktor = q · ly

Mym
2a 1.0

F 2.1,0.2.2

x : lx →, y : ly ↓

Spalte										
	0.05	0.10	0.15	0.20	0.25	0.30	0.35	0.40	0.45	0.50
.05	.0000	.0000	.0000	.0001	.0000	.0001	.0001	.0000	.0000	.0000
.10	.0001	.0001	.0002	.0003	.0000	.0003	.0002	.0002	.0002	.0002
.15	.0003	.0003	.0005	.0007	.0003	.0007	.0006	.0006	.0005	.0005
.20	.0006	.0006	.0011	.0016	.0014	.0017	.0015	.0015	.0013	.0013
.25	.0009	.0011	.0022	.0027	.0026	.0030	.0027	.0026	.0024	.0024
.30	.0014	.0022	.0033	.0042	.0045	.0049	.0048	.0046	.0042	.0041
.35	.0019	.0033	.0049	.0063	.0069	.0075	.0075	.0073	.0066	.0064
.40	.0025	.0046	.0069	.0088	.0100	.0112	.0116	.0115	.0104	.0102
.45	.0032	.0060	.0091	.0117	.0136	.0157	.0171	.0176	.0161	.0158
.50	.0039	.0076	.0115	.0148	.0176	.0211	.0237	.0254	.0258	.0266
.55	.0048	.0089	.0135	.0176	.0215	.0267	.0294	.0320	.0351	.0364
.60	.0055	.0103	.0156	.0203	.0249	.0320	.0349	.0379	.0403	.0412
.65	.0061	.0115	.0175	.0226	.0277	.0337	.0385	.0413	.0441	.0449
.70	.0066	.0125	.0187	.0246	.0298	.0361	.0409	.0435	.0463	.0468
.75	.0070	.0132	.0198	.0258	.0316	.0379	.0428	.0453	.0478	.0483
.80	.0073	.0137	.0205	.0267	.0331	.0389	.0438	.0461	.0486	.0490
.85	.0075	.0140	.0210	.0272	.0335	.0396	.0444	.0466	.0489	.0493
.90	.0077	.0141	.0211	.0275	.0337	.0397	.0445	.0462	.0488	.0491
.95	.0078	.0141	.0211	.0274	.0337	.0396	.0443	.0453	.0485	.0488
1.00	.0078	.0139	.0210	.0273	.0335	.0394	.0440	.0443	.0482	.0484

x : lx →, y : ly ↓

Spalte										
	0.55	0.60	0.65	0.70	0.75	0.80	0.85	0.90	0.95	
.05	.0000	.0000	.0001	.0001	.0000	.0001	.0000	.0000	.0000	
.10	.0002	.0002	.0002	.0003	.0000	.0003	.0002	.0001	.0001	
.15	.0005	.0006	.0006	.0007	.0003	.0007	.0005	.0003	.0003	
.20	.0013	.0015	.0015	.0017	.0014	.0016	.0011	.0006	.0006	
.25	.0024	.0026	.0027	.0030	.0026	.0027	.0022	.0011	.0009	
.30	.0042	.0046	.0048	.0049	.0045	.0042	.0033	.0022	.0014	
.35	.0066	.0073	.0075	.0075	.0069	.0063	.0049	.0033	.0019	
.40	.0104	.0115	.0116	.0112	.0100	.0088	.0069	.0046	.0025	
.45	.0161	.0176	.0171	.0157	.0136	.0117	.0091	.0060	.0032	
.50	.0258	.0254	.0237	.0211	.0176	.0148	.0115	.0076	.0039	
.55	.0351	.0320	.0294	.0267	.0215	.0176	.0135	.0089	.0048	
.60	.0403	.0379	.0349	.0320	.0249	.0203	.0156	.0103	.0055	
.65	.0441	.0413	.0385	.0337	.0277	.0226	.0175	.0115	.0061	
.70	.0463	.0435	.0409	.0361	.0298	.0246	.0187	.0125	.0066	
.75	.0478	.0453	.0428	.0379	.0316	.0258	.0198	.0132	.0070	
.80	.0486	.0461	.0438	.0389	.0331	.0267	.0205	.0137	.0073	
.85	.0489	.0466	.0444	.0396	.0335	.0272	.0210	.0140	.0075	
.90	.0488	.0462	.0445	.0397	.0337	.0275	.0211	.0141	.0077	
.95	.0485	.0453	.0443	.0396	.0337	.0274	.0211	.0141	.0078	
1.00	.0482	.0443	.0440	.0394	.0335	.0273	.0210	.0139	.0078	

Auswertung aus Pucher „Einflußfelder elastischer Platten" Tafel Nr. 36

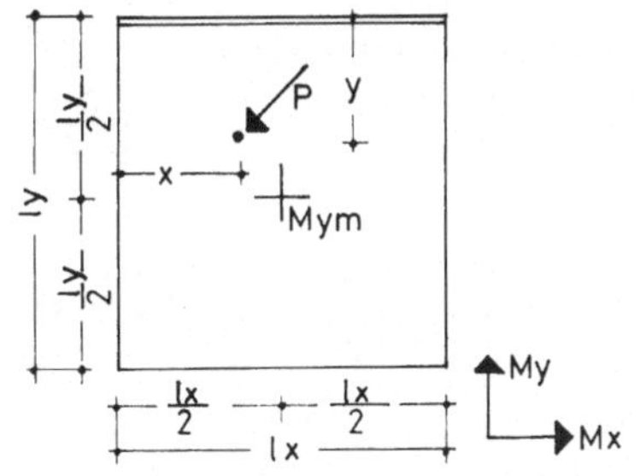

Feldmoment Mym in Feldmitte einer Rechteckplatte aus einer Einzellast.
Stützung 2a

$\frac{ly}{lx} = 1{,}0$

$\mu = 0$

Faktor = P

Mym
2a 1.0

F 2.1,0.2.3

y : ly →

x : lx ↓

Spalte	0.05	0.10	0.15	0.20	0.25	0.30	0.35	0.40	0.45	0.50
.05	.0003	.0011	.0024	.0042	.0067	.0093	.0125	.0143	.0152	.0162
.10	.0005	.0020	.0046	.0081	.0128	.0173	.0219	.0257	.0285	.0310
.15	.0006	.0027	.0065	.0119	.0185	.0247	.0324	.0385	.0438	.0449
.20	.0006	.0033	.0080	.0153	.0233	.0326	.0428	.0519	.0602	.0616
.25	.0012	.0042	.0096	.0176	.0267	.0385	.0517	.0656	.0770	.0810
.30	.0002-	.0024	.0080	.0178	.0288	.0421	.0592	.0796	.0962	.1011
.35	.0036-	.0020-	.0027	.0160	.0268	.0421	.0652	.0908	.1156	.1274
.40	.0091-	.0090-	.0000	.0123	.0246	.0398	.0597	.0949	.1348	.1597
.45	.0041-	.0034-	.0002-	.0100	.0221	.0368	.0546	.0920	.1437	.2148
.50	.0024-	.0016-	.0022	.0092	.0194	.0332	.0529	.0821	.1338	.2785*
.55	.0041-	.0034-	.0002-	.0100	.0221	.0368	.0546	.0920	.1437	.2148
.60	.0091-	.0090-	.0000	.0123	.0246	.0398	.0597	.0949	.1349	.1597
.65	.0036-	.0020-	.0028	.0161	.0268	.0421	.0652	.0908	.1156	.1274
.70	.0002-	.0024	.0081	.0178	.0288	.0421	.0592	.0796	.0962	.1011
.75	.0012	.0042	.0096	.0176	.0267	.0385	.0517	.0656	.0771	.0810
.80	.0006	.0033	.0080	.0154	.0233	.0326	.0428	.0519	.0602	.0616
.85	.0006	.0027	.0064	.0119	.0185	.0247	.0324	.0385	.0438	.0449
.90	.0005	.0020	.0046	.0081	.0128	.0173	.0219	.0257	.0294	.0310
.95	.0003	.0011	.0025	.0042	.0067	.0093	.0125	.0143	.0152	.0162
1.00	.0000	.0000	.0000	.0000	.0000	.0000	.0000	.0000	.0000	.0000

y : ly →

x : lx ↓

Spalte	0.55	0.60	0.65	0.70	0.75	0.80	0.85	0.90	0.95	
.05	.0151	.0137	.0120	.0105	.0076	.0050	.0030	.0013	.0003	
.10	.0285	.0263	.0223	.0193	.0152	.0100	.0060	.0029	.0009	
.15	.0438	.0398	.0336	.0273	.0208	.0152	.0091	.0048	.0017	
.20	.0602	.0539	.0445	.0357	.0258	.0183	.0123	.0070	.0028	
.25	.0770	.0676	.0538	.0427	.0304	.0204	.0128	.0075	.0031	
.30	.0987	.0811	.0614	.0474	.0331	.0216	.0130	.0075	.0031	
.35	.1185	.0927	.0674	.0474	.0339	.0219	.0127	.0070	.0028	
.40	.1354	.0980	.0653	.0432	.0332	.0215	.0120	.0061	.0022	
.45	.1493	.0969	.0608	.0406	.0311	.0202	.0112	.0055	.0018	
.50	.1378	.0894	.0593	.0398	.0276	.0180	.0109	.0053	.0017	
.55	.1493	.0968	.0608	.0407	.0311	.0202	.0112	.0055	.0018	
.60	.1354	.0980	.0652	.0432	.0332	.0215	.0120	.0061	.0022	
.65	.1185	.0927	.0674	.0475	.0339	.0220	.0120	.0070	.0028	
.70	.0988	.0811	.0614	.0474	.0331	.0216	.0121	.0075	.0031	
.75	.0771	.0677	.0538	.0427	.0304	.0204	.0121	.0075	.0031	
.80	.0602	.0540	.0445	.0357	.0258	.0183	.0122	.0070	.0029	
.85	.0438	.0398	.0336	.0273	.0208	.0151	.0091	.0048	.0018	
.90	.0285	.0263	.0223	.0193	.0152	.0100	.0060	.0029	.0009	
.95	.0151	.0137	.0120	.0105	.0076	.0049	.0029	.0013	.0003	
1.00	.0000	.0000	.0000	.0000	.0000	.0000	.0001-	.0000	.0000	

Auswertung aus Pucher „Einflußfelder elastischer Platten" Tafel Nr. 36

*bzw. theoretisch ∞

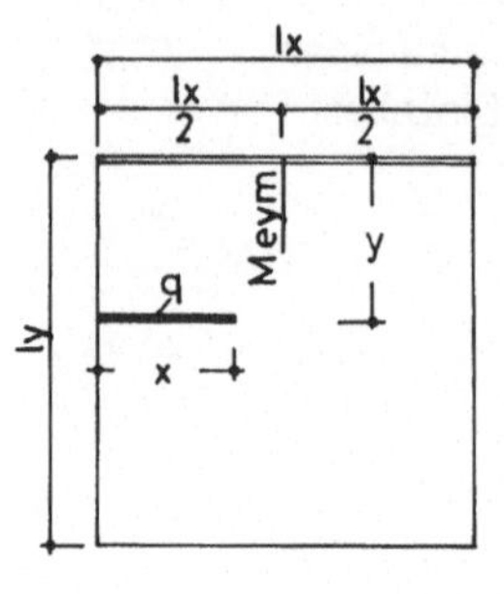

Stützmoment Meym in Seitenmitte einer Rechteckplatte aus Linienlast in lx-Richtung.
Stützung 2a

$\frac{ly}{lx} = 1{,}0$

$\mu = 0$

Faktor = q · lx

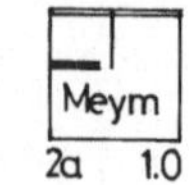

F 2.1,0.3.1

→ y : ly ↓ x : lx

Spalte										
	0.05	0.10	0.15	0.20	0.25	0.30	0.35	0.40	0.45	0.50
.05	.0000	.0001-	.0001-	.0003-	.0003-	.0004-	.0004-	.0005-	.0006-	.0005-
.10	.0001-	.0003-	.0007-	.0012-	.0017-	.0019-	.0023-	.0024-	.0024-	.0024-
.15	.0002-	.0010-	.0020-	.0031-	.0041-	.0052-	.0059-	.0060-	.0056-	.0059-
.20	.0005-	.0021-	.0039-	.0058-	.0080-	.0094-	.0103-	.0104-	.0102-	.0101-
.25	.0009-	.0036-	.0066-	.0100-	.0131-	.0150-	.0161-	.0165-	.0162-	.0159-
.30	.0020-	.0058-	.0110-	.0157-	.0197-	.0224-	.0239-	.0242-	.0235-	.0229-
.35	.0033-	.0096-	.0171-	.0236-	.0288-	.0314-	.0330-	.0332-	.0320-	.0307-
.40	.0055-	.0154-	.0259-	.0338-	.0395-	.0423-	.0435-	.0434-	.0417-	.0396-
.45	.0113-	.0255-	.0378-	.0464-	.0522-	.0547-	.0551-	.0545-	.0523-	.0492-
.50	.0240-	.0396-	.0529-	.0614-	.0665-	.0682-	.0676-	.0664-	.0633-	.0593-
.55	.0366-	.0537-	.0669-	.0751-	.0799-	.0822-	.0804-	.0769-	.0730-	.0696-
.60	.0422-	.0636-	.0788-	.0877-	.0925-	.0935-	.0916-	.0878-	.0834-	.0797-
.65	.0444-	.0696-	.0875-	.0980-	.1033-	.1044-	.1021-	.0981-	.0933-	.0893-
.70	.0459-	.0733-	.0937-	.1057-	.1120-	.1134-	.1113-	.1075-	.1023-	.0946-
.75	.0468-	.0754-	.0979-	.1114-	.1189-	.1207-	.1188-	.1144-	.1087-	.1015-
.80	.0473-	.0771-	.1007-	.1157-	.1239-	.1263-	.1247-	.1205-	.1147-	.1074-
.85	.0476-	.0783-	.1024-	.1184-	.1279-	.1307-	.1291-	.1251-	.1192-	.1116-
.90	.0477-	.0789-	.1040-	.1203-	.1303-	.1339-	.1328-	.1286-	.1224-	.1151-
.95	.0477-	.0791-	.1046-	.1213-	.1317-	.1354-	.1346-	.1304-	.1243-	.1168-
1.00	.0476-	.0790-	.1046-	.1215-	.1320-	.1358-	.1351-	.1309-	.1248-	.1173-

→ y : ly ↓ x : lx

Spalte										
	0.55	0.60	0.65	0.70	0.75	0.80	0.85	0.90	0.95	
.05	.0005-	.0005-	.0005-	.0004-	.0003-	.0002-	.0001-	.0001-	.0000	
.10	.0024-	.0021-	.0018-	.0016-	.0013-	.0010-	.0006-	.0003-	.0002-	
.15	.0059-	.0047-	.0042-	.0037-	.0029-	.0024-	.0016-	.0008-	.0004-	
.20	.0101-	.0084-	.0075-	.0067-	.0053-	.0043-	.0030-	.0019-	.0008-	
.25	.0159-	.0132-	.0116-	.0106-	.0082-	.0068-	.0047-	.0031-	.0013-	
.30	.0229-	.0190-	.0167-	.0147-	.0117-	.0098-	.0069-	.0045-	.0019-	
.35	.0306-	.0255-	.0225-	.0197-	.0156-	.0131-	.0093-	.0060-	.0027-	
.40	.0390-	.0327-	.0289-	.0252-	.0201-	.0168-	.0120-	.0077-	.0036-	
.45	.0478-	.0405-	.0358-	.0312-	.0249-	.0207-	.0149-	.0096-	.0045-	
.50	.0567-	.0486-	.0429-	.0373-	.0300-	.0249-	.0179-	.0115-	.0055-	
.55	.0658-	.0551-	.0487-	.0435-	.0351-	.0279-	.0203-	.0135-	.0065-	
.60	.0747-	.0626-	.0553-	.0497-	.0402-	.0317-	.0230-	.0155-	.0074-	
.65	.0835-	.0697-	.0617-	.0556-	.0451-	.0353-	.0257-	.0174-	.0084-	
.70	.0901-	.0763-	.0676-	.0612-	.0477-	.0387-	.0282-	.0184-	.0089-	
.75	.0971-	.0822-	.0729-	.0662-	.0512-	.0417-	.0304-	.0198-	.0095-	
.80	.1029-	.0874-	.0763-	.0664-	.0541-	.0443-	.0323-	.0210-	.0100-	
.85	.1072-	.0900-	.0796-	.0695-	.0565-	.0465-	.0333-	.0219-	.0104-	
.90	.1106-	.0926-	.0820-	.0717-	.0580-	.0471-	.0342-	.0225-	.0106-	
.95	.1123-	.0942-	.0833-	.0727-	.0590-	.0478-	.0347-	.0227-	.0108-	
1.00	.1129-	.0947-	.0838-	.0731-	.0593-	.0481-	.0348-	.0227-	.0108-	

Auswertung aus Pucher „Einflußfelder elastischer Platten" Tafel Nr. 37

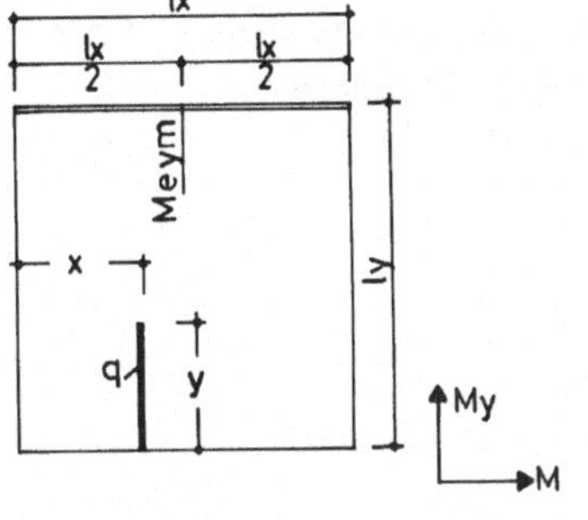

Stützmoment Meym in Seitenmitte einer Rechteckplatte aus Linienlast in ly-Richtung.
Stützung 2a
$\frac{ly}{lx} = 1{,}0$
$\mu = 0$
Faktor = q · ly

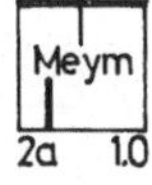

F 2.1,0.3.2

→ x : lx, ↓ y : ly

Spalte										
	0.05	0.10	0.15	0.20	0.25	0.30	0.35	0.40	0.45	0.50
.05	.0000	.0001-	.0001-	.0002-	.0003-	.0005-	.0005-	.0005-	.0005-	.0005-
.10	.0002-	.0004-	.0006-	.0011-	.0013-	.0016-	.0018-	.0048-	.0019-	.0019-
.15	.0004-	.0010-	.0020-	.0024-	.0030-	.0036-	.0039-	.0088-	.0043-	.0043-
.20	.0008-	.0020-	.0036-	.0043-	.0055-	.0065-	.0071-	.0130-	.0077-	.0076-
.25	.0014-	.0033-	.0056-	.0069-	.0087-	.0101-	.0109-	.0175-	.0121-	.0121-
.30	.0024-	.0048-	.0080-	.0100-	.0123-	.0143-	.0157-	.0225-	.0174-	.0175-
.35	.0034-	.0067-	.0107-	.0136-	.0168-	.0194-	.0214-	.0281-	.0237-	.0238-
.40	.0046-	.0089-	.0139-	.0176-	.0219-	.0252-	.0279-	.0345-	.0310-	.0312-
.45	.0059-	.0113-	.0174-	.0224-	.0276-	.0318-	.0352-	.0443-	.0393-	.0395-
.50	.0072-	.0139-	.0211-	.0277-	.0339-	.0390-	.0433-	.0531-	.0485-	.0488-
.55	.0082-	.0163-	.0248-	.0333-	.0405-	.0465-	.0523-	.0627-	.0587-	.0590-
.60	.0095-	.0190-	.0289-	.0391-	.0475-	.0548-	.0619-	.0731-	.0697-	.0702-
.65	.0108-	.0217-	.0331-	.0449-	.0537-	.0633-	.0721-	.0842-	.0815-	.0822-
.70	.0120-	.0243-	.0368-	.0505-	.0608-	.0719-	.0817-	.0954-	.0941-	.0951-
.75	.0130-	.0266-	.0402-	.0558-	.0676-	.0795-	.0917-	.1079-	.1074-	.1089-
.80	.0134-	.0278-	.0428-	.0574-	.0738-	.0869-	.1014-	.1209-	.1211-	.1234-
.85	.0138-	.0291-	.0448-	.0603-	.0768-	.0934-	.1092-	.1333-	.1344-	.1385-
.90	.0141-	.0297-	.0460-	.0621-	.0794-	.0966-	.1156-	.1402-	.1482-	.1541-
.95	.0142-	.0299-	.0465-	.0630-	.0806-	.0982-	.1183-	.1458-	.1577-	.1700-
1.00	.0141-	.0298-	.0464-	.0629-	.0808-	.0985-	.1189-	.1468-	.1601-	.1862-

→ x : lx, ↓ y : ly

Spalte										
	0.55	0.60	0.65	0.70	0.75	0.80	0.85	0.90	0.95	
.05	.0005-	.0005-	.0005-	.0005-	.0003-	.0002-	.0001-	.0001-	.0000	
.10	.0019-	.0048-	.0018-	.0016-	.0013-	.0011-	.0006-	.0004-	.0002-	
.15	.0043-	.0088-	.0039-	.0036-	.0030-	.0024-	.0020-	.0010-	.0004-	
.20	.0077-	.0130-	.0071-	.0065-	.0055-	.0043-	.0036-	.0020-	.0008-	
.25	.0121-	.0175-	.0109-	.0101-	.0087-	.0069-	.0056-	.0033-	.0014-	
.30	.0174-	.0225-	.0157-	.0143-	.0123-	.0100-	.0080-	.0048-	.0024-	
.35	.0237-	.0281-	.0214-	.0194-	.0168-	.0136-	.0107-	.0067-	.0034-	
.40	.0310-	.0345-	.0279-	.0252-	.0219-	.0176-	.0139-	.0089-	.0046-	
.45	.0393-	.0443-	.0352-	.0318-	.0276-	.0224-	.0174-	.0113-	.0059-	
.50	.0485-	.0531-	.0433-	.0390-	.0339-	.0277-	.0211-	.0139-	.0072-	
.55	.0587-	.0627-	.0523-	.0465-	.0405-	.0333-	.0248-	.0163-	.0082-	
.60	.0697-	.0731-	.0619-	.0548-	.0475-	.0391-	.0289-	.0190-	.0095-	
.65	.0815-	.0842-	.0721-	.0633-	.0537-	.0449-	.0331-	.0217-	.0108-	
.70	.0941-	.0954-	.0817-	.0719-	.0608-	.0505-	.0368-	.0243-	.0120-	
.75	.1074-	.1079-	.0917-	.0795-	.0676-	.0558-	.0402-	.0266-	.0130-	
.80	.1211-	.1209-	.1014-	.0869-	.0738-	.0574-	.0428-	.0278-	.0134-	
.85	.1344-	.1333-	.1092-	.0934-	.0768-	.0603-	.0448-	.0291-	.0138-	
.90	.1482-	.1402-	.1156-	.0966-	.0794-	.0621-	.0460-	.0297-	.0141-	
.95	.1577-	.1458-	.1183-	.0982-	.0806-	.0630-	.0465-	.0299-	.0142-	
1.00	.1601-	.1468-	.1189-	.0985-	.0808-	.0629-	.0464-	.0298-	.0141-	

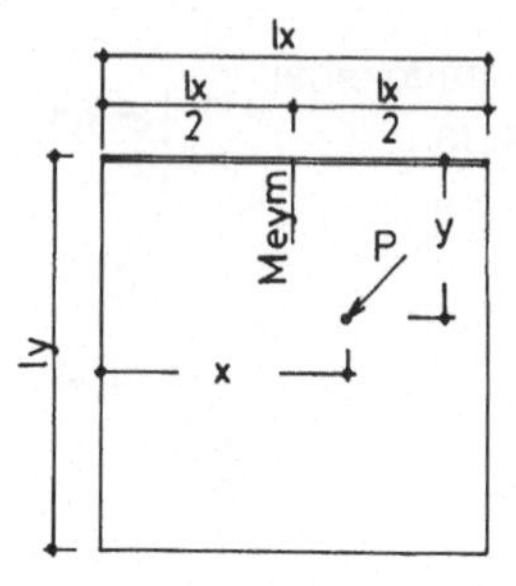

Stützmoment Meym in Seitenmitte einer Rechteckplatte aus einer Einzellast.
Stützung 2a

$\frac{ly}{lx} = 1{,}0$

$\mu = 0$

Faktor = P

F 2.1,0.3.3

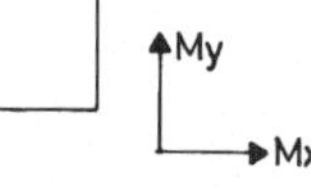

→ y : ly ; ↓ x : lx

Spalte	0.05	0.10	0.15	0.20	0.25	0.30	0.35	0.40	0.45	0.50
.05	.0008-	.0030-	.0065-	.0118-	.0159-	.0176-	.0212-	.0216-	.0239-	.0216-
.10	.0025-	.0086-	.0186-	.0277-	.0375-	.0472-	.0540-	.0540-	.0504-	.0537-
.15	.0052-	.0170-	.0319-	.0454-	.0626-	.0756-	.0796-	.0796-	.0770-	.0770-
.20	.0088-	.0267-	.0466-	.0685-	.0898-	.0995-	.1049-	.1077-	.1055-	.1016-
.25	.0133-	.0367-	.0687-	.0984-	.1194-	.1287-	.1352-	.1375-	.1330-	.1267-
.30	.0202-	.0575-	.1026-	.1346-	.1553-	.1629-	.1682-	.1673-	.1592-	.1490-
.35	.0338-	.0928-	.1470-	.1794-	.1951-	.1990-	.1964-	.1910-	.1822-	.1688-
.40	.0679-	.1520-	.2052-	.2274-	.2349-	.2352-	.2222-	.2096-	.1990-	.1836-
.45	.1699-	.2389-	.2705-	.2753-	.2688-	.2588-	.2434-	.2233-	.2096-	.1924-
.50	.3152-	.3100-	.3026-	.2928-	.2808-	.2665-	.2500-	.2320-	.2140-	.1954-
.55	.1699-	.2389-	.2705-	.2753-	.2688-	.2589-	.2434-	.2233-	.2096-	.1924-
.60	.0679-	.1520-	.2052-	.2274-	.2349-	.2352-	.2222-	.2096-	.1990-	.1836-
.65	.0338-	.0928-	.1470-	.1794-	.1951-	.1990-	.1964-	.1910-	.1822-	.1688-
.70	.0202-	.0575-	.1026-	.1346-	.1553-	.1629-	.1682-	.1673-	.1592-	.1490-
.75	.0133-	.0366-	.0687-	.0984-	.1194-	.1287-	.1352-	.1375-	.1330-	.1267-
.80	.0088-	.0267-	.0466-	.0685-	.0897-	.0995-	.1049-	.1077-	.1055-	.1016-
.85	.0052-	.0170-	.0318-	.0454-	.0626-	.0756-	.0796-	.0796-	.0770-	.0770-
.90	.0025-	.0086-	.0186-	.0277-	.0375-	.0472-	.0540-	.0540-	.0504-	.0537-
.95	.0008-	.0030-	.0065-	.0118-	.0159-	.0176-	.0212-	.0216-	.0239-	.0216-
1.00	.0000	.0000	.0000	.0000	.0000	.0000	.0000	.0000	.0000	.0000

→ y : ly ; ↓ x : lx

Spalte	0.55	0.60	0.65	0.70	0.75	0.80	0.85	0.90	0.95	
.05	.0216-	.0198-	.0174-	.0171-	.0125-	.0100-	.0058-	.0035-	.0020-	
.10	.0537-	.0418-	.0378-	.0318-	.0265-	.0213-	.0140-	.0085-	.0041-	
.15	.0770-	.0634-	.0569-	.0508-	.0398-	.0330-	.0239-	.0152-	.0063-	
.20	.1016-	.0859-	.0746-	.0668-	.0523-	.0440-	.0319-	.0209-	.0087-	
.25	.1267-	.1048-	.0921-	.0796-	.0639-	.0535-	.0391-	.0257-	.0112-	
.30	.1490-	.1209-	.1073-	.0933-	.0746-	.0615-	.0452-	.0296-	.0139-	
.35	.1637-	.1341-	.1194-	.1039-	.0845-	.0680-	.0500-	.0329-	.0164-	
.40	.1707-	.1444-	.1284-	.1115-	.0921-	.0730-	.0536-	.0358-	.0178-	
.45	.1748-	.1518-	.1342-	.1160-	.0967-	.0765-	.0559-	.0375-	.0186-	
.50	.1762-	.1564-	.1369-	.1176-	.0982-	.0785-	.0570-	.0380-	.0189-	
.55	.1748-	.1518-	.1342-	.1160-	.0967-	.0765-	.0560-	.0374-	.0186-	
.60	.1707-	.1444-	.1284-	.1115-	.0921-	.0730-	.0537-	.0357-	.0178-	
.65	.1637-	.1341-	.1194-	.1039-	.0845-	.0680-	.0501-	.0328-	.0165-	
.70	.1490-	.1209-	.1073-	.0933-	.0746-	.0615-	.0452-	.0296-	.0139-	
.75	.1267-	.1048-	.0921-	.0796-	.0639-	.0535-	.0392-	.0257-	.0112-	
.80	.1016-	.0859-	.0746-	.0668-	.0523-	.0440-	.0319-	.0209-	.0087-	
.85	.0770-	.0634-	.0569-	.0508-	.0398-	.0330-	.0239-	.0152-	.0063-	
.90	.0537-	.0418-	.0378-	.0318-	.0265-	.0214-	.0140-	.0085-	.0041-	
.95	.0216-	.0198-	.0174-	.0171-	.0125-	.0100-	.0057-	.0035-	.0021-	
1.00	.0000	.0000	.0000	.0000	.0000	.0000	.0000	.0000	.0002-	

Auswertung aus Pucher „Einflußfelder elastischer Platten" Tafel Nr. 37

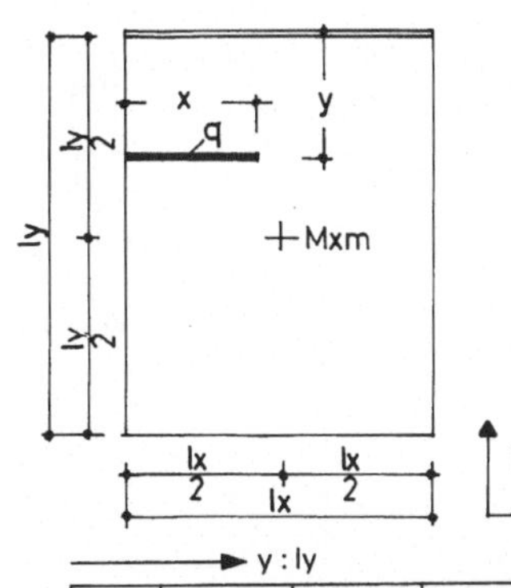

Feldmoment Mxm in Feldmitte einer Rechteckplatte aus Linienlast in lx-Richtung.
Stützung 2a

$\frac{ly}{lx} = 1{,}2$

$\mu = 0$

Faktor = q · lx

Mxm
2a 1.2

F 2.1,2.1.1

→ y : ly

↓ x : lx

Spalte	0.05	0.10	0.15	0.20	0.25	0.30	0.35	0.40	0.45	0.50
.05	.0000	.0000	.0000	.0001	.0001	.0001	.0001	.0000	.0001	.0001
.10	.0001	.0002	.0002	.0002	.0002	.0003	.0003	.0002	.0003	.0003
.15	.0003	.0004	.0004	.0006	.0006	.0008	.0007	.0006	.0008	.0008
.20	.0005	.0006	.0008	.0011	.0015	.0017	.0017	.0017	.0017	.0017
.25	.0007	.0010	.0013	.0020	.0026	.0029	.0030	.0030	.0030	.0030
.30	.0009	.0014	.0019	.0031	.0041	.0047	.0049	.0050	.0050	.0049
.35	.0011	.0018	.0029	.0045	.0060	.0071	.0075	.0077	.0077	.0075
.40	.0011	.0023	.0040	.0062	.0083	.0100	.0113	.0121	.0119	.0116
.45	.0012	.0028	.0051	.0081	.0110	.0136	.0162	.0179	.0174	.0172
.50	.0013	.0034	.0064	.0103	.0140	.0178	.0222	.0253	.0272	.0279
.55	.0014	.0037	.0077	.0122	.0168	.0220	.0285	.0318	.0364	.0381
.60	.0015	.0042	.0090	.0141	.0195	.0256	.0345	.0377	.0423	.0440
.65	.0017	.0047	.0101	.0158	.0218	.0285	.0358	.0417	.0464	.0480
.70	.0018	.0051	.0105	.0171	.0237	.0309	.0384	.0445	.0492	.0507
.75	.0020	.0055	.0112	.0182	.0251	.0327	.0404	.0463	.0510	.0527
.80	.0022	.0058	.0117	.0191	.0262	.0339	.0417	.0479	.0526	.0540
.85	.0025	.0061	.0121	.0197	.0270	.0348	.0425	.0488	.0534	.0548
.90	.0026	.0063	.0123	.0200	.0274	.0353	.0431	.0493	.0540	.0554
.95	.0028	.0065	.0124	.0201	.0276	.0355	.0433	.0494	.0542	.0556
1.00	.0029	.0065	.0124	.0201	.0275	.0355	.0433	.0494	.0542	.0556

→ y : ly

↓ x : lx

Spalte	0.55	0.60	0.65	0.70	0.75	0.80	0.85	0.90	0.95	
.05	.0001	.0001	.0001	.0001	.0002	.0002	.0001	.0001	.0001	
.10	.0004	.0003	.0005	.0006	.0007	.0007	.0006	.0004	.0002	
.15	.0009	.0010	.0013	.0015	.0015	.0015	.0013	.0008	.0005	
.20	.0018	.0021	.0025	.0028	.0027	.0026	.0021	.0015	.0009	
.25	.0032	.0037	.0043	.0046	.0044	.0041	.0033	.0023	.0013	
.30	.0052	.0059	.0066	.0070	.0065	.0059	.0048	.0033	.0019	
.35	.0079	.0089	.0098	.0102	.0092	.0082	.0066	.0045	.0025	
.40	.0122	.0137	.0147	.0142	.0124	.0109	.0087	.0058	.0031	
.45	.0182	.0202	.0208	.0190	.0164	.0138	.0110	.0073	.0039	
.50	.0281	.0278	.0278	.0244	.0205	.0170	.0134	.0088	.0046	
.55	.0378	.0355	.0334	.0301	.0246	.0197	.0153	.0100	.0051	
.60	.0440	.0419	.0395	.0355	.0284	.0225	.0176	.0114	.0058	
.65	.0482	.0464	.0438	.0379	.0316	.0252	.0197	.0128	.0065	
.70	.0510	.0496	.0472	.0411	.0343	.0275	.0217	.0140	.0070	
.75	.0528	.0517	.0495	.0435	.0364	.0295	.0228	.0151	.0076	
.80	.0545	.0534	.0514	.0453	.0382	.0307	.0240	.0157	.0080	
.85	.0554	.0545	.0526	.0467	.0394	.0318	.0249	.0163	.0084	
.90	.0559	.0552	.0534	.0475	.0402	.0326	.0256	.0168	.0087	
.95	.0562	.0554	.0538	.0479	.0407	.0331	.0260	.0171	.0089	
1.00	.0562	.0554	.0538	.0481	.0409	.0333	.0262	.0172	.0090	

Auswertung aus Pucher „Einflußfelder elastischer Platten" Tafel Nr. 38

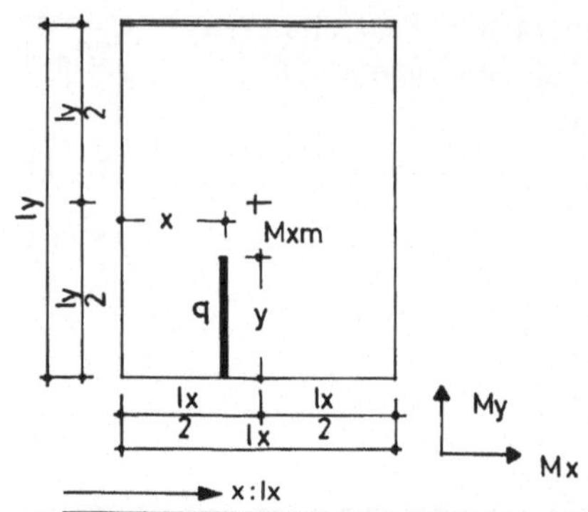

Feldmoment Mxm in Feldmitte einer Rechteckplatte aus Linienlast in ly-Richtung.
Stützung 2a
$\frac{ly}{lx} = 1{,}2$
$\mu = 0$
Faktor = q · ly

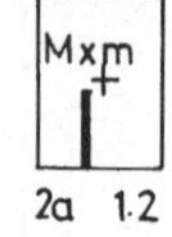

F 2.1,2.1.2

→ x : lx

↓ y : ly

Spalte										
	0.05	0.10	0.15	0.20	0.25	0.30	0.35	0.40	0.45	0.50
.05	.0001	.0001	.0002	.0002	.0003	.0003	.0003	.0004	.0004	.0004
.10	.0002	.0004	.0006	.0007	.0009	.0011	.0013	.0014	.0015	.0015
.15	.0005	.0009	.0013	.0015	.0020	.0024	.0028	.0030	.0032	.0033
.20	.0008	.0015	.0021	.0027	.0035	.0043	.0050	.0054	.0058	.0059
.25	.0011	.0021	.0031	.0041	.0053	.0066	.0077	.0085	.0091	.0096
.30	.0015	.0028	.0042	.0055	.0074	.0094	.0110	.0126	.0135	.0142
.35	.0019	.0034	.0054	.0069	.0095	.0123	.0148	.0174	.0185	.0200
.40	.0023	.0039	.0065	.0082	.0116	.0150	.0185	.0228	.0259	.0270
.45	.0026	.0043	.0070	.0094	.0135	.0176	.0226	.0286	.0336	.0364
.50	.0029	.0047	.0079	.0105	.0152	.0199	.0266	.0343	.0411	.0497
.55	.0026	.0050	.0087	.0116	.0168	.0222	.0306	.0381	.0484	.0629
.60	.0028	.0055	.0096	.0127	.0185	.0244	.0343	.0434	.0552	.0716
.65	.0030	.0059	.0104	.0139	.0202	.0266	.0378	.0485	.0611	.0781
.70	.0031	.0064	.0112	.0150	.0219	.0294	.0410	.0519	.0658	.0827
.75	.0032	.0067	.0119	.0160	.0234	.0314	.0437	.0549	.0692	.0867
.80	.0034	.0069	.0126	.0169	.0242	.0329	.0445	.0570	.0716	.0892
.85	.0035	.0071	.0127	.0177	.0250	.0338	.0457	.0586	.0733	.0909
.90	.0036	.0072	.0129	.0179	.0255	.0345	.0464	.0593	.0741	.0917
.95	.0036	.0072	.0130	.0182	.0258	.0347	.0466	.0596	.0743	.0920
1.00	.0037	.0072	.0129	.0183	.0259	.0346	.0464	.0594	.0741	.0918

→ x : lx

↓ y : ly

Spalte										
	0.55	0.60	0.65	0.70	0.75	0.80	0.85	0.90	0.95	
.05	.0004	.0004	.0003	.0003	.0003	.0002	.0002	.0001	.0001	
.10	.0015	.0014	.0013	.0011	.0009	.0007	.0006	.0004	.0002	
.15	.0032	.0030	.0028	.0024	.0020	.0015	.0013	.0009	.0005	
.20	.0058	.0054	.0050	.0043	.0035	.0027	.0021	.0015	.0008	
.25	.0091	.0085	.0077	.0066	.0053	.0041	.0031	.0021	.0011	
.30	.0135	.0126	.0110	.0094	.0074	.0055	.0042	.0028	.0015	
.35	.0185	.0174	.0148	.0123	.0095	.0069	.0054	.0034	.0019	
.40	.0259	.0228	.0185	.0150	.0116	.0082	.0065	.0039	.0023	
.45	.0336	.0286	.0226	.0176	.0135	.0094	.0070	.0043	.0026	
.50	.0411	.0343	.0266	.0199	.0152	.0105	.0079	.0047	.0029	
.55	.0484	.0381	.0306	.0222	.0168	.0116	.0087	.0050	.0026	
.60	.0552	.0434	.0343	.0244	.0185	.0127	.0096	.0055	.0028	
.65	.0611	.0485	.0378	.0266	.0202	.0139	.0104	.0059	.0030	
.70	.0658	.0519	.0410	.0294	.0219	.0150	.0112	.0064	.0031	
.75	.0692	.0549	.0437	.0314	.0234	.0160	.0119	.0067	.0032	
.80	.0716	.0570	.0445	.0329	.0242	.0169	.0126	.0069	.0034	
.85	.0733	.0586	.0457	.0338	.0250	.0177	.0127	.0071	.0035	
.90	.0741	.0593	.0464	.0345	.0255	.0179	.0129	.0072	.0036	
.95	.0743	.0596	.0466	.0347	.0258	.0182	.0130	.0072	.0036	
1.00	.0741	.0594	.0464	.0346	.0259	.0183	.0129	.0072	.0037	

Auswertung aus Pucher „Einflußfelder elastischer Platten" Tafel Nr. 38

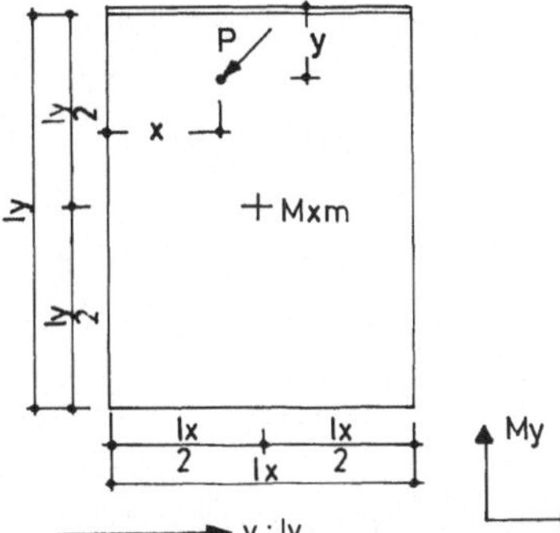

Feldmoment Mxm in Feldmitte einer Rechteckplatte aus einer Einzellast.
Stützung 2a

$\frac{ly}{lx} = 1{,}2$

$\mu = 0$

Faktor = P

+ Mxm

2a 1.2

F 2.1,2.1.3

My

Mx

→ y : ly, ↓ x : lx

Spalte x : lx	0.05	0.10	0.15	0.20	0.25	0.30	0.35	0.40	0.45	0.50
.05	.0014	.0017	.0018	.0024	.0026	.0032	.0030	.0024	.0032	.0032
.10	.0024	.0032	.0039	.0055	.0066	.0077	.0077	.0070	.0077	.0077
.15	.0032	.0046	.0063	.0095	.0120	.0135	.0141	.0139	.0135	.0135
.20	.0036	.0059	.0091	.0142	.0183	.0201	.0210	.0220	.0206	.0209
.25	.0037	.0070	.0122	.0192	.0254	.0299	.0313	.0328	.0328	.0314
.30	.0036	.0080	.0156	.0246	.0339	.0412	.0452	.0477	.0477	.0456
.35	.0031	.0088	.0191	.0305	.0420	.0531	.0628	.0686	.0686	.0657
.40	.0022	.0095	.0218	.0361	.0494	.0659	.0855	.0998	.0951	.0942
.45	.0021	.0100	.0234	.0398	.0561	.0796	.1066	.1289	.1502	.1503
.50	.0021	.0105	.0239	.0418	.0621	.0844	.1136	.1491	.2080	.2987*
.55	.0021	.0102	.0234	.0398	.0561	.0796	.1066	.1289	.1502	.1503
.60	.0022	.0096	.0218	.0361	.0494	.0659	.0855	.0998	.0951	.0942
.65	.0030	.0088	.0192	.0306	.0420	.0531	.0628	.0686	.0686	.0657
.70	.0035	.0080	.0155	.0246	.0339	.0412	.0452	.0477	.0477	.0456
.75	.0037	.0069	.0121	.0192	.0254	.0299	.0313	.0328	.0328	.0314
.80	.0036	.0058	.0091	.0142	.0183	.0201	.0210	.0220	.0206	.0209
.85	.0032	.0045	.0064	.0095	.0120	.0135	.0141	.0139	.0135	.0135
.90	.0024	.0030	.0039	.0055	.0066	.0078	.0077	.0070	.0078	.0078
.95	.0013	.0014	.0018	.0024	.0026	.0032	.0030	.0023	.0032	.0032
1.00	.0001-	.0003-	.0000	.0000	.0000	.0000	.0000	.0001-	.0000	.0000

→ y : ly, ↓ x : lx

Spalte x : lx	0.55	0.60	0.65	0.70	0.75	0.80	0.85	0.90	0.95	
.05	.0036	.0036	.0052	.0059	.0066	.0067	.0056	.0038	.0023	
.10	.0084	.0092	.0119	.0128	.0133	.0129	.0108	.0074	.0044	
.15	.0144	.0171	.0198	.0217	.0200	.0190	.0154	.0109	.0063	
.20	.0220	.0265	.0287	.0303	.0286	.0259	.0207	.0142	.0080	
.25	.0328	.0375	.0410	.0425	.0382	.0336	.0265	.0180	.0096	
.30	.0477	.0538	.0575	.0565	.0484	.0416	.0327	.0219	.0109	
.35	.0686	.0748	.0778	.0711	.0595	.0485	.0388	.0250	.0121	
.40	.1010	.1097	.1066	.0877	.0715	.0543	.0429	.0272	.0132	
.45	.1520	.1423	.1245	.1002	.0806	.0589	.0449	.0285	.0140	
.50	.2153	.1594	.1302	.1043	.0818	.0624	.0449	.0289	.0146	
.55	.1520	.1423	.1245	.1002	.0806	.0589	.0449	.0285	.0140	
.60	.1010	.1097	.1066	.0877	.0715	.0543	.0429	.0272	.0131	
.65	.0686	.0748	.0778	.0711	.0595	.0485	.0388	.0250	.0121	
.70	.0477	.0538	.0575	.0565	.0484	.0416	.0327	.0219	.0109	
.75	.0328	.0375	.0410	.0425	.0382	.0336	.0265	.0180	.0095	
.80	.0220	.0265	.0287	.0303	.0286	.0259	.0207	.0142	.0080	
.85	.0143	.0171	.0198	.0217	.0200	.0190	.0154	.0109	.0063	
.90	.0084	.0093	.0119	.0128	.0133	.0129	.0108	.0074	.0044	
.95	.0036	.0036	.0052	.0058	.0066	.0067	.0056	.0038	.0024	
1.00	.0000	.0000	.0000	.0000	.0000	.0000	.0000	.0000	.0002	

Auswertung aus Pucher „Einflußfelder elastischer Platten" Tafel Nr. 38

* bezw. theoretisch ∞

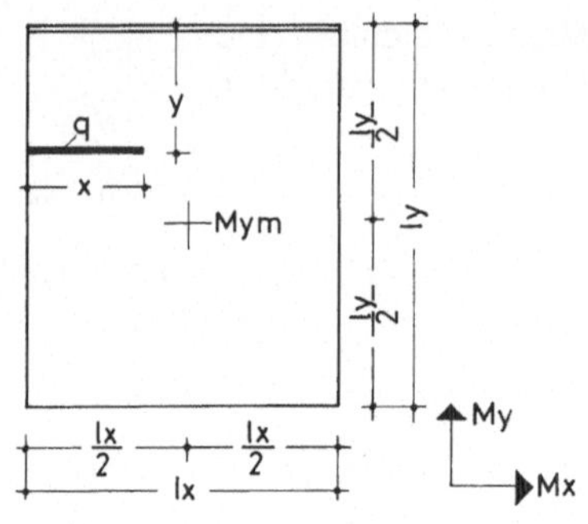

Feldmoment Mym in Feldmitte einer Rechteckplatte aus Linienlast in lx-Richtung.

$\frac{ly}{lx} = 1{,}2$

$\mu = 0$

Faktor = q · lx

Stützung 2a

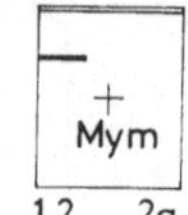

F 2.1,2.2.1

→ y : ly ; ↓ x : lx

Spalte										
	0.05	0.10	0.15	0.20	0.25	0.30	0.35	0.40	0.45	0.50
.05	.0000	.0000	.0000	.0001	.0001	.0002	.0003	.0004	.0004	.0004
.10	.0001-	.0001-	.0000	.0003	.0005	.0009	.0011	.0014	.0016	.0016
.15	.0002-	.0001-	.0001	.0007	.0012	.0018	.0024	.0030	.0034	.0035
.20	.0003-	.0002-	.0002	.0012	.0019	.0030	.0041	.0052	.0059	.0062
.25	.0003-	.0002-	.0003	.0016	.0028	.0046	.0063	.0079	.0091	.0098
.30	.0005-	.0003-	.0004	.0020	.0037	.0061	.0088	.0112	.0134	.0144
.35	.0006-	.0005-	.0005	.0024	.0046	.0076	.0115	.0151	.0187	.0201
.40	.0008-	.0006-	.0005	.0027	.0053	.0090	.0139	.0193	.0250	.0275
.45	.0009-	.0008-	.0004	.0030	.0060	.0104	.0161	.0232	.0314	.0366
.50	.0011-	.0010-	.0004	.0033	.0066	.0116	.0181	.0269	.0376	.0500
.55	.0013-	.0012-	.0003	.0035	.0072	.0129	.0201	.0306	.0436	.0634
.60	.0015-	.0014-	.0002	.0038	.0079	.0141	.0222	.0347	.0506	.0723
.65	.0016-	.0015-	.0003	.0041	.0089	.0155	.0243	.0389	.0568	.0799
.70	.0017-	.0016-	.0003	.0045	.0097	.0174	.0279	.0427	.0621	.0857
.75	.0019-	.0018-	.0004	.0050	.0107	.0190	.0304	.0460	.0662	.0900
.80	.0020-	.0018-	.0006	.0055	.0116	.0205	.0326	.0487	.0695	.0939
.85	.0021-	.0019-	.0006	.0059	.0123	.0217	.0343	.0509	.0720	.0966
.90	.0021-	.0019-	.0007	.0063	.0129	.0226	.0355	.0525	.0739	.0985
.95	.0022-	.0020-	.0007	.0065	.0133	.0232	.0364	.0535	.0750	.0997
1.00	.0022-	.0020-	.0007	.0067	.0135	.0235	.0368	.0539	.0755	.1001

→ y : ly ; ↓ x : lx

Spalte										
	0.55	0.60	0.65	0.70	0.75	0.80	0.85	0.90	0.95	
.05	.0004	.0004	.0003	.0002	.0001	.0001	.0001	.0000	.0000	
.10	.0016	.0014	.0011	.0008	.0005	.0004	.0002	.0001	.0000	
.15	.0034	.0030	.0024	.0017	.0012	.0008	.0005	.0001	.0000	
.20	.0061	.0053	.0042	.0031	.0020	.0013	.0008	.0003	.0000	
.25	.0095	.0081	.0065	.0046	.0030	.0020	.0012	.0005	.0001	
.30	.0139	.0116	.0093	.0064	.0042	.0027	.0017	.0007	.0002	
.35	.0193	.0156	.0121	.0082	.0054	.0033	.0021	.0009	.0002	
.40	.0257	.0201	.0147	.0101	.0067	.0040	.0026	.0011	.0003	
.45	.0322	.0241	.0171	.0116	.0079	.0046	.0030	.0012	.0004	
.50	.0385	.0279	.0193	.0131	.0091	.0053	.0033	.0014	.0004	
.55	.0445	.0316	.0215	.0147	.0096	.0059	.0037	.0016	.0004	
.60	.0517	.0360	.0237	.0163	.0108	.0065	.0041	.0017	.0005	
.65	.0580	.0406	.0261	.0181	.0120	.0071	.0046	.0019	.0006	
.70	.0634	.0444	.0298	.0200	.0132	.0080	.0051	.0022	.0006	
.75	.0677	.0478	.0325	.0219	.0144	.0087	.0055	.0024	.0007	
.80	.0711	.0507	.0348	.0232	.0156	.0094	.0059	.0026	.0007	
.85	.0737	.0530	.0366	.0245	.0160	.0099	.0063	.0027	.0008	
.90	.0756	.0546	.0379	.0255	.0167	.0103	.0065	.0027	.0008	
.95	.0768	.0556	.0387	.0261	.0171	.0106	.0067	.0028	.0008	
1.00	.0772	.0559	.0391	.0263	.0172	.0108	.0068	.0028	.0008	

Auswertung aus Pucher „Einflußfelder elastischer Platten" Tafel Nr.39

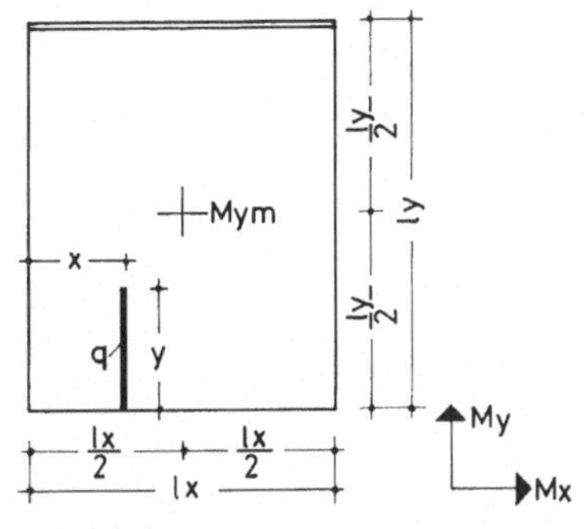

Feldmoment Mym in Feldmitte einer Rechteckplatte aus Linienlast in ly-Richtung.

$\frac{ly}{lx} = 1{,}2$

$\mu = 0$

Faktor = q · ly

Stützung 2a

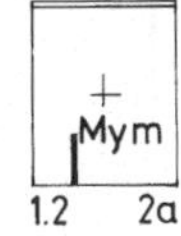

F 2.1,2.2.2

→ x : lx

Spalte										
y : ly ↓	0.05	0.10	0.15	0.20	0.25	0.30	0.35	0.40	0.45	0.50
.05	.0000	.0000	.0000	.0000	.0000	.0000	.0000	.0000	.0000	.0000
.10	.0001-	.0000	.0000	.0001	.0001	.0001	.0001	.0001	.0001	.0001
.15	.0002-	.0001	.0001	.0003	.0003	.0003	.0003	.0003	.0003	.0003
.20	.0002-	.0002	.0004	.0007	.0007	.0008	.0008	.0007	.0007	.0006
.25	.0001-	.0006	.0009	.0016	.0018	.0019	.0019	.0018	.0017	.0017
.30	.0000	.0011	.0021	.0028	.0031	.0034	.0034	.0031	.0029	.0028
.35	.0004	.0023	.0034	.0045	.0051	.0055	.0056	.0052	.0049	.0048
.40	.0016	.0035	.0052	.0068	.0077	.0085	.0092	.0087	.0078	.0074
.45	.0023	.0049	.0074	.0096	.0110	.0131	.0145	.0140	.0132	.0127
.50	.0029	.0065	.0099	.0127	.0148	.0185	.0211	.0215	.0222	.0221
.55	.0034	.0077	.0117	.0152	.0181	.0242	.0267	.0281	.0310	.0316
.60	.0039	.0089	.0132	.0173	.0206	.0273	.0314	.0332	.0360	.0365
.65	.0043	.0101	.0150	.0195	.0223	.0310	.0345	.0359	.0384	.0388
.70	.0046	.0110	.0163	.0211	.0247	.0329	.0366	.0382	.0406	.0410
.75	.0051	.0117	.0171	.0221	.0259	.0341	.0377	.0393	.0416	.0420
.80	.0053	.0120	.0176	.0227	.0265	.0347	.0382	.0397	.0421	.0424
.85	.0053	.0121	.0178	.0230	.0268	.0350	.0384	.0398	.0421	.0425
.90	.0052	.0120	.0178	.0229	.0268	.0348	.0382	.0396	.0419	.0422
.95	.0051	.0118	.0175	.0227	.0265	.0345	.0379	.0393	.0415	.0418
1.00	.0049	.0116	.0173	.0225	.0262	.0342	.0376	.0389	.0411	.0414

→ x : lx

Spalte										
y : ly ↓	0.55	0.60	0.65	0.70	0.75	0.80	0.85	0.90	0.95	
.05	.0000	.0000	.0000	.0000	.0000	.0000	.0000	.0000	.0000	
.10	.0001	.0001	.0001	.0001	.0001	.0001	.0000	.0000	.0001-	
.15	.0003	.0003	.0003	.0003	.0003	.0003	.0001	.0001	.0002-	
.20	.0007	.0007	.0008	.0008	.0007	.0007	.0004	.0002	.0002-	
.25	.0017	.0018	.0019	.0019	.0018	.0016	.0009	.0006	.0001-	
.30	.0029	.0031	.0034	.0034	.0031	.0028	.0021	.0011	.0000	
.35	.0049	.0052	.0056	.0055	.0051	.0045	.0034	.0023	.0004	
.40	.0078	.0087	.0092	.0085	.0077	.0068	.0052	.0035	.0016	
.45	.0132	.0140	.0145	.0131	.0110	.0096	.0074	.0049	.0023	
.50	.0222	.0215	.0211	.0185	.0148	.0127	.0099	.0065	.0029	
.55	.0310	.0281	.0267	.0242	.0181	.0152	.0117	.0077	.0034	
.60	.0360	.0332	.0314	.0273	.0206	.0173	.0132	.0089	.0039	
.65	.0384	.0359	.0345	.0310	.0223	.0195	.0150	.0101	.0043	
.70	.0406	.0382	.0366	.0329	.0247	.0211	.0163	.0110	.0046	
.75	.0416	.0393	.0377	.0341	.0259	.0221	.0171	.0117	.0051	
.80	.0421	.0397	.0382	.0347	.0265	.0227	.0176	.0120	.0053	
.85	.0421	.0398	.0384	.0350	.0268	.0230	.0178	.0121	.0053	
.90	.0419	.0396	.0382	.0348	.0268	.0229	.0178	.0120	.0052	
.95	.0415	.0393	.0379	.0345	.0265	.0227	.0175	.0118	.0051	
1.00	.0411	.0389	.0376	.0342	.0262	.0225	.0173	.0116	.0049	

Auswertung aus Pucher „Einflußfelder elastischer Platten" Tafel Nr. 39

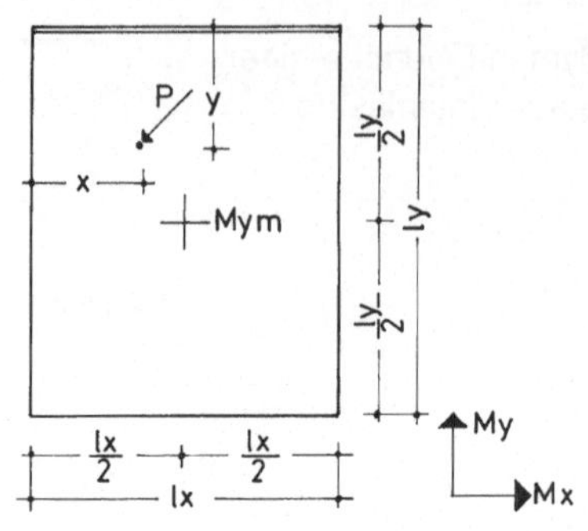

Feldmoment Mym in Feldmitte einer Rechteckplatte aus einer Einzellast.

$\frac{ly}{lx} = 1{,}2$

$\mu = 0$

Faktor = P

Stützung 2a

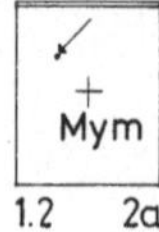

F 2.1,2.2.3

→ y : ly, ↓ x : lx

Spalte	0.05	0.10	0.15	0.20	0.25	0.30	0.35	0.40	0.45	0.50
.05	.0007-	.0006-	.0004	.0031	.0053	.0088	.0122	.0145	.0157	.0161
.10	.0013-	.0010-	.0010	.0057	.0099	.0157	.0207	.0256	.0301	.0311
.15	.0017-	.0012-	.0016	.0077	.0138	.0219	.0301	.0378	.0433	.0462
.20	.0019-	.0011-	.0024	.0092	.0167	.0269	.0387	.0490	.0580	.0624
.25	.0024-	.0017-	.0021	.0096	.0178	.0307	.0464	.0603	.0745	.0800
.30	.0027-	.0023-	.0015	.0084	.0179	.0324	.0536	.0719	.0948	.1033
.35	.0030-	.0028-	.0007	.0073	.0168	.0299	.0514	.0823	.1145	.1309
.40	.0031-	.0032-	.0004-	.0063	.0149	.0279	.0468	.0817	.1326	.1618
.45	.0034-	.0038-	.0011-	.0053	.0136	.0266	.0440	.0769	.1279	.2171
.50	.0035-	.0040-	.0014-	.0044	.0131	.0262	.0431	.0756	.1248	.3014*
.55	.0034-	.0038-	.0011-	.0053	.0135	.0266	.0440	.0769	.1279	.2171
.60	.0031-	.0032-	.0004-	.0063	.0149	.0278	.0468	.0817	.1326	.1618
.65	.0030-	.0028-	.0007	.0073	.0169	.0298	.0514	.0823	.1145	.1309
.70	.0027-	.0023-	.0015	.0084	.0179	.0324	.0537	.0719	.0948	.1033
.75	.0023-	.0017-	.0021	.0096	.0178	.0307	.0465	.0603	.0746	.0800
.80	.0018-	.0011-	.0024	.0092	.0167	.0270	.0387	.0490	.0580	.0625
.85	.0017-	.0012-	.0016	.0078	.0139	.0219	.0301	.0378	.0433	.0462
.90	.0013-	.0010-	.0010	.0057	.0099	.0157	.0208	.0256	.0301	.0311
.95	.0008-	.0006-	.0004	.0032	.0053	.0088	.0122	.0145	.0157	.0161
1.00	.0000	.0000	.0000	.0000	.0000	.0000	.0000	.0000	.0000	.0000

→ y : ly, ↓ x : lx

Spalte	0.55	0.60	0.65	0.70	0.75	0.80	0.85	0.90	0.95	
.05	.0157	.0142	.0116	.0081	.0053	.0035	.0022	.0006	.0000	
.10	.0301	.0257	.0209	.0152	.0103	.0066	.0041	.0013	.0002	
.15	.0452	.0390	.0312	.0226	.0151	.0092	.0058	.0022	.0006	
.20	.0607	.0513	.0414	.0291	.0188	.0115	.0073	.0034	.0011	
.25	.0769	.0632	.0507	.0336	.0214	.0133	.0086	.0038	.0012	
.30	.0978	.0747	.0592	.0357	.0229	.0147	.0096	.0040	.0012	
.35	.1169	.0858	.0543	.0360	.0235	.0143	.0093	.0040	.0012	
.40	.1332	.0873	.0501	.0345	.0230	.0134	.0086	.0038	.0012	
.45	.1302	.0786	.0476	.0316	.0216	.0129	.0079	.0034	.0010	
.50	.1266	.0759	.0468	.0310	.0191	.0127	.0073	.0033	.0009	
.55	.1302	.0786	.0476	.0316	.0214	.0129	.0079	.0034	.0010	
.60	.1332	.0873	.0501	.0345	.0230	.0134	.0086	.0038	.0012	
.65	.1169	.0858	.0543	.0360	.0234	.0143	.0093	.0040	.0012	
.70	.0978	.0748	.0592	.0357	.0229	.0148	.0097	.0040	.0012	
.75	.0769	.0632	.0507	.0336	.0213	.0133	.0086	.0038	.0011	
.80	.0607	.0513	.0414	.0291	.0187	.0115	.0073	.0034	.0011	
.85	.0452	.0390	.0312	.0226	.0151	.0092	.0057	.0023	.0006	
.90	.0301	.0257	.0209	.0153	.0103	.0065	.0040	.0013	.0002	
.95	.0157	.0143	.0116	.0081	.0053	.0034	.0020	.0006	.0000	
1.00	.0000	.0000	.0000	.0000	.0000	.0001-	.0002-	.0000	.0000	

Auswertung aus Pucher „Einflußfelder elastischer Platten" Tafel Nr. 39

* bezw. theoretisch ∞

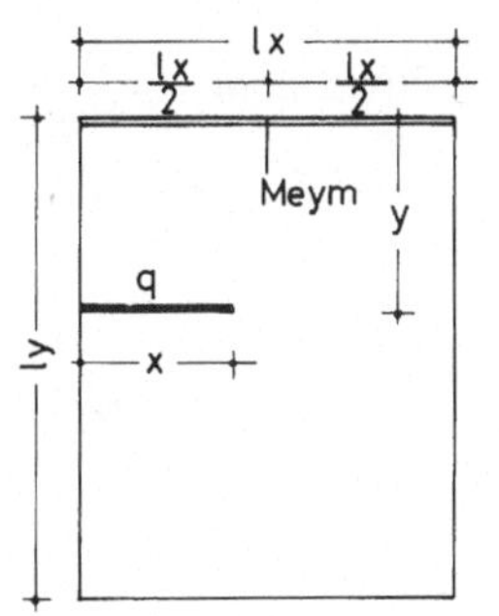

My
Mx

Stützmoment Meym in Seitenmitte einer Rechteckplatte aus Linienlast in lx-Richtung.

$\frac{ly}{lx} = 1{,}2$

$\mu = 0$

Faktor = q · lx

Stützung 2a

Meym
q
2a 1.2

F 2.1,2.3.1

→ y : ly
↓ x : lx

Spalte										
	0.05	0.10	0.15	0.20	0.25	0.30	0.35	0.40	0.45	0.50
.05	.0000	.0000	.0002-	.0004-	.0006-	.0007-	.0007-	.0008-	.0008-	.0007-
.10	.0001	.0001-	.0010-	.0018-	.0024-	.0027-	.0028-	.0029-	.0028-	.0026-
.15	.0001	.0010-	.0027-	.0042-	.0053-	.0061-	.0063-	.0063-	.0060-	.0055-
.20	.0000	.0023-	.0052-	.0079-	.0097-	.0108-	.0112-	.0112-	.0107-	.0098-
.25	.0004-	.0043-	.0090-	.0129-	.0155-	.0170-	.0175-	.0174-	.0165-	.0152-
.30	.0017-	.0071-	.0143-	.0195-	.0231-	.0249-	.0253-	.0250-	.0236-	.0216-
.35	.0033-	.0122-	.0218-	.0285-	.0325-	.0344-	.0346-	.0337-	.0315-	.0290-
.40	.0065-	.0196-	.0315-	.0394-	.0436-	.0454-	.0451-	.0436-	.0403-	.0366-
.45	.0130-	.0306-	.0442-	.0524-	.0561-	.0570-	.0566-	.0542-	.0499-	.0450-
.50	.0262-	.0458-	.0594-	.0671-	.0700-	.0697-	.0686-	.0653-	.0599-	.0538-
.55	.0394-	.0600-	.0734-	.0807-	.0843-	.0828-	.0789-	.0749-	.0699-	.0627-
.60	.0459-	.0710-	.0859-	.0943-	.0956-	.0939-	.0901-	.0853-	.0799-	.0715-
.65	.0491-	.0784-	.0957-	.1045-	.1067-	.1040-	.1007-	.0953-	.0895-	.0785-
.70	.0507-	.0832-	.1032-	.1133-	.1161-	.1127-	.1104-	.1045-	.0950-	.0857-
.75	.0516-	.0862-	.1084-	.1201-	.1235-	.1207-	.1173-	.1111-	.1020-	.0922-
.80	.0521-	.0879-	.1123-	.1250-	.1293-	.1270-	.1236-	.1173-	.1079-	.0977-
.85	.0523-	.0896-	.1148-	.1287-	.1337-	.1316-	.1284-	.1222-	.1124-	.1016-
.90	.0522-	.0903-	.1165-	.1311-	.1367-	.1351-	.1320-	.1257-	.1157-	.1046-
.95	.0521-	.0905-	.1174-	.1325-	.1385-	.1372-	.1341-	.1278-	.1177-	.1065-
1.00	.0519-	.0903-	.1175-	.1329-	.1391-	.1378-	.1348-	.1286-	.1185-	.1072-

→ y : ly
↓ x : lx

Spalte										
	0.55	0.60	0.65	0.70	0.75	0.80	0.85	0.90	0.95	
.05	.0007-	.0006-	.0005-	.0004-	.0003-	.0002-	.0001-	.0001-	.0001-	
.10	.0024-	.0021-	.0018-	.0015-	.0012-	.0009-	.0006-	.0004-	.0002-	
.15	.0052-	.0046-	.0039-	.0032-	.0026-	.0021-	.0014-	.0009-	.0005-	
.20	.0090-	.0082-	.0069-	.0057-	.0046-	.0037-	.0025-	.0017-	.0010-	
.25	.0139-	.0123-	.0106-	.0089-	.0072-	.0057-	.0040-	.0027-	.0015-	
.30	.0197-	.0174-	.0150-	.0126-	.0103-	.0081-	.0058-	.0039-	.0021-	
.35	.0263-	.0233-	.0200-	.0166-	.0138-	.0109-	.0079-	.0052-	.0027-	
.40	.0336-	.0297-	.0255-	.0212-	.0176-	.0139-	.0103-	.0068-	.0035-	
.45	.0413-	.0365-	.0313-	.0261-	.0216-	.0172-	.0127-	.0082-	.0043-	
.50	.0493-	.0435-	.0374-	.0311-	.0258-	.0205-	.0153-	.0098-	.0052-	
.55	.0556-	.0491-	.0435-	.0362-	.0288-	.0231-	.0173-	.0114-	.0060-	
.60	.0630-	.0557-	.0495-	.0412-	.0327-	.0262-	.0197-	.0129-	.0068-	
.65	.0702-	.0620-	.0554-	.0460-	.0364-	.0292-	.0220-	.0144-	.0076-	
.70	.0769-	.0679-	.0609-	.0490-	.0399-	.0319-	.0242-	.0158-	.0083-	
.75	.0829-	.0733-	.0659-	.0527-	.0430-	.0345-	.0261-	.0170-	.0089-	
.80	.0881-	.0768-	.0664-	.0558-	.0458-	.0367-	.0272-	.0181-	.0094-	
.85	.0908-	.0803-	.0694-	.0584-	.0480-	.0377-	.0284-	.0187-	.0098-	
.90	.0936-	.0829-	.0715-	.0600-	.0486-	.0389-	.0292-	.0192-	.0101-	
.95	.0953-	.0843-	.0728-	.0611-	.0495-	.0396-	.0296-	.0194-	.0103-	
1.00	.0959-	.0849-	.0733-	.0615-	.0498-	.0398-	.0297-	.0195-	.0104-	

Auswertung aus Pucher „Einflußfelder elastischer Platten" Tafel Nr. 40

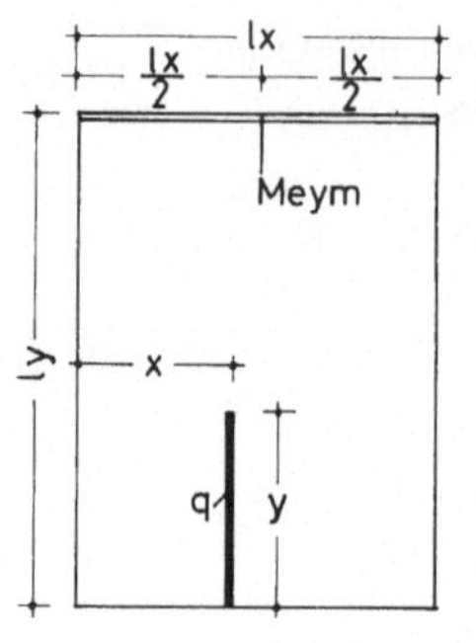

My
Mx

Stützmoment Meym in Seitenmitte einer Rechteckplatte aus Linienlast in ly-Richtung.

$\frac{ly}{lx} = 1{,}2$

$\mu = 0$

Faktor = $q \cdot ly$

Stützung 2a

F 2.2,2.3.2

x : lx →

y : ly ↓

Spalte										
	0.05	0.10	0.15	0.20	0.25	0.30	0.35	0.40	0.45	0.50
.05	.0000	.0001-	.0002-	.0003-	.0004-	.0004-	.0004-	.0004-	.0004-	.0004-
.10	.0002-	.0004-	.0007-	.0009-	.0012-	.0014-	.0015-	.0016-	.0016-	.0017-
.15	.0004-	.0009-	.0015-	.0020-	.0026-	.0030-	.0032-	.0035-	.0035-	.0036-
.20	.0008-	.0018-	.0027-	.0036-	.0046-	.0053-	.0058-	.0062-	.0062-	.0064-
.25	.0013-	.0028-	.0043-	.0057-	.0072-	.0083-	.0091-	.0097-	.0095-	.0100-
.30	.0019-	.0041-	.0062-	.0083-	.0105-	.0120-	.0130-	.0139-	.0140-	.0144-
.35	.0029-	.0058-	.0087-	.0115-	.0143-	.0163-	.0178-	.0190-	.0193-	.0198-
.40	.0039-	.0077-	.0115-	.0152-	.0187-	.0215-	.0233-	.0249-	.0255-	.0260-
.45	.0051-	.0099-	.0148-	.0195-	.0239-	.0273-	.0297-	.0318-	.0326-	.0332-
.50	.0064-	.0124-	.0184-	.0245-	.0296-	.0338-	.0369-	.0396-	.0407-	.0414-
.55	.0078-	.0152-	.0223-	.0301-	.0359-	.0411-	.0451-	.0484-	.0497-	.0505-
.60	.0092-	.0181-	.0265-	.0360-	.0426-	.0490-	.0542-	.0581-	.0597-	.0607-
.65	.0105-	.0208-	.0307-	.0421-	.0497-	.0575-	.0640-	.0687-	.0707-	.0718-
.70	.0119-	.0236-	.0350-	.0481-	.0563-	.0663-	.0743-	.0800-	.0825-	.0840-
.75	.0133-	.0264-	.0387-	.0539-	.0636-	.0752-	.0841-	.0913-	.0954-	.0972-
.80	.0144-	.0288-	.0421-	.0592-	.0705-	.0827-	.0943-	.1033-	.1091-	.1113-
.85	.0148-	.0300-	.0448-	.0601-	.0765-	.0899-	.1039-	.1153-	.1225-	.1262-
.90	.0150-	.0309-	.0462-	.0624-	.0784-	.0947-	.1103-	.1250-	.1368-	.1418-
.95	.0149-	.0309-	.0467-	.0634-	.0799-	.0970-	.1140-	.1315-	.1475-	.1578-
1.00	.0146-	.0305-	.0463-	.0633-	.0800-	.0974-	.1145-	.1329-	.1512-	.1740-

x : lx →

y : ly ↓

Spalte										
	0.55	0.60	0.65	0.70	0.75	0.80	0.85	0.90	0.95	
.05	.0004-	.0004-	.0004-	.0004-	.0004-	.0003-	.0002-	.0001-	.0000	
.10	.0016-	.0016-	.0015-	.0014-	.0012-	.0009-	.0007-	.0004-	.0002-	
.15	.0035-	.0035-	.0032-	.0030-	.0026-	.0020-	.0015-	.0009-	.0004-	
.20	.0062-	.0062-	.0058-	.0053-	.0046-	.0036-	.0027-	.0018-	.0008-	
.25	.0095-	.0097-	.0091-	.0083-	.0072-	.0057-	.0043-	.0028-	.0013-	
.30	.0140-	.0139-	.0130-	.0120-	.0105-	.0083-	.0062-	.0041-	.0019-	
.35	.0193-	.0190-	.0178-	.0163-	.0143-	.0115-	.0087-	.0058-	.0029-	
.40	.0255-	.0249-	.0233-	.0215-	.0187-	.0152-	.0115-	.0077-	.0039-	
.45	.0326-	.0318-	.0297-	.0273-	.0239-	.0195-	.0148-	.0099-	.0051-	
.50	.0407-	.0396-	.0369-	.0338-	.0296-	.0245-	.0184-	.0124-	.0064-	
.55	.0497-	.0484-	.0451-	.0411-	.0359-	.0301-	.0223-	.0152-	.0078-	
.60	.0597-	.0581-	.0542-	.0490-	.0426-	.0360-	.0265-	.0181-	.0092-	
.65	.0707-	.0687-	.0640-	.0575-	.0497-	.0421-	.0307-	.0208-	.0105-	
.70	.0825-	.0800-	.0743-	.0663-	.0563-	.0481-	.0350-	.0236-	.0119-	
.75	.0954-	.0913-	.0841-	.0752-	.0636-	.0539-	.0387-	.0264-	.0133-	
.80	.1091-	.1033-	.0943-	.0827-	.0705-	.0592-	.0421-	.0288-	.0144-	
.85	.1225-	.1153-	.1039-	.0899-	.0765-	.0601-	.0448-	.0300-	.0148-	
.90	.1368-	.1250-	.1103-	.0947-	.0784-	.0624-	.0462-	.0309-	.0150-	
.95	.1475-	.1315-	.1140-	.0970-	.0799-	.0634-	.0467-	.0309-	.0149-	
1.00	.1512-	.1329-	.1145-	.0974-	.0800-	.0633-	.0463-	.0305-	.0146-	

Auswertung aus Pucher „Einflußfelder elastischer Platten" Tafel Nr. 40

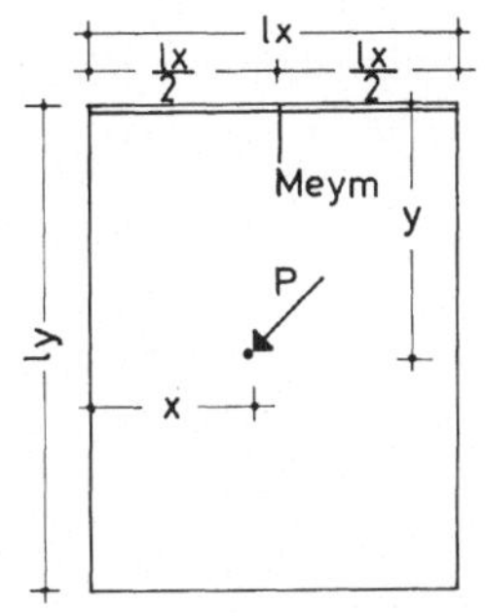

Stützmoment Meym in Seitenmitte einer Rechteckplatte aus einer Einzellast.

$\frac{ly}{lx} = 1{,}2$

$\mu = 0$

Faktor = P

Stützung 2a

Meym
P
2a 1.2

F 2.1,2.3.3

→ y : ly

↓ x : lx

Spalte										
	0.05	0.10	0.15	0.20	0.25	0.30	0.35	0.40	0.45	0.50
.05	.0008	.0017-	.0092-	.0171-	.0234-	.0270-	.0281-	.0291-	.0281-	.0262-
.10	.0002-	.0091-	.0248-	.0376-	.0473-	.0536-	.0553-	.0553-	.0525-	.0484-
.15	.0030-	.0203-	.0419-	.0606-	.0729-	.0812-	.0844-	.0844-	.0796-	.0722-
.20	.0075-	.0329-	.0623-	.0858-	.1020-	.1098-	.1119-	.1109-	.1046-	.0961-
.25	.0138-	.0492-	.0888-	.1179-	.1336-	.1404-	.1413-	.1374-	.1282-	.1174-
.30	.0231-	.0757-	.1268-	.1566-	.1683-	.1735-	.1714-	.1637-	.1503-	.1359-
.35	.0452-	.1182-	.1716-	.1956-	.2045-	.2034-	.1960-	.1854-	.1693-	.1516-
.40	.0856-	.1826-	.2226-	.2397-	.2375-	.2275-	.2145-	.2008-	.1826-	.1638-
.45	.1892-	.2633-	.2776-	.2754-	.2635-	.2463-	.2268-	.2100-	.1905-	.1709-
.50	.3155-	.3093-	.3001-	.2876-	.2722-	.2537-	.2330-	.2131-	.1932-	.1733-
.55	.1892-	.2633-	.2775-	.2754-	.2635-	.2463-	.2269-	.2100-	.1906-	.1709-
.60	.0856-	.1826-	.2226-	.2397-	.2375-	.2193-	.2145-	.2008-	.1826-	.1638-
.65	.0452-	.1182-	.1716-	.1956-	.2045-	.1903-	.1960-	.1854-	.1694-	.1516-
.70	.0231-	.0757-	.1268-	.1567-	.1683-	.1672-	.1714-	.1637-	.1503-	.1359-
.75	.0138-	.0492-	.0888-	.1179-	.1336-	.1404-	.1413-	.1374-	.1282-	.1174-
.80	.0075-	.0329-	.0623-	.0829-	.1020-	.1098-	.1119-	.1109-	.1046-	.0961-
.85	.0030-	.0203-	.0419-	.0597-	.0729-	.0812-	.0844-	.0844-	.0796-	.0722-
.90	.0002-	.0091-	.0248-	.0376-	.0473-	.0536-	.0553-	.0553-	.0525-	.0484-
.95	.0007	.0017-	.0092-	.0171-	.0234-	.0270-	.0281-	.0291-	.0281-	.0262-
1.00	.0000	.0000	.0000	.0000	.0000	.0000	.0000	.0000	.0000	.0000

→ y : ly

↓ x : lx

Spalte										
	0.55	0.60	0.65	0.70	0.75	0.80	0.85	0.90	0.95	
.05	.0235-	.0213-	.0185-	.0150-	.0123-	.0094-	.0059-	.0038-	.0025-	
.10	.0454-	.0402-	.0342-	.0281-	.0235-	.0185-	.0126-	.0081-	.0049-	
.15	.0664-	.0602-	.0505-	.0424-	.0341-	.0275-	.0195-	.0127-	.0071-	
.20	.0869-	.0770-	.0664-	.0559-	.0456-	.0360-	.0261-	.0175-	.0092-	
.25	.1061-	.0937-	.0815-	.0681-	.0554-	.0442-	.0328-	.0217-	.0111-	
.30	.1220-	.1080-	.0938-	.0790-	.0635-	.0509-	.0389-	.0253-	.0129-	
.35	.1348-	.1192-	.1034-	.0872-	.0700-	.0563-	.0434-	.0282-	.0146-	
.40	.1443-	.1274-	.1103-	.0929-	.0748-	.0602-	.0464-	.0304-	.0161-	
.45	.1505-	.1325-	.1144-	.0964-	.0780-	.0627-	.0478-	.0318-	.0166-	
.50	.1536-	.1345-	.1157-	.0976-	.0795-	.0638-	.0477-	.0318-	.0168-	
.55	.1505-	.1325-	.1144-	.0964-	.0781-	.0626-	.0479-	.0318-	.0166-	
.60	.1443-	.1274-	.1103-	.0929-	.0749-	.0601-	.0464-	.0304-	.0161-	
.65	.1348-	.1192-	.1034-	.0871-	.0700-	.0562-	.0434-	.0282-	.0146-	
.70	.1220-	.1080-	.0939-	.0790-	.0635-	.0509-	.0389-	.0253-	.0129-	
.75	.1061-	.0937-	.0816-	.0681-	.0554-	.0442-	.0328-	.0217-	.0111-	
.80	.0869-	.0770-	.0664-	.0559-	.0456-	.0361-	.0261-	.0175-	.0092-	
.85	.0664-	.0602-	.0505-	.0424-	.0341-	.0275-	.0195-	.0127-	.0071-	
.90	.0454-	.0402-	.0342-	.0281-	.0235-	.0185-	.0126-	.0080-	.0049-	
.95	.0235-	.0213-	.0185-	.0150-	.0123-	.0094-	.0059-	.0038-	.0026-	
1.00	.0000	.0000	.0000	.0000	.0000	.0000	.0000	.0000	.0001-	

Auswertung aus Pucher „Einflußfelder elastischer Platten" Tafel Nr. 40

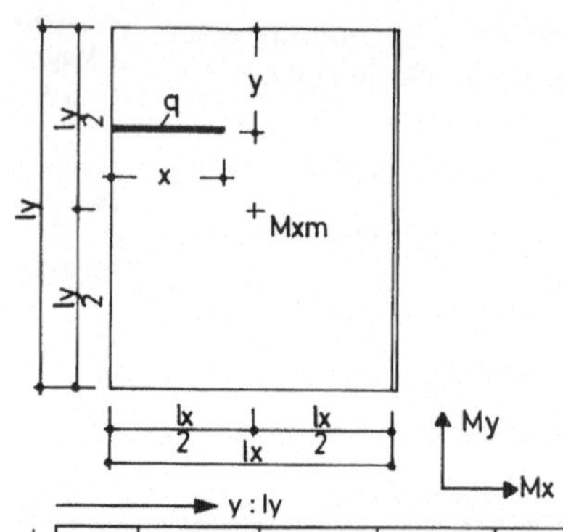

Feldmoment Mxm in Feldmitte einer Rechteckplatte aus Linienlast in lx-Richtung.
Stützung 2b

$\frac{ly}{lx} = 1,25$

$\mu = 0$

Faktor = q · lx

Mxm
2b 1.25

F 2.1,25.1.1

→ y : ly ↓ x : lx

Spalte										
	0.05	0.10	0.15	0.20	0.25	0.30	0.35	0.40	0.45	0.50
.05	.0001	.0001	.0002	.0002	.0002	.0002	.0001	.0001	.0001	.0001
.10	.0003	.0005	.0007	.0007	.0008	.0007	.0005	.0006	.0005	.0006
.15	.0006	.0011	.0014	.0016	.0017	.0017	.0014	.0014	.0013	.0014
.20	.0010	.0019	.0023	.0027	.0030	.0030	.0026	.0025	.0024	.0025
.25	.0015	.0026	.0035	.0042	.0047	.0049	.0046	.0043	.0041	.0043
.30	.0020	.0036	.0049	.0061	.0069	.0071	.0073	.0067	.0062	.0067
.35	.0027	.0048	.0066	.0084	.0094	.0101	.0108	.0099	.0091	.0100
.40	.0033	.0060	.0085	.0110	.0123	.0144	.0155	.0148	.0138	.0149
.45	.0040	.0073	.0106	.0138	.0156	.0191	.0214	.0210	.0195	.0211
.50	.0047	.0087	.0128	.0168	.0192	.0241	.0281	.0286	.0302	.0320
.55	.0049	.0097	.0145	.0192	.0228	.0292	.0333	.0355	.0398	.0443
.60	.0055	.0109	.0165	.0219	.0261	.0341	.0393	.0416	.0453	.0522
.65	.0061	.0120	.0184	.0244	.0291	.0365	.0433	.0457	.0493	.0580
.70	.0066	.0130	.0196	.0265	.0316	.0392	.0464	.0484	.0520	.0624
.75	.0070	.0137	.0208	.0276	.0331	.0411	.0484	.0502	.0536	.0650
.80	.0074	.0143	.0217	.0286	.0342	.0423	.0496	.0512	.0546	.0660
.85	.0077	.0147	.0224	.0293	.0349	.0431	.0503	.0519	.0552	.0666
.90	.0080	.0150	.0226	.0296	.0353	.0434	.0505	.0521	.0553	.0667
.95	.0082	.0151	.0225	.0297	.0353	.0434	.0504	.0519	.0552	.0666
1.00	.0082	.0151	.0223	.0296	.0351	.0432	.0502	.0517	.0550	.0663

→ y : ly ↓ x : lx

Spalte										
	0.55	0.60	0.65	0.70	0.75	0.80	0.85	0.90	0.95	
.05	.0001	.0001	.0001	.0002	.0002	.0002	.0002	.0001	.0001	
.10	.0005	.0006	.0005	.0007	.0008	.0007	.0007	.0005	.0003	
.15	.0013	.0014	.0014	.0017	.0017	.0016	.0014	.0011	.0006	
.20	.0024	.0025	.0026	.0030	.0030	.0027	.0023	.0019	.0010	
.25	.0041	.0043	.0046	.0049	.0047	.0042	.0035	.0026	.0015	
.30	.0062	.0067	.0073	.0071	.0069	.0061	.0049	.0036	.0020	
.35	.0091	.0099	.0108	.0101	.0094	.0084	.0066	.0048	.0027	
.40	.0138	.0148	.0155	.0144	.0123	.0110	.0085	.0060	.0033	
.45	.0195	.0210	.0214	.0191	.0156	.0138	.0106	.0073	.0040	
.50	.0302	.0286	.0281	.0241	.0192	.0168	.0128	.0087	.0047	
.55	.0398	.0355	.0333	.0292	.0228	.0192	.0145	.0097	.0049	
.60	.0453	.0416	.0393	.0341	.0261	.0219	.0165	.0109	.0055	
.65	.0493	.0457	.0433	.0365	.0291	.0244	.0184	.0120	.0061	
.70	.0520	.0484	.0464	.0392	.0316	.0265	.0196	.0130	.0066	
.75	.0536	.0502	.0484	.0411	.0331	.0276	.0208	.0137	.0070	
.80	.0546	.0512	.0496	.0423	.0342	.0286	.0217	.0143	.0074	
.85	.0552	.0519	.0503	.0431	.0349	.0293	.0224	.0147	.0077	
.90	.0553	.0521	.0505	.0434	.0353	.0296	.0226	.0150	.0080	
.95	.0552	.0519	.0504	.0434	.0353	.0297	.0225	.0151	.0082	
1.00	.0550	.0517	.0502	.0432	.0351	.0296	.0223	.0151	.0082	

Auswertung aus Pucher „Einflußfelder elastischer Platten" Tafel Nr. 33

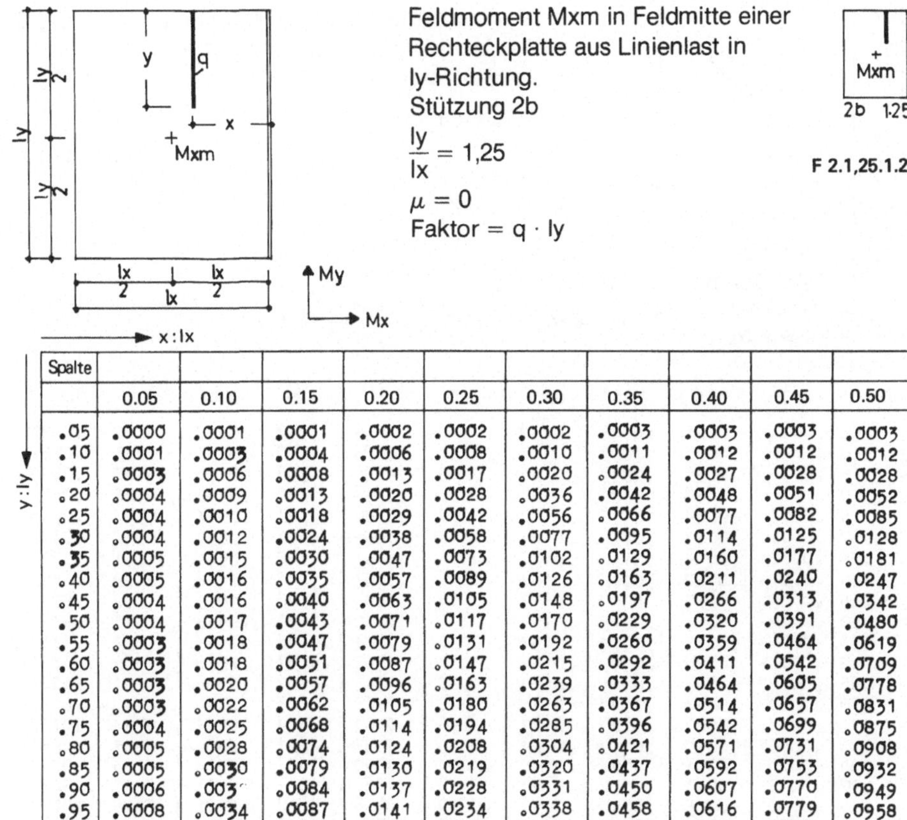

Feldmoment Mxm in Feldmitte einer Rechteckplatte aus Linienlast in ly-Richtung.
Stützung 2b

$\frac{ly}{lx} = 1{,}25$

$\mu = 0$

Faktor = q · ly

F 2.1,25.1.2

x : lx →

y : ly ↓

Spalte										
	0.05	0.10	0.15	0.20	0.25	0.30	0.35	0.40	0.45	0.50
.05	.0000	.0001	.0001	.0002	.0002	.0002	.0003	.0003	.0003	.0003
.10	.0001	.0003	.0004	.0006	.0008	.0010	.0011	.0012	.0012	.0012
.15	.0003	.0006	.0008	.0013	.0017	.0020	.0024	.0027	.0028	.0028
.20	.0004	.0009	.0013	.0020	.0028	.0036	.0042	.0048	.0051	.0052
.25	.0004	.0010	.0018	.0029	.0042	.0056	.0066	.0077	.0082	.0085
.30	.0004	.0012	.0024	.0038	.0058	.0077	.0095	.0114	.0125	.0128
.35	.0005	.0015	.0030	.0047	.0073	.0102	.0129	.0160	.0177	.0181
.40	.0005	.0016	.0035	.0057	.0089	.0126	.0163	.0211	.0240	.0247
.45	.0004	.0016	.0040	.0063	.0105	.0148	.0197	.0266	.0313	.0342
.50	.0004	.0017	.0043	.0071	.0117	.0170	.0229	.0320	.0391	.0480
.55	.0003	.0018	.0047	.0079	.0131	.0192	.0260	.0359	.0464	.0619
.60	.0003	.0018	.0051	.0087	.0147	.0215	.0292	.0411	.0542	.0709
.65	.0003	.0020	.0057	.0096	.0163	.0239	.0333	.0464	.0605	.0778
.70	.0003	.0022	.0062	.0105	.0180	.0263	.0367	.0514	.0657	.0831
.75	.0004	.0025	.0068	.0114	.0194	.0285	.0396	.0542	.0699	.0875
.80	.0005	.0028	.0074	.0124	.0208	.0304	.0421	.0571	.0731	.0908
.85	.0005	.0030	.0079	.0130	.0219	.0320	.0437	.0592	.0753	.0932
.90	.0006	.003[illegible]	.0084	.0137	.0228	.0331	.0450	.0607	.0770	.0949
.95	.0008	.0034	.0087	.0141	.0234	.0338	.0458	.0616	.0779	.0958
1.00	.0008	.0036	.0088	.0143	.0236	.0341	.0461	.0619	.0782	.0961.

x : lx →

y : ly ↓

Spalte										
	0.55	0.60	0.65	0.70	0.75	0.80	0.85	0.90	0.95	
.05	.0003	.0003	.0003	.0003	.0002	.0002	.0002	.0001	.0001	
.10	.0012	.0012	.0011	.0011	.0010	.0008	.0007	.0005	.0003	
.15	.0027	.0027	.0026	.0024	.0021	.0018	.0016	.0012	.0006	
.20	.0050	.0049	.0047	.0043	.0037	.0031	.0026	.0019	.0011	
.25	.0084	.0081	.0075	.0065	.0054	.0044	.0034	.0025	.0013	
.30	.0127	.0122	.0110	.0092	.0075	.0060	.0046	.0033	.0017	
.35	.0179	.0171	.0150	.0121	.0096	.0077	.0058	.0042	.0020	
.40	.0241	.0225	.0192	.0152	.0119	.0094	.0070	.0049	.0023	
.45	.0313	.0275	.0224	.0177	.0137	.0105	.0077	.0054	.0026	
.50	.0391	.0330	.0264	.0206	.0158	.0119	.0087	.0060	.0028	
.55	.0471	.0385	.0304	.0236	.0179	.0134	.0097	.0066	.0031	
.60	.0549	.0440	.0344	.0265	.0199	.0148	.0107	.0072	.0034	
.65	.0599	.0492	.0381	.0293	.0220	.0164	.0117	.0079	.0037	
.70	.0651	.0539	.0419	.0322	.0242	.0180	.0129	.0087	.0041	
.75	.0693	.0581	.0456	.0349	.0263	.0197	.0141	.0095	.0044	
.80	.0725	.0614	.0487	.0374	.0282	.0213	.0153	.0104	.0048	
.85	.0749	.0632	.0501	.0389	.0295	.0221	.0160	.0109	.0051	
.90	.0765	.0647	.0515	.0402	.0306	.0231	.0168	.0114	.0054	
.95	.0774	.0656	.0524	.0410	.0314	.0237	.0173	.0119	.0057	
1.00	.0776	.0658	.0526	.0413	.0317	.0240	.0176	.0121	.0058	

Auswertung aus Pucher „Einflußfelder elastischer Platten" Tafel Nr. 33

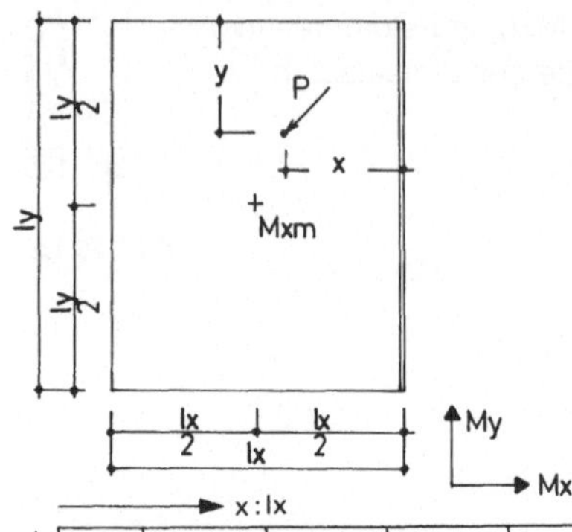

Feldmoment Mxm in Feldmitte einer Rechteckplatte aus einer Einzellast.
Stützung 2b

$\frac{ly}{lx} = 1{,}25$

$\mu = 0$

Faktor = P

Mxm
2b 1.25

F 2.1,25.1.3

x : lx → ; y : ly ↓

Spalte	0.05	0.10	0.15	0.20	0.25	0.30	0.35	0.40	0.45	0.50
.05	.0012	.0026	.0038	.0059	.0080	.0116	.0112	.0123	.0125	.0123
.10	.0019	.0043	.0069	.0107	.0147	.0166	.0210	.0233	.0245	.0250
.15	.0020	.0051	.0092	.0146	.0205	.0268	.0308	.0354	.0383	.0398
.20	.0016	.0050	.0108	.0168	.0252	.0355	.0420	.0504	.0546	.0569
.25	.0014	.0049	.0116	.0178	.0290	.0409	.0523	.0663	.0735	.0756
.30	.0009	.0044	.0117	.0181	.0318	.0465	.0616	.0829	.0940	.0959
.35	.0002	.0034	.0110	.0177	.0321	.0494	.0700	.0956	.1151	.1224
.40	.0007-	.0020	.0096	.0167	.0311	.0463	.0706	.1018	.1369	.1556
.45	.0009-	.0015	.0079	.0157	.0288	.0444	.0666	.1015	.1592	.2154
.50	.0009-	.0014	.0076	.0155	.0257	.0438	.0653	.0948	.1513	.2785*
.55	.0009-	.0015	.0078	.0157	.0290	.0444	.0666	.1015	.1592	.2154
.60	.0007-	.0020	.0095	.0169	.0312	.0462	.0707	.1018	.1369	.1556
.65	.0002	.0034	.0111	.0178	.0323	.0493	.0702	.0956	.1151	.1224
.70	.0009	.0044	.0120	.0181	.0322	.0465	.0623	.0829	.0940	.0959
.75	.0014	.0049	.0120	.0177	.0296	.0409	.0529	.0662	.0734	.0757
.80	.0016	.0050	.0112	.0168	.0253	.0355	.0421	.0504	.0545	.0569
.85	.0020	.0051	.0096	.0146	.0204	.0268	.0304	.0354	.0383	.0398
.90	.0019	.0043	.0072	.0107	.0147	.0166	.0211	.0233	.0245	.0250
.95	.0012	.0026	.0040	.0059	.0080	.0116	.0112	.0122	.0125	.0122
1.00	.0000	.0000	.0000	.0000	.0000	.0000	.0000	.0000	.0000	.0000

x : lx → ; y : ly ↓

Spalte	0.55	0.60	0.65	0.70	0.75	0.80	0.85	0.90	0.95	
.05	.0119	.0119	.0115	.0108	.0096	.0083	.0072	.0054	.0030	
.10	.0251	.0246	.0233	.0213	.0185	.0154	.0129	.0095	.0052	
.15	.0396	.0381	.0354	.0316	.0266	.0215	.0172	.0125	.0066	
.20	.0554	.0524	.0478	.0416	.0340	.0264	.0200	.0142	.0071	
.25	.0747	.0715	.0623	.0494	.0385	.0302	.0222	.0157	.0072	
.30	.0945	.0872	.0720	.0546	.0412	.0319	.0229	.0159	.0070	
.35	.1148	.0996	.0769	.0573	.0423	.0315	.0220	.0147	.0065	
.40	.1354	.1086	.0769	.0575	.0416	.0290	.0195	.0122	.0056	
.45	.1487	.1096	.0790	.0582	.0416	.0290	.0195	.0122	.0056	
.50	.1531	.1100	.0796	.0584	.0416	.0290	.0195	.0122	.0056	
.55	.1487	.1096	.0790	.0582	.0416	.0290	.0195	.0122	.0056	
.60	.1355	.1086	.0770	.0575	.0416	.0290	.0195	.0122	.0056	
.65	.1148	.0996	.0769	.0573	.0423	.0315	.0220	.0147	.0065	
.70	.0945	.0872	.0720	.0546	.0412	.0319	.0229	.0159	.0070	
.75	.0747	.0715	.0623	.0494	.0385	.0302	.0222	.0157	.0072	
.80	.0553	.0523	.0478	.0416	.0340	.0263	.0200	.0142	.0071	
.85	.0396	.0381	.0354	.0316	.0266	.0215	.0172	.0125	.0066	
.90	.0251	.0246	.0233	.0213	.0185	.0154	.0129	.0095	.0052	
.95	.0119	.0119	.0115	.0108	.0096	.0083	.0072	.0054	.0030	
1.00	.0001-	.0000	.0001-	.0000	.0000	.0000	.0000	.0000	.0001-	

Auswertung aus Pucher „Einflußfelder elastischer Platten" Tafel Nr. 33

* bezw. theoretisch ∞

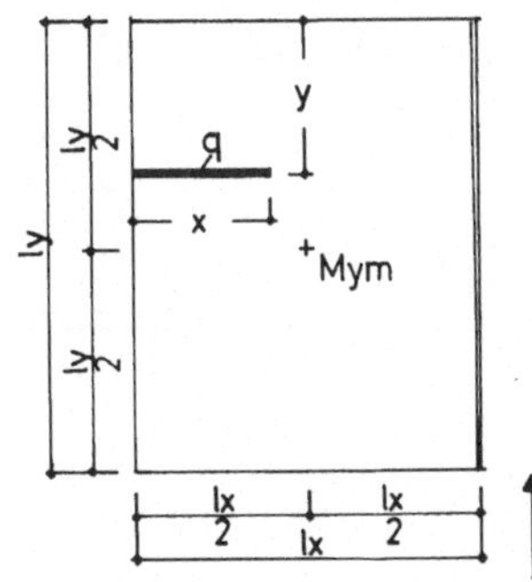

Feldmoment Mym in Feldmitte einer Rechteckplatte aus Linienlast in lx-Richtung.
Stützung 2b

$\frac{ly}{lx} = 1,25$

$\mu = 0$

Faktor = q · lx

F 1.1,25.2.1

→ y : ly, ↓ x : lx

Spalte	0.05	0.10	0.15	0.20	0.25	0.30	0.35	0.40	0.45	0.50
.05	.0000	.0000	.0001-	.0001	.0006	.0005	.0002	.0002	.0003	.0003
.10	.0001-	.0001-	.0002-	.0003	.0022	.0019	.0007	.0009	.0011	.0012
.15	.0002-	.0003-	.0002-	.0006	.0040	.0035	.0015	.0020	.0026	.0029
.20	.0004-	.0005-	.0003-	.0009	.0033	.0033	.0026	.0039	.0050	.0053
.25	.0006-	.0008-	.0005-	.0011	.0039	.0039	.0040	.0062	.0080	.0083
.30	.0009-	.0012-	.0008-	.0009	.0044	.0045	.0055	.0090	.0117	.0122
.35	.0012-	.0016-	.0013-	.0007	.0049	.0049	.0069	.0120	.0161	.0169
.40	.0016-	.0021-	.0017-	.0004	.0052	.0053	.0080	.0152	.0213	.0237
.45	.0020-	.0026-	.0023-	.0002-	.0053	.0056	.0091	.0184	.0271	.0316
.50	.0024-	.0032-	.0030-	.0009-	.0046	.0058	.0100	.0215	.0331	.0452
.55	.0028-	.0038-	.0037-	.0018-	.0040	.0060	.0111	.0227	.0373	.0582
.60	.0033-	.0046-	.0045-	.0028-	.0032	.0062	.0121	.0252	.0421	.0662
.65	.0038-	.0053-	.0052-	.0037-	.0023	.0063	.0132	.0278	.0467	.0720
.70	.0043-	.0060-	.0060-	.0046-	.0014	.0065	.0144	.0304	.0512	.0762
.75	.0047-	.0066-	.0066-	.0052-	.0015	.0066	.0155	.0319	.0546	.0790
.80	.0051-	.0071-	.0071-	.0057-	.0013	.0068	.0164	.0333	.0560	.0813
.85	.0054-	.0075-	.0076-	.0060-	.0013	.0069	.0171	.0341	.0573	.0826
.90	.0056-	.0078-	.0079-	.0062-	.0012	.0076	.0176	.0345	.0579	.0831
.95	.0058-	.0080-	.0081-	.0063-	.0012	.0078	.0179	.0346	.0580	.0832
1.00	.0059-	.0081-	.0081-	.0062-	.0012	.0078	.0181	.0345	.0579	.0829

→ y : ly, ↓ x : lx

Spalte	0.55	0.60	0.65	0.70	0.75	0.80	0.85	0.90	0.95	
.05	.0003	.0002	.0002	.0005	.0006	.0001	.0001-	.0000	.0000	
.10	.0011	.0009	.0007	.0019	.0022	.0003	.0002-	.0001-	.0001-	
.15	.0026	.0020	.0015	.0035	.0040	.0006	.0002-	.0003-	.0002-	
.20	.0050	.0039	.0026	.0033	.0033	.0009	.0003-	.0005-	.0004-	
.25	.0080	.0062	.0040	.0039	.0039	.0011	.0005-	.0008-	.0006-	
.30	.0117	.0090	.0055	.0045	.0044	.0009	.0008-	.0012-	.0009-	
.35	.0161	.0120	.0069	.0049	.0049	.0007	.0013-	.0016-	.0012-	
.40	.0213	.0152	.0080	.0053	.0052	.0004	.0017-	.0021-	.0016-	
.45	.0271	.0184	.0091	.0056	.0053	.0002-	.0023-	.0026-	.0020-	
.50	.0331	.0215	.0100	.0058	.0046	.0009-	.0030-	.0032-	.0024-	
.55	.0373	.0227	.0111	.0060	.0040	.0018-	.0037-	.0038-	.0028-	
.60	.0421	.0252	.0121	.0062	.0032	.0028-	.0045-	.0046-	.0033-	
.65	.0467	.0278	.0132	.0063	.0023	.0037-	.0052-	.0053-	.0038-	
.70	.0512	.0304	.0144	.0065	.0014	.0046-	.0060-	.0060-	.0043-	
.75	.0546	.0319	.0155	.0066	.0015	.0052-	.0066-	.0066-	.0047-	
.80	.0560	.0333	.0164	.0068	.0013	.0057-	.0071-	.0071-	.0051-	
.85	.0573	.0341	.0171	.0069	.0013	.0060-	.0076-	.0075-	.0054-	
.90	.0579	.0345	.0176	.0076	.0012	.0062-	.0079-	.0078-	.0056-	
.95	.0580	.0346	.0179	.0078	.0012	.0063-	.0081-	.0080-	.0058-	
1.00	.0579	.0345	.0181	.0078	.0012	.0062-	.0081-	.0081-	.0059-	

Auswertung aus Pucher „Einflußfelder elastischer Platten" Tafel Nr. 32

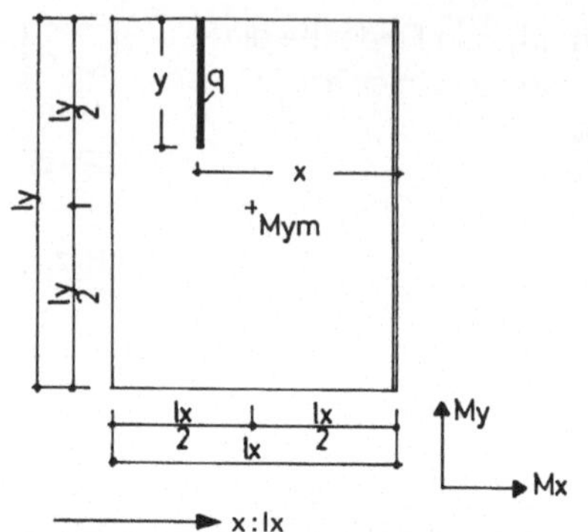

Feldmoment Mym in Feldmitte einer Rechteckplatte aus Linienlast in ly-Richtung.
Stützung 2b

$\frac{l_y}{l_x} = 1{,}25$

$\mu = 0$

Faktor = q · ly

Mym
2b 1,25

F 1.1,25.2.2

x : lx →

y : ly ↓

Spalte	0.05	0.10	0.15	0.20	0.25	0.30	0.35	0.40	0.45	0.50
.05	.0001-	.0001-	.0001-	.0002-	.0002-	.0003-	.0003-	.0003-	.0003-	.0002-
.10	.0002-	.0003-	.0005-	.0006-	.0007-	.0009-	.0009-	.0010-	.0010-	.0009-
.15	.0004-	.0007-	.0009-	.0010-	.0013-	.0016-	.0017-	.0017-	.0016-	.0019-
.20	.0004-	.0010-	.0012-	.0015-	.0020-	.0025-	.0025-	.0025-	.0023-	.0023-
.25	.0005-	.0008-	.0013-	.0018-	.0025-	.0032-	.0034-	.0036-	.0033-	.0033-
.30	.0004-	.0008-	.0012-	.0017-	.0024-	.0032-	.0037-	.0038-	.0034-	.0030-
.35	.0003-	.0005-	.0008-	.0010-	.0018-	.0025-	.0030-	.0033-	.0030-	.0027-
.40	.0001-	.0000	.0001-	.0001-	.0004-	.0007-	.0011-	.0015-	.0013-	.0009-
.45	.0001	.0004	.0008	.0013	.0016	.0021	.0025	.0020	.0019	.0024
.50	.0002	.0009	.0018	.0029	.0040	.0056	.0071	.0083	.0100	.0124
.55	.0003	.0014	.0027	.0045	.0064	.0091	.0118	.0144	.0177	.0220
.60	.0005	.0019	.0036	.0059	.0084	.0119	.0153	.0179	.0210	.0249
.65	.0006	.0023	.0043	.0068	.0097	.0137	.0172	.0198	.0229	.0272
.70	.0009	.0025	.0047	.0074	.0104	.0144	.0179	.0203	.0232	.0275
.75	.0009	.0026	.0048	.0076	.0104	.0144	.0177	.0201	.0232	.0277
.80	.0009	.0025	.0047	.0073	.0099	.0137	.0168	.0188	.0220	.0269
.85	.0007	.0023	.0044	.0068	.0093	.0128	.0159	.0182	.0215	.0257
.90	.0007	.0020	.0040	.0063	.0087	.0121	.0152	.0175	.0209	.0256
.95	.0005	.0018	.0037	.0059	.0082	.0115	.0146	.0168	.0202	.0249
1.00	.0004	.0016	.0035	.0058	.0080	.0110	.0143	.0164	.0198	.0244

x : lx →

y : ly ↓

Spalte	0.55	0.60	0.65	0.70	0.75	0.80	0.85	0.90	0.95	
.05	.0002-	.0002-	.0002-	.0002-	.0001-	.0001-	.0001-	.0001-	.0000	
.10	.0008-	.0008-	.0007-	.0005-	.0005-	.0003-	.0003-	.0002-	.0001-	
.15	.0013-	.0012-	.0010-	.0009-	.0007-	.0005-	.0006-	.0002-	.0001-	
.20	.0019-	.0017-	.0014-	.0011-	.0009-	.0005-	.0003-	.0002-	.0004	
.25	.0024-	.0019-	.0014-	.0010-	.0007-	.0002-	.0002	.0000	.0015	
.30	.0023-	.0015-	.0010-	.0005-	.0003-	.0004	.0009	.0004	.0029	
.35	.0018-	.0006-	.0002	.0007	.0006	.0015	.0019	.0009	.0042	
.40	.0002	.0013	.0021	.0029	.0031	.0033	.0030	.0017	.0033	
.45	.0037	.0056	.0063	.0066	.0062	.0056	.0049	.0031	.0039	
.50	.0121	.0129	.0121	.0110	.0100	.0082	.0071	.0044	.0046	
.55	.0201	.0189	.0185	.0153	.0140	.0109	.0095	.0059	.0053	
.60	.0240	.0231	.0211	.0190	.0178	.0132	.0118	.0072	.0059	
.65	.0259	.0248	.0230	.0212	.0179	.0150	.0137	.0076	.0065	
.70	.0264	.0260	.0243	.0224	.0191	.0161	.0127	.0082	.0067	
.75	.0266	.0264	.0248	.0230	.0194	.0167	.0135	.0086	.0079	
.80	.0261	.0262	.0247	.0231	.0193	.0170	.0139	.0088	.0092	
.85	.0256	.0257	.0244	.0228	.0197	.0170	.0141	.0088	.0103	
.90	.0250	.0251	.0240	.0224	.0193	.0168	.0138	.0087	.0090	
.95	.0245	.0247	.0236	.0221	.0191	.0166	.0136	.0088	.0090	
1.00	.0242	.0244	.0233	.0219	.0189	.0165	.0134	.0087	.0089	

Auswertung aus Pucher „Einflußfelder elastischer Platten" Tafel Nr. 32

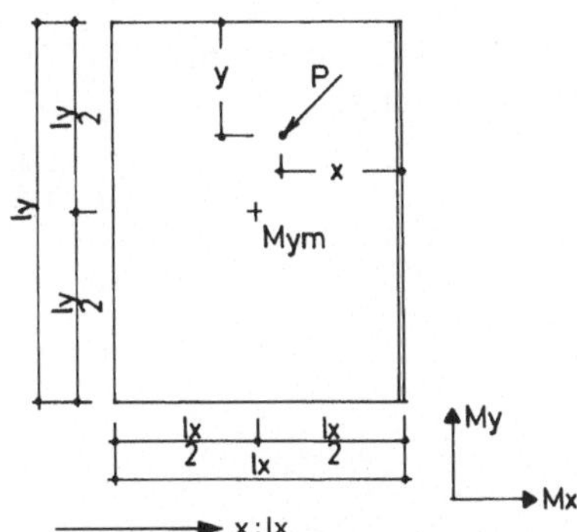

My

Mx

Feldmoment Mym in Feldmitte einer Rechteckplatte aus einer Einzellast.
Stützung 2b

$\frac{ly}{lx} = 1{,}25$

$\mu = 0$

Faktor = P

Mym
2b 1,25

F 1.1,25.2.3

x : lx (→), y : ly (↓)

Spalte										
	0.05	0.10	0.15	0.20	0.25	0.30	0.35	0.40	0.45	0.50
.05	.0020-	.0032-	.0054-	.0060-	.0080-	.0100-	.0100-	.0100-	.0096-	.0090-
.10	.0028-	.0048-	.0078-	.0092-	.0119-	.0145-	.0148-	.0148-	.0137-	.0135-
.15	.0025-	.0049-	.0072-	.0095-	.0117-	.0137-	.0157-	.0161-	.0148-	.0135-
.20	.0014-	.0034-	.0046-	.0085-	.0127-	.0174-	.0193-	.0205-	.0181-	.0165-
.25	.0001	.0000	.0005-	.0024-	.0053-	.0094-	.0139-	.0157-	.0132-	.0072-
.30	.0019	.0039	.0051	.0081	.0070	.0070	.0046	.0039	.0034	.0035
.35	.0042	.0083	.0123	.0162	.0197	.0246	.0244	.0221	.0199	.0195
.40	.0034	.0088	.0161	.0234	.0333	.0465	.0553	.0506	.0454	.0463
.45	.0029	.0091	.0184	.0304	.0456	.0653	.0843	.0984	.1053	.1075
.50	.0028	.0092	.0192	.0327	.0497	.0716	.0992	.1343	.1904	.2785-*
.55	.0029	.0091	.0184	.0304	.0456	.0654	.0843	.0984	.1053	.1075
.60	.0034	.0088	.0161	.0235	.0333	.0465	.0553	.0506	.0454	.0463
.65	.0042	.0083	.0122	.0162	.0196	.0246	.0245	.0221	.0199	.0195
.70	.0020	.0039	.0052	.0080	.0070	.0069	.0046	.0039	.0034	.0035
.75	.0001	.0000	.0005-	.0024-	.0053-	.0094-	.0139-	.0157-	.0131-	.0072-
.80	.0014-	.0034-	.0046-	.0086-	.0127-	.0174-	.0193-	.0205-	.0181-	.0165-
.85	.0025-	.0049-	.0072-	.0095-	.0117-	.0137-	.0157-	.0161-	.0148-	.0135-
.90	.0028-	.0048-	.0078-	.0092-	.0119-	.0145-	.0148-	.0148-	.0137-	.0135-
.95	.0020-	.0032-	.0054-	.0060-	.0080-	.0099-	.0100-	.0100-	.0096-	.0090-
1.00	.0000	.0000	.0000	.0000	.0000	.0000	.0000	.0000	.0000	.0000

x : lx (→), y : ly (↓)

Spalte										
	0.55	0.60	0.65	0.70	0.75	0.80	0.85	0.90	0.95	
.05	.0081-	.0073-	.0064-	.0057-	.0048-	.0039-	.0030-	.0021-	.0010-	
.10	.0113-	.0100-	.0089-	.0076-	.0064-	.0051-	.0035-	.0021-	.0009-	
.15	.0121-	.0105-	.0089-	.0072-	.0054-	.0019-	.0015-	.0000	.0018	
.20	.0123-	.0085-	.0044-	.0009-	.0007	.0027	.0055	.0027	.0152	
.25	.0031-	.0013	.0047	.0056	.0063	.0087	.0113	.0061	.0205	
.30	.0061	.0128	.0153	.0164	.0166	.0161	.0158	.0101	.0177	
.35	.0231	.0269	.0299	.0321	.0316	.0290	.0191	.0147	.0067	
.40	.0509	.0574	.0596	.0606	.0514	.0420	.0314	.0200	.0098	
.45	.1134	.1142	.0980	.0828	.0654	.0505	.0388	.0246	.0117	
.50	.1951	.1422	.1119	.0896	.0701	.0543	.0412	.0262	.0123	
.55	.1134	.1142	.0980	.0828	.0654	.0505	.0388	.0246	.0117	
.60	.0509	.0574	.0596	.0606	.0515	.0420	.0314	.0199	.0098	
.65	.0231	.0269	.0299	.0322	.0316	.0290	.0192	.0148	.0067	
.70	.0061	.0128	.0153	.0164	.0166	.0161	.0158	.0102	.0177	
.75	.0031-	.0013	.0047	.0056	.0063	.0087	.0113	.0062	.0205	
.80	.0123-	.0085-	.0044-	.0009-	.0007	.0027	.0055	.0028	.0152	
.85	.0121-	.0105-	.0089-	.0072-	.0054-	.0019-	.0015-	.0000	.0018	
.90	.0113-	.0101-	.0089-	.0076-	.0064-	.0050-	.0035-	.0022-	.0010-	
.95	.0081-	.0073-	.0064-	.0057-	.0048-	.0039-	.0030-	.0021-	.0010-	
1.00	.0000	.0000	.0000	.0000	.0000	.0000	.0000	.0000	.0000	

Auswertung aus Pucher „Einflußfelder elastischer Platten" Tafel Nr. 32 — *bzw. theoretisch ∞

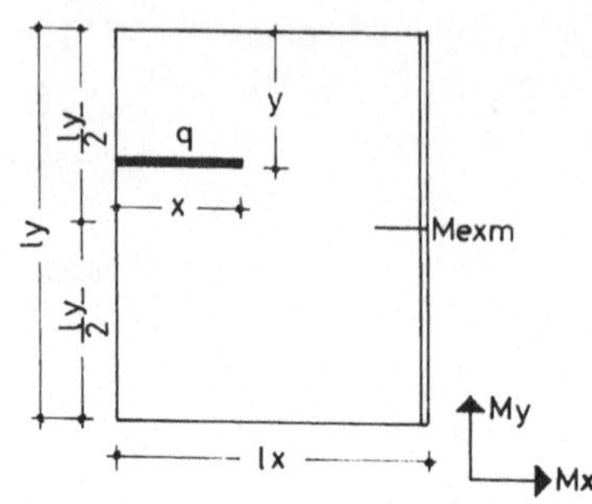

Stützmoment Mexm in Seitenmitte einer Rechteckplatte aus Linienlast in lx-Richtung.
Stützung 2b

$\frac{ly}{lx} = 1{,}25$

$\mu = 0$

Faktor = q · lx

Mexm
2b 1.25

F 2.1,25.3.1

→ y : ly ; ↓ x : lx

Spalte										
	0.05	0.10	0.15	0.20	0.25	0.30	0.35	0.40	0.45	0.50
.05	.0001-	.0001-	.0002-	.0003-	.0004-	.0004-	.0005-	.0005-	.0006-	.0006-
.10	.0003-	.0005-	.0008-	.0011-	.0014-	.0017-	.0019-	.0021-	.0022-	.0022-
.15	.0007-	.0013-	.0019-	.0025-	.0031-	.0037-	.0042-	.0046-	.0049-	.0049-
.20	.0012-	.0023-	.0034-	.0045-	.0055-	.0066-	.0075-	.0082-	.0087-	.0087-
.25	.0019-	.0037-	.0053-	.0070-	.0086-	.0102-	.0116-	.0128-	.0134-	.0136-
.30	.0027-	.0052-	.0076-	.0101-	.0124-	.0146-	.0166-	.0184-	.0192-	.0195-
.35	.0037-	.0071-	.0103-	.0137-	.0169-	.0199-	.0225-	.0250-	.0260-	.0264-
.40	.0049-	.0092-	.0134-	.0176-	.0220-	.0259-	.0293-	.0326-	.0338-	.0345-
.45	.0061-	.0115-	.0167-	.0221-	.0276-	.0325-	.0368-	.0408-	.0427-	.0436-
.50	.0074-	.0139-	.0203-	.0269-	.0337-	.0396-	.0448-	.0500-	.0525-	.0537-
.55	.0086-	.0160-	.0234-	.0319-	.0400-	.0466-	.0538-	.0600-	.0632-	.0648-
.60	.0098-	.0183-	.0267-	.0369-	.0454-	.0542-	.0632-	.0707-	.0748-	.0764-
.65	.0109-	.0205-	.0297-	.0418-	.0515-	.0621-	.0729-	.0813-	.0866-	.0890-
.70	.0110-	.0224-	.0325-	.0449-	.0572-	.0697-	.0825-	.0927-	.0995-	.1024-
.75	.0115-	.0236-	.0349-	.0483-	.0625-	.0769-	.0918-	.1043-	.1128-	.1165-
.80	.0119-	.0248-	.0369-	.0508-	.0658-	.0816-	.0977-	.1155-	.1261-	.1312-
.85	.0121-	.0255-	.0377-	.0527-	.0685-	.0860-	.1042-	.1257-	.1372-	.1464-
.90	.0122-	.0257-	.0383-	.0538-	.0702-	.0885-	.1081-	.1309-	.1496-	.1620-
.95	.0122-	.0257-	.0383-	.0541-	.0708-	.0896-	.1099-	.1346-	.1578-	.1780-
1.00	.0121-	.0255-	.0381-	.0539-	.0707-	.0897-	.1101-	.1352-	.1599-	.1942-

→ y : ly ; ↓ x : lx

Spalte										
	0.55	0.60	0.65	0.70	0.75	0.80	0.85	0.90	0.95	
.05	.0006-	.0005-	.0005-	.0004-	.0004-	.0003-	.0002-	.0001-	.0001-	
.10	.0022-	.0021-	.0019-	.0017-	.0014-	.0011-	.0008-	.0005-	.0003-	
.15	.0049-	.0046-	.0042-	.0037-	.0031-	.0025-	.0019-	.0013-	.0007-	
.20	.0087-	.0082-	.0075-	.0066-	.0055-	.0045-	.0034-	.0023-	.0012-	
.25	.0134-	.0128-	.0116-	.0102-	.0086-	.0070-	.0053-	.0037-	.0019-	
.30	.0192-	.0184-	.0166-	.0146-	.0124-	.0101-	.0076-	.0052-	.0027-	
.35	.0260-	.0250-	.0225-	.0199-	.0169-	.0137-	.0103-	.0071-	.0037-	
.40	.0338-	.0326-	.0293-	.0259-	.0220-	.0176-	.0134-	.0092-	.0049-	
.45	.0427-	.0408-	.0368-	.0325-	.0276-	.0221-	.0167-	.0115-	.0061-	
.50	.0525-	.0500-	.0448-	.0396-	.0337-	.0269-	.0203-	.0139-	.0074-	
.55	.0632-	.0600-	.0538-	.0466-	.0400-	.0319-	.0234-	.0160-	.0086-	
.60	.0748-	.0707-	.0632-	.0542-	.0454-	.0369-	.0267-	.0183-	.0098-	
.65	.0866-	.0813-	.0729-	.0621-	.0515-	.0418-	.0297-	.0205-	.0109-	
.70	.0995-	.0927-	.0825-	.0697-	.0572-	.0449-	.0325-	.0224-	.0110-	
.75	.1128-	.1043-	.0918-	.0769-	.0625-	.0483-	.0349-	.0236-	.0115-	
.80	.1261-	.1155-	.0977-	.0816-	.0658-	.0508-	.0369-	.0248-	.0119-	
.85	.1372-	.1257-	.1042-	.0860-	.0685-	.0527-	.0377-	.0255-	.0121-	
.90	.1496-	.1309-	.1081-	.0885-	.0702-	.0538-	.0383-	.0257-	.0122-	
.95	.1578-	.1346-	.1099-	.0896-	.0708-	.0541-	.0383-	.0257-	.0122-	
1.00	.1599-	.1352-	.1101-	.0897-	.0707-	.0539-	.0381-	.0255-	.0121-	

Auswertung aus Pucher „Einflußfelder elastischer Platten" Tafel Nr. 34

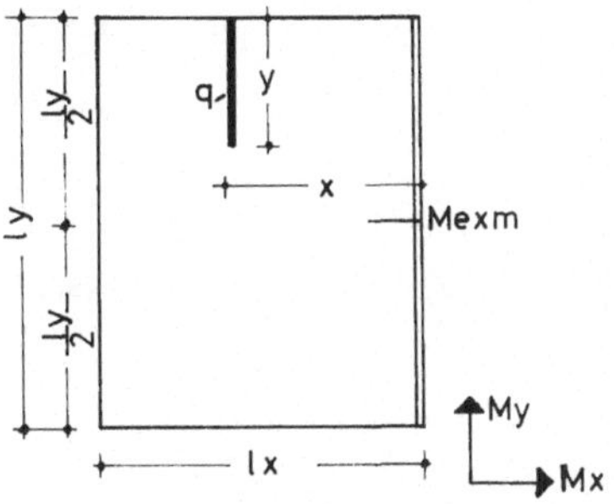

Stützmoment Mexm in Seitenmitte einer Rechteckplatte aus Linienlast in ly-Richtung.
Stützung 2b

$\frac{ly}{lx} = 1{,}25$

$\mu = 0$

Faktor = $q \cdot ly$

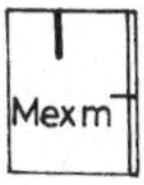

2b 1.25

F 2.1,25.3.2

→ x : lx, ↓ y : ly

Spalte	0.05	0.10	0.15	0.20	0.25	0.30	0.35	0.40	0.45	0.50
.05	.0000	.0000	.0001-	.0002-	.0002-	.0003-	.0004-	.0005-	.0006-	.0006-
.10	.0001-	.0001-	.0003-	.0008-	.0012-	.0015-	.0019-	.0022-	.0022-	.0024-
.15	.0002-	.0002-	.0011-	.0022-	.0029-	.0037-	.0044-	.0050-	.0051-	.0053-
.20	.0004-	.0007-	.0024-	.0042-	.0056-	.0071-	.0082-	.0092-	.0093-	.0094-
.25	.0007-	.0020-	.0043-	.0071-	.0103-	.0117-	.0132-	.0144-	.0147-	.0148-
.30	.0012-	.0036-	.0070-	.0117-	.0189-	.0180-	.0196-	.0211-	.0214-	.0214-
.35	.0023-	.0059-	.0117-	.0179-	.0276-	.0263-	.0287-	.0302-	.0299-	.0293-
.40	.0039-	.0110-	.0188-	.0272-	.0373-	.0367-	.0391-	.0406-	.0397-	.0384-
.45	.0082-	.0199-	.0294-	.0391-	.0494-	.0489-	.0508-	.0523-	.0507-	.0486-
.50	.0202-	.0338-	.0441-	.0541-	.0634-	.0624-	.0638-	.0638-	.0624-	.0594-
.55	.0322-	.0477-	.0581-	.0679-	.0773-	.0758-	.0774-	.0758-	.0726-	.0691-
.60	.0364-	.0565-	.0687-	.0798-	.0894-	.0880-	.0882-	.0872-	.0834-	.0791-
.65	.0381-	.0613-	.0758-	.0888-	.0992-	.0984-	.0986-	.0976-	.0935-	.0886-
.70	.0389-	.0638-	.0803-	.0952-	.1079-	.1067-	.1072-	.1061-	.1012-	.0959-
.75	.0395-	.0656-	.0832-	.0998-	.1165-	.1130-	.1139-	.1130-	.1081-	.1025-
.80	.0399-	.0666-	.0851-	.1028-	.1211-	.1176-	.1187-	.1182-	.1134-	.1078-
.85	.0401-	.0672-	.0864-	.1046-	.1238-	.1210-	.1228-	.1225-	.1177-	.1120-
.90	.0402-	.0674-	.0871-	.1062-	.1256-	.1232-	.1253-	.1254-	.1206-	.1150-
.95	.0402-	.0674-	.0874-	.1069-	.1265-	.1244-	.1268-	.1270-	.1223-	.1167-
1.00	.0401-	.0672-	.0873-	.1069-	.1267-	.1247-	.1272-	.1276-	.1228-	.1173-

→ x : lx, ↓ y : ly

Spalte	0.55	0.60	0.65	0.70	0.75	0.80	0.85	0.90	0.95	
.05	.0006-	.0006-	.0005-	.0005-	.0004-	.0003-	.0002-	.0002-	.0001-	
.10	.0023-	.0022-	.0020-	.0018-	.0015-	.0012-	.0009-	.0006-	.0003-	
.15	.0053-	.0050-	.0045-	.0039-	.0033-	.0027-	.0020-	.0013-	.0006-	
.20	.0093-	.0087-	.0079-	.0067-	.0057-	.0047-	.0035-	.0023-	.0011-	
.25	.0145-	.0135-	.0122-	.0104-	.0088-	.0071-	.0054-	.0035-	.0017-	
.30	.0208-	.0192-	.0175-	.0150-	.0126-	.0100-	.0076-	.0050-	.0025-	
.35	.0281-	.0258-	.0235-	.0203-	.0170-	.0134-	.0101-	.0068-	.0033-	
.40	.0363-	.0334-	.0302-	.0262-	.0219-	.0173-	.0129-	.0088-	.0043-	
.45	.0456-	.0413-	.0375-	.0326-	.0273-	.0214-	.0160-	.0110-	.0054-	
.50	.0555-	.0499-	.0452-	.0394-	.0329-	.0258-	.0192-	.0133-	.0064-	
.55	.0656-	.0588-	.0516-	.0449-	.0386-	.0303-	.0221-	.0152-	.0075-	
.60	.0755-	.0664-	.0587-	.0511-	.0442-	.0346-	.0251-	.0174-	.0086-	
.65	.0820-	.0739-	.0654-	.0570-	.0495-	.0380-	.0279-	.0194-	.0095-	
.70	.0893-	.0805-	.0715-	.0625-	.0545-	.0414-	.0304-	.0213-	.0104-	
.75	.0955-	.0862-	.0770-	.0674-	.0558-	.0443-	.0327-	.0226-	.0111-	
.80	.1007-	.0911-	.0806-	.0702-	.0589-	.0468-	.0346-	.0238-	.0118-	
.85	.1047-	.0946-	.0840-	.0731-	.0613-	.0487-	.0359-	.0248-	.0122-	
.90	.1077-	.0974-	.0865-	.0751-	.0632-	.0502-	.0370-	.0255-	.0126-	
.95	.1094-	.0990-	.0880-	.0765-	.0643-	.0511-	.0377-	.0260-	.0128-	
1.00	.1100-	.0996-	.0885-	.0770-	.0647-	.0515-	.0379-	.0261-	.0129-	

Auswertung aus Pucher „Einflußfelder elastischer Platten" Tafel Nr. 34

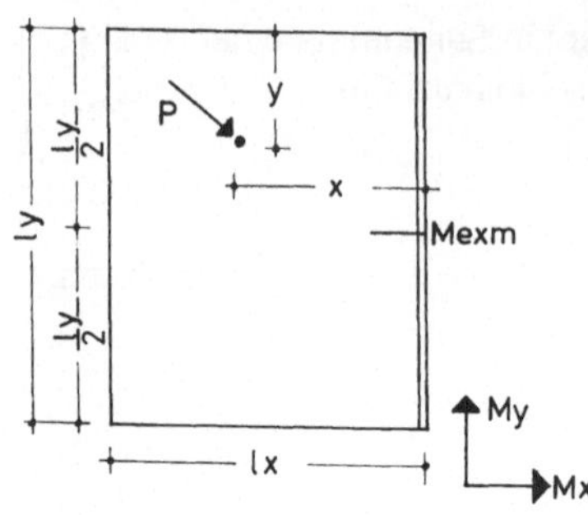

Stützmoment Mexm in Seitenmitte einer Rechteckplatte aus einer Einzellast.
Stützung 2b
$\frac{ly}{lx} = 1,25$
$\mu = 0$
Faktor = P

Mexm
2b 1.25

F 2.1,25.3.3

x : lx →
y : ly ↓

Spalte										
	0.05	0.10	0.15	0.20	0.25	0.30	0.35	0.40	0.45	0.50
.05	.0007-	.0007-	.0032-	.0074-	.0106-	.0142-	.0177-	.0210-	.0216-	.0234-
.10	.0020-	.0035-	.0100-	.0199-	.0272-	.0338-	.0398-	.0445-	.0459-	.0468-
.15	.0039-	.0085-	.0198-	.0331-	.0435-	.0550-	.0633-	.0700-	.0707-	.0709-
.20	.0065-	.0156-	.0306-	.0500-	.0658-	.0796-	.0878-	.0944-	.0955-	.0950-
.25	.0097-	.0259-	.0464-	.0740-	.1409-	.1072-	.1161-	.1225-	.1222-	.1194-
.30	.0134-	.0388-	.0718-	.1069-	.1873-	.1456-	.1540-	.1573-	.1515-	.1448-
.35	.0222-	.0703-	.1143-	.1538-	.1722-	.1873-	.1907-	.1905-	.1812-	.1706-
.40	.0482-	.1273-	.1732-	.2076-	.2175-	.2258-	.2222-	.2163-	.2041-	.1909-
.45	.1422-	.2295-	.2541-	.2701-	.2661-	.2608-	.2490-	.2348-	.2196-	.2042-
.50	.3158-	.3111-	.3047-	.2961-	.2858-	.2735-	.2596-	.2437-	.2277-	.2106-
.55	.1422-	.2295-	.2541-	.2701-	.2662-	.2608-	.2490-	.2348-	.2196-	.2042-
.60	.0482-	.1273-	.1732-	.2076-	.2175-	.2258-	.2222-	.2163-	.2041-	.1909-
.65	.0222-	.0703-	.1143-	.1538-	.1722-	.1873-	.1907-	.1905-	.1812-	.1706-
.70	.0136-	.0388-	.0718-	.1069-	.1872-	.1456-	.1540-	.1573-	.1515-	.1448-
.75	.0097-	.0259-	.0464-	.0740-	.1409-	.1072-	.1161-	.1225-	.1222-	.1194-
.80	.0065-	.0155-	.0307-	.0499-	.0659-	.0796-	.0878-	.0944-	.0955-	.0950-
.85	.0040-	.0085-	.0198-	.0331-	.0435-	.0550-	.0633-	.0700-	.0707-	.0709-
.90	.0020-	.0035-	.0100-	.0199-	.0272-	.0338-	.0398-	.0445-	.0459-	.0468-
.95	.0007-	.0007-	.0032-	.0074-	.0106-	.0142-	.0177-	.0210-	.0216-	.0234-
1.00	.0001	.0000	.0000	.0000	.0000	.0000	.0000	.0000	.0000	.0000

x : lx →
y : ly ↓

Spalte										
	0.55	0.60	0.65	0.70	0.75	0.80	0.85	0.90	0.95	
.05	.0227-	.0217-	.0199-	.0175-	.0152-	.0123-	.0089-	.0060-	.0029-	
.10	.0474-	.0442-	.0398-	.0347-	.0297-	.0245-	.0184-	.0116-	.0056-	
.15	.0705-	.0652-	.0590-	.0496-	.0423-	.0347-	.0261-	.0170-	.0083-	
.20	.0920-	.0848-	.0770-	.0655-	.0550-	.0440-	.0334-	.0223-	.0110-	
.25	.1140-	.1045-	.0955-	.0823-	.0681-	.0535-	.0405-	.0275-	.0135-	
.30	.1354-	.1230-	.1117-	.0980-	.0816-	.0629-	.0469-	.0327-	.0161-	
.35	.1562-	.1402-	.1252-	.1105-	.0929-	.0724-	.0525-	.0376-	.0186-	
.40	.1758-	.1562-	.1361-	.1198-	.1010-	.0810-	.0575-	.0410-	.0204-	
.45	.1879-	.1677-	.1443-	.1259-	.1059-	.0850-	.0616-	.0431-	.0214-	
.50	.1919-	.1715-	.1498-	.1289-	.1075-	.0863-	.0651-	.0438-	.0218-	
.55	.1879-	.1677-	.1443-	.1259-	.1059-	.0850-	.0616-	.0431-	.0214-	
.60	.1758-	.1562-	.1361-	.1198-	.1010-	.0810-	.0574-	.0410-	.0203-	
.65	.1562-	.1403-	.1252-	.1105-	.0929-	.0725-	.0525-	.0376-	.0185-	
.70	.1354-	.1230-	.1116-	.0980-	.0816-	.0629-	.0469-	.0327-	.0159-	
.75	.1140-	.1045-	.0954-	.0822-	.0681-	.0535-	.0405-	.0275-	.0136-	
.80	.0920-	.0847-	.0770-	.0654-	.0550-	.0440-	.0334-	.0223-	.0110-	
.85	.0705-	.0652-	.0589-	.0496-	.0423-	.0347-	.0261-	.0170-	.0083-	
.90	.0474-	.0443-	.0398-	.0347-	.0297-	.0245-	.0184-	.0116-	.0056-	
.95	.0227-	.0217-	.0199-	.0175-	.0152-	.0122-	.0089-	.0059-	.0028-	
1.00	.0000	.0000	.0000	.0000	.0000	.0000	.0000	.0000	.0001	

Auswertung aus Pucher „Einflußfelder elastischer Platten“ Tafel Nr. 34

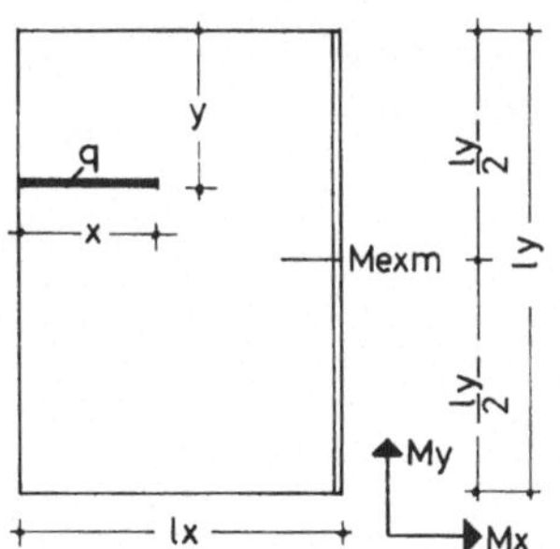

Stützmoment Mexm in Seitenmitte einer Rechteckplatte aus Linienlast in lx-Richtung.

Stützung 2b

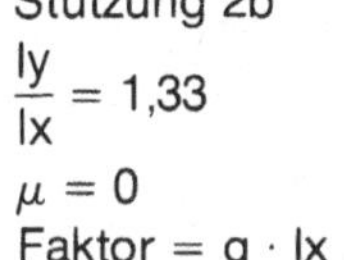

$\frac{ly}{lx} = 1{,}33$

$\mu = 0$

Faktor $= q \cdot lx$

Mexm

2b 1.33

F 2.1,33.3.1

→ y : ly; ↓ x : lx

Spalte	0.05	0.10	0.15	0.20	0.25	0.30	0.35	0.40	0.45	0.50
.05	.0001-	.0002-	.0002-	.0003-	.0004-	.0004-	.0005-	.0005-	.0005-	.0005-
.10	.0003-	.0007-	.0010-	.0012-	.0015-	.0018-	.0018-	.0020-	.0021-	.0021-
.15	.0005-	.0015-	.0022-	.0028-	.0034-	.0040-	.0042-	.0046-	.0047-	.0047-
.20	.0008-	.0026-	.0038-	.0048-	.0060-	.0071-	.0074-	.0083-	.0087-	.0087-
.25	.0010-	.0040-	.0059-	.0075-	.0093-	.0108-	.0117-	.0130-	.0136-	.0136-
.30	.0015-	.0057-	.0083-	.0106-	.0131-	.0155-	.0169-	.0187-	.0197-	.0196-
.35	.0023-	.0075-	.0110-	.0142-	.0176-	.0208-	.0229-	.0254-	.0267-	.0267-
.40	.0032-	.0096-	.0141-	.0179-	.0227-	.0268-	.0297-	.0330-	.0346-	.0348-
.45	.0043-	.0118-	.0174-	.0223-	.0282-	.0334-	.0372-	.0412-	.0436-	.0440-
.50	.0054-	.0137-	.0202-	.0271-	.0340-	.0405-	.0451-	.0506-	.0535-	.0541-
.55	.0065-	.0158-	.0233-	.0320-	.0397-	.0472-	.0540-	.0606-	.0643-	.0652-
.60	.0077-	.0179-	.0262-	.0368-	.0457-	.0547-	.0633-	.0713-	.0759-	.0770-
.65	.0080-	.0197-	.0289-	.0415-	.0515-	.0623-	.0728-	.0817-	.0880-	.0897-
.70	.0090-	.0214-	.0313-	.0440-	.0569-	.0696-	.0823-	.0931-	.1009-	.1033-
.75	.0099-	.0229-	.0334-	.0470-	.0618-	.0763-	.0914-	.1048-	.1142-	.1174-
.80	.0108-	.0242-	.0352-	.0493-	.0648-	.0822-	.0970-	.1160-	.1276-	.1322-
.85	.0116-	.0252-	.0367-	.0509-	.0673-	.0843-	.1032-	.1235-	.1407-	.1474-
.90	.0122-	.0260-	.0378-	.0520-	.0687-	.0865-	.1069-	.1300-	.1510-	.1631-
.95	.0127-	.0265-	.0385-	.0526-	.0694-	.0873-	.1087-	.1332-	.1588-	.1791-
1.00	.0130-	.0268-	.0389-	.0527-	.0693-	.0872-	.1088-	.1335-	.1602-	.1953-

→ y : ly; ↓ x : lx

Spalte	0.55	0.60	0.65	0.70	0.75	0.80	0.85	0.90	0.95	
.05	.0005-	.0005-	.0005-	.0004-	.0004-	.0003-	.0002-	.0002-	.0001-	
.10	.0021-	.0020-	.0018-	.0018-	.0015-	.0012-	.0010-	.0007-	.0003-	
.15	.0047-	.0046-	.0042-	.0040-	.0034-	.0028-	.0022-	.0015-	.0005-	
.20	.0087-	.0083-	.0074-	.0071-	.0060-	.0048-	.0038-	.0026-	.0008-	
.25	.0136-	.0130-	.0117-	.0108-	.0093-	.0075-	.0059-	.0040-	.0010-	
.30	.0197-	.0187-	.0169-	.0155-	.0131-	.0106-	.0083-	.0057-	.0015-	
.35	.0267-	.0254-	.0229-	.0208-	.0176-	.0142-	.0110-	.0075-	.0023-	
.40	.0346-	.0330-	.0297-	.0268-	.0227-	.0179-	.0141-	.0096-	.0032-	
.45	.0436-	.0412-	.0372-	.0334-	.0282-	.0223-	.0174-	.0118-	.0043-	
.50	.0535-	.0506-	.0451-	.0405-	.0340-	.0271-	.0202-	.0137-	.0054-	
.55	.0643-	.0606-	.0540-	.0472-	.0397-	.0320-	.0233-	.0158-	.0065-	
.60	.0759-	.0713-	.0633-	.0547-	.0457-	.0368-	.0262-	.0179-	.0077-	
.65	.0880-	.0817-	.0728-	.0623-	.0515-	.0415-	.0289-	.0197-	.0080-	
.70	.1009-	.0931-	.0823-	.0696-	.0569-	.0440-	.0313-	.0214-	.0090-	
.75	.1142-	.1048-	.0914-	.0763-	.0618-	.0470-	.0334-	.0229-	.0099-	
.80	.1276-	.1160-	.0970-	.0822-	.0648-	.0493-	.0352-	.0242-	.0108-	
.85	.1407-	.1235-	.1032-	.0843-	.0673-	.0509-	.0367-	.0252-	.0116-	
.90	.1510-	.1300-	.1069-	.0865-	.0687-	.0520-	.0378-	.0260-	.0122-	
.95	.1588-	.1332-	.1087-	.0873-	.0694-	.0526-	.0385-	.0265-	.0127-	
1.00	.1602-	.1335-	.1088-	.0872-	.0693-	.0527-	.0389-	.0268-	.0130-	

Auswertung aus Hoeland „Stützmomenten-Einflußfelder durchlaufender Platten" Tafel Nr. 4

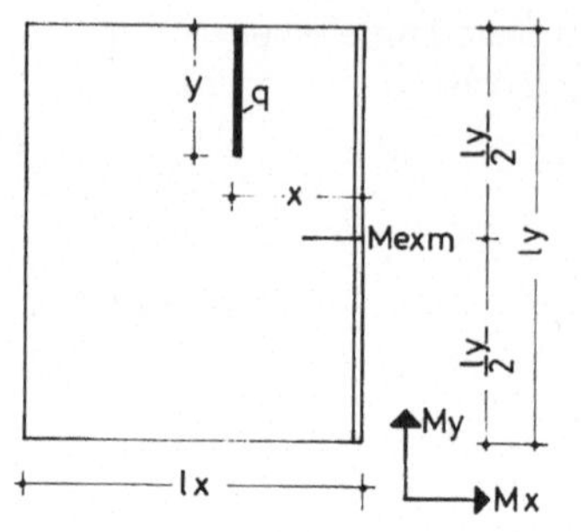

Stützmoment Mexm in Seitenmitte einer Rechteckplatte aus Linienlast in ly-Richtung.
Stützung 2b

$\frac{ly}{lx} = 1{,}33$

$\mu = 0$

Faktor = q · ly

Mexm
2b 1.33

F 2.1,33.3.2

→ x : lx, ↓ y : ly

Spalte										
	0.05	0.10	0.15	0.20	0.25	0.30	0.35	0.40	0.45	0.50
.05	.0000	.0001-	.0001	.0001-	.0002-	.0003-	.0004-	.0004-	.0005-	.0005-
.10	.0001-	.0005-	.0002	.0003-	.0007-	.0012-	.0015-	.0018-	.0019-	.0020-
.15	.0004-	.0012-	.0002	.0010-	.0019-	.0030-	.0036-	.0042-	.0043-	.0047-
.20	.0008-	.0022-	.0003-	.0024-	.0040-	.0057-	.0067-	.0080-	.0082-	.0085-
.25	.0015-	.0035-	.0015-	.0047-	.0082-	.0104-	.0117-	.0131-	.0133-	.0136-
.30	.0024-	.0053-	.0036-	.0099-	.0131-	.016[illegible]-	.0178-	.0196-	.0199-	.0201-
.35	.0037-	.0078-	.0098-	.0155-	.0201-	.0239-	.0261-	.0280-	.0279-	.0278-
.40	.0061-	.0114-	.0164-	.0240-	.0295-	.0339-	.0361-	.0379-	.0376-	.0369-
.45	.0092-	.0203-	.0269-	.0356-	.0416-	.0459-	.0478-	.0492-	.0485-	.0471-
.50	.0208-	.0341-	.0416-	.0504-	.0560-	.0599-	.0609-	.0611-	.0603-	.0579-
.55	.0319-	.0479-	.0556-	.0642-	.0695-	.0746-	.0747-	.0732-	.0706-	.0676-
.60	.0355-	.0560-	.0661-	.0758-	.0816-	.0850-	.0854-	.0844-	.0814-	.0777-
.65	.0373-	.0602-	.0727-	.0842-	.0910-	.0950-	.0953-	.0944-	.0913-	.0871-
.70	.0387-	.0627-	.0769-	.0898-	.0979-	.1027-	.1034-	.1025-	.0988-	.0943-
.75	.0397-	.0645-	.0797-	.0940-	.1027-	.1084-	.1096-	.1091-	.1053-	.1007-
.80	.0404-	.0658-	.0812-	.0967-	.1065-	.1128-	.1143-	.114[illegible]-	.1104-	.1058-
.85	.0408-	.0668-	.0817-	.0982-	.1087-	.1157-	.1176-	.1179-	.1142-	.1097-
.90	.0410-	.0675-	.0816-	.0983-	.1099-	.1175-	.1197-	[illegible]	.1167-	.1123-
.95	.0410-	.0679-	.0810-	.0988-	.1103-	.1183-	.1208-	.1217-	.1181-	.1138-
1.00	.0408-	.0679-	.0803-	.0984-	.1100-	.1183-	.1210-	[illegible]	.1184-	.1143-

→ x : lx, ↓ y : ly

Spalte										
	0.55	0.60	0.65	0.70	0.75	0.80	0.85	0.90	0.95	
.05	.0005-	.0005-	.0004-	.0004-	.0003-	.0003-	.0003-	.0002-	.0001-	
.10	.0020-	.0019-	.0018-	.0016-	.0013-	.0012-	.0010-	.0008-	.0004-	
.15	.0046-	.0043-	.0040-	.0035-	.0030-	.0026-	.0023-	.0018-	.0008-	
.20	.0082-	.0079-	.0072-	.0063-	.0054-	.0046-	.0040-	.0031-	.0015-	
.25	.0131-	.0125-	.0115-	.0101-	.0085-	.0071-	.0060-	.0047-	.0022-	
.30	.0192-	.0182-	.0167-	.0146-	.0125-	.0101-	.0085-	.0066-	.0031-	
.35	.0264-	.0249-	.0228-	.0201-	.0170-	.0137-	.0112-	.0086-	.0040-	
.40	.0345-	.0326-	.0296-	.0261-	.0221-	.0176-	.0142-	.0108-	.0051-	
.45	.0438-	.0405-	.0370-	.0327-	.0276-	.0219-	.0174-	.0131-	.0062-	
.50	.0537-	.0492-	.0449-	.0396-	.0333-	.0264-	.0208-	.0154-	.0073-	
.55	.0639-	.0582-	.0513-	.0451-	.0391-	.0309-	.0231-	.0166-	.0079-	
.60	.0739-	.0658-	.0585-	.0515-	.0448-	.0354-	.0261-	.0187-	.0089-	
.65	.0801-	.0733-	.0653-	.0576-	.0503-	.0389-	.0290-	.0207-	.0099-	
.70	.0873-	.0800-	.0715-	.0632-	.0554-	.0424-	.0317-	.0227-	.0108-	
.75	.0933-	.0858-	.0770-	.0681-	.0568-	.0454-	.0341-	.0245-	.0117-	
.80	.0982-	.0906-	.0804-	.0709-	.0599-	.0479-	.0362-	.0261-	.0125-	
.85	.1018-	.0937-	.0836-	.0737-	.0623-	.0499-	.0379-	.0275-	.0131-	
.90	.1043-	.0962-	.0859-	.0756-	.0640-	.0514-	.0393-	.0287-	.0136-	
.95	.1058-	.0976-	.0872-	.0768-	.0650-	.0523-	.0402-	.0294-	.0140-	
1.00	.1063-	.0980-	.0876-	.0771-	.0653-	.0526-	.0406-	.0299-	.0141-	

Auswertung aus Hoeland „Stützmomenten-Einflußfelder durchlaufender Platten" Tafel Nr. 4

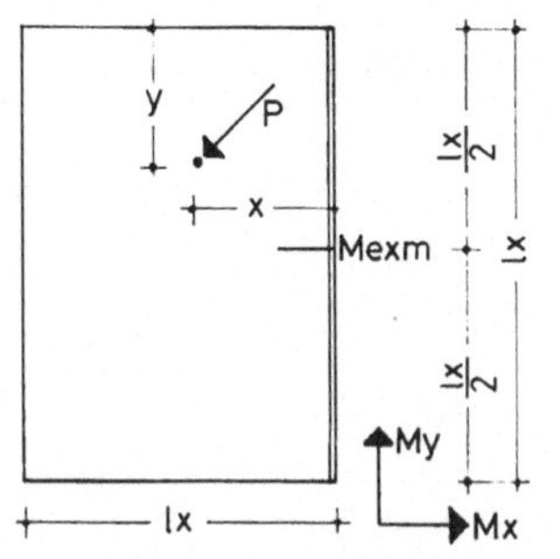

Stützmoment Mexm in Seitenmitte einer Rechteckplatte aus einer Einzellast.
Stützung 2b

$\frac{ly}{lx} = 1{,}33$

$\mu = 0$

Faktor = P

Mexm

2a 1.33

F 2.1,33.3.3

x : lx →, y : ly ↓

Spalte										
	0.05	0.10	0.15	0.20	0.25	0.30	0.35	0.40	0.45	0.50
.05	.0015-	.0053-	.0016	.0039-	.0079-	.0126-	.0156-	.0183-	.0190-	.0205-
.10	.0041-	.0111-	.0020-	.0125-	.0202-	.0286-	.0338-	.0387-	.0398-	.0420-
.15	.0077-	.0174-	.0108-	.0258-	.0369-	.0480-	.0548-	.0613-	.0626-	.0645-
.20	.0124-	.0242-	.0248-	.0438-	.0582-	.0708-	.0784-	.0866-	.0880-	.0889-
.25	.0181-	.0316-	.0441-	.0666-	.0838-	.0989-	.1077-	.1163-	.1165-	.1154-
.30	.0248-	.0394-	.0685-	.0956-	.1175-	.1345-	.1433-	.1489-	.1458-	.1420-
.35	.0326-	.0618-	.1035-	.1382-	.1619-	.1772-	.1810-	.1815-	.1767-	.1686-
.40	.0419-	.1159-	.1663-	.1990-	.2150-	.2203-	.2171-	.2099-	.2024-	.1902-
.45	.1194-	.2196-	.2569-	.2660-	.2658-	.2603-	.2502-	.2344-	.2200-	.2046-
.50	.3160-	.3139-	.3051-	.2970-	.2872-	.2755-	.2620-	.2467-	.2297-	.2117-
.55	.1194-	.2196-	.2569-	.2660-	.2658-	.2602-	.2502-	.2348-	.2200-	.2046-
.60	.0419-	.1159-	.1663-	.1990-	.2150-	.2203-	.2171-	.2113-	.2024-	.1902-
.65	.0325-	.0618-	.1035-	.1382-	.1619-	.1772-	.1809-	.1826-	.1767-	.1685-
.70	.0248-	.0394-	.0684-	.0956-	.1175-	.1345-	.1433-	.1489-	.1458-	.1420-
.75	.0181-	.0316-	.0441-	.0665-	.0838-	.0989-	.1077-	.1163-	.1165-	.1154-
.80	.0124-	.0242-	.0249-	.0438-	.0581-	.0708-	.0784-	.0866-	.0880-	.0889-
.85	.0078-	.0174-	.0109-	.0258-	.0369-	.0480-	.0547-	.0613-	.0626-	.0645-
.90	.0041-	.0110-	.0021-	.0124-	.0202-	.0286-	.0338-	.0387-	.0398-	.0420-
.95	.0015-	.0052-	.0016	.0038-	.0078-	.0126-	.0155-	.0183-	.0189-	.0205-
1.00	.0000	.0002	.0000	.0001	.0000	.0000	.0001	.0001	.0000	.0000

x : lx →, y : ly ↓

Spalte										
	0.55	0.60	0.65	0.70	0.75	0.80	0.85	0.90	0.95	
.05	.0201-	.0190-	.0179-	.0156-	.0135-	.0115-	.0103-	.0083-	.0038-	
.10	.0408-	.0388-	.0361-	.0316-	.0272-	.0228-	.0198-	.0156-	.0073-	
.15	.0621-	.0594-	.0548-	.0481-	.0412-	.0338-	.0284-	.0221-	.0103-	
.20	.0846-	.0808-	.0738-	.0649-	.0555-	.0446-	.0362-	.0278-	.0130-	
.25	.1089-	.1031-	.0939-	.0825-	.0700-	.0552-	.0432-	.0325-	.0153-	
.30	.1320-	.1233-	.1117-	.0994-	.0842-	.0655-	.0493-	.0364-	.0172-	
.35	.1540-	.1415-	.1264-	.1127-	.0953-	.0756-	.0546-	.0393-	.0188-	
.40	.1750-	.1577-	.1381-	.1224-	.1032-	.0831-	.0590-	.0414-	.0199-	
.45	.1883-	.1692-	.1467-	.1285-	.1079-	.0869-	.0626-	.0427-	.0207-	
.50	.1927-	.1730-	.1523-	.1308-	.1095-	.0882-	.0654-	.0430-	.0211-	
.55	.1883-	.1692-	.1466-	.1284-	.1080-	.0870-	.0627-	.0425-	.0206-	
.60	.1750-	.1577-	.1381-	.1224-	.1032-	.0832-	.0591-	.0414-	.0199-	
.65	.1539-	.1415-	.1264-	.1127-	.0953-	.0756-	.0546-	.0393-	.0187-	
.70	.1320-	.1233-	.1117-	.0995-	.0843-	.0656-	.0493-	.0364-	.0172-	
.75	.1089-	.1031-	.0940-	.0826-	.0700-	.0552-	.0432-	.0326-	.0153-	
.80	.0846-	.0808-	.0738-	.0650-	.0555-	.0446-	.0362-	.0279-	.0130-	
.85	.0621-	.0594-	.0548-	.0481-	.0412-	.0338-	.0284-	.0223-	.0103-	
.90	.0408-	.0388-	.0361-	.0316-	.0272-	.0228-	.0197-	.0159-	.0071-	
.95	.0201-	.0190-	.0178-	.0156-	.0134-	.0115-	.0102-	.0085-	.0036-	
1.00	.0000	.0000	.0000	.0000	.0001	.0001	.0002	.0003-	.0003	

Auswertung aus Hoeland „Stützmomenten-Einflußfelder durchlaufender Platten" Tafel Nr. 4

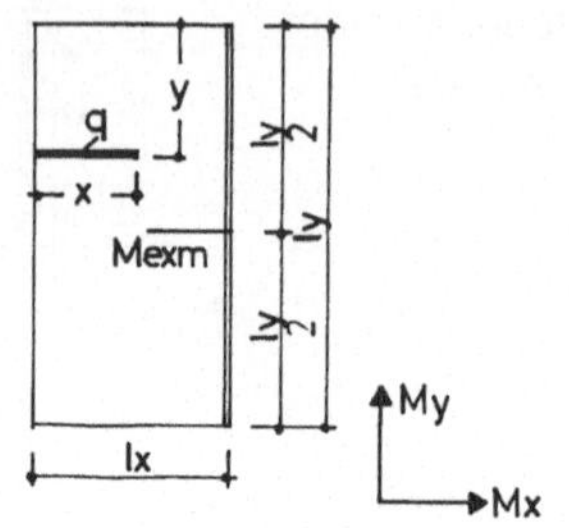

Stützmoment Mexm in Seitenmitte einer Rechteckplatte aus Linienlast in lx-Richtung.
Stützung 2b

$\frac{ly}{lx} = 2,0$

$\mu = 0$

Faktor = q · lx

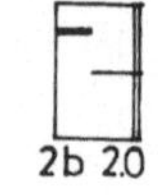

F 2.2,0.3.1

→ y : ly, ↓ x : lx

Spalte	0.05	0.10	0.15	0.20	0.25	0.30	0.35	0.40	0.45	0.50
.05	.0001-	.0001-	.0002-	.0002-	.0003-	.0004-	.0005-	.0005-	.0005-	.0005-
.10	.0003-	.0005-	.0007-	.0010-	.0013-	.0016-	.0018-	.0020-	.0022-	.0022-
.15	.0005-	.0011-	.0016-	.0021-	.0028-	.0036-	.0041-	.0044-	.0049-	.0049-
.20	.0009-	.0018-	.0028-	.0037-	.0049-	.0063-	.0073-	.0080-	.0090-	.0090-
.25	.0013-	.0027-	.0042-	.0056-	.0075-	.0096-	.0112-	.0126-	.0140-	.0141-
.30	.0018-	.0037-	.0057-	.0078-	.0104-	.0131-	.0159-	.0181-	.0201-	.0203-
.35	.0023-	.0047-	.0074-	.0102-	.0137-	.0174-	.0214-	.0244-	.0272-	.0276-
.40	.0027-	.0057-	.0091-	.0128-	.0173-	.0223-	.0274-	.0316-	.0352-	.0358-
.45	.0027-	.0060-	.0099-	.0147-	.0211-	.0275-	.0340-	.0392-	.0443-	.0450-
.50	.0029-	.0067-	.0114-	.0173-	.0236-	.0329-	.0409-	.0478-	.0543-	.0553-
.55	.0032-	.0075-	.0129-	.0197-	.0269-	.0384-	.0472-	.0569-	.0652-	.0665-
.60	.0035-	.0083-	.0145-	.0219-	.0299-	.0438-	.0542-	.0664-	.0768-	.0786-
.65	.0042-	.0097-	.0165-	.0240-	.0326-	.0490-	.0612-	.0760-	.0883-	.0915-
.70	.0046-	.0106-	.0180-	.0258-	.0350-	.0515-	.0679-	.0854-	.1006-	.1051-
.75	.0050-	.0114-	.0192-	.0275-	.0371-	.0549-	.0739-	.0944-	.1130-	.1194-
.80	.0053-	.0121-	.0202-	.0289-	.0389-	.0574-	.0772-	.0996-	.1248-	.1342-
.85	.0056-	.0126-	.0210-	.0300-	.0403-	.0591-	.0802-	.1056-	.1360-	.1495-
.90	.0058-	.0130-	.0216-	.0309-	.0413-	.0600-	.0818-	.1091-	.1447-	.1652-
.95	.0060-	.0133-	.0219-	.0315-	.0420-	.0604-	.0823-	.1105-	.1492-	.1812-
1.00	.0060-	.0134-	.0220-	.0318-	.0423-	.0603-	.0821-	.1103-	.1496-	.1974-

→ y : ly, ↓ x : lx

Spalte	0.55	0.60	0.65	0.70	0.75	0.80	0.85	0.90	0.95	
.05	.0005-	.0005-	.0005-	.0004-	.0003-	.0002-	.0002-	.0001-	.0001-	
.10	.0022-	.0020-	.0018-	.0016-	.0013-	.0010-	.0007-	.0005-	.0003-	
.15	.0049-	.0044-	.0041-	.0036-	.0028-	.0021-	.0016-	.0011-	.0005-	
.20	.0090-	.0080-	.0073-	.0063-	.0049-	.0037-	.0028-	.0018-	.0009-	
.25	.0140-	.0126-	.0112-	.0096-	.0075-	.0056-	.0042-	.0027-	.0013-	
.30	.0201-	.0181-	.0159-	.0131-	.0104-	.0078-	.0057-	.0037-	.0018-	
.35	.0272-	.0244-	.0214-	.0174-	.0137-	.0102-	.0074-	.0047-	.0023-	
.40	.0352-	.0316-	.0274-	.0223-	.0173-	.0128-	.0091-	.0057-	.0027-	
.45	.0443-	.0392-	.0340-	.0275-	.0211-	.0147-	.0099-	.0060-	.0027-	
.50	.0543-	.0478-	.0409-	.0329-	.0236-	.0173-	.0114-	.0067-	.0029-	
.55	.0652-	.0569-	.0472-	.0384-	.0269-	.0197-	.0129-	.0075-	.0032-	
.60	.0768-	.0664-	.0542-	.0438-	.0299-	.0219-	.0145-	.0083-	.0035-	
.65	.0883-	.0760-	.0612-	.0490-	.0326-	.0240-	.0165-	.0097-	.0042-	
.70	.1006-	.0854-	.0679-	.0515-	.0350-	.0258-	.0180-	.0106-	.0046-	
.75	.1130-	.0944-	.0739-	.0549-	.0371-	.0275-	.0192-	.0114-	.0050-	
.80	.1248-	.0996-	.0772-	.0574-	.0389-	.0289-	.0202-	.0121-	.0053-	
.85	.1360-	.1056-	.0802-	.0591-	.0403-	.0300-	.0210-	.0126-	.0056-	
.90	.1447-	.1091-	.0818-	.0600-	.0413-	.0309-	.0216-	.0130-	.0058-	
.95	.1492-	.1105-	.0823-	.0604-	.0420-	.0315-	.0219-	.0133-	.0060-	
1.00	.1496-	.1103-	.0821-	.0603-	.0423-	.0318-	.0220-	.0134-	.0060-	

Auswertung aus Hoeland „Stützmomenten-Einflußfelder durchlaufender Platten" Tafel Nr. 1

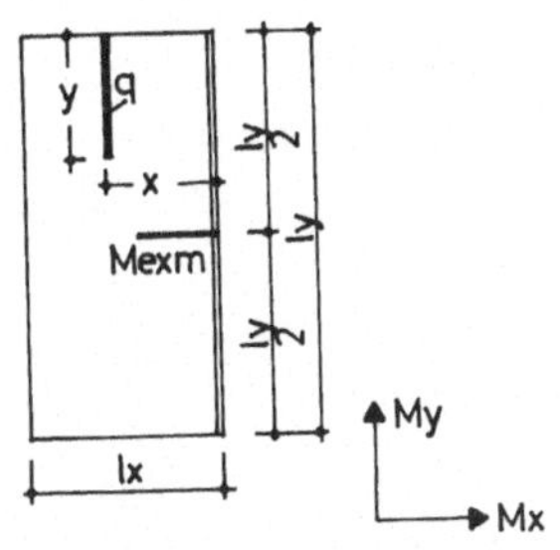

Stützmoment Mexm in Seitenmitte einer Rechteckplatte aus Linienlast in ly-Richtung.
Stützung 2b

2b 2.0

$\frac{ly}{lx} = 2{,}0$

F 2.2,0.3.2

$\mu = 0$

Faktor = q · ly

→ x : lx ; ↓ y : ly

Spalte	0.05	0.10	0.15	0.20	0.25	0.30	0.35	0.40	0.45	0.50
.05	.0000	.0001-	.0001-	.0001-	.0002	.0001	.0002	.0002-	.0001-	.0001-
.10	.0002-	.0003-	.0005-	.0006-	.0006	.0003	.0007	.0010-	.0005-	.0005-
.15	.0004-	.0008-	.0011-	.0013-	.0010	.0004	.0010	.0024-	.0013-	.0014-
.20	.0007-	.0013-	.0019-	.0024-	.0010	.0001-	.0006	.0044-	.0029-	.0031-
.25	.0011-	.0021-	.0030-	.0038-	.0003	.0015-	.0011-	.0073-	.0054-	.0057-
.30	.0014-	.0028-	.0042-	.0056-	.0016-	.0065-	.0082-	.0121-	.0108-	.0112-
.35	.0018-	.0037-	.0057-	.0079-	.0084-	.0115-	.0149-	.0179-	.0167-	.0169-
.40	.0025-	.0056-	.0094-	.0134-	.0154-	.0193-	.0229-	.0263-	.0248-	.0246-
.45	.0035-	.0085-	.0152-	.0213-	.0261-	.0302-	.0337-	.0371-	.0349-	.0342-
.50	.0153-	.0228-	.0303-	.0363-	.0402-	.0439-	.0464-	.0490-	.0466-	.0452-
.55	.0401-	.0441-	.0490-	.0532-	.0537-	.0589-	.0607-	.0611-	.0572-	.0550-
.60	.0281-	.0400-	.0511-	.0592-	.0645-	.0680-	.0700-	.0718-	.0675-	.0648-
.65	.0282-	.0401-	.0531-	.0630-	.0715-	.0757-	.0782-	.0799-	.0751-	.0719-
.70	.0292-	.0427-	.0563-	.0670-	.0758-	.0805-	.0848-	.0858-	.0810-	.0776-
.75	.0294-	.0433-	.0572-	.0683-	.0784-	.0841-	.0893-	.0901-	.0854-	.0821-
.80	.0299-	.0442-	.0586-	.0701-	.0796-	.0860-	.0919-	.0932-	.0883-	.0852-
.85	.0302-	.0448-	.0595-	.0712-	.0797-	.0867-	.0928-	.0954-	.0901-	.0870-
.90	.0304-	.0452-	.0601-	.0719-	.0791-	.0865-	.0924-	.0967-	.0909-	.0879-
.95	.0306-	.0455-	.0604-	.0723-	.0781-	.0858-	.0914-	.0973-	.0910-	.0881-
1.00	.0306-	.0456-	.0605-	.0725-	.0770-	.0848-	.0901-	.0973-	.0906-	.0877-

→ x : lx ; ↓ y : ly

Spalte	0.55	0.60	0.65	0.70	0.75	0.80	0.85	0.90	0.95	
.05	.0002-	.0002-	.0002-	.0002-	.0002-	.0002-	.0001-	.0001-	.0001-	
.10	.0007-	.0007-	.0007-	.0008-	.0006-	.0007-	.0005-	.0004-	.0003-	
.15	.0017-	.0017-	.0017-	.0018-	.0015-	.0016-	.0012-	.0009-	.0006-	
.20	.0035-	.0034-	.0034-	.0035-	.0029-	.0030-	.0022-	.0017-	.0010-	
.25	.0061-	.0060-	.0059-	.0059-	.0049-	.0050-	.0036-	.0027-	.0016-	
.30	.0113-	.0110-	.0105-	.0092-	.0076-	.0076-	.0059-	.0040-	.0023-	
.35	.0170-	.0165-	.0156-	.0145-	.0122-	.0109-	.0085-	.0056-	.0032-	
.40	.0241-	.0233-	.0218-	.0200-	.0169-	.0148-	.0115-	.0078-	.0042-	
.45	.0329-	.0312-	.0289-	.0263-	.0224-	.0192-	.0149-	.0099-	.0048-	
.50	.0430-	.0400-	.0367-	.0332-	.0283-	.0239-	.0185-	.0122-	.0050-	
.55	.0535-	.0492-	.0435-	.0391-	.0344-	.0276-	.0222-	.0145-	.0050-	
.60	.0635-	.0564-	.0505-	.0453-	.0404-	.0319-	.0258-	.0167-	.0051-	
.65	.0680-	.0631-	.0567-	.0509-	.0459-	.0357-	.0292-	.0184-	.0071-	
.70	.0737-	.0686-	.0621-	.0557-	.0471-	.0392-	.0322-	.0201-	.0080-	
.75	.0780-	.0727-	.0654-	.0586-	.0500-	.0420-	.0320-	.0214-	.0088-	
.80	.0810-	.0756-	.0681-	.0611-	.0521-	.0433-	.0335-	.0224-	.0094-	
.85	.0829-	.0775-	.0699-	.0629-	.0536-	.0447-	.0346-	.0232-	.0097-	
.90	.0839-	.0785-	.0709-	.0639-	.0544-	.0456-	.0353-	.0237-	.0100-	
.95	.0842-	.0788-	.0712-	.0643-	.0547-	.0461-	.0356-	.0239-	.0102-	
1.00	.0840-	.0786-	.0710-	.0642-	.0545-	.0463-	.0356-	.0239-	.0103-	

Auswertung aus Hoeland „Stützmomenten-Einflußfelder durchlaufender Platten" Tafel Nr. 1

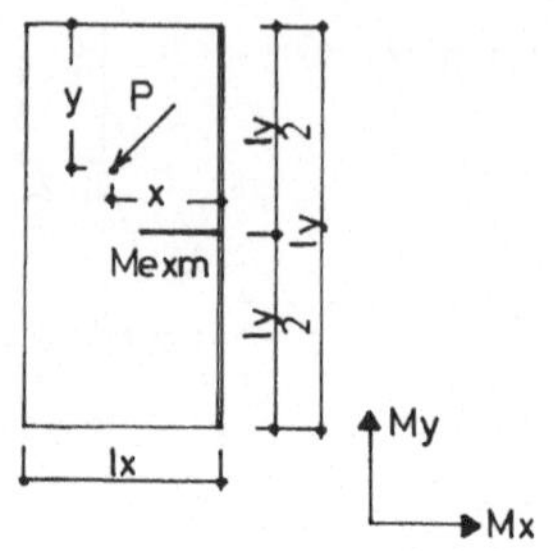

Stützmoment Mexm in Seitenmitte einer Rechteckplatte aus einer Einzellast.
Stützung 2b

$\frac{ly}{lx} = 2{,}0$

$\mu = 0$

Faktor = P

2b 2,0

F 2.2,0.3.3

x : lx → ; y : ly ↓

Spalte	0.05	0.10	0.15	0.20	0.25	0.30	0.35	0.40	0.45	0.50
.05	.0018-	.0034-	.0048-	.0059-	.0056	.0028	.0061	.0101-	.0050-	.0056-
.10	.0035-	.0067-	.0095-	.0120-	.0044	.0011-	.0020	.0224-	.0146-	.0158-
.15	.0052-	.0099-	.0142-	.0181-	.0035-	.0116-	.0123-	.0367-	.0290-	.0306-
.20	.0067-	.0130-	.0189-	.0244-	.0183-	.0288-	.0368-	.0531-	.0480-	.0501-
.25	.0081-	.0160-	.0236-	.0308-	.0398-	.0526-	.0715-	.0717-	.0717-	.0743-
.30	.0073-	.0170-	.0287-	.0428-	.0681-	.0827-	.1121-	.1001-	.1018-	.1009-
.35	.0100-	.0256-	.0468-	.0736-	.1083-	.1245-	.1455-	.1407-	.1386-	.1330-
.40	.0178-	.0516-	.0968-	.1328-	.1752-	.1858-	.1881-	.1900-	.1808-	.1714-
.45	.0468-	.1393-	.2038-	.2357-	.2533-	.2507-	.2389-	.2297-	.2139-	.2013-
.50	.3160-	.3119-	.3059-	.2981-	.2887-	.2776-	.2663-	.2502-	.2334-	.2146-
.55	.0468-	.1393-	.2038-	.2357-	.2533-	.2507-	.2389-	.2297-	.2139-	.2013-
.60	.0178-	.0516-	.0968-	.1328-	.1752-	.1858-	.1881-	.1899-	.1808-	.1714-
.65	.0100-	.0256-	.0468-	.0736-	.1083-	.1245-	.1455-	.1407-	.1386-	.1330-
.70	.0073-	.0170-	.0287-	.0428-	.0681-	.0827-	.1121-	.1001-	.1018-	.1009-
.75	.0081-	.0160-	.0236-	.0308-	.0398-	.0525-	.0715-	.0716-	.0716-	.0742-
.80	.0067-	.0130-	.0189-	.0244-	.0183-	.0287-	.0368-	.0531-	.0480-	.0501-
.85	.0052-	.0099-	.0142-	.0181-	.0035-	.0116-	.0123-	.0367-	.0290-	.0307-
.90	.0036-	.0067-	.0094-	.0119-	.0044	.0011-	.0019	.0223-	.0146-	.0158-
.95	.0019-	.0034-	.0047-	.0059-	.0056	.0028	.0060	.0100-	.0050-	.0056-
1.00	.0001-	.0001-	.0001	.0000	.0000	.0000	.0002-	.0002	.0000	.0001-

x : lx → ; y : ly ↓

Spalte	0.55	0.60	0.65	0.70	0.75	0.80	0.85	0.90	0.95	
.05	.0069-	.0069-	.0070-	.0078-	.0064-	.0072-	.0051-	.0040-	.0025-	
.10	.0176-	.0174-	.0171-	.0178-	.0147-	.0151-	.0111-	.0083-	.0050-	
.15	.0321-	.0314-	.0303-	.0300-	.0250-	.0237-	.0181-	.0131-	.0074-	
.20	.0503-	.0490-	.0468-	.0444-	.0372-	.0329-	.0261-	.0183-	.0096-	
.25	.0723-	.0701-	.0664-	.0609-	.0513-	.0445-	.0350-	.0240-	.0133-	
.30	.0991-	.0958-	.0895-	.0796-	.0673-	.0586-	.0457-	.0300-	.0162-	
.35	.1284-	.1220-	.1117-	.0997-	.0854-	.0703-	.0553-	.0365-	.0183-	
.40	.1593-	.1471-	.1300-	.1155-	.1007-	.0796-	.0622-	.0415-	.0196-	
.45	.1862-	.1683-	.1444-	.1271-	.1099-	.0865-	.0663-	.0437-	.0091-	
.50	.1952-	.1755-	.1551-	.1344-	.1130-	.0909-	.0677-	.0444-	.0056-	
.55	.1862-	.1683-	.1445-	.1271-	.1099-	.0865-	.0663-	.0437-	.0091-	
.60	.1592-	.1471-	.1300-	.1155-	.1007-	.0796-	.0622-	.0415-	.0196-	
.65	.1284-	.1220-	.1116-	.0997-	.0854-	.0703-	.0553-	.0364-	.0183-	
.70	.0991-	.0958-	.0895-	.0796-	.0673-	.0586-	.0456-	.0300-	.0162-	
.75	.0723-	.0702-	.0664-	.0609-	.0512-	.0445-	.0350-	.0239-	.0133-	
.80	.0503-	.0490-	.0468-	.0443-	.0372-	.0329-	.0261-	.0183-	.0096-	
.85	.0321-	.0315-	.0303-	.0300-	.0250-	.0237-	.0181-	.0131-	.0073-	
.90	.0176-	.0175-	.0171-	.0178-	.0147-	.0151-	.0111-	.0083-	.0050-	
.95	.0070-	.0070-	.0070-	.0078-	.0064-	.0072-	.0051-	.0040-	.0025-	
1.00	.0001-	.0001-	.0000	.0001	.0000	.0001	.0000	.0000	.0000	

Auswertung aus Hoeland „Stützmomenten-Einflußfelder durchlaufender Platten" Tafel Nr. 1

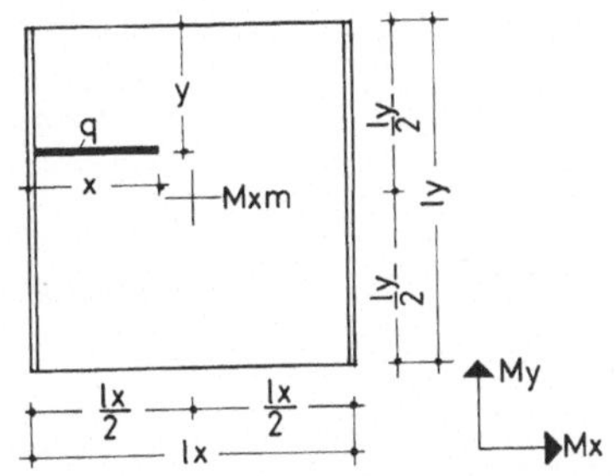

Feldmoment Mxm in Feldmitte einer Rechteckplatte aus Linienlast in lx-Richtung.

$\frac{ly}{lx} = 1{,}0$

$\mu = 0$

Faktor = q · lx

Stützung 3 b

Mxm

1.0 3

F 3.1,0.1.1

→ y : ly ; ↓ x : lx

Spalte										
	0.05	0.10	0.15	0.20	0.25	0.30	0.35	0.40	0.45	0.50
.05	.0000	.0001	.0000	.0000	.0000	.0000	.0000	.0000	.0001-	.0001-
.10	.0002	.0002	.0002	.0002	.0001	.0000	.0001-	.0002-	.0002-	.0002-
.15	.0004	.0005	.0004	.0004	.0003	.0001	.0000	.0002-	.0003-	.0003-
.20	.0006	.0010	.0008	.0009	.0008	.0005	.0003	.0000	.0002-	.0002-
.25	.0010	.0015	.0017	.0020	.0021	.0019	.0016	.0012	.0010	.0009
.30	.0014	.0023	.0027	.0032	.0036	.0035	.0032	.0027	.0023	.0021
.35	.0019	.0032	.0040	.0050	.0056	.0057	.0056	.0050	.0045	.0043
.40	.0024	.0044	.0057	.0073	.0082	.0088	.0094	.0087	.0080	.0072
.45	.0031	.0057	.0078	.0099	.0113	.0134	.0147	.0143	.0130	.0125
.50	.0037	.0071	.0100	.0128	.0148	.0184	.0211	.0217	.0220	.0225
.55	.0043	.0083	.0119	.0153	.0183	.0236	.0279	.0283	.0309	.0325
.60	.0049	.0095	.0140	.0179	.0214	.0271	.0343	.0341	.0360	.0375
.65	.0054	.0107	.0156	.0202	.0241	.0304	.0350	.0374	.0397	.0403
.70	.0059	.0117	.0169	.0219	.0262	.0326	.0373	.0396	.0417	.0427
.75	.0063	.0122	.0178	.0231	.0275	.0343	.0390	.0412	.0432	.0439
.80	.0066	.0128	.0186	.0240	.0284	.0353	.0399	.0420	.0440	.0447
.85	.0069	.0131	.0191	.0246	.0291	.0358	.0403	.0424	.0443	.0450
.90	.0071	.0133	.0193	.0249	.0294	.0360	.0405	.0424	.0443	.0449
.95	.0072	.0134	.0194	.0249	.0294	.0360	.0403	.0423	.0440	.0446
1.00	.0073	.0134	.0194	.0249	.0292	.0358	.0401	.0420	.0437	.0443

→ y : ly ; ↓ x : lx

Spalte										
	0.55	0.60	0.65	0.70	0.75	0.80	0.85	0.90	0.95	
.05	.0001-	.0000	.0000	.0000	.0000	.0000	.0000	.0001	.0000	
.10	.0002-	.0002-	.0001-	.0000	.0001	.0002	.0002	.0002	.0002	
.15	.0003-	.0002-	.0000	.0001	.0003	.0004	.0004	.0005	.0004	
.20	.0002-	.0000	.0003	.0005	.0008	.0009	.0008	.0010	.0006	
.25	.0010	.0012	.0016	.0019	.0021	.0020	.0017	.0015	.0010	
.30	.0023	.0027	.0032	.0035	.0036	.0032	.0027	.0023	.0014	
.35	.0045	.0050	.0056	.0057	.0056	.0050	.0040	.0032	.0019	
.40	.0080	.0087	.0094	.0088	.0082	.0073	.0057	.0044	.0024	
.45	.0130	.0143	.0147	.0134	.0113	.0099	.0078	.0057	.0031	
.50	.0220	.0217	.0211	.0184	.0148	.0128	.0100	.0071	.0037	
.55	.0309	.0283	.0279	.0236	.0183	.0153	.0119	.0083	.0043	
.60	.0360	.0341	.0343	.0271	.0214	.0179	.0140	.0095	.0049	
.65	.0397	.0374	.0350	.0304	.0241	.0202	.0156	.0107	.0054	
.70	.0417	.0396	.0373	.0326	.0262	.0219	.0169	.0117	.0059	
.75	.0432	.0412	.0390	.0343	.0275	.0231	.0178	.0122	.0063	
.80	.0440	.0420	.0399	.0353	.0284	.0240	.0186	.0128	.0066	
.85	.0443	.0424	.0403	.0358	.0291	.0246	.0191	.0131	.0069	
.90	.0443	.0424	.0405	.0360	.0294	.0249	.0193	.0133	.0071	
.95	.0440	.0423	.0403	.0360	.0294	.0249	.0194	.0134	.0072	
1.00	.0437	.0420	.0401	.0358	.0292	.0249	.0194	.0134	.0073	

Auswertung aus Pucher „Einflußfelder elastischer Platten“ Tafel Nr. 51

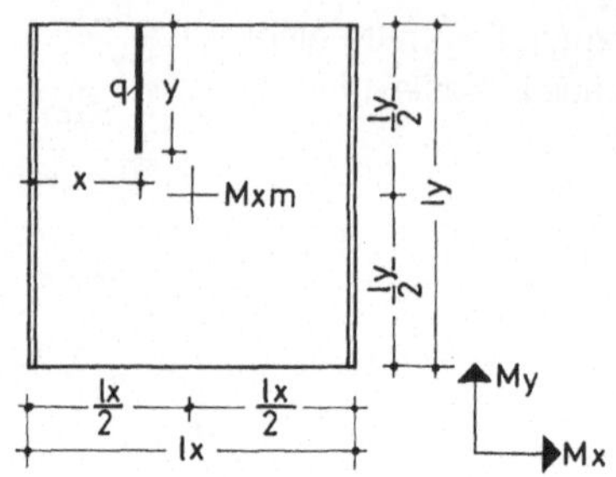

Feldmoment Mxm in Feldmitte einer Rechteckplatte aus Linienlast in ly-Richtung.

$\frac{ly}{lx} = 1{,}0$

$\mu = 0$

Faktor = q · ly

Stützung 3b

Mxm

1.0 3

F 3.1,0.1.2

x : lx →, y : ly ↓

Spalte										
	0.05	0.10	0.15	0.20	0.25	0.30	0.35	0.40	0.45	0.50
.05	.0000	.0001	.0001	.0001	.0002	.0002	.0003	.0003	.0003	.0003
.10	.0002	.0003	.0003	.0005	.0007	.0009	.0010	.0012	.0013	.0014
.15	.0003	.0006	.0007	.0011	.0014	.0018	.0023	.0027	.0030	.0031
.20	.0005	.0010	.0012	.0018	.0024	.0031	.0041	.0049	.0054	.0055
.25	.0004	.0010	.0016	.0026	.0035	.0048	.0063	.0078	.0085	.0087
.30	.0005	.0012	.0020	.0032	.0049	.0067	.0089	.0113	.0128	.0129
.35	.0005	.0013	.0024	.0038	.0060	.0088	.0117	.0155	.0179	.0185
.40	.0004	.0014	.0027	.0044	.0071	.0109	.0146	.0200	.0240	.0253
.45	.0004	.0014	.0030	.0048	.0081	.0130	.0174	.0245	.0307	.0341
.50	.0003	.0013	.0032	.0053	.0091	.0149	.0201	.0287	.0368	.0477
.55	.0002	.0013	.0034	.0057	.0101	.0161	.0227	.0330	.0426	.0613
.60	.0000	.0012	.0037	.0062	.0113	.0180	.0256	.0375	.0500	.0702
.65	.0001	.0014	.0040	.0067	.0125	.0201	.0284	.0420	.0561	.0765
.70	.0001	.0016	.0044	.0072	.0138	.0222	.0312	.0461	.0613	.0823
.75	.0001	.0017	.0048	.0079	.0150	.0243	.0338	.0497	.0654	.0866
.80	.0002	.0020	.0053	.0092	.0162	.0255	.0361	.0526	.0686	.0897
.85	.0003	.0022	.0057	.0098	.0173	.0268	.0379	.0548	.0710	.0920
.90	.0004	.0025	.0061	.0104	.0175	.0277	.0391	.0563	.0727	.0941
.95	.0006	.0028	.0064	.0108	.0180	.0284	.0399	.0572	.0737	.0951
1.00	.0007	.0029	.0065	.0110	.0183	.0286	.0401	.0575	.0740	.0954

x : lx →, y : ly ↓

Spalte										
	0.55	0.60	0.65	0.70	0.75	0.80	0.85	0.90	0.95	
.05	.0003	.0003	.0003	.0002	.0002	.0001	.0001	.0001	.0000	
.10	.0013	.0012	.0010	.0009	.0007	.0005	.0003	.0003	.0002	
.15	.0030	.0027	.0023	.0018	.0014	.0011	.0007	.0006	.0003	
.20	.0054	.0049	.0041	.0031	.0024	.0018	.0012	.0010	.0005	
.25	.0085	.0078	.0063	.0048	.0035	.0026	.0016	.0010	.0004	
.30	.0128	.0113	.0089	.0067	.0049	.0032	.0020	.0012	.0005	
.35	.0179	.0155	.0117	.0088	.0060	.0038	.0024	.0013	.0005	
.40	.0240	.0200	.0146	.0109	.0071	.0044	.0027	.0014	.0004	
.45	.0307	.0245	.0174	.0130	.0081	.0048	.0030	.0014	.0004	
.50	.0368	.0287	.0201	.0149	.0091	.0053	.0032	.0013	.0003	
.55	.0426	.0330	.0227	.0161	.0101	.0057	.0034	.0013	.0002	
.60	.0500	.0375	.0256	.0180	.0113	.0062	.0037	.0012	.0000	
.65	.0561	.0420	.0284	.0201	.0125	.0067	.0040	.0014	.0001	
.70	.0613	.0461	.0312	.0222	.0138	.0072	.0044	.0016	.0001	
.75	.0654	.0497	.0338	.0243	.0150	.0079	.0048	.0017	.0001	
.80	.0686	.0526	.0361	.0255	.0162	.0092	.0053	.0020	.0002	
.85	.0710	.0548	.0379	.0268	.0173	.0098	.0057	.0022	.0003	
.90	.0727	.0563	.0391	.0277	.0175	.0104	.0061	.0025	.0004	
.95	.0737	.0572	.0399	.0284	.0180	.0108	.0064	.0028	.0006	
1.00	.0740	.0575	.0401	.0286	.0183	.0110	.0065	.0029	.0007	

Auswertung aus Pucher „Einflußfelder elastischer Platten" Tafel Nr. 51

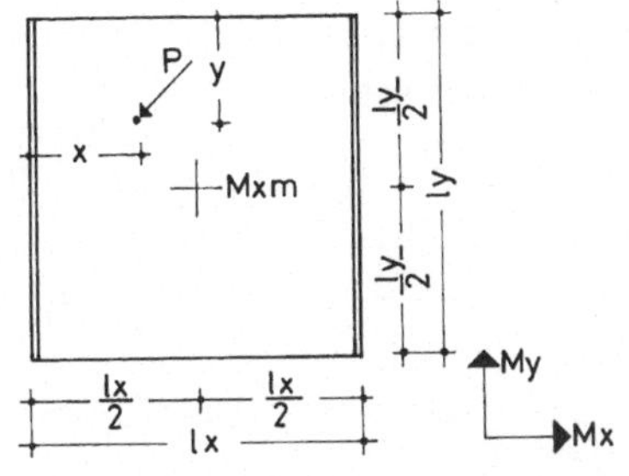

Feldmoment Mxm in Feldmitte einer Rechteckplatte aus einer Einzellast.

$\frac{ly}{lx} = 1{,}0$

$\mu = 0$

Faktor = P

Stützung 3 b

Mxm
1.0 3

F 3.1,0.1.3

x : lx →, y : ly ↓

Spalte										
	0.05	0.10	0.15	0.20	0.25	0.30	0.35	0.40	0.45	0.50
.05	.0015	.0030	.0033	.0049	.0068	.0088	.0105	.0123	.0133	.0137
.10	.0023	.0048	.0060	.0089	.0124	.0159	.0200	.0233	.0259	.0270
.15	.0023	.0053	.0080	.0121	.0171	.0228	.0302	.0369	.0406	.0412
.20	.0016	.0046	.0093	.0144	.0212	.0303	.0408	.0510	.0562	.0571
.25	.0010	.0039	.0091	.0160	.0241	.0356	.0489	.0644	.0733	.0756
.30	.0004	.0031	.0082	.0138	.0258	.0387	.0543	.0772	.0928	.0968
.35	.0002-	.0021	.0072	.0121	.0237	.0399	.0572	.0875	.1126	.1205
.40	.0008-	.0010	.0060	.0109	.0217	.0394	.0575	.0914	.1318	.1527
.45	.0016-	.0004-	.0047	.0102	.0201	.0370	.0552	.0887	.1295	.2019
.50	.0019-	.0008-	.0031	.0099	.0186	.0328	.0503	.0796	.1231	.3284*
.55	.0016-	.0004-	.0047	.0102	.0214	.0370	.0553	.0888	.1294	.2019
.60	.0008-	.0009	.0060	.0109	.0231	.0394	.0576	.0914	.1318	.1526
.65	.0002-	.0021	.0072	.0121	.0239	.0400	.0573	.0875	.1126	.1205
.70	.0004	.0031	.0082	.0138	.0236	.0387	.0544	.0772	.0928	.0968
.75	.0010	.0039	.0091	.0159	.0224	.0356	.0488	.0644	.0733	.0756
.80	.0016	.0046	.0093	.0144	.0202	.0303	.0407	.0510	.0562	.0570
.85	.0023	.0053	.0080	.0121	.0170	.0228	.0302	.0369	.0405	.0412
.90	.0023	.0048	.0060	.0089	.0124	.0159	.0200	.0233	.0259	.0270
.95	.0015	.0030	.0034	.0049	.0067	.0088	.0105	.0122	.0133	.0137
1.00	.0000	.0000	.0001	.0000	.0000	.0000	.0000	.0000	.0000	.0000

x : lx →, y : ly ↓

Spalte										
	0.55	0.60	0.65	0.70	0.75	0.80	0.85	0.90	0.95	
.05	.0133	.0123	.0105	.0088	.0068	.0049	.0033	.0030	.0015	
.10	.0259	.0233	.0200	.0159	.0124	.0089	.0060	.0048	.0023	
.15	.0406	.0369	.0302	.0228	.0171	.0121	.0080	.0053	.0023	
.20	.0562	.0510	.0408	.0303	.0212	.0144	.0093	.0046	.0016	
.25	.0733	.0644	.0489	.0356	.0241	.0160	.0091	.0039	.0010	
.30	.0928	.0772	.0543	.0387	.0258	.0138	.0082	.0031	.0004	
.35	.1126	.0875	.0572	.0399	.0237	.0121	.0072	.0021	.0002-	
.40	.1318	.0914	.0575	.0394	.0217	.0109	.0060	.0010	.0008-	
.45	.1295	.0887	.0552	.0370	.0201	.0102	.0047	.0004-	.0016-	
.50	.1231	.0796	.0503	.0328	.0186	.0099	.0031	.0008-	.0019-	
.55	.1294	.0888	.0553	.0370	.0214	.0102	.0047	.0004-	.0016-	
.60	.1318	.0914	.0576	.0394	.0231	.0109	.0060	.0009	.0008-	
.65	.1126	.0875	.0573	.0400	.0239	.0121	.0072	.0021	.0002-	
.70	.0928	.0772	.0544	.0387	.0236	.0138	.0082	.0031	.0004	
.75	.0733	.0644	.0488	.0356	.0224	.0159	.0091	.0039	.0010	
.80	.0562	.0510	.0407	.0303	.0202	.0144	.0093	.0046	.0016	
.85	.0405	.0369	.0302	.0228	.0170	.0121	.0080	.0053	.0023	
.90	.0259	.0233	.0200	.0159	.0124	.0089	.0060	.0048	.0023	
.95	.0133	.0122	.0105	.0088	.0067	.0049	.0034	.0030	.0015	
1.00	.0000	.0000	.0000	.0000	.0000	.0000	.0001	.0000	.0000	

Auswertung aus Pucher „Einflußfelder elastischer Platten" Tafel Nr. 51

* bezw. theoretisch ∞

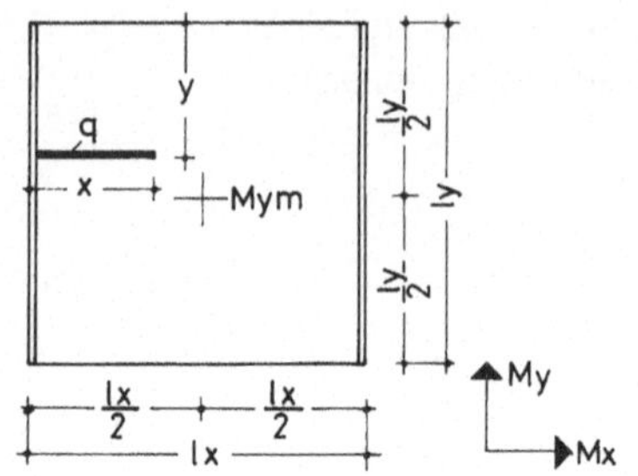

Feldmoment Mym in Feldmitte einer Rechteckplatte aus Linienlast in lx-Richtung.

$\frac{ly}{lx} = 1{,}0$

$\mu = 0$

Faktor = q · lx

Stützung **3b**

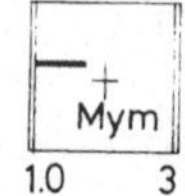

F 3.1,0.2.1

→ y : ly; ↓ x : lx

Spalte										
	0.05	0.10	0.15	0.20	0.25	0.30	0.35	0.40	0.45	0.50
.05	.0000	.0000	.0000	.0001	.0002	.0002	.0002	.0000	.0001	.0001
.10	.0000	.0000	.0000	.0003	.0007	.0006	.0006	.0002	.0002	.0003
.15	.0000	.0000	.0000	.0006	.0014	.0013	.0013	.0006	.0007	.0010
.20	.0001-	.0000	.0000	.0007	.0020	.0022	.0023	.0013	.0017	.0022
.25	.0003-	.0002-	.0002-	.0008	.0018	.0033	.0034	.0026	.0040	.0041
.30	.0005-	.0006-	.0005-	.0008	.0022	.0044	.0047	.0054	.0069	.0070
.35	.0008-	.0010-	.0008-	.0007	.0027	.0049	.0061	.0078	.0108	.0111
.40	.0012-	.0014-	.0012-	.0005	.0030	.0057	.0076	.0103	.0157	.0166
.45	.0013-	.0019-	.0015-	.0003	.0029	.0062	.0091	.0130	.0213	.0244
.50	.0015-	.0022-	.0017-	.0001	.0029	.0066	.0106	.0158	.0268	.0366
.55	.0016-	.0023-	.0018-	.0000	.0029	.0069	.0112	.0186	.0319	.0487
.60	.0017-	.0029-	.0020-	.0002-	.0030	.0073	.0126	.0214	.0381	.0565
.65	.0022-	.0034-	.0027-	.0004-	.0034	.0078	.0140	.0241	.0430	.0621
.70	.0025-	.0037-	.0030-	.0005-	.0038	.0096	.0153	.0266	.0469	.0661
.75	.0028-	.0041-	.0032-	.0005-	.0042	.0106	.0166	.0277	.0498	.0690
.80	.0030-	.0042-	.0034-	.0004-	.0047	.0115	.0177	.0293	.0516	.0709
.85	.0030-	.0043-	.0034-	.0003-	.0049	.0124	.0187	.0302	.0527	.0722
.90	.0030-	.0043-	.0034-	.0000	.0054	.0132	.0195	.0305	.0532	.0728
.95	.0030-	.0043-	.0034-	.0002	.0060	.0137	.0201	.0305	.0533	.0731
1.00	.0029-	.0042-	.0034-	.0003	.0065	.0140	.0204	.0303	.0530	.0731

→ y : ly; ↓ x : lx

Spalte										
	0.55	0.60	0.65	0.70	0.75	0.80	0.85	0.90	0.95	
.05	.0001	.0000	.0002	.0002	.0002	.0001	.0000	.0000	.0000	
.10	.0002	.0002	.0006	.0006	.0007	.0003	.0000	.0000	.0000	
.15	.0007	.0006	.0013	.0013	.0014	.0006	.0000	.0000	.0000	
.20	.0017	.0013	.0023	.0022	.0020	.0007	.0000	.0000	.0001-	
.25	.0040	.0026	.0034	.0033	.0018	.0008	.0002-	.0002-	.0003-	
.30	.0069	.0054	.0047	.0044	.0022	.0008	.0005-	.0006-	.0005-	
.35	.0108	.0078	.0061	.0049	.0027	.0007	.0008-	.0010-	.0008-	
.40	.0157	.0103	.0076	.0057	.0030	.0005	.0012-	.0014-	.0012-	
.45	.0213	.0130	.0091	.0062	.0029	.0003	.0015-	.0019-	.0013-	
.50	.0268	.0158	.0106	.0066	.0029	.0001	.0017-	.0022-	.0015-	
.55	.0319	.0186	.0112	.0069	.0029	.0000	.0018-	.0023-	.0016-	
.60	.0381	.0214	.0126	.0073	.0030	.0002-	.0020-	.0029-	.0017-	
.65	.0430	.0241	.0140	.0078	.0034	.0004-	.0027-	.0034-	.0022-	
.70	.0469	.0266	.0153	.0096	.0038	.0005-	.0030-	.0037-	.0025-	
.75	.0498	.0277	.0166	.0106	.0042	.0005-	.0032-	.0041-	.0028-	
.80	.0516	.0293	.0177	.0115	.0047	.0004-	.0034-	.0042-	.0030-	
.85	.0527	.0302	.0187	.0124	.0049	.0003-	.0034-	.0043-	.0030-	
.90	.0532	.0305	.0195	.0132	.0054	.0000	.0034-	.0043-	.0030-	
.95	.0533	.0305	.0201	.0137	.0060	.0002	.0034-	.0043-	.0030-	
1.00	.0530	.0303	.0204	.0140	.0065	.0003	.0034-	.0042-	.0029-	

Auswertung aus Pucher „Einflußfelder elastischer Platten" Tafel Nr. 50

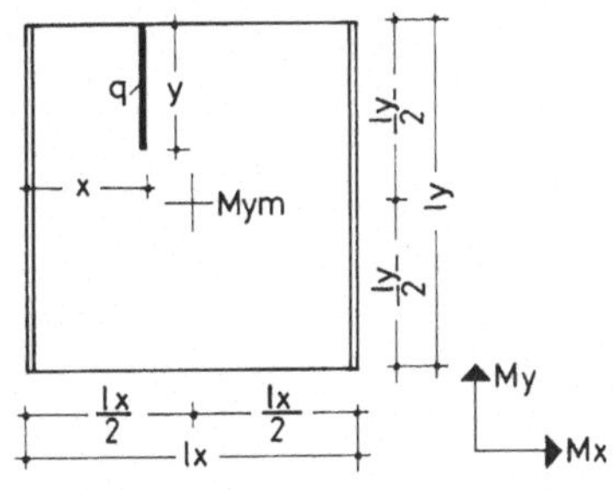

Feldmoment Mym in Feldmitte einer Rechteckplatte aus Linienlast in ly-Richtung.

$\frac{ly}{lx} = 1{,}0$

$\mu = 0$

Faktor = $q \cdot ly$

Stützung 3b

Mym
1.0 3a

F 3.1,0.2.2

→ x : lx (columns); y : ly ↓ (rows)

Spalte	0.05	0.10	0.15	0.20	0.25	0.30	0.35	0.40	0.45	0.50
.05	.0000	.0000	.0000	.0001-	.0001-	.0001-	.0002-	.0002-	.0002-	.0001-
.10	.0000	.0000	.0001-	.0002-	.0003-	.0006-	.0005-	.0005-	.0006-	.0003-
.15	.0000	.0001-	.0002-	.0003-	.0006-	.0011-	.0010-	.0010-	.0010-	.0006-
.20	.0000	.0001	.0001-	.0003-	.0006-	.0015-	.0012-	.0013-	.0014-	.0010-
.25	.0003	.0005	.0004	.0002-	.0004-	.0017-	.0012-	.0013-	.0014-	.0008-
.30	.0006	.0012	.0012	.0003	.0002	.0014-	.0006-	.0009-	.0011-	.0006-
.35	.0010	.0019	.0021	.0011	.0013	.0012	.0006	.0002	.0001-	.0001
.40	.0010	.0019	.0025	.0022	.0030	.0034	.0029	.0024	.0020	.0023
.45	.0010	.0021	.0032	.0036	.0051	.0063	.0067	.0068	.0061	.0058
.50	.0012	.0027	.0042	.0052	.0074	.0097	.0113	.0129	.0142	.0153
.55	.0013	.0031	.0051	.0067	.0097	.0125	.0159	.0190	.0223	.0247
.60	.0014	.0035	.0059	.0081	.0118	.0154	.0197	.0234	.0264	.0284
.65	.0015	.0037	.0065	.0093	.0135	.0176	.0220	.0257	.0285	.0305
.70	.0019	.0043	.0074	.0101	.0147	.0188	.0232	.0267	.0295	.0313
.75	.0022	.0050	.0082	.0105	.0153	.0194	.0238	.0272	.0298	.0312
.80	.0025	.0055	.0087	.0107	.0155	.0195	.0238	.0271	.0297	.0316
.85	.0024	.0054	.0086	.0107	.0154	.0192	.0235	.0268	.0294	.0313
.90	.0024	.0053	.0085	.0105	.0152	.0186	.0231	.0264	.0290	.0310
.95	.0024	.0053	.0084	.0104	.0150	.0179	.0227	.0260	.0286	.0307
1.00	.0024	.0053	.0083	.0103	.0148	.0173	.0226	.0258	.0284	.0305

→ x : lx (columns); y : ly ↓ (rows)

Spalte	0.55	0.60	0.65	0.70	0.75	0.80	0.85	0.90	0.95	
.05	.0002-	.0002-	.0002-	.0001-	.0001-	.0001-	.0000	.0000	.0000	
.10	.0006-	.0005-	.0005-	.0006-	.0003-	.0002-	.0001-	.0000	.0000	
.15	.0010-	.0010-	.0010-	.0011-	.0006-	.0003-	.0002-	.0001-	.0000	
.20	.0014-	.0013-	.0012-	.0015-	.0006-	.0003-	.0001-	.0001	.0000	
.25	.0014-	.0013-	.0012-	.0017-	.0004-	.0002-	.0004	.0005	.0003	
.30	.0011-	.0009-	.0006-	.0014-	.0002	.0003	.0012	.0012	.0006	
.35	.0001-	.0002	.0006	.0012	.0013	.0011	.0021	.0019	.0010	
.40	.0020	.0024	.0029	.0034	.0030	.0022	.0025	.0019	.0010	
.45	.0061	.0068	.0067	.0063	.0051	.0036	.0032	.0021	.0010	
.50	.0142	.0129	.0113	.0097	.0074	.0052	.0042	.0027	.0012	
.55	.0223	.0190	.0159	.0125	.0097	.0067	.0051	.0031	.0013	
.60	.0264	.0234	.0197	.0154	.0118	.0081	.0059	.0035	.0014	
.65	.0285	.0257	.0220	.0176	.0135	.0093	.0065	.0037	.0015	
.70	.0295	.0267	.0232	.0188	.0147	.0101	.0074	.0043	.0019	
.75	.0298	.0272	.0238	.0194	.0153	.0105	.0082	.0050	.0022	
.80	.0297	.0271	.0238	.0195	.0155	.0107	.0087	.0055	.0025	
.85	.0294	.0268	.0235	.0192	.0154	.0107	.0086	.0054	.0024	
.90	.0290	.0264	.0231	.0186	.0152	.0105	.0085	.0053	.0024	
.95	.0286	.0260	.0227	.0179	.0150	.0104	.0084	.0053	.0024	
1.00	.0284	.0258	.0226	.0173	.0148	.0103	.0083	.0053	.0024	

Auswertung aus Pucher „Einflußfelder elastischer Platten" Tafel Nr. 50

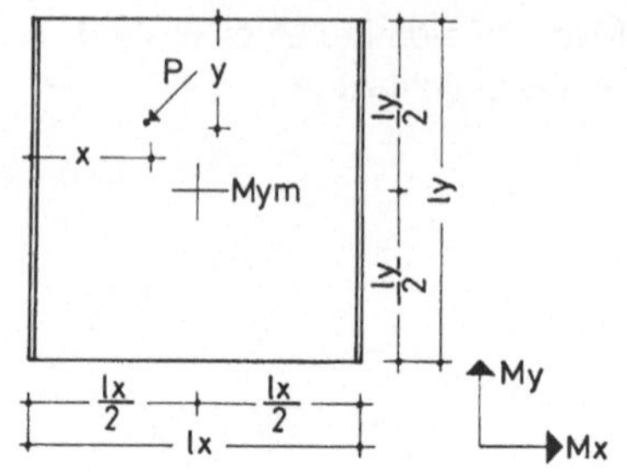

Feldmoment Mym in Feldmitte einer Rechteckplatte aus einer Einzellast.

$\frac{ly}{lx} = 1,0$

$\mu = 0$

Faktor = P

Stützung 3 b

Mym

1.0 3

F 3.1,0.2.3

→ y : ly ↓ x : lx

Spalte	0.05	0.10	0.15	0.20	0.25	0.30	0.35	0.40	0.45	0.50
.05	.0001	.0001	.0001	.0038	.0066	.0061	.0060	.0020	.0027	.0026
.10	.0003-	.0003-	.0001-	.0052	.0097	.0111	.0112	.0068	.0086	.0086
.15	.0011-	.0013-	.0007-	.0044	.0095	.0149	.0158	.0145	.0177	.0182
.20	.0024-	.0028-	.0016-	.0012	.0058	.0177	.0196	.0250	.0300	.0312
.25	.0040-	.0049-	.0038-	.0007	.0075	.0194	.0227	.0384	.0472	.0475
.30	.0052-	.0071-	.0056-	.0007-	.0076	.0200	.0250	.0444	.0677	.0685
.35	.0058-	.0085-	.0070-	.0029-	.0063	.0172	.0267	.0485	.0873	.0947
.40	.0059-	.0087-	.0080-	.0040-	.0034	.0130	.0276	.0513	.1060	.1290
.45	.0039-	.0088-	.0055-	.0039-	.0015	.0105	.0278	.0531	.1155	.1884
.50	.0032-	.0046-	.0046-	.0026-	.0008	.0097	.0273	.0536	.1084	.2906*
.55	.0039-	.0088-	.0055-	.0039-	.0015	.0105	.0275	.0530	.1155	.1884
.60	.0060-	.0087-	.0080-	.0040-	.0034	.0129	.0274	.0512	.1060	.1290
.65	.0059-	.0085-	.0070-	.0029-	.0063	.0171	.0266	.0483	.0873	.0947
.70	.0052-	.0071-	.0056-	.0007-	.0076	.0200	.0250	.0442	.0677	.0685
.75	.0040-	.0049-	.0038-	.0007	.0075	.0194	.0226	.0383	.0472	.0475
.80	.0023-	.0028-	.0017-	.0012	.0058	.0177	.0195	.0250	.0301	.0312
.85	.0011-	.0013-	.0007-	.0043	.0095	.0149	.0157	.0145	.0177	.0182
.90	.0003-	.0003-	.0001-	.0052	.0097	.0110	.0112	.0068	.0086	.0086
.95	.0001	.0001	.0001	.0037	.0066	.0060	.0059	.0020	.0026	.0025
1.00	.0000	.0000	.0000	.0000	.0001-	.0001-	.0002-	.0000	.0001-	.0001-

→ y : ly ↓ x : lx

Spalte	0.55	0.60	0.65	0.70	0.75	0.80	0.85	0.90	0.95	
.05	.0027	.0020	.0060	.0061	.0038	.0038	.0001	.0001	.0001	
.10	.0086	.0068	.0112	.0111	.0052	.0052	.0001-	.0003-	.0003-	
.15	.0177	.0145	.0158	.0149	.0044	.0044	.0007-	.0013-	.0011-	
.20	.0300	.0250	.0196	.0177	.0012	.0012	.0016-	.0028-	.0024-	
.25	.0472	.0384	.0227	.0194	.0007	.0007	.0038-	.0049-	.0040-	
.30	.0677	.0444	.0250	.0200	.0007-	.0007-	.0056-	.0071-	.0052-	
.35	.0873	.0485	.0267	.0172	.0029-	.0029-	.0070-	.0085-	.0058-	
.40	.1060	.0513	.0276	.0130	.0040-	.0040-	.0080-	.0087-	.0059-	
.45	.1155	.0531	.0278	.0105	.0039-	.0039-	.0055-	.0088-	.0039-	
.50	.1084	.0536	.0273	.0097	.0026-	.0026-	.0046-	.0046-	.0032-	
.55	.1155	.0530	.0275	.0105	.0039-	.0039-	.0055-	.0088-	.0039-	
.60	.1060	.0512	.0274	.0129	.0040-	.0040-	.0080-	.0087-	.0060-	
.65	.0873	.0483	.0266	.0171	.0029-	.0029-	.0070-	.0085-	.0059-	
.70	.0677	.0442	.0250	.0200	.0007-	.0007-	.0056-	.0071-	.0052-	
.75	.0472	.0383	.0226	.0194	.0007	.0007	.0038-	.0049-	.0040-	
.80	.0301	.0250	.0195	.0177	.0012	.0012	.0017-	.0028-	.0023-	
.85	.0177	.0145	.0157	.0149	.0043	.0043	.0007-	.0013-	.0011-	
.90	.0086	.0068	.0112	.0110	.0052	.0052	.0001-	.0003-	.0003-	
.95	.0026	.0020	.0059	.0060	.0037	.0037	.0001	.0001	.0001	
1.00	.0001-	.0000	.0002-	.0001-	.0000	.0000	.0000	.0000	.0000	

Auswertung aus Pucher „Einflußfelder elastischer Platten" Tafel Nr. 50

*bzw. theoretisch ∞

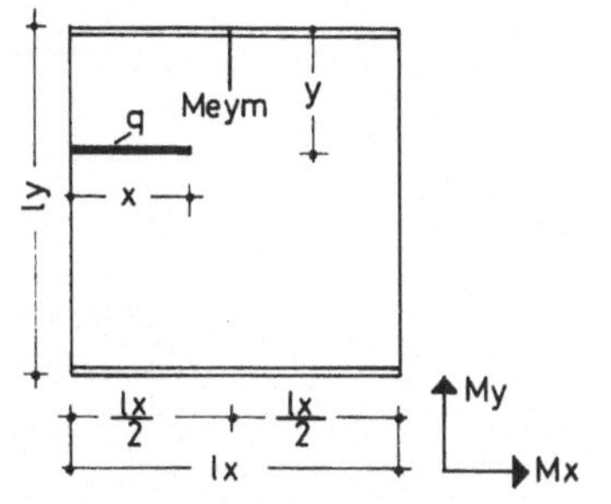

Stützmoment Meym in Seitenmitte einer Rechteckplatte aus Linienlast in lx-Richtung.
Stützung 3a
$\frac{ly}{lx} = 1{,}0$
$\mu = 0$
Faktor = q · lx

Meym
3a 1.0

F 3.1,0.3.1

→ y : ly ; ↓ x : lx

Spalte										
	0.05	0.10	0.15	0.20	0.25	0.30	0.35	0.40	0.45	0.50
.05	.0000	.0000	.0000	.0001-	.0002-	.0003-	.0005-	.0005-	.0005-	.0006-
.10	.0000	.0001-	.0001-	.0007-	.0012-	.0016-	.0021-	.0022-	.0023-	.0022-
.15	.0001	.0002-	.0011-	.0021-	.0032-	.0042-	.0050-	.0057-	.0053-	.0048-
.20	.0000	.0010-	.0026-	.0047-	.0065-	.0080-	.0093-	.0096-	.0092-	.0084-
.25	.0005-	.0023-	.0051-	.0085-	.0113-	.0133-	.0150-	.0151-	.0143-	.0131-
.30	.0011-	.0042-	.0092-	.0141-	.0178-	.0202-	.0221-	.0219-	.0205-	.0188-
.35	.0024-	.0079-	.0154-	.0217-	.0260-	.0290-	.0308-	.0298-	.0278-	.0253-
.40	.0046-	.0138-	.0242-	.0317-	.0365-	.0393-	.0410-	.0390-	.0361-	.0327-
.45	.0107-	.0240-	.0364-	.0441-	.0486-	.0509-	.0523-	.0492-	.0453-	.0403-
.50	.0237-	.0386-	.0516-	.0586-	.0623-	.0634-	.0643-	.0600-	.0550-	.0486-
.55	.0367-	.0527-	.0653-	.0720-	.0764-	.0764-	.0747-	.0697-	.0649-	.0570-
.60	.0424-	.0628-	.0775-	.0844-	.0874-	.0874-	.0858-	.0798-	.0747-	.0646-
.65	.0449-	.0688-	.0863-	.0943-	.0978-	.0977-	.0962-	.0892-	.0813-	.0719-
.70	.0463-	.0723-	.0924-	.1019-	.1060-	.1063-	.1042-	.0967-	.0886-	.0784-
.75	.0468-	.0742-	.0965-	.1074-	.1125-	.1133-	.1114-	.1035-	.0948-	.0841-
.80	.0472-	.0757-	.0990-	.1114-	.1173-	.1186-	.1170-	.1089-	.0999-	.0890-
.85	.0474-	.0763-	.1006-	.1139-	.1206-	.1225-	.1213-	.1131-	.1039-	.0923-
.90	.0474-	.0766-	.1014-	.1153-	.1226-	.1250-	.1242-	.1164-	.1069-	.0948-
.95	.0473-	.0767-	.1016-	.1159-	.1236-	.1263-	.1259-	.1180-	.1085-	.0965-
1.00	.0472-	.0766-	.1014-	.1158-	.1238-	.1267-	.1264-	.1185-	.1091-	.0970-

→ y : ly ; ↓ x : lx

Spalte										
	0.55	0.60	0.65	0.70	0.75	0.80	0.85	0.90	0.95	
.05	.0005-	.0004-	.0003-	.0002-	.0001-	.0001-	.0000	.0000	.0000	
.10	.0013-	.0016-	.0012-	.0009-	.0005-	.0003-	.0002-	.0000	.0000	
.15	.0040-	.0035-	.0028-	.0020-	.0013-	.0007-	.0004-	.0000	.0001	
.20	.0071-	.0061-	.0050-	.0037-	.0026-	.0017-	.0008-	.0000	.0001	
.25	.0112-	.0095-	.0078-	.0060-	.0042-	.0028-	.0013-	.0002-	.0000	
.30	.0162-	.0138-	.0112-	.0089-	.0062-	.0042-	.0023-	.0007-	.0001-	
.35	.0220-	.0187-	.0149-	.0123-	.0085-	.0058-	.0032-	.0011-	.0002-	
.40	.0284-	.0242-	.0192-	.0160-	.0111-	.0077-	.0044-	.0017-	.0004-	
.45	.0353-	.0301-	.0240-	.0199-	.0139-	.0097-	.0056-	.0023-	.0006-	
.50	.0426-	.0363-	.0290-	.0240-	.0168-	.0118-	.0069-	.0030-	.0008-	
.55	.0487-	.0416-	.0341-	.0267-	.0192-	.0136-	.0080-	.0036-	.0010-	
.60	.0555-	.0474-	.0392-	.0305-	.0219-	.0156-	.0092-	.0043-	.0011-	
.65	.0619-	.0529-	.0439-	.0341-	.0245-	.0175-	.0104-	.0049-	.0013-	
.70	.0677-	.0580-	.0464-	.0375-	.0269-	.0191-	.0114-	.0055-	.0014-	
.75	.0730-	.0617-	.0497-	.0405-	.0290-	.0205-	.0121-	.0054-	.0015-	
.80	.0763-	.0651-	.0526-	.0431-	.0303-	.0216-	.0127-	.0056-	.0016-	
.85	.0794-	.0677-	.0548-	.0439-	.0315-	.0224-	.0131-	.0057-	.0016-	
.90	.0816-	.0696-	.0562-	.0451-	.0323-	.0229-	.0133-	.0057-	.0016-	
.95	.0830-	.0709-	.0572-	.0458-	.0327-	.0231-	.0134-	.0056-	.0015-	
1.00	.0835-	.0713-	.0574-	.0459-	.0327-	.0231-	.0134-	.0055-	.0015-	

Auswertung aus Pucher „Einflußfelder elastischer Platten" Tafel Nr. 52

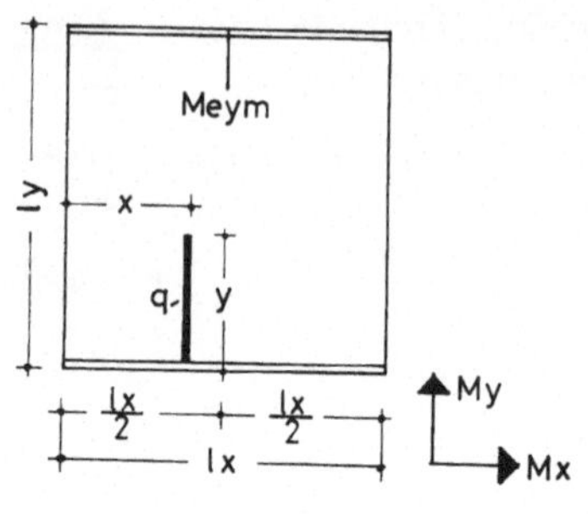

Stützmoment Meym in Seitenmitte einer Rechteckplatte aus Linienlast in ly-Richtung.
Stützung 3a

$\frac{ly}{lx} = 1{,}0$

$\mu = 0$

Faktor = q · ly

Meym

3a 1.0

F 3.1,0.3.2

→ x : lx

↓ y : ly

Spalte										
	0.05	0.10	0.15	0.20	0.25	0.30	0.35	0.40	0.45	0.50
.05	.0000	.0000	.0000	.0000	.0000	.0000	.0001-	.0001-	.0001-	.0001-
.10	.0001	.0001	.0000	.0000	.0001-	.0002-	.0003-	.0003-	.0003-	.0003-
.15	.0001	.0000	.0001-	.0002-	.0005-	.0010-	.0012-	.0013-	.0014-	.0014-
.20	.0000	.0001-	.0005-	.0012-	.0018-	.0022-	.0026-	.0029-	.0030-	.0030-
.25	.0001-	.0004-	.0017-	.0025-	.0034-	.0041-	.0047-	.0051-	.0054-	.0054-
.30	.0003-	.0017-	.0030-	.0043-	.0057-	.0066-	.0075-	.0080-	.0086-	.0086-
.35	.0008-	.0028-	.0047-	.0066-	.0085-	.0098-	.0113-	.0122-	.0129-	.0130-
.40	.0020-	.0043-	.0069-	.0094-	.0121-	.0142-	.0161-	.0172-	.0181-	.0184-
.45	.0030-	.0061-	.0095-	.0128-	.0165-	.0193-	.0217-	.0232-	.0244-	.0249-
.50	.0042-	.0082-	.0124-	.0170-	.0214-	.0251-	.0284-	.0304-	.0320-	.0326-
.55	.0054-	.0105-	.0157-	.0215-	.0268-	.0317-	.0360-	.0387-	.0407-	.0415-
.60	.0067-	.0130-	.0193-	.0263-	.0326-	.0389-	.0445-	.0481-	.0506-	.0516-
.65	.0080-	.0152-	.0226-	.0314-	.0390-	.0467-	.0539-	.0585-	.0615-	.0627-
.70	.0092-	.0175-	.0260-	.0360-	.0451-	.0540-	.0637-	.0696-	.0731-	.0747-
.75	.0093-	.0192-	.0291-	.0405-	.0514-	.0621-	.0727-	.0805-	.0858-	.0877-
.80	.0098-	.0206-	.0316-	.0445-	.0571-	.0699-	.0821-	.0922-	.0992-	.1016-
.85	.0100-	.0213-	.0328-	.0476-	.0604-	.0767-	.0908-	.1037-	.1125-	.1163-
.90	.0100-	.0216-	.0336-	.0482-	.0629-	.0791-	.0961-	.1121-	.1261-	.1316-
.95	.0099-	.0214-	.0337-	.0487-	.0639-	.0809-	.0993-	.1180-	.1365-	.1474-
1.00	.0097-	.0210-	.0333-	.0485-	.0638-	.0812-	.0998-	.1192-	.1398-	.1635-

→ x : lx

↓ y : ly

Spalte										
	0.55	0.60	0.65	0.70	0.75	0.80	0.85	0.90	0.95	
.05	.0001-	.0001-	.0001-	.0000	.0000	.0000	.0000	.0000	.0000	
.10	.0003-	.0003-	.0003-	.0002-	.0001-	.0000	.0000	.0001	.0001	
.15	.0014-	.0013-	.0012-	.0010-	.0005-	.0002-	.0001-	.0000	.0001	
.20	.0030-	.0029-	.0026-	.0022-	.0018-	.0012-	.0005-	.0001-	.0000	
.25	.0054-	.0051-	.0047-	.0041-	.0034-	.0025-	.0017-	.0004-	.0001-	
.30	.0086-	.0080-	.0075-	.0066-	.0057-	.0043-	.0030-	.0017-	.0003-	
.35	.0129-	.0122-	.0113-	.0098-	.0085-	.0066-	.0047-	.0028-	.0008-	
.40	.0181-	.0172-	.0161-	.0142-	.0121-	.0094-	.0069-	.0043-	.0020-	
.45	.0244-	.0232-	.0217-	.0193-	.0165-	.0128-	.0095-	.0061-	.0030-	
.50	.0320-	.0304-	.0284-	.0251-	.0214-	.0170-	.0124-	.0082-	.0042-	
.55	.0407-	.0387-	.0360-	.0317-	.0268-	.0215-	.0157-	.0105-	.0054-	
.60	.0506-	.0481-	.0445-	.0389-	.0326-	.0263-	.0193-	.0130-	.0067-	
.65	.0615-	.0585-	.0539-	.0467-	.0390-	.0314-	.0226-	.0152-	.0080-	
.70	.0731-	.0696-	.0637-	.0540-	.0451-	.0360-	.0260-	.0175-	.0092-	
.75	.0858-	.0805-	.0727-	.0621-	.0514-	.0405-	.0291-	.0192-	.0093-	
.80	.0992-	.0922-	.0821-	.0699-	.0571-	.0445-	.0316-	.0206-	.0098-	
.85	.1125-	.1037-	.0908-	.0767-	.0604-	.0476-	.0328-	.0213-	.0100-	
.90	.1261-	.1121-	.0961-	.0791-	.0629-	.0482-	.0336-	.0216-	.0100-	
.95	.1365-	.1180-	.0993-	.0809-	.0639-	.0487-	.0337-	.0214-	.0099-	
1.00	.1398-	.1192-	.0998-	.0812-	.0638-	.0485-	.0333-	.0210-	.0097-	

Auswertung aus Pucher „Einflußfelder elastischer Platten" Tafel Nr. 52

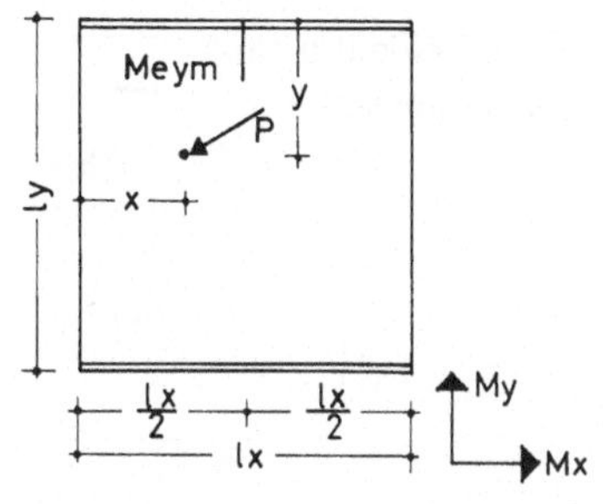

Stützmoment Meym in Seitenmitte einer Rechteckplatte aus einer Einzellast.
Stützung 3a

$\frac{ly}{lx} = 1{,}0$

$\mu = 0$

Faktor = P

Meym
P
3a 1.0

F 3.1,0.3.3

y : ly →

x : lx ↓

Spalte										
	0.05	0.10	0.15	0.20	0.25	0.30	0.35	0.40	0.45	0.50
.05	.0004	.0007-	.0016-	.0056-	.0104-	.0159-	.0208-	.0219-	.0216-	.0214-
.10	.0002-	.0034-	.0096-	.0208-	.0295-	.0372-	.0451-	.0505-	.0474-	.0418-
.15	.0019-	.0080-	.0224-	.0372-	.0531-	.0637-	.0717-	.0747-	.0699-	.0625-
.20	.0046-	.0184-	.0398-	.0637-	.0796-	.0915-	.0993-	.0958-	.0907-	.0837-
.25	.0086-	.0322-	.0646-	.0936-	.1128-	.1226-	.1282-	.1220-	.1128-	.1033-
.30	.0183-	.0544-	.1011-	.1310-	.1460-	.1558-	.1578-	.1471-	.1349-	.1211-
.35	.0341-	.0891-	.1489-	.1742-	.1862-	.1896-	.1879-	.1717-	.1570-	.1372-
.40	.0741-	.1592-	.2063-	.2239-	.2274-	.2198-	.2105-	.1916-	.1748-	.1515-
.45	.1592-	.2505-	.2744-	.2688-	.2585-	.2440-	.2252-	.2043-	.1854-	.1622-
.50	.3135-	.3060-	.2961-	.2837-	.2688-	.2515-	.2320-	.2112-	.1890-	.1654-
.55	.1592-	.2505-	.2744-	.2688-	.2585-	.2440-	.2252-	.2048-	.1854-	.1622-
.60	.0741-	.1592-	.2062-	.2239-	.2274-	.2198-	.2105-	.1916-	.1748-	.1515-
.65	.0341-	.0891-	.1489-	.1742-	.1862-	.1896-	.1879-	.1718-	.1570-	.1372-
.70	.0183-	.0544-	.1011-	.1310-	.1460-	.1558-	.1577-	.1471-	.1349-	.1212-
.75	.0086-	.0322-	.0646-	.0936-	.1128-	.1226-	.1282-	.1220-	.1128-	.1033-
.80	.0046-	.0184-	.0398-	.0637-	.0796-	.0915-	.0993-	.0958-	.0907-	.0838-
.85	.0019-	.0080-	.0224-	.0372-	.0531-	.0637-	.0717-	.0747-	.0699-	.0625-
.90	.0002-	.0034-	.0096-	.0208-	.0295-	.0372-	.0451-	.0504-	.0474-	.0418-
.95	.0004	.0007-	.0016-	.0055-	.0104-	.0159-	.0208-	.0219-	.0216-	.0214-
1.00	.0000	.0000	.0000	.0000	.0000	.0000	.0000	.0000	.0000	.0000

y : ly →

x : lx ↓

Spalte										
	0.55	0.60	0.65	0.70	0.75	0.80	0.85	0.90	0.95	
.05	.0170-	.0159-	.0118-	.0080-	.0048-	.0030-	.0016-	.0002	.0004	
.10	.0366-	.0318-	.0251-	.0185-	.0117-	.0074-	.0038-	.0002-	.0005	
.15	.0534-	.0454-	.0372-	.0278-	.0204-	.0132-	.0067-	.0013-	.0002	
.20	.0718-	.0602-	.0498-	.0398-	.0288-	.0193-	.0101-	.0030-	.0004-	
.25	.0905-	.0763-	.0614-	.0513-	.0364-	.0250-	.0141-	.0054-	.0014-	
.30	.1063-	.0911-	.0719-	.0606-	.0429-	.0307-	.0180-	.0082-	.0023-	
.35	.1194-	.1028-	.0818-	.0676-	.0482-	.0353-	.0209-	.0100-	.0030-	
.40	.1298-	.1114-	.0904-	.0725-	.0521-	.0382-	.0231-	.0113-	.0036-	
.45	.1374-	.1170-	.0955-	.0751-	.0548-	.0398-	.0246-	.0121-	.0038-	
.50	.1422-	.1195-	.0972-	.0755-	.0562-	.0399-	.0254-	.0124-	.0038-	
.55	.1374-	.1170-	.0955-	.0751-	.0549-	.0398-	.0245-	.0122-	.0038-	
.60	.1298-	.1114-	.0904-	.0725-	.0522-	.0382-	.0231-	.0114-	.0037-	
.65	.1194-	.1027-	.0818-	.0677-	.0482-	.0352-	.0209-	.0101-	.0031-	
.70	.1063-	.0911-	.0720-	.0606-	.0429-	.0307-	.0180-	.0083-	.0023-	
.75	.0904-	.0763-	.0614-	.0513-	.0364-	.0250-	.0141-	.0053-	.0014-	
.80	.0718-	.0602-	.0498-	.0398-	.0288-	.0193-	.0101-	.0030-	.0004-	
.85	.0534-	.0454-	.0372-	.0278-	.0204-	.0132-	.0067-	.0013-	.0002	
.90	.0366-	.0319-	.0251-	.0185-	.0117-	.0074-	.0038-	.0002-	.0005	
.95	.0170-	.0159-	.0118-	.0080-	.0048-	.0031-	.0016-	.0002	.0004	
1.00	.0000	.0000	.0000	.0000	.0000	.0000	.0001	.0000	.0000	

Auswertung aus Pucher „Einflußfelder elastischer Platten" Tafel Nr. 52

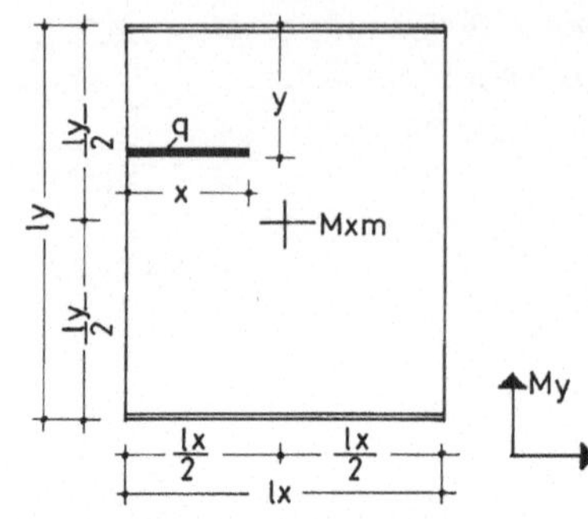

Feldmoment Mxm in Feldmitte einer Rechteckplatte aus Linienlast in lx-Richtung.

$\frac{ly}{lx} = 1{,}2$

$\mu = 0$

Faktor = q · lx

Stützung 3a

Mxm

3a 1.2

F 3.1,2.1.1

→ y : ly, ↓ x : lx

Spalte										
	0.05	0.10	0.15	0.20	0.25	0.30	0.35	0.40	0.45	0.50
.05	.0000	.0000	.0000	.0000	.0000	.0000	.0000	.0000	.0000	.0000
.10	.0000	.0001	.0001	.0001	.0001	.0001	.0000	.0001-	.0002-	.0002-
.15	.0001	.0003	.0002	.0002	.0002	.0003	.0001	.0001-	.0002-	.0003-
.20	.0002	.0006	.0004	.0005	.0006	.0007	.0005	.0002	.0001-	.0002-
.25	.0003	.0009	.0007	.0010	.0018	.0020	.0019	.0015	.0010	.0008
.30	.0004	.0012	.0013	.0022	.0030	.0035	.0034	.0030	.0022	.0019
.35	.0005	.0017	.0023	.0035	.0047	.0056	.0057	.0052	.0043	.0038
.40	.0006	.0022	.0034	.0050	.0068	.0082	.0092	.0089	.0077	.0068
.45	.0008	.0027	.0046	.0068	.0093	.0114	.0137	.0145	.0128	.0117
.50	.0010	.0033	.0059	.0088	.0120	.0151	.0190	.0217	.0217	.0212
.55	.0011	.0038	.0069	.0108	.0146	.0186	.0245	.0278	.0305	.0307
.60	.0013	.0044	.0081	.0128	.0170	.0218	.0297	.0336	.0354	.0355
.65	.0015	.0049	.0092	.0139	.0191	.0245	.0316	.0369	.0391	.0386
.70	.0016	.0053	.0100	.0151	.0207	.0266	.0338	.0390	.0412	.0405
.75	.0017	.0057	.0106	.0160	.0223	.0280	.0355	.0406	.0424	.0415
.80	.0018	.0060	.0109	.0167	.0232	.0290	.0364	.0415	.0431	.0422
.85	.0019	.0062	.0112	.0170	.0237	.0296	.0370	.0420	.0434	.0424
.90	.0019	.0064	.0113	.0172	.0239	.0298	.0372	.0421	.0434	.0423
.95	.0019	.0065	.0112	.0172	.0239	.0298	.0372	.0419	.0431	.0421
1.00	.0020	.0066	.0112	.0170	.0238	.0297	.0369	.0417	.0429	.0418

→ y : ly, ↓ x : lx

Spalte										
	0.55	0.60	0.65	0.70	0.75	0.80	0.85	0.90	0.95	
.05	.0000	.0000	.0000	.0000	.0000	.0000	.0000	.0000	.0000	
.10	.0002-	.0001-	.0000	.0001	.0001	.0001	.0001	.0001	.0000	
.15	.0002-	.0001-	.0001	.0003	.0002	.0002	.0002	.0003	.0001	
.20	.0001-	.0002	.0005	.0007	.0006	.0005	.0004	.0006	.0002	
.25	.0010	.0015	.0019	.0020	.0018	.0010	.0007	.0009	.0003	
.30	.0022	.0030	.0034	.0035	.0030	.0022	.0013	.0012	.0004	
.35	.0043	.0052	.0057	.0056	.0047	.0035	.0023	.0017	.0005	
.40	.0077	.0089	.0092	.0082	.0068	.0050	.0034	.0022	.0006	
.45	.0128	.0145	.0137	.0114	.0093	.0068	.0046	.0027	.0008	
.50	.0217	.0217	.0190	.0151	.0120	.0088	.0059	.0033	.0010	
.55	.0305	.0278	.0245	.0186	.0146	.0108	.0069	.0038	.0011	
.60	.0354	.0336	.0297	.0218	.0170	.0128	.0081	.0044	.0013	
.65	.0391	.0369	.0316	.0245	.0191	.0139	.0092	.0049	.0015	
.70	.0412	.0390	.0338	.0266	.0207	.0151	.0100	.0053	.0016	
.75	.0424	.0406	.0355	.0280	.0223	.0160	.0106	.0057	.0017	
.80	.0431	.0415	.0364	.0290	.0232	.0167	.0109	.0060	.0018	
.85	.0434	.0420	.0370	.0296	.0237	.0170	.0112	.0062	.0019	
.90	.0434	.0421	.0372	.0298	.0239	.0172	.0113	.0064	.0019	
.95	.0431	.0419	.0372	.0298	.0239	.0172	.0112	.0065	.0019	
1.00	.0429	.0417	.0369	.0297	.0238	.0170	.0112	.0066	.0020	

Auswertung aus Pucher „Einflußfelder elastischer Platten" Tafel Nr. 53

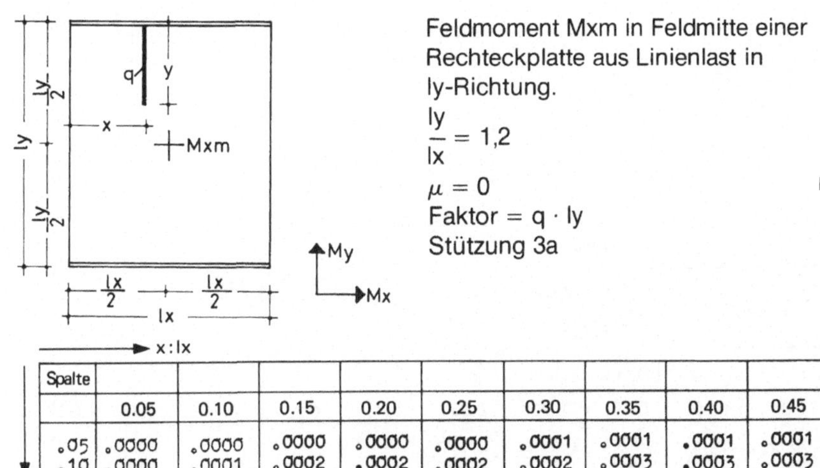

Feldmoment Mxm in Feldmitte einer Rechteckplatte aus Linienlast in ly-Richtung.

$\frac{ly}{lx} = 1{,}2$

$\mu = 0$

Faktor = q · ly

Stützung 3a

Mxm

3a 1.2

F 3.1,2.1.2

x : lx →

y : ly ↓

Spalte										
	0.05	0.10	0.15	0.20	0.25	0.30	0.35	0.40	0.45	0.50
.05	.0000	.0000	.0000	.0000	.0000	.0001	.0001	.0001	.0001	.0001
.10	.0000	.0001	.0002	.0002	.0002	.0002	.0003	.0003	.0003	.0003
.15	.0001	.0002	.0004	.0004	.0005	.0007	.0010	.0012	.0013	.0014
.20	.0001	.0003	.0008	.0008	.0010	.0017	.0021	.0025	.0028	.0029
.25	.0001	.0004	.0011	.0014	.0022	.0030	.0038	.0045	.0050	.0052
.30	.0002	.0006	.0016	.0023	.0034	.0046	.0059	.0072	.0081	.0084
.35	.0002	.0007	.0020	.0032	.0046	.0065	.0085	.0107	.0124	.0130
.40	.0001	.0008	.0024	.0039	.0059	.0086	.0114	.0150	.0179	.0186
.45	.0001	.0007	.0028	.0045	.0070	.0105	.0140	.0197	.0244	.0271
.50	.0000	.0007	.0030	.0048	.0081	.0117	.0163	.0234	.0305	.0399
.55	.0001-	.0006	.0031	.0051	.0089	.0132	.0185	.0274	.0365	.0525
.60	.0002-	.0005	.0035	.0055	.0100	.0150	.0209	.0319	.0433	.0607
.65	.0003-	.0005	.0039	.0067	.0113	.0170	.0244	.0365	.0489	.0666
.70	.0003-	.0006	.0043	.0076	.0125	.0190	.0270	.0396	.0531	.0710
.75	.0001-	.0011	.0048	.0083	.0137	.0209	.0292	.0422	.0562	.0740
.80	.0001-	.0012	.0051	.0089	.0147	.0217	.0308	.0441	.0584	.0766
.85	.0000	.0014	.0054	.0093	.0152	.0226	.0319	.0456	.0600	.0781
.90	.0000	.0015	.0056	.0095	.0156	.0231	.0326	.0464	.0608	.0790
.95	.0000	.0015	.0058	.0096	.0157	.0233	.0328	.0467	.0611	.0794
1.00	.0000	.0015	.0058	.0096	.0156	.0233	.0328	.0466	.0611	.0794

x : lx →

y : ly ↓

Spalte										
	0.55	0.60	0.65	0.70	0.75	0.80	0.85	0.90	0.95	
.05	.0001	.0001	.0001	.0001	.0000	.0000	.0000	.0000	.0000	
.10	.0003	.0003	.0003	.0002	.0002	.0002	.0002	.0001	.0000	
.15	.0013	.0012	.0010	.0007	.0005	.0004	.0004	.0002	.0001	
.20	.0028	.0025	.0021	.0017	.0010	.0008	.0008	.0003	.0001	
.25	.0050	.0045	.0038	.0030	.0022	.0014	.0011	.0004	.0001	
.30	.0081	.0072	.0059	.0046	.0034	.0023	.0016	.0006	.0002	
.35	.0124	.0107	.0085	.0065	.0046	.0032	.0020	.0007	.0002	
.40	.0179	.0150	.0114	.0086	.0059	.0039	.0024	.0008	.0001	
.45	.0244	.0197	.0140	.0105	.0070	.0045	.0028	.0007	.0001	
.50	.0305	.0234	.0163	.0117	.0081	.0048	.0030	.0007	.0000	
.55	.0365	.0274	.0185	.0132	.0089	.0051	.0031	.0006	.0001-	
.60	.0433	.0319	.0209	.0150	.0100	.0055	.0035	.0005	.0002-	
.65	.0489	.0365	.0244	.0170	.0113	.0067	.0039	.0005	.0003-	
.70	.0531	.0396	.0270	.0190	.0125	.0076	.0043	.0006	.0003-	
.75	.0562	.0422	.0292	.0209	.0137	.0083	.0048	.0011	.0001-	
.80	.0584	.0441	.0308	.0217	.0147	.0089	.0051	.0012	.0001-	
.85	.0600	.0456	.0319	.0226	.0152	.0093	.0054	.0014	.0000	
.90	.0608	.0464	.0326	.0231	.0156	.0095	.0056	.0015	.0000	
.95	.0611	.0467	.0328	.0233	.0157	.0096	.0058	.0015	.0000	
1.00	.0611	.0466	.0328	.0233	.0156	.0096	.0058	.0015	.0000	

Auswertung aus Pucher „Einflußfelder elastischer Platten“ Tafel Nr. 53

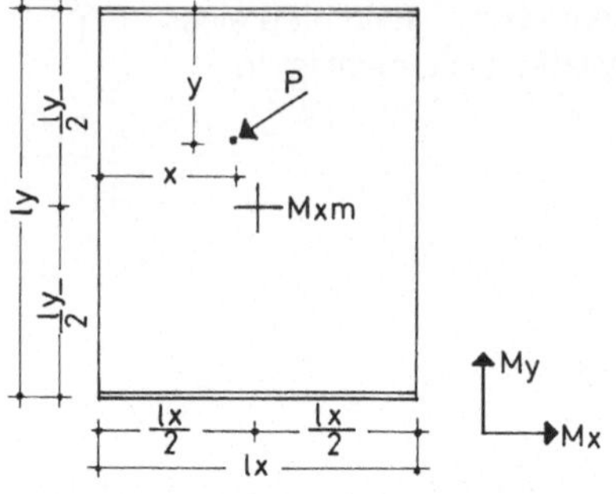

Feldmoment Mxm in Feldmitte einer Rechteckplatte aus einer Einzellast.

$\frac{ly}{lx} = 1{,}2$

$\mu = 0$

Faktor = P

Stützung 3a

P
Mxm
3a 1.2

F 3.1,2.1.3

y : ly →

x : lx ↓

Spalte	0.05	0.10	0.15	0.20	0.25	0.30	0.35	0.40	0.45	0.50
.05	.0004	.0014	.0006	.0007	.0008	.0008	.0001	.0008-	.0014-	.0015-
.10	.0008	.0028	.0020	.0026	.0034	.0037	.0027	.0012	.0002-	.0006-
.15	.0012	.0041	.0040	.0058	.0078	.0087	.0079	.0060	.0036	.0028
.20	.0016	.0054	.0067	.0101	.0140	.0158	.0157	.0135	.0100	.0086
.25	.0020	.0067	.0101	.0156	.0208	.0246	.0247	.0227	.0187	.0168
.30	.0024	.0079	.0142	.0213	.0290	.0355	.0378	.0365	.0318	.0280
.35	.0027	.0091	.0189	.0276	.0377	.0472	.0566	.0580	.0530	.0486
.40	.0030	.0102	.0222	.0337	.0451	.0580	.0812	.0908	.0817	.0771
.45	.0033	.0113	.0239	.0370	.0513	.0681	.0965	.1242	.1375	.1241
.50	.0036	.0123	.0240	.0381	.0561	.0773	.1016	.1417	.1972	.2986*
.55	.0035	.0113	.0239	.0371	.0512	.0681	.0965	.1242	.1375	.1241
.60	.0031	.0102	.0222	.0338	.0451	.0580	.0812	.0908	.0817	.0772
.65	.0028	.0091	.0189	.0277	.0377	.0472	.0567	.0580	.0530	.0489
.70	.0024	.0079	.0143	.0213	.0315	.0355	.0378	.0366	.0318	.0279
.75	.0020	.0067	.0101	.0157	.0253	.0246	.0247	.0227	.0187	.0168
.80	.0016	.0055	.0067	.0101	.0140	.0157	.0157	.0135	.0100	.0087
.85	.0012	.0043	.0040	.0058	.0078	.0087	.0080	.0060	.0036	.0028
.90	.0008	.0030	.0020	.0026	.0034	.0037	.0027	.0012	.0002-	.0006-
.95	.0003	.0017	.0007	.0007	.0008	.0008	.0001	.0007-	.0014-	.0015-
1.00	.0001-	.0004	.0001	.0001-	.0000	.0000	.0000	.0000	.0000	.0001

y : ly →

x : lx ↓

Spalte	0.55	0.60	0.65	0.70	0.75	0.80	0.85	0.90	0.95	
.05	.0014-	.0008-	.0001	.0008	.0008	.0007	.0006	.0014	.0004	
.10	.0002-	.0012	.0027	.0037	.0034	.0026	.0020	.0028	.0008	
.15	.0036	.0060	.0079	.0087	.0078	.0058	.0040	.0041	.0012	
.20	.0100	.0135	.0157	.0158	.0140	.0101	.0067	.0054	.0016	
.25	.0187	.0227	.0247	.0246	.0208	.0156	.0101	.0067	.0020	
.30	.0318	.0365	.0378	.0355	.0290	.0213	.0142	.0079	.0024	
.35	.0530	.0580	.0566	.0472	.0377	.0276	.0189	.0091	.0027	
.40	.0817	.0908	.0812	.0580	.0451	.0337	.0222	.0102	.0030	
.45	.1375	.1242	.0965	.0681	.0513	.0370	.0239	.0113	.0033	
.50	.1972	.1417	.1016	.0773	.0561	.0381	.0240	.0123	.0036	
.55	.1375	.1242	.0965	.0681	.0512	.0371	.0239	.0113	.0035	
.60	.0817	.0908	.0812	.0580	.0451	.0338	.0222	.0102	.0031	
.65	.0530	.0580	.0567	.0472	.0377	.0277	.0189	.0091	.0028	
.70	.0318	.0366	.0378	.0355	.0315	.0213	.0143	.0079	.0024	
.75	.0187	.0227	.0247	.0246	.0253	.0157	.0101	.0067	.0020	
.80	.0100	.0135	.0157	.0157	.0140	.0101	.0067	.0055	.0016	
.85	.0036	.0060	.0080	.0087	.0078	.0058	.0040	.0043	.0012	
.90	.0002-	.0012	.0027	.0037	.0034	.0026	.0020	.0030	.0008	
.95	.0014-	.0007-	.0001	.0008	.0008	.0007	.0007	.0017	.0003	
1.00	.0000	.0000	.0000	.0000	.0000	.0001-	.0001	.0004	.0001-	

Auswertung aus Pucher „Einflußfelder elastischer Platten" Tafel Nr. 53

* bezw. theoretisch ∞

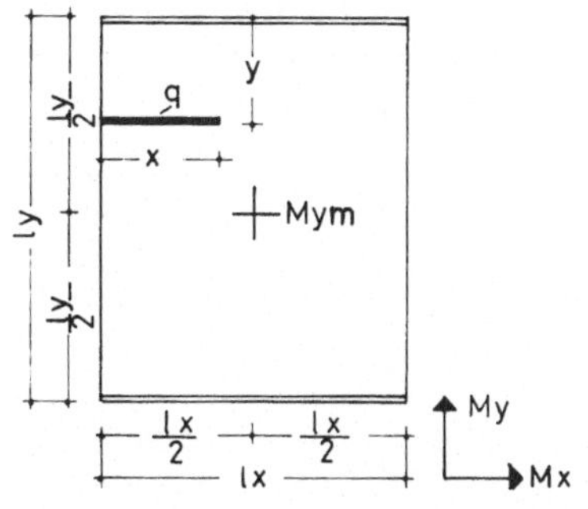

Feldmoment My in Feldmitte einer Rechteckplatte aus Linienlast in lx-Richtung.
Stützung 3a
$\frac{ly}{lx} = 1{,}2$
$\mu = 0$
Faktor = q · lx

My
3a 1.2

F 3.1,2.2.1

→ y : ly, ↓ x : lx

Spalte										
	0.05	0.10	0.15	0.20	0.25	0.30	0.35	0.40	0.45	0.50
.05	.0000	.0000	.0000	.0001	.0001	.0002	.0003	.0004	.0004	.0005
.10	.0001	.0000	.0001	.0003	.0004	.0008	.0011	.0014	.0016	.0016
.15	.0001	.0001	.0002	.0005	.0009	.0016	.0023	.0029	.0033	.0035
.20	.0002	.0001	.0003	.0009	.0016	.0027	.0039	.0050	.0057	.0060
.25	.0002	.0000	.0005	.0014	.0024	.0040	.0060	.0077	.0088	.0093
.30	.0002	.0000	.0007	.0019	.0031	.0055	.0084	.0109	.0131	.0138
.35	.0003	.0001	.0009	.0022	.0039	.0068	.0110	.0146	.0183	.0192
.40	.0003	.0001	.0011	.0027	.0047	.0082	.0133	.0183	.0244	.0259
.45	.0003	.0001	.0013	.0031	.0055	.0094	.0155	.0220	.0309	.0353
.50	.0003	.0002	.0015	.0036	.0062	.0106	.0176	.0256	.0372	.0485
.55	.0003	.0003	.0017	.0040	.0069	.0117	.0196	.0290	.0436	.0617
.60	.0003	.0004	.0020	.0044	.0077	.0129	.0217	.0326	.0500	.0707
.65	.0004	.0003	.0021	.0049	.0085	.0142	.0238	.0370	.0563	.0777
.70	.0005	.0004	.0023	.0054	.0094	.0160	.0272	.0405	.0616	.0830
.75	.0005	.0004	.0025	.0059	.0102	.0174	.0296	.0437	.0656	.0876
.80	.0005	.0004	.0027	.0063	.0109	.0187	.0317	.0465	.0688	.0910
.85	.0006	.0004	.0028	.0067	.0115	.0199	.0333	.0487	.0711	.0935
.90	.0006	.0004	.0029	.0070	.0121	.0206	.0345	.0500	.0730	.0954
.95	.0007	.0004	.0030	.0072	.0124	.0212	.0353	.0509	.0741	.0966
1.00	.0007	.0004	.0030	.0073	.0126	.0214	.0356	.0514	.0745	.0970

→ y : ly, ↓ x : lx

Spalte										
	0.55	0.60	0.65	0.70	0.75	0.80	0.85	0.90	0.95	
.05	.0004	.0004	.0003	.0002	.0001	.0001	.0000	.0000	.0000	
.10	.0016	.0014	.0011	.0008	.0004	.0003	.0001	.0000	.0001	
.15	.0033	.0029	.0023	.0016	.0009	.0005	.0002	.0001	.0001	
.20	.0057	.0050	.0039	.0027	.0016	.0009	.0003	.0001	.0002	
.25	.0088	.0077	.0060	.0040	.0024	.0014	.0005	.0000	.0002	
.30	.0131	.0109	.0084	.0055	.0031	.0019	.0007	.0000	.0002	
.35	.0183	.0146	.0110	.0068	.0039	.0022	.0009	.0001	.0003	
.40	.0244	.0183	.0133	.0082	.0047	.0027	.0011	.0001	.0003	
.45	.0309	.0220	.0155	.0094	.0055	.0031	.0013	.0001	.0003	
.50	.0372	.0256	.0176	.0106	.0062	.0036	.0015	.0002	.0003	
.55	.0436	.0290	.0196	.0117	.0069	.0040	.0017	.0003	.0003	
.60	.0500	.0326	.0217	.0129	.0077	.0044	.0020	.0004	.0003	
.65	.0563	.0370	.0238	.0142	.0085	.0049	.0021	.0003	.0004	
.70	.0616	.0405	.0272	.0160	.0094	.0054	.0023	.0004	.0005	
.75	.0656	.0437	.0296	.0174	.0102	.0059	.0025	.0004	.0005	
.80	.0688	.0465	.0317	.0187	.0109	.0063	.0027	.0004	.0005	
.85	.0711	.0487	.0333	.0199	.0115	.0067	.0028	.0004	.0006	
.90	.0730	.0500	.0345	.0206	.0121	.0070	.0029	.0004	.0006	
.95	.0741	.0509	.0353	.0212	.0124	.0072	.0030	.0004	.0007	
1.00	.0745	.0514	.0356	.0214	.0126	.0073	.0030	.0004	.0007	

Auswertung aus Pucher „Einflußfelder elastischer Platten" Tafel Nr. 54

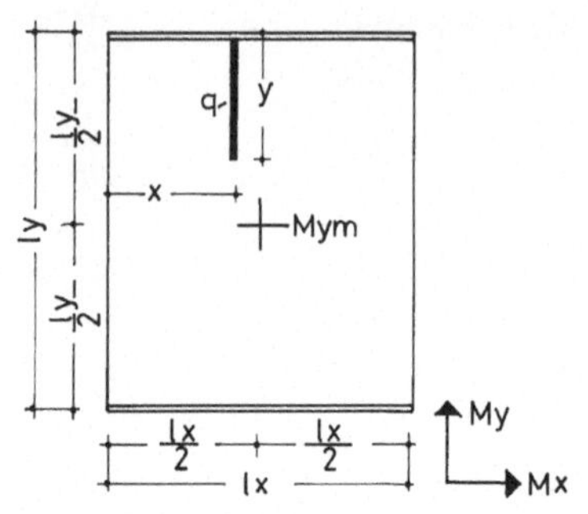

Feldmoment My in Feldmitte einer Rechteckplatte aus Linienlast in ly-Richtung.
Stützung 3a

$\frac{ly}{lx} = 1{,}2$

$\mu = 0$

Faktor = q · ly

My

3a 1.2

F 3.1,2.2.2

→ x : lx

↓ y : ly

Spalte										
	0.05	0.10	0.15	0.20	0.25	0.30	0.35	0.40	0.45	0.50
.05	.0000	.0000	.0000	.0000	.0000	.0000	.0000	.0000	.0000	.0000
.10	.0000	.0001-	.0001-	.0000	.0000	.0001-	.0001-	.0001-	.0000	.0000
.15	.0000	.0000	.0000	.0000	.0001	.0001-	.0001-	.0001-	.0000	.0000
.20	.0001	.0001	.0002	.0003	.0004	.0001	.0001	.0001	.0002	.0002
.25	.0003	.0004	.0006	.0009	.0011	.0010	.0011	.0010	.0007	.0007
.30	.0007	.0010	.0014	.0018	.0021	.0022	.0022	.0021	.0021	.0020
.35	.0012	.0019	.0027	.0034	.0040	.0042	.0042	.0040	.0038	.0037
.40	.0019	.0031	.0044	.0056	.0066	.0073	.0075	.0071	.0065	.0063
.45	.0027	.0045	.0064	.0082	.0099	.0116	.0126	.0125	.0116	.0113
.50	.0035	.0060	.0086	.0111	.0136	.0166	.0192	.0201	.0208	.0212
.55	.0043	.0074	.0108	.0140	.0173	.0220	.0247	.0268	.0300	.0312
.60	.0051	.0088	.0129	.0167	.0206	.0254	.0303	.0326	.0349	.0360
.65	.0058	.0100	.0146	.0189	.0232	.0285	.0330	.0353	.0377	.0388
.70	.0063	.0109	.0158	.0205	.0251	.0305	.0350	.0372	.0395	.0405
.75	.0067	.0115	.0166	.0214	.0262	.0317	.0361	.0382	.0405	.0414
.80	.0069	.0118	.0171	.0220	.0268	.0324	.0368	.0389	.0411	.0420
.85	.0070	.0120	.0173	.0222	.0271	.0326	.0371	.0392	.0414	.0423
.90	.0070	.0120	.0173	.0223	.0272	.0326	.0371	.0392	.0414	.0424
.95	.0070	.0120	.0173	.0223	.0272	.0325	.0370	.0390	.0413	.0423
1.00	.0070	.0119	.0173	.0223	.0272	.0322	.0367	.0388	.0411	.0421

→ x : lx

↓ y : ly

Spalte										
	0.55	0.60	0.65	0.70	0.75	0.80	0.85	0.90	0.95	
.05	.0000	.0000	.0000	.0000	.0000	.0000	.0000	.0000	.0000	
.10	.0000	.0001-	.0001-	.0001-	.0000	.0000	.0001-	.0001-	.0000	
.15	.0000	.0001-	.0001-	.0001-	.0001	.0000	.0000	.0000	.0000	
.20	.0002	.0001	.0001	.0001	.0004	.0003	.0002	.0001	.0001	
.25	.0007	.0010	.0011	.0010	.0011	.0009	.0006	.0004	.0003	
.30	.0021	.0021	.0022	.0022	.0021	.0018	.0014	.0010	.0007	
.35	.0038	.0040	.0042	.0042	.0040	.0034	.0027	.0019	.0012	
.40	.0065	.0071	.0075	.0073	.0066	.0056	.0044	.0031	.0019	
.45	.0116	.0125	.0126	.0116	.0099	.0082	.0064	.0045	.0027	
.50	.0208	.0201	.0192	.0166	.0136	.0111	.0086	.0060	.0035	
.55	.0300	.0268	.0247	.0220	.0173	.0140	.0108	.0074	.0043	
.60	.0349	.0326	.0303	.0254	.0206	.0167	.0129	.0088	.0051	
.65	.0377	.0353	.0330	.0285	.0232	.0189	.0146	.0100	.0058	
.70	.0395	.0372	.0350	.0305	.0251	.0205	.0158	.0109	.0063	
.75	.0405	.0382	.0361	.0317	.0262	.0214	.0166	.0115	.0067	
.80	.0411	.0389	.0368	.0324	.0268	.0220	.0171	.0118	.0069	
.85	.0414	.0392	.0371	.0326	.0271	.0222	.0173	.0120	.0070	
.90	.0414	.0392	.0371	.0326	.0272	.0223	.0173	.0120	.0070	
.95	.0413	.0390	.0370	.0325	.0272	.0223	.0173	.0120	.0070	
1.00	.0411	.0388	.0367	.0322	.0272	.0223	.0173	.0119	.0070	

Auswertung aus Pucher „Einflußfelder elastischer Platten" Tafel Nr. 54

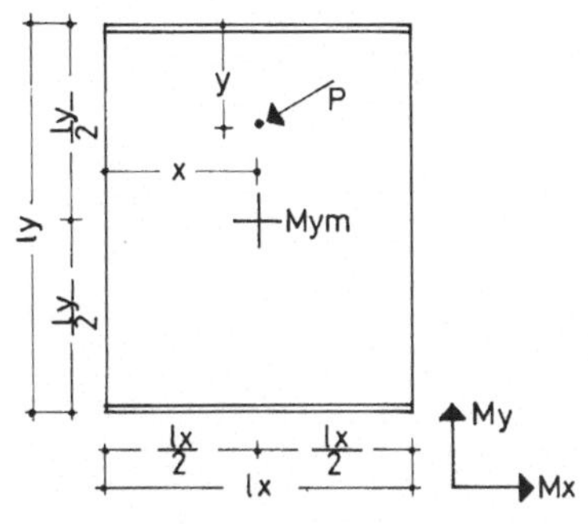

Feldmoment My in Feldmitte einer Rechteckplatte aus einer Einzellast.
Stützung 3a

$\frac{ly}{lx} = 1{,}2$

$\mu = 0$

Faktor = P

3a 1.2

F 3.1,2.2.3

x : lx → ; y : ly ↓

Spalte	0.05	0.10	0.15	0.20	0.25	0.30	0.35	0.40	0.45	0.50
.05	.0002-	.0008-	.0010-	.0007-	.0004-	.0008-	.0006-	.0006-	.0001-	.0002-
.10	.0003	.0003-	.0003-	.0004	.0010	.0006	.0008	.0007	.0014	.0013
.15	.0014	.0015	.0022	.0033	.0041	.0040	.0041	.0040	.0044	.0043
.20	.0030	.0046	.0064	.0080	.0091	.0095	.0094	.0092	.0090	.0089
.25	.0054	.0090	.0123	.0144	.0159	.0170	.0168	.0164	.0153	.0151
.30	.0083	.0146	.0203	.0239	.0284	.0308	.0301	.0280	.0254	.0246
.35	.0118	.0212	.0292	.0386	.0455	.0513	.0516	.0499	.0442	.0430
.40	.0160	.0261	.0384	.0492	.0596	.0737	.0819	.0796	.0740	.0722
.45	.0163	.0289	.0434	.0561	.0704	.0922	.1148	.1275	.1315	.1278
.50	.0165	.0298	.0434	.0593	.0778	.0983	.1245	.1564	.2094	.2886*
.55	.0163	.0289	.0434	.0562	.0704	.0922	.1148	.1275	.1315	.1278
.60	.0159	.0261	.0384	.0492	.0596	.0737	.0819	.0796	.0740	.0722
.65	.0118	.0212	.0292	.0386	.0455	.0513	.0516	.0499	.0442	.0431
.70	.0083	.0146	.0203	.0239	.0284	.0308	.0301	.0280	.0254	.0246
.75	.0054	.0089	.0123	.0144	.0159	.0170	.0168	.0164	.0152	.0151
.80	.0030	.0045	.0064	.0080	.0091	.0095	.0095	.0092	.0090	.0089
.85	.0013	.0014	.0022	.0033	.0041	.0040	.0042	.0039	.0044	.0043
.90	.0002	.0005-	.0003-	.0004	.0009	.0005	.0008	.0006	.0014	.0013
.95	.0003-	.0010-	.0010-	.0008-	.0004-	.0009-	.0006-	.0007-	.0001-	.0001-
1.00	.0002-	.0003-	.0000	.0001-	.0000	.0001-	.0000	.0001-	.0000	.0000

x : lx → ; y : ly ↓

Spalte	0.55	0.60	0.65	0.70	0.75	0.80	0.85	0.90	0.95
.05	.0001-	.0006-	.0006-	.0008-	.0004-	.0007-	.0010-	.0008-	.0002-
.10	.0014	.0007	.0008	.0006	.0010	.0004	.0003-	.0003-	.0003
.15	.0044	.0040	.0041	.0040	.0041	.0033	.0022	.0015	.0014
.20	.0090	.0092	.0094	.0095	.0091	.0080	.0064	.0046	.0030
.25	.0153	.0164	.0168	.0170	.0159	.0144	.0123	.0090	.0054
.30	.0254	.0280	.0301	.0308	.0284	.0239	.0203	.0146	.0083
.35	.0442	.0499	.0516	.0513	.0455	.0386	.0292	.0212	.0118
.40	.0740	.0796	.0819	.0737	.0596	.0492	.0384	.0261	.0160
.45	.1315	.1275	.1148	.0922	.0704	.0561	.0434	.0289	.0163
.50	.2094	.1564	.1245	.0983	.0778	.0593	.0434	.0298	.0165
.55	.1315	.1275	.1148	.0922	.0704	.0562	.0434	.0289	.0163
.60	.0740	.0796	.0819	.0737	.0596	.0492	.0384	.0261	.0159
.65	.0442	.0499	.0516	.0513	.0455	.0386	.0292	.0212	.0118
.70	.0254	.0280	.0301	.0308	.0284	.0239	.0203	.0146	.0083
.75	.0152	.0164	.0168	.0170	.0159	.0144	.0123	.0089	.0054
.80	.0090	.0092	.0095	.0095	.0091	.0080	.0064	.0045	.0030
.85	.0044	.0039	.0042	.0040	.0041	.0033	.0022	.0014	.0013
.90	.0014	.0006	.0008	.0005	.0009	.0004	.0003-	.0005-	.0002
.95	.0001-	.0007-	.0006-	.0009-	.0004-	.0008-	.0010-	.0010-	.0003-
1.00	.0000	.0001-	.0000	.0001-	.0000	.0001-	.0000	.0003-	.0002-

Auswertung aus Pucher „Einflußfelder elastischer Platten" Tafel Nr. 54

* bezw. theoretisch ∞

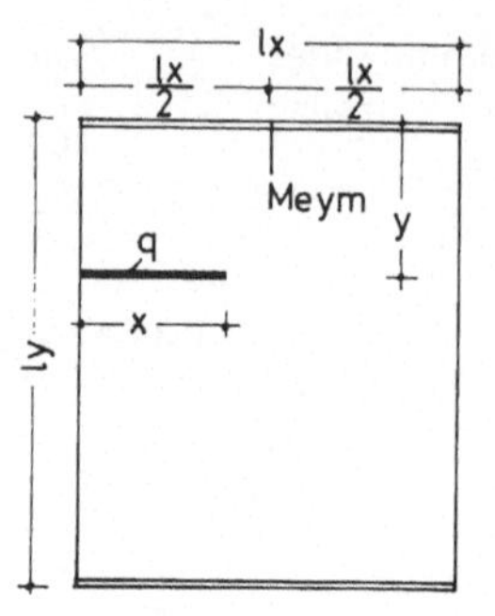

My
Mx

Stützmoment Meym in Seitenmitte einer Rechteckplatte aus Linienlast in lx-Richtung.

$\frac{ly}{lx} = 1,2$

$\mu = 0$

Faktor = q · lx

Stützung 3a

Meym

3a 1.2

F 3.1,2.3.1

y : ly → ; x : lx ↓

Spalte										
	0.05	0.10	0.15	0.20	0.25	0.30	0.35	0.40	0.45	0.50
.05	.0000	.0002-	.0004-	.0006-	.0007-	.0007-	.0007-	.0007-	.0007-	.0006-
.10	.0001-	.0007-	.0014-	.0021-	.0025-	.0027-	.0028-	.0027-	.0025-	.0023-
.15	.0002-	.0015-	.0031-	.0043-	.0052-	.0059-	.0062-	.0060-	.0055-	.0050-
.20	.0005-	.0027-	.0053-	.0078-	.0096-	.0106-	.0110-	.0105-	.0097-	.0083-
.25	.0010-	.0047-	.0088-	.0127-	.0154-	.0168-	.0171-	.0164-	.0151-	.0135-
.30	.0021-	.0075-	.0138-	.0192-	.0223-	.0245-	.0246-	.0235-	.0216-	.0192-
.35	.0038-	.0121-	.0208-	.0279-	.0321-	.0339-	.0336-	.0314-	.0290-	.0257-
.40	.0070-	.0193-	.0305-	.0382-	.0434-	.0449-	.0438-	.0406-	.0367-	.0328-
.45	.0135-	.0300-	.0429-	.0515-	.0555-	.0563-	.0550-	.0507-	.0455-	.0404-
.50	.0267-	.0453-	.0581-	.0659-	.0690-	.0687-	.0669-	.0614-	.0548-	.0483-
.55	.0399-	.0594-	.0720-	.0793-	.0827-	.0812-	.0771-	.0709-	.0643-	.0548-
.60	.0464-	.0701-	.0844-	.0920-	.0941-	.0926-	.0881-	.0809-	.0736-	.0619-
.65	.0496-	.0773-	.0940-	.1029-	.1052-	.1034-	.0985-	.0904-	.0802-	.0686-
.70	.0513-	.0818-	.1011-	.1115-	.1147-	.1130-	.1079-	.0979-	.0875-	.0748-
.75	.0521-	.0847-	.1059-	.1180-	.1219-	.1204-	.1144-	.1049-	.0939-	.0803-
.80	.0527-	.0866-	.1095-	.1228-	.1276-	.1265-	.1205-	.1108-	.0994-	.0851-
.85	.0531-	.0878-	.1116-	.1264-	.1319-	.1312-	.1253-	.1153-	.1033-	.0883-
.90	.0532-	.0887-	.1134-	.1285-	.1343-	.1345-	.1287-	.1186-	.1063-	.0909-
.95	.0532-	.0892-	.1145-	.1302-	.1366-	.1365-	.1308-	.1206-	.1082-	.0927-
1.00	.0531-	.0894-	.1149-	.1308-	.1377-	.1372	.1315-	.1213-	.1088-	.0933-

y : ly → ; x : lx ↓

Spalte										
	0.55	0.60	0.65	0.70	0.75	0.80	0.85	0.90	0.95	
.05	.0005-	.0004-	.0004-	.0003-	.0002-	.0001-	.0001-	.0000	.0000	
.10	.0020-	.0016-	.0013-	.0010-	.0007-	.0004-	.0003-	.0002-	.0000	
.15	.0043-	.0037-	.0029-	.0022-	.0015-	.0009-	.0006-	.0004-	.0001-	
.20	.0075-	.0064-	.0052-	.0039-	.0027-	.0017-	.0010-	.0006-	.0002-	
.25	.0116-	.0099-	.0080-	.0061-	.0043-	.0028-	.0016-	.0009-	.0002-	
.30	.0164-	.0139-	.0113-	.0088-	.0061-	.0040-	.0023-	.0013-	.0003-	
.35	.0220-	.0186-	.0151-	.0118-	.0083-	.0054-	.0031-	.0017-	.0004-	
.40	.0281-	.0237-	.0190-	.0151-	.0106-	.0070-	.0040-	.0021-	.0005-	
.45	.0346-	.0290-	.0234-	.0186-	.0131-	.0084-	.0049-	.0025-	.0006-	
.50	.0414-	.0345-	.0280-	.0222-	.0157-	.0101-	.0059-	.0029-	.0007-	
.55	.0472-	.0401-	.0327-	.0249-	.0178-	.0118-	.0069-	.0033-	.0008-	
.60	.0535-	.0454-	.0373-	.0282-	.0202-	.0133-	.0079-	.0037-	.0009-	
.65	.0596-	.0505-	.0408-	.0315-	.0226-	.0148-	.0089-	.0041-	.0010-	
.70	.0652-	.0551-	.0445-	.0345-	.0247-	.0162-	.0094-	.0045-	.0011-	
.75	.0703-	.0592-	.0478-	.0373-	.0267-	.0174-	.0101-	.0049-	.0012-	
.80	.0737-	.0626-	.0506-	.0396-	.0280-	.0185-	.0107-	.0052-	.0013-	
.85	.0769-	.0654-	.0529-	.0407-	.0291-	.0192-	.0112-	.0054-	.0013-	
.90	.0792-	.0674-	.0543-	.0419-	.0300-	.0197-	.0115-	.0056-	.0014-	
.95	.0807-	.0686-	.0553-	.0427-	.0305-	.0200-	.0117-	.0057-	.0014-	
1.00	.0806-	.0691-	.0557-	.0430-	.0307-	.0201-	.0117-	.0058-	.0014-	

Auswertung aus Pucher „Einflußfelder elastischer Platten" Tafel Nr. 55

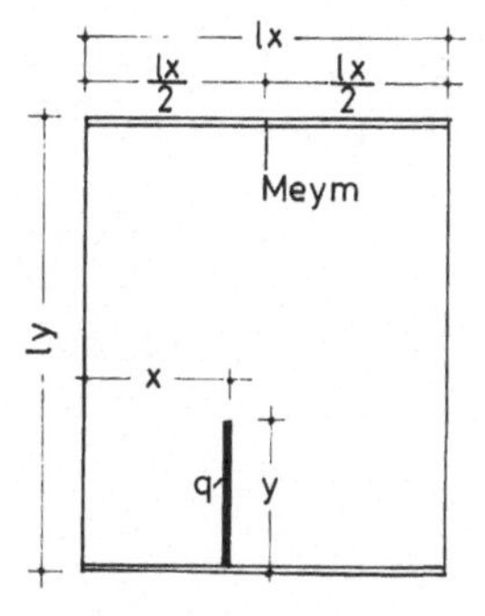

My

Mx

Stützmoment Meym in Seitenmitte einer Rechteckplatte aus Linienlast in ly-Richtung.

$\frac{ly}{lx} = 1{,}2$

$\mu = 0$

Faktor = q · ly

Stützung 3a

Meym

3a 1.2

F 3.1,2.3.2

→ x : lx

↓ y : ly

Spalte										
	0.05	0.10	0.15	0.20	0.25	0.30	0.35	0.40	0.45	0.50
.05	.0000	.0000	.0000	.0000	.0000	.0000	.0000	.0000	.0000	.0000
.10	.0001	.0000	.0000	.0001-	.0001-	.0001-	.0002-	.0002-	.0002-	.0002-
.15	.0002	.0001-	.0002-	.0004-	.0005-	.0005-	.0009-	.0009-	.0009-	.0009-
.20	.0002	.0002-	.0006-	.0013-	.0015-	.0018-	.0020-	.0021-	.0022-	.0022-
.25	.0002	.0005-	.0017-	.0024-	.0030-	.0034-	.0037-	.0040-	.0042-	.0043-
.30	.0002	.0008-	.0029-	.0041-	.0050-	.0057-	.0063-	.0067-	.0070-	.0071-
.35	.0001	.0014-	.0046-	.0064-	.0077-	.0088-	.0097-	.0105-	.0110-	.0112-
.40	.0002-	.0024-	.0067-	.0093-	.0111-	.0127-	.0141-	.0152-	.0159-	.0162-
.45	.0006-	.0032-	.0111-	.0128-	.0150-	.0174-	.0193-	.0208-	.0219-	.0222-
.50	.0011-	.0042-	.0159-	.0168-	.0184-	.0230-	.0255-	.0275-	.0289-	.0294-
.55	.0018-	.0054-	.0208-	.0217-	.0223-	.0294-	.0325-	.0353-	.0372-	.0378-
.60	.0028-	.0069-	.0257-	.0272-	.0278-	.0366-	.0407-	.0444-	.0469-	.0477-
.65	.0049-	.0091-	.0304-	.0330-	.0384-	.0444-	.0500-	.0547-	.0578-	.0588-
.70	.0061-	.0123-	.0349-	.0388-	.0449-	.0529-	.0603-	.0660-	.0693-	.0704-
.75	.0069-	.0138-	.0379-	.0445-	.0506-	.0616-	.0701-	.0780-	.0815-	.0832-
.80	.0075-	.0148-	.0410-	.0496-	.0572-	.0692-	.0805-	.0890-	.0941-	.0968-
.85	.0079-	.0154-	.0434-	.0504-	.0621-	.0763-	.0904-	.1009-	.1067-	.1114-
.90	.0081-	.0165-	.0447-	.0525-	.0654-	.0808-	.0971-	.1119-	.1193-	.1266-
.95	.0081-	.0167-	.0453-	.0533-	.0666-	.0830-	.1012-	.1170-	.1295-	.1422-
1.00	.0081-	.0165-	.0453-	.0533-	.0668-	.0834-	.1017-	.1182-	.1320-	.1581-

→ x : lx

↓ y : ly

Spalte										
	0.55	0.60	0.65	0.70	0.75	0.80	0.85	0.90	0.95	
.05	.0000	.0000	.0000	.0000	.0000	.0000	.0000	.0000	.0000	
.10	.0002-	.0002-	.0002-	.0001-	.0001-	.0001-	.0000	.0000	.0001	
.15	.0009-	.0009-	.0009-	.0005-	.0005-	.0004-	.0002-	.0001-	.0002	
.20	.0022-	.0021-	.0020-	.0018-	.0015-	.0013-	.0006-	.0002-	.0002	
.25	.0042-	.0040-	.0037-	.0034-	.0030-	.0024-	.0017-	.0005-	.0002	
.30	.0070-	.0067-	.0063-	.0057-	.0050-	.0041-	.0029-	.0008-	.0002	
.35	.0110-	.0105-	.0097-	.0088-	.0077-	.0064-	.0046-	.0014-	.0001	
.40	.0159-	.0152-	.0141-	.0127-	.0111-	.0093-	.0067-	.0024-	.0002-	
.45	.0219-	.0208-	.0193-	.0174-	.0150-	.0128-	.0111-	.0032-	.0006-	
.50	.0289-	.0275-	.0255-	.0230-	.0184-	.0168-	.0159-	.0042-	.0011-	
.55	.0372-	.0353-	.0325-	.0294-	.0223-	.0217-	.0208-	.0054-	.0018-	
.60	.0469-	.0444-	.0407-	.0366-	.0278-	.0272-	.0257-	.0069-	.0028-	
.65	.0578-	.0547-	.0500-	.0444-	.0384-	.0330-	.0304-	.0091-	.0049-	
.70	.0693-	.0660-	.0603-	.0529-	.0449-	.0388-	.0349-	.0123-	.0061-	
.75	.0815-	.0780-	.0701-	.0616-	.0506-	.0445-	.0379-	.0138-	.0069-	
.80	.0941-	.0890-	.0805-	.0692-	.0572-	.0496-	.0410-	.0148-	.0075-	
.85	.1067-	.1009-	.0904-	.0763-	.0621-	.0504-	.0434-	.0154-	.0079-	
.90	.1193-	.1119-	.0971-	.0808-	.0654-	.0525-	.0447-	.0165-	.0081-	
.95	.1295-	.1170-	.1012-	.0830-	.0666-	.0533-	.0453-	.0167-	.0081-	
1.00	.1320-	.1182-	.1017-	.0834-	.0668-	.0533-	.0453-	.0165-	.0081-	

Auswertung aus Pucher „Einflußfelder elastischer Platten" Tafel Nr. 55

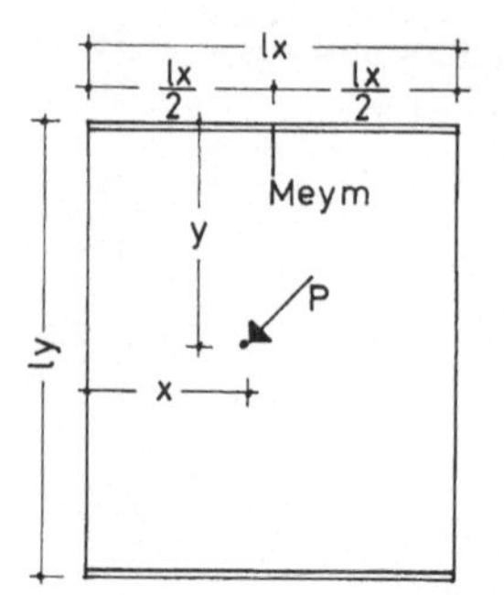

Stützmoment Meym in Seitenmitte einer Rechteckplatte aus einer Einzellast.

$\frac{ly}{lx} = 1{,}2$

$\mu = 0$

Faktor = P

Stützung 3a

Meym
P
3a 1.2

F 3.1,2.3.3

y : ly →, x : lx ↓

Spalte										
x : lx	0.05	0.10	0.15	0.20	0.25	0.30	0.35	0.40	0.45	0.50
.05	.0009-	.0073-	.0150-	.0213-	.0248-	.0274-	.0279-	.0264-	.0249-	.0234-
.10	.0027-	.0136-	.0268-	.0372-	.0458-	.0522-	.0553-	.0528-	.0484-	.0437-
.15	.0055-	.0201-	.0381-	.0563-	.0709-	.0789-	.0812-	.0781-	.0722-	.0643-
.20	.0093-	.0301-	.0559-	.0825-	.1002-	.1079-	.1089-	.1042-	.0960-	.0857-
.25	.0141-	.0471-	.0822-	.1139-	.1316-	.1386-	.1365-	.1283-	.1174-	.1039-
.30	.0229-	.0711-	.1193-	.1498-	.1667-	.1715-	.1646-	.1505-	.1363-	.1194-
.35	.0462-	.1148-	.1646-	.1953-	.2046-	.2017-	.1908-	.1727-	.1527-	.1322-
.40	.0856-	.1749-	.2199-	.2372-	.2360-	.2257-	.2102-	.1908-	.1682-	.1424-
.45	.1885-	.2604-	.2760-	.2701-	.2574-	.2421-	.2229-	.2024-	.1788-	.1499-
.50	.3139-	.3076-	.2996-	.2824-	.2645-	.2468-	.2288-	.2075-	.1823-	.1547-
.55	.1885-	.2604-	.2760-	.2701-	.2574-	.2421-	.2230-	.2024-	.1788-	.1470-
.60	.0856-	.1749-	.2199-	.2372-	.2360-	.2257-	.2102-	.1908-	.1682-	.1376-
.65	.0462-	.1148-	.1646-	.1953-	.2046-	.2017-	.1908-	.1727-	.1527-	.1267-
.70	.0229-	.0711-	.1193-	.1498-	.1667-	.1715-	.1646-	.1505-	.1363-	.1143-
.75	.0141-	.0471-	.0822-	.1139-	.1316-	.1386-	.1365-	.1283-	.1174-	.1003-
.80	.0093-	.0301-	.0559-	.0825-	.1002-	.1079-	.1089-	.1042-	.0960-	.0847-
.85	.0056-	.0201-	.0381-	.0563-	.0709-	.0789-	.0813-	.0781-	.0722-	.0642-
.90	.0027-	.0136-	.0268-	.0372-	.0458-	.0522-	.0553-	.0528-	.0484-	.0437-
.95	.0009-	.0073-	.0150-	.0213-	.0248-	.0274-	.0279-	.0264-	.0248-	.0234-
1.00	.0000	.0000	.0000	.0000	.0000	.0000	.0000	.0000	.0000	.0000

y : ly →, x : lx ↓

Spalte										
x : lx	0.55	0.60	0.65	0.70	0.75	0.80	0.85	0.90	0.95	
.05	.0197-	.0165-	.0137-	.0101-	.0066-	.0038-	.0026-	.0017-	.0004-	
.10	.0381-	.0322-	.0257-	.0195-	.0138-	.0084-	.0051-	.0032-	.0008-	
.15	.0551-	.0483-	.0384-	.0290-	.0206-	.0136-	.0076-	.0045-	.0011-	
.20	.0727-	.0626-	.0498-	.0390-	.0275-	.0185-	.0101-	.0057-	.0013-	
.25	.0894-	.0751-	.0604-	.0479-	.0343-	.0224-	.0126-	.0066-	.0016-	
.30	.1031-	.0872-	.0701-	.0553-	.0398-	.0258-	.0150-	.0073-	.0018-	
.35	.1142-	.0976-	.0789-	.0610-	.0440-	.0287-	.0171-	.0079-	.0019-	
.40	.1229-	.1050-	.0851-	.0651-	.0469-	.0310-	.0183-	.0082-	.0020-	
.45	.1290-	.1095-	.0887-	.0676-	.0485-	.0328-	.0190-	.0084-	.0021-	
.50	.1325-	.1110-	.0899-	.0686-	.0488-	.0332-	.0192-	.0084-	.0021-	
.55	.1290-	.1095-	.0887-	.0676-	.0486-	.0322-	.0190-	.0084-	.0021-	
.60	.1229-	.1050-	.0851-	.0651-	.0469-	.0306-	.0182-	.0082-	.0020-	
.65	.1142-	.0976-	.0789-	.0610-	.0440-	.0285-	.0170-	.0079-	.0019-	
.70	.1031-	.0872-	.0701-	.0553-	.0398-	.0258-	.0152-	.0073-	.0018-	
.75	.0893-	.0751-	.0604-	.0479-	.0342-	.0225-	.0127-	.0066-	.0016-	
.80	.0727-	.0626-	.0498-	.0390-	.0275-	.0186-	.0102-	.0056-	.0013-	
.85	.0551-	.0483-	.0384-	.0290-	.0206-	.0135-	.0077-	.0045-	.0011-	
.90	.0381-	.0322-	.0257-	.0195-	.0138-	.0083-	.0052-	.0031-	.0008-	
.95	.0197-	.0165-	.0137-	.0101-	.0066-	.0038-	.0026-	.0016-	.0004-	
1.00	.0000	.0000	.0000	.0000	.0000	.0000	.0001-	.0001	.0000	

Auswertung aus Pucher „Einflußfelder elastischer Platten" Tafel Nr. 55

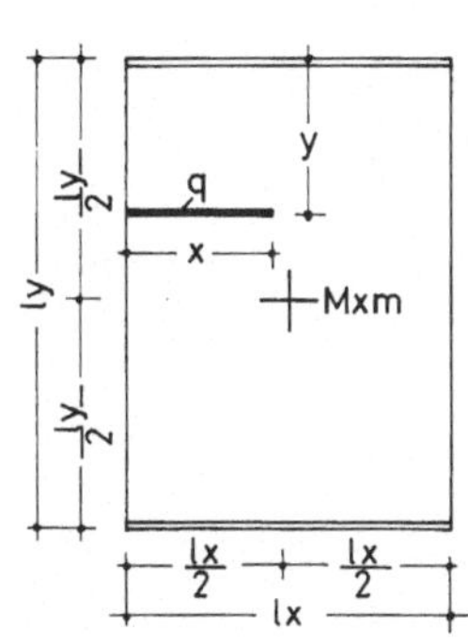

My
Mx

Feldmoment Mxm in Feldmitte einer Rechteckplatte aus Linienlast in lx-Richtung.

$\frac{ly}{lx} = 1{,}4$

$\mu = 0$

Faktor = q · lx

Stützung 3a

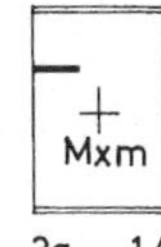

F 3.1,4.1.1

→ y : ly

↓ x : lx

Spalte										
	0.05	0.10	0.15	0.20	0.25	0.30	0.35	0.40	0.45	0.50
.05	.0000	.0000	.0001	.0001	.0002	.0002	.0002	.0002	.0001	.0001
.10	.0000	.0002	.0002	.0004	.0006	.0007	.0007	.0006	.0005	.0005
.15	.0001	.0004	.0005	.0009	.0014	.0017	.0017	.0016	.0013	.0013
.20	.0002	.0006	.0010	.0018	.0026	.0030	.0031	.0029	.0025	.0024
.25	.0002	.0010	.0016	.0029	.0040	.0047	.0049	.0046	.0042	.0040
.30	.0003	.0013	.0024	.0042	.0058	.0068	.0071	.0068	.0063	.0061
.35	.0005	.0018	.0034	.0058	.0079	.0092	.0099	.0098	.0090	.0088
.40	.0006	.0023	.0045	.0075	.0102	.0122	.0146	.0150	.0136	.0130
.45	.0007	.0028	.0056	.0094	.0128	.0157	.0197	.0214	.0201	.0186
.50	.0009	.0033	.0069	.0114	.0156	.0201	.0254	.0289	.0302	.0301
.55	.0010	.0037	.0081	.0135	.0184	.0245	.0312	.0351	.0398	.0413
.60	.0011	.0042	.0094	.0155	.0209	.0279	.0368	.0415	.0463	.0473
.65	.0013	.0046	.0105	.0174	.0233	.0309	.0394	.0460	.0505	.0510
.70	.0014	.0051	.0116	.0184	.0254	.0334	.0425	.0493	.0535	.0530
.75	.0015	.0055	.0118	.0197	.0272	.0353	.0447	.0514	.0555	.0558
.80	.0016	.0058	.0124	.0208	.0285	.0373	.0461	.0534	.0574	.0[illegible]4
.85	.0016	.0061	.0129	.0216	.0297	.0386	.0481	.0547	.0586	.0586
.90	.0017	.0063	.0132	.0222	.0305	.0396	.0490	.0556	.0594	.0593
.95	.0017	.0064	.0134	.0225	.0309	.0401	.0496	.0561	.0598	.0597
1.00	.0017	.0065	.0134	.0225	.0311	.0403	.0498	.0562	.0599	.0597

→ y : ly

↓ x : lx

Spalte										
	0.55	0.60	0.65	0.70	0.75	0.80	0.85	0.90	0.95	
.05	.0001	.0002	.0002	.0002	.0002	.0001	.0001	.0000	.0000	
.10	.0005	.0006	.0007	.0007	.0006	.0004	.0002	.0002	.0000	
.15	.0013	.0016	.0017	.0017	.0014	.0009	.0005	.0004	.0001	
.20	.0025	.0029	.0031	.0030	.0026	.0018	.0010	.0006	.0002	
.25	.0042	.0046	.0049	.0047	.0040	.0029	.0016	.0010	.0002	
.30	.0063	.0068	.0071	.0068	.0058	.0042	.0024	.0013	.0003	
.35	.0090	.0098	.0099	.0092	.0079	.0058	.0034	.0018	.0005	
.40	.0136	.0150	.0146	.0122	.0102	.0075	.0045	.0023	.0006	
.45	.0201	.0214	.0197	.0157	.0128	.0094	.0056	.0028	.0007	
.50	.0302	.0289	.0254	.0201	.0156	.0114	.0069	.0033	.0009	
.55	.0398	.0351	.0312	.0245	.0184	.0135	.0081	.0037	.0010	
.60	.0463	.0415	.0368	.0279	.0209	.0155	.0094	.0042	.0011	
.65	.0505	.0460	.0394	.0309	.0233	.0174	.0105	.0046	.0013	
.70	.0535	.0493	.0425	.0334	.0254	.0184	.0116	.0051	.0014	
.75	.0555	.0514	.0447	.0353	.0272	.0197	.0118	.0055	.0015	
.80	.0574	.0534	.0461	.0373	.0285	.0208	.0124	.0058	.0016	
.85	.0586	.0547	.0481	.0386	.0297	.0216	.0129	.0061	.0016	
.90	.0594	.0556	.0490	.0396	.0305	.0222	.0132	.0063	.0017	
.95	.0598	.0561	.0496	.0401	.0309	.0225	.0134	.0064	.0017	
1.00	.0599	.0562	.0498	.0403	.0311	.0225	.0134	.0065	.0017	

Auswertung aus Pucher „Einflußfelder elastischer Platten" Tafel Nr. 56

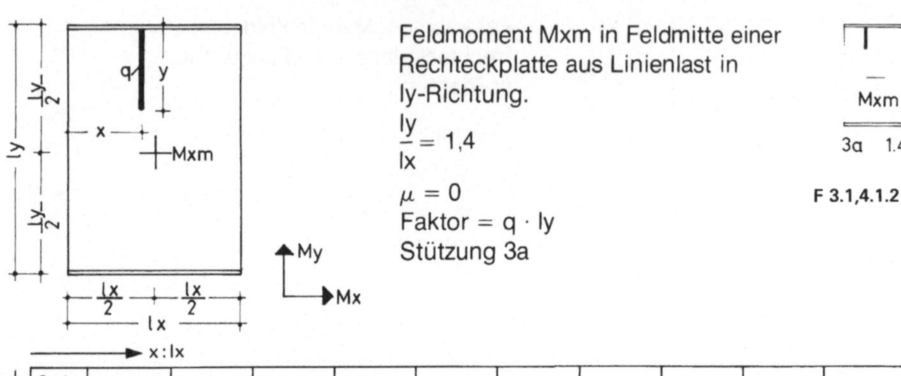

Feldmoment Mxm in Feldmitte einer Rechteckplatte aus Linienlast in ly-Richtung.

$\frac{ly}{lx} = 1{,}4$

$\mu = 0$

Faktor = q · ly

Stützung 3a

Mxm

3a 1.4

F 3.1,4.1.2

x : lx → ; y : ly ↓

Spalte										
	0.05	0.10	0.15	0.20	0.25	0.30	0.35	0.40	0.45	0.50
.05	.0000	.0000	.0000	.0000	.0000	.0000	.0001	.0001	.0001	.0001
.10	.0001	.0002	.0001	.0001	.0002	.0003	.0003	.0004	.0003	.0003
.15	.0003	.0004	.0003	.0004	.0005	.0009	.0011	.0012	.0012	.0012
.20	.0005	.0007	.0006	.0013	.0017	.0020	.0023	.0026	.0028	.0027
.25	.0008	.0012	.0017	.0024	.0031	.0037	.0043	.0048	.0051	.0051
.30	.0011	.0018	.0027	.0040	.0049	.0059	.0068	.0078	.0083	.0086
.35	.0015	.0026	.0039	.0055	.0070	.0085	.0100	.0121	.0131	.0132
.40	.0018	.0032	.0049	.0069	.0092	.0111	.0139	.0173	.0189	.0192
.45	.0021	.0038	.0059	.0083	.0109	.0136	.0175	.0229	.0265	.0281
.50	.0023	.0043	.0068	.0096	.0127	.0161	.0207	.0283	.0351	.0417
.55	.0025	.0049	.0076	.0109	.0145	.0186	.0239	.0337	.0424	.0553
.60	.0027	.0054	.0085	.0122	.0166	.0211	.0271	.0394	.0499	.0639
.65	.0030	.0060	.0095	.0136	.0187	.0237	.0317	.0446	.0559	.0702
.70	.0036	.0069	.0111	.0150	.0208	.0264	.0350	.0488	.0603	.0749
.75	.0039	.0075	.0126	.0169	.0227	.0285	.0375	.0519	.0638	.0781
.80	.0042	.0080	.0133	.0180	.0238	.0302	.0394	.0540	.0661	.0807
.85	.0044	.0084	.0138	.0188	.0248	.0313	.0408	.0555	.0677	.0823
.90	.0046	.0086	.0140	.0191	.0253	.0319	.0415	.0562	.0685	.0830
.95	.0047	.0087	.0140	.0192	.0254	.0322	.0417	.0566	.0688	.0834
1.00	.0047	.0087	.0139	.0191	.0253	.0322	.0417	.0566	.0687	.0833

x : lx → ; y : ly ↓

Spalte										
	0.55	0.60	0.65	0.70	0.75	0.80	0.85	0.90	0.95	
.05	.0001	.0001	.0001	.0000	.0000	.0000	.0000	.0000	.0000	
.10	.0003	.0004	.0003	.0003	.0002	.0001	.0001	.0002	.0001	
.15	.0012	.0012	.0011	.0009	.0005	.0004	.0003	.0004	.0003	
.20	.0028	.0026	.0023	.0020	.0017	.0013	.0006	.0007	.0005	
.25	.0051	.0048	.0043	.0037	.0031	.0024	.0017	.0012	.0008	
.30	.0083	.0078	.0068	.0059	.0049	.0040	.0027	.0018	.0011	
.35	.0131	.0121	.0100	.0085	.0070	.0055	.0039	.0026	.0015	
.40	.0189	.0173	.0139	.0111	.0092	.0069	.0049	.0032	.0018	
.45	.0265	.0229	.0175	.0136	.0109	.0083	.0059	.0038	.0021	
.50	.0351	.0283	.0207	.0161	.0127	.0096	.0068	.0043	.0023	
.55	.0424	.0337	.0239	.0186	.0145	.0109	.0076	.0049	.0025	
.60	.0499	.0394	.0271	.0211	.0166	.0122	.0085	.0054	.0027	
.65	.0559	.0446	.0317	.0237	.0187	.0136	.0095	.0060	.0030	
.70	.0603	.0488	.0350	.0264	.0208	.0150	.0111	.0069	.0036	
.75	.0638	.0519	.0375	.0285	.0227	.0169	.0126	.0075	.0039	
.80	.0661	.0540	.0394	.0302	.0238	.0180	.0133	.0080	.0042	
.85	.0677	.0555	.0408	.0313	.0248	.0188	.0138	.0084	.0044	
.90	.0685	.0562	.0415	.0319	.0253	.0191	.0140	.0086	.0046	
.95	.0688	.0566	.0417	.0322	.0254	.0192	.0140	.0087	.0047	
1.00	.0687	.0566	.0417	.0322	.0253	.0191	.0139	.0087	.0047	

Auswertung aus Pucher „Einflußfelder elastischer Platten" Tafel Nr. 56

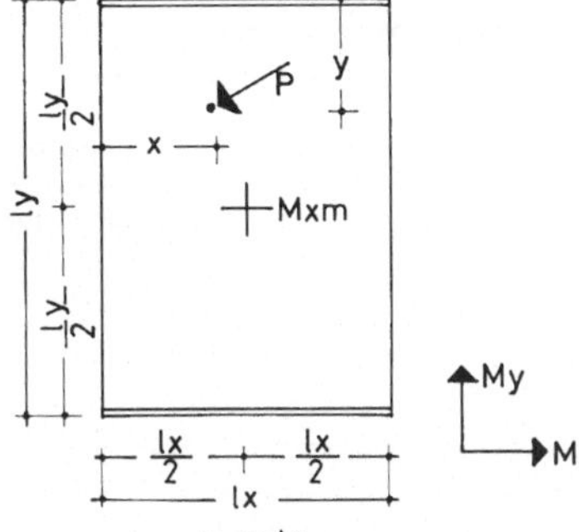

Feldmoment Mxm in Feldmitte einer Rechteckplatte aus einer Einzellast.

$\frac{ly}{lx} = 1{,}4$

$\mu = 0$

Faktor = P

Stützung 3a

P
Mxm
3a 1.4

F 3.1,4.1.3

x : lx →

y : ly ↓ Spalte	0.05	0.10	0.15	0.20	0.25	0.30	0.35	0.40	0.45	0.50
.05	.0013	.0018	.0009	.0015	.0018	.0023	.0034	.0034	.0035	.0032
.10	.0025	.0037	.0034	.0052	.0066	.0080	.0093	.0105	.0111	.0106
.15	.0038	.0059	.0075	.0112	.0145	.0171	.0189	.0212	.0225	.0224
.20	.0050	.0082	.0132	.0186	.0239	.0284	.0324	.0356	.0381	.0389
.25	.0062	.0107	.0187	.0265	.0326	.0379	.0449	.0514	.0568	.0585
.30	.0074	.0134	.0224	.0313	.0384	.0486	.0582	.0723	.0796	.0807
.35	.0072	.0140	.0225	.0295	.0410	.0572	.0723	.0965	.1046	.1074
.40	.0059	.0126	.0203	.0283	.0406	.0586	.0751	.1104	.1359	.1456
.45	.0052	.0117	.0191	.0275	.0378	.0560	.0691	.1124	.1588	.2092
.50	.0049	.0114	.0187	.0272	.0367	.0493	.0671	.1023	.1537	.3106*
.55	.0052	.0116	.0192	.0275	.0378	.0524	.0692	.1124	.1588	.2092
.60	.0059	.0124	.0206	.0282	.0406	.0528	.0752	.1104	.1359	.1456
.65	.0072	.0138	.0228	.0295	.0410	.0506	.0722	.0965	.1046	.1074
.70	.0074	.0137	.0271	.0312	.0384	.0459	.0581	.0723	.0796	.0807
.75	.0062	.0109	.0235	.0265	.0326	.0385	.0449	.0514	.0568	.0585
.80	.0050	.0083	.0132	.0186	.0239	.0286	.0324	.0356	.0381	.0389
.85	.0038	.0059	.0075	.0112	.0145	.0170	.0189	.0212	.0225	.0224
.90	.0026	.0037	.0034	.0052	.0066	.0080	.0094	.0105	.0111	.0106
.95	.0013	.0017	.0009	.0015	.0018	.0022	.0034	.0034	.0035	.0032
1.00	.0001	.0001-	.0001	.0000	.0000	.0000	.0000	.0000	.0000	.0000

x : lx →

y : ly ↓ Spalte	0.55	0.60	0.65	0.70	0.75	0.80	0.85	0.90	0.95	
.05	.0035	.0034	.0034	.0023	.0018	.0015	.0009	.0018	.0013	
.10	.0111	.0105	.0093	.0080	.0066	.0052	.0034	.0037	.0025	
.15	.0225	.0212	.0189	.0171	.0145	.0112	.0075	.0059	.0038	
.20	.0381	.0356	.0324	.0284	.0239	.0186	.0132	.0082	.0050	
.25	.0568	.0514	.0449	.0379	.0326	.0265	.0187	.0107	.0062	
.30	.0796	.0723	.0582	.0486	.0384	.0313	.0224	.0134	.0074	
.35	.1046	.0965	.0723	.0572	.0410	.0295	.0225	.0140	.0072	
.40	.1359	.1104	.0751	.0586	.0406	.0283	.0203	.0126	.0059	
.45	.1588	.1124	.0691	.0560	.0378	.0275	.0191	.0117	.0052	
.50	.1537	.1023	.0671	.0493	.0367	.0272	.0187	.0114	.0049	
.55	.1588	.1124	.0692	.0524	.0378	.0275	.0192	.0116	.0052	
.60	.1359	.1104	.0752	.0528	.0406	.0282	.0206	.0124	.0059	
.65	.1046	.0965	.0722	.0506	.0410	.0295	.0228	.0138	.0072	
.70	.0796	.0723	.0581	.0459	.0384	.0312	.0271	.0137	.0074	
.75	.0568	.0514	.0449	.0385	.0326	.0265	.0235	.0109	.0062	
.80	.0381	.0356	.0324	.0286	.0239	.0186	.0132	.0083	.0050	
.85	.0225	.0212	.0189	.0170	.0145	.0112	.0075	.0059	.0038	
.90	.0111	.0105	.0094	.0080	.0066	.0052	.0034	.0037	.0026	
.95	.0035	.0034	.0034	.0022	.0018	.0015	.0009	.0017	.0013	
1.00	.0000	.0000	.0000	.0000	.0000	.0000	.0001	.0001-	.0001	

Auswertung aus Pucher „Einflußfelder elastischer Platten" Tafel Nr. 56

* bezw. theoretisch ∞

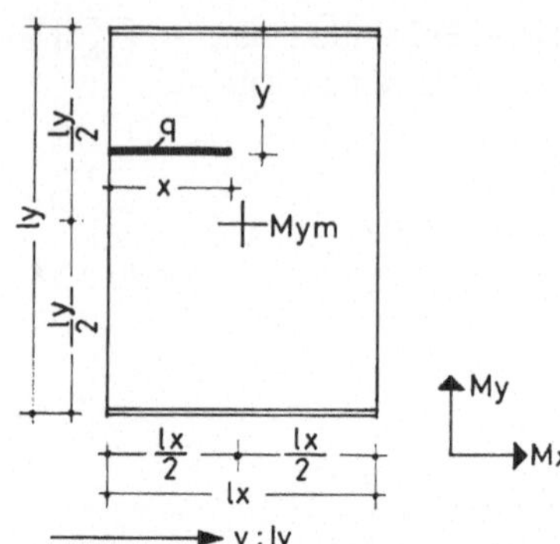

Feldmoment Mym in Feldmitte einer Rechteckplatte aus Linienlast in lx-Richtung.

$\frac{ly}{lx} = 1,4$

$\mu = 0$

Faktor = q · lx

Stützung 3a

Mym

3a 1.4

F 3.1,4.2.1

y : ly →

x : lx ↓

Spalte										
	0.05	0.10	0.15	0.20	0.25	0.30	0.35	0.40	0.45	0.50
.05	.0000	.0000	.0000	.0000	.0001	.0002	.0002	.0003	.0004	.0004
.10	.0000	.0000	.0000	.0001	.0004	.0006	.0009	.0012	.0015	.0016
.15	.0001-	.0001-	.0001	.0003	.0009	.0013	.0019	.0027	.0033	.0034
.20	.0001-	.0001-	.0001	.0005	.0014	.0022	.0033	.0047	.0058	.0060
.25	.0002-	.0001-	.0002	.0007	.0018	.0033	.0051	.0073	.0091	.0094
.30	.0003-	.0002-	.0003	.0010	.0022	.0044	.0072	.0102	.0134	.0138
.35	.0004-	.0002-	.0003	.0013	.0026	.0056	.0093	.0136	.0188	.0186
.40	.0005-	.0003-	.0004	.0015	.0031	.0068	.0110	.0171	.0250	.0259
.45	.0006-	.0004-	.0004	.0017	.0034	.0079	.0128	.0207	.0315	.0352
.50	.0006-	.0005-	.0005	.0019	.0038	.0088	.0145	.0244	.0381	.0472
.55	.0007-	.0005-	.0004	.0021	.0042	.0098	.0161	.0265	.0422	.0603
.60	.0008-	.0006-	.0004	.0023	.0046	.0108	.0178	.0300	.0484	.0686
.65	.0008-	.0007-	.0004	.0025	.0050	.0120	.0200	.0334	.0546	.0757
.70	.0009-	.0007-	.0005	.0028	.0055	.0132	.0220	.0367	.0604	.0811
.75	.0010-	.0008-	.0006	.0030	.0059	.0143	.0241	.0397	.0635	.0855
.80	.0011-	.0008-	.0006	.0033	.0064	.0154	.0260	.0425	.0669	.0889
.85	.0011-	.0009-	.0007	.0035	.0069	.0163	.0272	.0448	.0693	.0914
.90	.0012-	.0009-	.0008	.0036	.0074	.0170	.0282	.0452	.0712	.0935
.95	.0012-	.0009-	.0008	.0037	.0077	.0175	.0289	.0461	.0723	.0947
1.00	.0012-	.0009-	.0008	.0038	.0079	.0176	.0291	.0464	.0727	.0950

y : ly →

x : lx ↓

Spalte										
	0.55	0.60	0.65	0.70	0.75	0.80	0.85	0.90	0.95	
.05	.0004	.0003	.0002	.0002	.0001	.0000	.0000	.0000	.0000	
.10	.0015	.0012	.0009	.0006	.0004	.0001	.0000	.0000	.0000	
.15	.0033	.0027	.0019	.0013	.0009	.0003	.0001	.0001-	.0001-	
.20	.0058	.0047	.0033	.0022	.0014	.0005	.0001	.0001-	.0001-	
.25	.0091	.0073	.0051	.0033	.0018	.0007	.0002	.0001-	.0002-	
.30	.0134	.0102	.0072	.0044	.0022	.0010	.0003	.0002-	.0003-	
.35	.0188	.0136	.0093	.0056	.0026	.0013	.0003	.0002-	.0004-	
.40	.0250	.0171	.0110	.0068	.0031	.0015	.0004	.0003-	.0005-	
.45	.0315	.0207	.0128	.0079	.0034	.0017	.0004	.0004-	.0006-	
.50	.0381	.0244	.0145	.0088	.0038	.0019	.0005	.0005-	.0006-	
.55	.0422	.0265	.0161	.0098	.0042	.0021	.0004	.0005-	.0007-	
.60	.0484	.0300	.0178	.0108	.0046	.0023	.0004	.0006-	.0008-	
.65	.0546	.0334	.0200	.0120	.0050	.0025	.0004	.0007-	.0008-	
.70	.0604	.0367	.0220	.0132	.0055	.0028	.0005	.0007-	.0009-	
.75	.0635	.0397	.0241	.0143	.0059	.0030	.0006	.0008-	.0010-	
.80	.0669	.0425	.0260	.0154	.0064	.0033	.0006	.0008-	.0011-	
.85	.0693	.0448	.0272	.0163	.0069	.0035	.0007	.0009-	.0011-	
.90	.0712	.0452	.0282	.0170	.0074	.0036	.0008	.0009-	.0012-	
.95	.0723	.0461	.0289	.0175	.0077	.0037	.0008	.0009-	.0012-	
1.00	.0727	.0464	.0291	.0176	.0079	.0038	.0008	.0009-	.0012-	

Auswertung aus Pucher „Einflußfelder elastischer Platten" Tafel Nr. 57

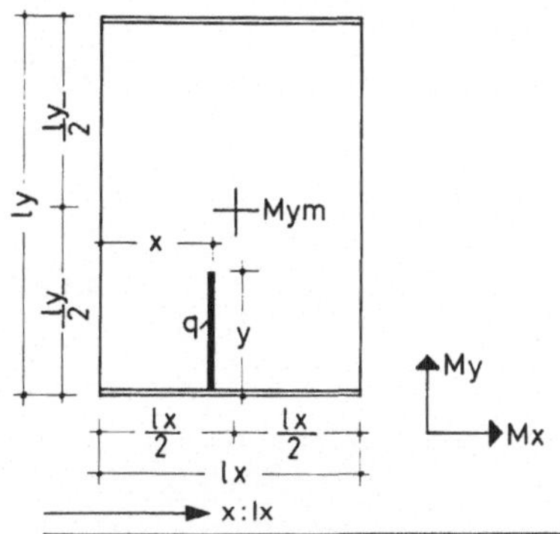

Feldmoment Mym in Feldmitte einer Rechteckplatte aus Linienlast in ly-Richtung.

$\frac{ly}{lx} = 1{,}4$

$\mu = 0$

Faktor = q · ly

Stützung 3a

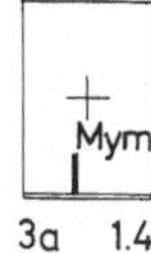

3a 1.4

F 3.1,4.2.2

x : lx →

y : ly ↓

Spalte										
	0.05	0.10	0.15	0.20	0.25	0.30	0.35	0.40	0.45	0.50
.05	.0000	.0000	.0000	.0000	.0000	.0000	.0000	.0000	.0000	.0000
.10	.0000	.0001-	.0001-	.0001-	.0001-	.0001-	.0002-	.0002-	.0002-	.0002-
.15	.0000	.0001-	.0002-	.0002-	.0001-	.0002-	.0003-	.0003-	.0003-	.0003-
.20	.0000	.0001-	.0001-	.0002-	.0000	.0000	.0003-	.0003-	.0003-	.0003-
.25	.0002	.0001	.0004	.0005	.0004	.0003	.0003	.0002	.0002-	.0002-
.30	.0004	.0008	.0010	.0012	.0012	.0011	.0010	.0008	.0008	.0008
.35	.0008	.0015	.0021	.0025	.0026	.0026	.0025	.0022	.0021	.0020
.40	.0014	.0025	.0036	.0045	.0051	.0054	.0053	.0046	.0044	.0043
.45	.0021	.0039	.0056	.0073	.0085	.0093	.0096	.0082	.0081	.0079
.50	.0029	.0056	.0078	.0105	.0123	.0140	.0154	.0162	.0172	.0173
.55	.0036	.0074	.0102	.0139	.0162	.0188	.0206	.0235	.0256	.0261
.60	.0043	.0090	.0120	.0172	.0196	.0227	.0249	.0278	.0299	.0302
.65	.0049	.0094	.0135	.0178	.0220	.0255	.0279	.0302	.0323	.0324
.70	.0053	.0102	.0145	.0191	.0234	.0270	.0291	.0316	.0336	.0338
.75	.0056	.0107	.0151	.0198	.0242	.0278	.0298	.0321	.0340	.0344
.80	.0057	.0109	.0155	.0202	.0246	.0281	.0302	.0325	.0344	.0345
.85	.0058	.0110	.0156	.0204	.0247	.0282	.0302	.0325	.0345	.0346
.90	.0058	.0109	.0156	.0203	.0247	.0282	.0301	.0324	.0343	.0346
.95	.0057	.0108	.0155	.0202	.0247	.0281	.0299	.0322	.0341	.0346
1.00	.0057	.0107	.0153	.0200	.0246	.0281	.0297	.0320	.0339	.0346

x : lx →

y : ly ↓

Spalte										
	0.55	0.60	0.65	0.70	0.75	0.80	0.85	0.90	0.95	
.05	.0000	.0000	.0000	.0000	.0000	.0000	.0000	.0000	.0000	
.10	.0002-	.0002-	.0002-	.0001-	.0001-	.0001-	.0001-	.0001-	.0000	
.15	.0003-	.0003-	.0003-	.0002-	.0001-	.0002-	.0002-	.0001-	.0000	
.20	.0003-	.0003-	.0003-	.0000	.0000	.0002-	.0001-	.0001-	.0000	
.25	.0002-	.0002	.0003	.0003	.0004	.0005	.0004	.0001	.0002	
.30	.0008	.0008	.0010	.0011	.0012	.0012	.0010	.0008	.0004	
.35	.0021	.0022	.0025	.0026	.0026	.0025	.0021	.0015	.0008	
.40	.0044	.0046	.0053	.0054	.0051	.0045	.0036	.0025	.0014	
.45	.0081	.0082	.0096	.0093	.0085	.0073	.0056	.0039	.0021	
.50	.0172	.0162	.0154	.0140	.0123	.0105	.0078	.0056	.0029	
.55	.0256	.0235	.0206	.0188	.0162	.0139	.0102	.0074	.0036	
.60	.0299	.0278	.0249	.0227	.0196	.0172	.0120	.0090	.0043	
.65	.0323	.0302	.0279	.0255	.0220	.0178	.0135	.0094	.0049	
.70	.0336	.0316	.0291	.0270	.0234	.0191	.0145	.0102	.0053	
.75	.0340	.0321	.0298	.0278	.0242	.0198	.0151	.0107	.0056	
.80	.0344	.0325	.0302	.0281	.0246	.0202	.0155	.0109	.0057	
.85	.0345	.0325	.0302	.0282	.0247	.0204	.0156	.0110	.0058	
.90	.0343	.0324	.0301	.0282	.0247	.0203	.0156	.0109	.0058	
.95	.0341	.0322	.0299	.0281	.0247	.0202	.0155	.0108	.0057	
1.00	.0339	.0320	.0297	.0281	.0246	.0200	.0153	.0107	.0057	

Auswertung aus Pucher „Einflußfelder elastischer Platten" Tafel Nr. 57

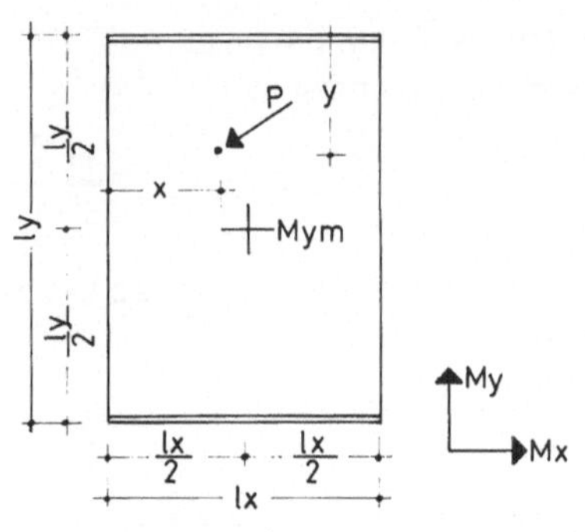

My
Mx

Feldmoment Mym in Feldmitte einer Rechteckplatte aus einer Einzellast.

$\frac{ly}{lx} = 1,4$

$\mu = 0$

Faktor = P

Stützung 3a

P
Mym
3a 1.4

F 3.1,4.2.3

y : ly →

x : lx ↓

Spalte	0.05	0.10	0.15	0.20	0.25	0.30	0.35	0.40	0.45	0.50
.05	.0004-	.0002-	.0004	.0015	.0041	.0061	.0087	.0123	.0153	.0153
.10	.0007-	.0005-	.0007	.0028	.0071	.0116	.0168	.0235	.0289	.0305
.15	.0010-	.0007-	.0009	.0037	.0090	.0165	.0249	.0350	.0427	.0449
.20	.0012-	.0008-	.0011	.0044	.0098	.0200	.0324	.0455	.0583	.0610
.25	.0014-	.0010-	.0011	.0049	.0095	.0224	.0379	.0540	.0752	.0788
.30	.0015-	.0011-	.0010	.0051	.0089	.0236	.0405	.0604	.0963	.0912
.35	.0016-	.0012-	.0009	.0050	.0084	.0237	.0400	.0648	.1119	.1193
.40	.0016-	.0013-	.0007	.0047	.0081	.0227	.0369	.0671	.1198	.1626
.45	.0016-	.0014-	.0003	.0040	.0078	.0205	.0351	.0674	.1200	.2136
.50	.0015-	.0015-	.0001-	.0032	.0077	.0171	.0344	.0656	.1126	.2517*
.55	.0016-	.0014-	.0004	.0040	.0078	.0205	.0350	.0675	.1200	.2178
.60	.0016-	.0014-	.0007	.0046	.0081	.0227	.0369	.0672	.1198	.1632
.65	.0016-	.0013-	.0009	.0050	.0084	.0237	.0400	.0648	.1119	.1194
.70	.0015-	.0011-	.0011	.0051	.0089	.0236	.0405	.0605	.0963	.0983
.75	.0014-	.0010-	.0011	.0049	.0096	.0224	.0379	.0540	.0752	.0788
.80	.0012-	.0008-	.0010	.0045	.0098	.0200	.0324	.0455	.0583	.0610
.85	.0010-	.0006-	.0009	.0038	.0090	.0164	.0249	.0350	.0427	.0449
.90	.0007-	.0004-	.0007	.0028	.0071	.0116	.0168	.0235	.0289	.0304
.95	.0004-	.0002-	.0003	.0016	.0041	.0061	.0087	.0123	.0153	.0152
1.00	.0000	.0000	.0001-	.0001	.0000	.0000	.0000	.0000	.0000	.0000

y : ly →

x : lx ↓

Spalte	0.55	0.60	0.65	0.70	0.75	0.80	0.85	0.90	0.95	
.05	.0153	.0123	.0087	.0061	.0041	.0015	.0004	.0002-	.0004-	
.10	.0289	.0235	.0168	.0116	.0071	.0028	.0007	.0005-	.0007-	
.15	.0427	.0350	.0249	.0165	.0090	.0037	.0009	.0007-	.0010-	
.20	.0583	.0455	.0324	.0200	.0098	.0044	.0011	.0008-	.0012-	
.25	.0752	.0540	.0379	.0224	.0095	.0049	.0011	.0010-	.0014-	
.30	.0963	.0604	.0405	.0236	.0089	.0051	.0010	.0011-	.0015-	
.35	.1119	.0648	.0400	.0237	.0084	.0050	.0009	.0012-	.0016-	
.40	.1198	.0671	.0369	.0227	.0081	.0047	.0007	.0013-	.0016-	
.45	.1200	.0674	.0351	.0205	.0078	.0040	.0003	.0014-	.0016-	
.50	.1126	.0656	.0344	.0171	.0077	.0032	.0001-	.0015-	.0015-	
.55	.1200	.0675	.0350	.0205	.0078	.0040	.0004	.0014-	.0016-	
.60	.1198	.0672	.0369	.0227	.0081	.0046	.0007	.0014-	.0016-	
.65	.1119	.0648	.0400	.0237	.0084	.0050	.0009	.0013-	.0016-	
.70	.0963	.0605	.0405	.0236	.0089	.0051	.0011	.0011-	.0015-	
.75	.0752	.0540	.0379	.0224	.0096	.0049	.0011	.0010-	.0014-	
.80	.0583	.0455	.0324	.0200	.0098	.0045	.0010	.0008-	.0012-	
.85	.0427	.0350	.0249	.0164	.0090	.0038	.0009	.0006-	.0010-	
.90	.0289	.0235	.0168	.0116	.0071	.0028	.0007	.0004-	.0007-	
.95	.0153	.0123	.0087	.0061	.0041	.0016	.0003	.0002-	.0004-	
1.00	.0000	.0000	.0000	.0000	.0000	.0001	.0001-	.0000	.0000	

Auswertung aus Pucher „Einflußfelder elastischer Platten" Tafel Nr. 57

* bezw. theoretisch ∞

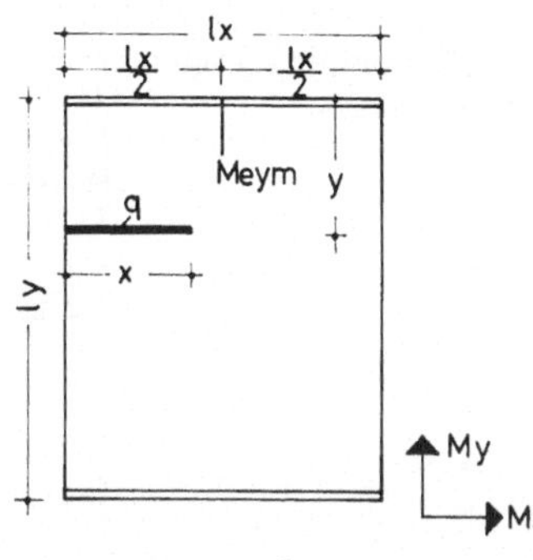

Stützmoment Meym in Seitenmitte einer Rechteckplatte aus Linienlast in lx-Richtung.
Stützung 3a

$\frac{ly}{lx} = 1{,}4$

$\mu = 0$

Faktor = $q \cdot lx$

Meym

3a 1.4

F 3.1,4.3.1

→ y : ly ; ↓ x : lx

Spalte										
	0.05	0.10	0.15	0.20	0.25	0.30	0.35	0.40	0.45	0.50
.05	.0001-	.0003-	.0006-	.0007-	.0006-	.0008-	.0007-	.0007-	.0006-	.0006-
.10	.0003-	.0011-	.0020-	.0025-	.0024-	.0028-	.0027-	.0027-	.0024-	.0022-
.15	.0006-	.0024-	.0042-	.0053-	.0057-	.0064-	.0062-	.0061-	.0052-	.0048-
.20	.0012-	.0043-	.0074-	.0096-	.0104-	.0113-	.0111-	.0106-	.0093-	.0083-
.25	.0023-	.0067-	.0117-	.0150-	.0164-	.0176-	.0174-	.0165-	.0145-	.0128-
.30	.0036-	.0108-	.0177-	.0224-	.0243-	.0252-	.0248-	.0234-	.0207-	.0181-
.35	.0058-	.0165-	.0256-	.0316-	.0338-	.0344-	.0331-	.0308-	.0277-	.0239-
.40	.0100-	.0249-	.0362-	.0428-	.0449-	.0449-	.0427-	.0393-	.0354-	.0303-
.45	.0182-	.0371-	.0496-	.0558-	.0569-	.0565-	.0532-	.0485-	.0427-	.0371-
.50	.0324-	.0528-	.0655-	.0699-	.0698-	.0688-	.0641-	.0581-	.0508-	.0440-
.55	.0465-	.0668-	.0790-	.0844-	.0832-	.0791-	.0737-	.0678-	.0590-	.0510-
.60	.0547-	.0790-	.0936-	.0986-	.0945-	.0905-	.0840-	.0774-	.0668-	.0577-
.65	.0589-	.0873-	.1030-	.1072-	.1055-	.1012-	.0938-	.0866-	.0742-	.0641-
.70	.0609-	.0930-	.1109-	.1164-	.1152-	.1108-	.1018-	.0921-	.0812-	.0700-
.75	.0625-	.0970-	.1170-	.1236-	.1228-	.1174-	.1091-	.0989-	.0875-	.0752-
.80	.0634-	.0995-	.1213-	.1291-	.1288-	.1236-	.1153-	.1048-	.0929-	.0797-
.85	.0641-	.1014-	.1244-	.1333-	.1333-	.1285-	.1203-	.1092-	.0962-	.0833-
.90	.0645-	.1027-	.1267-	.1362-	.1368-	.1321-	.1236-	.1125-	.0991-	.0859-
.95	.0646-	.1036-	.1280-	.1381-	.1387-	.1341-	.1257-	.1146-	.1009-	.0875-
1.00	.0646-	.1039-	.1286-	.1388-	.1392-	.1350-	.1264-	.1152-	.1015-	.0881-

→ y : ly ; ↓ x : lx

Spalte										
	0.55	0.60	0.65	0.70	0.75	0.80	0.85	0.90	0.95	
.05	.0005-	.0004-	.0004-	.0003-	.0002-	.0001-	.0001-	.0000	.0000	
.10	.0020-	.0016-	.0013-	.0010-	.0008-	.0005-	.0003-	.0001-	.0000	
.15	.0042-	.0034-	.0028-	.0021-	.0016-	.0012-	.0007-	.0003-	.0001-	
.20	.0072-	.0057-	.0047-	.0036-	.0027-	.0019-	.0012-	.0005-	.0001-	
.25	.0109-	.0088-	.0070-	.0055-	.0041-	.0028-	.0018-	.0007-	.0002-	
.30	.0155-	.0124-	.0098-	.0077-	.0057-	.0039-	.0025-	.0010-	.0003-	
.35	.0207-	.0165-	.0129-	.0102-	.0076-	.0051-	.0031-	.0014-	.0004-	
.40	.0265-	.0210-	.0164-	.0128-	.0096-	.0065-	.0040-	.0017-	.0005-	
.45	.0326-	.0259-	.0201-	.0157-	.0118-	.0079-	.0048-	.0022-	.0006-	
.50	.0390-	.0310-	.0240-	.0187-	.0141-	.0095-	.0058-	.0026-	.0008-	
.55	.0440-	.0362-	.0273-	.0212-	.0159-	.0108-	.0067-	.0030-	.0009-	
.60	.0500-	.0412-	.0309-	.0239-	.0180-	.0122-	.0076-	.0034-	.0011-	
.65	.0557-	.0461-	.0343-	.0266-	.0201-	.0135-	.0084-	.0038-	.0012-	
.70	.0611-	.0490-	.0374-	.0291-	.0221-	.0148-	.0091-	.0041-	.0013-	
.75	.0660-	.0526-	.0403-	.0314-	.0235-	.0159-	.0097-	.0044-	.0014-	
.80	.0689-	.0556-	.0427-	.0333-	.0249-	.0169-	.0103-	.0047-	.0014-	
.85	.0719-	.0580-	.0447-	.0345-	.0260-	.0175-	.0108-	.0049-	.0015-	
.90	.0741-	.0597-	.0456-	.0356-	.0268-	.0181-	.0112-	.0051-	.0015-	
.95	.0755-	.0609-	.0466-	.0363-	.0274-	.0185-	.0115-	.0052-	.0015-	
1.00	.0761-	.0613-	.0471-	.0366-	.0277-	.0187-	.0116-	.0052-	.0015-	

Auswertung aus Pucher „Einflußfelder elastischer Platten" Tafel Nr. 58

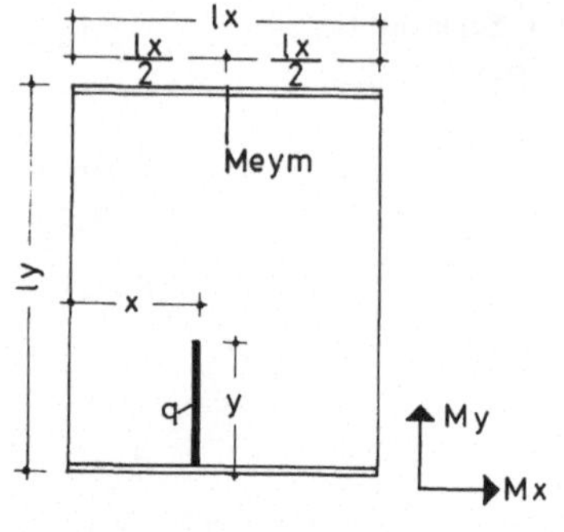

Stützmoment Meym in Seitenmitte einer Rechteckplatte aus Linienlast in ly-Richtung.
Stützung 3a

$\frac{ly}{lx} = 1{,}4$

$\mu = 0$

Faktor = q · ly

Meym

3a 1.4

F 3.1,4.3.2

x : lx →

y : ly ↓ Spalte	0.05	0.10	0.15	0.20	0.25	0.30	0.35	0.40	0.45	0.50
.05	.0000	.0000	.0000	.0000	.0000	.0000	.0000	.0000	.0001-	.0001-
.10	.0001-	.0001-	.0001-	.0001-	.0001-	.0001-	.0001-	.0002-	.0003-	.0004-
.15	.0003-	.0004-	.0004-	.0004-	.0004-	.0005-	.0005-	.0009-	.0010-	.0011-
.20	.0005-	.0007-	.0008-	.0012-	.0014-	.0016-	.0018-	.0020-	.0021-	.0022-
.25	.0009-	.0013-	.0018-	.0022-	.0026-	.0031-	.0033-	.0037-	.0039-	.0040-
.30	.0013-	.0023-	.0030-	.0037-	.0044-	.0051-	.0056-	.0060-	.0064-	.0065-
.35	.0019-	.0034-	.0044-	.0055-	.0067-	.0077-	.0084-	.0091-	.0096-	.0099-
.40	.0026-	.0047-	.0063-	.0079-	.0095-	.0110-	.0124-	.0135-	.0141-	.0143-
.45	.0036-	.0063-	.0086-	.0108-	.0133-	.0156-	.0172-	.0185-	.0194-	.0197-
.50	.0047-	.0083-	.0114-	.0143-	.0178-	.0208-	.0229-	.0246-	.0257-	.0262-
.55	.0060-	.0105-	.0145-	.0189-	.0231-	.0268-	.0295-	.0316-	.0332-	.0338-
.60	.0073-	.0130-	.0181-	.0240-	.0291-	.0335-	.0370-	.0399-	.0418-	.0426-
.65	.0087-	.0156-	.0222-	.0297-	.0357-	.0411-	.0455-	.0492-	.0515-	.0525-
.70	.0101-	.0181-	.0265-	.0356-	.0421-	.0490-	.0551-	.0596-	.0624-	.0637-
.75	.0111-	.0208-	.0304-	.0414-	.0496-	.0577-	.0655-	.0709-	.0745-	.0760-
.80	.0122-	.0235-	.0340-	.0468-	.0576-	.0664-	.0752-	.0829-	.0880-	.0894-
.85	.0131-	.0257-	.0368-	.0485-	.0650-	.0732-	.0850-	.0941-	.1023-	.1036-
.90	.0137-	.0264-	.0386-	.0511-	.0668-	.0794-	.0923-	.1056-	.1157-	.1185-
.95	.0138-	.0270-	.0395-	.0524-	.0687-	.0815-	.0970-	.1121-	.1277-	.1339-
1.00	.0138-	.0269-	.0396-	.0527-	.0691-	.0821-	.0981-	.1142-	.1319-	.1497-

x : lx →

y : ly ↓ Spalte	0.55	0.60	0.65	0.70	0.75	0.80	0.85	0.90	0.95	
.05	.0001-	.0000	.0000	.0000	.0000	.0000	.0000	.0000	.0000	
.10	.0003-	.0002-	.0001-	.0001-	.0001-	.0001-	.0001-	.0001-	.0001-	
.15	.0010-	.0009-	.0005-	.0005-	.0004-	.0004-	.0004-	.0004-	.0003-	
.20	.0021-	.0020-	.0018-	.0016-	.0014-	.0012-	.0008-	.0007-	.0005-	
.25	.0039-	.0037-	.0033-	.0031-	.0026-	.0022-	.0018-	.0013-	.0009-	
.30	.0064-	.0060-	.0056-	.0051-	.0044-	.0037-	.0030-	.0023-	.0013-	
.35	.0096-	.0091-	.0084-	.0077-	.0067-	.0055-	.0044-	.0034-	.0019-	
.40	.0141-	.0135-	.0124-	.0110-	.0095-	.0079-	.0063-	.0047-	.0026-	
.45	.0194-	.0185-	.0172-	.0156-	.0133-	.0108-	.0086-	.0063-	.0036-	
.50	.0257-	.0246-	.0229-	.0208-	.0178-	.0143-	.0114-	.0083-	.0047-	
.55	.0332-	.0316-	.0295-	.0268-	.0231-	.0189-	.0145-	.0105-	.0060-	
.60	.0418-	.0399-	.0370-	.0335-	.0291-	.0240-	.0181-	.0130-	.0073-	
.65	.0515-	.0492-	.0455-	.0411-	.0357-	.0297-	.0222-	.0156-	.0087-	
.70	.0624-	.0596-	.0551-	.0490-	.0421-	.0356-	.0265-	.0181-	.0101-	
.75	.0745-	.0709-	.0655-	.0577-	.0496-	.0414-	.0304-	.0208-	.0111-	
.80	.0880-	.0829-	.0752-	.0664-	.0576-	.0468-	.0340-	.0235-	.0122-	
.85	.1023-	.0941-	.0850-	.0732-	.0650-	.0485-	.0368-	.0257-	.0131-	
.90	.1157-	.1056-	.0923-	.0794-	.0668-	.0511-	.0386-	.0264-	.0137-	
.95	.1277-	.1121-	.0970-	.0815-	.0687-	.0524-	.0395-	.0270-	.0138-	
1.00	.1319-	.1142-	.0981-	.0821-	.0691-	.0527-	.0396-	.0269-	.0138-	

Auswertung aus Pucher „Einflußfelder elastischer Platten" Tafel Nr. 58

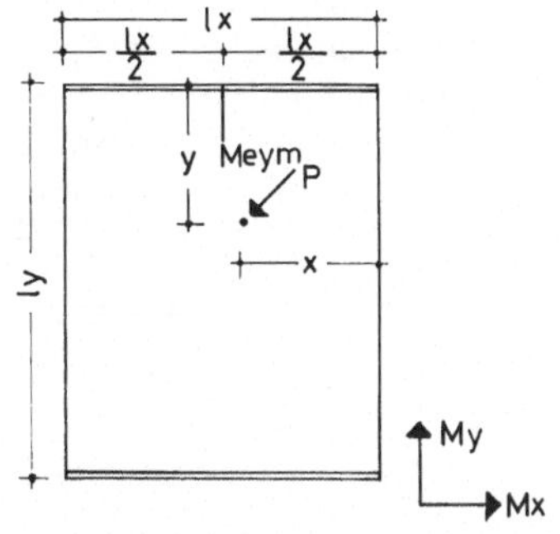

Stützmoment Meym in Seitenmitte einer Rechteckplatte aus einer Einzellast.
Stützung 3a

$\frac{ly}{lx} = 1{,}4$

$\mu = 0$

Faktor = P

Meym

3a 1.4

F 3.1,4.3.3

y : ly ; x : lx

Spalte	0.05	0.10	0.15	0.20	0.25	0.30	0.35	0.40	0.45	0.50
.05	.0027-	.0114-	.0202-	.0282-	.0244-	.0329-	.0263-	.0264-	.0243-	.0229-
.10	.0062-	.0216-	.0352-	.0464-	.0499-	.0540-	.0553-	.0543-	.0461-	.0419-
.15	.0105-	.0311-	.0542-	.0700-	.0810-	.0864-	.0850-	.0794-	.0691-	.0613-
.20	.0156-	.0431-	.0731-	.0964-	.1072-	.1123-	.1110-	.1040-	.0924-	.0810-
.25	.0222-	.0634-	.1030-	.1273-	.1382-	.1389-	.1351-	.1259-	.1124-	.0977-
.30	.0338-	.0949-	.1385-	.1640-	.1733-	.1676-	.1573-	.1450-	.1293-	.1117-
.35	.0589-	.1385-	.1830-	.2046-	.2053-	.1956-	.1805-	.1616-	.1431-	.1230-
.40	.1208-	.2005-	.2401-	.2441-	.2325-	.2163-	.1974-	.1758-	.1537-	.1317-
.45	.2241-	.2806-	.2892-	.2682-	.2513-	.2295-	.2077-	.1843-	.1608-	.1376-
.50	.3129-	.3041-	.2917-	.2762-	.2575-	.2354-	.2112-	.1871-	.1630-	.1408-
.55	.2241-	.2806-	.2892-	.2682-	.2513-	.2295-	.2077-	.1843-	.1608-	.1376-
.60	.1208-	.2005-	.2401-	.2441-	.2325-	.2162-	.1974-	.1758-	.1538-	.1317-
.65	.0589-	.1385-	.1830-	.2046-	.2053-	.1956-	.1805-	.1616-	.1431-	.1231-
.70	.0338-	.0949-	.1385-	.1640-	.1733-	.1677-	.1573-	.1450-	.1293-	.1118-
.75	.0222-	.0634-	.1030-	.1273-	.1383-	.1389-	.1351-	.1259-	.1124-	.0978-
.80	.0156-	.0431-	.0731-	.0964-	.1072-	.1123-	.1110-	.1040-	.0924-	.0811-
.85	.0105-	.0311-	.0542-	.0700-	.0810-	.0864-	.0850-	.0794-	.0691-	.0613-
.90	.0062-	.0216-	.0352-	.0464-	.0499-	.0540-	.0553-	.0542-	.0461-	.0419-
.95	.0027-	.0114-	.0202-	.0282-	.0244-	.0329-	.0263-	.0264-	.0243-	.0229-
1.00	.0000	.0000	.0000	.0000	.0000	.0000	.0000	.0000	.0000	.0000

y : ly ; x : lx

Spalte	0.55	0.60	0.65	0.70	0.75	0.80	0.85	0.90	0.95	
.05	.0205-	.0162-	.0145-	.0101-	.0081-	.0054-	.0030-	.0012-	.0003-	
.10	.0359-	.0294-	.0236-	.0186-	.0142-	.0099-	.0057-	.0023-	.0006-	
.15	.0520-	.0414-	.0331-	.0265-	.0193-	.0135-	.0083-	.0034-	.0009-	
.20	.0678-	.0538-	.0424-	.0339-	.0247-	.0165-	.0106-	.0044-	.0012-	
.25	.0834-	.0659-	.0507-	.0404-	.0301-	.0199-	.0127-	.0054-	.0015-	
.30	.0974-	.0777-	.0579-	.0459-	.0351-	.0229-	.0145-	.0063-	.0018-	
.35	.1079-	.0870-	.0642-	.0504-	.0388-	.0254-	.0161-	.0071-	.0021-	
.40	.1151-	.0934-	.0696-	.0540-	.0413-	.0275-	.0170-	.0079-	.0025-	
.45	.1190-	.0973-	.0739-	.0565-	.0424-	.0291-	.0175-	.0086-	.0029-	
.50	.1195-	.0986-	.0772-	.0580-	.0424-	.0302-	.0177-	.0092-	.0032-	
.55	.1190-	.0973-	.0741-	.0564-	.0425-	.0291-	.0175-	.0086-	.0030-	
.60	.1151-	.0934-	.0697-	.0539-	.0413-	.0275-	.0170-	.0079-	.0026-	
.65	.1079-	.0870-	.0644-	.0504-	.0388-	.0254-	.0161-	.0071-	.0022-	
.70	.0974-	.0777-	.0580-	.0459-	.0351-	.0229-	.0145-	.0063-	.0018-	
.75	.0835-	.0659-	.0507-	.0404-	.0301-	.0199-	.0127-	.0054-	.0015-	
.80	.0678-	.0538-	.0424-	.0339-	.0247-	.0165-	.0106-	.0045-	.0012-	
.85	.0520-	.0414-	.0331-	.0265-	.0193-	.0135-	.0083-	.0035-	.0009-	
.90	.0359-	.0294-	.0236-	.0186-	.0142-	.0099-	.0058-	.0025-	.0006-	
.95	.0205-	.0162-	.0145-	.0101-	.0081-	.0054-	.0030-	.0014-	.0004-	
1.00	.0000	.0000	.0000	.0000	.0000	.0000	.0000	.0003-	.0001-	

Auswertung aus Pucher „Einflußfelder elastischer Platten" Tafel Nr. 58

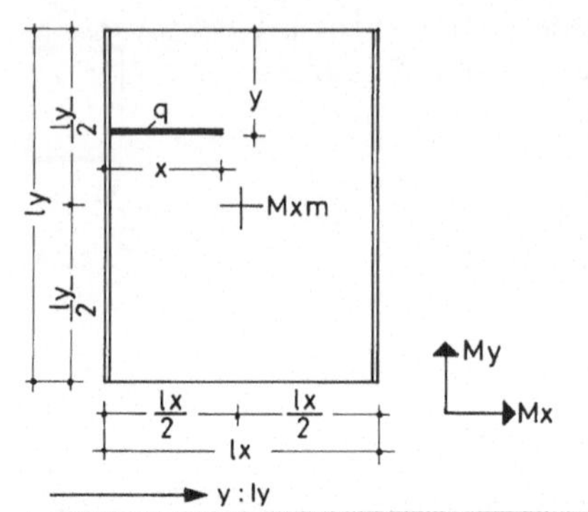

Feldmoment Mxm in Feldmitte einer Rechteckplatte aus Linienlast in lx-Richtung.

$\frac{ly}{lx} = 1{,}25$

$\mu = 0$

Faktor = q · lx

Stützung 3b

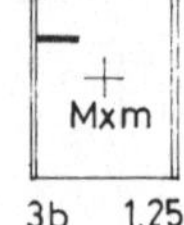

3b 1.25

F 3.1,25.4.1

→ y : ly

↓ x : lx

Spalte										
	0.05	0.10	0.15	0.20	0.25	0.30	0.35	0.40	0.45	0.50
.05	.0000	.0000	.0000	.0000	.0000	.0000	.0000	.0001-	.0001-	.0005-
.10	.0002	.0001	.0002	.0002	.0001	.0000	.0000	.0001-	.0001-	.0015-
.15	.0003	.0003	.0004	.0005	.0004	.0002	.0002	.0000	.0000	.0023-
.20	.0006	.0005	.0009	.0013	.0013	.0012	.0008	.0005	.0004	.0021-
.25	.0009	.0009	.0018	.0023	.0025	.0024	.0019	.0015	.0012	.0012-
.30	.0013	.0015	.0029	.0036	.0043	.0044	.0038	.0031	.0027	.0002
.35	.0017	.0025	.0041	.0054	.0065	.0070	.0066	.0057	.0050	.0025
.40	.0021	.0035	.0057	.0075	.0092	.0104	.0106	.0097	.0086	.0059
.45	.0026	.0047	.0074	.0099	.0122	.0143	.0154	.0154	.0143	.0113
.50	.0031	.0058	.0091	.0124	.0155	.0186	.0208	.0223	.0233	.0210
.55	.0034	.0071	.0109	.0145	.0183	.0229	.0263	.0291	.0322	.0308
.60	.0039	.0083	.0127	.0168	.0212	.0267	.0311	.0348	.0379	.0362
.65	.0043	.0094	.0140	.0189	.0238	.0300	.0350	.0388	.0415	.0396
.70	.0047	.0098	.0153	.0208	.0260	.0325	.0378	.0414	.0438	.0419
.75	.0050	.0104	.0164	.0219	.0276	.0343	.0397	.0431	.0453	.0432
.80	.0053	.0109	.0171	.0229	.0287	.0357	.0409	.0441	.0461	.0441
.85	.0056	.0111	.0176	.0237	.0295	.0364	.0415	.0445	.0465	.0444
.90	.0058	.0113	.0179	.0240	.0299	.0368	.0418	.0447	.0466	.0436
.95	.0059	.0113	.0180	.0241	.0300	.0368	.0418	.0446	.0466	.0426
1.00	.0060	.0112	.0179	.0241	.0298	.0366	.0418	.0446	.0465	.0421

→ y : ly

↓ x : lx

Spalte										
	0.55	0.60	0.65	0.70	0.75	0.80	0.85	0.90	0.95	
.05	.0001-	.0001-	.0000	.0000	.0000	.0000	.0000	.0000	.0000	
.10	.0001-	.0001-	.0000	.0000	.0001	.0002	.0002	.0001	.0002	
.15	.0000	.0000	.0002	.0002	.0004	.0005	.0004	.0003	.0003	
.20	.0004	.0005	.0008	.0012	.0013	.0013	.0009	.0005	.0006	
.25	.0012	.0015	.0019	.0024	.0025	.0023	.0018	.0009	.0009	
.30	.0027	.0031	.0038	.0044	.0043	.0036	.0029	.0015	.0013	
.35	.0050	.0057	.0066	.0070	.0065	.0054	.0041	.0025	.0017	
.40	.0086	.0097	.0106	.0104	.0092	.0075	.0057	.0035	.0021	
.45	.0143	.0154	.0154	.0143	.0122	.0099	.0074	.0047	.0026	
.50	.0233	.0223	.0208	.0186	.0155	.0124	.0091	.0058	.0031	
.55	.0322	.0291	.0263	.0229	.0183	.0145	.0109	.0071	.0034	
.60	.0379	.0348	.0311	.0267	.0212	.0168	.0127	.0083	.0039	
.65	.0415	.0388	.0350	.0300	.0238	.0189	.0140	.0094	.0043	
.70	.0438	.0414	.0378	.0325	.0260	.0208	.0153	.0098	.0047	
.75	.0453	.0431	.0397	.0343	.0276	.0219	.0164	.0104	.0050	
.80	.0461	.0441	.0409	.0357	.0287	.0229	.0171	.0109	.0053	
.85	.0465	.0445	.0415	.0364	.0295	.0237	.0176	.0111	.0056	
.90	.0466	.0447	.0418	.0368	.0299	.0240	.0179	.0113	.0058	
.95	.0466	.0446	.0418	.0368	.0300	.0241	.0180	.0113	.0059	
1.00	.0465	.0446	.0418	.0366	.0298	.0241	.0179	.0112	.0060	

Auswertung aus Pucher „Einflußfelder elastischer Platten" Tafel Nr. 48

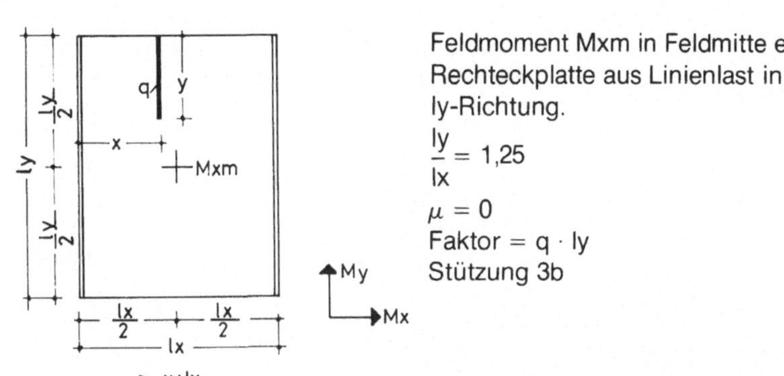

Feldmoment Mxm in Feldmitte einer Rechteckplatte aus Linienlast in ly-Richtung.

$\frac{ly}{lx} = 1{,}25$

$\mu = 0$

Faktor = q · ly

Stützung 3b

F 3.1,25.4.2

→ x : lx

↓ y : ly

Spalte										
	0.05	0.10	0.15	0.20	0.25	0.30	0.35	0.40	0.45	0.50
.05	.0000	.0000	.0001	.0001	.0001	.0001	.0002	.0002	.0002	.0002
.10	.0001	.0001	.0003	.0003	.0005	.0006	.0008	.0009	.0010	.0011
.15	.0001	.0003	.0006	.0008	.0012	.0016	.0020	.0023	.0024	.0025
.20	.0002	.0005	.0011	.0016	.0023	.0030	.0036	.0041	.0044	.0045
.25	.0003	.0008	.0016	.0025	.0037	.0047	.0058	.0066	.0070	.0072
.30	.0003	.0010	.0021	.0036	.0053	.0068	.0085	.0098	.0108	.0111
.35	.0003	.0011	.0026	.0046	.0069	.0093	.0118	.0140	.0155	.0159
.40	.0002	.0012	.0030	.0052	.0084	.0114	.0150	.0189	.0215	.0219
.45	.0002-	.0008	.0033	.0059	.0096	.0134	.0179	.0239	.0283	.0306
.50	.0010-	.0002-	.0037	.0064	.0106	.0151	.0206	.0285	.0351	.0435
.55	.0018-	.0011-	.0041	.0069	.0118	.0171	.0232	.0331	.0417	.0564
.60	.0023-	.0015-	.0045	.0075	.0130	.0190	.0259	.0381	.0489	.0647
.65	.0023-	.0015-	.0048	.0086	.0144	.0211	.0288	.0429	.0548	.0710
.70	.0023-	.0013-	.0053	.0095	.0162	.0236	.0332	.0471	.0595	.0759
.75	.0023-	.0011-	.0058	.0106	.0178	.0257	.0359	.0504	.0632	.0795
.80	.0022-	.0008-	.0063	.0116	.0191	.0275	.0380	.0528	.0658	.0821
.85	.0021-	.0006-	.0068	.0125	.0202	.0289	.0397	.0547	.0676	.0846
.90	.0021-	.0005-	.0071	.0126	.0209	.0298	.0409	.0560	.0693	.0860
.95	.0020-	.0004-	.0073	.0129	.0213	.0303	.0415	.0567	.0701	.0869
1.00	.0020-	.0003-	.0074	.0128	.0213	.0304	.0416	.0570	.0703	.0871

→ x : lx

↓ y : ly

Spalte										
	0.55	0.60	0.65	0.70	0.75	0.80	0.85	0.90	0.95	
.05	.0002	.0002	.0002	.0001	.0001	.0001	.0001	.0000	.0000	
.10	.0010	.0009	.0008	.0006	.0005	.0003	.0003	.0001	.0001	
.15	.0024	.0023	.0020	.0016	.0012	.0008	.0006	.0003	.0001	
.20	.0044	.0041	.0036	.0030	.0023	.0016	.0011	.0005	.0002	
.25	.0070	.0066	.0058	.0047	.0037	.0025	.0016	.0008	.0003	
.30	.0108	.0098	.0085	.0068	.0053	.0036	.0021	.0010	.0003	
.35	.0155	.0140	.0118	.0093	.0069	.0046	.0026	.0011	.0003	
.40	.0215	.0189	.0150	.0114	.0084	.0052	.0030	.0012	.0002	
.45	.0283	.0239	.0179	.0134	.0096	.0059	.0033	.0008	.0002-	
.50	.0351	.0285	.0206	.0151	.0106	.0064	.0037	.0002-	.0010-	
.55	.0417	.0331	.0232	.0171	.0118	.0069	.0041	.0011-	.0018-	
.60	.0489	.0381	.0259	.0190	.0130	.0075	.0045	.0015-	.0023-	
.65	.0548	.0429	.0288	.0211	.0144	.0086	.0048	.0015-	.0023-	
.70	.0595	.0471	.0332	.0236	.0162	.0095	.0053	.0013-	.0023-	
.75	.0632	.0504	.0359	.0257	.0178	.0106	.0058	.0011-	.0023-	
.80	.0658	.0528	.0380	.0275	.0191	.0116	.0063	.0008-	.0022-	
.85	.0676	.0547	.0397	.0289	.0202	.0125	.0068	.0006-	.0021-	
.90	.0693	.0560	.0409	.0298	.0209	.0126	.0071	.0005-	.0021-	
.95	.0701	.0567	.0415	.0303	.0213	.0129	.0073	.0004-	.0020-	
1.00	.0703	.0570	.0416	.0304	.0213	.0128	.0074	.0003-	.0020-	

Auswertung aus Pucher „Einflußfelder elastischer Platten" Tafel Nr. 48

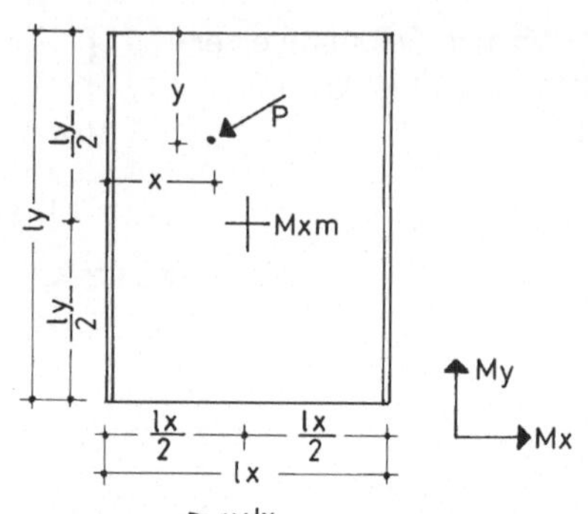

My
Mx

Feldmoment Mxm in Feldmitte einer Rechteckplatte aus einer Einzellast.

$\frac{ly}{lx} = 1{,}25$

$\mu = 0$

Faktor = P

Stützung 3b

P
Mxm

3b 1.25

F 3.1,25.4.3

→ x : lx

y : ly ↓ Spalte	0.05	0.10	0.15	0.20	0.25	0.30	0.35	0.40	0.45	0.50
.05	.0005	.0013	.0027	.0033	.0047	.0061	.0075	.0090	.0098	.0104
.10	.0010	.0026	.0053	.0075	.0110	.0145	.0184	.0205	.0221	.0227
.15	.0014	.0039	.0080	.0125	.0183	.0230	.0284	.0318	.0339	.0348
.20	.0018	.0052	.0105	.0172	.0245	.0322	.0383	.0428	.0466	.0479
.25	.0012	.0048	.0110	.0191	.0299	.0388	.0488	.0569	.0629	.0649
.30	.0004	.0038	.0093	.0193	.0334	.0460	.0601	.0740	.0832	.0848
.35	.0006-	.0022	.0081	.0177	.0313	.0467	.0680	.0922	.1066	.1097
.40	.0017-	.0001	.0075	.0146	.0267	.0415	.0615	.1006	.1298	.1446
.45	.0138-	.0154-	.0074	.0123	.0233	.0377	.0575	.0978	.1382	.1962
.50	.0179-	.0205-	.0079	.0116	.0212	.0351	.0562	.0838	.1358	.3070*
.55	.0139-	.0154-	.0074	.0123	.0233	.0376	.0575	.0978	.1382	.1971
.60	.0017-	.0001	.0075	.0146	.0267	.0415	.0615	.1006	.1298	.1430
.65	.0006-	.0022	.0081	.0178	.0314	.0467	.0680	.0921	.1066	.1109
.70	.0004	.0038	.0093	.0193	.0334	.0460	.0601	.0739	.0831	.0859
.75	.0012	.0048	.0111	.0191	.0299	.0388	.0488	.0569	.0629	.0649
.80	.0019	.0052	.0105	.0170	.0245	.0322	.0383	.0428	.0466	.0479
.85	.0014	.0039	.0080	.0131	.0183	.0230	.0284	.0319	.0339	.0352
.90	.0010	.0026	.0054	.0073	.0110	.0145	.0184	.0205	.0221	.0228
.95	.0005	.0013	.0028	.0020	.0047	.0061	.0075	.0090	.0098	.0107
1.00	.0000	.0000	.0001	.0000	.0000	.0000	.0000	.0000	.0000	.0000

→ x : lx

y : ly ↓ Spalte	0.55	0.60	0.65	0.70	0.75	0.80	0.85	0.90	0.95	
.05	.0104	.0098	.0090	.0075	.0061	.0047	.0033	.0027	.0013	
.10	.0227	.0221	.0205	.0184	.0145	.0110	.0075	.0053	.0026	
.15	.0348	.0339	.0318	.0284	.0230	.0183	.0125	.0080	.0039	
.20	.0479	.0466	.0428	.0383	.0322	.0245	.0172	.0105	.0052	
.25	.0649	.0629	.0569	.0488	.0388	.0299	.0191	.0110	.0048	
.30	.0848	.0832	.0740	.0601	.0460	.0334	.0193	.0093	.0038	
.35	.1097	.1066	.0922	.0680	.0467	.0313	.0177	.0081	.0022	
.40	.1446	.1298	.1006	.0615	.0415	.0267	.0146	.0075	.0001	
.45	.1962	.1382	.0978	.0575	.0377	.0233	.0123	.0074	.0154-	
.50	.3070	.1358	.0838	.0562	.0351	.0212	.0116	.0079	.0205-	
.55	.1971	.1382	.0978	.0575	.0376	.0233	.0123	.0074	.0154-	
.60	.1430	.1298	.1006	.0615	.0415	.0267	.0146	.0075	.0001	
.65	.1109	.1066	.0921	.0680	.0467	.0314	.0178	.0081	.0022	
.70	.0859	.0831	.0739	.0601	.0460	.0334	.0193	.0093	.0038	
.75	.0649	.0629	.0569	.0488	.0388	.0299	.0191	.0111	.0048	
.80	.0479	.0466	.0428	.0383	.0322	.0245	.0170	.0105	.0052	
.85	.0352	.0339	.0319	.0284	.0230	.0183	.0131	.0080	.0039	
.90	.0228	.0221	.0205	.0184	.0145	.0110	.0073	.0054	.0026	
.95	.0107	.0098	.0090	.0075	.0061	.0047	.0020	.0028	.0013	
1.00	.0000	.0000	.0000	.0000	.0000	.0000	.0000	.0001	.0000	

Auswertung aus Pucher „Einflußfelder elastischer Platten" Tafel Nr. 48

*bzw. theoretisch ∞

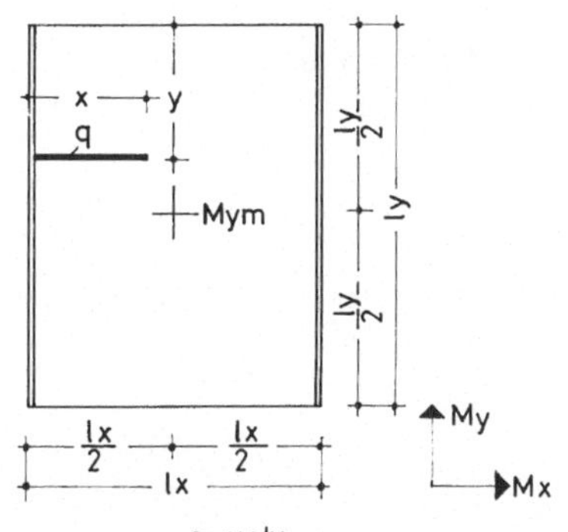

Feldmoment Mym in Feldmitte einer Rechteckplatte aus Linienlast in lx-Richtung.

$\frac{ly}{lx} = 1{,}25$

$\mu = 0$

Faktor = q · lx

Stützung 3b

Mym

1.25 3b

F 3.1,25.5.1

→ y : ly ↓ x : lx

Spalte										
	0.05	0.10	0.15	0.20	0.25	0.30	0.35	0.40	0.45	0.50
.05	.0000	.0000	.0000	.0000	.0000	.0000	.0001	.0001	.0001	.0001
.10	.0001-	.0001-	.0001-	.0001-	.0001	.0001	.0005	.0005	.0004	.0004
.15	.0002-	.0003-	.0003-	.0003-	.0002	.0003	.0011	.0012	.0012	.0010
.20	.0004-	.0005-	.0006-	.0005-	.0003	.0004	.0019	.0023	.0024	.0021
.25	.0006-	.0008-	.0009-	.0008-	.0003	.0005	.0028	.0036	.0043	.0044
.30	.0008-	.0011-	.0012-	.0012-	.0002	.0006	.0037	.0054	.0071	.0068
.35	.0009-	.0015-	.0017-	.0016-	.0005-	.0006	.0045	.0076	.0106	.0101
.40	.0012-	.0019-	.0022-	.0021-	.0011-	.0005	.0051	.0095	.0147	.0146
.45	.0014-	.0024-	.0027-	.0028-	.0018-	.0003	.0052	.0115	.0191	.0228
.50	.0017-	.0028-	.0033-	.0035-	.0025-	.0001-	.0056	.0133	.0235	.0352
.55	.0019-	.0032-	.0039-	.0042-	.0033-	.0005-	.0059	.0149	.0280	.0475
.60	.0021-	.0036-	.0044-	.0049-	.0041-	.0007-	.0062	.0168	.0324	.0544
.65	.0024-	.0040-	.0049-	.0054-	.0048-	.0008-	.0068	.0188	.0365	.0598
.70	.0026-	.0043-	.0053-	.0059-	.0047-	.0008-	.0075	.0209	.0400	.0631
.75	.0027-	.0047-	.0057-	.0062-	.0049-	.0007-	.0085	.0226	.0428	.0652
.80	.0029-	.0049-	.0060-	.0065-	.0050-	.0006-	.0095	.0240	.0447	.0678
.85	.0031-	.0052-	.0063-	.0067-	.0049-	.0005-	.0100	.0250	.0459	.0691
.90	.0032-	.0054-	.0065-	.0069-	.0048-	.0003-	.0106	.0257	.0466	.0697
.95	.0033-	.0055-	.0066-	.0070-	.0046-	.0002-	.0110	.0261	.0470	.0699
1.00	.0033-	.0055-	.0066-	.0070-	.0044-	.0002-	.0112	.0261	.0471	.0698

→ y : ly ↓ x : lx

Spalte										
	0.55	0.60	0.65	0.70	0.75	0.80	0.85	0.90	0.95	
.05	.0001	.0001	.0001	.0000	.0000	.0000	.0000	.0000	.0000	
.10	.0004	.0005	.0005	.0001	.0001	.0001-	.0001-	.0001-	.0001-	
.15	.0012	.0012	.0011	.0003	.0002	.0003-	.0003-	.0003-	.0002-	
.20	.0024	.0023	.0019	.0004	.0003	.0005-	.0006-	.0005-	.0004-	
.25	.0043	.0036	.0028	.0005	.0003	.0008-	.0009-	.0008-	.0006-	
.30	.0071	.0054	.0037	.0006	.0002	.0012-	.0012-	.0011-	.0008-	
.35	.0106	.0076	.0045	.0006	.0005-	.0016-	.0017-	.0015-	.0009-	
.40	.0147	.0095	.0051	.0005	.0011-	.0021-	.0022-	.0019-	.0012-	
.45	.0191	.0115	.0052	.0003	.0018-	.0028-	.0027-	.0024-	.0014-	
.50	.0235	.0133	.0056	.0001-	.0025-	.0035-	.0033-	.0028-	.0017-	
.55	.0280	.0149	.0059	.0005-	.0033-	.0042-	.0039-	.0032-	.0019-	
.60	.0324	.0168	.0062	.0007-	.0041-	.0049-	.0044-	.0036-	.0021-	
.65	.0365	.0188	.0068	.0008-	.0048-	.0054-	.0049-	.0040-	.0024-	
.70	.0400	.0209	.0075	.0008-	.0047-	.0059-	.0053-	.0043-	.0026-	
.75	.0428	.0226	.0085	.0007-	.0049-	.0062-	.0057-	.0047-	.0027-	
.80	.0447	.0240	.0095	.0006-	.0050-	.0065-	.0060-	.0049-	.0029-	
.85	.0459	.0250	.0100	.0005-	.0049-	.0067-	.0063-	.0052-	.0031-	
.90	.0466	.0257	.0106	.0003-	.0048-	.0069-	.0065-	.0054-	.0032-	
.95	.0470	.0261	.0110	.0002-	.0046-	.0070-	.0066-	.0055-	.0033-	
1.00	.0471	.0261	.0112	.0002-	.0044-	.0070-	.0066-	.0055-	.0033-	

Auswertung aus Pucher „Einflußfelder elastischer Platten" Tafel Nr. 47

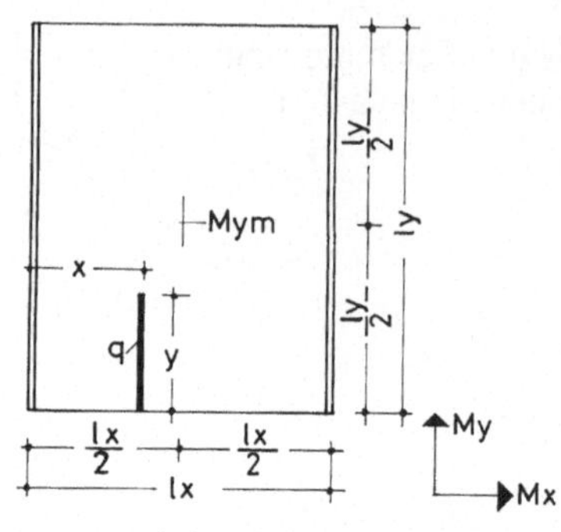

Feldmoment Mym in Feldmitte einer Rechteckplatte aus Linienlast in ly-Richtung.

$\frac{ly}{lx} = 1{,}25$

$\mu = 0$

Faktor = q · ly

Stützung 3b

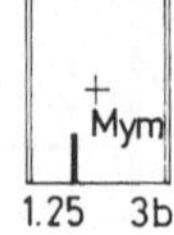

F 3.1,25.5.2

x : lx →

y : ly ↓

Spalte										
	0.05	0.10	0.15	0.20	0.25	0.30	0.35	0.40	0.45	0.50
.05	.0000	.0001-	.0001-	.0001-	.0001-	.0001-	.0001-	.0001-	.0001-	.0001-
.10	.0001-	.0002-	.0003-	.0004-	.0004-	.0004-	.0004-	.0004-	.0005-	.0005-
.15	.0002-	.0003-	.0005-	.0007-	.0008-	.0007-	.0009-	.0009-	.0011-	.0011-
.20	.0002-	.0004-	.0007-	.0011-	.0013-	.0011-	.0015-	.0014-	.0017-	.0018-
.25	.0002-	.0004-	.0007-	.0014-	.0016-	.0015-	.0020-	.0019-	.0024-	.0025-
.30	.0001-	.0002-	.0004-	.0008-	.0012-	.0017-	.0021-	.0024-	.0030-	.0031-
.35	.0001	.0002	.0002	.0000	.0007-	.0013-	.0021-	.0024-	.0026-	.0031-
.40	.0004	.0007	.0010	.0011	.0005	.0000	.0007-	.0014-	.0018-	.0023-
.45	.0007	.0013	.0019	.0024	.0025	.0023	.0018	.0015	.0009	.0006
.50	.0009	.0019	.0029	.0040	.0047	.0052	.0059	.0070	.0080	.0094
.55	.0011	.0024	.0039	.0058	.0070	.0081	.0099	.0125	.0151	.0183
.60	.0014	.0030	.0049	.0074	.0088	.0104	.0127	.0154	.0177	.0210
.65	.0017	.0035	.0057	.0079	.0100	.0118	.0140	.0164	.0186	.0219
.70	.0019	.0040	.0063	.0087	.0105	.0122	.0141	.0164	.0183	.0219
.75	.0020	.0042	.0065	.0088	.0106	.0120	.0138	.0159	.0180	.0212
.80	.0020	.0042	.0065	.0087	.0104	.0116	.0134	.0154	.0175	.0206
.85	.0020	.0041	.0063	.0084	.0100	.0112	.0129	.0149	.0168	.0199
.90	.0019	.0039	.0061	.0080	.0095	.0109	.0124	.0144	.0163	.0193
.95	.0018	.0038	.0059	.0077	.0091	.0106	.0120	.0141	.0158	.0189
1.00	.0018	.0037	.0059	.0074	.0088	.0105	.0117	.0140	.0155	.0187

x : lx →

y : ly ↓

Spalte										
	0.55	0.60	0.65	0.70	0.75	0.80	0.85	0.90	0.95	
.05	.0001-	.0001-	.0001-	.0001-	.0001-	.0001-	.0001-	.0001-	.0000	
.10	.0005-	.0004-	.0004-	.0004-	.0004-	.0004-	.0003-	.0002-	.0001-	
.15	.0011-	.0009-	.0009-	.0007-	.0008-	.0007-	.0005-	.0003-	.0002-	
.20	.0017-	.0014-	.0015-	.0011-	.0013-	.0011-	.0007-	.0004-	.0002-	
.25	.0024-	.0019-	.0020-	.0015-	.0016-	.0014-	.0007-	.0004-	.0002-	
.30	.0030-	.0024-	.0021-	.0017-	.0012-	.0008-	.0004-	.0002-	.0001-	
.35	.0026-	.0024-	.0021-	.0013-	.0007-	.0000	.0002	.0002	.0001	
.40	.0018-	.0014-	.0007-	.0000	.0005	.0011	.0010	.0007	.0004	
.45	.0009	.0015	.0018	.0023	.0025	.0024	.0019	.0013	.0007	
.50	.0080	.0070	.0059	.0052	.0047	.0040	.0029	.0019	.0009	
.55	.0151	.0125	.0099	.0081	.0070	.0058	.0039	.0024	.0011	
.60	.0177	.0154	.0127	.0104	.0088	.0074	.0049	.0030	.0014	
.65	.0186	.0164	.0140	.0118	.0100	.0079	.0057	.0035	.0017	
.70	.0183	.0164	.0141	.0122	.0105	.0087	.0063	.0040	.0019	
.75	.0180	.0159	.0138	.0120	.0106	.0088	.0065	.0042	.0020	
.80	.0175	.0154	.0134	.0116	.0104	.0087	.0065	.0042	.0020	
.85	.0168	.0149	.0129	.0112	.0100	.0084	.0063	.0041	.0020	
.90	.0163	.0144	.0124	.0109	.0095	.0080	.0061	.0039	.0019	
.95	.0158	.0141	.0120	.0106	.0091	.0077	.0059	.0038	.0018	
1.00	.0155	.0140	.0117	.0105	.0088	.0074	.0059	.0037	.0018	

Auswertung aus Pucher „Einflußfelder elastischer Platten" Tafel Nr. 47

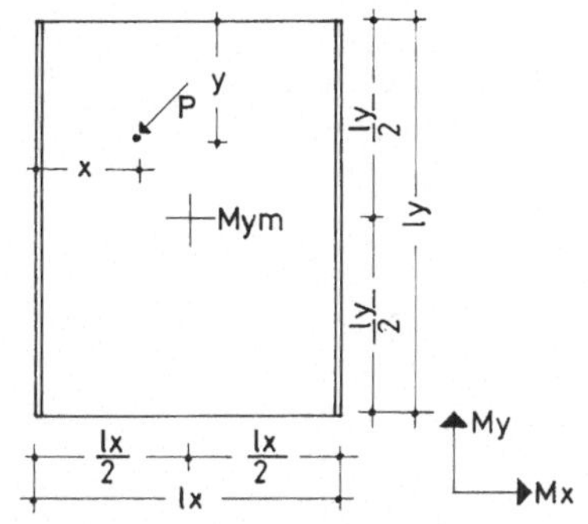

Feldmoment Mym in Feldmitte einer Rechteckplatte aus einer Einzellast.

$\frac{ly}{lx} = 1{,}25$

$\mu = 0$

Faktor = P

Stützung 3b

Mym

1.25 3b

F 3.1,25.5.3

→ y : ly, ↓ x : lx

Spalte										
	0.05	0.10	0.15	0.20	0.25	0.30	0.35	0.40	0.45	0.50
.05	.0011-	.0014-	.0014-	.0012-	.0012	.0014	.0051	.0055	.0040	.0039
.10	.0021-	.0026-	.0028-	.0025-	.0016	.0024	.0097	.0114	.0104	.0106
.15	.0029-	.0038-	.0041-	.0039-	.0010	.0028	.0139	.0178	.0193	.0199
.20	.0036-	.0049-	.0055-	.0053-	.0004-	.0026	.0176	.0247	.0306	.0319
.25	.0035-	.0058-	.0067-	.0068-	.0028-	.0020	.0176	.0320	.0463	.0439
.30	.0037-	.0067-	.0079-	.0084-	.0060-	.0008	.0160	.0399	.0640	.0599
.35	.0041-	.0075-	.0091-	.0100-	.0097-	.0009-	.0127	.0398	.0771	.0850
.40	.0047-	.0081-	.0103-	.0116-	.0123-	.0032-	.0078	.0388	.0855	.1194
.45	.0049-	.0087-	.0114-	.0134-	.0139-	.0059-	.0070	.0365	.0893	.1805
.50	.0050-	.0091-	.0125-	.0152-	.0144-	.0075-	.0067	.0332	.0884	.2987*
.55	.0049-	.0087-	.0114-	.0133-	.0139-	.0060-	.0069	.0366	.0893	.1805
.60	.0047-	.0082-	.0103-	.0116-	.0123-	.0032-	.0077	.0388	.0855	.1194
.65	.0041-	.0075-	.0092-	.0099-	.0097-	.0009-	.0127	.0399	.0771	.0850
.70	.0037-	.0067-	.0080-	.0084-	.0060-	.0008	.0160	.0398	.0640	.0599
.75	.0036-	.0059-	.0067-	.0068-	.0028-	.0020	.0177	.0320	.0463	.0439
.80	.0036-	.0049-	.0055-	.0054-	.0004-	.0027	.0176	.0247	.0306	.0319
.85	.0029-	.0038-	.0042-	.0040-	.0010	.0028	.0139	.0178	.0193	.0199
.90	.0021-	.0025-	.0028-	.0026-	.0015	.0025	.0097	.0114	.0104	.0106
.95	.0011-	.0012-	.0014-	.0014-	.0012	.0016	.0051	.0054	.0040	.0040
1.00	.0001-	.0003	.0000	.0001-	.0001-	.0001	.0000	.0000	.0000	.0001

→ y : ly, ↓ x : lx

Spalte										
	0.55	0.60	0.65	0.70	0.75	0.80	0.85	0.90	0.95	
.05	.0040	.0055	.0051	.0014	.0012	.0012-	.0014-	.0014-	.0011-	
.10	.0104	.0114	.0097	.0024	.0016	.0025-	.0028-	.0026-	.0021-	
.15	.0193	.0178	.0139	.0028	.0010	.0039-	.0041-	.0038-	.0029-	
.20	.0306	.0247	.0176	.0026	.0004-	.0053-	.0055-	.0049-	.0036-	
.25	.0463	.0320	.0176	.0020	.0028-	.0068-	.0067-	.0058-	.0035-	
.30	.0640	.0399	.0160	.0008	.0060-	.0084-	.0079-	.0067-	.0037-	
.35	.0771	.0398	.0127	.0009-	.0097-	.0100-	.0091-	.0075-	.0041-	
.40	.0855	.0388	.0078	.0032-	.0123-	.0116-	.0103-	.0081-	.0047-	
.45	.0893	.0365	.0070	.0059-	.0139-	.0134-	.0114-	.0087-	.0049-	
.50	.0884	.0332	.0067	.0075-	.0144-	.0152-	.0125-	.0091-	.0050-	
.55	.0893	.0366	.0069	.0060-	.0139-	.0133-	.0114-	.0087-	.0049-	
.60	.0855	.0388	.0077	.0032-	.0123-	.0116-	.0103-	.0082-	.0047-	
.65	.0771	.0399	.0127	.0009-	.0097-	.0099-	.0092-	.0075-	.0041-	
.70	.0640	.0398	.0160	.0008	.0060-	.0084-	.0080-	.0067-	.0037-	
.75	.0463	.0320	.0177	.0020	.0028-	.0068-	.0067-	.0059-	.0036-	
.80	.0306	.0247	.0176	.0027	.0004-	.0054-	.0055-	.0049-	.0036-	
.85	.0193	.0178	.0139	.0028	.0010	.0040-	.0042-	.0038-	.0029-	
.90	.0104	.0114	.0097	.0025	.0015	.0026-	.0028-	.0025-	.0021-	
.95	.0040	.0054	.0051	.0016	.0012	.0014-	.0014-	.0012-	.0011-	
1.00	.0000	.0000	.0000	.0001	.0001-	.0001-	.0000	.0003	.0001-	

Auswertung aus Pucher „Einflußfelder elastischer Platten" Tafel Nr. 47

* bzw. theoretisch ∞

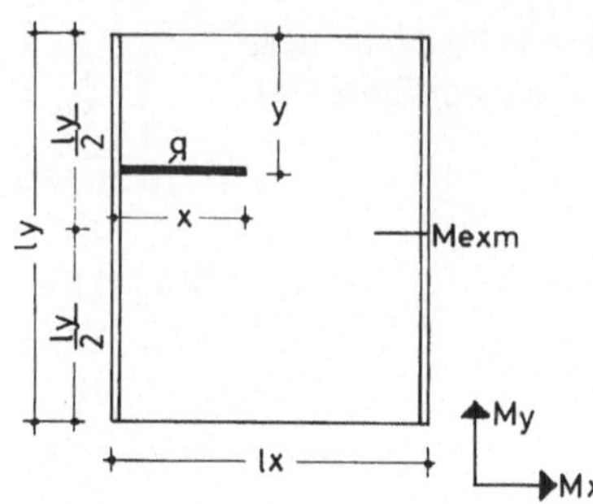

Stützmoment Mexm in Seitenmitte einer Rechteckplatte aus Linienlast in lx-Richtung.
Stützung 3b

$$\frac{ly}{lx} = 1{,}25$$

$\mu = 0$

Faktor = $q \cdot lx$

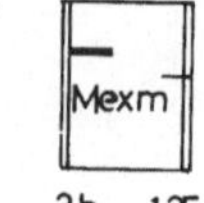

F 3.1,25.6.1

→ y : ly ; ↓ x : lx

Spalte										
	0.05	0.10	0.15	0.20	0.25	0.30	0.35	0.40	0.45	0.50
.05	.0000	.0000	.0000	.0000	.0001-	.0001-	.0001-	.0001-	.0001-	.0001-
.10	.0000	.0000	.0001-	.0001-	.0002-	.0002-	.0003-	.0003-	.0003-	.0003-
.15	.0000	.0001-	.0003-	.0004-	.0006-	.0007-	.0009-	.0010-	.0010-	.0010-
.20	.0001-	.0003-	.0006-	.0012-	.0016-	.0018-	.0021-	.0022-	.0023-	.0023-
.25	.0004-	.0007-	.0016-	.0029-	.0029-	.0034-	.0039-	.0042-	.0044-	.0044-
.30	.0007-	.0016-	.0027-	.0045-	.0048-	.0057-	.0065-	.0070-	.0074-	.0074-
.35	.0011-	.0026-	.0042-	.0065-	.0074-	.0086-	.0101-	.0112-	.0117-	.0118-
.40	.0016-	.0037-	.0061-	.0090-	.0106-	.0127-	.0147-	.0162-	.0171-	.0172-
.45	.0023-	.0051-	.0084-	.0120-	.0145-	.0177-	.0203-	.0223-	.0235-	.0237-
.50	.0030-	.0066-	.0111-	.0153-	.0192-	.0235-	.0267-	.0295-	.0312-	.0316-
.55	.0038-	.0083-	.0139-	.0189-	.0246-	.0299-	.0340-	.0377-	.0400-	.0406-
.60	.0045-	.0101-	.0164-	.0225-	.0304-	.0367-	.0417-	.0469-	.0499-	.0507-
.65	.0050-	.0116-	.0190-	.0260-	.0362-	.0427-	.0504-	.0568-	.0608-	.0619-
.70	.0056-	.0129-	.0214-	.0292-	.0419-	.0497-	.0595-	.0668-	.0722-	.0739-
.75	.0062-	.0141-	.0235-	.0319-	.0471-	.0564-	.0685-	.0773-	.0845-	.0869-
.80	.0066-	.0149-	.0246-	.0342-	.0481-	.0624-	.0752-	.0878-	.0971-	.1007-
.85	.0066-	.0155-	.0256-	.0355-	.0503-	.0650-	.0817-	.0977-	.1098-	.1152-
.90	.0067-	.0157-	.0262-	.0365-	.0519-	.0670-	.0857-	.1040-	.1213-	.1303-
.95	.0068-	.0157-	.0263-	.0368-	.0526-	.0683-	.0876-	.1078-	.1304-	.1459-
1.00	.0068-	.0156-	.0262-	.0367-	.0525-	.0685-	.0879-	.1083-	.1328-	.1620-

→ y : ly ; ↓ x : lx

Spalte										
	0.55	0.60	0.65	0.70	0.75	0.80	0.85	0.90	0.95	
.05	.0001-	.0001-	.0001-	.0001-	.0001-	.0000	.0000	.0000	.0000	
.10	.0003-	.0003-	.0003-	.0002-	.0002-	.0001-	.0001-	.0000	.0000	
.15	.0010-	.0010-	.0009-	.0007-	.0006-	.0004-	.0003-	.0001-	.0000	
.20	.0023-	.0022-	.0021-	.0018-	.0016-	.0012-	.0006-	.0003-	.0001-	
.25	.0044-	.0042-	.0039-	.0034-	.0029-	.0029-	.0016-	.0007-	.0004-	
.30	.0074-	.0070-	.0065-	.0057-	.0048-	.0045-	.0027-	.0016-	.0007-	
.35	.0117-	.0112-	.0101-	.0086-	.0074-	.0065-	.0042-	.0026-	.0011-	
.40	.0171-	.0162-	.0147-	.0127-	.0106-	.0090-	.0061-	.0037-	.0016-	
.45	.0235-	.0223-	.0203-	.0177-	.0145-	.0120-	.0084-	.0051-	.0023-	
.50	.0312-	.0295-	.0267-	.0235-	.0192-	.0153-	.0111-	.0066-	.0030-	
.55	.0400-	.0377-	.0340-	.0299-	.0246-	.0189-	.0139-	.0083-	.0038-	
.60	.0499-	.0469-	.0417-	.0367-	.0304-	.0225-	.0164-	.0101-	.0045-	
.65	.0608-	.0568-	.0504-	.0427-	.0362-	.0260-	.0190-	.0116-	.0050-	
.70	.0722-	.0668-	.0595-	.0497-	.0419-	.0292-	.0214-	.0129-	.0056-	
.75	.0845-	.0773-	.0685-	.0564-	.0471-	.0319-	.0235-	.0141-	.0062-	
.80	.0971-	.0878-	.0752-	.0624-	.0481-	.0342-	.0246-	.0149-	.0066-	
.85	.1098-	.0977-	.0817-	.0650-	.0503-	.0355-	.0256-	.0155-	.0066-	
.90	.1213-	.1040-	.0857-	.0670-	.0519-	.0365-	.0262-	.0157-	.0067-	
.95	.1304-	.1078-	.0876-	.0683-	.0526-	.0368-	.0263-	.0157-	.0068-	
1.00	.1328-	.1083-	.0879-	.0685-	.0525-	.0367-	.0262-	.0156-	.0068-	

Auswertung aus Pucher „Einflußfelder elastischer Platten" Tafel Nr. 49

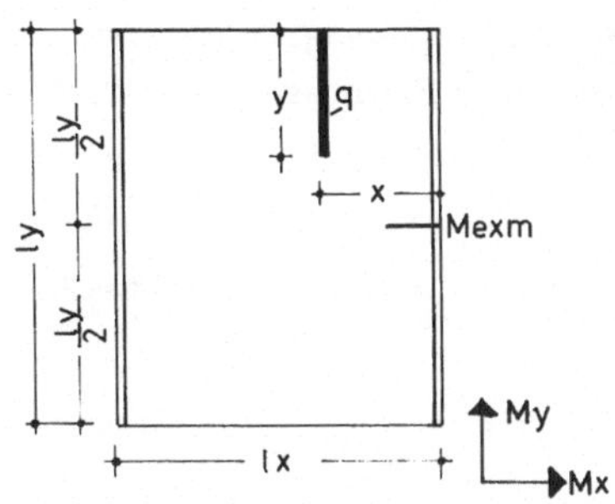

Stützmoment Mexm in Seitenmitte einer Rechteckplatte aus Linienlast in ly-Richtung.
Stützung 3b

$\frac{ly}{lx} = 1{,}25$

$\mu = 0$

Faktor = q · ly

Mexm

3b 1.25

F 3.1,25.6.2

→ x : lx ; ↓ y : ly

Spalte										
	0.05	0.10	0.15	0.20	0.25	0.30	0.35	0.40	0.45	0.50
.05	.0000	.0000	.0001-	.0001-	.0002-	.0003-	.0003-	.0003-	.0003-	.0003-
.10	.0000	.0002-	.0002-	.0005-	.0009-	.0011-	.0013-	.0013-	.0015-	.0015-
.15	.0001-	.0004-	.0007-	.0015-	.0022-	.0028-	.0033-	.0036-	.0037-	.0035-
.20	.0002-	.0009-	.0018-	.0030-	.0043-	.0053-	.0066-	.0070-	.0072-	.0066-
.25	.0005-	.0017-	.0034-	.0052-	.0073-	.0106-	.0107-	.0115-	.0114-	.0108-
.30	.0010-	.0029-	.0055-	.0091-	.0125-	.0289-	.0163-	.0175-	.0172-	.0161-
.35	.0016-	.0045-	.0098-	.0147-	.0196-	.0364-	.0250-	.0249-	.0242-	.0226-
.40	.0030-	.0093-	.0166-	.0234-	.0288-	.0459-	.0345-	.0337-	.0322-	.0301-
.45	.0067-	.0180-	.0271-	.0350-	.0405-	.0571-	.0451-	.0438-	.0413-	.0376-
.50	.0180-	.0320-	.0415-	.0493-	.0539-	.0693-	.0565-	.0547-	.0511-	.0461-
.55	.0293-	.0460-	.0551-	.0626-	.0680-	.0823-	.0674-	.0644-	.0612-	.0547-
.60	.0329-	.0547-	.0656-	.0742-	.0783-	.0928-	.0779-	.0745-	.0711-	.0623-
.65	.0342-	.0590-	.0724-	.0827-	.0875-	.1023-	.0875-	.0838-	.0772-	.0695-
.70	.0349-	.0607-	.0764-	.0883-	.0947-	.1098-	.0955-	.0905-	.0841-	.0760-
.75	.0354-	.0622-	.0786-	.0922-	.0995-	.1153-	.1014-	.0964-	.0899-	.0816-
.80	.0356-	.0630-	.0804-	.0943-	.1029-	.1193-	.1058-	.1010-	.0942-	.0853-
.85	.0358-	.0635-	.0812-	.0961-	.1048-	.1217-	.1090-	.1044-	.0976-	.0884-
.90	.0358-	.0638-	.0819-	.0970-	.1063-	.1235-	.1110-	.1067-	.1000-	.0905-
.95	.0358-	.0639-	.0821-	.0974-	.1070-	.1244-	.1120-	.1077-	.1009-	.0916-
1.00	.0358-	.0639-	.0820-	.0974-	.1072-	.1246-	.1122-	.1079-	.1013-	.0919-

→ x : lx ; ↓ y : ly

Spalte										
	0.55	0.60	0.65	0.70	0.75	0.80	0.85	0.90	0.95	
.05	.0004-	.0003-	.0002-	.0002-	.0001-	.0001-	.0001-	.0000	.0000	
.10	.0014-	.0011-	.0010-	.0007-	.0005-	.0003-	.0002-	.0001-	.0000	
.15	.0032-	.0027-	.0024-	.0018-	.0012-	.0007-	.0005-	.0002-	.0000	
.20	.0059-	.0051-	.0043-	.0032-	.0023-	.0015-	.0009-	.0003-	.0001-	
.25	.0096-	.0083-	.0070-	.0052-	.0038-	.0025-	.0015-	.0007-	.0002-	
.30	.0144-	.0123-	.0103-	.0077-	.0055-	.0037-	.0022-	.0010-	.0003-	
.35	.0201-	.0172-	.0142-	.0106-	.0076-	.0051-	.0030-	.0015-	.0005-	
.40	.0266-	.0229-	.0186-	.0139-	.0100-	.0066-	.0039-	.0019-	.0006-	
.45	.0337-	.0290-	.0234-	.0174-	.0126-	.0081-	.0048-	.0023-	.0007-	
.50	.0412-	.0355-	.0284-	.0212-	.0153-	.0098-	.0057-	.0028-	.0009-	
.55	.0472-	.0405-	.0334-	.0244-	.0176-	.0115-	.0067-	.0032-	.0010-	
.60	.0541-	.0465-	.0384-	.0279-	.0201-	.0131-	.0076-	.0036-	.0012-	
.65	.0605-	.0522-	.0432-	.0311-	.0225-	.0146-	.0085-	.0041-	.0013-	
.70	.0664-	.0574-	.0458-	.0340-	.0246-	.0159-	.0094-	.0045-	.0015-	
.75	.0715-	.0607-	.0491-	.0366-	.0265-	.0171-	.0099-	.0049-	.0016-	
.80	.0743-	.0639-	.0518-	.0387-	.0276-	.0181-	.0105-	.0052-	.0017-	
.85	.0770-	.0662-	.0538-	.0398-	.0287-	.0188-	.0109-	.0053-	.0017-	
.90	.0788-	.0678-	.0551-	.0407-	.0294-	.0192-	.0112-	.0054-	.0018-	
.95	.0798-	.0687-	.0558-	.0413-	.0298-	.0194-	.0113-	.0055-	.0018-	
1.00	.0802-	.0690-	.0561-	.0415-	.0299-	.0195-	.0113-	.0055-	.0018-	

Auswertung aus Pucher „Einflußfelder elastischer Platten" Tafel Nr. 49

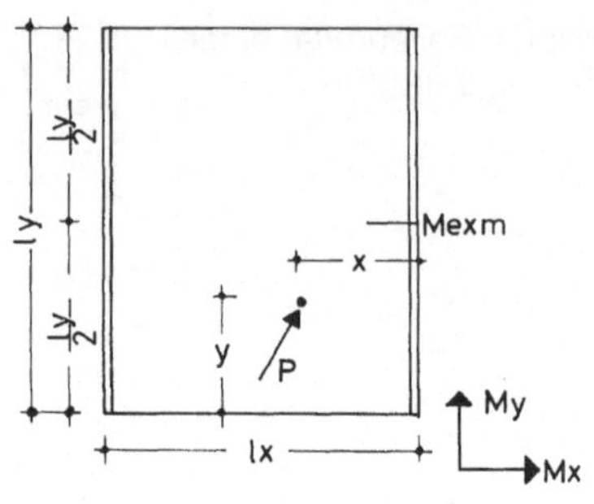

Stützmoment Mexm in Seitenmitte einer Rechteckplatte aus einer Einzellast.
Stützung 3b

$\frac{ly}{lx} = 1{,}25$

$\mu = 0$

Faktor = P

Mexm

3b 1,25

F 3.1,25.6.3

x : lx →

y : ly ↓

Spalte										
	0.05	0.10	0.15	0.20	0.25	0.30	0.35	0.40	0.45	0.50
.05	.0004-	.0016-	.0027-	.0049-	.0089-	.0114-	.0125-	.0125-	.0142-	.0142-
.10	.0012-	.0040-	.0080-	.0137-	.0189-	.0239-	.0287-	.0318-	.0318-	.0318-
.15	.0026-	.0072-	.0159-	.0239-	.0333-	.0416-	.0522-	.0569-	.0566-	.0518-
.20	.0044-	.0121-	.0239-	.0365-	.0522-	.0633-	.0739-	.0778-	.0763-	.0717-
.25	.0068-	.0206-	.0364-	.0589-	.0796-	.2172-	.0985-	.1052-	.1014-	.0948-
.30	.0101-	.0280-	.0627-	.0931-	.1194-	.3092-	.1466-	.1337-	.1269-	.1174-
.35	.0196-	.0590-	.1016-	.1410-	.1634-	.1704-	.1780-	.1623-	.1504-	.1366-
.40	.0398-	.1194-	.1699-	.1990-	.2086-	.2059-	.1990-	.1879-	.1722-	.1525-
.45	.1194-	.2303-	.2549-	.2621-	.2527-	.2389-	.2173-	.2047-	.1862-	.1642-
.50	.3121-	.3037-	.2936-	.2813-	.2671-	.2511-	.2328-	.2125-	.1909-	.1682-
.55	.1194-	.2303-	.2549-	.2621-	.2527-	.2389-	.2173-	.2047-	.1862-	.1642-
.60	.0398-	.1194-	.1699-	.1990-	.2086-	.2059-	.1990-	.1879-	.1722-	.1525-
.65	.0196-	.0590-	.1016-	.1410-	.1634-	.1704-	.1780-	.1623-	.1504-	.1366-
.70	.0101-	.0280-	.0627-	.0931-	.1194-	.1310-	.1466-	.1336-	.1269-	.1173-
.75	.0069-	.0206-	.0364-	.0589-	.0796-	.0936-	.0985-	.1052-	.1014-	.0948-
.80	.0045-	.0121-	.0239-	.0365-	.0522-	.0633-	.0739-	.0778-	.0763-	.0717-
.85	.0026-	.0072-	.0159-	.0239-	.0333-	.0416-	.0522-	.0569-	.0566-	.0518-
.90	.0012-	.0040-	.0080-	.0137-	.0189-	.0239-	.0287-	.0318-	.0319-	.0319-
.95	.0004-	.0016-	.0027-	.0049-	.0089-	.0114-	.0125-	.0125-	.0142-	.0142-
1.00	.0000	.0000	.0000	.0000	.0000	.0000	.0000	.0000	.0000	.0000

x : lx →

y : ly ↓

Spalte										
	0.55	0.60	0.65	0.70	0.75	0.80	0.85	0.90	0.95	
.05	.0136-	.0114-	.0101-	.0072-	.0051-	.0032-	.0022-	.0007-	.0001-	
.10	.0271-	.0239-	.0205-	.0159-	.0111-	.0071-	.0046-	.0017-	.0004-	
.15	.0457-	.0398-	.0332-	.0248-	.0182-	.0117-	.0071-	.0032-	.0009-	
.20	.0649-	.0557-	.0464-	.0349-	.0253-	.0169-	.0099-	.0050-	.0016-	
.25	.0840-	.0716-	.0593-	.0444-	.0319-	.0214-	.0128-	.0065-	.0022-	
.30	.1037-	.0890-	.0720-	.0528-	.0386-	.0254-	.0159-	.0076-	.0026-	
.35	.1194-	.1040-	.0835-	.0601-	.0440-	.0289-	.0169-	.0084-	.0028-	
.40	.1313-	.1141-	.0909-	.0662-	.0481-	.0319-	.0176-	.0088-	.0029-	
.45	.1394-	.1194-	.0954-	.0712-	.0509-	.0327-	.0180-	.0089-	.0029-	
.50	.1435-	.1198-	.0969-	.0751-	.0523-	.0329-	.0181-	.0089-	.0029-	
.55	.1393-	.1194-	.0954-	.0712-	.0509-	.0327-	.0180-	.0089-	.0029-	
.60	.1313-	.1141-	.0909-	.0661-	.0481-	.0318-	.0175-	.0089-	.0029-	
.65	.1194-	.1040-	.0834-	.0600-	.0441-	.0289-	.0168-	.0084-	.0028-	
.70	.1037-	.0889-	.0721-	.0528-	.0386-	.0254-	.0158-	.0076-	.0026-	
.75	.0840-	.0717-	.0594-	.0444-	.0319-	.0214-	.0128-	.0065-	.0022-	
.80	.0648-	.0557-	.0464-	.0349-	.0253-	.0168-	.0099-	.0050-	.0016-	
.85	.0457-	.0398-	.0332-	.0248-	.0181-	.0117-	.0072-	.0032-	.0009-	
.90	.0271-	.0239-	.0205-	.0159-	.0111-	.0071-	.0046-	.0017-	.0004-	
.95	.0136-	.0114-	.0101-	.0072-	.0050-	.0032-	.0022-	.0007-	.0001-	
1.00	.0000	.0000	.0000	.0000	.0000	.0000	.0000	.0000	.0000	

Auswertung aus Pucher „Einflußfelder elastischer Platten" Tafel Nr. 49

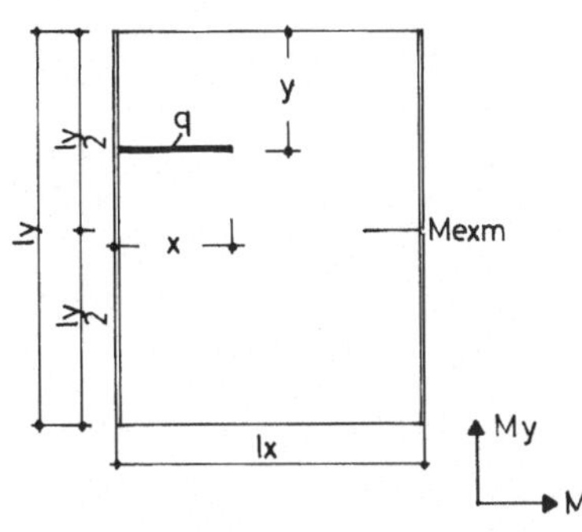

Stützmoment Mexm in Seitenmitte einer Rechteckplatte aus Linienlast in lx-Richtung.
Stützung 3b

$\frac{ly}{lx} = 1{,}33$

$\mu = 0$

Faktor = q · lx

Mexm
3b 1.33

F 3.1,33.3.1

→ y : ly, ↓ x : lx

Spalte	0.05	0.10	0.15	0.20	0.25	0.30	0.35	0.40	0.45	0.50
.05	.0000	.0000	.0001-	.0001-	.0001-	.0001-	.0001-	.0001-	.0001-	.0001-
.10	.0000	.0000	.0003-	.0003-	.0003-	.0003-	.0003-	.0004-	.0004-	.0005-
.15	.0000	.0001-	.0007-	.0007-	.0008-	.0009-	.0010-	.0012-	.0015-	.0015-
.20	.0001-	.0003-	.0013-	.0013-	.0017-	.0019-	.0021-	.0025-	.0031-	.0031-
.25	.0005-	.0011-	.0021-	.0023-	.0030-	.0041-	.0048-	.0054-	.0055-	.0055-
.30	.0009-	.0018-	.0032-	.0038-	.0057-	.0067-	.0078-	.0086-	.0088-	.0092-
.35	.0013-	.0027-	.0046-	.0064-	.0085-	.0100-	.0115-	.0128-	.0136-	.0137-
.40	.0018-	.0038-	.0062-	.0091-	.0119-	.0141-	.0161-	.0179-	.0191-	.0193-
.45	.0024-	.0050-	.0087-	.0123-	.0159-	.0188-	.0216-	.0242-	.0258-	.0260-
.50	.0030-	.0065-	.0111-	.0159-	.0203-	.0242-	.0281-	.0314-	.0335-	.0341-
.55	.0037-	.0080-	.0137-	.0198-	.0250-	.0298-	.0353-	.0396-	.0408-	.0432-
.60	.0045-	.0095-	.0163-	.0237-	.0293-	.0363-	.0431-	.0487-	.0480-	.0534-
.65	.0051-	.0108-	.0189-	.0275-	.0340-	.0430-	.0514-	.0581-	.0561-	.0648-
.70	.0057-	.0122-	.0213-	.0311-	.0386-	.0487-	.0590-	.0685-	.0698-	.0773-
.75	.0062-	.0133-	.0223-	.0343-	.0428-	.0541-	.0670-	.0792-	.0826-	.0907-
.80	.0066-	.0143-	.0236-	.0340-	.0464-	.0586-	.0742-	.0888-	.0958-	.1050-
.85	.0067-	.0145-	.0244-	.0354-	.0477-	.0622-	.0786-	.0977-	.1091-	.1200-
.90	.0069-	.0147-	.0249-	.0361-	.0488-	.0638-	.0821-	.1034-	.1199-	.1355-
.95	.0070-	.0146-	.0251-	.0362-	.0490-	.0644-	.0836-	.1064-	.1275-	.1515-
1.00	.0070-	.0145-	.0250-	.0361-	.0486-	.0641-	.0831-	.1068-	.1290-	.1678-

→ y : ly, ↓ x : lx

Spalte	0.55	0.60	0.65	0.70	0.75	0.80	0.85	0.90	0.95	
.05	.0001-	.0001-	.0001-	.0001-	.0001-	.0001-	.0001-	.0000	.0000	
.10	.0004-	.0004-	.0003-	.0003-	.0003-	.0003-	.0003-	.0000	.0000	
.15	.0015-	.0012-	.0010-	.0009-	.0008-	.0007-	.0007-	.0001-	.0000	
.20	.0031-	.0025-	.0021-	.0019-	.0017-	.0013-	.0013-	.0003-	.0001-	
.25	.0055-	.0054-	.0048-	.0041-	.0030-	.0023-	.0021-	.0011-	.0005-	
.30	.0088-	.0086-	.0078-	.0067-	.0057-	.0038-	.0032-	.0018-	.0009-	
.35	.0136-	.0128-	.0115-	.0100-	.0085-	.0064-	.0046-	.0027-	.0013-	
.40	.0191-	.0179-	.0161-	.0141-	.0119-	.0091-	.0062-	.0038-	.0018-	
.45	.0258-	.0242-	.0216-	.0188-	.0159-	.0123-	.0087-	.0050-	.0024-	
.50	.0335-	.0314-	.0281-	.0242-	.0203-	.0159-	.0111-	.0065-	.0030-	
.55	.0408-	.0396-	.0353-	.0298-	.0250-	.0198-	.0137-	.0080-	.0037-	
.60	.0480-	.0487-	.0431-	.0363-	.0293-	.0237-	.0163-	.0095-	.0045-	
.65	.0561-	.0581-	.0514-	.0430-	.0340-	.0275-	.0189-	.0108-	.0051-	
.70	.0698-	.0685-	.0590-	.0487-	.0386-	.0311-	.0213-	.0122-	.0057-	
.75	.0826-	.0792-	.0670-	.0541-	.0428-	.0343-	.0223-	.0133-	.0062-	
.80	.0958-	.0888-	.0742-	.0586-	.0464-	.0340-	.0236-	.0143-	.0066-	
.85	.1091-	.0977-	.0786-	.0622-	.0477-	.0354-	.0244-	.0145-	.0067-	
.90	.1199-	.1034-	.0821-	.0638-	.0488-	.0361-	.0249-	.0147-	.0069-	
.95	.1275-	.1064-	.0836-	.0644-	.0490-	.0362-	.0251-	.0146-	.0070-	
1.00	.1290-	.1068-	.0831-	.0641-	.0486-	.0361-	.0250-	.0145-	.0070-	

Auswertung aus Hoeland „Stützmomenten-Einflußfelder durchlaufender Platten" Tafel Nr. 5

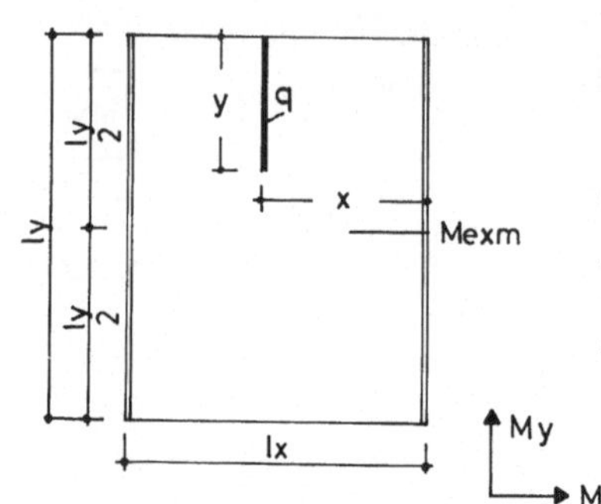

Stützmoment Mexm in Seitenmitte einer Rechteckplatte aus Linienlast in ly-Richtung.
Stützung 3b

$\frac{ly}{lx} = 1{,}33$

$\mu = 0$

Faktor = q · ly

Mexm
3b 1,33

F 3.1,33.3.2

→ x : lx, ↓ y : ly

Spalte										
	0.05	0.10	0.15	0.20	0.25	0.30	0.35	0.40	0.45	0.50
.05	.0000	.0000	.0001-	.0001-	.0002-	.0003-	.0003-	.0003-	.0003-	.0003-
.10	.0000	.0000	.0004-	.0005-	.0008-	.0011-	.0013-	.0014-	.0014-	.0013-
.15	.0000	.0002-	.0009-	.0013-	.0019-	.0025-	.0031-	.0034-	.0034-	.0032-
.20	.0002-	.0005-	.0017-	.0025-	.0041-	.0052-	.0057-	.0062-	.0063-	.0060-
.25	.0004-	.0010-	.0032-	.0051-	.0068-	.0085-	.0094-	.0101-	.0102-	.0097-
.30	.0009-	.0026-	.0052-	.0084-	.0107-	.0131-	.0150-	.0157-	.0153-	.0146-
.35	.0016-	.0045-	.0089-	.0133-	.0173-	.0204-	.0220-	.0227-	.0223-	.0210-
.40	.0028-	.0083-	.0143-	.0210-	.0260-	.0295-	.0308-	.0312-	.0304-	.0284-
.45	.0057-	.0157-	.0242-	.0322-	.0376-	.0408-	.0417-	.0411-	.0395-	.0367-
.50	.0158-	.0294-	.0383-	.0466-	.0516-	.0539-	.0540-	.0519-	.0494-	.0455-
.55	.0259-	.0429-	.0523-	.0601-	.0642-	.0659-	.0653-	.0632-	.0579-	.0531-
.60	.0288-	.0501-	.0620-	.0713-	.0764-	.0776-	.0765-	.0723-	.0669-	.0613-
.65	.0299-	.0537-	.0674-	.0790-	.0845-	.0862-	.0850-	.0808-	.0751-	.0689-
.70	.0306-	.0557-	.0710-	.0833-	.0906-	.0930-	.0920-	.0878-	.0822-	.0746-
.75	.0311-	.0570-	.0731-	.0872-	.0947-	.0980-	.0974-	.0932-	.0866-	.0796-
.80	.0314-	.0578-	.0740-	.0894-	.0972-	.1013-	.1011-	.0972-	.0906-	.0833-
.85	.0315-	.0581-	.0755-	.0909-	.0997-	.1034-	.1035-	.0999-	.0934-	.0860-
.90	.0316-	.0582-	.0760-	.0917-	.1009-	.1055-	.1057-	.1021-	.0955-	.0881-
.95	.0316-	.0582-	.0763-	.0920-	.1015-	.1063-	.1067-	.1032-	.0966-	.0891-
1.00	.0316-	.0580-	.0763-	.0920-	.1015-	.1065-	.1069-	.1034-	.0968-	.0893-

→ x : lx, ↓ y : ly

Spalte										
	0.55	0.60	0.65	0.70	0.75	0.80	0.85	0.90	0.95	
.05	.0003-	.0003-	.0002-	.0002-	.0001-	.0001-	.0001-	.0000	.0000	
.10	.0012-	.0011-	.0009-	.0008-	.0006-	.0005-	.0004-	.0002-	.0001-	
.15	.0030-	.0025-	.0022-	.0018-	.0014-	.0011-	.0009-	.0004-	.0002-	
.20	.0055-	.0049-	.0041-	.0032-	.0025-	.0019-	.0015-	.0007-	.0003-	
.25	.0090-	.0080-	.0067-	.0054-	.0039-	.0030-	.0023-	.0011-	.0005-	
.30	.0133-	.0119-	.0101-	.0082-	.0060-	.0043-	.0032-	.0015-	.0006-	
.35	.0187-	.0165-	.0140-	.0115-	.0083-	.0059-	.0043-	.0021-	.0008-	
.40	.0252-	.0219-	.0185-	.0153-	.0110-	.0077-	.0054-	.0027-	.0010-	
.45	.0323-	.0275-	.0234-	.0195-	.0140-	.0097-	.0067-	.0034-	.0013-	
.50	.0400-	.0339-	.0287-	.0238-	.0171-	.0118-	.0080-	.0041-	.0015-	
.55	.0478-	.0406-	.0328-	.0282-	.0203-	.0139-	.0090-	.0047-	.0018-	
.60	.0555-	.0461-	.0376-	.0325-	.0234-	.0158-	.0101-	.0053-	.0020-	
.65	.0602-	.0513-	.0420-	.0367-	.0264-	.0176-	.0113-	.0060-	.0022-	
.70	.0656-	.0560-	.0460-	.0405-	.0291-	.0192-	.0123-	.0065-	.0025-	
.75	.0700-	.0599-	.0495-	.0438-	.0295-	.0205-	.0132-	.0069-	.0026-	
.80	.0735-	.0631-	.0523-	.0426-	.0310-	.0216-	.0140-	.0073-	.0027-	
.85	.0759-	.0651-	.0534-	.0441-	.0321-	.0224-	.0147-	.0076-	.0029-	
.90	.0778-	.0666-	.0547-	.0451-	.0328-	.0230-	.0152-	.0078-	.0030-	
.95	.0787-	.0674-	.0554-	.0457-	.0332-	.0234-	.0155-	.0080-	.0030-	
1.00	.0789-	.0676-	.0556-	.0458-	.0333-	.0235-	.0157-	.0080-	.0031-	

Auswertung aus Hoeland „Stützmomenten-Einflußfelder durchlaufender Platten" Tafel Nr. 5

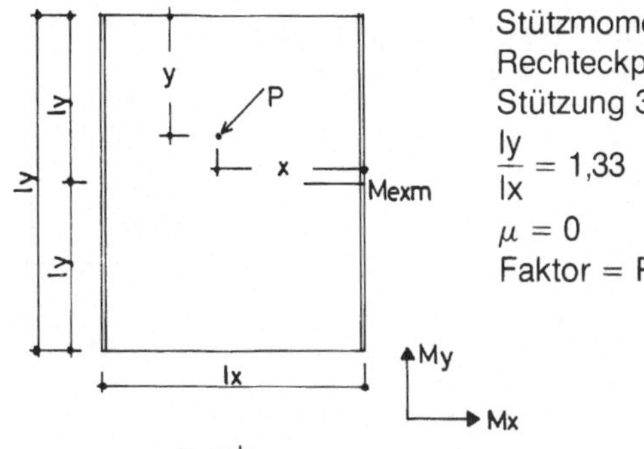

Stützmoment Mexm in Seitenmitte einer Rechteckplatte aus einer Einzellast.

Stützung 3b

$\frac{ly}{lx} = 1{,}33$

$\mu = 0$

Faktor = P

F 3.1,33.3.3

→ x : lx; ↓ y : ly

Spalte	0.05	0.10	0.15	0.20	0.25	0.30	0.35	0.40	0.45	0.50
.05	.0004	.0004-	.0038-	.0052-	.0080-	.0109-	.0128-	.0137-	.0137-	.0132-
.10	.0002-	.0024-	.0086-	.0128-	.0187-	.0242-	.0275-	.0299-	.0299-	.0286-
.15	.0017-	.0060-	.0145-	.0226-	.0321-	.0399-	.0440-	.0478-	.0483-	.0461-
.20	.0041-	.0112-	.0214-	.0347-	.0472-	.0585-	.0645-	.0687-	.0693-	.0657-
.25	.0075-	.0180-	.0343-	.0560-	.0695-	.0838-	.0908-	.0942-	.0930-	.0875-
.30	.0118-	.0314-	.0554-	.0796-	.1017-	.1157-	.1229-	.1241-	.1194-	.1117-
.35	.0171-	.0553-	.0848-	.1194-	.1457-	.1569-	.1592-	.1547-	.1467-	.1358-
.40	.0341-	.0943-	.1461-	.1882-	.2052-	.2060-	.1990-	.1845-	.1681-	.1538-
.45	.0902-	.2208-	.2442-	.2594-	.2527-	.2416-	.2287-	.2084-	.1836-	.1654-
.50	.3156-	.3098-	.3013-	.2899-	.2757-	.2586-	.2405-	.2158-	.1932-	.1706-
.55	.0902-	.2065-	.2442-	.2594-	.2527-	.2415-	.2287-	.2084-	.1836-	.1654-
.60	.0341-	.0943-	.1461-	.1882-	.2051-	.2059-	.1991-	.1845-	.1681-	.1538-
.65	.0172-	.0553-	.0848-	.1194-	.1457-	.1569-	.1592-	.1547-	.1467-	.1358-
.70	.0119-	.0314-	.0554-	.0796-	.1017-	.1159-	.1229-	.1241-	.1194-	.1117-
.75	.0075-	.0180-	.0344-	.0560-	.0695-	.0839-	.0908-	.0942-	.0930-	.0875-
.80	.0041-	.0112-	.0214-	.0347-	.0472-	.0586-	.0645-	.0687-	.0693-	.0656-
.85	.0016-	.0060-	.0144-	.0226-	.0321-	.0399-	.0440-	.0477-	.0484-	.0461-
.90	.0002-	.0024-	.0085-	.0127-	.0187-	.0241-	.0275-	.0299-	.0299-	.0286-
.95	.0004	.0003-	.0037-	.0052-	.0080-	.0108-	.0128-	.0137-	.0137-	.0132-
1.00	.0001-	.0001	.0001	.0000	.0000	.0001	.0000	.0000	.0000	.0000

→ x : lx; ↓ y : ly

Spalte	0.55	0.60	0.65	0.70	0.75	0.80	0.85	0.90	0.95	
.05	.0124-	.0108-	.0095-	.0078-	.0059-	.0047-	.0039-	.0018-	.0008-	
.10	.0265-	.0231-	.0199-	.0163-	.0123-	.0095-	.0075-	.0035-	.0015-	
.15	.0424-	.0369-	.0313-	.0255-	.0192-	.0143-	.0108-	.0052-	.0021-	
.20	.0601-	.0535-	.0445-	.0355-	.0266-	.0192-	.0138-	.0068-	.0027-	
.25	.0787-	.0697-	.0590-	.0482-	.0344-	.0241-	.0166-	.0083-	.0032-	
.30	.0981-	.0848-	.0715-	.0600-	.0428-	.0290-	.0190-	.0098-	.0035-	
.35	.1184-	.0987-	.0821-	.0692-	.0501-	.0340-	.0212-	.0115-	.0043-	
.40	.1348-	.1116-	.0906-	.0758-	.0553-	.0390-	.0231-	.0127-	.0047-	
.45	.1445-	.1233-	.0972-	.0797-	.0584-	.0406-	.0248-	.0134-	.0049-	
.50	.1478-	.1280-	.1018-	.0810-	.0594-	.0409-	.0261-	.0137-	.0049-	
.55	.1445-	.1233-	.0972-	.0798-	.0584-	.0406-	.0245-	.0134-	.0049-	
.60	.1347-	.1116-	.0906-	.0759-	.0552-	.0388-	.0230-	.0127-	.0047-	
.65	.1184-	.0987-	.0821-	.0693-	.0500-	.0339-	.0211-	.0115-	.0043-	
.70	.0981-	.0848-	.0716-	.0602-	.0427-	.0290-	.0190-	.0098-	.0036-	
.75	.0787-	.0697-	.0591-	.0484-	.0344-	.0241-	.0166-	.0083-	.0032-	
.80	.0601-	.0536-	.0446-	.0356-	.0265-	.0192-	.0139-	.0068-	.0027-	
.85	.0424-	.0369-	.0313-	.0256-	.0192-	.0143-	.0110-	.0052-	.0022-	
.90	.0265-	.0231-	.0199-	.0163-	.0123-	.0095-	.0077-	.0035-	.0015-	
.95	.0124-	.0108-	.0095-	.0078-	.0059-	.0047-	.0042-	.0018-	.0009-	
1.00	.0000	.0000	.0000	.0000	.0000	.0001	.0004-	.0000	.0001-	

Auswertung aus Hoeland „Stützmomenten-Einflußfelder durchlaufender Platten" Tafel Nr. 5

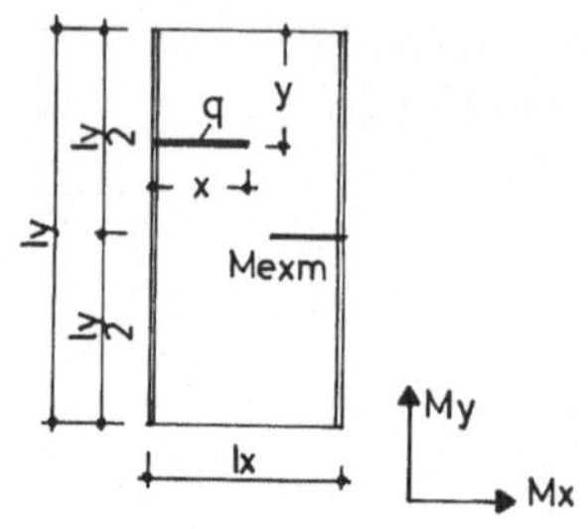

Stützmoment Mexm in Seitenmitte einer Rechteckplatte aus Linienlast in lx-Richtung.
Stützung 3b
$\frac{ly}{lx} = 2{,}0$
$\mu = 0$
Faktor = q · lx

Mexm

3b 2.0

F 3.2,0.3.1

→ y : ly; ↓ x : lx

Spalte										
	0.05	0.10	0.15	0.20	0.25	0.30	0.35	0.40	0.45	0.50
.05	.0000	.0001-	.0001-	.0001-	.0001-	.0001-	.0001-	.0001-	.0001-	.0001-
.10	.0001-	.0002-	.0003-	.0003-	.0003-	.0002-	.0002-	.0003-	.0003-	.0003-
.15	.0003-	.0005-	.0006-	.0006-	.0007-	.0006-	.0006-	.0008-	.0008-	.0009-
.20	.0004-	.0008-	.0011-	.0011-	.0012-	.0012-	.0014-	.0018-	.0019-	.0024-
.25	.0006-	.0011-	.0016-	.0018-	.0020-	.0021-	.0026-	.0039-	.0044-	.0043-
.30	.0008-	.0015-	.0022-	.0026-	.0030-	.0034-	.0053-	.0064-	.0074-	.0071-
.35	.0010-	.0019-	.0029-	.0035-	.0043-	.0058-	.0081-	.0099-	.0115-	.0116-
.40	.0011-	.0023-	.0036-	.0045-	.0058-	.0084-	.0115-	.0142-	.0166-	.0169-
.45	.0010-	.0023-	.0040-	.0057-	.0079-	.0115-	.0156-	.0194-	.0229-	.0232-
.50	.0011-	.0027-	.0049-	.0070-	.0100-	.0150-	.0203-	.0255-	.0302-	.0308-
.55	.0012-	.0032-	.0058-	.0084-	.0123-	.0187-	.0254-	.0327-	.0386-	.0395-
.60	.0014-	.0036-	.0067-	.0098-	.0146-	.0226-	.0303-	.0405-	.0478-	.0492-
.65	.0013-	.0037-	.0072-	.0110-	.0169-	.0264-	.0358-	.0488-	.0579-	.0600-
.70	.0014-	.0038-	.0077-	.0121-	.0184-	.0300-	.0411-	.0573-	.0691-	.0719-
.75	.0014-	.0040-	.0081-	.0131-	.0199-	.0334-	.0460-	.0655-	.0809-	.0848-
.80	.0014-	.0040-	.0084-	.0140-	.0211-	.0363-	.0503-	.0732-	.0928-	.0985-
.85	.0014-	.0040-	.0087-	.0147-	.0221-	.0352-	.0538-	.0760-	.1045-	.1131-
.90	.0014-	.0041-	.0088-	.0152-	.0227-	.0362-	.0546-	.0801-	.1119-	.1282-
.95	.0015-	.0043-	.0092-	.0155-	.0231-	.0367-	.0555-	.0822-	.1182-	.1439-
1.00	.0014-	.0043-	.0092-	.0157-	.0232-	.0367-	.0556-	.0824-	.1197-	.1599-

→ y : ly; ↓ x : lx

Spalte										
	0.55	0.60	0.65	0.70	0.75	0.80	0.85	0.90	0.95	
.05	.0001-	.0001-	.0001-	.0001-	.0001-	.0001-	.0001-	.0001-	.0000	
.10	.0003-	.0003-	.0002-	.0002-	.0003-	.0003-	.0003-	.0002-	.0001-	
.15	.0008-	.0008-	.0006-	.0006-	.0007-	.0006-	.0006-	.0005-	.0003-	
.20	.0019-	.0018-	.0014-	.0012-	.0012-	.0011-	.0011-	.0008-	.0004-	
.25	.0044-	.0039-	.0026-	.0021-	.0020-	.0018-	.0016-	.0011-	.0006-	
.30	.0074-	.0064-	.0053-	.0034-	.0030-	.0026-	.0022-	.0015-	.0008-	
.35	.0115-	.0099-	.0081-	.0058-	.0043-	.0035-	.0029-	.0019-	.0010-	
.40	.0166-	.0142-	.0115-	.0084-	.0058-	.0045-	.0036-	.0023-	.0011-	
.45	.0229-	.0194-	.0156-	.0115-	.0079-	.0057-	.0040-	.0023-	.0010-	
.50	.0302-	.0255-	.0203-	.0150-	.0100-	.0070-	.0049-	.0027-	.0011-	
.55	.0386-	.0327-	.0254-	.0187-	.0123-	.0084-	.0058-	.0032-	.0012-	
.60	.0478-	.0405-	.0303-	.0226-	.0146-	.0098-	.0067-	.0036-	.0014-	
.65	.0579-	.0488-	.0358-	.0264-	.0169-	.0110-	.0072-	.0037-	.0013-	
.70	.0691-	.0573-	.0411-	.0300-	.0184-	.0121-	.0077-	.0038-	.0014-	
.75	.0809-	.0655-	.0460-	.0334-	.0199-	.0131-	.0081-	.0040-	.0014-	
.80	.0928-	.0732-	.0503-	.0363-	.0211-	.0140-	.0084-	.0040-	.0014-	
.85	.1045-	.0760-	.0538-	.0352-	.0221-	.0147-	.0087-	.0040-	.0014-	
.90	.1119-	.0801-	.0546-	.0362-	.0227-	.0152-	.0088-	.0041-	.0014-	
.95	.1182-	.0822-	.0555-	.0367-	.0231-	.0155-	.0092-	.0043-	.0015-	
1.00	.1197-	.0824-	.0556-	.0367-	.0232-	.0157-	.0092-	.0043-	.0014-	

Auswertung aus Hoeland „Stützmomenten-Einflußfelder durchlaufender Platten" Tafel Nr. 2

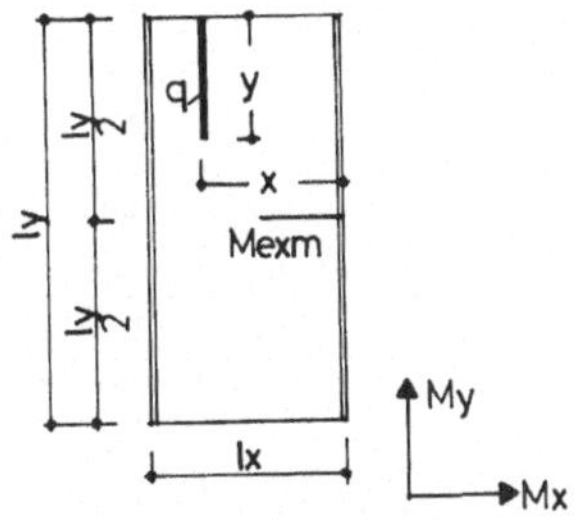

Stützmoment Mexm in Seitenmitte einer Rechteckplatte aus Linienlast in ly-Richtung.
Stützung 3b
$\frac{ly}{lx} = 2{,}0$
$\mu = 0$
Faktor = q · ly

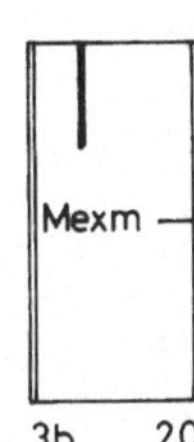

F 3.2,0.3.2

x : lx →; y : ly ↓

Spalte	0.05	0.10	0.15	0.20	0.25	0.30	0.35	0.40	0.45	0.50
.05	.0000	.0000	.0000	.0000	.0001-	.0000	.0000	.0000	.0000	.0000
.10	.0000	.0000	.0001-	.0001	.0002-	.0001-	.0002-	.0002-	.0001-	.0002-
.15	.0000	.0001-	.0003-	.0000	.0006-	.0005-	.0007-	.0007-	.0004-	.0006-
.20	.0001-	.0004-	.0006-	.0003-	.0012-	.0014-	.0017-	.0017-	.0011-	.0015-
.25	.0003-	.0008-	.0012-	.0016-	.0025-	.0030-	.0034-	.0036-	.0036-	.0038-
.30	.0006-	.0014-	.0025-	.0029-	.0042-	.0054-	.0062-	.0065-	.0064-	.0067-
.35	.0012-	.0028-	.0040-	.0052-	.0078-	.0097-	.0108-	.0110-	.0104-	.0108-
.40	.0025-	.0046-	.0083-	.0108-	.0133-	.0167-	.0178-	.0178-	.0170-	.0170-
.45	.0047-	.0107-	.0162-	.0204-	.0231-	.0269-	.0272-	.0267-	.0253-	.0248-
.50	.0152-	.0242-	.0301-	.0340-	.0358-	.0391-	.0384-	.0369-	.0351-	.0337-
.55	.0255-	.0376-	.0440-	.0476-	.0484-	.0513-	.0495-	.0471-	.0432-	.0409-
.60	.0279-	.0433-	.0520-	.0572-	.0580-	.0615-	.0590-	.0561-	.0517-	.0489-
.65	.0288-	.0454-	.0559-	.0622-	.0636-	.0685-	.0660-	.0628-	.0575-	.0544-
.70	.0294-	.0466-	.0574-	.0649-	.0671-	.0728-	.0706-	.0674-	.0617-	.0587-
.75	.0298-	.0473-	.0588-	.0659-	.0687-	.0752-	.0734-	.0703-	.0643-	.0614-
.80	.0300-	.0478-	.0595-	.0673-	.0701-	.0768-	.0750-	.0721-	.0665-	.0634-
.85	.0301-	.0480-	.0599-	.0678-	.0708-	.0777-	.0761-	.0732-	.0675-	.0645-
.90	.0301-	.0481-	.0600-	.0678-	.0712-	.0781-	.0766-	.0737-	.0679-	.0650-
.95	.0300-	.0480-	.0600-	.0677-	.0713-	.0782-	.0767-	.0739-	.0678-	.0650-
1.00	.0298-	.0479-	.0599-	.0674-	.0713-	.0782-	.0767-	.0739-	.0674-	.0647-

x : lx →; y : ly ↓

Spalte	0.55	0.60	0.65	0.70	0.75	0.80	0.85	0.90	0.95	
.05	.0000	.0000	.0000	.0000	.0000	.0001-	.0001-	.0001-	.0000	
.10	.0001-	.0001-	.0000	.0000	.0001-	.0003-	.0003-	.0002-	.0001-	
.15	.0004-	.0004-	.0003-	.0001-	.0003-	.0007-	.0006-	.0005-	.0003-	
.20	.0012-	.0011-	.0008-	.0005-	.0007-	.0012-	.0010-	.0008-	.0004-	
.25	.0034-	.0023-	.0017-	.0012-	.0013-	.0019-	.0014-	.0010-	.0005-	
.30	.0059-	.0053-	.0043-	.0024-	.0023-	.0028-	.0019-	.0012-	.0006-	
.35	.0094-	.0087-	.0071-	.0054-	.0036-	.0038-	.0025-	.0015-	.0007-	
.40	.0141-	.0132-	.0110-	.0084-	.0062-	.0050-	.0032-	.0019-	.0008-	
.45	.0207-	.0186-	.0156-	.0120-	.0086-	.0063-	.0042-	.0025-	.0011-	
.50	.0279-	.0243-	.0207-	.0159-	.0112-	.0079-	.0052-	.0030-	.0012-	
.55	.0354-	.0301-	.0245-	.0200-	.0139-	.0095-	.0063-	.0035-	.0014-	
.60	.0408-	.0354-	.0289-	.0239-	.0165-	.0108-	.0073-	.0040-	.0016-	
.65	.0457-	.0399-	.0328-	.0275-	.0178-	.0120-	.0079-	.0044-	.0017-	
.70	.0492-	.0433-	.0360-	.0273-	.0193-	.0131-	.0085-	.0047-	.0018-	
.75	.0515-	.0455-	.0372-	.0288-	.0204-	.0139-	.0089-	.0049-	.0020-	
.80	.0536-	.0470-	.0384-	.0296-	.0211-	.0146-	.0093-	.0051-	.0021-	
.85	.0545-	.0478-	.0390-	.0300-	.0215-	.0151-	.0098-	.0055-	.0022-	
.90	.0549-	.0481-	.0391-	.0301-	.0216-	.0155-	.0102-	.0057-	.0024-	
.95	.0548-	.0480-	.0390-	.0299-	.0215-	.0157-	.0104-	.0059-	.0025-	
1.00	.0545-	.0477-	.0387-	.0296-	.0213-	.0158-	.0105-	.0060-	.0025-	

Auswertung aus Hoeland „Stützmomenten-Einflußfelder durchlaufender Platten" Tafel Nr. 2

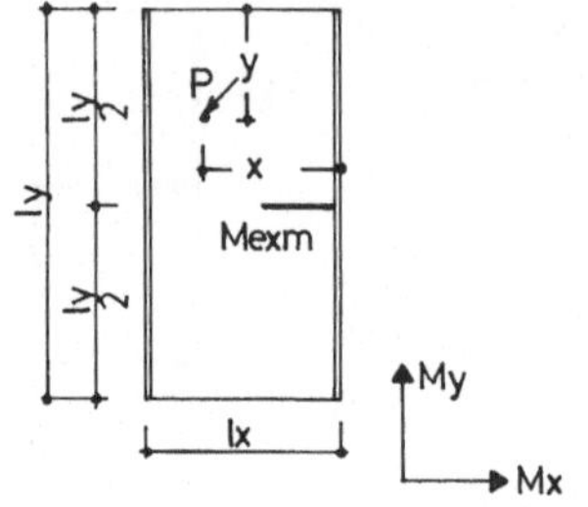

Stützmoment Mexm in Seitenmitte einer Rechteckplatte aus einer Einzellast.

Stützung 3b

$\frac{ly}{lx} = 2{,}0$

$\mu = 0$

Faktor = P

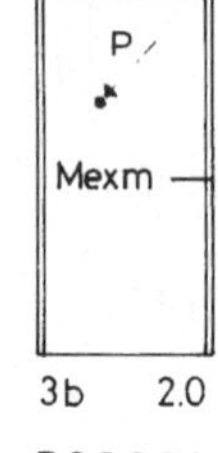

F 3.2,0.3.3

x : lx (→), y : ly (↓)

Spalte										
	0.05	0.10	0.15	0.20	0.25	0.30	0.35	0.40	0.45	0.50
.05	.0001	.0005-	.0010-	.0005	.0024-	.0007-	.0013-	.0010-	.0010-	.0023-
.10	.0005-	.0019-	.0032-	.0016-	.0062-	.0048-	.0062-	.0060-	.0060-	.0078-
.15	.0019-	.0044-	.0066-	.0062-	.0113-	.0125-	.0145-	.0151-	.0151-	.0166-
.20	.0041-	.0078-	.0113-	.0134-	.0177-	.0236-	.0262-	.0282-	.0282-	.0286-
.25	.0071-	.0122-	.0172-	.0224-	.0276-	.0382-	.0421-	.0459-	.0456-	.0453-
.30	.0109-	.0176-	.0251-	.0398-	.0508-	.0641-	.0721-	.0729-	.0705-	.0709-
.35	.0154-	.0279-	.0549-	.0715-	.0868-	.1084-	.1145-	.1106-	.1038-	.1019-
.40	.0229-	.0677-	.1005-	.1346-	.1504-	.1725-	.1642-	.1592-	.1455-	.1380-
.45	.0796-	.1805-	.2256-	.2405-	.2266-	.2316-	.2114-	.1961-	.1745-	.1606-
.50	.3139-	.3065-	.2964-	.2837-	.2684-	.2503-	.2294-	.2075-	.1857-	.1638-
.55	.0796-	.1805-	.2256-	.2405-	.2265-	.2316-	.2114-	.1961-	.1745-	.1606-
.60	.0229-	.0677-	.1005-	.1346-	.1504-	.1725-	.1642-	.1592-	.1455-	.1380-
.65	.0152-	.0279-	.0549-	.0716-	.0868-	.1084-	.1145-	.1106-	.1038-	.1019-
.70	.0108-	.0175-	.0251-	.0398-	.0508-	.0641-	.0721-	.0729-	.0705-	.0709-
.75	.0071-	.0122-	.0172-	.0224-	.0276-	.0382-	.0421-	.0459-	.0456-	.0454-
.80	.0041-	.0078-	.0113-	.0134-	.0177-	.0236-	.0262-	.0283-	.0283-	.0287-
.85	.0019-	.0044-	.0066-	.0062-	.0113-	.0125-	.0144-	.0152-	.0152-	.0166-
.90	.0005-	.0020-	.0031-	.0016-	.0061-	.0049-	.0061-	.0061-	.0061-	.0070-
.95	.0002	.0005-	.0009-	.0005	.0023-	.0007-	.0013-	.0010-	.0010-	.0023-
1.00	.0001	.0001	.0000	.0001	.0001	.0001	.0000	.0000	.0000	.0000

x : lx (→), y : ly (↓)

Spalte										
	0.55	0.60	0.65	0.70	0.75	0.80	0.85	0.90	0.95	
.05	.0013-	.0013-	.0007-	.0001-	.0011-	.0030-	.0029-	.0022-	.0012-	
.10	.0062-	.0056-	.0041-	.0026-	.0035-	.0061-	.0052-	.0039-	.0021-	
.15	.0145-	.0130-	.0101-	.0074-	.0072-	.0092-	.0071-	.0050-	.0026-	
.20	.0262-	.0233-	.0189-	.0145-	.0122-	.0124-	.0084-	.0056-	.0028-	
.25	.0415-	.0367-	.0303-	.0240-	.0185-	.0156-	.0093-	.0055-	.0024-	
.30	.0609-	.0572-	.0466-	.0358-	.0261-	.0189-	.0111-	.0060-	.0024-	
.35	.0848-	.0776-	.0662-	.0512-	.0350-	.0223-	.0139-	.0073-	.0027-	
.40	.1132-	.0967-	.0809-	.0632-	.0436-	.0257-	.0176-	.0092-	.0033-	
.45	.1340-	.1144-	.0906-	.0705-	.0486-	.0292-	.0191-	.0098-	.0035-	
.50	.1406-	.1176-	.0955-	.0729-	.0503-	.0327-	.0196-	.0100-	.0035-	
.55	.1341-	.1144-	.0906-	.0705-	.0486-	.0291-	.0191-	.0098-	.0035-	
.60	.1132-	.0967-	.0809-	.0632-	.0436-	.0256-	.0176-	.0092-	.0033-	
.65	.0848-	.0776-	.0662-	.0511-	.0349-	.0223-	.0139-	.0073-	.0027-	
.70	.0609-	.0572-	.0467-	.0358-	.0261-	.0189-	.0111-	.0060-	.0024-	
.75	.0415-	.0368-	.0303-	.0240-	.0185-	.0156-	.0093-	.0055-	.0025-	
.80	.0262-	.0233-	.0189-	.0145-	.0122-	.0124-	.0084-	.0056-	.0029-	
.85	.0144-	.0130-	.0102-	.0074-	.0072-	.0091-	.0071-	.0050-	.0026-	
.90	.0061-	.0056-	.0041-	.0026-	.0035-	.0060-	.0052-	.0039-	.0021-	
.95	.0013-	.0013-	.0007-	.0002-	.0011-	.0028-	.0029-	.0022-	.0012-	
1.00	.0000	.0001-	.0000	.0002-	.0001	.0003	.0000	.0000	.0000	

Auswertung aus Hoeland „Stützmomenten-Einflußfelder durchlaufender Platten" Tafel Nr. 2

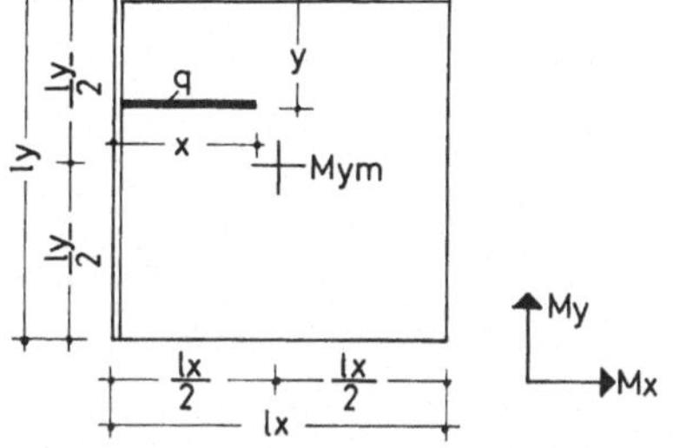

Feldmoment Mym in Feldmitte einer Rechteckplatte aus Linienlast in lx-Richtung.

$\frac{ly}{lx} = 1{,}0$

$\mu = 0$

Faktor = q · lx

Stützung 4

Mym

4 1.0

F 4.1,0.2.1

→ y : ly, ↓ x : lx

Spalte										
	0.05	0.10	0.15	0.20	0.25	0.30	0.35	0.40	0.45	0.50
.05	.0000	.0000	.0000	.0001	.0001	.0001	.0002	.0002	.0003	.0003
.10	.0000	.0001	.0002	.0003	.0004	.0006	.0008	.0010	.0011	.0012
.15	.0000	.0001	.0003	.0007	.0009	.0013	.0018	.0023	.0027	.0029
.20	.0000	.0002	.0005	.0011	.0016	.0025	.0034	.0043	.0050	.0054
.25	.0000	.0003	.0007	.0017	.0026	.0040	.0056	.0071	.0082	.0087
.30	.0001-	.0002	.0009	.0021	.0037	.0057	.0082	.0106	.0120	.0127
.35	.0000	.0004	.0012	.0025	.0049	.0076	.0111	.0143	.0168	.0176
.40	.0001	.0006	.0015	.0029	.0061	.0091	.0141	.0188	.0224	.0237
.45	.0002	.0008	.0017	.0032	.0065	.0109	.0171	.0226	.0290	.0327
.50	.0002	.0008	.0019	.0035	.0072	.0128	.0201	.0266	.0359	.0454
.55	.0002-	.0003	.0016	.0038	.0079	.0148	.0231	.0304	.0428	.0578
.60	.0002-	.0004	.0018	.0041	.0087	.0168	.0259	.0341	.0486	.0657
.65	.0001-	.0006	.0021	.0047	.0094	.0188	.0285	.0374	.0538	.0716
.70	.0001	.0009	.0024	.0052	.0105	.0206	.0309	.0405	.0576	.0758
.75	.0002	.0012	.0028	.0057	.0114	.0222	.0320	.0430	.0603	.0785
.80	.0001	.0010	.0028	.0060	.0122	.0236	.0334	.0440	.0626	.0809
.85	.0001	.0011	.0029	.0063	.0126	.0232	.0343	.0451	.0638	.0822
.90	.0001	.0011	.0030	.0064	.0128	.0235	.0348	.0457	.0644	.0828
.95	.0001	.0012	.0031	.0064	.0129	.0235	.0350	.0457	.0646	.0831
1.00	.0002	.0012	.0031	.0064	.0128	.0233	.0349	.0455	.0646	.0830

→ y : ly, ↓ x : lx

Spalte										
	0.55	0.60	0.65	0.70	0.75	0.80	0.85	0.90	0.95	
.05	.0003	.0003	.0002	.0002	.0001	.0001	.0001	.0000	.0000	
.10	.0012	.0011	.0009	.0007	.0005	.0004	.0004	.0002	.0001	
.15	.0029	.0026	.0022	.0017	.0013	.0009	.0007	.0003	.0001	
.20	.0054	.0048	.0040	.0032	.0024	.0016	.0010	.0005	.0002	
.25	.0086	.0077	.0063	.0048	.0037	.0023	.0008	.0006	.0002	
.30	.0125	.0112	.0090	.0068	.0048	.0030	.0010	.0008	.0003	
.35	.0172	.0149	.0117	.0088	.0061	.0036	.0013	.0009	.0003	
.40	.0230	.0193	.0141	.0108	.0072	.0040	.0016	.0009	.0003	
.45	.0308	.0231	.0162	.0118	.0079	.0044	.0014	.0007	.0001	
.50	.0415	.0270	.0181	.0129	.0087	.0046	.0013	.0006	.0001-	
.55	.0530	.0308	.0199	.0139	.0095	.0048	.0012	.0003	.0003-	
.60	.0556	.0343	.0217	.0154	.0103	.0050	.0010	.0000	.0005-	
.65	.0594	.0376	.0235	.0168	.0111	.0053	.0009	.0002-	.0007-	
.70	.0627	.0405	.0265	.0183	.0119	.0056	.0011	.0004-	.0009-	
.75	.0655	.0430	.0284	.0194	.0126	.0060	.0011	.0003-	.0008-	
.80	.0677	.0440	.0298	.0204	.0131	.0063	.0012	.0003-	.0009-	
.85	.0685	.0451	.0307	.0210	.0134	.0066	.0013	.0003-	.0009-	
.90	.0691	.0456	.0311	.0213	.0136	.0069	.0013	.0002-	.0009-	
.95	.0693	.0456	.0311	.0214	.0137	.0067	.0013	.0003-	.0009-	
1.00	.0691	.0454	.0309	.0213	.0137	.0068	.0014	.0003-	.0009-	

Auswertung aus Pucher „Einflußfelder elastischer Platten" Tafel Nr. 45

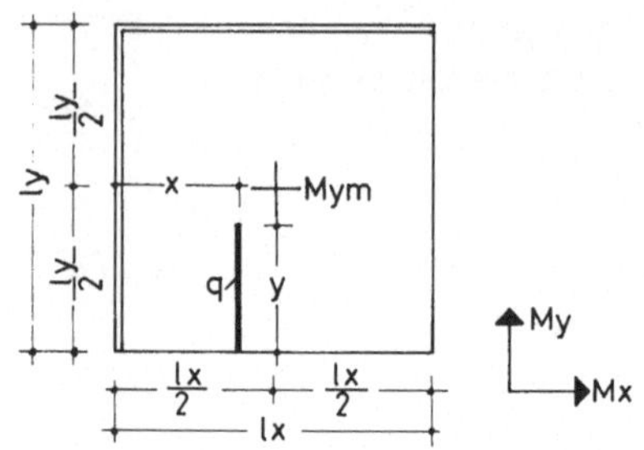

Feldmoment Mym in Feldmitte einer Rechteckplatte aus Linienlast in ly-Richtung.

$\frac{ly}{lx} = 1{,}0$

$\mu = 0$

Faktor = q · ly

Stützung 4

Mym

4 1.0

F 4.1,0.2.2

x : lx →

y : ly ↓

Spalte										
	0.05	0.10	0.15	0.20	0.25	0.30	0.35	0.40	0.45	0.50
.05	.0000	.0000	.0000	.0000	.0000	.0001-	.0001-	.0001-	.0001-	.0001-
.10	.0000	.0000	.0000	.0001-	.0002-	.0003-	.0003-	.0003-	.0004-	.0004-
.15	.0000	.0000	.0001-	.0001-	.0003-	.0004-	.0006-	.0005-	.0007-	.0007-
.20	.0000	.0000	.0000	.0001-	.0002-	.0005-	.0007-	.0005-	.0009-	.0008-
.25	.0000	.0001	.0001	.0004	.0005	.0005	.0002	.0002-	.0002-	.0001-
.30	.0002	.0004	.0007	.0011	.0014	.0015	.0012	.0007	.0006	.0006
.35	.0003	.0007	.0012	.0020	.0028	.0031	.0029	.0023	.0020	.0022
.40	.0004	.0011	.0020	.0034	.0047	.0055	.0057	.0050	.0046	.0047
.45	.0005	.0015	.0030	.0050	.0070	.0088	.0098	.0095	.0085	.0086
.50	.0006	.0019	.0040	.0068	.0096	.0126	.0148	.0159	.0172	.0182
.55	.0007	.0023	.0047	.0082	.0123	.0167	.0190	.0223	.0256	.0276
.60	.0008	.0027	.0056	.0098	.0149	.0206	.0232	.0270	.0304	.0321
.65	.0009	.0031	.0065	.0114	.0161	.0240	.0265	.0300	.0325	.0347
.70	.0010	.0034	.0072	.0122	.0176	.0232	.0279	.0318	.0348	.0364
.75	.0011	.0037	.0075	.0130	.0187	.0244	.0291	.0328	.0358	.0374
.80	.0011	.0034	.0078	.0135	.0193	.0250	.0297	.0334	.0362	.0377
.85	.0011	.0035	.0080	.0138	.0197	.0254	.0301	.0338	.0365	.0377
.90	.0012	.0036	.0081	.0139	.0198	.0256	.0302	.0341	.0366	.0374
.95	.0012	.0036	.0081	.0139	.0199	.0256	.0303	.0343	.0367	.0369
1.00	.0012	.0036	.0081	.0139	.0198	.0256	.0302	.0344	.0366	.0365

x : lx →

y : ly ↓

Spalte										
	0.55	0.60	0.65	0.70	0.75	0.80	0.85	0.90	0.95	
.05	.0001-	.0001-	.0000	.0000	.0000	.0000	.0000	.0000	.0000	
.10	.0003-	.0002-	.0001-	.0000	.0000	.0001	.0001	.0001	.0001	
.15	.0005-	.0003-	.0000	.0001	.0002	.0003	.0003	.0002	.0003	
.20	.0006-	.0002-	.0005	.0004	.0006	.0007	.0006	.0005	.0006	
.25	.0002	.0007	.0013	.0017	.0019	.0019	.0016	.0009	.0009	
.30	.0012	.0019	.0027	.0033	.0035	.0032	.0026	.0015	.0013	
.35	.0028	.0038	.0050	.0055	.0056	.0050	.0039	.0027	.0017	
.40	.0053	.0068	.0085	.0085	.0080	.0073	.0056	.0039	.0022	
.45	.0102	.0121	.0131	.0126	.0108	.0100	.0077	.0052	.0027	
.50	.0185	.0193	.0186	.0171	.0141	.0129	.0099	.0066	.0033	
.55	.0268	.0276	.0236	.0218	.0178	.0154	.0117	.0077	.0038	
.60	.0319	.0311	.0282	.0253	.0209	.0180	.0137	.0089	.0043	
.65	.0343	.0341	.0319	.0284	.0237	.0203	.0151	.0099	.0047	
.70	.0366	.0363	.0339	.0304	.0258	.0217	.0162	.0105	.0051	
.75	.0376	.0375	.0352	.0319	.0268	.0227	.0170	.0110	.0054	
.80	.0381	.0380	.0358	.0327	.0275	.0234	.0175	.0112	.0056	
.85	.0384	.0383	.0362	.0329	.0278	.0237	.0177	.0114	.0058	
.90	.0385	.0384	.0363	.0328	.0278	.0238	.0178	.0114	.0059	
.95	.0385	.0384	.0364	.0324	.0275	.0236	.0177	.0113	.0060	
1.00	.0385	.0384	.0363	.0320	.0273	.0234	.0175	.0112	.0060	

Auswertung aus Pucher „Einflußfelder elastischer Platten" Tafel Nr. 45

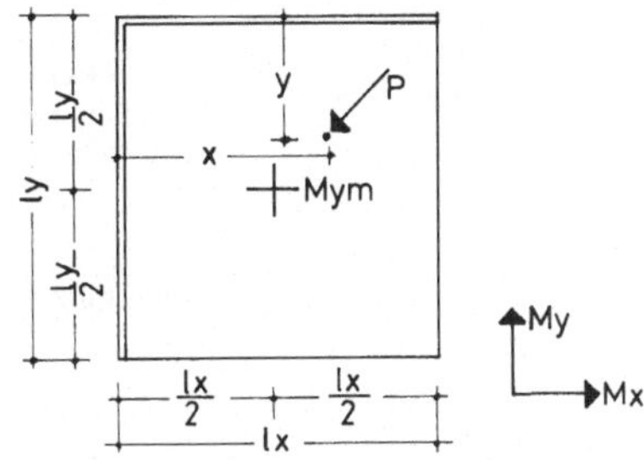

Feldmoment Mym in Feldmitte einer Rechteckplatte aus einer Einzellast.

$\frac{ly}{lx} = 1{,}0$

$\mu = 0$

Faktor = P

Stützung 4

P
Mym
4 1.0

F 4.1,0.2.3

→ y : ly; ↓ x : lx

Spalte	0.05	0.10	0.15	0.20	0.25	0.30	0.35	0.40	0.45	0.50
.05	.0002	.0007	.0015	.0030	.0038	.0056	.0076	.0095	.0109	.0118
.10	.0002	.0010	.0026	.0055	.0079	.0117	.0164	.0209	.0239	.0264
.15	.0001-	.0010	.0033	.0077	.0122	.0190	.0265	.0327	.0390	.0417
.20	.0006-	.0006	.0037	.0094	.0167	.0267	.0376	.0480	.0547	.0573
.25	.0013-	.0002-	.0037	.0107	.0205	.0327	.0482	.0612	.0700	.0725
.30	.0005	.0021	.0050	.0093	.0219	.0358	.0563	.0725	.0858	.0890
.35	.0012	.0029	.0052	.0082	.0209	.0347	.0583	.0835	.1040	.1137
.40	.0007	.0021	.0042	.0074	.0175	.0333	.0592	.0847	.1234	.1474
.45	.0009-	.0002-	.0019	.0070	.0153	.0364	.0590	.0792	.1342	.1990
.50	.0037-	.0041-	.0016-	.0068	.0150	.0381	.0577	.0771	.1354	.3033*
.55	.0011-	.0004-	.0020	.0070	.0152	.0383	.0552	.0733	.1300	.1914
.60	.0007	.0022	.0044	.0075	.0159	.0372	.0516	.0678	.1166	.1334
.65	.0016	.0035	.0058	.0088	.0172	.0346	.0469	.0606	.0903	.1001
.70	.0017	.0036	.0060	.0100	.0187	.0306	.0411	.0517	.0675	.0718
.75	.0010	.0025	.0052	.0090	.0170	.0252	.0339	.0410	.0482	.0500
.80	.0008	.0021	.0038	.0063	.0126	.0183	.0234	.0288	.0321	.0327
.85	.0006	.0015	.0026	.0039	.0067	.0101	.0136	.0165	.0178	.0185
.90	.0004	.0010	.0016	.0020	.0032	.0040	.0057	.0068	.0073	.0076
.95	.0002	.0005	.0007	.0007	.0010	.0007	.0016	.0013	.0020	.0021
1.00	.0001-	.0001	.0001-	.0000	.0000	.0001	.0000	.0000	.0000	.0000

→ y : ly; ↓ x : lx

Spalte	0.55	0.60	0.65	0.70	0.75	0.80	0.85	0.90	0.95	
.05	.0117	.0109	.0090	.0073	.0053	.0042	.0037	.0016	.0006	
.10	.0260	.0233	.0196	.0155	.0115	.0080	.0050	.0027	.0010	
.15	.0414	.0370	.0302	.0243	.0182	.0112	.0041	.0034	.0011	
.20	.0569	.0505	.0408	.0313	.0232	.0139	.0008	.0036	.0009	
.25	.0711	.0625	.0500	.0363	.0258	.0155	.0032	.0030	.0009	
.30	.0859	.0729	.0578	.0381	.0249	.0130	.0043	.0021	.0005	
.35	.1059	.0831	.0518	.0366	.0225	.0106	.0039	.0007	.0004-	
.40	.1291	.0819	.0460	.0318	.0185	.0083	.0022	.0010-	.0017-	
.45	.1821	.0785	.0420	.0262	.0159	.0062	.0005-	.0028-	.0027-	
.50	.1976	.0759	.0398	.0233	.0159	.0042	.0020-	.0039-	.0033-	
.55	.1595	.0717	.0394	.0230	.0159	.0023	.0025-	.0044-	.0036-	
.60	.0789	.0661	.0407	.0261	.0159	.0042	.0019-	.0042-	.0035-	
.65	.0707	.0590	.0438	.0281	.0159	.0055	.0002-	.0034-	.0031-	
.70	.0601	.0504	.0393	.0271	.0159	.0062	.0008	.0020-	.0022-	
.75	.0472	.0404	.0338	.0229	.0122	.0062	.0013	.0009-	.0014-	
.80	.0319	.0281	.0233	.0159	.0089	.0055	.0015	.0002-	.0008-	
.85	.0175	.0153	.0125	.0087	.0060	.0041	.0012	.0001	.0004-	
.90	.0076	.0060	.0050	.0040	.0036	.0020	.0008	.0000	.0003-	
.95	.0016	.0009	.0008	.0012	.0016	.0025	.0004	.0000	.0001-	
1.00	.0001-	.0000	.0000	.0000	.0000	.0000	.0000	.0000	.0000	

Auswertung aus Pucher „Einflußfelder elastischer Platten" Tafel Nr. 45

* bezw. theoretisch ∞

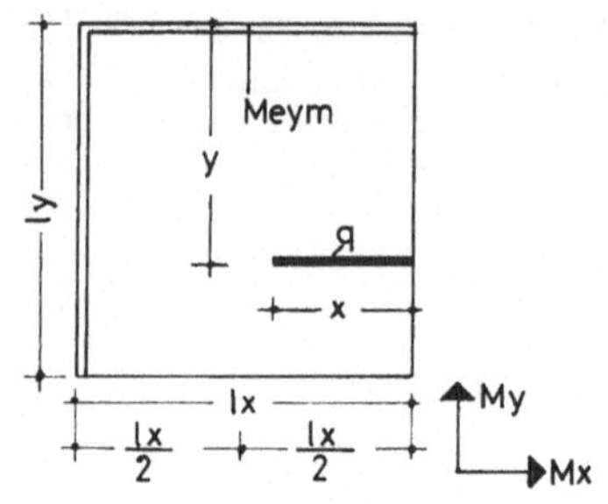

Stützmoment Meym in Seitenmitte einer Rechteckplatte aus Linienlast in lx-Richtung.
Stützung 4
$\frac{ly}{lx} = 1,0$
$\mu = 0$
Faktor = q · lx

Meym
4 1.0

F 4.1,0.3.1

→ y : ly, ↓ x : lx

Spalte										
	0.05	0.10	0.15	0.20	0.25	0.30	0.35	0.40	0.45	0.50
.05	.0000	.0001-	.0001-	.0003-	.0004-	.0005-	.0006-	.0006-	.0007-	.0008-
.10	.0001-	.0004-	.0008-	.0013-	.0018-	.0020-	.0024-	.0025-	.0027-	.0025-
.15	.0003-	.0010-	.0020-	.0032-	.0040-	.0048-	.0054-	.0058-	.0060-	.0055-
.20	.0006-	.0021-	.0041-	.0060-	.0075-	.0089-	.0098-	.0105-	.0105-	.0098-
.25	.0011-	.0035-	.0069-	.0099-	.0124-	.0143-	.0155-	.0162-	.0161-	.0152-
.30	.0018-	.0053-	.0113-	.0153-	.0188-	.0210-	.0225-	.0233-	.0239-	.0215-
.35	.0030-	.0093-	.0191-	.0227-	.0270-	.0297-	.0312-	.0317-	.0339-	.0289-
.40	.0047-	.0151-	.0295-	.0325-	.0371-	.0401-	.0415-	.0413-	.0452-	.0371-
.45	.0100-	.0250-	.0424-	.0446-	.0494-	.0516-	.0529-	.0510-	.0570-	.0458-
.50	.0219-	.0391-	.0568-	.0595-	.0631-	.0640-	.0635-	.0615-	.0635-	.0535-
.55	.0339-	.0531-	.0709-	.0725-	.0773-	.0766-	.0747-	.0719-	.0727-	.0620-
.60	.0385-	.0624-	.0813-	.0840-	.0875-	.0873-	.0854-	.0810-	.0815-	.0700-
.65	.0401-	.0680-	.0890-	.0930-	.0969-	.0970-	.0951-	.0892-	.0895-	.0774-
.70	.0415-	.0713-	.0940-	.1000-	.1045-	.1047-	.1014-	.0962-	.0952-	.0822-
.75	.0420-	.0731-	.0972-	.1041-	.1098-	.1104-	.1070-	.1014-	.1003-	.0866-
.80	.0423-	.0745-	.0992-	.1067-	.1135-	.1144-	.1112-	.1052-	.1040-	.0899-
.85	.0426-	.0750-	.1000-	.1084-	.1155-	.1167-	.1140-	.1076-	.1063-	.0920-
.90	.0427-	.0753-	.1004-	.1091-	.1164-	.1180-	.1151-	.1087-	.1074-	.0931-
.95	.0428-	.0755-	.1006-	.1092-	.1166-	.1182-	.1154-	.1091-	.1076-	.0934-
1.00	.0428-	.0756-	.1006-	.1089-	.1163-	.1179-	.1149-	.1087-	.1072-	.0931-

→ y : ly, ↓ x : lx

Spalte										
	0.55	0.60	0.65	0.70	0.75	0.80	0.85	0.90	0.95	
.05	.0007-	.0007-	.0006-	.0005-	.0005-	.0003-	.0002-	.0001-	.0001-	
.10	.0025-	.0023-	.0020-	.0018-	.0016-	.0012-	.0008-	.0005-	.0004-	
.15	.0055-	.0049-	.0043-	.0038-	.0033-	.0025-	.0018-	.0012-	.0008-	
.20	.0093-	.0085-	.0074-	.0065-	.0056-	.0043-	.0032-	.0021-	.0013-	
.25	.0143-	.0129-	.0113-	.0097-	.0083-	.0065-	.0048-	.0032-	.0019-	
.30	.0203-	.0183-	.0160-	.0135-	.0116-	.0091-	.0068-	.0045-	.0025-	
.35	.0270-	.0244-	.0213-	.0178-	.0152-	.0119-	.0089-	.0060-	.0032-	
.40	.0343-	.0310-	.0270-	.0225-	.0190-	.0149-	.0111-	.0075-	.0039-	
.45	.0421-	.0370-	.0331-	.0274-	.0225-	.0181-	.0132-	.0088-	.0045-	
.50	.0483-	.0436-	.0392-	.0324-	.0262-	.0206-	.0154-	.0102-	.0044-	
.55	.0555-	.0502-	.0451-	.0373-	.0298-	.0235-	.0176-	.0116-	.0048-	
.60	.0623-	.0564-	.0508-	.0405-	.0330-	.0262-	.0197-	.0130-	.0052-	
.65	.0685-	.0621-	.0559-	.0442-	.0360-	.0287-	.0213-	.0141-	.0057-	
.70	.0738-	.0656-	.0566-	.0473-	.0385-	.0308-	.0227-	.0149-	.0061-	
.75	.0767-	.0691-	.0597-	.0498-	.0406-	.0319-	.0238-	.0155-	.0065-	
.80	.0794-	.0718-	.0620-	.0516-	.0417-	.0329-	.0245-	.0159-	.0068-	
.85	.0813-	.0735-	.0635-	.0528-	.0426-	.0336-	.0249-	.0160-	.0072-	
.90	.0822-	.0744-	.0642-	.0535-	.0431-	.0339-	.0251-	.0161-	.0074-	
.95	.0826-	.0747-	.0644-	.0536-	.0432-	.0340-	.0250-	.0160-	.0076-	
1.00	.0824-	.0746-	.0643-	.0535-	.0431-	.0338-	.0249-	.0158-	.0077-	

Auswertung aus Pucher „Einflußfelder elastischer Platten" Tafel Nr. 46

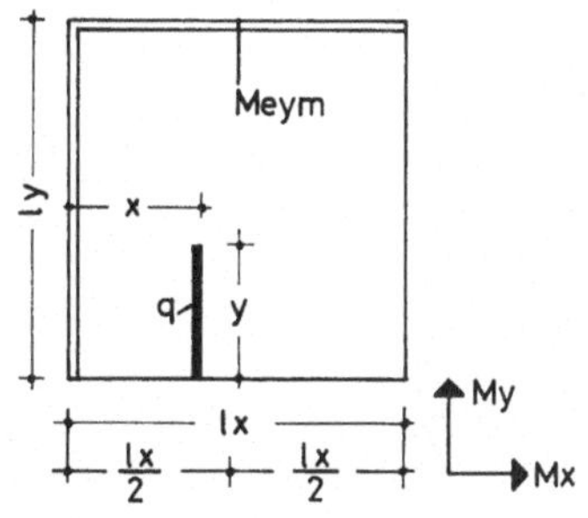

Stützmoment Meym in Seitenmitte einer Rechteckplatte aus Linienlast in ly-Richtung.
Stützung 4

$$\frac{ly}{lx} = 1{,}0$$

$\mu = 0$

Faktor = q · ly

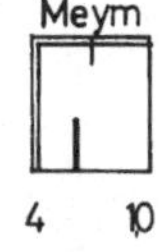

F 4.1,0.3.2

x : lx → ; y : ly ↓

Spalte										
	0.05	0.10	0.15	0.20	0.25	0.30	0.35	0.40	0.45	0.50
.05	.0000	.0000	.0000	.0000	.0001-	.0001-	.0002-	.0002-	.0003-	.0004-
.10	.0000	.0001-	.0001-	.0002-	.0003-	.0005-	.0008-	.0011-	.0013-	.0014-
.15	.0000	.0003-	.0003-	.0005-	.0010-	.0015-	.0020-	.0025-	.0029-	.0032-
.20	.0000	.0006-	.0007-	.0013-	.0021-	.0030-	.0038-	.0046-	.0053-	.0057-
.25	.0001-	.0009-	.0012-	.0023-	.0036-	.0050-	.0063-	.0074-	.0084-	.0089-
.30	.0002-	.0013-	.0023-	.0037-	.0056-	.0075-	.0095-	.0110-	.0123-	.0132-
.35	.0003-	.0018-	.0033-	.0055-	.0081-	.0106-	.0132-	.0154-	.0171-	.0183-
.40	.0004-	.0023-	.0046-	.0076-	.0110-	.0143-	.0176-	.0206-	.0228-	.0243-
.45	.0006-	.0029-	.0061-	.0099-	.0144-	.0185-	.0229-	.0267-	.0294-	.0312-
.50	.0006-	.0036-	.0077-	.0126-	.0183-	.0234-	.0289-	.0336-	.0370-	.0392-
.55	.0005-	.0042-	.0096-	.0155-	.0225-	.0290-	.0357-	.0414-	.0455-	.0481-
.60	.0004-	.0049-	.0117-	.0187-	.0274-	.0351-	.0432-	.0502-	.0550-	.0579-
.65	.0006-	.0056-	.0138-	.0220-	.0327-	.0416-	.0512-	.0600-	.0655-	.0688-
.70	.0007-	.0062-	.0158-	.0251-	.0381-	.0479-	.0599-	.0706-	.0770-	.0806-
.75	.0007-	.0068-	.0178-	.0284-	.0433-	.0548-	.0690-	.0809-	.0893-	.0936-
.80	.0008-	.0073-	.0187-	.0314-	.0463-	.0617-	.0780-	.0919-	.1026-	.1075-
.85	.0008-	.0078-	.0199-	.0339-	.0497-	.0678-	.0846-	.1026-	.1152-	.1224-
.90	.0009-	.0081-	.0205-	.0345-	.0520-	.0699-	.0911-	.1103-	.1281-	.1378-
.95	.0011-	.0083-	.0205-	.0349-	.0528-	.0715-	.0932-	.1154-	.1374-	.1538-
1.00	.0012-	.0085-	.0203-	.0346-	.0528-	.0717-	.0937-	.1163-	.1401-	.1701-

x : lx → ; y : ly ↓

Spalte										
	0.55	0.60	0.65	0.70	0.75	0.80	0.85	0.90	0.95	
.05	.0004-	.0004-	.0004-	.0004-	.0003-	.0003-	.0002-	.0001-	.0001-	
.10	.0014-	.0015-	.0014-	.0013-	.0012-	.0010-	.0008-	.0005-	.0002-	
.15	.0032-	.0032-	.0031-	.0029-	.0026-	.0022-	.0017-	.0011-	.0005-	
.20	.0057-	.0057-	.0055-	.0052-	.0046-	.0038-	.0031-	.0021-	.0010-	
.25	.0090-	.0089-	.0087-	.0080-	.0071-	.0057-	.0048-	.0033-	.0015-	
.30	.0134-	.0133-	.0128-	.0117-	.0103-	.0079-	.0069-	.0048-	.0024-	
.35	.0185-	.0185-	.0177-	.0162-	.0142-	.0107-	.0094-	.0066-	.0034-	
.40	.0246-	.0245-	.0235-	.0214-	.0188-	.0140-	.0122-	.0086-	.0045-	
.45	.0315-	.0314-	.0300-	.0273-	.0240-	.0187-	.0154-	.0108-	.0057-	
.50	.0395-	.0391-	.0374-	.0339-	.0297-	.0235-	.0188-	.0133-	.0070-	
.55	.0484-	.0477-	.0451-	.0411-	.0358-	.0286-	.0225-	.0158-	.0082-	
.60	.0582-	.0572-	.0538-	.0483-	.0423-	.0340-	.0264-	.0182-	.0095-	
.65	.0688-	.0674-	.0632-	.0562-	.0480-	.0394-	.0299-	.0208-	.0107-	
.70	.0805-	.0780-	.0730-	.0643-	.0544-	.0446-	.0335-	.0231-	.0119-	
.75	.0932-	.0892-	.0828-	.0721-	.0607-	.0496-	.0366-	.0253-	.0130-	
.80	.1067-	.1006-	.0923-	.0794-	.0663-	.0516-	.0392-	.0268-	.0134-	
.85	.1196-	.1106-	.0981-	.0839-	.0695-	.0544-	.0413-	.0280-	.0138-	
.90	.1326-	.1197-	.1042-	.0878-	.0718-	.0561-	.0421-	.0287-	.0140-	
.95	.1425-	.1250-	.1068-	.0894-	.0732-	.0569-	.0426-	.0289-	.0141-	
1.00	.1454-	.1258-	.1073-	.0899-	.0733-	.0569-	.0425-	.0288-	.0140-	

Auswertung aus Pucher „Einflußfelder elastischer Platten" Tafel Nr. 46

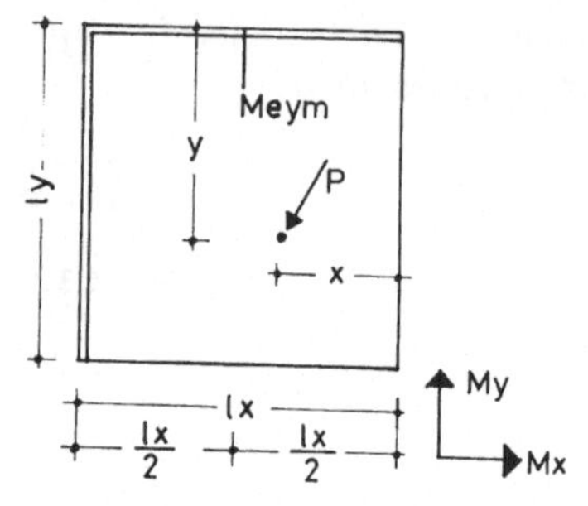

Stützmoment Meym in Seitenmitte einer Rechteckplatte aus einer Einzellast.
Stützung 4

$\frac{ly}{lx} = 1{,}00$

$\mu = 0$

Faktor = P

Meym

4 1.0

F 4.1,0.3.3

→ y : ly
↓ x : lx

Spalte	0.05	0.10	0.15	0.20	0.25	0.30	0.35	0.40	0.45	0.50
.05	.0012-	.0035-	.0069-	.0125-	.0159-	.0199-	.0239-	.0239-	.0265-	.0249-
.10	.0028-	.0092-	.0192-	.0297-	.0364-	.0425-	.0478-	.0518-	.0525-	.0476-
.15	.0048-	.0168-	.0318-	.0467-	.0561-	.0690-	.0743-	.0796-	.0772-	.0725-
.20	.0072-	.0248-	.0486-	.0663-	.0826-	.0948-	.1005-	.1042-	.1010-	.0957-
.25	.0117-	.0347-	.0684-	.0919-	.1131-	.1223-	.1277-	.1280-	.1305-	.1174-
.30	.0192-	.0554-	.1194-	.1269-	.1456-	.1528-	.1563-	.1544-	.1748-	.1379-
.35	.0281-	.0891-	.1834-	.1696-	.1826-	.1891-	.1887-	.1774-	.2013-	.1534-
.40	.0589-	.1592-	.2389-	.2174-	.2252-	.2197-	.2115-	.1972-	.2099-	.1638-
.45	.1592-	.2389-	.2721-	.2705-	.2594-	.2419-	.2238-	.2049-	.2005-	.1689-
.50	.3154-	.3088-	.3045-	.2851-	.2679-	.2480-	.2254-	.2055-	.1862-	.1685-
.55	.1450-	.2279-	.2481-	.2580-	.2520-	.2389-	.2162-	.1999-	.1779-	.1615-
.60	.0567-	.1508-	.1755-	.2040-	.2119-	.2089-	.1966-	.1774-	.1630-	.1476-
.65	.0257-	.0796-	.1308-	.1567-	.1707-	.1744-	.1665-	.1511-	.1414-	.1270-
.70	.0147-	.0509-	.0754-	.1136-	.1277-	.1349-	.1297-	.1224-	.1143-	.1017-
.75	.0078-	.0308-	.0524-	.0658-	.0895-	.0972-	.0970-	.0916-	.0878-	.0772-
.80	.0059-	.0159-	.0239-	.0419-	.0535-	.0618-	.0696-	.0622-	.0600-	.0536-
.85	.0041-	.0074-	.0120-	.0221-	.0290-	.0356-	.0359-	.0336-	.0323-	.0318-
.90	.0026-	.0049-	.0070-	.0080-	.0103-	.0124-	.0137-	.0159-	.0137-	.0133-
.95	.0012-	.0024-	.0030-	.0004-	.0015-	.0011-	.0004	.0005-	.0004	.0025-
1.00	.0001-	.0000	.0001	.0000	.0000	.0000	.0000	.0000	.0000	.0000

→ y : ly
↓ x : lx

Spalte	0.55	0.60	0.65	0.70	0.75	0.80	0.85	0.90	0.95	
.05	.0260-	.0239-	.0186-	.0184-	.0159-	.0127-	.0080-	.0053-	.0035-	
.10	.0473-	.0418-	.0382-	.0332-	.0286-	.0220-	.0159-	.0106-	.0063-	
.15	.0690-	.0611-	.0541-	.0463-	.0398-	.0318-	.0239-	.0159-	.0086-	
.20	.0885-	.0796-	.0701-	.0587-	.0500-	.0398-	.0306-	.0203-	.0102-	
.25	.1080-	.0981-	.0858-	.0706-	.0587-	.0465-	.0358-	.0239-	.0113-	
.30	.1238-	.1126-	.0987-	.0816-	.0660-	.0521-	.0398-	.0266-	.0118-	
.35	.1358-	.1231-	.1077-	.0894-	.0720-	.0564-	.0426-	.0284-	.0116-	
.40	.1440-	.1297-	.1129-	.0940-	.0764-	.0594-	.0442-	.0294-	.0109-	
.45	.1485-	.1323-	.1142-	.0951-	.0776-	.0613-	.0448-	.0294-	.0095-	
.50	.1453-	.1307-	.1117-	.0930-	.0729-	.0590-	.0442-	.0285-	.0082-	
.55	.1374-	.1243-	.1054-	.0874-	.0673-	.0551-	.0418-	.0267-	.0084-	
.60	.1254-	.1134-	.0952-	.0786-	.0606-	.0498-	.0374-	.0239-	.0084-	
.65	.1092-	.0977-	.0811-	.0677-	.0530-	.0429-	.0313-	.0202-	.0082-	
.70	.0889-	.0781-	.0677-	.0561-	.0444-	.0346-	.0252-	.0153-	.0077-	
.75	.0654-	.0618-	.0535-	.0437-	.0349-	.0256-	.0182-	.0102-	.0070-	
.80	.0451-	.0437-	.0382-	.0304-	.0239-	.0174-	.0113-	.0060-	.0060-	
.85	.0276-	.0255-	.0223-	.0180-	.0141-	.0099-	.0061-	.0029-	.0048-	
.90	.0130-	.0116-	.0097-	.0080-	.0067-	.0043-	.0024-	.0009-	.0034-	
.95	.0027-	.0037-	.0027-	.0019-	.0020-	.0010-	.0004-	.0000	.0017-	
1.00	.0000	.0000	.0000	.0001-	.0000	.0000	.0001	.0001-	.0002	

Auswertung aus Pucher „Einflußfelder elastischer Platten" Tafel Nr. 46

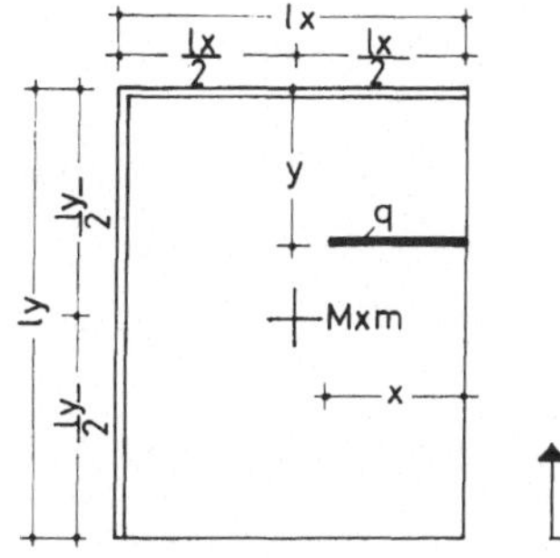

Feldmoment Mxm in Feldmitte einer Rechteckplatte aus Linienlast in lx-Richtung.

$\frac{ly}{lx} = 1{,}25$

$\mu = 0$

Faktor = q · lx

Stützung 4

q
Mxm
4 1.25

F 4.1,25.1.1

→ y : ly

↓ x : lx

Spalte										
	0.05	0.10	0.15	0.20	0.25	0.30	0.35	0.40	0.45	0.50
.05	.0000	.0000	.0001	.0001	.0001	.0001	.0000	.0000	.0001	.0001
.10	.0001	.0001	.0002	.0003	.0003	.0002	.0002	.0002	.0002	.0003
.15	.0001	.0003	.0005	.0007	.0007	.0006	.0005	.0005	.0006	.0006
.20	.0002	.0005	.0008	.0012	.0013	.0014	.0013	.0013	.0013	.0014
.25	.0003	.0008	.0013	.0019	.0023	.0025	.0025	.0024	.0024	.0025
.30	.0004	.0011	.0019	.0028	.0035	.0041	.0042	.0042	.0041	.0042
.35	.0005	.0014	.0026	.0039	.0052	.0062	.0066	.0066	.0064	.0065
.40	.0007	.0017	.0034	.0053	.0073	.0088	.0098	.0104	.0101	.0102
.45	.0008	.0021	.0044	.0069	.0097	.0120	.0145	.0159	.0155	.0154
.50	.0009	.0025	.0055	.0086	.0125	.0157	.0201	.0230	.0243	.0252
.55	.0009	.0026	.0065	.0103	.0150	.0190	.0260	.0291	.0333	.0348
.60	.0010	.0029	.0072	.0118	.0174	.0214	.0317	.0349	.0382	.0398
.65	.0011	.0031	.0078	.0130	.0195	.0231	.0331	.0382	.0421	.0436
.70	.0012	.0034	.0084	.0141	.0210	.0244	.0353	.0404	.0441	.0457
.75	.0012	.0036	.0088	.0148	.0221	.0266	.0370	.0421	.0457	.0473
.80	.0013	.0037	.0091	.0153	.0228	.0274	.0378	.0429	.0465	.0480
.85	.0013	.0039	.0093	.0156	.0232	.0278	.0382	.0433	.0469	.0484
.90	.0013	.0040	.0095	.0158	.0233	.0279	.0383	.0433	.0469	.0485
.95	.0014	.0041	.0095	.0158	.0233	.0278	.0381	.0431	.0468	.0484
1.00	.0014	.0041	.0095	.0157	.0232	.0276	.0378	.0429	.0466	.0482

→ y : ly

↓ x : lx

Spalte										
	0.55	0.60	0.65	0.70	0.75	0.80	0.85	0.90	0.95	
.05	.0001	.0001	.0001	.0001	.0002	.0002	.0002	.0001	.0001	
.10	.0003	.0003	.0004	.0005	.0006	.0007	.0006	.0005	.0002	
.15	.0007	.0008	.0010	.0012	.0013	.0014	.0014	.0010	.0005	
.20	.0015	.0017	.0020	.0023	.0025	.0025	.0022	.0017	.0009	
.25	.0027	.0031	.0035	.0039	.0040	.0039	.0033	.0025	.0014	
.30	.0045	.0051	.0057	.0060	.0061	.0056	.0047	.0035	.0019	
.35	.0069	.0078	.0086	.0089	.0086	.0077	.0062	.0046	.0025	
.40	.0106	.0120	.0128	.0124	.0115	.0102	.0079	.0059	.0031	
.45	.0158	.0177	.0180	.0168	.0148	.0129	.0096	.0072	.0037	
.50	.0254	.0248	.0241	.0218	.0183	.0155	.0113	.0084	.0041	
.55	.0346	.0314	.0305	.0269	.0217	.0181	.0130	.0097	.0047	
.60	.0399	.0372	.0366	.0318	.0247	.0206	.0147	.0109	.0052	
.65	.0438	.0410	.0383	.0341	.0273	.0228	.0162	.0121	.0058	
.70	.0461	.0437	.0411	.0366	.0295	.0247	.0176	.0132	.0063	
.75	.0477	.0455	.0430	.0385	.0312	.0260	.0188	.0138	.0067	
.80	.0486	.0465	.0441	.0397	.0324	.0271	.0197	.0144	.0071	
.85	.0490	.0470	.0447	.0404	.0331	.0278	.0202	.0149	.0075	
.90	.0491	.0471	.0449	.0407	.0335	.0281	.0206	.0151	.0077	
.95	.0490	.0471	.0449	.0407	.0335	.0282	.0207	.0152	.0079	
1.00	.0488	.0469	.0448	.0405	.0334	.0282	.0206	.0152	.0080	

Auswertung aus Pucher „Einflußfelder elastischer Platten" Tafel Nr.41

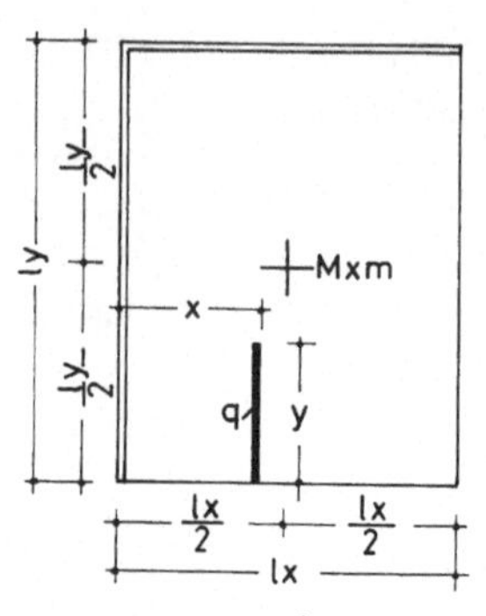

Feldmoment Mxm in Feldmitte einer Rechteckplatte aus Linienlast in ly-Richtung.

$\frac{ly}{lx} = 1{,}25$

$\mu = 0$

Faktor = q · ly

Stützung 4

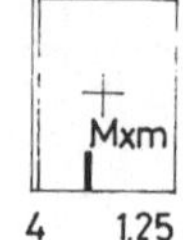

F 4.1,25.1.2

→ x : lx, ↓ y : ly

Spalte										
	0.05	0.10	0.15	0.20	0.25	0.30	0.35	0.40	0.45	0.50
.05	.0000	.0000	.0001	.0002	.0002	.0002	.0002	.0003	.0003	.0003
.10	.0001	.0002	.0004	.0006	.0009	.0009	.0010	.0011	.0012	.0012
.15	.0001	.0004	.0009	.0012	.0017	.0020	.0023	.0026	.0027	.0028
.20	.0002	.0006	.0014	.0020	.0029	.0034	.0040	.0046	.0049	.0050
.25	.0003	.0009	.0019	.0028	.0044	.0053	.0062	.0072	.0079	.0080
.30	.0004	.0012	.0023	.0036	.0060	.0073	.0088	.0105	.0118	.0121
.35	.0005	.0015	.0028	.0044	.0073	.0096	.0116	.0149	.0164	.0170
.40	.0006	.0018	.0032	.0052	.0087	.0118	.0146	.0199	.0224	.0232
.45	.0006	.0020	.0035	.0060	.0099	.0138	.0177	.0254	.0299	.0321
.50	.0007	.0022	.0038	.0068	.0110	.0157	.0208	.0312	.0380	.0448
.55	.0006	.0019	.0041	.0075	.0122	.0176	.0228	.0369	.0460	.0575
.60	.0007	.0020	.0043	.0082	.0134	.0195	.0260	.0423	.0530	.0659
.65	.0007	.0022	.0045	.0089	.0146	.0216	.0291	.0445	.0585	.0720
.70	.0007	.0024	.0047	.0096	.0158	.0236	.0321	.0484	.0628	.0765
.75	.0008	.0025	.0048	.0102	.0168	.0255	.0335	.0516	.0658	.0795
.80	.0008	.0027	.0050	.0107	.0175	.0260	.0350	.0529	.0679	.0820
.85	.0009	.0028	.0051	.0110	.0180	.0266	.0359	.0540	.0691	.0833
.90	.0009	.0030	.0052	.0113	.0183	.0270	.0363	.0545	.0697	.0839
.95	.0009	.0031	.0053	.0114	.0184	.0273	.0365	.0548	.0699	.0841
1.00	.0009	.0031	.0053	.0115	.0183	.0274	.0364	.0549	.0700	.0840

→ x : lx, ↓ y : ly

Spalte										
	0.55	0.60	0.65	0.70	0.75	0.80	0.85	0.90	0.95	
.05	.0003	.0002	.0003	.0003	.0002	.0002	.0002	.0001	.0001	
.10	.0012	.0012	.0011	.0010	.0009	.0008	.0006	.0004	.0002	
.15	.0028	.0027	.0025	.0023	.0020	.0017	.0013	.0009	.0004	
.20	.0050	.0049	.0045	.0040	.0035	.0029	.0022	.0016	.0007	
.25	.0080	.0079	.0070	.0062	.0051	.0043	.0032	.0023	.0011	
.30	.0120	.0115	.0100	.0087	.0069	.0056	.0044	.0031	.0014	
.35	.0167	.0158	.0134	.0114	.0088	.0068	.0055	.0039	.0018	
.40	.0224	.0208	.0171	.0142	.0106	.0080	.0066	.0047	.0021	
.45	.0301	.0261	.0210	.0170	.0119	.0091	.0076	.0054	.0024	
.50	.0383	.0313	.0249	.0198	.0133	.0102	.0085	.0059	.0027	
.55	.0467	.0350	.0288	.0224	.0145	.0112	.0079	.0053	.0024	
.60	.0546	.0400	.0325	.0250	.0157	.0122	.0085	.0057	.0026	
.65	.0582	.0441	.0361	.0273	.0170	.0131	.0091	.0061	.0027	
.70	.0624	.0476	.0392	.0289	.0183	.0142	.0097	.0065	.0029	
.75	.0653	.0502	.0385	.0306	.0204	.0150	.0103	.0068	.0031	
.80	.0677	.0521	.0401	.0318	.0212	.0157	.0108	.0072	.0032	
.85	.0689	.0532	.0411	.0326	.0219	.0163	.0113	.0075	.0034	
.90	.0695	.0538	.0416	.0330	.0222	.0165	.0117	.0077	.0035	
.95	.0697	.0537	.0417	.0332	.0223	.0166	.0120	.0079	.0036	
1.00	.0696	.0533	.0417	.0331	.0223	.0165	.0121	.0080	.0036	

Auswertung aus Pucher „Einflußfelder elastischer Platten" Tafel Nr. 41

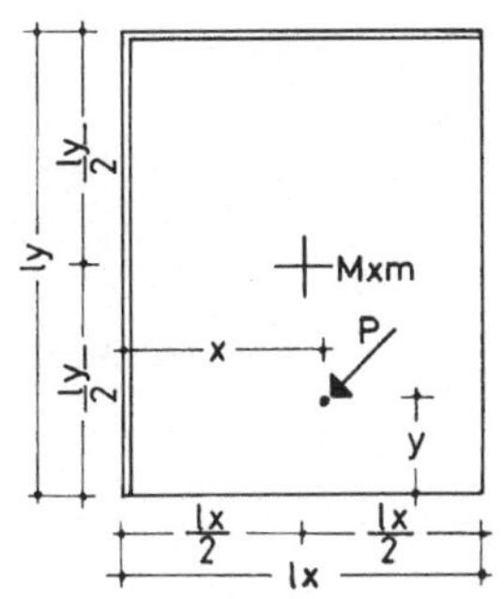

My
Mx

Feldmoment Mxm in Feldmitte einer Rechteckplatte aus einer Einzellast.

$\frac{ly}{lx} = 1{,}25$

$\mu = 0$

Faktor = P

Stützung 4

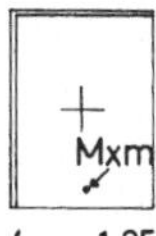

F 4.1,25.1.3

→ x : lx ; ↓ y : ly

Spalte	0.05	0.10	0.15	0.20	0.25	0.30	0.35	0.40	0.45	0.50
.05	.0005	.0017	.0040	.0061	.0083	.0088	.0100	.0108	.0114	.0116
.10	.0009	.0031	.0072	.0110	.0145	.0173	.0206	.0233	.0245	.0253
.15	.0013	.0041	.0095	.0147	.0207	.0259	.0306	.0346	.0371	.0384
.20	.0015	.0048	.0111	.0160	.0261	.0331	.0394	.0467	.0517	.0532
.25	.0016	.0051	.0101	.0160	.0298	.0388	.0466	.0606	.0684	.0702
.30	.0016	.0051	.0091	.0160	.0319	.0435	.0520	.0763	.0835	.0886
.35	.0015	.0048	.0082	.0159	.0286	.0465	.0556	.0921	.1037	.1134
.40	.0014	.0041	.0074	.0157	.0259	.0424	.0573	.1026	.1389	.1473
.45	.0011	.0031	.0066	.0155	.0240	.0392	.0573	.1073	.1591	.1990
.50	.0007	.0017	.0059	.0151	.0226	.0369	.0554	.1064	.1628	.2992*
.55	.0006	.0021	.0052	.0147	.0230	.0372	.0601	.0998	.1518	.1990
.60	.0007	.0025	.0046	.0142	.0238	.0397	.0605	.0874	.1263	.1416
.65	.0008	.0028	.0040	.0136	.0241	.0388	.0566	.0801	.0974	.1052
.70	.0008	.0030	.0035	.0129	.0226	.0345	.0482	.0668	.0725	.0770
.75	.0008	.0029	.0031	.0003	.0174	.0269	.0363	.0470	.0506	.0535
.80	.0007	.0027	.0027	.0034	.0125	.0172	.0228	.0287	.0327	.0353
.85	.0005	.0022	.0024	.0305	.0077	.0097	.0125	.0153	.0176	.0193
.90	.0003	.0016	.0022	.0813	.0037	.0064	.0052	.0069	.0070	.0064
.95	.0000	.0009	.0020	.1561	.0011	.0036	.0015	.0037	.0037	.0018
1.00	.0003-	.0001-	.0019	.2548	.0000	.0000	.0000	.0000	.0000	.0000

→ x : lx ; ↓ y : ly

Spalte	0.55	0.60	0.65	0.70	0.75	0.80	0.85	0.90	0.95
.05	.0116	.0165	.0108	.0102	.0093	.0083	.0060	.0043	.0020
.10	.0253	.0244	.0228	.0209	.0176	.0146	.0110	.0078	.0036
.15	.0384	.0369	.0331	.0298	.0253	.0209	.0148	.0105	.0048
.20	.0531	.0513	.0448	.0385	.0316	.0254	.0175	.0124	.0056
.25	.0696	.0655	.0544	.0469	.0346	.0277	.0192	.0135	.0061
.30	.0862	.0796	.0620	.0543	.0358	.0264	.0197	.0137	.0062
.35	.1064	.0924	.0675	.0556	.0354	.0248	.0191	.0131	.0059
.40	.1344	.0986	.0709	.0555	.0334	.0233	.0174	.0117	.0052
.45	.1543	.0982	.0723	.0545	.0296	.0221	.0147	.0095	.0041
.50	.1588	.0911	.0717	.0527	.0266	.0211	.0108	.0064	.0027
.55	.1493	.0958	.0689	.0501	.0257	.0202	.0117	.0069	.0030
.60	.1258	.0917	.0641	.0466	.0268	.0196	.0120	.0072	.0032
.65	.0973	.0787	.0573	.0423	.0300	.0191	.0119	.0073	.0032
.70	.0725	.0612	.0484	.0371	.0352	.0178	.0114	.0070	.0032
.75	.0511	.0451	.0376	.0298	.0212	.0154	.0105	.0065	.0030
.80	.0335	.0301	.0258	.0205	.0153	.0122	.0092	.0057	.0027
.85	.0185	.0168	.0149	.0117	.0097	.0082	.0075	.0046	.0023
.90	.0064	.0049	.0059	.0052	.0052	.0039	.0054	.0033	.0017
.95	.0018	.0009-	.0017	.0015	.0020	.0012	.0029	.0016	.0011
1.00	.0000	.0000	.0000	.0000	.0001-	.0000	.0000	.0003-	.0003

Auswertung aus Pucher „Einflußfelder elastischer Platten" Tafel Nr. 41

* bezw. theoretisch ∞

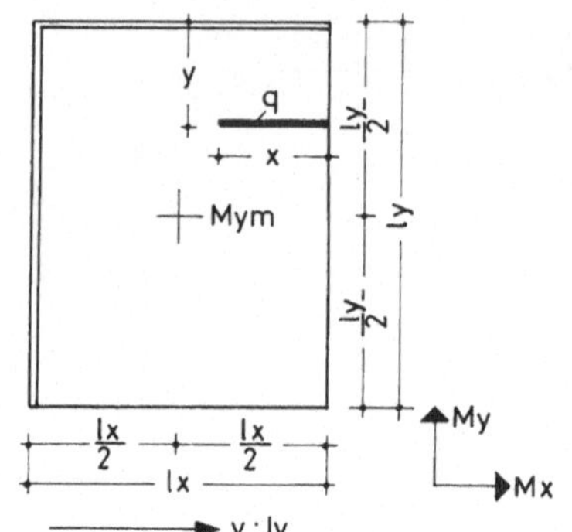

Feldmoment Mym in Feldmitte einer Rechteckplatte aus Linienlast in lx-Richtung.

$\frac{ly}{lx} = 1{,}25$

$\mu = 0$

Faktor = q · lx

Stützung 4

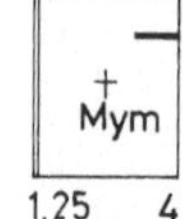

F 4.1,25.2.1

y : ly →

x : lx ↓

Spalte										
	0.05	0.10	0.15	0.20	0.25	0.30	0.35	0.40	0.45	0.50
.05	.0000	.0000	.0000	.0001	.0001	.0003	.0004	.0003	.0004	.0004
.10	.0000	.0000	.0001	.0004	.0005	.0012	.0014	.0011	.0014	.0016
.15	.0000	.0001	.0002	.0008	.0010	.0024	.0022	.0025	.0033	.0036
.20	.0001-	.0001	.0003	.0013	.0015	.0038	.0033	.0046	.0058	.0061
.25	.0001-	.0001	.0005	.0018	.0018	.0042	.0044	.0069	.0091	.0094
.30	.0002-	.0000	.0006	.0023	.0022	.0053	.0056	.0095	.0130	.0135
.35	.0003-	.0000	.0004	.0028	.0025	.0063	.0068	.0122	.0178	.0186
.40	.0005-	.0002-	.0002	.0032	.0028	.0073	.0080	.0151	.0232	.0260
.45	.0009-	.0004-	.0001-	.0035	.0028	.0082	.0093	.0181	.0290	.0345
.50	.0011-	.0007-	.0005-	.0035	.0029	.0088	.0105	.0211	.0345	.0468
.55	.0013-	.0013-	.0010-	.0022	.0029	.0086	.0118	.0241	.0397	.0581
.60	.0015-	.0018-	.0016-	.0017	.0030	.0089	.0131	.0270	.0445	.0662
.65	.0018-	.0022-	.0022-	.0012	.0033	.0093	.0141	.0297	.0490	.0722
.70	.0020-	.0026-	.0028-	.0008	.0034	.0097	.0153	.0323	.0530	.0765
.75	.0022-	.0030-	.0033-	.0004	.0033	.0101	.0164	.0330	.0563	.0793
.80	.0024-	.0034-	.0037-	.0001	.0034	.0105	.0174	.0345	.0580	.0817
.85	.0027-	.0037-	.0041-	.0001-	.0037	.0109	.0182	.0354	.0592	.0829
.90	.0029-	.0040-	.0043-	.0003-	.0039	.0112	.0190	.0359	.0598	.0835
.95	.0031-	.0042-	.0045-	.0004-	.0042	.0114	.0195	.0360	.0599	.0837
1.00	.0032-	.0043-	.0046-	.0004-	.0044	.0116	.0197	.0358	.0598	.0835

y : ly →

x : lx ↓

Spalte										
	0.55	0.60	0.65	0.70	0.75	0.80	0.85	0.90	0.95	
.05	.0003	.0002	.0002	.0001	.0001	.0000	.0000	.0000	.0000	
.10	.0014	.0010	.0009	.0006	.0003	.0002	.0000	.0000	.0000	
.15	.0032	.0023	.0019	.0012	.0007	.0003	.0001	.0000	.0001-	
.20	.0058	.0044	.0031	.0020	.0012	.0005	.0000	.0001-	.0002-	
.25	.0093	.0066	.0046	.0030	.0017	.0007	.0000	.0002-	.0003-	
.30	.0134	.0090	.0062	.0035	.0022	.0009	.0001-	.0003-	.0004-	
.35	.0181	.0115	.0079	.0041	.0026	.0006	.0002-	.0005-	.0005-	
.40	.0231	.0142	.0096	.0044	.0030	.0005	.0004-	.0007-	.0007-	
.45	.0285	.0169	.0113	.0046	.0033	.0003	.0007-	.0010-	.0009-	
.50	.0340	.0196	.0127	.0048	.0025	.0000	.0011-	.0015-	.0011-	
.55	.0376	.0223	.0122	.0048	.0023	.0005-	.0015-	.0020-	.0013-	
.60	.0426	.0250	.0134	.0049	.0021	.0010-	.0020-	.0026-	.0016-	
.65	.0474	.0275	.0146	.0056	.0019	.0015-	.0025-	.0031-	.0019-	
.70	.0516	.0299	.0158	.0059	.0017	.0021-	.0030-	.0037-	.0022-	
.75	.0551	.0310	.0170	.0063	.0016	.0024-	.0035-	.0042-	.0024-	
.80	.0559	.0325	.0181	.0066	.0016	.0027-	.0037-	.0044-	.0026-	
.85	.0571	.0335	.0190	.0070	.0016	.0029-	.0040-	.0046-	.0027-	
.90	.0577	.0340	.0198	.0073	.0017	.0030-	.0041-	.0048-	.0028-	
.95	.0578	.0341	.0204	.0076	.0017	.0030-	.0042-	.0048-	.0029-	
1.00	.0576	.0340	.0207	.0077	.0018	.0030-	.0042-	.0048-	.0029-	

Auswertung aus Pucher „Einflußfelder elastischer Platten" Tafel Nr. 42

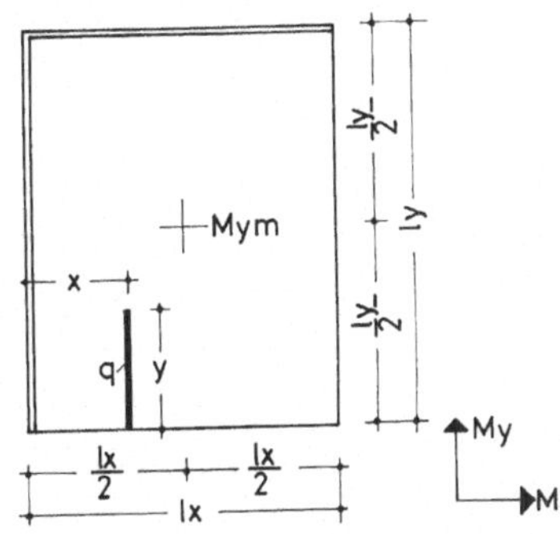

Feldmoment Mym in Feldmitte einer Rechteckplatte aus Linienlast in ly-Richtung.

$\frac{ly}{lx} = 1,25$

$\mu = 0$

Faktor = $q \cdot ly$

Stützung 4

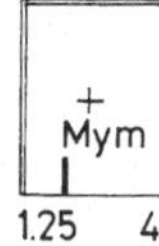

F 4.1,25.2.2

x : lx →

y : ly ↓

Spalte	0.05	0.10	0.15	0.20	0.25	0.30	0.35	0.40	0.45	0.50
.05	.0000	.0000	.0001-	.0001-	.0001-	.0001-	.0001-	.0001-	.0001-	.0001-
.10	.0001-	.0002-	.0002-	.0003-	.0004-	.0005-	.0005-	.0006-	.0005-	.0004-
.15	.0001-	.0003-	.0005-	.0006-	.0009-	.0011-	.0012-	.0012-	.0012-	.0009-
.20	.0002-	.0005-	.0006-	.0009-	.0013-	.0017-	.0018-	.0018-	.0017-	.0014-
.25	.0002-	.0004-	.0008-	.0011-	.0016-	.0019-	.0021-	.0022-	.0021-	.0017-
.30	.0002-	.0004-	.0006-	.0009-	.0015-	.0019-	.0022-	.0023-	.0021-	.0016-
.35	.0000	.0000	.0001-	.0003-	.0008-	.0011-	.0015-	.0017-	.0016-	.0013-
.40	.0002	.0004	.0007	.0008	.0005	.0006	.0003	.0001	.0002	.0000
.45	.0004	.0009	.0016	.0022	.0026	.0035	.0039	.0033	.0033	.0044
.50	.0006	.0014	.0028	.0039	.0052	.0074	.0092	.0099	.0113	.0126
.55	.0007	.0018	.0039	.0051	.0080	.0117	.0133	.0162	.0189	.0211
.60	.0009	.0023	.0051	.0064	.0096	.0157	.0172	.0196	.0225	.0250
.65	.0010	.0027	.0062	.0074	.0110	.0152	.0190	.0219	.0246	.0268
.70	.0012	.0030	.0071	.0081	.0117	.0160	.0205	.0233	.0261	.0271
.75	.0013	.0030	.0078	.0085	.0118	.0159	.0214	.0241	.0269	.0263
.80	.0014	.0029	.0062	.0083	.0120	.0162	.0209	.0237	.0266	.0277
.85	.0012	.0028	.0060	.0080	.0114	.0155	.0201	.0229	.0259	.0271
.90	.0011	.0025	.0055	.0074	.0111	.0152	.0198	.0226	.0256	.0268
.95	.0009	.0023	.0051	.0069	.0108	.0148	.0195	.0222	.0253	.0265
1.00	.0008	.0021	.0047	.0064	.0106	.0147	.0193	.0221	.0251	.0263

x : lx →

y : ly ↓

Spalte	0.55	0.60	0.65	0.70	0.75	0.80	0.85	0.90	0.95	
.05	.0001-	.0001-	.0001-	.0001-	.0001-	.0001-	.0001-	.0000	.0000	
.10	.0004-	.0003-	.0003-	.0003-	.0003-	.0002-	.0003-	.0001-	.0000	
.15	.0008-	.0007-	.0006-	.0006-	.0005-	.0004-	.0005-	.0002-	.0001-	
.20	.0011-	.0008-	.0006-	.0005-	.0004-	.0002-	.0002-	.0002-	.0001	
.25	.0013-	.0009-	.0006-	.0004-	.0002-	.0001-	.0001-	.0001-	.0004	
.30	.0016-	.0007-	.0002-	.0001	.0002	.0003	.0003	.0002	.0009	
.35	.0025-	.0001	.0008	.0011	.0012	.0012	.0009	.0007	.0015	
.40	.0009	.0026	.0037	.0041	.0039	.0035	.0021	.0021	.0023	
.45	.0038	.0066	.0080	.0082	.0072	.0061	.0046	.0034	.0031	
.50	.0128	.0139	.0136	.0133	.0114	.0093	.0069	.0051	.0040	
.55	.0207	.0209	.0187	.0172	.0158	.0126	.0093	.0069	.0049	
.60	.0247	.0251	.0231	.0214	.0199	.0157	.0110	.0086	.0058	
.65	.0268	.0274	.0255	.0237	.0200	.0164	.0124	.0089	.0066	
.70	.0276	.0285	.0269	.0250	.0214	.0175	.0132	.0096	.0074	
.75	.0274	.0287	.0274	.0255	.0220	.0180	.0136	.0101	.0081	
.80	.0278	.0283	.0272	.0254	.0221	.0181	.0137	.0103	.0086	
.85	.0276	.0289	.0277	.0250	.0219	.0180	.0136	.0104	.0090	
.90	.0270	.0286	.0275	.0258	.0226	.0187	.0143	.0103	.0076	
.95	.0264	.0280	.0270	.0257	.0225	.0186	.0143	.0102	.0076	
1.00	.0259	.0276	.0266	.0255	.0223	.0185	.0142	.0100	.0075	

Auswertung aus Pucher „Einflußfelder elastischer Platten" Tafel Nr. 42

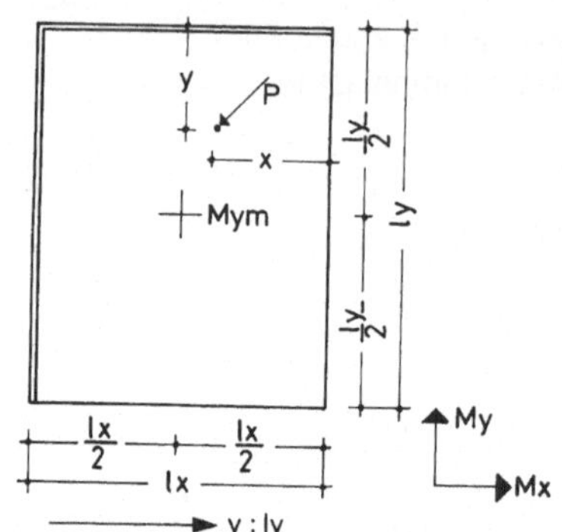

Feldmoment Mym in Feldmitte einer Rechteckplatte aus einer Einzellast.

$\frac{ly}{lx} = 1{,}25$

$\mu = 0$

Faktor = P

Stützung 4

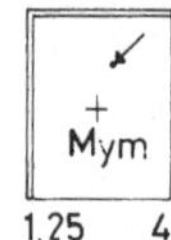

F 4.1,25.2.3

y : ly →, x : lx ↓

Spalte										
	0.05	0.10	0.15	0.20	0.25	0.30	0.35	0.40	0.45	0.50
.05	.0002-	.0003	.0010	.0036	.0045	.0112	.0133	.0112	.0145	.0159
.10	.0004-	.0003	.0017	.0062	.0075	.0185	.0195	.0229	.0289	.0318
.15	.0006-	.0002	.0020	.0080	.0091	.0218	.0206	.0351	.0435	.0455
.20	.0009-	.0002-	.0019	.0089	.0093	.0211	.0218	.0434	.0580	.0592
.25	.0012-	.0009-	.0014	.0088	.0086	.0208	.0227	.0484	.0725	.0761
.30	.0021-	.0017-	.0005	.0078	.0073	.0209	.0235	.0522	.0868	.0962
.35	.0037-	.0028-	.0017-	.0060	.0055	.0194	.0242	.0550	.1010	.1194
.40	.0058-	.0042-	.0045-	.0032	.0032	.0163	.0246	.0567	.1151	.1542
.45	.0050-	.0057-	.0070-	.0005-	.0020	.0116	.0248	.0572	.1144	.1990
.50	.0045-	.0075-	.0092-	.0051-	.0017	.0053	.0248	.0567	.1072	.2508*
.55	.0043-	.0088-	.0111-	.0077-	.0024	.0064	.0247	.0552	.1002	.1886
.60	.0045-	.0089-	.0127-	.0099-	.0040	.0072	.0243	.0525	.0932	.1384
.65	.0044-	.0084-	.0125-	.0100-	.0019	.0076	.0237	.0487	.0850	.1012
.70	.0045-	.0081-	.0110-	.0084-	.0010	.0076	.0224	.0438	.0709	.0731
.75	.0049-	.0076-	.0094-	.0068-	.0013	.0073	.0205	.0359	.0506	.0503
.80	.0056-	.0067-	.0076-	.0053-	.0027	.0066	.0179	.0247	.0316	.0330
.85	.0047-	.0055-	.0059-	.0039-	.0041	.0055	.0145	.0156	.0192	.0199
.90	.0035-	.0041-	.0040-	.0025-	.0041	.0041	.0104	.0083	.0099	.0100
.95	.0019-	.0023-	.0021-	.0012-	.0027	.0024	.0056	.0031	.0034	.0034
1.00	.0000	.0002-	.0000	.0000	.0000	.0003	.0001	.0001-	.0000	.0000

y : ly →, x : lx ↓

Spalte										
	0.55	0.60	0.65	0.70	0.75	0.80	0.85	0.90	0.95	
.05	.0136	.0101	.0085	.0055	.0033	.0016	.0003	.0001-	.0004-	
.10	.0282	.0214	.0155	.0100	.0058	.0026	.0004	.0005-	.0008-	
.15	.0443	.0339	.0212	.0136	.0075	.0030	.0002	.0009-	.0013-	
.20	.0604	.0422	.0254	.0163	.0083	.0029	.0006-	.0016-	.0017-	
.25	.0739	.0458	.0282	.0180	.0084	.0021	.0016-	.0024-	.0022-	
.30	.0847	.0487	.0296	.0133	.0076	.0008	.0028-	.0034-	.0026-	
.35	.0929	.0507	.0295	.0096	.0060	.0012-	.0043-	.0045-	.0031-	
.40	.0985	.0520	.0281	.0067	.0035	.0033-	.0058-	.0058-	.0036-	
.45	.1015	.0525	.0252	.0048	.0003	.0056-	.0076-	.0073-	.0041-	
.50	.1018	.0521	.0209	.0038	.0025-	.0080-	.0098-	.0088-	.0046-	
.55	.1008	.0510	.0226	.0037	.0038-	.0095-	.0118-	.0099-	.0052-	
.60	.0951	.0491	.0234	.0044	.0045-	.0102-	.0127-	.0104-	.0057-	
.65	.0847	.0464	.0233	.0058	.0042-	.0100-	.0126-	.0104-	.0056-	
.70	.0697	.0429	.0224	.0067	.0027-	.0089-	.0116-	.0098-	.0049-	
.75	.0499	.0367	.0207	.0071	.0014-	.0071-	.0098-	.0086-	.0041-	
.80	.0316	.0254	.0182	.0070	.0005-	.0052-	.0071-	.0063-	.0033-	
.85	.0192	.0161	.0150	.0063	.0001	.0035-	.0047-	.0041-	.0025-	
.90	.0099	.0087	.0108	.0049	.0004	.0021-	.0026-	.0023-	.0017-	
.95	.0034	.0033	.0059	.0028	.0004	.0009-	.0011-	.0009-	.0008-	
1.00	.0000	.0001-	.0002	.0000	.0000	.0000	.0000	.0001	.0000	

Auswertung aus Pucher „Einflußfelder elastischer Platten" Tafel Nr. 42

* bzw. theoretisch ∞

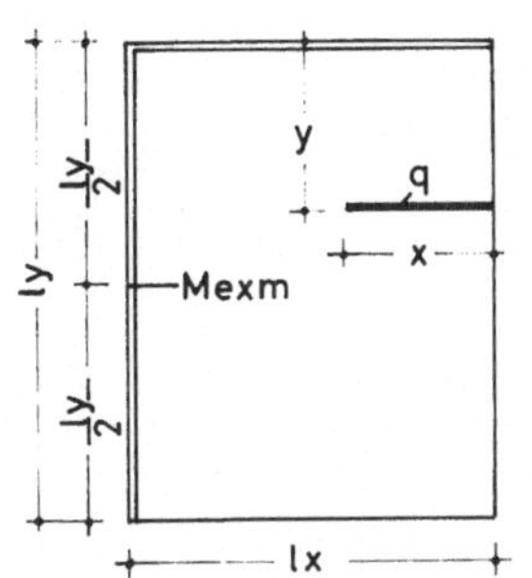

Stützmoment Mexm in Seitenmitte einer Rechteckplatte aus Linienlast in lx-Richtung.

$\frac{ly}{lx} = 1{,}25$

$\mu = 0$

Faktor = q · lx

Stützung 4

q
Mexm
4 1.25

F 4.1,25.3.1

→ y : ly
↓ x : lx

Spalte										
	0.05	0.10	0.15	0.20	0.25	0.30	0.35	0.40	0.45	0.50
.05	.0000	.0000	.0000	.0000	.0001-	.0001-	.0030-	.0003-	.0004-	.0004-
.10	.0000	.0001-	.0001-	.0001-	.0003-	.0006-	.0050-	.0013-	.0015-	.0017-
.15	.0001-	.0003-	.0003-	.0004-	.0012-	.0018-	.0065-	.0031-	.0035-	.0039-
.20	.0002-	.0006-	.0007-	.0016-	.0026-	.0036-	.0086-	.0057-	.0064-	.0069-
.25	.0003-	.0009-	.0017-	.0028-	.0044-	.0059-	.0115-	.0093-	.0101-	.0109-
.30	.0004-	.0014-	.0027-	.0045-	.0067-	.0090-	.0154-	.0136-	.0148-	.0158-
.35	.0006-	.0020-	.0038-	.0065-	.0095-	.0130-	.0200-	.0188-	.0204-	.0217-
.40	.0008-	.0027-	.0053-	.0089-	.0129-	.0175-	.0254-	.0249-	.0269-	.0286-
.45	.0010-	.0036-	.0070-	.0116-	.0173-	.0226-	.0314-	.0318-	.0346-	.0366-
.50	.0013-	.0046-	.0089-	.0146-	.0218-	.0283-	.0382-	.0396-	.0433-	.0457-
.55	.0016-	.0056-	.0109-	.0180-	.0267-	.0343-	.0455-	.0484-	.0529-	.0558-
.60	.0018-	.0066-	.0131-	.0213-	.0317-	.0407-	.0530-	.0579-	.0633-	.0668-
.65	.0020-	.0076-	.0151-	.0249-	.0367-	.0469-	.0613-	.0680-	.0745-	.0783-
.70	.0021-	.0081-	.0171-	.0282-	.0415-	.0535-	.0699-	.0786-	.0859-	.0910-
.75	.0023-	.0086-	.0179-	.0312-	.0445-	.0599-	.0776-	.0881-	.0981-	.1047-
.80	.0024-	.0091-	.0191-	.0337-	.0479-	.0655-	.0852-	.0978-	.1107-	.1191-
.85	.0024-	.0094-	.0198-	.0342-	.0505-	.0682-	.0917-	.1068-	.1224-	.1342-
.90	.0024-	.0096-	.0201-	.0349-	.0516-	.0706-	.0951-	.1134-	.1339-	.1498-
.95	.0025-	.0097-	.0200-	.0349-	.0519-	.0713-	.0968-	.1170-	.1420-	.1658-
1.00	.0025-	.0097-	.0197-	.0346-	.0515-	.0709-	.0968-	.1174-	.1443-	.1821-

→ y : ly
↓ x : lx

Spalte										
	0.55	0.60	0.65	0.70	0.75	0.80	0.85	0.90	0.95	
.05	.0004-	.0004-	.0004-	.0004-	.0003-	.0002-	.0001-	.0001-	.0000	
.10	.0017-	.0017-	.0016-	.0014-	.0012-	.0008-	.0005-	.0003-	.0002-	
.15	.0039-	.0038-	.0035-	.0032-	.0027-	.0020-	.0014-	.0007-	.0004-	
.20	.0071-	.0066-	.0062-	.0055-	.0047-	.0037-	.0026-	.0016-	.0008-	
.25	.0110-	.0105-	.0095-	.0086-	.0072-	.0058-	.0043-	.0028-	.0013-	
.30	.0160-	.0153-	.0141-	.0126-	.0103-	.0083-	.0062-	.0041-	.0020-	
.35	.0219-	.0210-	.0194-	.0173-	.0146-	.0112-	.0085-	.0057-	.0029-	
.40	.0287-	.0276-	.0256-	.0228-	.0193-	.0147-	.0111-	.0075-	.0038-	
.45	.0367-	.0351-	.0326-	.0290-	.0247-	.0191-	.0140-	.0095-	.0048-	
.50	.0455-	.0433-	.0403-	.0357-	.0305-	.0236-	.0172-	.0117-	.0059-	
.55	.0553-	.0524-	.0480-	.0429-	.0365-	.0283-	.0204-	.0139-	.0069-	
.60	.0659-	.0622-	.0567-	.0505-	.0427-	.0331-	.0236-	.0160-	.0079-	
.65	.0774-	.0725-	.0657-	.0571-	.0487-	.0378-	.0266-	.0180-	.0085-	
.70	.0894-	.0832-	.0747-	.0645-	.0545-	.0410-	.0295-	.0196-	.0093-	
.75	.1021-	.0931-	.0836-	.0715-	.0599-	.0443-	.0320-	.0209-	.0099-	
.80	.1152-	.1037-	.0903-	.0777-	.0610-	.0469-	.0333-	.0220-	.0104-	
.85	.1282-	.1135-	.0969-	.0810-	.0636-	.0488-	.0346-	.0228-	.0108-	
.90	.1390-	.1200-	.1013-	.0835-	.0654-	.0499-	.0354-	.0233-	.0111-	
.95	.1482-	.1243-	.1033-	.0848-	.0662-	.0504-	.0357-	.0234-	.0112-	
1.00	.1503-	.1249-	.1038-	.0851-	.0663-	.0504-	.0357-	.0234-	.0113-	

Auswertung aus Pucher „Einflußfelder elastischer Platten" Tafel Nr. 43

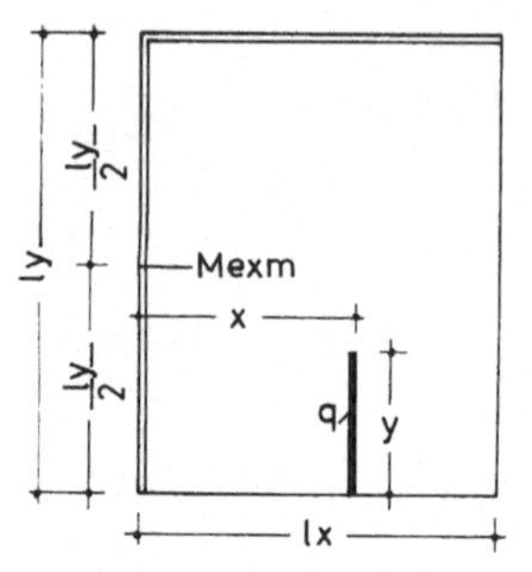

My

Mx

Stützmoment Mexm in Seitenmitte einer Rechteckplatte aus Linienlast in ly-Richtung.

$\frac{ly}{lx} = 1{,}25$

$\mu = 0$

Faktor = $q \cdot ly$

Stützung 4

Mexm

q

4 1.25

F 4.1,25.3.2

→ x : lx

↓ y : ly

Spalte										
	0.05	0.10	0.15	0.20	0.25	0.30	0.35	0.40	0.45	0.50
.05	.0001	.0001-	.0001-	.0002-	.0002-	.0003-	.0003-	.0004-	.0004-	.0004-
.10	.0003	.0002-	.0006-	.0009-	.0011-	.0013-	.0015-	.0017-	.0018-	.0019-
.15	.0005	.0006-	.0014-	.0021-	.0026-	.0033-	.0038-	.0042-	.0044-	.0046-
.20	.0007	.0012-	.0026-	.0039-	.0050-	.0064-	.0073-	.0079-	.0082-	.0084-
.25	.0007	.0023-	.0044-	.0065-	.0088-	.0108-	.0120-	.0130-	.0133-	.0134-
.30	.0004	.0037-	.0069-	.0108-	.0141-	.0167-	.0182-	.0194-	.0196-	.0196-
.35	.0011-	.0057-	.0115-	.0166-	.0213-	.0246-	.0264-	.0275-	.0274-	.0269-
.40	.0023-	.0101-	.0184-	.0251-	.0304-	.0341-	.0359-	.0368-	.0363-	.0351-
.45	.0053-	.0180-	.0284-	.0361-	.0419-	.0454-	.0469-	.0473-	.0463-	.0444-
.50	.0158-	.0310-	.0423-	.0502-	.0559-	.0585-	.0590-	.0582-	.0563-	.0543-
.55	.0264-	.0442-	.0560-	.0636-	.0690-	.0723-	.0709-	.0693-	.0667-	.0643-
.60	.0298-	.0521-	.0658-	.0745-	.0801-	.0822-	.0818-	.0799-	.0766-	.0738-
.65	.0306-	.0561-	.0725-	.0825-	.0889-	.0915-	.0914-	.0894-	.0847-	.0793-
.70	.0306-	.0581-	.0765-	.0879-	.0954-	.0986-	.0983-	.0957-	.0916-	.0856-
.75	.0299-	.0591-	.0789-	.0917-	.0999-	.1039-	.1040-	.1014-	.0970-	.0907-
.80	.0288-	.0595-	.0804-	.0938-	.1029-	.1075-	.1079-	.1054-	.1012-	.0947-
.85	.0275-	.0596-	.0811-	.0952-	.1047-	.1096-	.1101-	.1079-	.1038-	.0972-
.90	.0260-	.0594-	.0814-	.0958-	.1055-	.1108-	.1114-	.1093-	.1051-	.0986-
.95	.0248-	.0591-	.0813-	.0959-	.1057-	.1112-	.1119-	.1098-	.1057-	.0991-
1.00	.0239-	.0588-	.0811-	.0957-	.1055-	.1110-	.1118-	.1098-	.1057-	.0991-

→ x : lx

↓ y : ly

Spalte										
	0.55	0.60	0.65	0.70	0.75	0.80	0.85	0.90	0.95	
.05	.0004-	.0004-	.0004-	.0003-	.0003-	.0002-	.0001-	.0001-	.0000	
.10	.0018-	.0017-	.0016-	.0014-	.0012-	.0009-	.0006-	.0003-	.0002-	
.15	.0045-	.0040-	.0036-	.0032-	.0027-	.0021-	.0014-	.0008-	.0004-	
.20	.0081-	.0073-	.0065-	.0056-	.0048-	.0038-	.0026-	.0016-	.0007-	
.25	.0129-	.0118-	.0104-	.0088-	.0074-	.0059-	.0043-	.0026-	.0012-	
.30	.0188-	.0172-	.0152-	.0130-	.0105-	.0084-	.0063-	.0040-	.0018-	
.35	.0257-	.0235-	.0208-	.0177-	.0143-	.0112-	.0085-	.0055-	.0028-	
.40	.0334-	.0305-	.0270-	.0231-	.0186-	.0144-	.0110-	.0071-	.0037-	
.45	.0413-	.0381-	.0336-	.0288-	.0233-	.0178-	.0137-	.0088-	.0047-	
.50	.0500-	.0448-	.0395-	.0347-	.0282-	.0212-	.0163-	.0107-	.0057-	
.55	.0589-	.0521-	.0459-	.0406-	.0331-	.0245-	.0190-	.0125-	.0067-	
.60	.0662-	.0590-	.0520-	.0463-	.0378-	.0276-	.0214-	.0141-	.0072-	
.65	.0732-	.0653-	.0577-	.0517-	.0403-	.0304-	.0236-	.0155-	.0078-	
.70	.0791-	.0710-	.0627-	.0532-	.0433-	.0328-	.0252-	.0167-	.0082-	
.75	.0840-	.0758-	.0660-	.0564-	.0458-	.0349-	.0265-	.0173-	.0084-	
.80	.0876-	.0781-	.0688-	.0586-	.0476-	.0359-	.0275-	.0177-	.0085-	
.85	.0899-	.0801-	.0706-	.0601-	.0487-	.0368-	.0280-	.0178-	.0084-	
.90	.0912-	.0813-	.0716-	.0609-	.0494-	.0373-	.0282-	.0178-	.0083-	
.95	.0917-	.0818-	.0720-	.0612-	.0496-	.0374-	.0281-	.0176-	.0082-	
1.00	.0917-	.0818-	.0719-	.0611-	.0495-	.0372-	.0279-	.0174-	.0081-	

Auswertung aus Pucher „Einflußfelder elastischer Platten" Tafel Nr. 43

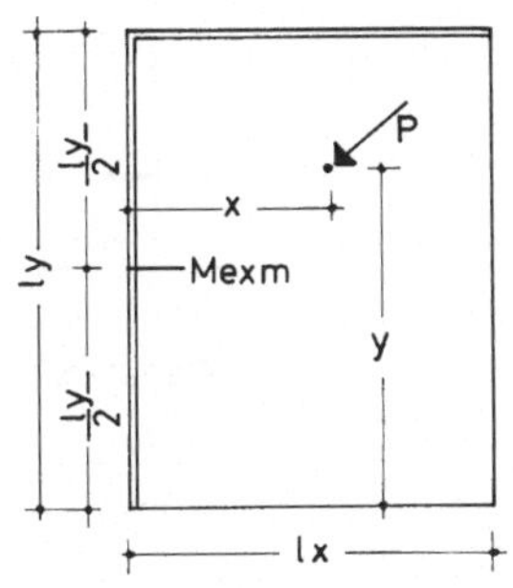

Stützmoment Mexm in Seitenmitte einer Rechteckplatte aus einer Einzellast.

$\frac{ly}{lx} = 1{,}25$

$\mu = 0$

Faktor = P

Stützung 4

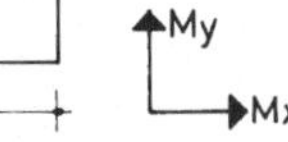

Mexm P

4 1.25

F 4.1,25.3.3

→ x : lx, ↓ y : ly

Spalte	0.05	0.10	0.15	0.20	0.25	0.30	0.35	0.40	0.45	0.50
.05	.0028	.0026-	.0057-	.0084-	.0103-	.0121-	.0142-	.0159-	.0169-	.0183-
.10	.0034	.0061-	.0127-	.0185-	.0231-	.0287-	.0341-	.0372-	.0398-	.0411-
.15	.0020	.0105-	.0201-	.0295-	.0398-	.0513-	.0574-	.0627-	.0648-	.0655-
.20	.0016-	.0159-	.0292-	.0443-	.0608-	.0748-	.0821-	.0875-	.0885-	.0880-
.25	.0073-	.0224-	.0426-	.0678-	.0888-	.1032-	.1101-	.1151-	.1142-	.1114-
.30	.0150-	.0332-	.0690-	.0997-	.1231-	.1368-	.1429-	.1450-	.1405-	.1341-
.35	.0155-	.0597-	.1090-	.1419-	.1632-	.1726-	.1755-	.1740-	.1667-	.1560-
.40	.0295-	.1159-	.1666-	.1908-	.2058-	.2082-	.2049-	.1970-	.1876-	.1760-
.45	.1114-	.2044-	.2431-	.2527-	.2554-	.2462-	.2344-	.2152-	.2021-	.1871-
.50	.3157-	.3107-	.3026-	.2922-	.2788-	.2616-	.2446-	.2263-	.2088-	.1890-
.55	.1111-	.2049-	.2345-	.2465-	.2488-	.2408-	.2296-	.2155-	.2012-	.1815-
.60	.0318-	.1109-	.1645-	.1881-	.1990-	.2049-	.2023-	.1938-	.1823-	.1648-
.65	.0072-	.0575-	.1022-	.1345-	.1522-	.1637-	.1656-	.1612-	.1532-	.1396-
.70	.0056	.0280-	.0635-	.0889-	.1093-	.1250-	.1298-	.1290-	.1237-	.1145-
.75	.0144	.0132-	.0358-	.0577-	.0738-	.0885-	.0952-	.0971-	.0957-	.0909-
.80	.0194	.0056-	.0211-	.0330-	.0470-	.0567-	.0610-	.0647-	.0671-	.0649-
.85	.0204	.0005-	.0099-	.0181-	.0248-	.0318-	.0356-	.0374-	.0385-	.0371-
.90	.0175	.0021	.0033-	.0071-	.0100-	.0132-	.0146-	.0167-	.0176-	.0175-
.95	.0107	.0023	.0000	.0012-	.0022-	.0034-	.0046-	.0052-	.0056-	.0056-
1.00	.0001-	.0001-	.0000	.0000	.0000	.0000	.0000	.0000	.0000	.0000

→ x : lx, ↓ y : ly

Spalte	0.55	0.60	0.65	0.70	0.75	0.80	0.85	0.90	0.95	
.05	.0179-	.0177-	.0159-	.0142-	.0116-	.0089-	.0057-	.0034-	.0015-	
.10	.0398-	.0358-	.0326-	.0285-	.0239-	.0188-	.0125-	.0075-	.0035-	
.15	.0636-	.0562-	.0491-	.0426-	.0361-	.0291-	.0205-	.0122-	.0058-	
.20	.0843-	.0774-	.0676-	.0571-	.0469-	.0379-	.0291-	.0178-	.0086-	
.25	.1063-	.0980-	.0869-	.0730-	.0580-	.0455-	.0361-	.0239-	.0117-	
.30	.1261-	.1155-	.1028-	.0883-	.0696-	.0526-	.0417-	.0296-	.0152-	
.35	.1438-	.1299-	.1153-	.0997-	.0812-	.0592-	.0469-	.0316-	.0176-	
.40	.1593-	.1413-	.1245-	.1073-	.0894-	.0654-	.0515-	.0331-	.0188-	
.45	.1692-	.1495-	.1303-	.1110-	.0933-	.0711-	.0557-	.0368-	.0191-	
.50	.1712-	.1477-	.1292-	.1109-	.0929-	.0683-	.0536-	.0357-	.0185-	
.55	.1652-	.1400-	.1234-	.1070-	.0884-	.0636-	.0501-	.0332-	.0170-	
.60	.1492-	.1294-	.1147-	.0992-	.0796-	.0577-	.0451-	.0296-	.0137-	
.65	.1288-	.1157-	.1029-	.0876-	.0671-	.0508-	.0388-	.0249-	.0097-	
.70	.1078-	.0991-	.0881-	.0714-	.0546-	.0429-	.0311-	.0192-	.0064-	
.75	.0862-	.0796-	.0679-	.0539-	.0423-	.0338-	.0231-	.0123-	.0037-	
.80	.0599-	.0532-	.0460-	.0374-	.0297-	.0229-	.0150-	.0064-	.0016-	
.85	.0352-	.0319-	.0263-	.0219-	.0181-	.0136-	.0073-	.0022-	.0002-	
.90	.0166-	.0153-	.0134-	.0113-	.0088-	.0060-	.0023-	.0003	.0006	
.95	.0052-	.0050-	.0039-	.0032-	.0025-	.0015-	.0002	.0010	.0007	
1.00	.0000	.0000	.0000	.0000	.0000	.0000	.0001-	.0000	.0002	

Auswertung aus Pucher „Einflußfelder elastischer Platten" Tafel Nr. 43

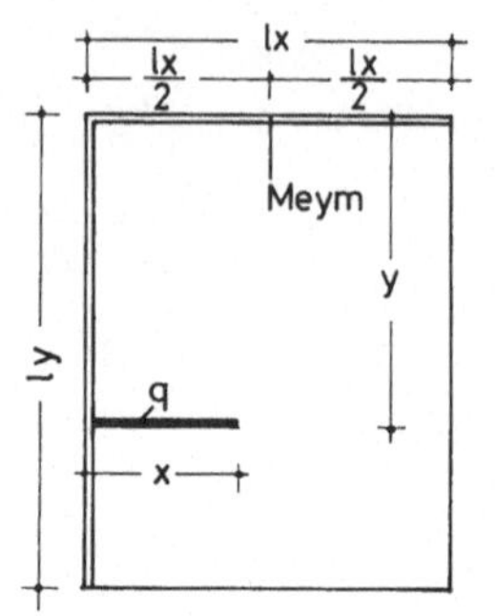

Stützmoment Meym in Seitenmitte einer Rechteckplatte aus Linienlast in lx-Richtung.

$\frac{ly}{lx} = 1{,}25$

$\mu = 0$

Faktor = $q \cdot lx$

Stützung 4

Meym

4 1.25

F 4.1,25.4.1

y : ly →

x : lx ↓

Spalte										
	0.05	0.10	0.15	0.20	0.25	0.30	0.35	0.40	0.45	0.50
.05	.0001	.0001-	.0001-	.0003-	.0004-	.0005-	.0005-	.0005-	.0004-	.0004-
.10	.0003	.0002-	.0008-	.0014-	.0017-	.0019-	.0019-	.0018-	.0017-	.0016-
.15	.0006	.0010-	.0021-	.0033-	.0040-	.0044-	.0043-	.0042-	.0040-	.0035-
.20	.0007	.0022-	.0041-	.0061-	.0074-	.0081-	.0077-	.0077-	.0072-	.0063-
.25	.0006	.0041-	.0069-	.0105-	.0121-	.0132-	.0120-	.0122-	.0114-	.0099-
.30	.0009-	.0072-	.0121-	.0164-	.0187-	.0199-	.0185-	.0178-	.0165-	.0143-
.35	.0023-	.0122-	.0185-	.0240-	.0266-	.0276-	.0266-	.0244-	.0224-	.0193-
.40	.0056-	.0195-	.0275-	.0338-	.0365-	.0370-	.0341-	.0318-	.0289-	.0248-
.45	.0124-	.0302-	.0392-	.0456-	.0478-	.0478-	.0436-	.0395-	.0359-	.0306-
.50	.0258-	.0453-	.0534-	.0592-	.0600-	.0582-	.0538-	.0479-	.0420-	.0365-
.55	.0389-	.0591-	.0675-	.0734-	.0721-	.0689-	.0642-	.0558-	.0487-	.0424-
.60	.0449-	.0690-	.0786-	.0832-	.0828-	.0790-	.0741-	.0631-	.0550-	.0480-
.65	.0475-	.0757-	.0866-	.0919-	.0915-	.0867-	.0788-	.0696-	.0608-	.0533-
.70	.0487-	.0801-	.0923-	.0987-	.0985-	.0933-	.0850-	.0751-	.0659-	.0546-
.75	.0493-	.0823-	.0965-	.1036-	.1037-	.0982-	.0898-	.0791-	.0687-	.0574-
.80	.0492-	.0838-	.0988-	.1071-	.1074-	.1018-	.0931-	.0822-	.0712-	.0593-
.85	.0486-	.0844-	.1002-	.1093-	.1099-	.1043-	.0954-	.0843-	.0730-	.0609-
.90	.0477-	.0845-	.1008-	.1103-	.1112-	.1056-	.0968-	.0855-	.0741-	.0618-
.95	.0468-	.0843-	.1009-	.1107-	.1117-	.1061-	.0973-	.0860-	.0746-	.0623-
1.00	.0461-	.0839-	.1006-	.1106-	.1117-	.1061-	.0974-	.0861-	.0747-	.0624-

y : ly →

x : lx ↓

Spalte										
	0.55	0.60	0.65	0.70	0.75	0.80	0.85	0.90	0.95	
.05	.0004-	.0003-	.0002-	.0002-	.0002-	.0001-	.0001-	.0001-	.0001-	
.10	.0013-	.0012-	.0010-	.0009-	.0007-	.0005-	.0004-	.0003-	.0002-	
.15	.0030-	.0026-	.0022-	.0018-	.0015-	.0012-	.0009-	.0006-	.0005-	
.20	.0053-	.0045-	.0038-	.0032-	.0026-	.0020-	.0015-	.0011-	.0008-	
.25	.0084-	.0069-	.0058-	.0048-	.0041-	.0031-	.0024-	.0016-	.0012-	
.30	.0120-	.0098-	.0082-	.0067-	.0056-	.0044-	.0034-	.0023-	.0016-	
.35	.0161-	.0131-	.0108-	.0088-	.0074-	.0059-	.0045-	.0030-	.0020-	
.40	.0207-	.0167-	.0138-	.0111-	.0093-	.0074-	.0057-	.0036-	.0023-	
.45	.0256-	.0201-	.0168-	.0134-	.0113-	.0085-	.0070-	.0043-	.0027-	
.50	.0306-	.0237-	.0198-	.0156-	.0133-	.0099-	.0082-	.0049-	.0031-	
.55	.0355-	.0270-	.0225-	.0177-	.0152-	.0112-	.0094-	.0055-	.0034-	
.60	.0403-	.0299-	.0249-	.0197-	.0163-	.0124-	.0105-	.0060-	.0037-	
.65	.0429-	.0325-	.0271-	.0214-	.0177-	.0136-	.0107-	.0065-	.0040-	
.70	.0458-	.0348-	.0289-	.0229-	.0189-	.0145-	.0113-	.0068-	.0043-	
.75	.0479-	.0366-	.0304-	.0241-	.0199-	.0151-	.0119-	.0072-	.0045-	
.80	.0498-	.0379-	.0316-	.0251-	.0206-	.0156-	.0122-	.0074-	.0047-	
.85	.0510-	.0389-	.0324-	.0257-	.0212-	.0160-	.0125-	.0076-	.0049-	
.90	.0518-	.0396-	.0330-	.0262-	.0215-	.0163-	.0127-	.0078-	.0050-	
.95	.0522-	.0399-	.0333-	.0264-	.0217-	.0164-	.0128-	.0078-	.0050-	
1.00	.0523-	.0400-	.0333-	.0264-	.0217-	.0164-	.0127-	.0079-	.0050-	

Auswertung aus Pucher „Einflußfelder elastischer Platten" Tafel Nr. 44

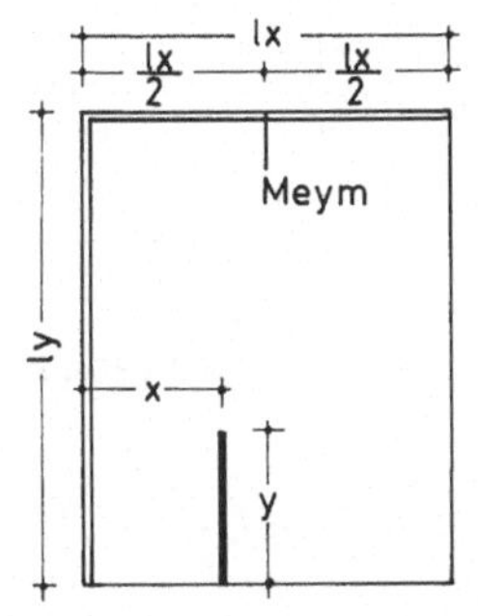

My

Mx

Stützmoment Meym in Seitenmitte einer Rechteckplatte aus Linienlast in ly-Richtung.

$\frac{ly}{lx} = 1{,}25$

$\mu = 0$

Faktor = q · ly

Stützung 4

F 4.1,25.4.2

→ x : lx, ↓ y : ly

Spalte	0.05	0.10	0.15	0.20	0.25	0.30	0.35	0.40	0.45	0.50
.05	.0000	.0000	.0000	.0000	.0001-	.0001-	.0001-	.0001-	.0001-	.0001-
.10	.0000	.0001-	.0001-	.0002-	.0002-	.0003-	.0004-	.0004-	.0005-	.0006-
.15	.0001-	.0002-	.0003-	.0004-	.0006-	.0007-	.0009-	.0011-	.0013-	.0014-
.20	.0002-	.0003-	.0006-	.0008-	.0011-	.0014-	.0017-	.0020-	.0023-	.0026-
.25	.0003-	.0005-	.0010-	.0013-	.0019-	.0023-	.0028-	.0033-	.0037-	.0041-
.30	.0004-	.0008-	.0014-	.0020-	.0029-	.0035-	.0043-	.0050-	.0055-	.0060-
.35	.0006-	.0011-	.0020-	.0030-	.0041-	.0050-	.0061-	.0069-	.0077-	.0083-
.40	.0008-	.0016-	.0029-	.0041-	.0056-	.0068-	.0082-	.0094-	.0105-	.0113-
.45	.0011-	.0021-	.0038-	.0053-	.0074-	.0090-	.0109-	.0132-	.0147-	.0159-
.50	.0013-	.0028-	.0048-	.0070-	.0095-	.0117-	.0152-	.0177-	.0194-	.0207-
.55	.0017-	.0038-	.0061-	.0088-	.0121-	.0159-	.0200-	.0229-	.0250-	.0264-
.60	.0020-	.0046-	.0075-	.0110-	.0152-	.0206-	.0256-	.0291-	.0317-	.0343-
.65	.0023-	.0054-	.0092-	.0136-	.0194-	.0260-	.0319-	.0362-	.0407-	.0433-
.70	.0026-	.0062-	.0110-	.0164-	.0237-	.0321-	.0389-	.0458-	.0506-	.0537-
.75	.0029-	.0069-	.0129-	.0194-	.0283-	.0384-	.0464-	.0570-	.0617-	.0653-
.80	.0031-	.0076-	.0143-	.0223-	.0328-	.0436-	.0536-	.0694-	.0737-	.0783-
.85	.0033-	.0081-	.0156-	.0248-	.0360-	.0497-	.0614-	.0817-	.0866-	.0924-
.90	.0035-	.0083-	.0162-	.0256-	.0387-	.0550-	.0683-	.0930-	.0998-	.1075-
.95	.0036-	.0084-	.0163-	.0261-	.0396-	.0557-	.0705-	.0938-	.1098-	.1232-
1.00	.0037-	.0084-	.0160-	.0257-	.0395-	.0561-	.0709-	.0954-	.1138-	.1395-

→ x : lx, ↓ y : ly

Spalte	0.55	0.60	0.65	0.70	0.75	0.80	0.85	0.90	0.95	
.05	.0002-	.0002-	.0002-	.0002-	.0002-	.0001-	.0001-	.0001-	.0000	
.10	.0007-	.0007-	.0008-	.0007-	.0006-	.0005-	.0004-	.0003-	.0001-	
.15	.0015-	.0016-	.0017-	.0016-	.0014-	.0012-	.0009-	.0006-	.0003-	
.20	.0028-	.0029-	.0029-	.0028-	.0024-	.0020-	.0016-	.0010-	.0005-	
.25	.0043-	.0045-	.0045-	.0042-	.0037-	.0031-	.0024-	.0016-	.0008-	
.30	.0063-	.0064-	.0064-	.0060-	.0053-	.0045-	.0035-	.0024-	.0012-	
.35	.0087-	.0088-	.0087-	.0082-	.0072-	.0062-	.0049-	.0033-	.0017-	
.40	.0118-	.0118-	.0116-	.0108-	.0096-	.0082-	.0065-	.0045-	.0023-	
.45	.0164-	.0163-	.0158-	.0141-	.0124-	.0105-	.0082-	.0058-	.0030-	
.50	.0212-	.0211-	.0205-	.0192-	.0163-	.0133-	.0102-	.0074-	.0039-	
.55	.0270-	.0268-	.0261-	.0250-	.0209-	.0165-	.0123-	.0091-	.0047-	
.60	.0348-	.0336-	.0325-	.0318-	.0262-	.0208-	.0146-	.0110-	.0055-	
.65	.0437-	.0424-	.0399-	.0392-	.0321-	.0251-	.0171-	.0132-	.0063-	
.70	.0539-	.0521-	.0481-	.0467-	.0384-	.0296-	.0198-	.0153-	.0071-	
.75	.0653-	.0627-	.0572-	.0517-	.0437-	.0342-	.0227-	.0173-	.0079-	
.80	.0751-	.0732-	.0666-	.0591-	.0495-	.0375-	.0256-	.0192-	.0087-	
.85	.0874-	.0845-	.0742-	.0665-	.0550-	.0406-	.0282-	.0205-	.0093-	
.90	.1025-	.0955-	.0816-	.0729-	.0593-	.0427-	.0290-	.0213-	.0095-	
.95	.1180-	.1020-	.0865-	.0731-	.0596-	.0436-	.0296-	.0215-	.0096-	
1.00	.1202-	.1044-	.0865-	.0734-	.0599-	.0434-	.0292-	.0212-	.0095-	

Auswertung aus Pucher „Einflußfelder elastischer Platten" Tafel Nr. 44

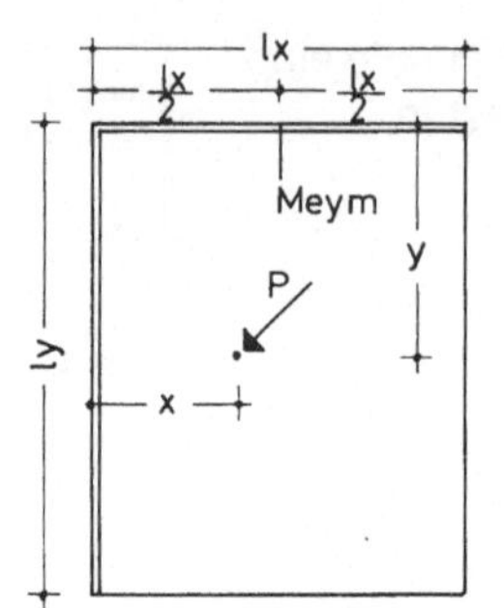

Stützmoment Meym in Seitenmitte einer Rechteckplatte aus einer Einzellast.

$\frac{ly}{lx} = 1{,}25$

$\mu = 0$

Faktor = P

Stützung 4

F 4.1,25.4.3

→ y : ly ; ↓ x : lx

Spalte										
	0.05	0.10	0.15	0.20	0.25	0.30	0.35	0.40	0.45	0.50
.05	.0030	.0027-	.0068-	.0127-	.0151-	.0186-	.0173-	.0173-	.0169-	.0153-
.10	.0033	.0089-	.0190-	.0305-	.0358-	.0398-	.0385-	.0372-	.0345-	.0302-
.15	.0008	.0187-	.0330-	.0480-	.0571-	.0615-	.0579-	.0584-	.0553-	.0476-
.20	.0043-	.0310-	.0498-	.0712-	.0783-	.0861-	.0742-	.0796-	.0749-	.0646-
.25	.0122-	.0455-	.0796-	.1012-	.1132-	.1176-	.1076-	.1011-	.0932-	.0805-
.30	.0208-	.0819-	.1126-	.1339-	.1441-	.1440-	.1401-	.1206-	.1085-	.0936-
.35	.0376-	.1221-	.1513-	.1722-	.1778-	.1706-	.1573-	.1379-	.1208-	.1030-
.40	.0981-	.1747-	.2059-	.2177-	.2136-	.1990-	.1779-	.1532-	.1299-	.1090-
.45	.1891-	.2570-	.2665-	.2548-	.2399-	.2151-	.1922-	.1636-	.1359-	.1114-
.50	.3085-	.2946-	.2874-	.2686-	.2467-	.2176-	.1945-	.1645-	.1352-	.1103-
.55	.1712-	.2545-	.2644-	.2509-	.2318-	.2054-	.1847-	.1552-	.1285-	.1056-
.60	.0820-	.1608-	.1800-	.1957-	.1944-	.1808-	.1628-	.1378-	.1179-	.0975-
.65	.0318-	.1075-	.1384-	.1566-	.1570-	.1473-	.1365-	.1181-	.1033-	.0857-
.70	.0177-	.0668-	.0979-	.1171-	.1216-	.1154-	.1089-	.0961-	.0848-	.0672-
.75	.0049-	.0346-	.0634-	.0817-	.0878-	.0836-	.0796-	.0730-	.0618-	.0484-
.80	.0048	.0183-	.0356-	.0557-	.0616-	.0607-	.0574-	.0518-	.0420-	.0340-
.85	.0102	.0074-	.0183-	.0304-	.0366-	.0367-	.0358-	.0310-	.0282-	.0232-
.90	.0112	.0007-	.0068-	.0130-	.0168-	.0178-	.0178-	.0168-	.0152-	.0133-
.95	.0078	.0017	.0006-	.0041-	.0057-	.0055-	.0062-	.0063-	.0060-	.0058-
1.00	.0001	.0000	.0000	.0000	.0000	.0000	.0000	.0000	.0000	.0000

→ y : ly ; ↓ x : lx

Spalte										
	0.55	0.60	0.65	0.70	0.75	0.80	0.85	0.90	0.95	
.05	.0136-	.0116-	.0098-	.0085-	.0068-	.0052-	.0039-	.0028-	.0021-	
.10	.0263-	.0232-	.0198-	.0155-	.0128-	.0101-	.0077-	.0054-	.0039-	
.15	.0398-	.0332-	.0286-	.0234-	.0193-	.0146-	.0116-	.0077-	.0053-	
.20	.0534-	.0435-	.0362-	.0301-	.0257-	.0195-	.0155-	.0097-	.0065-	
.25	.0661-	.0525-	.0433-	.0354-	.0301-	.0237-	.0186-	.0115-	.0074-	
.30	.0782-	.0603-	.0497-	.0398-	.0336-	.0265-	.0209-	.0131-	.0080-	
.35	.0874-	.0668-	.0554-	.0435-	.0365-	.0281-	.0224-	.0143-	.0084-	
.40	.0931-	.0720-	.0603-	.0464-	.0380-	.0283-	.0231-	.0146-	.0081-	
.45	.0955-	.0749-	.0624-	.0467-	.0380-	.0278-	.0229-	.0133-	.0077-	
.50	.0945-	.0687-	.0570-	.0436-	.0366-	.0267-	.0219-	.0120-	.0072-	
.55	.0903-	.0621-	.0514-	.0403-	.0336-	.0250-	.0202-	.0107-	.0067-	
.60	.0827-	.0552-	.0457-	.0366-	.0298-	.0227-	.0175-	.0095-	.0061-	
.65	.0674-	.0479-	.0398-	.0326-	.0259-	.0199-	.0145-	.0083-	.0055-	
.70	.0519-	.0403-	.0337-	.0273-	.0217-	.0164-	.0117-	.0070-	.0048-	
.75	.0391-	.0324-	.0273-	.0218-	.0171-	.0128-	.0091-	.0058-	.0040-	
.80	.0290-	.0244-	.0204-	.0163-	.0128-	.0096-	.0068-	.0046-	.0032-	
.85	.0199-	.0164-	.0138-	.0113-	.0091-	.0067-	.0048-	.0035-	.0023-	
.90	.0117-	.0098-	.0086-	.0069-	.0056-	.0042-	.0029-	.0023-	.0013-	
.95	.0053-	.0043-	.0040-	.0032-	.0026-	.0019-	.0013-	.0011-	.0003-	
1.00	.0000	.0000	.0000	.0000	.0001	.0000	.0001	.0000	.0008	

Auswertung aus Pucher „Einflußfelder elastischer Platten" Tafel Nr. 44

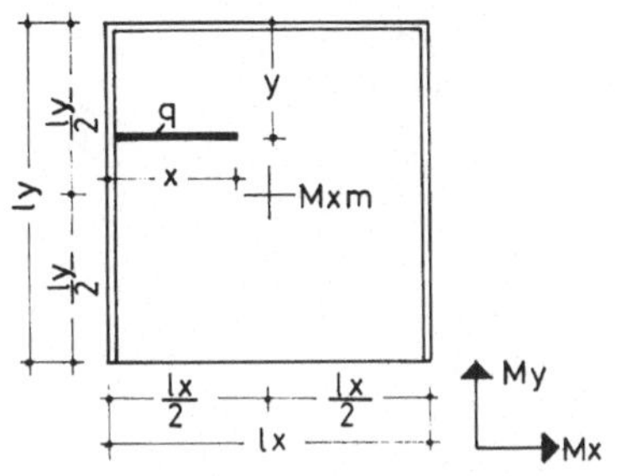

Feldmoment Mxm in Feldmitte einer Rechteckplatte aus Linienlast in lx-Richtung.
Stützung 5a

$\frac{ly}{lx} = 1{,}0$

$\mu = 0$

Faktor = q · lx

Mxm

5a 1.0

D 5.1,0.1.1

→ y : ly, ↓ x : lx

Spalte										
	0.05	0.10	0.15	0.20	0.25	0.30	0.35	0.40	0.45	0.50
.05	.0000	.0000	.0000	.0000	.0000	.0001-	.0001-	.0001-	.0001-	.0001-
.10	.0001	.0001	.0000	.0000	.0001-	.0002-	.0003-	.0004-	.0003-	.0003-
.15	.0002	.0002	.0000	.0000	.0001-	.0004-	.0005-	.0007-	.0006-	.0005-
.20	.0004	.0004	.0001	.0001	.0000	.0004-	.0005-	.0009-	.0008-	.0006-
.25	.0005	.0007	.0003	.0004	.0003	.0001-	.0003-	.0007-	.0006-	.0004-
.30	.0007	.0010	.0006	.0014	.0016	.0015	.0013	.0010	.0010	.0012
.35	.0007	.0014	.0012	.0024	.0030	.0032	.0031	.0027	.0026	.0028
.40	.0009	.0018	.0025	.0038	.0048	.0055	.0057	.0053	.0050	.0051
.45	.0012	.0022	.0035	.0054	.0072	.0086	.0098	.0101	.0097	.0098
.50	.0014	.0028	.0047	.0072	.0098	.0122	.0150	.0172	.0180	.0190
.55	.0015	.0033	.0060	.0090	.0121	.0155	.0207	.0232	.0263	.0282
.60	.0017	.0038	.0072	.0105	.0145	.0185	.0237	.0278	.0308	.0326
.65	.0019	.0042	.0077	.0119	.0165	.0209	.0264	.0305	.0333	.0351
.70	.0022	.0045	.0083	.0129	.0177	.0225	.0282	.0323	.0350	.0369
.75	.0022	.0048	.0087	.0136	.0185	.0235	.0292	.0333	.0359	.0378
.80	.0023	.0051	.0090	.0140	.0190	.0240	.0297	.0337	.0363	.0382
.85	.0024	.0053	.0091	.0141	.0192	.0241	.0297	.0336	.0363	.0382
.90	.0025	.0055	.0090	.0141	.0191	.0239	.0295	.0333	.0360	.0380
.95	.0026	.0055	.0089	.0140	.0189	.0236	.0291	.0329	.0356	.0376
1.00	.0027	.0056	.0088	.0138	.0187	.0233	.0288	.0324	.0352	.0373

→ y : ly, ↓ x : lx

Spalte										
	0.55	0.60	0.65	0.70	0.75	0.80	0.85	0.90	0.95	
.05	.0001-	.0000	.0000	.0000	.0000	.0000	.0000	.0000	.0000	
.10	.0002-	.0001-	.0001-	.0000	.0001	.0001	.0001	.0001	.0001	
.15	.0003-	.0002-	.0001-	.0001	.0003	.0003	.0003	.0003	.0003	
.20	.0003-	.0000	.0002	.0004	.0007	.0008	.0007	.0006	.0005	
.25	.0000	.0009	.0013	.0016	.0018	.0018	.0016	.0010	.0008	
.30	.0016	.0021	.0027	.0030	.0032	.0030	.0025	.0017	.0012	
.35	.0033	.0040	.0047	.0050	.0051	.0047	.0038	.0028	.0016	
.40	.0059	.0069	.0075	.0077	.0075	.0068	.0055	.0039	.0021	
.45	.0109	.0122	.0124	.0117	.0103	.0092	.0074	.0052	.0027	
.50	.0194	.0194	.0184	.0161	.0137	.0119	.0094	.0065	.0033	
.55	.0278	.0257	.0248	.0208	.0170	.0144	.0116	.0077	.0039	
.60	.0326	.0308	.0280	.0242	.0198	.0168	.0136	.0089	.0044	
.65	.0353	.0339	.0311	.0269	.0222	.0189	.0148	.0101	.0049	
.70	.0371	.0358	.0329	.0287	.0241	.0205	.0161	.0109	.0053	
.75	.0381	.0370	.0346	.0304	.0255	.0217	.0171	.0116	.0057	
.80	.0386	.0376	.0354	.0313	.0264	.0226	.0178	.0121	.0060	
.85	.0388	.0378	.0357	.0318	.0269	.0231	.0182	.0124	.0062	
.90	.0386	.0378	.0358	.0319	.0272	.0234	.0184	.0126	.0064	
.95	.0384	.0376	.0356	.0318	.0272	.0234	.0185	.0126	.0065	
1.00	.0381	.0374	.0354	.0316	.0270	.0233	.0184	.0126	.0065	

Auswertung aus Pucher „Einflußfelder elastischer Platten" Tafel Nr. 63

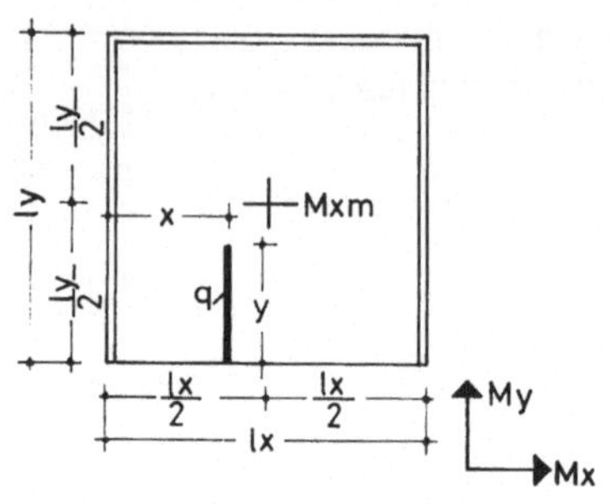

Feldmoment Mxm in Feldmitte einer Rechteckplatte aus Linienlast in ly-Richtung.
Stützung 5a

$\frac{ly}{lx} = 1{,}0$

$\mu = 0$

Faktor = q · ly

5a 1.0

F 5.1,0.1.2

→ x : lx, ↓ y : ly

Spalte	0.05	0.10	0.15	0.20	0.25	0.30	0.35	0.40	0.45	0.50
.05	.0000	.0000	.0001	.0001	.0001	.0002	.0003	.0003	.0003	.0003
.10	.0001	.0002	.0003	.0005	.0006	.0008	.0010	.0011	.0013	.0013
.15	.0002	.0004	.0007	.0010	.0013	.0018	.0022	.0026	.0029	.0030
.20	.0003	.0006	.0011	.0017	.0022	.0031	.0039	.0046	.0051	.0053
.25	.0003	.0007	.0014	.0022	.0033	.0047	.0059	.0071	.0079	.0083
.30	.0003	.0008	.0017	.0029	.0045	.0065	.0083	.0101	.0118	.0125
.35	.0003	.0009	.0020	.0036	.0058	.0083	.0107	.0135	.0168	.0174
.40	.0002	.0010	.0023	.0042	.0069	.0098	.0130	.0173	.0227	.0235
.45	.0002	.0009	.0023	.0044	.0073	.0112	.0150	.0211	.0286	.0324
.50	.0000	.0008	.0024	.0047	.0080	.0124	.0170	.0246	.0345	.0453
.55	.0001-	.0006	.0023	.0049	.0086	.0136	.0188	.0279	.0404	.0580
.60	.0003-	.0004	.0022	.0051	.0091	.0146	.0207	.0309	.0464	.0663
.65	.0004-	.0003	.0022	.0054	.0096	.0158	.0226	.0336	.0515	.0722
.70	.0006-	.0002	.0023	.0058	.0102	.0175	.0255	.0361	.0555	.0767
.75	.0007-	.0001	.0024	.0061	.0110	.0188	.0274	.0383	.0584	.0798
.80	.0007-	.0001	.0025	.0065	.0116	.0198	.0288	.0400	.0606	.0818
.85	.0007-	.0002	.0026	.0067	.0120	.0204	.0297	.0412	.0620	.0834
.90	.0006-	.0003	.0028	.0070	.0124	.0207	.0303	.0419	.0628	.0843
.95	.0005-	.0004	.0030	.0072	.0125	.0209	.0304	.0422	.0632	.0845
1.00	.0005-	.0006	.0031	.0073	.0126	.0208	.0303	.0423	.0633	.0844

→ x : lx, ↓ y : ly

Spalte	0.55	0.60	0.65	0.70	0.75	0.80	0.85	0.90	0.95	
.05	.0003	.0003	.0003	.0002	.0001	.0001	.0001	.0000	.0000	
.10	.0013	.0011	.0010	.0008	.0006	.0005	.0003	.0002	.0001	
.15	.0029	.0026	.0022	.0018	.0013	.0010	.0007	.0004	.0002	
.20	.0051	.0046	.0039	.0031	.0022	.0017	.0011	.0006	.0003	
.25	.0079	.0071	.0059	.0047	.0033	.0022	.0014	.0007	.0003	
.30	.0118	.0101	.0083	.0065	.0045	.0029	.0017	.0008	.0003	
.35	.0168	.0135	.0107	.0083	.0058	.0036	.0020	.0009	.0003	
.40	.0227	.0173	.0130	.0098	.0069	.0042	.0023	.0010	.0002	
.45	.0286	.0211	.0150	.0112	.0073	.0044	.0023	.0009	.0002	
.50	.0345	.0246	.0170	.0124	.0080	.0047	.0024	.0008	.0000	
.55	.0404	.0279	.0188	.0136	.0086	.0049	.0023	.0006	.0001-	
.60	.0464	.0309	.0207	.0146	.0091	.0051	.0022	.0004	.0003-	
.65	.0515	.0336	.0226	.0158	.0096	.0054	.0022	.0003	.0004-	
.70	.0555	.0361	.0255	.0175	.0102	.0058	.0023	.0002	.0006-	
.75	.0584	.0383	.0274	.0188	.0110	.0061	.0024	.0001	.0007-	
.80	.0606	.0400	.0288	.0198	.0116	.0065	.0025	.0001	.0007-	
.85	.0620	.0412	.0297	.0204	.0120	.0067	.0026	.0002	.0007-	
.90	.0628	.0419	.0303	.0207	.0124	.0070	.0028	.0003	.0006-	
.95	.0632	.0422	.0304	.0209	.0125	.0072	.0030	.0004	.0005-	
1.00	.0633	.0423	.0303	.0208	.0126	.0073	.0031	.0006	.0005-	

Auswertung aus Pucher „Einflußfelder elastischer Platten" Tafel Nr. 63

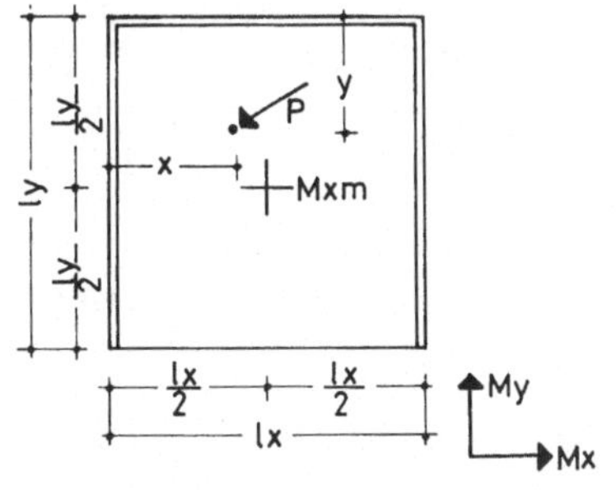

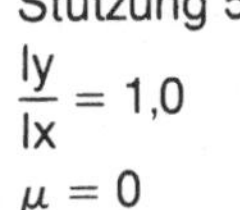

Feldmoment Mxm in Feldmitte einer Rechteckplatte aus einer Einzellast.
Stützung 5a

$\frac{ly}{lx} = 1{,}0$

$\mu = 0$

Faktor = P

5a 1.0

F 5.1,0.1.3

→ y : ly, ↓ x : lx

Spalte	0.05	0.10	0.15	0.20	0.25	0.30	0.35	0.40	0.45	0.50
.05	.0010	.0011	.0001-	.0004-	.0009-	.0021-	.0026-	.0036-	.0032-	.0027-
.10	.0018	.0022	.0005	.0005	.0001-	.0017-	.0025-	.0040-	.0036-	.0028-
.15	.0023	.0033	.0019	.0026	.0025	.0012	.0003	.0014-	.0011-	.0002-
.20	.0025	.0044	.0041	.0060	.0069	.0066	.0058	.0044	.0042	.0051
.25	.0025	.0056	.0071	.0107	.0130	.0145	.0140	.0132	.0124	.0131
.30	.0022	.0067	.0109	.0167	.0223	.0259	.0269	.0261	.0246	.0246
.35	.0036	.0078	.0154	.0239	.0329	.0405	.0435	.0428	.0398	.0398
.40	.0042	.0089	.0195	.0306	.0418	.0536	.0667	.0706	.0680	.0678
.45	.0040	.0100	.0219	.0342	.0483	.0649	.0925	.1158	.1194	.1154
.50	.0030	.0111	.0227	.0353	.0523	.0745	.1016	.1404	.1990	.2986*
.55	.0040	.0098	.0219	.0342	.0483	.0649	.0925	.1157	.1194	.1154
.60	.0042	.0088	.0195	.0306	.0418	.0536	.0667	.0706	.0680	.0678
.65	.0036	.0078	.0154	.0239	.0329	.0405	.0435	.0428	.0398	.0398
.70	.0022	.0067	.0109	.0167	.0223	.0259	.0269	.0261	.0246	.0246
.75	.0025	.0056	.0071	.0107	.0130	.0145	.0140	.0132	.0124	.0130
.80	.0025	.0045	.0041	.0060	.0069	.0066	.0058	.0044	.0042	.0051
.85	.0023	.0034	.0019	.0026	.0025	.0012	.0003	.0014-	.0011-	.0002-
.90	.0018	.0023	.0005	.0004	.0001-	.0018-	.0025-	.0040-	.0036-	.0028-
.95	.0011	.0012	.0002-	.0005-	.0009-	.0021-	.0026-	.0035-	.0032-	.0027-
1.00	.0001	.0000	.0001-	.0002-	.0000	.0000	.0001	.0001	.0000	.0000

→ y : ly, ↓ x : lx

Spalte	0.55	0.60	0.65	0.70	0.75	0.80	0.85	0.90	0.95	
.05	.0018-	.0012-	.0006-	.0000	.0009	.0013	.0013	.0013	.0013	
.10	.0012-	.0000	.0011	.0021	.0035	.0039	.0036	.0031	.0026	
.15	.0017	.0033	.0051	.0065	.0080	.0080	.0070	.0054	.0039	
.20	.0070	.0090	.0114	.0131	.0141	.0134	.0114	.0083	.0052	
.25	.0146	.0170	.0209	.0227	.0224	.0205	.0168	.0117	.0066	
.30	.0267	.0303	.0335	.0347	.0332	.0294	.0229	.0157	.0079	
.35	.0429	.0483	.0502	.0475	.0426	.0377	.0295	.0201	.0092	
.40	.0720	.0778	.0765	.0653	.0521	.0444	.0353	.0234	.0105	
.45	.1266	.1212	.1041	.0839	.0617	.0501	.0387	.0255	.0118	
.50	.1990	.1474	.1135	.0891	.0714	.0546	.0398	.0265	.0131	
.55	.1266	.1212	.1041	.0839	.0617	.0501	.0387	.0255	.0116	
.60	.0720	.0778	.0765	.0653	.0521	.0444	.0353	.0234	.0103	
.65	.0429	.0483	.0502	.0474	.0426	.0377	.0295	.0201	.0091	
.70	.0267	.0303	.0335	.0347	.0332	.0294	.0229	.0157	.0078	
.75	.0146	.0170	.0209	.0227	.0224	.0205	.0168	.0117	.0065	
.80	.0070	.0089	.0114	.0131	.0141	.0134	.0114	.0083	.0052	
.85	.0017	.0033	.0051	.0065	.0080	.0080	.0070	.0054	.0039	
.90	.0012-	.0000	.0011	.0021	.0035	.0039	.0036	.0031	.0025	
.95	.0018-	.0011-	.0006-	.0000	.0009	.0013	.0013	.0014	.0012	
1.00	.0001-	.0001	.0001	.0000	.0001-	.0000	.0000	.0002	.0002-	

Auswertung aus Pucher „Einflußfelder elastischer Platten" Tafel Nr. 63

* bezw. theoretisch ∞

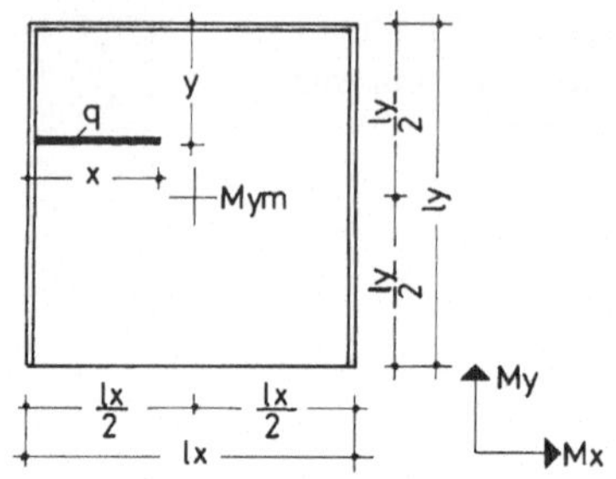

Feldmoment Mym in Feldmitte einer Rechteckplatte aus Linienlast in lx-Richtung.

$\frac{ly}{lx} = 1{,}0$

$\mu = 0$

Faktor = $q \cdot lx$

Stützung 5a

Mym
1.0 5a

F 5.1,0.2.1

→ y : ly, ↓ x : lx

Spalte	0.05	0.10	0.15	0.20	0.25	0.30	0.35	0.40	0.45	0.50
.05	.0000	.0000	.0000	.0001	.0001	.0001	.0001	.0001	.0001	.0000
.10	.0000	.0000	.0001	.0003	.0004	.0004	.0003	.0003	.0002	.0002
.15	.0000	.0000	.0002	.0006	.0009	.0009	.0008	.0009	.0007	.0007
.20	.0000	.0000	.0002	.0009	.0014	.0016	.0016	.0020	.0017	.0017
.25	.0002-	.0001-	.0002	.0009	.0017	.0026	.0028	.0036	.0042	.0042
.30	.0003-	.0002-	.0002	.0012	.0024	.0037	.0044	.0061	.0070	.0072
.35	.0005-	.0006-	.0001	.0014	.0031	.0049	.0070	.0093	.0109	.0112
.40	.0007-	.0009-	.0000	.0016	.0039	.0060	.0093	.0129	.0160	.0172
.45	.0010-	.0013-	.0002-	.0018	.0045	.0069	.0110	.0166	.0225	.0252
.50	.0012-	.0017-	.0006-	.0015	.0043	.0077	.0126	.0200	.0293	.0377
.55	.0015-	.0020-	.0010-	.0012	.0044	.0088	.0142	.0233	.0349	.0501
.60	.0017-	.0024-	.0012-	.0015	.0050	.0097	.0163	.0270	.0412	.0582
.65	.0020-	.0027-	.0013-	.0017	.0057	.0107	.0185	.0306	.0464	.0640
.70	.0021-	.0030-	.0014-	.0019	.0064	.0120	.0208	.0338	.0503	.0681
.75	.0023-	.0031-	.0014-	.0022	.0072	.0131	.0223	.0363	.0531	.0709
.80	.0024-	.0032-	.0014-	.0025	.0079	.0141	.0236	.0380	.0553	.0732
.85	.0024-	.0032-	.0014-	.0025	.0079	.0148	.0244	.0390	.0564	.0744
.90	.0025-	.0032-	.0013-	.0028	.0083	.0153	.0248	.0396	.0570	.0749
.95	.0024-	.0032-	.0013-	.0031	.0086	.0156	.0250	.0399	.0570	.0750
1.00	.0024-	.0031-	.0012-	.0032	.0088	.0157	.0249	.0399	.0567	.0747

→ y : ly, ↓ x : lx

Spalte	0.55	0.60	0.65	0.70	0.75	0.80	0.85	0.90	0.95	
.05	.0000	.0000	.0001	.0001	.0001	.0001	.0000	.0000	.0000	
.10	.0002	.0002	.0004	.0005	.0005	.0003	.0000	.0000	.0000	
.15	.0006	.0007	.0009	.0010	.0009	.0005	.0000	.0000	.0000	
.20	.0015	.0017	.0017	.0017	.0014	.0007	.0000	.0000	.0001-	
.25	.0039	.0033	.0028	.0026	.0015	.0006	.0001-	.0002-	.0002-	
.30	.0068	.0057	.0042	.0037	.0020	.0007	.0003-	.0004-	.0005-	
.35	.0108	.0087	.0062	.0046	.0025	.0007	.0006-	.0009-	.0007-	
.40	.0157	.0121	.0079	.0055	.0031	.0007	.0009-	.0013-	.0011-	
.45	.0215	.0155	.0094	.0064	.0035	.0007	.0012-	.0017-	.0014-	
.50	.0270	.0187	.0107	.0071	.0033	.0005	.0014-	.0020-	.0014-	
.55	.0322	.0219	.0120	.0078	.0033	.0004	.0015-	.0021-	.0015-	
.60	.0384	.0253	.0133	.0087	.0037	.0003	.0020-	.0025-	.0019-	
.65	.0434	.0287	.0148	.0096	.0042	.0003	.0023-	.0030-	.0022-	
.70	.0473	.0317	.0173	.0106	.0047	.0003	.0025-	.0034-	.0025-	
.75	.0502	.0341	.0188	.0116	.0053	.0004	.0027-	.0035-	.0027-	
.80	.0521	.0357	.0199	.0125	.0058	.0005	.0028-	.0036-	.0029-	
.85	.0532	.0367	.0207	.0132	.0058	.0006	.0028-	.0037-	.0029-	
.90	.0536	.0372	.0212	.0138	.0062	.0008	.0028-	.0037-	.0029-	
.95	.0537	.0374	.0214	.0141	.0066	.0010	.0028-	.0036-	.0029-	
1.00	.0534	.0374	.0215	.0143	.0069	.0011	.0028-	.0036-	.0028-	

Auswertung aus Pucher „Einflußfelder elastischer Platten" Tafel Nr. 64

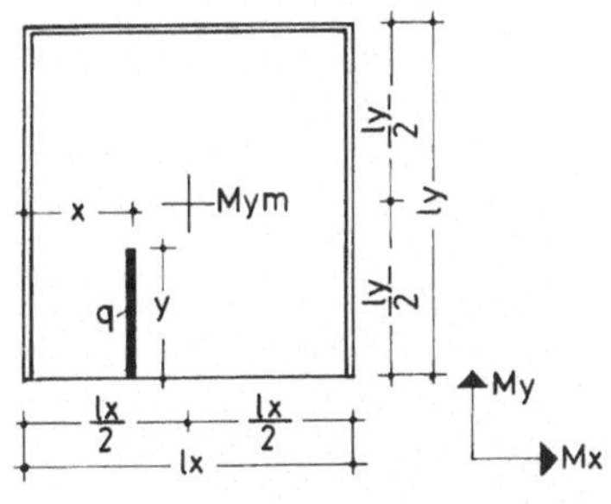

Feldmoment Mym in Feldmitte einer Rechteckplatte aus Linienlast in ly-Richtung.

$\frac{ly}{lx} = 1,0$

$\mu = 0$

Faktor = q · ly

Stützung 5a

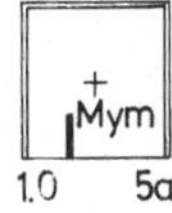

1.0 5a

F 5.1,0.2.2

→ x : lx, ↓ y : ly

Spalte	0.05	0.10	0.15	0.20	0.25	0.30	0.35	0.40	0.45	0.50
.05	.0000	.0000	.0000	.0001-	.0001-	.0001-	.0002-	.0001-	.0001-	.0001-
.10	.0000	.0000	.0001-	.0002-	.0003-	.0005-	.0006-	.0006-	.0006-	.0003-
.15	.0000	.0001-	.0002-	.0004-	.0006-	.0009-	.0011-	.0011-	.0011-	.0006-
.20	.0000	.0000	.0001-	.0005-	.0008-	.0013-	.0015-	.0016-	.0016-	.0009-
.25	.0002	.0003	.0003	.0005-	.0008-	.0014-	.0017-	.0010-	.0018-	.0006-
.30	.0005	.0008	.0009	.0002-	.0005-	.0002	.0015-	.0007-	.0018-	.0004-
.35	.0008	.0014	.0017	.0004	.0016	.0017	.0013	.0004	.0004	.0003
.40	.0011	.0019	.0026	.0024	.0035	.0039	.0037	.0025	.0025	.0028
.45	.0009	.0019	.0030	.0038	.0059	.0069	.0077	.0083	.0070	.0064
.50	.0010	.0023	.0040	.0055	.0085	.0104	.0127	.0156	.0153	.0159
.55	.0011	.0028	.0050	.0073	.0113	.0134	.0181	.0236	.0238	.0250
.60	.0013	.0033	.0059	.0090	.0141	.0162	.0213	.0309	.0282	.0291
.65	.0014	.0036	.0065	.0106	.0166	.0185	.0239	.0291	.0305	.0309
.70	.0017	.0040	.0072	.0106	.0187	.0202	.0252	.0305	.0319	.0322
.75	.0019	.0045	.0077	.0112	.0171	.0210	.0263	.0306	.0326	.0326
.80	.0021	.0048	.0082	.0114	.0175	.0214	.0266	.0301	.0326	.0325
.85	.0023	.0051	.0084	.0114	.0174	.0213	.0264	.0313	.0323	.0320
.90	.0021	.0048	.0082	.0113	.0172	.0210	.0260	.0309	.0317	.0314
.95	.0021	.0048	.0082	.0110	.0168	.0205	.0255	.0304	.0311	.0307
1.00	.0021	.0048	.0081	.0107	.0164	.0201	.0250	.0300	.0305	.0301

→ x : lx, ↓ y : ly

Spalte	0.55	0.60	0.65	0.70	0.75	0.80	0.85	0.90	0.95	
.05	.0001-	.0001-	.0002-	.0001-	.0001-	.0001-	.0000	.0000	.0000	
.10	.0006-	.0006-	.0006-	.0005-	.0003-	.0002-	.0001-	.0000	.0000	
.15	.0011-	.0011-	.0011-	.0009-	.0006-	.0004-	.0002-	.0001-	.0000	
.20	.0016-	.0016-	.0015-	.0013-	.0008-	.0005-	.0001-	.0000	.0000	
.25	.0018-	.0010-	.0017-	.0014-	.0008-	.0005-	.0003	.0003	.0002	
.30	.0018-	.0007-	.0015-	.0002	.0005-	.0002-	.0009	.0008	.0005	
.35	.0004	.0004	.0013	.0017	.0016	.0004	.0017	.0014	.0008	
.40	.0025	.0025	.0037	.0039	.0035	.0024	.0026	.0019	.0011	
.45	.0070	.0083	.0077	.0069	.0059	.0038	.0030	.0019	.0009	
.50	.0153	.0156	.0127	.0104	.0085	.0055	.0040	.0023	.0010	
.55	.0238	.0236	.0181	.0134	.0113	.0073	.0050	.0028	.0011	
.60	.0282	.0309	.0213	.0162	.0141	.0090	.0059	.0033	.0013	
.65	.0305	.0291	.0239	.0185	.0166	.0106	.0065	.0036	.0014	
.70	.0319	.0305	.0252	.0202	.0187	.0106	.0072	.0040	.0017	
.75	.0326	.0306	.0263	.0210	.0171	.0112	.0077	.0045	.0019	
.80	.0326	.0301	.0266	.0214	.0175	.0114	.0082	.0048	.0021	
.85	.0323	.0313	.0264	.0213	.0174	.0114	.0084	.0051	.0023	
.90	.0317	.0309	.0260	.0210	.0172	.0113	.0082	.0048	.0021	
.95	.0311	.0304	.0255	.0205	.0168	.0110	.0082	.0048	.0021	
1.00	.0305	.0300	.0250	.0201	.0164	.0107	.0081	.0048	.0021	

Auswertung aus Pucher „Einflußfelder elastischer Platten" Tafel Nr. 64

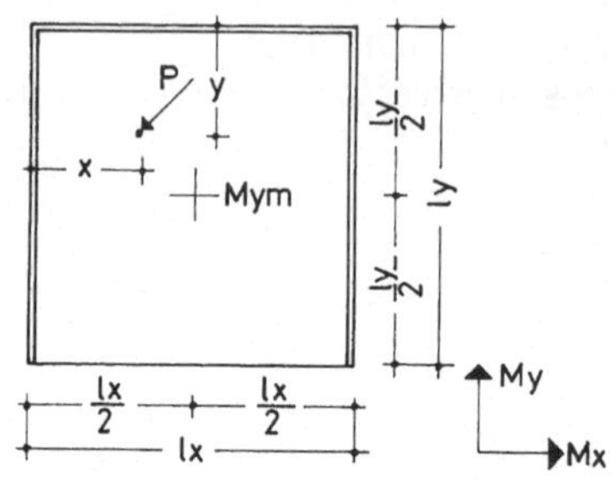

Feldmoment Mym in Feldmitte einer Rechteckplatte aus einer Einzellast.

$\frac{ly}{lx} = 1{,}0$

$\mu = 0$

Faktor = P

Stützung 5a

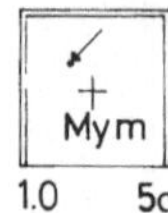

F 5.1,0.2.3

→ y : ly, ↓ x : lx

Spalte										
	0.05	0.10	0.15	0.20	0.25	0.30	0.35	0.40	0.45	0.50
.05	.0000	.0001-	.0009	.0029	.0040	.0040	.0035	.0027	.0026	.0026
.10	.0002-	.0001-	.0012	.0045	.0068	.0081	.0082	.0080	.0086	.0088
.15	.0007-	.0006-	.0011	.0047	.0084	.0123	.0142	.0160	.0182	.0185
.20	.0015-	.0014-	.0004	.0036	.0087	.0165	.0215	.0266	.0312	.0318
.25	.0025-	.0025-	.0002-	.0044	.0118	.0208	.0301	.0398	.0481	.0493
.30	.0033-	.0038-	.0011-	.0045	.0132	.0251	.0399	.0584	.0685	.0716
.35	.0040-	.0056-	.0023-	.0039	.0129	.0226	.0438	.0698	.0914	.0982
.40	.0046-	.0069-	.0037-	.0026	.0110	.0201	.0405	.0742	.1167	.1342
.45	.0051-	.0076-	.0055-	.0006	.0074	.0185	.0356	.0714	.1295	.1924
.50	.0054-	.0077-	.0069-	.0031-	.0038	.0179	.0340	.0616	.1147	.2906*
.55	.0051-	.0076-	.0054-	.0006	.0073	.0185	.0356	.0714	.1295	.1924
.60	.0046-	.0069-	.0037-	.0026	.0110	.0201	.0405	.0741	.1168	.1342
.65	.0040-	.0056-	.0023-	.0039	.0129	.0226	.0438	.0698	.0914	.0982
.70	.0033-	.0037-	.0011-	.0045	.0132	.0251	.0398	.0583	.0685	.0716
.75	.0025-	.0024-	.0002-	.0044	.0118	.0208	.0300	.0397	.0481	.0493
.80	.0015-	.0014-	.0003	.0037	.0088	.0165	.0214	.0266	.0312	.0318
.85	.0007-	.0007-	.0010	.0048	.0084	.0123	.0142	.0160	.0182	.0185
.90	.0002-	.0002-	.0012	.0045	.0068	.0082	.0081	.0080	.0086	.0087
.95	.0001	.0001-	.0008	.0029	.0040	.0042	.0034	.0027	.0025	.0025
1.00	.0001	.0002-	.0000	.0000	.0001-	.0002	.0002-	.0001	.0001-	.0001-

→ y : ly, ↓ x : lx

Spalte										
	0.55	0.60	0.65	0.70	0.75	0.80	0.85	0.90	0.95	
.05	.0022	.0017	.0041	.0045	.0045	.0024	.0001	.0001	.0000	
.10	.0079	.0065	.0087	.0087	.0070	.0035	.0001-	.0003-	.0003-	
.15	.0170	.0143	.0139	.0125	.0076	.0033	.0005-	.0011-	.0010-	
.20	.0297	.0252	.0196	.0158	.0062	.0018	.0011-	.0023-	.0020-	
.25	.0472	.0391	.0259	.0189	.0085	.0016	.0028-	.0040-	.0036-	
.30	.0682	.0552	.0328	.0215	.0095	.0010	.0042-	.0061-	.0047-	
.35	.0889	.0654	.0362	.0195	.0091	.0001	.0053-	.0074-	.0054-	
.40	.1094	.0693	.0319	.0176	.0074	.0012-	.0061-	.0075-	.0056-	
.45	.1144	.0669	.0293	.0157	.0043	.0029-	.0066-	.0064-	.0053-	
.50	.1103	.0584	.0285	.0137	.0022	.0017-	.0038-	.0042-	.0030-	
.55	.1144	.0669	.0294	.0157	.0043	.0028-	.0067-	.0064-	.0053-	
.60	.1093	.0693	.0320	.0176	.0074	.0012-	.0062-	.0075-	.0056-	
.65	.0889	.0654	.0363	.0195	.0091	.0001	.0053-	.0074-	.0054-	
.70	.0682	.0552	.0327	.0214	.0095	.0010	.0042-	.0061-	.0047-	
.75	.0472	.0390	.0259	.0188	.0085	.0016	.0028-	.0040-	.0036-	
.80	.0297	.0252	.0196	.0158	.0061	.0019	.0012-	.0023-	.0020-	
.85	.0171	.0143	.0139	.0125	.0076	.0033	.0005-	.0011-	.0010-	
.90	.0079	.0065	.0088	.0087	.0070	.0035	.0001-	.0003-	.0003-	
.95	.0022	.0018	.0042	.0046	.0045	.0024	.0001	.0001-	.0000	
1.00	.0000	.0000	.0001	.0001	.0000	.0000	.0000	.0002-	.0000	

Auswertung aus Pucher „Einflußfelder elastischer Platten" Tafel Nr. 64

* bezw. theoretisch ∞

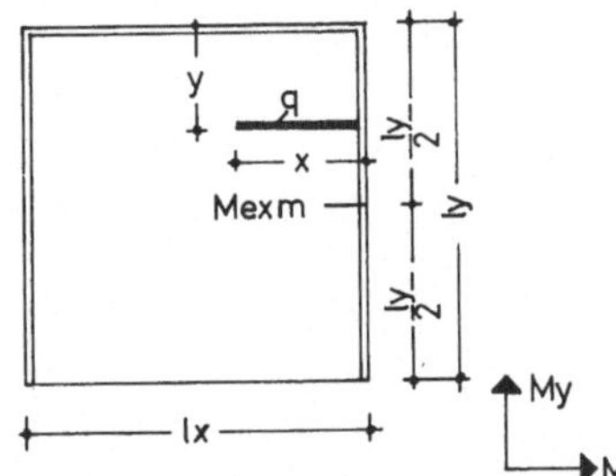

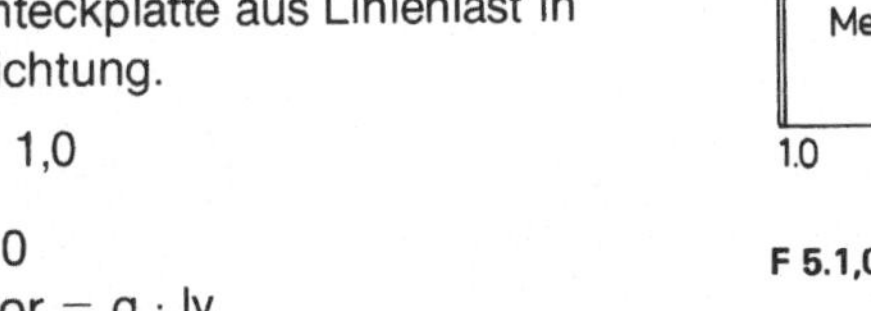

Stützmoment **Mexm** in Seitenmitte einer Rechteckplatte aus Linienlast in ly-Richtung.

$\frac{ly}{lx} = 1{,}0$

$\mu = 0$

Faktor = q · ly

Stützung 5 a

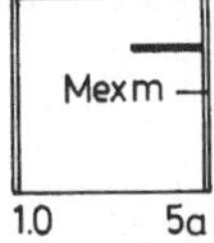

F 5.1,0.3.1

→ y : ly ; ↓ x : lx

Spalte	0.05	0.10	0.15	0.20	0.25	0.30	0.35	0.40	0.45	0.50
.05	.0000	.0000	.0000	.0000	.0001-	.0003-	.0006-	.0011-	.0038-	.0158-
.10	.0001	.0001	.0000	.0005-	.0011-	.0021-	.0035-	.0067-	.0146-	.0313-
.15	.0000	.0001	.0009-	.0020-	.0034-	.0058-	.0094-	.0155-	.0274-	.0464-
.20	.0001-	.0010-	.0024-	.0044-	.0071-	.0116-	.0170-	.0265-	.0413-	.0609-
.25	.0004-	.0023-	.0046-	.0079-	.0120-	.0188-	.0258-	.0388-	.0554-	.0746-
.30	.0015-	.0041-	.0076-	.0121-	.0176-	.0269-	.0353-	.0481-	.0661-	.0862-
.35	.0025-	.0063-	.0110-	.0169-	.0238-	.0333-	.0450-	.0585-	.0772-	.0975-
.40	.0036-	.0088-	.0148-	.0220-	.0303-	.0405-	.0545-	.0683-	.0873-	.1077-
.45	.0049-	.0109-	.0175-	.0270-	.0367-	.0472-	.0604-	.0772-	.0963-	.1167-
.50	.0063-	.0131-	.0206-	.0303-	.0429-	.0533-	.0673-	.0841-	.1041-	.1246-
.55	.0075-	.0152-	.0233-	.0339-	.0485-	.0588-	.0733-	.0907-	.1109-	.1314-
.60	.0079-	.0167-	.0257-	.0368-	.0491-	.0635-	.0785-	.0963-	.1167-	.1371-
.65	.0085-	.0181-	.0276-	.0393-	.0522-	.0669-	.0826-	.1009-	.1214-	.1417-
.70	.0089-	.0191-	.0291-	.0412-	.0546-	.0698-	.0859-	.1044-	.1251-	.1454-
.75	.0092-	.0199-	.0303-	.0430-	.0564-	.0719-	.0884-	.1071-	.1278-	.1481-
.80	.0093-	.0202-	.0310-	.0440-	.0579-	.0736-	.0902-	.1090-	.1297-	.1499-
.85	.0093-	.0204-	.0314-	.0447-	.0587-	.0746-	.0914-	.1104-	.1312-	.1514-
.90	.0092-	.0203-	.0314-	.0448-	.0591-	.0752-	.0920-	.1111-	.1319-	.1521-
.95	.0091-	.0201-	.0312-	.0447-	.0591-	.0753-	.0922-	.1114-	.1322-	.1524-
1.00	.0090-	.0199-	.0309-	.0445-	.0589-	.0752-	.0921-	.1113-	.1321-	.1524-

→ y : ly ; ↓ x : lx

Spalte	0.55	0.60	0.65	0.70	0.75	0.80	0.85	0.90	0.95	
.05	.0039-	.0012-	.0005-	.0002-	.0001-	.0000	.0000	.0000	.0000	
.10	.0149-	.0068-	.0034-	.0018-	.0010-	.0003-	.0001-	.0001-	.0002	
.15	.0277-	.0158-	.0092-	.0053-	.0030-	.0017-	.0008-	.0003-	.0003	
.20	.0412-	.0271-	.0166-	.0106-	.0064-	.0036-	.0019-	.0006-	.0003	
.25	.0548-	.0373-	.0249-	.0173-	.0107-	.0063-	.0036-	.0015-	.0001-	
.30	.0654-	.0477-	.0336-	.0248-	.0156-	.0094-	.0057-	.0025-	.0005-	
.35	.0764-	.0577-	.0415-	.0302-	.0208-	.0130-	.0082-	.0036-	.0009-	
.40	.0863-	.0669-	.0491-	.0365-	.0261-	.0159-	.0102-	.0048-	.0013-	
.45	.0951-	.0744-	.0559-	.0423-	.0312-	.0190-	.0124-	.0059-	.0015-	
.50	.1025-	.0813-	.0620-	.0475-	.0336-	.0218-	.0144-	.0070-	.0018-	
.55	.1090-	.0872-	.0672-	.0515-	.0370-	.0242-	.0158-	.0073-	.0021-	
.60	.1144-	.0921-	.0713-	.0549-	.0397-	.0262-	.0170-	.0078-	.0023-	
.65	.1188-	.0961-	.0747-	.0577-	.0420-	.0275-	.0180-	.0082-	.0024-	
.70	.1223-	.0991-	.0774-	.0598-	.0436-	.0287-	.0188-	.0086-	.0025-	
.75	.1248-	.1013-	.0793-	.0615-	.0448-	.0296-	.0194-	.0088-	.0026-	
.80	.1267-	.1031-	.0808-	.0627-	.0457-	.0302-	.0197-	.0089-	.0027-	
.85	.1279-	.1042-	.0818-	.0635-	.0463-	.0305-	.0199-	.0089-	.0027-	
.90	.1287-	.1049-	.0823-	.0639-	.0466-	.0307-	.0200-	.0089-	.0028-	
.95	.1289-	.1051-	.0825-	.0640-	.0466-	.0307-	.0200-	.0089-	.0029-	
1.00	.1288-	.1050-	.0823-	.0639-	.0465-	.0306-	.0199-	.0088-	.0029-	

Auswertung aus Pucher „Einflußfelder elastischer Platten" Tafel Nr. 65

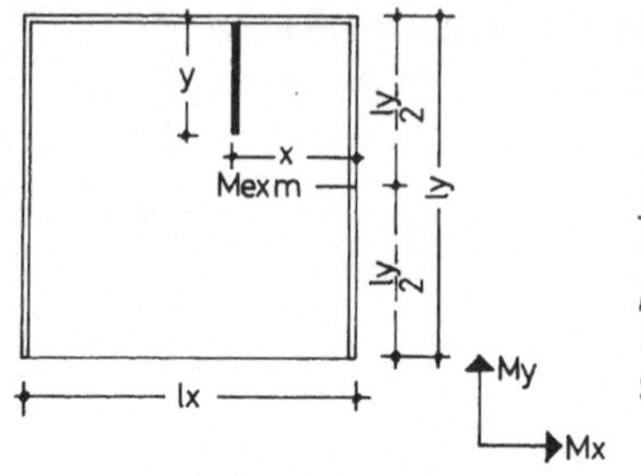

Stützmoment Mexm in Seitenmitte einer Rechteckplatte aus Linienlast in lx-Richtung.

$\frac{ly}{lx} = 1{,}0$

$\mu = 0$

Faktor = q · lx

Stützung 5a

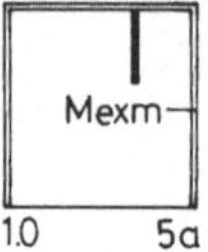

F 5.1,0.3.2

x : lx → ; y : ly ↓

Spalte										
	0.05	0.10	0.15	0.20	0.25	0.30	0.35	0.40	0.45	0.50
.05	.0001	.0001	.0000	.0001-	.0001-	.0001-	.0002-	.0002-	.0001-	.0001-
.10	.0004	.0002	.0001-	.0003-	.0004-	.0008-	.0009-	.0009-	.0008-	.0007-
.15	.0007	.0002	.0004-	.0014-	.0019-	.0024-	.0026-	.0025-	.0023-	.0019-
.20	.0009	.0000	.0019-	.0032-	.0042-	.0053-	.0054-	.0053-	.0049-	.0041-
.25	.0010	.0017-	.0039-	.0063-	.0082-	.0097-	.0098-	.0093-	.0085-	.0073-
.30	.0007	.0035-	.0073-	.0113-	.0152-	.0156-	.0156-	.0146-	.0134-	.0114-
.35	.0013-	.0068-	.0128-	.0182-	.0228-	.0233-	.0229-	.0212-	.0194-	.0167-
.40	.0035-	.0126-	.0210-	.0278-	.0326-	.0328-	.0318-	.0292-	.0265-	.0229-
.45	.0087-	.0226-	.0327-	.0398-	.0441-	.0440-	.0421-	.0381-	.0342-	.0298-
.50	.0211-	.0371-	.0477-	.0536-	.0568-	.0563-	.0533-	.0478-	.0426-	.0373-
.55	.0337-	.0512-	.0611-	.0682-	.0699-	.0667-	.0629-	.0578-	.0513-	.0438-
.60	.0388-	.0612-	.0729-	.0790-	.0812-	.0779-	.0734-	.0678-	.0600-	.0509-
.65	.0410-	.0673-	.0813-	.0886-	.0914-	.0882-	.0835-	.0773-	.0670-	.0578-
.70	.0420-	.0709-	.0869-	.0960-	.0995-	.0961-	.0910-	.0826-	.0739-	.0641-
.75	.0425-	.0726-	.0910-	.1013-	.1058-	.1029-	.0978-	.0890-	.0799-	.0698-
.80	.0426-	.0742-	.0933-	.1053-	.1104-	.1080-	.1031-	.0943-	.0849-	.0746-
.85	.0424-	.0748-	.0950-	.1078-	.1138-	.1120-	.1072-	.0983-	.0885-	.0772-
.90	.0420-	.0750-	.0957-	.1094-	.1159-	.1146-	.1100-	.1012-	.0913-	.0798-
.95	.0416-	.0748-	.0959-	.1101-	.1170-	.1160-	.1117-	.1030-	.0930-	.0814-
1.00	.0412-	.0745-	.0957-	.1101-	.1172-	.1164-	.1122-	.1036-	.0936-	.0820-

x : lx → ; y : ly ↓

Spalte										
	0.55	0.60	0.65	0.70	0.75	0.80	0.85	0.90	0.95	
.05	.0001-	.0001-	.0000	.0000	.0000	.0000	.0000	.0000	.0000	
.10	.0003-	.0003-	.0002-	.0002-	.0001-	.0001-	.0001-	.0001-	.0000	
.15	.0015-	.0012-	.0009-	.0005-	.0004-	.0003-	.0002-	.0003-	.0001-	
.20	.0032-	.0026-	.0020-	.0015-	.0009-	.0006-	.0004-	.0005-	.0001-	
.25	.0059-	.0048-	.0036-	.0027-	.0020-	.0012-	.0008-	.0008-	.0001-	
.30	.0094-	.0076-	.0059-	.0044-	.0029-	.0023-	.0012-	.0011-	.0002-	
.35	.0137-	.0112-	.0088-	.0066-	.0046-	.0035-	.0021-	.0015-	.0003-	
.40	.0190-	.0154-	.0121-	.0091-	.0065-	.0048-	.0030-	.0019-	.0004-	
.45	.0250-	.0202-	.0160-	.0120-	.0087-	.0064-	.0039-	.0024-	.0006-	
.50	.0315-	.0255-	.0198-	.0152-	.0111-	.0079-	.0050-	.0029-	.0008-	
.55	.0381-	.0310-	.0241-	.0186-	.0134-	.0096-	.0060-	.0034-	.0010-	
.60	.0431-	.0365-	.0283-	.0213-	.0158-	.0113-	.0070-	.0039-	.0012-	
.65	.0491-	.0419-	.0321-	.0243-	.0181-	.0128-	.0081-	.0044-	.0012-	
.70	.0548-	.0470-	.0357-	.0270-	.0203-	.0143-	.0090-	.0048-	.0014-	
.75	.0599-	.0491-	.0388-	.0294-	.0222-	.0155-	.0094-	.0051-	.0014-	
.80	.0632-	.0524-	.0414-	.0315-	.0236-	.0166-	.0099-	.0054-	.0014-	
.85	.0663-	.0550-	.0436-	.0329-	.0248-	.0173-	.0103-	.0056-	.0014-	
.90	.0686-	.0569-	.0450-	.0341-	.0256-	.0177-	.0105-	.0058-	.0013-	
.95	.0700-	.0581-	.0460-	.0348-	.0260-	.0179-	.0106-	.0059-	.0013-	
1.00	.0705-	.0585-	.0463-	.0349-	.0261-	.0178-	.0106-	.0060-	.0012-	

Auswertung aus Pucher „Einflußfelder elastischer Platten" Tafel Nr. 65

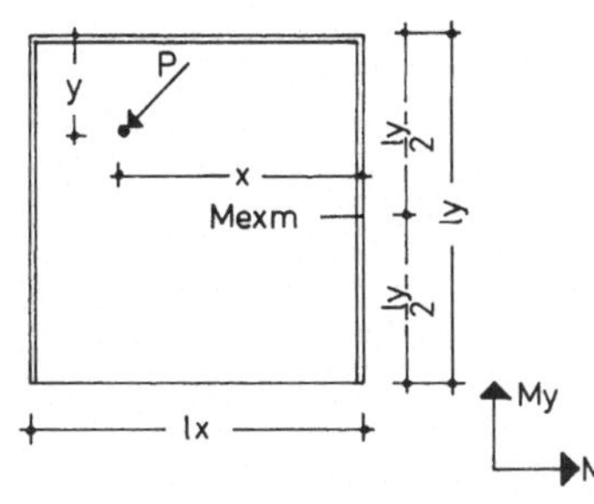

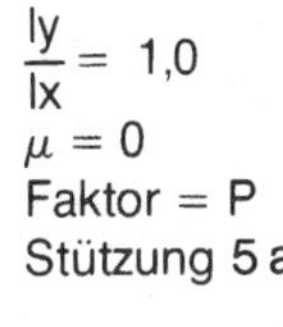

Stützmoment Mexm in Seitenmitte einer Rechteckplatte aus einer Einzellast.

$\frac{ly}{lx} = 1,0$

$\mu = 0$

Faktor = P

Stützung 5 a

F 5.1,0.3.3

x : lx →

y : ly ↓

Spalte	0.05	0.10	0.1	0.20	0.25	0.30	0.35	0.40	0.45	0.50
.05	.0034	.0016	.0011-	.0033-	.0048-	.0069-	.0074-	.0074-	.0067-	.0056-
.10	.0044	.0005-	.0064-	.0122-	.0159-	.0209-	.0228-	.0219-	.0202-	.0172-
.15	.0030	.0064-	.0160-	.0271-	.0356-	.0451-	.0457-	.0444-	.0409-	.0338-
.20	.0009-	.0160-	.0302-	.0487-	.0603-	.0717-	.0713-	.0677-	.0624-	.0536-
.25	.0072-	.0284-	.0526-	.0796-	.1077-	.1028-	.1012-	.0929-	.0847-	.0729-
.30	.0160-	.0476-	.0880-	.1174-	.1513-	.1360-	.1314-	.1194-	.1084-	.0941-
.35	.0302-	.0886-	.1339-	.1622-	.1732-	.1715-	.1611-	.1460-	.1299-	.1130-
.40	.0660-	.1513-	.1990-	.2172-	.2146-	.2047-	.1907-	.1693-	.1489-	.1278-
.45	.1592-	.2458-	.2686-	.2593-	.2449-	.2258-	.2076-	.1838-	.1636-	.1386-
.50	.3065-	.2986-	.2866-	.2747-	.2547-	.2347-	.2117-	.1905-	.1697-	.1452-
.55	.1592-	.2507-	.2696-	.2621-	.2488-	.2272-	.2106-	.1896-	.1688-	.1456-
.60	.0627-	.1556-	.1990-	.2200-	.2220-	.2105-	.2006-	.1809-	.1610-	.1389-
.65	.0297-	.0942-	.1394-	.1689-	.1833-	.1854-	.1800-	.1646-	.1456-	.1290-
.70	.0149-	.0528-	.0950-	.1269-	.1441-	.1522-	.1501-	.1411-	.1279-	.1158-
.75	.0065-	.0319-	.0628-	.0919-	.1095-	.1194-	.1208-	.1170-	.1085-	.0994-
.80	.0004-	.0178-	.0378-	.0632-	.0796-	.0903-	.0937-	.0929-	.0874-	.0796-
.85	.0033	.0080-	.0224-	.0398-	.0523-	.0652-	.0684-	.0694-	.0667-	.0617-
.90	.0046	.0015-	.0094-	.0214-	.0310-	.0398-	.0444-	.0466-	.0454-	.0427-
.95	.0035	.0012	.0019-	.0068-	.0125-	.0179-	.0216-	.0239-	.0239-	.0239-
1.00	.0000	.0000	.0000	.0000	.0000	.0000	.0000	.0000	.0000	.0000

x : lx →

y : ly ↓

Spalte	0.55	0.60	0.65	0.70	0.75	0.80	0.85	0.90	0.95	
.05	.0039-	.0030-	.0021-	.0020-	.0016-	.0012-	.0008-	.0013-	.0003-	
.10	.0134-	.0108-	.0080-	.0063-	.0048-	.0033-	.0022-	.0025-	.0005-	
.15	.0269-	.0221-	.0172-	.0127-	.0096-	.0064-	.0040-	.0037-	.0007-	
.20	.0442-	.0355-	.0271-	.0203-	.0159-	.0105-	.0063-	.0048-	.0009-	
.25	.0613-	.0499-	.0392-	.0286-	.0175-	.0156-	.0092-	.0059-	.0012-	
.30	.0780-	.0641-	.0507-	.0380-	.0255-	.0205-	.0125-	.0070-	.0016-	
.35	.0963-	.0782-	.0612-	.0464-	.0352-	.0247-	.0161-	.0080-	.0021-	
.40	.1102-	.0904-	.0707-	.0534-	.0408-	.0283-	.0180-	.0090-	.0026-	
.45	.1194-	.0989-	.0793-	.0589-	.0450-	.0313-	.0192-	.0099-	.0033-	
.50	.1238-	.1036-	.0828-	.0631-	.0476-	.0332-	.0198-	.0108-	.0036-	
.55	.1235-	.1046-	.0836-	.0658-	.0489-	.0337-	.0198-	.0104-	.0035-	
.60	.1210-	.1019-	.0819-	.0613-	.0471-	.0328-	.0192-	.0094-	.0031-	
.65	.1142-	.0955-	.0760-	.0562-	.0440-	.0303-	.0179-	.0085-	.0025-	
.70	.1029-	.0854-	.0667-	.0504-	.0398-	.0267-	.0161-	.0075-	.0017-	
.75	.0872-	.0726-	.0571-	.0440-	.0344-	.0226-	.0125-	.0064-	.0007-	
.80	.0704-	.0593-	.0470-	.0368-	.0278-	.0179-	.0092-	.0052-	.0004	
.85	.0543-	.0455-	.0367-	.0283-	.0206-	.0119-	.0063-	.0040-	.0009	
.90	.0372-	.0311-	.0250-	.0187-	.0123-	.0065-	.0038-	.0028-	.0010	
.95	.0201-	.0166-	.0134-	.0084-	.0049-	.0025-	.0017-	.0015-	.0007	
1.00	.0000	.0000	.0000	.0000	.0000	.0000	.0000	.0001-	.0000	

Auswertung aus Pucher „Einflußfelder elastischer Platten" Tafel Nr. 65

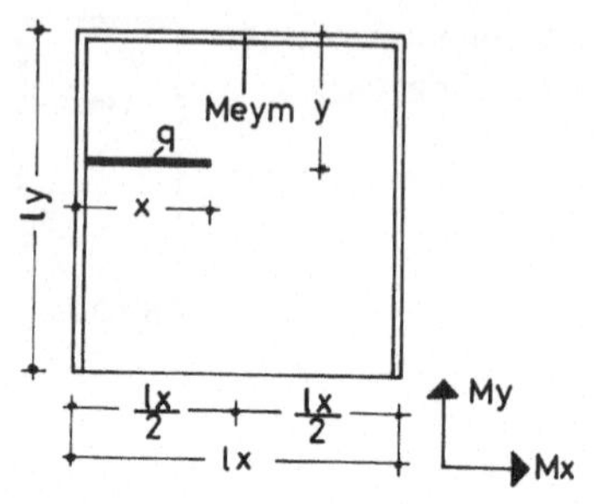

Stützmoment Meym in Seitenmitte einer Rechteckplatte aus Linienlast in lx-Richtung.
Stützung 5a

$\frac{ly}{lx} = 1{,}0$

$\mu = 0$

Faktor = q · lx

Meym

5a 1.0

F 5.1,0.4.1

y : ly →, x : lx ↓

Spalte										
	0.05	0.10	0.15	0.20	0.25	0.30	0.35	0.40	0.45	0.50
.05	.0000	.0000	.0000	.0000	.0001-	.0000	.0000	.0000	.0000	.0000
.10	.0001-	.0002-	.0001-	.0001-	.0003-	.0002-	.0002-	.0005-	.0002-	.0001-
.15	.0002-	.0004-	.0008-	.0011-	.0017-	.0018-	.0017-	.0018-	.0017-	.0014-
.20	.0004-	.0011-	.0021-	.0030-	.0040-	.0042-	.0043-	.0044-	.0040-	.0034-
.25	.0007-	.0022-	.0044-	.0060-	.0080-	.0082-	.0083-	.0081-	.0076-	.0064-
.30	.0014-	.0043-	.0081-	.0108-	.0134-	.0139-	.0136-	.0130-	.0121-	.0104-
.35	.0027-	.0079-	.0136-	.0172-	.0207-	.0212-	.0204-	.0192-	.0180-	.0156-
.40	.0050-	.0138-	.0217-	.0264-	.0302-	.0302-	.0289-	.0268-	.0249-	.0218-
.45	.0109-	.0235-	.0326-	.0378-	.0420-	.0410-	.0386-	.0355-	.0326-	.0286-
.50	.0236-	.0379-	.0473-	.0515-	.0539-	.0528-	.0491-	.0448-	.0399-	.0359-
.55	.0363-	.0523-	.0610-	.0662-	.0669-	.0630-	.0586-	.0544-	.0478-	.0416-
.60	.0420-	.0619-	.0719-	.0760-	.0776-	.0737-	.0684-	.0638-	.0553-	.0483-
.65	.0443-	.0679-	.0799-	.0849-	.0875-	.0833-	.0765-	.0697-	.0622-	.0545-
.70	.0457-	.0715-	.0853-	.0915-	.0943-	.0898-	.0834-	.0759-	.0682-	.0601-
.75	.0462-	.0732-	.0892-	.0962-	.0996-	.0954-	.0887-	.0808-	.0731-	.0632-
.80	.0467-	.0748-	.0914-	.0993-	.1037-	.0994-	.0927-	.0846-	.0758-	.0662-
.85	.0469-	.0752-	.0928-	.1012-	.1059-	.1018-	.0953-	.0871-	.0783-	.0682-
.90	.0470-	.0757-	.0934-	.1021-	.1073-	.1032-	.0966-	.0884-	.0794-	.0692-
.95	.0471-	.0758-	.0935-	.1023-	.1077-	.1036-	.0970-	.0889-	.0798-	.0696-
1.00	.0470-	.0758-	.0933-	.1020-	.1075-	.1034-	.0968-	.0887-	.0796-	.0693-

y : ly →, x : lx ↓

Spalte										
	0.55	0.60	0.65	0.70	0.75	0.80	0.85	0.90	0.95	
.05	.0000	.0000	.0000	.0000	.0000	.0000	.0000	.0000	.0000	
.10	.0002-	.0001-	.0002-	.0001-	.0001-	.0002-	.0002-	.0001-	.0000	
.15	.0014-	.0011-	.0010-	.0005-	.0004-	.0004-	.0005-	.0002-	.0001-	
.20	.0032-	.0027-	.0022-	.0017-	.0013-	.0009-	.0009-	.0004-	.0002-	
.25	.0060-	.0050-	.0041-	.0032-	.0025-	.0020-	.0014-	.0009-	.0005-	
.30	.0096-	.0080-	.0066-	.0052-	.0039-	.0031-	.0023-	.0014-	.0007-	
.35	.0138-	.0118-	.0097-	.0077-	.0058-	.0045-	.0032-	.0020-	.0010-	
.40	.0190-	.0159-	.0132-	.0107-	.0079-	.0060-	.0043-	.0028-	.0014-	
.45	.0247-	.0207-	.0171-	.0139-	.0104-	.0078-	.0056-	.0035-	.0018-	
.50	.0309-	.0257-	.0207-	.0174-	.0130-	.0097-	.0069-	.0044-	.0022-	
.55	.0371-	.0309-	.0247-	.0199-	.0152-	.0116-	.0080-	.0052-	.0026-	
.60	.0433-	.0360-	.0284-	.0231-	.0176-	.0135-	.0092-	.0060-	.0031-	
.65	.0490-	.0407-	.0319-	.0260-	.0198-	.0147-	.0103-	.0068-	.0034-	
.70	.0509-	.0429-	.0350-	.0286-	.0217-	.0161-	.0113-	.0075-	.0037-	
.75	.0544-	.0459-	.0376-	.0308-	.0229-	.0172-	.0120-	.0081-	.0039-	
.80	.0572-	.0483-	.0391-	.0318-	.0240-	.0181-	.0126-	.0079-	.0042-	
.85	.0590-	.0497-	.0404-	.0327-	.0248-	.0186-	.0130-	.0082-	.0043-	
.90	.0600-	.0506-	.0410-	.0333-	.0252-	.0189-	.0133-	.0083-	.0043-	
.95	.0603-	.0508-	.0412-	.0334-	.0252-	.0190-	.0134-	.0083-	.0044-	
1.00	.0601-	.0505-	.0411-	.0332-	.0251-	.0189-	.0134-	.0083-	.0043-	

Auswertung aus Pucher „Einflußfelder elastischer Platten" Tafel Nr. 66

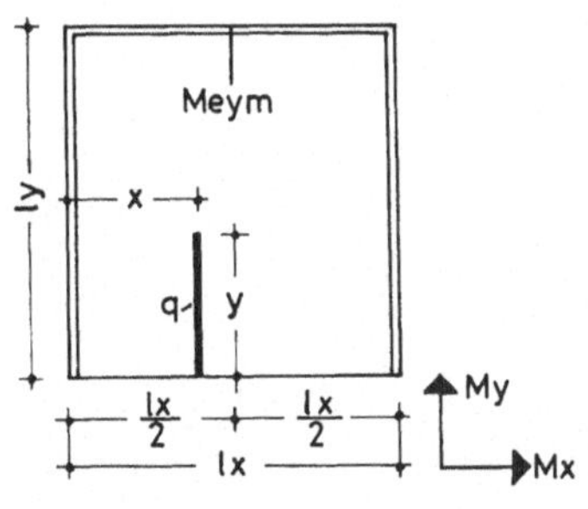

Stützmoment Meym in Seitenmitte einer Rechteckplatte aus Linienlast in ly-Richtung.
Stützung 5a

$\frac{ly}{lx} = 1,0$

$\mu = 0$

Faktor = q · ly

Meym

5a 1.0

F 5.1,0.4.2

→ x : lx, ↓ y : ly

Spalte	0.05	0.10	0.15	0.20	0.25	0.30	0.35	0.40	0.45	0.50
.05	.0000	.0000	.0000	.0001-	.0001-	.0001-	.0002-	.0002-	.0002-	.0002-
.10	.0000	.0001-	.0002-	.0003-	.0005-	.0006-	.0007-	.0008-	.0008-	.0008-
.15	.0001-	.0003-	.0004-	.0008-	.0010-	.0013-	.0015-	.0016-	.0018-	.0018-
.20	.0002-	.0005-	.0008-	.0014-	.0019-	.0023-	.0027-	.0031-	.0033-	.0034-
.25	.0003-	.0007-	.0014-	.0023-	.0031-	.0038-	.0045-	.0051-	.0054-	.0055-
.30	.0003-	.0010-	.0022-	.0034-	.0047-	.0058-	.0068-	.0075-	.0082-	.0083-
.35	.0004-	.0014-	.0032-	.0048-	.0067-	.0083-	.0098-	.0105-	.0117-	.0120-
.40	.0005-	.0019-	.0045-	.0066-	.0091-	.0114-	.0133-	.0150-	.0162-	.0165-
.45	.0006-	.0024-	.0060-	.0086-	.0120-	.0150-	.0178-	.0200-	.0214-	.0218-
.50	.0006-	.0030-	.0076-	.0110-	.0153-	.0194-	.0230-	.0258-	.0276-	.0280-
.55	.0007-	.0037-	.0091-	.0137-	.0192-	.0245-	.0290-	.0325-	.0347-	.0353-
.60	.0009-	.0044-	.0110-	.0166-	.0236-	.0301-	.0358-	.0403-	.0434-	.0441-
.65	.0011-	.0053-	.0131-	.0197-	.0285-	.0363-	.0433-	.0492-	.0529-	.0539-
.70	.0012-	.0061-	.0150-	.0227-	.0338-	.0424-	.0513-	.0590-	.0634-	.0648-
.75	.0014-	.0068-	.0171-	.0259-	.0390-	.0488-	.0597-	.0695-	.0750-	.0767-
.80	.0015-	.0074-	.0187-	.0288-	.0439-	.0550-	.0676-	.0790-	.0872-	.0899-
.85	.0015-	.0078-	.0199-	.0312-	.0457-	.0605-	.0751-	.0890-	.1003-	.1042-
.90	.0016-	.0080-	.0205-	.0319-	.0478-	.0632-	.0813-	.0971-	.1123-	.1194-
.95	.0017-	.0082-	.0207-	.0324-	.0488-	.0649-	.0834-	.1026-	.1229-	.1353-
1.00	.0018-	.0082-	.0206-	.0321-	.0487-	.0651-	.0840-	.1037-	.1258-	.1516-

→ x : lx, ↓ y : ly

Spalte	0.55	0.60	0.65	0.70	0.75	0.80	0.85	0.90	0.95	
.05	.0002-	.0002-	.0002-	.0001-	.0001-	.0001-	.0000	.0000	.0000	
.10	.0008-	.0008-	.0007-	.0006-	.0005-	.0003-	.0002-	.0001-	.0000	
.15	.0018-	.0016-	.0015-	.0013-	.0010-	.0008-	.0004-	.0003-	.0001-	
.20	.0033-	.0031-	.0027-	.0023-	.0019-	.0014-	.0008-	.0005-	.0002-	
.25	.0054-	.0051-	.0045-	.0038-	.0031-	.0023-	.0014-	.0007-	.0003-	
.30	.0082-	.0075-	.0068-	.0058-	.0047-	.0034-	.0022-	.0010-	.0003-	
.35	.0117-	.0105-	.0098-	.0083-	.0067-	.0048-	.0032-	.0014-	.0004-	
.40	.0162-	.0150-	.0133-	.0114-	.0091-	.0066-	.0045-	.0019-	.0005-	
.45	.0214-	.0200-	.0178-	.0150-	.0120-	.0086-	.0060-	.0024-	.0006-	
.50	.0276-	.0258-	.0230-	.0194-	.0153-	.0110-	.0076-	.0030-	.0006-	
.55	.0347-	.0325-	.0290-	.0245-	.0192-	.0137-	.0091-	.0037-	.0007-	
.60	.0434-	.0403-	.0358-	.0301-	.0236-	.0166-	.0110-	.0044-	.0009-	
.65	.0529-	.0492-	.0433-	.0363-	.0285-	.0197-	.0131-	.0053-	.0011-	
.70	.0634-	.0590-	.0513-	.0424-	.0338-	.0227-	.0150-	.0061-	.0012-	
.75	.0750-	.0695-	.0597-	.0488-	.0390-	.0259-	.0171-	.0068-	.0014-	
.80	.0872-	.0790-	.0676-	.0550-	.0439-	.0288-	.0187-	.0074-	.0015-	
.85	.1003-	.0890-	.0751-	.0605-	.0457-	.0312-	.0199-	.0078-	.0015-	
.90	.1123-	.0971-	.0813-	.0632-	.0478-	.0319-	.0205-	.0080-	.0016-	
.95	.1229-	.1026-	.0834-	.0649-	.0488-	.0324-	.0207-	.0082-	.0017-	
1.00	.1258-	.1037-	.0840-	.0651-	.0487-	.0321-	.0206-	.0082-	.0018-	

Auswertung aus Pucher „Einflußfelder elastischer Platten" Tafel Nr. 66

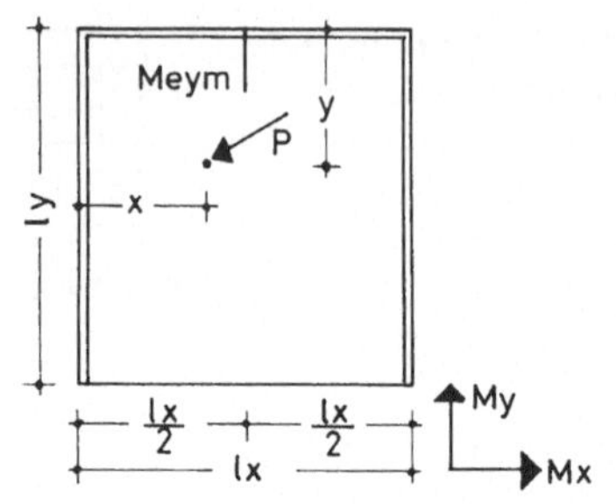

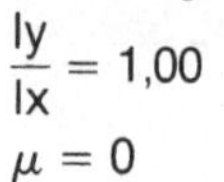

Stützmoment Meym in Seitenmitte einer Rechteckplatte aus einer Einzellast.
Stützung 5a

$$\frac{ly}{lx} = 1{,}00$$

$\mu = 0$

Faktor = P

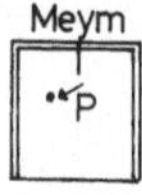

F 5.1,0.4.3

→ y : ly; ↓ x : lx

Spalte	0.05	0.10	0.15	0.20	0.25	0.30	0.35	0.40	0.45	0.50
.05	.0009-	.0017-	.0015-	.0015-	.0034-	.0027-	.0027-	.0035-	.0027-	.0019-
.10	.0021-	.0044-	.0072-	.0103-	.0144-	.0159-	.0159-	.0173-	.0159-	.0141-
.15	.0037-	.0080-	.0173-	.0263-	.0356-	.0377-	.0371-	.0372-	.0345-	.0297-
.20	.0056-	.0173-	.0357-	.0489-	.0618-	.0633-	.0649-	.0627-	.0592-	.0498-
.25	.0080-	.0319-	.0591-	.0765-	.0940-	.0962-	.0935-	.0869-	.0796-	.0697-
.30	.0184-	.0528-	.0904-	.1115-	.1262-	.1294-	.1224-	.1118-	.1045-	.0917-
.35	.0331-	.0928-	.1335-	.1545-	.1649-	.1632-	.1530-	.1377-	.1252-	.1116-
.40	.0729-	.1520-	.1869-	.2040-	.2110-	.1964-	.1802-	.1634-	.1419-	.1258-
.45	.1725-	.2389-	.2578-	.2532-	.2388-	.2180-	.1978-	.1781-	.1545-	.1343-
.50	.3139-	.3051-	.2917-	.2739-	.2517-	.2282-	.2060-	.1830-	.1594-	.1370-
.55	.1725-	.2389-	.2578-	.2532-	.2389-	.2180-	.1978-	.1781-	.1545-	.1342-
.60	.0729-	.1520-	.1869-	.2040-	.2110-	.1964-	.1802-	.1634-	.1419-	.1258-
.65	.0331-	.0928-	.1335-	.1545-	.1649-	.1632-	.1529-	.1377-	.1252-	.1116-
.70	.0184-	.0528-	.0904-	.1115-	.1262-	.1294-	.1224-	.1118-	.1044-	.0917-
.75	.0079-	.0319-	.0591-	.0765-	.0940-	.0962-	.0935-	.0869-	.0796-	.0697-
.80	.0057-	.0173-	.0357-	.0489-	.0618-	.0633-	.0649-	.0627-	.0592-	.0498-
.85	.0037-	.0080-	.0173-	.0263-	.0356-	.0377-	.0371-	.0372-	.0345-	.0297-
.90	.0021-	.0044-	.0072-	.0103-	.0144-	.0159-	.0159-	.0173-	.0159-	.0141-
.95	.0009-	.0017-	.0015-	.0015-	.0034-	.0027-	.0027-	.0035-	.0027-	.0018-
1.00	.0000	.0000	.0001-	.0000	.0000	.0000	.0000	.0000	.0000	.0000

→ y : ly; ↓ x : lx

Spalte	0.55	0.60	0.65	0.70	0.75	0.80	0.85	0.90	0.95	
.05	.0027-	.0015-	.0023-	.0016-	.0011-	.0016-	.0020-	.0009-	.0004-	
.10	.0130-	.0103-	.0088-	.0066-	.0050-	.0046-	.0043-	.0023-	.0011-	
.15	.0269-	.0239-	.0193-	.0149-	.0116-	.0089-	.0071-	.0041-	.0021-	
.20	.0455-	.0382-	.0307-	.0248-	.0192-	.0146-	.0102-	.0064-	.0033-	
.25	.0631-	.0533-	.0435-	.0342-	.0259-	.0200-	.0137-	.0090-	.0046-	
.30	.0783-	.0671-	.0548-	.0448-	.0327-	.0248-	.0173-	.0113-	.0057-	
.35	.0947-	.0796-	.0642-	.0532-	.0398-	.0293-	.0204-	.0130-	.0067-	
.40	.1069-	.0898-	.0718-	.0593-	.0451-	.0333-	.0228-	.0143-	.0076-	
.45	.1141-	.0959-	.0775-	.0631-	.0485-	.0359-	.0245-	.0150-	.0082-	
.50	.1166-	.0979-	.0812-	.0647-	.0500-	.0367-	.0254-	.0153-	.0084-	
.55	.1141-	.0959-	.0775-	.0632-	.0485-	.0359-	.0245-	.0151-	.0082-	
.60	.1068-	.0898-	.0717-	.0593-	.0451-	.0334-	.0228-	.0143-	.0076-	
.65	.0947-	.0797-	.0642-	.0532-	.0398-	.0293-	.0204-	.0131-	.0067-	
.70	.0782-	.0671-	.0548-	.0448-	.0326-	.0248-	.0174-	.0113-	.0057-	
.75	.0631-	.0533-	.0436-	.0342-	.0259-	.0200-	.0137-	.0091-	.0046-	
.80	.0455-	.0382-	.0307-	.0248-	.0192-	.0146-	.0102-	.0064-	.0033-	
.85	.0269-	.0239-	.0193-	.0149-	.0116-	.0089-	.0071-	.0041-	.0021-	
.90	.0130-	.0103-	.0088-	.0066-	.0050-	.0046-	.0043-	.0023-	.0011-	
.95	.0027-	.0015-	.0023-	.0016-	.0011-	.0016-	.0020-	.0009-	.0004-	
1.00	.0000	.0000	.0000	.0000	.0000	.0000	.0000	.0001	.0000	

Auswertung aus Pucher „Einflußfelder elastischer Platten" Tafel Nr. 66

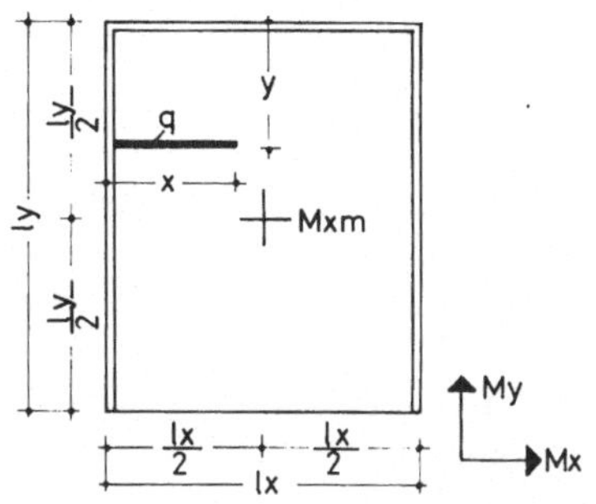

Feldmoment Mxm in Feldmitte einer Rechteckplatte aus Linienlast in lx-Richtung.
Stützung 5a

$\frac{ly}{lx} = 1{,}2$

$\mu = 0$

Faktor = q · lx

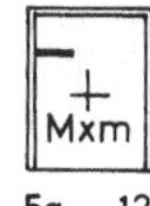

5a 1.2

F 5.1,2.1.1

→ y : ly

↓ x : lx

Spalte										
	0.05	0.10	0.15	0.20	0.25	0.30	0.35	0.40	0.45	0.50
.05	.0000	.0000	.0000	.0001	.0001	.0000	.0000	.0000	.0001-	.0001-
.10	.0001	.0001	.0002	.0002	.0002	.0002	.0000	.0001-	.0002-	.0002-
.15	.0002	.0003	.0004	.0006	.0006	.0004	.0001	.0002-	.0003-	.0002-
.20	.0003	.0006	.0008	.0010	.0011	.0009	.0004	.0000	.0002-	.0000
.25	.0004	.0009	.0013	.0017	.0021	.0021	.0017	.0012	.0008	.0006
.30	.0006	.0012	.0019	.0027	.0034	.0035	.0031	.0024	.0020	.0017
.35	.0009	.0017	.0027	.0040	.0050	.0055	.0052	.0044	.0038	.0034
.40	.0011	.0021	.0036	.0055	.0070	.0080	.0080	.0076	.0065	.0062
.45	.0012	.0026	.0046	.0071	.0092	.0110	.0124	.0127	.0118	.0112
.50	.0014	.0032	.0058	.0088	.0117	.0144	.0174	.0196	.0203	.0208
.55	.0015	.0036	.0069	.0106	.0141	.0177	.0228	.0256	.0287	.0303
.60	.0017	.0041	.0080	.0122	.0163	.0207	.0262	.0311	.0338	.0353
.65	.0019	.0046	.0091	.0136	.0183	.0232	.0292	.0338	.0367	.0382
.70	.0021	.0050	.0094	.0149	.0198	.0252	.0311	.0357	.0386	.0398
.75	.0023	.0054	.0100	.0158	.0211	.0265	.0327	.0370	.0397	.0409
.80	.0025	.0057	.0105	.0165	.0220	.0275	.0337	.0378	.0404	.0415
.85	.0025	.0059	.0109	.0170	.0226	.0281	.0342	.0382	.0406	.0417
.90	.0026	.0061	.0111	.0173	.0229	.0284	.0343	.0381	.0405	.0417
.95	.0027	.0062	.0112	.0175	.0231	.0285	.0342	.0379	.0402	.0416
1.00	.0027	.0063	.0112	.0175	.0231	.0284	.0340	.0377	.0399	.0415

→ y : ly

↓ x : lx

Spalte										
	0.55	0.60	0.65	0.70	0.75	0.80	0.85	0.90	0.95	
.05	.0001-	.0000	.0000	.0000	.0001	.0001	.0001	.0001	.0000	
.10	.0002-	.0000	.0001	.0002	.0003	.0004	.0003	.0002	.0002	
.15	.0003-	.0001	.0003	.0005	.0007	.0008	.0007	.0005	.0003	
.20	.0002-	.0004	.0007	.0014	.0015	.0015	.0012	.0009	.0006	
.25	.0009	.0015	.0020	.0024	.0025	.0024	.0020	.0014	.0009	
.30	.0020	.0028	.0035	.0041	.0041	.0036	.0029	.0020	.0013	
.35	.0038	.0048	.0057	.0063	.0061	.0052	.0041	.0028	.0017	
.40	.0065	.0081	.0091	.0092	.0087	.0072	.0055	.0036	.0021	
.45	.0120	.0136	.0137	.0127	.0116	.0094	.0071	.0046	.0026	
.50	.0210	.0212	.0193	.0168	.0148	.0118	.0087	.0057	.0032	
.55	.0299	.0273	.0253	.0208	.0176	.0139	.0100	.0068	.0036	
.60	.0352	.0334	.0310	.0244	.0204	.0161	.0115	.0078	.0040	
.65	.0381	.0361	.0322	.0273	.0230	.0181	.0129	.0088	.0045	
.70	.0399	.0377	.0342	.0295	.0251	.0195	.0141	.0092	.0049	
.75	.0411	.0394	.0360	.0311	.0264	.0208	.0152	.0098	.0053	
.80	.0417	.0402	.0369	.0322	.0274	.0217	.0157	.0103	.0056	
.85	.0420	.0406	.0375	.0329	.0282	.0223	.0162	.0107	.0058	
.90	.0419	.0407	.0378	.0333	.0286	.0228	.0166	.0110	.0060	
.95	.0417	.0406	.0378	.0334	.0288	.0231	.0168	.0111	.0062	
1.00	.0414	.0405	.0377	.0334	.0289	.0231	.0169	.0112	.0062	

Auswertung aus Pucher „Einflußfelder elastischer Platten" Tafel Nr. 67

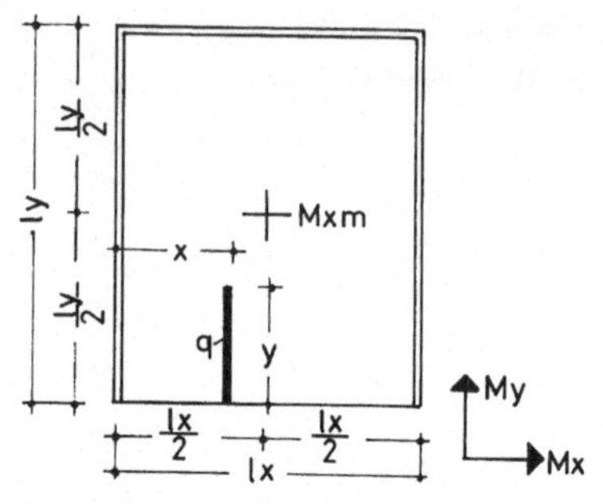

Feldmoment Mxm in Feldmitte einer Rechteckplatte aus Linienlast in ly-Richtung.
mit Stützung 5a

$\frac{ly}{lx} = 1{,}2$

$\mu = 0$

Faktor = q · ly

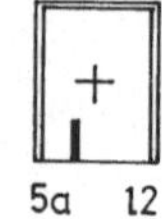

F 5.1,2.1.2

→ x : lx ; ↓ y : ly

Spalte										
	0.05	0.10	0.15	0.20	0.25	0.30	0.35	0.40	0.45	0.50
.05	.0000	.0001	.0001	.0001	.0002	.0002	.0002	.0003	.0003	.0003
.10	.0001	.0002	.0004	.0005	.0006	.0007	.0009	.0010	.0010	.0010
.15	.0002	.0005	.0008	.0010	.0013	.0015	.0019	.0021	.0023	.0023
.20	.0004	.0009	.0013	.0017	.0022	.0027	.0034	.0039	.0042	.0043
.25	.0006	.0012	.0017	.0024	.0034	.0043	.0054	.0062	.0069	.0070
.30	.0007	.0015	.0022	.0032	.0046	.0062	.0078	.0092	.0103	.0107
.35	.0008	.0018	.0027	.0039	.0059	.0083	.0104	.0129	.0150	.0154
.40	.0008	.0020	.0031	.0045	.0070	.0103	.0127	.0171	.0210	.0216
.45	.0008	.0019	.0034	.0049	.0081	.0113	.0149	.0212	.0273	.0302
.50	.0007	.0018	.0035	.0052	.0091	.0127	.0169	.0249	.0338	.0422
.55	.0005	.0017	.0035	.0057	.0099	.0139	.0188	.0284	.0402	.0538
.60	.0003	.0015	.0038	.0061	.0110	.0153	.0209	.0326	.0464	.0619
.65	.0004	.0018	.0041	.0066	.0123	.0172	.0230	.0367	.0520	.0677
.70	.0005	.0020	.0046	.0071	.0136	.0188	.0263	.0399	.0560	.0719
.75	.0006	.0023	.0050	.0077	.0148	.0205	.0283	.0423	.0588	.0750
.80	.0008	.0027	.0054	.0084	.0160	.0216	.0299	.0443	.0607	.0771
.85	.0008	.0028	.0057	.0089	.0160	.0224	.0310	.0455	.0623	.0785
.90	.0009	.0029	.0060	.0092	.0164	.0230	.0316	.0463	.0631	.0793
.95	.0009	.0031	.0062	.0094	.0166	.0232	.0318	.0465	.0634	.0796
1.00	.0010	.0031	.0063	.0095	.0166	.0233	.0319	.0465	.0633	.0797

→ x : lx ; ↓ y : ly

Spalte										
	0.55	0.60	0.65	0.70	0.75	0.80	0.85	0.90	0.95	
.05	.0003	.0003	.0002	.0002	.0002	.0001	.0001	.0001	.0000	
.10	.0010	.0010	.0009	.0007	.0006	.0005	.0004	.0002	.0001	
.15	.0023	.0021	.0019	.0015	.0013	.0010	.0008	.0005	.0002	
.20	.0042	.0039	.0034	.0027	.0022	.0017	.0013	.0009	.0004	
.25	.0069	.0062	.0054	.0043	.0034	.0024	.0017	.0012	.0006	
.30	.0103	.0092	.0078	.0062	.0046	.0032	.0022	.0015	.0007	
.35	.0150	.0129	.0104	.0083	.0059	.0039	.0027	.0018	.0008	
.40	.0210	.0171	.0127	.0103	.0070	.0045	.0031	.0020	.0008	
.45	.0273	.0212	.0149	.0113	.0081	.0049	.0034	.0019	.0008	
.50	.0338	.0249	.0169	.0127	.0091	.0052	.0035	.0018	.0007	
.55	.0402	.0284	.0188	.0139	.0099	.0057	.0035	.0017	.0005	
.60	.0464	.0326	.0209	.0153	.0110	.0061	.0038	.0015	.0003	
.65	.0520	.0367	.0230	.0172	.0123	.0066	.0041	.0018	.0004	
.70	.0560	.0399	.0263	.0188	.0136	.0071	.0046	.0020	.0005	
.75	.0588	.0423	.0283	.0205	.0148	.0077	.0050	.0023	.0006	
.80	.0607	.0443	.0299	.0216	.0160	.0084	.0054	.0027	.0008	
.85	.0623	.0455	.0310	.0224	.0160	.0089	.0057	.0028	.0008	
.90	.0631	.0463	.0316	.0230	.0164	.0092	.0060	.0029	.0009	
.95	.0634	.0465	.0318	.0232	.0166	.0094	.0062	.0031	.0009	
1.00	.0633	.0465	.0319	.0233	.0166	.0095	.0063	.0031	.0010	

Auswertung aus Pucher „Einflußfelder elastischer Platten" Tafel Nr. 67

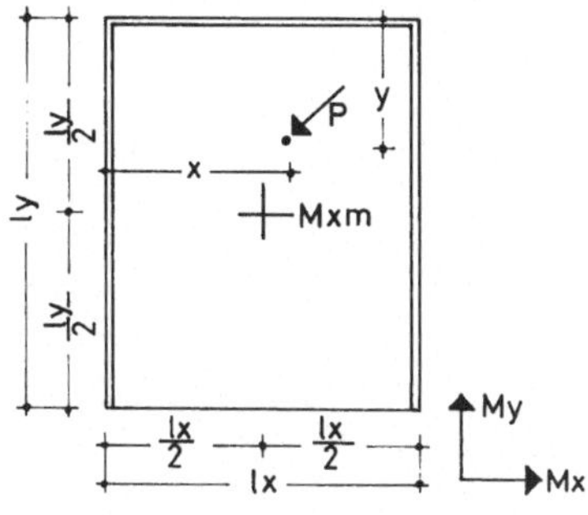

Feldmoment Mxm in Feldmitte einer Rechteckplatte aus einer Einzellast.
Stützung 5a

$\frac{ly}{lx} = 1{,}2$

$\mu = 0$

Faktor = P

Mxm
5a 1.2

F 5.1,2.1.3

→ y : ly, ↓ x : lx

Spalte										
	0.05	0.10	0.15	0.20	0.25	0.30	0.35	0.40	0.45	0.50
.05	.0008	.0015	.0019	.0024	.0024	.0017	.0000	.0013-	.0017-	.0023-
.10	.0015	.0029	.0039	.0052	.0055	.0047	.0023	.0002	.0008-	.0019-
.15	.0021	.0042	.0061	.0084	.0095	.0092	.0069	.0043	.0027	.0014
.20	.0026	.0054	.0085	.0119	.0143	.0150	.0138	.0110	.0087	.0074
.25	.0035	.0066	.0111	.0159	.0218	.0242	.0236	.0204	.0176	.0163
.30	.0039	.0076	.0138	.0220	.0292	.0333	.0341	.0313	.0287	.0273
.35	.0038	.0086	.0167	.0272	.0358	.0442	.0500	.0488	.0450	.0423
.40	.0032	.0095	.0194	.0316	.0417	.0543	.0726	.0813	.0763	.0737
.45	.0035	.0103	.0209	.0338	.0468	.0637	.0919	.1183	.1330	.1322
.50	.0036	.0110	.0215	.0346	.0511	.0723	.0979	.1369	.1910	.2588*
.55	.0035	.0102	.0210	.0339	.0468	.0637	.0919	.1183	.1330	.1322
.60	.0032	.0094	.0194	.0315	.0417	.0543	.0726	.0813	.0763	.0737
.65	.0038	.0086	.0167	.0272	.0358	.0442	.0500	.0488	.0449	.0423
.70	.0039	.0076	.0137	.0219	.0292	.0333	.0341	.0313	.0287	.0273
.75	.0035	.0066	.0111	.0158	.0218	.0242	.0236	.0204	.0176	.0163
.80	.0026	.0054	.0085	.0119	.0143	.0150	.0138	.0110	.0087	.0074
.85	.0021	.0042	.0062	.0084	.0095	.0092	.0069	.0043	.0027	.0014
.90	.0015	.0028	.0040	.0052	.0055	.0047	.0023	.0002	.0008-	.0019-
.95	.0008	.0014	.0020	.0024	.0024	.0017	.0000	.0013-	.0017-	.0024-
1,00	.0000	.0002-	.0001	.0000	.0000	.0000	.0000	.0000	.0000	.0001-

→ y : ly, ↓ x : lx

Spalte										
	0.55	0.60	0.65	0.70	0.75	0.80	0.85	0.90	0.95	
.05	.0016-	.0001-	.0010	.0022	.0031	.0036	.0030	.0021	.0015	
.10	.0006-	.0020	.0039	.0058	.0070	.0074	.0061	.0043	.0029	
.15	.0030	.0060	.0087	.0109	.0117	.0112	.0094	.0066	.0042	
.20	.0092	.0122	.0154	.0175	.0173	.0152	.0127	.0089	.0054	
.25	.0180	.0211	.0242	.0267	.0253	.0212	.0164	.0113	.0065	
.30	.0286	.0320	.0364	.0385	.0358	.0283	.0214	.0138	.0075	
.35	.0450	.0503	.0544	.0511	.0452	.0354	.0254	.0164	.0084	
.40	.0763	.0851	.0806	.0643	.0531	.0409	.0284	.0186	.0092	
.45	.1361	.1279	.1011	.0782	.0593	.0448	.0303	.0199	.0100	
.50	.2064	.1443	.1079	.0817	.0640	.0471	.0312	.0203	.0106	
.55	.1361	.1279	.1011	.0782	.0593	.0448	.0303	.0199	.0099	
.60	.0763	.0851	.0806	.0643	.0531	.0408	.0284	.0186	.0092	
.65	.0449	.0503	.0545	.0511	.0452	.0354	.0254	.0164	.0084	
.70	.0286	.0320	.0364	.0385	.0358	.0283	.0214	.0138	.0076	
.75	.0180	.0211	.0242	.0267	.0253	.0212	.0164	.0113	.0066	
.80	.0092	.0122	.0154	.0175	.0173	.0152	.0127	.0089	.0055	
.85	.0030	.0060	.0087	.0109	.0117	.0112	.0094	.0066	.0043	
.90	.0006-	.0019	.0039	.0058	.0070	.0074	.0061	.0043	.0030	
.95	.0016-	.0001-	.0010	.0021	.0031	.0036	.0030	.0021	.0017	
1,00	.0000	.0001-	.0000	.0001-	.0000	.0000	.0000	.0001-	.0002	

Auswertung aus Pucher „Einflußfelder elastischer Platten" Tafel Nr. 67

* bezw. theoretisch ∞

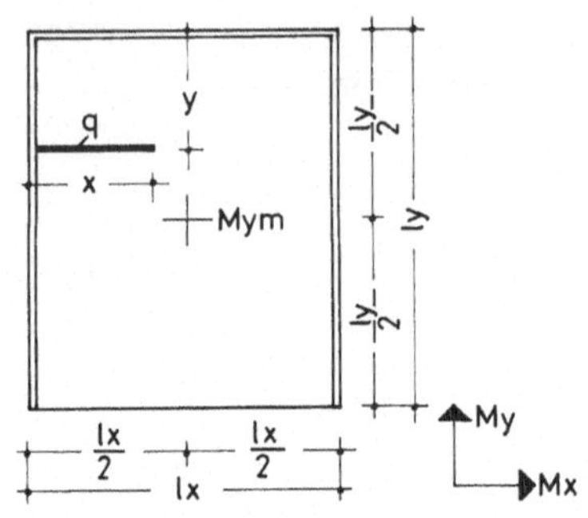

Feldmoment Mym in Feldmitte einer Rechteckplatte aus Linienlast in lx-Richtung.

$\frac{ly}{lx} = 1{,}2$

$\mu = 0$

Faktor = q · lx

Stützung 5a

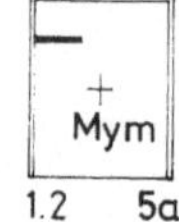

1.2 5a

F 5.1,2.2.1

→ y : ly ; ↓ x : lx

Spalte										
	0.05	0.10	0.15	0.20	0.25	0.30	0.35	0.40	0.45	0.50
.05	.0000	.0001-	.0001-	.0001-	.0000	.0000	.0000	.0000	.0000	.0001
.10	.0001-	.0002-	.0004-	.0003-	.0001-	.0000	.0000	.0001	.0002	.0004
.15	.0002-	.0005-	.0009-	.0006-	.0002-	.0000	.0002	.0003	.0006	.0010
.20	.0003-	.0008-	.0015-	.0010-	.0003-	.0001	.0004	.0012	.0018	.0021
.25	.0004-	.0012-	.0016-	.0014-	.0005-	.0004	.0009	.0023	.0035	.0039
.30	.0006-	.0017-	.0021-	.0017-	.0007-	.0007	.0022	.0040	.0060	.0065
.35	.0007-	.0020-	.0027-	.0022-	.0009-	.0011	.0035	.0063	.0094	.0100
.40	.0008-	.0024-	.0032-	.0028-	.0011-	.0015	.0046	.0086	.0136	.0149
.45	.0010-	.0030-	.0039-	.0034-	.0014-	.0017	.0056	.0107	.0181	.0220
.50	.0011-	.0035-	.0047-	.0040-	.0017-	.0019	.0066	.0126	.0228	.0331
.55	.0012-	.0041-	.0054-	.0046-	.0019-	.0020	.0074	.0144	.0248	.0443
.60	.0013-	.0046-	.0061-	.0052-	.0022-	.0021	.0083	.0163	.0271	.0513
.65	.0015-	.0052-	.0067-	.0057-	.0024-	.0028	.0099	.0193	.0287	.0562
.70	.0016-	.0054-	.0073-	.0063-	.0027-	.0031	.0111	.0216	.0297	.0598
.75	.0017-	.0058-	.0077-	.0066-	.0029-	.0035	.0120	.0232	.0305	.0623
.80	.0019-	.0062-	.0082-	.0070-	.0030-	.0037	.0126	.0243	.0335	.0641
.85	.0020-	.0065-	.0086-	.0074-	.0031-	.0038	.0130	.0250	.0345	.0652
.90	.0021-	.0068-	.0090-	.0077-	.0032-	.0038	.0131	.0253	.0350	.0659
.95	.0022-	.0070-	.0094-	.0079-	.0033-	.0038	.0130	.0254	.0352	.0662
1.00	.0022-	.0071-	.0096-	.0081-	.0033-	.0038	.0129	.0252	.0350	.0662

→ y : ly ; ↓ x : lx

Spalte										
	0.55	0.60	0.65	0.70	0.75	0.80	0.85	0.90	0.95	
.05	.0001	.0001	.0001	.0001	.0000	.0000	.0000	.0001-	.0000	
.10	.0004	.0004	.0003	.0002	.0001	.0000	.0001-	.0002-	.0002-	
.15	.0012	.0011	.0007	.0006	.0002	.0001-	.0003-	.0005-	.0004-	
.20	.0024	.0022	.0017	.0010	.0004	.0002-	.0005-	.0009-	.0008-	
.25	.0042	.0037	.0029	.0017	.0007	.0003-	.0009-	.0014-	.0012-	
.30	.0066	.0058	.0044	.0026	.0010	.0004-	.0013-	.0019-	.0016-	
.35	.0098	.0083	.0061	.0036	.0013	.0007-	.0019-	.0025-	.0021-	
.40	.0137	.0109	.0077	.0043	.0015	.0009-	.0024-	.0031-	.0026-	
.45	.0177	.0130	.0091	.0048	.0014	.0014-	.0030-	.0037-	.0031-	
.50	.0217	.0149	.0103	.0053	.0013	.0018-	.0037-	.0044-	.0036-	
.55	.0257	.0166	.0114	.0057	.0013	.0023-	.0043-	.0050-	.0041-	
.60	.0296	.0185	.0126	.0062	.0013	.0026-	.0049-	.0056-	.0046-	
.65	.0335	.0219	.0147	.0073	.0014	.0029-	.0056-	.0062-	.0051-	
.70	.0367	.0245	.0164	.0082	.0017	.0031-	.0061-	.0068-	.0056-	
.75	.0392	.0265	.0179	.0090	.0020	.0033-	.0066-	.0073-	.0061-	
.80	.0410	.0280	.0191	.0097	.0024	.0034-	.0066-	.0078-	.0063-	
.85	.0422	.0291	.0199	.0102	.0024	.0035-	.0069-	.0082-	.0066-	
.90	.0429	.0298	.0204	.0105	.0025	.0035-	.0070-	.0085-	.0069-	
.95	.0432	.0301	.0206	.0107	.0026	.0035-	.0071-	.0086-	.0070-	
1.00	.0432	.0301	.0206	.0107	.0026	.0035-	.0071-	.0087-	.0071-	

Auswertung aus Pucher „Einflußfelder elastischer Platten" Tafel Nr. 68

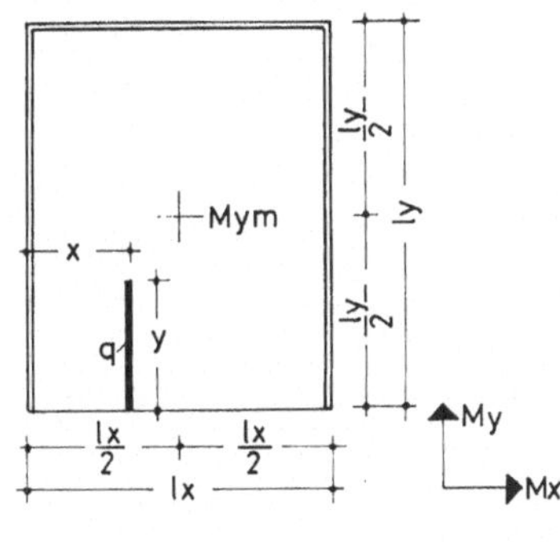

Feldmoment Mym in Feldmitte einer Rechteckplatte aus Linienlast in ly-Richtung.

$\frac{ly}{lx} = 1,2$

$\mu = 0$

Faktor = q · ly

Stützung 5a

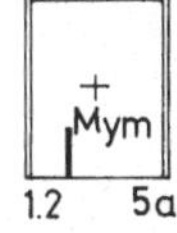

F 5.1,2.2.2

x : lx →

y : ly ↓

Spalte										
	0.05	0.10	0.15	0.20	0.25	0.30	0.35	0.40	0.45	0.50
.05	.0000	.0001-	.0002-	.0002-	.0002-	.0003-	.0003-	.0003-	.0003-	.0003-
.10	.0002-	.0004-	.0006-	.0006-	.0007-	.0008-	.0008-	.0010-	.0011-	.0011-
.15	.0003-	.0005-	.0008-	.0010-	.0012-	.0014-	.0015-	.0014-	.0015-	.0015-
.20	.0005-	.0006-	.0010-	.0012-	.0015-	.0017-	.0018-	.0019-	.0021-	.0021-
.25	.0004-	.0006-	.0009-	.0012-	.0014-	.0017-	.0020-	.0021-	.0023-	.0023-
.30	.0003-	.0004-	.0006-	.0008-	.0009-	.0011-	.0015-	.0017-	.0020-	.0021-
.35	.0002-	.0001-	.0001-	.0001	.0001	.0000	.0003-	.0006-	.0012-	.0013-
.40	.0000	.0003	.0007	.0015	.0016	.0019	.0018	.0013	.0003	.0003
.45	.0001	.0008	.0016	.0032	.0035	.0044	.0051	.0042	.0024	.0026
.50	.0003	.0012	.0025	.0044	.0058	.0075	.0094	.0098	.0105	.0129
.55	.0005	.0016	.0032	.0058	.0079	.0106	.0130	.0174	.0231	.0311
.60	.0007	.0019	.0038	.0070	.0096	.0132	.0164	.0183	.0208	.0255
.65	.0009	.0021	.0042	.0076	.0107	.0145	.0179	.0199	.0216	.0264
.70	.0010	.0022	.0044	.0079	.0112	.0152	.0186	.0209	.0229	.0274
.75	.0006	.0021	.0044	.0079	.0113	.0153	.0187	.0209	.0228	.0273
.80	.0005	.0020	.0042	.0077	.0110	.0150	.0183	.0205	.0223	.0268
.85	.0002	.0017	.0039	.0073	.0106	.0145	.0178	.0199	.0217	.0261
.90	.0001-	.0014	.0036	.0070	.0102	.0139	.0172	.0192	.0209	.0252
.95	.0003-	.0013	.0034	.0068	.0100	.0138	.0171	.0191	.0207	.0251
1.00	.0005-	.0013	.0034	.0068	.0099	.0138	.0171	.0191	.0208	.0252

x : lx →

y : ly ↓

Spalte										
	0.55	0.60	0.65	0.70	0.75	0.80	0.85	0.90	0.95	
.05	.0003-	.0003-	.0003-	.0003-	.0002-	.0002-	.0002-	.0001-	.0000	
.10	.0011-	.0010-	.0008-	.0008-	.0007-	.0006-	.0006-	.0004-	.0002-	
.15	.0015-	.0014-	.0015-	.0014-	.0012-	.0010-	.0008-	.0005-	.0003-	
.20	.0021-	.0019-	.0018-	.0017-	.0015-	.0012-	.0010-	.0006-	.0005-	
.25	.0023-	.0021-	.0020-	.0017-	.0014-	.0012-	.0009-	.0006-	.0004-	
.30	.0020-	.0017-	.0015-	.0011-	.0009-	.0008-	.0006-	.0004-	.0003-	
.35	.0012-	.0006-	.0003-	.0000	.0001	.0001	.0001-	.0001-	.0002-	
.40	.0003	.0013	.0018	.0019	.0016	.0015	.0007	.0003	.0000	
.45	.0024	.0042	.0051	.0044	.0035	.0032	.0016	.0008	.0001	
.50	.0105	.0098	.0094	.0075	.0058	.0044	.0025	.0012	.0003	
.55	.0231	.0174	.0130	.0106	.0079	.0058	.0032	.0016	.0005	
.60	.0208	.0183	.0164	.0132	.0096	.0070	.0038	.0019	.0007	
.65	.0216	.0199	.0179	.0145	.0107	.0076	.0042	.0021	.0009	
.70	.0229	.0209	.0186	.0152	.0112	.0079	.0044	.0022	.0010	
.75	.0228	.0209	.0187	.0153	.0113	.0079	.0044	.0021	.0006	
.80	.0223	.0205	.0183	.0150	.0110	.0077	.0042	.0020	.0005	
.85	.0217	.0199	.0178	.0145	.0106	.0073	.0039	.0017	.0002	
.90	.0209	.0192	.0172	.0139	.0102	.0070	.0036	.0014	.0001-	
.95	.0207	.0191	.0171	.0138	.0100	.0068	.0034	.0013	.0003-	
1.00	.0208	.0191	.0171	.0138	.0099	.0068	.0034	.0013	.0005-	

Auswertung aus Pucher „Einflußfelder elastischer Platten" Tafel Nr. 68

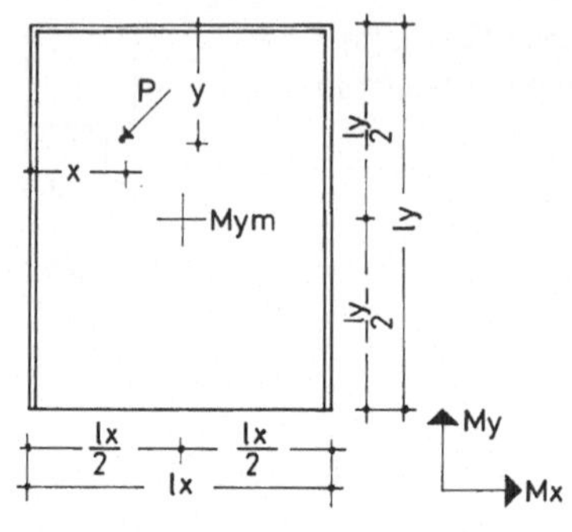

Feldmoment Mym in Feldmitte einer Rechteckplatte aus einer Einzellast.

$\frac{ly}{lx} = 1{,}2$

$\mu = 0$

Faktor = P

Stützung 5a

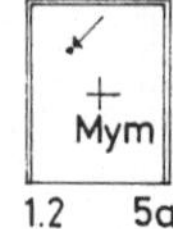

F 5.1,2.2.3

→ y : ly, ↓ x : lx

Spalte										
	0.05	0.10	0.15	0.20	0.25	0.30	0.35	0.40	0.45	0.50
.05	.0009-	.0022-	.0043-	.0027-	.0008-	.0000	.0005	.0009	.0019	.0031
.10	.0016-	.0041-	.0071-	.0049-	.0015-	.0006	.0023	.0044	.0072	.0090
.15	.0022-	.0056-	.0084-	.0064-	.0022-	.0017	.0054	.0104	.0159	.0177
.20	.0026-	.0068-	.0081-	.0075-	.0029-	.0032	.0099	.0186	.0255	.0282
.25	.0027-	.0076-	.0090-	.0080-	.0035-	.0053	.0156	.0274	.0402	.0427
.30	.0027-	.0080-	.0102-	.0093-	.0040-	.0067	.0217	.0391	.0593	.0611
.35	.0027-	.0091-	.0114-	.0105-	.0046-	.0073	.0243	.0481	.0729	.0821
.40	.0026-	.0099-	.0128-	.0115-	.0051-	.0073	.0231	.0454	.0807	.1153
.45	.0025-	.0104-	.0143-	.0121-	.0055-	.0045	.0201	.0412	.0830	.1757
.50	.0025-	.0106-	.0159-	.0123-	.0059-	.0036	.0191	.0398	.0796	.2588*
.55	.0025-	.0104-	.0143-	.0121-	.0055-	.0045	.0201	.0412	.0581	.1757
.60	.0026-	.0099-	.0128-	.0115-	.0051-	.0073	.0231	.0454	.0423	.1153
.65	.0027-	.0091-	.0114-	.0106-	.0046-	.0073	.0243	.0481	.0322	.0821
.70	.0027-	.0080-	.0101-	.0093-	.0040-	.0067	.0216	.0391	.0279	.0611
.75	.0027-	.0076-	.0089-	.0079-	.0035-	.0054	.0157	.0274	.0294	.0427
.80	.0026-	.0068-	.0081-	.0075-	.0029-	.0033	.0099	.0186	.0255	.0282
.85	.0022-	.0056-	.0084-	.0064-	.0022-	.0017	.0054	.0104	.0159	.0177
.90	.0016-	.0041-	.0071-	.0048-	.0015-	.0006	.0023	.0043	.0072	.0090
.95	.0009-	.0022-	.0044-	.0027-	.0008-	.0001	.0005	.0009	.0019	.0031
1.00	.0000	.0000	.0000	.0000	.0000	.0000	.0000	.0000	.0000	.0000

→ y : ly, ↓ x : lx

Spalte										
	0.55	0.60	0.65	0.70	0.75	0.80	0.85	0.90	0.95	
.05	.0040	.0038	.0028	.0024	.0009	.0003-	.0012-	.0024-	.0020-	
.10	.0105	.0097	.0074	.0052	.0020	.0008-	.0026-	.0047-	.0039-	
.15	.0192	.0175	.0137	.0084	.0033	.0015-	.0042-	.0071-	.0058-	
.20	.0295	.0265	.0207	.0119	.0047	.0022-	.0060-	.0087-	.0076-	
.25	.0425	.0360	.0268	.0158	.0057	.0031-	.0081-	.0098-	.0085-	
.30	.0567	.0455	.0318	.0179	.0055	.0041-	.0095-	.0107-	.0090-	
.35	.0717	.0549	.0349	.0166	.0040	.0053-	.0106-	.0116-	.0095-	
.40	.0796	.0474	.0301	.0132	.0013	.0066-	.0115-	.0123-	.0098-	
.45	.0796	.0419	.0264	.0111	.0005-	.0081-	.0119-	.0128-	.0099-	
.50	.0796	.0400	.0251	.0104	.0014-	.0086-	.0121-	.0133-	.0100-	
.55	.0796	.0419	.0264	.0111	.0005-	.0081-	.0119-	.0128-	.0099-	
.60	.0796	.0474	.0302	.0132	.0013	.0067-	.0115-	.0122-	.0097-	
.65	.0717	.0549	.0349	.0166	.0040	.0054-	.0107-	.0115-	.0094-	
.70	.0567	.0455	.0318	.0179	.0055	.0042-	.0096-	.0107-	.0089-	
.75	.0425	.0360	.0268	.0158	.0057	.0031-	.0081-	.0098-	.0083-	
.80	.0295	.0265	.0207	.0119	.0047	.0022-	.0060-	.0088-	.0076-	
.85	.0191	.0175	.0137	.0084	.0033	.0014-	.0042-	.0071-	.0058-	
.90	.0105	.0097	.0074	.0052	.0020	.0008-	.0026-	.0047-	.0039-	
.95	.0040	.0038	.0028	.0024	.0009	.0003-	.0012-	.0024-	.0020-	
1.00	.0000	.0000	.0000	.0000	.0000	.0000	.0000	.0000	.0000	

Auswertung aus Pucher „Einflußfelder elastischer Platten" Tafel Nr. 68

* bzw. theoretisch ∞

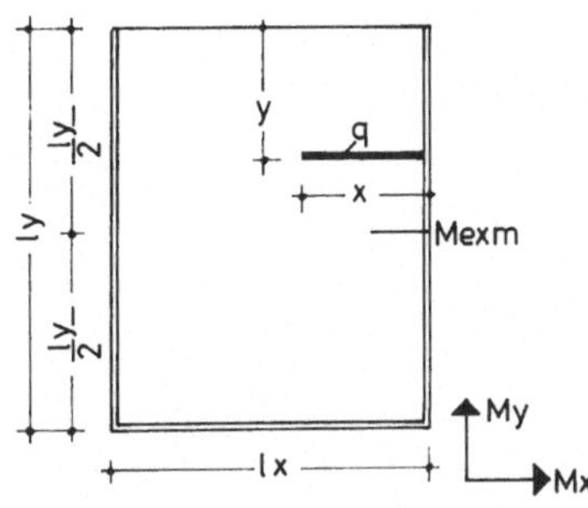

Stützmoment Mexm in Seitenmitte einer Rechteckplatte aus Linienlast in lx-Richtung.
Stützung 5a

$\frac{ly}{lx} = 1{,}2$

$\mu = 0$

Faktor = q · lx

Mexm

5a 1.2

F 5.1,2.3.1

→ y : ly ; ↓ x : lx

Spalte	0.05	0.10	0.15	0.20	0.25	0.30	0.35	0.40	0.45	0.50
.05	.0000	.0000	.0001-	.0001-	.0002-	.0003-	.0005-	.0008-	.0022-	.0159-
.10	.0002-	.0002-	.0004-	.0006-	.0010-	.0015-	.0024-	.0046-	.0112-	.0317-
.15	.0003-	.0005-	.0009-	.0016-	.0025-	.0039-	.0065-	.0118-	.0231-	.0473-
.20	.0006-	.0009-	.0020-	.0032-	.0050-	.0079-	.0129-	.0209-	.0360-	.0624-
.25	.0009-	.0019-	.0034-	.0055-	.0086-	.0134-	.0209-	.0313-	.0493-	.0767-
.30	.0013-	.0029-	.0053-	.0084-	.0132-	.0199-	.0283-	.0410-	.0606-	.0900-
.35	.0017-	.0042-	.0074-	.0117-	.0183-	.0269-	.0369-	.0511-	.0719-	.1000-
.40	.0022-	.0057-	.0099-	.0154-	.0238-	.0324-	.0446-	.0607-	.0824-	.1107-
.45	.0028-	.0068-	.0122-	.0185-	.0293-	.0387-	.0520-	.0688-	.0918-	.1203-
.50	.0032-	.0081-	.0143-	.0217-	.0346-	.0446-	.0588-	.0763-	.0993-	.1281-
.55	.0037-	.0093-	.0162-	.0245-	.0371-	.0499-	.0649-	.0829-	.1062-	.1351-
.60	.0041-	.0103-	.0180-	.0270-	.0404-	.0538-	.0701-	.0886-	.1122-	.1411-
.65	.0044-	.0110-	.0195-	.0290-	.0431-	.0573-	.0738-	.0934-	.1172-	.1460-
.70	.0048-	.0116-	.0204-	.0305-	.0452-	.0599-	.0770-	.0967-	.1208-	.1499-
.75	.0050-	.0121-	.0213-	.0317-	.0469-	.0618-	.0793-	.0994-	.1236-	.1527-
.80	.0053-	.0124-	.0219-	.0325-	.0481-	.0635-	.0812-	.1013-	.1255-	.1546-
.85	.0054-	.0126-	.0222-	.0331-	.0489-	.0645-	.0824-	.1028-	.1272-	.1563-
.90	.0056-	.0127-	.0224-	.0334-	.0494-	.0651-	.0831-	.1036-	.1281-	.1571-
.95	.0057-	.0127-	.0225-	.0334-	.0495-	.0652-	.0833-	.1039-	.1284-	.1574-
1.00	.0057-	.0127-	.0224-	.0333-	.0493-	.0651-	.0831-	.1038-	.1283-	.1574-

→ y : ly ; ↓ x : lx

Spalte	0.55	0.60	0.65	0.70	0.75	0.80	0.85	0.90	0.95	
.05	.0029-	.0009-	.0005-	.0003-	.0002-	.0001-	.0000	.0000	.0000	
.10	.0119-	.0049-	.0024-	.0014-	.0009-	.0004-	.0002-	.0001-	.0000	
.15	.0238-	.0120-	.0064-	.0036-	.0022-	.0013-	.0005-	.0002-	.0000	
.20	.0366-	.0211-	.0125-	.0074-	.0044-	.0027-	.0014-	.0005-	.0000	
.25	.0497-	.0319-	.0203-	.0126-	.0074-	.0046-	.0024-	.0009-	.0001-	
.30	.0611-	.0416-	.0277-	.0189-	.0116-	.0070-	.0038-	.0014-	.0003-	
.35	.0724-	.0517-	.0362-	.0258-	.0161-	.0099-	.0055-	.0024-	.0005-	
.40	.0829-	.0614-	.0437-	.0311-	.0209-	.0130-	.0073-	.0033-	.0007-	
.45	.0923-	.0693-	.0509-	.0370-	.0257-	.0158-	.0092-	.0043-	.0009-	
.50	.0998-	.0766-	.0574-	.0426-	.0291-	.0186-	.0106-	.0052-	.0011-	
.55	.1066-	.0830-	.0631-	.0476-	.0325-	.0211-	.0120-	.0058-	.0013-	
.60	.1125-	.0883-	.0680-	.0510-	.0353-	.0232-	.0132-	.0064-	.0015-	
.65	.1172-	.0926-	.0715-	.0541-	.0376-	.0248-	.0142-	.0069-	.0016-	
.70	.1209-	.0959-	.0743-	.0564-	.0393-	.0261-	.0149-	.0073-	.0017-	
.75	.1236-	.0982-	.0763-	.0581-	.0410-	.0271-	.0155-	.0075-	.0018-	
.80	.1254-	.0998-	.0782-	.0598-	.0420-	.0278-	.0158-	.0077-	.0018-	
.85	.1271-	.1016-	.0794-	.0608-	.0427-	.0282-	.0159-	.0078-	.0020-	
.90	.1280-	.1023-	.0801-	.0613-	.0430-	.0283-	.0160-	.0079-	.0021-	
.95	.1283-	.1026-	.0804-	.0614-	.0431-	.0283-	.0159-	.0079-	.0022-	
1.00	.1283-	.1026-	.0803-	.0613-	.0430-	.0282-	.0158-	.0078-	.0022-	

Auswertung aus Pucher „Einflußfelder elastischer Platten" Tafel Nr. 69

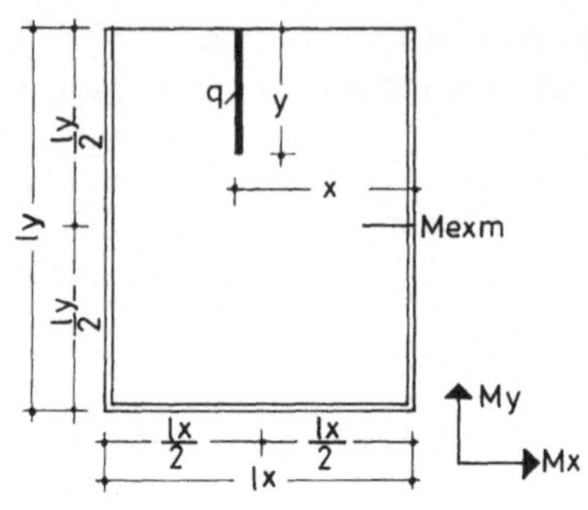

Stützmoment Mexm in Seitenmitte einer Rechteckplatte aus Linienlast in ly-Richtung.
Stützung 5a

$\frac{ly}{lx} = 1{,}2$

$\mu = 0$

Faktor = q · ly

Mexm

5a 1.2

F 5.1,2.3.2

→ x : lx ↓ y : ly

Spalte										
	0.05	0.10	0.15	0.20	0.25	0.30	0.35	0.40	0.45	0.50
.05	.0000	.0000	.0001-	.0001-	.0001-	.0003	.0002-	.0002-	.0002-	.0002-
.10	.0000	.0001-	.0003-	.0005-	.0007-	.0006-	.0011-	.0011-	.0011-	.0010-
.15	.0002-	.0005-	.0010-	.0015-	.0021-	.0021-	.0028-	.0028-	.0028-	.0026-
.20	.0004-	.0011-	.0023-	.0032-	.0042-	.0047-	.0057-	.0056-	.0055-	.0052-
.25	.0009-	.0020-	.0041-	.0057-	.0077-	.0087-	.0101-	.0101-	.0096-	.0089-
.30	.0014-	.0035-	.0067-	.0100-	.0127-	.0141-	.0159-	.0158-	.0151-	.0138-
.35	.0024-	.0057-	.0115-	.0160-	.0194-	.0215-	.0233-	.0228-	.0217-	.0199-
.40	.0038-	.0108-	.0186-	.0245-	.0287-	.0308-	.0324-	.0311-	.0294-	.0269-
.45	.0078-	.0193-	.0291-	.0358-	.0400-	.0419-	.0429-	.0406-	.0371-	.0345-
.50	.0195-	.0330-	.0436-	.0501-	.0532-	.0534-	.0544-	.0510-	.0460-	.0425-
.55	.0316-	.0469-	.0575-	.0635-	.0675-	.0653-	.0646-	.0603-	.0551-	.0484-
.60	.0361-	.0555-	.0682-	.0747-	.0774-	.0764-	.0751-	.0699-	.0626-	.0555-
.65	.0372-	.0602-	.0752-	.0831-	.0865-	.0862-	.0845-	.0778-	.0699-	.0621-
.70	.0387-	.0625-	.0796-	.0887-	.0931-	.0927-	.0908-	.0846-	.0762-	.0679-
.75	.0392-	.0640-	.0821-	.0926-	.0979-	.0979-	.0962-	.0899-	.0814-	.0717-
.80	.0397-	.0649-	.0838-	.0946-	.1008-	.1017-	.1001-	.0938-	.0847-	.0751-
.85	.0399-	.0654-	.0847-	.0962-	.1026-	.1038-	.1025-	.0964-	.0871-	.0772-
.90	.0399-	.0656-	.0851-	.0968-	.1035-	.1051-	.1038-	.0976-	.0884-	.0783-
.95	.0399-	.0656-	.0850-	.0969-	.1037-	.1055-	.1043-	.0981-	.0889-	.0787-
1.00	.0398-	.0655-	.0848-	.0966-	.1035-	.1053-	.1041-	.0980-	.0888-	.0787-

→ x : lx ↓ y : ly

Spalte										
	0.55	0.60	0.65	0.70	0.75	0.80	0.85	0.90	0.95	
.05	.0002-	.0002-	.0001-	.0001-	.0001-	.0001-	.0000	.0000	.0000	
.10	.0009-	.0007-	.0006-	.0005-	.0003-	.0002-	.0001-	.0001-	.0001-	
.15	.0023-	.0019-	.0016-	.0012-	.0008-	.0006-	.0003-	.0003-	.0001-	
.20	.0045-	.0037-	.0031-	.0023-	.0018-	.0011-	.0006-	.0006-	.0002-	
.25	.0075-	.0064-	.0051-	.0040-	.0030-	.0021-	.0011-	.0009-	.0002-	
.30	.0118-	.0098-	.0078-	.0060-	.0045-	.0032-	.0017-	.0012-	.0003-	
.35	.0170-	.0140-	.0111-	.0086-	.0065-	.0045-	.0028-	.0016-	.0004-	
.40	.0230-	.0189-	.0148-	.0115-	.0087-	.0061-	.0039-	.0021-	.0005-	
.45	.0296-	.0244-	.0190-	.0147-	.0112-	.0077-	.0051-	.0026-	.0007-	
.50	.0365-	.0302-	.0235-	.0182-	.0138-	.0095-	.0063-	.0032-	.0009-	
.55	.0418-	.0360-	.0281-	.0209-	.0158-	.0113-	.0076-	.0037-	.0011-	
.60	.0480-	.0416-	.0317-	.0239-	.0180-	.0131-	.0089-	.0042-	.0013-	
.65	.0537-	.0469-	.0352-	.0266-	.0200-	.0144-	.0100-	.0046-	.0014-	
.70	.0588-	.0484-	.0382-	.0289-	.0218-	.0157-	.0103-	.0050-	.0016-	
.75	.0619-	.0514-	.0406-	.0309-	.0232-	.0167-	.0108-	.0054-	.0016-	
.80	.0646-	.0536-	.0423-	.0320-	.0243-	.0173-	.0112-	.0056-	.0017-	
.85	.0664-	.0551-	.0435-	.0329-	.0248-	.0176-	.0114-	.0059-	.0017-	
.90	.0674-	.0559-	.0441-	.0333-	.0251-	.0177-	.0114-	.0060-	.0017-	
.95	.0677-	.0562-	.0443-	.0334-	.0251-	.0176-	.0113-	.0062-	.0017-	
1.00	.0676-	.0561-	.0441-	.0333-	.0249-	.0175-	.0112-	.0062-	.0017-	

Auswertung aus Pucher „Einflußfelder elastischer Platten" Tafel Nr. 69

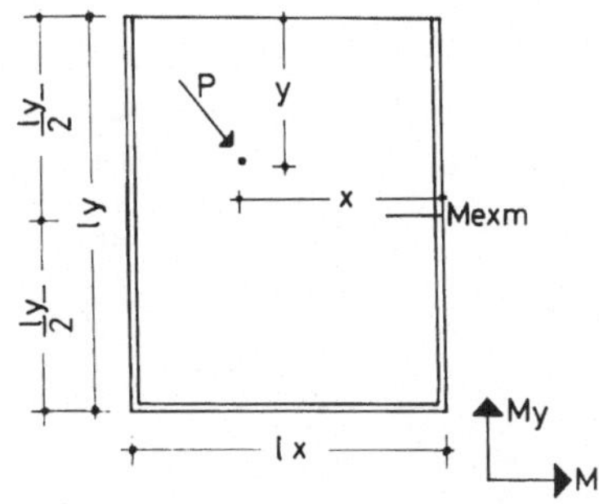

Stützmoment Mexm in Seitenmitte einer Rechteckplatte aus einer Einzellast.
Stützung 5a

$\frac{ly}{lx} = 1{,}2$

$\mu = 0$

Faktor = P

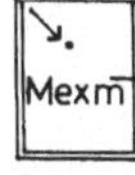

5a 1.2

F 5.1,2.3.3

→ y : ly ; ↓ x : lx

Spalte										
	0.05	0.10	0.15	0.20	0.25	0.30	0.35	0.40	0.45	0.50
.05	.0015-	.0019-	.0037-	.0061-	.0095-	.0139-	.0215-	.0385-	.1265-	.3172-
.10	.0030-	.0047-	.0087-	.0139-	.0207-	.0347-	.0552-	.1166-	.2213-	.3115-
.15	.0043-	.0085-	.0151-	.0252-	.0402-	.0633-	.1056-	.1657-	.2483-	.3013-
.20	.0056-	.0132-	.0242-	.0395-	.0611-	.0954-	.1391-	.1927-	.2568-	.2866-
.25	.0068-	.0188-	.0334-	.0510-	.0832-	.1160-	.1577-	.2046-	.2499-	.2674-
.30	.0079-	.0233-	.0402-	.0601-	.0956-	.1281-	.1673-	.2031-	.2332-	.2437-
.35	.0090-	.0260-	.0455-	.0670-	.1023-	.1317-	.1652-	.1949-	.2167-	.2238-
.40	.0099-	.0271-	.0493-	.0715-	.1032-	.1276-	.1538-	.1792-	.1960-	.2016-
.45	.0108-	.0263-	.0452-	.0675-	.0985-	.1200-	.1414-	.1574-	.1711-	.1752-
.50	.0098-	.0242-	.0408-	.0603-	.0880-	.1091-	.1269-	.1408-	.1484-	.1500-
.55	.0088-	.0213-	.0375-	.0526-	.0736-	.0949-	.1104-	.1226-	.1288-	.1295-
.60	.0078-	.0175-	.0329-	.0444-	.0607-	.0776-	.0918-	.1028-	.1083-	.1088-
.65	.0069-	.0138-	.0245-	.0358-	.0487-	.0613-	.0724-	.0815-	.0868-	.0878-
.70	.0059-	.0108-	.0183-	.0273-	.0378-	.0471-	.0557-	.0630-	.0659-	.0666-
.75	.0050-	.0081-	.0136-	.0203-	.0280-	.0351-	.0414-	.0469-	.0485-	.0487-
.80	.0041-	.0058-	.0094-	.0141-	.0199-	.0247-	.0294-	.0330-	.0349-	.0348-
.85	.0032-	.0038-	.0059-	.0085-	.0124-	.0158-	.0190-	.0217-	.0230-	.0237-
.90	.0023-	.0022-	.0032-	.0042-	.0059-	.0072-	.0091-	.0108-	.0114-	.0115-
.95	.0014-	.0009-	.0012-	.0014-	.0018-	.0019-	.0023-	.0032-	.0035-	.0037-
1.00	.0006-	.0000	.0000	.0000	.0000	.0000	.0000	.0000	.0000	.0000

→ y : ly ; ↓ x : lx

Spalte										
	0.55	0.60	0.65	0.70	0.75	0.80	0.85	0.90	0.95	
.05	.1328-	.0423-	.0217-	.0136-	.0086-	.0047-	.0019-	.0010-	.0001-	
.10	.2204-	.1168-	.0561-	.0322-	.0193-	.0118-	.0056-	.0025-	.0002-	
.15	.2472-	.1643-	.1022-	.0583-	.0350-	.0211-	.0112-	.0046-	.0003-	
.20	.2548-	.1961-	.1348-	.0909-	.0522-	.0335-	.0182-	.0073-	.0004-	
.25	.2491-	.2081-	.1551-	.1126-	.0731-	.0433-	.0248-	.0106-	.0022-	
.30	.2335-	.2047-	.1648-	.1248-	.0862-	.0515-	.0311-	.0144-	.0034-	
.35	.2168-	.1950-	.1616-	.1274-	.0910-	.0581-	.0350-	.0171-	.0041-	
.40	.1960-	.1783-	.1495-	.1220-	.0909-	.0631-	.0358-	.0179-	.0043-	
.45	.1710-	.1558-	.1359-	.1135-	.0858-	.0586-	.0339-	.0176-	.0045-	
.50	.1473-	.1364-	.1208-	.1019-	.0751-	.0520-	.0300-	.0162-	.0044-	
.55	.1266-	.1167-	.1042-	.0873-	.0627-	.0450-	.0261-	.0136-	.0040-	
.60	.1058-	.0967-	.0861-	.0701-	.0515-	.0375-	.0218-	.0110-	.0032-	
.65	.0851-	.0762-	.0665-	.0546-	.0417-	.0299-	.0172-	.0088-	.0023-	
.70	.0639-	.0567-	.0501-	.0422-	.0332-	.0230-	.0126-	.0068-	.0018-	
.75	.0466-	.0420-	.0380-	.0328-	.0249-	.0167-	.0086-	.0050-	.0016-	
.80	.0339-	.0321-	.0291-	.0238-	.0170-	.0108-	.0054-	.0036-	.0017-	
.85	.0233-	.0209-	.0187-	.0147-	.0100-	.0061-	.0029-	.0024-	.0018-	
.90	.0115-	.0104-	.0094-	.0068-	.0048-	.0027-	.0012-	.0014-	.0016-	
.95	.0041-	.0036-	.0031-	.0019-	.0015-	.0007-	.0002-	.0007-	.0010-	
1.00	.0000	.0000	.0000	.0000	.0000	.0000	.0001	.0003-	.0000	

Auswertung aus Pucher „Einflußfelder elastischer Platten" Tafel Nr. 69

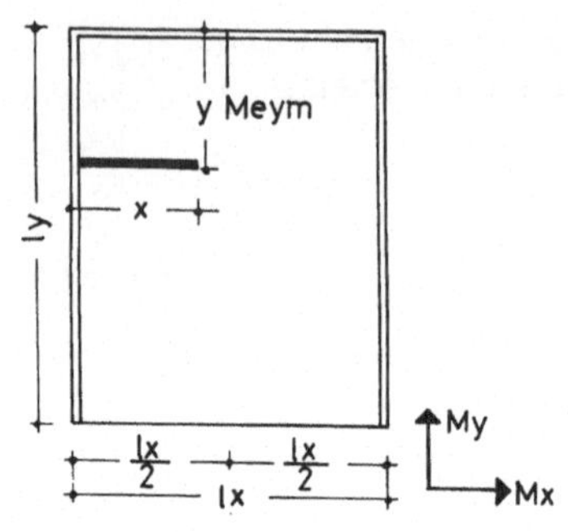

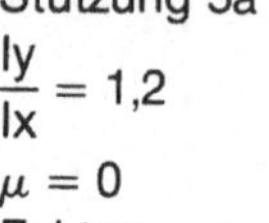

Stützmoment Meym in Seitenmitte einer Rechteckplatte aus Linienlast in lx-Richtung.

Stützung 5a

$\frac{ly}{lx} = 1{,}2$

$\mu = 0$

Faktor = q · lx

Meym

5a 1.2

F 5.1,2.4.1

→ y : ly ; ↓ x : lx

Spalte										
	0.05	0.10	0.15	0.20	0.25	0.30	0.35	0.40	0.45	0.50
.05	.0000	.0000	.0000	.0000	.0000	.0000	.0000	.0000	.0000	.0000
.10	.0001-	.0000	.0000	.0002-	.0002-	.0002-	.0001-	.0000	.0001-	.0001-
.15	.0003-	.0007-	.0013-	.0015-	.0015-	.0013-	.0012-	.0008-	.0009-	.0005-
.20	.0007-	.0018-	.0031-	.0036-	.0037-	.0032-	.0029-	.0024-	.0022-	.0018-
.25	.0012-	.0036-	.0055-	.0070-	.0074-	.0066-	.0059-	.0047-	.0043-	.0036-
.30	.0020-	.0060-	.0098-	.0119-	.0126-	.0116-	.0106-	.0087-	.0074-	.0061-
.35	.0036-	.0102-	.0154-	.0183-	.0199-	.0181-	.0166-	.0140-	.0120-	.0095-
.40	.0060-	.0166-	.0239-	.0276-	.0290-	.0266-	.0240-	.0205-	.0175-	.0136-
.45	.0118-	.0266-	.0352-	.0390-	.0398-	.0363-	.0324-	.0278-	.0237-	.0183-
.50	.0247-	.0407-	.0494-	.0513-	.0517-	.0469-	.0414-	.0356-	.0303-	.0233-
.55	.0376-	.0548-	.0628-	.0640-	.0621-	.0563-	.0506-	.0418-	.0354-	.0285-
.60	.0431-	.0647-	.0740-	.0750-	.0729-	.0661-	.0597-	.0489-	.0415-	.0336-
.65	.0457-	.0711-	.0823-	.0840-	.0825-	.0742-	.0657-	.0554-	.0472-	.0365-
.70	.0473-	.0753-	.0879-	.0907-	.0890-	.0808-	.0717-	.0611-	.0511-	.0399-
.75	.0481-	.0777-	.0922-	.0954-	.0941-	.0856-	.0763-	.0641-	.0543-	.0425-
.80	.0487-	.0796-	.0948-	.0991-	.0979-	.0892-	.0794-	.0664-	.0563-	.0442-
.85	.0490-	.0807-	.0966-	.1012-	.1001-	.0911-	.0812-	.0681-	.0578-	.0453-
.90	.0492-	.0813-	.0976-	.1022-	.1012-	.0921-	.0821-	.0688-	.0584-	.0458-
.95	.0493-	.0813-	.0979-	.1026-	.1016-	.0924-	.0823-	.0689-	.0585-	.0459-
1.00	.0494-	.0810-	.0976-	.1024-	.1014-	.0922-	.0820-	.0685-	.0583-	.0457-

→ y : ly ; ↓ x : lx

Spalte										
	0.55	0.60	0.65	0.70	0.75	0.80	0.85	0.90	0.95	
.05	.0000	.0000	.0000	.0000	.0000	.0000	.0000	.0000	.0000	
.10	.0001-	.0001-	.0001-	.0001-	.0001-	.0001-	.0001-	.0000	.0000	
.15	.0004-	.0003-	.0003-	.0003-	.0003-	.0003-	.0003-	.0001-	.0001-	
.20	.0015-	.0012-	.0007-	.0007-	.0006-	.0005-	.0006-	.0002-	.0001-	
.25	.0028-	.0023-	.0020-	.0016-	.0011-	.0009-	.0009-	.0004-	.0002-	
.30	.0048-	.0039-	.0032-	.0026-	.0020-	.0015-	.0013-	.0006-	.0003-	
.35	.0074-	.0059-	.0048-	.0038-	.0030-	.0023-	.0018-	.0011-	.0005-	
.40	.0106-	.0083-	.0068-	.0053-	.0042-	.0032-	.0024-	.0016-	.0007-	
.45	.0142-	.0110-	.0091-	.0070-	.0056-	.0043-	.0031-	.0021-	.0010-	
.50	.0181-	.0139-	.0115-	.0088-	.0071-	.0054-	.0040-	.0027-	.0013-	
.55	.0213-	.0164-	.0135-	.0107-	.0083-	.0066-	.0047-	.0033-	.0016-	
.60	.0248-	.0190-	.0157-	.0125-	.0097-	.0077-	.0055-	.0038-	.0019-	
.65	.0279-	.0214-	.0177-	.0137-	.0109-	.0088-	.0061-	.0044-	.0020-	
.70	.0306-	.0235-	.0192-	.0150-	.0120-	.0090-	.0066-	.0046-	.0022-	
.75	.0327-	.0249-	.0204-	.0160-	.0126-	.0096-	.0070-	.0048-	.0024-	
.80	.0336-	.0260-	.0214-	.0167-	.0131-	.0100-	.0073-	.0050-	.0025-	
.85	.0345-	.0267-	.0220-	.0171-	.0134-	.0103-	.0076-	.0051-	.0025-	
.90	.0349-	.0270-	.0222-	.0173-	.0136-	.0104-	.0078-	.0052-	.0025-	
.95	.0350-	.0270-	.0222-	.0174-	.0136-	.0105-	.0079-	.0052-	.0025-	
1.00	.0348-	.0269-	.0221-	.0173-	.0136-	.0104-	.0079-	.0052-	.0025-	

Auswertung aus Pucher „Einflußfelder elastischer Platten" Tafel Nr. 70

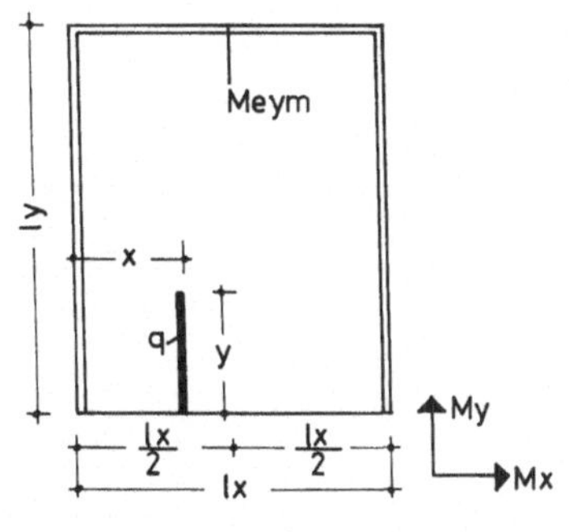

Stützmoment Meym in Seitenmitte einer Rechteckplatte aus Linienlast in ly-Richtung.
Stützung 5a

$\frac{ly}{lx} = 1{,}2$

$\mu = 0$

Faktor = q · ly

Meym

5a 1.2

F 5.1,2.4.2

→ x : lx, ↓ y : ly

Spalte										
	0.05	0.10	0.15	0.20	0.25	0.30	0.35	0.40	0.45	0.50
.05	.0000	.0000	.0000	.0000	.0001-	.0001-	.0001-	.0001-	.0001-	.0001-
.10	.0000	.0001-	.0000	.0001-	.0002-	.0003-	.0004-	.0005-	.0005-	.0006-
.15	.0000	.0001-	.0001-	.0003-	.0005-	.0007-	.0009-	.0011-	.0012-	.0012-
.20	.0001-	.0002-	.0002-	.0006-	.0009-	.0013-	.0016-	.0019-	.0021-	.0022-
.25	.0002-	.0003-	.0004-	.0009-	.0015-	.0021-	.0025-	.0029-	.0033-	.0034-
.30	.0002-	.0005-	.0006-	.0014-	.0022-	.0030-	.0037-	.0043-	.0048-	.0050-
.35	.0003-	.0007-	.0009-	.0020-	.0031-	.0042-	.0053-	.0061-	.0067-	.0070-
.40	.0003-	.0009-	.0013-	.0029-	.0042-	.0058-	.0072-	.0082-	.0091-	.0094-
.45	.0004-	.0012-	.0018-	.0038-	.0055-	.0077-	.0095-	.0110-	.0122-	.0126-
.50	.0005-	.0015-	.0024-	.0050-	.0074-	.0100-	.0125-	.0156-	.0167-	.0174-
.55	.0006-	.0018-	.0035-	.0063-	.0095-	.0129-	.0169-	.0205-	.0220-	.0228-
.60	.0006-	.0022-	.0045-	.0081-	.0121-	.0172-	.0221-	.0263-	.0285-	.0294-
.65	.0006-	.0026-	.0057-	.0101-	.0152-	.0222-	.0282-	.0331-	.0365-	.0378-
.70	.0007-	.0030-	.0069-	.0124-	.0192-	.0281-	.0353-	.0421-	.0457-	.0473-
.75	.0008-	.0035-	.0083-	.0149-	.0234-	.0344-	.0430-	.0519-	.0562-	.0583-
.80	.0010-	.0040-	.0097-	.0173-	.0274-	.0407-	.0504-	.0625-	.0677-	.0705-
.85	.0011-	.0046-	.0108-	.0195-	.0308-	.0466-	.0586-	.0729-	.0792-	.0842-
.90	.0011-	.0050-	.0122-	.0211-	.033 -	.0477-	.0658-	.0792-	.0913-	.0990-
.95	.0011-	.0052-	.0125-	.0220-	.0345-	.0497-	.0669-	.0849-	.1017-	.1148-
1.00	.0010-	.0053-	.0123-	.0220-	.0347-	.0500-	.0676-	.0864-	.1056-	.1311-

→ x : lx, ↓ y : ly

Spalte										
	0.55	0.60	0.65	0.70	0.75	0.80	0.85	0.90	0.95	
.05	.0001-	.0001-	.0001-	.0001-	.0001-	.0000	.0000	.0000	.0000	
.10	.0005-	.0005-	.0004-	.0003-	.0002-	.0001-	.0000	.0001-	.0000	
.15	.0012-	.0011-	.0009-	.0007-	.0005-	.0003-	.0001-	.0001-	.0000	
.20	.0021-	.0019-	.0016-	.0013-	.0009-	.0006-	.0002-	.0002-	.0001-	
.25	.0033-	.0029-	.0025-	.0021-	.0015-	.0009-	.0004-	.0003-	.0002-	
.30	.0048-	.0043-	.0037-	.0030-	.0022-	.0014-	.0006-	.0005-	.0002-	
.35	.0067-	.0061-	.0053-	.0042-	.0031-	.0020-	.0009-	.0007-	.0003-	
.40	.0091-	.0082-	.0072-	.0058-	.0042-	.0029-	.0013-	.0009-	.0003-	
.45	.0122-	.0110-	.0095-	.0077-	.0055-	.0038-	.0018-	.0012-	.0004-	
.50	.0167-	.0156-	.0125-	.0100-	.0074-	.0050-	.0024-	.0015-	.0005-	
.55	.0220-	.0205-	.0169-	.0129-	.0095-	.0063-	.0035-	.0018-	.0006-	
.60	.0285-	.0263-	.0221-	.0172-	.0121-	.0081-	.0045-	.0022-	.0006-	
.65	.0365-	.0331-	.0282-	.0222-	.0152-	.0101-	.0057-	.0026-	.0006-	
.70	.0457-	.0421-	.0353-	.0281-	.0192-	.0124-	.0069-	.0030-	.0007-	
.75	.0562-	.0519-	.0430-	.0344-	.0234-	.0149-	.0083-	.0035-	.0008-	
.80	.0677-	.0625-	.0504-	.0407-	.0274-	.0173-	.0097-	.0040-	.0010-	
.85	.0792-	.0729-	.0586-	.0466-	.0308-	.0195-	.0108-	.0046-	.0011-	
.90	.0913-	.0792-	.0658-	.0477-	.033 -	.0211-	.0122-	.0050-	.0011-	
.95	.1017-	.0849-	.0669-	.0497-	.0345-	.0220-	.0125-	.0052-	.0011-	
1.00	.1056-	.0864-	.0676-	.0500-	.0347-	.0220-	.0123-	.0053-	.0010-	

Auswertung aus Pucher „Einflußfelder elastischer Platten" Tafel Nr. 70

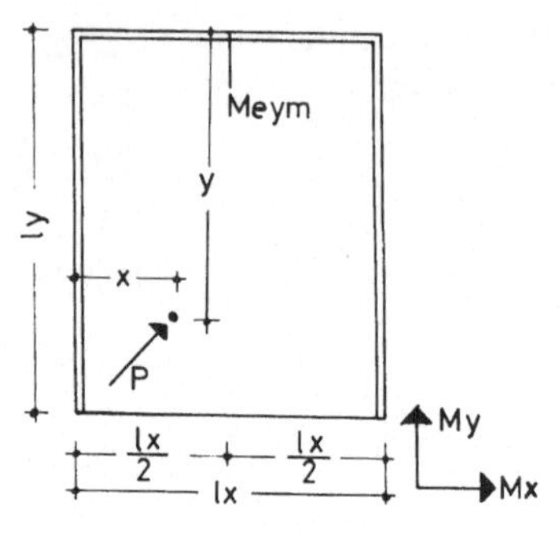

Stützmoment Meym in Seitenmitte einer Rechteckplatte aus einer Einzellast.
Stützung 5a

$\frac{ly}{lx} = 1{,}2$

$\mu = 0$

Faktor = P

F 5.1,2.4.3

→ y : ly ; ↓ x : lx

Spalte										
	0.05	0.10	0.15	0.20	0.25	0.30	0.35	0.40	0.45	0.50
.05	.0015-	.0004-	.0010-	.0030-	.0030-	.0022-	.0015-	.0002-	.0012-	.0014-
.10	.0033-	.0063-	.0130-	.0135-	.0135-	.0119-	.0103-	.0075-	.0076-	.0068-
.15	.0054-	.0172-	.0277-	.0318-	.0318-	.0279-	.0259-	.0219-	.0188-	.0159-
.20	.0078-	.0283-	.0426-	.0524-	.0570-	.0508-	.0469-	.0383-	.0344-	.0274-
.25	.0135-	.0412-	.0668-	.0845-	.0891-	.0850-	.0782-	.0625-	.0530-	.0431-
.30	.0237-	.0644-	.0970-	.1151-	.1240-	.1154-	.1061-	.0927-	.0765-	.0592-
.35	.0381-	.1034-	.1371-	.1556-	.1654-	.1514-	.1338-	.1156-	.0987-	.0747-
.40	.0718-	.1569-	.1966-	.2024-	.1980-	.1805-	.1606-	.1326-	.1136-	.0877-
.45	.1791-	.2388-	.2564-	.2388-	.2198-	.1977-	.1731-	.1438-	.1214-	.0953-
.50	.3127-	.3010-	.2831-	.2592-	.2311-	.2045-	.1773-	.1492-	.1221-	.0978-
.55	.1791-	.2388-	.2564-	.2388-	.2199-	.1977-	.1731-	.1438-	.1214-	.0953-
.60	.0718-	.1569-	.1966-	.2024-	.1980-	.1805-	.1606-	.1326-	.1136-	.0876-
.65	.0381-	.1034-	.1371-	.1556-	.1654-	.1514-	.1338-	.1155-	.0986-	.0747-
.70	.0237-	.0644-	.0970-	.1151-	.1240-	.1154-	.1062-	.0926-	.0765-	.0592-
.75	.0135-	.0412-	.0668-	.0845-	.0892-	.0850-	.0782-	.0625-	.0530-	.0431-
.80	.0078-	.0283-	.0426-	.0523-	.0570-	.0508-	.0469-	.0383-	.0344-	.0274-
.85	.0054-	.0172-	.0277-	.0318-	.0318-	.0279-	.0259-	.0219-	.0188-	.0159-
.90	.0033-	.0063-	.0130-	.0135-	.0135-	.0119-	.0103-	.0075-	.0076-	.0068-
.95	.0015-	.0004-	.0010-	.0030-	.0030-	.0022-	.0015-	.0002-	.0012-	.0014-
1.00	.0000	.0000	.0000	.0000	.0000	.0000	.0000	.0000	.0000	.0000

→ y : ly ; ↓ x : lx

Spalte										
	0.55	0.60	0.65	0.70	0.75	0.80	0.85	0.90	0.95	
.05	.0012-	.0011-	.0010-	.0012-	.0012-	.0012-	.0014-	.0004-	.0002-	
.10	.0054-	.0045-	.0039-	.0036-	.0031-	.0028-	.0029-	.0011-	.0005-	
.15	.0126-	.0103-	.0086-	.0070-	.0057-	.0048-	.0044-	.0021-	.0009-	
.20	.0219-	.0181-	.0153-	.0115-	.0090-	.0071-	.0060-	.0034-	.0013-	
.25	.0329-	.0268-	.0220-	.0171-	.0130-	.0099-	.0077-	.0049-	.0024-	
.30	.0457-	.0360-	.0287-	.0226-	.0177-	.0130-	.0094-	.0068-	.0033-	
.35	.0564-	.0435-	.0357-	.0276-	.0220-	.0165-	.0112-	.0086-	.0041-	
.40	.0651-	.0495-	.0414-	.0321-	.0252-	.0193-	.0131-	.0098-	.0047-	
.45	.0719-	.0539-	.0447-	.0349-	.0273-	.0210-	.0150-	.0105-	.0053-	
.50	.0767-	.0567-	.0457-	.0358-	.0284-	.0216-	.0159-	.0108-	.0055-	
.55	.0718-	.0538-	.0447-	.0349-	.0273-	.0210-	.0152-	.0106-	.0053-	
.60	.0649-	.0494-	.0414-	.0321-	.0252-	.0193-	.0132-	.0098-	.0047-	
.65	.0562-	.0435-	.0357-	.0277-	.0220-	.0164-	.0113-	.0086-	.0041-	
.70	.0455-	.0360-	.0287-	.0226-	.0177-	.0130-	.0095-	.0067-	.0033-	
.75	.0329-	.0268-	.0220-	.0171-	.0130-	.0099-	.0077-	.0049-	.0024-	
.80	.0219-	.0181-	.0153-	.0115-	.0090-	.0071-	.0060-	.0034-	.0013-	
.85	.0126-	.0103-	.0086-	.0070-	.0057-	.0047-	.0045-	.0021-	.0009-	
.90	.0055-	.0045-	.0039-	.0036-	.0031-	.0027-	.0030-	.0011-	.0005-	
.95	.0013-	.0011-	.0010-	.0013-	.0012-	.0011-	.0016-	.0004-	.0002-	
1.00	.0001-	.0000	.0000	.0001-	.0001-	.0002	.0002-	.0001	.0000	

Auswertung aus Pucher „Einflußfelder elastischer Platten" Tafel Nr. 70

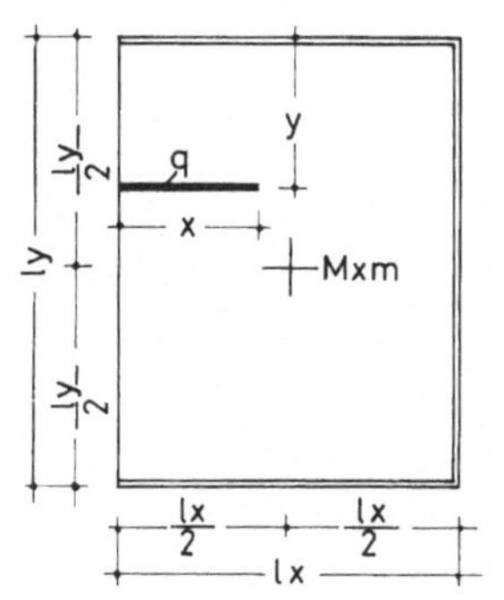

My
Mx

Feldmoment Mxm in Feldmitte einer Rechteckplatte aus Linienlast in lx-Richtung.

$\frac{ly}{lx} = 1{,}25$

$\mu = 0$

Faktor = q · lx

Stützung 5b

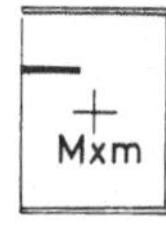

5b 1.25

F 5.1,25.1.1

→ y : ly

↓ x : lx

Spalte										
	0.05	0.10	0.15	0.20	0.25	0.30	0.35	0.40	0.45	0.50
.05	.0000	.0000	.0000	.0001	.0001	.0001	.0000	.0000	.0000	.0000
.10	.0001	.0001	.0002	.0003	.0003	.0003	.0002	.0001	.0001	.0000
.15	.0002	.0003	.0004	.0006	.0007	.0007	.0005	.0003	.0002	.0001
.20	.0003	.0006	.0008	.0011	.0013	.0014	.0013	.0008	.0006	.0005
.25	.0004	.0009	.0012	.0019	.0024	.0026	.0023	.0020	.0018	.0016
.30	.0005	.0012	.0018	.0028	.0037	.0041	.0040	.0035	.0030	.0028
.35	.0007	.0016	.0026	.0040	.0054	.0062	.0063	.0056	.0050	.0047
.40	.0008	.0020	.0035	.0055	.0075	.0087	.0098	.0093	.0082	.0079
.45	.0010	.0025	.0044	.0071	.0100	.0118	.0144	.0149	.0136	.0131
.50	.0012	.0030	.0054	.0089	.0127	.0155	.0198	.0221	.0228	.0236
.55	.0012	.0033	.0064	.0107	.0150	.0190	.0256	.0282	.0319	.0334
.60	.0014	.0038	.0074	.0122	.0174	.0219	.0287	.0340	.0370	.0384
.65	.0015	.0042	.0084	.0136	.0194	.0243	.0316	.0366	.0398	.0407
.70	.0017	.0046	.0088	.0148	.0209	.0261	.0333	.0385	.0416	.0428
.75	.0018	.0050	.0094	.0157	.0220	.0275	.0350	.0397	.0426	.0438
.80	.0019	.0053	.0099	.0164	.0229	.0285	.0359	.0405	.0433	.0444
.85	.0020	.0055	.0102	.0168	.0234	.0291	.0364	.0409	.0436	.0448
.90	.0021	.0057	.0104	.0171	.0237	.0293	.0366	.0410	.0436	.0450
.95	.0022	.0059	.0105	.0172	.0238	.0293	.0365	.0409	.0435	.0450
1.00	.0022	.0059	.0105	.0172	.0237	.0292	.0363	.0407	.0433	.0450

→ y : ly

↓ x : lx

Spalte										
	0.55	0.60	0.65	0.70	0.75	0.80	0.85	0.90	0.95	
.05	.0000	.0000	.0000	.0001	.0001	.0001	.0000	.0000	.0000	
.10	.0001	.0001	.0002	.0003	.0003	.0003	.0002	.0001	.0001	
.15	.0002	.0003	.0005	.0007	.0007	.0006	.0004	.0003	.0002	
.20	.0006	.0008	.0013	.0014	.0013	.0011	.0008	.0006	.0003	
.25	.0018	.0020	.0023	.0026	.0024	.0019	.0012	.0009	.0004	
.30	.0030	.0035	.0040	.0041	.0037	.0028	.0018	.0012	.0005	
.35	.0050	.0056	.0063	.0062	.0054	.0040	.0026	.0016	.0007	
.40	.0082	.0093	.0098	.0087	.0075	.0055	.0035	.0020	.0008	
.45	.0136	.0149	.0144	.0118	.0100	.0071	.0044	.0025	.0010	
.50	.0228	.0221	.0198	.0155	.0127	.0089	.0054	.0030	.0012	
.55	.0319	.0282	.0256	.0190	.0150	.0107	.0064	.0033	.0012	
.60	.0370	.0340	.0287	.0219	.0174	.0122	.0074	.0038	.0014	
.65	.0398	.0366	.0316	.0243	.0194	.0136	.0084	.0042	.0015	
.70	.0416	.0385	.0333	.0261	.0209	.0148	.0088	.0046	.0017	
.75	.0426	.0397	.0350	.0275	.0220	.0157	.0094	.0050	.0018	
.80	.0433	.0405	.0359	.0285	.0229	.0164	.0099	.0053	.0019	
.85	.0436	.0409	.0364	.0291	.0234	.0168	.0102	.0055	.0020	
.90	.0436	.0410	.0366	.0293	.0237	.0171	.0104	.0057	.0021	
.95	.0435	.0409	.0365	.0293	.0238	.0172	.0105	.0059	.0022	
1.00	.0433	.0407	.0363	.0292	.0237	.0172	.0105	.0059	.0022	

Auswertung aus Pucher „Einflußfelder elastischer Platten" Tafel Nr. 60

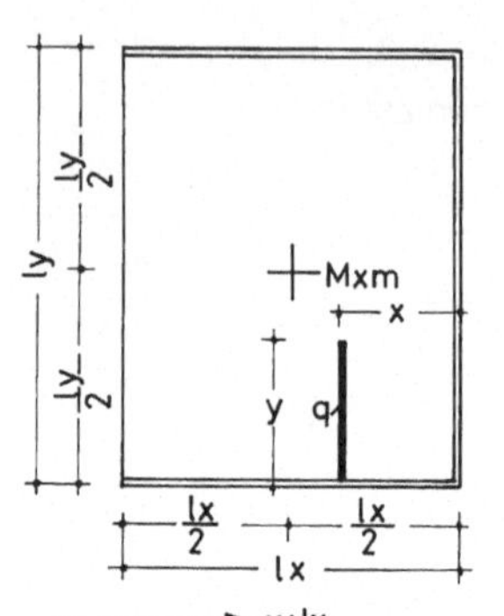

Feldmoment Mxm in Feldmitte einer Rechteckplatte aus Linienlast in ly-Richtung.

$\frac{ly}{lx} = 1{,}25$

$\mu = 0$

Faktor = $q \cdot ly$

Stützung 5b

5b 1.25

F 5.1,25.1.2

x : lx →, y : ly ↓

Spalte	0.05	0.10	0.15	0.20	0.25	0.30	0.35	0.40	0.45	0.50
.05	.0000	.0000	.0001	.0001	.0001	.0001	.0001	.0000	.0000	.0001
.10	.0000	.0001	.0003	.0003	.0003	.0002	.0002	.0002	.0003	.0002
.15	.0001	.0003	.0006	.0006	.0007	.0006	.0007	.0010	.0010	.0011
.20	.0002	.0005	.0010	.0010	.0013	.0016	.0019	.0021	.0023	.0024
.25	.0003	.0008	.0014	.0016	.0021	.0028	.0034	.0040	.0044	.0046
.30	.0004	.0010	.0017	.0023	.0032	.0044	.0054	.0064	.0074	.0076
.35	.0005	.0013	.0021	.0029	.0043	.0059	.0077	.0095	.0117	.0123
.40	.0005	.0016	.0024	.0034	.0055	.0075	.0100	.0131	.0172	.0181
.45	.0006	.0018	.0027	.0039	.0066	.0088	.0121	.0168	.0234	.0268
.50	.0007	.0020	.0030	.0044	.0076	.0100	.0139	.0205	.0299	.0396
.55	.0007	.0019	.0033	.0048	.0085	.0112	.0161	.0243	.0363	.0524
.60	.0008	.0021	.0036	.0052	.0096	.0124	.0182	.0281	.0425	.0608
.65	.0008	.0023	.0040	.0057	.0108	.0144	.0204	.0317	.0481	.0669
.70	.0009	.0025	.0044	.0062	.0120	.0160	.0229	.0345	.0523	.0713
.75	.0010	.0028	.0048	.0072	.0130	.0175	.0248	.0369	.0553	.0744
.80	.0011	.0030	.0052	.0078	.0139	.0187	.0263	.0388	.0574	.0768
.85	.0012	.0033	.0055	.0083	.0145	.0195	.0274	.0400	.0587	.0782
.90	.0013	.0035	.0058	.0086	.0149	.0200	.0280	.0406	.0594	.0789
.95	.0013	.0036	.0061	.0088	.0151	.0201	.0282	.0408	.0597	.0792
1.00	.0013	.0037	.0062	.0089	.0151	.0201	.0281	.0407	.0597	.0792

x : lx →, y : ly ↓

Spalte	0.55	0.60	0.65	0.70	0.75	0.80	0.85	0.90	0.95	
.05	.0000	.0000	.0001	.0000	.0000	.0001	.0001	.0001	.0000	
.10	.0003	.0003	.0002	.0002	.0002	.0002	.0002	.0002	.0001	
.15	.0010	.0010	.0007	.0006	.0005	.0005	.0005	.0005	.0002	
.20	.0023	.0022	.0020	.0016	.0012	.0009	.0008	.0008	.0004	
.25	.0045	.0041	.0036	.0029	.0023	.0016	.0013	.0012	.0005	
.30	.0076	.0068	.0058	.0046	.0036	.0026	.0019	.0016	.0007	
.35	.0121	.0105	.0085	.0065	.0049	.0036	.0024	.0020	.0009	
.40	.0178	.0150	.0117	.0085	.0061	.0043	.0029	.0023	.0011	
.45	.0243	.0197	.0146	.0105	.0073	.0050	.0033	.0027	.0012	
.50	.0313	.0244	.0175	.0116	.0083	.0056	.0036	.0029	.0013	
.55	.0383	.0291	.0203	.0130	.0094	.0062	.0040	.0026	.0011	
.60	.0449	.0338	.0231	.0148	.0106	.0068	.0044	.0029	.0012	
.65	.0506	.0383	.0260	.0168	.0118	.0078	.0048	.0032	.0013	
.70	.0550	.0420	.0294	.0188	.0132	.0087	.0053	.0035	.0015	
.75	.0582	.0447	.0315	.0202	.0145	.0098	.0059	.0039	.0016	
.80	.0603	.0466	.0332	.0215	.0156	.0103	.0064	.0043	.0018	
.85	.0616	.0478	.0342	.0224	.0161	.0107	.0068	.0047	.0020	
.90	.0623	.0485	.0348	.0229	.0165	.0110	.0071	.0050	.0021	
.95	.0626	.0487	.0350	.0230	.0166	.0112	.0072	.0052	.0022	
1.00	.0627	.0488	.0350	.0229	.0165	.0112	.0072	.0054	.0023	

Auswertung aus Pucher „Einflußfelder elastischer Platten" Tafel Nr. 60

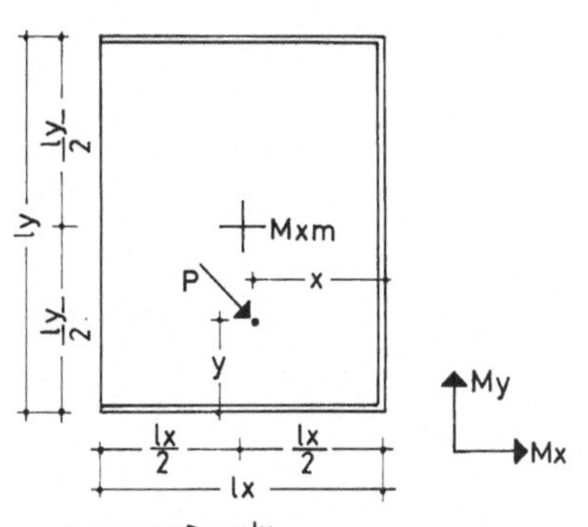

Feldmoment Mxm in Feldmitte einer Rechteckplatte aus einer Einzellast.

$\frac{ly}{lx} = 1{,}25$

$\mu = 0$

Faktor = P

Stützung 5b

5b 1.25

F 5.1,25.1.3

x : lx →, y : ly ↓

Spalte										
	0.05	0.10	0.15	0.20	0.25	0.30	0.35	0.40	0.45	0.50
.05	.0005	.0014	.0026	.0026	.0025	.0026	.0027	.0025	.0025	.0028
.10	.0009	.0026	.0047	.0052	.0058	.0069	.0080	.0088	.0092	.0096
.15	.0012	.0035	.0064	.0078	.0099	.0130	.0159	.0178	.0194	.0193
.20	.0014	.0041	.0076	.0104	.0148	.0205	.0254	.0310	.0339	.0349
.25	.0016	.0045	.0083	.0130	.0195	.0269	.0351	.0428	.0501	.0532
.30	.0017	.0046	.0080	.0129	.0224	.0319	.0428	.0556	.0712	.0767
.35	.0017	.0045	.0074	.0115	.0236	.0326	.0497	.0696	.0989	.1038
.40	.0016	.0041	.0067	.0104	.0231	.0295	.0438	.0721	.1194	.1418
.45	.0014	.0034	.0060	.0098	.0209	.0264	.0405	.0736	.1287	.2035
.50	.0012	.0025	.0053	.0096	.0170	.0253	.0398	.0740	.1268	.2949*
.55	.0012	.0035	.0060	.0098	.0208	.0264	.0405	.0735	.1287	.2032
.60	.0014	.0041	.0067	.0104	.0230	.0295	.0438	.0721	.1194	.1392
.65	.0016	.0045	.0073	.0113	.0236	.0326	.0498	.0696	.0989	.1051
.70	.0016	.0046	.0079	.0127	.0224	.0319	.0428	.0556	.0711	.0767
.75	.0016	.0045	.0082	.0129	.0195	.0269	.0351	.0428	.0501	.0533
.80	.0015	.0041	.0076	.0104	.0148	.0205	.0254	.0309	.0339	.0351
.85	.0012	.0034	.0064	.0078	.0099	.0130	.0159	.0178	.0194	.0200
.90	.0009	.0025	.0047	.0052	.0058	.0069	.0080	.0088	.0093	.0098
.95	.0004	.0013	.0026	.0026	.0025	.0025	.0027	.0025	.0025	.0026
1.00	.0001-	.0001-	.0000	.0001-	.0001-	.0000	.0000	.0000	.0000	.0000

x : lx →, y : ly ↓

Spalte										
	0.55	0.60	0.65	0.70	0.75	0.80	0.85	0.90	0.95	
.05	.0025	.0025	.0027	.0022	.0018	.0021	.0021	.0022	.0010	
.10	.0092	.0088	.0080	.0065	.0052	.0048	.0042	.0040	.0019	
.15	.0194	.0182	.0159	.0131	.0101	.0080	.0064	.0053	.0025	
.20	.0341	.0310	.0268	.0217	.0167	.0116	.0086	.0062	.0028	
.25	.0519	.0461	.0381	.0305	.0234	.0159	.0110	.0067	.0030	
.30	.0745	.0637	.0500	.0360	.0274	.0187	.0110	.0067	.0029	
.35	.1026	.0828	.0637	.0379	.0261	.0175	.0097	.0063	.0027	
.40	.1240	.0936	.0604	.0365	.0240	.0146	.0085	.0054	.0022	
.45	.1371	.0958	.0584	.0319	.0221	.0132	.0075	.0041	.0014	
.50	.1420	.0896	.0577	.0299	.0205	.0127	.0067	.0024	.0005	
.55	.1371	.0958	.0584	.0318	.0221	.0132	.0075	.0042	.0013	
.60	.1240	.0936	.0603	.0365	.0240	.0146	.0085	.0055	.0021	
.65	.1026	.0828	.0636	.0379	.0261	.0175	.0097	.0063	.0026	
.70	.0745	.0637	.0500	.0360	.0274	.0187	.0110	.0067	.0029	
.75	.0519	.0461	.0381	.0305	.0234	.0159	.0110	.0067	.0030	
.80	.0341	.0310	.0268	.0217	.0167	.0117	.0087	.0062	.0028	
.85	.0194	.0182	.0159	.0131	.0101	.0080	.0064	.0053	.0024	
.90	.0093	.0088	.0080	.0065	.0052	.0048	.0042	.0039	.0017	
.95	.0025	.0025	.0027	.0022	.0018	.0022	.0020	.0021	.0008	
1.00	.0000	.0000	.0000	.0000	.0001	.0001	.0001-	.0001-	.0003-	

Auswertung aus Pucher „Einflußfelder elastischer Platten" Tafel Nr. 60

* bezw. theoretisch ∞

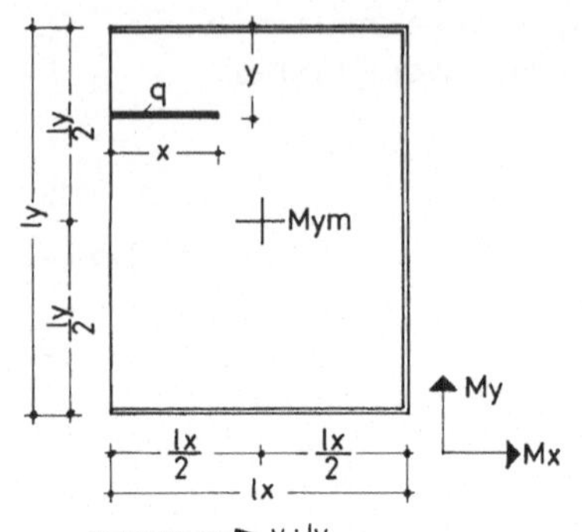

Feldmoment Mym in Feldmitte einer Rechteckplatte aus Linienlast in ly-Richtung.

$\frac{ly}{lx} = 1{,}25$

$\mu = 0$

Faktor = q · lx

Stützung 5 b

Mym

1.25 5b

F 5.1,25.2.1

→ y : ly

↓ x : lx

Spalte										
	0.05	0.10	0.15	0.20	0.25	0.30	0.35	0.40	0.45	0.50
.05	.0000	.0000	.0000	.0001	.0001	.0002	.0002	.0003	.0004	.0004
.10	.0000	.0000	.0001	.0003	.0005	.0007	.0010	.0012	.0016	.0016
.15	.0000	.0000	.0003	.0006	.0010	.0015	.0021	.0027	.0033	.0034
.20	.0001-	.0000	.0004	.0010	.0017	.0023	.0036	.0046	.0058	.0059
.25	.0001-	.0000	.0006	.0014	.0024	.0035	.0054	.0073	.0091	.0090
.30	.0002-	.0000	.0005	.0013	.0026	.0048	.0075	.0107	.0130	.0129
.35	.0003-	.0001-	.0005	.0014	.0031	.0061	.0089	.0144	.0177	.0178
.40	.0004-	.0002-	.0004	.0014	.0035	.0067	.0105	.0184	.0230	.0250
.45	.0005-	.0004-	.0002	.0014	.0038	.0074	.0118	.0222	.0288	.0332
.50	.0006-	.0006-	.0001-	.0014	.0040	.0078	.0131	.0258	.0344	.0454
.55	.0008-	.0009-	.0005-	.0013	.0039	.0081	.0142	.0266	.0396	.0571
.60	.0009-	.0012-	.0010-	.0011	.0039	.0084	.0153	.0299	.0445	.0654
.65	.0011-	.0014-	.0014-	.0009	.0040	.0093	.0165	.0333	.0490	.0714
.70	.0013-	.0017-	.0019-	.0007	.0040	.0099	.0178	.0366	.0529	.0755
.75	.0014-	.0020-	.0018-	.0005	.0042	.0105	.0201	.0395	.0558	.0794
.80	.0015-	.0023-	.0020-	.0004	.0043	.0111	.0212	.0399	.0577	.0816
.85	.0017-	.0024-	.0022-	.0003	.0045	.0117	.0219	.0410	.0588	.0828
.90	.0019-	.0027-	.0024-	.0002	.0047	.0121	.0223	.0416	.0603	.0841
.95	.0021-	.0029-	.0026-	.0002	.0048	.0125	.0225	.0418	.0611	.0844
1.00	.0022-	.0031-	.0027-	.0002	.0049	.0127	.0225	.0417	.0617	.0844

→ y : ly

↓ x : lx

Spalte										
	0.55	0.60	0.65	0.70	0.75	0.80	0.85	0.90	0.95	
.05	.0004	.0003	.0002	.0002	.0001	.0001	.0000	.0000	.0000	
.10	.0016	.0012	.0010	.0007	.0005	.0003	.0001	.0000	.0000	
.15	.0033	.0027	.0021	.0015	.0010	.0006	.0003	.0000	.0000	
.20	.0058	.0046	.0036	.0023	.0017	.0010	.0004	.0000	.0001-	
.25	.0091	.0073	.0054	.0035	.0024	.0014	.0006	.0000	.0001-	
.30	.0130	.0107	.0075	.0048	.0026	.0013	.0005	.0000	.0002-	
.35	.0177	.0144	.0089	.0061	.0031	.0014	.0005	.0001-	.0003-	
.40	.0230	.0184	.0105	.0067	.0035	.0014	.0004	.0002-	.0004-	
.45	.0288	.0222	.0118	.0074	.0038	.0014	.0002	.0004-	.0005-	
.50	.0344	.0258	.0131	.0078	.0040	.0014	.0001-	.0006-	.0006-	
.55	.0396	.0266	.0142	.0081	.0039	.0013	.0005-	.0009-	.0008-	
.60	.0445	.0299	.0153	.0084	.0039	.0011	.0010-	.0012-	.0009-	
.65	.0490	.0333	.0165	.0093	.0040	.0009	.0014-	.0014-	.0011-	
.70	.0529	.0366	.0178	.0099	.0040	.0007	.0019-	.0017-	.0013-	
.75	.0558	.0395	.0201	.0105	.0042	.0005	.0018-	.0020-	.0014-	
.80	.0577	.0399	.0212	.0111	.0043	.0004	.0020-	.0023-	.0015-	
.85	.0588	.0410	.0219	.0117	.0045	.0003	.0022-	.0024-	.0017-	
.90	.0603	.0416	.0223	.0121	.0047	.0002	.0024-	.0027-	.0019-	
.95	.0611	.0418	.0225	.0125	.0048	.0002	.0026-	.0029-	.0021-	
1.00	.0617	.0417	.0225	.0127	.0049	.0002	.0027-	.0031-	.0022-	

Auswertung aus Pucher „Einflußfelder elastischer Platten" Tafel Nr. 59

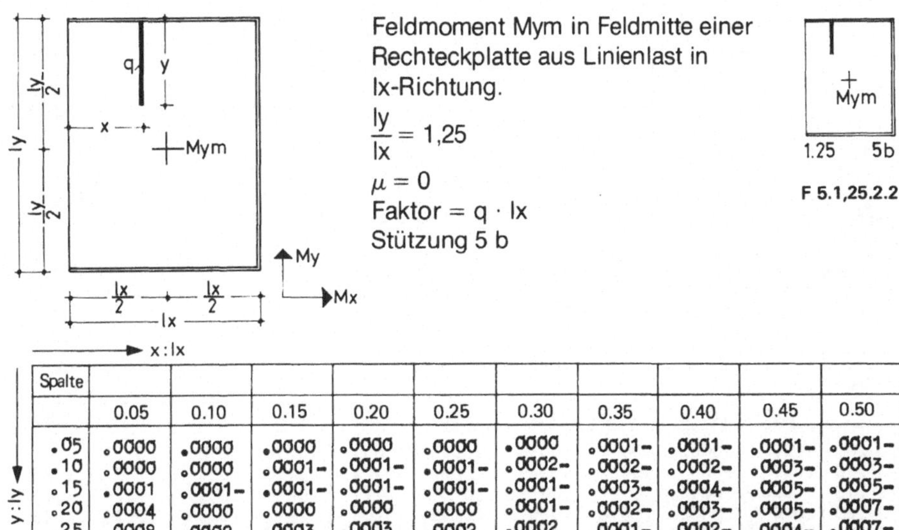

Feldmoment Mym in Feldmitte einer Rechteckplatte aus Linienlast in lx-Richtung.

$\frac{ly}{lx} = 1{,}25$

$\mu = 0$

Faktor = q · lx

Stützung 5 b

F 5.1,25.2.2

→ x : lx, ↓ y : ly

Spalte										
	0.05	0.10	0.15	0.20	0.25	0.30	0.35	0.40	0.45	0.50
.05	.0000	.0000	.0000	.0000	.0000	.0000	.0001-	.0001-	.0001-	.0001-
.10	.0000	.0000	.0001-	.0001-	.0001-	.0002-	.0002-	.0002-	.0003-	.0003-
.15	.0001	.0001-	.0001-	.0001-	.0001-	.0001-	.0003-	.0004-	.0005-	.0005-
.20	.0004	.0000	.0000	.0000	.0000	.0001-	.0002-	.0003-	.0005-	.0007-
.25	.0008	.0002	.0003	.0003	.0002	.0002	.0001-	.0002-	.0004-	.0007-
.30	.0014	.0006	.0008	.0009	.0008	.0008	.0004	.0001	.0002-	.0006-
.35	.0021	.0012	.0024	.0020	.0020	.0020	.0015	.0011	.0006	.0001-
.40	.0029	.0028	.0040	.0045	.0050	.0054	.0049	.0041	.0031	.0023
.45	.0038	.0042	.0061	.0070	.0083	.0095	.0092	.0079	.0066	.0059
.50	.0047	.0058	.0085	.0100	.0123	.0144	.0149	.0152	.0150	.0146
.55	.0056	.0075	.0102	.0131	.0164	.0182	.0197	.0220	.0229	.0230
.60	.0065	.0092	.0122	.0160	.0203	.0223	.0241	.0262	.0269	.0268
.65	.0073	.0096	.0140	.0169	.0207	.0247	.0266	.0286	.0290	.0288
.70	.0081	.0103	.0148	.0181	.0222	.0262	.0280	.0299	.0300	.0295
.75	.0088	.0108	.0155	.0188	.0229	.0269	.0286	.0303	.0302	.0294
.80	.0094	.0110	.0159	.0191	.0231	.0271	.0285	.0301	.0298	.0298
.85	.0098	.0111	.0160	.0190	.0229	.0269	.0290	.0306	.0305	.0297
.90	.0101	.0110	.0159	.0195	.0235	.0275	.0289	.0305	.0303	.0293
.95	.0086	.0109	.0157	.0195	.0234	.0274	.0288	.0303	.0300	.0292
1.00	.0086	.0107	.0155	.0194	.0233	.0273	.0286	.0302	.0298	.0291

→ x : lx, ↓ y : ly

Spalte										
	0.55	0.60	0.65	0.70	0.75	0.80	0.85	0.90	0.95	
.05	.0001-	.0001-	.0001-	.0001-	.0001-	.0001-	.0001-	.0001-	.0001-	
.10	.0003-	.0003-	.0003-	.0003-	.0003-	.0002-	.0003-	.0003-	.0002-	
.15	.0006-	.0006-	.0006-	.0006-	.0005-	.0004-	.0007-	.0006-	.0004-	
.20	.0009-	.0010-	.0010-	.0010-	.0009-	.0006-	.0010-	.0009-	.0006-	
.25	.0008-	.0010-	.0010-	.0010-	.0008-	.0006-	.0006-	.0006-	.0004-	
.30	.0008-	.0009-	.0008-	.0007-	.0005-	.0002-	.0003-	.0003-	.0003-	
.35	.0003-	.0004-	.0001-	.0001	.0002	.0005	.0003	.0001	.0001-	
.40	.0020	.0020	.0025	.0024	.0016	.0017	.0012	.0007	.0001	
.45	.0056	.0059	.0065	.0059	.0043	.0031	.0022	.0013	.0004	
.50	.0136	.0125	.0118	.0102	.0072	.0048	.0034	.0021	.0006	
.55	.0212	.0189	.0161	.0149	.0103	.0064	.0042	.0028	.0009	
.60	.0250	.0228	.0202	.0192	.0132	.0078	.0052	.0035	.0012	
.65	.0270	.0249	.0222	.0188	.0136	.0089	.0060	.0042	.0014	
.70	.0277	.0256	.0231	.0198	.0144	.0097	.0067	.0048	.0017	
.75	.0274	.0254	.0230	.0198	.0146	.0101	.0071	.0052	.0018	
.80	.0279	.0258	.0234	.0201	.0148	.0100	.0069	.0042	.0015	
.85	.0277	.0255	.0230	.0197	.0145	.0098	.0067	.0041	.0014	
.90	.0273	.0250	.0225	.0193	.0141	.0096	.0065	.0038	.0012	
.95	.0272	.0250	.0225	.0192	.0140	.0094	.0061	.0035	.0011	
1.00	.0271	.0249	.0224	.0192	.0140	.0093	.0059	.0033	.0009	

Auswertung aus Pucher „Einflußfelder elastischer Platten" Tafel Nr. 59

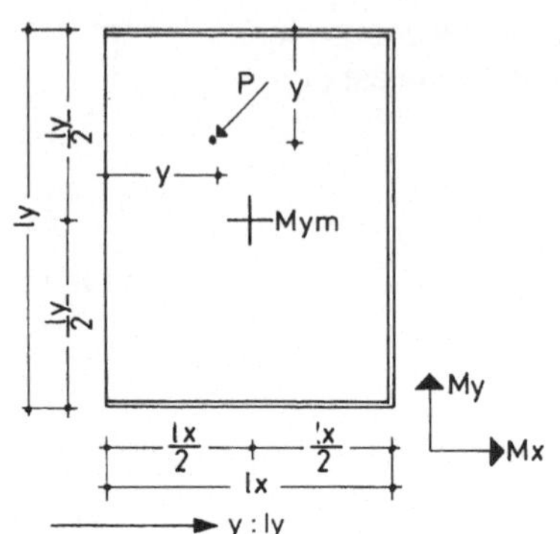

Feldmoment Mym in Feldmitte einer Rechteckplatte aus einer Einzellast.

$\frac{ly}{lx} = 1{,}25$

$\mu = 0$

Faktor = P

Stützung 5 b

1.25 5b

F 5.1,25.2.3

y : ly →

x : lx ↓

Spalte	0.05	0.10	0.15	0.20	0.25	0.30	0.35	0.40	0.45	0.50
.05	.0002-	.0002	.0014	.0030	.0048	.0067	.0096	.0120	.0157	.0161
.10	.0004-	.0003	.0022	.0049	.0084	.0124	.0180	.0234	.0297	.0307
.15	.0006-	.0001	.0023	.0058	.0107	.0170	.0252	.0341	.0426	.0431
.20	.0009-	.0002-	.0018	.0057	.0118	.0208	.0312	.0468	.0573	.0560
.25	.0012-	.0006-	.0006	.0044	.0116	.0239	.0360	.0593	.0717	.0725
.30	.0014-	.0011-	.0010	.0029	.0103	.0240	.0397	.0673	.0857	.0926
.35	.0017-	.0018-	.0001	.0017	.0086	.0211	.0344	.0707	.0995	.1162
.40	.0020-	.0029-	.0027-	.0007	.0064	.0156	.0303	.0695	.1129	.1489
.45	.0025-	.0039-	.0050-	.0001	.0038	.0114	.0274	.0636	.1158	.1957
.50	.0030-	.0047-	.0066-	.0014-	.0007	.0091	.0258	.0531	.1084	.2596
.55	.0032-	.0053-	.0075-	.0029-	.0008	.0086	.0254	.0611	.1008	.1943
.60	.0033-	.0058-	.0078-	.0043-	.0008	.0099	.0263	.0639	.0929	.1420
.65	.0033-	.0059-	.0074-	.0047-	.0010	.0116	.0283	.0614	.0848	.1046
.70	.0031-	.0056-	.0064-	.0041-	.0013	.0119	.0317	.0537	.0706	.0796
.75	.0028-	.0049-	.0049-	.0032-	.0027	.0115	.0249	.0408	.0496	.0555
.80	.0024-	.0038-	.0041-	.0021-	.0035	.0105	.0183	.0284	.0332	.0367
.85	.0033-	.0046-	.0040-	.0015-	.0036	.0088	.0125	.0182	.0213	.0231
.90	.0032-	.0042-	.0036-	.0010-	.0032	.0065	.0075	.0100	.0181	.0127
.95	.0021-	.0027-	.0022-	.0005-	.0020	.0035	.0034	.0040	.0115	.0048
1.00	.0000	.0001	.0000	.0000	.0000	.0001-	.0000	.0001	.0000	.0000

y : ly →

x : lx ↓

Spalte	0.55	0.60	0.65	0.70	0.75	0.80	0.85	0.90	0.95	
.05	.0157	.0120	.0096	.0067	.0048	.0030	.0014	.0002	.0002-	
.10	.0297	.0234	.0180	.0124	.0084	.0049	.0022	.0003	.0004-	
.15	.0426	.0341	.0252	.0170	.0107	.0058	.0023	.0001	.0006-	
.20	.0573	.0468	.0312	.0208	.0118	.0057	.0018	.0002-	.0009-	
.25	.0717	.0593	.0360	.0239	.0116	.0044	.0006	.0006-	.0012-	
.30	.0857	.0673	.0397	.0240	.0103	.0029	.0010	.0011-	.0014-	
.35	.0995	.0707	.0344	.0211	.0086	.0017	.0001	.0018-	.0017-	
.40	.1129	.0695	.0303	.0156	.0064	.0007	.0027-	.0029-	.0020-	
.45	.1158	.0636	.0274	.0114	.0038	.0001	.0050-	.0039-	.0025-	
.50	.1084	.0531	.0258	.0091	.0007	.0014-	.0066-	.0047-	.0030-	
.55	.1008	.0611	.0254	.0086	.0008	.0029-	.0075-	.0053-	.0032-	
.60	.0929	.0639	.0263	.0099	.0008	.0043-	.0078-	.0058-	.0033-	
.65	.0848	.0614	.0283	.0116	.0010	.0047-	.0074-	.0059-	.0033-	
.70	.0706	.0537	.0317	.0119	.0013	.0041-	.0064-	.0056-	.0031-	
.75	.0496	.0408	.0249	.0115	.0027	.0032-	.0049-	.0049-	.0028-	
.80	.0332	.0284	.0183	.0105	.0035	.0021-	.0041-	.0038-	.0024-	
.85	.0213	.0182	.0125	.0088	.0036	.0015-	.0040-	.0046-	.0033-	
.90	.0181	.0100	.0075	.0065	.0032	.0010-	.0036-	.0042-	.0032-	
.95	.0115	.0040	.0034	.0035	.0020	.0005-	.0022-	.0027-	.0021-	
1.00	.0000	.0001	.0000	.0001-	.0000	.0000	.0000	.0001	.0000	

Auswertung aus Pucher „Einflußfelder elastischer Platten" Tafel Nr. 59

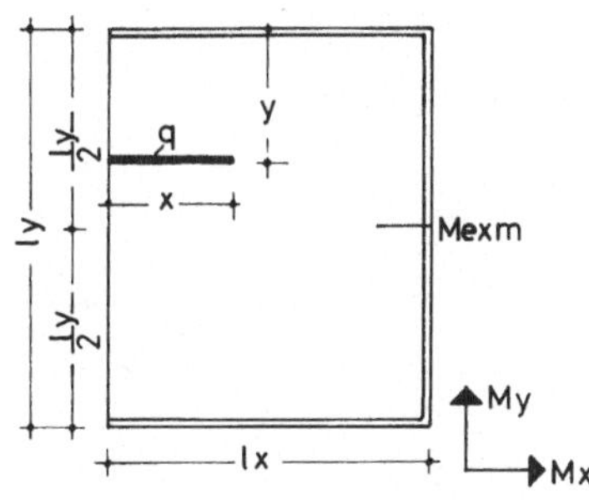

Stützmoment Mexm in Seitenmitte einer Rechteckplatte aus Linienlast in lx-Richtung.

$\frac{ly}{lx} = 1{,}25$

$\mu = 0$

Faktor = q · lx

Stützung 5b

Mexm

5b 1.25

F 5.1,25.3.1

→ y : ly

↓ x : lx

Spalte										
	0.05	0.10	0.15	0.20	0.25	0.30	0.35	0.40	0.45	0.50
.05	.0000	.0000	.0000	.0000	.0000	.0001-	.0001-	.0002-	.0002-	.0002-
.10	.0000	.0001-	.0001-	.0001-	.0002-	.0003-	.0008-	.0009-	.0011-	.0012-
.15	.0001-	.0003-	.0003-	.0004-	.0011-	.0016-	.0021-	.0024-	.0028-	.0029-
.20	.0002-	.0005-	.0007-	.0015-	.0023-	.0032-	.0040-	.0046-	.0053-	.0055-
.25	.0002-	.0009-	.0016-	.0027-	.0040-	.0053-	.0066-	.0076-	.0087-	.0089-
.30	.0004-	.0013-	.0026-	.0043-	.0061-	.0080-	.0099-	.0117-	.0132-	.0134-
.35	.0006-	.0018-	.0039-	.0062-	.0087-	.0113-	.0143-	.0166-	.0186-	.0187-
.40	.0008-	.0025-	.0055-	.0084-	.0117-	.0157-	.0195-	.0223-	.0248-	.0250-
.45	.0010-	.0034-	.0070-	.0109-	.0153-	.0207-	.0254-	.0289-	.0320-	.0322-
.50	.0013-	.0043-	.0089-	.0136-	.0195-	.0263-	.0320-	.0362-	.0401-	.0405-
.55	.0015-	.0052-	.0108-	.0166-	.0240-	.0324-	.0392-	.0443-	.0494-	.0498-
.60	.0018-	.0061-	.0128-	.0196-	.0288-	.0388-	.0470-	.0536-	.0596-	.0601-
.65	.0019-	.0068-	.0148-	.0226-	.0336-	.0445-	.0547-	.0636-	.0707-	.0713-
.70	.0022-	.0075-	.0161-	.0255-	.0384-	.0508-	.0629-	.0741-	.0824-	.0832-
.75	.0024-	.0080-	.0175-	.0281-	.0417-	.0569-	.0707-	.0847-	.0945-	.0961-
.80	.0026-	.0085-	.0185-	.0303-	.0449-	.0625-	.0784-	.0950-	.1053-	.1100-
.85	.0025-	.0088-	.0193-	.0315-	.0471-	.0656-	.0853-	.1046-	.1179-	.1246-
.90	.0026-	.0090-	.0197-	.0324-	.0487-	.0678-	.0887-	.1083-	.1303-	.1398-
.95	.0027-	.0092-	.0198-	.0327-	.0493-	.0692-	.0908-	.1123-	.1371-	.1555-
1.00	.0028-	.0092-	.0198-	.0327-	.0493-	.0706-	.0913-	.1130-	.1392-	.1716-

→ y : ly

↓ x : lx

Spalte										
	0.55	0.60	0.65	0.70	0.75	0.80	0.85	0.90	0.95	
.05	.0002-	.0002-	.0001-	.0001-	.0000	.0000	.0000	.0000	.0000	
.10	.0011-	.0009-	.0008-	.0003-	.0002-	.0001-	.0001-	.0001-	.0000	
.15	.0028-	.0024-	.0021-	.0016-	.0011-	.0004-	.0003-	.0003-	.0001-	
.20	.0053-	.0046-	.0040-	.0032-	.0023-	.0015-	.0007-	.0005-	.0002-	
.25	.0087-	.0076-	.0066-	.0053-	.0040-	.0027-	.0016-	.0009-	.0002-	
.30	.0132-	.0117-	.0099-	.0080-	.0061-	.0043-	.0026-	.0013-	.0004-	
.35	.0186-	.0166-	.0143-	.0113-	.0087-	.0062-	.0039-	.0018-	.0006-	
.40	.0248-	.0223-	.0195-	.0157-	.0117-	.0084-	.0055-	.0025-	.0008-	
.45	.0320-	.0289-	.0254-	.0207-	.0153-	.0109-	.0070-	.0034-	.0010-	
.50	.0401-	.0362-	.0320-	.0263-	.0195-	.0136-	.0089-	.0043-	.0013-	
.55	.0494-	.0443-	.0392-	.0324-	.0240-	.0166-	.0108-	.0052-	.0015-	
.60	.0596-	.0536-	.0470-	.0388-	.0288-	.0196-	.0128-	.0061-	.0018-	
.65	.0707-	.0636-	.0547-	.0445-	.0336-	.0226-	.0148-	.0068-	.0019-	
.70	.0824-	.0741-	.0629-	.0508-	.0384-	.0255-	.0161-	.0075-	.0022-	
.75	.0945-	.0847-	.0707-	.0569-	.0417-	.0281-	.0175-	.0080-	.0024-	
.80	.1053-	.0950-	.0784-	.0625-	.0449-	.0303-	.0185-	.0085-	.0026-	
.85	.1179-	.1046-	.0853-	.0656-	.0471-	.0315-	.0193-	.0088-	.0025-	
.90	.1303-	.1083-	.0887-	.0678-	.0487-	.0324-	.0197-	.0090-	.0026-	
.95	.1371-	.1123-	.0908-	.0692-	.0493-	.0327-	.0198-	.0092-	.0027-	
1.00	.1392-	.1130-	.0913-	.0706-	.0493-	.0327-	.0198-	.0092-	.0028-	

Auswertung aus Pucher „Einflußfelder elastischer Platten" Tafel Nr. 62

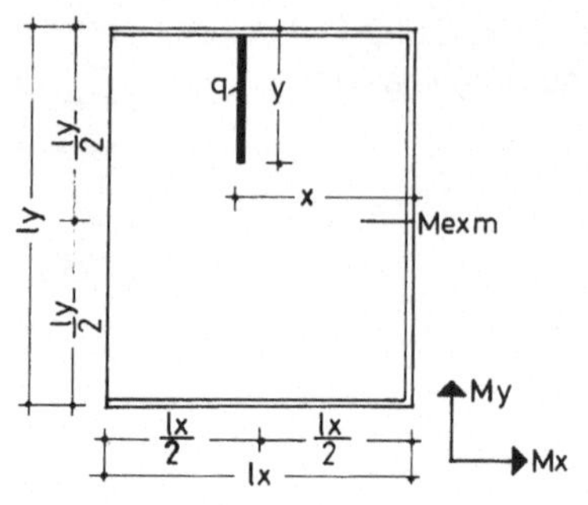

Stützmoment Mexm in Seitenmitte einer Rechteckplatte aus Linienlast in ly-Richtung.

$\frac{ly}{lx} = 1{,}25$

$\mu = 0$

Faktor = q · ly

Stützung 5 b

Mexm

5b 1.25

F 5.1,25.3.2

→ x : lx

↓ y : ly

Spalte										
	0.05	0.10	0.15	0.20	0.25	0.30	0.35	0.40	0.45	0.50
.05	.0000	.0000	.0000	.0000	.0001-	.0001-	.0001-	.0001-	.0001-	.0001-
.10	.0001-	.0002-	.0000	.0000	.0003-	.0004-	.0003-	.0004-	.0006-	.0006-
.15	.0002-	.0004-	.0003-	.0008-	.0012-	.0016-	.0017-	.0019-	.0020-	.0020-
.20	.0004-	.0008-	.0014-	.0020-	.0030-	.0038-	.0042-	.0043-	.0045-	.0042-
.25	.0006-	.0015-	.0028-	.0042-	.0060-	.0075-	.0081-	.0082-	.0089-	.0077-
.30	.0009-	.0027-	.0051-	.0078-	.0105-	.0128-	.0138-	.0139-	.0142-	.0126-
.35	.0016-	.0045-	.0090-	.0134-	.0168-	.0198-	.0212-	.0213-	.0207-	.0190-
.40	.0027-	.0076-	.0155-	.0214-	.0255-	.0289-	.0298-	.0295-	.0288-	.0265-
.45	.0044-	.0163-	.0252-	.0319-	.0364-	.0398-	.0401-	.0397-	.0381-	.0341-
.50	.0152-	.0292-	.0386-	.0452-	.0493-	.0518-	.0517-	.0509-	.0482-	.0430-
.55	.0249-	.0421-	.0521-	.0585-	.0636-	.0639-	.0624-	.0606-	.0586-	.0522-
.60	.0273-	.0496-	.0617-	.0690-	.0730-	.0748-	.0727-	.0709-	.0687-	.0595-
.65	.0288-	.0535-	.0681-	.0770-	.0816-	.0840-	.0819-	.0791-	.0743-	.0668-
.70	.0292-	.0549-	.0720-	.0826-	.0880-	.0907-	.0886-	.0862-	.0309-	.0732-
.75	.0297-	.0568-	.0744-	.0861-	.0925-	.0960-	.0943-	.0921-	.0862-	.0784-
.80	.0300-	.0575-	.0759-	.0884-	.0956-	.0997-	.0981-	.0957-	.0906-	.0813-
.85	.0301-	.0580-	.0768-	.0896-	.0973-	.1019-	.1006-	.0980-	.0931-	.0834-
.90	.0302-	.0582-	.0771-	.0903-	.0981-	.1031-	.1018-	.0995-	.0946-	.0850-
.95	.0303-	.0583-	.0771-	.0903-	.0984-	.1034-	.1022-	.0999-	.0951-	.0855-
1.00	.0303-	.0583-	.0769-	.0901-	.0983-	.1034-	.1021-	.0998-	.0950-	.0854-

→ x : lx

↓ y : ly

Spalte										
	0.55	0.60	0.65	0.70	0.75	0.80	0.85	0.90	0.95	
.05	.0001-	.0001-	.0001-	.0001-	.0000	.0000	.0000	.0000	.0000	
.10	.0005-	.0004-	.0004-	.0003-	.0002-	.0001-	.0001-	.0001-	.0001-	
.15	.0019-	.0017-	.0015-	.0012-	.0009-	.0004-	.0003-	.0002-	.0002-	
.20	.0040-	.0037-	.0032-	.0027-	.0020-	.0014-	.0007-	.0004-	.0004-	
.25	.0070-	.0063-	.0056-	.0046-	.0037-	.0026-	.0017-	.0008-	.0006-	
.30	.0118-	.0103-	.0088-	.0072-	.0058-	.0042-	.0029-	.0014-	.0009-	
.35	.0177-	.0154-	.0134-	.0104-	.0085-	.0062-	.0044-	.0026-	.0012-	
.40	.0247-	.0215-	.0185-	.0148-	.0116-	.0086-	.0062-	.0038-	.0016-	
.45	.0324-	.0283-	.0243-	.0195-	.0152-	.0112-	.0083-	.0051-	.0021-	
.50	.0406-	.0355-	.0304-	.0245-	.0191-	.0142-	.0106-	.0065-	.0026-	
.55	.0469-	.0411-	.0366-	.0297-	.0231-	.0169-	.0125-	.0076-	.0031-	
.60	.0543-	.0477-	.0427-	.0347-	.0267-	.0196-	.0146-	.0089-	.0036-	
.65	.0613-	.0539-	.0484-	.0378-	.0298-	.0219-	.0166-	.0101-	.0040-	
.70	.0675-	.0594-	.0503-	.0412-	.0324-	.0240-	.0179-	.0111-	.0043-	
.75	.0711-	.0623-	.0537-	.0437-	.0346-	.0255-	.0191-	.0116-	.0046-	
.80	.0743-	.0650-	.0560-	.0456-	.0362-	.0268-	.0199-	.0121-	.0048-	
.85	.0763-	.0667-	.0579-	.0473-	.0374-	.0275-	.0203-	.0123-	.0050-	
.90	.0778-	.0682-	.0589-	.0481-	.0380-	.0279-	.0206-	.0124-	.0052-	
.95	.0783-	.0686-	.0593-	.0484-	.0381-	.0280-	.0206-	.0124-	.0053-	
1.00	.0783-	.0686-	.0592-	.0483-	.0380-	.0278-	.0205-	.0124-	.0053-	

Auswertung aus Pucher „Einflußfelder elastischer Platten" Tafel Nr. 62

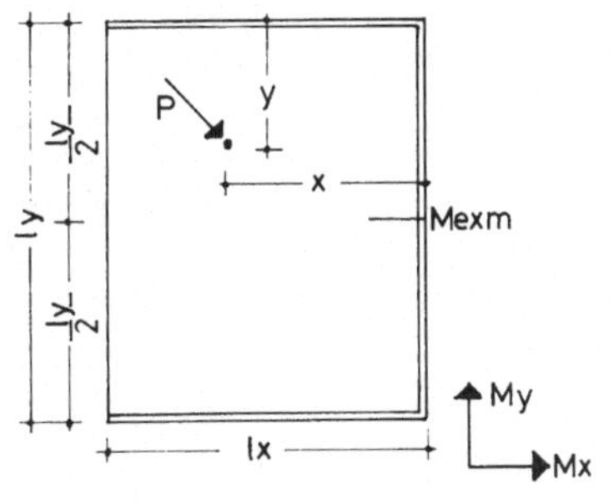

Stützmoment Mexm in Seitenmitte einer Rechteckplatte aus einer Einzellast.
Stützung 5b

$$\frac{ly}{lx} = 1{,}25$$

$\mu = 0$

Faktor = P

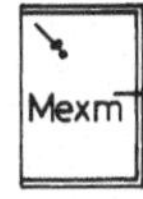

5b 1.25

F 5.1,25.3.3

→ x : lx, ↓ y : ly

Spalte										
	0.05	0.10	0.15	0.20	0.25	0.30	0.35	0.40	0.45	0.50
.05	.0008-	.0017-	.0007-	.0008-	.0032-	.0043-	.0034-	.0042-	.0050-	.0050-
.10	.0018-	.0038-	.0047-	.0070-	.0106-	.0126-	.0144-	.0159-	.0179-	.0179-
.15	.0030-	.0065-	.0120-	.0184-	.0239-	.0318-	.0372-	.0377-	.0375-	.0364-
.20	.0045-	.0107-	.0227-	.0330-	.0478-	.0592-	.0637-	.0618-	.0704-	.0561-
.25	.0062-	.0187-	.0356-	.0565-	.0743-	.0892-	.0947-	.0951-	.0962-	.0828-
.30	.0080-	.0290-	.0612-	.0907-	.1076-	.1229-	.1293-	.1287-	.1194-	.1118-
.35	.0159-	.0564-	.1007-	.1344-	.1498-	.1592-	.1592-	.1549-	.1453-	.1354-
.40	.0278-	.1066-	.1592-	.1841-	.1946-	.1990-	.1910-	.1867-	.1723-	.1535-
.45	.0961-	.1990-	.2309-	.2389-	.2389-	.2309-	.2152-	.2078-	.1897-	.1691-
.50	.3131-	.3053-	.2950-	.2823-	.2673-	.2498-	.2319-	.2143-	.1955-	.1754-
.55	.0961-	.1990-	.2309-	.2389-	.2389-	.2309-	.2152-	.2078-	.1897-	.1691-
.60	.0278-	.1066-	.1592-	.1841-	.1946-	.1990-	.1910-	.1867-	.1722-	.1535-
.65	.0159-	.0564-	.1007-	.1344-	.1498-	.1592-	.1592-	.1549-	.1453-	.1353-
.70	.0080-	.0290-	.0612-	.0907-	.1076-	.1229-	.1293-	.1287-	.1194-	.1118-
.75	.0061-	.0187-	.0356-	.0565-	.0743-	.0892-	.0948-	.0951-	.0962-	.0828-
.80	.0044-	.0107-	.0227-	.0330-	.0478-	.0592-	.0637-	.0618-	.0704-	.0561-
.85	.0030-	.0065-	.0121-	.0185-	.0239-	.0318-	.0372-	.0377-	.0375-	.0364-
.90	.0018-	.0038-	.0047-	.0070-	.0106-	.0126-	.0144-	.0159-	.0179-	.0179-
.95	.0008-	.0017-	.0007-	.0008-	.0032-	.0043-	.0034-	.0042-	.0050-	.0050-
1.00	.0000	.0000	.0000	.0000	.0000	.0000	.0000	.0000	.0000	.0000

→ x : lx, ↓ y : ly

Spalte										
	0.55	0.60	0.65	0.70	0.75	0.80	0.85	0.90	0.95	
.05	.0053-	.0046-	.0043-	.0032-	.0023-	.0011-	.0011-	.0008-	.0010-	
.10	.0159-	.0146-	.0126-	.0106-	.0080-	.0050-	.0036-	.0023-	.0020-	
.15	.0355-	.0318-	.0285-	.0226-	.0171-	.0116-	.0075-	.0046-	.0030-	
.20	.0525-	.0461-	.0413-	.0346-	.0280-	.0204-	.0128-	.0076-	.0041-	
.25	.0768-	.0655-	.0576-	.0457-	.0378-	.0288-	.0201-	.0114-	.0052-	
.30	.1038-	.0895-	.0775-	.0594-	.0477-	.0363-	.0272-	.0160-	.0062-	
.35	.1252-	.1100-	.0944-	.0760-	.0575-	.0432-	.0326-	.0205-	.0074-	
.40	.1408-	.1244-	.1064-	.0884-	.0672-	.0495-	.0389-	.0239-	.0085-	
.45	.1505-	.1327-	.1135-	.0952-	.0767-	.0553-	.0423-	.0260-	.0096-	
.50	.1543-	.1349-	.1159-	.0975-	.0797-	.0605-	.0429-	.0269-	.0108-	
.55	.1505-	.1327-	.1135-	.0953-	.0768-	.0553-	.0423-	.0260-	.0096-	
.60	.1408-	.1244-	.1063-	.0884-	.0672-	.0495-	.0389-	.0239-	.0085-	
.65	.1252-	.1100-	.0944-	.0760-	.0575-	.0432-	.0326-	.0206-	.0074-	
.70	.1039-	.0895-	.0774-	.0595-	.0477-	.0363-	.0272-	.0160-	.0063-	
.75	.0768-	.0655-	.0576-	.0457-	.0378-	.0288-	.0202-	.0114-	.0053-	
.80	.0524-	.0461-	.0413-	.0346-	.0280-	.0204-	.0128-	.0076-	.0043-	
.85	.0355-	.0319-	.0285-	.0226-	.0171-	.0116-	.0075-	.0046-	.0033-	
.90	.0159-	.0146-	.0126-	.0106-	.0080-	.0050-	.0036-	.0023-	.0023-	
.95	.0053-	.0046-	.0043-	.0032-	.0023-	.0011-	.0011-	.0007-	.0013-	
1.00	.0000	.0000	.0000	.0000	.0000	.0000	.0001	.0001	.0004-	

Auswertung aus Pucher „Einflußfelder elastischer Platten" Tafel Nr. 62

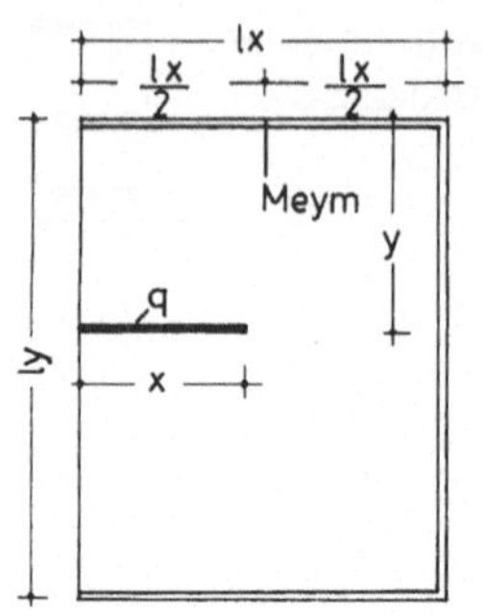

Stützmoment Meym in Seitenmitte einer Rechteckplatte aus Linienlast in lx-Richtung.

$\frac{ly}{lx} = 1{,}25$

$\mu = 0$

Faktor = q · lx

Stützung 5b

Meym

5b 1.25

F 5.1,25.4.1

y : ly → ; x : lx ↓

Spalte										
	0.05	0.10	0.15	0.20	0.25	0.30	0.35	0.40	0.45	0.50
.05	.0001	.0000	.0001-	.0003-	.0004-	.0004-	.0005-	.0005-	.0004-	.0004-
.10	.0005	.0001-	.0008-	.0014-	.0016-	.0017-	.0019-	.0018-	.0017-	.0015-
.15	.0009	.0009-	.0021-	.0033-	.0039-	.0041-	.0043-	.0040-	.0038-	.0034-
.20	.0012	.0022-	.0041-	.0060-	.0070-	.0074-	.0078-	.0070-	.0067-	.0060-
.25	.0013	.0039-	.0069-	.0103-	.0117-	.0122-	.0124-	.0114-	.0107-	.0093-
.30	.0002-	.0063-	.0118-	.0160-	.0179-	.0184-	.0184-	.0169-	.0156-	.0135-
.35	.0016-	.0116-	.0182-	.0236-	.0256-	.0258-	.0255-	.0233-	.0213-	.0185-
.40	.0036-	.0186-	.0270-	.0332-	.0351-	.0347-	.0334-	.0306-	.0277-	.0240-
.45	.0099-	.0291-	.0386-	.0448-	.0465-	.0451-	.0425-	.0385-	.0345-	.0299-
.50	.0216-	.0439-	.0533-	.0584-	.0584-	.0565-	.0522-	.0455-	.0416-	.0359-
.55	.0339-	.0577-	.0666-	.0706-	.0704-	.0660-	.0621-	.0533-	.0471-	.0419-
.60	.0393-	.0673-	.0776-	.0814-	.0808-	.0757-	.0716-	.0607-	.0535-	.0476-
.65	.0417-	.0739-	.0857-	.0900-	.0895-	.0838-	.0770-	.0674-	.0594-	.0528-
.70	.0430-	.0781-	.0916-	.0966-	.0960-	.0907-	.0835-	.0724-	.0645-	.0537-
.75	.0435-	.0802-	.0956-	.1014-	.1001-	.0961-	.0881-	.0764-	.0671-	.0564-
.80	.0435-	.0817-	.0979-	.1047-	.1042-	.0994-	.0915-	.0793-	.0695-	.0583-
.85	.0432-	.0823-	.0995-	.1067-	.1064-	.1018-	.0937-	.0816-	.0713-	.0599-
.90	.0426-	.0824-	.1001-	.1078-	.1079-	.1033-	.0951-	.0828-	.0724-	.0608-
.95	.0420-	.0821-	.1002-	.1081-	.1084-	.1039-	.0957-	.0833-	.0728-	.0612-
1.00	.0415-	.0818-	.1000-	.1081-	.1084-	.1040-	.0957-	.0835-	.0729-	.0613-

y : ly → ; x : lx ↓

Spalte										
	0.55	0.60	0.65	0.70	0.75	0.80	0.85	0.90	0.95	
.05	.0004-	.0004-	.0002-	.0002-	.0001-	.0001-	.0001-	.0000	.0000	
.10	.0014-	.0013-	.0009-	.0006-	.0004-	.0003-	.0003-	.0002-	.0001-	
.15	.0030-	.0029-	.0020-	.0014-	.0010-	.0007-	.0006-	.0004-	.0002-	
.20	.0052-	.0051-	.0035-	.0024-	.0020-	.0013-	.0011-	.0007-	.0003-	
.25	.0080-	.0079-	.0053-	.0041-	.0031-	.0021-	.0016-	.0010-	.0004-	
.30	.0115-	.0113-	.0074-	.0056-	.0044-	.0030-	.0022-	.0013-	.0006-	
.35	.0156-	.0152-	.0098-	.0074-	.0060-	.0040-	.0028-	.0017-	.0007-	
.40	.0201-	.0187-	.0123-	.0094-	.0074-	.0051-	.0035-	.0021-	.0009-	
.45	.0249-	.0220-	.0150-	.0114-	.0090-	.0062-	.0041-	.0025-	.0010-	
.50	.0297-	.0252-	.0177-	.0135-	.0107-	.0074-	.0048-	.0028-	.0011-	
.55	.0344-	.0285-	.0197-	.0155-	.0121-	.0085-	.0049-	.0028-	.0010-	
.60	.0377-	.0331-	.0219-	.0174-	.0135-	.0095-	.0054-	.0030-	.0011-	
.65	.0412-	.0365-	.0239-	.0184-	.0147-	.0097-	.0058-	.0032-	.0011-	
.70	.0439-	.0392-	.0256-	.0197-	.0157-	.0103-	.0062-	.0033-	.0012-	
.75	.0459-	.0413-	.0270-	.0209-	.0164-	.0108-	.0065-	.0034-	.0012-	
.80	.0478-	.0432-	.0281-	.0217-	.0170-	.0111-	.0068-	.0035-	.0012-	
.85	.0493-	.0443-	.0289-	.0223-	.0175-	.0114-	.0070-	.0035-	.0012-	
.90	.0499-	.0451-	.0294-	.0227-	.0177-	.0116-	.0071-	.0036-	.0012-	
.95	.0502-	.0454-	.0296-	.0228-	.0179-	.0117-	.0072-	.0036-	.0012-	
1.00	.0503-	.0455-	.0296-	.0228-	.0179-	.0117-	.0072-	.0036-	.0012-	

Auswertung aus Pucher „Einflußfelder elastischer Platten" Tafel Nr. 61

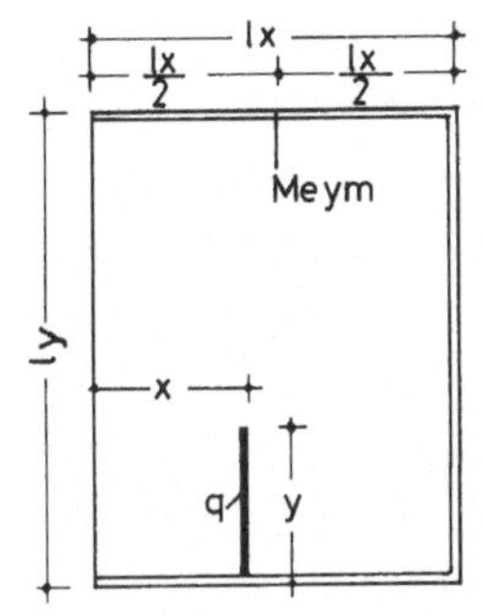

My
Mx

Stützmoment Meym in Seitenmitte einer Rechteckplatte aus Linienlast in ly-Richtung.

$\frac{ly}{lx} = 1{,}25$

$\mu = 0$

Faktor = q · ly

Stützung 5b

Meym
q

5b 1.25

F 5.1,25.4.2

x : lx →

y : ly ↓

Spalte	0.05	0.10	0.15	0.20	0.25	0.30	0.35	0.40	0.45	0.50
.05	.0000	.0000	.0000	.0000	.0001-	.0001-	.0000	.0001-	.0000	.0000
.10	.0000	.0000	.0001-	.0002-	.0002-	.0002-	.0002-	.0002-	.0002-	.0001-
.15	.0001-	.0001-	.0003-	.0005-	.0006-	.0006-	.0006-	.0006-	.0005-	.0004-
.20	.0002-	.0003-	.0007-	.0010-	.0014-	.0015-	.0016-	.0016-	.0015-	.0014-
.25	.0004-	.0006-	.0012-	.0020-	.0024-	.0027-	.0028-	.0029-	.0029-	.0027-
.30	.0006-	.0011-	.0023-	.0031-	.0038-	.0042-	.0045-	.0047-	.0046-	.0044-
.35	.0010-	.0022-	.0035-	.0046-	.0058-	.0061-	.0065-	.0068-	.0068-	.0065-
.40	.0014-	.0032-	.0049-	.0064-	.0086-	.0084-	.0091-	.0095-	.0095-	.0092-
.45	.0019-	.0045-	.0067-	.0086-	.0121-	.0114-	.0131-	.0140-	.0141-	.0136-
.50	.0026-	.0059-	.0087-	.0111-	.0161-	.0159-	.0177-	.0190-	.0191-	.0186-
.55	.0038-	.0076-	.0111-	.0141-	.0199-	.0209-	.0232-	.0249-	.0252-	.0247-
.60	.0047-	.0095-	.0138-	.0174-	.0249-	.0266-	.0295-	.0317-	.0324-	.0319-
.65	.0058-	.0116-	.0166-	.0214-	.0306-	.0329-	.0365-	.0397-	.0411-	.0407-
.70	.0068-	.0136-	.0196-	.0256-	.0365-	.0398-	.0442-	.0489-	.0511-	.0508-
.75	.0079-	.0156-	.0225-	.0296-	.0425-	.0462-	.0528-	.0593-	.0625-	.0624-
.80	.0083-	.0175-	.0251-	.0331-	.0482-	.0534-	.0621-	.0697-	.0746-	.0753-
.85	.0088-	.0189-	.0274-	.0358-	.0534-	.0601-	.0693-	.0804-	.0878-	.0894-
.90	.0090-	.0198-	.0283-	.0377-	.0537-	.0642-	.0764-	.0906-	.1012-	.1043-
.95	.0090-	.0202-	.0287-	.0386-	.0552-	.0665-	.0798-	.0964-	.1112-	.1188-
1.00	.0089-	.0202-	.0283-	.0382-	.0552-	.0668-	.0803-	.0976-	.1150-	.1344-

x : lx →

y : ly ↓

Spalte	0.55	0.60	0.65	0.70	0.75	0.80	0.85	0.90	0.95	
.05	.0000	.0000	.0000	.0000	.0000	.0000	.0000	.0000	.0000	
.10	.0001-	.0001-	.0001-	.0001-	.0000	.0000	.0001-	.0001-	.0000	
.15	.0004-	.0004-	.0003-	.0002-	.0001-	.0001-	.0002-	.0002-	.0001-	
.20	.0013-	.0011-	.0007-	.0006-	.0004-	.0003-	.0003-	.0003-	.0001-	
.25	.0024-	.0022-	.0018-	.0015-	.0008-	.0006-	.0006-	.0005-	.0002-	
.30	.0040-	.0036-	.0031-	.0026-	.0020-	.0011-	.0010-	.0008-	.0003-	
.35	.0060-	.0055-	.0047-	.0040-	.0031-	.0023-	.0015-	.0011-	.0004-	
.40	.0085-	.0078-	.0067-	.0057-	.0046-	.0033-	.0024-	.0015-	.0006-	
.45	.0125-	.0108-	.0093-	.0078-	.0063-	.0045-	.0033-	.0019-	.0008-	
.50	.0172-	.0156-	.0132-	.0105-	.0082-	.0062-	.0043-	.0025-	.0011-	
.55	.0231-	.0210-	.0180-	.0143-	.0105-	.0081-	.0055-	.0031-	.0014-	
.60	.0300-	.0274-	.0237-	.0189-	.0133-	.0104-	.0071-	.0041-	.0017-	
.65	.0383-	.0349-	.0303-	.0244-	.0174-	.0129-	.0088-	.0050-	.0020-	
.70	.0478-	.0434-	.0375-	.0305-	.0217-	.0158-	.0108-	.0060-	.0024-	
.75	.0584-	.0529-	.0446-	.0370-	.0262-	.0187-	.0128-	.0070-	.0027-	
.80	.0706-	.0628-	.0528-	.0420-	.0307-	.0215-	.0143-	.0076-	.0030-	
.85	.0843-	.0727-	.0611-	.0479-	.0338-	.0239-	.0155-	.0080-	.0033-	
.90	.0984-	.0797-	.0685-	.0528-	.0363-	.0250-	.0162-	.0083-	.0035-	
.95	.1070-	.0857-	.0699-	.0536-	.0373-	.0255-	.0163-	.0084-	.0036-	
1.00	.1109-	.0870-	.0703-	.0147-	.0372-	.0252-	.0160-	.0083-	.0037-	

Auswertung aus Pucher „Einflußfelder elastischer Platten" Tafel Nr. 61

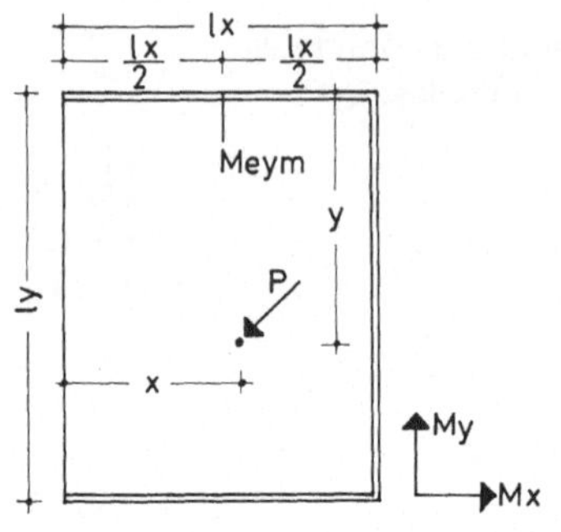

Stützmoment Meym in Seitenmitte einer Rechteckplatte aus einer Einzellast.

$\frac{ly}{lx} = 1{,}25$

$\mu = 0$

Faktor = P

Stützung 5b

5b 1.25

F 5.1,25.4.3

y : ly → ; x : lx ↓

Spalte	0.05	0.10	0.15	0.20	0.25	0.30	0.35	0.40	0.45	0.50
.05	.0046	.0012-	.0067-	.0127-	.0159-	.0168-	.0181-	.0176-	.0169-	.0159-
.10	.0059	.0080-	.0201-	.0300-	.0352-	.0375-	.0385-	.0357-	.0338-	.0301-
.15	.0041	.0196-	.0331-	.0468-	.0546-	.0572-	.0594-	.0532-	.0504-	.0444-
.20	.0009-	.0306-	.0491-	.0695-	.0767-	.0796-	.0796-	.0740-	.0686-	.0595-
.25	.0092-	.0424-	.0756-	.0989-	.1077-	.1090-	.1058-	.0971-	.0882-	.0755-
.30	.0207-	.0767-	.1101-	.1323-	.1386-	.1361-	.1295-	.1172-	.1050-	.0911-
.35	.0309-	.1166-	.1489-	.1699-	.1716-	.1615-	.1507-	.1335-	.1181-	.1026-
.40	.0796-	.1692-	.2027-	.2123-	.2074-	.1920-	.1712-	.1462-	.1273-	.1099-
.45	.1601-	.2544-	.2646-	.2539-	.2372-	.2104-	.1845-	.1551-	.1327-	.1129-
.50	.3070-	.2967-	.2856-	.2688-	.2457-	.2168-	.1874-	.1580-	.1343-	.1117-
.55	.1663-	.2389-	.2587-	.2332-	.2267-	.2015-	.1800-	.1503-	.1298-	.1063-
.60	.0724-	.1611-	.1835-	.1939-	.1903-	.1789-	.1622-	.1378-	.1194-	.0966-
.65	.0332-	.1035-	.1404-	.1521-	.1556-	.1510-	.1399-	.1207-	.1032-	.0826-
.70	.0159-	.0633-	.0992-	.1149-	.1086-	.1214-	.1118-	.0947-	.0812-	.0639-
.75	.0057-	.0347-	.0625-	.0796-	.0822-	.0867-	.0781-	.0711-	.0595-	.0475-
.80	.0015	.0178-	.0373-	.0509-	.0577-	.0595-	.0559-	.0503-	.0417-	.0346-
.85	.0057	.0069-	.0193-	.0304-	.0363-	.0386-	.0363-	.0318-	.0273-	.0225-
.90	.0068	.0004-	.0074-	.0130-	.0170-	.0192-	.0188-	.0167-	.0145-	.0130-
.95	.0049	.0019	.0013-	.0041-	.0057-	.0068-	.0061-	.0065-	.0055-	.0053-
1.00	.0000	.0000	.0000	.0000	.0000	.0000	.0000	.0000	.0000	.0000

y : ly → ; x : lx ↓

Spalte	0.55	0.60	0.65	0.70	0.75	0.80	0.85	0.90	0.95	
.05	.0149-	.0142-	.0091-	.0062-	.0045-	.0032-	.0028-	.0018-	.0008-	
.10	.0268-	.0254-	.0183-	.0115-	.0096-	.0065-	.0052-	.0033-	.0014-	
.15	.0383-	.0376-	.0258-	.0159-	.0152-	.0099-	.0073-	.0046-	.0019-	
.20	.0504-	.0497-	.0331-	.0274-	.0202-	.0133-	.0090-	.0055-	.0023-	
.25	.0630-	.0625-	.0391-	.0318-	.0244-	.0167-	.0103-	.0062-	.0025-	
.30	.0763-	.0761-	.0440-	.0349-	.0277-	.0191-	.0112-	.0066-	.0026-	
.35	.0856-	.0741-	.0475-	.0374-	.0303-	.0207-	.0118-	.0067-	.0025-	
.40	.0907-	.0695-	.0499-	.0388-	.0321-	.0214-	.0120-	.0065-	.0023-	
.45	.0923-	.0680-	.0511-	.0391-	.0326-	.0213-	.0118-	.0061-	.0020-	
.50	.0907-	.0695-	.0510-	.0383-	.0304-	.0204-	.0113-	.0054-	.0015-	
.55	.0856-	.0741-	.0470-	.0363-	.0283-	.0186-	.0104-	.0047-	.0013-	
.60	.0758-	.0759-	.0424-	.0332-	.0255-	.0159-	.0092-	.0039-	.0010-	
.65	.0615-	.0619-	.0371-	.0293-	.0221-	.0133-	.0080-	.0032-	.0008-	
.70	.0489-	.0495-	.0311-	.0248-	.0181-	.0109-	.0068-	.0026-	.0006-	
.75	.0379-	.0385-	.0250-	.0199-	.0140-	.0086-	.0056-	.0020-	.0004-	
.80	.0318-	.0284-	.0190-	.0146-	.0104-	.0066-	.0045-	.0015-	.0003-	
.85	.0219-	.0188-	.0128-	.0098-	.0072-	.0047-	.0033-	.0010-	.0002-	
.90	.0105-	.0110-	.0073-	.0058-	.0044-	.0030-	.0022-	.0006-	.0001-	
.95	.0043-	.0046-	.0031-	.0025-	.0020-	.0014-	.0011-	.0003-	.0001-	
1.00	.0000	.0000	.0000	.0000	.0000	.0001-	.0000	.0001-	.0002-	

Auswertung aus Pucher „Einflußfelder elastischer Platten“ Tafel Nr. 61

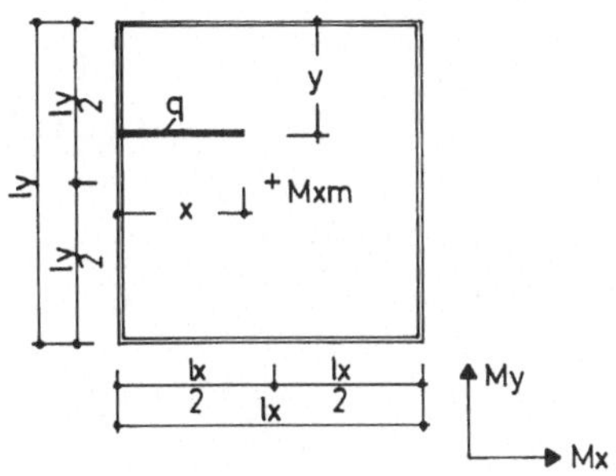

Feldmoment Mxm in Feldmitte einer Rechteckplatte aus Linienlast in lx-Richtung.
Stützung 6
Diese Tabelle ergibt auch die Werte für Mym bei Linienlast in ly-Richtung.

$\frac{ly}{lx} = 1{,}0$

$\mu = 0$

Faktor = q · lx

+ Mxm
6 1.0
F 6.1,0.1.1

→ y : ly
↓ x : lx

Spalte										
	0.05	0.10	0.15	0.20	0.25	0.30	0.35	0.40	0.45	0.50
.05	.0000	.0000	.0000	.0000	.0001-	.0001-	.0002-	.0002-	.0002-	.0001-
.10	.0001	.0001	.0001	.0001-	.0003-	.0004-	.0006-	.0007-	.0006-	.0004-
.15	.0002	.0002	.0002	.0002-	.0006-	.0006-	.0011-	.0014-	.0012-	.0008-
.20	.0003	.0003	.0004	.0002-	.0008-	.0007-	.0014-	.0021-	.0017-	.0010-
.25	.0004	.0005	.0007	.0000	.0008-	.0005-	.0012-	.0025-	.0021-	.0010-
.30	.0005	.0007	.0011	.0005	.0005-	.0003	.0005-	.0024-	.0021-	.0006-
.35	.0006	.0009	.0015	.0012	.0015	.0016	.0010	.0005	.0001	.0004
.40	.0007	.0012	.0020	.0022	.0033	.0038	.0035	.0028	.0008	.0024
.45	.0006	.0014	.0026	.0036	.0056	.0065	.0072	.0071	.0049	.0060
.50	.0007	.0017	.0034	.0051	.0083	.0098	.0117	.0139	.0126	.0147
.55	.0007	.0020	.0042	.0066	.0101	.0130	.0162	.0194	.0204	.0234
.60	.0007	.0023	.0049	.0079	.0124	.0157	.0199	.0235	.0238	.0270
.65	.0008	.0025	.0054	.0090	.0144	.0179	.0224	.0259	.0246	.0290
.70	.0009	.0027	.0059	.0097	.0151	.0193	.0240	.0274	.0260	.0300
.75	.0010	.0029	.0062	.0101	.0157	.0200	.0247	.0280	.0265	.0304
.80	.0011	.0031	.0065	.0103	.0158	.0202	.0248	.0279	.0263	.0304
.85	.0012	.0032	.0067	.0104	.0157	.0201	.0245	.0273	.0258	.0301
.90	.0013	.0033	.0068	.0103	.0153	.0199	.0240	.0265	.0251	.0298
.95	.0014	.0034	.0069	.0102	.0149	.0196	.0236	.0256	.0244	.0295
1.00	.0015	.0034	.0069	.0101	.0145	.0195	.0234	.0249	.0238	.0294

→ y : ly
↓ x : lx

Spalte										
	0.55	0.60	0.65	0.70	0.75	0.80	0.85	0.90	0.95	
.05	.0002-	.0002-	.0002-	.0001-	.0001-	.0000	.0000	.0000	.0000	
.10	.0006-	.0007-	.0006-	.0004-	.0003-	.0001-	.0001	.0001	.0001	
.15	.0012-	.0014-	.0011-	.0006-	.0006-	.0002-	.0002	.0002	.0002	
.20	.0017-	.0021-	.0014-	.0007-	.0008-	.0002-	.0004	.0003	.0003	
.25	.0021-	.0025-	.0012-	.0005-	.0008-	.0000	.0007	.0005	.0004	
.30	.0021-	.0024-	.0005-	.0003	.0005-	.0005	.0011	.0007	.0005	
.35	.0001	.0005	.0010	.0016	.0015	.0012	.0015	.0009	.0006	
.40	.0008	.0028	.0035	.0038	.0033	.0022	.0020	.0012	.0007	
.45	.0049	.0071	.0072	.0065	.0056	.0036	.0026	.0014	.0006	
.50	.0126	.0139	.0117	.0098	.0083	.0051	.0034	.0017	.0007	
.55	.0204	.0194	.0162	.0130	.0101	.0066	.0042	.0020	.0007	
.60	.0238	.0235	.0199	.0157	.0124	.0079	.0049	.0023	.0007	
.65	.0246	.0259	.0224	.0179	.0144	.0090	.0054	.0025	.0008	
.70	.0260	.0274	.0240	.0193	.0151	.0097	.0059	.0027	.0009	
.75	.0265	.0280	.0247	.0200	.0157	.0101	.0062	.0029	.0010	
.80	.0263	.0279	.0248	.0202	.0158	.0103	.0065	.0031	.0011	
.85	.0258	.0273	.0245	.0201	.0157	.0104	.0067	.0032	.0012	
.90	.0251	.0265	.0240	.0199	.0153	.0103	.0068	.0033	.0013	
.95	.0244	.0256	.0236	.0196	.0149	.0102	.0069	.0034	.0014	
1.00	.0238	.0249	.0234	.0195	.0145	.0101	.0069	.0034	.0015	

Auswertung aus Pucher „Einflußfelder elastischer Platten" Tafel Nr. 74

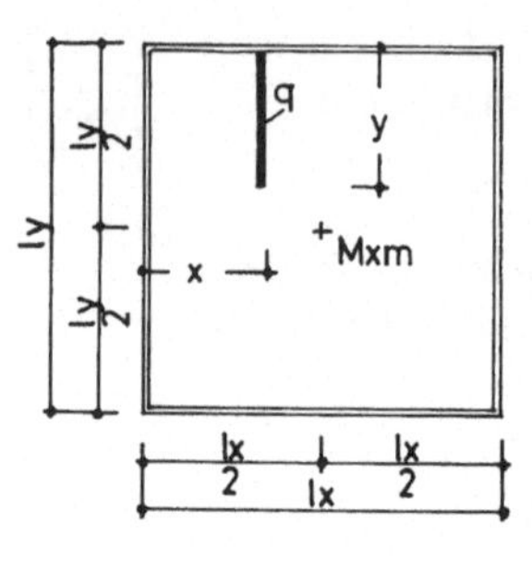

My → Mx

Feldmoment Mxm in Feldmitte einer Rechteckplatte aus Linienlast in ly-Richtung.
Stützung 6
Diese Tabelle ergibt auch die Werte Mym bei Linienlast in lx-Richtung.

Mxm
6 1.0

F 6.1,0.1.2

$\frac{ly}{lx} = 1{,}0$

$\mu = 0$

Faktor = $q \cdot ly$

x : lx →, y : ly ↓

Spalte	0.05	0.10	0.15	0.20	0.25	0.30	0.35	0.40	0.45	0.50
.05	.0000	.0000	.0001	.0001	.0001	.0000	.0000	.0000	.0000	.0000
.10	.0001	.0001	.0002	.0002	.0002	.0001	.0000	.0001	.0002	.0000
.15	.0001	.0002	.0003	.0003	.0004	.0004	.0002	.0003	.0007	.0003
.20	.0001	.0002	.0003	.0005	.0007	.0008	.0007	.0015	.0017	.0018
.25	.0002-	.0001-	.0002	.0006	.0010	.0014	.0022	.0030	.0036	.0037
.30	.0005-	.0004-	.0000	.0007	.0015	.0023	.0040	.0052	.0063	.0065
.35	.0006-	.0005-	.0001-	.0007	.0020	.0034	.0061	.0082	.0100	.0107
.40	.0009-	.0009-	.0003-	.0005	.0025	.0044	.0078	.0114	.0147	.0159
.45	.0013-	.0015-	.0010-	.0006	.0025	.0052	.0095	.0143	.0199	.0238
.50	.0016-	.0019-	.0015-	.0006	.0027	.0059	.0109	.0171	.0252	.0362
.55	.0019-	.0024-	.0021-	.0006	.0028	.0066	.0123	.0199	.0306	.0485
.60	.0023-	.0030-	.0028-	.0007	.0030	.0074	.0138	.0227	.0357	.0562
.65	.0026-	.0033-	.0029-	.0005	.0034	.0084	.0165	.0264	.0404	.0614
.70	.0027-	.0035-	.0031-	.0006	.0039	.0095	.0185	.0293	.0442	.0656
.75	.0030-	.0038-	.0033-	.0006	.0044	.0104	.0204	.0316	.0469	.0685
.80	.0032-	.0040-	.0034-	.0007	.0049	.0110	.0212	.0331	.0487	.0704
.85	.0033-	.0041-	.0033-	.0009	.0049	.0114	.0219	.0340	.0498	.0717
.90	.0032-	.0040-	.0032-	.0010	.0052	.0117	.0221	.0344	.0503	.0722
.95	.0032-	.0039-	.0031-	.0012	.0053	.0118	.0220	.0344	.0504	.0721
1.00	.0032-	.0039-	.0031-	.0012	.0054	.0118	.0218	.0341	.0505	.0719

x : lx →, y : ly ↓

Spalte	0.55	0.60	0.65	0.70	0.75	0.80	0.85	0.90	0.95	
.05	.0000	.0000	.0000	.0000	.0001	.0001	.0001	.0000	.0000	
.10	.0002	.0001	.0000	.0001	.0002	.0002	.0002	.0001	.0001	
.15	.0007	.0003	.0002	.0004	.0004	.0003	.0003	.0002	.0001	
.20	.0017	.0015	.0007	.0008	.0007	.0005	.0003	.0002	.0001	
.25	.0036	.0030	.0022	.0014	.0010	.0006	.0002	.0001-	.0002-	
.30	.0063	.0052	.0040	.0023	.0015	.0007	.0000	.0004-	.0005-	
.35	.0100	.0082	.0061	.0034	.0020	.0007	.0001-	.0005-	.0006-	
.40	.0147	.0114	.0078	.0044	.0025	.0005	.0003-	.0009-	.0009-	
.45	.0199	.0143	.0095	.0052	.0025	.0006	.0010-	.0015-	.0013-	
.50	.0252	.0171	.0109	.0059	.0027	.0006	.0015-	.0019-	.0016-	
.55	.0306	.0199	.0123	.0066	.0028	.0006	.0021-	.0024-	.0019-	
.60	.0357	.0227	.0138	.0074	.0030	.0007	.0028-	.0030-	.0023-	
.65	.0404	.0264	.0165	.0084	.0034	.0005	.0029-	.0033-	.0026-	
.70	.0442	.0293	.0185	.0095	.0039	.0006	.0031-	.0035-	.0027-	
.75	.0469	.0316	.0204	.0104	.0044	.0006	.0033-	.0038-	.0030-	
.80	.0487	.0331	.0212	.0110	.0049	.0007	.0034-	.0040-	.0032-	
.85	.0498	.0340	.0219	.0114	.0049	.0009	.0033-	.0041-	.0033-	
.90	.0503	.0344	.0221	.0117	.0052	.0010	.0032-	.0040-	.0032-	
.95	.0504	.0344	.0220	.0118	.0053	.0012	.0031-	.0039-	.0032-	
1.00	.0505	.0341	.0218	.0118	.0054	.0012	.0031-	.0039-	.0032-	

Auswertung aus Pucher „Einflußfelder elastischer Platten" Tafel Nr. 74

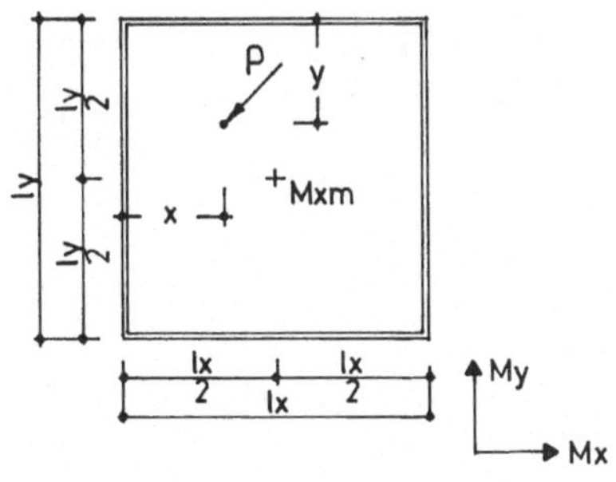

Feldmoment Mxm in Feldmitte einer Rechteckplatte aus einer Einzellast.
Stützung 6

$\frac{ly}{lx} = 1,0$

$\mu = 0$

Faktor = P

Mxm
6 1.0

F 6.1,0.1.3

→ y : ly

x : lx ↓ Spalte	0.05	0.10	0.15	0.20	0.25	0.30	0.35	0.40	0.45	0.50
.05	.0008	.0008	.0011	.0015-	.0029-	.0043-	.0069-	.0071-	.0059-	.0049-
.10	.0014	.0016	.0022	.0017-	.0036-	.0055-	.0096-	.0101-	.0085-	.0069-
.15	.0018	.0023	.0035	.0005-	.0021-	.0037-	.0081-	.0091-	.0077-	.0062-
.20	.0020	.0030	.0050	.0020	.0017	.0011	.0024-	.0040-	.0036-	.0026-
.25	.0020	.0036	.0065	.0059	.0077	.0090	.0075	.0052	.0039	.0038
.30	.0018	.0041	.0082	.0112	.0160	.0199	.0215	.0184	.0147	.0130
.35	.0014	.0046	.0099	.0178	.0287	.0355	.0398	.0375	.0172	.0273
.40	.0008	.0050	.0118	.0246	.0398	.0490	.0619	.0638	.0443	.0558
.45	.0007	.0057	.0139	.0290	.0463	.0602	.0848	.1083	.0929	.0879
.50	.0007	.0060	.0160	.0304	.0482	.0693	.0924	.1279	.1851	.3185*
.55	.0007	.0057	.0139	.0290	.0463	.0602	.0849	.1083	.0929	.0879
.60	.0008	.0049	.0118	.0247	.0398	.0490	.0619	.0638	.0443	.0558
.65	.0014	.0046	.0099	.0177	.0288	.0355	.0398	.0375	.0171	.0274
.70	.0018	.0041	.0082	.0111	.0160	.0199	.0215	.0184	.0147	.0130
.75	.0020	.0036	.0065	.0059	.0077	.0090	.0075	.0052	.0039	.0038
.80	.0020	.0030	.0050	.0020	.0017	.0011	.0024-	.0040-	.0036-	.0026-
.85	.0018	.0023	.0035	.0006-	.0021-	.0037-	.0081-	.0091-	.0077-	.0062-
.90	.0014	.0016	.0022	.0018-	.0036-	.0055-	.0096-	.0101-	.0085-	.0070-
.95	.0008	.0008	.0011	.0016-	.0029-	.0042-	.0070-	.0071-	.0060-	.0049-
1.00	.0000	.0000	.0000	.0002-	.0000	.0000	.0002-	.0000	.0002-	.0001-

→ y : ly

x : lx ↓ Spalte	0.55	0.60	0.65	0.70	0.75	0.80	0.85	0.90	0.95	
.05	.0059-	.0071-	.0069-	.0043-	.0029-	.0015-	.0011	.0008	.0008	
.10	.0085-	.0101-	.0096-	.0055-	.0036-	.0017-	.0022	.0016	.0014	
.15	.0077-	.0091-	.0081-	.0037-	.0021-	.0005-	.0035	.0023	.0018	
.20	.0036-	.0040-	.0024-	.0011	.0017	.0020	.0050	.0030	.0020	
.25	.0039	.0052	.0075	.0090	.0077	.0059	.0065	.0036	.0020	
.30	.0147	.0184	.0215	.0199	.0160	.0112	.0082	.0041	.0018	
.35	.0172	.0375	.0398	.0355	.0287	.0178	.0099	.0046	.0014	
.40	.0443	.0638	.0619	.0490	.0398	.0246	.0118	.0050	.0008	
.45	.0929	.1083	.0848	.0602	.0463	.0290	.0139	.0057	.0007	
.50	.1851	.1279	.0924	.0693	.0482	.0304	.0160	.0060	.0007	
.55	.0929	.1083	.0849	.0602	.0463	.0290	.0139	.0057	.0007	
.60	.0443	.0638	.0619	.0490	.0398	.0247	.0118	.0049	.0008	
.65	.0171	.0375	.0398	.0355	.0288	.0177	.0099	.0046	.0014	
.70	.0147	.0184	.0215	.0199	.0160	.0111	.0082	.0041	.0018	
.75	.0039	.0052	.0075	.0090	.0077	.0059	.0065	.0036	.0020	
.80	.0036-	.0040-	.0024-	.0011	.0017	.0020	.0050	.0030	.0020	
.85	.0077-	.0091-	.0081-	.0037-	.0021-	.0006-	.0035	.0023	.0018	
.90	.0085-	.0101-	.0096-	.0055-	.0036-	.0018-	.0022	.0016	.0014	
.95	.0060-	.0071-	.0070-	.0042-	.0029-	.0016-	.0011	.0008	.0008	
1.00	.0002-	.0000	.0002-	.0000	.0000	.0002-	.0000	.0000	.0000	

Auswertung aus Pucher „Einflußfelder elastischer Platten" Tafel Nr. 74

* bzw. theoretisch ∞

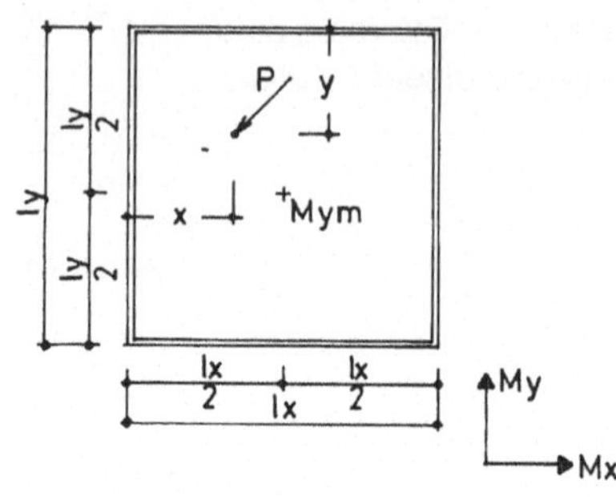

Feldmoment Mym in Feldmitte einer Rechteckplatte aus einer Einzellast.
Stützung 6

$\frac{ly}{lx} = 1{,}0$

$\mu = 0$

Faktor = P

Mym
6 1.0

F 6.1,0.2.3

→ y : ly
↓ x : lx

Spalte	0.05	0.10	0.15	0.20	0.25	0.30	0.35	0.40	0.45	0.50
.05	.0008	.0014	.0018	.0020	.0020	.0012	.0005	.0008	.0012	.0007
.10	.0008	.0016	.0023	.0030	.0036	.0033	.0036	.0050	.0061	.0060
.15	.0000	.0006	.0015	.0030	.0049	.0064	.0092	.0126	.0148	.0160
.20	.0015-	.0017-	.0005-	.0020	.0059	.0104	.0174	.0241	.0282	.0304
.25	.0069-	.0067-	.0033-	.0021	.0083	.0154	.0288	.0378	.0451	.0482
.30	.0043-	.0055-	.0037-	.0011	.0090	.0206	.0367	.0512	.0646	.0692
.35	.0032-	.0023-	.0017-	.0009-	.0079	.0216	.0401	.0643	.0854	.0924
.40	.0071-	.0101-	.0091-	.0040-	.0051	.0183	.0375	.0624	.0998	.1278
.45	.0077-	.0116-	.0147-	.0025	.0042	.0144	.0323	.0589	.1065	.1850
.50	.0049-	.0069-	.0062-	.0026-	.0038	.0132	.0309	.0577	.1055	.3185*
.55	.0077-	.0116-	.0147-	.0025	.0042	.0144	.0332	.0589	.1065	.1850
.60	.0071-	.0101-	.0091-	.0040-	.0052	.0183	.0394	.0624	.0998	.1278
.65	.0032-	.0023-	.0017-	.0009-	.0080	.0216	.0402	.0643	.0854	.0924
.70	.0043-	.0055-	.0037-	.0011	.0090	.0206	.0365	.0512	.0646	.0692
.75	.0069-	.0067-	.0033-	.0021	.0083	.0153	.0286	.0378	.0452	.0482
.80	.0015-	.0017-	.0004-	.0020	.0059	.0104	.0175	.0241	.0282	.0304
.85	.0000	.0006	.0015	.0030	.0049	.0064	.0093	.0126	.0148	.0160
.90	.0008	.0016	.0023	.0030	.0036	.0033	.0036	.0050	.0061	.0060
.95	.0008	.0014	.0018	.0020	.0020	.0012	.0005	.0008	.0011	.0007
1.00	.0001	.0001-	.0000	.0000	.0000	.0001-	.0000	.0001	.0001-	.0000

→ y : ly
↓ x : lx

Spalte	0.55	0.60	0.65	0.70	0.75	0.80	0.85	0.90	0.95	
.05	.0012	.0008	.0005	.0012	.0020	.0020	.0018	.0014	.0008	
.10	.0061	.0050	.0036	.0033	.0036	.0030	.0023	.0016	.0008	
.15	.0148	.0126	.0092	.0064	.0049	.0030	.0015	.0006	.0000	
.20	.0282	.0241	.0174	.0104	.0059	.0020	.0005-	.0017-	.0015-	
.25	.0451	.0378	.0288	.0154	.0083	.0021	.0033-	.0067-	.0069-	
.30	.0646	.0512	.0367	.0206	.0090	.0011	.0037-	.0055-	.0043-	
.35	.0854	.0643	.0401	.0216	.0079	.0009-	.0017-	.0023-	.0032-	
.40	.0998	.0624	.0375	.0183	.0051	.0040-	.0091-	.0101-	.0071-	
.45	.1065	.0589	.0323	.0144	.0042	.0025	.0147-	.0116-	.0077-	
.50	.1055	.0577	.0309	.0132	.0038	.0026-	.0062-	.0069-	.0049-	
.55	.1065	.0589	.0332	.0144	.0042	.0025	.0147-	.0116-	.0077-	
.60	.0998	.0624	.0394	.0183	.0052	.0040-	.0091-	.0101-	.0071-	
.65	.0854	.0643	.0402	.0216	.0080	.0009-	.0017-	.0023-	.0032-	
.70	.0643	.0512	.0365	.0206	.0090	.0011	.0037-	.0055-	.0043-	
.75	.0450	.0378	.0286	.0153	.0083	.0021	.0033-	.0067-	.0069-	
.80	.0288	.0241	.0175	.0104	.0059	.0020	.0004-	.0017-	.0015-	
.85	.0154	.0126	.0093	.0064	.0049	.0030	.0015	.0006	.0000	
.90	.0056	.0050	.0036	.0033	.0036	.0030	.0023	.0016	.0008	
.95	.0005	.0008	.0005	.0012	.0020	.0020	.0018	.0014	.0008	
1.00	.0001-	.0001	.0000	.0001-	.0000	.0000	.0000	.0001-	.0001	

Auswertung aus Pucher „Einflußfelder elastischer Platten" Tafel Nr. 74

* bzw. theoretisch ∞

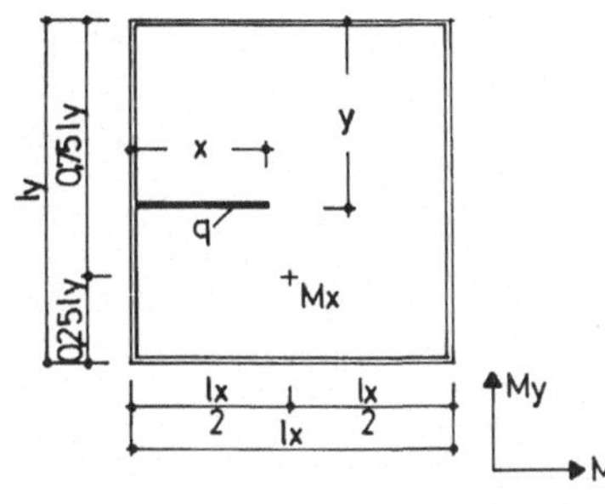

Feldmoment Mx im Viertelspunkt einer Rechteckplatte aus Linienlast in lx-Richtung.
Stützung 6

$\frac{ly}{lx} = 1{,}0$

$\mu = 0$

Faktor = q · lx

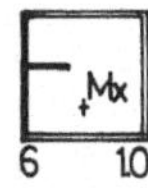

F 6.1,0.3.1

y : ly →, x : lx ↓

Spalte	0.05	0.10	0.15	0.20	0.25	0.30	0.35	0.40	0.45	0.50
.05	.0000	.0000	.0000	.0000	.0001	.0001	.0000	.0000	.0000	.0001-
.10	.0001	.0001	.0001	.0002	.0002	.0002	.0002	.0001	.0000	.0002-
.15	.0001	.0002	.0003	.0004	.0005	.0005	.0004	.0003	.0001	.0002-
.20	.0003	.0005	.0006	.0007	.0008	.0009	.0008	.0006	.0004	.0001-
.25	.0004	.0008	.0010	.0011	.0012	.0013	.0013	.0011	.0009	.0003
.30	.0005	.0009	.0012	.0014	.0017	.0019	.0019	.0018	.0018	.0010
.35	.0005	.0009	.0013	.0017	.0022	.0026	.0027	.0033	.0030	.0022
.40	.0004	.0009	.0014	.0020	.0028	.0033	.0040	.0047	.0047	.0040
.45	.0006	.0011	.0018	.0024	.0034	.0041	.0051	.0063	.0067	.0062
.50	.0006	.0012	.0020	.0028	.0041	.0050	.0064	.0080	.0088	.0087
.55	.0006	.0013	.0022	.0032	.0045	.0057	.0077	.0098	.0109	.0113
.60	.0006	.0014	.0024	.0036	.0050	.0065	.0090	.0115	.0128	.0135
.65	.0006	.0015	.0025	.0039	.0056	.0073	.0098	.0131	.0145	.0153
.70	.0006	.0015	.0027	.0042	.0061	.0079	.0106	.0134	.0158	.0165
.75	.0007	.0016	.0028	.0045	.0066	.0085	.0113	.0142	.0166	.0172
.80	.0007	.0017	.0031	.0048	.0070	.0089	.0118	.0148	.0171	.0176
.85	.0010	.0021	.0035	.0052	.0073	.0093	.0122	.0151	.0174	.0177
.90	.0011	.0023	.0037	.0054	.0076	.0096	.0124	.0153	.0175	.0177
.95	.0011	.0024	.0039	.0056	.0078	.0098	.0125	.0153	.0175	.0175
1.00	.0011	.0024	.0039	.0056	.0079	.0098	.0125	.0152	.0175	.0175

y : ly →, x : lx ↓

Spalte	0.55	0.60	0.65	0.70	0.75	0.80	0.85	0.90	0.95	
.05	.0001-	.0001-	.0001-	.0002-	.0001-	.0001-	.0001-	.0001-	.0001-	
.10	.0004-	.0003-	.0004-	.0006-	.0004-	.0004-	.0003-	.0005-	.0003-	
.15	.0007-	.0005-	.0008-	.0012-	.0008-	.0008-	.0006-	.0010-	.0006-	
.20	.0009-	.0006-	.0012-	.0018-	.0014-	.0013-	.0010-	.0016-	.0009-	
.25	.0008-	.0006-	.0015-	.0023-	.0020-	.0019-	.0015-	.0022-	.0013-	
.30	.0003-	.0003-	.0016-	.0026-	.0024-	.0024-	.0022-	.0027-	.0016-	
.35	.0007	.0004	.0013-	.0026-	.0026-	.0032-	.0026-	.0031-	.0018-	
.40	.0025	.0020	.0001-	.0018-	.0021-	.0026-	.0025-	.0023-	.0014-	
.45	.0050	.0051	.0028	.0007	.0002-	.0010-	.0011-	.0015-	.0010-	
.50	.0081	.0092	.0082	.0066	.0051	.0040	.0020	.0001	.0006-	
.55	.0112	.0133	.0135	.0125	.0104	.0089	.0051	.0021	.0000	
.60	.0137	.0164	.0164	.0150	.0120	.0105	.0065	.0023	.0005	
.65	.0155	.0180	.0176	.0158	.0127	.0108	.0067	.0024	.0000	
.70	.0165	.0187	.0179	.0158	.0125	.0103	.0062	.0022	.0001-	
.75	.0170	.0190	.0178	.0155	.0117	.0093	.0056	.0018	.0004-	
.80	.0171	.0190	.0175	.0150	.0114	.0091	.0051	.0012	.0007-	
.85	.0169	.0189	.0172	.0144	.0108	.0086	.0047	.0006	.0010-	
.90	.0166	.0187	.0168	.0138	.0104	.0082	.0043	.0000	.0014-	
.95	.0163	.0185	.0164	.0134	.0101	.0079	.0041	.0005-	.0017-	
1.00	.0162	.0184	.0163	.0132	.0099	.0078	.0041	.0008-	.0019-	

Auswertung aus Pucher „Einflußfelder elastischer Platten" Tafel Nr. 75

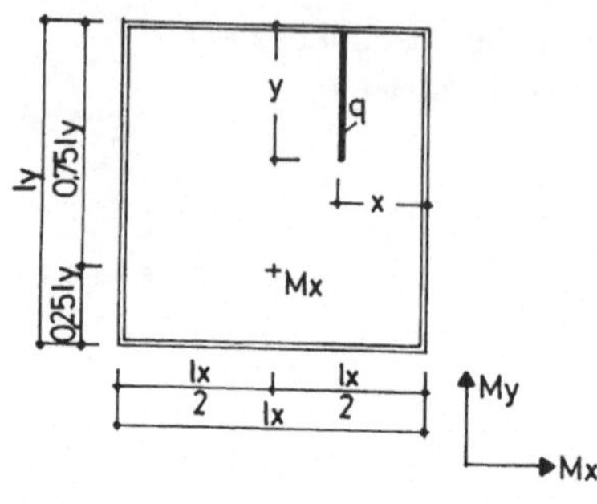

Feldmoment Mx im Viertelspunkt einer Rechteckplatte aus Linienlast in ly-Richtung.
Stützung 6

$\frac{ly}{lx} = 1{,}0$

$\mu = 0$

Faktor = q · ly

Mx+ | 6 | 1.0

F 6.1,0.3.2

→ x : lx

↓ y : ly

Spalte										
	0.05	0.10	0.15	0.20	0.25	0.30	0.35	0.40	0.45	0.50
.05	.0001-	.0001-	.0002-	.0002-	.0001-	.0001-	.0001-	.0001	.0001	.0001
.10	.0003-	.0005-	.0006-	.0006-	.0005-	.0005-	.0005-	.0004	.0009	.0011
.15	.0006-	.0010-	.0012-	.0013-	.0011-	.0011-	.0009-	.0009	.0028	.0035
.20	.0009-	.0016-	.0019-	.0016-	.0017-	.0018-	.0014-	.0016	.0058	.0087
.25	.0010-	.0017-	.0021-	.0021-	.0024-	.0021-	.0017-	.0027	.0096	.0171
.30	.0013-	.0023-	.0028-	.0026-	.0026-	.0025-	.0018-	.0041	.0131	.0264
.35	.0017-	.0029-	.0035-	.0029-	.0029-	.0027-	.0004-	.0060	.0177	.0329
.40	.0020-	.0034-	.0041-	.0029-	.0030-	.0026-	.0006	.0082	.0217	.0380
.45	.0018-	.0030-	.0036-	.0028-	.0028-	.0017-	.0020	.0103	.0251	.0419
.50	.0019-	.0031-	.0036-	.0026-	.0023-	.0007-	.0037	.0125	.0279	.0449
.55	.0020-	.0032-	.0036-	.0024-	.0016-	.0003	.0051	.0144	.0301	.0473
.60	.0021-	.0033-	.0035-	.0020-	.0009-	.0013	.0065	.0160	.0318	.0490
.65	.0019-	.0029-	.0030-	.0014-	.0001-	.0022	.0076	.0174	.0330	.0502
.70	.0018-	.0027-	.0027-	.0008-	.0007	.0031	.0084	.0182	.0344	.0517
.75	.0017-	.0025-	.0024-	.0002-	.0016	.0035	.0090	.0189	.0352	.0525
.80	.0016-	.0023-	.0021-	.0002-	.0043	.0039	.0096	.0194	.0356	.0529
.85	.0014-	.0021-	.0019-	.0002	.0080	.0041	.0101	.0196	.0358	.0531
.90	.0013-	.0019-	.0017-	.0006	.0119	.0042	.0105	.0196	.0358	.0532
.95	.0013-	.0018-	.0015-	.0009	.0154	.0042	.0108	.0196	.0358	.0531
1.00	.0012-	.0017-	.0014-	.0011	.0179	.0042	.0110	.0195	.0356	.0529

→ x : lx

↓ y : ly

Spalte										
	0.55	0.60	0.65	0.70	0.75	0.80	0.85	0.90	0.95	
.05	.0001	.0001	.0001-	.0001-	.0001-	.0002-	.0002-	.0001-	.0001-	
.10	.0009	.0004	.0005-	.0005-	.0005-	.0006-	.0006-	.0005-	.0003-	
.15	.0028	.0009	.0009-	.0011-	.0011-	.0013-	.0012-	.0010-	.0006-	
.20	.0058	.0016	.0014-	.0018-	.0017-	.0016-	.0019-	.0016-	.0009-	
.25	.0096	.0027	.0017-	.0021-	.0024-	.0021-	.0021-	.0017-	.0010-	
.30	.0131	.0041	.0018-	.0025-	.0026-	.0026-	.0028-	.0023-	.0013-	
.35	.0177	.0060	.0004-	.0027-	.0029-	.0029-	.0035-	.0029-	.0017-	
.40	.0217	.0082	.0006	.0026-	.0030-	.0029-	.0041-	.0034-	.0020-	
.45	.0251	.0103	.0020	.0017-	.0028-	.0028-	.0036-	.0030-	.0018-	
.50	.0279	.0125	.0037	.0007-	.0023-	.0026-	.0036-	.0031-	.0019-	
.55	.0301	.0144	.0051	.0003	.0016-	.0024-	.0036-	.0032-	.0020-	
.60	.0318	.0160	.0065	.0013	.0009-	.0020-	.0035-	.0033-	.0021-	
.65	.0330	.0174	.0076	.0022	.0001-	.0014-	.0030-	.0029-	.0019-	
.70	.0344	.0182	.0084	.0031	.0007	.0008-	.0027-	.0027-	.0018-	
.75	.0352	.0189	.0090	.0035	.0016	.0002-	.0024-	.0025-	.0017-	
.80	.0356	.0194	.0096	.0039	.0043	.0002-	.0021-	.0023-	.0016-	
.85	.0358	.0196	.0101	.0041	.0080	.0002	.0019-	.0021-	.0014-	
.90	.0358	.0196	.0105	.0042	.0119	.0006	.0017-	.0019-	.0013-	
.95	.0358	.0196	.0108	.0042	.0154	.0009	.0015-	.0018-	.0013-	
1.00	.0356	.0195	.0110	.0042	.0179	.0011	.0014-	.0017-	.0012-	

Auswertung aus Pucher „Einflußfelder elastischer Platten" Tafel Nr. 75

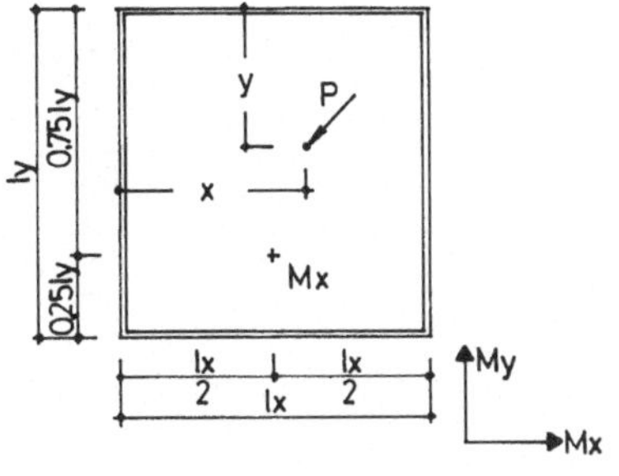

Feldmoment Mx im Viertelspunkt einer Rechteckplatte aus einer Einzellast.
Stützung 6

$\frac{ly}{lx} = 1{,}0$

$\mu = 0$

Faktor = P

Mx 6 1.0

F 6.1,0.3.3

y : ly →, x : lx ↓

Spalte x : lx	0.05	0.10	0.15	0.20	0.25	0.30	0.35	0.40	0.45	0.50
.05	.0006	.0011	.0015	.0018	.0021	.0022	.0018	.0011	.0003-	.0020-
.10	.0014	.0024	.0032	.0037	.0039	.0044	.0038	.0031	.0010	.0019-
.15	.0024	.0041	.0052	.0057	.0056	.0064	.0063	.0059	.0037	.0002
.20	.0035	.0060	.0074	.0078	.0071	.0083	.0090	.0096	.0078	.0044
.25	.0018	.0034	.0050	.0066	.0085	.0102	.0122	.0141	.0135	.0107
.30	.0007	.0019	.0037	.0061	.0096	.0119	.0156	.0194	.0209	.0190
.35	.0003	.0014	.0034	.0064	.0106	.0135	.0194	.0251	.0300	.0300
.40	.0006	.0020	.0041	.0074	.0114	.0150	.0223	.0292	.0366	.0398
.45	.0004	.0017	.0040	.0075	.0120	.0165	.0239	.0317	.0408	.0480
.50	.0003	.0016	.0040	.0075	.0124	.0178	.0244	.0326	.0425	.0546
.55	.0004	.0017	.0040	.0075	.0118	.0166	.0239	.0317	.0408	.0480
.60	.0006	.0019	.0041	.0073	.0112	.0152	.0223	.0292	.0366	.0398
.65	.0003	.0014	.0034	.0063	.0105	.0136	.0195	.0251	.0300	.0300
.70	.0007	.0019	.0037	.0061	.0095	.0119	.0157	.0193	.0209	.0190
.75	.0017	.0034	.0050	.0066	.0084	.0101	.0122	.0140	.0135	.0107
.80	.0034	.0060	.0074	.0078	.0071	.0083	.0091	.0095	.0079	.0044
.85	.0024	.0041	.0052	.0057	.0057	.0063	.0063	.0059	.0037	.0002
.90	.0014	.0024	.0032	.0037	.0040	.0042	.0039	.0030	.0010	.0019-
.95	.0006	.0011	.0015	.0018	.0022	.0021	.0019	.0010	.0003-	.0021-
1.00	.0000	.0000	.0000	.0000	.0002	.0002-	.0002	.0002-	.0000	.0002-

y : ly →, x : lx ↓

Spalte x : lx	0.55	0.60	0.65	0.70	0.75	0.80	0.85	0.90	0.95	
.05	.0047-	.0030-	.0047-	.0064-	.0037-	.0035-	.0028-	.0045-	.0026-	
.10	.0065-	.0043-	.0074-	.0105-	.0067-	.0064-	.0053-	.0077-	.0045-	
.15	.0055-	.0038-	.0082-	.0123-	.0089-	.0087-	.0075-	.0094-	.0055-	
.20	.0015-	.0014-	.0070-	.0117-	.0104-	.0104-	.0093-	.0096-	.0056-	
.25	.0054	.0027	.0039-	.0088-	.0112-	.0116-	.0108-	.0085-	.0050-	
.30	.0152	.0085	.0009	.0035-	.0100-	.0132-	.0128-	.0059-	.0035-	
.35	.0286	.0217	.0135	.0066	.0009	.0026-	.0045-	.0020-	.0013-	
.40	.0426	.0468	.0362	.0282	.0199	.0146	.0122	.0068	.0033	
.45	.0559	.0740	.0860	.0796	.0641	.0575	.0469	.0252	.0070	
.50	.0686	.0882	.1166	.1451	.2190*	.1295	.0745	.03 9	.0082	
.55	.0559	.0740	.0860	.0796	.0641	.0575	.0469	.0252	.0070	
.60	.0426	.0468	.0362	.0282	.0199	.0146	.0122	.0068	.0034	
.65	.0286	.0217	.0135	.0066	.0009	.0026-	.0045-	.0020-	.0012-	
.70	.0152	.0086	.0009	.0035-	.0100-	.0132-	.0128-	.0059-	.0035-	
.75	.0054	.0027	.0039-	.0088-	.0112-	.0116-	.0108-	.0085-	.0050-	
.80	.0015-	.0014-	.0070-	.0118-	.0105-	.0104-	.0093-	.0096-	.0056-	
.85	.0055-	.0037-	.0082-	.0124-	.0090-	.0087-	.0075-	.0093-	.0055-	
.90	.0066-	.0042-	.0074-	.0106-	.0067-	.0063-	.0054-	.0075-	.0045-	
.95	.0049-	.0029-	.0046-	.0066-	.0037-	.0034-	.0029-	.0044-	.0027-	
1.00	.0002-	.0002	.0001	.0002-	.0001	.0001	.0001-	.0002	.0001-	

Auswertung aus Pucher „Einflußfelder elastischer Platten" Tafel Nr. 75

* bzw. theoretisch ∞

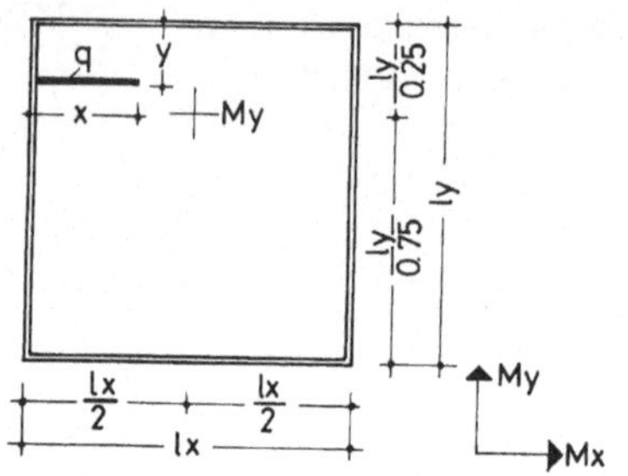

Feldmoment My im Viertelspunkt einer Rechteckplatte aus Linienlast in lx-Richtung.

$\frac{ly}{lx} = 1{,}0$

$\mu = 0$

Faktor = q · lx

Stützung 6

+My

1.0 6

F 6.1,0.4.1

→ y : ly; ↓ x : lx

Spalte										
	0.05	0.10	0.15	0.20	0.25	0.30	0.35	0.40	0.45	0.50
.05	.0001	.0001	.0001	.0001	.0001	.0001	.0001	.0001	.0002	.0000
.10	.0002	.0004	.0003	.0003	.0003	.0004	.0004	.0002	.0006	.0001
.15	.0005	.0008	.0008	.0009	.0009	.0009	.0008	.0006	.0011	.0001
.20	.0008	.0013	.0015	.0020	.0019	.0019	.0016	.0011	.0018	.0002
.25	.0009	.0017	.0025	.0037	.0043	.0040	.0027	.0019	.0023	.0001
.30	.0012	.0025	.0037	.0063	.0071	.0066	.0041	.0029	.0028	.0000
.35	.0013	.0034	.0053	.0099	.0109	.0101	.0065	.0038	.0030	.0003-
.40	.0015	.0043	.0074	.0142	.0170	.0147	.0091	.0047	.0029	.0008-
.45	.0015	.0042	.0089	.0190	.0255	.0203	.0119	.0046	.0024	.0020-
.50	.0011	.0041	.0100	.0240	.0394	.0263	.0131	.0043	.0017	.0030-
.55	.0008	.0042	.0109	.0290	.0534	.0323	.0150	.0044	.0010	.0041-
.60	.0007	.0045	.0120	.0338	.0619	.0379	.0173	.0045	.0005	.0047-
.65	.0009	.0051	.0149	.0381	.0676	.0425	.0201	.0054	.0003	.0053-
.70	.0011	.0060	.0165	.0417	.0715	.0460	.0218	.0063	.0005	.0057-
.75	.0013	.0069	.0178	.0443	.0740	.0486	.0233	.0073	.0010	.0058-
.80	.0016	.0076	.0188	.0460	.0764	.0504	.0245	.0082	.0016	.0059-
.85	.0018	.0076	.0194	.0471	.0777	.0515	.0252	.0084	.0022	.0059-
.90	.0021	.0080	.0199	.0477	.0783	.0520	.0257	.0088	.0028	.0058-
.95	.0022	.0083	.0201	.0479	.0784	.0522	.0259	.0089	.0032	.0056-
1.00	.0023	.0085	.0201	.0480	.0782	.0521	.0258	.0089	.0034	.0055-

→ y : ly; ↓ x : lx

Spalte										
	0.55	0.60	0.65	0.70	0.75	0.80	0.85	0.90	0.95	
.05	.0000	.0000	.0000	.0000	.0000	.0000	.0000	.0000	.0000	
.10	.0000	.0000	.0001-	.0001-	.0001-	.0001-	.0000	.0000	.0000	
.15	.0000	.0001-	.0001-	.0002-	.0003-	.0003-	.0001-	.0001-	.0000	
.20	.0001-	.0002-	.0003-	.0004-	.0005-	.0005-	.0003-	.0002-	.0001-	
.25	.0003-	.0005-	.0006-	.0007-	.0008-	.0008-	.0007-	.0005-	.0003-	
.30	.0006-	.0009-	.0010-	.0011-	.0012-	.0011-	.0009-	.0007-	.0004-	
.35	.0010-	.0015-	.0016-	.0016-	.0017-	.0015-	.0012-	.0008-	.0004-	
.40	.0021-	.0027-	.0028-	.0027-	.0022-	.0020-	.0014-	.0010-	.0005-	
.45	.0031-	.0038-	.0039-	.0036-	.0028-	.0025-	.0018-	.0012-	.0006-	
.50	.0044-	.0051-	.0052-	.0047-	.0036-	.0030-	.0022-	.0012-	.0007-	
.55	.0056-	.0064-	.0064-	.0058-	.0044-	.0035-	.0026-	.0013-	.0008-	
.60	.0068-	.0077-	.0076-	.0068-	.0050-	.0040-	.0029-	.0013-	.0008-	
.65	.0071-	.0081-	.0081-	.0073-	.0056-	.0044-	.0032-	.0017-	.0009-	
.70	.0077-	.0088-	.0088-	.0079-	.0061-	.0048-	.0034-	.0018-	.0010-	
.75	.0080-	.0092-	.0093-	.0084-	.0065-	.0051-	.0037-	.0020-	.0011-	
.80	.0082-	.0095-	.0096-	.0087-	.0068-	.0054-	.0039-	.0022-	.0012-	
.85	.0083-	.0096-	.0098-	.0089-	.0070-	.0057-	.0042-	.0024-	.0013-	
.90	.0083-	.0097-	.0099-	.0090-	.0071-	.0058-	.0043-	.0025-	.0013-	
.95	.0082-	.0096-	.0099-	.0090-	.0072-	.0059-	.0043-	.0025-	.0013-	
1.00	.0081-	.0095-	.0098-	.0089-	.0072-	.0060-	.0043-	.0024-	.0013-	

Auswertung aus Pucher „Einflußfelder elastischer Platten" Tafel Nr. 76

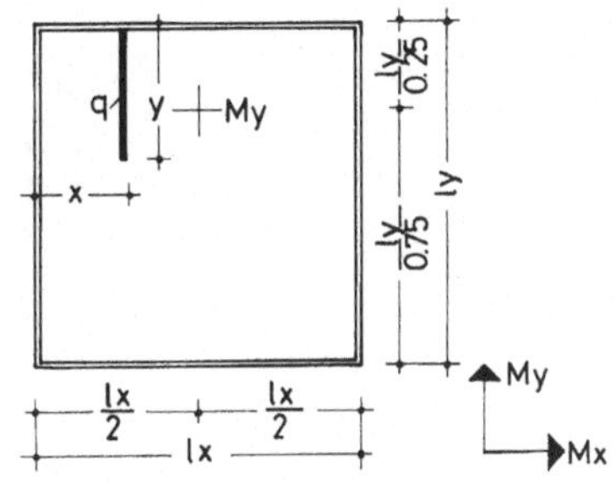

Feldmoment My im Viertelspunkt einer Rechteckplatte aus Linienlast in ly-Richtung.

$\frac{ly}{lx} = 1{,}0$

$\mu = 0$

Faktor = q · ly

Stützung 6

+My

1.0 6

F 6.1,0.4.2

→ x : lx, ↓ y : ly

Spalte	0.05	0.10	0.15	0.20	0.25	0.30	0.35	0.40	0.45	0.50
.05	.0000	.0001	.0002	.0001	.0001	.0001	.0000	.0002-	.0002-	.0003-
.10	.0001	.0004	.0007	.0005	.0004	.0004	.0001	.0005-	.0006-	.0012-
.15	.0003	.0008	.0016	.0012	.0012	.0012	.0009	.0001-	.0005	.0002-
.20	.0005	.0013	.0026	.0022	.0025	.0040	.0047	.0044	.0036	.0023
.25	.0007	.0019	.0037	.0036	.0052	.0075	.0098	.0105	.0119	.0120
.30	.0009	.0025	.0049	.0052	.0078	.0115	.0138	.0169	.0208	.0226
.35	.0011	.0031	.0060	.0064	.0093	.0129	.0178	.0209	.0246	.0263
.40	.0013	.0036	.0069	.0073	.0103	.0142	.0187	.0223	.0255	.0269
.45	.0014	.0040	.0077	.0078	.0107	.0146	.0189	.0224	.0252	.0264
.50	.0011	.0032	.0062	.0078	.0109	.0147	.0189	.0217	.0243	.0255
.55	.0011	.0032	.0062	.0077	.0107	.0143	.0180	.0209	.0230	.0244
.60	.0011	.0031	.0060	.0075	.0103	.0135	.0168	.0200	.0216	.0232
.65	.0010	.0030	.0059	.0072	.0098	.0126	.0165	.0189	.0201	.0218
.70	.0010	.0029	.0057	.0069	.0095	.0125	.0157	.0178	.0197	.0206
.75	.0010	.0028	.0054	.0065	.0091	.0120	.0151	.0173	.0189	.0201
.80	.0009	.0027	.0052	.0061	.0088	.0116	.0147	.0167	.0182	.0194
.85	.0009	.0026	.0050	.0058	.0085	.0113	.0143	.0163	.0177	.0190
.90	.0008	.0025	.0048	.0054	.0083	.0111	.0141	.0161	.0161	.0188
.95	.0008	.0024	.0046	.0052	.0081	.0110	.0140	.0161	.0137	.0187
1.00	.0008	.0024	.0045	.0050	.0081	.0109	.0140	.0161	.0116	.0187

→ x : lx, ↓ y : ly

Spalte	0.55	0.60	0.65	0.70	0.75	0.80	0.85	0.90	0.95	
.05	.0002-	.0002-	.0000	.0001	.0001	.0001	.0002	.0001	.0000	
.10	.0006-	.0005-	.0001	.0004	.0004	.0005	.0007	.0004	.0001	
.15	.0005	.0001-	.0009	.0012	.0012	.0012	.0016	.0008	.0003	
.20	.0036	.0044	.0047	.0040	.0025	.0022	.0026	.0013	.0005	
.25	.0119	.0105	.0098	.0075	.0052	.0036	.0037	.0019	.0007	
.30	.0208	.0169	.0138	.0115	.0078	.0052	.0049	.0025	.0009	
.35	.0246	.0209	.0178	.0129	.0093	.0064	.0060	.0031	.0011	
.40	.0255	.0223	.0187	.0142	.0103	.0073	.0069	.0036	.0013	
.45	.0252	.0224	.0189	.0146	.0107	.0078	.0077	.0040	.0014	
.50	.0243	.0217	.0189	.0147	.0109	.0078	.0062	.0032	.0011	
.55	.0230	.0209	.0180	.0143	.0107	.0077	.0062	.0032	.0011	
.60	.0216	.0200	.0168	.0135	.0103	.0075	.0060	.0031	.0011	
.65	.0201	.0189	.0165	.0126	.0098	.0072	.0059	.0030	.0010	
.70	.0197	.0178	.0157	.0125	.0095	.0069	.0057	.0029	.0010	
.75	.0189	.0173	.0151	.0120	.0091	.0065	.0054	.0028	.0010	
.80	.0182	.0167	.0147	.0116	.0088	.0061	.0052	.0027	.0009	
.85	.0177	.0163	.0143	.0113	.0085	.0058	.0050	.0026	.0009	
.90	.0161	.0161	.0141	.0111	.0083	.0054	.0048	.0025	.0008	
.95	.0137	.0161	.0140	.0110	.0081	.0052	.0046	.0024	.0008	
1.00	.0116	.0161	.0140	.0109	.0081	.0050	.0045	.0024	.0008	

Auswertung aus Pucher „Einflußfelder elastischer Platten" Tafel Nr. 76

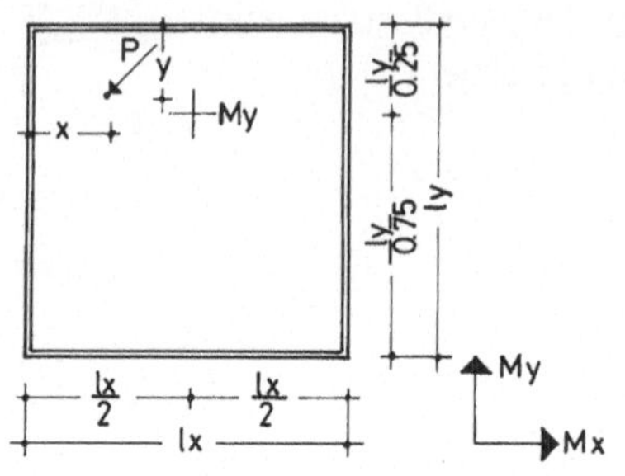

Feldmoment My im Viertelspunkt einer Rechteckplatte aus einer Einzellast.

$\frac{ly}{lx} = 1{,}0$

$\mu = 0$

Faktor = P

Stützung 6

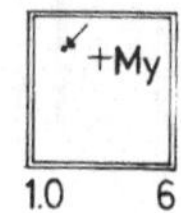

F 6.1,0.4.3

→ y : ly (Spalte); ↓ x : lx

Spalte x : lx	0.05	0.10	0.15	0.20	0.25	0.30	0.35	0.40	0.45	0.50
.05	.0022	.0039	.0035	.0028	.0035	.0038	.0036	.0023	.0060	.0007
.10	.0038	.0066	.0076	.0083	.0100	.0098	.0081	.0054	.0101	.0007
.15	.0048	.0082	.0122	.0164	.0194	.0180	.0136	.0092	.0122	.0000
.20	.0053	.0087	.0174	.0272	.0318	.0285	.0199	.0137	.0124	.0013-
.25	.0047	.0135	.0231	.0410	.0467	.0418	.0272	.0168	.0106	.0034-
.30	.0042	.0153	.0293	.0627	.0676	.0616	.0354	.0174	.0068	.0061-
.35	.0037	.0141	.0361	.0796	.0964	.0816	.0461	.0156	.0011	.0095-
.40	.0033	.0099	.0343	.0917	.1367	.1019	.0495	.0114	.0066-	.0135-
.45	.0044-	.0033	.0270	.0989	.2117	.1194	.0406	.0007	.0126-	.0180-
.50	.0102-	.0019-	.0246	.1012	.3284*	.1195	.0364	.0032-	.0145-	.0198-
.55	.0044-	.0033	.0270	.0989	.2117	.1194	.0406	.0007	.0126-	.0179-
.60	.0033	.0099	.0343	.0917	.1367	.1020	.0495	.0115	.0066-	.0134-
.65	.0037	.0141	.0362	.0796	.0965	.0817	.0461	.0157	.0010	.0094-
.70	.0042	.0153	.0294	.0627	.0676	.0616	.0354	.0174	.0068	.0060-
.75	.0047	.0135	.0231	.0410	.0467	.0418	.0272	.0168	.0105	.0034-
.80	.0053	.0087	.0174	.0272	.0317	.0285	.0199	.0137	.0124	.0014-
.85	.0048	.0082	.0123	.0164	.0194	.0180	.0136	.0092	.0123	.0001-
.90	.0038	.0066	.0077	.0083	.0099	.0098	.0081	.0054	.0103	.0005
.95	.0022	.0038	.0037	.0028	.0035	.0038	.0036	.0024	.0063	.0005
1.00	.0001	.0001-	.0002	.0001-	.0000	.0000	.0000	.0001	.0004	.0003-

→ y : ly (Spalte); ↓ x : lx

Spalte x : lx	0.55	0.60	0.65	0.70	0.75	0.80	0.85	0.90	0.95	
.05	.0001	.0003-	.0006-	.0008-	.0012-	.0013-	.0005-	.0004-	.0002-	
.10	.0005-	.0013-	.0017-	.0019-	.0026-	.0026-	.0016-	.0012-	.0006-	
.15	.0017-	.0028-	.0034-	.0035-	.0040-	.0038-	.0032-	.0024-	.0014-	
.20	.0036-	.0050-	.0056-	.0055-	.0054-	.0050-	.0054-	.0041-	.0024-	
.25	.0061-	.0078-	.0084-	.0080-	.0070-	.0061-	.0051-	.0037-	.0020-	
.30	.0093-	.0112-	.0118-	.0108-	.0086-	.0072-	.0052-	.0035-	.0017-	
.35	.0132-	.0153-	.0157-	.0141-	.0104-	.0083-	.0056-	.0035-	.0016-	
.40	.0179-	.0200-	.0198-	.0175-	.0122-	.0093-	.0064-	.0037-	.0016-	
.45	.0216-	.0230-	.0223-	.0196-	.0140-	.0103-	.0070-	.0021-	.0016-	
.50	.0229-	.0240-	.0231-	.0203-	.0160-	.0112-	.0072-	.0016-	.0016-	
.55	.0216-	.0230-	.0223-	.0196-	.0138-	.0102-	.0070-	.0021-	.0016-	
.60	.0178-	.0201-	.0198-	.0175-	.0120-	.0092-	.0064-	.0037-	.0016-	
.65	.0131-	.0153-	.0157-	.0141-	.0103-	.0082-	.0056-	.0035-	.0016-	
.70	.0093-	.0112-	.0118-	.0108-	.0086-	.0072-	.0052-	.0035-	.0017-	
.75	.0061-	.0078-	.0084-	.0080-	.0070-	.0061-	.0051-	.0037-	.0020-	
.80	.0036-	.0050-	.0056-	.0056-	.0054-	.0050-	.0054-	.0041-	.0024-	
.85	.0017-	.0028-	.0033-	.0036-	.0039-	.0038-	.0032-	.0024-	.0014-	
.90	.0005-	.0013-	.0017-	.0021-	.0025-	.0026-	.0016-	.0012-	.0006-	
.95	.0001	.0003-	.0005-	.0010-	.0011-	.0014-	.0005-	.0004-	.0002-	
1.00	.0001	.0000	.0001	.0003-	.0002	.0001-	.0000	.0001-	.0000	

Auswertung aus Pucher „Einflußfelder elastischer Platten" Tafel Nr. 76

*bzw. theoretisch ∞

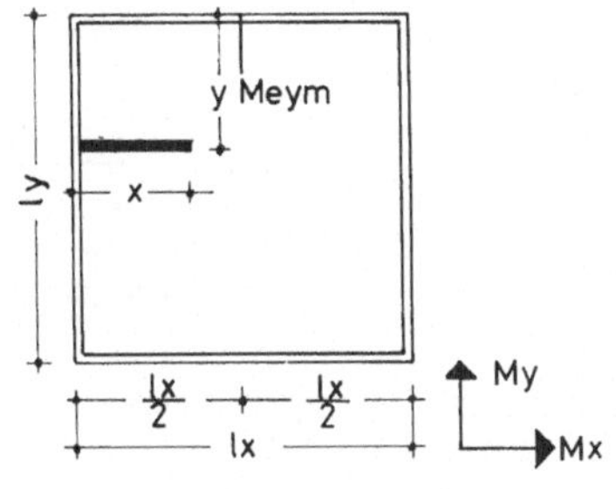

Stützmoment Meym in Seitenmitte einer Rechteckplatte aus Linienlast in lx-Richtung.
Stützung 6

$\frac{ly}{lx} = 1,0$

$\mu = 0$

Faktor = q · lx

Meym

6 1.0

F 6.1,0.5.1

→ y : ly, ↓ x : lx

Spalte	0.05	0.10	0.15	0.20	0.25	0.30	0.35	0.40	0.45	0.50
.05	.0000	.0001-	.0001	.0000	.0000	.0000	.0000	.0000	.0001-	.0000
.10	.0002-	.0003-	.0002	.0000	.0001-	.0000	.0002-	.0002-	.0003-	.0002-
.15	.0003-	.0007-	.0001	.0009-	.0012-	.0014-	.0017-	.0017-	.0016-	.0014-
.20	.0006-	.0013-	.0016-	.0025-	.0032-	.0035-	.0038-	.0040-	.0037-	.0033-
.25	.0011-	.0025-	.0035-	.0051-	.0066-	.0070-	.0075-	.0075-	.0068-	.0061-
.30	.0018-	.0042-	.0064-	.0093-	.0116-	.0123-	.0128-	.0122-	.0110-	.0098-
.35	.0030-	.0068-	.0117-	.0153-	.0185-	.0193-	.0195-	.0182-	.0164-	.0145-
.40	.0051-	.0126-	.0195-	.0246-	.0276-	.0279-	.0274-	.0254-	.0228-	.0200-
.45	.0103-	.0218-	.0306-	.0360-	.0385-	.0384-	.0369-	.0335-	.0300-	.0261-
.50	.0225-	.0356-	.0450-	.0496-	.0506-	.0500-	.0473-	.0425-	.0378-	.0328-
.55	.0347-	.0494-	.0585-	.0641-	.0628-	.0603-	.0568-	.0519-	.0444-	.0386-
.60	.0397-	.0586-	.0697-	.0740-	.0737-	.0708-	.0663-	.0593-	.0515-	.0446-
.65	.0418-	.0639-	.0775-	.0829-	.0829-	.0792-	.0740-	.0664-	.0579-	.0502-
.70	.0432-	.0669-	.0821-	.0891-	.0896-	.0862-	.0807-	.0724-	.0634-	.0550-
.75	.0439-	.0684-	.0856-	.0933-	.0946-	.0915-	.0861-	.0773-	.0671-	.0582-
.80	.0444-	.0699-	.0876-	.0960-	.0980-	.0950-	.0896-	.0806-	.0702-	.0611-
.85	.0447-	.0705-	.0887-	.0976-	.1000-	.0969-	.0916-	.0828-	.0723-	.0630-
.90	.0449-	.0709-	.0892-	.0984-	.1010-	.0982-	.0930-	.0841-	.0735-	.0639-
.95	.0450-	.0711-	.0890-	.0984-	.1012-	.0984-	.0934-	.0846-	.0738-	.0643-
1.00	.0450-	.0712-	.0887-	.0981-	.1009-	.0981-	.0932-	.0843-	.0737-	.0641-

→ y : ly, ↓ x : lx

Spalte	0.55	0.60	0.65	0.70	0.75	0.80	0.85	0.90	0.95	
.05	.0001-	.0000	.0000	.0000	.0000	.0000	.0000	.0000	.0000	
.10	.0003-	.0002-	.0001-	.0001-	.0001-	.0000	.0001-	.0002-	.0001-	
.15	.0013-	.0010-	.0005-	.0004-	.0002-	.0001-	.0002-	.0003-	.0001-	
.20	.0029-	.0022-	.0017-	.0013-	.0006-	.0003-	.0004-	.0003-	.0001-	
.25	.0053-	.0042-	.0032-	.0024-	.0015-	.0007-	.0007-	.0000	.0001	
.30	.0085-	.0067-	.0052-	.0039-	.0026-	.0016-	.0011-	.0001	.0001	
.35	.0124-	.0099-	.0077-	.0058-	.0039-	.0026-	.0015-	.0000	.0000	
.40	.0170-	.0136-	.0107-	.0081-	.0055-	.0038-	.0021-	.0002-	.0002-	
.45	.0224-	.0176-	.0141-	.0107-	.0074-	.0051-	.0027-	.0007-	.0003-	
.50	.0280-	.0220-	.0177-	.0135-	.0095-	.0066-	.0037-	.0011-	.0004-	
.55	.0339-	.0266-	.0206-	.0160-	.0113-	.0077-	.0045-	.0014-	.0005-	
.60	.0396-	.0304-	.0239-	.0185-	.0132-	.0090-	.0052-	.0018-	.0006-	
.65	.0449-	.0340-	.0269-	.0208-	.0148-	.0102-	.0058-	.0021-	.0007-	
.70	.0466-	.0372-	.0295-	.0229-	.0161-	.0113-	.0062-	.0021-	.0008-	
.75	.0498-	.0398-	.0316-	.0242-	.0172-	.0118-	.0066-	.0021-	.0009-	
.80	.0522-	.0418-	.0327-	.0253-	.0179-	.0122-	.0069-	.0019-	.0008-	
.85	.0537-	.0429-	.0337-	.0260-	.0183-	.0124-	.0071-	.0019-	.0007-	
.90	.0546-	.0436-	.0342-	.0263-	.0185-	.0125-	.0072-	.0020-	.0007-	
.95	.0549-	.0437-	.0343-	.0264-	.0185-	.0125-	.0072-	.0022-	.0008-	
1.00	.0548-	.0436-	.0341-	.0262-	.0184-	.0124-	.0072-	.0023-	.0009-	

Auswertung aus Pucher „Einflußfelder elastischer Platten" Tafel Nr. 77

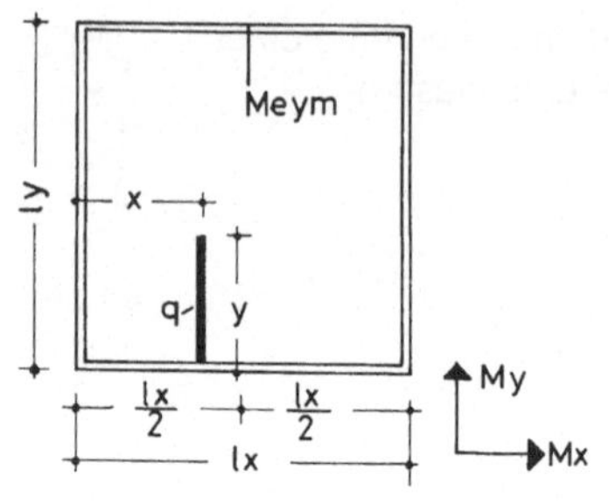

Stützmoment Meym in Seitenmitte einer Rechteckplatte aus Linienlast in ly-Richtung.
Stützung 6

$\frac{ly}{lx} = 1{,}0$

$\mu = 0$

Faktor = q · ly

Meym

6 1.0

F 6.1,0.5.2

x : lx → ; y : ly ↓

Spalte										
	0.05	0.10	0.15	0.20	0.25	0.30	0.35	0.40	0.45	0.50
.05	.0000	.0000	.0000	.0001	.0000	.0000	.0000	.0001-	.0000	.0000
.10	.0001-	.0001-	.0000	.0003	.0000	.0001-	.0001-	.0002-	.0002-	.0002-
.15	.0002-	.0001-	.0000	.0005	.0001-	.0003-	.0004-	.0007-	.0006-	.0006-
.20	.0003-	.0003-	.0000	.0006	.0004-	.0011-	.0014-	.0018-	.0019-	.0019-
.25	.0002-	.0005-	.0002-	.0003	.0014-	.0021-	.0027-	.0033-	.0036-	.0036-
.30	.0003-	.0007-	.0005-	.0013-	.0025-	.0036-	.0045-	.0054-	.0059-	.0060-
.35	.0004-	.0010-	.0011-	.0024-	.0041-	.0056-	.0069-	.0082-	.0090-	.0091-
.40	.0005-	.0014-	.0024-	.0039-	.0061-	.0082-	.0101-	.0117-	.0128-	.0131-
.45	.0006-	.0019-	.0035-	.0058-	.0087-	.0114-	.0140-	.0162-	.0176-	.0180-
.50	.0007-	.0025-	.0049-	.0080-	.0120-	.0154-	.0187-	.0215-	.0234-	.0239-
.55	.0009-	.0031-	.0066-	.0106-	.0160-	.0200-	.0242-	.0277-	.0303-	.0309-
.60	.0010-	.0042-	.0084-	.0135-	.0203-	.0253-	.0305-	.0349-	.0383-	.0393-
.65	.0011-	.0050-	.0102-	.0164-	.0249-	.0310-	.0376-	.0435-	.0475-	.0489-
.70	.0012-	.0058-	.0121-	.0194-	.0295-	.0373-	.0454-	.0530-	.0579-	.0598-
.75	.0012-	.0065-	.0135-	.0222-	.0340-	.0434-	.0532-	.0632-	.0694-	.0717-
.80	.0012-	.0072-	.0148-	.0248-	.0371-	.0491-	.0612-	.0731-	.0815-	.0848-
.85	.0013-	.0073-	.0158-	.0263-	.0400-	.0534-	.0685-	.0833-	.0945-	.0989-
.90	.0015-	.0077-	.0164-	.0275-	.0419-	.0565-	.0734-	.0916-	.1076-	.1139-
.95	.0017-	.0080-	.0165-	.0280-	.0429-	.0580-	.0760-	.0967-	.1172-	.1296-
1.00	.0019-	.0081-	.0164-	.0278-	.0429-	.0583-	.0764-	.0976-	.1203-	.1458-

x : lx → ; y : ly ↓

Spalte										
	0.55	0.60	0.65	0.70	0.75	0.80	0.85	0.90	0.95	
.05	.0000	.0001-	.0000	.0000	.0000	.0001	.0000	.0000	.0000	
.10	.0002-	.0002-	.0001-	.0001-	.0000	.0003	.0000	.0001-	.0001-	
.15	.0006-	.0007-	.0004-	.0003-	.0001-	.0005	.0000	.0001-	.0002-	
.20	.0019-	.0018-	.0014-	.0011-	.0004-	.0006	.0000	.0003-	.0003-	
.25	.0036-	.0033-	.0027-	.0021-	.0014-	.0003	.0002-	.0005-	.0002-	
.30	.0059-	.0054-	.0045-	.0036-	.0025-	.0013-	.0005-	.0007-	.0003-	
.35	.0090-	.0082-	.0069-	.0056-	.0041-	.0024-	.0011-	.0010-	.0004-	
.40	.0128-	.0117-	.0101-	.0082-	.0061-	.0039-	.0024-	.0014-	.0005-	
.45	.0176-	.0162-	.0140-	.0114-	.0087-	.0058-	.0035-	.0019-	.0006-	
.50	.0234-	.0215-	.0187-	.0154-	.0120-	.0080-	.0049-	.0025-	.0007-	
.55	.0303-	.0277-	.0242-	.0200-	.0160-	.0106-	.0066-	.0031-	.0009-	
.60	.0383-	.0349-	.0305-	.0253-	.0203-	.0135-	.0084-	.0042-	.0010-	
.65	.0475-	.0435-	.0376-	.0310-	.0249-	.0164-	.0102-	.0050-	.0011-	
.70	.0579-	.0530-	.0454-	.0373-	.0295-	.0194-	.0121-	.0058-	.0012-	
.75	.0694-	.0632-	.0532-	.0434-	.0340-	.0222-	.0135-	.0065-	.0012-	
.80	.0815-	.0731-	.0612-	.0491-	.0371-	.0248-	.0148-	.0072-	.0012-	
.85	.0945-	.0833-	.0685-	.0534-	.0400-	.0263-	.0158-	.0073-	.0013-	
.90	.1076-	.0916-	.0734-	.0565-	.0419-	.0275-	.0164-	.0077-	.0015-	
.95	.1172-	.0967-	.0760-	.0580-	.0429-	.0280-	.0165-	.0080-	.0017-	
1.00	.1203-	.0976-	.0764-	.0583-	.0429-	.0278-	.0164-	.0081-	.0019-	

Auswertung aus Pucher „Einflußfelder elastischer Platten" Tafel Nr. 77

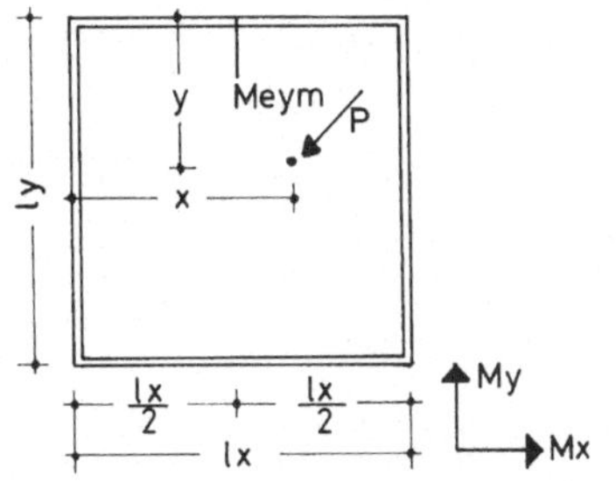

Stützmoment Meym in Seitenmitte einer Rechteckplatte aus einer Einzellast.
Stützung 6

$\frac{ly}{lx} = 1,0$

$\mu = 0$

Faktor = P

Meym

6 1.0

F 6.1,0.5.3

→ y : ly

↓ x : lx

Spalte										
	0.05	0.10	0.15	0.20	0.25	0.30	0.35	0.40	0.45	0.50
.05	.0015-	.0033-	.0013	.0004-	.0015-	.0011-	.0027-	.0027-	.0034-	.0027-
.10	.0032-	.0060-	.0040-	.0080-	.0103-	.0124-	.0159-	.0159-	.0144-	.0130-
.15	.0050-	.0080-	.0159-	.0221-	.0279-	.0318-	.0346-	.0358-	.0318-	.0276-
.20	.0069-	.0179-	.0302-	.0420-	.0535-	.0546-	.0565-	.0573-	.0520-	.0476-
.25	.0107-	.0281-	.0485-	.0675-	.0831-	.0871-	.0892-	.0822-	.0731-	.0659-
.30	.0187-	.0465-	.0796-	.1011-	.1194-	.1229-	.1194-	.1074-	.0959-	.0834-
.35	.0326-	.0760-	.1253-	.1530-	.1592-	.1561-	.1467-	.1310-	.1159-	.1004-
.40	.0627-	.1426-	.1858-	.2040-	.1990-	.1906-	.1742-	.1530-	.1321-	.1140-
.45	.1592-	.2389-	.2596-	.2522-	.2328-	.2148-	.1951-	.1721-	.1447-	.1240-
.50	.3123-	.3022-	.2886-	.2715-	.2507-	.2277-	.2040-	.1790-	.1535-	.1306-
.55	.1592-	.2389-	.2596-	.2522-	.2328-	.2148-	.1951-	.1721-	.1447-	.1240-
.60	.0627-	.1426-	.1858-	.2040-	.1990-	.1906-	.1742-	.1530-	.1321-	.1140-
.65	.0325-	.0760-	.1253-	.1529-	.1592-	.1561-	.1467-	.1310-	.1159-	.1005-
.70	.0187-	.0465-	.0796-	.1011-	.1194-	.1229-	.1194-	.1074-	.0959-	.0835-
.75	.0107-	.0281-	.0485-	.0675-	.0831-	.0871-	.0892-	.0822-	.0731-	.0659-
.80	.0069-	.0179-	.0302-	.0420-	.0535-	.0546-	.0565-	.0573-	.0520-	.0475-
.85	.0050-	.0080-	.0159-	.0221-	.0279-	.0318-	.0346-	.0358-	.0318-	.0276-
.90	.0032-	.0060-	.0040-	.0080-	.0103-	.0124-	.0159-	.0159-	.0144-	.0130-
.95	.0016-	.0033-	.0013	.0004-	.0015-	.0011-	.0027-	.0027-	.0034-	.0027-
1.00	.0001-	.0000	.0000	.0000	.0000	.0000	.0000	.0000	.0000	.0000

→ y : ly

↓ x : lx

Spalte										
	0.55	0.60	0.65	0.70	0.75	0.80	0.85	0.90	0.95	
.05	.0037-	.0023-	.0016-	.0013-	.0008-	.0004-	.0010-	.0014-	.0008-	
.10	.0116-	.0088-	.0066-	.0048-	.0030-	.0017-	.0021-	.0014-	.0006-	
.15	.0239-	.0192-	.0149-	.0105-	.0066-	.0040-	.0035-	.0000	.0005	
.20	.0398-	.0318-	.0248-	.0183-	.0116-	.0072-	.0050-	.0028	.0026	
.25	.0554-	.0449-	.0342-	.0263-	.0178-	.0114-	.0067-	.0017	.0005	
.30	.0707-	.0569-	.0450-	.0344-	.0239-	.0165-	.0086-	.0004-	.0010-	
.35	.0860-	.0678-	.0540-	.0419-	.0293-	.0211-	.0106-	.0034-	.0020-	
.40	.0986-	.0777-	.0612-	.0479-	.0348-	.0245-	.0129-	.0073-	.0026-	
.45	.1061-	.0852-	.0667-	.0524-	.0388-	.0265-	.0153-	.0076-	.0024-	
.50	.1086-	.0877-	.0704-	.0554-	.0405-	.0273-	.0159-	.0076-	.0023-	
.55	.1061-	.0852-	.0667-	.0524-	.0389-	.0265-	.0154-	.0076-	.0024-	
.60	.0986-	.0778-	.0612-	.0479-	.0348-	.0244-	.0129-	.0074-	.0026-	
.65	.0861-	.0679-	.0540-	.0419-	.0293-	.0211-	.0106-	.0034-	.0021-	
.70	.0707-	.0569-	.0450-	.0344-	.0239-	.0165-	.0086-	.0004-	.0010-	
.75	.0554-	.0449-	.0342-	.0263-	.0179-	.0114-	.0067-	.0017	.0006	
.80	.0398-	.0318-	.0248-	.0183-	.0116-	.0072-	.0050-	.0028	.0026	
.85	.0239-	.0192-	.0149-	.0105-	.0066-	.0040-	.0035-	.0000	.0005	
.90	.0116-	.0088-	.0066-	.0048-	.0030-	.0018-	.0022-	.0014-	.0006-	
.95	.0037-	.0023-	.0016-	.0012-	.0007-	.0005-	.0012-	.0014-	.0007-	
1.00	.0000	.0000	.0000	.0001	.0001	.0002-	.0003-	.0000	.0001	

Auswertung aus Pucher „Einflußfelder elastischer Platten" Tafel Nr. 77

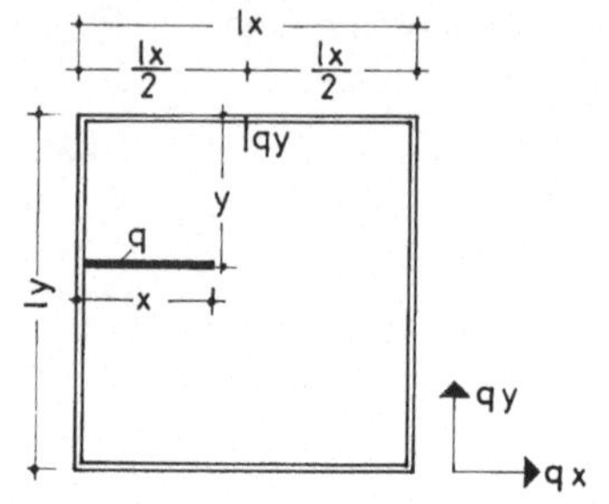

Stützkraft qy = größte Ordinate in Seitenmitte einer Rechteckplatte aus Linienlast in lx-Richtung.

$\frac{ly}{lx} = 1{,}0$

$\mu = 0$

Faktor = q

Stützung 6

qy

1.0 6

F 6.1,0.6.1

→ y : ly ; ↓ x : lx

Spalte										
	0.05	0.10	0.15	0.20	0.25	0.30	0.35	0.40	0.45	0.50
.05	.0096-	.0043-	.0031-	.0016-	.0006-	.0001	.0004	.0008	.0007	.0008
.10	.0347-	.0147-	.0100-	.0045-	.0010-	.0016	.0027	.0038	.0035	.0037
.15	.0692-	.0275-	.0173-	.0059-	.0012	.0062	.0084	.0101	.0092	.0091
.20	.1074-	.0390-	.0216-	.0030-	.0080	.0157	.0191	.0206	.0189	.0177
.25	.1435-	.0457-	.0192-	.0071	.0219	.0318	.0361	.0363	.0332	.0300
.30	.1715-	.0437-	.0068-	.0273	.0455	.0573	.0609	.0587	.0533	.0467
.35	.1856-	.0296-	.0199	.0632	.0837	.0947	.0948	.0887	.0796	.0682
.40	.1800-	.0074	.0779	.1225	.1387	.1447	.1387	.1259	.1109	.0941
.45	.1273-	.1264	.2001	.2196	.2103	.2061	.1908	.1696	.1461	.1230
.50	.1623	.3472	.3606	.3378	.2986	.2780	.2489	.2168	.1840	.1536
.55	.4519	.5680	.5212	.4559	.3869	.3498	.3071	.2640	.2218	.1843
.60	.5046	.6870	.6433	.5530	.4585	.4113	.3592	.3076	.2570	.2132
.65	.5102	.7239	.7013	.6124	.5135	.4612	.4031	.3448	.2884	.2391
.70	.4960	.7381	.7280	.6482	.5517	.4987	.4370	.3748	.3146	.2606
.75	.4680	.7400	.7404	.6684	.5753	.5241	.4618	.3972	.3347	.2772
.80	.4320	.7334	.7428	.6785	.5891	.5402	.4788	.4130	.3491	.2896
.85	.3938	.7218	.7386	.6814	.5960	.5497	.4894	.4235	.3587	.2982
.90	.3592	.7090	.7313	.6800	.5982	.5543	.4952	.4298	.3644	.3036
.95	.3342	.6987	.7243	.6771	.5978	.5558	.4975	.4328	.3672	.3064
1.00	.3246	.6944	.7213	.6755	.5972	.5559	.4979	.4336	.3679	.3073

→ y : ly ; ↓ x : lx

Spalte										
	0.55	0.60	0.65	0.70	0.75	0.80	0.85	0.90	0.95	
.05	.0008	.0000	.0001-	.0009-	.0019-	.0020-	.0018-	.0014-	.0008-	
.10	.0036	.0004	.0002-	.0031-	.0056-	.0059-	.0055-	.0044-	.0025-	
.15	.0085	.0015	.0000	.0062-	.0082-	.0090-	.0086-	.0069-	.0041-	
.20	.0159	.0037	.0011	.0093-	.0067-	.0083-	.0085-	.0071-	.0043-	
.25	.0263	.0074	.0032	.0120-	.0022-	.0050-	.0062-	.0058-	.0037-	
.30	.0397	.0131	.0068	.0136-	.0024	.0020-	.0044-	.0049-	.0034-	
.35	.0567	.0210	.0122	.0135-	.0076	.0013	.0026-	.0041-	.0032-	
.40	.0773	.0316	.0198	.0111-	.0137	.0052	.0005-	.0032-	.0030-	
.45	.1003	.0453	.0299	.0058-	.0208	.0097	.0021	.0021-	.0027-	
.50	.1246	.0625	.0430	.0031	.0283	.0146	.0049	.0008-	.0024-	
.55	.1489	.0797	.0561	.0120	.0359	.0195	.0077	.0005	.0020-	
.60	.1719	.0934	.0663	.0174	.0429	.0241	.0103	.0017	.0017-	
.65	.1925	.1040	.0739	.0198	.0490	.0279	.0124	.0026	.0015-	
.70	.2095	.1119	.0793	.0199	.0542	.0312	.0142	.0034	.0013-	
.75	.2229	.1175	.0829	.0183	.0589	.0343	.0160	.0043	.0010-	
.80	.2333	.1213	.0850	.0156	.0633	.0375	.0183	.0056	.0005-	
.85	.2407	.1235	.0860	.0125	.0648	.0382	.0183	.0054	.0007-	
.90	.2456	.1246	.0863	.0094	.0622	.0351	.0153	.0029	.0022-	
.95	.2484	.1249	.0861	.0072	.0585	.0312	.0116	.0001-	.0039-	
1.00	.2492	.1250	.0860	.0063	.0566	.0292	.0098	.0015-	.0047-	

Auswertung aus Pucher „Einflußfelder elastischer Platten" Tafel Nr. 80

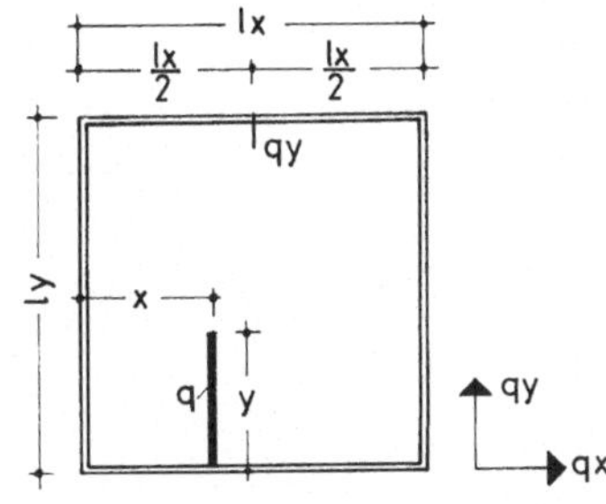

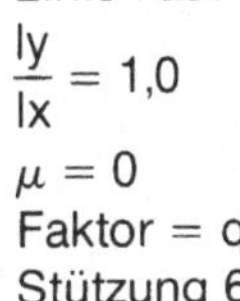

Stützkraft qy = größte Ordinate in Seitenmitte einer Rechteckplatte aus Linienlast in ly-Richtung.

$\frac{ly}{lx} = 1{,}0$

$\mu = 0$

Faktor = q

Stützung 6

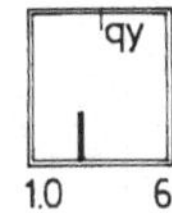

F 6.1,0.6.2

→ x : lx, ↓ y : ly

Spalte	0.05	0.10	0.15	0.20	0.25	0.30	0.35	0.40	0.45	0.50
.05	.0007-	.0012-	.0016-	.0005	.0003	.0001	.0001	.0001	.0001	.0002
.10	.0026-	.0046-	.0060-	.0019	.0014	.0004	.0003	.0005	.0007	.0008
.15	.0055-	.0097-	.0126-	.0045	.0034	.0015	.0014	.0019	.0024	.0027
.20	.0088-	.0156-	.0202-	.0081	.0066	.0038	.0039	.0049	.0058	.0064
.25	.0124-	.0218-	.0281-	.0129	.0112	.0078	.0085	.0103	.0119	.0128
.30	.0157-	.0275-	.0353-	.0190	.0174	.0140	.0157	.0188	.0212	.0225
.35	.0185-	.0321-	.0408-	.0264	.0255	.0228	.0262	.0310	.0345	.0363
.40	.0203-	.0349-	.0438-	.0353	.0356	.0347	.0406	.0476	.0525	.0548
.45	.0143-	.0233-	.0269-	.0456	.0481	.0502	.0595	.0816	.0888	.0919
.50	.0122-	.0185-	.0189-	.0574	.0631	.0698	.0974	.1123	.1217	.1259
.55	.0094-	.0121-	.0082-	.0709	.0809	.1072	.1307	.1499	.1625	.1682
.60	.0063-	.0050-	.0040	.0861	.1017	.1395	.1705	.1976	.2161	.2237
.65	.0058-	.0023-	.0106	.1052	.1342	.1762	.2166	.2531	.2778	.2890
.70	.0042-	.0027	.0208	.1207	.1606	.2160	.2696	.3182	.3534	.3699
.75	.0038-	.0060	.0293	.1346	.1841	.2515	.3293	.3961	.4476	.4713
.80	.0050-	.0065	.0345	.1465	.2028	.2893	.3913	.5001	.5875	.6186
.85	.0133-	.0055-	.0234	.1563	.2161	.3154	.4372	.6099	.7507	.7844
.90	.0250-	.0235-	.0048	.1638	.2246	.3310	.4749	.7157	.9524	1.0568
.95	.0379-	.0440-	.0180-	.1688	.2287	.3349	.4895	.7448	1.1561	1.4879
1.00	.0480-	.0603-	.0368-	.1710	.2291	.3314	.4846	.7510	1.2155	2.1307

→ x : lx, ↓ y : ly

Spalte	0.55	0.60	0.65	0.70	0.75	0.80	0.85	0.90	0.95	
.05	.0001	.0001	.0001	.0001	.0003	.0005	.0016-	.0012-	.0007-	
.10	.0007	.0005	.0003	.0004	.0014	.0019	.0060-	.0046-	.0026-	
.15	.0024	.0019	.0014	.0015	.0034	.0045	.0126-	.0097-	.0055-	
.20	.0058	.0049	.0039	.0038	.0066	.0081	.0202-	.0156-	.0088-	
.25	.0119	.0103	.0085	.0078	.0112	.0129	.0281-	.0218-	.0124-	
.30	.0212	.0188	.0157	.0140	.0174	.0190	.0353-	.0275-	.0157-	
.35	.0345	.0310	.0262	.0228	.0255	.0264	.0408-	.0321-	.0185-	
.40	.0525	.0476	.0406	.0347	.0356	.0353	.0438-	.0349-	.0203-	
.45	.0888	.0816	.0595	.0502	.0481	.0456	.0269-	.0233-	.0143-	
.50	.1217	.1123	.0974	.0698	.0631	.0574	.0189-	.0185-	.0122-	
.55	.1625	.1499	.1307	.1072	.0809	.0709	.0082-	.0121-	.0094-	
.60	.2161	.1976	.1705	.1395	.1017	.0861	.0040	.0050-	.0063-	
.65	.2778	.2531	.2166	.1762	.1342	.1052	.0106	.0023-	.0058-	
.70	.3534	.3182	.2696	.2160	.1606	.1207	.0208	.0027	.0042-	
.75	.4476	.3961	.3293	.2515	.1841	.1346	.0293	.0060	.0038-	
.80	.5875	.5001	.3913	.2893	.2028	.1465	.0345	.0065	.0050-	
.85	.7507	.6099	.4372	.3154	.2161	.1563	.0234	.0055-	.0133-	
.90	.9524	.7157	.4749	.3310	.2246	.1638	.0048	.0235-	.0250-	
.95	1.1561	.7448	.4895	.3349	.2287	.1688	.0180-	.0440-	.0379-	
1.00	1.2155	.7510	.4846	.3314	.2291	.1710	.0368-	.0603-	.0480-	

Auswertung aus Pucher „Einflußfelder elastischer Platten" Tafel Nr. 80

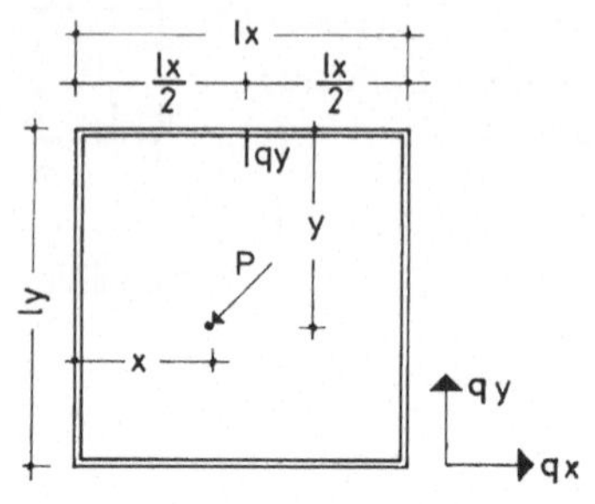

Stützkraft qy in Seitenmitte einer Rechteckplatte aus einer Einzellast.

$\frac{ly}{lx} = 1,0$

$\mu = 0$

$\text{Faktor} = \frac{P}{0,8 \cdot l}$

Stützung 6

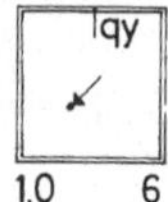

F 6.1,0.6.3

→ y : ly

↓ x : lx

Spalte										
	0.05	0.10	0.15	0.20	0.25	0.30	0.35	0.40	0.45	0.50
.05	.3661-	.1588-	.1119-	.0546-	.0173-	.0102	.0223	.0347	.0321	.0346
.10	.6152-	.2441-	.1542-	.0526-	.0103	.0552	.0751	.0895	.0822	.0807
.15	.7472-	.2559-	.1269-	.0060	.0827	.1352	.1582	.1644	.1504	.1383
.20	.7622-	.1943-	.0300-	.1212	.2000	.2502	.2718	.2594	.2367	.2074
.25	.6602-	.0592-	.1365	.2929	.3622	.4000	.4150	.3746	.3411	.2880
.30	.4411-	.1495	.3726	.5333	.6000	.6239	.5817	.5247	.4662	.3801
.35	.1049-	.4057	.7450	.9077	.9333	.8767	.7786	.6733	.5802	.4783
.40	.3482	1.3143	1.8114	1.5333	1.2664	1.1178	.9678	.8145	.6696	.5524
.45	3.0000	3.4000	2.9264	2.2369	1.5992	1.3366	1.1105	.9203	.7345	.6000
.50	7.0000	5.1277	3.3976	2.4265	1.9315	1.5333	1.2073	.9556	.7749	.6212
.55	3.0000	3.6571	2.9264	2.2369	1.5992	1.3367	1.1105	.9203	.7346	.6000
.60	.3482	1.2200	1.8114	1.5333	1.2665	1.1178	.9678	.8145	.6696	.5524
.65	.1049-	.4057	.7450	.9077	.9333	.8767	.7786	.6733	.5802	.4783
.70	.4410-	.1495	.3726	.5333	.6000	.6239	.5817	.5247	.4662	.3802
.75	.6601-	.0591-	.1365	.2929	.3622	.4000	.4150	.3746	.3410	.2880
.80	.7621-	.1942-	.0300-	.1212	.2000	.2502	.2718	.2594	.2367	.2074
.85	.7470-	.2559-	.1269-	.0061	.0827	.1352	.1582	.1644	.1504	.1383
.90	.6149-	.2441-	.1542-	.0526-	.0103	.0552	.0751	.0895	.0822	.0807
.95	.3657-	.1588-	.1118-	.0546-	.0173-	.0102	.0224	.0347	.0321	.0347
1.00	.0005	.0001-	.0001	.0001-	.0001	.0000	.0001	.0001	.0000	.0001

→ y : ly

↓ x : lx

Spalte										
	0.55	0.60	0.65	0.70	0.75	0.80	0.85	0.90	0.95	
.05	.0345	.0027	.0034-	.0335-	.0657-	.0685-	.0633-	.0502-	.0290-	
.10	.0754	.0133	.0004	.0548-	.0727-	.0797-	.0760-	.0615-	.0361-	
.15	.1228	.0317	.0116	.0638-	.0209-	.0337-	.0381-	.0339-	.0212-	
.20	.1766	.0580	.0300	.0605-	.0897	.0696	.0504	.0325	.0157	
.25	.2369	.0922	.0557	.0449-	.0982	.0622	.0395	.0215	.0084	
.30	.3036	.1342	.0887	.0170-	.1084	.0624	.0353	.0159	.0042	
.35	.3767	.1841	.1289	.0231	.1203	.0700	.0379	.0156	.0030	
.40	.4403	.2418	.1765	.0755	.1338	.0851	.0473	.0206	.0049	
.45	.4771	.3074	.2313	.1402	.1478	.0957	.0547	.0252	.0070	
.50	.4894	.3809	.2934	.2172	.1525	.0992	.0572	.0267	.0077	
.55	.4771	.3075	.2313	.1403	.1478	.0957	.0547	.0252	.0070	
.60	.4404	.2419	.1765	.0756	.1338	.0850	.0473	.0206	.0048	
.65	.3768	.1842	.1289	.0232	.1117	.0700	.0379	.0156	.0030	
.70	.3036	.1343	.0887	.0170-	.0970	.0624	.0353	.0159	.0042	
.75	.2369	.0923	.0557	.0449-	.0897	.0622	.0395	.0216	.0084	
.80	.1766	.0581	.0300	.0604-	.0897	.0695	.0504	.0326	.0157	
.85	.1228	.0318	.0116	.0638-	.0209-	.0337-	.0381-	.0339-	.0212-	
.90	.0754	.0133	.0004	.0548-	.0727-	.0797-	.0760-	.0615-	.0361-	
.95	.0344	.0027	.0034-	.0335-	.0657-	.0685-	.0633-	.0502-	.0290-	
1.00	.0001-	.0000	.0000	.0000	.0000	.0000	.0000	.0000	.0000	

Auswertung aus Pucher „Einflußfelder elastischer Platten" Tafel Nr. 80

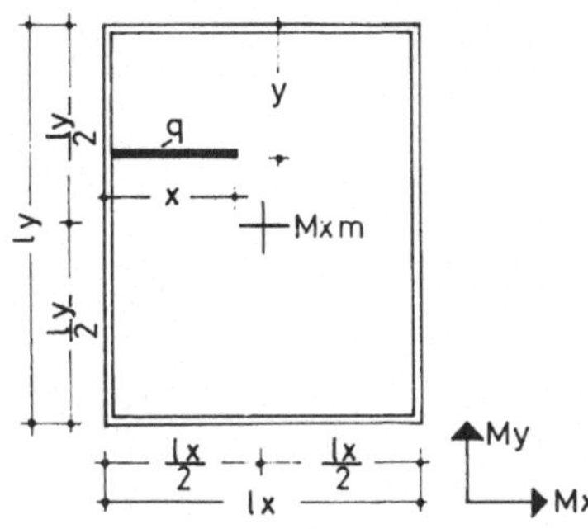

Feldmoment Mxm in Feldmitte einer Rechteckplatte aus Linienlast in lx-Richtung.
Stützung 6

$\frac{ly}{lx} = 1,25$

$\mu = 0$

Faktor = q · lx

Mxm
6 1.25

F 6.1,25.1.1

→ y : ly ; ↓ x : lx

Spalte										
	0.05	0.10	0.15	0.20	0.25	0.30	0.35	0.40	0.45	0.50
.05	.0000	.0000	.0000	.0001	.0001	.0000	.0000	.0000	.0000	.0000
.10	.0001	.0002	.0002	.0002	.0002	.0002	.0001	.0000	.0001-	.0001-
.15	.0002	.0003	.0004	.0005	.0006	.0005	.0002	.0001	.0001-	.0002-
.20	.0003	.0006	.0007	.0010	.0011	.0010	.0006	.0003	.0001	.0001-
.25	.0004	.0009	.0011	.0016	.0021	.0022	.0019	.0014	.0010	.0002
.30	.0005	.0013	.0017	.0027	.0033	.0036	.0033	.0027	.0021	.0018
.35	.0006	.0017	.0025	.0039	.0050	.0056	.0054	.0047	.0039	.0036
.40	.0007	.0021	.0034	.0053	.0070	.0081	.0084	.0077	.0064	.0062
.45	.0009	.0026	.0044	.0069	.0093	.0110	.0126	.0129	.0116	.0111
.50	.0011	.0031	.0054	.0086	.0119	.0144	.0176	.0200	.0198	.0203
.55	.0012	.0035	.0065	.0103	.0141	.0177	.0228	.0258	.0280	.0295
.60	.0014	.0039	.0075	.0118	.0164	.0206	.0262	.0308	.0329	.0341
.65	.0015	.0044	.0085	.0132	.0185	.0231	.0293	.0340	.0357	.0369
.70	.0016	.0048	.0089	.0144	.0200	.0251	.0313	.0357	.0375	.0387
.75	.0017	.0051	.0095	.0154	.0212	.0264	.0329	.0373	.0386	.0397
.80	.0018	.0055	.0099	.0160	.0221	.0273	.0338	.0381	.0392	.0403
.85	.0019	.0057	.0102	.0165	.0227	.0280	.0343	.0385	.0395	.0405
.90	.0020	.0059	.0104	.0168	.0231	.0284	.0346	.0386	.0395	.0404
.95	.0021	.0060	.0105	.0169	.0232	.0285	.0346	.0385	.0393	.0402
1.00	.0022	.0061	.0105	.0170	.0232	.0284	.0344	.0383	.0391	.0400

→ y : ly ; ↓ x : lx

Spalte										
	0.55	0.60	0.65	0.70	0.75	0.80	0.85	0.90	0.95	
.05	.0000	.0000	.0000	.0000	.0001	.0001	.0000	.0000	.0000	
.10	.0001-	.0000	.0001	.0002	.0002	.0002	.0002	.0002	.0001	
.15	.0001-	.0001	.0002	.0005	.0006	.0005	.0004	.0003	.0002	
.20	.0001	.0003	.0006	.0010	.0011	.0010	.0007	.0006	.0003	
.25	.0010	.0014	.0019	.0022	.0021	.0016	.0011	.0009	.0004	
.30	.0021	.0027	.0033	.0036	.0033	.0027	.0017	.0013	.0005	
.35	.0039	.0047	.0054	.0056	.0050	.0039	.0025	.0017	.0006	
.40	.0064	.0077	.0084	.0081	.0070	.0053	.0034	.0021	.0007	
.45	.0116	.0129	.0126	.0110	.0093	.0069	.0044	.0026	.0009	
.50	.0198	.0200	.0176	.0144	.0119	.0086	.0054	.0031	.0011	
.55	.0280	.0258	.0228	.0177	.0141	.0103	.0065	.0035	.0012	
.60	.0329	.0308	.0262	.0206	.0164	.0118	.0075	.0039	.0014	
.65	.0357	.0340	.0293	.0231	.0185	.0132	.0085	.0044	.0015	
.70	.0375	.0357	.0313	.0251	.0200	.0144	.0089	.0048	.0016	
.75	.0386	.0373	.0329	.0264	.0212	.0154	.0095	.0051	.0017	
.80	.0392	.0381	.0338	.0273	.0221	.0160	.0099	.0055	.0018	
.85	.0395	.0385	.0343	.0280	.0227	.0165	.0102	.0057	.0019	
.90	.0395	.0386	.0346	.0284	.0231	.0168	.0104	.0059	.0020	
.95	.0393	.0385	.0346	.0285	.0232	.0169	.0105	.0060	.0021	
1.00	.0391	.0383	.0344	.0284	.0232	.0170	.0105	.0061	.0022	

Auswertung aus Pucher „Einflußfelder elastischer Platten" Tafel Nr. 72

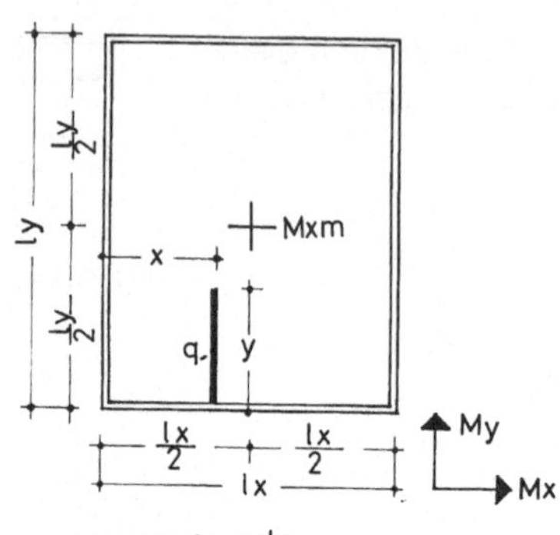

Feldmoment Mxm in Feldmitte einer Rechteckplatte aus Linienlast in ly-Richtung.
Stützung 6

$\frac{ly}{lx} = 1{,}25$

$\mu = 0$

Faktor = q · ly

Mxm

6 1.25

F 6.1,25.1.2

x : lx →

y : ly ↓

Spalte										
	0.05	0.10	0.15	0.20	0.25	0.30	0.35	0.40	0.45	0.50
.05	.0000	.0000	.0001	.0001	.0000	.0000	.0001	.0000	.0001	.0001
.10	.0001-	.0001-	.0002	.0002	.0002	.0002	.0002	.0003	.0004	.0003
.15	.0002-	.0002-	.0005	.0006	.0005	.0006	.0007	.0010	.0011	.0011
.20	.0003-	.0001-	.0008	.0010	.0011	.0015	.0019	.0022	.0024	.0025
.25	.0000	.0004	.0013	.0016	.0022	.0028	.0034	.0039	.0044	.0045
.30	.0001	.0007	.0017	.0023	.0033	.0043	.0054	.0063	.0072	.0074
.35	.0002	.0010	.0022	.0030	.0046	.0060	.0077	.0092	.0112	.0117
.40	.0003	.0012	.0025	.0035	.0060	.0076	.0101	.0124	.0165	.0172
.45	.0001	.0011	.0028	.0039	.0072	.0091	.0123	.0159	.0226	.0253
.50	.0001	.0010	.0030	.0042	.0074	.0104	.0145	.0194	.0290	.0369
.55	.0000	.0010	.0031	.0047	.0082	.0117	.0166	.0230	.0353	.0485
.60	.0001-	.0009	.0034	.0051	.0092	.0130	.0187	.0264	.0414	.0564
.65	.0000	.0013	.0038	.0056	.0104	.0149	.0209	.0296	.0467	.0619
.70	.0000	.0015	.0042	.0062	.0117	.0167	.0238	.0325	.0507	.0663
.75	.0002	.0018	.0047	.0071	.0130	.0182	.0258	.0349	.0536	.0693
.80	.0003	.0022	.0051	.0077	.0135	.0194	.0273	.0367	.0556	.0712
.85	.0003	.0022	.0055	.0081	.0142	.0202	.0283	.0378	.0569	.0727
.90	.0002	.0022	.0057	.0084	.0145	.0207	.0289	.0385	.0576	.0735
.95	.0001	.0021	.0059	.0086	.0146	.0208	.0290	.0388	.0579	.0737
1.00	.0000	.0019	.0060	.0087	.0146	.0207	.0289	.0388	.0579	.0736

x : lx →

y : ly ↓

Spalte										
	0.55	0.60	0.65	0.70	0.75	0.80	0.85	0.90	0.95	
.05	.0001	.0000	.0001	.0000	.0000	.0001	.0001	.0000	.0000	
.10	.0004	.0003	.0002	.0002	.0002	.0002	.0002	.0001-	.0001-	
.15	.0011	.0010	.0007	.0006	.0005	.0006	.0005	.0002-	.0002-	
.20	.0024	.0022	.0019	.0015	.0011	.0010	.0008	.0001-	.0003-	
.25	.0044	.0039	.0034	.0028	.0022	.0016	.0013	.0004	.0000	
.30	.0072	.0063	.0054	.0043	.0033	.0023	.0017	.0007	.0001	
.35	.0112	.0092	.0077	.0060	.0046	.0030	.0022	.0010	.0002	
.40	.0165	.0124	.0101	.0076	.0060	.0035	.0025	.0012	.0003	
.45	.0226	.0159	.0123	.0091	.0072	.0039	.0028	.0011	.0001	
.50	.0290	.0194	.0145	.0104	.0074	.0042	.0030	.0010	.0001	
.55	.0353	.0230	.0166	.0117	.0082	.0047	.0031	.0010	.0000	
.60	.0414	.0264	.0187	.0130	.0092	.0051	.0034	.0009	.0001-	
.65	.0467	.0296	.0209	.0149	.0104	.0056	.0038	.0013	.0000	
.70	.0507	.0325	.0238	.0167	.0117	.0062	.0042	.0015	.0000	
.75	.0536	.0349	.0258	.0182	.0130	.0071	.0047	.0018	.0002	
.80	.0556	.0367	.0273	.0194	.0135	.0077	.0051	.0022	.0003	
.85	.0569	.0378	.0283	.0202	.0142	.0081	.0055	.0022	.0003	
.90	.0576	.0385	.0289	.0207	.0145	.0084	.0057	.0022	.0002	
.95	.0579	.0388	.0290	.0208	.0146	.0086	.0059	.0021	.0001	
1.00	.0579	.0388	.0289	.0207	.0146	.0087	.0060	.0019	.0000	

Auswertung aus Pucher „Einflußfelder elastischer Platten" Tafel Nr. 72

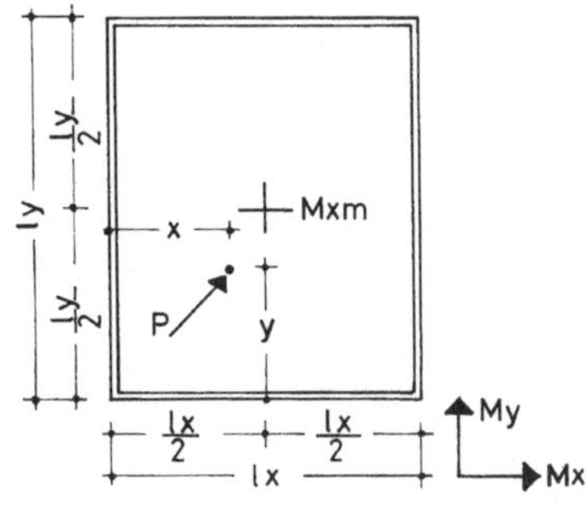

Feldmoment Mxm in Feldmitte einer Rechteckplatte aus einer Einzellast.
Stützung 6

$\frac{ly}{lx} = 1{,}25$

$\mu = 0$

Faktor = P

Mxm

6 1.25

F 6.1,25.1.3

x : lx → ; y : ly ↓

y:ly \ Spalte	0.05	0.10	0.15	0.20	0.25	0.30	0.35	0.40	0.45	0.50
.05	.0013-	.0009-	.0022	.0025	.0021	.0022	.0025	.0025	.0029	.0032
.10	.0013-	.0004-	.0042	.0050	.0054	.0063	.0076	.0088	.0096	.0100
.15	.0001-	.0016	.0061	.0076	.0099	.0125	.0155	.0182	.0197	.0202
.20	.0023	.0050	.0078	.0102	.0156	.0207	.0254	.0293	.0325	.0339
.25	.0024	.0055	.0094	.0129	.0208	.0282	.0353	.0423	.0480	.0501
.30	.0019	.0052	.0092	.0155	.0235	.0331	.0438	.0530	.0674	.0712
.35	.0008	.0040	.0078	.0119	.0238	.0337	.0494	.0613	.0938	.0963
.40	.0010-	.0019	.0063	.0094	.0217	.0307	.0462	.0671	.1164	.1345
.45	.0012-	.0002	.0046	.0081	.0172	.0282	.0443	.0703	.1266	.1869
.50	.0013-	.0004-	.0027	.0080	.0154	.0273	.0436	.0711	.1245	.2468*
.55	.0012-	.0002	.0046	.0081	.0171	.0282	.0443	.0702	.1266	.1869
.60	.0010-	.0019	.0063	.0094	.0217	.0308	.0462	.0670	.1164	.1345
.65	.0008	.0040	.0079	.0119	.0238	.0337	.0494	.0612	.0938	.0963
.70	.0019	.0052	.0092	.0156	.0235	.0331	.0438	.0530	.0674	.0711
.75	.0024	.0055	.0094	.0128	.0207	.0282	.0353	.0422	.0480	.0501
.80	.0023	.0050	.0078	.0102	.0156	.0207	.0254	.0293	.0325	.0339
.85	.0001-	.0016	.0061	.0076	.0099	.0125	.0155	.0182	.0197	.0202
.90	.0013-	.0004-	.0042	.0050	.0054	.0063	.0076	.0088	.0096	.0100
.95	.0013-	.0009-	.0021	.0025	.0021	.0022	.0025	.0025	.0029	.0032
1.00	.0000	.0000	.0001-	.0000	.0000	.0000	.0000	.0000	.0000	.0000

x : lx → ; y : ly ↓

y:ly \ Spalte	0.55	0.60	0.65	0.70	0.75	0.80	0.85	0.90	0.95	
.05	.0029	.0025	.0025	.0022	.0021	.0025	.0022	.0009-	.0013-	
.10	.0096	.0088	.0076	.0063	.0054	.0050	.0042	.0004-	.0013-	
.15	.0197	.0182	.0155	.0125	.0099	.0076	.0061	.0016	.0001-	
.20	.0325	.0293	.0254	.0207	.0156	.0102	.0078	.0050	.0023	
.25	.0480	.0423	.0353	.0282	.0208	.0129	.0094	.0055	.0024	
.30	.0674	.0530	.0438	.0331	.0235	.0155	.0092	.0052	.0019	
.35	.0938	.0613	.0494	.0337	.0238	.0119	.0078	.0040	.0008	
.40	.1164	.0671	.0462	.0307	.0217	.0094	.0063	.0019	.0010-	
.45	.1266	.0703	.0443	.0282	.0172	.0081	.0046	.0002	.0012-	
.50	.1245	.0711	.0436	.0273	.0154	.0080	.0027	.0004-	.0013-	
.55	.1266	.0702	.0443	.0282	.0171	.0081	.0046	.0002	.0012-	
.60	.1164	.0670	.0462	.0308	.0217	.0094	.0063	.0019	.0010-	
.65	.0938	.0612	.0494	.0337	.0238	.0119	.0078	.0040	.0008	
.70	.0674	.0530	.0438	.0331	.0235	.0156	.0092	.0052	.0019	
.75	.0480	.0422	.0353	.0282	.0207	.0128	.0094	.0055	.0024	
.80	.0325	.0293	.0254	.0207	.0156	.0102	.0078	.0050	.0023	
.85	.0197	.0182	.0155	.0125	.0099	.0076	.0061	.0016	.0001-	
.90	.0096	.0088	.0076	.0063	.0054	.0050	.0042	.0004-	.0013-	
.95	.0029	.0025	.0025	.0022	.0021	.0025	.0021	.0009-	.0013-	
1.00	.0000	.0000	.0000	.0000	.0000	.0000	.0001-	.0000	.0000	

Auswertung aus Pucher „Einflußfelder elastischer Platten" Tafel Nr. 72

* bezw. theoretisch ∞

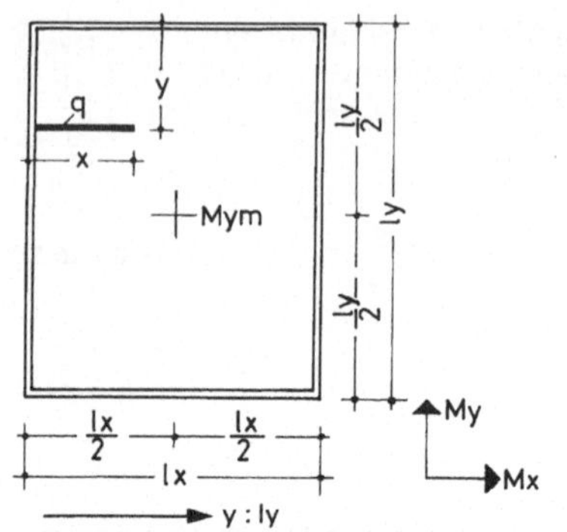

Feldmoment Mym in Feldmitte einer Rechteckplatte aus Linienlast in lx-Richtung.

$\frac{ly}{lx} = 1,25$

$\mu = 0$

Faktor = q · lx

Stützung 6

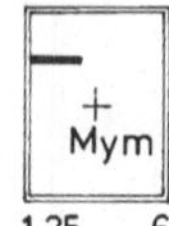

F 6.1,25.2.1

y : ly →

x : lx ↓

Spalte										
	0.05	0.10	0.15	0.20	0.25	0.30	0.35	0.40	0.45	0.50
.05	.0000	.0000	.0000	.0000	.0000	.0001	.0001	.0001	.0001	.0001
.10	.0000	.0000	.0000	.0000	.0001	.0002	.0004	.0003	.0003	.0003
.15	.0000	.0000	.0000	.0000	.0002	.0005	.0009	.0009	.0009	.0008
.20	.0001-	.0001-	.0001-	.0000	.0003	.0008	.0016	.0017	.0019	.0018
.25	.0004-	.0005-	.0005-	.0000	.0004	.0011	.0025	.0029	.0042	.0043
.30	.0007-	.0010-	.0009-	.0001-	.0005	.0017	.0036	.0050	.0069	.0071
.35	.0010-	.0014-	.0014-	.0002-	.0005	.0023	.0047	.0074	.0106	.0108
.40	.0013-	.0019-	.0018-	.0004-	.0004	.0028	.0058	.0100	.0149	.0164
.45	.0011-	.0017-	.0018-	.0006-	.0003	.0026	.0067	.0117	.0189	.0234
.50	.0012-	.0019-	.0021-	.0010-	.0000	.0025	.0074	.0135	.0229	.0335
.55	.0013-	.0021-	.0024-	.0013-	.0002-	.0024	.0081	.0153	.0267	.0434
.60	.0014-	.0023-	.0027-	.0016-	.0004-	.0023	.0090	.0176	.0314	.0502
.65	.0016-	.0025-	.0029-	.0018-	.0004-	.0030	.0100	.0201	.0356	.0559
.70	.0019-	.0030-	.0033-	.0019-	.0004-	.0036	.0112	.0227	.0392	.0597
.75	.0022-	.0035-	.0038-	.0020-	.0004-	.0042	.0122	.0240	.0421	.0622
.80	.0025-	.0039-	.0042-	.0020-	.0003-	.0048	.0131	.0253	.0436	.0646
.85	.0024-	.0037-	.0041-	.0020-	.0002-	.0047	.0138	.0262	.0448	.0659
.90	.0024-	.0038-	.0041-	.0020-	.0001-	.0049	.0144	.0267	.0454	.0664
.95	.0024-	.0038-	.0041-	.0020-	.0000	.0051	.0147	.0268	.0455	.0665
1.00	.0024-	.0037-	.0040-	.0020-	.0000	.0052	.0148	.0268	.0453	.0663

y : ly →

x : lx ↓

Spalte										
	0.55	0.60	0.65	0.70	0.75	0.80	0.85	0.90	0.95	
.05	.0001	.0001	.0001	.0001	.0000	.0000	.0000	.0000	.0000	
.10	.0003	.0003	.0004	.0002	.0001	.0000	.0000	.0000	.0000	
.15	.0009	.0009	.0009	.0005	.0002	.0000	.0000	.0000	.0000	
.20	.0019	.0017	.0016	.0008	.0003	.0000	.0001-	.0001-	.0001-	
.25	.0042	.0029	.0025	.0011	.0004	.0000	.0005-	.0005-	.0004-	
.30	.0069	.0050	.0036	.0017	.0005	.0001-	.0009-	.0010-	.0007-	
.35	.0106	.0074	.0047	.0023	.0005	.0002-	.0014-	.0014-	.0010-	
.40	.0149	.0100	.0058	.0028	.0004	.0004-	.0018-	.0019-	.0013-	
.45	.0189	.0117	.0067	.0026	.0003	.0006-	.0018-	.0017-	.0011-	
.50	.0229	.0135	.0074	.0025	.0000	.0010-	.0021-	.0019-	.0012-	
.55	.0267	.0153	.0081	.0024	.0002-	.0013-	.0024-	.0021-	.0013-	
.60	.0314	.0176	.0090	.0023	.0004-	.0016-	.0027-	.0023-	.0014-	
.65	.0356	.0201	.0100	.0030	.0004-	.0018-	.0029-	.0025-	.0016-	
.70	.0392	.0227	.0112	.0036	.0004-	.0019-	.0033-	.0030-	.0019-	
.75	.0421	.0240	.0122	.0042	.0004-	.0020-	.0038-	.0035-	.0022-	
.80	.0436	.0253	.0131	.0048	.0003-	.0020-	.0042-	.0039-	.0025-	
.85	.0448	.0262	.0138	.0047	.0002-	.0020-	.0041-	.0037-	.0024-	
.90	.0454	.0267	.0144	.0049	.0001-	.0020-	.0041-	.0038-	.0024-	
.95	.0455	.0268	.0147	.0051	.0000	.0020-	.0041-	.0038-	.0024-	
1.00	.0453	.0268	.0148	.0052	.0000	.0020-	.0040-	.0037-	.0024-	

Auswertung aus Pucher „Einflußfelder elastischer Platten" Tafel Nr. 71

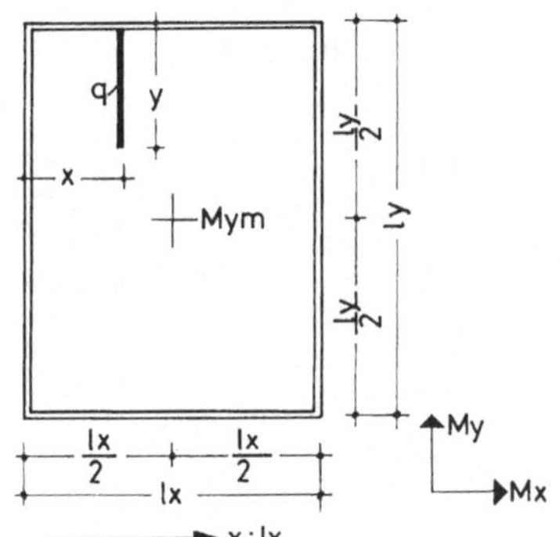

Feldmoment Mym in Feldmitte einer Rechteckplatte aus Linienlast in ly-Richtung.

$\frac{ly}{lx} = 1{,}25$

$\mu = 0$

Faktor = q · ly

Stützung 6

Mym

1.25 6

F 6.1,25.2.2

→ x : lx, ↓ y : ly

Spalte y : ly	0.05	0.10	0.15	0.20	0.25	0.30	0.35	0.40	0.45	0.50
.05	.0000	.0000	.0000	.0001-	.0001-	.0001-	.0002-	.0000	.0001-	.0000
.10	.0000	.0000	.0000	.0003-	.0004-	.0005-	.0006-	.0002-	.0002-	.0002-
.15	.0001-	.0001-	.0000	.0005-	.0007-	.0009-	.0011-	.0004-	.0004-	.0004-
.20	.0001-	.0001-	.0001-	.0006-	.0009-	.0012-	.0015-	.0006-	.0007-	.0008-
.25	.0001-	.0001-	.0000	.0007-	.0010-	.0013-	.0017-	.0008-	.0010-	.0012-
.30	.0000	.0000	.0002	.0005-	.0007-	.0010-	.0015-	.0007-	.0010-	.0013-
.35	.0000	.0003	.0008	.0000	.0000	.0002-	.0008-	.0003-	.0007-	.0012-
.40	.0002	.0007	.0015	.0008	.0011	.0013	.0008	.0013	.0002	.0000
.45	.0003	.0012	.0024	.0021	.0029	.0036	.0035	.0045	.0036	.0029
.50	.0005	.0017	.0033	.0037	.0051	.0067	.0076	.0097	.0102	.0095
.55	.0006	.0023	.0043	.0053	.0073	.0097	.0117	.0148	.0168	.0161
.60	.0008	.0028	.0051	.0066	.0091	.0120	.0144	.0180	.0199	.0190
.65	.0009	.0033	.0059	.0074	.0103	.0135	.0160	.0195	.0211	.0201
.70	.0011	.0037	.0064	.0079	.0110	.0143	.0168	.0198	.0211	.0202
.75	.0011	.0039	.0067	.0080	.0112	.0146	.0170	.0200	.0213	.0201
.80	.0009	.0032	.0067	.0080	.0112	.0145	.0168	.0199	.0210	.0197
.85	.0009	.0031	.0067	.0078	.0109	.0142	.0164	.0197	.0208	.0194
.90	.0008	.0031	.0067	.0076	.0106	.0138	.0159	.0195	.0206	.0192
.95	.0008	.0031	.0067	.0074	.0104	.0134	.0154	.0193	.0204	.0190
1.00	.0008	.0030	.0067	.0073	.0102	.0133	.0153	.0192	.0204	.0190

→ x : lx, ↓ y : ly

Spalte y : ly	0.55	0.60	0.65	0.70	0.75	0.80	0.85	0.90	0.95	
.05	.0001-	.0000	.0002-	.0001-	.0001-	.0001-	.0000	.0000	.0000	
.10	.0002-	.0002-	.0006-	.0005-	.0004-	.0003-	.0000	.0000	.0000	
.15	.0004-	.0004-	.0011-	.0009-	.0007-	.0005-	.0000	.0001-	.0001-	
.20	.0007-	.0006-	.0015-	.0012-	.0009-	.0006-	.0001-	.0001-	.0001-	
.25	.0010-	.0008-	.0017-	.0013-	.0010-	.0007-	.0000	.0001-	.0001-	
.30	.0010-	.0007-	.0015-	.0010-	.0007-	.0005-	.0002	.0000	.0000	
.35	.0007-	.0003-	.0008-	.0002-	.0000	.0000	.0008	.0003	.0000	
.40	.0002	.0013	.0008	.0013	.0011	.0008	.0015	.0007	.0002	
.45	.0036	.0045	.0035	.0036	.0029	.0021	.0024	.0012	.0003	
.50	.0102	.0097	.0076	.0067	.0051	.0037	.0033	.0017	.0005	
.55	.0168	.0148	.0117	.0097	.0073	.0053	.0043	.0023	.0006	
.60	.0199	.0180	.0144	.0120	.0091	.0066	.0051	.0028	.0008	
.65	.0211	.0195	.0160	.0135	.0103	.0074	.0059	.0033	.0009	
.70	.0211	.0198	.0168	.0143	.0110	.0079	.0064	.0037	.0011	
.75	.0213	.0200	.0170	.0146	.0112	.0080	.0067	.0039	.0011	
.80	.0210	.0199	.0168	.0145	.0112	.0080	.0067	.0032	.0009	
.85	.0208	.0197	.0164	.0142	.0109	.0078	.0067	.0031	.0009	
.90	.0206	.0195	.0159	.0138	.0106	.0076	.0067	.0031	.0008	
.95	.0204	.0193	.0154	.0134	.0104	.0074	.0067	.0031	.0008	
1.00	.0204	.0192	.0153	.0133	.0102	.0073	.0067	.0030	.0008	

Auswertung aus Pucher „Einflußfelder elastischer Platten" Tafel Nr. 71

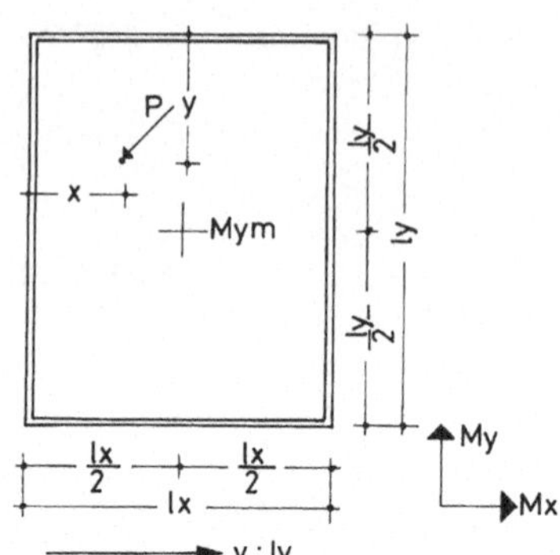

Feldmoment Mym in Feldmitte einer Rechteckplatte aus einer Einzellast.

$\frac{ly}{lx} = 1{,}25$

$\mu = 0$

Faktor = P

Stützung 6

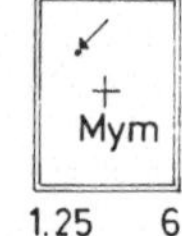

1.25 6

F 6.1,25.2.3

y : ly →, x : lx ↓

Spalte										
	0.05	0.10	0.15	0.20	0.25	0.30	0.35	0.40	0.45	0.50
.05	.0001	.0001	.0001	.0003	.0011	.0022	.0041	.0036	.0035	.0028
.10	.0004-	.0006-	.0005-	.0003	.0019	.0040	.0081	.0085	.0097	.0092
.15	.0014-	.0021-	.0019-	.0002	.0022	.0053	.0120	.0148	.0186	.0192
.20	.0029-	.0043-	.0040-	.0003-	.0022	.0062	.0158	.0224	.0302	.0327
.25	.0049-	.0072-	.0069-	.0010-	.0017	.0094	.0194	.0315	.0459	.0478
.30	.0054-	.0080-	.0079-	.0019-	.0009	.0102	.0230	.0418	.0632	.0665
.35	.0044-	.0067-	.0070-	.0030-	.0004-	.0085	.0223	.0477	.0768	.0911
.40	.0019-	.0032-	.0041-	.0045-	.0020-	.0043	.0195	.0454	.0868	.1210
.45	.0019-	.0037-	.0055-	.0061-	.0040-	.0008	.0161	.0380	.0840	.1727
.50	.0019-	.0039-	.0060-	.0080-	.0060-	.0004-	.0119	.0362	.0805	.2090
.55	.0019-	.0037-	.0055-	.0061-	.0042-	.0008	.0161	.0386	.0840	.1727
.60	.0019-	.0032-	.0041-	.0044-	.0020-	.0043	.0195	.0461	.0868	.1210
.65	.0044-	.0067-	.0070-	.0029-	.0003-	.0085	.0223	.0476	.0768	.0911
.70	.0054-	.0080-	.0079-	.0018-	.0010	.0102	.0230	.0412	.0632	.0665
.75	.0049-	.0072-	.0069-	.0008-	.0019	.0094	.0195	.0311	.0459	.0478
.80	.0029-	.0042-	.0040-	.0002-	.0023	.0062	.0158	.0224	.0302	.0327
.85	.0014-	.0021-	.0019-	.0002	.0023	.0053	.0120	.0149	.0186	.0192
.90	.0004-	.0006-	.0005-	.0004	.0019	.0040	.0081	.0087	.0097	.0092
.95	.0001	.0001	.0001	.0003	.0011	.0022	.0041	.0038	.0035	.0028
1.00	.0000	.0000	.0000	.0001-	.0001-	.0000	.0001-	.0001	.0000	.0000

y : ly →, x : lx ↓

Spalte										
	0.55	0.60	0.65	0.70	0.75	0.80	0.85	0.90	0.95	
.05	.0035	.0036	.0041	.0022	.0011	.0003	.0001	.0001	.0001	
.10	.0097	.0085	.0081	.0040	.0019	.0003	.0005-	.0006-	.0004-	
.15	.0186	.0148	.0120	.0053	.0022	.0002	.0019-	.0021-	.0014-	
.20	.0302	.0224	.0158	.0062	.0022	.0003-	.0040-	.0043-	.0029-	
.25	.0459	.0315	.0194	.0094	.0017	.0010-	.0069-	.0072-	.0049-	
.30	.0632	.0418	.0230	.0102	.0009	.0019-	.0079-	.0080-	.0054-	
.35	.0768	.0477	.0223	.0085	.0004-	.0030-	.0070-	.0067-	.0044-	
.40	.0868	.0454	.0195	.0043	.0020-	.0045-	.0041-	.0032-	.0019-	
.45	.0840	.0380	.0161	.0008	.0040-	.0061-	.0055-	.0037-	.0019-	
.50	.0805	.0362	.0119	.0004-	.0060-	.0080-	.0060-	.0039-	.0019-	
.55	.0840	.0386	.0161	.0008	.0042-	.0061-	.0055-	.0037-	.0019-	
.60	.0868	.0461	.0195	.0043	.0020-	.0044-	.0041-	.0032-	.0019-	
.65	.0768	.0476	.0223	.0085	.0003-	.0029-	.0070-	.0067-	.0044-	
.70	.0632	.0412	.0230	.0102	.0010	.0018-	.0079-	.0080-	.0054-	
.75	.0459	.0311	.0195	.0094	.0019	.0008-	.0069-	.0072-	.0049-	
.80	.0302	.0224	.0158	.0062	.0023	.0002-	.0040-	.0042-	.0029-	
.85	.0186	.0149	.0120	.0053	.0023	.0002	.0019-	.0021-	.0014-	
.90	.0097	.0087	.0081	.0040	.0019	.0004	.0005-	.0006-	.0004-	
.95	.0035	.0038	.0041	.0022	.0011	.0003	.0001	.0001	.0001	
1.00	.0000	.0001	.0001-	.0000	.0001-	.0001-	.0000	.0000	.0000	

Auswertung aus Pucher „Einflußfelder elastischer Platten" Tafel Nr. 71

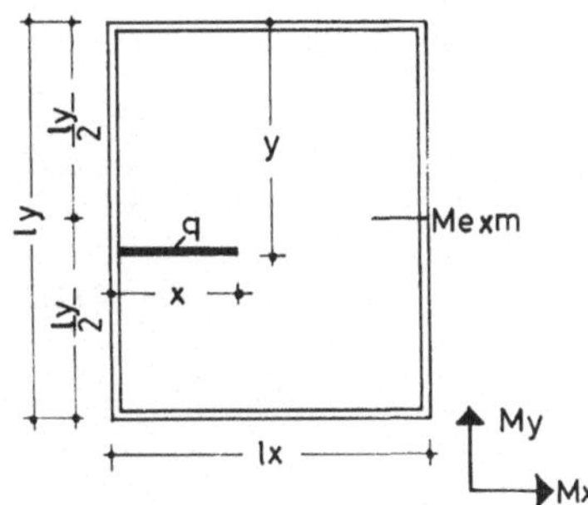

Stützmoment Mexm in Seitenmitte einer Rechteckplatte aus Linienlast in lx-Richtung.
Stützung 6

$\frac{ly}{lx} = 1{,}25$

$\mu = 0$

Faktor = q · lx

Mexm

6 1.25

F 6.1,25.3.1

→ y : ly, ↓ x : lx

Spalte										
	0.05	0.10	0.15	0.20	0.25	0.30	0.35	0.40	0.45	0.50
.05	.0000	.0000	.0000	.0000	.0000	.0000	.0000	.0000	.0000	.0000
.10	.0000	.0001-	.0000	.0000	.0000	.0001-	.0001-	.0001-	.0001-	.0002-
.15	.0001-	.0002-	.0000	.0001-	.0002-	.0003-	.0003-	.0004-	.0005-	.0006-
.20	.0001-	.0003-	.0000	.0003-	.0005-	.0007-	.0013-	.0015-	.0016-	.0017-
.25	.0001-	.0005-	.0002-	.0006-	.0015-	.0020-	.0026-	.0030-	.0033-	.0035-
.30	.0002-	.0008-	.0006-	.0017-	.0027-	.0037-	.0047-	.0053-	.0058-	.0060-
.35	.0002-	.0012-	.0016-	.0029-	.0045-	.0061-	.0076-	.0085-	.0092-	.0094-
.40	.0003-	.0016-	.0026-	.0045-	.0069-	.0092-	.0113-	.0128-	.0137-	.0141-
.45	.0004-	.0021-	.0039-	.0065-	.0098-	.0130-	.0160-	.0181-	.0192-	.0198-
.50	.0004-	.0026-	.0054-	.0088-	.0133-	.0178-	.0217-	.0245-	.0260-	.0267-
.55	.0005-	.0035-	.0070-	.0113-	.0171-	.0234-	.0282-	.0319-	.0341-	.0350-
.60	.0006-	.0041-	.0084-	.0141-	.0213-	.0296-	.0353-	.0401-	.0431-	.0443-
.65	.0007-	.0047-	.0100-	.0168-	.0256-	.0361-	.0429-	.0493-	.0530-	.0548-
.70	.0008-	.0052-	.0115-	.0196-	.0299-	.0426-	.0496-	.0592-	.0639-	.0665-
.75	.0009-	.0057-	.0129-	.0220-	.0333-	.0488-	.0572-	.0687-	.0760-	.0793-
.80	.0009-	.0060-	.0135-	.0235-	.0362-	.0544-	.0645-	.0787-	.0887-	.0932-
.85	.0009-	.0063-	.0139-	.0247-	.0383-	.0546-	.0710-	.0884-	.1015-	.1081-
.90	.0009-	.0065-	.0140-	.0252-	.0393-	.0567-	.0736-	.0944-	.1127-	.1236-
.95	.0010-	.0066-	.0140-	.0253-	.0397-	.0577-	.0753-	.0981-	.1216-	.1397-
1.00	.0010-	.0066-	.0138-	.0251-	.0394-	.0576-	.0756-	.0986-	.1238-	.1561-

→ y : ly, ↓ x : lx

Spalte										
	0.55	0.60	0.65	0.70	0.75	0.80	0.85	0.90	0.95	
.05	.0000	.0000	.0000	.0000	.0000	.0000	.0000	.0000	.0000	
.10	.0001-	.0001-	.0001-	.0001-	.0000	.0000	.0000	.0001-	.0000	
.15	.0005-	.0004-	.0003-	.0003-	.0002-	.0001-	.0000	.0002-	.0001-	
.20	.0016-	.0015-	.0013-	.0007-	.0005-	.0003-	.0000	.0003-	.0001-	
.25	.0033-	.0030-	.0026-	.0020-	.0015-	.0006-	.0002-	.0005-	.0001-	
.30	.0058-	.0053-	.0047-	.0037-	.0027-	.0017-	.0006-	.0008-	.0002-	
.35	.0092-	.0085-	.0076-	.0061-	.0045-	.0029-	.0016-	.0012-	.0002-	
.40	.0137-	.0128-	.0113-	.0092-	.0069-	.0045-	.0026-	.0016-	.0003-	
.45	.0192-	.0181-	.0160-	.0130-	.0098-	.0065-	.0039-	.0021-	.0004-	
.50	.0260-	.0245-	.0217-	.0178-	.0133-	.0088-	.0054-	.0026-	.0004-	
.55	.0341-	.0319-	.0282-	.0234-	.0171-	.0113-	.0070-	.0035-	.0005-	
.60	.0431-	.0401-	.0353-	.0296-	.0213-	.0141-	.0084-	.0041-	.0006-	
.65	.0530-	.0493-	.0429-	.0361-	.0256-	.0168-	.0100-	.0047-	.0007-	
.70	.0639-	.0592-	.0496-	.0426-	.0299-	.0196-	.0115-	.0052-	.0008-	
.75	.0760-	.0687-	.0572-	.0488-	.0333-	.0220-	.0129-	.0057-	.0009-	
.80	.0887-	.0787-	.0645-	.0544-	.0362-	.0235-	.0135-	.0060-	.0009-	
.85	.1015-	.0884-	.0710-	.0546-	.0383-	.0247-	.0139-	.0063-	.0009-	
.90	.1127-	.0944-	.0736-	.0567-	.0393-	.0252-	.0140-	.0065-	.0009-	
.95	.1216-	.0981-	.0753-	.0577-	.0397-	.0253-	.0140-	.0066-	.0010-	
1.00	.1238-	.0986-	.0756-	.0576-	.0394-	.0251-	.0138-	.0066-	.0010-	

Auswertung aus Pucher „Einflußfelder elastischer Platten" Tafel Nr. 73

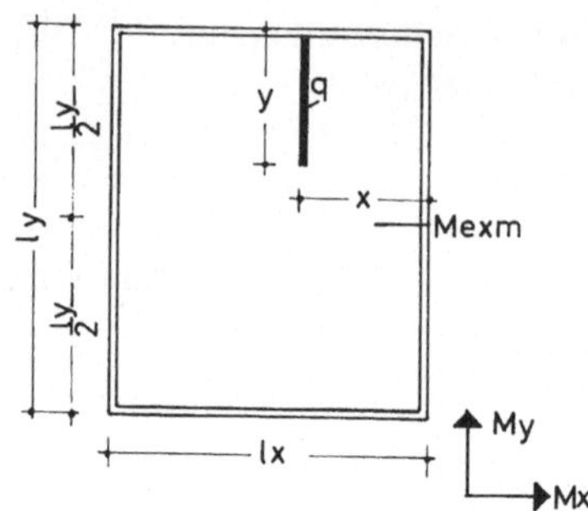

Stützmoment Mexm in Seitenmitte einer Rechteckplatte aus Linienlast in ly-Richtung.
Stützung 6
$\frac{ly}{lx} = 1,25$
$\mu = 0$
Faktor = q · ly

Mexm
6 1.25

F 6.1,25.3.2

x : lx → ; y : ly ↓

Spalte										
	0.05	0.10	0.15	0.20	0.25	0.30	0.35	0.40	0.45	0.50
.05	.0000	.0000	.0001-	.0000	.0000	.0000	.0000	.0000	.0001-	.0000
.10	.0001-	.0001-	.0002-	.0000	.0000	.0002-	.0001-	.0002-	.0003-	.0002-
.15	.0001-	.0003-	.0005-	.0004-	.0008-	.0012-	.0013-	.0014-	.0016-	.0014-
.20	.0003-	.0006-	.0009-	.0014-	.0023-	.0030-	.0033-	.0036-	.0036-	.0033-
.25	.0005-	.0011-	.0018-	.0032-	.0048-	.0062-	.0067-	.0071-	.0067-	.0062-
.30	.0008-	.0021-	.0035-	.0066-	.0093-	.0112-	.0117-	.0121-	.0115-	.0104-
.35	.0014-	.0038-	.0066-	.0116-	.0153-	.0179-	.0183-	.0184-	.0175-	.0158-
.40	.0025-	.0074-	.0119-	.0194-	.0239-	.0264-	.0266-	.0265-	.0248-	.0224-
.45	.0056-	.0147-	.0215-	.0305-	.0350-	.0370-	.0366-	.0361-	.0328-	.0297-
.50	.0165-	.0281-	.0353-	.0445-	.0482-	.0490-	.0478-	.0468-	.0417-	.0377-
.55	.0274-	.0415-	.0491-	.0579-	.0624-	.0610-	.0579-	.0558-	.0508-	.0441-
.60	.0306-	.0487-	.0585-	.0690-	.0721-	.0715-	.0680-	.0657-	.0584-	.0513-
.65	.0317-	.0523-	.0637-	.0767-	.0805-	.0801-	.0761-	.0732-	.0656-	.0578-
.70	.0322-	.0536-	.0671-	.0814-	.0867-	.0867-	.0827-	.0796-	.0716-	.0636-
.75	.0325-	.0550-	.0684-	.0850-	.0910-	.0916-	.0877-	.0845-	.0764-	.0669-
.80	.0328-	.0555-	.0697-	.0867-	.0936-	.0949-	.0911-	.0881-	.0794-	.0699-
.85	.0329-	.0558-	.0701-	.0879-	.0952-	.0968-	.0931-	.0902-	.0814-	.0718-
.90	.0330-	.0560-	.0704-	.0883-	.0958-	.0976-	.0940-	.0913-	.0825-	.0728-
.95	.0330-	.0561-	.0706-	.0883-	.0959-	.0978-	.0943-	.0916-	.0829-	.0731-
1.00	.0330-	.0561-	.0706-	.0881-	.0956-	.0976-	.0941-	.0914-	.0828-	.0729-

x : lx → ; y : ly ↓

Spalte										
	0.55	0.60	0.65	0.70	0.75	0.80	0.85	0.90	0.95	
.05	.0000	.0000	.0000	.0000	.0000	.0000	.0000	.0000	.0000	
.10	.0001-	.0001-	.0001-	.0001-	.0001-	.0001-	.0002-	.0001-	.0001-	
.15	.0013-	.0010-	.0008-	.0004-	.0003-	.0003-	.0003-	.0002-	.0001-	
.20	.0030-	.0024-	.0019-	.0013-	.0006-	.0006-	.0005-	.0003-	.0002-	
.25	.0055-	.0045-	.0036-	.0025-	.0015-	.0010-	.0008-	.0004-	.0001-	
.30	.0090-	.0074-	.0060-	.0042-	.0026-	.0016-	.0011-	.0005-	.0002-	
.35	.0137-	.0113-	.0090-	.0064-	.0040-	.0023-	.0016-	.0008-	.0002-	
.40	.0192-	.0158-	.0124-	.0092-	.0057-	.0030-	.0022-	.0010-	.0003-	
.45	.0255-	.0208-	.0163-	.0122-	.0077-	.0038-	.0029-	.0013-	.0004-	
.50	.0322-	.0261-	.0199-	.0155-	.0099-	.0048-	.0036-	.0017-	.0005-	
.55	.0377-	.0316-	.0239-	.0179-	.0119-	.0059-	.0043-	.0020-	.0006-	
.60	.0438-	.0369-	.0277-	.0208-	.0138-	.0067-	.0051-	.0024-	.0007-	
.65	.0495-	.0420-	.0311-	.0236-	.0157-	.0073-	.0055-	.0026-	.0007-	
.70	.0545-	.0440-	.0341-	.0260-	.0169-	.0081-	.0060-	.0028-	.0008-	
.75	.0573-	.0468-	.0366-	.0273-	.0180-	.0087-	.0064-	.0030-	.0008-	
.80	.0597-	.0489-	.0380-	.0285-	.0187-	.0091-	.0067-	.0031-	.0008-	
.85	.0615-	.0504-	.0390-	.0293-	.0191-	.0094-	.0068-	.0031-	.0008-	
.90	.0624-	.0512-	.0397-	.0296-	.0193-	.0096-	.0070-	.0032-	.0009-	
.95	.0627-	.0513-	.0398-	.0296-	.0193-	.0096-	.0071-	.0033-	.0009-	
1.00	.0625-	.0511-	.0396-	.0295-	.0192-	.0097-	.0072-	.0034-	.0010-	

Auswertung aus Pucher „Einflußfelder elastischer Platten" Tafel Nr. 73

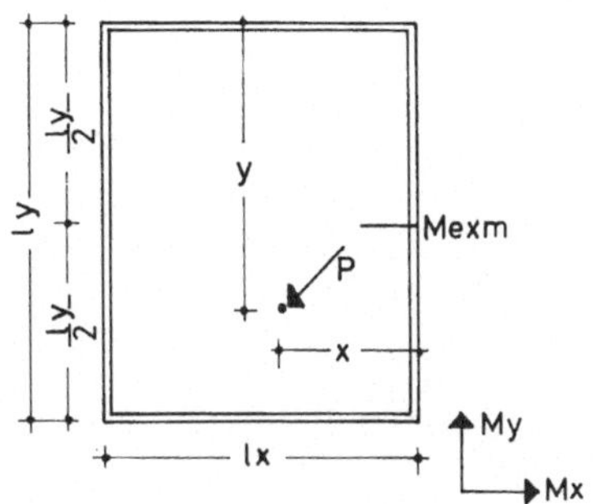

Stützmoment Mexm in Seitenmitte einer Rechteckplatte aus einer Einzellast.

Stützung 6

$\frac{ly}{lx} = 1{,}25$

$\mu = 0$

Faktor = P

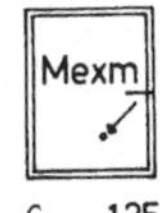

6 1.25

F 6.1,25.3.3

x : lx →, y : ly ↓

Spalte y:ly	0.05	0.10	0.15	0.20	0.25	0.30	0.35	0.40	0.45	0.50
.05	.0006-	.0014-	.0024-	.0000	.0008-	.0022-	.0021-	.0027-	.0034-	.0027-
.10	.0014-	.0030-	.0046-	.0038-	.0070-	.0100-	.0116-	.0130-	.0144-	.0130-
.15	.0025-	.0049-	.0067-	.0116-	.0199-	.0259-	.0277-	.0297-	.0303-	.0287-
.20	.0038-	.0070-	.0116-	.0281-	.0398-	.0507-	.0535-	.0563-	.0513-	.0481-
.25	.0055-	.0138-	.0239-	.0499-	.0686-	.0796-	.0829-	.0851-	.0796-	.0702-
.30	.0073-	.0249-	.0455-	.0827-	.1038-	.1158-	.1161-	.1136-	.1066-	.0954-
.35	.0159-	.0505-	.0830-	.1245-	.1452-	.1520-	.1493-	.1436-	.1317-	.1175-
.40	.0305-	.0933-	.1419-	.1848-	.1937-	.1914-	.1830-	.1766-	.1549-	.1344-
.45	.1045-	.1990-	.2389-	.2560-	.2475-	.2284-	.2075-	.1968-	.1704-	.1462-
.50	.3162-	.3068-	.2993-	.2852-	.2670-	.2451-	.2209-	.1977-	.1754-	.1528-
.55	.1045-	.1990-	.2389-	.2560-	.2474-	.2284-	.2075-	.1968-	.1704-	.1462-
.60	.0305-	.0933-	.1419-	.1848-	.1937-	.1914-	.1830-	.1766-	.1548-	.1344-
.65	.0159-	.0505-	.0830-	.1245-	.1452-	.1520-	.1493-	.1436-	.1317-	.1175-
.70	.0073-	.0249-	.0455-	.0827-	.1038-	.1158-	.1161-	.1136-	.1066-	.0954-
.75	.0055-	.0138-	.0239-	.0499-	.0685-	.0796-	.0829-	.0851-	.0796-	.0702-
.80	.0038-	.0070-	.0116-	.0281-	.0398-	.0507-	.0535-	.0563-	.0513-	.0481-
.85	.0025-	.0049-	.0067-	.0116-	.0199-	.0259-	.0277-	.0297-	.0303-	.0287-
.90	.0014-	.0030-	.0046-	.0038-	.0070-	.0100-	.0116-	.0130-	.0144-	.0130-
.95	.0005-	.0014-	.0024-	.0000	.0008-	.0022-	.0021-	.0027-	.0034-	.0027-
1.00	.0000	.0001-	.0000	.0000	.0000	.0000	.0000	.0000	.0000	.0000

x : lx →, y : ly ↓

Spalte y:ly	0.55	0.60	0.65	0.70	0.75	0.80	0.85	0.90	0.95	
.05	.0021-	.0017-	.0015-	.0013-	.0010-	.0010-	.0015-	.0011-	.0006-	
.10	.0116-	.0089-	.0072-	.0048-	.0033-	.0025-	.0027-	.0017-	.0008-	
.15	.0267-	.0210-	.0168-	.0105-	.0067-	.0045-	.0035-	.0018-	.0006-	
.20	.0415-	.0357-	.0276-	.0189-	.0113-	.0071-	.0040-	.0013-	.0001-	
.25	.0601-	.0501-	.0411-	.0289-	.0174-	.0102-	.0065-	.0027-	.0005-	
.30	.0819-	.0667-	.0528-	.0398-	.0246-	.0139-	.0087-	.0038-	.0009-	
.35	.1013-	.0836-	.0629-	.0489-	.0319-	.0140-	.0108-	.0048-	.0012-	
.40	.1153-	.0943-	.0712-	.0554-	.0371-	.0136-	.0126-	.0057-	.0015-	
.45	.1240-	.1007-	.0778-	.0592-	.0407-	.0175-	.0138-	.0065-	.0019-	
.50	.1273-	.1028-	.0797-	.0605-	.0429-	.0259-	.0142-	.0068-	.0020-	
.55	.1240-	.1007-	.0779-	.0593-	.0408-	.0175-	.0138-	.0065-	.0019-	
.60	.1153-	.0943-	.0712-	.0554-	.0371-	.0136-	.0126-	.0057-	.0015-	
.65	.1013-	.0837-	.0629-	.0489-	.0318-	.0140-	.0108-	.0048-	.0012-	
.70	.0818-	.0667-	.0528-	.0398-	.0246-	.0139-	.0087-	.0038-	.0009-	
.75	.0601-	.0501-	.0411-	.0289-	.0174-	.0102-	.0065-	.0026-	.0005-	
.80	.0415-	.0357-	.0277-	.0189-	.0113-	.0071-	.0040-	.0013-	.0001-	
.85	.0267-	.0210-	.0168-	.0105-	.0067-	.0045-	.0035-	.0018-	.0006-	
.90	.0116-	.0089-	.0072-	.0048-	.0032-	.0024-	.0027-	.0017-	.0008-	
.95	.0021-	.0017-	.0015-	.0012-	.0010-	.0009-	.0015-	.0011-	.0006-	
1.00	.0000	.0000	.0001-	.0001	.0001	.0000	.0000	.0000	.0000	

Auswertung aus Pucher „Einflußfelder elastischer Platten" Tafel Nr. 73

Abschnitt G – Flachdecken

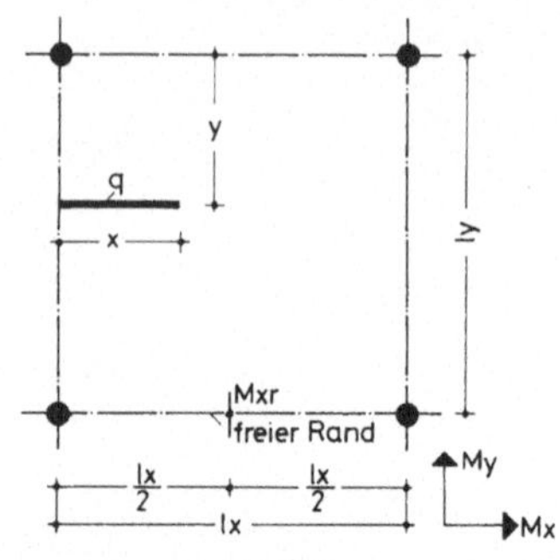

Randfeld einer Flachdecke, punktförmige Auflagerung. Feldmoment Mxr in Mitte des freien Randes aus Linienlast in lx-Richtung.

$\frac{ly}{lx} = 1{,}0$

$\mu = 0$

Faktor = q · lx

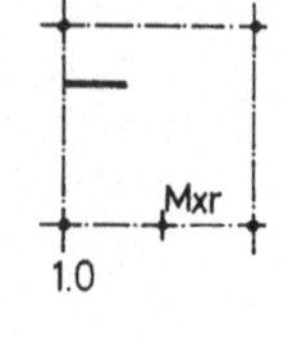

G 1.1.1

→ y : ly, ↓ x : lx

Spalte											
	0.00	0.05	0.10	0.15	0.20	0.25	0.30	0.35	0.40	0.45	0.50
.05	.0001	.0003	.0007	.0009	.0007	.0008	.0009	.0011	.0011	.0012	.0013
.10	.0004	.0007	.0017	.0022	.0017	.0019	.0023	.0025	.0027	.0029	.0032
.15	.0009	.0014	.0031	.0039	.0029	.0034	.0039	.0044	.0046	.0051	.0055
.20	.0016	.0022	.0047	.0060	.0043	.0050	.0059	.0066	.0069	.0077	.0083
.25	.0024	.0031	.0066	.0082	.0059	.0069	.0082	.0091	.0096	.0107	.0117
.30	.0033	.0042	.0087	.0107	.0076	.0089	.0106	.0119	.0127	.0142	.0157
.35	.0043	.0053	.0110	.0133	.0095	.0112	.0133	.0150	.0161	.0182	.0202
.40	.0053	.0065	.0133	.0161	.0115	.0135	.0157	.0180	.0199	.0227	.0255
.45	.0064	.0078	.0157	.0190	.0136	.0160	.0187	.0214	.0239	.0273	.0312
.50	.0075	.0090	.0182	.0219	.0157	.0185	.0217	.0250	.0281	.0321	.0370
.55	.0086	.0103	.0206	.0248	.0178	.0210	.0247	.0286	.0323	.0370	.0418
.60	.0097	.0115	.0230	.0277	.0198	.0234	.0277	.0321	.0364	.0418	.0475
.65	.0107	.0127	.0254	.0304	.0218	.0258	.0307	.0355	.0404	.0465	.0531
.70	.0117	.0138	.0276	.0331	.0237	.0280	.0328	.0380	.0432	.0496	.0570
.75	.0126	.0149	.0297	.0356	.0254	.0301	.0352	.0408	.0463	.0532	.0610
.80	.0134	.0159	.0316	.0378	.0270	.0319	.0374	.0432	.0490	.0562	.0644
.85	.0141	.0167	.0333	.0399	.0285	.0336	.0394	.0454	.0513	.0588	.0673
.90	.0146	.0173	.0346	.0415	.0297	.0350	.0411	.0473	.0532	.0610	.0696
.95	.0149	.0178	.0357	.0429	.0306	.0361	.0425	.0488	.0548	.0626	.0714
1.00	.0150	.0180	.0363	.0438	.0313	.0370	.0435	.0500	.0559	.0639	.0727

→ y : ly, ↓ x : lx

Spalte											
	0.55	0.60	0.65	0.70	0.75	0.80	0.85	0.90	0.95	1.00	
.05	.0013	.0013	.0013	.0012	.0011	.0010	.0008	.0007	.0005	.0002	
.10	.0032	.0033	.0033	.0033	.0031	.0030	.0024	.0020	.0015	.0010	
.15	.0057	.0061	.0062	.0063	.0060	.0059	.0048	.0041	.0035	.0026	
.20	.0089	.0096	.0100	.0103	.0100	.0100	.0083	.0074	.0065	.0053	
.25	.0129	.0139	.0149	.0155	.0159	.0156	.0141	.0128	.0120	.0111	
.30	.0176	.0194	.0213	.0223	.0233	.0231	.0212	.0174	.0177	.0175	
.35	.0232	.0259	.0287	.0305	.0322	.0322	.0304	.0235	.0254	.0262	
.40	.0293	.0331	.0369	.0395	.0418	.0428	.0417	.0388	.0393	.0380	
.45	.0356	.0405	.0453	.0491	.0528	.0547	.0553	.0547	.0568	.0586	
.50	.0418	.0477	.0536	.0588	.0645	.0678	.0715	.0746	.0826	.0880	
.55	.0479	.0548	.0619	.0686	.0765	.0809	.0884	.0943	.1065	.1174	
.60	.0542	.0622	.0704	.0781	.0883	.0929	.1011	.1104	.1240	.1357	
.65	.0603	.0694	.0785	.0872	.0962	.1035	.1125	.1225	.1350	.1490	
.70	.0659	.0760	.0859	.0953	.1050	.1126	.1216	.1311	.1452	.1579	
.75	.0707	.0814	.0923	.1022	.1125	.1200	.1286	.1350	.1505	.1636	
.80	.0746	.0858	.0972	.1074	.1178	.1256	.1342	.1411	.1561	.1698	
.85	.0778	.0893	.1010	.1114	.1219	.1298	.1380	.1447	.1594	.1729	
.90	.0803	.0920	.1039	.1144	.1248	.1327	.1404	.1469	.1614	.1745	
.95	.0822	.0940	.1059	.1164	.1267	.1346	.1418	.1481	.1623	.1750	
1.00	.0835	.0953	.1072	.1177	.1277	.1357	.1424	.1483	.1623	.1747	

Auswertung aus Krebs u. Baader: Tafel 66

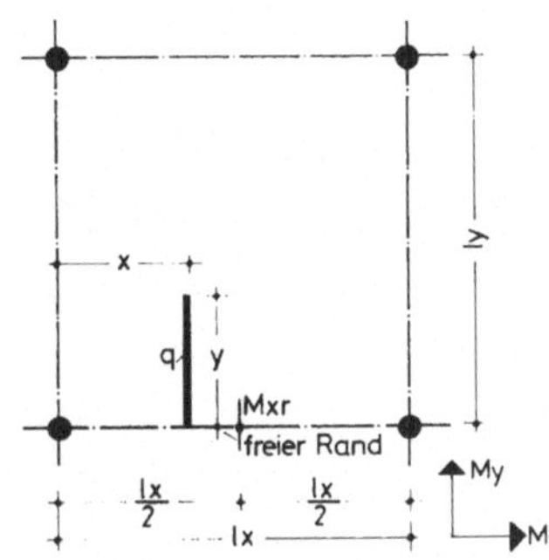

Randfeld einer Flachdecke, punktförmige Auflagerung. Feldmoment Mxr in Mitte des freien Randes aus Linienlast in ly-Richtung.

$\frac{ly}{lx} = 1{,}0$

$\mu = 0$

Faktor = $q \cdot ly$

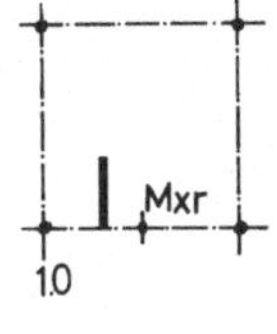

G 1.1.2

x : lx → ; y : ly ↓

Spalte	0.00	0.05	0.10	0.15	0.20	0.25	0.30	0.35	0.40	0.45	0.50
.05	.0001	.0003	.0005	.0007	.0008	.0060	.0080	.0109	.0152	.0246	.0297
.10	.0004	.0007	.0011	.0015	.0018	.0125	.0163	.0218	.0308	.0466	.0523
.15	.0008	.0013	.0019	.0025	.0030	.0195	.0247	.0324	.0461	.0626	.0695
.20	.0014	.0021	.0029	.0037	.0044	.0268	.0331	.0427	.0607	.0774	.0850
.25	.0021	.0030	.0041	.0051	.0060	.0340	.0414	.0526	.0738	.0896	.0974
.30	.0030	.0041	.0055	.0068	.0079	.0410	.0493	.0619	.0807	.0999	.1077
.35	.0039	.0053	.0071	.0087	.0101	.0476	.0567	.0705	.0887	.1085	.1162
.40	.0049	.0066	.0088	.0108	.0125	.0507	.0636	.0783	.0951	.1157	.1232
.45	.0060	.0080	.0106	.0130	.0152	.0553	.0696	.0853	.1003	.1216	.1289
.50	.0072	.0095	.0126	.0155	.0181	.0594	.0716	.0885	.1047	.1266	.1336
.55	.0079	.0111	.0147	.0182	.0215	.0630	.0758	.0930	.1113	.1340	.1414
.60	.0089	.0128	.0170	.0212	.0252	.0662	.0793	.0969	.1156	.1383	.1457
.65	.0098	.0144	.0194	.0244	.0293	.0690	.0824	.1003	.1192	.1420	.1495
.70	.0106	.0161	.0219	.0278	.0337	.0714	.0850	.1031	.1222	.1451	.1526
.75	.0113	.0177	.0244	.0313	.0384	.0734	.0872	.1054	.1247	.1476	.1552
.80	.0119	.0192	.0269	.0349	.0431	.0751	.0890	.1074	.1268	.1496	.1574
.85	.0124	.0205	.0291	.0382	.0477	.0765	.0905	.1089	.1285	.1513	.1592
.90	.0128	.0216	.0312	.0413	.0521	.0777	.0918	.1102	.1298	.1526	.1606
.95	.0131	.0225	.0329	.0442	.0563	.0786	.0928	.1112	.1309	.1537	.1617
1.00	.0132	.0232	.0344	.0468	.0603	.0794	.0936	.1121	.1318	.1545	.1626

x : lx → ; y : ly ↓

Spalte	0.55	0.60	0.65	0.70	0.75	0.80	0.85	0.90	0.95	1.00
.05	.0246	.0152	.0109	.0080	.0060	.0008	.0007	.0005	.0003	.0001
.10	.0466	.0308	.0218	.0163	.0125	.0018	.0015	.0011	.0007	.0004
.15	.0626	.0461	.0324	.0247	.0195	.0030	.0025	.0019	.0013	.0008
.20	.0774	.0607	.0427	.0331	.0268	.0044	.0037	.0029	.0021	.0014
.25	.0896	.0738	.0526	.0414	.0340	.0060	.0051	.0041	.0030	.0021
.30	.0999	.0807	.0619	.0493	.0410	.0079	.0068	.0055	.0041	.0030
.35	.1085	.0887	.0705	.0567	.0476	.0101	.0087	.0071	.0053	.0039
.40	.1157	.0951	.0783	.0636	.0507	.0125	.0108	.0088	.0066	.0049
.45	.1216	.1003	.0853	.0696	.0553	.0152	.0130	.0106	.0080	.0060
.50	.1266	.1047	.0885	.0716	.0594	.0181	.0155	.0126	.0095	.0072
.55	.1340	.1113	.0930	.0758	.0630	.0215	.0182	.0147	.0111	.0079
.60	.1383	.1156	.0969	.0793	.0662	.0252	.0212	.0170	.0128	.0089
.65	.1420	.1192	.1003	.0824	.0690	.0293	.0244	.0194	.0144	.0098
.70	.1451	.1222	.1031	.0850	.0714	.0337	.0278	.0219	.0161	.0106
.75	.1476	.1247	.1054	.0872	.0734	.0384	.0313	.0244	.0177	.0113
.80	.1496	.1268	.1074	.0890	.0751	.0431	.0349	.0269	.0192	.0119
.85	.1513	.1285	.1089	.0905	.0765	.0477	.0382	.0291	.0205	.0124
.90	.1526	.1298	.1102	.0918	.0777	.0521	.0413	.0312	.0216	.0128
.95	.1537	.1309	.1112	.0928	.0786	.0563	.0442	.0329	.0225	.0131
1.00	.1545	.1318	.1121	.0936	.0794	.0603	.0468	.0344	.0232	.0132

Auswertung aus Krebs u. Baader: Tafel 66

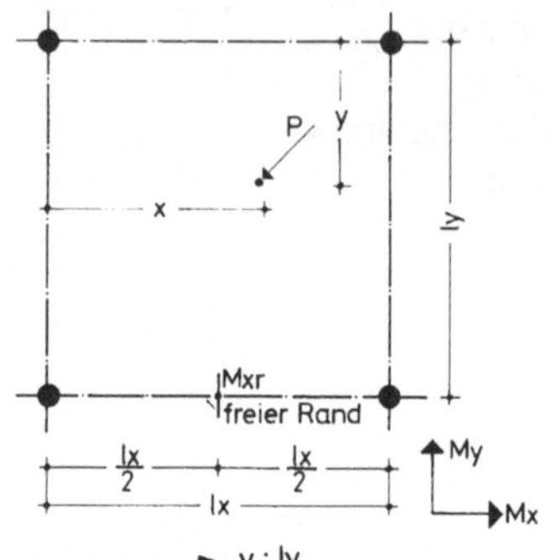

Randfeld einer Flachdecke, punktförmige Auflagerung. Feldmoment Mxr in Mitte des freien Randes aus einer Einzellast.

$\frac{ly}{lx} = 1,0$

$\mu = 0$

Faktor = P

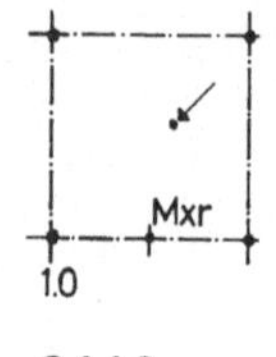

G 1.1.3

y : ly →

x : lx ↓

Spalte											
	0.00	0.05	0.10	0.15	0.20	0.25	0.30	0.35	0.40	0.45	0.50
.00	.0000	.0029	.0057	.0083	.0107	.0130	.0151	.0171	.0189	.0205	.0220
.05	.0044	.0072	.0104	.0136	.0166	.0196	.0226	.0252	.0267	.0294	.0317
.10	.0082	.0110	.0145	.0183	.0219	.0255	.0295	.0328	.0345	.0384	.0417
.15	.0116	.0145	.0182	.0223	.0265	.0308	.0357	.0398	.0422	.0474	.0521
.20	.0146	.0176	.0214	.0258	.0304	.0354	.0411	.0463	.0500	.0566	.0629
.25	.0170	.0203	.0241	.0286	.0337	.0394	.0459	.0523	.0577	.0659	.0740
.30	.0190	.0226	.0263	.0308	.0363	.0427	.0500	.0578	.0655	.0753	.0855
.35	.0204	.0236	.0276	.0326	.0387	.0460	.0534	.0628	.0732	.0847	.0973
.40	.0214	.0243	.0285	.0339	.0405	.0483	.0567	.0667	.0778	.0901	.1077
.45	.0220	.0249	.0292	.0347	.0416	.0496	.0586	.0690	.0806	.0934	.1103
.50	.0220	.0252	.0295	.0351	.0420	.0500	.0593	.0698	.0815	.0945	.1052
.55	.0220	.0249	.0292	.0347	.0416	.0496	.0587	.0690	.0806	.0934	.1103
.60	.0214	.0243	.0285	.0339	.0405	.0483	.0567	.0667	.0778	.0902	.1077
.65	.0204	.0236	.0276	.0326	.0387	.0460	.0534	.0628	.0732	.0847	.0973
.70	.0190	.0226	.0263	.0308	.0363	.0427	.0500	.0578	.0655	.0752	.0855
.75	.0170	.0203	.0241	.0286	.0337	.0394	.0459	.0523	.0578	.0659	.0740
.80	.0146	.0176	.0214	.0258	.0304	.0354	.0411	.0463	.0500	.0566	.0629
.85	.0116	.0145	.0182	.0223	.0265	.0308	.0357	.0398	.0423	.0474	.0521
.90	.0082	.0110	.0145	.0183	.0219	.0255	.0295	.0328	.0345	.0384	.0417
.95	.0044	.0072	.0104	.0136	.0166	.0196	.0227	.0252	.0267	.0294	.0317
1.00	.0000	.0029	.0057	.0083	.0107	.0130	.0151	.0171	.0189	.0205	.0220

y : ly →

x : lx ↓

Spalte											
	0.55	0.60	0.65	0.70	0.75	0.80	0.85	0.90	0.95	1.00	
.00	.0212	.0202	.0188	.0170	.0150	.0126	.0100	.0070	.0036	.0000	
.05	.0319	.0330	.0327	.0325	.0313	.0291	.0240	.0199	.0158	.0103	
.10	.0439	.0470	.0486	.0500	.0500	.0483	.0418	.0374	.0328	.0270	
.15	.0570	.0623	.0667	.0695	.0712	.0702	.0634	.0593	.0548	.0500	
.20	.0713	.0787	.0869	.0909	.0950	.0948	.0888	.0857	.0816	.0794	
.25	.0867	.0963	.1128	.1215	.1290	.1309	.1233	.0945	.1056	.1126	
.30	.1038	.1210	.1391	.1512	.1606	.1662	.1639	.1262	.1440	.1569	
.35	.1182	.1389	.1572	.1732	.1868	.1980	.2069	.2134	.2175	.2193	
.40	.1255	.1477	.1671	.1875	.2090	.2262	.2523	.2846	.2875	.3000	
.45	.1256	.1472	.1689	.1942	.2245	.2508	.3000	.3652	.4302	.4700	
.50	.1185	.1376	.1625	.1932	.2296	.2719	.3222	.4000	.5154	.6537*	
.55	.1256	.1472	.1689	.1942	.2245	.2508	.3000	.3652	.4302	.4700	
.60	.1255	.1477	.1671	.1875	.2090	.2262	.2523	.2846	.2875	.3000	
.65	.1182	.1389	.1572	.1732	.1868	.1980	.2069	.2134	.2175	.2193	
.70	.1038	.1210	.1391	.1512	.1606	.1662	.1639	.1262	.1440	.1569	
.75	.0868	.0963	.1128	.1215	.1290	.1309	.1233	.0945	.1056	.1126	
.80	.0713	.0787	.0869	.0909	.0950	.0948	.0888	.0857	.0816	.0793	
.85	.0570	.0623	.0667	.0695	.0712	.0702	.0634	.0593	.0548	.0500	
.90	.0439	.0470	.0486	.0500	.0500	.0483	.0418	.0374	.0328	.0270	
.95	.0319	.0330	.0327	.0325	.0313	.0291	.0240	.0200	.0158	.0103	
1.00	.0212	.0202	.0188	.0170	.0150	.0126	.0100	.0070	.0036	.0000	

Auswertung aus Krebs u. Baader: Tafel 66

* bezw. theoretisch ∞

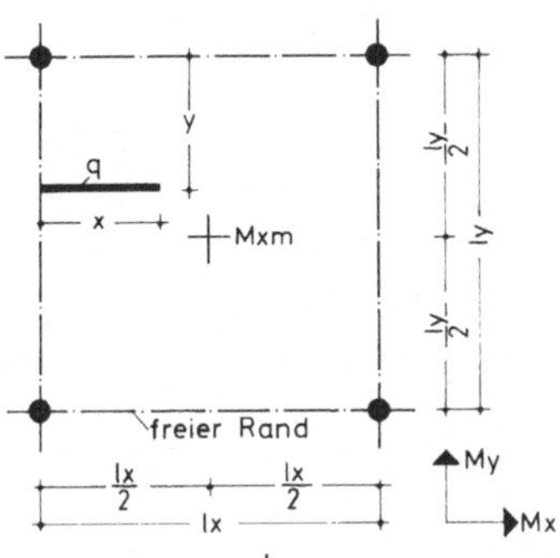

Randfeld einer Flachdecke, punktförmige Auflagerung. Feldmoment Mxm in Feldmitte aus Linienlast in lx-Richtung.

$\frac{ly}{lx} = 1{,}0$

$\mu = 0$

Faktor = q · lx

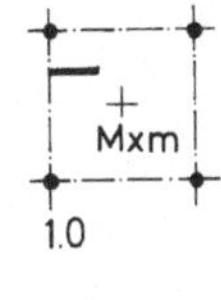

G 1.2.1

y : ly → ; x : lx ↓

Spalte	0.00	0.05	0.10	0.15	0.20	0.25	0.30	0.35	0.40	0.45	0.50
.05	.0001	.0000	.0002-	.0001-	.0002-	.0002-	.0004-	.0004-	.0C05-	.0006-	.0006-
.10	.0005	.0004	.0007	.0002	.0001	.0001-	.0004-	.0005-	.0007-	.0008-	.0008-
.15	.0011	.0011	.0015	.0010	.0008	.0006	.0002	.0001-	.0004-	.0005-	.0005-
.20	.0020	.0024	.0028	.0023	.0022	.0019	.0013	.0007	.0002	.0002	.0003
.25	.0032	.0042	.0045	.0042	.0042	.0038	.0030	.0022	.0014	.0016	.0017
.30	.0048	.0063	.0068	.0066	.0067	.0064	.0058	.0050	.0039	.0038	.0039
.35	.0067	.0087	.0093	.0095	.0099	.0097	.0095	.0087	.0071	.0067	.0070
.40	.0093	.0114	.0122	.0128	.0135	.0139	.0144	.0138	.0115	.0111	.0114
.45	.0119	.0143	.0154	.0165	.0177	.0193	.0201	.0201	.0187	.0178	.0178
.50	.0145	.0173	.0188	.0206	.0223	.0250	.0266	.0275	.0265	.0287	.0319
.55	.0173	.0203	.0223	.0240	.0266	.0309	.0323	.0348	.0345	.0397	.0459
.60	.0199	.0231	.0254	.0276	.0307	.0355	.0379	.0412	.0411	.0464	.0523
.65	.0221	.0258	.0283	.0309	.0343	.0397	.0428	.0462	.0456	.0508	.0568
.70	.0241	.0282	.0309	.0337	.0374	.0431	.0467	.0499	.0483	.0537	.0598
.75	.0256	.0304	.0331	.0361	.0400	.0457	.0488	.0525	.0513	.0559	.0620
.80	.0269	.0321	.0349	.0381	.0420	.0476	.0507	.0542	.0526	.0573	.0635
.85	.0278	.0334	.0362	.0395	.0434	.0488	.0518	.0550	.0531	.0580	.0643
.90	.0283	.0342	.0370	.0399	.0439	.0498	.0523	.0552	.0531	.0582	.0645
.95	.0286	.0345	.0373	.0402	.0442	.0499	.0524	.0555	.0535	.0580	.0643
1.00	.0287	.0345	.0373	.0401	.0440	.0497	.0519	.0550	.0529	.0575	.0637

y : ly → ; x : lx ↓

Spalte	0.55	0.60	0.65	0.70	0.75	0.80	0.85	0.90	0.95	1.00	
.05	.0005-	.0004-	.0003-	.0002-	.0001-	.0001-	.0000	.0000	.0001	.0001	
.10	.0006-	.0004-	.0003-	.0000	.0002	.0004	.0005	.0006	.0007	.0007	
.15	.0003-	.0001	.0004	.0008	.0011	.0014	.0017	.0019	.0020	.0020	
.20	.0007	.0011	.0016	.0021	.0026	.0031	.0035	.0038	.0040	.0040	
.25	.0023	.0028	.0034	.0041	.0048	.0056	.0060	.0064	.0065	.0064	
.30	.0046	.0056	.0061	.0070	.0078	.0087	.0091	.0095	.0096	.0094	
.35	.0074	.0091	.0098	.0108	.0118	.0127	.0129	.0132	.0132	.0128	
.40	.0118	.0138	.0159	.0169	.0175	.0178	.0175	.0175	.0172	.0166	
.45	.0183	.0214	.0227	.0237	.0238	.0236	.0227	.0222	.0216	.0207	
.50	.0324	.0312	.0309	.0316	.0309	.0300	.0283	.0269	.0265	.0251	
.55	.0465	.0425	.0386	.0397	.0382	.0366	.0339	.0320	.0304	.0295	
.60	.0531	.0473	.0454	.0475	.0453	.0430	.0391	.0367	.0348	.0336	
.65	.0574	.0522	.0507	.0501	.0484	.0463	.0436	.0408	.0387	.0374	
.70	.0603	.0554	.0547	.0541	.0525	.0503	.0474	.0445	.0423	.0408	
.75	.0626	.0586	.0575	.0571	.0556	.0535	.0505	.0477	.0453	.0438	
.80	.0642	.0604	.0593	.0591	.0578	.0559	.0530	.0503	.0479	.0462	
.85	.0651	.0614	.0602	.0603	.0592	.0576	.0548	.0522	.0500	.0482	
.90	.0655	.0618	.0615	.0607	.0599	.0586	.0560	.0536	.0514	.0495	
.95	.0654	.0621	.0616	.0618	.0608	.0593	.0565	.0538	.0515	.0501	
1.00	.0649	.0616	.0612	.0615	.0606	.0591	.0565	.0538	.0515	.0502	

Auswertung aus Krebs u. Baader: Tafel 61

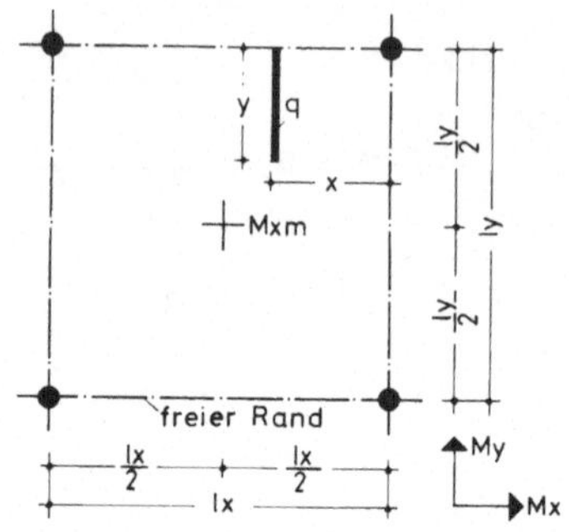

Randfeld einer Flachdecke,
punktförmige Auflagerung.
Feldmoment Mxm in Feldmitte aus
Linienlast in ly-Richtung.

$\frac{ly}{lx} = 1{,}0$

$\mu = 0$

Faktor = q · ly

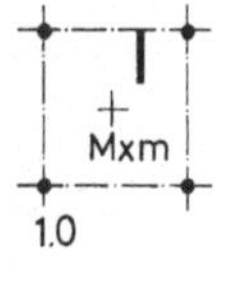

G 1.2.2

→ x : lx ; ↓ y : ly

Spalte											
	0.00	0.05	0.10	0.15	0.20	0.25	0.30	0.35	0.40	0.45	0.50
.05	.0000	.0002	.0005	.0009	.0012	.0016	.0020	.0023	.0026	.0028	.0028
.10	.0002-	.0004	.0011	.0019	.0027	.0035	.0042	.0049	.0055	.0059	.0060
.15	.0004-	.0006	.0016	.0030	.0043	.0056	.0068	.0078	.0088	.0094	.0097
.20	.0007-	.0007	.0021	.0040	.0060	.0078	.0095	.0110	.0124	.0135	.0140
.25	.0011-	.0008	.0027	.0051	.0076	.0100	.0124	.0147	.0166	.0182	.0190
.30	.0016-	.0008	.0031	.0060	.0092	.0123	.0156	.0188	.0215	.0237	.0247
.35	.0021-	.0008	.0035	.0068	.0106	.0144	.0187	.0230	.0269	.0301	.0326
.40	.0027-	.0006	.0039	.0073	.0117	.0163	.0215	.0271	.0325	.0372	.0391
.45	.0034-	.0004	.0041	.0078	.0128	.0180	.0241	.0309	.0381	.0443	.0461
.50	.0042-	.0001	.0043	.0083	.0138	.0198	.0266	.0345	.0435	.0508	.0619
.55	.0048-	.0004-	.0040	.0088	.0150	.0216	.0293	.0382	.0489	.0575	.1060
.60	.0055-	.0006-	.0042	.0095	.0164	.0237	.0322	.0423	.0547	.0652	.1247
.65	.0060-	.0006-	.0046	.0104	.0179	.0260	.0354	.0467	.0607	.0733	.1338
.70	.0064-	.0005-	.0051	.0114	.0195	.0285	.0388	.0513	.0669	.0806	.1417
.75	.0068-	.0004-	.0057	.0125	.0214	.0312	.0425	.0560	.0729	.0874	.1488
.80	.0071-	.0001-	.0064	.0138	.0234	.0339	.0461	.0606	.0785	.0936	.1552
.85	.0073-	.0002	.0072	.0153	.0255	.0368	.0497	.0648	.0835	.0993	.1611
.90	.0074-	.0005	.0081	.0168	.0277	.0396	.0531	.0689	.0881	.1044	.1664
.95	.0075-	.0009	.0091	.0184	.0299	.0424	.0564	.0727	.0924	.1091	.1713
1.00	.0075-	.0012	.0101	.0201	.0322	.0452	.0597	.0764	.0964	.1135	.1758

→ x : lx ; ↓ y : ly

Spalte											
	0.55	0.60	0.65	0.70	0.75	0.80	0.85	0.90	0.95	1.00	
.05	.0028	.0026	.0023	.0020	.0016	.0012	.0009	.0005	.0002	.0000	
.10	.0059	.0055	.0049	.0042	.0035	.0027	.0019	.0011	.0004	.0002-	
.15	.0094	.0088	.0078	.0068	.0056	.0043	.0030	.0016	.0006	.0004-	
.20	.0135	.0124	.0110	.0095	.0078	.0060	.0040	.0021	.0007	.0007-	
.25	.0182	.0166	.0147	.0124	.0100	.0076	.0051	.0027	.0008	.0011-	
.30	.0237	.0215	.0188	.0156	.0123	.0092	.0060	.0031	.0008	.0016-	
.35	.0301	.0269	.0230	.0187	.0144	.0106	.0068	.0035	.0008	.0021-	
.40	.0372	.0325	.0271	.0215	.0163	.0117	.0073	.0039	.0006	.0027-	
.45	.0443	.0381	.0309	.0241	.0180	.0128	.0078	.0041	.0004	.0034-	
.50	.0508	.0435	.0345	.0266	.0198	.0138	.0083	.0043	.0001	.0042-	
.55	.0575	.0489	.0382	.0293	.0216	.0150	.0088	.0040	.0004-	.0048-	
.60	.0652	.0547	.0423	.0322	.0237	.0164	.0095	.0042	.0006-	.0055-	
.65	.0733	.0607	.0467	.0354	.0260	.0179	.0104	.0046	.0006-	.0060-	
.70	.0806	.0669	.0513	.0388	.0285	.0195	.0114	.0051	.0005-	.0064-	
.75	.0874	.0729	.0560	.0425	.0312	.0214	.0125	.0057	.0004-	.0068-	
.80	.0936	.0785	.0606	.0461	.0339	.0234	.0138	.0064	.0001-	.0071-	
.85	.0993	.0835	.0648	.0497	.0368	.0255	.0153	.0072	.0002	.0073-	
.90	.1044	.0881	.0689	.0531	.0396	.0277	.0168	.0081	.0005	.0074-	
.95	.1091	.0924	.0727	.0564	.0424	.0299	.0184	.0091	.0009	.0075-	
1.00	.1135	.0964	.0764	.0597	.0452	.0322	.0201	.0101	.0012	.0075-	

Auswertung aus Krebs u. Baader Tafel Nr. 61

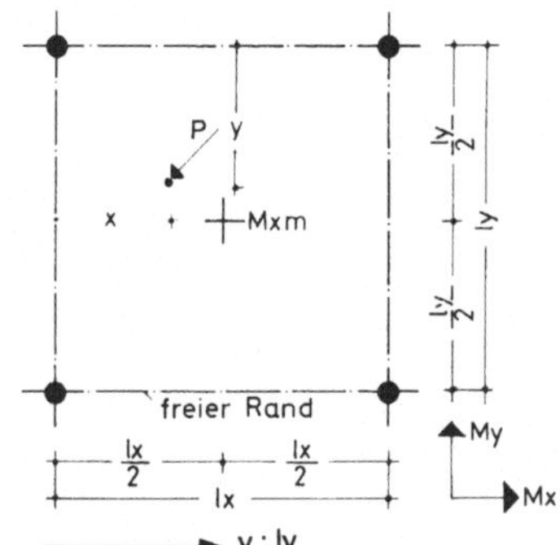

Randfeld einer Flachdecke, punktförmige Auflagerung. Feldmoment Mxm in Feldmitte aus einer Einzellast.

$\frac{ly}{lx} = 1{,}0$

$\mu = 0$

Faktor = P

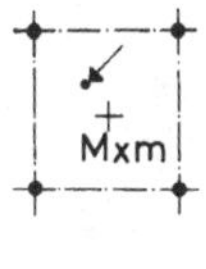

G 1.2.3

y : ly →, x : lx ↓

Spalte											
	0.00	0.05	0.10	0.15	0.20	0.25	0.30	0.35	0.40	0.45	0.50
.00	.0000	.0018-	.0360-	.0053-	.0069-	.0085-	.0100-	.0114-	.0128-	.0141-	.0154-
.05	.0048	.0035	.0166	.0020	.0007	.0008-	.0051-	.0057-	.0070-	.0081-	.0079-
.10	.0100	.0100	.0100	.0095	.0090	.0082	.0060	.0030	.0011	.0005	.0000
.15	.0157	.0209	.0210	.0209	.0212	.0196	.0173	.0130	.0091	.0091	.0102
.20	.0219	.0305	.0311	.0319	.0332	.0323	.0298	.0256	.0205	.0208	.0222
.25	.0286	.0388	.0401	.0422	.0449	.0461	.0434	.0409	.0353	.0356	.0361
.30	.0358	.0458	.0481	.0517	.0560	.0609	.0630	.0620	.0531	.0511	.0515
.35	.0434	.0514	.0551	.0604	.0667	.0767	.0846	.0879	.0778	.0696	.0728
.40	.0505	.0557	.0611	.0683	.0770	.0936	.1031	.1147	.1150	.1086	.1072
.45	.0525	.0587	.0661	.0755	.0868	.1078	.1186	.1423	.1522	.1525	.1297
.50	.0531	.0604	.0701	.0819	.0961	.1124	.1311	.1432	.1557	.3286	.6620*
.55	.0525	.0587	.0661	.0755	.0868	.1078	.1186	.1423	.1522	.1525	.1297
.60	.0505	.0557	.0611	.0683	.0770	.0936	.1031	.1147	.1150	.1086	.1072
.65	.0434	.0514	.0551	.0604	.0667	.0767	.0846	.0879	.0778	.0696	.0728
.70	.0358	.0458	.0481	.0517	.0560	.0609	.0630	.0620	.0531	.0511	.0515
.75	.0286	.0388	.0401	.0422	.0449	.0461	.0434	.0409	.0353	.0356	.0361
.80	.0219	.0305	.0311	.0319	.0332	.0323	.0298	.0256	.0205	.0208	.0222
.85	.0157	.0209	.0211	.0209	.0212	.0196	.0173	.0130	.0091	.0091	.0102
.90	.0100	.0100	.0100	.0095	.0090	.0082	.0060	.0030	.0011	.0005	.0000
.95	.0048	.0035	.0016	.0020	.0007	.0008-	.0051-	.0057-	.0070-	.0081-	.0079-
1.00	.0000	.0018-	.0000	.0053-	.0069-	.0085-	.0100-	.0114-	.0128-	.0141-	.0154-

y : ly →, x : lx ↓

Spalte											
	0.55	0.60	0.65	0.70	0.75	0.80	0.85	0.90	0.95	1.00	
.00	.0135-	.0116-	.0098-	.0082-	.0066-	.0051-	.0037-	.0024-	.0011-	.0000	
.05	.0067-	.0046-	.0025-	.0002-	.0018	.0032	.0044	.0049	.0059	.0057	
.10	.0022	.0051	.0075	.0100	.0120	.0146	.0169	.0185	.0197	.0199	
.15	.0131	.0160	.0180	.0211	.0243	.0279	.0297	.0317	.0322	.0326	
.20	.0254	.0289	.0314	.0349	.0385	.0420	.0428	.0443	.0440	.0442	
.25	.0390	.0438	.0483	.0516	.0546	.0569	.0561	.0562	.0548	.0546	
.30	.0505	.0608	.0688	.0711	.0727	.0726	.0696	.0675	.0649	.0639	
.35	.0677	.0857	.0928	.0934	.0927	.0891	.0834	.0782	.0741	.0721	
.40	.1094	.1196	.1216	.1220	.1151	.1067	.0974	.0882	.0824	.0792	
.45	.1357	.1683	.1478	.1412	.1300	.1194	.1093	.0976	.0899	.0851	
.50	.5376	.1978	.1700	.1476	.1350	.1236	.1134	.1044	.0966	.0900	
.55	.1357	.1683	.1478	.1412	.1300	.1194	.1093	.0976	.0899	.0852	
.60	.1094	.1196	.1216	.1220	.1151	.1067	.0974	.0882	.0824	.0792	
.65	.0677	.0857	.0928	.0934	.0926	.0891	.0834	.0782	.0741	.0721	
.70	.0505	.0608	.0688	.0711	.0726	.0726	.0696	.0675	.0649	.0639	
.75	.0390	.0438	.0483	.0516	.0546	.0569	.0561	.0562	.0548	.0546	
.80	.0254	.0289	.0314	.0350	.0385	.0420	.0428	.0443	.0440	.0442	
.85	.0131	.0160	.0180	.0211	.0243	.0279	.0297	.0317	.0322	.0326	
.90	.0022	.0051	.0075	.0100	.0120	.0146	.0169	.0185	.0197	.0199	
.95	.0067-	.0046-	.0025-	.0002-	.0018	.0032	.0044	.0049	.0059	.0057	
1.00	.0135-	.0116-	.0098-	.0082-	.0066-	.0051-	.0037-	.0024-	.0011-	.0000	

Auswertung aus Krebs u. Baader: Tafel 61

* bzw. theoretisch ∞

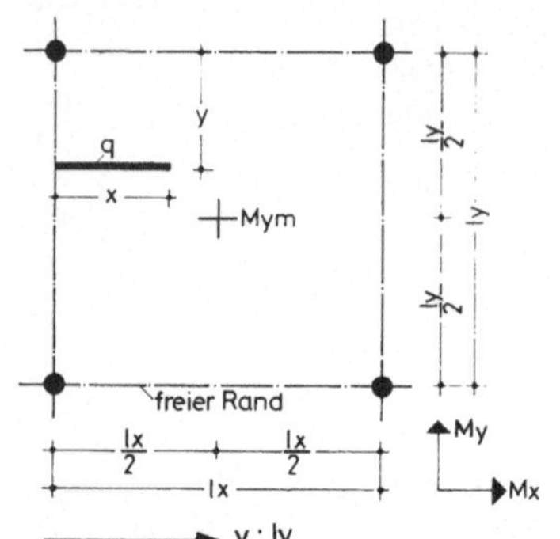

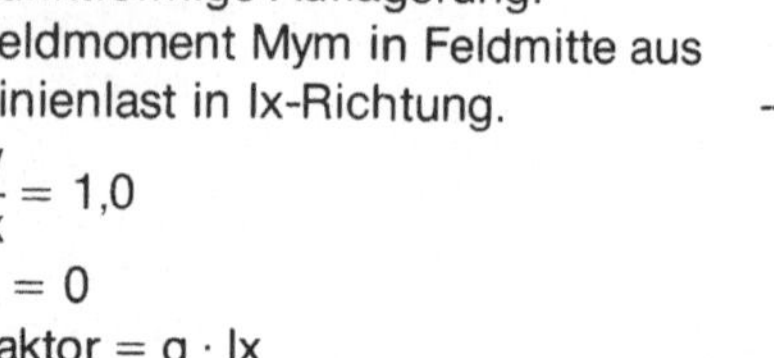

Randfeld einer Flachdecke, punktförmige Auflagerung. Feldmoment Mym in Feldmitte aus Linienlast in lx-Richtung.

$\frac{ly}{lx} = 1{,}0$

$\mu = 0$

Faktor = q · lx

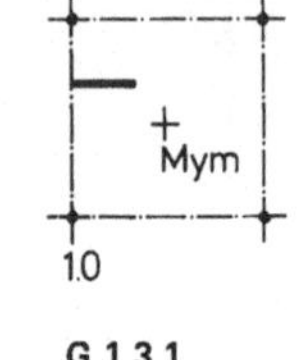

G 1.3.1

→ y : ly ; ↓ x : lx

Spalte											
	0.00	0.05	0.10	0.15	0.20	0.25	0.30	0.35	0.40	0.45	0.50
.05	.0001-	.0003	.0006	.0010	.0017	.0018	.0025	.0026	.0031	.0030	.0031
.10	.0002-	.0005	.0012	.0019	.0041	.0037	.0055	.0054	.0068	.0063	.0064
.15	.0005-	.0006	.0018	.0028	.0067	.0057	.0089	.0085	.0110	.0098	.0100
.20	.0009-	.0007	.0023	.0037	.0093	.0077	.0126	.0118	.0157	.0138	.0140
.25	.0014-	.0006	.0028	.0046	.0098	.0098	.0165	.0156	.0206	.0184	.0187
.30	.0019-	.0003	.0033	.0054	.0115	.0118	.0205	.0195	.0259	.0237	.0241
.35	.0024-	.0000	.0037	.0061	.0131	.0138	.0244	.0235	.0313	.0298	.0305
.40	.0030-	.0004-	.0040	.0066	.0146	.0157	.0282	.0274	.0368	.0385	.0403
.45	.0037-	.0007-	.0042	.0070	.0160	.0175	.0317	.0311	.0424	.0457	.0534
.50	.0043-	.0012-	.0044	.0074	.0174	.0191	.0349	.0346	.0478	.0527	.0915
.55	.0046-	.0016-	.0043	.0078	.0185	.0208	.0350	.0382	.0509	.0597	.1422
.60	.0052-	.0021-	.0045	.0082	.0199	.0225	.0381	.0419	.0561	.0667	.1313
.65	.0057-	.0024-	.0048	.0087	.0214	.0244	.0416	.0458	.0614	.0746	.1395
.70	.0063-	.0027-	.0051	.0094	.0230	.0264	.0454	.0498	.0667	.0811	.1463
.75	.0068-	.0029-	.0056	.0102	.0247	.0285	.0493	.0537	.0719	.0866	.1520
.80	.0073-	.0030-	.0061	.0111	.0262	.0305	.0533	.0574	.0769	.0913	.1568
.85	.0077-	.0029-	.0067	.0120	.0283	.0326	.0571	.0608	.0817	.0952	.1609
.90	.0080-	.0028-	.0073	.0129	.0308	.0345	.0608	.0639	.0861	.0986	.1643
.95	.0082-	.0025-	.0079	.0138	.0333	.0364	.0642	.0667	.0901	.1016	.1672
1.00	.0083-	.0023-	.0085	.0148	.0356	.0382	.0672	.0693	.0936	.1042	.1699

→ y : ly ; ↓ x : lx

Spalte											
	0.55	0.60	0.65	0.70	0.75	0.80	0.85	0.90	0.95	1.00	
.05	.0031	.0030	.0028	.0025	.0021	.0017	.0012	.0007	.0003	.0001-	
.10	.0064	.0062	.0058	.0050	.0041	.0034	.0023	.0014	.0004	.0003-	
.15	.0101	.0098	.0091	.0077	.0060	.0050	.0033	.0019	.0002	.0008-	
.20	.0144	.0138	.0127	.0107	.0079	.0066	.0041	.0021	.0002-	.0016-	
.25	.0192	.0183	.0167	.0136	.0096	.0080	.0047	.0019	.0010-	.0027-	
.30	.0246	.0233	.0209	.0163	.0113	.0092	.0051	.0015	.0022-	.0045-	
.35	.0309	.0285	.0251	.0188	.0129	.0103	.0048	.0006	.0037-	.0063-	
.40	.0380	.0340	.0288	.0213	.0144	.0111	.0045	.0004-	.0054-	.0083-	
.45	.0455	.0393	.0321	.0236	.0159	.0110	.0038	.0017-	.0073-	.0104-	
.50	.0528	.0443	.0354	.0259	.0172	.0114	.0032	.0031-	.0093-	.0126-	
.55	.0601	.0493	.0387	.0284	.0184	.0118	.0031	.0037-	.0104-	.0149-	
.60	.0676	.0546	.0421	.0307	.0198	.0123	.0025	.0048-	.0121-	.0171-	
.65	.0747	.0601	.0458	.0332	.0213	.0130	.0020	.0059-	.0138-	.0192-	
.70	.0810	.0653	.0499	.0358	.0229	.0139	.0023	.0068-	.0153-	.0212-	
.75	.0864	.0703	.0542	.0384	.0245	.0151	.0026	.0074-	.0166-	.0218-	
.80	.0912	.0748	.0582	.0412	.0263	.0166	.0032	.0070-	.0176-	.0230-	
.85	.0954	.0788	.0618	.0443	.0282	.0181	.0040	.0068-	.0174-	.0238-	
.90	.0992	.0824	.0651	.0470	.0301	.0198	.0050	.0063-	.0176-	.0243-	
.95	.1025	.0856	.0681	.0495	.0321	.0216	.0062	.0057-	.0175-	.0245-	
1.00	.1056	.0886	.0708	.0519	.0342	.0234	.0075	.0049-	.0172-	.0245-	

Auswertung aus Krebs u. Baader: Tafel 60

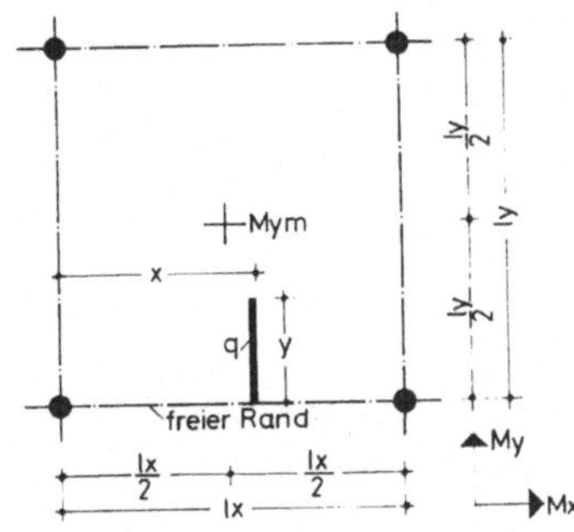

Randfeld einer Flachdecke, punktförmige Auflagerung. Feldmoment Mym in Feldmitte aus Linienlast in ly-Richtung.

$\frac{ly}{lx} = 1{,}0$

$\mu = 0$

Faktor = q · ly

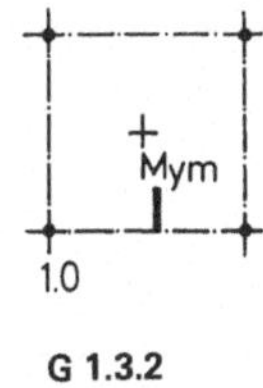

G 1.3.2

x : lx → ; y : ly ↓

Spalte											
	0.00	0.05	0.10	0.15	0.20	0.25	0.30	0.35	0.40	0.45	0.50
.05	.0002	.0000	.0001-	.0004-	.0007-	.0011-	.0015-	.0016-	.0018-	.0019-	.0019-
.10	.0008	.0005	.0003	.0002-	.0008-	.0017-	.0023-	.0028-	.0033-	.0035-	.0035-
.15	.0018	.0016	.0012	.0005	.0002-	.0013-	.0023-	.0030-	.0038-	.0041-	.0042-
.20	.0032	.0030	.0026	.0018	.0011	.0002-	.0015-	.0024-	.0036-	.0039-	.0041-
.25	.0051	.0050	.0045	.0037	.0031	.0019	.0002	.0010-	.0024-	.0030-	.0033-
.30	.0075	.0074	.0072	.0063	.0057	.0047	.0028	.0014	.0002-	.0012-	.0017-
.35	.0102	.0102	.0101	.0095	.0093	.0087	.0066	.0050	.0025	.0017	.0012
.40	.0131	.0133	.0135	.0132	.0135	.0135	.0115	.0098	.0070	.0060	.0049
.45	.0162	.0165	.0171	.0172	.0182	.0190	.0172	.0158	.0137	.0123	.0115
.50	.0195	.0199	.0208	.0215	.0232	.0249	.0237	.0228	.0226	.0278	.0255
.55	.0219	.0233	.0245	.0258	.0282	.0289	.0288	.0293	.0300	.0399	.0438
.60	.0248	.0266	.0282	.0300	.0331	.0338	.0342	.0350	.0359	.0449	.0495
.65	.0275	.0297	.0316	.0339	.0376	.0381	.0388	.0396	.0406	.0501	.0537
.70	.0300	.0313	.0347	.0374	.0416	.0418	.0425	.0430	.0437	.0530	.0564
.75	.0321	.0334	.0351	.0372	.0406	.0436	.0445	.0453	.0457	.0547	.0580
.80	.0333	.0350	.0368	.0389	.0422	.0453	.0462	.0463	.0475	.0565	.0599
.85	.0345	.0362	.0379	.0400	.0433	.0463	.0472	.0463	.0482	.0571	.0605
.90	.0353	.0369	.0386	.0407	.0440	.0470	.0478	.0474	.0483	.0573	.0607
.95	.0357	.0374	.0390	.0410	.0442	.0471	.0476	.0472	.0483	.0570	.0604
1.00	.0358	.0373	.0390	.0407	.0440	.0467	.0471	.0466	.0477	.0564	.0597

x : lx → ; y : ly ↓

Spalte											
	0.55	0.60	0.65	0.70	0.75	0.80	0.85	0.90	0.95	1.00	
.05	.0019-	.0018-	.0016-	.0015-	.0011-	.0007-	.0004-	.0001-	.0000	.0002	
.10	.0035-	.0033-	.0028-	.0023-	.0017-	.0008-	.0002-	.0003	.0005	.0008	
.15	.0041-	.0038-	.0030-	.0023-	.0013-	.0002-	.0005	.0012	.0016	.0018	
.20	.0039-	.0036-	.0024-	.0015-	.0002-	.0011	.0018	.0026	.0030	.0032	
.25	.0030-	.0024-	.0010-	.0002	.0019	.0031	.0037	.0045	.0050	.0051	
.30	.0012-	.0002-	.0014	.0028	.0047	.0057	.0063	.0072	.0074	.0075	
.35	.0017	.0025	.0050	.0066	.0087	.0093	.0095	.0101	.0102	.0102	
.40	.0060	.0070	.0098	.0115	.0135	.0135	.0132	.0135	.0133	.0131	
.45	.0123	.0137	.0158	.0172	.0190	.0182	.0172	.0171	.0165	.0162	
.50	.0278	.0226	.0228	.0237	.0249	.0232	.0215	.0208	.0199	.0195	
.55	.0399	.0300	.0293	.0288	.0289	.0282	.0258	.0245	.0233	.0219	
.60	.0449	.0359	.0350	.0342	.0338	.0331	.0300	.0282	.0266	.0248	
.65	.0501	.0406	.0396	.0388	.0381	.0376	.0339	.0316	.0297	.0275	
.70	.0530	.0437	.0430	.0425	.0418	.0416	.0374	.0347	.0313	.0300	
.75	.0547	.0457	.0453	.0445	.0436	.0406	.0372	.0351	.0334	.0321	
.80	.0565	.0475	.0463	.0462	.0453	.0422	.0389	.0368	.0350	.0333	
.85	.0571	.0482	.0463	.0472	.0463	.0433	.0400	.0379	.0362	.0345	
.90	.0573	.0483	.0474	.0478	.0470	.0440	.0407	.0386	.0369	.0353	
.95	.0570	.0483	.0472	.0476	.0471	.0442	.0410	.0390	.0374	.0357	
1.00	.0564	.0477	.0466	.0471	.0467	.0440	.0407	.0390	.0373	.0358	

Auswertung aus Krebs u. Baader: Tafel 60

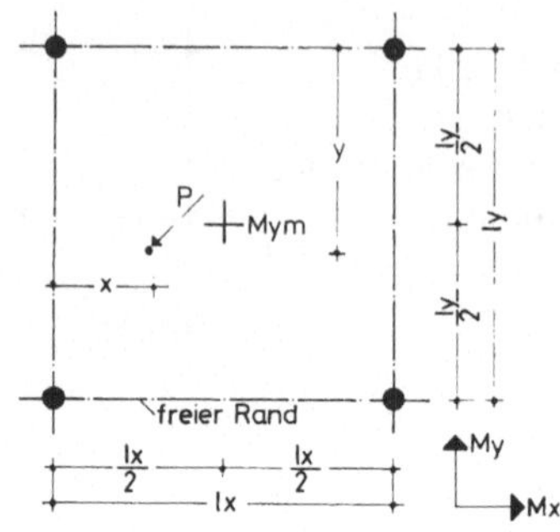

Randfeld einer Flachdecke, punktförmige Auflagerung. Feldmoment Mym in Feldmitte aus einer Einzellast.

$\frac{l_y}{l_x} = 1{,}0$

$\mu = 0$

Faktor = P

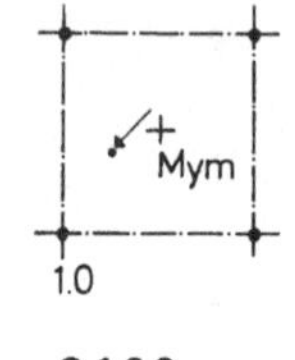

G 1.3.3

→ y : ly ; ↓ x : lx

Spalte											
	0.00	0.05	0.10	0.15	0.20	0.25	0.30	0.35	0.40	0.45	0.50
.00	.0000	.0059	.0124	.0195	.0271	.0359	.0440	.0505	.0556	.0592	.0613
.05	.0024-	.0048	.0121	.0191	.0401	.0373	.0545	.0538	.0677	.0630	.0643
.10	.0045-	.0034	.0117	.0186	.0458	.0386	.0627	.0584	.0781	.0694	.0703
.15	.0063-	.0018	.0110	.0179	.0442	.0397	.0687	.0643	.0868	.0783	.0796
.20	.0079-	.0001-	.0102	.0171	.0354	.0407	.0725	.0714	.0937	.0899	.0919
.25	.0091-	.0030-	.0091	.0168	.0327	.0415	.0740	.0770	.0989	.1041	.1074
.30	.0102-	.0052-	.0079	.0153	.0320	.0410	.0733	.0798	.1023	.1209	.1261
.35	.0109-	.0068-	.0065	.0127	.0307	.0392	.0703	.0797	.1041	.1403	.1479
.40	.0114-	.0077-	.0049	.0090	.0290	.0361	.0651	.0768	.1040	.1468	.1800
.45	.0116-	.0085-	.0031	.0077	.0267	.0337	.0577	.0716	.1023	.1430	.4805
.50	.0115-	.0088-	.0011	.0072	.0240	.0329	.0480	.0699	.0988	.1417	.7320*
.55	.0116-	.0085-	.0031	.0077	.0267	.0337	.0576	.0716	.1023	.1430	.4805
.60	.0114-	.0077-	.0049	.0090	.0290	.0361	.0651	.0768	.1040	.1468	.1800
.65	.0109-	.0068-	.0065	.0127	.0307	.0392	.0703	.0797	.1041	.1403	.1479
.70	.0102-	.0052-	.0079	.0153	.0320	.0410	.0733	.0798	.1023	.1209	.1261
.75	.0092-	.0030-	.0091	.0168	.0328	.0415	.0740	.0770	.0989	.1041	.1074
.80	.0079-	.0001-	.0102	.0171	.0354	.0407	.0725	.0714	.0937	.0899	.0919
.85	.0063-	.0018	.0110	.0179	.0442	.0397	.0687	.0643	.0868	.0783	.0796
.90	.0045-	.0034	.0117	.0186	.0458	.0386	.0627	.0584	.0781	.0694	.0703
.95	.0024-	.0048	.0121	.0191	.0401	.0373	.0545	.0538	.0677	.0630	.0642
1.00	.0001-	.0059	.0124	.0195	.0271	.0359	.0440	.0505	.0556	.0592	.0613

→ y : ly ; ↓ x : lx

Spalte											
	0.55	0.60	0.65	0.70	0.75	0.80	0.85	0.90	0.95	1.00	
.00	.0605	.0582	.0543	.0489	.0420	.0335	.0244	.0160	.0078	.0000	
.05	.0638	.0616	.0577	.0502	.0407	.0335	.0228	.0137	.0037	.0035-	
.10	.0699	.0673	.0624	.0528	.0393	.0327	.0204	.0107	.0008-	.0081-	
.15	.0788	.0752	.0684	.0568	.0378	.0310	.0172	.0067	.0057-	.0136-	
.20	.0906	.0853	.0758	.0588	.0362	.0285	.0133	.0019	.0116-	.0202-	
.25	.1022	.0955	.0839	.0557	.0345	.0252	.0087	.0053-	.0194-	.0278-	
.30	.1165	.1029	.0852	.0529	.0327	.0210	.0033	.0123-	.0257-	.0335-	
.35	.1335	.1077	.0797	.0506	.0309	.0159	.0036-	.0176-	.0304-	.0374-	
.40	.1533	.1097	.0675	.0486	.0289	.0100	.0087-	.0212-	.0334-	.0402-	
.45	.1470	.1024	.0662	.0470	.0269	.0091	.0100-	.0230-	.0349-	.0418-	
.50	.1449	.1000	.0657	.0457	.0248	.0088	.0074-	.0231-	.0348-	.0424-	
.55	.1470	.1024	.0662	.0470	.0269	.0091	.0100-	.0230-	.0349-	.0418-	
.60	.1533	.1097	.0675	.0486	.0289	.0100	.0087-	.0212-	.0334-	.0402-	
.65	.1335	.1077	.0797	.0506	.0309	.0159	.0036-	.0176-	.0304-	.0374-	
.70	.1165	.1029	.0852	.0529	.0327	.0210	.0033	.0123-	.0257-	.0335-	
.75	.1022	.0955	.0839	.0557	.0345	.0252	.0087	.0053-	.0194-	.0278-	
.80	.0906	.0853	.0758	.0588	.0362	.0285	.0133	.0019	.0116-	.0202-	
.85	.0788	.0752	.0684	.0568	.0378	.0310	.0172	.0067	.0057-	.0137-	
.90	.0699	.0673	.0624	.0528	.0393	.0327	.0204	.0107	.0009-	.0081-	
.95	.0638	.0616	.0577	.0502	.0407	.0335	.0228	.0138	.0037	.0036-	
1.00	.0605	.0582	.0543	.0489	.0420	.0335	.0244	.0160	.0078	.0000	

Auswertung aus Krebs u. Baader: Tafel 60

* bzw. theoretisch ∞

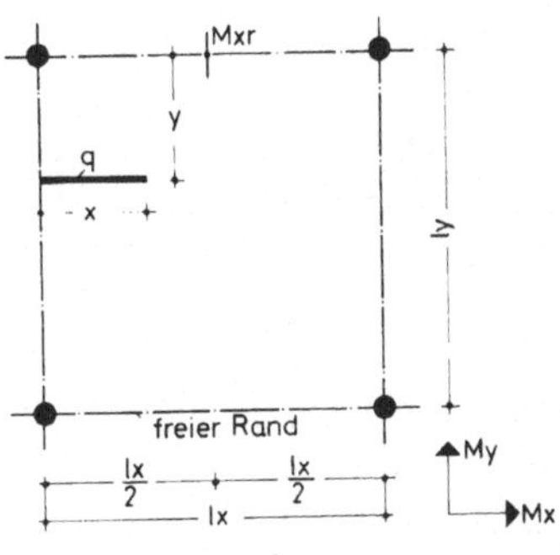

Randfeld einer Flachdecke, punktförmige Auflagerung. Feldmoment Mxr in Gurtmitte (1. Innenstützenreihe) aus Linienlast in lx-Richtung.

$\frac{ly}{lx} = 1,0$

$\mu = 0$

Faktor $q \cdot lx$

G 1.4.1

y : ly →

x : lx ↓

Spalte	0.00	0.05	0.10	0.15	0.20	0.25	0.30	0.35	0.40	0.45	0.50
.05	.0000	.0001	.0002	.0003	.0004	.0006	.0006	.0007	.0007	.0008	.0008
.10	.0004	.0006	.0008	.0010	.0012	.0016	.0016	.0017	.0018	.0019	.0019
.15	.0011	.0013	.0018	.0021	.0024	.0030	.0031	.0032	.0033	.0033	.0033
.20	.0023	.0025	.0032	.0038	.0042	.0049	.0050	.0050	.0051	.0051	.0051
.25	.0039	.0043	.0053	.0061	.0065	.0073	.0077	.0077	.0076	.0072	.0072
.30	.0067	.0076	.0081	.0091	.0094	.0105	.0108	.0110	.0107	.0101	.0098
.35	.0101	.0116	.0119	.0131	.0133	.0143	.0146	.0151	.0143	.0133	.0126
.40	.0146	.0168	.0178	.0191	.0189	.0195	.0190	.0198	.0184	.0169	.0158
.45	.0206	.0242	.0246	.0259	.0257	.0255	.0240	.0249	.0229	.0208	.0191
.50	.0325	.0352	.0331	.0338	.0335	.0322	.0295	.0303	.0276	.0249	.0225
.55	.0435	.0503	.0428	.0413	.0416	.0393	.0348	.0357	.0323	.0291	.0259
.60	.0500	.0574	.0495	.0480	.0493	.0460	.0397	.0411	.0370	.0331	.0292
.65	.0546	.0627	.0552	.0535	.0517	.0489	.0441	.0462	.0414	.0370	.0323
.70	.0577	.0666	.0593	.0577	.0557	.0529	.0479	.0509	.0456	.0406	.0352
.75	.0608	.0698	.0621	.0608	.0587	.0561	.0511	.0550	.0492	.0414	.0377
.80	.0626	.0718	.0639	.0629	.0609	.0585	.0535	.0533	.0483	.0436	.0399
.85	.0637	.0730	.0658	.0649	.0629	.0602	.0555	.0552	.0502	.0454	.0416
.90	.0643	.0736	.0668	.0661	.0642	.0620	.0570	.0567	.0517	.0468	.0431
.95	.0650	.0744	.0674	.0668	.0650	.0630	.0579	.0577	.0527	.0479	.0442
1.00	.0648	.0744	.0675	.0671	.0654	.0636	.0585	.0583	.0534	.0486	.0450

y : ly →

x : lx ↓

Spalte	0.55	0.60	0.65	0.70	0.75	0.80	0.85	0.90	0.95	1.00
.05	.0008	.0008	.0008	.0007	.0005	.0004	.0003	.0002	.0001	.0000
.10	.0019	.0019	.0018	.0017	.0011	.0010	.0008	.0006	.0004	.0001
.15	.0033	.0032	.0031	.0029	.0018	.0018	.0015	.0013	.0008	.0003
.20	.0050	.0048	.0045	.0042	.0027	.0028	.0024	.0022	.0014	.0007
.25	.0069	.0066	.0062	.0058	.0042	.0039	.0035	.0032	.0022	.0013
.30	.0092	.0087	.0081	.0076	.0059	.0054	.0047	.0044	.0031	.0022
.35	.0118	.0110	.0102	.0095	.0077	.0070	.0061	.0057	.0041	.0032
.40	.0147	.0136	.0124	.0116	.0097	.0088	.0076	.0071	.0052	.0043
.45	.0177	.0164	.0148	.0139	.0118	.0106	.0092	.0086	.0065	.0055
.50	.0209	.0192	.0173	.0162	.0139	.0125	.0108	.0101	.0078	.0068
.55	.0241	.0220	.0196	.0182	.0161	.0144	.0124	.0111	.0089	.0080
.60	.0272	.0249	.0219	.0203	.0182	.0163	.0140	.0125	.0101	.0092
.65	.0302	.0271	.0241	.0224	.0203	.0181	.0155	.0139	.0112	.0103
.70	.0321	.0295	.0262	.0243	.0223	.0199	.0169	.0151	.0122	.0113
.75	.0343	.0315	.0281	.0261	.0241	.0207	.0181	.0163	.0131	.0122
.80	.0363	.0334	.0298	.0277	.0245	.0219	.0192	.0174	.0139	.0128
.85	.0380	.0349	.0312	.0291	.0254	.0229	.0200	.0182	.0145	.0133
.90	.0393	.0363	.0325	.0303	.0261	.0237	.0208	.0190	.0149	.0135
.95	.0404	.0373	.0336	.0313	.0266	.0242	.0213	.0195	.0153	.0135
1.00	.0412	.0382	.0344	.0321	.0270	.0246	.0216	.0198	.0154	.0135

Auswertung aus Krebs u. Baader: Tafel 64

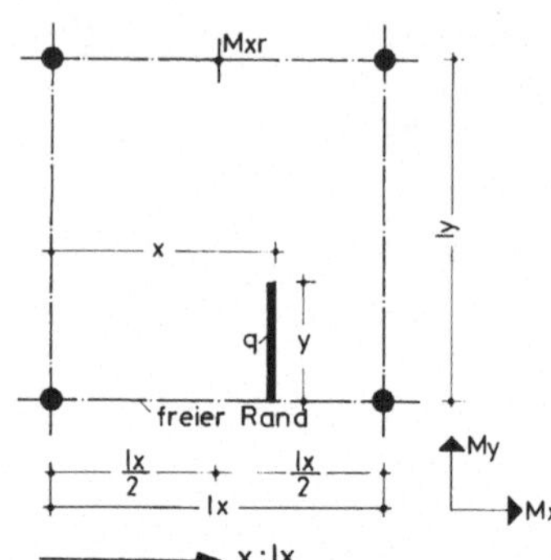

Randfeld einer Flachdecke, punktförmige Auflagerung. Feldmoment Mxr in Gurtmitte (1. Innenstützenreihe) aus Linienlast in ly-Richtung.

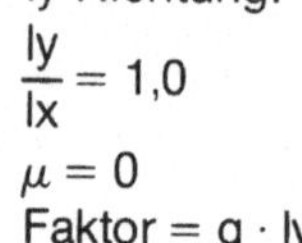

$\frac{ly}{lx} = 1{,}0$

$\mu = 0$

Faktor = q · ly

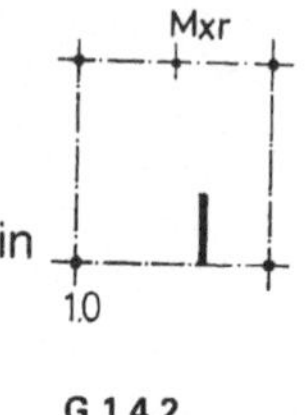

G 1.4.2

x : lx →, y : ly ↓

Spalte											
	0.00	0.05	0.10	0.15	0.20	0.25	0.30	0.35	0.40	0.45	0.50
.05	.0000	.0001	.0002	.0004	.0006	.0008	.0010	.0011	.0012	.0013	.0013
.10	.0000	.0004	.0007	.0011	.0015	.0018	.0021	.0023	.0025	.0026	.0027
.15	.0001	.0008	.0014	.0020	.0025	.0030	.0033	.0036	.0039	.0041	.0042
.20	.0003	.0013	.0022	.0030	.0036	.0042	.0047	.0051	.0055	.0057	.0059
.25	.0009	.0018	.0028	.0037	.0047	.0056	.0064	.0070	.0075	.0078	.0078
.30	.0014	.0026	.0038	.0050	.0061	.0072	.0081	.0088	.0094	.0099	.0099
.35	.0021	.0036	.0050	.0063	.0077	.0089	.0100	.0109	.0116	.0122	.0126
.40	.0028	.0046	.0062	.0078	.0094	.0108	.0121	.0131	.0140	.0148	.0152
.45	.0036	.0054	.0073	.0092	.0110	.0128	.0145	.0159	.0169	.0177	.0181
.50	.0044	.0063	.0085	.0107	.0129	.0151	.0170	.0187	.0200	.0208	.0212
.55	.0048	.0073	.0098	.0124	.0149	.0175	.0199	.0218	.0233	.0243	.0247
.60	.0054	.0082	.0111	.0141	.0171	.0201	.0230	.0253	.0271	.0283	.0287
.65	.0060	.0091	.0124	.0158	.0192	.0228	.0264	.0293	.0315	.0312	.0331
.70	.0065	.0100	.0137	.0175	.0215	.0257	.0299	.0333	.0358	.0305	.0382
.75	.0069	.0108	.0149	.0193	.0238	.0286	.0334	.0374	.0405	.0292	.0440
.80	.0072	.0115	.0161	.0210	.0261	.0315	.0370	.0418	.0458	.0298	.0506
.85	.0072	.0119	.0169	.0221	.0277	.0339	.0405	.0466	.0525	.0450	.0599
.90	.0073	.0124	.0178	.0234	.0295	.0365	.0441	.0515	.0587	.0529	.0684
.95	.0072	.0127	.0185	.0246	.0311	.0389	.0476	.0564	.0649	.0611	.0817
1.00	.0071	.0129	.0191	.0256	.0327	.0412	.0509	.0611	.0709	.0693	.1141

x : lx →, y : ly ↓

Spalte											
	0.55	0.60	0.65	0.70	0.75	0.80	0.85	0.90	0.95	1.00	
.05	.0013	.0012	.0011	.0010	.0008	.0006	.0004	.0002	.0001	.0000	
.10	.0026	.0025	.0023	.0021	.0018	.0015	.0011	.0007	.0004	.0000	
.15	.0041	.0039	.0036	.0033	.0030	.0025	.0020	.0014	.0008	.0001	
.20	.0057	.0055	.0051	.0047	.0042	.0036	.0030	.0022	.0013	.0003	
.25	.0078	.0075	.0070	.0064	.0056	.0047	.0037	.0028	.0018	.0009	
.30	.0099	.0094	.0088	.0081	.0072	.0061	.0050	.0038	.0026	.0014	
.35	.0122	.0116	.0109	.0100	.0089	.0077	.0063	.0050	.0036	.0021	
.40	.0148	.0140	.0131	.0121	.0108	.0094	.0078	.0062	.0046	.0028	
.45	.0177	.0169	.0159	.0145	.0128	.0110	.0092	.0073	.0054	.0036	
.50	.0208	.0200	.0187	.0170	.0151	.0129	.0107	.0085	.0063	.0044	
.55	.0243	.0233	.0218	.0199	.0175	.0149	.0124	.0098	.0073	.0048	
.60	.0283	.0271	.0253	.0230	.0201	.0171	.0141	.0111	.0082	.0054	
.65	.0312	.0315	.0293	.0264	.0228	.0192	.0158	.0124	.0091	.0060	
.70	.0305	.0358	.0333	.0299	.0257	.0215	.0175	.0137	.0100	.0065	
.75	.0292	.0405	.0374	.0334	.0286	.0238	.0193	.0149	.0108	.0069	
.80	.0298	.0458	.0418	.0370	.0315	.0261	.0210	.0161	.0115	.0072	
.85	.0450	.0525	.0466	.0405	.0339	.0277	.0221	.0169	.0119	.0072	
.90	.0529	.0587	.0515	.0441	.0365	.0295	.0234	.0178	.0124	.0073	
.95	.0611	.0649	.0564	.0476	.0389	.0311	.0246	.0185	.0127	.0072	
1.00	.0693	.0709	.0611	.0509	.0412	.0327	.0256	.0191	.0129	.0071	

Auswertung aus Krebs u. Baader: Tafel 64

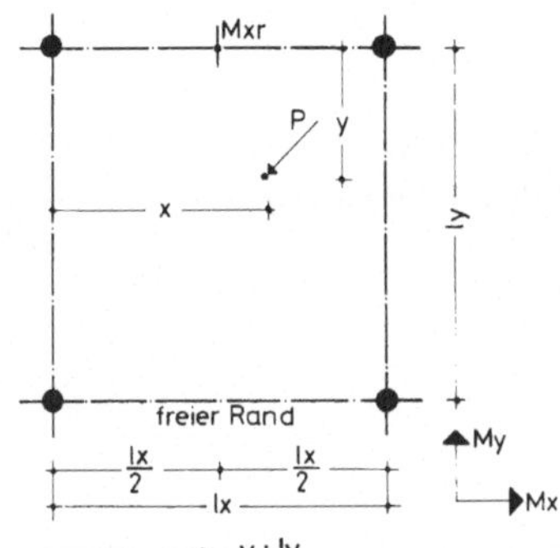

Randfeld einer Flachdecke,
punktförmige Auflagerung.
Feldmoment Mxr in Gurtmitte
(1. Innenstützenreihe) aus einer Einzellast.

$\frac{ly}{lx} = 1{,}0$

$\mu = 0$

Faktor P

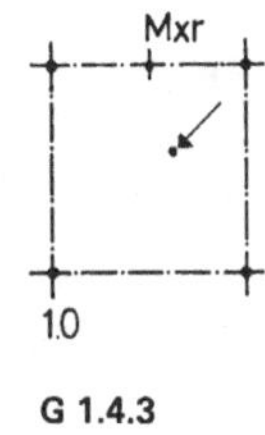

G 1.4.3

→ y : ly

↓ x : lx

Spalte	0.00	0.05	0.10	0.15	0.20	0.25	0.30	0.35	0.40	0.45	0.50
.00	.0000	.0005-	.0000	.0016	.0042	.0066	.0087	.0104	.0118	.0128	.0133
.05	.0024	.0055	.0078	.0098	.0122	.0157	.0163	.0173	.0183	.0187	.0190
.10	.0112	.0124	.0160	.0187	.0205	.0242	.0249	.0253	.0256	.0253	.0252
.15	.0193	.0205	.0244	.0281	.0292	.0328	.0345	.0342	.0338	.0326	.0319
.20	.0300	.0325	.0343	.0393	.0401	.0441	.0451	.0441	.0429	.0405	.0389
.25	.0432	.0484	.0497	.0546	.0541	.0571	.0572	.0580	.0538	.0492	.0464
.30	.0592	.0688	.0700	.0741	.0713	.0719	.0696	.0732	.0661	.0592	.0542
.35	.0818	.0943	.0954	.0977	.0915	.0885	.0814	.0850	.0757	.0672	.0604
.40	.1118	.1248	.1222	.1227	.1194	.1084	.0928	.0935	.0825	.0729	.0648
.45	.1492	.1636	.1580	.1446	.1399	.1243	.1037	.0985	.0866	.0763	.0675
.50	.6640*	.4084	.2038	.1633	.1467	.1296	.1141	.1002	.0880	.0774	.0684
.55	.1493	.1636	.1580	.1446	.1399	.1243	.1037	.0985	.0866	.0763	.0675
.60	.1118	.1247	.1222	.1227	.1195	.1084	.0928	.0935	.0825	.0729	.0648
.65	.0818	.0943	.0954	.0976	.0915	.0885	.0814	.0850	.0757	.0672	.0604
.70	.0592	.0688	.0700	.0740	.0713	.0719	.0696	.0732	.0661	.0592	.0542
.75	.0432	.0484	.0497	.0546	.0541	.0571	.0572	.0580	.0538	.0492	.0464
.80	.0300	.0325	.0343	.0393	.0401	.0441	.0451	.0441	.0429	.0405	.0389
.85	.0193	.0205	.0244	.0281	.0292	.0328	.0345	.0342	.0338	.0326	.0318
.90	.0112	.0124	.0160	.0187	.0205	.0242	.0249	.0253	.0256	.0253	.0252
.95	.0024	.0055	.0078	.0098	.0122	.0157	.0163	.0173	.0183	.0187	.0190
1.00	.0000	.0005-	.0000	.0016	.0042	.0066	.0087	.0104	.0118	.0128	.0133

→ y : ly

↓ x : lx

Spalte	0.55	0.60	0.65	0.70	0.75	0.80	0.85	0.90	0.95	1.00
.00	.0141	.0141	.0133	.0119	.0098	.0070	.0038	.0016	.0003	.0000
.05	.0194	.0190	.0181	.0167	.0108	.0103	.0081	.0064	.0038	.0004
.10	.0248	.0240	.0227	.0212	.0135	.0139	.0122	.0108	.0071	.0023
.15	.0305	.0290	.0270	.0254	.0177	.0177	.0160	.0147	.0103	.0059
.20	.0364	.0341	.0312	.0293	.0234	.0218	.0196	.0181	.0132	.0109
.25	.0425	.0392	.0351	.0330	.0304	.0262	.0229	.0211	.0160	.0152
.30	.0488	.0443	.0388	.0363	.0344	.0306	.0260	.0237	.0186	.0187
.35	.0542	.0495	.0423	.0394	.0374	.0333	.0288	.0258	.0209	.0215
.40	.0581	.0528	.0455	.0421	.0396	.0352	.0310	.0275	.0231	.0234
.45	.0603	.0548	.0485	.0446	.0410	.0363	.0323	.0287	.0251	.0246
.50	.0611	.0554	.0513	.0468	.0414	.0367	.0327	.0295	.0269	.0250
.55	.0603	.0548	.0485	.0446	.0410	.0363	.0323	.0287	.0251	.0246
.60	.0580	.0528	.0455	.0421	.0396	.0352	.0310	.0275	.0231	.0234
.65	.0542	.0495	.0423	.0394	.0374	.0333	.0288	.0258	.0209	.0215
.70	.0488	.0443	.0388	.0363	.0344	.0306	.0260	.0237	.0185	.0187
.75	.0425	.0392	.0351	.0330	.0304	.0262	.0229	.0211	.0160	.0152
.80	.0364	.0341	.0312	.0293	.0234	.0218	.0196	.0181	.0132	.0108
.85	.0305	.0290	.0270	.0254	.0177	.0177	.0160	.0147	.0103	.0059
.90	.0248	.0240	.0226	.0212	.0135	.0139	.0122	.0108	.0071	.0023
.95	.0194	.0190	.0180	.0167	.0109	.0103	.0081	.0064	.0038	.0004
1.00	.0141	.0141	.0131	.0119	.0098	.0070	.0038	.0016	.0003	.0000

Auswertung aus Krebs u. Baader: Tafel 64

* bzw. theoretisch ∞

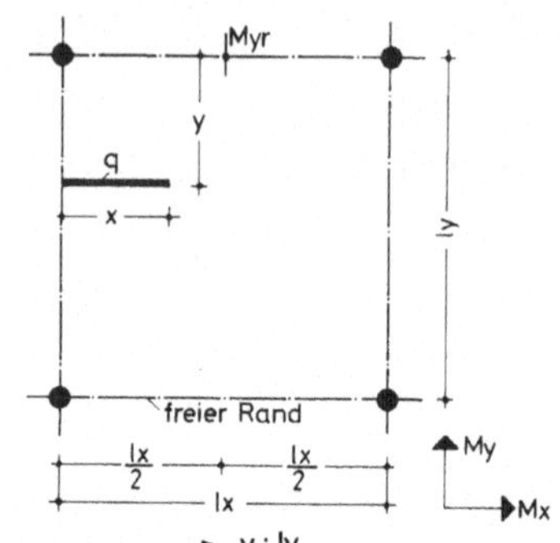

Randfeld einer Flachdecke, punktförmige Auflagerung. Feldmonent Myr in Gurtmitte (1. Innenstützenreihe) aus Linienlast in lx-Richtung.

$\frac{ly}{lx} = 1{,}0$

$\mu = 0$

Faktor = q · lx

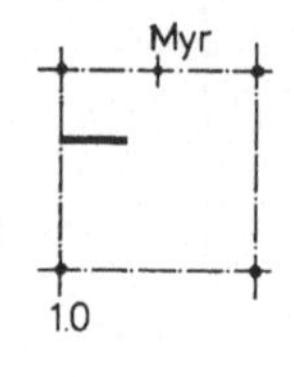

G 1.5.1

y : ly →, x : lx ↓

Spalte											
	0.00	0.05	0.10	0.15	0.20	0.25	0.30	0.35	0.40	0.45	0.50
.05	.0001	.0001	.0001-	.0002-	.0003-	.0005-	.0007-	.0009-	.0011-	.0011-	.0012-
.10	.0005	.0005	.0001	.0002-	.0006-	.0010-	.0014-	.0019-	.0022-	.0024-	.0026-
.15	.0014	.0012	.0006	.0001	.0007-	.0015-	.0021-	.0031-	.0034-	.0038-	.0041-
.20	.0030	.0024	.0014	.0006	.0008-	.0020-	.0029-	.0043-	.0048-	.0052-	.0057-
.25	.0050	.0043	.0025	.0014	.0008-	.0025-	.0038-	.0057-	.0062-	.0069-	.0075-
.30	.0077	.0064	.0040	.0025	.0008-	.0031-	.0048-	.0071-	.0078-	.0086-	.0094-
.35	.0114	.0077	.0061	.0038	.0007-	.0040-	.0059-	.0086-	.0096-	.0107-	.0115-
.40	.0194	.0109	.0088	.0053	.0006-	.0051-	.0072-	.0103-	.0117-	.0129-	.0137-
.45	.0427	.0187	.0120	.0068	.0005-	.0062-	.0090-	.0120-	.0137-	.0152-	.0160-
.50	.0748	.0341	.0155	.0084	.0004-	.0074-	.0104-	.0138-	.0158-	.0175-	.0185-
.55	.1069	.0494	.0189	.0100	.0003-	.0078-	.0118-	.0156-	.0179-	.0196-	.0207-
.60	.1302	.0572	.0221	.0116	.0002-	.0088-	.0133-	.0173-	.0200-	.0219-	.0231-
.65	.1382	.0604	.0248	.0131	.0001-	.0099-	.0147-	.0190-	.0218-	.0241-	.0253-
.70	.1418	.0618	.0269	.0144	.0000	.0109-	.0158-	.0205-	.0236-	.0260-	.0274-
.75	.1445	.0639	.0284	.0155	.0000	.0112-	.0169-	.0220-	.0253-	.0278-	.0293-
.80	.1466	.0657	.0296	.0163	.0000	.0117-	.0178-	.0233-	.0267-	.0295-	.0310-
.85	.1481	.0669	.0303	.0168	.0001-	.0122-	.0186-	.0245-	.0281-	.0310-	.0327-
.90	.1491	.0677	.0308	.0170	.0002-	.0127-	.0193-	.0257-	.0293-	.0323-	.0342-
.95	.1495	.0680	.0310	.0170	.0004-	.0132-	.0199-	.0267-	.0304-	.0335-	.0355-
1.00	.1496	.0681	.0309	.0169	.0008-	.0137-	.0205-	.0276-	.0314-	.0346-	.0367-

y : ly →, x : lx ↓

Spalte											
	0.55	0.60	0.65	0.70	0.75	0.80	0.85	0.90	0.95	1.00	
.05	.0012-	.0012-	.0012-	.0009-	.0010-	.0009-	.0007-	.0005-	.0003-	.0001-	
.10	.0026-	.0026-	.0025-	.0014-	.0020-	.0018-	.0015-	.0010-	.0007-	.0004-	
.15	.0041-	.0041-	.0039-	.0021-	.0032-	.0028-	.0024-	.0016-	.0012-	.0008-	
.20	.0058-	.0057-	.0055-	.0040-	.0045-	.0040-	.0034-	.0024-	.0019-	.0014-	
.25	.0076-	.0075-	.0072-	.0057-	.0060-	.0053-	.0046-	.0036-	.0027-	.0022-	
.30	.0096-	.0094-	.0091-	.0075-	.0076-	.0068-	.0058-	.0048-	.0037-	.0031-	
.35	.0117-	.0115-	.0111-	.0094-	.0093-	.0085-	.0072-	.0062-	.0049-	.0039-	
.40	.0139-	.0137-	.0131-	.0115-	.0111-	.0103-	.0089-	.0077-	.0061-	.0050-	
.45	.0162-	.0160-	.0152-	.0136-	.0130-	.0122-	.0106-	.0093-	.0075-	.0061-	
.50	.0187-	.0183-	.0174-	.0159-	.0151-	.0142-	.0124-	.0109-	.0089-	.0073-	
.55	.0210-	.0207-	.0198-	.0179-	.0171-	.0162-	.0142-	.0126-	.0104-	.0085-	
.60	.0233-	.0229-	.0219-	.0201-	.0190-	.0182-	.0160-	.0142-	.0118-	.0097-	
.65	.0255-	.0251-	.0239-	.0221-	.0208-	.0201-	.0173-	.0158-	.0132-	.0108-	
.70	.0277-	.0272-	.0260-	.0240-	.0225-	.0219-	.0187-	.0173-	.0145-	.0115-	
.75	.0296-	.0291-	.0279-	.0258-	.0241-	.0227-	.0200-	.0187-	.0148-	.0123-	
.80	.0314-	.0309-	.0296-	.0275-	.0257-	.0241-	.0211-	.0188-	.0157-	.0131-	
.85	.0330-	.0325-	.0312-	.0289-	.0270-	.0252-	.0221-	.0197-	.0163-	.0137-	
.90	.0346-	.0340-	.0326-	.0298-	.0281-	.0263-	.0230-	.0203-	.0169-	.0142-	
.95	.0359-	.0353-	.0339-	.0303-	.0292-	.0272-	.0238-	.0208-	.0173-	.0145-	
1.00	.0372-	.0366-	.0351-	.0307-	.0301-	.0280-	.0245-	.0212-	.0175-	.0146-	

Auswertung aus Krebs u. Baader: Tafel 63

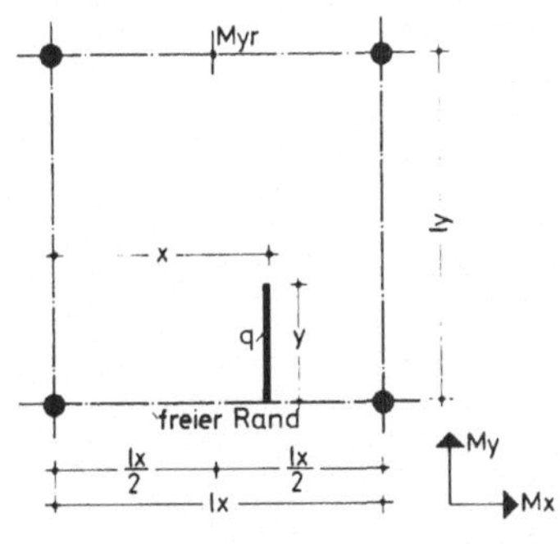

Randfeld einer Flachdecke, punktförmige Auflagerung. Feldmoment Myr in Gurtmitte (1. Innenstützenreihe) aus Linienlast in ly-Richtung.

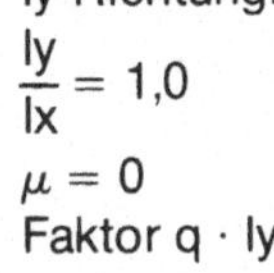

$\frac{ly}{lx} = 1{,}0$

$\mu = 0$

Faktor q · ly

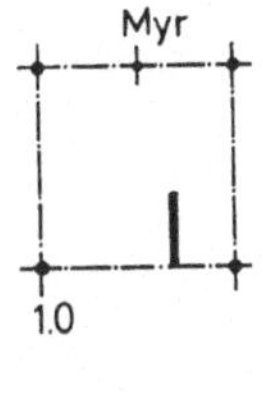

G 1.5.2

→ x : lx, ↓ y : ly

Spalte	0.00	0.05	0.10	0.15	0.20	0.25	0.30	0.35	0.40	0.45	0.50
.05	.0001-	.0003-	.0004-	.0006-	.0008-	.0009-	.0010-	.0011-	.0012-	.0012-	.0013-
.10	.0005-	.0008-	.0010-	.0014-	.0017-	.0020-	.0022-	.0024-	.0026-	.0027-	.0027-
.15	.0011-	.0014-	.0018-	.0024-	.0029-	.0033-	.0035-	.0039-	.0041-	.0044-	.0044-
.20	.0019-	.0023-	.0028-	.0036-	.0042-	.0047-	.0051-	.0056-	.0059-	.0062-	.0063-
.25	.0028-	.0032-	.0040-	.0050-	.0056-	.0063-	.0068-	.0075-	.0078-	.0081-	.0082-
.30	.0037-	.0044-	.0053-	.0064-	.0073-	.0082-	.0087-	.0094-	.0098-	.0103-	.0104-
.35	.0048-	.0057-	.0068-	.0079-	.0091-	.0102-	.0107-	.0114-	.0119-	.0125-	.0127-
.40	.0059-	.0070-	.0083-	.0096-	.0111-	.0123-	.0128-	.0136-	.0142-	.0149-	.0151-
.45	.0071-	.0084-	.0099-	.0114-	.0130-	.0144-	.0149-	.0160-	.0165-	.0173-	.0176-
.50	.0084-	.0098-	.0115-	.0132-	.0150-	.0165-	.0167-	.0183-	.0186-	.0197-	.0201-
.55	.0095-	.0112-	.0130-	.0144-	.0168-	.0185-	.0186-	.0201-	.0209-	.0218-	.0222-
.60	.0107-	.0124-	.0145-	.0158-	.0176-	.0193-	.0203-	.0220-	.0230-	.0239-	.0244-
.65	.0114-	.0130-	.0148-	.0171-	.0189-	.0206-	.0219-	.0237-	.0248-	.0258-	.0263-
.70	.0121-	.0138-	.0157-	.0181-	.0198-	.0216-	.0229-	.0251-	.0264-	.0274-	.0280-
.75	.0127-	.0144-	.0163-	.0183-	.0201-	.0219-	.0235-	.0256-	.0272-	.0284-	.0291-
.80	.0131-	.0148-	.0166-	.0183-	.0200-	.0218-	.0234-	.0256-	.0273-	.0285-	.0294-
.85	.0134-	.0150-	.0163-	.0178-	.0193-	.0209-	.0227-	.0246-	.0264-	.0274-	.0287-
.90	.0135-	.0104-	.0159-	.0169-	.0181-	.0194-	.0208-	.0224-	.0243-	.0253-	.0262-
.95	.0136-	.0035	.0152-	.0157-	.0164-	.0174-	.0179-	.0192-	.0227-	.0229-	.0179-
1.00	.0136-	.0179	.0144-	.0143-	.0144-	.0150-	.0143-	.0150-	.0188-	.0127-	.0173

→ x : lx, ↓ y : ly

Spalte	0.55	0.60	0.65	0.70	0.75	0.80	0.85	0.90	0.95	1.00
.05	.0012-	.0012-	.0011-	.0010-	.0009-	.0008-	.0006-	.0004-	.0003-	.0001-
.10	.0027-	.0026-	.0024-	.0022-	.0020-	.0017-	.0014-	.0010-	.0008-	.0005-
.15	.0044-	.0041-	.0039-	.0035-	.0033-	.0029-	.0024-	.0018-	.0014-	.0011-
.20	.0062-	.0059-	.0056-	.0051-	.0047-	.0042-	.0036-	.0028-	.0023-	.0019-
.25	.0081-	.0078-	.0075-	.0068-	.0063-	.0056-	.0050-	.0040-	.0032-	.0028-
.30	.0103-	.0098-	.0094-	.0087-	.0082-	.0073-	.0064-	.0053-	.0044-	.0037-
.35	.0125-	.0119-	.0114-	.0107-	.0102-	.0091-	.0079-	.0068-	.0057-	.0048-
.40	.0149-	.0142-	.0136-	.0128-	.0123-	.0111-	.0096-	.0083-	.0070-	.0059-
.45	.0173-	.0165-	.0160-	.0149-	.0144-	.0130-	.0114-	.0099-	.0084-	.0071-
.50	.0197-	.0186-	.0183-	.0167-	.0165-	.0150-	.0132-	.0115-	.0098-	.0084-
.55	.0218-	.0209-	.0201-	.0186-	.0185-	.0168-	.0144-	.0130-	.0112-	.0095-
.60	.0239-	.0230-	.0220-	.0203-	.0193-	.0176-	.0158-	.0145-	.0124-	.0107-
.65	.0258-	.0248-	.0237-	.0219-	.0206-	.0189-	.0171-	.0148-	.0130-	.0114-
.70	.0274-	.0264-	.0251-	.0229-	.0216-	.0198-	.0181-	.0157-	.0138-	.0121-
.75	.0284-	.0272-	.0256-	.0235-	.0219-	.0201-	.0183-	.0163-	.0144-	.0127-
.80	.0285-	.0273-	.0256-	.0234-	.0218-	.0200-	.0183-	.0166-	.0148-	.0131-
.85	.0274-	.0264-	.0246-	.0227-	.0209-	.0193-	.0178-	.0163-	.0150-	.0134-
.90	.0253-	.0243-	.0224-	.0208-	.0194-	.0181-	.0169-	.0159-	.0104-	.0135-
.95	.0229-	.0227-	.0192-	.0179-	.0174-	.0164-	.0157-	.0152-	.0035	.0136-
1.00	.0127-	.0188-	.0150-	.0143-	.0150-	.0144-	.0143-	.0144-	.0179	.0136-

Auswertung aus Krebs u. Baader: Tafel 63

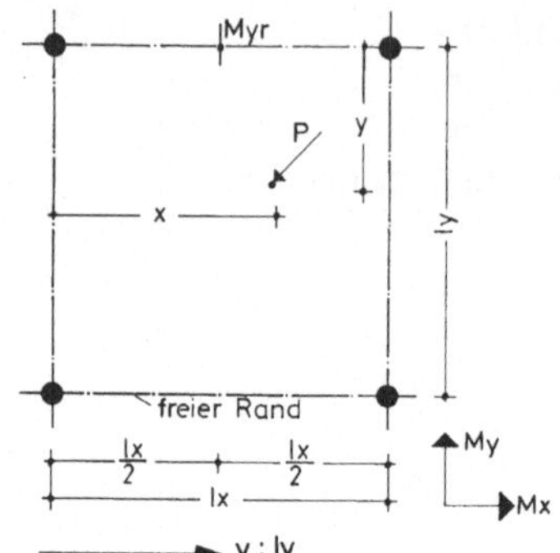

Randfeld einer Flachdecke, punktförmige Auflagerung. Feldmoment Myr in Gurtmitte (1. Innenstützenreihe) aus einer Einzellast.

$\frac{ly}{lx} = 1{,}0$

$\mu = 0$

Faktor = P

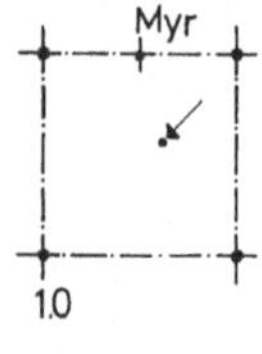

G 1.5.3

y : ly → ; x : lx ↓

Spalte											
	0.00	0.05	0.10	0.15	0.20	0.25	0.30	0.35	0.40	0.45	0.50
.00	.0000	.0013-	.0030-	.0051-	.0075-	.0103-	.0134-	.0169-	.0204-	.0220-	.0230-
.05	.0034	.0043	.0004	.0020-	.0055-	.0101-	.0138-	.0194-	.0220-	.0240-	.0257-
.10	.0140	.0112	.0063	.0021	.0037-	.0100-	.0147-	.0217-	.0239-	.0262-	.0285-
.15	.0250	.0193	.0127	.0073	.0021-	.0100-	.0160-	.0238-	.0261-	.0288-	.0313-
.20	.0360	.0300	.0189	.0136	.0008-	.0100-	.0177-	.0258-	.0285-	.0316-	.0341-
.25	.0470	.0432	.0266	.0194	.0003	.0100-	.0198-	.0277-	.0313-	.0347-	.0371-
.30	.0622	.0292	.0359	.0241	.0011	.0150-	.0223-	.0294-	.0343-	.0380-	.0400-
.35	.0863	.0357	.0468	.0278	.0018	.0185-	.0253-	.0319-	.0377-	.0416-	.0429-
.40	.3189	.1000	.0595	.0304	.0021	.0200-	.0287-	.0342-	.0403-	.0441-	.0452-
.45	.5837	.2221	.0678	.0320	.0023	.0195-	.0290-	.0355-	.0409-	.0452-	.0469-
.50	.6720	.4019	.0706	.0325	.0022	.0169-	.0284-	.0360-	.0411-	.0449-	.0480-
.55	.5837	.2221	.0678	.0320	.0023	.0195-	.0290-	.0355-	.0409-	.0452-	.0469-
.60	.3189	.1000	.0595	.0304	.0021	.0200-	.0287-	.0342-	.0403-	.0441-	.0452-
.65	.0863	.0357	.0468	.0278	.0017	.0185-	.0253-	.0319-	.0377-	.0416-	.0429-
.70	.0622	.0292	.0359	.0241	.0011	.0150-	.0223-	.0294-	.0344-	.0380-	.0400-
.75	.0470	.0432	.0266	.0194	.0003	.0100-	.0198-	.0277-	.0313-	.0347-	.0370-
.80	.0360	.0300	.0189	.0136	.0008-	.0100-	.0177-	.0258-	.0285-	.0316-	.0341-
.85	.0250	.0193	.0127	.0073	.0021-	.0100-	.0160-	.0238-	.0261-	.0288-	.0313-
.90	.0140	.0112	.0063	.0021	.0037-	.0100-	.0147-	.0217-	.0239-	.0262-	.0285-
.95	.0034	.0043	.0004	.0020-	.0055-	.0101-	.0138-	.0194-	.0220-	.0240-	.0257-
1.00	.0000	.0013-	.0030-	.0051-	.0075-	.0103-	.0134-	.0169-	.0204-	.0220-	.0230-

y : ly → ; x : lx ↓

Spalte											
	0.55	0.60	0.65	0.70	0.75	0.80	0.85	0.90	0.95	1.00	
.00	.0234-	.0232-	.0224-	.0210-	.0200-	.0163-	.0131-	.0093-	.0049-	.0000	
.05	.0262-	.0258-	.0249-	.0150-	.0219-	.0180-	.0150-	.0101-	.0071-	.0037-	
.10	.0290-	.0285-	.0275-	.0160-	.0247-	.0200-	.0171-	.0120-	.0095-	.0071-	
.15	.0318-	.0313-	.0303-	.0240-	.0284-	.0223-	.0194-	.0148-	.0122-	.0103-	
.20	.0348-	.0341-	.0330-	.0317-	.0312-	.0250-	.0217-	.0187-	.0150-	.0132-	
.25	.0377-	.0370-	.0359-	.0345-	.0332-	.0279-	.0243-	.0227-	.0180-	.0158-	
.30	.0407-	.0400-	.0389-	.0371-	.0352-	.0313-	.0269-	.0258-	.0212-	.0181-	
.35	.0432-	.0425-	.0404-	.0394-	.0373-	.0344-	.0297-	.0282-	.0239-	.0202-	
.40	.0454-	.0446-	.0417-	.0414-	.0394-	.0366-	.0327-	.0300-	.0258-	.0217-	
.45	.0471-	.0464-	.0438-	.0431-	.0416-	.0380-	.0345-	.0310-	.0270-	.0227-	
.50	.0484-	.0479-	.0467-	.0446-	.0394-	.0384-	.0351-	.0314-	.0274-	.0230-	
.55	.0471-	.0464-	.0438-	.0432-	.0373-	.0380-	.0345-	.0310-	.0270-	.0227-	
.60	.0454-	.0446-	.0417-	.0414-		.0366-	.0327-	.0300-	.0259-	.0218-	
.65	.0432-	.0425-	.0404-	.0394-	.0352-	.0344-	.0297-	.0283-	.0239-	.0202-	
.70	.0407-	.0400-	.0389-	.0371-	.0332-	.0314-	.0269-	.0258-	.0212-	.0181-	
.75	.0377-	.0370-	.0359-	.0346-	.0312-	.0279-	.0243-	.0227-	.0180-	.0158-	
.80	.0348-	.0341-	.0330-	.0317-	.0284-	.0250-	.0217-	.0187-	.0150-	.0132-	
.85	.0318-	.0313-	.0302-	.0240-	.0247-	.0223-	.0194-	.0148-	.0122-	.0103-	
.90	.0290-	.0285-	.0275-	.0160-	.0219-	.0200-	.0171-	.0120-	.0095-	.0071-	
.95	.0262-	.0258-	.0249-	.0150-	.0200-	.0180-	.0150-	.0101-	.0071-	.0037-	
1.00	.0234-	.0232-	.0224-	.0210-	.0190-	.0163-	.0131-	.0093-	.0049-	.0000	

Auswertung aus Krebs u. Baader: Tafel 63

*bzw. theoretisch ∞

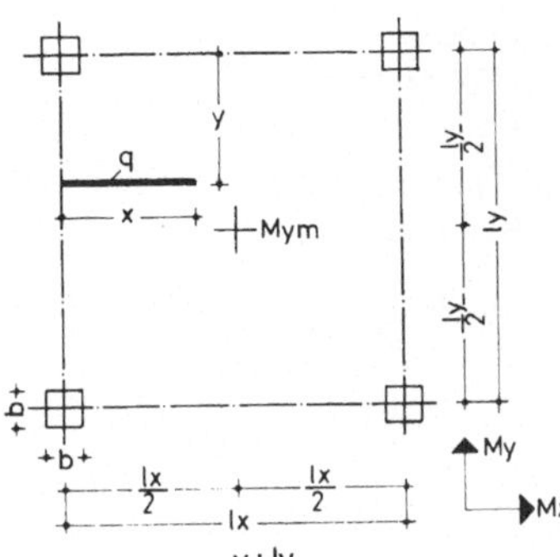

Innenfeld einer Flachdecke.
Feldmoment Mym in Feldmitte aus Linienlast in lx-Richtung.
Tabelle gilt auch für Feldmoment Mxm aus Linienlast in ly-Richtung.

$\frac{ly}{lx} = 1{,}0 \quad \mu = 0 \quad \text{Stütze } \frac{b}{lx} = \frac{b}{ly} = 0{,}1$

$H = \frac{E \cdot J}{l \cdot N} = 0$

Faktor = q · lx bzw. q · ly

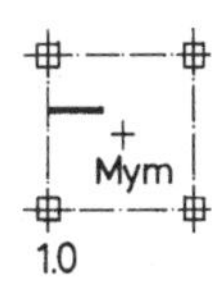

G 2.1.1

y : ly → ; x : lx ↓

Spalte	0.00	0.05	0.10	0.15	0.20	0.25	0.30	0.35	0.40	0.45	0.50
.05	.0000	.0000	.0001	.0006	.0006	.0008	.0010	.0013	.0015	.0016	.0017
.10	.0000	.0001	.0002	.0019	.0012	.0019	.0022	.0030	.0034	.0036	.0037
.15	.0001-	.0001	.0004	.0022	.0020	.0031	.0034	.0050	.0057	.0062	.0063
.20	.0002-	.0002	.0005	.0025	.0028	.0043	.0049	.0073	.0085	.0093	.0096
.25	.0004-	.0002	.0006	.0029	.0037	.0054	.0065	.0099	.0119	.0129	.0133
.30	.0006-	.0001	.0006	.0032	.0045	.0066	.0085	.0129	.0158	.0172	.0181
.35	.0010-	.0005-	.0005	.0035	.0053	.0079	.0104	.0162	.0201	.0233	.0235
.40	.0017-	.0009-	.0003	.0034	.0060	.0091	.0120	.0196	.0244	.0307	.0298
.45	.0023-	.0014-	.0000	.0034	.0060	.0101	.0134	.0224	.0286	.0388	.0394
.50	.0029-	.0019-	.0004-	.0032	.0061	.0111	.0147	.0247	.0325	.0471	.0505
.55	.0036-	.0024-	.0007-	.0030	.0065	.0116	.0160	.0267	.0364	.0523	.0624
.60	.0042-	.0028-	.0010-	.0029	.0069	.0126	.0173	.0303	.0406	.0602	.0703
.65	.0046-	.0033-	.0012-	.0031	.0075	.0138	.0187	.0336	.0450	.0678	.0768
.70	.0050-	.0035-	.0013-	.0033	.0082	.0151	.0203	.0370	.0493	.0747	.0815
.75	.0053-	.0036-	.0013-	.0036	.0090	.0164	.0232	.0397	.0532	.0771	.0873
.80	.0055-	.0036-	.0012-	.0040	.0098	.0174	.0249	.0424	.0566	.0807	.0910
.85	.0056-	.0036-	.0011-	.0045	.0107	.0186	.0263	.0447	.0593	.0839	.0943
.90	.0057-	.0035-	.0009-	.0049	.0115	.0198	.0276	.0467	.0616	.0865	.0969
.95	.0057-	.0035-	.0008-	.0061	.0123	.0209	.0287	.0483	.0634	.0885	.0989
1.00	.0056-	.0034-	.0007-	.0073	.0130	.0218	.0297	.0497	.0649	.0900	.1005

y : ly → ; x : lx ↓

Spalte	0.55	0.60	0.65	0.70	0.75	0.80	0.85	0.90	0.95	1.00
.05	.0016	.0015	.0013	.0010	.0008	.0006	.0006	.0001	.0000	.0000
.10	.0036	.0034	.0030	.0022	.0019	.0012	.0019	.0002	.0001	.0000
.15	.0062	.0057	.0050	.0034	.0031	.0020	.0022	.0004	.0001	.0001-
.20	.0093	.0085	.0073	.0049	.0043	.0028	.0025	.0005	.0002	.0002-
.25	.0129	.0119	.0099	.0065	.0054	.0037	.0029	.0006	.0002	.0004-
.30	.0172	.0158	.0129	.0085	.0066	.0045	.0032	.0006	.0001	.0006-
.35	.0233	.0201	.0162	.0104	.0079	.0053	.0035	.0005	.0005-	.0010-
.40	.0307	.0244	.0196	.0120	.0091	.0060	.0034	.0003	.0009-	.0017-
.45	.0388	.0286	.0224	.0134	.0101	.0060	.0034	.0000	.0014-	.0023-
.50	.0471	.0325	.0247	.0147	.0111	.0061	.0032	.0004-	.0019-	.0029-
.55	.0523	.0364	.0267	.0160	.0116	.0065	.0030	.0007-	.0024-	.0036-
.60	.0602	.0406	.0303	.0173	.0126	.0069	.0029	.0010-	.0028-	.0042-
.65	.0678	.0450	.0336	.0187	.0138	.0075	.0031	.0012-	.0033-	.0046-
.70	.0747	.0493	.0370	.0203	.0151	.0082	.0033	.0013-	.0035-	.0050-
.75	.0771	.0532	.0397	.0232	.0164	.0090	.0036	.0013-	.0036-	.0053-
.80	.0807	.0566	.0424	.0249	.0174	.0098	.0040	.0012-	.0036-	.0055-
.85	.0839	.0593	.0447	.0263	.0186	.0107	.0045	.0011-	.0036-	.0056-
.90	.0865	.0616	.0467	.0276	.0198	.0115	.0049	.0009-	.0035-	.0057-
.95	.0885	.0634	.0483	.0287	.0209	.0123	.0061	.0008-	.0035-	.0057-
1.00	.0900	.0649	.0497	.0297	.0218	.0130	.0073	.0007-	.0034-	.0056-

Auswertung aus Woodring R. E. – Siess C. P.

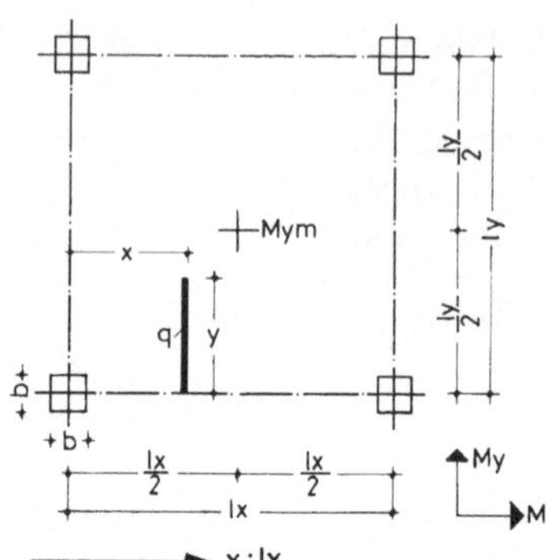

Innenfeld einer Flachdecke.
Feldmoment Mym in Feldmitte aus Linienlast in ly-Richtung.
Tabelle gilt auch für Feldmoment Mxm aus Linienlast in lx-Richtung.

$\frac{ly}{lx} = 1{,}00 \quad \mu = 0 \quad$ Stütze $\frac{b}{lx} = \frac{b}{ly} = 0{,}1$

G 2.1.2

$H = \frac{E \cdot J}{l \cdot N} = 0$

Faktor = q · ly bzw. q · lx

→ x : lx; ↓ y : ly

Spalte										
	0.00	0.05	0.10	0.15	0.20	0.25	0.30	0.35	0.40	0.45
.05	.0000	.0000	.0000	.0000	.0001-	.0002-	.0003-	.0004-	.0005-	.0006-
.10	.0000	.0001	.0001	.0000	.0001-	.0002-	.0005-	.0007-	.0009-	.0010-
.15	.0000	.0003	.0003	.0003	.0002	.0000	.0003-	.0006-	.0010-	.0012-
.20	.0003	.0008	.0008	.0008	.0007	.0006	.0001	.0002-	.0008-	.0012-
.25	.0012	.0015	.0016	.0018	.0018	.0016	.0011	.0006	.0001	.0006-
.30	.0020	.0025	.0029	.0032	.0033	.0032	.0026	.0021	.0013	.0005
.35	.0031	.0039	.0046	.0051	.0055	.0055	.0051	.0048	.0032	.0026
.40	.0044	.0055	.0066	.0074	.0082	.0087	.0084	.0086	.0071	.0058
.45	.0059	.0074	.0089	.0101	.0114	.0125	.0130	.0138	.0128	.0112
.50	.0074	.0094	.0114	.0130	.0149	.0169	.0184	.0202	.0208	.0202
.55	.0086	.0115	.0133	.0154	.0186	.0207	.0231	.0254	.0277	.0291
.60	.0100	.0135	.0155	.0180	.0214	.0246	.0276	.0309	.0334	.0344
.65	.0112	.0154	.0175	.0203	.0241	.0275	.0310	.0343	.0370	.0378
.70	.0124	.0170	.0193	.0222	.0262	.0298	.0334	.0368	.0392	.0398
.75	.0133	.0167	.0207	.0237	.0278	.0314	.0350	.0384	.0405	.0408
.80	.0137	.0174	.0211	.0244	.0288	.0325	.0359	.0392	.0413	.0415
.85	.0141	.0178	.0216	.0249	.0294	.0331	.0364	.0398	.0415	.0415
.90	.0142	.0181	.0218	.0252	.0297	.0333	.0365	.0398	.0414	.0413
.95	.0141	.0181	.0219	.0253	.0297	.0333	.0364	.0395	.0410	.0409
1.00	.0140	.0181	.0219	.0252	.0296	.0331	.0360	.0390	.0405	.0403

→ x : lx; ↓ y : ly

Spalte											
	0.50	0.55	0.60	0.65	0.70	0.75	0.80	0.85	0.90	0.95	1.00
.05	.0006-	.0006-	.0005-	.0004-	.0003-	.0002-	.0001-	.0000	.0000	.0000	.0000
.10	.0011-	.0010-	.0009-	.0007-	.0005-	.0002-	.0001-	.0000	.0001	.0001	.0000
.15	.0013-	.0012-	.0010-	.0006-	.0003-	.0000	.0002	.0003	.0003	.0003	.0000
.20	.0013-	.0012-	.0008-	.0002-	.0001	.0006	.0007	.0008	.0008	.0008	.0003
.25	.0008-	.0006-	.0001	.0006	.0011	.0016	.0018	.0018	.0016	.0015	.0012
.30	.0002	.0005	.0013	.0021	.0026	.0032	.0033	.0032	.0029	.0025	.0020
.35	.0021	.0026	.0032	.0048	.0051	.0055	.0055	.0051	.0046	.0039	.0031
.40	.0050	.0058	.0071	.0086	.0084	.0087	.0082	.0074	.0066	.0055	.0044
.45	.0102	.0112	.0128	.0138	.0130	.0125	.0114	.0101	.0089	.0074	.0059
.50	.0199	.0202	.0208	.0202	.0184	.0169	.0149	.0130	.0114	.0094	.0074
.55	.0295	.0291	.0277	.0254	.0231	.0207	.0186	.0154	.0133	.0115	.0086
.60	.0346	.0344	.0334	.0309	.0276	.0246	.0214	.0180	.0155	.0135	.0100
.65	.0376	.0378	.0370	.0343	.0310	.0275	.0241	.0203	.0175	.0154	.0112
.70	.0395	.0398	.0392	.0368	.0334	.0298	.0262	.0222	.0193	.0170	.0124
.75	.0404	.0408	.0405	.0384	.0350	.0314	.0278	.0237	.0207	.0167	.0133
.80	.0410	.0415	.0413	.0392	.0359	.0325	.0288	.0244	.0211	.0174	.0137
.85	.0410	.0415	.0415	.0398	.0364	.0331	.0294	.0249	.0216	.0178	.0141
.90	.0408	.0413	.0414	.0398	.0365	.0333	.0297	.0252	.0218	.0181	.0142
.95	.0403	.0409	.0410	.0395	.0364	.0333	.0297	.0253	.0219	.0181	.0141
1.00	.0397	.0403	.0405	.0390	.0360	.0331	.0296	.0252	.0219	.0181	.0140

Auswertung aus Woodring R. E. – Siess C. P.

Innenfeld einer Flachdecke.
Feldmoment Mym in Feldmitte aus einer Einzellast.

$\frac{ly}{lx} = 1{,}0$

$\mu = 0$

Stütze $\frac{b}{lx} = \frac{b}{ly} = 0{,}1$

$H = \frac{E \cdot J}{l \cdot N} = 0$

Faktor $= P \cdot 10^{-4}$

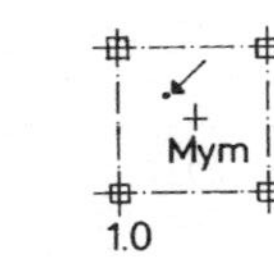

G 2.1.3

y : ly →

x : lx ↓

	0.00	0.05	0.10	0.15	0.20	0.25	0.30	0.35	0.40	0.45
.00	.00C	1.0008	15.0390-	48.1202	98.2420	150.6870	195.2080	231.8850	260.7190	281.7100
.05	3.4769-	6.8057	25.1945	176.4883	123.1180	187.6662	217.1652	297.9353	336.8045	365.9493
.10	10.3545-	8.4342	29.8670	175.3345	141.2353	215.5604	244.0903	364.2546	420.7665	460.4083
.15	20.6329-	3.8849	29.0567	75.2535	152.5940	234.3699	275.9832	430.8430	512.6052	565.0868
.20	34.3121-	6.8425-	22.7635	72.9273	157.1939	244.0944	312.8439	497.7004	614.2036	670.5144
.25	51.3920-	23.7477-	10.9873	63.9528	155.0352	245.4021	354.6725	564.8269	723.3974	812.1656
.30	71.8727-	46.8309-	6.2717-	48.3299	146.1178	245.2905	398.2653	626.1225	815.1515	1000.0000
.35	95.7542-	69.7374-	29.0137-	26.0587	130.4417	234.9432	347.6071	650.0510	889.4658	1304.2387
.40	111.4113-	87.2565-	54.8922-	2.1691-	108.0068	214.3602	311.4226	632.3377	859.6803	1470.3380
.45	119.8810-	99.5704-	69.3910-	19.9377-	58.2839	183.5415	289.7119	541.4690	809.8646	1498.2977
.50	122.7043-	106.6790-	74.2240-	25.8606-	46.5880	142.4870	282.4750	475.3695	758.3320	1388.1180
.55	119.8810-	99.5704-	69.3910-	19.9377-	58.2839	183.5414	289.7119	541.4690	809.8646	1498.2977
.60	111.4113-	87.2565-	54.8922-	2.1691-	108.0068	214.3602	311.4226	632.3377	859.6803	1470.3380
.65	95.7542-	69.7374-	29.0137-	26.0587	130.4416	234.9432	347.6071	650.0510	889.4658	1304.2387
.70	71.8727-	46.8309-	6.2718-	48.3299	146.1178	245.2905	398.2653	626.1224	815.1515	1000.0000
.75	51.3920-	23.7477-	10.9873	63.9528	155.0352	245.4021	354.6725	564.8269	723.3974	812.1656
.80	34.3121-	6.8425-	22.7635	72.9273	157.1939	244.0944	312.8439	497.7004	614.2036	670.5144
.85	20.6329-	3.8849	29.0567	75.2535	152.5940	234.3699	275.9832	430.8430	512.6052	565.0868
.90	10.3545-	8.4343	29.8671	175.3345	141.2353	215.5605	244.0903	364.2546	420.7665	460.4083
.95	3.4769-	6.8057	25.1945	176.4882	123.1180	187.6662	217.1652	297.9353	336.8045	365.9493
1.00	.0000	1.0008-	15.0390	48.1202	98.2420	150.6870	195.2080	231.8850	260.7190	281.7100

Auswertung aus Woodring R. E. – Siess C. P.

→ y : ly

↓ x : lx

x : lx	0.50	0.55	0.60	0.65	0.70	0.75	0.80	0.85	0.90	0.95	1.00
.00	294.8580	281.7100	260.7190	231.8850	195.2080	150.6870	98.2420	48.1202	15.0390-	1.0008-	.0000
.05	374.7489	365.9493	336.8045	297.9353	217.1652	187.6662	123.1180	176.4883	25.1945	6.8057	3.4769-
.10	468.9005	460.4083	420.7665	364.2546	244.0903	215.5604	141.2353	175.3345	29.8670	8.4342	10.3545-
.15	577.3128	565.0868	512.6052	430.8430	275.9832	234.3699	152.5940	75.2535	29.0567	3.8849	20.6329-
.20	696.1144	670.5144	614.2036	497.7004	312.8439	244.0944	157.1939	72.9273	22.7635	6.8425-	34.3121-
.25	845.9187	812.1656	723.3974	564.8269	354.6725	245.4021	155.0352	63.9528	10.9873	23.7477-	51.3920-
.30	1013.4781	1000.0000	815.1515	626.1225	398.2653	245.2905	146.1178	48.3299	6.2717-	46.8309-	71.8727-
.35	1202.9478	1304.2387	889.4658	650.0510	347.6071	234.9432	130.4417	26.0587	29.0137-	69.7374-	95.7542-
.40	1564.9932	1470.3380	859.6803	632.3377	311.4226	214.3602	108.0068	2.1691-	54.8922-	87.2565-	111.4113-
.45	2062.0008	1498.2977	809.8646	541.4690	289.7119	183.5415	58.2839	19.9377-	69.3910-	99.5704-	119.8810-
.50	2236.4970*	1388.1180	758.3320	475.3695	282.4750	142.4870	46.5880	25.8606-	74.2240-	106.6790-	122.7043-
.55	2062.0008	1498.2977	809.8646	541.4690	289.7119	183.5414	58.2839	19.9377-	69.3910-	99.5704-	119.8810-
.60	1564.9932	1470.3380	859.6803	632.3377	311.4226	214.3602	108.0068	2.1691-	54.8922-	87.2565-	111.4113-
.65	1202.9478	1304.2387	889.4658	650.0510	347.6071	234.9432	130.4416	26.0587	29.0137-	69.7374-	95.7542-
.70	1013.4781	1000.0000	815.1515	626.1224	398.2653	245.2905	146.1178	48.3299	6.2718-	46.8309-	71.8727-
.75	845.9187	812.1656	723.3974	564.8269	354.6725	245.4021	155.0352	63.9528	10.9873	23.7477-	51.3920-
.80	696.1144	670.5144	614.2036	497.7004	312.8439	244.0944	157.1939	72.9273	22.7635	6.8425-	34.3121-
.85	577.3128	565.0868	512.6052	430.8430	275.9832	234.3699	152.5940	75.2535	29.0567	3.8849	20.6329-
.90	468.9005	460.4083	420.7665	364.2546	244.0903	215.5605	141.2353	175.3345	29.8671	8.4343	10.3545-
.95	374.7489	365.9493	336.8045	297.9353	217.1652	187.6662	123.1180	176.4882	25.1945	6.8057	3.4769-
1.00	294.8580	281.7100	260.7190	231.8850	195.2080	150.6870	98.2420	48.1202	15.0390	1.0008-	.0000

Auswertung aus Woodring R. E. – Siess C. P.

* bzw. theoretisch ∞

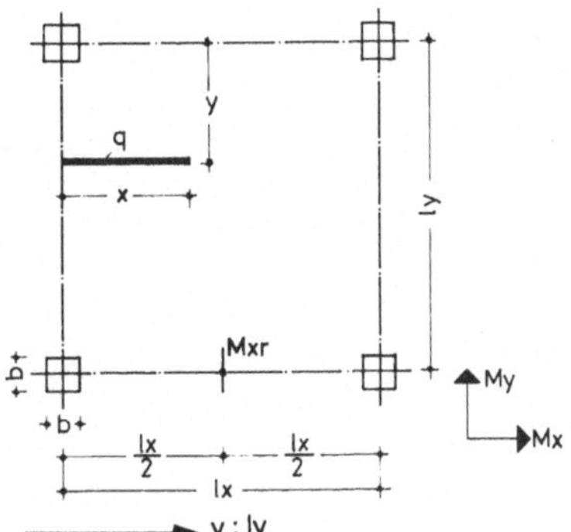

Innenfeld einer Flachdecke.
Feldmoment Mxr in Gurtmitte aus Linienlast in lx-Richtung.

$\frac{ly}{lx} = 1{,}0$

$\mu = 0$

Stütze $\frac{b}{lx} = \frac{b}{ly} = 0{,}1$

$H = \frac{E \cdot J}{l \cdot N} = 0$

Faktor = q · lx

1.0 Mxr

G 2.2.1

y : ly

x : lx

Spalte											
	0.00	0.05	0.10	0.15	0.20	0.25	0.30	0.35	0.40	0.45	
.05	.0000	.0001	.0001	.0001	.0002	.0002	.0002	.0003	.0004	.0004	
.10	.0001	.0002	.0002	.0003	.0004	.0005	.0006	.0007	.0008	.0009	
.15	.0002	.0003	.0004	.0005	.0006	.0008	.0010	.0013	.0015	.0016	
.20	.0003	.0005	.0006	.0007	.0009	.0013	.0017	.0019	.0022	.0025	
.25	.0005	.0007	.0009	.0010	.0014	.0019	.0025	.0028	.0033	.0037	
.30	.0007	.0009	.0012	.0014	.0020	.0026	.0034	.0039	.0045	.0052	
.35	.0009	.0012	.0015	.0020	.0027	.0035	.0044	.0051	.0060	.0070	
.40	.0011	.0015	.0019	.0025	.0034	.0045	.0055	.0064	.0076	.0090	
.45	.0013	.0018	.0023	.0031	.0042	.0055	.0067	.0078	.0093	.0111	
.50	.0016	.0022	.0027	.0038	.0050	.0065	.0079	.0093	.0111	.0132	
.55	.0019	.0025	.0032	.0044	.0059	.0076	.0089	.0108	.0130	.0148	
.60	.0021	.0028	.0036	.0051	.0067	.0086	.0100	.0123	.0148	.0168	
.65	.0024	.0031	.0040	.0057	.0075	.0096	.0111	.0138	.0165	.0187	
.70	.0026	.0034	.0043	.0060	.0082	.0106	.0121	.0151	.0181	.0205	
.75	.0028	.0036	.0046	.0064	.0089	.0114	.0130	.0155	.0195	.0221	
.80	.0029	.0038	.0048	.0067	.0089	.0122	.0138	.0163	.0194	.0234	
.85	.0031	.0040	.0051	.0070	.0092	.0118	.0145	.0170	.0202	.0239	
.90	.0032	.0041	.0052	.0072	.0095	.0121	.0148	.0176	.0208	.0246	
.95	.0032	.0042	.0054	.0073	.0096	.0124	.0151	.0180	.0213	.0251	
1.00	.0033	.0043	.0055	.0074	.0098	.0125	.0153	.0182	.0216	.0254	

y : ly

x : lx

Spalte											
	0.50	0.55	0.60	0.65	0.70	0.75	0.80	0.85	0.90	0.95	1.00
.05	.0004	.0004	.0004	.0004	.0003	.0003	.0002	.0001	.0001	.0001	.0000
.10	.0010	.0010	.0010	.0010	.0009	.0008	.0006	.0002	.0002	.0001	.0000
.15	.0017	.0018	.0020	.0020	.0018	.0015	.0013	.0009	.0004	.0003	.0000
.20	.0028	.0031	.0032	.0032	.0030	.0026	.0023	.0018	.0013	.0009	.0003
.25	.0042	.0046	.0048	.0048	.0047	.0042	.0038	.0031	.0024	.0019	.0015
.30	.0058	.0065	.0068	.0069	.0068	.0066	.0061	.0053	.0044	.0035	.0030
.35	.0078	.0087	.0092	.0094	.0098	.0096	.0091	.0083	.0072	.0061	.0052
.40	.0099	.0111	.0119	.0126	.0133	.0133	.0132	.0128	.0117	.0102	.0093
.45	.0122	.0137	.0148	.0161	.0174	.0179	.0184	.0186	.0182	.0166	.0154
.50	.0147	.0165	.0180	.0199	.0218	.0230	.0244	.0256	.0265	.0261	.0258
.55	.0166	.0188	.0213	.0238	.0256	.0282	.0295	.0330	.0349	.0353	.0362
.60	.0189	.0214	.0241	.0275	.0297	.0333	.0349	.0380	.0413	.0416	.0423
.65	.0210	.0237	.0268	.0298	.0334	.0358	.0387	.0424	.0458	.0458	.0462
.70	.0229	.0259	.0292	.0324	.0358	.0387	.0417	.0455	.0486	.0481	.0486
.75	.0247	.0278	.0312	.0345	.0380	.0410	.0439	.0476	.0506	.0500	.0499
.80	.0261	.0295	.0328	.0361	.0396	.0426	.0454	.0490	.0518	.0510	.0509
.85	.0268	.0303	.0341	.0373	.0408	.0438	.0465	.0498	.0525	.0514	.0513
.90	.0276	.0312	.0349	.0383	.0418	.0445	.0471	.0505	.0529	.0517	.0514
.95	.0281	.0318	.0355	.0389	.0424	.0451	.0476	.0507	.0529	.0517	.0513
1.00	.0285	.0321	.0359	.0393	.0427	.0453	.0477	.0506	.0529	.0517	.0510

Auswertung aus Woodring R. E. – Siess C. P.

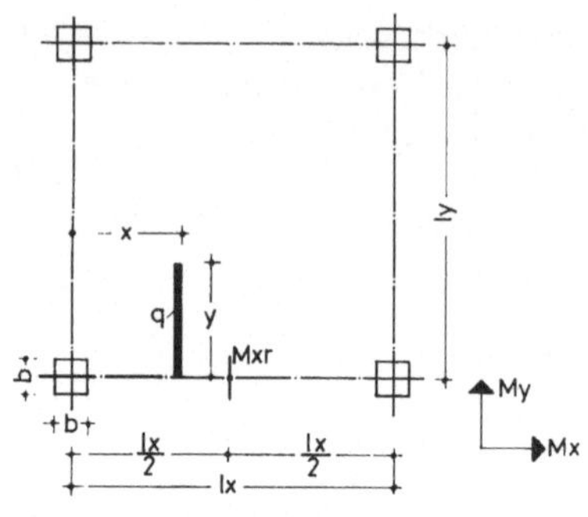

Innenfeld einer Flachdecke.
Feldmoment Mxr in Gurtmitte aus Linienlast in ly-Richtung.

$\frac{ly}{lx} = 1{,}0$

$\mu = 0$

Stütze $\frac{b}{lx} = \frac{b}{ly} = 0{,}1$

$H = \frac{E \cdot J}{l \cdot N} = 0$

Faktor = q · ly

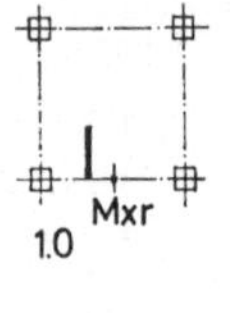

G 2.2.2

x : lx →

y : ly ↓

Spalte											
	0.00	0.05	0.10	0.15	0.20	0.25	0.30	0.35	0.40	0.45	
.05	.0000	.0000	.0001	.0003	.0005	.0013	.0020	.0031	.0048	.0081	
.10	.0001	.0002	.0003	.0008	.0010	.0028	.0043	.0063	.0099	.0164	
.15	.0002	.0004	.0006	.0013	.0022	.0046	.0068	.0098	.0151	.0232	
.20	.0003	.0009	.0009	.0020	.0034	.0065	.0094	.0134	.0200	.0293	
.25	.0005	.0014	.0014	.0028	.0048	.0086	.0120	.0167	.0245	.0345	
.30	.0007	.0019	.0019	.0039	.0063	.0107	.0147	.0199	.0284	.0390	
.35	.0010	.0024	.0025	.0050	.0078	.0128	.0174	.0229	.0319	.0428	
.40	.0013	.0030	.0032	.0061	.0094	.0139	.0199	.0256	.0349	.0460	
.45	.0016	.0035	.0041	.0070	.0109	.0156	.0211	.0281	.0376	.0491	
.50	.0020	.0040	.0049	.0079	.0123	.0171	.0230	.0303	.0399	.0516	
.55	.0024	.0046	.0058	.0088	.0128	.0184	.0246	.0320	.0421	.0538	
.60	.0027	.0051	.0067	.0095	.0137	.0195	.0260	.0336	.0439	.0556	
.65	.0029	.0055	.0075	.0102	.0144	.0206	.0272	.0350	.0454	.0571	
.70	.0032	.0060	.0082	.0108	.0151	.0214	.0282	.0361	.0466	.0583	
.75	.0034	.0063	.0082	.0113	.0156	.0222	.0290	.0370	.0476	.0596	
.80	.0036	.0066	.0086	.0116	.0162	.0228	.0296	.0377	.0484	.0605	
.85	.0037	.0068	.0088	.0119	.0165	.0232	.0303	.0383	.0490	.0612	
.90	.0038	.0069	.0090	.0120	.0168	.0236	.0307	.0390	.0497	.0618	
.95	.0038	.0070	.0091	.0122	.0169	.0238	.0310	.0393	.0502	.0621	
1.00	.0039	.0070	.0092	.0122	.0170	.0239	.0312	.0395	.0505	.0624	

x : lx →

y : ly ↓

Spalte											
	0.50	0.55	0.60	0.65	0.70	0.75	0.80	0.85	0.90	0.95	1.00
.05	.0104	.0081	.0048	.0031	.0020	.0013	.0005	.0003	.0001	.0000	.0000
.10	.0196	.0164	.0099	.0063	.0043	.0028	.0010	.0008	.0003	.0002	.0001
.15	.0274	.0232	.0151	.0098	.0068	.0046	.0022	.0013	.0006	.0004	.0002
.20	.0337	.0293	.0200	.0134	.0094	.0065	.0034	.0020	.0009	.0009	.0003
.25	.0391	.0345	.0245	.0167	.0120	.0086	.0048	.0028	.0014	.0014	.0005
.30	.0436	.0390	.0284	.0199	.0147	.0107	.0063	.0039	.0019	.0019	.0007
.35	.0475	.0428	.0319	.0229	.0174	.0128	.0078	.0050	.0025	.0024	.0010
.40	.0508	.0460	.0349	.0256	.0199	.0139	.0094	.0061	.0032	.0030	.0013
.45	.0539	.0491	.0376	.0281	.0211	.0156	.0109	.0070	.0041	.0035	.0016
.50	.0565	.0516	.0399	.0303	.0230	.0171	.0123	.0079	.0049	.0040	.0020
.55	.0586	.0538	.0421	.0320	.0246	.0184	.0128	.0088	.0058	.0046	.0024
.60	.0604	.0556	.0439	.0336	.0260	.0195	.0137	.0095	.0067	.0051	.0027
.65	.0619	.0571	.0454	.0350	.0272	.0206	.0144	.0102	.0075	.0055	.0029
.70	.0631	.0583	.0466	.0361	.0282	.0214	.0151	.0108	.0082	.0060	.0032
.75	.0645	.0596	.0476	.0370	.0290	.0222	.0156	.0113	.0082	.0063	.0034
.80	.0653	.0605	.0484	.0377	.0296	.0228	.0162	.0116	.0086	.0066	.0036
.85	.0660	.0612	.0490	.0383	.0303	.0232	.0165	.0119	.0088	.0068	.0037
.90	.0665	.0618	.0497	.0390	.0307	.0236	.0168	.0120	.0090	.0069	.0038
.95	.0669	.0621	.0502	.0393	.0310	.0238	.0169	.0122	.0091	.0070	.0038
1.00	.0672	.0624	.0505	.0395	.0312	.0239	.0170	.0122	.0092	.0070	0039

Auswertung aus Woodring R. E. – Siess C. P.

Innenfeld einer Flachdecke.
Feldmoment Mxr in Gurtmitte aus einer Einzellast.

$\frac{ly}{lx} = 1{,}0$

$\mu = 0$

Stütze $\frac{b}{lx} = \frac{b}{ly} = 0{,}1$

$H = \frac{E \cdot J}{l \cdot N} = 0$

Faktor $= P \cdot 10^{-4}$

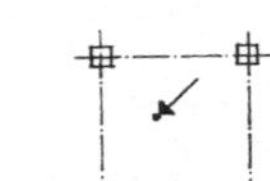

G 2.2.3

y : ly →

x : lx ↓

x:lx \ y:ly	0.00	0.05	0.10	0.15	0.20	0.25	0.30	0.35	0.40	0.45	
.00	.0000	7.4814	14.8957	22.2416	29.5190	36.7290	43.8720	50.9400	57.9520	64.8910	
.05	8.0129	15.4152	22.6973	28.4549	36.2197	45.5912	56.6619	72.9393	83.5473	92.3010	
.10	15.4569	23.0223	30.5517	36.6303	46.8717	60.3805	78.6251	97.6542	112.5174	124.3901	
.15	22.3319	30.3026	38.4589	46.7680	61.4752	81.0968	109.2822	125.0848	144.8625	161.1584	
.20	28.6379	37.2563	46.4188	58.8679	80.0300	108.1244	139.4805	155.2310	180.5826	204.1903	
.25	34.3750	43.8832	54.4314	72.9300	102.3361	135.2380	165.7307	188.0929	224.0891	267.8963	
.30	39.5431	50.1833	62.4968	88.9544	122.2519	157.4219	188.0328	222.4301	266.0402	319.3703	
.35	44.1423	56.1568	70.6150	104.9742	137.7419	174.6761	206.3868	250.0486	298.6689	358.6122	
.40	48.1724	61.8035	78.7859	115.4327	148.8062	187.0005	220.7927	269.7760	321.9751	385.6222	
.45	52.3653	67.1235	87.0096	121.7079	155.4448	194.3951	231.2506	281.6125	335.9588	400.4001	
.50	54.2920	72.1168	95.2860	123.7996	157.6577	196.8600	237.7604	285.5580	340.6200	402.9460	
.55	52.3653	67.1235	87.0096	121.7079	155.4448	194.3951	231.2506	281.6125	335.9588	400.4001	
.60	48.1725	61.8035	78.7859	115.4327	148.8062	187.0005	220.7927	269.7760	321.9750	385.6222	
.65	44.1423	56.1568	70.6150	104.9742	137.7419	174.6761	206.3868	250.0486	298.6689	358.6122	
.70	39.5431	50.1833	62.4968	88.9543	122.2519	157.4219	188.0328	222.4301	266.0402	319.3703	
.75	34.3750	43.8832	54.4314	72.9300	102.3361	135.2380	165.7307	188.0929	224.0891	267.8963	
.80	28.6379	37.2563	46.4188	58.8679	80.0300	108.1244	139.4805	155.2311	180.5825	204.1903	
.85	22.3319	30.3027	38.4589	46.7680	61.4752	81.0968	109.2822	125.0848	144.8625	161.1584	
.90	15.4569	23.0223	30.5517	36.6303	46.8717	60.3805	78.6251	97.6542	112.5174	124.3901	
.95	8.0129	15.4152	22.6974	28.4549	36.2197	45.5912	56.6619	72.9393	83.5473	92.3010	
1.00	.0000	7.4815	14.8957	22.2416	29.5190	36.7290	43.8720	50.9400	57.9520	64.8910	

Auswertung aus Woodring R. E. – Siess C. P.

→ y : ly

↓ x : lx

	0.50	0.55	0.60	0.65	0.70	0.75	0.80	0.85	0.90	0.95	1.00
.00	71.7620	76.8430	67.2850	57.9810	48.9330	40.1400	31.6010	23.3180	15.2900	7.5170	.0000
.05	96.7998	103.4109	105.5705	103.5712	92.0735	71.7202	52.6139	25.9312	17.8235	14.8777	2.1220-
.10	131.9645	143.5556	151.2118	154.0531	144.0432	127.2474	103.7556	71.0460	45.0912	34.4449	18.4265
.15	177.2560	197.2770	205.9959	212.0061	205.8067	194.2870	174.6652	142.8618	97.0930	66.2186	61.6455
.20	239.1463	271.4068	284.9209	289.5079	290.7504	279.0336	260.6811	231.7791	187.3349	129.3053	127.5351
.25	300.9789	338.1704	361.2025	374.5236	388.9720	381.4871	361.8034	344.1150	305.4032	267.9716	220.5632
.30	353.6377	396.7606	434.8408	467.0531	500.4714	519.3676	516.7021	509.1807	463.5897	404.3858	377.5998
.35	397.1227	447.1775	505.8357	567.0965	629.1928	671.8768	706.8973	741.1616	726.7483	654.9462	589.2460
.40	431.4339	489.4210	574.1874	658.1937	750.6473	833.2703	925.8648	1009.8811	1055.2853	977.4828	943.5623
.45	456.5714	523.4912	620.1249	712.4512	823.5253	946.7586	1088.3329	1299.8924	1539.1711	1638.9922	1573.3333
.50	472.5350	549.3880	632.7160	730.5370	847.8270	984.5880	1157.4170	1381.2600	1739.0620	1920.0410	2285.1700*
.55	456.5714	523.4912	620.1249	712.4512	823.5253	946.7586	1088.3329	1299.8924	1539.1711	1638.9922	1573.3333
.60	431.4339	489.4210	574.1874	658.1937	750.6473	833.2703	925.8648	1009.8811	1055.2853	977.4828	943.5623
.65	397.1227	447.1775	505.8357	567.0965	629.1928	671.8768	706.8973	741.1616	726.7483	654.9462	589.2460
.70	353.6377	396.7606	434.8408	467.0531	500.4714	519.3676	516.7021	509.1807	463.5897	404.3857	377.5998
.75	300.9788	338.1704	361.2025	374.5236	388.9720	381.4871	361.8034	344.1150	305.4032	267.9716	220.5633
.80	239.1462	271.4068	284.9209	289.5079	290.7504	279.0336	260.6811	231.7791	187.3349	129.3053	127.5351
.85	177.2560	197.2770	205.9959	212.0061	205.8067	194.2870	174.6652	142.8618	97.0930	66.2186	61.6455
.90	131.9645	143.5556	151.2118	154.0531	144.0432	127.2474	103.7556	71.0460	45.0912	34.4449	18.4265
.95	96.7998	103.4109	105.5705	103.5712	92.0735	71.7202	52.6139	25.9312	17.8235	14.8777	2.1220-
1.00	71.7620	76.8430	67.2850	57.9810	48.9330	40.1400	31.6010	23.3180	15.2900	7.5170	.0000

Auswertung aus Woodring R. E. – Siess C. P.

* bzw. theoretisch ∞

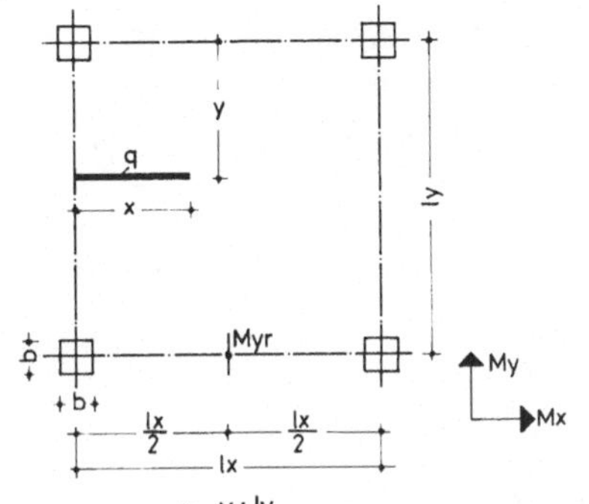

Innenfeld einer Flachdecke.
Moment Myr in Gurtmitte aus Linienlast in lx-Richtung.

$\frac{ly}{lx} = 1{,}0$

$\mu = 0$

Stütze $\frac{b}{lx} = \frac{b}{ly} = 0{,}1$

$H = \frac{E \cdot J}{l \cdot N} = 0$

Faktor = q · lx

1.0 Myr

G 2.3.1

y : ly →

x : lx ↓

Spalte											
	0.00	0.05	0.10	0.15	0.20	0.25	0.30	0.35	0.40	0.45	
.05	.0000	.0001-	.0002-	.0003-	.0004-	.0004-	.0005-	.0006-	.0007-	.0007-	
.10	.0001-	.0003-	.0005-	.0006-	.0008-	.0009-	.0010-	.0014-	.0015-	.0016-	
.15	.0002-	.0006-	.0008-	.0011-	.0013-	.0015-	.0017-	.0022-	.0025-	.0027-	
.20	.0003-	.0009-	.0012-	.0015-	.0018-	.0022-	.0024-	.0033-	.0036-	.0039-	
.25	.0005-	.0013-	.0016-	.0021-	.0024-	.0031-	.0037-	.0045-	.0049-	.0053-	
.30	.0007-	.0017-	.0021-	.0027-	.0032-	.0042-	.0048-	.0058-	.0064-	.0069-	
.35	.0009-	.0022-	.0027-	.0033-	.0040-	.0053-	.0062-	.0073-	.0080-	.0086-	
.40	.0012-	.0027-	.0033-	.0041-	.0051-	.0066-	.0076-	.0089-	.0097-	.0105-	
.45	.0016-	.0032-	.0040-	.0049-	.0062-	.0079-	.0091-	.0106-	.0115-	.0125-	
.50	.0019-	.0038-	.0047-	.0057-	.0072-	.0092-	.0106-	.0123-	.0134-	.0146-	
.55	.0023-	.0043-	.0054-	.0066-	.0083-	.0103-	.0119-	.0138-	.0153-	.0165-	
.60	.0027-	.0048-	.0060-	.0074-	.0094-	.0116-	.0133-	.0155-	.0172-	.0185-	
.65	.0030-	.0053-	.0066-	.0081-	.0103-	.0128-	.0147-	.0171-	.0187-	.0204-	
.70	.0032-	.0058-	.0072-	.0088-	.0112-	.0140-	.0161-	.0186-	.0203-	.0221-	
.75	.0034-	.0062-	.0077-	.0094-	.0119-	.0149-	.0173-	.0200-	.0218-	.0237-	
.80	.0036-	.0066-	.0081-	.0099-	.0126-	.0158-	.0182-	.0210-	.0231-	.0251-	
.85	.0037-	.0069-	.0085-	.0104-	.0131-	.0165-	.0191-	.0220-	.0242-	.0263-	
.90	.0038-	.0071-	.0089-	.0108-	.0136-	.0171-	.0198-	.0229-	.0252-	.0274-	
.95	.0039-	.0074-	.0091-	.0112-	.0140-	.0176-	.0203-	.0237-	.0260-	.0282-	
1.00	.0039-	.0075-	.0094-	.0115-	.0143-	.0180-	.0207-	.0243-	.0267-	.0290-	

y : ly →

x : lx ↓

Spalte											
	0.50	0.55	0.60	0.65	0.70	0.75	0.80	0.85	0.90	0.95	1.00
.05	.0007-	.0007-	.0007-	.0006-	.0005-	.0004-	.0003-	.0002-	.0001-	.0001-	.0000
.10	.0016-	.0016-	.0015-	.0014-	.0012-	.0008-	.0006-	.0004-	.0002-	.0001-	.0000
.15	.0027-	.0027-	.0025-	.0023-	.0019-	.0013-	.0008-	.0005-	.0000	.0000	.0002
.20	.0040-	.0039-	.0037-	.0033-	.0028-	.0018-	.0011-	.0004-	.0005	.0005	.0007
.25	.0054-	.0054-	.0051-	.0045-	.0037-	.0025-	.0013-	.0002-	.0012	.0013	.0017
.30	.0070-	.0070-	.0067-	.0059-	.0050-	.0032-	.0016-	.0001	.0022	.0027	.0033
.35	.0088-	.0089-	.0084-	.0076-	.0064-	.0045-	.0019-	.0006	.0034	.0060	.0073
.40	.0108-	.0109-	.0104-	.0094-	.0080-	.0058-	.0026-	.0009	.0047	.0093	.0112
.45	.0128-	.0130-	.0125-	.0115-	.0098-	.0072-	.0036-	.0010	.0061	.0134	.0168
.50	.0150-	.0153-	.0148-	.0137-	.0118-	.0088-	.0049-	.0009	.0076	.0179	.0268
.55	.0172-	.0175-	.0170-	.0158-	.0139-	.0105-	.0058-	.0008	.0092	.0225	.0358
.60	.0193-	.0196-	.0191-	.0178-	.0155-	.0118-	.0069-	.0009	.0107	.0270	.0418
.65	.0212-	.0216-	.0211-	.0196-	.0171-	.0130-	.0072-	.0012	.0121	.0311	.0453
.70	.0230-	.0234-	.0229-	.0213-	.0185-	.0141-	.0076-	.0016	.0135	.0309	.0491
.75	.0246-	.0251-	.0244-	.0226-	.0197-	.0149-	.0079-	.0020	.0146	.0326	.0511
.80	.0261-	.0265-	.0258-	.0239-	.0207-	.0156-	.0082-	.0021	.0156	.0336	.0523
.85	.0273-	.0278-	.0270-	.0249-	.0216-	.0161-	.0084-	.0022	.0144	.0340	.0529
.90	.0284-	.0288-	.0280-	.0258-	.0223-	.0166-	.0086-	.0021	.0146	.0341	.0529
.95	.0292-	.0297-	.0288-	.0265-	.0229-	.0169-	.0088-	.0019	.0146	.0338	.0527
1.00	.0300-	.0304-	.0295-	.0271-	.0234-	.0173-	.0090-	.0017	.0144	.0334	.0523

Auswertung aus Woodring R. E. – Siess C. P.

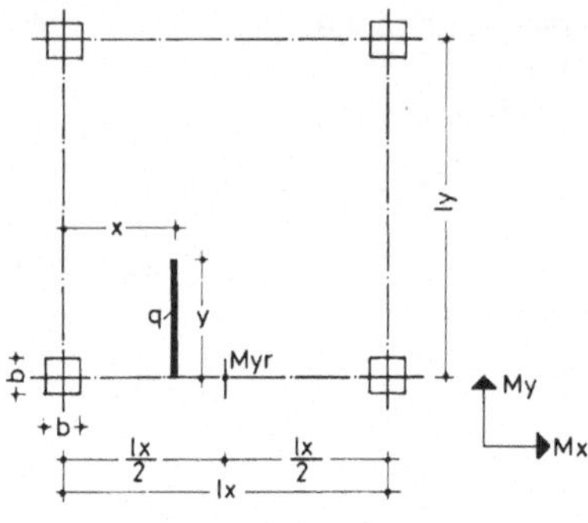

Innenfeld einer Flachdecke.
Moment Myr in Gurtmitte aus Linienlast in ly-Richtung.

$\frac{ly}{lx} = 1{,}00$

$\mu = 0$

Stütze $\frac{b}{lx} = \frac{b}{ly} = 0{,}1$

$H = \frac{E \cdot J}{l \cdot N} = 0$

Faktor = q · ly

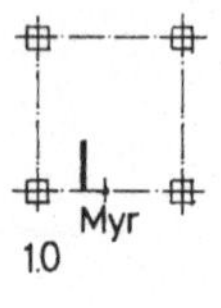

G 2.3.2

x : lx →

y : ly ↓

Spalte	0.00	0.05	0.10	0.15	0.20	0.25	0.30	0.35	0.40	0.45	
.05	.0001-	.0000	.0002	.0005	.0009	.0014	.0021	.0031	.0046	.0061	
.10	.0002-	.0000	.0003	.0009	.0017	.0025	.0035	.0056	.0075	.0093	
.15	.0004-	.0000	.0003	.0010	.0021	.0032	.0042	.0066	.0083	.0101	
.20	.0008-	.0001-	.0002	.0008	.0019	.0032	.0044	.0067	.0083	.0097	
.25	.0012-	.0003-	.0001-	.0004	.0015	.0027	.0038	.0058	.0071	.0084	
.30	.0017-	.0010-	.0009-	.0003-	.0006	.0018	.0027	.0045	.0056	.0067	
.35	.0022-	.0017-	.0016-	.0012-	.0003-	.0006	.0013	.0028	.0037	.0047	
.40	.0028-	.0024-	.0025-	.0022-	.0016-	.0008-	.0004-	.0011	.0017	.0025	
.45	.0034-	.0032-	.0035-	.0033-	.0029-	.0023-	.0023-	.0006-	.0003-	.0003	
.50	.0041-	.0041-	.0046-	.0045-	.0043-	.0039-	.0038-	.0024-	.0023-	.0019-	
.55	.0047-	.0048-	.0053-	.0057-	.0055-	.0054-	.0056-	.0043-	.0042-	.0038-	
.60	.0053-	.0055-	.0061-	.0069-	.0068-	.0069-	.0072-	.0061-	.0061-	.0058-	
.65	.0058-	.0061-	.0069-	.0077-	.0080-	.0082-	.0086-	.0077-	.0078-	.0075-	
.70	.0063-	.0067-	.0076-	.0086-	.0090-	.0094-	.0100-	.0091-	.0093-	.0091-	
.75	.0068-	.0072-	.0082-	.0093-	.0099-	.0104-	.0111-	.0103-	.0106-	.0104-	
.80	.0072-	.0077-	.0087-	.0099-	.0106-	.0113-	.0121-	.0114-	.0117-	.0116-	
.85	.0075-	.0080-	.0091-	.0104-	.0112-	.0120-	.0129-	.0123-	.0126-	.0126-	
.90	.0077-	.0083-	.0094-	.0107-	.0116-	.0125-	.0135-	.0130-	.0135-	.0134-	
.95	.0079-	.0085-	.0096-	.0109-	.0119-	.0129-	.0140-	.0136-	.0141-	.0141-	
1.00	.0080-	.0086-	.0097-	.0111-	.0121-	.0131-	.0143-	.0140-	.0146-	.0147-	

x : lx →

y : ly ↓

Spalte	0.50	0.55	0.60	0.65	0.70	0.75	0.80	0.85	0.90	0.95	1.00
.05	.0079	.0061	.0046	.0031	.0021	.0014	.0009	.0005	.0002	.0000	.0001-
.10	.0105	.0093	.0075	.0056	.0035	.0025	.0017	.0009	.0003	.0000	.0002-
.15	.0111	.0101	.0083	.0066	.0042	.0032	.0021	.0010	.0003	.0000	.0004-
.20	.0104	.0097	.0083	.0067	.0044	.0032	.0019	.0008	.0002	.0001-	.0008-
.25	.0090	.0084	.0071	.0058	.0038	.0027	.0015	.0004	.0001-	.0003-	.0012-
.30	.0072	.0067	.0056	.0045	.0027	.0018	.0006	.0003-	.0009-	.0010-	.0017-
.35	.0051	.0047	.0037	.0028	.0013	.0006	.0003-	.0012-	.0016-	.0017-	.0022-
.40	.0027	.0025	.0017	.0011	.0004-	.0008-	.0016-	.0022-	.0025-	.0024-	.0028-
.45	.0003	.0003	.0003-	.0006-	.0023-	.0023-	.0029-	.0033-	.0035-	.0032-	.0034-
.50	.0022-	.0019-	.0023-	.0024-	.0038-	.0039-	.0043-	.0045-	.0046-	.0041-	.0041-
.55	.0046-	.0038-	.0042-	.0043-	.0056-	.0054-	.0055-	.0057-	.0053-	.0048-	.0047-
.60	.0058-	.0058-	.0061-	.0061-	.0072-	.0069-	.0068-	.0069-	.0061-	.0055-	.0053-
.65	.0076-	.0075-	.0078-	.0077-	.0086-	.0082-	.0080-	.0077-	.0069-	.0061-	.0058-
.70	.0092-	.0091-	.0093-	.0091-	.0100-	.0094-	.0090-	.0086-	.0076-	.0067-	.0063-
.75	.0106-	.0104-	.0106-	.0103-	.0111-	.0104-	.0099-	.0093-	.0082-	.0072-	.0068-
.80	.0117-	.0116-	.0117-	.0114-	.0121-	.0113-	.0106-	.0099-	.0087-	.0077-	.0072-
.85	.0127-	.0126-	.0126-	.0123-	.0129-	.0120-	.0112-	.0104-	.0091-	.0080-	.0075-
.90	.0135-	.0134-	.0135-	.0130-	.0135-	.0125-	.0116-	.0107-	.0094-	.0083-	.0077-
.95	.0142-	.0141-	.0141-	.0136-	.0140-	.0129-	.0119-	.0109-	.0096-	.0085-	.0079-
1.00	.0147-	.0147-	.0146-	.0140-	.0143-	.0131-	.0121-	.0111-	.0097-	.0086-	.0080-

Auswertung aus Woodring R. E. – Siess C. P.

Moment Myr in Gurtmitte aus einer Einzellast.

$\frac{ly}{lx} = 1,0$

$\mu = 0$

Stütze $\frac{b}{lx} = \frac{b}{ly} = 0,1$

$H = \frac{E \cdot J}{l \cdot N} = 0$

Faktor $= P \cdot 10^{-4}$

G 2.3.3

y : ly

x : lx

	0.00	0.05	0.10	0.15	0.20	0.25	0.30	0.35	0.40	0.45
.00	.0000	18.4550-	35.8460-	52.1790-	67.4520-	81.6650-	94.8175-	106.9100-	117.9420-	127.9140-
.05	7.2825-	31.9999-	47.9007-	64.4828-	77.8750-	94.5852-	103.1603-	135.5545-	148.5506-	161.0190-
.10	14.7657-	44.6881-	59.7618-	76.8672-	90.5051-	111.7539-	122.5249-	164.4064-	179.9330-	194.8810-
.15	22.4495-	56.5196-	71.4295-	89.3321-	105.3421-	133.1711-	152.9112-	193.4658-	212.0890-	229.5001-
.20	30.3339-	67.4945-	82.9036-	101.8776-	122.3861-	158.8370-	194.3192-	222.7325-	245.0188-	263.8961-
.25	38.4190-	77.6127-	94.1841-	114.5036-	141.6371-	188.7513-	224.8774-	252.4364-	277.4085-	297.4755-
.30	46.7047-	86.8743-	105.2712-	127.2102-	163.0951-	216.3404-	248.7244-	281.6771-	306.7116-	331.5176-
.35	55.1911-	95.2792-	116.1647-	139.9973-	186.7601-	235.6469-	267.8883-	304.5755-	332.8658-	362.5764-
.40	63.8781-	102.8275-	126.8646-	152.8650-	204.1168-	248.2224-	282.3689-	321.1318-	354.8026-	384.8933-
.45	72.7657-	109.5191-	137.3711-	165.8132-	209.8920-	254.0671-	292.1664-	331.3460-	367.3662-	400.5592-
.50	81.8540-	115.3540-	147.6840-	178.8420-	211.8170-	253.1810-	297.2807-	335.2180-	371.5540-	409.5740-
.55	72.7657-	109.5191-	137.3711-	165.8132-	209.8920-	254.0671-	292.1664-	331.3460-	367.3662-	400.5592-
.60	63.8781-	102.8275-	126.8646-	152.8650-	204.1168-	248.2224-	282.3689-	321.1318-	354.8026-	384.8933-
.65	55.1911-	95.2792-	116.1647-	139.9973-	186.7601-	235.6469-	267.8883-	304.5755-	332.8658-	362.5764-
.70	46.7047-	86.8743-	105.2712-	127.2102-	163.0951-	216.3404-	248.7244-	281.6771-	306.7116-	331.5176-
.75	38.4190-	77.6127-	94.1841-	114.5036-	141.6371-	188.7513-	224.8774-	252.4364-	277.4085-	297.4755-
.80	30.3339-	67.4945-	82.9036-	101.8776-	122.3861-	158.8370-	194.3192-	222.7325-	245.0188-	263.8961-
.85	22.4495-	56.5196-	71.4295-	89.3321-	105.3421-	133.1711-	152.9112-	193.4658-	212.0890-	229.5001-
.90	14.7657-	44.6880-	59.7618-	76.8672-	90.5051-	111.7539-	122.5249-	164.4064-	179.9330-	194.8810-
.95	7.2825-	31.9998-	47.9007-	64.4828-	77.8750-	94.5852-	103.1603-	135.5545-	148.5506-	161.0190-
1.00	.0000	18.4550-	35.8460-	52.1790-	67.4520-	81.6650-	94.8175-	106.9100-	117.9420-	127.9140-

Auswertung aus Woodring R. E. – Siess C. P.

→ y : ly

↓ x : lx

	0.50	0.55	0.60	0.65	0.70	0.75	0.80	0.85	0.90	0.95	1.00
.00	136.8260-	129.3100-	120.4230-	110.1670-	98.5390-	85.5420-	71.1750-	55.4360-	38.3280-	19.8490-	.0000
.05	163.9292-	161.9377-	151.4920-	136.6944-	116.6313-	85.3480-	59.8814-	39.3353-	14.3407-	9.6441-	2.9687
.10	195.0180-	195.8626-	183.9814-	164.6783-	137.9376-	92.1588-	53.0510-	20.5157-	19.2277	24.8161	36.6983
.15	230.0926-	231.0846-	217.8914-	194.1189-	162.4580-	105.9743-	50.6839-	1.0225	62.3771	83.5317	101.1887
.20	269.4271-	270.2787-	253.7918-	225.0161-	190.1923-	126.7945-	52.7802-	25.2796	115.0819	166.5026	196.4400
.25	308.5899-	311.5336-	295.6731-	261.2054-	221.1406-	154.6194-	59.3397-	52.2554	165.4152	273.7289	322.4521
.30	345.7052-	350.9285-	336.7096-	307.9857-	256.2552-	189.4491-	70.3625-	81.9500	206.5970	405.2106	479.2251
.35	374.1390-	381.2841-	375.1579-	349.4220-	299.3414-	227.2222-	85.8486-	82.0701	238.6272	571.1373	681.8756
.40	400.0000-	410.1856-	408.4575-	390.1080-	344.4742-	264.4444-	133.5763-	40.3156	261.5060	720.7088	1024.5192
.45	424.2113-	437.6329-	436.7829-	419.1052-	380.2061-	302.4115-	217.0051-	1.9001-	275.2332	810.4517	1511.9114
.50	446.7730-	463.6260-	460.1340-	436.2960-	392.1140-	328.7500-	234.9320-	44.5770-	279.8090	840.3660	2010.0400*
.55	424.2113-	437.6329-	436.7829-	419.1052-	380.2061-	302.4115-	217.0051-	1.9001-	275.2332	810.4517	1511.9114
.60	400.0000-	410.1856-	408.4575-	390.1080-	344.4742-	264.4444-	133.5763-	40.3156	261.5060	720.7088	1024.5192
.65	374.1390-	381.2841-	375.1579-	349.2086-	299.3414-	227.2222-	85.8486-	82.0701	238.6272	571.1373	681.8756
.70	345.7052-	350.9285-	336.7096-	300.0000-	256.2552-	189.4491-	70.3625-	81.9500	206.5969	405.2106	479.2251
.75	308.5899-	311.5336-	295.6731-	258.3052-	221.1406-	154.6194-	59.3397-	52.2554	165.4152	273.7289	322.4521
.80	269.4271-	270.2787-	253.7918-	225.0161-	190.1923-	126.7945-	52.7802-	25.2796	115.0819	166.5026	196.4400
.85	230.0926-	231.0846-	217.8914-	194.1189-	162.4580-	105.9743-	50.6840-	1.0225	62.3771	83.5317	101.1887
.90	195.0180-	195.8626-	183.9814-	164.6783-	137.9376-	92.1588-	53.0510-	20.5158-	19.2277	24.8161	36.6983
.95	163.9292-	161.9377-	151.4919-	136.6944-	116.6313-	85.3480-	59.8814-	39.3353-	14.3407-	9.6441-	2.9687
1.00	136.8260-	129.3100-	120.4230-	110.1670-	98.5390-	85.5420-	71.1750-	55.4360-	38.3280-	19.8490-	.0000

Auswertung aus Woodring R. E. – Siess C. P.

* bezw. theoretisch ∞

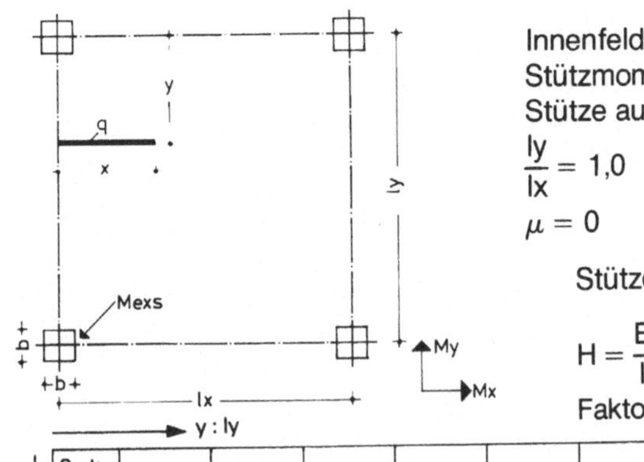

Innenfeld einer Flachdecke.
Stützmoment Mexs am Anschnitt der Stütze aus Linienlast in lx-Richtung.

Mexs
1.0

G 2.4.1

$$\frac{ly}{lx} = 1{,}0$$

$$\mu = 0$$

$$\text{Stütze } \frac{b}{lx} = \frac{b}{ly} = 0{,}1$$

$$H = \frac{E \cdot J}{l \cdot N} = 0$$

Faktor = q · lx

y : ly →

x : lx ↓

Spalte	0.00	0.05	0.10	0.15	0.20	0.25	0.30	0.35	0.40	0.45	0.50
.05	.0000	.0000	.0001-	.0002-	.0003-	.0005-	.0007-	.0010-	.0011-	.0018-	.0021-
.10	.0001-	.0001-	.0004-	.0006-	.0009-	.0013-	.0018-	.0025-	.0027-	.0048-	.0056-
.15	.0002-	.0002-	.0009-	.0012-	.0018-	.0025-	.0034-	.0051-	.0060-	.0088-	.0099-
.20	.0003-	.0003-	.0015-	.0020-	.0029-	.0041-	.0057-	.0083-	.0094-	.0132-	.0133-
.25	.0005-	.0007-	.0022-	.0030-	.0043-	.0062-	.0093-	.0119-	.0130-	.0163-	.0180-
.30	.0007-	.0010-	.0031-	.0042-	.0059-	.0095-	.0129-	.0157-	.0169-	.0208-	.0234-
.35	.0009-	.0015-	.0041-	.0056-	.0079-	.0125-	.0168-	.0198-	.0209-	.0260-	.0294-
.40	.0011-	.0022-	.0052-	.0072-	.0101-	.0155-	.0209-	.0239-	.0251-	.0315-	.0357-
.45	.0013-	.0029-	.0064-	.0091-	.0125-	.0186-	.0250-	.0281-	.0291-	.0371-	.0421-
.50	.0014-	.0036-	.0075-	.0111-	.0154-	.0217-	.0288-	.0321-	.0333-	.0427-	.0484-
.55	.0014-	.0044-	.0089-	.0130-	.0179-	.0247-	.0309-	.0347-	.0374-	.0461-	.0522-
.60	.0013-	.0050-	.0102-	.0146-	.0200-	.0278-	.0342-	.0383-	.0413-	.0504-	.0571-
.65	.0012-	.0053-	.0110-	.0159-	.0218-	.0307-	.0374-	.0419-	.0450-	.0545-	.0615-
.70	.0010-	.0059-	.0120-	.0170-	.0232-	.0332-	.0405-	.0453-	.0486-	.0583-	.0655-
.75	.0008-	.0064-	.0129-	.0179-	.0243-	.0350-	.0432-	.0486-	.0519-	.0618-	.0690-
.80	.0006-	.0069-	.0138-	.0186-	.0252-	.0363-	.0452-	.0512-	.0550-	.0650-	.0723-
.85	.0003-	.0068-	.0147-	.0192-	.0259-	.0371-	.0465-	.0531-	.0575-	.0681-	.0752-
.90	.0001-	.0067-	.0154-	.0197-	.0265-	.0377-	.0473-	.0542-	.0590-	.0701-	.0782-
.95	.0001	.0065-	.0160-	.0200-	.0269-	.0380-	.0477-	.0548-	.0597-	.0710-	.0793-
1.00	.0003	.0063-	.0164-	.0204-	.0273-	.0383-	.0480-	.0551-	.0600-	.0715-	.0797-

y : ly →

x : lx ↓

Spalte	0.55	0.60	0.65	0.70	0.75	0.80	0.85	0.90	0.95	1.00
.05	.0025-	.0027-	.0029-	.0029-	.0029-	.0028-	.0026-	.0023-	.0016-	.0016-
.10	.0062-	.0065-	.0068-	.0067-	.0068-	.0070-	.0071-	.0068-	.0075-	.0106-
.15	.0099-	.0105-	.0114-	.0121-	.0130-	.0140-	.0156-	.0170-	.0207-	.0277-
.20	.0144-	.0158-	.0178-	.0194-	.0212-	.0237-	.0273-	.0304-	.0370-	.0456-
.25	.0199-	.0223-	.0256-	.0276-	.0313-	.0351-	.0408-	.0458-	.0548-	.0640-
.30	.0260-	.0295-	.0334-	.0375-	.0428-	.0477-	.0560-	.0622-	.0721-	.0827-
.35	.0327-	.0375-	.0424-	.0481-	.0551-	.0612-	.0707-	.0790-	.0895-	.1011-
.40	.0398-	.0459-	.0520-	.0580-	.0656-	.0752-	.0856-	.0947-	.1063-	.1167-
.45	.0460-	.0524-	.0616-	.0683-	.0770-	.0890-	.1000-	.1098-	.1214-	.1325-
.50	.0528-	.0603-	.0711-	.0783-	.0879-	.0991-	.1134-	.1237-	.1357-	.1466-
.55	.0594-	.0678-	.0777-	.0870-	.0976-	.1099-	.1242-	.1354-	.1479-	.1593-
.60	.0651-	.0748-	.0854-	.0953-	.1066-	.1195-	.1346-	.1461-	.1587-	.1702-
.65	.0702-	.0801-	.0918-	.1026-	.1145-	.1278-	.1433-	.1551-	.1678-	.1794-
.70	.0745-	.0850-	.0972-	.1083-	.1207-	.1347-	.1505-	.1625-	.1751-	.1872-
.75	.0783-	.0890-	.1015-	.1130-	.1257-	.1398-	.1561-	.1682-	.1808-	.1927-
.80	.0815-	.0924-	.1050-	.1166-	.1295-	.1437-	.1600-	.1721-	.1846-	.1965-
.85	.0844-	.0952-	.1079-	.1195-	.1325-	.1465-	.1628-	.1747-	.1880-	.1997-
.90	.0879-	.0989-	.1116-	.1231-	.1360-	.1499-	.1659-	.1774-	.1893-	.2006-
.95	.0895-	.1007-	.1134-	.1249-	.1375-	.1507-	.1656-	.1768-	.1880-	.1997-
1.00	.0901-	.1014-	.1141-	.1253-	.1376-	.1501-	.1640-	.1751-	.1859-	.1981-

Auswertung aus Woodring R. E. – Siess C. P.

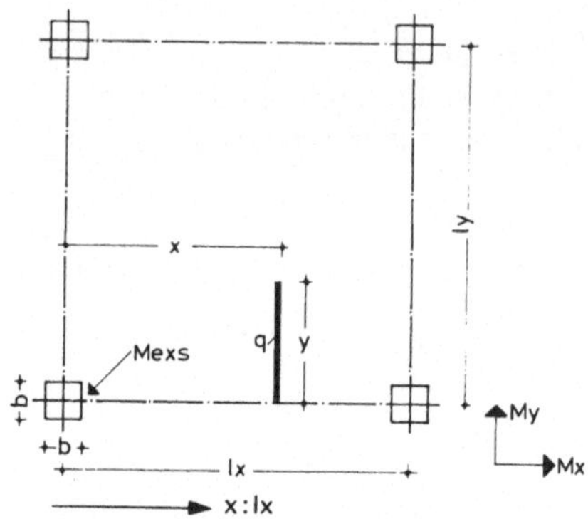

Innenfeld einer Flachdecke.
Stützmoment Mexs am Anschnitt der Stütze aus Linienlast in ly-Richtung.

$\frac{ly}{lx} = 1{,}0$

$\mu = 0$

Stütze $\frac{b}{lx} = \frac{b}{ly} = 0{,}1$

$H = \frac{E \cdot J}{l \cdot N} = 0$

Faktor = q · ly

Mexs
1.0

G 2.4.2

x : lx →

y : ly ↓ Spalte	0.00	0.05	0.10	0.15	0.20	0.25	0.30	0.35	0.40	0.45
.05	.0013-	.0034-	.0119-	.0144-	.0173-	.0181-	.0181-	.0171-	.0161-	.0149-
.10	.0030-	.0064-	.0206-	.0277-	.0331-	.0349-	.0351-	.0339-	.0320-	.0296-
.15	.0051-	.0091-	.0270-	.0382-	.0465-	.0500-	.0511-	.0495-	.0472-	.0437-
.20	.0075-	.0117-	.0330-	.0472-	.0576-	.0630-	.0650-	.0638-	.0605-	.0570-
.25	.0101-	.0144-	.0382-	.0546-	.0676-	.0740-	.0770-	.0763-	.0728-	.0679-
.30	.0129-	.0186-	.0427-	.0608-	.0759-	.0840-	.0877-	.0874-	.0839-	.0783-
.35	.0156-	.0218-	.0467-	.0670-	.0830-	.0923-	.0969-	.0971-	.0937-	.0877-
.40	.0182-	.0248-	.0502-	.0718-	.0895-	.0993-	.1048-	.1056-	.1023-	.0962-
.45	.0205-	.0278-	.0534-	.0759-	.0948-	.1056-	.1115-	.1128-	.1098-	.1036-
.50	.0226-	.0307-	.0563-	.0794-	.0993-	.1107-	.1174-	.1188-	.1162-	.1099-
.55	.0217-	.0330-	.0590-	.0824-	.1030-	.1150-	.1221-	.1239-	.1219-	.1153-
.60	.0228-	.0348-	.0631-	.0852-	.1061-	.1186-	.1261-	.1281-	.1263-	.1198-
.65	.0236-	.0361-	.0654-	.0892-	.1089-	.1217-	.1295-	.1325-	.1300-	.1241-
.70	.0241-	.0371-	.0670-	.0916-	.1128-	.1244-	.1324-	.1364-	.1331-	.1280-
.75	.0245-	.0377-	.0681-	.0932-	.1153-	.1283-	.1351-	.1400-	.1358-	.1316-
.80	.0247-	.0381-	.0688-	.0943-	.1169-	.1305-	.1389-	.1427-	.1397-	.1348-
.85	.0248-	.0382-	.0691-	.0948-	.1178-	.1319-	.1406-	.1447-	.1420-	.1376-
.90	.0247-	.0381-	.0691-	.0950-	.1182-	.1326-	.1416-	.1460-	.1436-	.1397-
.95	.0247-	.0380-	.0689-	.0949-	.1182-	.1329-	.1420-	.1467-	.1445-	.1400-
1.00	.0245-	.0377-	.0686-	.0946-	.1180-	.1327-	.1420-	.1468-	.1448-	.1408-

x : lx →

y : ly ↓ Spalte	0.50	0.55	0.60	0.65	0.70	0.75	0.80	0.85	0.90	0.95	1.00
.05	.0134-	.0117-	.0098-	.0083-	.0066-	.0047-	.0036-	.0025-	.0004-	.0002	.0000
.10	.0264-	.0231-	.0195-	.0164-	.0131-	.0094-	.0076-	.0055-	.0011-	.0000	.0000
.15	.0390-	.0341-	.0289-	.0241-	.0195-	.0139-	.0118-	.0082-	.0021-	.0004-	.0000
.20	.0510-	.0446-	.0379-	.0315-	.0257-	.0184-	.0162-	.0107-	.0033-	.0012-	.0001-
.25	.0621-	.0546-	.0465-	.0386-	.0317-	.0227-	.0207-	.0128-	.0048-	.0022-	.0002-
.30	.0712-	.0639-	.0546-	.0453-	.0374-	.0269-	.0253-	.0148-	.0064-	.0033-	.0004-
.35	.0801-	.0713-	.0622-	.0512-	.0427-	.0311-	.0299-	.0165-	.0082-	.0046-	.0007-
.40	.0881-	.0781-	.0691-	.0568-	.0477-	.0350-	.0344-	.0180-	.0101-	.0060-	.0012-
.45	.0952-	.0839-	.0738-	.0617-	.0523-	.0389-	.0387-	.0192-	.0122-	.0074-	.0018-
.50	.1014-	.0901-	.0789-	.0661-	.0556-	.0426-	.0429-	.0203-	.0144-	.0087-	.0026-
.55	.1067-	.0950-	.0832-	.0701-	.0596-	.0461-	.0468-	.0212-	.0157-	.0087-	.0040-
.60	.1111-	.0991-	.0870-	.0736-	.0636-	.0495-	.0503-	.0219-	.0173-	.0096-	.0049-
.65	.1148-	.1027-	.0903-	.0768-	.0674-	.0527-	.0534-	.0225-	.0184-	.0105-	.0057-
.70	.1180-	.1058-	.0933-	.0797-	.0709-	.0552-	.0561-	.0229-	.0193-	.0112-	.0065-
.75	.1208-	.1086-	.0961-	.0835-	.0740-	.0573-	.0582-	.0231-	.0198-	.0118-	.0072-
.80	.1247-	.1125-	.0999-	.0860-	.0766-	.0587-	.0558-	.0233-	.0201-	.0124-	.0078-
.85	.1270-	.1148-	.1019-	.0876-	.0785-	.0596-	.0568-	.0233-	.0202-	.0128-	.0084-
.90	.1286-	.1163-	.1032-	.0886-	.0780-	.0600-	.0576-	.0232-	.0202-	.0130-	.0088-
.95	.1296-	.1172-	.1039-	.0890-	.0789-	.0600-	.0582-	.0230-	.0200-	.0132-	.0090-
1.00	.1299-	.1174-	.1039-	.0889-	.0793-	.0596-	.0585-	.0228-	.0197-	.0132-	.0092-

Auswertung aus Woodring R. E. – Siess C. P.

Innenfeld einer Flachdecke.
Stützmoment Mexs am Anschnitt der Stütze aus einer Einzellast.

$\frac{ly}{lx} = 1,0$

$\mu = 0$

Stütze $\frac{b}{lx} = \frac{b}{ly} = 0,1$

$H = \frac{E \cdot J}{l \cdot N} = 0$

Faktor $= P \cdot 10^{-4}$

1.0

G 2.4.3

x : lx \ y : ly	0.00	0.05	0.10	0.15	0.20	0.25	0.30	0.35	0.40	0.45	0.50
.00	.0000	2.0860-	10.1570-	24.2120-	44.2530-	70.2790-	102.2890-	140.2840-	184.2650-	234.2300-	290.1800-
.05	9.3576-	7.8652-	42.7354-	62.4883-	94.4301-	130.0834-	181.5360-	249.4175-	280.4663-	478.5310-	553.8028-
.10	17.2204-	16.8176-	73.7000-	101.3300-	145.5610-	204.8869-	287.4382-	403.7598-	500.6576-	655.7889-	723.8291-
.15	23.5884-	28.9432-	103.0508-	140.7370-	197.6456-	294.6894-	419.9956-	601.2796-	641.1789-	766.0038-	800.2588-
.20	28.4616-	44.2420-	130.7879-	180.7093-	250.6838-	399.4910-	579.2082-	677.2395-	695.8692-	809.1756-	860.6028-
.25	31.8400-	66.0913-	156.9111-	221.2469-	304.6758-	519.2916-	679.9635-	733.9457-	742.6385-	845.6451-	1003.7046-
.30	33.7236-	89.2240-	181.4206-	262.3498-	359.6215-	602.3814-	740.0684-	771.3981-	781.4868-	961.5848-	1108.4012-
.35	34.1124-	113.6402-	204.3163-	304.0181-	415.5209-	607.2609-	767.5230-	789.5968-	812.4142-	1032.3146-	1174.6926-
.40	33.0064-	139.3400-	225.5981-	346.2517-	472.3741-	610.3291-	762.3273-	788.5416-	835.4206-	1057.8346-	1202.5789-
.45	30.4056-	145.8351-	245.2663-	389.0506-	530.1809-	611.5862-	724.4813-	768.2327-	848.7496-	1038.1447-	1192.0600-
.50	26.3100-	139.8740-	264.8410-	401.2130-	548.9890-	611.0320-	653.9850-	728.6700-	835.0900-	973.2450-	1143.1360-
.55	4.9680-	121.4566-	253.3732-	344.8678-	466.5633-	608.6666-	651.0640-	724.2143-	800.5286-	907.8485-	1033.2823-
.60	12.2160	90.5830-	205.9948-	293.9943-	392.6269-	604.4899-	642.2991-	710.8445-	764.2868-	845.8201-	934.3202-
.65	25.2420	102.9369-	198.1330-	248.6101-	327.2037-	567.2509-	627.6904-	688.5607-	726.3746-	787.1597-	846.2497-
.70	34.1100	101.8930-	191.7781-	208.7152-	270.2937-	435.1231-	607.2378-	657.3628-	686.7919-	731.8674-	769.0709-
.75	38.8200	87.4514-	180.9170-	174.3096-	221.8968-	326.1210-	482.1137-	617.2508-	645.5389-	679.9432-	702.7838-
.80	39.3720	59.6120-	165.5498-	145.3932-	182.0131-	240.2448-	344.1397-	476.8875-	602.6154-	631.3870-	647.3883-
.85	35.7660	6.1390-	145.6765-	121.9662-	150.6426-	177.4944-	241.5188-	321.7761-	402.0764-	518.1357-	602.8844-
.90	28.0020	16.4850	121.2971-	104.0285-	127.7852-	137.8698-	174.2510-	217.4151-	257.7189-	316.2616-	362.2224-
.95	16.0800	8.2600	92.4116-	91.5801-	113.4410-	121.3710-	142.3364-	163.8048-	181.5292-	204.7037-	217.9777-
1.00	.0000	30.8140-	59.0200-	84.6209-	107.6100-	127.9980-	145.7750-	160.9450-	173.5070-	183.4620-	190.8100-

Auswertung aus Woodring R. E. – Siess C. P.

→ y : ly

↓ x : lx

	0.55	0.60	0.65	0.70	0.75	0.80	0.85	0.90	0.95	1.00
.00	369.6100-	429.3850-	469.5050-	489.9700-	490.7800-	471.9300-	433.4300-	375.2770-	297.4660-	200.0000-
.05	614.7796-	646.5728-	672.0711-	669.6480-	670.1998-	659.9295-	637.2438-	583.4218-	541.7252-	728.8939-
.10	758.1025-	773.6156-	795.1650-	875.9607-	982.4561-	1110.5841-	1304.3286-	1459.3939-	2121.5686-	3488.8889-
.15	814.3873-	944.9003-	1116.9177-	1257.7585-	1452.1962-	1691.2140-	2120.0000-	2409.0253-	3070.7292-	3456.6296-
.20	990.6607-	1160.3331-	1384.0978-	1567.7794-	1838.1544-	2139.2593-	2514.5405-	2918.3888-	3406.4111-	3634.7962-
.25	1136.1964-	1333.4184-	1579.2691-	1828.4296-	2115.5623-	2403.9064-	2843.4650-	3222.7005-	3532.3172-	3689.9295-
.30	1250.9943-	1464.1565-	1734.4017-	2003.9476-	2290.0725-	2605.3041-	3018.8082-	3299.3396-	3506.9402-	3627.7952-
.35	1335.0544-	1552.5473-	1826.4361-	2090.2545-	2361.6848-	2687.8151-	3033.4484-	3270.1061-	3402.3015-	3448.3934-
.40	1388.3768-	1598.5907-	1850.6956-	2084.5116-	2320.6019-	2651.4393-	2917.8858-	3125.1304-	3200.0000-	3245.9412-
.45	1382.8807-	1576.1092-	1807.1802-	2011.0293-	2216.4451-	2496.1767-	2713.2030-	2876.0616-	2968.8708-	3003.6996-
.50	1328.7670-	1512.3280-	1695.8900-	1879.4500-	2072.1760-	2261.4250-	2419.4000-	2546.1090-	2641.5400-	2705.7143-
.55	1241.2272-	1408.9925-	1585.8605-	1727.9506-	1888.5824-	2041.0548-	2232.6674-	2288.7596-	2327.6222-	2362.1000-
.60	1097.1387-	1266.1027-	1419.3156-	1540.1322-	1671.2347-	1789.8105-	1900.8821-	1971.0750-	1989.6203-	1984.9524-
.65	952.4110-	1077.3237-	1196.3893-	1315.9950-	1421.0976-	1510.0561-	1595.4005-	1644.3970-	1645.6499-	1695.1508-
.70	831.4846-	906.7759-	979.1705-	1061.9103-	1140.4857-	1209.3006-	1284.4645-	1310.9606-	1308.9646-	1334.0952-
.75	734.3594-	773.3553-	810.6262-	852.7479-	898.3780-	920.4304-	955.7304-	959.3711-	949.0004-	951.5049-
.80	661.0354-	677.0617-	690.7563-	705.8214-	726.9279-	722.9699-	724.2151-	713.7391-	699.1636-	693.4644-
.85	611.5126-	617.8951-	619.5609-	621.1306-	626.1354-	617.5952-	611.0888-	602.8701-	549.1109-	412.1868-
.90	432.4938-	493.3054-	496.6252-	485.5266-	454.9752-	365.6693-	225.2909-	143.1180-	41.5869-	57.8157-
.95	249.2981-	269.4230-	266.7692-	239.5473-	190.6599-	90.8953-	44.4218	71.2310	141.3775	79.5799
1.00	152.8650-	119.1130-	89.5520-	64.1840-	43.0070-	26.0220-	13.2280-	4.6270-	.2177-	.0000

Auswertung aus Woodring R. E. – Siess C. P.

Abschnitt H — Halbkreisplatten

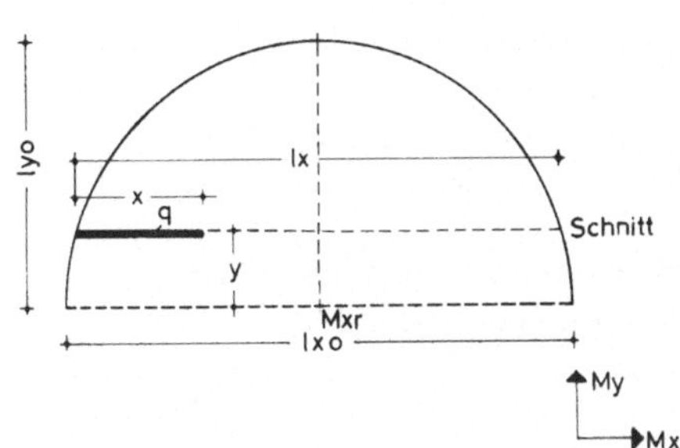

Frei aufliegende Halbkreisplatte mit freiem Rand.
Feldmoment Mxr in Mitte des freien Randes aus Linienlast in lx-Richtung. **H 1.1.1**
$\mu = 0$
Faktor = q · lx (lx = Länge des Schnittes)
Länge des jeweiligen Schnittes
lx = lxo · α

→ y : ly

$\frac{y}{ly_0}$	0	0.1	0.2	0.3	0.4	0.5	0.6	0.7	0.8	0.9	1.0
α =	1.0	0.99138	0.97979	0.93810	0.91650	0.85118	0.80000	0.71414	0.60000	0.43589	0.000

→ y : ly ↓ x : lx

Spalte										
	0.00	0.10	0.20	0.30	0.40	0.50	0.60	0.70	0.80	0.90
.05	.0013	.0012	.0009	.0011	.0009	.0009	.0007	.0007	.0005	.0000
.10	.0054	.0048	.0041	.0044	.0038	.0036	.0029	.0027	.0018	.0002
.15	.0120	.0109	.0098	.0099	.0088	.0082	.0065	.0059	.0039	.0006
.20	.0213	.0196	.0178	.0176	.0158	.0147	.0116	.0101	.0067	.0014
.25	.0337	.0312	.0285	.0278	.0250	.0231	.0185	.0153	.0101	.0025
.30	.0496	.0461	.0424	.0407	.0363	.0330	.0268	.0215	.0141	.0041
.35	.0696	.0650	.0597	.0566	.0498	.0445	.0363	.0285	.0184	.0058
.40	.0944	.0883	.0809	.0757	.0657	.0572	.0468	.0361	.0231	.0077
.45	.1258	.1189	.1065	.0972	.0835	.0710	.0579	.0441	.0281	.0096
.50	.1750	.1565	.1355	.1205	.1022	.0857	.0693	.0523	.0332	.0116
.55	.2243	.1940	.1644	.1438	.1210	.1004	.0808	.0605	.0383	.0135
.60	.2557	.2247	.1901	.1653	.1387	.1142	.0919	.0685	.0433	.0154
.65	.2805	.2480	.2113	.1844	.1546	.1269	.1023	.0761	.0480	.0173
.70	.3005	.2668	.2286	.2003	.1682	.1383	.1119	.0831	.0524	.0190
.75	.3164	.2818	.2424	.2132	.1794	.1483	.1202	.0893	.0563	.0206
.80	.3288	.2934	.2531	.2234	.1886	.1567	.1270	.0945	.0597	.0217
.85	.3381	.3021	.2612	.2311	.1956	.1632	.1322	.0987	.0625	.0225
.90	.3447	.3082	.2668	.2366	.2005	.1678	.1358	.1019	.0646	.0229
.95	.3487	.3118	.2700	.2399	.2034	.1705	.1379	.1039	.0659	.0231
1.00	.3501	.3129	.2710	.2410	.2043	.1714	.1387	.1046	.0664	.0232

Auswertung aus Maas, Bild 2

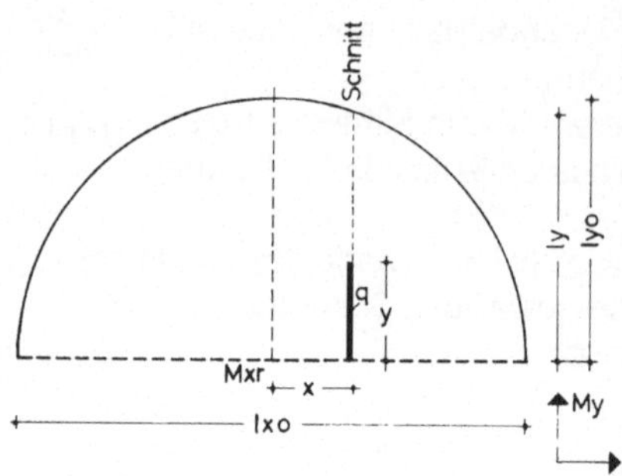

Frei aufliegende Halbkreisplatte mit freiem Rand.
Feldmoment Mxr in Mitte des freien Randes aus Linienlast in ly-Richtung. **H 1.1.2**
$\mu = 0$
Faktor = q · ly (ly = Länge des Schnittes)
Länge des jeweiligen Schnittes
$ly = lyo \cdot \alpha$

$\frac{x}{ly_0}$	0	0.1	0.2	0.3	0.4	0.5	0.6	0.7	0.8	0.9	1.0
α=	1.0	0.99138	0.97979	0.9381	0.91650	0.85118	0.80000	0.71414	0.60000	0.43589	0.000

→ $x : lx_0$; ↓ $y : ly$

Spalte										
	0.00	0.05	0.10	0.15	0.20	0.25	0.30	0.35	0.40	0.45
.10	.1047	.0691	.0530	.0436	.0351	.0274	.0211	.0154	.0106	.0052
.20	.1734	.1288	.1026	.0837	.0683	.0530	.0410	.0302	.0205	.0099
.30	.2263	.1795	.1468	.1197	.0980	.0765	.0595	.0440	.0294	.0143
.40	.2693	.2215	.1843	.1511	.1245	.0976	.0764	.0563	.0372	.0181
.50	.3034	.2552	.2152	.1780	.1475	.1161	.0913	.0670	.0440	.0214
.60	.3300	.2815	.2399	.2002	.1667	.1318	.1041	.0760	.0497	.0240
.70	.3497	.3011	.2585	.2173	.1818	.1443	.1145	.0833	.0543	.0258
.80	.3631	.3144	.2711	.2291	.1924	.1536	.1222	.0887	.0578	.0271
.90	.3706	.3221	.2783	.2357	.1986	.1593	.1270	.0920	.0599	.0277
1.00	.3729	.3245	.2805	.2378	.2007	.1613	.1286	.0931	.0607	.0279

Auswertung aus Maas, Bild 2

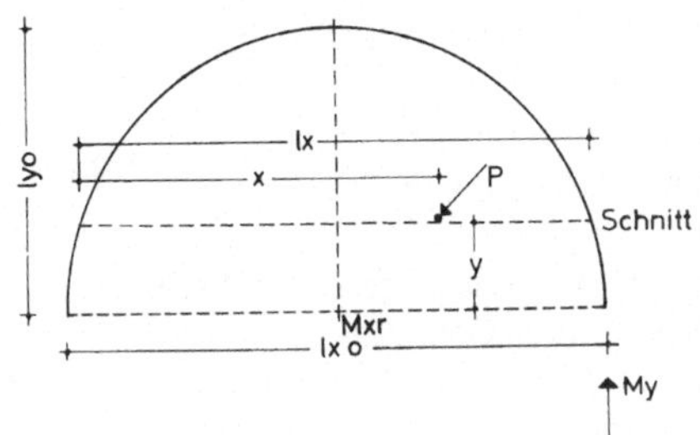

Frei aufliegende Halbkreisplatte mit freiem Rand.
Feldmoment Mxr in Mitte des freien Randes aus einer Einzellast.
$\mu = 0$
Faktor = P
Länge des jeweiligen Schnittes
$lx = lxo \cdot \alpha$

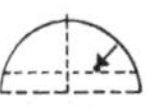

H 1.1.3

$\frac{y}{ly_0}$	0	0.1	0.2	0.3	0.4	0.5	0.6	0.7	0.8	0.9	1.0
α =	1.0	0.99138	0.97979	0.93810	0.91650	0.85118	0.80000	0.71414	0.60000	0.43589	0.00

→ y : ly; ↓ x : lx

Spalte	0.00	0.10	0.20	0.30	0.40	0.50	0.60	0.70	0.80	0.90
.05	.0540	.0471	.0396	.0433	.0386	.0355	.0287	.0275	.0182	.0019
.10	.1068	.0986	.0887	.0882	.0795	.0725	.0576	.0523	.0347	.0057
.15	.1576	.1466	.1357	.1319	.1217	.1113	.0867	.0745	.0495	.0112
.20	.2161	.2016	.1867	.1787	.1642	.1496	.1201	.0942	.0625	.0186
.25	.2822	.2640	.2446	.2297	.2077	.1842	.1528	.1145	.0737	.0277
.30	.3547	.3359	.3095	.2851	.2522	.2150	.1797	.1326	.0832	.0335
.35	.4518	.4195	.3839	.3522	.2977	.2422	.2009	.1466	.0909	.0357
.40	.5411	.5261	.4662	.4091	.3451	.2657	.2165	.1567	.0969	.0375
.45	.7402	.6912	.5563	.4509	.3739	.2854	.2264	.1627	.1012	.0389
.50	1.2800*	.8015	.5914	.4776	.3835	.3015	.2306	.1647	.1036	.0400
.55	.7402	.6912	.5563	.4509	.3739	.2855	.2264	.1627	.1011	.0389
.60	.5411	.5261	.4662	.4091	.3451	.2657	.2165	.1567	.0969	.0375
.65	.4518	.4195	.3839	.3522	.2976	.2422	.2009	.1466	.0909	.0357
.70	.3547	.3359	.3095	.2851	.2518	.2151	.1797	.1326	.0832	.0335
.75	.2822	.2640	.2446	.2297	.2070	.1842	.1528	.1145	.0737	.0277
.80	.2161	.2016	.1867	.1786	.1635	.1496	.1202	.0942	.0625	.0186
.85	.1576	.1466	.1357	.1319	.1210	.1113	.0867	.0745	.0495	.0112
.90	.1068	.0986	.0887	.0882	.0788	.0724	.0576	.0523	.0347	.0057
.95	.0540	.0471	.0396	.0432	.0381	.0355	.0287	.0275	.0182	.0020
1.00	.0000	.0000	.0000	.0000	.0000	.0000	.0000	.0000	.0000	.0000

Auswertung aus Maas, Bild 2

* bezw. theoretisch ∞

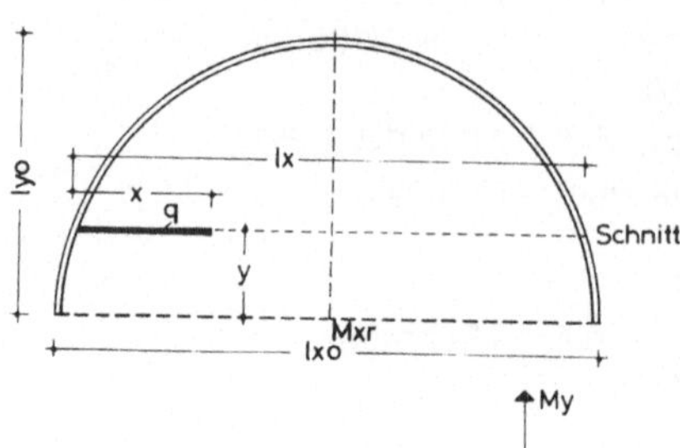

Eingespannte Halbkreisplatte mit freiem Rand.
Feldmoment Mxr in Mitte des freien Randes aus Linienlast in lx-Richtung.
$\mu = 0$
Faktor = q · lx (lx = Länge des Schnittes)
Länge des jeweiligen Schnittes
lx · lxo · α

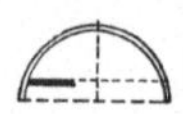

H 2.1.1

$\frac{y}{ly_0}$	0	0.1	0.2	0.3	0.4	0.5	0.6	0.7	0.8	0.9	1.0
α =	1.0	0.99138	0.97979	0.93810	0.91650	0.85118	0.80000	0.71414	0.60000	0.43589	0.00

→ y : ly_0 ; ↓ x : lx

Spalte										
	0.00	0.10	0.20	0.30	0.40	0.50	0.60	0.70	0.80	0.90
.05	.0000	.0000	.0000	.0000	.0000	.0001	.0001	.0001	.0001	.0000
.10	.0001	.0001	.0002	.0002	.0003	.0003	.0003	.0003	.0002	.0001
.15	.0005	.0005	.0006	.0007	.0008	.0008	.0007	.0006	.0005	.0003
.20	.0013	.0013	.0014	.0016	.0016	.0016	.0013	.0012	.0009	.0006
.25	.0028	.0028	.0029	.0032	.0031	.0028	.0023	.0018	.0014	.0008
.30	.0054	.0055	.0057	.0060	.0056	.0049	.0036	.0027	.0019	.0011
.35	.0101	.0104	.0105	.0105	.0092	.0076	.0054	.0036	.0025	.0015
.40	.0180	.0184	.0184	.0177	.0142	.0110	.0075	.0048	.0032	.0018
.45	.0330	.0320	.0294	.0268	.0201	.0148	.0098	.0061	.0039	.0022
.50	.0647	.0531	.0432	.0368	.0265	.0190	.0123	.0075	.0047	.0025
.55	.0965	.0742	.0570	.0468	.0328	.0232	.0148	.0088	.0055	.0029
.60	.1115	.0878	.0680	.0560	.0387	.0270	.0171	.0101	.0063	.0032
.65	.1193	.0958	.0759	.0631	.0436	.0304	.0192	.0113	.0069	.0036
.70	.1241	.1007	.0807	.0676	.0473	.0331	.0210	.0123	.0076	.0039
.75	.1267	.1034	.0834	.0704	.0498	.0351	.0223	.0131	.0081	.0042
.80	.1281	.1049	.0849	.0719	.0512	.0364	.0233	.0138	.0086	.0045
.85	.1289	.1057	.0857	.0728	.0521	.0372	.0239	.0143	.0089	.0047
.90	.1293	.1061	.0861	.0733	.0526	.0377	.0243	.0146	.0092	.0049
.95	.1295	.1062	.0863	.0735	.0528	.0379	.0245	.0148	.0094	.0050
1.00	.1295	.1062	.0864	.0736	.0528	.0380	.0246	.0149	.0095	.0050

Auswertung aus Maas, Bild 2

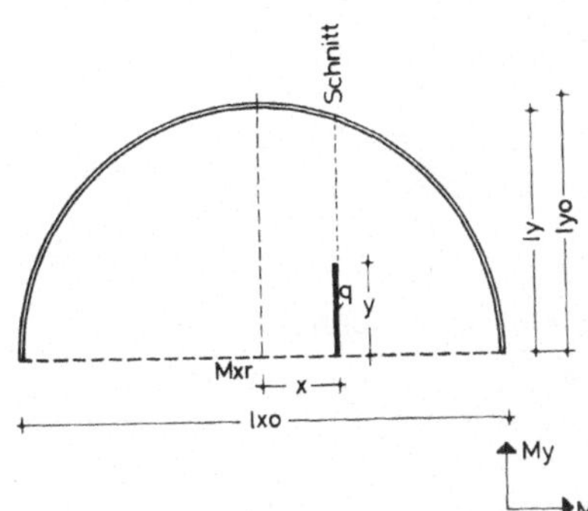

My
Mx

Eingespannte Halbkreisplatte mit freiem Rand.
Feldmoment Mxr in Mitte des freien Randes aus Linienlast in ly-Richtung.
$\mu = 0$
Faktor = q · ly (ly = Länge des Schnittes)
Länge des jeweiligen Schnittes
ly = lyo · α

H 2.1.2

$\frac{x}{ly_0}$	0	0.1	0.2	0.3	0.4	0.5	0.6	0.7	0.8	0.9	1.0
α =	1.0	0.99138	0.97979	0.93810	0.91650	0.85118	0.80000	0.71414	0.60000	0.43589	0.000

→ x : lx_0 ; ↓ y : ly

Spalte										
	0.00	0.05	0.10	0.15	0.20	0.25	0.30	0.35	0.40	0.45
.10	.0873	.0325	.0205	.0116	.0072	.0040	.0021	.0011	.0006	.0001
.20	.1228	.0598	.0393	.0229	.0142	.0082	.0041	.0021	.0014	.0004
.30	.1478	.0818	.0557	.0334	.0207	.0123	.0061	.0030	.0022	.0006
.40	.1641	.0985	.0690	.0423	.0264	.0158	.0081	.0039	.0029	.0009
.50	.1749	.1099	.0787	.0492	.0312	.0186	.0100	.0047	.0034	.0011
.60	.1816	.1168	.0849	.0541	.0347	.0207	.0116	.0054	.0039	.0012
.70	.1853	.1207	.0886	.0572	.0369	.0224	.0131	.0060	.0042	.0013
.80	.1875	.1229	.0907	.0590	.0384	.0235	.0142	.0064	.0044	.0014
.90	.1886	.1241	.0919	.0601	.0392	.0243	.0149	.0067	.0046	.0015
1.00	.1889	.1245	.0922	.0604	.0394	.0245	.0152	.0068	.0046	.0015

Auswertung aus Maas, Bild 2

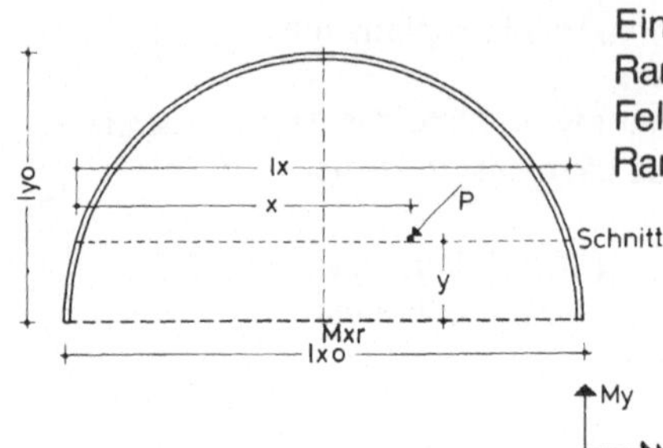

Eingespannte Halbkreisplatte mit freiem Rand.
Feldmoment Mxr in Mitte des freien Randes aus einer Einzellast.

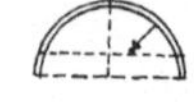

H 2.1.3

$\mu = 0$
Faktor = P
Länge des jeweiligen Schnittes
$lx = lxo \cdot \alpha$

$\frac{y}{ly_0}$	0	0.1	0.2	0.3	0.4	0.5	0.6	0.7	0.8	0.9	1.0
α =	1.0	0.99138	0.97979	0.93810	0.91650	0.85118	0.80000	0.71414	0.60000	0.43589	0.00

→ y : lyo (Spalten); ↓ x : lx (Zeilen)

Spalte										
	0.00	0.10	0.20	0.30	0.40	0.50	0.60	0.70	0.80	0.90
.05	.0010	.0008	.0012	.0019	.0024	.0027	.0026	.0028	.0024	.0015
.10	.0048	.0047	.0053	.0064	.0068	.0070	.0061	.0057	.0046	.0029
.15	.0115	.0116	.0122	.0135	.0133	.0127	.0105	.0087	.0066	.0040
.20	.0210	.0216	.0219	.0231	.0219	.0200	.0159	.0118	.0085	.0050
.25	.0383	.0391	.0398	.0422	.0394	.0322	.0222	.0150	.0102	.0058
.30	.0718	.0738	.0729	.0714	.0624	.0481	.0310	.0182	.0117	.0064
.35	.1171	.1222	.1264	.1154	.0879	.0614	.0392	.0215	.0130	.0068
.40	.2121	.2077	.1900	.1669	.1120	.0723	.0451	.0248	.0142	.0071
.45	.3512	.3443	.2490	.1954	.1260	.0807	.0486	.0269	.0153	.0071
.50	1.4500*	.4614	.3028	.2010	.1307	.0866	.0498	.0275	.0161	.0070
.55	.3512	.3443	.2482	.1952	.1259	.0807	.0486	.0268	.0153	.0071
.60	.2121	.2077	.1891	.1663	.1117	.0723	.0451	.0248	.0142	.0071
.65	.1171	.1222	.1255	.1145	.0875	.0614	.0392	.0214	.0131	.0068
.70	.0718	.0738	.0723	.0709	.0620	.0480	.0310	.0181	.0117	.0064
.75	.0383	.0391	.0395	.0419	.0390	.0321	.0222	.0149	.0102	.0058
.80	.0210	.0216	.0217	.0230	.0218	.0200	.0159	.0117	.0085	.0050
.85	.0115	.0116	.0120	.0134	.0132	.0127	.0105	.0087	.0066	.0040
.90	.0048	.0047	.0052	.0063	.0067	.0070	.0061	.0057	.0046	.0029
.95	.0010	.0008	.0012	.0019	.0023	.0027	.0026	.0028	.0024	.0015
1.00	.0000	.0000	.0000	.0000	.0000	.0000	.0000	.0000	.0000	.0000

Auswertung aus Maas, Bild 2

* bezw. theoretisch ∞